식품조리과학용어사전

Dictionary of Food & Cookery Science

식품조리과학용어사전

Dictionary of Food & Cookery Science

한국식품조리과학회

㈱ 敎文社

머리말

한국조리과학회가 1984년 발족되어 창립 20주년을 바라보고 있습니다. 그 동안 한국조리과학회지는 제18권 제6호로 통권 72호가 출판되었고 학회지에 실린 조리과학 연구논문 편수는 7,000편 이상 발표되었습니다. 학회 창립 10주년부터는 학회지에 실린 논문 중 우수논문을 선정하여 학회학술상을 시상하고, 한국 과학기술단체 총연합회에 우수논문을 추천하여 수상하는 등 질적으로도 발전하였습니다. 이처럼 조리과학회가 발전하고 많은 논문들이 발표되는 동안 학회지에 투고된 논문의 학술용어의 통일성이 문제시되어 조리과학용어사전의 필요성이 제기되어 왔고, 조리과학과 관련되는 여러 가지 다양한 사항들을 일목요연하게 정리하여 설명한 사전이 있었으면 하는 바람이 있었습니다.

조리과학이라는 것을 식품을 조리할 때 식품에 가해지는 여러 가지 물리적·화학적 변화와 품질의 변화만으로 한정할지 또는 식단작성부터 배식, 식사환경까지 포함해야 할지는 견해에 따라 다르다고 생각합니다. 또한 대상으로 하는 조리 자체도 전문요리사의 기술에서 가정에서의 조리, 단체급식, 호텔·레스토랑 등의 대량조리(大量調理), 다량조리(多量調理), 식품산업 현장에서 생산되는 편의식품까지 그 영역이 넓어지고 있으며, 식품가공과의 구별도 어려워져 가고 있습니다. 따라서 본 조리과학용어사전에서는 용어의 선정을 상당히 광범위하게 하여 다양한 분야를 망라하려고 하였으며 조리과학과 관련되는 기초적인 사항부터 최신의 정보까지 수록하려고 노력하였습니다.

본 조리과학용어사전에서는 제1부는 순수한 조리용어보다는 오히려 물리, 화학, 영양, 식품, 위생, 통계 등 기초 분야에 관한 사항을 수록하였고, 제2부에서는 한국조리, 서양조리, 일본조리, 중국조리와 조리기기 용어를 수록하였습니다. 부록으로 한국, 일본, 중국, 서양조리에서의 여러 가지 썰기 방법과 한국음식의 영어표기를 제시하였는데, 앞으로 우리 전통음식의 영어 표기가 본 조리과학용어사전을 표준으로 기술되었으면 하는 바람입니다. 추후 조리과학이 발전함에 따라 수록되어야 할 용어도 보완·수정되어야 할 것으로 생각하며, 이 사전이 그 초석이 되었으면 합니다.

마지막으로 이 사전을 완성하기까지 열의와 노력으로 집필하여 주시고, 교정을 보아주신 집필 교수님들과 이 사전을 출판해 주신 교문사 여러분께 진심으로 감사함을 전합니다.

2002. 12

제9대 한국조리과학회장 이효지

편집위원장 오명숙

개정판 발간사

한국식품조리과학회에서는 2003년도에 발간한《조리과학용어사전》의 개정판을 발간하게 되었습니다. 지난번 발간된《조리과학용어사전》에서는 용어의 선정 시 조리과학과 관련된 여러 학문분야를 광범위하게 포함하여 다양한 분야를 망라하려고 노력하였습니다.

초판 발간 후 4년여의 세월이 흐르는 동안 조리과학을 둘러싼 환경에 많은 변화가 있었습니다. 건강에 대한 관심의 고조로 기능성식품에 대한 관심이 더욱 커졌고, 식품의 안전성에 대한 우려로 식품위생에 대한 관심도 커졌습니다. 또한 소득 증대와 여성의 경제활동 확대, 다양한 식생활 욕구 등으로 외식산업의 급속한 발전, 가공식품의 증가 및 이에 따른 문제 발생 등 새롭게 주목받는 분야의 보완이 필요한 시점이 되었습니다.

이번에 발간된《식품조리과학용어사전》 개정판에서는 기존 용어를 수정·보완하였고, 또한 최근 조리과학분야에서 그 중요성이 커지고 있는 식품위생, 기능성식품, 다량조리 분야의 용어를 새롭게 집필하여 보완하였습니다. 추후에도 본《식품조리과학용어사전》은 학문의 발전에 따라 새로운 용어의 보완이 꾸준히 이루어질 것입니다.

마지막으로 본《식품조리과학용어사전》의 개정판을 발간하는 데 수고를 아끼지 않으신 교문사 관계자분께 감사함을 전합니다.

2007. 8

집필자 일동

차 례

일러두기

본 식품조리과학용어사전은 제1부, 제2부로 구성되어 있다. 제1부에서는 식품조리과학의 기초를 이루는 분야 및 식품조리과학 관련 인접 분야의 용어를 다루었다. 제2부에서는 한국조리, 일본조리, 중국조리, 서양조리 및 조리기기 용어를 다루었다. 본 사전은 가나다순으로 정리되어 있으며 사전의 끝부분에 색인을 한글, 영문으로 나누어 쉽게 찾아볼 수 있도록 하였다. 용어의 선정은 식품조리과학과 직 · 간접으로 관련되는 용어가 광범위하게 포함되도록 하였으며, 다음과 같은 원칙을 두고 기술하였다.

1. 용어의 설명은 개념의 정의를 먼저 내린 다음, 보충 설명을 간결하게 하여 개략적인 개념의 이해가 되도록 하였다. 식물명은 용어의 정의 바로 뒤에 이탤릭체로 학명을 나타내었으며, 용어에 관계되는 세부 항목의 설명은 ①, ② 등으로 나누어 기술하였다.

2. 표제어는 한글로 하고 필요할 경우에는 한자를 넣었고, 영어는 가능한 모든 경우에 병기하도록 하였다. 영어 약자가 일반적인 경우는 : 표시 뒤에 대문자로 표시하였다.

   예) 요인분석(要因分析, factor analysis)
   트리메틸아민(trimethylamine : TMA)

3. 인접 분야에서 사용되는 용어는 해당학회(한국식품과학회, 대한화학회 등)에서 채택한 것을 따르고, 외래어는 1부에서는 교육인적자원부의 외래어 표기법을 따르는 것을 원칙으로 하고, 2부에서는 외국어의 현지 발음을 고려하여 채택하였다.

4. 동의어는 보다 일반적으로 사용되는 것 하나를 표제어로 선택하고 나머지는 ☞ 표시를 하여 찾아볼 수 있도록 하였으며, 서로 관련되어 참고가 되는 용어에도 ☞ 표시를 하여 서로 찾아볼 수 있도록 하였다.

   예) 갈분 ☞ 칡전분

제1부

식품조리과학 기초용어

ㄱ

가격(price) 화폐의 교환비율이면서 상품의 교환가치를 의미하며, 거래시 구매자가 지급하는 재화나 서비스의 양을 비율로 나타내는 지표. 메뉴의 가격은 식재료 원가 등의 비용과 이익을 고려하여 결정하며 가격을 결정할 때에는 시장상황, 서비스 형태, 경쟁, 고객 지불능력, 고객 심리 등의 영향을 받는다.

가공소금(processed salt) 정제소금에 향신료나 화학조미료를 첨가하여 가공한 것. 깨소금, 볶은소금, 글루탐산나트륨(MSG)이나 복합화학조미료를 첨가한 맛소금 등이 있다.

가공유지(processed fats and oils) 동물성 또는 식물성 유지에 화학적 · 물리적 처리를 하여 만든 제품.

가공 치즈(processed cheese) 자연 치즈 두 종류 이상을 혼합하여 유화제를 넣고 가열, 용해하여 균질하게 가공한 치즈. 주원료로는 체더 치즈를 많이 사용하지만, 고다, 스위스, 림버거, 브릭, 카망베르 치즈도 사용한다. 그 외에 과일, 채소, 고기, 향료 등을 넣기도 한다. 탈지분유를 넣은 치즈 식품이나 수분이 많고 잘 퍼지는 치즈 스프레드 등도 가공 치즈이다. 1911년 스위스에서 최초로 시판되었다. 불량 치즈의 재생법으로 이용되었으나, 가열 처리되어 보존성이 높아졌으므로 오늘날 치즈 생산량의 80% 이상을 차지한다.

가교결합(cross linkage) 쇄상분자를 이루고 있는 원자 가운데 임의의 두 원자 사이에 다리를 걸치는 것과 같이 하여 형성된 결합.

가다랑어(skipjack tuna) 농어목 고등어과 바닷물고기. 학명은 *Katsuowonus vagans* Lesson. 태평양, 인도양, 대서양 등 전 세계의 열대해역에 널리 분포되어 있다. 가다랑어의 몸통은 전형적인 반추형으로 몸통 측면에서 특유한 청흑색 줄무늬가 있는데 줄무늬는 살아 있을 때는 보이지 않는다고 한다. 선도가 좋은 것은 줄무늬가 뚜렷하다. 최대 몸길이 108cm까지 성장한다. 가다랑어의 어육은 수분 함량이 식육과 거의 비슷한 70~72% 정도로 적고 단백질이 많으며, 혈합육은 비타민 A, B_1, B_2, B_{12}, 철, DHA 등이 많이 함유되어 있다. 지방이 많아지는 가을철에 가장 맛이 있으나, 맛난 맛 성분인 이노신산과 아미노산(histidine, glutamic acid)을 다량 함유하고 있어 국물을 우려내는 데 쓰이는 가쓰오부시는 특히 초여름(4~7월)에 잡힌 지방 함량이 적은 것(20% 정도)을 건조하여 이용한다. 가쓰오부시와 통조림 등의 원료로 많이 쓰이며 횟감, 조림이나 식초무침 등에 이용된다. ☞ 가쓰오부시

가당연유(sweetened condensed milk) 설탕을 첨가한 농축우유. 우유에 약 16%의 설탕을 가하여 2.5~3.1 : 1로 농축하여 미생물이 증식할 수 없는 상태의 삼투압으로 조절, 보존성을 높게 한 제품이다. 농축가당 전지연유와 가당 탈지연유가 있고, 유사제품으로는 가당농축 유청 혹은 유장(whey), 가당농축 버터밀크 등이 있다. 축산물가공법규 상의 가당 전지연유의 표준규격은 수분 27.0%, 유고형분 28.0%, 지방 8.0%, 전당(유당+자당) 58.0%, 산도 0.37이며, 가당 탈지연유는 수분 29.0%, 유고형분 25.0%, 전당 58.0%, 산도 0.44이다.

가루설탕(powdered sugar) 상백당이나 그래뉼(granule)당 등 순도가 높은 설탕을 잘게 가루로 낸 설탕. 결정화를 방지하기 위해 3%의 전분을 혼합한 것이다. 과일에 치거나 케이크, 쿠키, 도넛, 초콜릿, 아이싱, 양과자, 껌, 아이스크림에 이용된다.

가루장 보리쌀을 갈아 쪄서 메줏가루를 섞어 소금물을 부어 만든 장.

가리맛조개(razor clam) 석패목(石貝目) 갈맛조개

과의 부족류. 학명은 *Sinnovacula constrica* Lamarck. 일명 참맛이라고도 한다. 서해안에 많이 서식하나 근년 연안해수의 오염으로 전혀 서식하지 않는 곳도 있다. 부안의 계화도나 경기도 화성군, 돈지 등 진갯벌에서 많이 난다. 조갯살이 통통하게 살이 많은 4월부터 9월경까지가 가장 맛이 있다. 주성분은 단백질이고 비타민 B도 많이 포함되어 있다. 중성지질이나 LDL-콜레스테롤의 함량을 효과적으로 억제하며, HDL-콜레스테롤의 함량을 증가시켜서 성인병을 효과적으로 억제하고 노화를 방지한다. 연체부를 맛살이라 하여 국이나 찌개 등의 재료로서 많이 쓰인다. 그 염장품은 맛젓이라 한다. 가장 흔한 조리방법은 생선매운탕이나 된장찌개에 국물 맛을 내기 위해 넣는 것이며, 껍질만 까서 생회를 만들어 초장에 찍어 먹기도 하고, 끓는 물에 살짝 데쳐서 먹기도 한다. 맛조개를 생회로 먹을 때는 알을 실지 않은 봄철에 먹어야 좋다. 다른 조개류가 그렇듯 산란기에는 독성이 있을 수도 있기 때문이다.

가르시니아 캄보지아(Garsinia Canbogia) 남아시아의 비가 많은 저지대에 자생하는 고추나물과의 과수. 오렌지 크기의 황 또는 적색의 과일에는 신맛이 있고, 현지에서는 옛날부터 조미료로서 카레의 스파이스나 라임대용으로 사용되어 왔다. 이 과수나무의 과피에는 10~30%(건조중량)의 하이드록시 구연산(hydroxy citric acid, HCA)이 함유되어 있는데 HCA는 '먹으면서 야위게 되는 다이어트 소재' 로서 주목받으면서 그 기능성에 관심이 급증하여 왔다. 전통적으로 이 과일의 조추출물은 소화를 도와 보다 많은 음식을 섭취할 수 있도록 하기 위해 사용되어 왔다. HCA는 탄수화물로부터 지방이 합성되는 과정을 저해하고 공복감을 줄여주어 식사의 양을 줄임으로서 비만을 억제하는 효과가 보고되어 있다. 또한 가르시니아 캄보지아는 운동지구력을 높이는 효과도 발견되고 있다.

가물치(snake head) 농어목 가물치과의 민물고기. 학명은 *Ophicephalus orgus* Cantor. 몸길이 50~60cm이며 최대 몸길이 1m까지 자라는 것도 있다. 몸은 가늘고 길며 몸통의 횡단면은 거의 원형이다. 몸빛깔은 등쪽이 어두운 갈색, 배쪽이 회색빛을 띤 흰색이거나 노란색이다. 흐르지 않는 탁한 물 밑의 진흙, 물풀이 무성한 곳에 산다. 성질이 사나워서 민물의 폭군이란 별명으로 불리며 다른 물고기나 개구리 등을 잡아먹거나 가물치끼리 서로 잡아먹기도 한다. 산란기는 5~8월이다. 중국 북동부 헤이룽강(黑龍江)에서 우리나라까지 분포하며, 일본에 서식하고 있는 것은 우리나라에서 건너간 것으로 한국 명칭을 그대로 쓴다. 『향약집성방』에 여어라 하고 속어로는 가모치(加母致)라 하였다. 『재물보』에는 예어 · 흑예라 하고 한글로 가물치라 쓰고 있다. 『오주연문장전』에는 흑어(黑魚)라 하고 있다. 피로회복 또는 산부(産婦)의 보혈약 등으로 쓰인다. 살은 희고 맛이 좋으나, 유극악구충(有棘顎口蟲)의 제2 중간숙주로, 근육 속에 피낭유충이 있으므로, 회로 먹는 것은 피해야 한다.

가소성(plasticity) 외력(外力)에 의해서 변형된 물체가 외력을 제거해도 원래의 상태로 돌아오지 않고 영구변형을 남기는 성질. 소성(塑性)이라고도 한다. 예를 들면 물기가 있는 점토는 외력을 가해도 부서지지 않고 여러 가지 형태로 변하고, 그 후 외력을 제거해도 변형된 그대로의 상태를 유지하는데, 점토의 이러한 성질이 가소성이다. 소성변형은 변형력(응력)이 탄성한계를 넘을 때 일어나며, 항복점(降伏點) 이상에서 뚜렷하게 커진다. 즉 가소성에는 항복점이 크게 작용한다. 축축한 점토나 석고는 항복점이 낮아 가소성이 크며, 이와 같은 물질은 소성체(塑性體)라고 한다. 또 고분자물질은 뚜렷한 항복점이 없고, 비교적 작은 외력에 의해서도 가소성을 보이는 것이 많다. 이에 비해 금속은 일반적으로 뚜렷한 항복점을 가지며 그 값도 크므로, 큰 외력이 작용하지 않으면 가소성을 보이지 않는다. 또한 가소성은 온도의 영향을 받는다. 예를 들면 암석도 고온 · 고압인 지각(地殼) 내부에서는 가소성을 보이며, 고분자물질 중에는 가열하면 뚜렷하게 가소성이 커지는 것이 있다. 이러한 성질을 열가소성이라 한다. 폴리에틸렌 · PVC · 폴리스티렌 · 폴리메타크릴산에스테르 등 고분자물질은 열가소성이 커서, 열과 압력을 가하면 쉽게 임의의 형태로 만들 수 있으므로 플라스틱(가소성 물질)이라 한다. 대부분의 플라스틱은 온도 및 변형속도에 따라 가소성이 변한다. 일반적으로 저온 · 고속에서는 무르고, 고온 · 저속에서는 연성(延性)을 가지게 된다. 또 고분자물질 중에는 분자 사이의 상호작용이 강하여 상온(常溫)에서는 가소성을 보이지 않는 것이 있는데, 이러한 고분자물질도 적당한 저분자물질을 혼합하면 물러져서, 상온에서도 뚜렷한 가소성을 보이는 수가 있다. 이와 같은 저분자물질을 가소제라 한다.

가소성 유체(plastic fluid) 항복치 이상의 힘을 주어야 변형이 일어나는 비뉴턴 유체. 예를 들면, 짜낸 마요네즈는 아주 작은 힘에는 형이 무너지지 않지만, 힘을 늘리면 형이 무너지고 흘러가 버린다. 이 외에 데코레이션용 크림, 휘핑크림, 화이트 소스(white sauce), 머랭, 치약 등이 있다. 또 소성 유동을 나타내는 뉴턴 유체는 빙햄 소성 유체(Bingham plastic fluid)라고 한다.

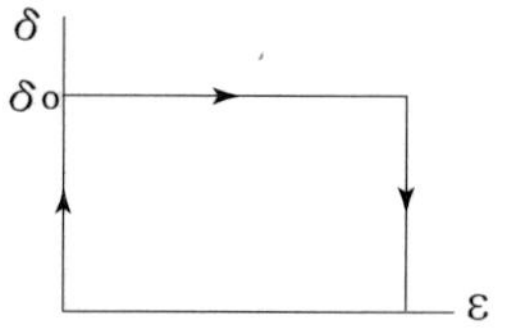

이상적인 가소성 유체의 응력-변형 곡선

가수분해(hydrolysis) 물분자의 작용으로 일어나는 분해반응. 어떤 화학물질이 분해되는 반응에 있어서 물분자가 첨가되어 한쪽의 생성물에는 물의 OH를, 다른 생성물에는 H를 가하면서 분해되는 반응. 금속염은 대부분 수용액 내에서 물과 반응하여 이온성분이 다른 이온 또는 분자로 변한다. 그 결과 대개의 경우 수소이온 또는 수산(oxalic acid)이온이 생겨 산성 또는 알칼리성이 되는데, 그 세기는 성분인 산 또는 염기의 세기와 관계가 있다. 예를 들면, 강산과 강염기로 이루어지는 염(염화나트륨 · 질산칼륨 등)은 거의 가수분해를 일으키지 않지만, 약산과 강염기로 이루어지는 염(탄산나트륨 · 시안화칼륨 등)이나 강산과 약염기로 이루어지는 염(황산나트륨 · 황산알루미늄 등)은 물에 의하여 원래의 산과 염기로 분해된다. 유기화합물의 가수분해는 각각 특수한 명칭으로 불리는 경우가 있는데 에스테르의 가수분해(산+알코올)는 비누화(saponification), 설탕의 가수분해(글루코오스+과당)는 전화(inversion)라 한다. 또한 사람의 소화기 내에서 음식이 효소작용으로 가수분해되어 저분자화되는 과정도 가수분해라 하는데 예를 들면, 전분이 아밀라아제 효소에 의하여 맥아당이 되고 또 다시 말타아제에 의하여 가수분해되어 포도당으로서 흡수된다. 이러한 가수분해를 당화라 한다. 식품 가공에서의 발효 등도 가수분해에 의한다.

가수소분해(hydrogenolysis) 어떤 화학물질이 수소와의 상호작용에 의하여 분해되는 현상. 좁은 의미로는 촉매에 의한 수소화 반응에 의하여 탄소-비 탄화수소 원자 간의 결합이 분해되는 반응을 말한다. 사용되는 촉매는 수소화 반응 촉매와 같은 종류로, 니켈 · 백금 · 팔라듐 등의 금속 및 이들의 화합물이 사용된다.

가스 멸균(gas sterilization) 열에 약한 1회용 플라스틱제인 배양접시, 파이페트나 의료기구의 가스를 이용한 멸균법. 가스 멸균은 열이나 기타 다른 방법에 비하여 자재를 변질시키는 일이 적기 때문에 최근 그 사용이 급속히 증가하고 있으며, 사용 가스로는 에틸렌 옥사이드가 가장 널리 이용되고 있다.

가시적 지방(visible fats) 육안으로 쉽게 식별할 수 있는 지방. 각종 유지, 버터, 마가린, 쇼트닝 등이 있다.

가식부(edible portion : EP) 조리된 음식 부분 중 먹지 않는 부분, 즉 껍질, 뼈 등을 제외하고 실제로 먹는 부분의 무게.

가쓰오부시(가다랑어포) 국물의 맛을 내는 데 쓰는 일본의 대표적인 천연조미료의 일종. 가다랑어의 머리와 내장 등을 떼고 찜통에 쪄서 뼈를 발라내고 불에 쬐어 건조시킨 후 하룻밤 동안 그대로 두었다가 다시 불에 쬐어 건조시킨다. 이와 같은 과정을 수차 반복하여 충분히 건조시킨 후 1~2일 햇볕에 쬐어 밀폐상자에 넣고 약 2주간 지나면 푸른곰팡이가 핀다. 이것을 햇볕에 말린 뒤 다시 상자에 넣어 곰팡이가 피게 하는 방법을 4~5회 반복하면 곰팡이가 거의 피지 않게 되어 완성품이 되는데, 4~5개월이 걸린다. 좋은 가다랑어포는 손에 잡았을 때 묵직한 것, 가볍게 두들기면 금속성의 맑은 음이 나는 것, 표면에 미세화 회록색의 곰팡이가 얇고 균등하게 붙어 있는 것, 껍질의 주름이 미세한 것, 자른 면의 색이 붉은 색을 띤 흑갈색의 윤기가 있는 것이 좋다.

가열탈기법(heat exhausting) 뜨거운 내용물을 관내에 넣고 곧 밀봉하거나 탈기상자를 이용하여 가열하여 공기를 제거하는 방법. 탈기상자를 이용하는 방법은 액상식품이나 염수(brine)를 가한 제품 등에는 효과가 있으나, 고체 식품은 열팽창률이 적어 효과가 적다. 내용물의 가열팽창 후 냉각 시에 수축으로 인한 진공도를 이용하는 것으로 내용물에 함유되어 있던 공기와 주입액에 용해되어 있던 공기가 제거되고 헤드 스페이스(head space)의 공기도 팽창 제거된다.

가오리(sting ray) 연골어류 홍어목 물고기의 총칭. 몸통은 거의 5각형이며 몸빛은 녹갈색, 배쪽은 담황색, 가장자리는 짙은 황색으로 길이는 1m 정도이다. 우리나라 남 · 서해, 일본 중부 이남, 인도양, 동중국해가 주산지이다. 어종에는 노랑가오리, 홍어, 오동가오리, 상어가오리, 전기가오리, 묵가오리, 살홍어, 눈가오리, 흰가오리, 꽁지가오리, 나비가오리, 쥐가오리, 매가오리 등이 있다. 체내에 요소를 많이 함유하므로, 죽은 후 단시간 내에 요소가 분해되어 암모니아로 되므로 악취의 원인이 된다. 신선한 것은 생식하기도 한다.

가자미(sole, flatfish) 가자미목 가자미과 어류의 총칭. 가자미류를 엄밀히 말하면 가자미목에 속하는 가자미류, 넙치류, 서대류 등을 포함하지만 보통 시장 등지에서 말하는 넙치, 도다리 등 이름을 아는 몇 종을 제외하고는 모두 가자미로 총칭한다. 한자어로 비목어(比目魚) 또는 첩이라 하였다. 『지봉유설』에 광어(廣魚, 넙치) 및 설어(舌魚, 서대)를 첩류(鰈類)라 하였고, 한글로 비목어를 가자미, 광어를 넙치라 하였으며 비목어는 동해에서 난다고 하였다. 근연종인 넙치과(flounder)와 함께 성어는 몸이 난형이고 납작하며, 한 쪽은 거무스름하고 다른 쪽은 희다. 검은 쪽에 두 눈이 접근해 있으며, 눈이 있는 쪽을 위로 향하고 바다 밑에서 산다. 또 눈 부위는 주위의 색조에 따라 변색하여 보호색이 되는 종류도 많다. 가자미류는 몸의 오른쪽에 눈이 있고, 붕넙치류는 몸의 왼쪽에 눈이 있는 것이 보통이나 강도다리와 같이 붕넙치류이면서도 왼쪽에 눈이 있는 것이 있어서 눈만 가지고는 양자를 구별할 수 없다. 우리나라의 전 해역을 비롯하여 일본, 동중국해 연안에 분포하며, 대부분 수심 150m 이내인 바다의 펄이나 모래질인 곳에 서식한다. 가자미 중에서 가장 맛이 좋은 것은 돌가자미이고 참가자미, 문치가자미, 범가자미도 맛이 좋다. 고기 맛이 담백하고 단백질이 풍부하다. 큰 넙치류는 회맛이 좋고 참서대류는 건어로 한 것이 맛이 좋다. 전, 조림, 젓, 지짐이 등으로 많이 이용되고 가을에서 겨울철에 맛이 좋다. 성분은 비교적 지방이 적은 편으로 2% 정도이고 비타민 A가 간장에 많이 들어 있다. 등지느러미 부분은 솔잎 냄새가 강하므로 요리할 때 제거하는 것이 좋다. 가자미 요리로 가장 유명한 것은 함경도 음식인 가자미식해이다.

가정대용식(home meal replacement) 집에서 만드는 식사를 대체하는 음식을 의미함. 가정에서 손수 조리하여 먹던 방식에서 벗어나 편의점이나 패스트푸드점, 자판기, 슈퍼마켓, 레스토랑 등에서 만든 것을 구입하여 집에서 먹을 수 있도록 요리의 편리성과 시간절약을 특징으로 한 음식을 말한다.

가중이동평균법(weighted moving average method) 수요예측의 한 방법인 이동평균법의 한 종류로 최근의 실적치에 가장 높은 가중치를 부여하여 수요를 예측하는 방법. 가중치의 결정은 급식소를 운영하는 관리자의 판단에 의존하며 보통 70, 20, 10% 등으로 배분하여 적용한다.

가지(egg plant) 가지과에 속하는 일년생 초본. 학명은 *Solanum melongena* L.. 인도 동남부가 원산지. 모양이 원형, 달걀형, 대장형, 중장형, 장형인 것이 있고 색에 따라 흑자색, 자갈색, 청백색, 자주색, 흰색, 노랑색, 녹색 줄무늬로 되어 있는 것 등 세계 각지에 150여 종이 분포되어 있다. 우리나라에서 재배되는 가지는 진한 흑자색이고 긴 장방형이다. 가지는 성분은 수분이 93.3%, 단백질 0.9%, 지방 0.1%, 탄수화물 4.5%, 섬유소 0.8%, 무기질 0.4%가 있다. 무기질 중에서는 칼륨(210mg%)이 많다. 토마토나 오이에 비하면 비타민 등이 적어 영양적 가치는 적다. 탄수화물 중에서는 환원당이 많고 그 밖에 자당과 소량의 전분 등이 있다. 약간의 떫은맛이 난다. 가지의 자색은 안토시안(anthocyan) 색소로 명반이나 쇠붙이를 넣어 주면 아름다운 청자색이 된다. 스코포레친(scopoletin)과 스코파론(scoparone)이 있어 진정작용을 한다. 썰어 놓은 가지는 색의 변화를 막기 위해 우유에 담가 보관하면 좋다. 찜, 나물, 무침, 튀김 등으로 이용한다. 제철은 초여름부터 가을이며 흑자색이 아름답고 털과 광택이 있는 것이 양질이다. 손상이나 주름이 있거나 갈색으로 변해 있는 것, 색이 바란 것은 피한다. 꼭지가 검고 절단면이 싱싱한 것으로 바늘이 있고 단단하여 아플 정도면 신선한 것이다.

가티검(gum ghatti) 세이론에서 자라는 Anogeissus latifolia wall. 나무줄기의 상처에서 분비되는 침출액을 건조하여 얻어지는 것으로서 주성분은 아라비노스, 갈락토오스, 만노오스, 크실론, 글루콘산 등으로 구성된 복합다당류이다. 냉수에도 잘 녹는 우수한 용해도를 가지고 있으며, 10% 이상의 고농도에서도 점조한 점착성의 용액을 만든다. 특히 10% 이상의 식염에서 용해될 정도로 내염성이 우수하다. 식품의 점착성, 점도 및 유화안정성을 증진시키며 물성 및 촉감을 향상시키기 위한 식품첨가물로 사용된다. 아이스크림, 드레싱, 소시지, 유화향료 등에 사용되며, 제과 시 설탕의 결정방지제로도 쓰인다.

각설탕(cube sugar) 그래뉼당에 시럽을 가하여 틀에 넣고 사각 형태로 굳힌 것. 편리하게 사용할 수 있다. 1개의 무게는 1파운드(약 453.6g)짜리 72개입의 경우 약 6.3g, 120개입의 경우 3.8g, 135개입이 3.3g이다. 커피, 홍차에 이용한다.

간유(cod liver oil) 대구과에 속하는 식용 어류의 신선한 간에서 얻은 지방유. 1g 중에 비타민 A가 2,000I.U. 이상 함유되어 있고, 그 약 1/10의 비타민 D_3가 함유되어 있다. 이 간유의 시판품은 불쾌하고 특이한 냄새가 나지만, 갓 만들어 신선한 것은 불쾌한 냄새가 없어 튀김 등에도 사용한다. 밀폐용기에 넣고 직사광선을 피해서 보존하지 않으면 비타민 A는 쉽게 산화되어 손실된다. 비타민 A · D의 영양제로서 영양장애, 구루병, 골연화증, 야맹증, 각막연화증, 각막건조증, 선병질(腺病質), 결핵 등에 사용한다. 간유구 등 먹기 좋게 만든 것도 있다. 넙치, 돛돔, 다랑어, 가다랑어, 상어류, 고래류의 간에서 얻은 간유를 강간유(强肝油)라 하는데, 비타민 A · D의 함량이 보통 간유의 5배에 달하나, 강간유를 과용하면 젖을 먹는 유아는 식욕부진, 체중감소, 발열, 발진 등의 비타민 과잉증에 걸릴 우려가 있으므로 조심해야 한다.

간이검사 식품에 오염된 미생물의 수를 현장에서 신속하게 측정하는 방법. 재래방법의 표준 배양은 경비나 시간이 많이 소요된다. 그러나 식품현장에서 간편하게 사용할 수 있고 저렴한 경비와 짧은 시간에 미생물을 접종, 배양하여 결과를 판단할 수 있는 신속한 간이배양 도구 및 장비들이 개발되어 사용되고 있다.

간장(soy sauce) 된장을 걸러낸 액체. 메주를 소금물에 담가 1~2개월 정도 두면 숙성되어 적갈색이 되는데 메주를 걸러서 된장을 얻고 액체를 끓인 것이 간장이다. 간장의 염도는 보통 18~20%로 음식의 간을 맞추고 맛을 내는 데 기본이 된다. 간장은 콩 속의 영양소가 미생물에 의해 분해되어 탄수화물은 당으로 단백질은 펩티드나 아미노산으로, 지방은 지방산과 글리세린 등의 저분자로 가수분해되고 또한 미생물에 의해 향미 성분이 생성된다. 소금에 의한 짠맛, 글루타민산, 아스파라긴산 등에 의한 감칠맛, 유기산에 의한 신맛, 당류, 글리세린 등 일부 아미노산에 의한 단맛이 조화를 이룬다. 간장은 숙성기간이 오래될수록 색깔이 검어지고 감칠맛이 더해진다. 간장이 갈색을 띠는 것은 아미노산의 분해산물과 당류의 중합체인 멜라노이딘에 기인되는데, 시판 화학간장은 속성제품이므로 캐러멜로 착색한다. 간장의 냄새는 알코올, 케톤, 알데히드, 휘발성산, 에스테르, 페놀 등이 혼합된 것이며, 간장의 고유한 맛은 β-메틸 메르캅토프로필 알코올(β-methyl mercaptopropyl alcohol)에 의한다. 간장은 만드는 방법에 따라 재래식과 개량식이 있다. ☞ 산분해간장

간접비(indirect cost) 여러 제품에 공통적으로 또는 간접적으로 소요되는 비용. 간접재료비(보조재료비), 간접인건비(급료, 수당), 간접경비(감가상각비, 보험료, 수선비, 전력비, 가스비, 수도광열비)로 나눌 수 있다.

간트 차트(Gantt chart) 간트가 개발한 작업계획 또는 작업진도 표로써 실제의 작업량을 작업일정이나 시간으로 구분하고 이를 평행선으로 표시하여 계획과 통제기능을 동시에 수행할 수 있도록 설계된 막대도표.

간헐멸균(fractional sterilization) 열에 비교적 불안정한 배지(media) 등을 특별한 장치를 사용하지 않고 멸균하는 방법. 평압증기솥(Koch 솥) 또는 끓는 물 속에 배지를 넣고 100℃에서 30분 가열하여 하룻밤 상온에 방치한 후 다시 100℃로 30분간 가열하는 조작을 3회 반복한다.

간흡충(간디스토마, Clonorchis sinensis) 디스토마라고 통칭되는 기생충으로 현재 우리나라에서 감염율이 가장 높은 기생충이다. 나뭇잎 모양의 흡충으로 민물고기를 날로 먹거나 덜 익혀 먹을 때 감염되며, 우리나라가 세계적인 유행지로 알려져 있다. 잉어과에 속하는 붕어, 잉어, 모래무치, 피라미 등을 중간숙주로 하여 사람의 간 담관에 기생하며 사람의 몸에서 수명이 10년 이상으로 길어 한번 감염되면 장기간 감염이 지속된다. 심하면 간경화증, 간암이 발생하며 이 기생충 감염자는 암 발생률이 건강한 사람보다 5~10배 높다. 초기에는 아무런 증상을 느낄 수 없으나 심해지면 간기능이 저하돼 피로감과 소화불량, 복부불쾌감, 복부팽만, 황달, 만성설사, 위장출혈, 야맹증 등의 증상이 나타난다. 더욱 심하면 간염, 간경변, 담석증, 복수 등을 일으키며 생명을 잃기도 하고 간암의 원인이 되기도 한다.

갈락토올리고당(galactooligosaccharide) 2~5개의 갈락토오스와 포도당으로 연결된 소당류. 락토오스에 미생물이 생산하는 β-갈락토시다아제(galactosidase)를 작용시키면 전이반응에 의해 생성[Gal-(Gal)n-Glc(n=1~4)]되며, 이 중 주 생성물은 삼당류이다. 모유 중에 분포하며 가열과 산성에서 안정하다. 모유 중의 성분을 미생물에 의해 시험관 내에서 합성하였으며 빵, 캔디, 쿠키, 비스킷, 케이크, 스낵, 아이스크림, 유산균 음료 등에 사용된다.

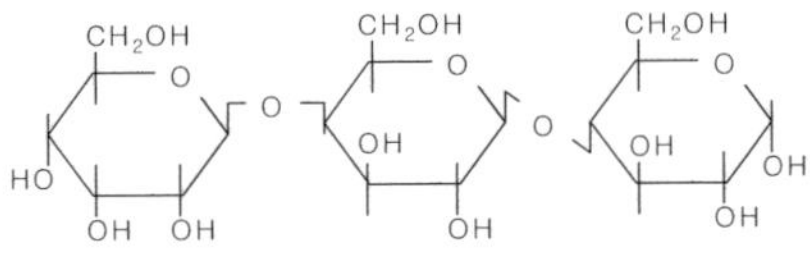

4'-갈락토올리고당

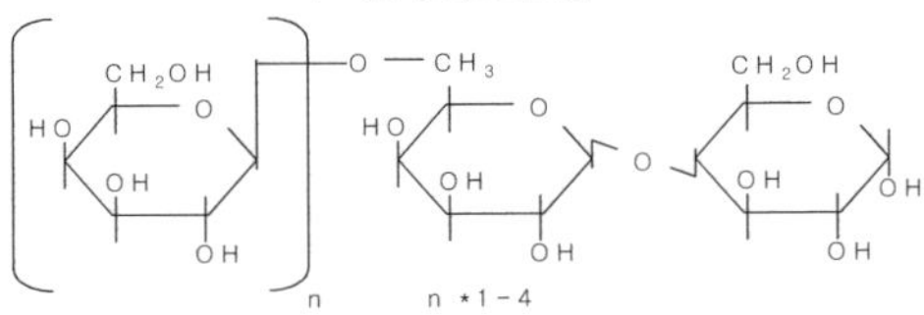

G'-갈락토올리고당

갈랑갈(galanggal) 생강과에 속하는 식물. 아시아 생강이라고도 한다. 모양은 생강과 비슷하나 맛이나 향이 훨씬 강하다. 뿌리와 잎은 일반식품과 건강기능식품의 주원료로 사용되고 있고 약용으로도 쓰인다. 세계 3대 수프의 하나인 톰양쿵의 주요 재료로 사용된다. 갈랑갈에서 추출된 성분이 암세포는 죽이고 건강한 세포를 암세포로부터 보호하는 기능을 갖고 있다는 사실이 연구보고 되어 있다.

갈로카테킨 갈레이트(gallocatechin gallate) 차 잎에 들어 있는 떫은 성분 ☞ 탄닌

갈변반응(browning reaction) 저장, 가공, 조리과정에서의 식품성분의 변화와 착색으로 황색이나 갈색 계통의 색을 나타내는 것의 총칭. 갈변은 크게 효소적 갈변과 비효소적 갈변으로 나뉜다. 과일, 채소의 잘린 면의 변색은 폴리페놀옥시다아제(polyphenol oxidase)와 같은 산화효소가 폴리페놀계 물질에 작용하는 것으로 효소적 갈변이며, 고기 또는 과자를 구울 때의 향기와 바람직한 색은 비효소적 갈변에 의한다. 비효소적 갈변은 메일러드 반응(Maillard reaction or amino-carbonyl reaction)과 캐러멜화 반응(caramelization)으로 나뉜다. 이 갈변반응의 생성물들이 가공 또는 저장식품의

향미, 영양가 등 식품의 품질에 큰 영향을 주는데, 커피, 홍차, 빵, 비스킷, 간장 등의 식품에서는 바람직하나, 농축 과실 주스, 과실, 채소, 유제품 등에서는 품질을 저하시킨다.

갈분(arrowroot starch) ☞ 칡전분

갈색란(brown egg) 껍질 색이 갈색인 달걀. 닭의 깃털이 붉은 닭의 알이다. 프로토포르피린(protoporphyrin)이 알껍질에 착색되어 있으며 영양성분은 백색란과 차이가 없다.

갈색설탕(brown sugar) 당액 또는 원당(100%)을 정제·가공한 황갈색 설탕. 백설탕에 비해 특유의 풍미를 가지고 있고, 제조과정에서 가해진 열로 인해 원당의 향이 살아나게 된다. 과자나 빵을 만들 때 많이 사용되며 강한 단맛이나 감칠맛, 원료당의 향을 내는데 좋다.

갈조류(brown algae) 갈색 또는 녹갈색의 해조류. 미역, 다시마 등이 이에 속한다. 일반적으로 녹조류보다도 깊은 물속에서 자라고, 길이가 몇 미터씩이나 되는 대형 조류가 많으며, 대부분이 일년생이다. 광합성 색소로서 클로로필 a와 b를 가지고 있으며, β-카로틴과 퓨코잔틴(fucoxanthin)을 비롯한 여러 가지 색소를 지니고 있다. 광합성 산물로는 전분의 형태로 저장하지 않고, 라미나린(laminarin) 또는 만니톨(mannitol)의 형태로 저장한다. 갈조류에서 알긴산을 추출하는데 이는 식이섬유로서 위장에서 소화 흡수되지 않아 열량이 없으므로 비만 방지, 성인병 예방에 도움을 준다.

갈치(hair tail) 농어목 갈치과에 속하는 난해성 어류. 학명은 *Trichiurus haumela* Forskäi. 『자산어보』에서는 군대어(裙帶魚)라 하고 속명을 갈치어(葛峙魚)라 하였으며 『난호어목지』에서는 갈치(葛侈)라 하였다. 칼치 또는 도어(刀魚)라고도 하며, 새끼를 풀치 또는 중부지방에서는 빈쟁이라고도 한다. 우리나라 전 해역 특히 서남해의 연근해를 비롯해서 일본, 동중국해, 전세계의 온대 또는 아열대 해역에 분포한다. 몸통길이가 아주 길어서 1.5m 전후에 달하고 꼬리쪽은 띠모양이며 꼬리 끝은 긴 끈과 같다. 비늘은 없고 몸빛은 은백색이다. 몸을 덮고 있는 은백색의 은분은 소화도 안 되고 영양가치는 없으나 인조진주의 광택원료로 이용된다. 선도가 좋은 것은 은분이 벗겨져 있지 않으나 오래 되어 선도가 떨어진 것은 대부분 벗겨져 있다. 산란기는 8~9월경이며, 여름철에 맛이 가장 좋다. 수분 63~80%, 단백질 16~25%, 지방 10% 내외(85% 불포화지방산), 탄수화물 0.5~1.0%, 무기질 1~2%, 비타민 A, B_1, B_2, B_{12}, D, E, 나이아신, 특히 비타민 A는 어채와 간에 많다. 단백질이 풍부하며 지방도 알맞게 들어 있어 맛이 좋다. 은분의 구아닌은 복통, 두드러기를 유발시키기 때문에 생선회를 만들 때는 표피를 제거해야 한다. 주로 구이, 절임, 튀김, 찌개 등에 이용되며 고급 어묵의 원료로 쓰이기도 한다. 갈치조림, 갈치자반, 갈치속젓, 갈치국 등이 있다.

감(persimmon) 감나무과(ebenaceae) 감나무의 열매. 학명은 *Diospyros kaki* Thunb. 한자명은 시자(柿子), 시체(柿蔕), 시전(柿錢)이다. 동아시아 온대지역에 특유한 과실로 중국, 일본, 한국이 원산지이다. 감은 떫은 감과 단감이 있는데 우리나라 재래종은 대개 떫은 감이고 외래종 단감이 남부지방에서 재배되고 있다. 단감은 나무에서 과실이 성숙되는 동안에 아세트알데히드가 탄닌 성분과 결합하여 가용성 탄닌이 불용성 탄닌으로 변화되어 떫은맛이 느껴지지 않는 품종이다. 단감의 속이나 껍질의 검은 반점은 탄닌이 불용화된 변형된 탄닌 세포이다. 떫은 감은 성숙해도 가용성 탄닌을 함유하기 때문에 그대로는 먹을 수 없어 소금물에 담그거나 식용으로 하기 위해서는 인위적인 처리에 의해서 가용성 탄닌을 불용성으로 바꾸어야 한다. 잘 익은 홍시, 우린감, 곶감 등도 수용성 탄닌이 효소에 의해 불용성으로 변해 떫은맛이 줄고 단맛이 증가된다. 감의 주성분은 포도당, 과당 등 당분으로 15~16% 함유되어 있다. 또한, 비타민 A와 B가 풍부한데 비타민 C는 30~50mg%가 함유되어 있다. 주황색은 카로티노이드(carotenoid)계 색소인 라이코펜(lycopene)으로 비타민 A 효과가 있다. 유기산이 적어 보통 과일과는 달리 신맛이 없다. 곶감 표면의 흰 분말은 만니톨(mannitol)이다. 탄닌은 수렴작용이 강하기 때문에 지사, 지혈작용이 있다. 단감은 잘 익은 것을 생식하고, 떫은 감은 떫은맛

을 없앤 뒤에 식용하며 또는 가공하여 건시로 만들어서 사용한다. 또 수정과, 통조림 등을 만들며, 감잎은 차를 끓여 먹으면 비타민 C의 좋은 급원이 된다. 좋은 감은 들어보았을 때 묵직하고 색이 고르고 얼룩이 있거나 변색하지 않은 것으로 잘라 보았을 때 씨가 적은 것이 좋다. 떫은맛을 없애는 방법으로는 큰 통에 떫은 감을 넣고 30~40% 에탄올 또는 30°의 소주를 분무하여 20℃에서 4~5일간 밀폐한다. 또는 큰 통에 떫은 감을 담고 부피의 50%의 이산화탄소 또는 알맞은 양의 드라이아이스를 넣고 밀폐하여 3~5일간 방치한다. 한방에서는 성숙한 감의 꼭지는 딸꾹질 · 구토 · 야뇨증에, 곶감은 해소 · 토혈 · 각혈 · 이질 등을 멎게 한다고 알려져 있다.

감가상각비(depreciation expenses) 고정자산의 소모나 손상에 의한 가치의 감소를 연도에 따라 할당하고 계산하게 되는데 이때 감가된 금액을 감가상각비라고 함. 감가상각비 계산을 위해 보통 정액법과 정률법이 가장 많이 사용된다.

감광체(photosensitizer) 광화학반응에서 빛에너지를 흡수하여 들뜬 분자의 에너지를 다른 분자에 전달하여 들뜬 분자로 만드는 물질. 특히 공기 중의 삼중항산소를 일중항산소로 만들어 유지의 산화를 촉매하는 역할을 한다. 일중항산소를 생성하는 감광체에는 클로로필, 페오피틴, 헤모글로빈과 미오글로빈의 색소부위, 합성색소인 에리스로신(erythrosin) 등이 있다.

감국(chrysanthemum flower) 황국(黃菊)이라고도 한다. 주로 산에서 자라며 꽃은 일반식품과 건강기능식품의 주원료나 약용으로 쓴다. 10월에 꽃을 말려서 술에 넣어 마시고, 어린잎은 나물로 쓴다. 한방에서는 열감기 · 폐렴 · 기관지염 · 두통 · 위염 · 장염 · 종기 등의 치료에 처방한다. 민간요법으로는 풀 전체를 짓찧어서 환부에 붙이거나 생초를 달인 물로 환부를 씻어낸다.

감귤류(Citrus fruits) 운향과 감귤나무아과 중에서 감귤속, 금감속, 탱자나무속에 속하는 각 종 및 이들 3속에서 파생되어 온 품종의 총칭. 학명은 *Citrus* spp.. 오렌지, 레몬, 자몽, 하귤(여름귤), 팔삭, 금감(낑깡), 온주 밀감 등 10여 종이 있으며 귤은 온주 밀감을 말한다. 감귤류 중에서 껍질을 벗기기 쉬운 것은 밀감이라고 한다. 오렌지는 스위트 오렌지(sweet orange)를 가리키며 바렌시아 오렌지와 네이블 오렌지가 있다. 원산지는 동남아, 동북아 지역이다. 성분은 수분이 88.9%로 대부분을 차지하며 알칼리성 식품이다. 독특한 신맛을 내는 주성분은 유기산으로, 0.5~1.5% 함유되어 있고 주로 구연산이다. 당의 함량은 품종에 따라 차이가 많으나 평균 10% 정도이고 환원당과 설탕, 포도당, 과당 등의 형태로 들어 있다. 특히, 비타민 C가 평균 40mg%로 다른 과일에 비해 많고 껍질 부위에 더 많다. 향기 성분인 정유가 들어 있는 것이 특징이다. 노란색은 카로틴(carotene) 색소이다. 헤스페리딘(hesperidin)이라는 비타민 P가 있는데, 이 성분은 혈관에 저항력을 주어 동맥경화, 고혈압 예방에 효과가 있다. 펙틴은 특히 내과피에 풍부하여 잼이나 마멀레이드(marmalade) 제조에 이용되며, 또한 과피에는 쿠마린에 속하는 오라프텐이 있어 발암 억제 효과가 높다. ☞ 귤

감도(sensibility) 측정기기 · 수신기 등이 외부의 자극 · 작용에 대해 반응하는 예민성의 정도. 어떤 규정된 유효출력을 얻을 수 있는 최소의 입력으로 나타낸다. 증폭기나 수신기에 미약한 신호입력이 있을 경우에, 잡음 이상으로 분명히 신호라고 인정되는 출력값을 규정하고, 그러한 출력을 주는 입력값으로 감도를 나타낸다. 이 값이 작을수록 감도가 높다고 한다.

감도검사(sensitivity test) 예민도검사라고도 하며 관능검사 패널을 선발할 때 또는 훈련할 때 사용. 식품에 대한 미각, 촉각, 후각 등의 감도를 개인별로 측정한다. 역치검사(threshold test)는 4원미에 대하여 각 맛의 대표적인 물질을 사용하여 희석계열을 만들어 측정한다. 희석시험(dilution test)은 농후한 식품시료를 순차적으로 희석 변화시킨 것을 시료의 계열로 만들어 패널의 식별능력으로 비교시험 하는 방법이다. 이 방법은 시료를 희석할 때 균일하게 혼합되는 것과 품질의 본질이 변화하지 않는 종류에 한하여 적용될 수 있다.

감마리놀렌산(γ-linolenic acid, GLA) 달맞이꽃에

함유된 지방산. ω-3계 지방산으로 cis-6, 9, 12-octadecadienoic acid이다. 감마리놀렌산은 체내에서 프로스타글란딘(prostaglandin)으로 전환되어 항혈전 작용과 항염증작용 등 많은 생리작용을 한다.

감마아미노부티르산(γ-aminobutyric acid, GABA) 신경전달물질로 뇌 대사에 관계가 깊은 물질. 현미를 발아시키면 현미에 들어있는 감마아미노부티르산이 3배로 늘어나고 흰쌀보다는 10배나 더 많다. ☞ 감마오리자놀

감마오리자놀(γ-orizanol) 곡물의 씨눈에 함유된 유지성분을 추출 농축한 것. 감마오리자놀은 노화를 지연하여 자율신경 실조증을 개선한다고 알려져 있다. 감마아미노부티르산에는 혈압을 낮추고 신경을 진정시키며 신장이나 간장을 활성화시키는 등의 작용이 있다. 또 혈액 중의 중성지방을 줄여 체중이 늘어나지 않도록 하는 효과도 있다. 감미가 설탕보다는 덜하며 풍미나 조직에 영향을 주지 않을 뿐만 아니라 점도를 증가시킨다.

감마-운데카락톤(γ-undecalactone) 특이한 향기가 있는 액체 상태의 락톤계 탄화수소. 복숭아 향기를 지니고 있어 식품첨가물의 하나로 착향료로 쓴다.

감미료(sweeteners) 단맛을 느끼게 하는 조미료 및 식품첨가물의 총칭. 천연감미료와 인공감미료로 나뉜다. 천연감미료로서는 설탕과 꿀이 대표적이지만, 이 밖에 포도당, 과당, 이성화당, 엿, 시럽 등이 있으며 인공감미료로는 사카린, 아스파탐 등이 있다. 단맛을 비교하는 감미도는 일반적으로 설탕을 기준으로 삼으나 그 값은 측정 조건에 따라 약간씩 달라진다.

감식초(persimmon vinegar) 감을 아세트산 발효한 식초. 타닌과 아스코르브산이 풍부하고 특유의 부드러운 맛이 특징이다. 감식초는 음식의 pH를 저하시켜 식품의 보존력을 높이고 신맛에 의해 소화액의 분비를 자극함으로써 입맛을 돋우고, 인체의 에너지 대사에 관여하여 피로를 빠르게 회복시켜 준다. 천연구연산을 다량 함유해 살균작용이 강하고 소화액 촉진과 체질개선 작용이 강하다. 맛이 부드러워 그냥 마셔도 좋으나 냉수 등에 희석하여 음용하는 것이 일반적이다. 양념으로도 널리 사용되고 있다. 총산은 아세트산으로서 2.6% 이상이어야 한다.

감염량(infective dose) 식중독을 일으키는데 필요한 최소한의 미생물 수로, 개인차, 세균의 종류 및 병원성, 세균오염식품 특성 등에 따라 달라진다.

감염형(infection type) 식품에 오염되어 다량 증식한 병원성 미생물을 섭취하여 발생하는 식중독 발현 기전의 한 유형. 이에는 세 가지 경우가 포함되는데, 첫째 병원성 균을 섭취하면 이 균이 장내 점막에 침투하여 소화관 내에서 생체에 부작용을 나타내는 경우이며, 둘째 섭취된 미생물이 소화관으로부터 다른 조직으로 이동하여 정착하는 경우이며, 셋째 감염된 미생물이 소화관 내에서 증식하거나 자가분해를 일으켜서 독소를 방출함으로써 중독현상을 일으키는 경우이다. 이에는 살모넬라 식중독, 장염비브리오 식중독, 캄필로박터 식중독, 리스테리아 식중독 등이 있다.

감자(potato) 가지과에 속하는 다년초 또한 식용지하 덩이줄기. 학명은 *Solanum tuberosum* L.. 감자는 페루, 칠레 등의 안데스산맥 원산으로 온대지방에서 널리 재배하며, 우리나라에서는 전국적으로 재배되지만 특히 강원도에서 많이 생산되며 요즘은 보통 1년에 2모작을 한다. 감자의 성분은 수확시기에 따라 다르나 성장함에 따라 수분 및 당 함량은 감소하며 전분 함량이 현저하게 증가하고 단백질 함량도 다소 증가한다. 생감자 100g당 수분 75%, 탄수화물 13~20%, 단백질 1.5~2.6%, 무기질 0.6~1%, 환원당 0.03mg, 비타민 C 10~30mg 그리고 열량 80kcal에 해당한다. 감자의 단백질은 일반 곡류보다 그 함량이 낮으나 그 조성은 메티오닌이 부족할 뿐 비교적 우수하다. 단백질의 종류는 글로불린의 일종인 튜베린(tuberin)이고 그 외에 소량의 알부민도 있다. 감자의 살이 노란 것일수록 단백질 함량이 높고 전분 함량은 낮다고 한다. 비타민 C는 양은 많지 않지만 그 안전성이 높아 생야채가 귀하던 시절 겨울철의 중요한 비타민 C의 급원이었다. 그 밖에 비타민 B_1, B_2, 나이아신도 함유되어 있으나 비타민 A는 거의 없다. 약 1% 가량의 회분이 들어 있으

며, 칼륨과 인은 많이 들어 있으나 칼슘과 나트륨은 거의 존재하지 않는다. 솔라닌(solanine)이라는 당알칼로이드(glycoalkaloid)가 들어 있는데, 이것은 가지과 식물에 보편적으로 들어 있는 독성 물질이다. 솔라닌의 함량은 감자의 부위에 따라 다른데 씨눈 부분에 가장 많고, 햇볕에 쪼여 녹색으로 변한 껍질에도 상당량 존재하므로 조리 시 유의해야 한다. 또 감자가 썩기 시작하면 셉신(sepsin)이라는 독성 물질이 생겨 섭취 시 심한 중독현상을 일으킨다. 감자는 가열 후의 텍스처에 따라 분질인 것과 점질인 것으로 구분되므로 조리 시 용도에 맞게 선택해 사용하는 것이 좋다. 점질 감자는 가열하면 육질이 약간 투명해 보이고 먹을 때 촉촉하고 끈끈한 느낌을 주며 끓이거나 조릴 때 부서지지 않아 샐러드나 기름을 사용하여 볶는 요리에 적당하다. 분질 감자는 조리했을 때 희고 윤기가 없으며 불투명하여 건조한 외관을 나타내며 파삭파삭한 느낌을 주며 보슬보슬하게 부스러지기 쉬운 성질이 있으므로 굽거나 쪄서 으깨는 요리에 더 알맞다. 이 외에도 전분의 함량과 전분입자의 크기, 단백질의 함량도 감자의 텍스처에 영향을 준다. 전분 함량이 많을수록 전분입자가 클수록 분질이 되기 쉬우며, 단백질의 양이 많으면 점질이 된다는 것이다. 감자의 분질이나 점질 정도를 간단히 알아보기 위해서는 감자의 비중을 비교하여 보는 것이 좋다. 소금과 물을 부피 비율로 1:11로 섞어 만든 소금물에 감자를 띄우면 비중이 큰 것은 밑으로 가라앉고 비중이 작은 것은 위로 떠오르는데 비중이 작은 것은 전분 함량이 적은 것으로 점질의 성질을 띠는 것이다. 보슬보슬하고 점성이 없는 맛이 좋은 매시드 포테이토(mashed potato)를 만들기 위해서는 감자를 세포 단위로 입상(粒狀)화하여야 하는데 이럴 때는 충분히 숙성한 감자를 이용하는 것이 좋다. 감자는 맛이 담백하고 소화도 잘되며 조리하기도 용이하여 주식 또는 간식으로 이용하기도 한다. 여러 품종 중 주요한 것으로는 남작, 금시, 수미 등이며 가장 많이 보급된 품종은 남작이다. 남작은 표피가 희고 매끄러우며 눈도 얕고 적으며 육색은 희고 분질상이다. 포테이토칩을 만들 때에는 저온 저장된 감자를 이용하면 저장 중에 당화효소의 영향으로 환원당의 함량이 높아져 갈색화 반응이 일어나 제품의 색이 너무 진해지므로 좋지 않다. 프렌치프라이도 보통의 경우 외국산 감자가 그대로 수입되어 그 원료로 이용되고 있는데, 그 이유는 먹음직스러운 크기의 프렌치 프라이가 되기 위해서는 생감자의 크기가 어느 정도 큰 것이라야 하기 때문이다. 소주 등 알코올의 원료로 사용되고, 감자전분은 당면, 공업용 원료로 이용하는 외에 좋은 사료도 된다.

감자전분(potato starch) 감자로부터 추출하여 정제한 전분. 감자의 주성분은 품종, 재배 및 저장조건에 따라 조금씩 차이를 보이나 대부분 전분이고 그 양은 보통 고구마보다 약간 낮은 15~20% 정도 들어 있다. 전분입자는 50~100㎛로 곡류보다 크고 그 조성은 곡류와 거의 비슷하여 아밀로오스와 아밀로펙틴의 비율은 약 2:8이다. 쌀 · 밀 등의 곡류전분은 전분입자에 단백질이 밀착되어 있어 분리되기 어려운 반면, 감자전분은 노출되어 있어서 쉽게 분리된다.

감초(licorice) 콩과의 다년생초본. 뿌리와 뿌리줄기를 물로 추출한 감초추출물은 감초의 단맛성분인 글리시리진(glycyrrhizin: 설탕의 150정도의 감미)과 사포닌, 포도당을 함유하고 있어 식품첨가물의 하나로 감미료, 향미증진제 등으로 사용되고 있다. '약방에 감초'라는 말이 있듯 한방에서 감초는 여러 약재 가운데 빠져서는 안 되는 약재이다. 감초는 쓴 약을 달게 하여 먹기 좋게 할 뿐만 아니라 모든 약의 독성을 풀어 주고 기침과 담을 삭이는 효과가 있다고 알려져 있다. 또한 근육의 긴장으로 인한 동통이나 신경의 긴장을 풀어주는 작용을 하며, 글리시리진은 부신피질 호르몬의 생산을 촉진, 결합조직을 강화시켜 항알레르기성을 높이는 기능 및 항염증성이 확인되어 의약품으로서 이용되고 있다. 이외에도 면역억제활성, 간기능증강 작용, 해독작용, 위궤양, 십이지장궤양 치유효과, 진정작용 등의 생리활성기능 뿐만 아니라, 바이러스에 대한 저항력을 높이는 작용도 인정되어 있다. 늑막염과 폐결핵에도 뚜렷한 치료 효과를 보였고, 뇌하수체전엽 기능부전증, 에디슨병, 유행성 간염, 기관지천식, 피부염(두드러기, 습진, 여드름, 주근깨 등), 학질, 동상, 손발이 튼데 등 여러 질병에 대한 치료 효과가 보고되어 있다. 시베리아산(G. glabra var. glandulifera), 에스파니아산(G. glabra) 등이 있다.

감춤(masking) 2종류의 맛 물질 중 어느 한편이 다른 쪽의 자극을 느끼지 못하게 하여 정미성을 작게 하는 현상.

감칠맛(palatable taste, umami) 고기, 생선, 조개, 다시마 등의 식품이 가지는 맛. 조미료는 감칠맛 성분을 순수하게 추출한 것이다. 단맛, 신맛, 쓴맛, 짠맛의 4원미와는 다르지만 독립한 하나의 미각으로서 취급할 수 있다. 감칠맛을 가지는 물질을 2종류 이상 혼합하면 글루탐산과 이노신산과 같이 강한 상승효과를 나타낸다.

갑각류(Crustacea) 절지동물 갑각강에 속하는 1군. 기본적으로는 수중생활을 하며, 아가미가 있고 물로 호흡하는 절지동물이다. 몸은 머리 · 가슴 · 배로 나뉘고 각각은 몸마디로 되어 있으며, 고등한 종류일수록 머리와 가슴이 합쳐진다. 단단한 갑각으로 쌓여 있어서 가식부는 체중에 대해서 약 50%에 불과하다. 근육의 성분은 보통 어육류와 유사한 영양가를 갖고 있다. 또한 근육 엑스분도 매우 많이 들어 있어서 맛도 좋다. 비타민 B_1, C 및 저장 물질인 글리코겐도 상당량 들어 있다. 새우나 게를 가열하면 홍색으로 변하는데 이는 카로티노이드 색소의 아스타잔틴(astaxanthin)과 단백질이 결합하여 청록색이었던 것이 가열에 의하여 단백질이 떨어져 산화하여 아스타신(astacin)으로 되기 때문이다. 게 통조림이 흑색으로 변화하는 경우도 단백질 중에 시스틴의 함량이 많아서 이것이 여러 조건에 의해 파괴되어 황화수소(H_2S)를 발생함으로써 일어나는 현상이다. 또한 청색으로 변하는 것은 혈색소 헤모시아닌(hemocyanin)의 구리(Cu)가 그 원인인 것으로 생각된다.

갑상선종 유발물질(Goitrogens) 갑상선종을 유발하는 물질인 glucosinolate는 배추, 무, 겨자 등 십자화과 식물에 분포하여 매운 맛을 내는 성분이다. 이 물질이 Myrosinase(thioglucosidase) 효소의 작용을 받아 가수분해되면 isothocyanates, thicyanates, nitrile 등의 물질을 생성한다. 원래 glucosinolate 분자는 생리적 작용이 없으나, 분해 산물 중 goitrin이나 thiurea는 갑상선 호르몬인 thyroxine의 합성을 저해하며, thiocyanate나 nitrile 화합물은 요오드의 흡수를 저해하여 갑상선 비대증을 일으키는 것으로 알려져 있다. 일반적으로 균형 잡힌 식사를 하는 경우 배추나 무 등의 섭취에 의해 갑상선 비대증이 유발될 가능성은 희박하지만, 요오드의 섭취가 낮은 상태에서 십자화과 채소에 국한된 식사를 하는 경우 갑상선 비대증이 발생한다.

갓(mustard leaf) 겨자과에 속하는 한해살이 쌍떡잎식물이다. 학명은 *Brassica juncea* (L.) Czern. 한문명은 개채(芥菜) 또는 신채(辛菜)라고도 한다. 분포지역은 한국, 중국 등이다. 중국에서는 B.C. 12세기 주(周)나라 때 종자를 향신료로 사용하였다고 하며, 우리나라에도 중국으로부터 들어왔다. 식물의 전체 높이는 1m 정도이다 잎 모양은 넓은 긴 타원형으로 끝이 둥글고 밑 부분이 좁으며 잎가장자리에 불규칙한 톱니가 있다. 봄부터 여름까지 노란 꽃이 핀다. 잎의 색은 녹색과 자색이 도는 녹색의 두 종류가 있으며 전자를 청겨자, 후자를 적겨자라 한다. 비타민 A, B_1, B_2, C가 많으며 특히 비타민 C의 함량이 매우 높다. 잎은 주로 김치의 주재료 또는 부재료로 쓰이며, 쌈, 나물로도 이용하는데 향기와 단맛이 있으며 약간의 매운맛도 있다. 매운맛은 알릴이소티오시아네이트이다. 종자는 가루로 만들어서 향신료인 겨자로 사용한다.

강낭콩(kidney bean, French bean) 쌍떡잎식물 장미목 콩과(*Fabaceae*)의 1년초 또는 그 종자. 학명은 *Phaselous vulgaris* L.. 한자로는 채두(菜豆), 운두(雲豆)라고 하며, 까치콩, 나물콩, 제비콩이라고도 한다. 원산지는 멕시코 중앙부에서 과테말라, 온두라스 일대이며, B.C. 5세기경 아메리카 대륙의 원주민에 의해 중앙 · 남아메리카로 보급되었다. 유럽에는 아메리카 대륙 발견 이후 에스파냐 사람에 의해 전파되었다고 한다. 한국에는 중국 남쪽 지방에서 들어왔다

ㄱ

고 하며, 일제 강점기에 일본에서 여러 품종을 도입하여 식용으로 재배하였다. 열매는 원통형이거나 좀 납작한 원통형의 꼬투리이다. 줄기 · 잎은 사료로 쓴다. 성분은 탄수화물 60%, 단백질 20% 정도를 함유한다. 초성(草性)에 따라 덩굴형, 왜성형 및 중간형, 그리고 이용면에 따라 종실용(種實用), 청실용(靑實用), 꼬투리용으로 구분된다. 품종으로는 성숙되기 전에 수확하여 식용하는 긴알락콩, 왜성 품종으로 진다홍콩, 종실종에는 핀토(pinto), 레드 멕시칸(red mexican), 켄터키 원더(kentucky wonder) 등이 있다. 꼬투리용에는 블루 레이크(blue lake), 부시 블루 레이크(bush blue lake), 컨텐더(contender) 등이 있다. 열매는 밥에 넣어서 먹거나 떡, 과자의 소로, 어린 꼬투리는 채소로 쓰인다. 중남미, 인도, 아프리카 등지에서는 주식에 이용된다.

강도(intensity) 감각기관에서 미각이나 후각에서 인지할 수 있는 자극의 크기. 맛 물질이나 냄새 물질의 각 농도에 있어서 인지한 감각의 크기 또는 인지한 감각을 일으키는 자극의 크기를 말한다.

강력분(strong flour, glutinous flour) 경질밀을 원료로 한 것으로 단백질과 특히 글루텐의 성분 함유량이 많아 단백질이 13% 이상, 젖은 글루텐 함량(습부량)으로 40% 이상인 밀가루. 주로 캐나다 · 미국 등에서 생산되는 밀에서 얻어지며, 물에 반죽하였을 때 끈기가 강해 주로 제빵용과 마카로니용에 적합하다. 이 밖에 우리나라에서는 강력분과 중력분 중간의 것으로 준강력분이 생산되는데, 단백질이 11~12%, 젖은 글루텐 함량으로 35~40%이다. ☞ 밀가루

강성률(rigidity) 전단탄성률(shear elastic modulus)이라고도 하며, 어떤 고체에 외부에서 가해지는 전단응력과 힘에 의해 변형되는 비율 사이에 생기는 비례수.

강장제(roborant) 병약체를 개선하여 신진대사 기능을 회복하는 약제. 아비산제(亞砒酸劑)는 보혈강장제 변질제(變質劑)이고, 인 및 인산염은 인산공여제, 키나제는 위액의 분비를 촉진하는 쓴맛의 강장제이다. 이러한 약제는 정상세포가 손상을 입지 않는 분량으로 병약세포를 파괴하여 그 흡수를 촉진한다. 자양강장제는 영양에 의해 기능회복을 꾀하는 것으로, 각종 비타민제를 비롯하여 단백질제 · 탄수화물 · 미네랄 · 필수아미노산 등이 있다. 한방제에는 부자제(附子劑), 건강제(乾薑劑), 인삼제(人蔘劑)가 쓰인다.

강화우유(enriched milk) 우유에 비타민 또는 무기질을 강화한 것. 우유 1L당 비타민 A는 2000IU, 비타민 D는 400IU, 철분은 10mg 이상이어야 강화우유이다. 시장이 선진화 될수록 강화우유의 종류가 다양하며 지속적으로 시장 규모가 커가고 있는바 우리나라에서는 1994년 초 비타민, 철분, 칼슘 등을 첨가하여 어린이 우유라는 콘셉트로 서울우유의 '앙팡'이 첫 등장한 이래 DHA를 첨가한 남양유업의 '아인슈타인 우유', 매일유업의 '뼈로 가는 칼슘 우유' 등 점차 강화우유의 비율이 증가 추세에 있다. 첨가되는 영양분의 종류와 양을 소비자에게 알려주어야 한다.

강화밀가루(enriched wheat flour) 영양가를 높이기 위하여 비타민 B 복합체, 무기질, 아미노산 등을 첨가 · 혼합하여 가공한 밀가루.

강화미(enriched rice) 정백미에 비타민 B_1, 비타민 B_2, 아미노산 등을 첨가한 쌀. 비타민 B_1 · 비타민 B_2 등을 녹인 아세트산 용액에 정백미를 담갔다가 건져서 증기로 찐 다음 건조하여 만드는데, 특히 쌀을 씻을 때 비타민의 손실을 방지하기 위하여 물에 잘 용해되지 않는 비타민 B_1 유도체인 디벤조일티아민이나 B_1 나프탈렌술폰산염 등을 사용한다. 보통 정백미에 강화미를 무게 200 : 1의 비율로 혼합하여 사용하며, 강화미는 보통 150mg%의 티아민과 3.5mg%의 리보플라빈을 함유하고 있다. 우리나라에서는 아직 강화곡류 판매가 활성화 되어있지 않으나 외국에서는 전곡의 도정과정에서 철, 티아민, 나이아신, 리보플라빈 등 4종 영양소가 주로 제거되기 때문에 이를 보충하여 강화곡류로서 판매하는 일이 많다. 칼슘과 비타민 D의 강화는 자유의사에 맡기고 있다. 미국에서는 연방법으로 밀가루, 흰빵, 콘밀(corn meal), 국수, 쌀 등에 강화할 영양소의 양을 정하고 있으며, 강화했을 때에는 반드시 상품에 표시하

도록 되어 있다.

강화제(dietary supplements) 비타민, 무기질, 아미노산 등 미량으로 식품의 영양강화를 위하여 첨가되는 물질. 우리나라에서 지정된 강화제는 비타민류, 필수 아미노산류, 철염류 및 칼슘 화합물로 크게 나누어져 사용하고 있으며 칼슘 화합물만 사용기준이 정해져 있는데 사용량은 칼슘으로서 식품의 1% 이하이며, 탄산칼슘만은 껌에 사용할 경우에 한하여 2% 이하로 규정되어 있다.

개량마른간법(improved dry salting) 처음에는 물간으로 하여 식품에 부착한 세균 및 표면의 점질물 등을 제거한 다음 마른 간을 하여 염장효과를 높이는 방법. 이 방법은 변패를 막는 데 효과적이다. ☞ 염장법, 건염법

개량물간법(improved brine salting) 식염용기 또는 탱크에 식품을 넣고 마른 간을 한 후 누름돌을 얹어 가압함으로써 삼출(滲出)한 수분에 의해 나중에는 물간을 한 것과 같은 효과를 내는 방법. 마른간법과 물간법의 단점을 보안한 것으로 초기 단계를 가염지(暇鹽漬, presalting), 그 다음 단계를 본염지(本鹽漬)라고 한다. ☞ 염장법, 물간법

개머위 국화과의 여러해살이풀로 산채의 일종. 산머위라고도 한다. 학명은 *Petasites saxatile* Max. 산지 자갈밭에서 자란다. 분포지역은 우리나라의 강원도 지방과 이북지방, 몽골, 시베리아 등이다. 줄기가 옆으로 길게 뻗으며 뿌리에 달린 잎은 길이 3~5.5cm, 너비 5~9cm로 모여 나고 심장 모양이며 가장자리에는 톱니가 있다. 5~7월에 흰색과 백황색 꽃이 핀다.

개선조치(corrective action) 중점관리기준(CCP)에서의 모니터링 결과 관리기준(CL)의 명백한 위반 시 취하여야 하는 개선조치 방법. 즉 규정에 맞지 않는 제품의 처리에 관한 기준을 설정하여 식품위생상 필요한 처분을 실행함과 동시에 위반요인을 규명한 후 그것을 배제하고 공정의 관리상태를 원래대로 회복시켜야 한다.

갯기름나물 미나리과의 여러해살이풀로서 갯기름, 일본전호라고도 한다. 학명은 *Peucedanum japonicum* Thunb. 바닷가나 냇가에서 자란다. 줄기는 단단하고 곧게 서며 높이는 60~100cm이다. 줄기 끝부분에 있는 털은 짧고 뿌리는 굵다. 잎은 회색빛이 도는 녹색으로 잎자루가 길며 2~3회 갈라지는 깃꼴겹잎이다. 작은 잎은 대개 3개로 갈라지고 톱니가 있으며 뒷면은 뽀얗고 잎자루는 밑에 잎집이 있으며 약간 줄기를 싼다. 윗부분의 잎은 퇴화하고 잎집이 자라지 않는다. 꽃은 6~8월에 흰색으로 피고 줄기 끝에 약 20~30개의 꽃이 달린다. 어린잎은 먹을 수도 있다.

갯장어(silver conger eel) 뱀장어목 갯장어과의 바닷물고기. 학명은 *Muraenasox cinereus* Forskäi. 우리나라 남서해, 일본 남부해, 동중국해, 중국연안에 분포한다. 몸 빛깔은 등쪽이 회백색이고, 배쪽은 은백색이며 등지느러미는 연한 검은 빛을 띤다. 몸은 가늘고 긴 편으로 약 2m에 달하나 그다지 크지 않은 것이 맛이 좋다. 지방의 함량은 11.9%, 비타민 A 함량은 540R.E.이다. 맛이 좋은 시기는 여름이며 덮밥 및 튀김 등에 이용하고 포를 만들기도 한다.

거간(brokers) 중개상 또는 브로커라고 하며, 구매자와 판매자를 연결하여 거래 협상을 도와주는 역할을 한다. 거간은 제품의 보관활동이나 금융에 관여하지 않으며 식품, 부동산, 보험 업계에서 자주 볼 수 있다.

거래명세서(invoice) 납품업자가 발주서를 받고 물품을 납품할 때 구매담당자에게 우송하는 공급한 물품의 명세와 대금에 대한 기록. 보통 납품 물품에 대한 품목 · 수량 · 가격 등이 기재되어 있으며 구매자에 대한 물품 대금지급용 청구서로도 이용되며 납품서, 송장이라고도 한다.

거스트(gust) 맛의 강도를 심리적 척도로 표시하려는 시도. 맛의 강도는 맛 물질의 각 농도에 있어서의 자극의 강도로 볼 수 있는데, 예를 들어 설탕 1%의 농도를 기준으로 한다면 이 용액의 자극강도에 대등한 식염, 황산키니네, 주석산의 농도가 표시된다. 설탕 1%의 농도에 대응하는 맛의 강도를 1거스트(gust)라고 정의하고 4가지 기본 맛에 대한 1~100거스트에 상당하는 표준용액의 계열을 만들어서 음식의 맛을 표시한다.

거스트 척도(gust scale) 미각 강도를 보여주는 감각 척도의 하나이다. 미국의 비버 센터(Beebe

Center) 등은 4가지 기본 맛 각각에 대해 물리-심리 관계지수를 구성하였다. 설탕, 주석산, 식염, 황산키니네를 이용하고, 그 위에 맛의 강도에 있어서 주관적으로 등가인 공동척도를 구성하여 다른 맛의 강도 단위 통일을 시도하였다. 이 통일 단위는 1%의 설탕용액을 1거스트로 하고 있다.

거식증(anorexia nervosa) 체중에 지나치게 신경을 쓴 나머지 음식을 거부하게 되는 신경성 식욕부진증. 현저한 체중감소와 기초대사 저하, 탈모증, 체온 저하, 피부건조증, 전해질의 불균형 등으로 인한 신장 및 심장 기능의 장애 등 내과적 합병증이 동반될 수 있으며, 사망률은 5~18%에 이른다. ☞ 과식증

거울상이성질체(enantiomer, mirror image) 거울에 비친 상과 같이 좌우가 바뀐 관계를 갖는 이성질체. 이소부틸알코올의 경우와 같이 중심 탄소 원자에 단일결합으로 연결된 4개의 반응기가 모두 다른 경우 거울상끼리는 겹쳐지지 않는다. 이와 같이 서로 겹쳐지지 않는 거울상끼리를 거울상이성질체 혹은 광학적 이성질체라고 한다. 거울상이성질체 현상은 왼손과 오른손의 관계로 비유된다. 즉, 양손은 서로가 거울상의 관계에 있지만 서로 겹쳐지지 않는다.

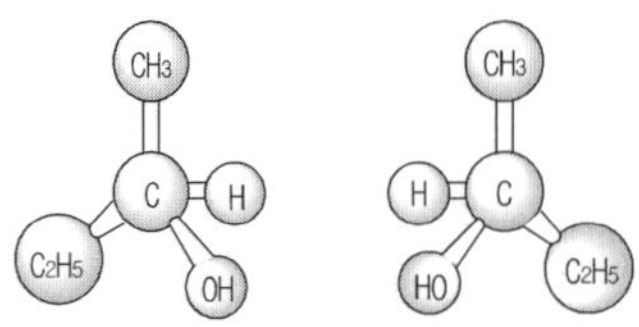

이소부틸알코올 분자의 거울상이성질체 현상

거침성(coarseness) 시료를 씹는 동안 입안에서 시료의 덩어리가 거칠게 느껴지는 정도. 텍스처 특성 중 기하학적인 것으로 분리된 입자의 크기가 일반적으로 크고 단단할 때 느껴진다.

거품(foam) ☞ 기포

건강기능식품법(law for health functional foods) 건강기능식품의 안전성을 확보하고 품질향상과 건전한 유통 판매를 도모함으로써 국민의 건강을 증진시키고 소비자보호에 이바지하기 위하여 제정된 법률. 2002년 법률 제6727호로 제정된 후 2004년 법률 제7211호로 한 차례 개정되었다. 다양한 건강기능식품의 안전성과 기능성을 평가하고 유통질서를 관리할 수 있도록 하기 위하여 제조·수입·판매에 대한 허가제와 신고제, 제조 등에 관한 기준과 규격, 위반행위에 대한 벌칙 등에 관한 규정을 담고 있다. 건강기능식품이란 인체에 유용한 기능성을 가진 원료나 성분을 사용하여 정제·캡슐·분말·과립·액상·환 등의 형태로 제조·가공한 식품을 말한다. 기능성이란 인체의 구조 및 기능에 대하여 영양소를 조절하거나 생리학적 작용 등과 같은 보건용도에 유용한 효과를 얻는 것을 말한다. 건강기능식품 제조업을 하려는 자는 보건복지부령이 정한 기준에 맞는 시설을 갖추고 식품의약품안전청장의 허가를 받아야 한다. 수입업을 하려는 자는 식품의약품안전청장에게, 판매업을 하려는 자는 특별시장·광역시장·도지사에게 신고해야 한다. 단, 약국에서 건강기능식품을 판매하는 경우에는 신고의무를 면제한다. 건강기능식품을 제조·가공·수입·판매하는 영업자는 경품제공 등 사행심을 조장하여 판매해서는 안 된다. 제조업자는 품질관리인을 두어 제품 및 시설을 위생적으로 관리해야 하고, 품질관리인의 업무상 필요한 요청에 응해야 한다. 기능성 표시·광고를 하려는 자는 심의를 받아야 하고, 제품의 용기와 포장에 의약품이 아니라는 내용 등을 밝혀야 한다. 의약품으로 오인·혼동할 우려가 있는 내용을 표시하는 행위 등은 허위 또는 과대 표시·광고에 해당한다. 허가를 받지 않고 건강기능식품을 제조하거나 인체에 위해한 제품을 판매한 자는 7년 이하의 징역 또는 1억원 이하의 벌금에 처한다. 허위 또는 과대표시·광고를 한 자, 기준·규격을 위반한 제품을 제조·판매한 자, 건강기능식품이 아닌 것을 건강기능식품으로 오인하게 하여 판매한 자 등은 5년 이하의 징역 또는 5,000만 원 이하의 벌금에 처한다. 총칙, 영업, 기준 및 규격과 표시·광고, 검사, 우수건강기능식품 제조기준, 판매 등의 금지, 건강기능식품심의위원회 및 단체설립, 시정명령·허가취소 등 행정제재, 보칙, 벌칙의 10장으로 나누어진 전문 48조와 부칙으로 구성되어 있다. 시행령과 시행규칙이 있다.

건강보조식품(health supplement food) 신체의 육체적·생리적 측면에서 유용성을 기대하여 섭취할 목적으로 식품소재에 함유된 성분을 그대로 원료로 하거나 이들에 들어있는 특정성분을 분리 또는 추출, 농축, 정제, 혼합 등의 방법을 이용해서 제조·가공한 식품을 말한다. 우리나라의 건강보조식품 품목군은 1. 정제어유가공식품, 2. 로열젤리가공식품, 3. 효모식품, 4. 화분가공식품, 5. 스쿠알렌식품, 6. 효소식품, 7. 유산균식품, 8. 조류식품, 9. 감마리놀렌산식품, 10. 배아가공식품, 11. 레시틴가공식품, 12. 옥타코사놀식품, 13. 알콕시글리세롤식품, 14. 포도씨유식품, 15. 식물추출물발효식품, 16. 무코다당·단백식품, 17. 엽록소함유식품, 18. 버섯가공식품, 19. 알로에식품, 20. 매실추출물식품, 21. 칼슘식품, 22. 자라가공식품, 23. 베타카로틴식품, 24. 키토산가공식품, 25. 프로폴리스식품 등이 있다.

건강식품(health food) 건강 유지와 증진에 효과가 있거나 기대되는 식품의 총칭. 건강유지와 증진에 대한 효과를 기대하고 먹는 천연의 비타민이나 영양소를 많이 함유한 식품 등이 이 범주에 해당하는 식품이다. 우리나라에서 생산 유통되는 건강식품류의 유형을 분류하면 ① 특정성분을 추출·농축·정제·혼합 등의 방법으로 제조·가공한 '건강보조식품', ② 특정용도에 제공할 목적으로 제조·가공한 '특수영양식품', ③ 인삼에 전통적 동식물 생약원료를 혼합한 '인삼제품류', ④ 전통적 식습관에 관련한 '다류', ⑤ 단순가공하여 만든 건강을 표방한 '기타 식품류'로 나눌 수 있다.

건성유(drying oil) 식물유지 중에서 요오드값이 130 이상인 건조성이 강한 기름. 건조성이란 유지가 공기 중에서 산소를 흡수하여 산화·중합·축합을 일으킴으로써 차차 점성이 증가하여 마침내 고화(固化)하는 성질을 말하는데, 그 강약은 유지류에 포함되는 이중결합의 수에 비례하며, 요오드값에 따라 분류할 수 있다. 아마인유, 동백기름, 들깨기름, 해바라기기름, 호두기름 등이 이에 속하고, 올레산보다 리놀레산과 리놀렌산 같은 불포화결합이 더 많은 지방산을 다량 함유하고 있다. 얇은 막으로 만들어 공기 속에 방치해 두면 비교적 단시간 내에 고화 건조되므로 도료의 중요한 자재가 된다. 건성유에 코발트·망간 등의 지방산염 같은 금속비누를 가하여 가열하면 건조성이 더욱 높아진다. 이것을 보일유라고 하며, 보일유에 안료를 가한 것이 페인트이다. ☞ 식물성 유지

건열멸균(dry heat sterilization) 초자기구 등을 멸균하기 위한 목적으로 가스나 전기의 건열 멸균기내에서 내부 온도가 160℃까지 상승되도록 가열하여 30분 이상 유지하는 방법.

건열조리법(dry heat cooking) 물을 사용하지 않고 직접 또는 간접적으로 열에 의하여 조리하는 방법. 예를 들어 오븐 조리법 중 베이킹, 로스팅, 브로일링, 팬 브로일링 등은 건열조리법에 속한다.

건염법(dry salting) 식품의 표면과 식품 사이사이에 소금을 뿌려 염장하는 방법. 식품의 표면은 항상 포화식염수로 둘러싸여 있는 형태가 된다. 식염의 사용량은 제품의 종류, 기후 등에 따라 차이는 있으나 식품 무게의 20~25%의 소금을 사용한다. 마른간법의 장점은 ① 염장에 특수한 설비가 필요 없고, ② 용량에 비해 탈수량이 많고 식염의 삼투가 빠르므로 염장 초기의 부패가 적으며, ③ 염장이 잘못될 경우 그 피해를 부분적으로 막을 수 있다. 단점으로는 ① 소금의 삼투가 불균일하게 되기 쉬워 제품의 품질이 고르지 못하고, ② 강하게 탈수되어 제품의 외관이 좋지 못하며, ③ 염장 중 공기와 접촉되므로 지방이 산화되어 기름 변색(rust-ing)을 일으키기 쉬운 결점이 있다. 이 경우 BHA 등의 항산화제를 첨가하면 효과가 있다. ☞ 개량마른간법, 개량물간법, 염장법

건조(drying) 식품 내 수분 함량을 낮춤으로써 수분활성도(Aw)를 낮추어 보존기간을 늘리는 저장방법. 가장 오래된 식품저장법 중의 하나이다. 식품을 공기 중에 방치하면 우선 표면에서 표면증발이 일어나고, 그 후 내부에 있는 높은 밀도의 수분이 밀도가 낮은 외부로 이동 확산(diffusion)하게 되어 건조된다. 건조는 식품의 수분을 감소하여 용질의 상대적 농도를 높여 수분활성도를 저하시키므로 미생물이나 효소에 의한 부패, 변패 및 식품성분 간의 화학반

ㄱ

응에 의한 변질을 방지한다. 건조에 의해 식품의 저장성이 향상될 뿐만 아니라, 중량의 감소로 수송과 포장이 간편해진다. 때로는 식품성분의 변화로 풍미, 색, 조직이 향상되기도 한다. 건조(drying)와 탈수(dehydration)는 엄밀한 의미에서 구별하기 힘드나, 일반적으로 가공적인 것에는 건조, 저장적인 것에는 탈수라고 할 수 있다. 즉, 건조식품은 오징어, 곶감, 김 등과 같이 복원시켜 이용하기보다는 그 자체의 독특한 풍미나 성상을 위해 가공적성을 증가시킨 식품이고, 탈수식품은 즉석 수프(instant soup), 분유, 컵라면 등과 같이 가능한 원래의 성상을 변화시키지 않고 수분을 제거하여 저장성을 향상시킨 것으로, 물을 가하여 원래상태로 복원시켜서 이용되는 식품이다.

건조창고(dry storage) 급식소나 외식업체에서 사용하는 창고 종류의 하나. 건조창고에 보관하는 식품의 품질 유지를 위해 온도는 15~25℃, 상대습도 범위는 50~60%를 유지하는 것이 바람직하다.

건포도(raisin) 포도를 건조시켜 저장성을 높인 식품. 건포도 제조방법으로는 나무에서 완숙시킨 포도를 따서 햇볕에 건조시키거나, 포도를 알칼리액에 담갔다가 건조시킨다. 건포도용 품종은 알이 작으면서 씨가 없고, 산도가 낮은 것이 적당하다. 세계적인 건포도 산지는 미국의 캘리포니아이다. 건포도는 그대로 먹기도 하고 샐러드 · 케이크 · 쿠키 · 빵 등 각종 음식에 사용된다. 특히 건포도는 흡습성이 강하므로 건조한 곳에 보관해야 한다.

검 기초제(chewing gum bases) 검 제조의 기초로 사용되는 물질. 검의 기초제는 천연의 치클 검과 합성고분자화합물인 초산비닐수지, 에스테르 검, 폴리부텐 등이 사용되고 있으며, 사용기준으로 검 기초제 이외의 용도로는 사용하지 못하도록 규제하고 있다.

검성(gumminess) 식품을 씹는 동안에 흩어지지 않고 남아 있는 성질 또는 반고체 식품을 삼킬 수 있을 정도로 분쇄하는 데 필요한 힘. 경도와 응집성이 이에 관련된다.

검수(receiving) 물품의 품질, 선도, 위생, 수량, 규격이 주문내용이나 구매명세서에 기록된 내용과 납품된 식재료가 부합되는지를 검사하여 수령여부를 판단하는 과정.

검수일지(Receiving clerk's daily report) 물품에 대한 내용이나 정보를 파악하는 일지로서 배달에 관한 상세 내용(날짜 · 납품업자 · 품목 · 수량 · 가격 · 사용부서)이 기재되어 있으며, 검수원에 의해 작성된다.

검수표(receiving ticket) 거래명세서가 없이 물품이 납품될 경우 작성되는 것. 회계부서로 보내져 차후 구매요구서나 거래명세서와 대조하기 위한 목적으로 사용된다.

검식(food inspection) 조리책임자 및 급식관리자가 시간대별로 조리 마감상태를 확인하고 배식 전 조리된 음식의 맛, 질감, 조리상태, 위생 등을 평가하는 것.

검정콩(black soybean) 검은색을 띠는 대두. 씨껍질의 색소는 안토시아닌 배당체의 일종인 크리산테민(chrysanthemin)이다.

검증(verification) HACCP(위해요소중점관리기준) 제도의 성공적인 시행을 위한 체계적인 보증과정. 이를 위해 계획 작성과정에서의 검증뿐만 아니라 HACCP 계획이 정확하고 효과적으로 기능하는 것을 정기적으로 검증(내부, 외부에 의한)을 통해 확인하여야 한다. 식품의 안전성 확보상의 목표를 달성하기 위하여 수정 및 재검토가 필요한지를 결정하기 위하여 모니터링 이외의 검사, 조사 평가 절차가 포함된다.

검질(gum) 포도당 외의 다른 단당류나 당 유도체로 연결된 거대 복합체. 친수성 콜로이드로 물에 녹거나 분산되어 점성을 가지며 겔을 형성하므로 식품 산업에서 많이 이용하는 탄수화물 소재이다. 종실, 식물, 해조류에 존재하고 미생물에 의해서 생성되기도 한다. 종류로는 천연 검 물질과 합성 검 물질이 있다. 천연 검 물질에는 종실검인 구아 검(guar gum), 로커스트빈 검(locustbean gum), 수액 검인 아라비아 검(arabic gum), 해조 추출물인 카라기난(carrageenan), 한천(agar), 알긴산(alginic acid) 등이 포함된다. 합성 검 물질에는 CMC(카르복시메틸셀룰로오스), MC(메틸셀룰로오스) 등이 있다.

겉보리(husked barley) 열매껍질이 난알에 달라붙

어 떨어지지 않는 보리. ☞ 보리

게(crab) 절지동물 십각목 파행아목(爬行亞目)에 속하는 갑각류의 총칭. 『동국여지승람』에서는 참게를 해(蟹)라 하고 대게를 자해(紫蟹)라 하였다. 단미류(短尾類)라고도 하는데, 파행아목에는 게류 이외에 새우류[長尾類]와 집게류[異尾類]가 포함된다. 게류는 파행아목 중에서 가장 진화된 동물이다. 머리가슴부는 등면이 1장의 등딱지로 덮여 있으며 여기에 7마디의 복부가 붙어 있다. 게류는 전 세계에 4,500여 종이 있으며 우리나라에 20과 183종이 알려져 있다. 거의가 바다에 서식하며 동남참게나 붉은발말똥게 등은 유생이 바다에서 발육하고 생장하면 강어귀나 습지에서 산다. 동해에서는 털게, 대게, 남해와 서해에서는 꽃게, 민꽃게, 두점박이민꽃게, 칠게, 방게, 제주에서는 홍색민꽃게를 많이 잡는다. 게는 일반적으로 수컷이 암컷보다 크며 기생성의 종류에서는 수컷이 소형인 것도 있다. 수컷은 배의 나비가 좁고 암컷은 나비가 넓어서 등딱지의 복면을 넓게 싸서 알을 안고 보호하게 되어 있다. 게의 혈액은 헤모시아닌을 함유하여 무색투명하나 응고하면 구리이온을 함유하므로 청색을 띤다. 맛이 좋고 단백질이 풍부하며 지방이 적으므로 담백하다. 칼슘, 인, 철 등의 무기질이 풍부하지만 비타민이 거의 함유되어 있지 않고 폐기율도 매우 높다. 효소 등의 작용에 의한 자가소화와 부패가 빨라 식중독을 일으키기 쉬우므로 신선하지 않은 것은 피해야 한다. 『규합총서』에 게의 보관법, 게젓 담그는 법, 게 굽는 법, 게찜 만드는 법 등이 소개되어 있고, 게의 금식(禁食)에 관한 주의사항도 적고 있다.

게이지(gage) 기계제품의 치수 · 모양 등의 기준(基準)이 되는 것 또는 그것을 검사하는 데 사용되는 것의 총칭. 일반적으로 공장에서 공작물을 측정하거나 검사할 때 길이 · 각도 · 모양 등의 표준이 되는 것을 말한다. 여기에는 각도 게이지, 블록 게이지, 표준 게이지, 한계 게이지 등이 있다.

겔(gel) 콜로이드액(sol) 중에서 분산상이 독립적인 운동성을 잃고 집합하여 3차원의 그물구조를 만들어 분산매를 둘러싸서 유동성을 잃고 고체상으로 된 것. 두부, 우무, 묵 등은 겔상 식품이다. 겔의 일부를 특히 '젤리'라고 부르는 것도 있다.

겔화(gelation) 유동성을 가진 콜로이드인 졸(sol)이 겔로 변화하는 현상. 가교결합에 의하여 고분자가 3차원적 그물구조를 취하여 용매에 녹지 않게 되는 현상이다. 즉 다작용성 단위체의 중합 또는 축중합, 그래프트중합 등의 반응에서는 생성되는 고분자화합물이 가교결합을 하며 3차원 그물구조를 가지는 경우가 많다. 이러한 구조를 가진 생성물은 용매에 팽윤할 뿐 녹지는 않는다. 겔화의 일반적 특징으로서는 계(系)의 뚜렷한 탄성 증가, 급격한 점성도 상승 등을 들 수 있다. 예를 들면, 프탈산 · 글리세롤 · 불포화지방산으로부터 생성된 불포화폴리에스테르는 대개 3차원 그물구조를 가지며 겔화한다. 예를 들어 한천(寒天) · 두부 · 실리카겔 등이 있다.

겨자(mustard) 겨자과에 속하는 갓의 씨로 향신료의 일종. 원산지는 중앙아시아로 후추와 같이 갈아서 사용한다. 잎과 줄기도 먹지만 맛은 쓰다. 잎은 무잎과 비슷하나 쭈글쭈글하며 가장자리가 톱니 같다. 겨자는 흑겨자(동양겨자, *Brassica nigra* (L.) Koch.)와 백겨자(서양겨자, *Sinapis alba* L.)가 있다. 흑겨자는 갈색 또는 흑색으로, 매운맛이 강하고 휘발성이며, 백겨자는 연노란색으로 향과 매운맛이 부드럽다. 겨자의 매운맛과 방향성분은 겨자유에 기인되며, 주로 이소티오시아네이트(isothiocyanate)이다. 이 성분은 겨자씨 안에 들어 있는 시니그린(흑겨자 성분)과 시날빈(백겨자 성분)과 같은 유황 배당체에 미로시나아제라는 효소가 작용해서 만들어지는 것이다. 흑겨자유에는 대부분 휘발성이 크고 코를 톡 쏘는 매운 맛인 알릴이소티오시아네이트(allylisothiocyanate)가 있고, 백겨자유에는 휘발성이 없고 입 속에서 묵직한 매운맛을 느끼게 하는 *p*-하이드록시벤질 이소티오시아네이트가 있다. 소스, 샐러드, 피클 등에 사용하고 육류와 곁들여 먹기도 한다. 특히 여름철에 즐겨 먹는 냉면과 겨자채, 생선회 등의 음식에 주로 쓰인다. 청색 혹은 붉은색의 어린잎은 갓김치나 쌈 채소로 이용하고

있다. ☞ 갓

겨자유(mustard oil) 흑겨자, 고추냉이 등의 씨를 빻아 압축하여 짜낸 기름. 반건성(半乾性)지방유. 매운맛을 가지고 있으며 주성분은 알릴이소티오시아네이트(allylisothiocyanate)이다. 농축된 겨자유를 먹으면 코를 통하여 눈물샘을 자극하므로 최루현상(催淚現象)을 일으킨다. 자극의 정도는 강하나 오래 가지는 않는다.

견고성(firmness) 단단하고 굳고 튼튼한 조직감 특성.

견과류(nut fruits) 흡수된 영양분이 종자 내의 저장기관에 모여서 발달한 부분을 식용으로 하는 외피가 마르고 단단한 과실류. 밤, 호도, 잣, 개암, 도토리 등이 이에 속한다. 보통 '견과' 라고 부르고 있는 것들 중에서 땅콩은 협과(莢果), 코코넛은 핵과(核果), 브라질넛은 씨에 속한다. 다른 과실에 비해 지방 특히, 불포화지방이 많으며 양질의 단백질이 많이 들어 있다.

결착제(texturizing agent) 결착성이 약한 원료에 첨가하여 보수력을 증강시킬 목적으로 사용되는 것. 인산염을 주로 사용한다. 어육류 제품의 제조에 있어서는 원료육의 결착성이 끈기 등의 품질을 좌우한다.

결합수(bound water) 식품 중의 탄수화물이나 단백질 분자들과 수소결합에 의하여 단단하게 결합되어 있는 수분. 간단하게 건조 조작으로 제거하기 어렵고, −18℃에서도 얼지 않으며, 증기압에 관여 하지 않고, 자유수보다 밀도가 높고, 식품에서 미생물의 번식과 발아에 이용되지 못하며, 다른 물질을 용해시키는 용매로서 작용할 수 없는 등 일반적인 물과 다른 성질을 나타낸다. 단백질은 100g당 20~30g의 결합수를 갖는다. ☞ 자유수

결핵(tuberculosis) 결핵균(*Mycobacterium tuberculosis*)에 의하여 발생하는 질병. 결핵균에는 주로 사람에게 감염되는 사람형, 소에 감염되는 우형, 조류에 감염되는 조형과 사람과는 무관한 파충형 등이 있다. 우형은 직접 우유나 이환 소의 고기에 의해 사람에게 감염된다. 이 경우에 있어서는 주로 임파절이나 장, 폐, 골격, 관절에 침입한다. 예방법으로는 정기적인 OT(old tuberculin) 반응검사를 실시하여 음성자는 BCG(bacillus calmette guerin) 접종을 실시해야 하며, 식품은 충분히 가열 후 섭취해야 한다.

경구전염병 병원 미생물이 음식물이나 손, 기구, 음료수 등을 통하여 경구적으로 체내에 침입한 후 증식하여 질병을 일으키는 전염병. 주로 소화기계통에 장해를 일으키기 때문에 소화기계 전염병이라고도 한다. 주요한 경구전염병은 세균성 이질, 장티푸스, 파라티푸스, 콜레라처럼 세균에 의한 것과 급성회백수염(소아마비), 전염성 설사, 유해성 간염과 같이 바이러스에 의한 것, 아메바성 이질과 같이 원충류에 의한 것으로 나눌 수 있다. 집단적인 발병이 쉽게 일어나며 폭발적인 유행을 하고 2차 감염환이 성립된다.

경도(hardness) 물질의 단단함과 무른 정도를 나타내는 말로 물질을 변형시킬 때 필요한 힘. 텍스처의 기계적 특성 중 하나로 식품에 침투나 변형을 주기 위해 요구되는 힘으로 관능검사에서 경도는 물질을 어금니 사이(고체물질)나 혀와 입천장 사이(반고체물질)에 놓고 압착하는데 드는 힘, 또는 시료를 완전히 깨무는 데 드는 힘으로 정의한다. 1772년에 프랑스의 레오뮈르(R.A. Réaumur)가 긁은 자국의 크기로 경도를 처음으로 측정하였고, 1822년에는 독일의 모스(F. Mohs)가 광물의 경도를 나타내는 척도를 정하였다. 이 방법은 무른 활석에서 단단한 다이아몬드에 이르기까지 10단계의 광물을 정하고, 미지의 재료 표면을 문질러 그 표면에 자국이 생기는 것으로 경도를 정하는 것이다. 이것을 모스 경도라고 한다. 요즈음은 이것을 15단계로 나누어서 새로운 모스 척도로 정하여, 경도 8.5, 경도 10 등으로 경도를 표시한다.

경도계(hardness tester) 재료의 경도를 측정하는 장치. 브리넬 · 록웰 · 비커스 경도기는 압입경도 시험기로 재료를 강하게 눌러 시험체 표면의 영구변형을 살피는 것이며, 쇼어 경도계는 해머 등을 충돌시켰을 때의 반발력을 측정하는 충격경도 시험기이다. 또 재료를 날카로운 도구로 긁어 할퀴기 경도를 측정하기도 한다. 광물의 굳기를 결정하는 데는 모스 경도계가 사

용된다. 경도는 표준물질과 비교해서 결정하며 이것에 의해 재료의 기계적 성질을 알 수 있다.

경시변동(經時變動) 어떤 물질에 의해 맛의 자극을 주기 때문에 시간경과에 따라서 감각강도가 약하게 되는(역치의 연속적 상승) 현상. 순응도 그의 일종이다. 예를 들면 설탕물을 마시고 나서 잠시 후 다시 같은 설탕물을 마실 때, 단맛의 감각이 약해진다. 정미물질마다 자극 농도와 반응시간과의 상관관계가 있다.

경쟁 입찰(competitive bidding) 입찰에 참여한 공급업체 중 급식소에서 원하는 품질의 물품의 입찰가격을 예정가격에 가장 합당하게 제시한 업체와 계약을 체결하는 방법. 일반 경쟁 입찰, 지명 경쟁 입찰 등으로 계약 방법을 분류할 수 있다.

경쟁적 저해(competitive inhibition) 저해물질이 기질과 구조가 비슷하여 효소의 활성부위에 결합하면서 일으키는 저해 현상. 길항적 저해라고도 하며, 효소에 대한 저해물질의 작용양식의 하나이다.

경제적 발주량(economic order quantity : EOQ) 연간 저장비용과 주문비용의 총합이 최소가 되는 발주량. 재고 유지·관리비용, 단위당 구매단가, 발주비용, 연간 소요량(또는 매출액)으로 계산된다.

경질밀(hard wheat) 밀 중에서 배유조직의 전분과 단백질의 결합이 치밀하여 압쇄강도가 큰 밀. 경질밀로 만든 강력분은 단백질과 전분질의 함량이 높으며, 장시간에 걸쳐 신전성이 있으므로 빵을 만들 때 잘 부풀어서 제빵용으로 적합하다. 캐나다와 미국에서 주로 재배되며, 우리나라의 경질밀 품종으로는 도루코·농림 9호·농림 12호·수원 96호·사천달마 등이 있다.

경차(莖茶) 차 제조 마무리 공정에서 나온 줄기를 모은 것.

경화유(hardened oil) 어유나 콩기름 등 액상 기름에 수소를 첨가하여 만드는 백색 고형의 지방. 수소첨가유라고도 한다. 원료인 지방유는 올레산, 리놀레산, 리놀렌산 등의 불포화지방산의 글리세리드를 많이 함유하지만, 여기에 수소를 첨가하면 불포화 부분에 수소가 첨가되어 최종적으로는 포화지방산의 글리세리드가 되므로 고체지방으로 변한다. 원료유에 비하여 냄새가 없고 녹는점이 높으며, 비누화가와 요오드가는 저하되어 매우 안정된다. 원료유로는 어유, 콩기름, 면실유, 야자유, 올리브유, 땅콩기름 등이 쓰인다. 공업적으로는 촉매로서 니켈의 미분(微粉)을 섞은 원료유를 150~200℃에서 가압상태 하에 수소와 반응시킨다. 대부분은 회분식(batch process)이지만 연속식의 장치도 쓰이고 있다. 또 반응조건을 적당히 조절하면 원료유의 특정한 불포화 부분에 대하여 선택적으로 수소를 첨가할 수 있다. 이 방법으로 얻은 것을 반경화유라고 하는데, 경화유에 비하면 이소올레산글리세리드의 함유량이 많다. 천연유지에는 지방산의 이성체가 시스(cis)형으로 존재하나 경화유에는 수소를 첨가하는 과정에서 포화지방뿐 아니라 트랜스(trans)형 이성체도 많이 생기는데 트랜스형은 융점이 높다. 경화유는 녹는점, 포화도 등에 따라 여러 가지 용도가 있으나, 주용도는 식용유, 마가린 원료, 비누원료, 연마용 왁스 등이다. 또 어유 등에 수소를 첨가해도 비타민 A 등은 파괴되지 않고 영양가는 오히려 더 높아진다. 콩기름, 면실유, 땅콩기름 등에서 얻는 반경화유는 마가린 원료로서 특히 우수하다.

계면장력(interfacial tension) 두 상의 경계면, 즉 계면의 넓이를 감소시키려고 하는 힘. 표면장력과 거의 같은 뜻이지만, 계면장력은 일반적인 경우를 가리키고, 표면장력은 특히 한쪽 상이 기체상(氣體相)인 경우에 쓰인다.

계면활성제(interfacial active agent) 용액 중에서 기체와 액체, 액체와 액체, 액체와 고체의 계면에 흡착하여 계면장력을 저하시키는 물질. 계면활성제는 분자 중에 친수기와 친유기를 갖는다. 이것들은 계면 장력을 저하시키기 때문에 습윤, 침투, 유화, 분산, 용해 등의 작용을 한다. 유화제라고도 한다.

계피(cinnamon) 계수나무의 뿌리, 줄기, 가지 등의 껍질을 벗겨서 건조시킨 것. 육계 또는 계피를 말한다. 육계(*C. cassia*), 실론육계(*C. zeylanica*), 계수나무(*C. laureirii*) 등의 껍질로 만든다. 중국, 인도, 실론섬 등 열대 및 아열대지방에 분포한다. 계피는 상쾌한 청량감과 달콤하면서도 약한 매운 맛이 특징인데 주 방향 성분은 신나믹 알데히드(cinnamic aldehyde)이다. 계피가루는 페이스트리, 빵, 푸딩, 캔디 등에 사용되며, 통계피는 과일조림, 피클, 수프 등에 사용된다. 정유성분은 주로 피클, 햄, 소시지와 같은 모든 가공식품 분야에 이용하고 있다. 스튜나 스파게티, 디저트, 과자 등의 맛과 향을 내는 요리와 우리나라 음식인 수정과, 떡, 사탕에는 필수재료이다. 그 밖에도 주스, 칵테일, 홍차, 커피 등에 달고 매운맛의 독특함을 느낄 수 있도록 첨가하기도 한다. 계피는 두께가 얇고 향기가 좋은 것이 상품이다.

고객가치(customer value) 고객이 특정 제품이나 서비스로부터 기대하는 편익과 그것을 획득하는 데 지불하게 될 총비용간의 차이. 급식의 고객가치는 고객이 급식 서비스를 받기 위하여 소요된 시간과 노력, 대가를 지불할 용의, 금전적 비용 등 시간을 포함한 모든 자원이 소요되는 비용이다.

고객만족(customer satisfaction) 고객의 기대 수준과 획득한 제품이나 서비스에 대한 인지도의 차이. 급식소의 고객 만족은 급식소의 메뉴와 서비스가 고객의 욕구를 충족시킬 것이라고 믿는 정도로 표현된다. 급식에서는 급식소의 유형성, 신뢰성, 대응성, 확신성 등 서비스에 대한 고객 인식, 제공되는 메뉴에 대한 맛, 냄새, 형태 등의 속성이 고객 만족의 중요 요소가 된다.

고객충성도(customer loyalty) 기업의 사람, 제품 및 서비스에 대한 애착이나 애정의 감정 상태. 급식산업의 경우 급식 서비스에 대한 반복 이용 정도와 제공 받은 서비스에 대한 애착의 호의적 감정 상태이다.

고경질 치즈(hard grating cheese) 저지방 우유로 만들며 1년 이상 숙성시켜 손으로 눌러도 표면이 들어가지 않을 정도로 딱딱한 치즈. 수분 함량이 30% 정도로 낮아 주로 가루로 이용되며, 파르메산과 로마노 치즈 등이 여기에 속한다.

고과당시럽(high fructose corn syrup, HFCS) 포도당과 과당의 혼합액으로 과당의 함량이 많은 당. 과당은 설탕이나 포도당 보다 당도가 높고 가공 중 물성이 좋은 특징으로 음료, 제과, 낙농, 통조림 등의 산업에서 감미료로 널리 이용되고 있다. 고과당시럽은 먼저 전분을 알파-아밀라아제를 이용하여 말토덱스트린으로 액화하고 이어서 글루코아밀라아제, 플룰라나아제를 처리하여 포도당으로 전환한 후 글루코오스 이소메라아제를 이용하여 포도당으로부터 과당을 생산하게 된다. 생산된 과당을 정제, 농축하여 고과당시럽을 만든다. 고과당시럽은 값이 싸고 맛이 뛰어나 그 사용량은 최근 30년 만에 10배로 늘어났으나 비만의 주범으로 비난받고 있는 식품재료이기도 하다.

고구마(sweet potato) 메꽃과에 속하는 1년생 식물의 식용 지하 덩이줄기. 학명은 *Ipomoea batatas* Lamarck. 고구마의 원산지는 멕시코에서 남아메리카 북부에 이르는 지역이라고 추정되며, 약 2,000년 전부터 중·남아메리카에서 재배된 것으로 추측하고 있다. 주로 아시아, 아프리카에서 집중적으로 생산되며, 나라별로는 중국, 인도네시아, 한국, 브라질 등에 재배면적이 많다. 고구마의 모양은 긴 방추형에서 구형까지 여러 가지가 있고, 빛깔도 백색·황색·담홍색·적색·담자색으로 다양하다. 구성성분은 생육조건에 따라 약간의 차이가 있으나 대체로 수분 60~76%, 탄수화물 18~25%, 당 1~5%, 단백질 1~2%, 지방 0.2~0.5%를 함유하고 있다. 수분을 제외한 고구마의 주성분은 탄수화물이고 그 대부분은 전분이다. 전분 이외에도 포도당, 과당, 서당, 펜토산, 만니톨, 이노시톨 등의 당이 있어 감미가 강하다. 일반적으로 익어감에 따라 전분이 감소되고 당이 증가된다. 고구마를 가열한 후 건조시킬 때 고구마 표면에 생기는 하얀 가루는 주로 맥아당이다. 한편 고구마에는 섬유소의 함량이 많아 장의 연동운동을 촉진하여 변비를 예방해 준다. 단백질의 질은 양호한 편이나 그 양은 적어서 건물 중 약 4%로 글로불린의 일종인 이포마인(ipomain)이 약 60~70%를 차지하고 있다. 비타민 A, B_1, B_2, C, 나이아신 등이 들어 있으며 특히 황색이 짙은 고구마는 카로틴의 함량이 매우 높다. 고구마의 비타민 C는 비교적 안정하여 고구마를 쪘을 때에도 70~80% 정도는 남아 있다. 무기질은 특히 칼륨이 많고, 칼슘,

인, 마그네슘 등도 들어 있어 알칼리성 식품으로 산성 식품인 곡류나 두류를 중화하는 역할이 크다. 고구마를 절단할 때 그 절단면에서 나오는 유액의 성분은 얄라핀(jalapin)이라고 하는 수지배당체인데 이 물질은 물에 용해되지 않고 공기에 노출되면 검은 색으로 변하여 잘 제거되지 않는다. 고구마의 유액이 묻었을 때 느껴지는 강한 점성은 바로 이 물질 때문이다. 고구마에 흑반병이 생기면 이포메아마론(ipomeamarone)이 생기는데 이 물질은 특이한 냄새와 강한 쓴맛을 가지며 독성이 있으므로 먹지 않도록 한다. 고구마는 품종별로 그 텍스처 특성에 차이를 보이는데 원기, 신미나 수원 147호와 같이 분질 특성을 보이는 것과 천미와 같이 점질 특성을 보이는 것이 있고 이 둘의 중간 성질을 나타내는 것들도 있다. 분질의 고구마는 조리한 후 질이 약간 단단하고 물기가 없어 마치 삶아 놓은 밤과 같은 느낌을 주어 밤고구마라고 흔히 말하는 것이고 점질의 고구마는 당 함량이 많아 약간 질척하고 물기가 많아 물고구마라고 하는 것을 말한다. 서로 다른 텍스처는 전분 특성의 차이에 인한 것으로 알려져 있다. 즉, 아밀로오스의 함량 및 전분의 결정도 등이 두 종류의 고구마에서 뚜렷한 차이를 보인다. 고구마 내에는 β-아밀라아제가 들어 있는데 가열되는 동안 이 β-아밀라아제가 충분히 작용할 수 있는 조건이 주어지면 당화작용이 더욱 진행되어 단맛이 아주 높아진다. 이 효소는 5℃가 최적온도이고, 65℃ 정도에서도 작용을 할 수 있다. 그러므로 고구마를 단맛이 강하게 조리하기 위해서는 서서히 가열하는 것이 좋다. 돌 위에서 구운 고구마가 더 맛있는 것은 너무 강하거나 약하지 않은 온도에서 가열되는 동안 β-아밀라아제에 의해 충분히 당화되었기 때문이다. 여름부터 늦가을에 걸쳐 수확하고, 감자에 비해 탄수화물이나 비타민 C가 많으며 수분이 적기 때문에 칼로리가 높다. 찌거나 굽거나 하는 외에 튀김이나 죽 등으로 조리되고, 서양에서는 버터구이 · 파이 · 프라이드 스위트 포테이토 등으로 조리되며 중국요리의 후식에도 쓰인다. 제2차 세계대전 이전에는 대부분이 식용으로 소비되었으나, 최근에는 식용이 40%로 주로 부식용이나 삶은 고구마, 군고구마 등 간식으로 이용된다. 공업용으로는 전분제조용으로 30% 정도가 엿 · 포도당 · 과자류 · 식용가공품 · 의약품 · 화장품 등에 이용되고, 나머지는 위스키 · 소주 등 증류주의 원료로 사용된다.

고기추출물(meat extract) 고기를 물로 끓여 감압 농축한 추출물. 근육에서 추출된 액체의 유기화합물들이 포함되는데 여기에는 TCA cycle의 중간산물인 젖산, 피루브산 등과 저분자질소화합물들 즉 아미노기 및 urea, uric acid, creatine, creatinine, anserine, carnosine, carnitine 등의 유기염기화합물이 있다. 이들은 독특한 향기와 자극성으로 풍미에 관여하고 위액 분비를 촉진시키므로 애피타이저(appetizer)로 이용된다. 고기맛을 내기 위해서도 사용된다.

고도불포화지방산(polyunsaturated fatty acid, PUFA) 이중결합을 두 개 이상 함유하고 있는 불포화지방산. 고등생물 체내에서 혈액순환계, 호르몬 분비계 및 면역계 등을 조절하기도 하며 프로스타글란딘(prostaglandin, PG)의 전구체로 작용한다. 또한 생체막의 구성성분으로써 막의 유동성을 조절하는 것 외에도 여러 가지 생리작용이 밝혀져 의약품이나 식품소재로 많이 이용되고 있다. 특히 등푸른생선(정어리, 고등어) 등에서 추출된 EPA(eicosapentaenoic acid)와 DHA(docosahexaenoic acid)는 혈소판 응집작용이 우수하여 의약품과 건강식품으로 국내외에서 시판되고 있으며, 급증하는 성인병의 예방을 위한 기능성 식품으로 개발되어 각광을 받고 있다. 홍화유나 해바라기기름에서 얻은 LA(linoleic acid)는 콜레스테롤 강하작용이 있음이 밝혀졌고, 달맞이꽃 기름에서 얻은 γ-리놀렌산은 항알레르기 작용이 있어 피부병 치료제로써 이용되고 있다.

고들빼기 국화과의 두해살이풀로 산채의 일종. 학명은 *Youngia sonchifolia* Max. 씬나물이라고도 한다. 한자명으로는 고채(苦菜), 황과채(黃瓜菜), 활혈초(活血草)라고 한다. 분포지역은 한국, 중국 등이다. 주로 양지바른 들이나 밭가에서 많이 자라며 농가에서 재배하기도 한다. 줄기는 곧고 가지를 많이 치며 붉은 자줏빛을

ㄱ

띤다. 높이는 약 80cm이다. 잎은 길쭉한 타원형 내지 주걱꼴로 길이 2.3~6cm로 밑이 넓어져 줄기를 감싼다. 가장자리에는 고르지 않은 톱니가 있거나 또는 밋밋한 형태를 갖기도 한다. 잎의 맨 아래 부분은 줄기를 감싸는 모양이 귀처럼 보이는 매우 독특한 생김새를 갖고 있다. 꽃은 5~6월경에 피는데 가지 끝에 여러 개의 꽃이 뭉쳐 있어 가을국화 모양을 하고 있으며 색깔은 노란색이다. 종자가 익으면 흰 솜털이 있어 날아다니며 종자는 흑색의 부리 모양을 하고 있다. 뿌리는 굵기가 1~2cm, 길이는 10~20cm 정도로 자라는데 주로 이 부분을 잎과 함께 나물로 이용한다. 주성분은 이눌린(inulin)으로 매우 떫고 쓴맛을 갖고 있다. 예로부터 고들빼기는 이른 봄에 입맛이 없을 때 입맛을 돋우기 위한 식품으로 이용되었다. 주로 어린잎과 뿌리를 데친 후 양념에 무쳐서 나물로 먹거나 고들빼기김치를 담근다. 민간에서는 풀 전체를 약재로 쓰는데, 주로 해열, 건위, 조혈, 소화불량, 폐렴, 간염, 타박상, 종기 등의 치료제로 쓰인다고 알려져 있다.

고등어(mackerel) 농어목 고등어과의 바닷물고기. 학명은 *Scomber japonicus* Houttuyn. 『자산어보』에 벽문어(碧紋魚), 고등어(皐登魚), 『재물보』에 고도어(古道魚), 『경상도 속한지리지』에 고도어(古都魚)라고 한 기록이 보인다. 몸은 길고 방추형으로 약간 측편되어 있다. 주로 북대서양에서 많이 어획되며, 근해의 만에서 떼를 지어 지내는데 한국, 일본, 중국연해 등 온대성 해역에 널리 분포하고 있다. 정어리, 전갱이, 꽁치와 함께 4대 등푸른생선으로 '바다의 보리'라 할 정도로 그 영양가를 높이 평가받고 있다. 중요한 것은 참고등어와 깨고등어의 2종류이다. 참고등어는 등 쪽에 청흑색의 반점 모양이 있고 배쪽은 은백색이며 몸은 방추형이며 횡단면은 타원형으로 몸길이는 45cm 정도이며, 깨고등어는 배쪽에 깨를 뿌린 것 같은 검은 점이 흩어져 있다. 가장 맛이 좋은 시기는 지방 함량이 15% 정도가 되는 가을에서 겨울철이며, 일반적으로 참고등어가 맛이 좋으나, 깨고등어의 산란기인 7~8월경에는 깨고등어가 더 맛이 좋다. 고등어류는 옆구리 밑 부분의 살은 다른 부위의 살보다 색깔이 진하여 암갈색을 띤 혈압육으로, 보통육보다 미오글로빈(myoglobin), 지방 등이 많고 특유의 냄새를 가지고 있다. 고등어는 다른 등푸른생선에 비해 무기질과 비타민이 풍부하다. 지방의 구성은 불포화지방산이 많아 산패되기 쉽고, 내장은 자가소화효소의 활성이 강하여 신선도가 빨리 떨어지므로 보관할 때 내장은 반드시 제거해야 한다. 고등어 살에는 아미노산의 일종인 히스티딘이 많기 때문에 신선도가 떨어지면 히스타민으로 변화해서 알레르기 증상을 일으킴으로써 사람에 따라 두드러기, 복통, 구토 증상을 나타낸다. 그러나 이러한 증상은 생선회나 초밥 등으로 날로 먹었을 때 일어나고 일단 열을 가하면 그러한 위험은 사라진다. 3시간 정도를 소금물에 담근 후에 식초로 처리하면 히스타민이 억제되기도 한다. 그러나 히스티딘, 리신, 글루타민산, 이노신산 등 맛을 내는 성분도 많이 함유하고 있고, DHA와 EPA가 참치 다음으로 다량 함유되어 있어 동맥경화를 예방하고 혈압을 강하시키는 역할을 할 뿐 아니라 비타민 B_2와 비타민 E가 풍부하다. 고등어는 대부분 선어로 조림, 얼간, 튀김 등으로 요리하거나 자반 또는 통조림으로 가공하기도 한다. 고등어의 알레르기를 막기 위해 소금물에 담근 후에 식초 처리를 한 고등어 초밥을 '밧데라'라 하여 일본 동북지방을 제외한 전국에서 즐겨 먹는다.

고래기름(whale oil) 고래의 살과 뼈에서 빼낸 지방유. 경유(鯨油)라고도 한다. 긴수염고래 · 흑등고래 · 정어리고래 등 수염고래류의 기름살, 혀, 내장, 뼈 등을 끓이거나 압착하여 채취한다. 비중 0.915~0.925, 비누화가 185~195, 요오드가 120~150 정도. 고래의 종류에 따라 성질과 상태에 다소 차이는 있으나, 다 같이 마가린과 비누 등의 제조에 쓰이는 등, 별 차이가 없기 때문에 통계표에서는 일괄하여 수경유(鬚鯨油)라고 한다. 한편, 향유고래 · 돌고래 등 치경류(齒鯨類)의 기름은 납(wax)이 주성분으로 되어 있어, 식용에는 적당하지 않고 오직 공업원료로서 이용되고 있다.

고래회충(아니사키스, Anisakis simplex) 해산표유류(고래, 돌고래, 물개 등)의 위(stomach)에 기생하는 선충류의 유충을 통칭하여 아니사키스 유충이라고 한다. 고래회충과 물개회충(Pseudoterranova decipiens)의 유충이 사람에 잘 감염된다. 해양 플랑크톤에서 어류 또는 두족류를 통해 고래에 감염되는 데, 사람에게는 주로 해산어류(참조기, 명태, 아나고, 조기, 방어, 광어)나 두족류(낙지, 오징어) 등의 생식을 통하여 감염되나 인체에서는 유충상태로 지나게 되어 성충으로 발육하지는 않는다. 국내에서 보고된 환자들은 주로 아나고회를 먹었다고 하는데, 방어, 광어, 오징어, 낙지 등에 의해서도 감염된다. 배가 메스껍고 거북하기 시작하여 식은땀이 나고 상복부에 급성 복통을 가져온다. 만성적으로 위나 장에 궤양 또는 종괴를 형성하여 위궤양이나 악성종양으로 오인되기도 하고, 드물게는 위벽을 뚫고 나가 복강내를 이동하여 갑작스런 복통을 유발하기도 한다. 또한 십이지장, 회장, 공장 및 충수돌기로 이동하여 그곳에서 장 아니사키스증을 일으키기도 한다.

고려엉겅퀴 국화과의 다년생 초본으로 산채의 일종. 학명은 *Cirsium setidens*. 곤드레, 구멍이, 도깨비엉겅퀴라고도 한다. 엉겅퀴의 일종이다. 한국의 특산종으로 전국의 산과 들에서 자란다. 높이 약 1m이고 잎의 앞면은 녹색이고 털이 있으며 뒷면은 흰색으로 털이 없고 가장자리가 밋밋하거나 가시 같은 톱니가 있다. 7~10월에 붉은 자주색 꽃이 핀다. 비슷한 종으로는 잎 뒷면이 모시풀처럼 하얀 흰잎고려엉겅퀴(var. *niveo-araneum*)가 있다. 어린잎과 줄기를 식용하는데, 데쳐 우려낸 다음 묵나물, 국거리, 볶음으로 요리하며, 과거에는 구황식물로 이용되었던 유용한 산채이다. 빈궁기에는 곤드레밥이라 하여 주곡을 늘릴 목적으로 이용되기도 하였으며, 해장국에 이용하기도 한다. 강원도 일대에서는 최고의 나물로 친다. 다른 산채들이 주로 봄철에 잎이나 줄기가 연할 때 채취돼 식용되는 반면 곤드레는 5~6월에도 잎이나 줄기가 연한 것이 특징이다.

고메톡실펙틴(high methoxyl pectin) 폴리갈락투로닉산(polygalacturonic acid)인 펙틴의 분자내 메톡실(methoxyl)기의 함량이 7% 이상인 것. 겔(gel) 형성능력이 좋다. 그러나 설탕, 산이 없으면 겔화되지 않는다.

고미물질(bitter substance) 쓴맛이 있는 물질. 대표적으로 키닌, 니코틴, 염화마그네슘이 있다.

고비 고비과에 속하는 여러해살이 양치식물로 산채의 일종. 학명은 *Osmunda japonica* Thunb. 한자명은 자기(紫萁), 구척(拘脊)이다. 전국 야산의 습한 산록에 자생하고 있으며 동아시아의 온대지역인 평지에서부터 해발 1,000m 이상의 고산지대인 히말라야에까지 널리 분포하고 있다. 고비는 고사리와 함께 대표적인 식용 산채로서 봄철 어린순을 삶아 말렸다가 나물로 먹으며 국, 고기찜, 튀김 등의 요리에 사용한다. 양질의 단백질, 비타민 A, B_2, C, 펜토산, 카로틴, 니코틴산을 함유하고 영양가가 높다. 분포지역은 한국·일본·중국·타이완·히말라야·사할린·필리핀 등의 산의 숲 속에서 자란다. 땅속줄기는 짧고 굵으며 덩이 모양이고 많은 잎이 뭉쳐난다. 높이는 60~100cm이다. 잎은 영양엽과 포자엽으로 구별되고 어릴 때는 붉은 빛이 도는 갈색의 솜털이 빽빽이 있으나 점차 없어진다. 한방에서는 뿌리줄기를 약재로 쓰는데, 감기로 인한 발열과 피부 발진에 효과가 있고, 기생충을 제거하며, 지혈 효과가 있다. 민간에서는 봄과 여름에 캐어서 말려 줄기와 잎은 인후통에 사용하고 뿌리는 이뇨제로 사용한다.

고사리 고사리과의 여러해살이 양치식물로 산채의 일종. 학명은 *Pteridium aquilinum* Kuhn. 한자명은 궐채(蕨菜), 궐기근(蕨其根), 고사리근(高沙利根)이다. 열대지방부터 온대지방에 이르기까지 전 세계적으로 분포되어 있다. 땅속에 굵고 검은 땅속줄기가 옆으로 뻗어가면서 마디에서 이른 봄부터 여름까지 잎이 나온다. 잎은 굵고 긴 잎자루를 갖고 있으며 땅에서 돋아날 때는 잎자루가 20~30cm 정도 길다. 잎이 될 부분은 아기 손처럼 생겨 둥글게 감겨 있고 흰 솜털로 덮여 있다. 이것을 채취하여 나물로 이용하는데 감겨 있던 잎이 펴지면 잎줄기가 질겨져서 나물로 이용할 수 없다. 아미노산 중에서 아스파라긴(asparagine)과 글루타민산(glutaminic acid) 그리고 플라보노이드(flavonoid)의 일종인 아스트라갈린(astragalin) 등 특수 성분이 다량 함유되어 있으나, 비타민 B_1을 파괴하는 효소가 있다. 그러나 이 효소는 열에 약해서 데치면 파괴되나 일부 열에 강한 효소가 잔존한다. 또한, 서양에서 고사리를 먹은 소가 암에 걸렸다고 보고되었는데 이는 날 고사리를 먹은 경우이며 삶거나 가열한 고사리의 경우는 독성이 심하지 않았다고 한다. 따라서 고사리의 독성 성분을 제거하기 위해서는 물에서 삶은 후 오래 담갔다가 식용하는 것이 좋다. 고사리에는 비타민 B_1이 0.3mg%로 존재하나 수용성인 비타민 B_1도 손실되므로 삶은 고사리에는 비타민 B_1이 없다. 그러나 비타민 B_2는 0.3mg%로 다량 함유하고 있다. 예로부터 고사리를 오래 먹으면 다리 힘이 약해지고 양기가 떨어진다고 하였으며 오래 먹으면 눈이 침침해진다고 하였다. 봄에 잎이 아직 피지 않은 것을 삶아서 나물로 먹거나 국의 재료로 쓰는데, 특히 비빔밥에는 빼놓을 수 없는 산채이며 육개장 등에 필수 재료이다. 근경에는 전분이 많아 8, 9월에 채취하는데, 끈기가 칡가루보다 많아 전이나 떡으로 이용하면 좋다. 한방에서는 어린순을 약재로 쓰는데, 위와 장에 있는 열독을 풀어 주고 가벼운 이뇨 작용이 있다. 설사에는 고사리 가루를 물에 타서 먹기도 한다.

고시폴(gossypol) 면실유에 들어있는 독성 페놀화합물. 면실의 종자에 약 0.6% 정도 존재하며 미정제한 면실유에도 포함되어 있다. 독성이 매우 강하여 고시폴을 함유하는 사료를 소에게 주면 폐사하는 경우가 보고되어 있다. 중국에서는 남성용 피임제로 사용되기도 했지만, 이 물질을 복용한 남성의 20%가 영구 불임이 되었기 때문에 사용이 금지 되었다. 기름 중의 고시폴은 알칼리정제 등에 의해 제거될 수 있으며 탈지껍질 중의 것은 가열처리하면 파괴된다.

고압멸균(autoclaving) 수증기 포화의 습열을 사용하여 121℃에서 15분간 가열로 포자까지 사멸할 수 있는 방법. 고압멸균기(autoclave)를 사용한다.

고온단시간살균(high temperature short time, HTST) 72~75℃에서 15~16초간 가열로 식품중의 부패균이나 병원균의 살균방법. 연속살균이 가능하고 영양분의 파괴는 적으며 세균의 사멸률이 높은 살균방법이다. 71.7℃에서 15초간 가열하는 방법이 주로 사용된다.

고온미생물(thermophilic microbes) 생육 최적온도가 55~65℃이고, 최고온도는 70℃ 혹은 그 이상이며, 최저 45℃ 이하에서는 거의 증식을 하지 않는 미생물의 총칭. 일반적으로 고온 미생물에서 얻어진 효소, 단백질은 중온성 미생물에서 얻어진 것에 비해 열 안정성이 있다. 식품과 연관되어 중요한 미생물로는 바실루스(*Bacillus*), 클로스트리듐(*Clostridium*), 서모아나에로박테리아(*Thermoanaerobacterium*) 등이 이에 속한다.

고정 메뉴(static menu or fixed menu) 메뉴의 변화없이 동일한 메뉴가 지속적으로 제공되는 형태로서 외식업소에서 주로 사용하는 메뉴.

고주파(high frequency wave) 주파수가 높은 파동이나 전파. 주파수라고 하면 단위시간 내에 생기는 주기적인 현상의 수. 직류에서는 +극에서부터 −극의 일정 강도를 가진 전류가 흐르기 때문에 이것을 그림으로 나타내면 가로축의 시간과 거의 평행한 직선이 된다. 교류는 위에서 아래로 흐르던 전류가 아래에서 위 방향으로 변화해 간다. 이 양상을 직류와 마찬가지 그림으로 표시하면 가로축의 시간을 위 아래로 지나는 파형(波形)이 된다. 이때, 최초 상태와 같은 상태로 되기까지를 1주기라고 말하고, 단위시간에 몇 주기의 파가 생기는가를 나타낸 것을 주파수라고 하는데 사이클(cycle)이라는 단위로 표시한다. 보통 가정에 오는 교류전원은 50~60사이클이지만 전화선에는 수십~수천 사이클의 넓은 범위의 것이 포함되어 있다. 고주파 발전기로는 10,000사이클의 전류가 얻어질 수 있다. 라디오에 이용되는 교류의 주파수는 수만~수천만 사이클 또는 그 이상에도 달한다. 이처럼 교류의 주파수가 넓은 범위에 이르기 때문에 편의상 15,000사이클 이상의 것을 고주파, 그 이하의 것을 저주파로 구별한다.

고체배양(solid culture) 생물체(주로 미생물 및 발생 중인 동식물의 배(胚))나 생물체의 일부(기관 · 조직 · 세포 등)를 적당히 인공적으로 조절한 고체배지상의 환경조건에서 생육시키는 것.

고체배지(solid culture medium) 미생물이나 동식물의 조직을 배양하기 위하여 배양체가 필요로 하는 영양물질을 주성분으로 하고, 다시 특수목적을 위한 물질을 넣어 혼합한 것으로 균주의 보존이나 분리를 위해 한천이나 젤라틴 등을 첨가하여 고형화한 것.

고추(red pepper) 가지과에 속하는 일년생 초본. 학명은 *Capriccum annum* L.. 한자명은 번초(蕃椒)이다. 원산지는 남아메리카이며, 신대륙 발견 이후 유럽에 전해져 각지에 전파되어서 중요한 조미료가 되었는데 현재 가장 많이 생산하고 있는 나라는 인도와 멕시코이다. 우리나라에는 임진왜란 때 일본에서 들어왔다. 고추에는 매운 고추와 맵지 않은 고추가 있는데, 매운 고추에는 재래고추, 칠리가 있고 피망, 파프리카는 맵지 않은 품종으로 단 고추로 불린다. 우리나라에서는 말린 고추와 풋고추가 있으며 품종은 약 100여 종에 이른다. 주산지는 영양, 음성, 청양, 임실, 제천 등이다. 붉은 고추의 성분은 수분이 84.6%, 단백질 2.6%, 지질 1.7%, 당질 5.3%, 섬유소 5.0%, 무기질 0.8%가 있다. 무기질 중에서는 칼륨이 많다. 비타민 중에서는 비타민 A(1,078R.E.)와 비타민 C(116mg%)가 매우 풍부한데 비타민 C는 모든 채소 중에서 가장 많다. 고추의 매운맛은 캅사이신(capsaicin)이라고 하는 염기 성분 때문이며 빨간 색소는 캅산틴(capsanthin)과 카로틴(carotene)에 의한 것이다. 당 함량이 높아 단맛과 감칠맛도 있다. 고추씨에는 아데닌(adenine)의 감칠맛이 있으므로 고추를 가루로 이용할 때는 고추씨도 같이 빻아 이용하는 것이 좋다. 고추는 조금 먹으면 위액의 분비가 촉진되고 식욕이 나며 혈액순환도 잘되므로 매운 음식을 먹으면 입맛이 개운하고 기분도 상쾌해진다. 그러나 고추는 너무 많이 먹으면 위와 장을 자극하여 설사를 하고 간장기능을 해친다. 붉은 건고추는 가루로 내어 고추장, 김치, 겉절이, 나물, 매운탕, 해장국 등에 이용하거나 실고추로 만들어 장식용으로 이용한다. 풋고추는 조림, 찌개, 부각을 만들며, 잎은 나물로 이용하고 있다. 서양에서도 육류와 채소요리, 핫소스, 카레, 케첩, 소시지 등에 사용하고 있다. 고추를 건조시키는 방법에 따라 태양초는 태양빛으로 건조하여 빛깔이 선명하고 매운 맛이 강한 반면, 열에 의하여 건조시킨 화건초는 껍질이 얇고 단맛이 난다. 고춧가루는 비닐봉투에 담아 밀폐시킨 후 그늘진 곳에 냉장보관한다. 공기접촉 시 색깔이 변하거나 곰팡이가 생길 수 있다. 오래되면 딱딱하게 굳어지고 검게 색이 변하므로 분쇄 후 바로 사용하는 것이 좋다.

고추냉이(Korean horseradish, wasabi) 겨자과의 여러해살이풀로 향신료의 일종. 학명은 *Wasabia japonica* Matsum. 와사비라고도 한다. 식물전채를 산유채, 뿌리를 산규근(山葵根)이라 한다. 분포지역은 우리나라, 일본 등이다. 땅속줄기는 굵은 원기둥 모양이고 잎은 넓은 타원형이다. 뿌리에 매운맛이 있으며 매운맛 성분은 뿌리를 갈아서 짓이길 때 가수분해 효소인 미로시나아제(myrosinase)의 작용으로 배당체인 시니그린(sinigrin)이 분해되어 생성되는 알릴이소티오시아네이트에 의한 것이다. 이 성분은 갓이나 무 등의 매운맛 성분에도 포함되어 있는데 고추의 매운맛과는 달리 휘발성이 크고 분해가 빨라 매운맛이 쉽게 소실된다. 와사비는 일본요리의 매운맛을 내는 데 없어서 안 되는 향신료로서 특히, 생선회, 초밥, 면류, 생선묵 등에 사용된다. 현재 고추냉이(와사비)로 이용되고 있는 것은 서양 와사비 뿌리의 건조분말을 녹색으로 착색시켜 조미료와 겨자분을 첨가하여 가루고추냉이를 조제하여 고추냉이 대신 사용하고 있다. 어린잎은 김치로 이용된다. 한방에서는 류머티즘, 신경통, 생선중독의 치료와 방부제, 살균제로도 쓴다.

고추장(hot soy paste) 메주를 가루로 만들어 주로 찹쌀가루를 섞고 엿기름과 고춧가루를 넣어 당화시킨 후 소금을 넣어 숙성시킨 우리나라 고유의 발효식품. 고추장은 전분이 가수분해되어 생성된 당의 단맛, 콩의 가수분해로 생성된 아미노산의 구수한 맛, 고춧가루의 매운맛, 소금의 짠맛이 조화를 이루는데, 사용되는 재료 즉, 메주의 종류, 전분의 종류에 따라 맛이 달라진다. 전분의 종류에 따라 찹쌀고추장, 보리고추장, 멥쌀고추장, 밀고추장 등이 있다. 고추장은 단백질, 지방, 비타민 B_2, 비타민 C, 카로틴 등과 같은 영양성분이 풍부하다.

곡류(cereal) 식량으로 사용할 수 있는 전분질의 종자. 곡식 또는 곡물이라고도 한다. 곡류의 영어명인 'cereal'의 어원은 로마의 곡식과 수확의 여신인 시레스(Ceres)이다. 식물학상 곡류는 주로 벼과(화본과, *Poaceae/Graminae*)에 속하며 쌀, 보리류(맥류), 잡곡으로 분류하는데, 보리(겉보리, 쌀보리, 맥주보리), 밀, 귀리, 호밀 등은 보리류(barleys)에 속하고, 옥수수, 조, 기장, 피, 수수, 메밀 등은 잡곡에 속한다. 곡류는 B.C. 9,000년경 중동과 소아시아(지금의 터키)에 살았던 사람들이 야생 곡류 중에서 몇 가지를 식량으로 재배하여 사용했으리라 추측하며 이후 전 세계 여러 지역에서 다양한 곡류가 재배되었는데, 나라에 따라 주곡의 종류가 다르다. 한국, 중국, 일본, 동남아 여러 나라는 쌀, 미국과 캐나다는 밀, 소련과 중부 유럽은 호밀이 주곡이다. 멕시코, 남아메리카 그리고 미국에서는 옥수수도 많이 먹는다. 귀리는 극소 지역에서 이용될 뿐이다. 종류에 따라 약간 다르기는 하지만 왕겨로 둘러싸여 있고 그 내부는 겨층, 배유, 배아의 세 부분으로 구성되어 있다. 곡류의 식품학적 가치는 첫째, 환경적응성이 강하고 다른 식품보다 단위면적 당 생산량이 많으며, 둘째 에너지원인 탄수화물 함량이 높고, 셋째 10% 내외의 비교적 많은 양의 단백질을 함유하고 있고 또한 맛이 담백하여 한 번에 많은 양을 섭취하는 식품이므로 단백질의 좋은 급원이며, 넷째 저장 중 부패 및 변질이 적다는 점이다. 성분은 종류에 따라, 또한 같은 종류라 할지라도 품종에 따라 다르고, 특히 기후와 토양에 따라 많이 달라진다. 일반적으로 탄수화물이 약 60~70%, 단백질이 9~14%, 지질은 약 2~3%로 적게 함유하고 있으나 불포화지방산과 지방 분해효소인 리파아제(lipase)의 함량이 높아 저장 중 산패의 원인이 되기 쉽다. 도정하지 않은 곡류는 철, 인 등의 무기질과 몇몇 비타민 B 복합체 등을 상당량 함유하고 있으나 이들 영양소는 주로 겨층에 있으므로 도정과정에서 대부분 손실된다. 곡류 중에서 황색 옥수수는 상당량의 카로틴을 함유하고 있다. 곡류입자에는 종자로서 필요한 여러 가지 효소가 함유되어 있으며 이들 효소 중에는 식품을 저장하거나 또는 조리 · 가공할 때 식품의 색, 맛, 품질에 영향을 주는 것이 있다. 가장 중요한 것은 전분 분해효소인 아밀라아제(amylase)와 단백질 분해효소인 프로테아제(protease)이다. 그 외에 산화 · 환원효소에 속하는 카탈라아제(catalase)와 퍼옥시다아제(peroxidase)는 곡류의 신선도를 측정하는 지표로 사용된다. 알곡 그대로 조리해서 먹기도 하고 제분 과정을 거친 다음에 가공하여 고운 가루(flour), 굵은 가루(grits) 또는 시럽, 기름, 전분 따위 여러 형태로 만들어서도 사용한다. 그 밖에 곡류를 발효시켜 술을 만들기도 하는데, 이 과정에서 효모나 박테리아가 곡류의 전분을 알코올로 바꾼다. 보리 같은 곡류를 싹을 내어 말려 가루를 내어 엿기름을 만들어 맥주 발효와 식혜, 엿, 고추장, 떡 등 음식의 조미료로도 두루 이용한다.

곤쟁이(mysidacea) 절지동물 갑각강 연갑아강의 한 목. 학명은 *Neomysis japonica*. 장하류(醬蝦類)라고도 한다. 약 450종이 알려져 있다. 대부분이 해산이고, 연안과 해수와 담수가 만나는 곳에 주로 살며 심해에 사는 종류도 있다. 몸길이는 1~2cm이고, 새우와 모양이 비슷하지만 가슴다리의 기부에 노출된 아가미를 가진 점이 새우와 다르다. 서해안에서 많이 잡히는데, 염장한 것을 곤쟁이젓이라 하여 식용하며, 많이 잡히는 곳에서는 사료 및 거름으로도 쓰인다. 우리나라 연안에 서식하는 20여 종의 곤쟁이(*Neomysis awatschensis*)는 몸길이 약 1cm이며 자하(紫蝦)라고도 한다. 또 부새우(*N. intermedia*)는 동해안의 저염도 호수에 서식한다.

곰취 국화과의 다년생 식물로 산채의 일종. 학명은 *Ligularia fischerii* Turcz. 한자명은 호로칠(葫蘆七), 산자원(山紫菀), 대구가(大救駕)이다. 분포지역은 한국, 일본, 중국, 사할린섬, 동시베리아이다. 잎은 심장형으로 입줄기의 길이가 50~60cm, 잎폭은 40cm 정도까지 자란다. 고원이나 깊은 산의 습지에서 자란다. 7~9월에 황색의 꽃이 핀다. 곰취와 유사한 종류로 곤달비, 긴잎 곰취, 어린 곰취, 화살곰취, 갯곰취 등이 있다. 어린잎을 나물로 먹는데, 톡특한 향미가 있다. 한방에서는 가을에 뿌리줄기를 캐서 말린 것을 호로칠(葫蘆七)이라 하여, 해수·백일해·천식·요통·관절통·타박상 등에 사용한다. 쌈, 무침, 나물 등으로 많이 이용되며 특히 최근에는 항암작용이 있는 것으로 밝혀졌다.

곰팡이(mold) 절대 호기성인 진핵세포생물로서 진균류에 속하며, 균사나 포자에 의해서 증식하고 햇빛을 싫어하는 다세포생물. 건조에 잘 견디고 증식범위는 pH 2.0~9.0으로 넓으나, 산성 영역에서도 잘 증식하는 아시도필레스(acidophiles)이며, 대체로 30℃ 부근에서 잘 증식하는 미생물로서 효소생산이나 발효식품에 유익하게 이용되지만 유해색소나 유독물질을 생산하는 것도 있다.

곰팡이 독소(mycotoxin) 곰팡이가 생산하는 2차대사 산물로서 사람이나 가축에 질병이나 이상생리작용을 유발하는 물질. 우리가 섭취하는 각종 식품은 항상 곰팡이에 오염될 가능성이 크며, 특히 곡류의 경우 곰팡이의 생육조건에 적합하여 독소생성의 주요 관련 식품으로 지목되고 있다. 곰팡이 독소로는 해를 주는 인체 장기에 따라 간장독, 신경독, 신장독 등으로 분류할 수 있다. 간장독(hepatotoxin)은 동물의 간경변, 간종양, 또는 간세포의 괴사를 일으키는 물질군으로 간암을 일으키는 아플라톡신(aflatoxin)이 가장 대표적이며, 이 밖에 rubratoxin A, cyclopiazoic acid, sterigmatocystine, islanditoxin, leuteoskyrin, ochratoxin A 등이 있다. 신경독(neurotoxin)은 뇌 및 중추신경계에 장해를 일으키는 곰팡이 독소군으로 파툴린(patulin), 말토진(maltorzine), 시트레오비리딘(citreoviridin) 등이 알려져 있다. 신장독(nephrotoxin)은 신장에 급성 및 만성장해를 일으키는 물질군으로 시트리닌(citrinin), 시트레오미세틴(citreomycetin), 코지산(kojic acid) 등이 장기 투여에 의하여 만성적 신장장해를 일으키는 것으로 알려져 있다.

공기동결(air freezing) 저온 공기(−24~−30℃) 중에서 식품을 동결시키는 방법. 외부와 열을 차단시킨 냉동실 내에 냉매가 흐르는 냉각관을 선반모양으로 조립한 팬에 식품을 넣어 동결시킨다. 냉각관과 접하는 팬 하부는 빨리 냉동되지만 팬 상부는 냉동이 느리고 건조가 심하다. 이 방법은 비연속적이며 열용량이 적고 열전도가 나쁜 공기를 통하여 이루어지므로 동결속도가 늦어 완만동결에 속한다.

공기조절저장(controlled atmosphere storage) 호흡에 의한 대사작용을 억제하기 위하여 식품의 저장환경을 1~5%의 산소와 2~10%의 이산화탄소로 기체의 조성을 조절하여 저장하는 방법. CA 저장이라고도 하며, 때로는 저온저장을 병행하기도 한다. 과일과 채소는 수확 후에도 호흡작용을 계속하여 공기 중의 산소를 흡수하고 이산화탄소를 발생시킨다. 이 호흡과정에서 생기는 에너지는 열의 형태로 발산하므로 수송, 저장과정 중에 호흡열이 축적되어 발열하여 품온을 상승시키므로, 식품의 외부에 부착되어 있는 수많은 미생물의 발육을 촉진시켜 조직이 연약한 과채류를 쉽게 변패시킨다. 또한 수분을 체외로 발산시키는 증산작용이 일어나 식품의 중량이 감소될 뿐만 아니라 과채류의 선도가 저하된다. 과채류의 호흡량은 온도에 가장 민감하게 영향을 받는데, 10℃ 상승할 때 호흡량은 약 2.5배 증가한다. 따라서 과채류는 저장에 적당한 조건, 즉 적합한 공기의 조성, 온도, 습도 등을 조절하면 저장효과를 높일 수 있다. 사과의 CA저장은 매우 효과적인데, 온도 3.3℃, 습도 90% 이상, 질소 92%, 산소 5.5%의 조건을 유지해 주어야 하므로 과잉의 탄산가스는 염기로 흡수시키고 부족한 산소는 공기를 불어 넣어 조절한다.

공동구매(group purchasing) 학교·병원·조합·협회·협력단체 등에서 주로 동일목적을 위해 공동으로 구매하는 방식. 대량구매로 인한 원가절감 효과를 기대할 수 있으며, 개별 구매보다 공신력 있는 공급업체 선정에 유리해 공급력이 개선될 수 있는 장점이 있다.

공동조리교(central commissary school foodservice system) 공동 조리장을 설치하여 인근 2~3개

소규모 학교를 연계하여 공동조리장에서 조리를 한 후, 나머지 비조리교로 운반하여 공동급식을 실시하고 있는 학교.

공동조리장(central kitchen) 지역적으로 인접해 있는 몇 개의 급식소를 묶어서 대량으로 음식을 생산한 후 인근의 급식소로 운송하여 피급식자들에게 배식하는 중앙공급식 급식체계를 운영하기 위해 만든 대규모 조리장. 국내에서는 학교급식 확대에 필요한 비용을 절감하기 위해 학생수가 많고, 큰 주방을 설치할 장소가 있는 학교에 공동조리장을 설치하여 음식을 생산하고 비조리교에 운반하여 급식하는 공동조리방식을 도입하고 있다.

공복감(hunger sensation) 배고픔을 느끼는 감각. 공복감은 생리적인 현상으로, 주로 혈당치와 밀접한 관계가 있다. 혈중의 당 농도는 평균 0.1% 전후인데, 동맥과 정맥을 흐르는 혈액의 당 농도에는 차이가 있다. 식사를 하여 당분이 흡수되면 동맥혈의 당도가 올라가서 동맥혈과 정맥혈의 당 농도의 차이가 커지는데, 이 차이가 0.01% 이상이면 포만감이 생긴다. 반대로 식사 후 시간이 경과하여 동맥혈의 당도가 감소하여 동맥혈과 정맥혈의 당 농도의 차이가 0.01% 이하가 되면 공복감이 생긴다. 운동을 하여 혈중당분을 많이 소비했을 때와 식사 후 상당히 시간이 경과했을 때 공복감이 일어나게 된다.

공액 리놀레산(conjugated linoleic acid, CLA) 탄소와 탄소 사이의 단일결합과 이중결합이 번갈아가며 존재하는 리놀레산의 이성체 혼합물 불포화지방산. 리놀레산(cis−9, cis−12 octadecadienic acid)의 위치 및 기하 이성체를 말한다. 포유동물 반추위에 서식하는 미생물에 의해 리놀레산으로부터 합성되는데 c9,c11−, c9,t11−, t9,c11−, t9,t11−, c10,c12−, c10,t12−, t10,c12−, t10,t12− CLA의 8개 이성체의 혼합물을 공액 리놀레산이라 명명하였다. CLA는 항암성, 면역증강 효과, 산화방지작용, 항콜레스테롤 효과, 및 체지방 감소효과 등을 가지고 있다고 알려져 있다. 또한 CLA는 α−토코레롤보다 강력하고 BHT(butylatedutylated hydroxy toluene)과는 유사한 수준의 항산화 효과가 있다. CLA의 항산화 활성이 유리기에 의한 공격으로부터 세포막을 보호하여 항암효과를 갖는데 어느 정도 관여할 것으로 추정된다. 또한 CLA는 동맥경화 억제효과가 있다. CLA는 혈액 중의 총 콜레스테롤, LDL 콜레스테롤, 중성지방을 현저하게 낮추어 동맥경화증의 발현을 억제시킨다.

공액이중결합(conjugated double bond) 불포화 유기분자에서 $H_2C{=}CH{-}CH{=}CH_2$와 같이 2개 이상의 이중결합이 하나의 단일결합을 사이에 끼고 구성되어 있는 계(系). 공액이중결합을 가지는 유기화합물은 독립적으로 존재하는 이중결합과 비교하여 물리적 · 화학적 성질에서 현저한 차이를 나타낸다.

공유결합(covalent bond) C−C, H−H, O−H, C=C와 같이 두 원자가 전자 쌍을 공유함으로써 형성되는 결합. 수소를 제외하고 공유결합을 형성하는 원소의 최외각 전자의 수는 대부분의 경우 8이지만(이것을 팔중항 규칙 또는 옥테드 규칙이라고 한다), 옥테드 규칙을 만족하지 못하는 공유결합 화합물들도 많다.

공유전자(covalent electron) 공유결합에 이용된 전자.

공헌 마진(contribution margin : CM) 매출액에서 변동비를 제외한 값. 공헌이익이라고 하며 공헌 마진이라는 표현은 고정원가를 회수하고 이익창출에 공헌한다는 의미에서 붙여진 것이다.

공헌 마진 비율(contribution margin ratio) 공헌이익을 매출액으로 나눈 값.

과당(fructose) 과일의 단맛 성분. 프룩토오스라고도 하며 대표적인 케토오스(ketose)이다. 육탄당(hexose)의 하나로 분자식은 $C_6H_{12}O_6$이며, 무색 흡습성 결정으로, 녹는점 103~105℃이다. 식물계에 널리 존재하며, 특히 포도당과 함께 과일 속에 유리 형태로 들어 있거나, 포도당과 결합하여 수크로오스로서 함유되어 있다. 벌꿀의 액상부는 대부분 과당이며, 또 국화과 식물 속의 이눌린 등 과당으로만 이루어지는 다당류인 프럭탄의 성분으로서, 또한 수크로오스계의 각종 소당류(올리고당)의 성분으로서 존재하나, 배당체 성분으로서는 드물다. 동물계에는 적으나 정액의 주요한 당으로서 정자의 에너지원이다. 또, 과당은 생물의 당대사에서 중요한 역할을 하는데, 포도당이 분해되는 경우나 글리코겐으로 합성되는 경우 등은 모두 과당을 거친다. 따라서 과당은 당류 중에서 인체에서 가장 빨리 흡수·소화된다. 과당은 당류 중에서 감미가 가장 강하나, 가열하면 3분의 1로 약해진다. 벌꿀, 과즙에서 분리되고, 수크로오스, 프럭탄의 가수분해 등에 의해서 제조된다. 포도당을 이용하지 못하는 당뇨병 환자용 감미료, 쇠약자나 어린이의 영양제 외에 해독, 강심, 이뇨제로 사용된다. 또한, 감미료로서 식용으로 사용되기도 하나, 값이 비싸서 거의 쓰이지 않는다. 또 흡습성을 이용하여 카스텔라, 스펀지 케이크 등이 마르는 것을 방지하기 위해 사용되기도 한다.

과립당 설탕입자를 다공질의 과립상으로 만든 설탕. 가루설탕에 비해서 잘 굳지 않고, 낮은 온도에서도 잘 녹는 고순도의 설탕. 과일, 냉음료, 드레싱용이다.

과산화물가(peroxide value) 지질의 초기산화의 산패도를 나타내는 값으로 자동산화 초기에 생성된 불안정한 과산화수소물(hydroperoxide) 또는 과산화물의 함유량을 나타내는 값. 1kg의 유지에 함유된 과산화물의 밀리몰 수 또는 밀리당량 수로 표시한다.

과식증(bulimia nervosa) 간뇌의 시상하부에 있는 만복중추(satiety center)가 파괴되어 식욕의 이상 항진이 일어나는 현상. 과식증상과 비만증상이 나타난다. 신경성 대식증은 마르고 싶은 욕망 때문에 탄수화물과 지질을 극단적으로 제한한 저열량식을 장기에 걸쳐서 지속하게 되는데, 식사를 섭취하고 있기 때문에 소화관의 위축과 기능저하는 그다지 일어나지 않고 식욕부진으로 되지는 않는다. 오히려 만성적 열량결핍이 식욕의 이상항진을 초래하고 이것을 의식적으로 억제할 수 없게 되었을 때 충동적으로 대량섭취를 하게 된다. 그 후 대식한 것을 깨닫게 되고, 비만에의 공포심과 식욕을 조절하지 못했던 자기자신에 대한 혐오감에서 손가락을 목구멍에 넣어 먹은 것을 토한다. 신경성 대식증은 영양, 특히 열량결핍상태이기 때문에 정상체중인 경우가 많다. ☞ 거식증

과자류(cookies) 정식 식사 외에 먹는 기호식품. 오늘날에는 서양과자가 많이 보급되어 있어 과자라고 하면 으레 서양과자를 연상하게 되나, 우리나라에도 예로부터 과자(조과)가 있었다. 과(果)를 실과(實果)와 조과(造果)로 크게 나누는데, 자연 식품인 과실이 실과이고, 그것을 본떠서 만든 것은 조과라고 한다. 과자의 재료는 한국에서 쌀가루를 주재료로 하는 데 비해, 서양에서는 밀가루를 주로 하여 달걀, 우유, 버터, 치즈, 크림, 초콜릿, 설탕, 향료, 과일, 꿀, 술 등이 쓰인다. B.C. 5세기경 인도로부터 설탕이 수입되어 과실의 설탕절임(糖果)이 만들어지게 되고, 이어서 유제품이 만들어지게 되었다. 따라서 버터와 치즈를 밀가루에 섞어서 반죽하여 구운 과자류와, 설탕을 이용한 엿(캔디류) 등도 만들어졌다. 이것들은 메소포타미아 지방에서 그리스, 로마, 이집트 등지로 전해지고, A.D. 1세기경에는 남부 유럽에서 발달하였다. 로마 제국의 붕괴와 함께 과자제조기술이 다소 상실되었으나, 중세의 사원에서는 양초를 만들기 위하여 양봉(養蜂)이 행해져 벌꿀을 사용한 과자를 만들어 순례자에게 제공하였다. 15세기 말에는 아메리카 대륙이 발견되어 다량의 설탕, 코코아, 커피 등이 유럽으로 반입되어 과자제법에 큰 변혁을 가져왔다. 초콜릿의 탄생도 그 결과로서, 처음에는 스위스에서 만들었으나 이탈리아에서 이주한 과자공에 의하여 완성되었다. 그 후 16세기 중반에 프랑스 왕궁에서 현재의 양과자의 기초가 만들어졌다. 아이스캔디를 만드는 기술도 당시에 이미 개발되었으며, 현재와 같은 아이스크림이 만들어진 것은 루이 왕조시대였다. 1789년의 프랑스 혁명에 의하여 왕궁 내에서만 발달한 과자 제조기술이 일반화되어 19세기 초에는 유럽 전역에 퍼졌다. 우리나라에는 조선 고종 때 러시아 공사관을 통해서 처음 전해졌고, 일반인에게 보급되어 본격적으로 만들기 시작한 것은 광복 이후부터다. 이들 과자는 여러 가지가 있으나 아침식사용과 오후에 차와 함께 준비되는 건과(乾菓)와 소스를 사용하거나 틀에 넣거나 하는 식후의 디저트 과자로 크게 다음의 2가지로 분류할 수 있다. 건과자는 프랑스어로 파티세리

ㄱ

(patisserie), 영어로 페이스트리(pastry)라 하고, 디저트 과자는 프랑스어로 앙트르메(entremets), 영어로 스위트 디저트(sweet dessert)라 한다. 파티세리에는 케이크류, 파이류, 튀김과자류, 빵과자류 등이 있고, 앙트르메에는 바바루아, 푸딩, 아이스크림, 셔벗 등이 있으나, 빵과자(도넛, 머핀, 핫케이크 등)는 주식으로 하는 것이고, 또 비스킷은 홍차를 좋아하는 영국에서 발달한 것이므로 홍차와 함께 이용하는 일이 많다. 서양식 과자에는 쿠키, 케이크, 파이, 스위츠, 젤라틴 젤리, 커스터드, 워플 등과 캔디가 있으며, 특이한 것에 냉동과자로 무스, 아이스크림, 셔벗, 몰드 등이 있다. 중국에서 가장 오래 된 과자는 진(晉)나라 소왕 시대(昭王時代, B.C. 3세기)에 만들어진 정빙(蒸餠, 찐떡)이다. 이것은 멥쌀로 밥을 지어 찧어서 반죽하여 만든 떡으로, 만터우(饅頭)의 전신이다. '만'은 고기를 넣는다는 뜻이고, '터우'는 연회에서 맨 처음에 내는 것이란 뜻이므로, 연회에서 처음에 나오는 고기를 넣은 정빙이 만터우이다. 그 밖에 웨빙(月餠)이 있는데, 이것은 여러 가지 소가 들어가 잡다한 맛이 나는 중국의 대표적인 과자이다. 중국 과자의 재료는 밀가루와 쌀가루를 주로 하여 팥소, 설탕, 나무열매, 깨, 참기름, 달걀, 돼지기름 등이 사용된다. 우리나라의 조과에 대한 기록은 『삼국유사(三國遺事)』 「가락국기(駕洛國記)」에 보면 수로왕묘(首露王廟)의 제수에 '과(菓)'가 나오는데, 이는 본래 과일이었을 것이나, 과일이 없는 철에는 곡식가루로 과일 모양을 만들어 대용한 것이 과자의 시초로 생각된다. 그리고 고려시대로 내려와서는 과자에 대한 뚜렷한 기록이 나타나며, 1192년(영종 22년)에는 사치풍조를 억제하고자 유밀과의 사용금지령이 내렸다. 『도문대작(屠門大嚼)』(허균, 1569~1618), 『음식디미방(飮食知味方)』(안동 장씨, 1598~1680), 『규합총서(閨閤叢書)』(서유본의 부인 전주 이씨, 1759~1824), 『주방문(酒方文)』(작자 미상, 조선 중기), 『시의방(是議方)』(작자 미상, 일제강점기)과 『부인필지(婦人必知)』(작자 미상, 1855년, 철종 6년) 등 고서와 한말의 상궁이 전수한 내용을 토대로 하여 살펴보면 조과류는 크게 병이류(餠餌類)와 과정류(菓盼類)로 나눈다. 병이류는 다시 사용하는 재료와 제법에 따라 찌는 떡, 치는 떡, 지지는 떡, 삶은 떡으로 나눈다. 과정류는 재료, 제법과 모양 등에 따라 유밀과, 다식, 강정류, 밀전과류(蜜煎菓類), 숙실과류, 과편, 각색엿, 엿강정 등으로 나눈다. 오늘날에도 이들 조과품은 제례 · 빈례를 위시하여 크고 작은 연의, 농경의례, 토속신앙을 배경으로 하는 각종 행제(行祭), 무의(巫儀) 또는 계절에 따라 즐기는 절식(節食) 등에서 빼놓을 수 없는 음식으로 사용되고 있다.

과채류(fruit vegetables) 일년생 초본의 열매를 식용으로 하는 채소류의 총칭. 다른 채소류에 비해 당분이 많고, 색이 아름답고 향기와 맛이 좋다. 오이, 토마토, 호박, 고추, 수박, 참외, 딸기 등이 있다. ☞ 채소

과포화용액(supersaturated solution) 일정한 온도에서 어떤 용매에 녹을 수 있는 최대 양 이상의 용질이 들어 있는 용액. 최대한 녹을 수 있는 양의 용질이 들어 있는 용액은 포화용액이라고 한다. 액상식품에서 용질이 용매에 녹아 있는 상태는 용질과 용매의 온도에 따라 다르다. 과포화 상태의 용질은 쉽게 결정화되어 석출된다.

관계 마케팅(relationship marketing) 기업이 고객과의 지속적인 관계를 개발, 유지 및 향상을 목적으로 기업의 내 · 외부 자료를 분석하고 통합하여 고객의 특성에 기초한 마케팅 활동을 계획, 지원, 평가하는 고객 중심의 마케팅 활동. 관계 마케팅은 신규 고객의 창출보다는 기존 고객의 관리에 초점을 맞추어 기존 고객의 욕구를 수용하여 고객충성도를 확보함으로써 장기간에 걸친 이익을 확보하는 데 목적이 있다.

관능검사(sensory evaluation) 식품과 물질의 특성을 사람의 시각, 후각, 미각, 청각, 촉각에 의해 인지하고 이를 측정, 분석, 해석하는 과학. 관능평가는 식품의 특성과 기호성을 평가하기 위해 모든 감각기관을 사용할 수 있지만 그 중에서 주로 사용되는 감각은 시각, 미각, 후각, 입속 촉각 등이다. 식품회사에서는 연구, 개발부에서 신제품 개발이나 제품개량, 품질유지 및

저장 안정성 검사, 소비자 선호도 조사 등을 위하여 관능평가를 실시하여 그 결과를 식품개발 및 마케팅의 여러 분야에 적용한다.

관능검사실(sensory evaluation room) 관능검사가 실시되는 장소. 관능검사 업무를 수행하는 회사나 연구기관은 관능검사를 위한 전용공간이나 시설을 확보해야 한다. 관능검사실은 특별한 배려가 요구된다. 소음이 없고 번잡하지 않으면서 모이기 편한 장소가 좋다. 시료를 조리하고 저장할 수 있는 준비실과 평가수행 장소로 나누어져 있어야 한다. 평가수행 장소에는 개별 칸막이 실을 적어도 10개 정도 설치하며, 또한 맛을 보며 토론할 수 있도록 원탁이 있는 개방된 자리도 마련하여야 한다. 실내 온도는 20~25℃, 실내 습도는 50~60%를 유지하도록 냉·난방 시설이 되어 있어야 바람직하다. 조명은 자연광과 인공조명을 함께 사용할 수 있도록 하며, 실내의 색은 연회색 등 밝고 안정된 색으로 한다. 냄새가 나지 않게 처리할 뿐만 아니라 외부에서 냄새가 들어오지 않도록 하며 환기시설이 완비되어야 한다. 상하수도 시설도 있으면 편리하다.

관능검사요원(sensory evaluation member, judge, subject) 관능검사에서 특정의 목적을 위하여 선발된 특정의 자격을 갖는 사람. 영어로 패널리스트(panelist)라고도 한다. 식품의 최종품질은 소비자에 의하여 관능적으로 평가되므로 이들 품질에 대한 정확한 정보를 얻기 위하여 예민도가 높고 재현성이 있는 관능적 평가를 할 수 있는 요원의 확보, 훈련 및 유지는 성공적인 관능검사를 위한 가장 중요한 요인이 된다. 관능검사요원은 그 목적, 능력에 따라 전문가, 훈련된 관능검사원, 소비자와 같이 크게 세 그룹으로 나눌 수 있다.

관능검사 준비실(preparation room) 관능검사를 위한 시료의 준비가 이루어지는 곳. 효율적인 준비가 가능하도록 재료를 저장하고 시료를 준비할 수 있는 충분한 공간과 설비가 마련되어야 한다. 위생적인 상하수도 시설, 냉장고, 오븐, 그릇 세척기, 편리한 준비대 등은 준비실의 기본설비이다. 또한 저울, 유리기구, 타이머, 스테인리스 스틸로 된 용기 등과 시료를 준비할 때 발생하는 냄새를 제거할 수 있는 환기시설이 마련되어 있어야 한다.

관리기준(critical limit, CL) 중요관리점인 CCP에 대한 관리기준. CL은 각각의 CCP에서 위해를 예방, 배제 또는 허용범위 이내로 하기 위하여 관리되어야하는 기준의 최대 또는 최소값을 지칭하며, 온도, 시간, 습도, 수분활성, pH, 산도, 염분농도, 유효염소 농도 등의 기준을 설정하여야 하는데 이는 제조기준, 과학적인 데이터에 근거하여 설정되어야 한다.

관리비 계약제(management fee contract system) 급식위탁 계약 종류의 하나로 위탁급식업체가 일정기간(보통 1개월) 동안 사용한 식재료비, 인건비, 기타 경비 등을 사용 내역에 따라 실비로 위탁의뢰기관에 청구하여 정산하는 계약 방법. 원가 이외에 일정 비율의 위탁 수수료를 지급받는다.

관상동맥(coronary artery) 심장에 영양소와 산소를 공급하는 좌우 두 줄기의 동맥. 심방과 심실을 관상(冠狀)으로 둘러싸고 있는 데에서 연유된 이름이다. 이 동맥에 의한 혈액공급과 산소 수요의 균형이 깨지면 협심증이 되고, 혈전에 의해 관상동맥 부위의 일부분이 죽으면 심근경색이 된다.

광산화(photooxidation) 빛에너지에 의해 일어나는 산화. 광증감 산화반응이라고도 한다. 감광체가 들어 있는 식품에 가시광선을 쪼이면 감광체에 흡수된 에너지가 공기 중의 산소에 전달되어 생성된 일중항산소가 식품성분의 이중결합에 직접 결합하여 산화시키거나 감광체와 식품성분 사이의 전자 전달에 의하여 생성된 라디칼에 의하여 산화가 진행된다. 일중항산소는 삼중항산소보다 1,500배 빠르게 C=C 결합과 반응하여 유지를 산패시킨다.

관습오차(error of habitation) 자극 정도의 계열이 아주 완만하게 증가하거나 감소할 때 마치 동일강도(농도)가 계속되는 것처럼 느껴지는 경향에서 오는 오차.

관측도수(frequency) 얻은 결과를 일정 범주에 따라 정리했을 때 각 범주에 해당하는 결과의 개수. 관찰된 도수분포가 이론적인 분포에 잘 상응되는지를 확인하기 위해서 χ^2분포를 이용해

ㄱ

검정하기도 한다. 이때 관측도수가 f_0이고 기대도수가 f_e일 때 다음과 같이 계산하여 χ^2분포표를 참고하여 유의성을 검정한다.

$$\chi^2 = \sum \frac{(f_0 - f_e)^2}{f_e}$$

광귤(sour orange) 감귤류의 일종. 학명은 *Citrus aurantium* Linn. 원산지인 인도에서 아라비아를 거쳐 이탈리아, 스페인 등 지중해 연안의 여러 나라에 전파되었다. 껍질이 두껍고 반질반질하고 벗기기 어려우며 과육은 강한 신맛과 쓴맛이 있다. 펙틴이 많아 마멀레이드에 적당하다.

광분해(photolysis) 빛에 의해 일어나는 물질의 분해반응. 분자가 빛을 흡수하여, 분자를 형성하고 있는 중성원자(中性原子)의 결합이 파괴되어 두 개의 원자 또는 분자와 원자로 해리되는 현상을 말한다.

광어 ☞ 넙치

광우병(bovine spongiform encephalopathy, BSE) 다 자란 소에서 느리게 진행되어 결국 죽게 하는 신경병. 증상은 건강한 소가 약해지고 신경질적이 되며 다리가 제각기 이상을 보이고 결국은 매우 공격적이 된다. 특히 감염된 동물의 뇌는 뇌조직에 구멍이 나 있고 현미경상으로 보면 스펀지와 같이 손상이 되어 있는 질병으로 이는 전염물질에 의해 일어나고 해면체 뇌병으로 알려진 중추신경계의 진행성, 퇴행성 질병에 속한다. 식품위생상 문제가 되는 인수공통전염병의 예방으로서는 동물 사이에서의 유행을 예방하는 것으로 가축의 건강유지, 이환동물의 조기발견, 도살, 혹은 격리, 소독, 예방접종 등 가축위생 상의 조치를 항상 철저히 하고, 도살장이나 우유처리장에 있어서는 검사를 철저히 하고 수입할 때에도 철저한 검역조치가 요구된다.

광전비색계(electrophotometer) 광의 강도를 전기에너지로 바꾸어 직접 읽거나 또는 자동기록되도록 하여 측정하는 비색분석용 기기. 시료액을 투과시키는 광의 파장을 단색 필터에 의해 일정하게 하기 때문에 필터 광전광도계(光電光度計)라고도 한다.

광절열두조충(긴촌충, Diphyllobothrium latum) 성충의 길이가 10m나 될 수 있어 긴촌충이라 불리운다. 연어회, 농어회, 송어회 등을 통해 인체에 감염되어 소장(회장상부)에 기생한다, 우리나라 환자의 경우 대부분이 농어를 통해 감염되는 것으로 보고되었다. 이 기생충은 최근 중간숙주가 되는 어류의 생식이 증가함에 따라 감염률도 높아지는 경향을 보인다. 증상은 강하지 않으나 비특이적 소화기증세, 두드러기, 소장의 기계적 폐쇄 등을 일으키며 비타민 B_{12} 결핍에 예민한 경우 악성빈혈을 보이기도 한다.

광학이성질체(optical isomer) 원자(단)들의 공간적인 배열만 다를 뿐 똑같은 구조를 가지는 분자들. 이러한 분자들은 물리적 및 화학적 성질은 같고 광학적 성질만이 다르다. 광학 이성질체는 왼손과 오른손의 관계와 같이 어떤 물체를 거울에 비추어 볼 때 그 물체와 거울에 나타난 물체와의 관계와 같기 때문에 거울상이성질체라고도 한다. ☞ 거울상이성질체

광학활성(optical activity) 당 또는 산 등의 물질이 편광을 회전시키는 능력. 평면편광이 어떤 화합물의 용액 속을 통과하면 편광면이 시계바늘 방향 또는 그와 반대 방향으로 회전하게 되는데 이러한 물질들을 광학활성인 물질이라 한다.

교류(alternating current) 직류의 반대 개념으로 전류의 방향이 일정한 주기로 바뀌는 경우.

교차오염(cross contamination) 오염되지 않은 식재료나 음식이 오염된 식재료, 기구, 종사자와의 접촉으로 인해 미생물 오염이 일어나는 것.

구매(purchasing) 경제 주체인 기업이나 구매자가 공급업체와 계약체결을 통해 물품을 구입하고 대금을 지불하는 전체 과정.

구매계약(purchase contract) 특정물품의 구매에 대한 청약과 승낙의 의사합의성에 의한 채권발생의 상대적인 법률행위.

구매명세서(specification) 물품구매명세서, 시방서라고도 하며 구매하고자 하는 물품의 품질·특성에 대하여 기술한 양식. 품질유지와 원가 통제의 기준이 되며 구매명세서는 구매자와 물품사용자의 합의하여 작성한다.

구매요구서(purchase requisition) 물품을 필요로 하는 부서에서 작성하여 구매 부서에 송부하는 서식. 물품구매청구서 또는 구매요구서라고도 하며 구매요구서에는 청구 번호, 필요량, 원하는 품목에 관한 설명, 배달 날짜, 예산 회계 번호와 같은 항목들이 포함된다.

구매 시장조사(purchase marketing research) 기업의 구매활동에 있어서 요구되는 정보와 자료를 수집한 후 진단·분석을 통하여 이를 바탕으로 최적상태의 구매계획에서부터 생산활동에 이르는 여러 경영활동을 효율적으로 실행하기 위한 조사 활동.

구아검(guar gum) 콩과 구아(Cyamopsis tetragonolobus) 배유를 분쇄하거나 또는 이를 온수나 열수로 추출하여 얻어지는 검. 갈락토오스와 만노오스가 1 : 2로 중합한 갈락토만난으로 구성된 다당류이다. 냉수나 온수에 쉽게 분산되어 점조한 용액을 형성하며, 1% 수용액의 경우 점도는 3,000cps이다. pH 6~10에서 점도가 최고로 증가되며, pH 10 이상 또는 pH 3.5 이하에서 점도가 저하된다. 식품의 점착성 및 점도를 증가시키고 유화안정성을 증진하며 식품의 물성 및 촉감을 향상시키기 위한 식품첨가물이다.

구아이아콜(guaiacol) 커피, 우유 등에 존재하는 페놀계 향기성분. 커피를 볶는 과정에서 페룰산(ferulic acid)이 분해되어 생성된다.

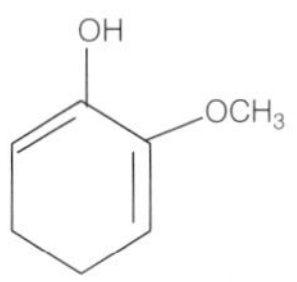

구아이아콜

구연산(citric acid) 카르복시기를 3개를 갖고 있는 비휘발성 유기산. 시트르산이라고도 한다. 무색투명한 결정 또는 입자 또는 백색의 결정성 분말로서 냄새는 없고 강한 산미를 가진다. 물에 쉽게 용해되며 알코올에도 잘 용해된다. 주로 시트러스 과일에 많이 함유된 유기산으로 혈액의 산성을 중화시키고 칼슘의 흡수를 돕는 작용이 있다. 에너지 대사 때 생긴 피로원인인 젖산과 피루브산의 과잉생산을 억제하여 탄산가스와 물로 분해하여 체외로 배설하는 작용이 있어 피로회복과 노화예방에 효과가 있다. 청량음료 아이스크림, 빙과류, 잼, 젤리, 과즙, 과일통조림 등에 사용. 산화방지제 효과가 있어 비타민 C 안정제로 냉동과일, 과일가공품에 사용되며 금속제거제 역할도 한다. 감귤류에 많이 존재하며 그 외 과일류와 커피에도 존재한다. 감귤류에서 추출해 식품첨가제로 사용한다.

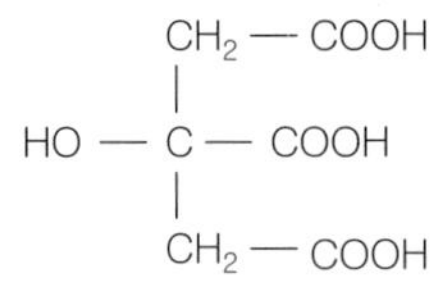

구운 소금(roasted salt) 재제염을 구운 것. 염도가 80% 이상으로 약간의 불순물이 제거된 것이다.

구충(십이지장충) 두비니구충(Ancylostoma duodenale)과 아메리카구충(Necator americanus)이 인체감염을 일으켜 빈혈, 영양장애를 만드는 대표적인 토양매개성 윤충이다. 이 둘은 성충의 형태 및 생활사가 약간 증상이나 감염원 등에 있어서는 비슷하다. 노출된 인체피부에 접촉하면 피부를 뚫고 들어가 표피성 소정맥이나 림프관에 도달한다. 여기서 우심, 폐, 기관지, 기관, 후두의 순으로 이행하는 소위 폐순환(lung migration)을 거친 다음 식도로 내려와 장관에 정착하고 장융모에 흡착하여 성장한다. 경구 감염이 일어나는 경우에는 폐이행 없이 장에서 성충이 되기도 한다. 성충은 주로 공장(jejunum)이나 회장(ileum) 상부에 기생하며, 평균수명은 5~7년이다. 십이지장충이라도 알려져 있는데 십이지장보다는 하부의 소장에 주로 기생한다. 유충이 침입한 부위에 피부염을 일으키는 수가 있으며 소양감, 작열감이 있고 침입부위는 발적, 종창되고, 세균이 감염되면 농포성, 또는 궤양성 변화를 일으킨다. 구충의 유충이 경구로 감염되었을 때 알레르기성 반응에 의하여 오심, 구토, 인후소양감, 경련성 기침이 일어나며 과거 우리나라에서는 이를 '채독증'이라고 하였다.

국수(noodle) 밀가루, 메밀가루, 감자전분 등을 반죽하여 얇게 밀어서 가늘게 썰든지 국수틀에서 가늘게 빼낸 것 또는 삶아 국물에 말거나 비벼 먹는 음식의 총칭으로, 면(麵) 또는 소면(素麵)이라고도 한다. 국수는 제조나 조리가 비교적 간단하기 때문에 빵보다도 역사가 깊어, B.C. 6000~B.C. 5000년경에 이미 아시아에서 만들어 먹기 시작했다고 한다. 우리나라에서도 아주 오래 전부터 국수를 만들어 먹었으나, 밀의 생산이 많지 않았기 때문에 상용음식이 되지는 못하였다. 메밀국수나 밀국수는 생일, 혼례 등 경사스러운 날의 특별 음식이 되었는데, 이것은 국수의 길게 이어진 모양과 관련하여 생일에는 수명이 길기를 기원하는 뜻으로, 혼례에는 결연(結緣)이 길기를 원하는 뜻으로 쓰였다. 재료에 따라 밀가루로 만든 밀국수·소면·마카로니, 메밀가루로 만든 메밀국수, 감자의 전분으로 만든 당면 등이 있고, 반죽하여 뽑아낸 면을 수분이 14~15% 정도가 되게 건조시킨 건면, 반죽한 것을 끈 모양으로 만들어 가열한 생면, 생면을 삶은 다음 기름에 튀기거나, 그대로 뜨거운 바람으로 건조시켜 전분을 호화(α화)한 라면 등이 있다. 만드는 방법도 여러 가지인데, 칼국수와 같이 얇게 민 반죽을 칼로 가늘게 자른 것, 소면이나 중국면같이 반죽을 잡아당겨 가늘게 뽑은 것, 마카로니와 같이 강한 압력으로 뽑아낸 것 등이 있다. 한국의 전통적인 면요리에는 온면(국수장국)·냉면·비빔국수·칼국수·콩국수 등이 있다. 궁중에서는 백면(白麵, 메밀국수)을 가장 상질로 쳤다고 하며, 국물은 꿩고기를 삶은 육수를 썼다고 한다. 여름에는 동치미국과 양지머리 육수를 섞어 식혀서 만든 냉면을 만들어 먹었다고 한다. 민간에서는 냉면 대신 콩과 깨를 갈아서 만든 콩냉국에 밀국수를 말아서 먹기도 하였다. 서울 지방에서는 혼례·빈례(賓禮)용으로는 메밀가루와 녹두전분을 섞어서 반죽하여 국수틀에 가늘게 뽑아서 만든 국수를 썼다. 전분국수는 고운 밀가루와 녹두전분을 섞어 만든 국수로, 국수반죽을 할 때 먼저 밀가루 풀을 쑨 다음 녹두전분을 섞어 반죽하여 더울 때 국수로 뽑는다. 칼국수는 밀가루 반죽을 얇게 밀어 가늘게 썰어서 만드는데, 햇밀을 걷어 들이는 유두절을 전후하여 먹는 절식의 하나로, 닭고기 국물에 애호박을 채 썰어 넣고 끓인 칼국수는 여름철에 입맛을 돋구어주는 요리이다. 더운 국수장국의 장국으로는 양지머리를 곤 국물이나, 쇠고기를 잘게 썰어 양념하여 끓인 맑은 장국을 쓰고, 밀국수를 삶아 냉수에 담가 식힌 다음 건져서 물기를 빼고 대접에 담아 뜨거운 장국을 붓고 알지단, 쇠고기와 버섯볶음 등 고명(웃기)을 얹고 후춧가루를 뿌린다. 냉면은 닭국물, 양지머리국물 등을 차게 식히고 메밀국수를 마는데, 양지머리편육, 알지단 등을 고명으로 얹는다. 냉면은 찬 음식이지만 원래는 겨울철의 절식이며, 특히 육수에 동치미국물을 섞어 만든 겨울철 별미식이었다. 그 밖에 수질이 좋은 산촌에서는 잔치에 모인 손님에게 약수를 떠다가 간장으로만 간을 하여 국수를 말아서 대접하였는데, 시원하고 담백한 맛이 육수에 비할 바가 아니었다고 한다. 봄철에는 녹말가루를 물에 풀어 익혀서 양푼에 넣어 종이처럼 얇게 굳힌 다음, 가늘게 썰어 오미자즙에 타서 먹는 창면 또는 화면(花麵)이 있었고, 여름에는 참깨를 볶아 갈아서 그 국물에 국수를 말아 먹는 토장녹두화나라는 것도 있었다.

굴(oyster) 연체동물 부족류 빈치목(貧齒目) 굴과에 속하는 조개류의 총칭. 식용종인 참굴을 말한다. 굴조개라고도 한다. 한자어로는 모려(牡蠣)·석화(石花) 등으로 표기한다. 굴이 식용으로 이용된 역사는 오래되었으며 우리나라에서도 선사시대에 조개더미에서 많이 출토된다. 종류에 따라서 서식 장소도 다소 다른데 참굴은 염분 11~32%인 비교적 농도가 낮은 조간대의 바위 등에 부착하나, 가시굴은 염분 26~34%의 내해의 바위에 부착한다. 세계적으로 널리 분포하고 있으며 그 중 우리나라의 서해 연안, 일본, 대만 근해의 굴이 유명하다. 참굴(*Crassostrea gigas* Thurnberg)은 양식의 주요 종이며 우리나라 전 연안에 분포한다. 이 밖에도 우리나라에는 가시굴, 바위굴 등이 있는데 산지에서는 식용한다. 옛날부터 굴은 봄부터 여름에는 먹지 말아야 한다면서 '달 이름에 r자가 없는 5~8월에는 굴을 먹지 말라'는 영국 속설이 있다. 연안의 식중독 병원체에 감염되기 쉬운 계절인 데서 나온 경고라고 생각된다. 굴은 서구인들이 유일하게 날것으로 먹는 수산식품으로 각종 영양소가 발견되기 이전에는 '바다의 우유'라고 불릴 만큼 영양섭취에 중요한 몫을 차지했다. 가을~이른 봄까지 생산되는데 겨울철에 제 맛이 나고 최고의 영양가를 나타낸다. 급속냉동하여 사용하기도 하며 생굴로 이용할 때는 냉장 보관상태에서 2~3일 내에 사용하는 것이 바람직하다. 깐 굴은 바닷물에 담가 냉장 보존하는 것이 좋다. 5~8월에는 산란기로 글리코겐 함량과 기타 영양소도 감소할 뿐 아니라 생식소의 성숙으로 미로토신이라는 독소를 가지게 되어 자극성 있는 맛이 생긴다. 굴에는 흡수가 좋은 유기물이 다량 함유되어 있다. 또한 타우린도 많아서 혈장 중의 콜레스테롤을 내리거나 혈압저하 작용도 한다. 한방에서는 번열과 갈증에 쓰이며 혈색을 곱게 하고 영양을 돕는데 이용된다. 굴은 생으로 초장에 곁들여 먹는 것이 보편화되어 있다. 생굴, 자숙냉동굴, 훈제건굴, 자건굴, 통조림, 젓갈, 보스턴식 굴스튜, 그 밖에 무채와 함께 무쳐 먹거나 굴전 혹은 굴젓으로 이용되며 생것은 레몬즙이나 식초를 넣어서 생식하고 굴 프라이, 굴냄비, 굴차우더 등으로 다양하게 요리된다.

굴비(dried yellow corvenia) 소금에 절여서 통째 말린 조기. 조기의 아가미를 헤치고 조름을 떼어낸 후 깨끗이 씻어 물기를 뺀 다음, 아가미 속에 가득히 소금을 넣고 생선 몸 전체에 소금을 뿌려 항아리에 담아 2일쯤 절인다. 절인 조기를 꺼내어 보에 싸서 하루쯤 눌러 놓았다가 채반에 널어 빳빳해질 때까지 말린다.

굴절당도계(refractometer) 굴절률을 측정하여 당농도를 구하는 광학 기기. 두 개의 프리즘 사이에 시료를 놓으면 빛이 용액을 지날 때에 굴절하므로, 기초 프리즘과 그 뚜껑 사이에 시료액을 한 방울 떨어뜨리고 망원경으로 관찰한다. 20℃에서 명암의 경계선 눈금을 읽으면 그것이 바로 당 함유 %이다. 그 외 온도에서는 표에 의해 환산한다. 측정범위가 0~30%, 30~60%, 60~90%의 3종류가 있다.

권장섭취량(recommended Intake : RI) 한국인 영양섭취기준 구성 중 하나로 평균필요량(EAR)에 표준편차의 2배를 더하여 산출한 값.

궤도시험기(dynagraph) 식품의 변형과 유동성(레올로지) 측정기기. 주로 압축응력에 의한 크리프 측정, 파단, 응력완화 등의 측정이 가능하다. 겔 상태 식품, 햄, 어묵 등의 연제품, 버터, 치즈 등의 유제품 등 광범위한 측정이 가능하다.

귀리(oat) 보리류에 속하는 2년생의 벼과 식물 또한 그의 식용 곡류. 학명은 *Avena sativa* L.. 연맥이라고도 한다. 호밀과 마찬가지로 밀이나 보리밭의 잡초였던 것이 작물로 재배되었으며, 재배는 겨울의 추위가 별로 심하지 않으며, 여름에 비가 많이 오는 비교적 온난한 지역이 적합하다. 원산지는 중앙아시아 아르메니아 지방이라고 하며 유럽에는 B.C. 2000~1300년경에 전파되었고, 중국에서는 600~900년경에 재배되었다고 한다. 우리나라에는 고려시대에 원나라 군대의 말먹이로 가져온 것이 시초로 생각된다. 그 후 북부 산간지대의 화전에서 약간 재배하였으나 최근에는 전혀 볼 수가 없다. 귀리의 낟알은 보리나 밀보다 가늘고 길며 배쪽에 세로 홈이 있다. 귀리는 탄수화물 55.5%, 단백질 13~13.5%, 지방 6.5% 정도로 단백질과 지방 또한 비타민 B군도 풍부하여 맛이 독특하다. 단백질은 글로불린이 80%를 차지하지만 리신의 함량이 적어 질적으로 우수하지는 못하다. 식이섬유소를 다량 함유하고 있어 변비치료와 담즙산 제거에 의한 콜레스테롤 저하작용에 효과가 있다. 대부분 사료로 쓰이며, 일부는 도정하여 오트밀로 식용하거나 제분하여 죽을 만들거나 위스키나 과자의 원료로 쓰인다.

귀무가설(null hypothesis) 표본 집단의 측정치나 확률분포가 모집단의 모수의 값이나 확률분포와 차이가 없다는 통계학적 가설. 귀무가설에 대립되거나 이를 부정하는 가설은 대립가설(alternative hypothesis, H_1)이라고 한다. 참인 귀무가설을 기각하는 것을 제1종 오류(type I error), 거짓인 귀무가설을 채택하는 것을 제2종 오류(type II error)라 한다. 제1종 오류를 범할 확률을 α로 표시하며 이를 유의수준(significance level)이라 하고, 제2종 오류를 범할 확률을 β로 표시하여 $(1-\beta)$의 값을 검출력(power of test)이라고 한다.

균사체(mycelium) 곰팡이가 성장하면서 생산하는 균사(hypha)가 자라 이룬 덩어리.

균질화(homogenization) 우유 중의 지방입자를 미세하고 균일하게 만드는 과정. 우유 중의 지방입자는 1.0~10.0㎛ 정도의 다양한 크기의 지방입자가 1mL당 15~50억 개 분산되어 있다. 시간이 경과되면 서로 뭉쳐 크림으로 떠오르는데 이 같은 현상을 방지하기 위하여 미세한 구멍으로 우유를 압력을 가해 통과시켜 지방입자를 0.1~2.2㎛의 아주 작은 입자로 균일하게 만드는 과정이다. 균질우유는 저장하는 동안에 지방이 분리되지 않을 뿐 아니라, 희고, 불투명하고, 점도가 높아 농후한 느낌을 준다. 특히 균질화된 지방구는 아이스크림에서 기포성 증가, 부드러운 질감, 지방의 덩어리 형성 방지, 안정제 사용 절감 등의 효과를 나타낸다.

귤(unshiu orange) 운향과의 상록 소교목의 열매로 감귤류의 일종으로, 학명은 *Citrus unshiu* Marcvinch. 온주 귤 · 온주 밀감이라고도 한다. 원산지는 중국, 동남아시아이고, 우리나라에서는 제주도에서 570년 전부터 재배하였다. 일본, 북아메리카 남부, 카프카스, 흑해 등에서도 재배된다. 열매는 작은 공 모양이고 지름 5~8cm이며 주황색이다. 과피가 잘 벗겨지고 가운데 축이 비어 있다. 중심부가 꽉 찬 것을 당귤(*C. sinensis*)이라고 한다. 주로 생과로 먹는다. 재배종으로는 조생종 · 중생종 · 만생종 등 10여 종류가 있다. 감귤은 비타민 C의 중요한 공급원이며, 귤의 껍질에는 비타민 C가 과육의 4배 존재한다. 감귤의 특유한 향미는 당분, 유기산, 아미노산, 무기질, 비타민 등 여러 성분에 기인된 것이다. 껍질과 과육의 노란색은 카로틴, 라이코펜(lycopene), 잔토필(xanthophyll) 색소이다. 껍질은 얇으며 벗기기 쉽고, 과육은 다즙성이며 단맛은 많지 않지만 신맛은 적다. 성숙함에 따라 당분은 증가되고 구연산의 함량은 감소된다. 속껍질의 흰 부분에 많이 들어 있는 헤스페리딘은 혈관에 저항력을 주어 동백경화, 고혈압 예방에 효과가 있다. 펙틴도 속껍질에 풍부하며 식이 섬유로서 작용할 뿐 아니라 잼(jam), 마멀레이드로 조리 가공할 수 있도록 해준다. 껍질에는 활성 산소의 발생을 억제하는 쿠마린에 속하는 오라프텐이 있다. 생과, 주스, 통조림, 넥타 등으로도 이용한다. 좋은 밀감은 들어보았을 때 무게가 있고 적당히 광택이 나는 것을 고른다. 껍질이 지나치게 광택이 나는 것은 왁스를 칠하여 닦은 것이기 때문에 피한다. 껍질의 흰 가루는 석회이므로 걱정할 필요는 없다. 껍질이 들떠 있는 것은 수분이 적고 새콤달콤한 맛이 부족할 경우가 있다. 껍질을 말린 것을 한방에서는 진피라 하며 약재로 이용된다. ☞ 감귤류

그래뉼당(granulated sugar) 정백당보다 결정이 크고, 보슬보슬한 느낌의 고순도 설탕. 대부분이 그래뉼당으로 정제되어 있으며, 우리나라에서는 콜라당이라고 한다. 담백한 맛으로 청량음료, 과자에 이용된다.

그레이프프루트(grapefruit) 감귤류의 일종. 자몽이라고도 한다. 학명은 *Citrus paradisi* Marcf. 원산지는 서인도제도이고 최대 생산지는 미국 플로리다 주로 전 세계 생산량의 60%를 차지한다. 오렌지보다 조금 커다란 나무이며 열매의 모양은 포도송이 같이 한 가지에 수십 개가 달린다. 과즙이 풍부하고 나린진을 함유해 독특한 쓴맛이 있다. 과육 색이 흰색, 핑크, 빨간색이 있다. 흰색의 것은 부드럽고 과즙이 많다. 핑크색인 것은 흰색에 비해 당도가 조금 높다. 과육이 빨간 것은 라이코펜 색소에 의한 것이며, 당과 산이 모두 많이 함유되어 있으며 농후한 맛이 난다. 나린진이 함유되어 약간 쓴맛이 난다. 성분으로 당분은 100g 중 9g 정도로 레몬보다 적다. 비타민 C는 40mg% 정도이다. 껍질이 탱탱하고 윤기가 나며 묵직한 것이 좋다. 특히 여름에는 바람이 들기 쉽기 때문에 꼭 손으로 들어봐서 무거운 것을 고르도록 한다. 주로 주스로 이용되고 셔벗, 젤리, 잼 등에 이용한다. 과일, 야채, 어패류의 샐러드 등에 과육을 넣거나 드레싱에 과즙을 타면 산뜻한 맛을 낼 수 있다.

그로츠(groats) 오트밀 귀리를 정백하여 껍질을 벗기고 충분히 건조시킨 후 적당히 볶아 분쇄기로 거칠게 분쇄한 귀리. ☞ 귀리

그룹 오차(group error) 나쁜 시료들과 함께 좋은 시료를 평가시키면 좋은 시료도 나쁘게 평가되는 경향 또는 그 반대로 인한 오차. 대조오차와

반대의 개념이다.

그리스 트랩(Grease trap) 하수도로부터 악취방지, 방서·방충의 목적으로 설치한 설비의 냄새 역류를 방지하는 수조형의 트랩.

극성(polarity) 물질을 구성하는 원자가 전기음성도가 큰 경우 부분적으로 양전하와 음전하를 띠고 있어 나타나는 성질.

극한점도(limiting viscosity) 용액의 상대점도와 분산상 부피분률과의 관계를 그림으로 할 때 나타나는 기울기. 고유점도(intrinsic viscosity)라고도 말하며 이 값은 입자의 크기 즉, 장축과 단축과의 비에 따라 달라지는데 분자량에는 비례한다.

근대(leaf beet) 명아주과에 속하는 여러해살이의 쌍떡잎식물. 학명은 *Beta vulgaris* L. var. *cicla* L.. 유럽 남부 원산으로 밭에 심는 채소식물이다. 분포지역은 유럽 남부, 중국, 지중해 연안, 한국 등이다. 중국에는 6세기 초의 『본초서(本草書)』에, 우리나라에는 『동의보감』(1613)에 기록되어 있다. 잎의 모양은 긴 타원형으로 두껍고 연하다. 성분은 수분이 92.8%이며 단백질 2.3%, 지방 0.3%, 탄수화물 2.3%, 섬유소 0.8%, 무기질 1.5%이다. 특히 무기질 중에서는 칼륨, 칼슘, 철이 많다. 비타민 중에서는 비타민 A가 매우 높으며, B_1, B_2, C도 높으며 수산의 함량은 높다. 국, 나물로 이용한다. 근대국은 위와 장이 나쁜 사람에게 좋다.

근사오차(proximity error) 시료의 색, 텍스처, 냄새, 맛 등을 동시에 평가하게 하면 이들 특성을 개별적으로 평가할 때보다 서로 간에 더 비슷한 점수를 주게 되는 오차.

근채류(root vegetables) 뿌리를 이용하는 채소류의 총칭. 다른 채소에 비해 수분 함량이 적고 당질 함량이 높다. 무, 당근, 양파, 우엉, 파, 연근, 토란, 마늘, 생강 등이 이에 속한다. ☞ 채소

글로불린(globulin) 자연에 풍부한 구상 단순단백질. 물에 잘 녹지 않으나 염류를 첨가하면 용해성이 증가된다. 각종 아미노산을 함유하고 있으며, 동·식물의 조직 및 체액 중에 알부민과 공존하고 있다. 혈청 글로불린(γ－글로불린), 근육 글로불린, 수많은 식물 글로불린이 있다. γ－글로불린은 항체(면역) 글로불린이라고도 한다. 철, 동, 아연과 결합하여 금속단백질이 된다.

글루코노델타락톤(glucono-δ -lactone) 글루콘산의 델타락톤. 수용액은 서서히 가수분해되어 글루콘산(gluconic acid)과 δ－락톤 및 γ－락톤으로 된다. 글루코노델타락톤은 산은 아니지만 물에 용해되면 가수분해되어 산성을 나타낸다. 용도는 연두부응고제, 합성팽창제의 지효성 산제, 산미료, 산도조절제, 산화방지제 등으로 사용된다. 두부의 응고제로 사용할 때는 두유에 0.25~0.3%가 사용되는데 황산칼슘에 비해 수용성이기 때문에 두유 속에 균일하게 혼합되어 단단하고 고운 결을 가진 두부를 만들 수 있다. 저온에서 반응하지 않고, 탄산가스의 발생이 서서히 일어나며 균일하게 발포하기 때문에 비스킷, 도넛, 빵 등의 식품에 합성팽창제 지효성 산제로도 첨가한다. 또한 샴페인이나 젤리 등의 산미료 등으로 사용되며, 우유의 pH조절 및 유석의 생성 방지제로서 사용된다. 이 외에도 어육연제품에 글루코노델타락톤을 첨가하면 제품의 탄력성이 저하되지 않고 pH를 낮출 수 있어 제품의 보존성이 증대된다. 식품첨가물의 하나.

글루코사미노글리칸(glucosaminoglycan, GAG) 뮤코다당류의 별명. 뮤코다당류가 아미노당을 함유하기 때문에 아미노당의 일반명인 글루코사민과 다당류의 일반명 글리칸을 사용한 계통적 명칭이다. 엔-아세틸-핵소사민과 핵수론산의 이당류의 중합체로서 이들의 하나 또는 두 개가 모두 황산과 결합한 황산염으로 되어 있다. 여기에 속하는 것은 콘드로이틴황산, 케라틴황산, 헤파린, 히알루론산 등이 있다. 이중에서 헤파린을 뺀 나머지 화합물은 연결조직에서 단백질과 결합한 프로테오글리칸으로 존재한다. 소, 돼지, 양, 사슴, 가금류, 상어, 오징어, 게, 어패류 등의 연골조직을 분리하여 뜨거운 물로 추출 또는 효소로 분해한 것 또는 이를 주원료로 하여 먹기 쉽도록 가공한 제품은 글루코사미노글리칸 단백질식품(glycosaminoglycan-protein food)으로서 건강보조식품의 하나로 사용되고 있다.

글루코아밀라아제(glucoamylase) 일명 아밀로글루코시다아제(amyloglucosidase). 전분의 포도

ㄱ

당 사슬을 끝에서부터 차례로 가수분해하여 글루코오스를 유리시키는 효소. α-1,4 및 α-1,6 결합에도 작용하며 각종의 사상균(絲狀菌)들의 배양액 속에서 분비된다.

글루코사민(glucosamine) 당과 아미노산이 결합한 대표적인 천연 아미노당의 하나. 자연계에는 D형이 N-아세틸글루코사민의 형태로 키틴, 뮤코다당, 당단백질, 당지질, 세균세포벽 펩티드글리칸, 리포다당 등에 함유되어 있으며 사람의 몸에서는 결합조직으로서 연골, 손발톱, 피부 등에 널리 분포하고 있다. 기능성식품으로서는 키틴을 염산 또는 황산으로 가수분해하여 분리 · 정제하여 만들며 물에는 잘 녹는다. 글루코사민의 기능성으로는 관절염이나 암에 의한 야윔, 쇠약을 방지하는 효과가 보고되어 있다. 고령화, 비만, 운동부족과 더불어 연골의 마모 및 재생 불량, 염증으로 허리나 무릎의 만성관절염 환자가 증가하면서 연골 구성성분인 글루코사민이나, 콘드로이틴의 건강기능성에 관심이 급증하고 있다.

글루코올리고당(glucooligosaccharide) 전분과 사탕에 사이크로덱스트린(cyclodextrin) 합성효소를 작용시켜서 만드는 신감미료의 하나. 당도는 서당의 약 50%로 서당에 수 개의 포도당이 결합한 형을 하고 있다. 소화되어 에너지원으로 된다. 충치예방에 효과가 있고 과자류의 광택을 내는 데에도 쓰인다.

글루콘산(gluconic acid) 포도당이 산화된 알돈산(aldonic acid)의 일종. 꿀의 주요 유기산으로서 꿀에 있는 산화효소인 글루코오스 옥시다아제(glucose oxidase)의 작용에 의하여 생성된다. 화학적으로는 중성이나 알칼리성의 소금물에서 포도당을 산화시켜 얻을 수 있다. 옥수수를 원료로 생산하며 초산 냄새가 약간 난다. 수용성으로 글루코노락톤(gluconolactone)과 평형을 이룬다. 글루코노락톤은 산을 느리게 발생시키기 위한 목적으로 사용되는 경우가 있다. 또한 금속 이온 제거제로도 사용된다.

글루쿠론산(glucuronic acid) 간에서 생성되는 포도당의 산화산물. 글루코오스 6번 위치의 히드록시기가 카르복시기로 산화된 구조를 갖는다. 식물계에서는 글루쿠론산이 식물 검질의 주요 구성성분으로 존재하며 동물체 내에서는 홀로 존재하기도 하는데 해독기구와 관련이 깊다. 즉 동물체 내에 페놀계의 독성물질이 생기면 글루쿠론산과 결합하여 무독한 conjugated glucuronide를 형성하여 소변으로 배설시킨다. 인체 내에서는 히알루론산(hyaluronic acid, 관절액의 성분)이나 콘드로이틴황산(chondroitin sulfate, 연골 등의 결합조직에 함유) 등의 뮤코다당의 주요 구성성분으로서 대표적인 우론산(uronic acid)이다.

글루탐산(glutamic acid) 식물성 단백질에서 생산되는 비필수 아미노산. 감칠맛을 내므로 식품의 향미를 증진하고 고기 맛을 내기 위하여 사용된다. ☞ 감칠맛, 글루탐산나트륨

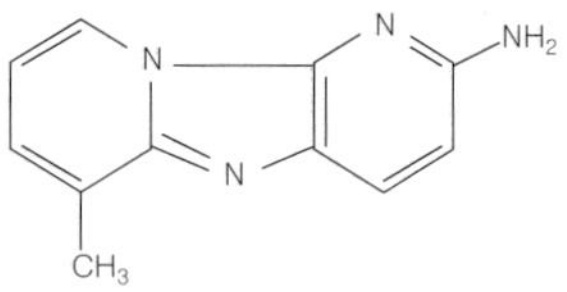

글루탐산나트륨(monosodium L-glutamate, MSG) 다시마의 열수 추출물에서 분리한 감칠맛 성분. 아미노산인 글루탐산의 나트륨염으로 1908년에 일본의 이케다[池田]라는 학자가 다시마로부터 분리하였고 밀의 글루텐으로부터 가수분해하여 만든 최초의 화학조미료이다. MSG는 가수분해법, 발효법, 합성법 등으로 대량생산한다. 발효법에 의한 MSG의 생산은 전분당화액이나 당밀을 탄소원으로 하고 무기질소원, 무기염류 및 기타 유기 영양원이 함유된 배양액에 *Micrococcus glutamicus, Brevibactericum*속 등의 글루탐산 생산균주를 접종하여 생산하며, 생산된 MSG는 이온 교환수지를 통과시켜 분리한 후 중화, 탈색, 농축, 결정화시켜 건조한다. 우리나라에서는 1963년까지 가수분해법으로 MSG를 생산하다가 최근에는 발효시켜 생산하고 있다.

글루테닌(glutenin) 밀단백질 중에서 알코올에 불용성인 단백질. 섬유상이고 길게 신장된 모양으로 뾰족하며 글리아딘과 함께 글루텐을 형성하며 글루텐의 탄력성을 나타내는 데 기여한다. 글루타민을 다량 함유하고 있다.

글루텐(gluten) 밀가루 반죽 시 형성되는 주요 단

백질. 글리아딘과 글루테닌으로 구성된 복합체이다. 글루텐은 밀가루에 수분이나 기타 액체와 혼합했을 때 생성되며, 밀가루 중의 전분입자와 연결되어 그물모양의 구조를 가진 글루텐막을 형성하여, 효모의 발효 및 팽창제에 의해 생성된 탄산가스나 수증기의 유출을 방지할 뿐만 아니라, 반죽에 점성과 탄력성을 부여한다.

글리세로인산칼륨(calcium glycerophosphate) 인산이 1분자씩 결합하여 생기는 글리세로인산의 칼슘염. 백색분말로 약간 쓴맛이 있으며 냄새가 없다. 약간의 흡습성이 있고 물에 녹으며 시트르산을 가하면 용해도가 증가한다. 달걀의 노른자위, 레시틴의 구성성분의 하나이다. 글리세로인산칼륨 80.0% 이상 함유하는 액상 제품은 식품첨가물의 하나로 영양강화제로 사용되는데 결핵, 신경쇠약, 구루병, 골연화증, 신경과로 등에 쓰인다.

글리시닌(glycinin) 단순단백질인 글로불린에 속하는 콩의 주된 단백질.

글리시르리진(glycyrrhizine) 감초 뿌리에 있는 천연 감미 성분. 글리시르리즈산(glycyrrhizic acid)의 칼슘염과 나트륨염으로 존재한다. 글리시르리즈산은 글리시레틴산(glycyrrhetinic acid)에 2분자의 글루쿠론산(glucronic acid)이 결합된 배당체로서 설탕의 50배 단맛을 가지고 있다. 음료, 아이스크림, 빙과류, 제과 등에 향신료로 사용된다.

글리신(glycine) 가장 간단한 구조의 아미노산. 중성아미노산, 비필수 아미노산이며 기본형은 곁가지 R이 수소원자로서 단백질을 구성하는 주요한 아미노산이다. $H-CH(NH_2)COOH$의 구조로 아미노아세트산(aminoacetic acid)이라고도 한다.

글리아딘(gliadin) 밀, 호밀 및 다른 곡류에 함유된 글루텐에서 유도된 프롤라민에 속하는 단백질. 70% 알코올에 용해되고, 타원형이며, 유동성이 있는 단백질이다. 구성 아미노산은 글루타민과 프롤린이 가장 많다. 글리아딘과 글루테닌에 액체를 첨가하면 글루텐이라는 독특한 단백질이 형성된다.

글리코겐(glycogen) 포도당의 중합체. 동물체의 간과 근육에 저장되는 탄수화물 중의 하나이다. 맛과 냄새가 없는 백색 분말로 물에 잘 녹으나 에틸알코올이나 아세톤 등의 유기용매에는 녹지 않는다. 구조상으로 수많은 포도당이 $\alpha-1,4$ 결합과 $\alpha-1,6$ 결합에 의하여 복잡하게 이어져 구상(球狀)을 이루며 그 분자량은 수백만에 이른다. 요오드를 가하면 갈색 또는 적포도주색을 띠며 사람의 간에는 그 건조중량의 약 6%, 근육에는 0.6~0.7% 정도가 함유되어 있으며, 근육이 운동할 때 소비된다.

금귤(kumquat) 감귤류의 일종. 금감(金柑)이라고도 한다. 학명은 *Fortunella japonica* var. *margarita* Swingle. 중국이 원산이다. 크기는 메추리알 정도로 감귤류 중에서는 가장 작다. 성분 중에서 칼슘은 130mg%로 현존하는 과실 중에서 가장 높다. 등황색에 윤기가 나며 비타민 C도 과육에 30mg%, 과피에 70mg%를 함유하고 있어 감기에 효과가 있고 스트레스에서 오는 위통에도 효과가 있다고 한다. 껍질이 달고 향기가 풍부하며 과육의 신맛이 비교적 적다. 생과실을 통째로 먹거나 설탕 절임을 한다.

금불초(inula) 국화과에 속하는 여러해살이풀. 하국(여름국화)이라고도 한다. 꽃은 황색으로 7~9월에 피는데, 꽃은 말려서 이뇨, 거담, 건위 등의 생약으로 쓰고, 어린순은 식용한다. 『본초강목』에 의하면 금불초의 꽃은 담을 없애 주고 복수를 내리게 하며 위를 열어 주며, 또한 구역을 멎게 하며 소변을 고르게 하고 눈을 밝게 한다고 기록되어 있다. 그러나 대장이 냉하고 허한 사람에게 쓰는 것을 삼갈 것을 권하고 있다.

금속맛(metallic taste) 금속에 혀가 닿았을 때와 금속과 접촉하고 있는 식품을 맛보았을 때 느끼는 맛. 녹슨 칼, 녹슨 냄비, 개관 후 그대로 방치한 통조림 등에서 맛볼 수 있으며, 바람직한 맛은 아니다.

급성 독성시험(acute toxicity test) 시험물질을 시험동물에 단회 투여하였을 때 단기간에 나타나는 독성을 질적, 양적으로 검사하는 시험. 시험동물은 2종 이상으로 하고 그 중 1종은 설치류, 1종은 비설치류이어야 한다. 경구 및 비경구 투여를 원칙으로 임상적용 경로를 포함하도록 하여야 하며, 만일 독성이 너무 높아 단일 복용량을 투여하기 어려울 때는 1일 복용량을 3회 이내로 나누어 줄 수 있다.

급성회백수염(poliomyelitis) 폴리오바이러스(Poliovirus)에 의해 일어나는 급성 열성 질환. 주로 분변에 배출되며 환자의 후두 분비물에도 들어 있다. 이들에 오염된 음료수나 식품을 통하여 감염되는데, 경구침입하여 장관에서 증식, 림프절을 거쳐 혈액 속에 들어가 전신에 확산되는데, 특히 신경세포와 친화성이 있다. 가장 감염되기 쉬운 연령은 1~2세로서 환자의 50%를 차지하며 전형적인 마비형은 잠복기가 평균 10일 정도에 감기와 같은 증상이 시작되어 발열이 2~3일간 계속되며 두통, 인후통, 구토, 설사, 복통이 있는 동안이나, 때로는 열이 떨어지기 시작할 무렵 사지마비가 돌연히 나타난다. 예방법으로는 생 백신(vaccine)이 강력한 면역을 얻게 하므로 생 백신에 의한 예방 접종을 하는 것이 가장 이상적인 방법이다.

급속동결(fast freezing, quick freezing) 식품의 품온을 강하시킬 때 얼음 결정 생성 온도대인 −1~−5℃의 온도대를 25~35분 이내로 급속하게 통과시켜 동결시키는 방법. 냉동식품 제조업계에서는 송풍동결, 접촉동결, 2차 냉매액 동결 등의 장치를 써서 동결시키는 것을 급속동결이라 한다. 동결 소요시간은 식품의 두께와 동결장치의 조합에 따라 다른데, 완두콩과 같이 2~3분 걸리는 것부터 두께가 두꺼운 큰 생선 등과 같이 여러 시간 걸리는 것까지 있다. 그러나 실용적인 급속동결장치를 이용하여도 25~35분 동안에 −5℃ 온도로 되는 두께는 식품의 양면에서 1.5~3cm 정도의 두께이다. 실제로 동결되는 식품들은 두께가 3cm 이상이 많으므로 식품 전체가 급속동결되기 위해서는 두께가 얇아야 한다. 급속동결에 의해 동결시간이 크게 단축되고 작은 미세입자의 얼음결정이 생성되기 때문에 식품조직 세포의 손상이 거의 없으며, 해동 시에도 주의하면 드립(drip) 현상이 일어나지 않는다.

급식관리자(foodservice manger) 급식소의 다양한 제반 업무를 계획·실행·평가하여 결과에 대한 피드백을 다음 계획에 반영하는 순환과정을 통해 급식을 관리하는 사람. 우리나라에서는 급식소에 고용된 대부분의 영양사가 급식관리자에 해당한다.

급식산업(institutional foodservice industry) 학교, 병원, 사업체 등 조직의 본원적 목적이 식사제공이 아닌 조직에서 식사를 제공하는 업종의 집합체. 분류상 환대산업(hospitality industry) 중 외식산업의 일부로서 자리하고 있다.

급식 시스템 모형(foodservice system model) 외부환경으로부터 다양한 자원들이 투입되고 내부의 변환 과정을 거쳐 산출물을 만들어내는 투입−변환−산출의 메커니즘을 기본으로 하는 시스템 모형을 급식 조직에 맞게 응용한 모델.

급식 품질경영(foodservice quality management) 고객만족을 증대시킬 수 있는 음식과 서비스를 창출하기 위해 재료의 발주, 조리과정, 배식, 포장, 인적자원관리 등 기업의 각 기능영역들을 유기적으로 참여시키고 연결하는 관리활동.

기각한계(limit of abandon) 시료의 값이 다른 것과는 구별되고 크거나 작은 것을 포함하거나 또는 제거하는 판단의 기준. 가설검정 때의 귀무가설을 기각하는 범위, 즉 위험률 α를 어느 정도로 하는가이다. 이것을 기각역(critical region) 또는 위험역이라고 한다. 동일한 로트로부터 몇 개의 시료를 가지고 측정했을 때, 그리고 평균을 산출할 때, 하나의 값이 다른 측정치에 비해 특히 차이가 날 때, 그 동떨어진 하나의 측정치를 포함시키는가 아니면 제외시키는가에 따라 평균치가 상당히 변하는데 그 경우에 제외시키고자 할 때 판단의 기준이 되는 것이 기각한계이다. 즉, 기각한계는 다른 것과 차이가 많은 어떤 하나의 표본이 다른 몇 개의 표본이 속하는 집단과 같은 집단에 속하기 위한 한계를 나타내는 것이다.

기능성 식품(functional food) 식품의 1차 기능(영양기능), 2차 기능(감각기능) 및 3차 기능(생체조절기능) 가운데 3차 기능을 강조한 식품. 식품성분이 가진 생체방어, 신체리듬의 조절, 질병의 방지와 회복 등에 관계하는 신체조절기능을 생체에 대하여 충분히 발휘하도록 설계하고 가공된 식품을 말한다(일본 후생성). 전통식품의 기본적인 성질(맛, 향기, 혹은 영양가)

을 제공하면서 건강상의 이점을 부가적으로 제공하는 식품을 말한다(미국 회계감사국). 일반적인 식품과 외관이 유사하고 보통 식사의 한 부분으로서 섭취되는 식품으로 영양적인 역할 외에 생리학적으로 유익하고 만성질환의 위해를 감소시키는 효과가 입증된 식품을 말한다(캐나다 보건성). 제 1세대 기능성 식품은 복합지질, 레시틴, 타우린, 식이 섬유 등이며, 제 2세대 기능성 식품은 현재 발현되고 있는 기능성인자를 함유하며 그 출현율의 양과 형태가 분명하여 확실한 목적별로 의도적으로 설계, 제작된 식품이다.

▲ 식품의 기능과 기능성 식품과의 관계

기능성 펩티드 식품의 생체조절기능에 관여하는 펩티드. 대부분의 기능성 펩티드는 ACE(angiotension converting enzyme) 저해, 콜레스테롤 저하, 칼슘 흡수촉진, 혈소판 응집 저해 등의 효과가 있다. 여기에는 혈중 콜레스테롤 펩티드, 혈압강하 펩티드, 항암 펩티드, 당 인산 펩티드, 대두 펩티드 등이 있다.

기능성포장재료(high performance packaging material) 물리적 강도, 안전성, 차단성 이외에 식품의 품질 유지에 적절한 새로운 기능을 더한 포장재료.

기능유전체학(functional genomics) 유전자와 유전자 산물의 기능에 관한 연구를 하는 학문 분야. 유전자의 기능을 알아내는 방법으로는 생물학적 접근법과 생화학적 접근법이 있다. 생물학적 접근법은 실험실에서 사용되는 모델 동물로부터 특정 유전자를 제거하여 생리작용이 변화하는 상태를 관찰하는 방법이다. 이 방법은 어떤 유전자가 질병의 원인인지를 알아낼 때 주로 사용한다. 생화학적인 접근법은 이미 알고 있는 유전정보로부터 어떤 단백질이 만들어지는지를 추적하고 그 구조와 기능을 밝혀내는 방법이다. 이러한 연구를 통하여 약 10만 개에 달하는 인간 유전자 각각의 기능을 상세히 알 수는 없어도 화학의 주기율표와 같이 인간 유전자의 분류가 가능할 것으로 예측하고 있다. 또한 이들 분류는 질병의 예후를 예측하거나 치료방법을 선택하는 데 유익한 정보를 제공할 것으로 추정되고 있다.

기대오차(error of expectation) 실제로 제품 간에 품질차이가 없는 데도 있을 것이라고 기대하고 관능검사에 임할 때 생기는 오차.

기본 맛 검사(basic taste test) 단맛, 신맛, 쓴맛, 짠맛의 네 가지 기본 맛을 올바로 감지할 수 있는 지에 대한 검사. 인식 역치 이상 농도의 4가지 기본 맛을 식별하는 능력을 검사한다. 주로 관능검사요원을 선발할 때 사용한다.

기생충(parasite) 자연계에서 독립된 생활로 영양을 섭취하지 않고 타 생물에 침입하여 영양을 섭취하여 기생생활을 하는 생물. 기생충이 기생하는 상대를 숙주라 하고 숙주는 기생충이 성주기를 거쳐 완전 발육하는 경우를 종말숙주, 어느 정도까지 발육하고 종말숙주로 감염되는데 도움을 주는 것을 중간숙주라 한다. 기생충의 감염경로는 경구, 경피 및 태반감염 등으로 대별할 수 있으며, 특히 경구감염을 일으키는 기생충이 식품위생과 밀접한 관계가 있다. 식품과 밀접한 관계가 있는 기생충은 2가지로 분류할 수 있는데, 그 하나는 기생충의 충란이나 유충이 오염, 부착된 식품을 사람이 섭취하여 감염되는 경우로 채소류에 감염되는 회충, 구충, 동양모양선충, 편충, 요충 등이 있으며, 다른 하나는 기생충에 감염된 동물의 고기를 섭취하여 그 동물 체내의 기생충이 그대로 사람에게 감염되는 경우로 원충류, 조충류, 선충류, 흡충류 등이 이에 해당한다. 기생충병의 예방원칙은 분변을 완전 처리하여 기생충란을 사멸 또는 배제시키고, 정기적인 검변으로 조기에 구충하고, 감염성 충란 또는 유충으로 오염된 조리기구를 통한 교차 오염에 유의하며, 수육, 어육은 충분히 가열조리한 것을 섭식하고, 채소류는 흐르는 물에 충분히 세척하고, 손은 항상 깨끗이 씻는 등 위생관리에 만전을 기한다.

기장(millet) 인도가 원산지인 벼과의 1년생 식물 또는 식용 곡류. 학명은 *Panicum miliaceum* L.. 기장은 전에는 조, 수수와 함께 밭에 심는 중요한 잡곡이었지만 요즘은 별로 심지 않아 보기 힘들다. 열매는 익으면 떨어지기 쉽고 도정하면 조와 비슷하나 조보다는 굵다. 기장의 원종은 명확하지 않으나, 동부아시아 및 중앙아시아에 가까운 지역까지 포함한 대륙성 기후의 온대지역에서 유목민에 의하여 재배되었을 것이라는 견해가 유력하다. 기름지지 못하고 메마른 땅에서도 잘 견디며 조보다 성숙이 빠른 이점이 있어 산간지에서 재배되고 있다. 주산지는 경북이며 강원과 각 지방 산간지에서 재배된다. 기장에는 메기장과 차기장이 있는데, 차기장이 많이 재배되고 농가의 별식을 만드는 데 이용된다. 기장의 주성분은 당질이며, 쌀과 대비하면 조단백질의 95%는 순수단백질이지만 함량은 쌀보다 많고 소화율은 떨어진다. 단백질, 지방질, 비타민 A 등이 풍부하여 팥과 혼식된다. 떡을 만들면 별미가 있고 소화율도 높으며, 중국 동북부에서는 황주(黃酒)를 만든다. 구미에서는 껍질째 부수어서 돼지사료로 이용하므로 호그 밀렛(hog millet)이라고도 한다.

기준 시료(reference sample) 관능평가할 때 평가의 기준이 되는 시료. 감지된 특성을 묘사하기 위해서는 용어를 동일한 뜻으로 사용하는 것이 중요하다. 이를 위해서 프로필 검사표에 기입된 각 용어를 모든 관능검사원이 이해하고 기준 시료를 사용하여 표에 나타낼 수 있어야 한다. 기본 맛의 경우는 일반적으로 설탕, 구연산, 소금 및 퀴닌의 용액을 기준 시료로 사용한다. 또한 기준 시료는 강도를 정하는 데도 사용된다. 또는 분석실험 등에서 주어진 특성의 기준이 되는 시료를 말한다.

기포(foam) 분산상이 기체이고 분산매가 액체인 콜로이드 분산계. 즉, 액체가 기체를 둘러싸서 작은 구상으로 되는 것. 기포는 표면장력이 작을수록 쉽게 생기나 쉽게 깨진다. 한편 표면장력이 클수록 기포가 생기기 어렵지만 생기면 꺼지기 어렵다. 또한, 기포형성을 잘 되게 하는 물질(기포제)이 용해되어 있는 경우에는 쉽게 형성된다. 기포를 쉽게 일으키는 물질로서 사포닌, 당류, 점질성의 단백질 등이 있다. 기포는 아이스크림, 스펀지 케이크, 엔젤 케이크, 거품 낸 토핑(whipped topping) 등에서 이용된다. 기포가 많이 생겨서 식품가공, 조리 상 좋지 않을 경우에는 소포제를 사용한다. 소포제로서는 알코올, 실리콘 수지 등이 있다.

기포력(foaming ability) 거품을 형성하는 능력. 공기-물 계면에 흡착된 단백질은 표면장력을 감소시킴으로써 기포력을 증가시킨다.

기포안정성(foaming stability) 단백질이 공기-물 표면에 흡착되어 표면장력을 낮춤으로써 기포 분산체계가 안정해지는 것. 기포의 중요한 특성으로 기포 자체의 경시적인 체적변화 또는 배액량을 측정하여 나타낸다.

기하이성질체(geometrical isomer) 분자식은 물론 결합형식도 같으면서 분자의 기하학적인 배열이 달라서 생기는 이성질체. 시스-트랜스 이성질체(cis-trans isomer)라고도 한다. 같은 종류의 원자(단)가 같은 쪽에 결합된 것을 시스형, 반대쪽에 결합된 것을 트랜스형이라 한다. 예를 들면, 1,2-디클로로에텐에서는 다음과 같은 2가지 기하이성질체가 생긴다.

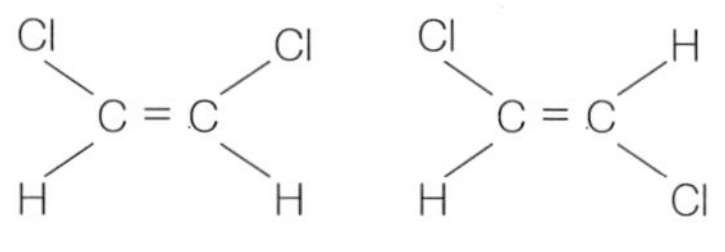

시스형 트랜스형

기호(hedonics) 어떤 식품에 대한 쾌 · 불쾌를 느끼는 심리상태. 기호는 영양, 안전성과 더불어 식품의 기본적 요소이다. 음식이란 입으로 먹는 것이므로 아무리 영양적, 위생적으로 완벽한 음식이라 하더라도 맛이 없어서 먹지 못하면 아무 소용이 없다. 따라서 기호적 요소는 음식의 질을 평가하는 데 중요한 요소이다. 기호에는 지역적, 민족적 생활 습관의 차이가 큰 영향을 미친다. 기호의 특성은 다음과 같다. 첫째,

보수적이다. 기호는 인간이 태어난 후의 음식에 대한 경험에 의해서 형성되어 18~20세에는 거의 고정된다. 그 후는 연령에 따른 생리적인 변동은 있어도 기본적인 경향은 바뀌기 어렵다. 특히 어릴 때 가정에서 경험한 맛의 인상은 일생을 통해서 유지되기 쉽다. 둘째, 유동성을 가진다. 개인의 기호는 바뀌기 어렵지만 기호가 고정되어 있지 않은 젊은 세대는 비교적 용이하게 새로운 맛을 받아들여 그 세대층이 성장했을 때 사회 전체의 기호가 크게 변동할 수 있다. 피자, 라면, 햄버거 등의 새로운 음식의 정착이 그 예이다. 셋째, 양면성을 가진다. 기호에 맞다고 생각하는 음식이라도 1주일 정도만 계속해서 섭취하면 먹고 싶지 않게 되는 일이 많다. 한편 가장 좋아하는 음식에는 속하지 않지만 계속해서 먹더라도 결코 싫증나는 일 없이 먹을 수 있는 음식도 있다. 이 양자가 조화를 이룬 식단이 기호를 만족시킨다.

기호도(acceptance) 어떤 식품을 좋아하는 정도. 어떤 시료에 대해서 좋아하는 정도. 기호도를 조사할 때는 "이 시료를 얼마나 좋아하십니까?"라는 질문을 하게 되는데, 소비자를 대상으로 하는 관능검사에서 주로 사용된다. 그러나 선호도(preference) 조사에서는 "어떤 식품을 더 선호하십니까?"라고 비교의 질문을 하게 된다.

기호도 조사(food preference test) 피급식자를 대상으로 특정 식품이나 메뉴에 대한 선호도가 어느 정도인지 조사하는 것. 기호도 조사 시에는 가능하면 광범위한 식품이나 음식을 대상으로 실시하는 것이 좋으며, 먹어본 경험이 없는 식품이나 음식을 대상으로 실시하는 것은 무의미하다.

기호식품(favorite food) 인체에 필요한 영양소를 공급하기 위해 섭취하는 식품은 아니지만 독특한 향기와 맛을 지니고 있어 기호를 만족시켜 주는 식품. 대표적인 기호식품은 기호음료이다. 기호음료는 알코올성 음료와 비알코올성 음료로 나누어지며, 비알코올성 음료는 차, 커피 등 탄산가스를 함유하지 않은 음료와 소다수, 콜라 등 탄산가스를 함유한 음료가 있다. 알코올 음료로는 각종 주류가 있다.

기호척도(hedonic scale) 정서적 관능검사 중 기호도검사를 위해 소비자가 주어진 시료를 얼마나 좋아하는지 그 강도를 측정하기 위하여 사용되는 척도. 5점, 7점 또는 9점 기호 척도를 주로 사용하고 있다. 9점 기호 척도의 예는 다음과 같다. 대단히 싫다(1), 아주 싫다(2), 보통으로 싫다(3), 약간 싫다(4), 싫지도 좋지도 않다(5), 약간 좋다(6), 보통으로 좋다(7), 아주 좋다(8), 대단히 좋다(9).

기화열(heat of vaporization) 잠열의 일종으로 액체로부터 기체로 되는 상태변화를 위해서 필요한 열량. 증발열이라고도 한다. 반대로 기체로부터 액체로 되는 것을 응결이라고 하고 이때의 응결열은 기화열과 크기가 같다. 기화열은 흡열(吸熱)이고 응결열은 방열(放熱) 또는 발열(發熱)이다.

▲ 물질의 기화열

물 질	온도(℃)	기화열(cal/g)
아세톤	56.5	125.0
암모니아	-33.4	329.4
에틸알코올	78.6	200.0
메틸알코올	64.8	263.0
벤젠	86.1	94.1
물	100.0	539.8

길항작용(antagonism) 어떤 현상에 관하여 두 요인이 동시에 작용했을 때 서로 그 효과를 소멸시키는 작용. 이때 두 요인은 서로 길항인(拮抗因)이라 한다. 세포의 활동에 대한 이종(異種)의 이온 사이에서 보는 이온 길항작용은 잘 알려진 예이다.

김(laver) 보라털과의 홍조류. 해태(海苔)라고도 한다. 학명은 *Porphyra* spp.. 분포지역은 한국, 일본, 중국 등이며, 우리나라에서는 서해안, 남해안, 제주도이다. 세계적으로 약 50종이 있으며 우리나라에는 10여 종이 있다. 김은 바다의 암초에서 자라며 파도를 많이 받고 있는 바위에는 돌김이 자란다. 모양은 길이 14~25cm, 나비 5~12cm의 긴 잎 모양이다. 양식하는 종류는 주로 참김(*Porphyra tenera*)과 방사무늬돌김(*Porphyra yezoensis*)이다. 우리나라에서는 2백여 년 전 전남 완도에서 방염이라는 기구로 양식을 시작한 것이 재배의 시초이다. 채취기는 1, 2월이 최적기이고 1월 중순의 김이

ㄱ

핵산을 가장 많이 함유하여 맛이 좋다. 성분으로는 마른 김에는 탄수화물 38.6%, 단백질, 38.6%, 무기질 3.8%, 조섬유 1.7%, 지질 0.4% 함유되어 있다. 탄수화물의 종류로는 한천이 가장 많으며, 그 밖에 헤미셀룰로오스, 소르비톨, 둘시톨 등이 들어 있다. 단백질은 식물 중에서는 그 함량이 매우 높을 뿐 아니라 특히 트레오닌, 발린, 루이신, 이소루이신, 리신, 메티오닌, 페닐알라닌, 트립토판 등의 필수아미노산이 많아 질이 매우 좋다. 비타민 중에서는 카로틴이 매우 많아(22,500μg) 비타민 A (3,750R.E.)의 좋은 공급원이 된다. 그 밖에 리보플라빈, 나이아신, 비타민 C가 많이 함유되어 있다. 또한 고소한 맛과 달콤한 맛은 시스틴과 만닛에서 오며 감칠맛은 글리신과 알라닌에 기인되고 디메틸설파이드로 독특한 향기를 낸다. 색소로는 붉은 색의 피코에리스린(phycoerythrin), 청색의 피코시안(phycocyanin), 녹색의 클로로필 등이 있다. 구우면 피코에리스린은 피코시안으로 바뀌기 때문에 청록색으로 변하는 것이다. 김은 오래되고 습기가 많아지면 붉게 되는데 엽록소 등의 색소가 분해되기 때문이며, 구워도 녹색으로 변하지 않는다. 김은 바다에서 채취하여 세척 후 얇게 펴서 말린 건해태 즉 마른 김으로 유통된다. 조리법으로는 김에 기름을 바르고 소금을 뿌려 굽는 김구이가 가장 보편화되어 있다. 김밥이나 김초밥의 재료이며 달걀말이 속에 넣은 김 달걀말이가 있다. 또한 김에 찹쌀가루 죽을 발라 말린 김부각이나 조미액을 발라 가공한 맛김 등이 있다. 서해안에서는 물김을 이용해 김국으로 조리하여 먹는다. 좋은 김은 빛깔이 검고, 광택이 나며 향기가 높고 불에 구우면 청록색으로 변하는 것이 상품이다. 김에 들어 있는 포피란은 갈락토오스의 복합체인 탄수화물의 일종으로 성인병의 원인이 되는 콜레스테롤을 감소시키고 간 기능 및 면역력을 활성화하는 물질이다.

김네마산(gymnemic acid) 김네마 실베스터(Gymnema sylvestre)의 잎에 들어 있는 단맛과 쓴맛 억제물질. 이 잎을 씹은 뒤에는 글리세롤, 사카린, 사이클라메이트 등의 단맛이나 퀴닌, 피크릭산의 쓴 맛이 크게 억제되어 느낄 수 없게 된다. 원인물질은 잎에 존재하는 김네마산에 의하며 이것은 김네마제닌(gymnemagenin)에 포도당, 아라비노오스가 결합한 배당체이다. 김네마산은 A, B, C, D의 4가지 형이 존재하며 그 중 A가 가장 강한 단맛 억제 작용을 가지고 있고 C와 D는 전혀 그런 기능을 가지고 있지 않다. 김네마산의 기능성으로는 급격한 혈당 상승을 저해하고, 장의 글리코시다제(glycosidase)를 억제 하는 것으로 알려져 있다. 인도에서는 김네마 차(김네바 실베스터 잎으로 만든 허브티)를 2,500년 전부터 당뇨병의 약으로 이용하여 왔다. 당뇨병뿐만 아니라 과다행동장애, 저혈당증, 알레르기, 빈혈, 고콜레스테롤혈증, 비만, 위장질환 및 소화불량 등에 효과가 있는 것으로 알려져 있다.

김치(Kimchi) 우리나라 고유의 채소발효 식품. 배추, 무, 오이 등의 채소를 소금에 절여서 고춧가루, 파, 마늘, 생강, 젓갈 등의 양념을 버무려 담가 숙성 발효시킨 음식. 일부 지방에서는 지(漬)라고도 하며 궁중에서는 젓국지, 짠지, 싱건지 등으로 불렀다. 한국인의 식탁에서 빼놓을 수 없는 부식으로 최근에는 국제화되고 있다. 김치는 저장 중 젖산균의 번식으로 유기산과 방향(芳香)이 생성되어 맛과 향미가 좋아질 뿐 아니라 일부 영양소가 생합성되어 영양적으로도 우수하며 김치에 들어가는 재료들에 함유되어 있는 각종 비타민, 무기질, 생리활성 성분이 풍부하며, 또한 젖산균이 살아 있는 발효 건강식품이다. 채소를 저장하는 시설과 기술이 발달하지 못한 과거에는, 김치가 채소를 저장하는 방법으로서의 가치가 우위에 있었으나 최근, 김치에 관한 연구가 진행됨에 따라 김치의 과학적인 면과 생리활성 효과 등이 밝혀짐에 따라 김치의 우수성이 세계적으로 인정받게 되었다. ① **김치의 종류**–김치의 종류는 계절에 따라, 지방에 따라 또는 재료에 따라 매우 다양하여 약 200여 종에 이른다. 김치는 오래 저장하지 않고 비교적 손쉽게 담가 먹는 종류로 나박김치, 오이소박이, 열무김치, 갓김치, 파김치, 깍두기 등이 있고, 겨울 동안의 채소 공급원을 준비하는 것으로서 오랫동안 저장해 두고 먹는 김장김치가 있는데 이에는 통배추김치, 보쌈김치, 동치미, 고들빼기김치 등이 있다. 김치에 사용되는 재료를 주재료, 부재료, 양념으로 나누어 보면, 주재료로 사용되는 채소류는 배추, 무 등 30여 종이다. 부재료 역시 매우 다양한데 과일류는 맛과 향기를 증진시키고, 곡류는 발효를 촉진하며, 젓갈을 비롯한 동물성 재료는 맛 증진 뿐 아니라 단백질을 보충해 준다. 양념류는 고춧가루, 마늘, 파, 생강이 필수적으로 사용된다. 각 가정마다 김치에 사용하는 재료의 종류와 분량에 따라 맛이 각각 다를 뿐 아니라 지방에 따라 김치는 다양한 특성이 있다. 북쪽의 추운 지방일수록 소금은 적게 넣고 고추도 많이 넣지 않아 덜 매우며 김치 국물을 넉넉히 붓는다. 남쪽지방은 소금을 조금 많이 넣어 짜고 맵다. 경상도나 전라도는 젓갈을 많이 넣어 김치의 맛이 매우 진하다. 그리고 파, 갓, 깻잎, 고들빼기 등을 주재료로 하여 담그는 별미 김치가 많다. 계절에 따라 여러 가지 김치를 담그는데, 봄에는 나박김치, 봄배추 김치를 주로 담그고, 여름에는 오이소박이, 열무김치를, 가을에는 햇배추김치와 배추통김치, 겨울에는 김장김치와 동치미, 깍두기, 고들빼기김치 등이다. 근래에는 계절에 관계없이 언제나 채소를 구할 수 있어 이와 같은 계절성은 점차 사라져 가고 있다. ② **김치의 숙성**-채소를 소금에 절이면 소금이 채소의 세포막에 침투되어 삼투압에 의해 세포질내의 수분이 빠져나가면서 채소의 풋내 등이 제거되고, 동시에 미생물에도 같은 작용을 나타내어 유해균의 발육이 저해되며, 생성된 여러 가지 저분자 물질들은 미생물이 생육하는 데 이용되면서 김치가 숙성된다. 숙성된 김치의 맛과 향기는 발효과정을 거치는 동안 배추나 무 같은 주재료와 양념에 함유되어 있던 고분자 화합물이 분해되어 독특한 향미를 가진 저분자 물질이 생성되어 무나 배추의 세포막을 통하여 내부로 침투함으로써 조화를 이루는 맛이다. 김치가 숙성되는 동안에는 주재료인 배추나 무 또는 양념에 존재하는 아밀라아제, 말타아제 또는 프로테아제 같은 효소에 의하여 채소 중의 탄수화물과 단백질이 일부 가수분해되어 당, 펩타이드, 아미노산 등을 생성함으로써 맛 성분을 증가시킨다. 젖산균은 생성된 단당류에 작용하여 젖산을 만들어 적당한 산미와 향미를 내고 pH를 저하시켜 유해균의 증식을 억제한다. 효모균은 에탄올을 생성하여 김치에 향기를 더해 주고 일부 알코올은 산과 결합하여 에스테르를 형성하여 방향을 더해 준다. 채소를 소금으로 절일 때의 소금물의 농도와 저장온도가 숙성에 중요하게 작용한다. 채소를 소금에 절임으로써 삼투작용이 빨리 일어나게 되는데, 소금과 부재료에 의한 물질의 농도가 높아 삼투압의 차이가 클수록, 또 온도가 높을수록 김치의 발효속도가 증가된다. 계절별로 절이는 소금의 농도는 봄과 여름에는 9~12%로 6~8시간, 겨울에는 13%로 10~16시간 절이는 것이 좋다. 너무 오래 절이거나 소금의 농도가 높으면 배추나 무의 유리당이나 유리 아미노산의 손실로 맛이 없어진다. 또한 김치 중의 소금의 농도는 겨울철 김장용에는 2~3%, 봄철에는 3~4%, 여름철에는 4~5%로 높다. 또한 소금의 농도는 발효작용을 일으키는 미생물의 번식과도 관계가 깊다. 배추를 비롯한 김치의 재료에는 많은 토양 미생물이 오염되어 있으나 씻고 절이는 과정에서 많은 수의 미생물이 제거되고 3% 정도의 식염에 견디는 젖산균이 살아남아서 김치를 발효시킨다. 발효 초기에는 여러 가지 호기성 잡균이 번식하나 점차 젖산균이 증식하면서 환경을 혐기성으로 만들고 젖산생성으로 인해 산성으로 바뀌면 호기성 잡균은 사라지고 젖산균이 왕성하게 생육한다. 따라서 생성된 젖산과 소금의 작용으로 채소의 방부효과는 더욱 커지고 저장성이 생긴다. 젖산발효 초기에는 약한 산성인 젖산구균이 번식하고, 그 후에는 산을 많이 내는 젖산간균이, 마지막에는 젖산장간균이 순차적으로 번식하여 젖산 등 유기산을 만든다. 미생물의 종류로 젖산구균인 류코노스톡 메센테로이데스(*Leuconostoc mesenteroides*)는 이상젖산균(hetero-fermentative lactic acid bacteria)으로 발효 초기에 번식하여 젖산, 초산 등의 유기산과 에탄올을 생성하여 김치의 산도를 높여주고 동시에 CO_2를 생성하여 김치를 부글거리게 할 뿐 아니라 혐기성으로 만들어 호기성균(잡균)의 생육을 억제한다. 스트렙토코쿠스(*Streptococcus*)는 발효 초기에, 그리고 페디오코쿠스(*Pediococcus*)는 발효 중기에 활발하게 번식한다. 정상젖산균(homo-fermentative lactic acid bacteria)인 락토바실루스 플란타룸(*Lactobacillus plantarum*)이 발효 중기 이후부터 발효 말까지 왕성하게 번식하여 젖산을 대량 생산하여 김치가 시어지게 된다. 정상젖산균과 이상젖산균의 중간인 락토바실루스 브레비스(*Lactobacillus brevis*)도 발효 중기 이후에 번식하여 여러 종류의 휘발성, 비휘발성 유기산 및 CO_2를 생성하여 pH가 4.2 근처로 저하되면서 부패균의 성장이 억제되고 젖산균은 잘 자라게 된다. 발효 말기에는 산막효묘가 젖산균이 생성한 산을 소모하면서 김치 표면에 피막을 형성한다. 이때 효모에 의해 분비된 효소에 의해서 김치조직이 물러지는 연부 현상이 나타나고 군덕내 등 좋지 않은 냄새가 나므로 먹지 못하게 된다. 김치 숙성의 조건으로 온도와 소금 농도가 가장 중요하다. 온도가 낮으면 발효는 억제되고 온도가 높으면 발효가 촉진된다. 특히, 젖산균 중에서 낮은 온도에서는 류코노스톡 메센테로이데스가 다른 젖산균보다 우세하게 자라는데 이 균은 헤테로(hetero)형이므로 젖산뿐만 아니라 다른 유기산과 알코올도 생성하여 김치의 좋은 맛을 내게 한다. 류코노스톡 메센테로이데스에 이어서 락토바실루스 브레비스가 자라고 그 이후에는 락토바실루스 플란타룸이 자라는 일련의 연쇄적인 발효가 진행되는데 최종 산도는 1.7~2.3%에 달하고 아세트산과 젖산의 비는 1 : 4에 달하여 매우 시어진다. 높은 온도에서는 락토바실루스 플란타룸, 페디오코쿠스, 아시디락티시(*Acidilactici*), 락토바실루스 브레비스 등의 생육이 양호하여 주로 젖산이 많이 생성된다. 겨울의 김장 김치의 경우 5℃에서 숙성 적기는 약 3주이며, 여름인 경우 20℃에서는 2~3일, 30℃에서는 24시간 이내에 숙성에 도달된다. 소금농도 1%에서 류코노스톡 메센테로이데스와 락토바실루스 브레비스의 작용을 도와 숙성을 촉진시킨다. 3.5%의 높은 소금농도에서는 헤테로형의 젖산균은 억제되지만 락토바실루스 브레비스와 호모형의 젖산균은 견뎌낸다. 따라서 소금의 농도는 2~3%가 적합한데, 류코노스톡 메센테로이데스는 다른 젖산균에 비해 소금에 예민하므로 2%의 농도가 바람직하다. 김치의 맛에 크게 영향을 주는 유기산은 젖산, 호박산이며 저염(1.55%)과 저온(6~7℃)에서 숙성시킨 김치는 고염(3.5%)과 고온(22~23℃)에서 숙성시킨 김치에 비하여 젖산과 호박산의 함량이 많아 김치의 맛이 더 좋다. 이산화탄소는 저염 김치에 함량이 더 높으며 저염·저온 숙성 김치에서 상쾌한 맛을 낸다. 김치의 숙성에는 온도와 소금농도 이외에 첨가하는 부재료에 따라서도 크게 영향을 받는다. 마늘, 고추 및 멸치젓은 발효를 촉진하나, 생강은 발효를 억제하며 고추는 현저하게 숙성을 촉진한다. 젓갈류는 단백질, 아미노산 등 미생물의 생장에 필요한 질소원을 다량 함유하고 있으므로 김치의 숙성을 촉진시키며, 특히 새우젓이 멸치젓보다 숙성을 약간 더 촉진시킨다. ③ **김치의 영양성분 및 생리활성**－김치는 비타민 C, 비타민 B군, β－카로틴 및 무기질의 중요한 공급원이다. 열량은 거의 없으면서 다량의 섬유소와 젖산균에 의해 정장작용을 나타낸다. 숙성 중 비타민 C와 B_{12}가 합성되며 주재료인 배추나 무 등의 함황화합물인 이소시아네이트(isocyanate)와 부재료인 마늘, 파 등에 함유된 설파이드(sulfide)는 항돌연변이 및 항암작용을 나타내고, 마늘의 알리신(allicin)은 비타민 B_1과 결합하여 알리티아민(allithiamine)이 되어 비타민 B_1의 흡수 및 이용률을 높여줄 뿐만 아니라 항암, 면역증강, 혈소판응집효과 등을 나타낸다. 고추의 캅사이신(capsaicin)은 혈전 용해능이 있으며, 젖산균은 장내 pH를 낮추어 유해균의 생장을 억제하여 정장작용 및 항암작용을 한다. 식이성 섬유는 변비예방, 중성지질 및 콜레스테롤 저하 작용 등 여러 가지 생리활성 기능을 나타내고 있다.

깻묵 식물의 종자에서 기름을 짜고 난 찌꺼기의 총칭. 유박(油粕)이라고도 한다. 전분 및 단백질의 함량이 높아서 가축사료로 쓰일 뿐 아니라 유기물과 질소 함량이 많고 인산·칼륨 성분을 포함하고 있어, 예로부터 비료로 활용되고 있다. 특히 완효성이어서 기비(基肥)로 사용된다. 우리나라의 경우 유기질 비료로 등록된 깻묵비료는 참깨 · 들깨깻묵을 비롯해 콩깻묵 · 채종깻묵 · 면실깻묵 · 땅콩깻묵 등 10여 종에 이른다.

꼬막(boody clam, rock cockle) 연체동물로서 사새목 꼬막조개과의 부족류. 학명은 *Tegillarca granosa* L.. 고막, 고막조개, 안다미조개라고도 한다. 한자어로는 감 · 복로(伏老) · 괴합(魁蛤) 등으로 불린다. 조간대에서 수심 10m까지의 진흙질 바닥에 산다. 전남 보성, 순천, 벌교 일대가 주요 산지이다. 특히 벌교는 꼬막의 다산지로 벌교 어협을 꼬막 어협이라고 할 정도이다. 3~5월이 제철이다. 예로부터 식품으로 많이 이용되어 왔으며, 살짝 익혀서 초고추장과 함께 먹는 전라도 지방의 향토음식이다. 꼬막은 건제품으로 유통되기도 하며 이용할 때는 물에 씻지 말고 냉장고에 보관하여 며칠 내에 사용하는 것이 바람직하다. 꼬막은 조리와 취사가 간편하고 소화흡수가 잘 될 뿐 아니라 고단백, 저지방의 알칼리성 식품으로서 비타민류 칼슘, 철 등의 함유량이 높아 허약한 체질의 회복에 좋고, 살에 헤모글로빈이 함유되어 있어서 빈혈 예방과 어린이 성장 발육에도 좋은 건강식품으로 인기가 높다. 살은 적색으로 일본요리에 즐겨 사용되며 생선초밥용이나 초무침 등으로 생식된다. 싱싱하게 살아 있는 꼬막을 데칠 때는 약간의 끓는 소금물에 넣고 주걱으로 저어가며 입이 약간 벌어지기 시작할 때 바로 꺼내야 맛있고 질기지 않다. 조개류 특유의 감칠맛이 있으므로 삶아서 매콤한 양념간장에 무치면 맛이 일품이다.

꼴뚜기(beka squid, sea-arrow) 연체동물 십완목 화살꼴뚜기과의 두족류. 학명은 *Loligo beka* Sasaki. 『재물보』「물명고」에서는 골독(骨獨)이라 하였고, 한자어로는 골독어, 유어(柔魚), 『사류박해』에서는 망조어(望潮魚)라 하였다. 몸길이 약 70mm, 외투의 나비 약 22mm로 외투는 원통 모양이고 끝쪽으로 가늘어져 뾰족하다. 볼품없는 모습 때문에 보잘것없는 것의 비유로 '어물전 망신은 꼴뚜기가 시킨다'는 속담이 있다. 산란기는 3월로, 4~5월에 집어등(集魚燈)으로 모아 그물로 잡는다. 우리나라 연안 특히 서 · 남해안의 낮은 바다의 암초나 자갈 바닥에 주로 살며 우리나라, 일본, 중국, 유럽 등지에 분포한다. 흔히 젓갈을 담아 먹는다. 주로 바닷물에 보관하며 빠른 시일에 먹는 것이 좋다.

꽁치(pacific saury, mackerel pike) 동갈치목 꽁치과의 바닷물고기. 학명은 *Hemirhamphus sajori* Temminck et Schlegel. 『임원십육지』에 공어(貢魚)라 하였고, 속칭 공치어(貢侈魚), 한글로 '공치'라 기록하고 있다. 몸통이 가늘고 길며 머리의 앞끝은 뾰족하다. 등 쪽이 검은 청색, 배 쪽이 흰 빛깔의 냉수성 회유어로 우리나라 연안과 북아메리카 연안의 표층에 많이 분포한다. 꽁치는 어획시기에 따라 지방함량이 현저하게 다른데, 가장 맛있는 시기는 지방 함량이 20%나 되는 10월경이며 산란이 끝난 12월경에는 맛이 없다. 단백질의 함량도 20% 가량으로 매우 많으며 단백가가 96으로 질도 아주 우수하기 때문에 가을의 스태미나 식품으로 꼽을 만하다. 꽁치의 붉은 살에는 비타민 B_{12}가 많이 들어 있는 것이 특색이며, 배 언저리에는 비타민 B_{12}와 철이 많다. 또한 DHA와 비타민 E가 풍부하다. 꽁치는 소금구이가 일품이고 간장조림, 튀김, 생선회 등으로 먹고, 건조품과 통조림 등으로 가공된다. 몸의 색이 선명하고 윤기가 나는 것, 복부와 피부에 흠이 없고 살이 처지지 않고 탄력 있는 것, 꼬리 접합부가 황색인 것이 상품이며 수컷보다는 암컷이 맛이 좋다.

꽃게(blue crab) 십각목(十脚目) 꽃게과의 갑각류. 학명은 *Portunus trituberculatus* Miers. 등딱지가 옆으로 퍼진 마름모꼴이며 집게다리는 크고 억세다. 몸 빛깔은 암게는 암갈색에 등딱지의 후방에 흰 무늬가 있고, 수게는 짙은 녹갈색이며, 암게는 배받이가 반달모양이며, 수게는 종추형이다. 삶으면 등딱지가 새빨개진다. 내만의 수심 약 30m 되는 모래바닥에 살며, 우리나라, 중국, 일본, 타이완 등지에 분포한다. 민꽃게, 점박이 꽃게, 게다시 꽃게, 소프트쉘 꽃게, 톱날 꽃게, 청색 꽃게 등의 품종이 있다. 수게는 봄, 여름이, 암게는 겨울철이 수확기이다. 암·수 구분하여 −35℃로 급속 냉동시켜 장기 저장한다. 페타인, 포말린 등이 게 특유의 맛을 내며 시간이 지나면서 효소 등의 작용으로 자기소화해서 식중독 성분과 세균번식에 의한 식중독 위험이 높아진다. 글루타민산, 글리신, 아르기닌, 구아닌산은 감미성분이다. 산간의 계곡물에 서식하는 민물 게는 폐디스토마의 중간숙주이므로 날것으로 섭취하면 안 된다. 지방이 적어 맛이 담백할 뿐 아니라 소화성도 좋아 회복기에 있는 사람이나 허약체질 또는 노인에게 좋다. 저지방 고단백질을 필요로 하는 비만증, 고혈압, 간장병 환자에게도 권장할 만하다. 전채요리, 찜, 탕, 게장, 생선요리, 수프요리, 튀김으로 이용하며 게다시 꽃게는 삶아서 식용하거나 육량이 적기 때문에 찌개용으로 적합하다.

꽃잎차 발효시킨 홍차나 우롱차에 향기가 강한 꽃봉오리를 층층이 놓고 가열한 것. 꽃의 향기가 좋다. 대만의 재스민차가 여기에 속한다.

꿀(honey) 꿀벌에 의하여 꽃으로부터 모은 당액. 당액 중의 설탕이 꿀벌의 타액 중 효소에 의하여 분해되어 과당과 포도당의 혼합액으로 전화되어 단맛이 강화된다. 당분을 많이 함유한 식품. 벌꿀은 오랜 옛날에 자연에서 얻은 인류 최초의 식품으로 그리스 신들의 식량이었다고 하며, 로마인은 꿀을 하늘에서 내리는 이슬로 여겼다고 한다. 그 후 인류사회에서 꿀을 약용으로 하는 한편 사체의 방부제, 미라 제작, 과실의 보존 등에 사용하여 왔다. 우리나라에서도 오랜 옛날부터 벌꿀을 채집하여 귀한 약품 및 식품으로 사용하여 왔다. 최근에는 인공적으로 벌을 길러 꿀을 채집하는 양봉업이 발달되어 이른 봄에서 늦가을까지 꿀을 생산하는데, 이 꿀은 야생벌의 꿀보다 당분 함량과 질이 떨어진다.

꿩고기(pheasant meat) 아시아대륙에도 널리 나타난다. 또한 사냥새로서 구미 각지, 오스트레일리아, 뉴질랜드로 이출되고 있다. 현재로 수렵조로서 포획되고 있으나, 식용으로서 일반적으로 유통되는 것은 대부분 사육된 것으로 수입품도 많다. 조리법은 닭과 동일하며 조림, 구이 등으로 사용되는데, 냄새를 없애기 위해서 술이나 생강 등이 이용된다.

ㄴ

나린지나아제(naringinase) 감귤류의 껍질에 함유된 쓴맛 물질인 나린진을 분해하는 효소.

나린진(naringin) 감귤류에 있는 쓴맛 성분. 플라바논(flavanone)의 일종인 나린제닌(naringenin)의 7-람노글루코시드(rhamnoglucoside)이다. 감귤류 껍질에서 추출한 나린진 추출물은 음료, 아이스크림 등에 첨가물로 이용된다.

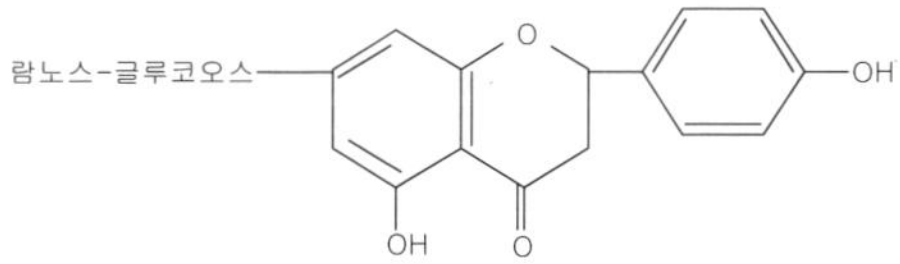

나무딸기 장미목 장미과의 낙엽교목. 학명은 *Rubus* spp.. 높이 1m, 키 작은 낙엽활엽수로서 줄기와 가지에 바늘 같은 가시가 있다. 꽃지름은 1.5cm 내외이며 꽃잎은 5장이다. 열매는 둥글고 납작하며 지름 2cm 정도이다. 빨간색이나 자주색, 혹은 검은색으로 익는다. 비타민 C와 칼슘, 칼륨, 철이 많이 함유되어 있으며 달콤새콤하여 입맛을 돋운다. 잼이나 젤리, 설탕절임, 술에 넣어 향기를 내는 데 쓰인다. 나무의 크기는 높이 5m, 열매는 거의 둥글고 1개가 1~1.5g이며 진한 푸른색, 붉은 빛을 띤 갈색, 검은색이고 표면에 하얀 분이 피어 있다. 달고 신맛이 약간 있기 때문에 생과로 먹기도 하고 파이 · 머핀 · 케이크 · 잼 · 주스 · 통조림 등에 이용된다.

나이아신(niacin) 비타민 B 복합체의 하나. 니코틴산(nicotinic acid)과 니코틴아미드(nicotinamide)를 총칭한다. 티아민, 리보플라빈과 함께 당질 · 지질 및 단백질의 산화과정을 촉매하는 보조효소인 NAD(nicotinamide adenine dinucleotide), NADP(nicotinamide adenine dinucleotide phosphate)의 구성 성분이며 체조직 내의 호흡작용에 관여한다. 아미노산인 트립토판(tryptophan)을 전구체로 하는 비타민으로 트립토판 60mg은 체내에서 나이아신 1mg으로 전환될 수 있으며 이 과정에서 비타민 B_1, B_2와 B_6가 반드시 필요하다. 나이아신과 트립토판이 동시에 부족한 식사를 수개월간 계속하면 펠라그라(pellagra : 거친 피부의 뜻) 증상이 나타난다. 펠라그라의 4D 현상은 피부염(dermatitis), 설사(diarrhea), 정신착란(dementia) 그리고 사망(death)에 이르는 것이다. 간 및 신장, 쇠고기, 돼지고기, 양고기 등의 육류, 생선, 버섯류, 달걀 등 트립토판이 풍부한 양질의 단백질 식품에 많이 함유되어 있으며 채소, 과일, 곡류에는 극히 소량 함유되어 있다. 가금류, 견과류, 우유 및 치즈 등은 나이아신 함량은 낮으나 트립토판 함량이 높은 식품이다.

나트륨(sodium, Na) 염소와 결합된 식염 또는 인산염으로 체액 중에 다량 함유되어 있다. 삼투압의 유지 등에 관계가 있다. 나트륨의 1일 필요량은 5~10Eq로 극히 적으며, 나트륨은 결핍되기보다는 과잉 섭취되는 일이 많다. 나트륨의 과잉섭취는 부종을 야기하고 본태성 고혈압의 원인이 될 수도 있다. 고혈압의 원인은 복잡하여 반드시 나트륨의 과잉섭취가 그 원인인 것은 아니지만, 고혈압환자의 식사에서 나트륨 공급을 제한하면 혈압이 저하된다.

낙산(butyric acid) ☞ 부티르산

낙지(common octopus, poulp squid) 연체동물 팔완목 낙지과 두족류. 학명은 *Octopus variabilis.* 한자로 석거(石距), 장어(章魚), 낙제(絡蹄)라고도 쓴다. 『자산어보(玆山魚譜)』에 보면, 맛이 달콤하고 회, 국, 포를 만들기 좋다고 하였으며, 『동의보감(東醫寶鑑)』에는 성(性)이 평(平)하고 맛이 달며 독이 없다고 하였다. 몸길이는 약 70cm에 이르며 특히 팔이 길다. 8개

ㄴ

의 팔은 머리에 붙어 있고 1~2열의 흡반이 있다. 연안의 조간대에서 심해까지 분포하지만 얕은 바다의 돌 틈이나 진흙 속에도 산다. 서남해안(여수, 고흥, 삼천포, 벌포, 수천. 제주) 일대에 서식하는 국내산과 일본연안, 태평양, 홍해, 지중해 일대에 분포하는 원양산이 있다. 국내산은 9~12월로 가을에 많이 잡히며 겨울에 맛이 가장 좋고 원양산은 연중 출하되는데 12~1월산이 품질면에서 가장 좋다. 문어, 꼴뚜기와 함께 문어류 3대 주요 어종으로 그 중에서도 낙지가 소비량의 80%를 차지한다. 시장에서 유통되고 있는 낙지의 70% 이상이 아프리카 북서해안에서 어획하고 있는 수입물이다. 낙지는 부드럽고 담백한 맛이 있으며, 타우린을 함유한 고단백질 저칼로리 식품으로 인, 철, 나이아신을 다량 함유하고 있다. 낙지에 들어 있는 타우린은 맛만 있는 것이 아니라 간의 작용을 돕고 신진대사를 활발히 한다. 산낙지는 보통 바닷물에 보관하며 1~2일 내에 조리한다. 구입 후 즉시 요리를 해야 제 맛이 나고 남은 것은 그냥 두면 쉽게 상하므로 살짝 데쳐서 냉장 보관한다. 주 요리는 낙지숙회, 회, 볶음, 매운탕, 산적, 전골, 젓갈, 낙지구이와 비빔밥 등이 있다. 조리 시에는 낙지 머리에 칼집을 넣어 먹통과 내장이 터지지 않게 조심해서 떼어내고 굵은 소금을 뿌려 주무르면 흡반의 불순물이 쉽게 제거되며 미끈거리지도 않고 맛이 좋아진다. 거품이 일지 않고 꼬들꼬들해지면 맑은 물에 여러 번 헹군다. 낙지를 손질한 후 소다와 미림에 1시간 정도 담가두면 비린 맛을 제거할 수 있고 연하게 된다.

낙하세균(falling bacteria) 공장 내의 세균과 작업자의 의복이나 원료 등과 같이 외부에서 들어온 세균이 작업 중 사람의 움직임과 공기의 흐름에 의해 먼지와 같이 공중에 부유하다가 공기의 흐름이 멈추면 바닥에 낙하하는 것을 일컫는다.

낙화생유(peanut oil) ☞ 땅콩기름

난각(egg shell) 달걀 외부의 단단한 껍질. 다공질로서 약 94%의 탄산칼슘($CaCO_3$)으로 구성되어 있다. 껍질 내부에는 두 겹의 막이 존재하는데, 외부의 막은 겉껍질에 단단하게 부착되어 있다. 이 막들은 주로 케라틴(keratin)과 뮤신(mucin)이라는 단백질로 형성되어 있다. 닭이 달걀을 낳고 시간이 경과하면 내부물질이 수축하므로 두 개의 막은 분리되고, 달걀의 넓적한 끝 쪽에 공기집이 생긴다. 미세한 구조의 다공질로 이루어져 있으며 이 구멍을 통하여 달걀 내의 이산화탄소와 수분이 증발하고, 미생물이 침투한다.

난백(egg white) 난황의 주위를 둘러싸고 있는 반투명한 액체. 달걀흰자. 점도가 높은 된 난백과 점도가 낮은 묽은 난백이 있다. 난황의 외부는 묽은 난백으로 둘러싸여 있고 그 외부를 된 난백이 둘러싸고 있으며, 알끈이 있는 달걀의 양끝을 제외하고는 그 외부를 묽은 난백이 또 다시 둘러싸고 있다. 난백은 단단한 껍질과 난황 사이에 존재하여 외부로부터의 기계적 진동이나 습도의 변화 같은 영향을 배아가 받지 않도록 보호하고 있다. 신선한 달걀에서 난백이 갖는 무게 비율은 내부에 있는 묽은 난백이 16.8%, 된 난백이 57.3% 그리고 외부의 묽은 난백이 23.2% 정도이다. 그러나 달걀을 낳은 후 시간이 경과함에 따라 된 난백은 점차로 묽어져 그 양이 감소한다. 고형분은 12% 정도이고 대부분은 단백질이다. 단백질의 종류는 오브알부민, 콘알부민, 오보뮤코이드, 오보글로불린, 오보뮤신, 아비딘의 6종이다.

난백계수(albumen index) 달걀의 내용물로 신선도를 평가하는 방법. 달걀을 평평한 판 위에 깨뜨린 후 난백의 가장 높은 부분의 높이를 평균 직경으로 나눈 것. 신선한 달걀은 0.14~0.17이고 오래된 것은 0.1 이하이다.

난백의 기포성(foam formation of egg) 난백은 교질상의 점성 액체로 표면장력이 낮아 거품기로 교반하면 공기가 액체 속으로 들어가 거품이 형성되는 현상. 기포성에 관여하는 단백질은 오보뮤신, 오보글로불린, 콘알부민이다. 난백의 거품은 음식의 질감을 가볍게 해주고 부피를 팽창시켜주며 결정 형성을 방해하고 음식의 질을 부드럽게 해준다. 기포성을 이용하여 케이크, 머랭 등을 만든다. 거품형성은 4단계로 나눌 수 있는데, 거품형성 단계 중 1단계의 거품은 청징제로 쓰기에 적합하며, 소프트머랭(soft meringue)은 2단계의 거품이, 수플레(souffles), 오믈렛(omelets), 엔젤 케이크(angel cake), 머랭(meringue)은 3단계의 거품이 좋다. 스펀지 케이크(sponge cake) 반죽에는 2단계나 약한 3단계 상태의 거품을 사용한다. 또한, 버터 케이크와 크림 종류에는 완전히 단단한(stiff) 거품이 좋다.

기포형성에 영향을 미치는 요인은 다음과 같다. ① **용기**－밑면이 평평한 것보다는 좁고 둥글고 윗부분이 넓어야 좋다. ② **교반 방법 및 시간**－수동교반보다는 전동교반이 안정하나 부피는 작다. ③ **온도**－30℃ 전후의 온도에서 기포력과 안정도가 좋다. ④ **pH**－등전점 부근에서 가장 기포력이 크므로 소량의 산을 가하면 쉽게 기포가 형성된다. ⑤ **설탕**－난백의 기포력을 감소시키나 거품의 안정성은 높다. ⑥ **우유, 난황, 기름**－기포성을 저하시킨다. ⑦ **달걀의 신선도**－묽은 난백은 점도가 낮아 기포성이 좋은 반면, 된 난백은 점도가 높아 기포성은 좋지 않으나 안정성이 좋다. 신선한 달걀보다 오래된 달걀은 묽은 난백이 많으므로 거품이 쉽게 일어난다. ☞ 기포

난소화성 전분(resistant starch) 건강한 사람의 소장에서 소화, 흡수되지 않는 전분과 전분 분해산물. 저항전분이라고도 한다. 난소화성 전분은 부분적으로 도정된 낟알이나 종자와 같이 물리적으로 효소의 접근이 어려운 RS_1, 바나나, 감자, 고아밀로오스 옥수수전분과 같이 B형의 결정형을 갖고 효소에 의해 분해되기 어려운 전분입자인 RS_2, 노화된 전분인 RS_3와 화학적으로 변성시킨 RS_4로 구분할 수 있다. 난소화성 전분은 소장에서 소화되지 않고 대장에서 발효되어 단쇄지방산을 생성하는데 다른 식이섬유보다 부티르산의 생성이 높아서 대장암의 억제 효과가 크며, 낮은 글리세믹 인덱스(glycemic index), 변비예방 효과, 순환계질환의 예방 효과 등이 크므로 좋은 생리활성 물질로 알려져 있다.

난수표(random table) 0에서 9까지의 숫자를 무작위(無作爲)로 배열한 수표(數表). 임의추출을 하는 경우 또는 등간격 추출의 추출기번호(抽出記番號)를 정하는 경우 등에 사용된다. 대부분의 난수표는 사용하기 쉽도록 숫자를 2자리 또는 4자리씩 끊어서 배열하고 있다. 난수표를 사용할 때는 사용하기 전에 연결이 없는 적당한 방법으로 첫 숫자를 선택하고, 가로·세로 또는 비스듬히 어느 방향을 정하여 차례차례 숫자를 배열한다. 이때 고의로 숫자를 빼놓거나, 편리한 대로 숫자를 선택해서는 안된다. 1에서 6까지의 숫자의 난수(亂數)를 만들 때는 주사위를 던져서 만들어도 되고, 또 0~9의 난수를 만들 때에는 20면체 주사위를 이용해도 된다. 이러한 방법을 물리적인 방법이라고 하는데, 이 밖에 룰렛(roulette)을 돌려 얻은 수를 차례로 기록하여 나타낼 수도 있다. 많은 난수를 필요로 할 때에는 컴퓨터로 난수를 발생시키며 그 결과의 난수표는 통계책이나 관능검사책의 부록으로 수록되어 있다. 식품관능검사에서 시료를 제시할 때 시료의 번호는 난수표를 이용한 3자리수를 가장 많이 이용한다.

난황(egg yolk) 달걀의 노른자. 탄력성 있는 '비텔린막(vitelline membrane)'에 의해 둘러싸여 난백과 구분되어 있다. 난황은 중심부에 희거나 또는 색이 엷은 난황이 있고, 그 외부를 색이 진한 난황이 둘러싸고 있다. 달걀에 따라서는 중심부를 둘러싸고 가는 흰줄과 굵은 노란줄이 번갈아 존재하여 흰 노른자를 형성하고 있다. 난황의 옆 한쪽에는 배아가 있는데, 유정란은 난황 표면 중심에 지름 2~3mm의 백색의 둥근 배반이 있다. 난황의 색은 닭의 먹이에 존재하는 카로티노이드(carotenoid) 색소의 일종인 잔토필(xanthophyll) 함량에 의하여 영향을 받는다. 닭은 카로티노이드 색소 중 잔토필을 주로 흡수하므로 난황의 색이 진하더라도 비타민 A가는 별로 높지 않다. 난황은 고형분이 약 50%이고 그 중에서는 약 1/3이 단백질, 2/3가 지질이다. 난황 단백질의 대부분은 인단백질이 지질과 결합된 리포프로테인(lipoprotein)이다. 난황의 주요 단백질에는 리포비텔린(lipovitellin)과 리포비텔리닌(lipovitellinin)의 2종이 있는데, 리포비텔린은 17~18%의 지질을 함유하고 있고, 리포비텔리닌은 36~41%의 지질을 함유하고 있다. 지질은 대

부분 단백질과 결합되어 있다. 인지질로는 레시틴(lecithin)과 세팔린(cephalin)이 있다. 난황에는 철이 풍부하며, 소량의 리보플라빈, 비타민 A, 티아민(thiamin)을 함유하고 있다.

난황계수(yolk index) 달걀의 내용물로 신선도를 평가하는 방법. 평평한 판 위에 달걀을 깨뜨렸을 때 난황의 높이를 지름으로 나눈 값. 신선한 달걀은 0.36~0.44이고 오래된 것은 0.3 이하이다.

납작귀리(rolled oats) ☞ 오트밀

납중독(lead poisoning) 중금속인 납(Pb)에 의한 중독. 납은 토양에 약 10ppm정도 존재하기 때문에 육상식물에 2.7ppm, 동물 2.0ppm, 어류에 0.5ppm이나 포함되어 있어 환경이나 식량자원의 오염원이 되고 있다. 따라서 식품으로부터 섭취하는 평균적인 납 섭취량은 60~150 μg인데, 물 등의 음료에 의해 섭취한 납량은 10~20μg이라고 하며 소화관에서의 흡수율은 5~10%이나, 기도를 통해 노출된 경우의 흡수율 50%에 비하면 낮은 편이다. 납중독은 급성중독은 거의 없으며 대부분 만성중독이다. 식품을 통해 섭취, 흡수된 납은 간장에 들어가 대부분 배설되지만 일부는 혈액을 통하여 뼈 등의 경조직에 침착하며, 뼈에 침착할 수 없는 납이 혈액 중에 들어가 혈중 납농도가 높아지면 표적조직인 골수에 대해 독성을 나타낸다. 즉 혈중농도가 400ng/mL(정상치 100~300ng/mL)을 넘으면 빈혈 등의 혈액장해가 나타난다.

납품서(statement of delivery) ☞ 거래명세서

내부 고객(internal customer) 급식소의 종사원을 지칭함. 즉, 급식소에서 종사원은 서비스 제공에 참여하여 고객의 지각에 영향을 미치는 중요한 요소이므로 교육훈련 및 동기부여 등을 통하여 종사원의 사기를 높이고 조직의 목표에 부응하게 하고자 하는 시각에서 종사원을 고객으로 인지하고 관리하는 것이다. 내부 고객인 종사원의 욕구를 파악하기 위해 각 조직에서는 종사원 만족도 조사, 직무만족도 조사 등을 실시하여 관리에 반영하고 있으며, 종사원의 성과에 대한 다양한 보상제도 및 직무순환 등의 정책을 펼치고 있다.

내부 마케팅(internal marketing) 서비스 마케팅의 한 요소로서 종사원이 고객에게 했던 약속들을 지킬 수 있게 하는 마케팅 활동으로 급식업체가 종업원들을 내부 고객으로 인지하고 이들에게 교육·훈련, 동기부여, 보상 등을 하는 활동을 의미한다.

내분비계 장애물질(endocrine disruption chemical, EDC) 사람이나 동물의 내분비 호르몬과 비슷하게 작용하는 외인성 화학물질로 사람이나 동물의 내분비계에 영향을 미쳐 인간이나 동물의 번식 장해 등 건강에 위해를 주는 물질. 여기에는 다이옥신(dioxin)류 등 유기염소 물질 6종, 농약류 44종, 펜타노닐 페놀(pentanonyl phenol)류, 프탈레이트(phthelate)류 등 8종, 수은 등 중금속류 3종, 벤조피렌(benzopyrene)류 등 총 67종의 화학물질이 포함되어 있다. 내분비 장애물질을 포함한 외인성 물질들은 암, 발육이상, 생식이상, 면역계 이상, 신경계 이상을 가져 올 수 있다. 이러한 사실에도 불구하고 이러한 환경오염 물질들을 방어하는 것은 현실적으로 불가능하다. 왜냐하면, 이들 환경오염 물질들이 의약품, 식품, 산업물질, 일반 가정물품 등 거의 모든 분야에 존재하기 때문이다.

냄새(odor, smell) 휘발성 물질의 자극으로 인해 후각에서 느껴지는 감각. 좋은 냄새로부터 악취에 이르기까지 수많은 종류가 있다. 냄새를 가지는 화학물질(odorant)은 약 40만 종류가 있으나, 아직까지 확립된 분류법은 없다. 냄새의 표현법으로서 알기 쉬운 것은 그 냄새를 내는 물질명을 드는 것이나(예를 들어 간장 또는 된장냄새 등) 그 물질을 모르는 사람에게는 전달할 수 없다. 후각에 관한 지식은 다른 감각에 비해서 상당히 발달이 늦어졌는데, 그 이유는 냄새의 지각은 수백 ppm에서 수 ppb라는 극미량의 물질에 의해 일어나는데 미량물질의 검출이 기술적으로 가능해진 최근까지 과학적으로 연구할 수 없었기 때문이다. 최근의 연구에 따르면 후각이란 극미량의 분자에 대해서 그 분자구조의 아주 작은 차이를 정확하게 알고 그것에 대한 특별한 자극을 감지하는 것이라고 생각되고 있다. 냄새와 화학구조와의 관계에 대한 방대한 데이터가 축적되고 있고, 냄새와

관능기, 분자량, 입체구조와의 사이에 있는 관련성도 밝혀지고 있다. 예를 들어 휘발성이 높은 지방족카르본산은 산취를 가진다든지, 사향 냄새를 가지는 화합물은 분자의 외형이 같다는 등이다.

낫토(natto) 일본식 청국장. 납두라고도 한다. 고초균을 이용하여 제조한 콩 발효식품이라는 점에서는 우리의 재래 청국장과 서로 유사하나, 우리 청국장은 바실루스 수브틸루스(*Bacillus subtilis*)균을, 일본의 낫토는 바실루스 낫토(*Bacillus natto*)균을 순수 배양한 것을 주로 이용하는 점과 우리의 청국장은 파 · 마늘 · 고춧가루 · 소금을 넣어 마쇄한 다음 이를 후숙시켜 저장성을 갖게 한 점에서 다르다. 우리의 재래 청국장은 끓여 먹는데, 일본의 낫토는 간장과 달걀 등을 넣어 저어서 그대로 먹는 것이 일반적인 먹는 방법이다.

냉동저장(frozen storage) 식품을 −18℃ 이하에서 보관함으로써 식품 내 수분의 대부분을 빙결시켜 식품의 변패를 억제하는 방법. 동결저장이라고도 한다. 식품을 변패시키는 부패균의 발육과 자기소화효소의 작용에 적당한 온도 이하로 훨씬 낮추며, 동결시 식품 내 수분은 80% 이상이 빙결되어 자유수의 양이 매우 감소하게 되므로 미생물의 발육과 자기소화효소의 작용이 저지된다. 동결 시에 큰 얼음 결정이 생기면 식품의 품질이 저하되므로 미세한 결정이 생기도록 급속 동결하는 것이 좋다. 완만 동결하거나 저장온도가 높으면 수분이 세포외로 이동하여 얼음 결정이 커지므로 세포막이 파괴되고, 세포의 탈수 압축으로 인해 단백질이 변성되고 해동 시에 수분이 유출되는 드립(drip)이 많이 생겨 조직이 거칠어지고 영양가와 맛이 저하된다. 이러한 품질저하를 방지하려면 최대 빙정 생성대(−1~−5℃)를 빨리 통과시키고 저장온도를 낮추어(−20~−30℃ 이하) 얼음 결정의 생장과 수분의 이동을 방지하도록 급속 동결시킨다.

냉수시험(cold water test) 설탕액으로 시럽을 만들 때 물 속에 농축액을 한 방울 떨어뜨려 봄으로써 졸이는 정도를 판정하는 방법.

냉이(Shepherd's purse) 십자화과에 속하는 두해살이 쌍떡잎식물로 산채의 일종. 학명은 *Capsella bursa-pastoris* Mep. 나시, 나생이, 나이, 나싱이, 나생이, 나숭게 등의 별명을 갖고 있으며, 한자명은 제채(薺菜)이다. 냉이는 달래, 씀바귀와 함께 이른봄 양지바른 밭가에 돋아나 봄이 왔음을 알리는 전령으로서 우리와 친숙한 봄나물이다. 우리나라를 비롯하여 세계의 온대 지방에 분포한다. 들이나 밭에서 자란다. 요즈음은 야생의 냉이씨를 뿌려서 재배한다. 전체에 털이 있고 줄기는 곧게 서며 가지를 친다. 높이는 10~50cm이다. 잎은 뭉쳐나고 긴 잎자루가 있으며, 깃털 모양으로 갈라지지만 끝부분이 넓다. 5~6월에 흰색의 십자모양의 꽃이 핀다. 성분은 수분이 81.5%이며 단백질 7.3%, 지질 0.9%, 당질 4.6%, 섬유소 2%, 회분 2.6%이다. 특히 채소류 중에서는 단백질의 함량이 가장 많은 것 중 하나이다. 또한, 무기질 중에서는 철이 많으며, 비타민 중에서는 비타민 B_1과 C가 매우 많다. 아세틸콜린, 콜린 등이 있어 약리 효과도 높다. 냉이는 잎과 뿌리를 모두 식용으로 하는데 주로 나물, 무침, 국, 죽, 된장찌개 등으로 요리하여 먹는다. 한의학에서는 냉이의 뿌리를 포함한 모든 부분을 제채라 하여 약재로 쓰는데, 꽃이 필 때 채취하여 햇볕에 말리거나 생풀로 쓴다. 전초를 달여 위궤양, 치질, 폐결핵에 사용하며 이뇨, 혈압강하, 지사제, 건위 소화제, 지혈제, 자궁출혈 및 월경과다 치료제로도 이용한다. 이 외에도 눈을 밝게 하고 시력을 보호하는 효능도 있어 말린 냉이를 가루 내어 먹거나 눈이 붓고 침침할 때 냉이 뿌리를 찧어 만든 즙을 안약 대용으로 이용하여 왔다.

냉해(chilling injury) 15℃ 이하의 저온영역에서 생리적인 장애로 일어나는 변질. 그 원인은 미토콘드리아막의 유연성이 저하되고 인지질의 이탈이 용이해지기 때문이다. 냉해를 받으면 과피 표면이 분화구처럼 움푹 패이는 증상이 나타난다. 갈변된 상태의 장해 초기에는 호반증상과 구분이 어려우며, 갈색의 반점이 과피 표면 전체에 골고루 펴져 있는 것이 특징이다. 열대작물 중에는 20℃ 이하가 되면 생육상의 장애가 생기고, 10℃ 이하가 되면 죽는 것이 있다. 벼의 영양생장기에는 12~13℃ 이하에서 생육감퇴가 초래되며 10℃ 이하에서는 저온장애가 심해진다. 과수를 비롯한 온대작물의 영양기관은 대체로 10℃ 이하가 냉해 온도이다. 냉해의 범위는 작물의 품종별, 지역별, 건강도에 따라 다르다. 저온장해는 습도가 낮을 때 발생하기 쉬우며, 95~100%의 습도에서는 잘 일어나지 않는다. 과채류를 저온저장 할 때 플라스틱필름 포장을 하면 증산이 억제되어 저온장해를 억제할 수 있다. 미숙과일수록 저온장해를 받기 쉽고 성숙해질수록 잘 일어나지 않는다.

너트메그(nutmeg) 육두구과의 상록활엽 교목의 열매로 향신료의 일종. 학명은 *Myristica fragrans* Hotte. 육두구라고 한다. 동인도제도 및 모로코제도가 원산지이며 인도네시아에서 많이 난다. 복숭아와 비슷한 황색의 달걀모양으로 단단한 핵이 있으며 익으면 터지는데 과육은 즙이 많다. 열매(씨)의 인을 말린 것이 너트메그이며, 씨를 싸고 있는 그물 같은 빨간 종피를 말린 것은 메이스라고 한다. 메이스는 건조시키면 선홍색에서 오렌지색으로 바뀌고 이것을 가루로 빻으면 황오렌지색이 된다. 쓴맛이 적고 값이 더 비싸다. 단맛 나는 요리에 주로 사용하며, 우유나 브랜디에 넣어 마시면 소화기능이 향상된다. 너트메그는 달고 강한 향기와 쓴맛이 있는데, 주 방향성분은 피넨($\alpha, \beta-$ pinene), 미리스틴(myristin)이다. 영어 이름인 nutmeg는 사향 향기가 나는 호두라는 뜻이다. 감자와 잘 어울리며 육류나 생선의 냄새를 없애는 데 쓰이고, 햄, 치즈, 수프, 소스 등에 쓰인다. 너트메그는 에그노그(eggnog), 커스터드, 푸딩, 파이, 디저트 등에 사용된다.

넙치(halibut/flounder) 가자미목 넙치과의 바닷물고기. 학명은 *Paralichthys olivaceus* Temminck et Schlegel. 광어라고도 한다. 최대 전체 몸길이가 85cm까지 성장하며, 눈은 왼쪽에 2개가 있으며, 눈이 있는 쪽은 황갈색 바탕에 작고 큰 짙은 갈색 점이 고루 분포하며 모든 지느러미는 짙은 갈색 혹은 황갈색을 띤다. 눈이 없는 쪽은 희다. 남중국해, 동중국해, 일본 남부, 한국 연근해 등에 분포한다. 저서성 어류로 대륙붕 주변의 모래 바닥에 주로 서식한다. 산란기는 2~6월이며, 산란은 수심 20~40m의 조류 소통이 좋은 암초 바닥 또는 자갈 바닥인 곳에서 이루어진다. 대부분 몸길이 45cm(3년생) 정도로 성숙되어 산란을 시작하며, 1회에 14~40만 개 정도의 알을 낳는다. 남획에 의해 어획량이 감소해서, 현재 어장은 국제태평양넙치위원회의 엄밀한 관리하에 놓여져, 북아메리카의 자원은 서서히 회복되고 있다. 트롤, 그물, 낚시 등으로 어획되며 성어기는 12~3월이다. 겨울에 특히 맛이 좋으며 회, 튀김, 찜, 뮈니에르 등으로 이용된다.

네오헤스페리딘 디하이드로칼콘(neohesperidin dihydrocalchone) 대체 감미료의 일종. 감귤류의 쓴맛 성분인 플라본에 수소를 첨가하여 만든다.

네이블 오렌지(navel orange) 스위트 오렌지의 일종으로서 학명은 *Citrus sinensis* Osebek var. *brasiliensis* Tanaka. 구형 또는 타원형으로, 꼭대기에 둥글게 생긴 배꼽이 특징이다. 껍질은 반질반질하고 단단하며 얇지만 잘 벗겨지지 않는다. 조생의 스위트오렌지이다. 과육은 부드러우며 즙이 많고 씨는 없으며 향기가 좋다. 주산지는 미국 캘리포니아주이다. 주로 생과로 이용한다. 과즙을 만들어 저장하는 동안 쓴맛이 생기는데 이는 리모노이드에 기인한다.

넥타(nectar) 통조림 과일에 시럽과 설탕을 넣고 물을 넣어 얼음과 함께 믹서로 간 농후한 음료.

넥타린(nectarine) 껍질에 털이 없는 복숭아의 일종. 학명은 *Prunus persica* var. *nectarina*. 유도 또는 승도라고도 한다. 과일은 구형이고 백도보다 크기가 작다. 껍질은 광택이 있고 매끄러우며 빨간색이 진하다. 과육의 색은 백색, 황색이 있으나 대부분 황색이 많다. 과육이 단단하고 즙이 많고 단맛, 신맛, 향기가 강하다.

노니(noni) 열대아시아에서 폴리네시아에 걸쳐 널리 자생하고 있는 꼭두서닛과(Rubiaceae)에 속하는 열대성 다년생 상록수. 학명은 *Morinda Citrifolia*. 고대로부터 세계 각지에서 약용으로 사용되어 왔다. 특히 남태평양의 여러 섬에서는 일상적으로 건강음료로서 이용되고 당뇨병, 고혈압, 심장병, 관절염, 결핵, 노화방지 외에도 외상이나 종기, 여드름 등에 바르거나 양치질에 사용되어 왔고 인도의 전통의학에서도 이용되고 있다. 1985년 미국의 생화학자 랄프 헤이닉(Ralph Heinicke) 박사가 파인애플을 연구하는 과정에서 세포의 노화를 방지하는 일종의 알칼로이드를 발견하고 이를 제로나인(xeronine)이라고 이름 붙였는데 노니열매에는 파인애플의 40배에 달하는 제로나인이 함유되어 있다는 것이 밝혀지면서, 노니는 기적의 열매로 각광을 받게 되었다. 노니의 약리성분으로는 제로나인 이외에도 스코포레틴, 아스코르빈산, 모린진, 터펜이라는 피토케미칼 등이 있으며 노니의 뿌리에서는 다무나캔솔이라는 항암물질도 발견되었다. 제로나인은 인체의 자연치유력을 높이는 작용 외에 일련의 생화학적 반응을 하여 세포의 정상기능을 유지하는 작용이 있기 때문에 암세포의 증식을 억제하는 효과도 기대되고 있다. 스코폴레틴은 혈압강하작용, 박테리아 등에 대한 항균작용, 진통작용, 조울증이나 수면장해의 개선작용이 있는 것으로 알려지고 있다. 이 물질은 세로토닌의 합성에 관여하고 있다. 세로토닌은 결핍되면 알츠하이머병의 원인이 된다고 알려져 있다. 모린진은 진통 · 진정작용이 있다. 노니는 주스로서 음용되는 일이 일반적이지만 최근에는 과즙뿐만 아니라 노니의 다른 부위의 추출액을 첨가한 제품도 많이 판매되고 있다. 노니의 뿌리 부분에 다무나캔솔이라는 항암물질이 함유되어 있는 것으로 밝혀졌기 때문이다.

노동생산성(labor productivity) 생산량과 그 생산량을 산출하기 위해 투입된 노동량의 비율. 실제로 측정된 결과는 단위노동량당 생산량 또는 단위생산량당 소요노동량으로서 표시된다.

노동생산성 지수(labor productivity numerical index) 제공되는 식사수와 제공되는 서비스를 산출물로 볼 때 생산에 소요되는 노동시간의 비율. 일반적으로 작업시간당 급식수(식), 1식당 소요된 작업시간(분), 제공된 식사당 인건비(원) 등이 평가지수로 사용됨.

노동생산성 지표(labor productivity index) 조직내 인적 자원을 얼마나 효과적으로 활용하고 있는지를 평가하는 지표. 급식소에서는 인력대비 생산 식수, 서빙수 등으로 계산하여 산출할 수 있다. 노동생산성 지표를 이용하면, 현재의 경영상태를 파악하여 경쟁력 제고나 적정임금을 산출하여 조직의 재무건전성을 확보하는 데 도움을 줄 수 있다.

노로바이러스(norovirus) 일군의 외피비보유 단일 나선구조 RNA 바이러스로, 인간에게 급성 장염 또는 stomach flu를 일으킨다. Norwalk-like virus(NLV), calicivuruses, small round structured viruses(SRSV)라는 명칭에서 최근 공식적으로 노로바이러스라는 속명이 승인되었다. 노로바이러스 감염증은 메스꺼움, 구토, 설사, 복통 등이며 때로 미열, 오한, 두통, 근육통, 피로감이 발생하는데 증상은 보통 1~2일 지속된다. 노로바이러스는 오염 음식물 섭취, 감염자와의 접촉 등으로 쉽게 전염된다. 감염증상은 보통 1~2일 후에 나타나며 빠르면 12시간 후에도 나타난다. 노로바이러스 감염을 예방하려면 자주 손을 씻고, 과일과 채소를 깨끗이 씻어 먹으며, 환자가 접촉한 타월이나 구토물 등을 바로 세탁하거나 제거하여야 한다. 노로바이러스 감염자나 회복 단계에 있는 사람도 3일 정도는 음식물 준비를 삼가야 한다.

노무비(labor cost) 제품생산을 위하여 사용되는 노동력의 가치를 화폐액으로 측정하여 계산한 것.

노화(retrogradation) 겔이 된 후 시간이 경과하였을 때 즉 호화된 전분을 그대로 방치하였을 때, 전분분자가 서서히 평행으로 모이면서 인접한 전분분자끼리 수소 결합을 하여 부분적으로 재결정 구조를 형성하는 현상. 전분의 노화가 일어나면 전분분자 사이에 서로 끄는 힘이 작용하여 겔 매트릭스(gel matrix) 내부에 존재하던 물이 외부로 빠져 나오는데, 이를 이장현상(syneresis)이라고 한다. 전분의 노화속도는 전분의 아밀로오스와 아밀로펙틴의 비율, 수분 함량, 온도, 전분의 종류, 가열시간, 설탕의 첨가 등에 따라 달라진다. 즉, 전분의 노화는 수분 함량이 30~60%일 때 쉽게 일어나고 15% 이하에서는 잘 일어나지 않는다. 온도는 0~4℃일 때 노화가 쉽게 일어나며, 60℃ 이상의 온도에서는 전분분자 상호간의 수소결합이 형성되기 어렵기 때문에 노화가 거의 일어나지 않는다. 따라서 전분의 노화를 방지하기 위해서는 호화된 전분을 80℃ 이상의 온도에서 급속히 건조시키거나, 0℃ 이하의 온도에서 급속히 냉동시키면서 탈수시키면(동결건조) 호화된 상태를 그대로 유지하면서 건조시킬 수 있다. 그 예로 비스킷, 라면, 냉동떡 등을 들 수 있다. 노화는 수소결합에 의한 것이므로 수소이온이 많은 산성 pH에서는 노화가 촉진된다. 또한 아밀로오스는 선상분자로 입체 장애가 없는 반면 아밀로펙틴은 분지상 구조로 노화를 입체적으로 방해하기 때문에 아밀로오스의 함량이 많은 전분은 노화가 빨리 일어나고 아밀로펙틴의 함량이 많은 것은 서서히 일어난다. 따라서 멥쌀로 만든 떡이 찹쌀떡보다 더 빨리 굳는다. 또한 호화 시 가열시간이 길면 입자가 많이 붕괴되므로 전분분자들이 쉽게 재배열하기 어려워 노화속도는 늦어지며, 설탕을 첨가하면 설탕의 친수성 때문에 어느 정도 노화를 방지할 수 있다. ☞ 빵의 노화

녹두(mung bean) 콩과(Fabaceae)의 1년초 또는 그 종자. 안두(安豆)·길두(吉豆)라고도 한다. 원산지는 인도로 추정되며, 중국·인도·우리나라 등의 아시아 지역이 주산지를 이룬다. 꼬투리는 길이 5~6cm이고 처음에는 녹색이지만 성숙해짐에 따라 검어지고 팥보다 가늘지만 길고 거친 털로 덮여 있다. 한 꼬투리에 10~15개의 종자가 들어 있으며, 색은 녹색인 것이 전체의 90%를 차지하나 황색, 녹갈색, 흑갈색인 것도 있다. 녹두의 크기는 팥보다 작지만 형태는 유사하다. 녹두는 따뜻한 기후를 좋아하고 습하지만 않으면 척박한 토양에도 적응한다. 녹두의 성분은 탄수화물 53~54%, 단백질 25~26%로 영양가가 높고 향미가 좋아서 고급식품에 이용된다. 단백질의 아미노산 구성은 메티오닌, 트립토판, 시스틴 같은 아미노산이 부족하고, 류신, 리신, 발린 등이 풍부한 편이다. 헤미셀룰로오스가 3.5%, 펜토산, 덱스트린 그리고 팥과는 달리 점성물질인 갈락탄을 함유하고 있다. 한방에서는 오장육부의 기운을 조화롭게 하여 환자의 원기를 돋우고 입맛을 되찾게 하는 데 이용한다. 종기가 난 자리에 녹두 삶은 물을 바르면 효과가 있고, 열이 많아 설사를 하는 사람이 녹두를 갈아 마시면 설사가 멈춘다고 한다. 그러나 몸이 찬 사람은 삼가야 한다. 녹두전분은 특히 점성이 강하여 묵을 쑤는 원료로 사용된다. 녹두로 만든 전분이나 당면은 품질이 우수한 반면에 값이 비싸다. 청포(녹두묵), 빈대떡, 소, 떡고물, 녹두차, 녹두죽, 숙주나물 등 다양한 음식을 만드는 데 쓰인다.

녹말 ☞ 전분

녹엽단백질농축물(leaf protein concentrate, LPC) 식물의 녹엽에는 상당량의 단백질이 함유되어 있다. 녹엽을 파쇄하여 펄프모양으로 한 다음 그 속의 단백질을 추출하고 산침전 또는 열침전으로 회수하여 치즈모양의 응고물을 만든 다음 건조·분쇄하여 제조한다. 다량의 클로로필을 함유하고 있기 때문에 진한 녹색을 띠는데, 유기용매로 세정하면 회백색, 무취의 분말이 된다. 정제 LPC 속에는 60~70%의 단백질과 1.3~3%의 지방, 회분 1~2%, 수분 1.2~7%가 함유되어 있으며 20~30%의 고도불포화지방산을 함유하고 있다. 단백질의 품질도 상당히 우수하여 생물가 약 80을 나타낸다. 알팔파를 이용한 LPC 생산은 새로운 단백질자원으로서 세계의 주목을 받고 있다.

녹조류(green algae) 엽록소를 함유하여 녹색을 띠는 해조류. 파래, 청각, 클로렐라 등이 이에 속한다. 단세포 또는 다세포로 이루어져 있고 세포는 섬유소로 싸여 있으며 바다의 가장 얕은 곳에 분포하고 있다. 광합성 작용을 하여 전분을 합성한다. 녹조류에 함유된 색소로는 엽록체, β-카로틴(β-carotene) 그리고 잔토필(xanthophyll)계의 루테인(lutein)이다. 주로 열대, 아열대, 온대의 조용한 호수나 얕은 바닷물 속에서 다량 서식한다. 한여름의 사멸기에는 해안 연안으로 밀려들어 녹조현상(green tide)을 일으켜 연안오염을 일으키기도 한다.

녹차(green tea) 찻잎을 덖거나 쪄서 산화효소를 파괴시켜 녹색을 그대로 유지시키는 동시에, 수분을 증발시켜 잎을 비벼서 말은 후 건조시킨 비발효차. 녹차의 향기는 5℃ 정도에 냉장하면 오래 간다. 모든 차는 제 1전(煎)이 가장 맛있고 2전(煎), 3전(煎)이 됨에 따라 맛은 떫

어진다. 녹차는 제조방법에 따라 찐 것(증제차)과 덖은 것(덖음차)이 있는데, 일반적으로 우리나라는 덖음차가 일본에서는 증제차의 기호도가 높다.

농축대두단백질(soy protein concentrate, SPC) 콩에서 지방질과 수용성 비단백질 물질을 제거하여 단백질 함량이 건량 기준으로 70% 이상인 제품. 수분흡수력과 유화력이 좋아 소시지 등의 가공제품에 쓰인다.

농축우유류(concentrated milks) 원유 또는 저지방우유를 그대로 또는 당류(설탕, 포도당, 과당)를 넣어 농축한 우유제품. 농축우유, 탈지농축우유, 가당연유, 가당탈지연유가 있다.

녹황색 채소(green and yellow vegetables) 녹색이나 황색을 띄고 있는 채소. 채소는 편의상 녹황색 채소(유색 채소)와 그 밖의 채소(담색 채소)로 분류하기도 하는데, 카로틴(프로 비타민 A)을 포함하고 있는 것을 녹황색 채소라고 하며 당근이나 호박, 시금치 등이 여기에 속한다. 오이는 표면이 녹색이라도 카로틴을 포함하고 있지 않기 때문에 담색 채소에 속한다. 카로틴은 등황색이지만 클로로필로 인하여 그 색이 표면으로 나타나지 않기 때문에 녹황색 채소의 대부분이 녹색을 띠고 있다. 녹색을 띠지 않는 채소로는 당근, 호박 등이 있는데 카로틴의 색이 선명하다. 식물성 식품의 성분 중에 비타민 A는 카로틴에 의한 것이기 때문에 인체에서의 소화 흡수율을 생각하면 카로틴의 1/3이 비타민 A 로서의 효력을 나타낸다. 녹황색 채소에는 카로틴 외에도 비타민 B_1, B_2, C가 담색 채소에 비해 상당히 많이 포함되어 있다. ☞ 채소

논리오차(logical error) 식품의 관능검사 시 식품 내의 특성 중 두 개 이상이 서로 관련이 있다고 생각될 때 한 특성이 다른 특성의 판단에 영향을 주는 오차.

농약중독 농약에 의한 중독. 농약의 중독은 그 발현 정도에 따라서 급성 중독과 만성 중독으로 구분되는데 급성 중독은 농약 살포 시 부주의하였을 때 또는 자살, 타살용으로 음독하였을 때에 주로 발현되는 것이며, 만성 중독은 사용한 농약이 농산물에 잔류하였다가 이것이 음식물과 함께 인체에 흡수, 축적되어 일어난다. 그러나 후자인 만성중독은 유기염소계나 유기수은계 농약과 같이 생물농축성 화합물에서 잘 일어나는 것으로 우리나라에서는 1970년대에 이미 이들 생물농축성 농약의 생산 및 사용이 금지되었기 때문에 만성중독의 우려는 없을 것으로 본다. 발생상황을 보면 유기인제가 30%로 가장 많고, 다음으로 제초제, 유황제가 10% 전후, 유기염소제, 카바메이트(carbamate)제가 5% 전후로 되어 있다.

농어(common sea bass) 농어목 농어과에 속하는 근해어. 학명은 *Lateolabrax japonicus* Cuvier et Valenciennes. 『난호어목지』에서는 깍정, 『아언각비』에서는 농어(農魚), 『자산어보』에서는 걸덕어(乞德魚)라고 하였다. 속어로는 옆구리에 검은 점이 많이 있는 작은 고기를 포농어, 걸덕어, 깔더기라 하고 깔떠기보다 작은 것이 보껄떠기, 30cm 정도의 것을 가세기라고 한다. 우리나라, 중국, 일본(홋카이도 이남)의 연안에 널리 분포한다. 산란기는 11~4월이며, 산란장은 암초지대로서 조수간만의 영향을 받는 연안이나 만 입구의 수심이 50~80m 정도 되는 깊은 곳이다. 암수 모두 만 1년이면 성숙하며 산란 후 암컷은 체중의 10~20%, 수컷은 6~12% 정도가 감소한다. 생선류 중 단백질이 많고 열량은 100g에 91kcal로 높다. 맛이 담백한 흰살 생선으로 횟감, 소금구이, 튀김 등에 사용한다. 탕이나 국물요리에 사용할 때에는 비늘과 내장을 손질하여 얼음에 채워 냉장 보관한다.

농축(concentration) 액체 식품에서 용매 또는 분산액을 증발시키거나 입자의 침강작용에 의하여 용액의 농도를 증가시키는 조작. 농축시키는 데 쓰이는 장치를 농축기라고 하며, 또한 입자를 응집시켜 침강속도를 크게 해주는 물질을 침강촉진제 또는 응집제라고 하는데 농축할 때 흔히 이용된다.

누룩 술을 만드는 효소를 갖는 곰팡이를 곡류에 번식시킨 것. 누룩곰팡이는 빛깔에 따라 황국균(黃麴菌), 흑국균(黑麴菌), 홍국균(紅麴菌) 등이 있는데 막걸리나 약주에 쓰이는 것은 주로 황국균이다. 누룩이 처음으로 만들어진 것은 중국 춘추전국시대로 알려져 있다. 한국에

서는 삼국시대 이전으로 본다.

뉴클레아제(nuclease) 핵산 분해효소. 효모로부터 얻은 핵산에 이 효소를 작용시켜, 5-뉴클레오티드를 생성하여, 복합화학조미료에 이용하고 있다.

뉴턴 유체(Newtonian fluid) 뉴턴의 점성법칙에 따르는 유체. 전단응력에 대하여 전단속도가 같은 비율로 증감할 때 뉴턴 유체라고 한다. 즉 외부에서 가해지는 힘이 크면 이에 비례하여 유체의 이동속도도 커지는 성질을 가진 유체를 말한다. 식품에는 적으나, 물, 시럽, 맑은 장국 등이 있으며, 우유, 가당연유, 노른자 등도 비교적 뉴턴 유체에 가깝다. 그러나 점성식품의 대부분은 전단 응력과 전단 속도가 비례하지 않는데, 이와 같은 유체를 비뉴턴 유체라고 한다. 뉴턴 유체의 성질을 나타내는 유동곡선(flow curve)을 보면 아래 그림 A와 같으며, 이것은 또한 아래 그림 B와 같이 전단속도 변화에 대하여 점도가 일정함을 나타낸다. 뉴턴 유체의 구조적 특징을 보면 화학적으로 순수하고 물리적으로 균일한 물질들이며, 식품 중에는 물, 청량음료 등 묽은 용액들이 뉴턴 유체의 성질을 갖는다. ☞ 비뉴턴 유체, 점성

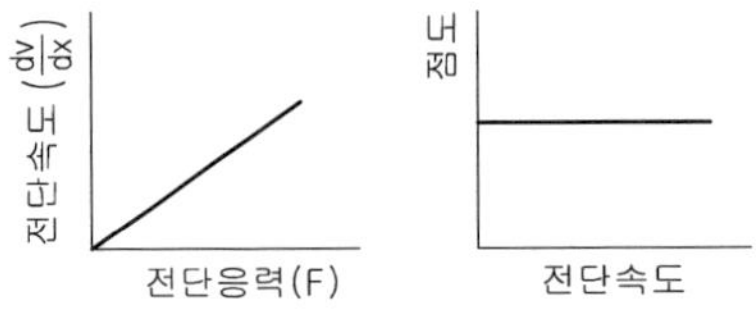

A B

뉴턴의 냉각법칙(Newton's law of cooling) 물체가 열을 방출하고 냉각되어 갈 때 그 주위와의 온도 차와 표면적에 정비례하여 열을 방출한다는 법칙.

뉴턴의 법칙(Newton's law) 점성력은 속도 물매(勾配)에 비례한다고 하는 점성유동에 관한 법칙. 단위시간에 물체의 온도 저하는 주위와의 온도 차에 비례한다.

뉴턴 점성(Newtonian viscosity) 뉴턴 유체가 나타내는 점성. 점도가 일정한 유체이다. 대표적인 것으로는 물, 간장, 낮은 농도의 시럽 등이 있다. ☞ 뉴턴유체

뉴트라수티칼(neutraceutical) 식품의 영양기능 외에 생체조절 기능과 각종 질병에 대한 예방이나 치료기능을 동시에 갖고 있는 물질. 넓게는 이들을 함유하는 식품이나 식품재료 등을 말한다.

느타리버섯(oyster mushroom) 담자균류 주름버섯목 느타리과 버섯. 학명은 *Pleurotus ostreatus.* (Jacq. ex Fr.) Kummer. 늦은 가을에 각종 활엽수의 고목에 자생하며 전 세계에 분포되어 있다. 인공재배가 대부분이다. 갓의 지름은 5~15cm이고 갓의 모양은 반원형 또는 약간 부채꼴로 굴껍질과 유사하기 때문에 서양에서는 '오이스터 머시룸(oyster mushroom)'이라 한다. 갓 표면의 색은 어릴 때는 푸른빛을 띤 검은색이지만 차차 퇴색하여 잿빛에서 흰빛으로 되며 매끄럽고 습기가 있다. 살은 두텁고 탄력이 있으며 흰색으로 연하며 맛이 좋다. 생 버섯으로 비교적 오랫동안 보존될 수 있다. 비타민 B_2, 에르고스테롤을 많이 함유하고 있어 고혈압과 동맥경화 예방 및 치료에 효과가 뛰어나다. 당질과 단백질이 많고 철의 함량이 특히 많으며 비타민 C도 풍부하다. 국, 튀김, 전골, 찌개 등에 이용하거나 삶아서 나물로 한다. ☞ 버섯

니트로사민(nitrosamines) 아질산과 이급아민(secondary amine)이 산성조건에서 반응할 때 생성되는 발암물질로 이들 물질을 포함하는 식품이 있으면 가열조리 때나 위장 내에서 생성될 수 있다. 1962년 아질산염을 첨가하여 가열한 청어사료를 먹은 양들의 떼죽음이 일어나 널리 연구하는 계기가 되었다. 아질산은 햄, 베이컨, 소시지 등의 가공육의 발색 및 보존을 목적으로 첨가하는 화합물이며, 질산염으로부터 인체 내에서 환원되기도 한다. 이급아민은 동물성 식품에 흔히 존재하기 때문에 아질산염을 처리한 육류제품의 섭취나 질산비료를 사용한 채소의 섭취에 대한 우려가 한 때 일반 소비자에게 널리 퍼지기도 했다. 니트로사민은 하나의 화합물이 아니라 아민기에 니트로소기(-N=O)가 결합된 형태로 아민기에 연결된 탄소수와 구조에 따라 매우 다양한 종류의 니트로사민이 형성된다. 현재까지 실험된 니트로사

민의 경우 80% 이상이 동물실험에서 암을 유발하는 것으로 나타나 구조적으로 매우 독성이 강한 물질로 여겨지고 있다. 그러나 질산염이 체내에서 환원되어 형성된 아질산이나 또는 직접 첨가물로 사용된 아질산이 nitric oxide형태로 전환되어 식품 내에 존재하던 이급아민에 결합하여 니트로사민이 형성될 수 있는데, 이 나트로화 반응의 실제 전구체인 nitric oxide는 혈관확장을 유도하는 secondary messenger로 생체 내에서 합성되기도 하므로 이로부터도 같은 니트로사민이 형성된다. 따라서 식품에 존재하는 니트로사민이나 식품에서부터 유입된 아질산, 또는 질산으로부터 생체 내에서 생성된 니트로사민, secondary messenger인 nitric oxide로부터 유래된 니트로사민 등이 인체에 혼재하며 모두 비슷한 영향을 미치기 때문에 식품유래 물질의 정확한 위해도 평가가 정확히 이루어지기 어렵다. 그러나 일단 식품 내에서 발생 가능한 니트로화 반응은 최소화하는 것이 바람직한 식생활 방향일 것이며, 아질산염이 nitric oxide로 산화하는 과정을 억제할 수 있는 항산화제들은 니트로화 반응을 억제하여 니트로사민의 생성을 저해한다.

니트로소미오글로빈(nitrosomyoglobin) 햄이나 베이컨 같은 육가공품의 선홍색을 나타내는 색소단백질. 산화질소 미오글로빈이라고도 한다. 미오글로빈의 2가의 철 원자에 산화질소가 결합된 것으로 불안정하나 가열에 의하여 안정한 분홍색의 산화질소 미오크로모겐(nitric oxide myochromogen)이 된다.

ㄷ

다가불포화지방산(polyunsaturated fatty acid, PUFA) 분자 내에 이중결합의 수가 2개 이상인 불포화지방산의 총칭. 고도불포화지방산, 과불포화지방산, 폴리엔산(polyenoic acid)이라고도 한다. 이중결합의 위치에 따라 오메가(ω) 3와 오메가 6 지방산으로 다시 세분한다. 리놀렌산(linolenic acid, 18:3, ω−3)은 들기름, 아마인유, 채종유, 대두유 등에 다량 함유되어 있다. 어유 및 청어, 연어, 고등어, 다랑어 등에는 에이코사펜타에노산(eicosapentaenoic acid: EPA, 20:5 ω−3)과 도코사헥사엔산(docosahexaenoic acid:DHA, 22:6 ω−3) 등이 있다. 리놀레산(linoleic acid, 18:2, ω−6)은 홍화유, 해바라기유, 면실유, 옥수수유 등의 식물성 기름에 풍부한 지방산이다. 또한 리놀레산이 풍부한 식품으로부터 합성이 되는 아라키돈산(arachidonic acid, 20:4, ω−6)이 있다. 대부분 필수지방산의 기능을 갖는 동시에 혈청 콜레스테롤 농도를 저하시키는 작용을 한다. 생체 내에서는 프로스타글란딘(prostaglandin, PG)이나 류코트리엔(leucotrienes, LT) 등으로 변화되어 복잡한 생리기능을 발휘한다.

다당류(多糖類, polysaccharide) 많은 수의 단당류 또는 그 유도체들이 글리코시드(glycoside) 결합으로 중합된 고분자 탄수화물. 단당류의 결합수 즉 중합도는 200~300개 이상이 많으며, α 또는 β의 글리코시드 결합으로 중합된다. 직쇄상과 분지상 등의 분자모양이 있다. 한 가지 종류의 단당류로 이루어진 단순다당류(homopolysaccharides)와 두 가지 이상의 다른 단당류로 구성된 복합다당류(heteropoly saccharides)로 분류하며, 그 출처에 따라 식물성 다당류와 동물성 다당류로 나눈다. 단순다당류에는 전분, 덱스트린, 글리코겐, 셀룰로오스, 이눌린(inulin), 키틴(chitin), 만난(mannan) 등이 있으며, 복합다당류에는 헤미셀룰로오스, 펙틴, 한천, 알긴산, 카라지난(carrageenan), 글리코사미노글리칸(glycosaminoglycan), 구아검(gum guar) 등이 있다. 기능에 따라서, 식물 세포벽 구성다당류(셀룰로오스, 헤미셀룰로오스 등), 저장다당류(전분, 글리코겐 등) 및 검(gum)질[아라비아 고무(gum arabic), 트라가칸스 고무(gum tragacanth), 구아 고무(gum guar), 한천(agar)] 등으로 나눌 수도 있다.

다량조리(quantity food production) 최소 50명분 이상의 많은 음식을 동시에 공급할 수 있도록 특정한 시설이나 조리기구 등을 사용하는 전문적인 조직에서의 조리과정.

다래 다래나무과의 낙엽 덩굴나무의 열매. 학명은 *Actinidia arguta* (S. et Z.) Planchon. 한국, 일본, 중국 등지에 분포하며 깊은 산의 숲 속에서 자란다. 덩굴식물로 길이가 7m에 달한다. 줄기는 계단 모양이고 어린 가지에 잔털이 있다. 잎은 길이가 6~12cm, 폭이 3.5~7cm이며 넓은 달걀 모양이거나 또는 타원 모양이고 끝이 뾰족하고 잎 가장자리에는 가는 톱니가 있고, 밑 부분이 둥글다. 잎 앞면에는 털이 없고 뒷면에 갈색 털이 났다가 없어진다. 잎자루는 길이가 3~8cm이고 누운 털이 있다. 꽃은 암수딴그루이고 5월에 흰색으로 핀다. 열매는 길이 2~3cm의 달걀 모양의 원형이며 10월에 황록색으로 익는다. 어린잎은 나물로 하고, 열매는 날 것으로 먹거나 과즙, 과실주, 잼 등을 만들어 먹는다. 유사종인 털다래(var. *platyphylla*)는 잎 뒷면 맥 위에 돌기가 있고 맥 겨드랑이에 흰색 털이 있다. 녹다래(var. *rufinervis*)는 잎 뒷면 맥 겨드랑이에 갈색 털이 있다.

다마리(溜り) 간장 일본의 일부 지방에서 전통적으로 만들어지는 간장. 우리 조선간장과 유사하다. 대두나 탈지대두만을 주원료로 하고 간

장을 뽑고 남은 것은 된장으로 이용한다는 점에서 조선간장과 닮은 점이 있으나 메주 제조 과정이 크게 다르다.

다변량분석(多變量分析, **multivariate analysis**) 통계적 분석방법의 하나로 관능평가에서 평가된 시료들의 여러 특성을 동시에 비교할 경우 사용되는 분석방법. 기법 자체가 상당히 강한 가정 위에 세워진 방법들이고 수행 후에도 자료 해석이 어려운 경우가 많으므로, 다변량분석은 항상 단일변량분석과 병행해야 한다. 다변량분석에는 다변량분산분석(multivariate ANOVA, MANOVA), 주성분분석(principal component analysis), 군집분석(cluster analysis), 판별분석(discriminant analysis), 요인분석(factor analysis) 등이 있다.

다시료 비교검사(**multi-sample comparison test**) 기준 시료와 비교한다는 점에서 일·이점 검사의 연장된 형태. 다시료 비교검사에서는 어떤 정해진 성질에 대하여 여러 시료를 기준과 비교하여 점수를 정하도록 요구한다. 일반적으로 비교되는 시료 중에 기준과 동일한 시료를 포함시킨다. 다시료 비교검사는 원료의 대체나 변화, 포장 재료 및 공정의 변화, 저장 효과 등을 조사하는 데 사용되며 한 번에 4~5개의 시료를 평가하는 데 효과적인 방법이다. 이 검사를 통해 시료와 기준과의 작은 차이를 판별할 수 있으며 차이의 크기와 방향을 알 수 있다. 패널 요원의 수는 가능하면 8명 이상으로 하고 수가 증가함에 따라 식별이 향상된다. 결과는 분산분석과 평균치들 간의 차이 검정으로 분석한다.

다시마(**sea tangle**) 다시마과에 속하는 갈조류. 학명은 *Laminaria* spp.. 한자명은 해대(海帶), 곤포(昆布)라고 한다. 분포지역은 한국, 일본, 캄차카 반도 등의 태평양 연안이다. 모양은 길이 1.5~3.5m, 나비 25~40cm의 길고 넓은 띠 모양으로 두껍고 표면이 미끄럽다. 우리나라에서는 거제도, 제주도, 흑산도에서 많이 나며, 채취 시기는 여름이다. 성분으로는 단백질 7.4%, 지방 1.1%, 탄수화물 41.1%, 무기질 34.0%, 조섬유 4.1%이다. 탄수화물 중 40%는 알긴산 20%와 라미나린 등 난소화성 다당류이다. 요오드, 칼륨, 칼슘 등의 무기질 함량이 높다. 다시마의 녹갈색은 카로틴, 잔토필, 엽록소 등의 색소에 기인된 것이다. 감칠맛의 주성분은 글루탐산 나트륨(monosodium glutamate)으로 420mg% 함유하며 그 외에도 호박산, 만니톨 등이 있다. 과거에는 글루타민산 나트륨을 다시마로부터 추출 분리하여 조미료로 사용하였다. 다시마에 들어 있는 라미닌이라는 아미노산은 혈압을 낮추는 효과가 있다. 건조 다시마 표면의 하얀 가루는 만니톨(mannitol)이며, 염분도 있어 짠맛이 있다. 좋은 다시마는 두껍고, 흑색에 약간 녹갈색을 띤다. 다시마조림, 다시마튀각, 우동이나 어묵 국물을 내는 데 널리 이용된다.

다이옥신(**dioxin**) 두 개의 벤젠 핵이 산소로 이어진 구조를 가진 유기화합물. 치환된 염소의 수와 위치에 따라 75종의 이성체가 있으나 보통 다이옥신이라는 말은 이중 2,3,7,8,-사염화 디벤조-8-다이옥신(TCDD)을 가리킨다. 독성이 강하며, 인체에 암을 유발하거나 기형아 출산의 원인이 된다. 인간의 산업활동을 통해서 생성 방출되어 생체 내에 흡수되면 내분비계의 정상적인 기능을 방해하거나 혼란케 하는 화학물질을 환경호르몬이라 하는데 다이옥신은 이러한 환경호르몬 중의 한 종류이다.

다인서브(**DINESERV**) 레스토랑 산업의 서비스 품질을 다섯 가지 차원으로 측정하기 위한 평가도구. 레스토랑의 유형성, 신뢰성, 대응성, 확신성, 공감성을 측정할 수 있도록 문항이 구성되어 있다.

다일레이턴시(**dilatancy**) 비뉴턴 유체 중에서 전단율이 증가하면 점도가 감소하는 현상. 서로 달라붙지 않는 구형의 입자가 밀충전상태에서 액체를 채우고 있을 때 급격한 외력을 가하면 액체를 흡입 팽창하게 되고, 가장 밀충전상태가 되어 경화하는 현상. 예를 들면, 날 전분에 물을 넣어 천천히 섞으면 전분액은 술술 저항 없이 혼합할 수 있으나 이것을 급히 섞으려고 하면 상당히 단단하게 되어 젓가락이 부러질 것 같이 된다.

다중이점비교검사(**multiple paired comparison test**) 한 번에 한 쌍씩의 시료를 제시하여 더 강한 특성을 가진 검사물을 지적하게 하는 검사. 세 개 이상의 검사물을 비교적 덜 훈련된 패널 요원이 시료의 단일 특성을 비교하고자 할 경우에 쓰인다. 결과의 순위합계를 계산하여 검사물의 특성차이를 χ^2 검정으로 분석하는 방법이다.

다중회귀분석(multiple regression analysis) 다변량 분석의 일종. 세 개 이상의 변량 X(X_1, X_2,⋯ Xn)부터 다른 변량 Y(목적변수)의 값을 추정할 때 이용한다. 예를 들면, 어떤 스펀지 케이크의 종합적인 맛을 구운 색, 향기로움, 입에서의 녹음, 달기, 풍미, 경도 등의 특성치로부터 추정하고 싶은 경우 등에 사용할 수 있다. 구운 색 등의 특성치(변량 X)를 설명변수라고 부르고, 이것들의 실측치로부터 맛(변량 Y)의 예측식을 만든다.

다차원 척도(multidimensional scaling) 행동과학, 마케팅, 기호조사 등의 분야에서 이용되는 것으로 특유의 다속성 요인을 보다 소수의 그룹으로 분류하여, 해석을 명확히 하기 위한 수법이나 모델의 총칭. 생략해서 MDS라고 불리고, 다변량 해석의 일종으로 취급되는 것도 있다. 다속성 데이터의 구성분석을 알기 쉽게 시각적으로 표현하기 위해서, 기하학적인 표현법을 취하는 것을 특징으로 한다.

다환 방향족 탄화수소(Polycyclic : PAH) 식품의 조리·가공 또는 보존 중에 생성되는, 비슷한 구조와 성질을 갖는 일군의 화합물을 총칭하는 이름으로, 체내에서 대사되어 암을 유발한다. 암을 유발하는 화학물질로 1930년대 최초로 구조가 알려진 화합물이 벤조피렌으로, 지금까지 수많은 구조가 알려져 있으며 이들 대부분이 암을 유발하는 물질로 알려져 있다. 벤젠고리가 여러 개 겹쳐 있는 구조(그림 참조)로 유기물질이 분해되다가 완전히 이산화탄소로 연소되지 못하고 불완전 연소를 하여 재결합하며 생성된다. 조리 중에도 생성되지만 유기물질이 불완전 연소하면서 생성되므로 자동차 배기가스나 건물의 굴뚝 등에서도 분출되어 환경 오염물질로 널리 퍼져 있기 때문에 환경으로부터 식품에 유입되기도 한다. 콩기름의 경우 고속도로 변에서 자란 콩과 차량통행이 훨씬 적은 곳에서 자란 콩을 비교한 실험이 있는 데, 실제 고속도로 변에서 자란 콩으로부터 착유한 기름에서 2~3배의 PAH가 검출되었다. 식품의 조리과정 중에 생성되는 경우에는 식품성분 중 특히 지질이 분해되어 합성되는데, 훈연이나 직화구이 같은 조리법이 PAH를 많이 생성한다.

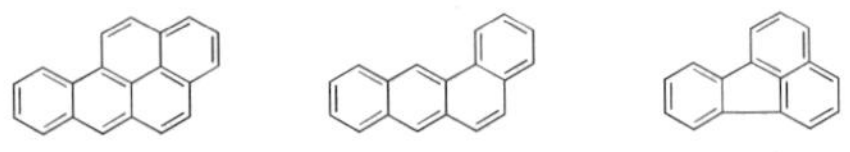

Benzo[a]pyrene Benzo[a]anthracene Fluoranthene

단감(sweet persimmon) 과실 속에 있는 탄닌 성분이 불용성이 되어 단맛을 내는 감의 총칭. 일본에서 도입된 품종이다. 탄닌은 수용성으로 단백질을 응고시키는 작용이 있기 때문에 입안에서 녹아 구강세포 단백질을 응고시켜 떫은 맛을 낸다. 그러나 탄닌이 감 속에 생성된 아세트알데히드와 결합하여 물에 녹지 않는 불용성이 되면 떫은맛이 사라진다. 단감은 나무에서 성숙되는 동안 탄닌 성분이 불용성으로 변하게 된다. 단감의 속이나 껍질에 있는 검은 반점은 탄닌 세포가 불용성으로 변한 것이다.

단당류(單糖類, monosaccharides) 더는 가수분해되지 않는 탄수화물. 탄소수에 따라서 3탄당(triose), 4탄당(tetrose), 5탄당(pentose), 6탄당(hexose) 등으로 구분된다. 화학구조 상 알데히드기(−CHO)를 가지는 알도오스(aldose)와 케톤기(>C=0)를 가지는 케토오스(ketose)로 나누어진다. 알데히드기(aldehyde)를 가지는 6탄당인 포도당(glucose)은 알도헥소오스(aldo - hexose)라 하고, 케톤기를 가지는 6탄당인 과당(fructose)은 케토헥소오스(keto hexose)라고 한다.

단맛(甘味, sweet taste) 주로 탄수화물 중 저분자의 단당류, 이당류(특히 설탕)가 나타내는 맛. 인공감미료는 강한 단맛을 가지나, 당류의 단맛과는 질이 다르다. 신맛, 쓴맛은 물론이고, 짠맛과 비교해서 쾌감을 가지고 맛볼 수 있는 농도의 폭이 넓다. 100% 설탕의 결정인 얼음사탕을 입에 넣어도, 강한 신맛과 쓴맛을 입에 넣은 것 같은 고통은 없다. 강한 맛에 대한 적응도 단맛이 가장 빠르다. 단맛은 다른 맛, 특히 신맛, 쓴맛과 공존하면, 그 맛을 억제하여 자극을 둔화시킨다.

단무지 일본식 무짠지. 다쿠앙이라고도 한다. 무를 소금과 쌀겨를 혼합한 쌀겨소금에 절인 것으로, 한국의 짠지와 비슷한 저장식품이다. 제조방법에 따라 건조시켜 담는 법과 무에 소금을 넣고 눌러 절여 담는 법이 있다. 전자를 겨울 단무지라고 하며 가을무를 말려 겨울에 담가 장기간 익힌다. 후자는 여름 단무지라 하는데, 여름에 생무를 1주일가량의 단기간에 담가 익히는 것이다. 단무지용 무는 길고 양끝이 가는 것이 담기가 좋으며 빛깔이 희고 건조하기 쉬운 것이 좋다. 색소로는 식용색소 황색 4호만이 허가되고 있으며 감미료로는 설탕, 감초, 사카린 등을 사용한다.

단백질(蛋白質, **protein**) 약 20종의 L-α-아미노산으로 구성되어 있는 고분자 화합물. 분자량은 약 1만에서 5~6백만. 원소구성은 C, H, O, N과 소량의 S로 되어 있고 N 함량은 평균 16%이다. 단백질은 그리스어 'proteios'(가장 중요한 것이라는 뜻)에 어원을 가지고 있으며 탄수화물, 지방과 함께 식품의 중요한 성분으로 3대 영양소 중의 하나. 생체 내에서는 세포구성, 효소, 일부 호르몬, 항체 단백질이 되어 생명 현상과 직결되는 생체반응을 하는 중요한 성분이다. 단백질의 분류는 ① 기능에 의한 분류-효소단백질, 호르몬 단백질, 혈장단백질, 독소단백질, ② 분자 형태에 의한 분류-구상 단백질, 섬유상 단백질, ③ 구성 성분에 의한 분류-단순단백질, 복합단백질(핵단백질, 당단백질, 인단백질, 리포단백질, 색소단백질), 유도단백질, ④ 출처에 의한 분류-식물성 단백질, 동물성 단백질 등으로 구분하고 있다.

단백질 변성(蛋白質變性, **protein denaturation**) 단백질 사슬의 펩티드 결합이 절단되지 않는 한도 내에서 천연의 고유구조가 변화되며, 그에 따라 단백질의 성질도 변화되는 현상. 일반적으로 열, 강산, 강알칼리, 유기용매, 중금속 이온, 동결, 압력 등에 의하여 유발된다. 단백질이 변성되면 용해도의 감소, 점도의 증가, 물 결합능력(water binding capacity)의 감소, 생물학적 기능의 상실, 결정화 능력의 상실, 소화율의 증가 등이 초래된다.

단백질 분해효소 저해물질(**protease inhibitors**) 콩에 존재하는 Trypsin inhibitor가 가장 잘 알려진 단백질 분해효소 저해물질인데, Kunitz factor와 Bowman-Birk factor라는 펩티드 물질이 분리되었다. 이후에 발견된 단백질 분해효소 저해제들도 대부분 그 자신이 단백질이거나 조금 크기가 작은 펩티드 형태를 이루고 있다. 이들 물질이 주는 주 영향은 영양저해효과이며, 심할 경우에는 췌장에서 단백질 분해효소를 계속 생산하고 분비하도록 자극하여 췌장비대증을 보이기도 한다. 콩뿐 아니라, 감자, 옥수수, 쌀, 호박씨 등에서도 단백질 분해효소 저해제가 분리되었다.

단분자막(單分子膜, **monomolecular film**) 고체성분 또는 액체의 표면에 생기는 단분자 두께의 얇은 막. 물의 표면에 소량의 기름을 떨어뜨린 경우 등에 생긴다.

단순단백질(單純蛋白質, **simple protein**) 아미노산으로만 구성되어 있는 단백질. 단순단백질은 각기 용해특성에 따라 알부민(albumin), 글로불린(globulin), 글루텔린(glutelin), 프롤라민(prolamin), 히스톤(histone), 프로타민(protamine)으로 분류하고 있다. ☞ 단백질

단순이동평균법(**simple moving average method**) 수요예측의 한 방법으로 최근 일정기간 동안 자료의 평균을 이용하여 수요를 예측하는 방법. 가중이동평균법과는 달리 과거의 자료에 동일한 가중치를 적용한다.

단순이점차이검사(**simple paired difference test**) 식품의 관능검사에서 표준시료(A)와 대조시료(B)를 AA, AB, BB, BA의 쌍으로 하여 제공된 쌍이 같은지, 다른지를 판단하는 검사. 우연히 맞출 확률은 1/2이고 χ^2 검정으로 분석하거나 기존에 작성된 통계표에 의해 통계적 유의성을 검정한다. 양측검정을 사용하며 평가원에게 성취동기를 부여해 주는 측면이 약한 것이 단점이다.

단순지질(單純脂質, **simple lipids**) 지방산과 글리세롤(glycerol)의 에스테르(ester). 트리글리세리드(triglyceride), 트리아실글리세롤(triacylglycerol) 또는 중성지방(neutral fat)이라고도 부른다. 글리세롤은 3가 알코올이므로 한 분자의 글리세롤에 지방산 세 분자가 결합

할 수 있는데 이 때 같은 종류의 지방산 세 개가 결합된 경우를 단순 트리아실글리세롤(simple triacylglycerol), 다른 종류의 지방산이 결합된 경우를 혼합 또는 트리글리세리드라고 한다. 왁스류(고급 1가 알코올과 고급지방산의 에스테르)가 이에 속한다. ☞ 지질

ㄷ

단일 메뉴(nonselective menu) 매 끼니마다 한 가지 메뉴만이 제공되는 형태의 메뉴.

단일불포화지방산(monounsaturated fatty acid, MUFA) 지방산의 탄소사슬 중 이중결합을 1개 갖는 불포화지방산. 이중결합을 하는 2개의 탄소원자가 각각 하나씩의 수소원자를 취하게 되고, 탄소수 18개인 올레산(oleic acid)의 경우 9번째와 10번째 탄소에서 각각 하나씩의 수소원자가 부족한 사슬구조를 갖게 된다. 한편 모노엔산(monoenoic acid)으로 불리기도 하며, 천연에 존재하는 것은 대부분 시스형이다. 올레산(oleic acid 18:9 $\omega-9$)이 가장 풍부하며 에루크산(erucic acid, 22:1, $\omega-9$)도 대표적이다. 거의 모든 동식물 유지의 주요 성분이다.

단일시료검사(單一 試料檢査, A not A test) 시료를 하나씩 제공하면서 기존에 기억하고 있는 기준 시료인지 아닌지를 판단하게 하는 검사. 정답 확률은 1/2이며 다른 방법을 실시하기 곤란한 경우에 사용한다.

단체급식(iInstitutional foodservice) 교육기관, 사업체의 사무실과 공장, 의료기관, 정부기관 또는 기타의 공공 단체에서 운영하는 급식소로서 비영리를 목적으로 단체의 구성원, 이용자 및 근로자들의 복리후생 차원에서 특정 다수인에게 계속적으로 식사를 제공하는 것.

단측검정(單側檢定, one-side test) 가설검정 시 대립가설이 부등식의 관계를 가지고 있어서 검정의 기각역이 채택역의 어느 한쪽에만 있게 되는 경우. 한쪽검정이라고도 하며 이때 검정통계량의 값이 설정된 기각역에 위치하면 귀무가설을 기각하고 대립가설을 채택한다. ☞ 양측검정

단풍 시럽(maple syrup) 북아메리카 원산의 사탕단풍의 수액에서 채취한 시럽. 줄기에 상처를 내고 모은 액을 중화·청징·농축한 것이다. 고로쇠나무에서도 채취되나 생산량은 매우 적다. 특유의 풍미가 있고 팬케이크에 발라 먹는다.

단회투여 독성시험(acute toxicity test) 단회투여 독성시험은 급성독성 시험으로도 불리며 시험물질을 시험동물에 1회 투여하고 2주 정도까지 독성증상을 자세히 관찰하는 것이다. 이 때 투여량은 실제 식품에서 섭취될 예상량보다 훨씬 높은 양을 투여하고, 독성이 나타나는 표적 장기나 독성 증상을 관찰하며 투여량(용량)에 따른 증상의 빈도와 정도를 관찰한다. 이 실험에서 최소치사량이나 개략적인 치사량을 구할 수 있다. 종래에 일반 화학물질에 대해서는 반수치사량을 구하는 시험법으로 이용되었지만 식품 관련 물질의 경우 반수 치사량을 시험 범위에서 구할 수 있을 만큼 독성이 강한 물질은 드물기 때문에 (특히 첨가물의 허가를 위해 시험하는 경우), 동물의 생사를 가늠할 수 있는 독성징후를 보이는 양을 측정하여 이로부터 최소치사량을 추정하는 개략적 치사량을 구하기도 한다.

달걀(卵, egg) 닭이 낳은 알. 계란이라고도 한다. 달걀의 생김새는 타원형이나 다른 한쪽은 뾰족하고 다른 한쪽은 약간 넓적하다. 달걀의 무게는 50~60g이며, 그 중 껍질이 11%, 난백 58%, 난황 31%로 구성되어 있다. 껍질의 색은 흰색과 갈색이 있으나 영양가와는 무관하다. 단백질 함량이 높을 뿐 아니라 단백질의 질이 매우 우수한 완전단백질이며 무기질, 비타민 등 영양가가 풍부하고 가격이 싼 우수한 식품이다. 영양성분은 전란의 경우, 수분 74.9%, 단백질 12.5%, 지방 10.7%, 탄수화물 0.9%, 회분1.0%, 칼슘 39mg%, 철 2.0mg%, 비타민 A 590I.U., 비타민 B_1 0.06mg%, 비타민 B_2 0.42mg%, 나이아신 0.1mg%이 함유되어 있다. 콜레스테롤 함량은 전란 중에 470mg%, 난황 중에 1,300mg%이다. 달걀은 열응고, 기포형성, 유화액 형성 등 여러 가지 기능성을 지니고 있어 조리에 다양하게 이용되는데, 농후제, 결착제, 청정제로서 알찜, 푸딩, 햄버거 속, 콘소메 등에 이용된다. 또한, 날달걀은 점성이 높고, 식품과 잘 부착하므로 결착제로서 기능을 한다. 달걀의 신선도를 평가하는 방법으로는 달걀의 크기, 외관, 내용물의 투시, pH 측

정, 소금물에 담그기, 껍질을 깨서 난황과 난백의 비, 높이 등을 측정한다. 신선한 달걀은 껍질이 단단하고 거칠거칠하며, 투시법으로 볼 때 공기집이 작고 난황이 중심부에 위치하면서 둥글고 연한 장밋빛이다. 또한, 10%의 소금물에 담갔을 때 가라앉는다. 신선한 난백의 pH는 7.6이나 오래된 것은 9.0~9.7로 증가한다. 신선한 난황의 pH는 5.9~6.1인데 저장 중에 큰 변화가 일어나지 않는다.

달걀의 변색(discoloration of egg) 달걀을 높은 온도에서 장시간 가열하면 난황 표면이 회록색으로 변하는 현상. 이 현상은 난백의 황화수소가 난황의 철과 결합하여 황화제일철(ferrous sulfide, FeS)을 형성하기 때문이다. 오래된 달걀은 이산화탄소의 손실이 많아서 pH가 알칼리로 되어 황화제일철이 쉽게 만들어지는데, 방지하려면 끓는 물에서 15분간 가열한 후 냉수에 담가 빨리 냉각시킨다.

달걀의 열응고성(熱凝固性, coagulation of egg) 달걀을 가열하면 단백질 분자가 변성되어 용해도가 감소하고, 응집되어 단단해지는 현상. 난백 단백질 중에서 오보뮤코이드는 열에 응고되지 않으며 콘알부민은 철이나 알루미늄 등의 금속과 결합하지 않으면 열에 예민하다. 뮤신은 내열성이 강하므로 뮤신 함량이 높은 알끈이나 된 난백은 잘 응고되지 않는다. 난황 단백질은 대부분 열에 잘 응고되나 포스비틴(phosvitin)은 그렇지 않다. 난백은 약 60℃에서 응고하여 62~65℃에서 유동성을 잃고 70℃에서 거의 완전히 응고한다. 그러나 단단하게 응고하려면 80℃ 이상으로 온도가 높아져야 한다. 난황은 65℃에서 응고가 시작되어 70℃에서 완전히 응고하고, 그 이상 온도가 상승하면 황색이 퇴색하여 엷어지고 쉽게 부스러진다. 달걀의 열응고성은 단백질의 농도, 용액의 pH, 염 및 당의 존재 등에 의하여 영향을 받는데, 설탕을 넣으면 응고온도가 높아지고 소금과 산을 넣으면 낮아진다.

달걀의 유화성(emulsification of egg) 기름과 물로 형성된 유화액을 안정화시키는 성질. 난황 중의 리포프로테인(lipoprotein)이나 레시틴(lecithin)은 분자 내에 친수기와 소수기를 동시에 갖고 있어서 계면활성제로 작용하여 유화액을 형성하거나 유화액을 안정화시킨다. 난백의 유화력은 난황의 1/4 정도이다. 난황의 유화성을 이용한 것이 마요네즈이고 전란으로 이용한 것은 케이크류이다.

달래(小蒜, wild onion, wild chive, wild garlic) 백합과의 다년생 초본으로 산채의 일종. 학명은 *Allium monanthum* Max. 한자명은 소산(小蒜), 야산(野蒜), 산산(山蒜)이라고 한다. 산과 들에서 이른 봄 가장 일찍 돋아나는 봄나물로 예로부터 애용되어 왔다. 요즈음은 달래를 재배하여 연중 출하된다. 유사종으로 산달래, 산부추, 참산부추, 두메부추, 한라부추, 산파 등이 있다. 달래는 이들과 달리 잎의 모양이 둥근 삼각형이고 독특한 향기가 나며 땅속에 인경(鱗莖)이 있다. 인경은 여러 겹으로 싸여 있는데, 둥근 달걀형이며, 길이는 6~10mm, 굵기는 8~12mm이다. 그 아래에 수염뿌리가 길게 달려 있다. 잎은 길이가 10~20cm, 폭이 3~8mm의 둥근 삼각형으로 2~3개가 나온다. 잎은 가늘고 길며 긴 대롱 모양인데 여름에는 말라 없어진다. 4월에 자주색의 꽃이 핀다. 성분은 수분이 89.6%이며 단백질 3.3%, 지방 0.4%, 탄수화물 4.3%, 섬유소 1.3%, 회분 1.1%이다. 파에 비해 철, 칼슘, 비타민 A, C, B_2가 많다. 비타민 C가 풍부하며, 황화알릴과 알리신 등이 들어 있다. 식용하는 부위는 땅속의 비늘줄기와 잎인데 날로 무쳐 먹거나 된장국, 달래전, 달래장아찌 등으로 이용한다. 이른 봄 입맛이 없을 때 달래를 잘게 다져 간장에 넣어 양념장으로 이용하면 향긋한 향이 좋아 입맛을 돋우어 준다. 쌈, 국, 전 등 다양하게 이용한다. 한방에서는 수채엽(睡菜葉)이라 하여 예로부터 불면증 치료에 이용되어 왔다. 한방에서 달래의 비늘줄기를 소산(小蒜)이라는 약재로 쓰는데, 여름철 토사곽란과 복통을 치료하고, 종기와 벌레에 물렸을 때 쓰며, 강장·건위·보혈 등에 효능이 있는 것으로 알려져 있어 강장강정제, 위염, 보혈, 타박상, 기침, 백일해, 기관지염, 거담, 동맥경화, 빈혈 등의 치료제로 사용되어 왔다. 협심통에는 식초를 넣고 끓여서 복용한다.

달맞이꽃씨(evening primrose seed) 달맞이꽃의 종

자. 종자 기름에 풍부하게 함유되어 있는 감마-리놀렌산이 프로스타글란딘의 균형을 유지시켜 준다고 하여 이를 이용한 건강식품이나 의약품, 화장품들을 개발하고 있다.

닭고기(chicken) 대표적인 가금류. 계육이라고도 한다. 닭은 원래 들닭이었으나 B.C. 1700년경 인도에서 기르기 시작하였으며, 처음에는 신성시되었으나 점차 달걀과 더불어 식용하게 되었다. 우리나라에서도 닭을 식용한 역사는 상당히 오래된 것으로 추정되지만, 문헌에 의한 기록이 별로 없어 언제부터인지는 확실하지 않다. 다만 『고려사(高麗史)』에 의하면 충렬왕(忠烈王) 때 포계(捕鷄)를 금하였다는 기록이 있고, 1325년(충숙왕 12) 금령을 내려 '이제부터 닭, 돼지, 거위, 오리를 길러서 빈제용(賓祭用)에 준비하거나 소, 말을 재살(宰殺)하는 자는 과죄한다.'는 기록이 있는 것으로 보아 이미 그 이전부터 닭이 식용되어 온 것을 알 수 있다. 특히 삼계탕(일명 계삼탕)과 영계백숙 등은 닭고기를 이용한 전통적인 여름철 보양음식으로 유명하다. 닭고기는 수육에 비해 연하고 맛과 풍미가 담백하며 조리하기 쉽고 영양가도 높아 전 세계적으로 폭넓게 요리에 사용된다. 닭고기의 성분은 쇠고기보다 단백질이 많아 100g 중 20.7g이고, 지방은 4.8g이며, 126kcal의 열량을 내는데, 비타민 B_2가 특히 많다. 그 밖에 칼슘 4mg, 인 302 mg, 비타민 A 40I.U., 비타민 B_1 0.09mg, 비타민 B_2 0.15mg 등을 함유한다. 또한 닭고기가 맛있는 것은 글루타민산을 다량 함유하고 있기 때문이며, 여기에 여러 가지 아미노산과 핵산성분이 들어 있어 강하면서도 산뜻한 맛을 낸다. 닭고기는 갓 잡은 것일수록 맛있다. 고기가 단단하고 껍질막이 투명하고 크림색을 띠며 털구멍이 울퉁불퉁 튀어나온 것이 좋다. 육용의 영계와 채란계(採卵鷄)의 폐계(廢鷄)인 어미닭을 육계(broilers)라 한다. 연령, 성별, 무게, 부위 등에 따라 조리용도가 다르므로 구매 시 고려해야 한다. 날개에서 가슴에 이르는 살은 희고 지방이 적어 산뜻한 맛이 나므로 튀김, 찜, 죽 등에 쓰이고, 넓적다리살은 빛깔이 붉고 지방이 많아 로스트나 커틀릿 등에 알맞다. 우리나라 시장에서 유통되는 육계의 종류는 다음과 같다. ① **브로일러**(broiler)－부화된 지 8~10주령의 병아리로 무게가 평균 1.6~2.0kg이며, 고기는 연하고 뼈가 완전히 굳지 않은 상태의 것으로, 암·수의 구별이 없이 시판되며 주로 통닭구이용으로 소비되고 있다. ② **세미브로일러**(semi-broiler)－대체로 6~8주령의 병아리로 무게가 1.3~1.5kg이며, 고기와 뼈는 연하고 암·수의 구별 없이 유통되며 통닭구이용 또는 무게가 가벼운 것은 영계백숙용으로 이용된다. ③ **영계**－부화 후 4~8주령의 병아리로서 몸무게가 평균 0.8~1.0kg이고 영계백숙용으로 이용되며 암·수의 구별 없이 유통된다. ④ **중닭**－부화 후 100일 정도 된 닭으로 몸무게가 1.2~1.5kg이며 암·수를 구분하여 매매되는데 수탉은 머느리 발톱이 약간 발달되어 있다. ⑤ **햇닭**－산란 직전의 닭, 또는 산란 초기의 닭인데 햇수탉·햇암탉 등으로 구별하며 몸무게가 1.5kg 이상되는 닭이다. ⑥ **묵은 닭**－생후 2년된 다 자란 닭으로서 묵은 수탉, 묵은 암탉 등으로 구별하고 있다. 보통 몸무게가 2.5kg 정도로 고기는 질기고 뼈는 굳어 있다. 육계는 잡기 전 하루 동안은 물만 주고 굶겨서 창자 안의 내용물을 없앤다. 피를 뽑거나 목뼈를 잘라서 도살한 다음 마른 털을 뽑거나 50~55℃ 더운물에 튀겨서 털을 뽑고 잘 씻는다. 머리와 다리를 잘라내고 아랫배와 항문을 절개하여 내장을 꺼낸다. 도체는 얼음물에 냉각시켜 위생포장하여 냉장한다. 먹을 수 있는 내장은 별도로 포장한다.

닭새우(spiny lobster) 십각목 닭새우과의 갑각류. 학명은 *Panulirus japonicus* V. Siebold. 우리나라, 일본, 인도양 등지에 분포한다. 어획할 때 몸의 색이 암갈색 또는 암자색이나 삶거나 조리하면 아스타신(astacin)에 의하여 홍색을 나타낸다. 고단백질, 저지질로 칼륨이나 인이 비교적 많다. 유럽과 미주지역의 미식가들에게 손꼽히는 고급 식품이다. 저지방, 저칼로리, 저콜레스테롤이며 ω-3 지방산을 함유하고 있어 건강다이어트 식품이다. 단백질은 필수 아미노산을 다량 함유하고 있어 우수한 단백질 급원이 되는 식품이다. 철, 마그네슘, 칼슘, 아연, 비타민 A와 여러 종류의 비타민 B를 함유한다.

횟감, 초무침 등 일본요리 및 크림, 프라이, 냉요리 등 서양요리에 많이 이용한다. 폐기율은 60%로 매우 높다.

담북장 볶은 콩을 다시 삶아 띄워 굵은 고춧가루와 마늘, 생강을 넣어 소금을 쳐서 익힌 장.

담즙산(膽汁酸, **bile acid**) 담즙의 주요 성분으로 지방식품, 특히 지방, 카로티노이드, 비타민 등의 소화 및 흡수에 중요한 역할을 하는 물질. 간에서 콜레스테롤로부터 만들어져, 생체 내의 콜레스테롤 대사, 당 대사 및 핵산 대사에 관여한다. 구조적으로 스테로이드에 속하는 히드록시카르복시산으로 이루어져 있으며 히드록시기의 위치, 입체적 배열, 수, 곁사슬 구조 등의 차이에 따라 여러 종류의 담즙산이 존재한다.

당귤(唐橘, **sweet orange**) 운향과의 상록 소교목의 열매인 감귤의 일종. 학명은 *Citrus sinensis*. 오렌지라고도 한다. 모양은 원 모양 또는 타원 모양으로 귤과 유사하나 속이 충실하여 단단하고 껍질이 잘 벗겨지지 않는 것이 다르다. 열매는 단맛이 많아 생과 또는 주스로 이용한다. 유럽 · 북아프리카 · 아시아에 분포한다. 전 세계적으로 많은 품종이 있으나 다음 4개의 품종군으로 나눌 수 있다. ① 에스파니아 계통은 열매가 크지만 과육이 치밀하지 못하다. ② 지중해 계통은 열매의 질이 좋고 치밀하다. ③ 적귤 계통은 과육이 붉은 색이며 질이 좋다. ④ 네이블 계통은 흔히 네이블처럼 배꼽이 생기고 종자가 없다.

당근(**carrot**) 미나리과에 속하는 두해살이 쌍떡잎식물. 학명은 *Daucus carota* L.. 아프가니스탄이 원산지. 현재는 전 세계에서 재배된다. 한자명으로는 호라복(胡蘿蔔), 홍대근(紅大根)이다. 여름과 가을 1년에 두 번 수확하며 가을에 수확한 당근이 연하고 수분 함량이 높고 맛이 좋다. 뿌리모양은 긴 원뿔모양으로 대부분 주황색이나 서양에는 적색, 홍색도 있다. 뿌리의 길이는 20~30cm이나 서양에는 길이 5cm 정도인 한 입에 먹을 수 있는 미니 당근(baby carrot)이 있다. 성분으로는 수분은 85%로 다른 채소류보다 적은 편이며, 탄수화물은 8% 정도로 많고 주로 자당이 많이 함유되어 있어 단맛을 낸다. 무기질은 0.7%, 조섬유는 0.8% 함유되어 있다. 당근의 주황색은 카로틴(carotene) 색소에 기인된 것이며, 카로틴 중에서 베타카로틴(β-carotene)이 7620μg로 채소류 중에서는 가장 많이 함유되어 있다. 베타카로틴은 체내에서 비타민 A로 전환되나 전환율은 매우 낮다. 그러나 당근의 비타민 A 함량은 1,270R.E.로 매우 높아 당근 50g만 먹어도 1일 성인 필요량이 채워진다. 카로틴은 지용성이므로 당근을 먹을 때 기름을 곁들이거나 기름으로 조리하면 흡수율이 30~50%로 높아진다. 비타민 C는 8mg%로 작은 편이며, 또한, 비타민 C를 파괴하는 효소인 아스코르비나아제(ascorbinase, ascorbic acid oxidase)가 다량 함유되어 있어 비타민 C가 많은 채소와 함께 섞어 즙을 내면 비타민 C의 파괴가 심하다. 방지하려면 식초를 첨가하거나 80℃에서 4~5분 가열하면 효소를 파괴할 수 있다. 무기질 중에서 칼슘은 40mg%, 칼륨은 395mg% 함유되어 있다. 당근은 단맛이 많아 생식 또는 샐러드로 많이 이용되며, 채쳐서 기름에 살짝 볶아 나물로 또는 잡채, 김밥의 재료로 이용한다. 큼직하게 썰어 갈비찜이나 조림 등에 넣어 주재료의 간이 스며들게 익히거나, 후식으로 얇게 썰어 설탕 시럽에 졸인 당근 정과, 음식에 곁들여 모양과 색을 내기 위한 장식용으로 이용되고, 서양요리에서는 주 요리(main dish)에 곁들이는 익힌 채소 중의 대표적인 것이고, 갈아서 채에 걸러 당근 수프를 만들거나, 채쳐서 당근 케이크 등에 넣는 등 매우 다양하게 이용된다. 좋은 당근은 선홍색으로 매끈하고 모양이 좋으며 머리 부분에 검은 테두리가 없고 가운데 심이 없는 것이다.

당도계(糖度計, **saccharimeter**) 당용액의 선광성이 당농도에 비례하기 때문에, 선광도를 광학적으로 검출해 당농도를 측정하는 계기(計器).

당면(**starch vermicelli**) 녹두, 감자, 고구마 등의 전분을 원료로 하여 만든 마른국수. 중국에서 유래되었다고 하여 호면(胡麵)이라고도 한다. 원료 전분의 일부를 먼저 열탕에 반죽하여 풀처럼 만들고, 여기에 나머지 전분을 부어 저으면서 40℃ 정도의 더운 물을 붓고 치대어 사출기(국수틀)를 통해 끓는 물이 있는 솥에 국수를 뽑는다. 국수가 익어 떠오르면 건져내어 물통에 넣고 식힌 다음 얼린다. 이것을 다시 냉수에 녹여 햇볕에 말린 후 제품화한다. 당면은 만드는 과정에서 전분이 일단 호화(α화)되었다가 다시 재결정화되어 있으므로 열을 가하여 먹어야 한다. 잡채 · 탕요리 · 전골요리 등에 두루 쓰인다.

당밀(molasses) 설탕을 만들 때의 부산물. 넓은 뜻으로는 식용이 되지 않는 폐당밀을 포함한다. 그러나 좁은 뜻으로는 조당(粗糖)을 정제할 때나 빙당(氷糖)을 만들 때 생기는 시럽을 말한다. 이것을 폐당밀에 대하여 정제 당밀, 빙당밀 또는 식용 당밀이라고도 한다. 당밀은 담황색의 투명하고 점조한 당액이며, 빙당밀은 수분 34.5%, 단백질 0.2%, 탄수화물 65%, 무기질 0.3%를 함유한다. 과자 · 잼의 원료로 쓰기도 하고, 핫케이크 등에 발라먹기도 한다. 또 공업용 알코올의 원료로 쓰는 경우도 있으나 근래에는 수요가 감소하였다.

당알코올(sugar alcohol) 당을 환원시켜 분자 내의 모든 산소분자를 히드록시(-OH)로 전환시킨 폴리올(polyol). 이당류 알코올로는 락티톨(lactitol), 말티톨(maltitol), 단당류 알코올에는 자일리톨(xylitol), 에리트리톨(erythritol), 솔비톨(sorbitol), 만니톨(mannitol) 등이 포함된다. 당 알코올은 물에 잘 녹고 단맛을 갖고 있으며 칼로리를 내지 않으므로 저열량 대체 감미료로 사용된다. 특히 자일리톨은 충치 예방의 효과가 있으므로 껌에 첨가한다.

당용구매(daily purchasing) 시간적인 제약이 있는 상태에서 당장에 필요한 물품을 그때그때 즉시 구매하는 방식. 일시적으로 필요한 품목과 비저장품목, 소량품목 구매에 적합하며 재고량 최소화로 저장비용의 절감효과를 기대할 수 있으나 조달비용이 높고 수량할인 혜택을 받지 못하며 가격결정에 불리하다.

당인산 펩티드(GPP, glycophosphopeptide) 우유에 함유된 성분으로 10kD의 분자량인 카세인의 트립신 분해물. 당인산 펩티드는 칼슘과 무기인을 풍부하게 포함하는 β-CPP(casein phosphopeptide)와 유사한 포스포세린(phosphoserine) 영역을 갖는 부분과 갖지 않는 부분의 2종류로 면역 부활활성이 인정되었다.

당장(sugaring) 높은 농도의 당을 첨가하여서 식품을 저장하는 방법. 당용액에 의한 삼투압(osmotic pressure)으로 곰팡이, 효모, 세균 등 미생물의 원형질 분리가 일어나 미생물의 생육이 억제되어 식품의 저장성이 높아진다. 이것은 염장과 같이 고농도액의 삼투압 작용 및 당분자가 가지고 있는 친수기(-OH)와 물과의 수소결합에 의한 수분활성도(water activity)의 저하 등에 의하여 미생물의 생육이 저하되기 때문이다. 일반적으로 미생물은 당농도가 50% 이상이 되면 생육이 억제되나 효모나 곰팡이 중에는 생육이 가능한 것도 있다. 특수한 효모와 곰팡이는 설탕의 포화용액인 67%(상온)에서도 생육하는 호당성(好糖性) 미생물이 있으며, 특히 내삼투성 효모는 80%의 시럽에서도 생육이 가능하다. 이 경우 소량의 산을 첨가하여 pH를 낮추면 미생물의 생육이 더욱 억제되어 저장성이 높아지며, 당액의 농도가 어느 정도 낮아도 부패균의 생육을 저지시킬 수 있다. 잼과 같은 것은 과일 중에 유기산이 함유되어 있으므로 방부효과가 증가된다.

당지질(糖脂質, glycolipids) 포도당(글루코오스, glucose), 갈락토오스(galactose)와 같은 당질을 분자 내 가지고 있는 복합지질. 스핑고리피드(sphingolipid)가 대표적이며, 세레브로시드(cerebroside), 스핑고미엘린(sphingomyelin) 등이 이에 속한다. 세포의 구성성분, 항원성 물질(혈액형의 결정)로서 중요한 성분이다. 동물의 뇌, 신경조직, 식물, 미생물에도 널리 분포한다.

당화(糖化, saccharification) 전분에 묽은 산을 첨가하고 가열하거나, 전분 가수분해효소로 반응시켰을 때 전분 입자가 분자량이 작은 당으로 가수분해되는 현상. 식혜는 엿기름에 존재하는 아밀라아제(amylase)를 이용하여 밥에 포함되어 있는 전분 입자의 일부를 가수분해하여 당화시킨 것이며, 공업적으로 산 또는 효소를 이용하여 옥수수전분을 가수분해시켜 물엿, 고과당 시럽, 포도당 등을 제조한다. DE(dextrose equivalent)는 전분의 분해 정도를 나타내는 대표적인 용어이며, 다음 식에 의하여 구해진다.

$$DE = \frac{\text{환원당(glusose)}}{\text{고형분}} \times 100$$

대게(tanner crab) 십각목 물맞이게과의 갑각류. 전 세계 북방냉수역 대게 속 5종 중 우리나라 동해에서는 영덕 대게(*Chionoecetes opllio*)와 붉은 대게(*Chionoecetes japonicus*) 2종류가 있다. 한류성 게이며 30~1,800m 깊이의 진흙 또는 모랫바닥에 산다. 몸이 커서 살이 많고 맛이 좋으므로 중요한 수산자원이다. 우리나라 동해 전연해, 일본 태평양쪽 센다이만 이북, 캄차카, 알래스카, 그린란드에 분포하는데, 우리나라가 남방 한계선이 된다. 고려 태조가 영해를 순시했을 때(당시 명칭은 '예주') 주안상에 대게가 진상된 이후 임금의 수라상에 오르는 지역 특산물로 자리잡아 왔으며 영덕 대게가 전국적으로 명성을 얻게 되기 시작하였고, 1950년대부터 영덕 강구면에서 통조림대게를 생산하면서 널리 알려지게 되었다. 특히 강구 앞바다가 깨끗한 모래질로 이루어져 있기 때문에 다른 곳에서 잡히는 대게보다 다리가 길고 속살이 꽉 찼을 뿐만 아니라 맛이 담백하고 쫄깃쫄깃함과 속살이 박달나무처럼 야무지다고 해서 박달게라고도 부른다. 겨울에 수확한다. 유리아미노산의 함량이 게 중 가장 많다. 대게는 단백질의 함량이 많으며, 그 중에서도 필수아미노산(리신, 류신, 메티오닌 등)이 풍부해 발육기 어린이에게는 아주 훌륭한 식품이며, 특히 지방 함량이 적기 때문에 맛이 담백할 뿐 아니라 소화도 잘돼 회복기 환자에게 좋다. 몸을 차게 하는 성분이 있고, 해열에 효과적이며 알코올의 해독작용이 있기 때문에 술안주로도 일품이다. 가슴이 미어지는 증세를 풀어주고 내장기능을 원활하게 하며 뼈와 근육을 튼튼하게 하는 작용이 있다. 정력을 좋아지게 하며 혈중 콜레스테롤치를 떨어뜨리는 작용이 있으므로 동맥경화증인 사람에게 좋다. 알에는 세포를 활성화하는 핵산이 많이 들어 있어 노화를 방지하는 효과가 있다. 찌개, 찜 등에 이용한다.

대구(cod, hake) 대구목 대구과의 한대성 어류. 학명은 *Gadus macrocephalus* Tilesius. 몸 색깔은 등쪽은 갈색 또는 회갈색을 띠며, 배쪽은 흰색을 띤다. 등쪽과 옆에 모양이 고르지 않은 많은 반점들이 형성되어 있다. 몸의 형태는 앞쪽 부분이 두툼하고, 뒤쪽으로 갈수록 가늘어지지만 대체로 비대하여 명태보다 크다. 우리나라 동해 북쪽, 오호츠크해, 베링 해역 등 북양에 많이 서식하고 있다. 동해안산 대구의 산란장소는 경남 진해만과 경북 영일만으로 산란기는 12~4월이며, 몸의 길이가 65cm이면 약 200만 개의 알을 산란한다. 동해안산의 최대 몸길이는 1m이고, 서해안산은 최대 41.5cm이다. 대구는 저지방 고단백질이기 때문에 비만 체형을 가진 사람에게 좋고, 피로회복, 간기능 강화 등에 좋은 타우린(taurine)이 풍부하다. 간으로부터 채취한 간유는 비타민 A, D를 다량 함유하고 있으며, 만성 류머티즘과 통풍 치료에 효과적이다. 11월부터 이듬해 2월이 제철이며, 냉동가공하면 연중 사용이 가능하다. 찌개의 재료로서 유명한 흰살 생선이며, 신선한 것은 생선회로 이용하기도 한다. 알은 조려서 먹는데, 성숙해서 난막이 검게 된 것은 맛이 떨어지며, 정소는 '이리'라고 하는데 명태보다 커서 고급품이다. 가공품으로는 건제품(마른 대구, 건대구포), 훈제품(대구 훈제품), 어유(대구간유) 등이 있다.

대두사포닌(soy saponin) 대두의 주요 성분의 하나로 대두에 약 0.3% 함유되어 있다. 대두사포닌은 soy saponin Ⅰ, Ⅱ, Ⅲ, A_1, A_2의 5종이 있다. 대두사포닌의 기능성으로는 지질산화 억제작용, 생체 내 과산화지질생성 억제효과, 간독성 해소효과, 혈청지질개선효과 등이 보고되어 있다.

대두 올리고당(soy oligosaccharide) 대두에 함유된 가용성 당류의 총칭. 대두로부터 대두단백질을 제조할 때 배출되는 유청(whey)을 원료로 분리정제하여 제조하며 라피노오스(raffinose), 스타키오스(stachyose), 수크로오스(sucrose) 및 단당류가 주성분인 가용성 당류의 혼합물을 말한다. 라피노오스는 수크로오스에 갈락토오스가 결합된 3당류이며 스타키오스는 라피노오스에 갈락토오스 한 분자가 결합된 4당류이다. 효소 사용 없이 유청으로부터 얻기 때문에 생산비가 많이 드나 청량감이 있고 내열, 내산성이높은 가공상 이

점이 있어 음료제조에 많이 이용되고 있다. 대두 올리고당의 생리적 특징을 보면 인간이 장기간 섭취해온 대두 중의 당류로 안정성이 확인된 물질이다. 또한 난소화성 올리고당이기 때문에 소화, 흡수되지 않으면서 대장에 도달되어 비피더스균에 선택적으로 이용되어 증식시키며 장내 균총의 개선과 대변의 성질 개선 및 장내 부패를 억제하는 등 효과가 있다.

대두유(大豆油, **soybean oil**) 콩에서 얻는 기름. 콩에는 지질이 약 20% 함유되어 있는데 주로 용매로 추출하고 정제하여 얻는다. 세계에서 가장 생산량이 많은 기름으로 미국이 주산지이다. 우리나라는 거의 대부분 원료 콩을 미국 등지에서 수입하여 채유하고 있다. 지방산 조성은 리놀레산(linoleic acid) 54%, 올레산(oleic acid) 28%, 팔미트산(palmitic acid) 8%, 리놀렌산(linolenic acid) 5%로 반건성유이다. 정제한 기름은 담황색이며 냄새가 없고, 맛이 구수하여 식용유로 가장 많이 소비된다. 대두유는 튀김용, 샐러드용, 마요네즈 등에 쓰이고 경화하여 마가린, 쇼트닝 등의 원료로 쓰이기도 하며 유지추출 후 생기는 탈지대두박은 단백질 자원으로 사료로 이용된다. 공업용으로는 합성수지, 비누, 도료, 잉크 등에 사용된다. 특히 콩기름 잉크는 인쇄과정에서의 대기오염물질(휘발성 유기화합물, VOC) 발생량을 현저히 줄일 수 있다. 대두유는 다른 식물성유지와 달리 특유한 추출 및 정제 공정을 갖는다. 즉, 대두를 적절한 전처리 과정을 거쳐서 용제(hexane)로 추출하여 원유(crude oil)를 얻게 되고 탈검, 탈산, 탈색, 탈취의 정제과정을 거치면 정제유지를 얻게 된다. 필요에 따라 수소첨가, 에스테르 교환 반응, 탈납 등의 가공으로 대두유의 용도를 거의 무한대로 넓힐 수 있다. 정제된 대두유는 중성지방(triglyceride/triacyglycerol)이 99%를 차지한다. 대두유에 포함되어 있는 지방산은 포화지방산 15%, 불포화지방산 85%를 함유하고 있어 불포화도가 높아 넓은 온도 범위 내에서 액체상으로 존재한다. 대두유에 가장 많이 포함되어 있는 지방산은 리놀레산(linoleic acid, 18:2)이다. 한편 대두유는 영양적으로 중요한 n-6 지방산인 리놀레산

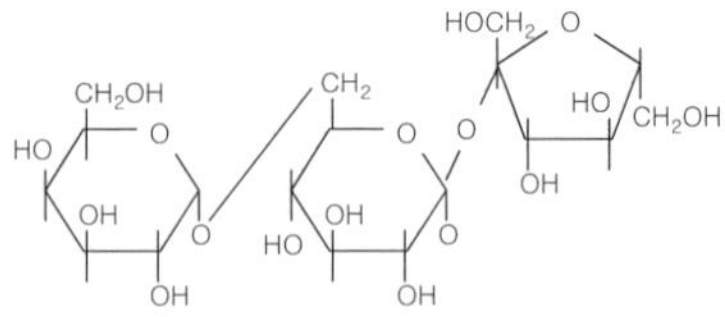

라피노오즈

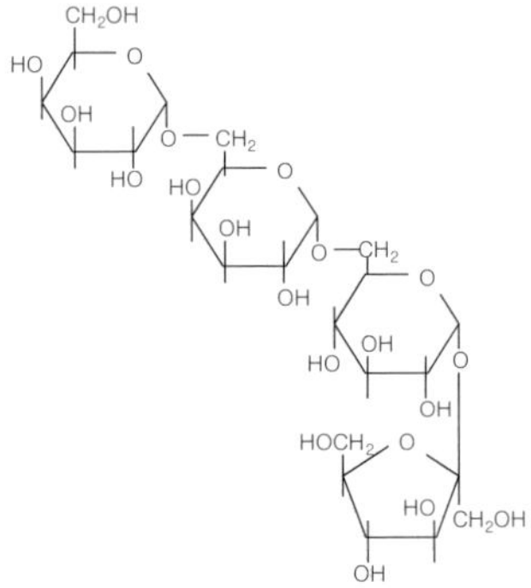

스타키오즈

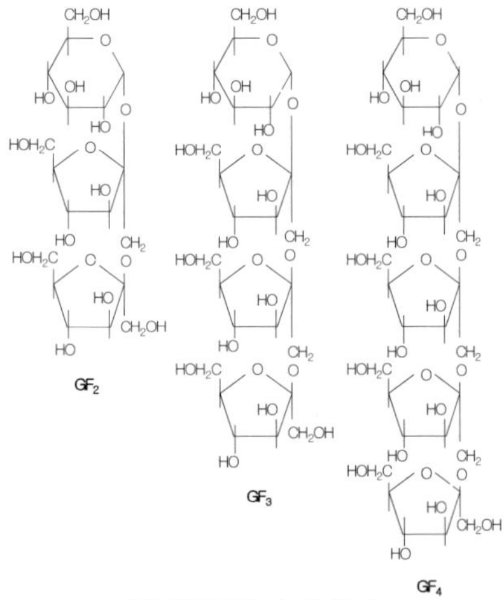

말토올리고실 수크로오스

(linoleic acid, 35~60%)과 n-3 지방산인 리놀렌산(linolenic acid, 2~13%)의 함량이 상당히 높다. 그 밖에도 올레산(18 : 1), 팔미트산(16 : 0), 스테아르산(18 : 0) 등을 함유하고 있으며, 소량이긴 하지만 아라키돈산(20 : 0), 베헨산(22 : 0), 팔미톨레산(16:1), 미리스트산(14:0) 등도 포함하고 있다. 이러한 대두유의 지방산 조

성은 생산지역, 기후, 수확년도 등에 따라 그 범위가 다양하며 최근 생물공학의 발달로 직접 유전자 조작에 의하거나 교배에 의하여 원하는 지방산 조성을 갖는 대두 품종이 개발되고 있으며 가공 목적에 맞는 다양한 대두 품종의 개발이 기대된다. 대두유는 1.5~2.5%의 인지질을 갖고 있어 탈검 공정을 해서 제거해야 한다. 인지질은 정제유에 잔존 시 유지의 품질을 저하시키는 원인이 된다. 대두로부터 추출된 대두원유에는 1~3%의 인지질이 포함되어 있다. 인지질은 세포막의 주요 성분으로 유화 작용을 하며 영양적으로 n-3 지방산인 리놀렌산과 함께 성장발달 기간 중 두뇌발달과 치매예방 능력이 있음이 보고 되고 있다. 대두유의 인지질 중 포스파티딜 콜린(phosphatidyl choline)은 레시틴(lecithin)이라고 불리며 유화성, 침윤성, 항산화성을 가지고 있어 식품 첨가제로 상품화되고 있다. 대두의 원유에 함유된 불검화물은 1.6%이며 탄화수소 0.0135%, 스테롤 0.365%, 토코페롤 0.124%을 포함한다. 대두의 원유 중 총 스테롤 함량은 평균 327mg/100g으로 보고되고 있다. 대두유는 옥수수, 면실유, 땅콩기름, 해바라기씨기름과 함께 콜레스테롤은 전혀 함유하지 않고 있다. 한편 콩기름에는 일부 정제공정 특히 탈취 공정 등에서 32% 정도 제거되나 상당량의 토코페롤이 잔존하고 있다. 일반적으로 정제된 대두유에는 γ-토코페롤이 가장 많고(59.3mg/100g), δ-토코페롤(26.4mg/100g) 및 α-토코페롤(7.9mg/100g) 순이다. 대두유의 결정 구조는 β 형태이다. β 결정은 α나 β' 결정에 비해 융점이 높고, 안정된 결정 구조를 갖고 있으나 결정 구조가 크고 거칠다. 그러나 대두유는 그 성향이 그리 강하지 않기 때문에 콩기름을 원료로 마가린 제조 시 부분수소 첨가된 면실유를 20% 첨가하여 비교적 안정된 결정성의 마가린을 제조할 수 있다.

대두 펩티드(soy peptides) 대두에 함유된 펩티드의 총칭. 콩 단백질은 식물성 단백질의 주요 공급원으로 양질의 단백질과 필수 아미노산을 제공한다. 유아식, 스포츠 드링크류, 우유나 육류 대체품, 곡류 강화식품 등 이화학적 기능특성을 주는 식품에 사용되고 있으나, 최근 콩 단백질 섭취가 심장병, 비만, 암, 당뇨 등에 관련이 있어 생리활성 물질로 관심을 갖고 있다. 동물성 단백질에 비해 식물성 단백질은 혈청 콜레스테롤의 농도를 낮추는 효과가 있으므로 두 가지 단백질을 균형 있게 섭취하는 것이 좋은데 그 중 콩 단백질이 혈청 콜레스테롤 강하작용을 나타낸다. 펩티드는 다양한 조합의 아미노산의 중합물로 일반적으로 분자량 1만 이하의 것을 말한다. 식품 중에 존재하는 펩티드는 아미노산을 공급하는 영양기능, 맛이나 용해성, 유화성 등에 관여하는 감각기능, 여러 생리활성을 나타내는 생체조절기능 등에 모두 관여한다. 특히 생리활성을 나타내는 생체 조절기능으로는 항암, 혈압 강하, 혈청콜레스테롤 강하, 면역증강, 칼슘흡수 촉진 등의 광범위한 생리활성을 갖는다. 소화기 내에서 담즙산의 재흡수를 저해함으로써 혈중 콜레스테롤의 저하 및 LDL과 지방의 감소효과가 있어 동맥경화의 예방과 치료가 기대된다.

대류(對流, convection) 가열 시 밀도가 감소하여 더운 공기나 액체의 흐름이 아래에서 위로 순환하면서 열을 전달하는 현상. 자연대류(自然對流)와 강제대류(强制對流)로 나뉜다. 유체의 운동이 열전달에 의해 생긴 온도분포에 의해 유체 내의 밀도가 달라져서 생긴 것일 때 이것을 자연대류라고 한다. 이에 대해서 교반, 펌프를 사용하여 유체의 흐름을 만들어 열을 전달시킬 때 이것을 강제 대류라고 한다. 자연대류는 온도차가 크면 일어나기 쉽고, 점성이 큰 유체에서는 일어나기 어렵다. 이와 같은 이유로 농후한 액체는 자연대류에 의한 열 손실이 적기 때문에 식기 어렵다.

대사억제물질(metabolic inhibitor) 정상인 기질을 억제하고 효소와 강하게 결합하거나 기질과 같이 반응하지 않음으로써 정상적인 대사반응을 정지시키는 물질 또는 대사산물과 구조나 기능이 비슷하여 정상적인 대사를 할 수 없게 하는 물질.

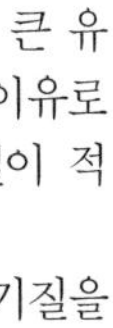

대시포트 모델(dashpot model) 식품의 복잡한 점·탄성 현상을 모델화하기 위한 모형의 일종. 그림과 같이 나타내

며, 뉴턴의 법칙에 따르는 점성체의 역학모형.

대장균군(大腸菌群, coliform group) 유당을 분해하여 산과 가스를 생성하는 그람(Gram) 음성 균으로서 아포를 형성하지 않는 호기성 또는 통성 혐기성 간균의 통칭. 세균 분류학상의 학명이 아니고 통상적인 세균군을 뜻한다.

대장균군 수 대장균군 시험에는 대장균군의 유무를 검사하는 정성시험으로 추정시험, 확정시험, 완전시험의 3단계로 나누며, 대장균군의 수를 산출하는 정량시험에 의해 집계된 수.

대조오차(對照誤差, contrast error) 관능검사에서 맛과 품질이 우수한 시료 뒤에 좋지 않은 시료를 평가할 때 또는 그 반대의 경우 각각 따로 검사할 때보다 대조되어 더 나쁘게 또는 더 좋게 평가되는 현상으로 인한 오차.

대차대조표(balance sheet) 특정시점의 기업 재무상태를 나타내는 기초적인 재무보고서. 재무상태는 자산, 부채, 자본의 세 가지 항목으로 표시되며, 자산은 대차대조표의 왼쪽(차변)에, 부채와 자본은 오른쪽(대변)에 적게 되며 회계방정식에 따라 자산의 합과 부채, 자본의 합이 일치해야 한다.

대체감미료(alternative sweetener, sugar substitute) 설탕 대신 쓰는 감미료. 아스파탐, 올리고당, 고과당시럽, 자일리톨, 스테비오사이드, 글리시리진 등이 있다.

대추(jujube) 갈매나무과의 낙엽활엽 교목인 대추나무의 열매. 학명은 *Zizyphus jujuba* Mill. 유럽 동남부와 아시아 동남부가 원산지이다. 한국과 중국을 비롯한 아시아와 유럽에 분포되어 있다. 국내에서는 경북에서 많이 생산되며 충북 보은 대추가 유명하다. 나무에 가시가 있고 마디 위에 작은 가시가 다발로 난다. 봄에 비교적 늦게 잎이 돋아 나온다. 열매는 길이 1.5~2.5cm의 타원형이고 익으면 달고 적갈색으로 윤이 나며 8월 하순에서 9월 중순에 수확한다. 껍질은 가죽 같은 질감이고 점착성이 있으며 갯솜과 같다. 주성분은 탄수화물이며 철과 칼슘이 다량 함유되어 있다. 생대추에는 비타민 C가 60mg%나 함유되어 있으며 씨에는 단백질 5%, 지방 8%가 함유되어 있고 베툴린(betulin), 베툴산(betulic acid)이 함유되어 있다. 열매인 대추는 생과로 먹기도 하나 주로 건조시켜서 떡(대추주악, 잡과병 등)·약식·차·미음·술·대추초 등의 음식에 이용한다. 한방에서는 건대추를 자양·강장·진해·진통·해독 등의 효능이 있어 기력 부족·전신통증·불면증·근육경련·약물중독 등에 쓴다. 열매가 많이 열리는 대추는 풍요와 다산의 의미가 함축되어 있어 관혼상제 때 필수적인 과일로 다남(多男)을 기원하는 상징물로서 폐백에 쓰인다. 재목이 단단하여 판목(版木)이나 떡메, 달구지 재료로 쓰인다.

대하(large shrimp, oriental shrimp) 십각목 보리새우과의 갑각류. 학명은 *Penaeus orientalis* Kishnouye. 몸길이가 25~27cm에 달하며 꼬리에 검은 무늬가 있는 큰 새우로 주산지는 중국의 발해만과 우리나라 서해 연안이며, 안면도 근해에서 추석 이후에 많이 잡힌다. 안면읍 창기리가 대하어업의 중심지이다. 대하는 2월부터 늦봄까지 가장 맛이 좋다. 대하에는 가식부분 100g당 164mg 정도의 콜레스테롤이 들어 있지만 피 속의 콜레스테롤 양을 떨어뜨리는 고도불포화지방산과 타우린이 함께 들어 있어 동맥경화, 고혈압, 심장병 등의 환자들에게 좋은 식품이다. 새우에 들어 있는 키틴과 키토산은 몸 안에서 콜레스테롤의 흡수를 방지하는 효능이 있어서 고혈압을 방지하는 효과가 있다. 예로부터 손발에 경련이 일어났을 때, 몸이 허약할 때, 양기가 부족할 때, 신경쇠약에 시달릴 때 중요한 음식보약으로 사용되어 왔다. 하지만 몸이 찬 사람이나 생선 비린내를 싫어하는 사람이 오랫동안 많이 먹으면 중풍이 올 수 있다. 새우는 머리와 껍질을 제외한 모든 부분을 먹을 수 있으며, 빵이나 밥과 같은 탄수화물과 함께 섭취하면 뇌 활동이 활발해진다. 그러나 기름이나 동물성 지방과는 가급적 함께 섭취하지 않는 것이 좋다. 스테이크로 조리하거나 통째로 튀기기, 찜 등 모양을 제대로 살리는 요리에 이용한다. 새우는 껍데기가 윤기 있고 머리와 다리가 온전히 붙어 있는 것, 살색이 투명한 것이 신선하다. 맛은 보리새우보다 약간 떨어지나 튀김이나 찜 등의 재료로 이용된다. 경제성이 높아 우리나라에서도 인공양식을 한다. 통째로 −30℃ 이하의 온도에서 급랭하면 6개월 정도 품질을 유지할 수 있다. 중하(medium shrimp)는 몸길이가 12~15cm인 소형 새우를 말한다.

더덕(wild root) 초롱꽃과에 속하는 다년생 덩굴성 식물. 학명은 *Codonopsis lanceolata* (S. et Z.) Trautv. 8월에서 10월에 검은 자주색의 종모양의 꽃이 피며 수확기는 가을의 첫서리가 내린 후 줄기가 마른 다음부터 이듬해 싹이 나오기 전까지가 좋다. 2~8월에 수확한 것은 약용으로 쓰이며 뿌리가 희고 곧게 쭉 뻗은 것이 좋다. 뿌리를 식용으로 하며 인삼과 모양이 비슷하나 뿌리에 가로로 주름이 많이 져 있다. 어린 순을 나물로 먹기도 하나 일반적으로 뿌리를 먹는다. 칼슘이 비교적 많으며 사포닌류와 스테롤류가 많이 들어 있다. 특히 약용성분은 콘도놉신(condonopsin)으로 알칼로이드의 일종이다. 티아민, 리보플라빈, 단백질, 지질, 당류, 인, 철 등 성분을 많이 함유하고 있으며 뿌리에 사포닌과 잎에 폴라보노이드가 있어 혈중 콜레스테롤과 지질의 함량을 낮추며 혈관 확장 및 혈압 강하의 효과가 있다. 또한 예로부터 사삼(沙蔘)이라고 하여 5삼[인삼(人蔘), 현삼(玄蔘), 만삼(蔓蔘), 고삼(苦蔘), 사삼(沙蔘)] 중 하나로 여겨질 만큼 한방효과도 뛰어나 해열, 강장, 거담, 해독, 갈증, 고혈압에 효과가 있다. 최근에는 항암효과와 변비 예방 및 치료에 효능이 있는 식이섬유가 다량 함유되어 있는 것이 밝혀져 약용을 겸한 건강식품으로 매우 인기가 높은 산채이다. 요리는 더덕구이, 더덕찜, 더덕장아찌, 더덕생무침, 더덕정과, 더덕누름적, 더덕튀김, 더덕자반, 더덕술 등 다양하다.

데이터베이스 마케팅(database marketing) 다양화되고 개성화되어 가고 있는 고객의 욕구를 충족시키기 위해 고객과의 지속적인 접촉 활동을 통해 얻어진 고객 정보를 데이터베이스화함으로써 이를 전략적으로 활용하는 것. 개인화 마케팅이라고도 하며 고객의 정보를 수집하여 분석할 수 있는 IT 기술의 발전은 데이터베이스 마케팅을 발달시키는 요인이 되었으며, 데이터베이스 마케팅의 가장 주된 목적은 고객과의 관계 구축을 통한 고객 평생가치의 극대화에 있다. 데이터베이스 구축을 위한 고객 정보는 과거 구매량 및 주문 사항, 고객의 욕구, 고객 개인의 신상정보 등이 포함된다.

데치기(blanching) 끓는 물에서 단시간(2~3분간) 가열처리하는 방법. 데치기는 삶기와 비슷한 조리방법이나 가열시간이 짧고 다른 조리를 하기 위한 전처리로 이용되는 경우가 많다. 녹색채소의 경우, 녹색을 띠게 하는 엽록소가 파괴되지 않게 끓는 물에 넣어 재빨리 데쳐야 한다. 즉 고온에서 단시간 가열처리하는 것이 산뜻한 녹색을 내는 요령이다. 가열할 때 용액이 산성이면 변색되기 쉽고 알칼리성이면 비교적 안정하며, 용액 중에 식소다(중조)나 황산구리를 넣으면 빛깔이 좋아진다. 조리에 있어 데치기를 하는 목적은 식품의 조직 연화, 단백질의 응고, 전분의 팽윤 및 호화 촉진, 좋지 않은 맛 성분의 제거(죽순, 엽채류, 토란 등), 지방 제거, 조직 중의 공기 제거, 색 또는 향미의 변화를 가져오는 효소의 불활성화, 살균 및 소독 등이다.

덱스트린(dextrin) 전분 분자가 가수분해 또는 열분해에 의해서 끊어져 분자의 길이가 짧아진 포도당 중합체로, 분자의 크기에 따라 여러 가지 명칭이 붙어 있다. 전분은 물에 녹지 않으나 덱스트린은 물에 녹을 수도 있다.

델파이 기법(Delphi technique) 전문가들에게 설문지를 발송하여 익명의 의견을 취합한 후 분석 결과를 다시 각 성원에게 발송하여 새로운 해결책이나 제안을 받는 작업을 반복함으로써 의견의 일치를 이끌어 내는 의사결정 기법. 미국의 랜드 사(Rand corporation)에서 개발한 의사결정기법으로, 과정상 비용과 시간이 많이 소요되나 미래의 불확실성에 대한 의사결정 및 장기적인 예측에 효과적으로 이용될 수 있다.

도라지(桔梗, Chinese bellflower) 초롱꽃과에 속하는 다년생 식물. 학명은 *Platycodon grandiflorum* (Jacq.) A. DC.. 비대형의 곧은 뿌리를 갖고 있으며 이 뿌리를 나물로 이용한다. 단백질, 지질, 당류, 철, 무기질 등을 많이 함유하고 있으며 사포닌 성분도 지니고 있어 약용 가치도 높아 예로부터 한약명으로 길경(桔梗)이라 하여 거담, 진해, 배농, 기침의 치료제로 이용하여 왔다. 특히 최근에는 항암 효과가 높고 식이 섬유도 많이 함유하고 있다.

도라지모시대 초롱꽃과의 다년초로 산채의 일종. 학명은 *Adenophora grandiflora.* 도라지모시대, 도라지잔대, 길경항삼이라고도 한다. 산의 그늘진 곳에서 자라며 우리나라에는 주로 설악산 등지에서 자란다. 모시대와 비슷하지만 꽃이 도라지와 비슷하여 이런 이름이 붙었다. 어린순은 나물로 먹고 뿌리는 기관지염이나 폐렴 등에 약용한다.

도루묵(sand fish) 농어목 도루묵과의 바닷물고기. 학명은 *Arctoscopus japonicus* Steindachner. 외관상 대구와 흡사하며 몸길이는 26cm까지 성장한다. 몸 등쪽에는 짙은 갈색의 얼룩무늬가 흩어져 있으며, 측선을 중심으로 배쪽으로는 은백색을 띤다. 수심 200~400m의 모래가 섞인 갯벌 바닥에 서식하며, 수심 2~10m의 해초가 발달해 있는 지역에서 11~12월에 산란하며, 이 때 맛이 가장 좋다. 알래스카 주, 사할린 섬, 캄차카 반도, 한국 동해 등의 북태평양 해역에 분포한다. 수분이 적고 지질이 비교적 많아 소금구이, 찜, 찌개 등으로 많이 이용된다. 장시간 찜을 하거나 기름에 튀기면 구수한 맛을 즐기면서 뼈째 먹을 수 있는데 이 뼈에 양질의 칼슘이 들어 있다. 칼슘은 뇌신경의 이상흥분을 진정시킴으로써 집중력을 도와주는 영양소로 알려져 있다.

도매상(wholesalers) 상품을 구입하여 소매상 및 기타 상인, 산업체, 기관을 주요대상으로 재판매 활동을 수행하는 사업단위.

도매시장(wholesale market) 산지시장인 제1차 시장에서 대량의 물품을 구입한 다음 소매시장에 배분하기까지의 유통과정.

도미(porgy, sea-bream) 농어목 도미과의 바닷물고기. 『자산어보』에는 강항어(強項魚), 『전어지』에는 '독미어(禿尾魚)'라 하였다. 식용 어류 중 가장 고급의 어종. 우리나라 대부분 연안의 수심 30~15m 해역에 분포한다. 종류가 많으나 중요한 것은 참돔, 흑돔, 붉돔, 황돔 등이 있다. 참돔(*Pagrosomus major* Temminck et Schlegel)의 몸통 빛깔은 적색에 녹색 광택이 있고 등쪽에는 청록색의 반점이 있으며 몸길이는 1m에 달한다. 어린 참돔은 진한 적색의 가로줄이 다섯이나 등에 있고 또 다른 녹색의 반점이 산재해 있어서 서어와 구별된다. 붉은돔(*Evynnis japonica* Tanaka)의 몸통의 길이는 40cm이고 모양은 참돔과 비슷하나 적색을 보이며 배 쪽은 연한 빛이다. 황돔의 몸통의 길이는 35cm 정도로서 겉모양이 달걀형을 보이고 몸 빛깔이 황색을 보이고 있다. 참돔이 가장 맛이 좋으며 붉돔과 황돔(Taius *tumifrons* Temminck et Schlegel)이 다음이고 암컷이 더 좋다. 가장 맛이 좋은 시기는 참돔이 겨울에서 봄, 붉돔이 초여름인데 이때는 참돔보다도 맛이 더 좋아진다. 육질은 지방이 1.3~3% 정도로 적고 단백질도 18% 정도이다. 도미류는 횟감으로 좋은데 특히 소화율이 좋으며 짧은 시간 살짝 찜을 하는 것도 소화에 좋다. 또한 육질에는 글리코겐(glycogen)과 ATP의 함량이 적어 해당작용이 늦고 중성을 유지하므로 수축력이 큰 것이 특징이다. 표피의 색은 아스타잔틴에 의해서 적색, 담홍색, 황적색을 띤다.

도정(搗精, 精米, rice milling) 곡류 입자의 등겨층을 벗기는 조작. 제현(hulling)과 정백(pearling) 과정으로 나눌 수 있다. 제현은 거친 표면을 가진 디스크와 회전하고 있는 디스크로 구성된 제현기에 벼를 통과시킴으로써 왕겨를 제거하는 조작이다. 마찰(摩擦)·찰리(擦離)·절삭(切削)·충격(衝擊) 등의 네 가지의 원리가 있다. 등겨층에 마찰력을 강하게 작용시키면 찰리 작용이 일어나고, 이로 인하여 조직표면이 벗겨진다. 도정기의 종류에 따라 주로 작용하는 방식이 다르나, 보통은 따로따로 작용하지 않고 공동으로 작용하여 도정이 이루어진다. ① **마찰**(friction)-곡립이 서로 맞비벼짐으로써 일어나는 도정효과로서 마찰에 의하여 곡립면이 매끈하게 윤이 난다. ② **찰리**(resultant tearing)-마찰이 강하게 일어날 때 생기는 도정효과로서 곡립의 표면을 벗기는 작용인데, 특히 현미와 같이 표피가 유연한 것에 효과가 크다. ③ **절삭**(grinding)-롤러처럼 단단한 물체의 모난 부분으로 곡립의 조직을 조각으로 떼어내는 작용인데, 떼어내는 조각이 작을 때 연마(硏磨, polishing)라고 한다. ④ **충격**(impact)－큰 힘으로 운동하는 물체를 곡립에 충돌시켜 조직을 박리(剝離)하는 것을 말한다.

도토리(acorn) 떡갈나무를 비롯한 졸참나무, 물참나무, 갈참나무, 돌참나무 등 참나무과 열매의 총칭. 도토리는 견과로서 겉은 단단하고 매끄러운 과피가 있으며, 속에 조각으로 된 1개의 종자가 들어 있다. 모양은 구형 · 난형 · 타원형 등이며 크기도 여러 가지이다. 하부 또는 중부까지 깍정이라는 총포(總苞)가 변형된 것으로 싸여 있다. 이 깍정이의 성질은 종류를 구별하는 데 유용하다. 내부는 전분을 함유한 떡잎이 발달되어 있다. 돌참나무의 도토리는 떫은맛이 나지 않아 날것으로 먹을 수 있고, 갈참나무와 그 밖의 도토리는 탄닌을 많이 함유하고 있어서 물에 담가 떫은맛을 뺀 다음 전분을 채취한다. 도토리에는 탄수화물과 지방이 많아 옛날부터 식용해온 것으로 알려져 있는데, 전 세계적으로 고대의 주거지에서 도토리가 발견되고 있어 이를 뒷받침해 준다. 그러나 곡류를 재배하면서 도토리보다는 벼나 보리를 주식으로 먹게 되었고 가뭄이 들었을 때 곡식 대신 구황식물로 먹거나 도토리묵 또는 도토리빈대떡을 만들어 먹었던 것으로 여겨진다. 요즈음에도 도토리묵은 고유 음식물 가운데 하나로 널리 애용되고 있으며 도토리수제비나 도토리국수를 만들어 먹기도 한다. 최근에는 도토리에서 추출한 아콘산(acornic acid)으로 환경오염의 주범인 중금속을 제거할 수 있는 기술이 개발되어 수질오염 해결에 크게 기여할 것으로 보이는데, 도토리 1㎏이 약 3.4T의 폐수를 처리할 수 있다고 알려져 있다.

독립구매(independent purchasing) 각 사업소나 조직의 한 부서에서, 필요한 물품을 독립적으로 단독 구매하는 형태. 분산구매, 현장구매라고도 하며 지역에 따라 가격 차이가 없는 품목, 소량 품목 구매에 유리하다.

독버섯 독성 성분이 함유된 버섯. 종류로는 광대버섯, 무당버섯, 붉은 싸리버섯, 화경버섯 등이 있다. 유독 성분과 중독증상은 버섯의 종류에 따라 다르나, 대부분이 아민(amine)류의 무스카린과 유독 단백질로, 복통, 설사, 중추신경마비, 심장 및 호흡곤란, 경련, 사망 등 맹독성이다. 독버섯의 특징은 ① 빛깔이 화려하고 진하며 쉽게 변한다. ② 냄새가 고약하거나 나쁘다. ③ 끈적끈적한 점질이 있거나 즙액이 나온다. ④ 맛이 맵거나 쓰고 자극성이 있다. ⑤ 벌레가 먹은 흔적이 없다. ⑥ 세로로 찢었을 때 부서지거나 찢어지지 않는다. ⑦ 음습지에 많이 자생한다. ⑧ 은수저에 대어 보았을 때 검붉은 반응을 일으킨다.

독소형 식중독(intoxication) 병원성 미생물에 의해 생성된 독성물질을 함유한 식품을 섭취하여 발생하는 식중독 발현기전의 한 유형. 미생물 증식에 의하여 생성된 장독소(enterotoxin)를 섭취하여 인체에 부작용을 낼 때 발생하는 것으로서 스타필로코쿠스 아우레우스(*Staphylococcus aureus*)가 대표적이다. 미생물이 생성한 독소는 콜로스트리디움 보튤리늄균(*Clostridium botulinum*)과 같이 자연계에 존재하는 독소중 독성이 가장 강한 대신 열에 민감한 것이 있는가 하면 반면, 스타필로코쿠스 아우레우스 독소는 열에 대한 내성이 매우 강하다.

돈지(豚脂, lard) 돼지의 지방조직을 정제하거나 녹여서 얻는 흰색의 고체 또는 반고체 지방. 돼지의 지방조직으로부터 렌더링(rendering)이라는 과정을 거쳐 분리해 낸 지방으로 서양에서는 파이나 비스킷 같은 페이스트리(pastry)를 만들 때, 채소나 콩요리를 할 때 많이 사용한다. 돼지는 부위에 따라 지방을 형성하는 지방산의 종류가 다르기 때문에 맛과 품질이 다르며, 유지를 만드는 방법도 다르다. 중성 라드는 돼지의 신장과 등 부분에서 짜낸 최고급품 지방이고 리프 라드(leaf lard)는 돼지의 신장을 둘러싸고 있는 지방조직에서 짜낸 것으로 중성 라드 다음 가는 고품질의 지방이다. 라드는 버터와 같은 굳기이며 크림같이 부드럽다. 라드는 에스테르 교환(interesterification)을 통해 분자를 재조정하거나 수소를 첨가하여 변형시킨 후 다른 지방이나 기름과 섞어 쇼트닝을 만든다. 우지보다 불포화지방산의 함량이 많기 때문에 연질이고 녹는점도 낮아서 라드를 사용하여 만든 음식은 부드럽고 맛이 좋다. 라드의 지방산 조성은 돼지 사료의 영향을 받으며 대표적인 지방산은 올레산, 팔미트산, 스테아르산, 리놀레산이다. 고도의 불포화지방산인 리놀레산의 함량이 많기 때문에 영양상으로 보았을 때는 좋으나 산화되기 쉬운 결점이 있다. 따라서 사용할 때는 가벼운 수소첨가 또는 항산화제를 첨가하면 산화를 방지할 수 있다.

돌나물 돌나물과에 속하는 여러해살이풀로 산채의 일종. 학명은 *Sedum sarmentosum* Bunge. 돈나물이라고도 한다. 별명은 석채(石菜)로 전국의 어디에서나 자생하며 주로 양지바른 돌사이에서 많이 자라고 있어 돌나물이라는 이름이 붙여졌다. 한국 전역, 일본, 중국 등지에 분포한다. 식물의 높이는 15cm 정도이고 잎의 모양은 잎 양끝이 뾰족하고 가장자리는 밋밋하다. 줄기를 잘라 땅에 꽂아 두면 잘 자란다. 노란색 꽃이 8~9월에 핀다. 영양성분 중에는 특히 칼슘이 많다. 특수성분으로 세도헵툴로우스, 메칠이소펠레티린 등이 있어 한방에서는 불갑초(佛甲草)라고 하여 해열, 해독, 타박상, 간경변, 뱀에 물린 데 사용하였으며 민간요법에서는 잎의 즙을 곪은 상처에 붙이거나 식욕증진, 볼거리에 사용하였다. 어린줄기와 잎을 물김치, 겉절이, 무침, 나물 등으로 이용한다.

돌산갓(芥菜, mustard leaf) 십자화과의 초본. 학명은 *Brassica juncea* var. *integrifolia*. 일본에서 개발된 것으로 우리나라에는 약 40여 년 전에 들어와 전남 여천군 일대에서 재배하고 있다. 배추와 비슷한 모양이나 잎의 개수는 8~9매이고 잎이 전체가 연록색이며 잎줄기가 두껍고 넓다. 톡 쏘는 매운맛이 갓에 비해 적고 섬유질이 적고 부드러우며 줄기에 가시가 없다. 성분은 수분이 93.3%이며 단백질 2.2%, 지질 0.4%, 탄수화물 2.4%, 섬유소 10.7%, 무기질 1.0%이다. 무기질 중에서는 칼슘, 철의 함량이 높다. 비타민 중에서는 비타민 A, B_1, B_2, C가 들어 있다. 주로 김치, 나물, 된장국 등에 이용한다. 돌산갓김치는 빨리 시어지지 않고 시어진 후에도 특유의 향과 맛이 있다.

돌연변이(mutation) 유전물질인 DNA가 갑자기 변화하고 자손에게까지 전달되는 일. 돌연변이는 유전물질의 복제과정에서 우연히 발생하거나 방사선이나 화학물질 등과 같은 외부요인에 의해 발생한다. 자연발생적 변이는 100만 번의 DNA복제 중에서 한 번 정도의 비율로 일어나며, 방사선이나 약품을 처리하면 이보다 높은 빈도로 일어난다. 돌연변이를 일으키는 유발원을 돌연변이원(mutagen)이라하고 여기에는 방사선이나 화학물질 등이 있다. 돌연변이 유발성을 돌연변이원성(mutagenicity), 돌연변이가 생기는 과정과 생긴 상태를 돌연변이유발(mutagenesis)이라고 한다.

동결건조(freeze drying) 원료를 −70℃에서 급속동결한 다음 감압조건에서 식품 내의 얼음을 승화시켜 수분을 제거하는 건조방법. 식품의 품질면에서 가장 이상적인 건조방법이다. 진공건조의 일종으로, 물리 · 화학적으로 변질이 적고, 복원성이 좋으며, 또한 밀폐장치 안에서 저온에서 다루어지므로 미생물 등에 의한 오염도 적다는 장점이 있다. 동결건조의 3단계는 첫째, 예비동결로서 건조에 앞서 식품 중의 수분을 동결 고화시키고, 둘째, 얼음의 승화에 의해 원료로부터 수분이 제거되며, 셋째, 얼음이 전부 승화하여도 원료 중에 흡착하여 있는 수분이 남아 있으므로 동결건조기 내에서 원료의 온도를 상승시켜 증발시킨다. 품질이 좋은 인스턴트 식품의 제조에 이용된다.

동결저장(凍結貯藏, frozen storage) 식품 중의 수분을 동결시켜서 동결된 상태로 저온에서 저장하는 방법. 원리는 식품에 함유된 수분을 가능한 한 전부 동결시켜 −18℃ 이하의 저온에 저장함으로써 ① 부패미생물들의 생장 · 증식을 정지시키고, ② 식품의 조직 중의 효소들이 촉매하는 자기소화 또는 변패작용을 억제시키고, ③ 식품 성분들의 화학적 변화들을 억제시켜 저장 수명을 연장하는 것이다.

동기부여(motivation) 개인의 필요와 욕구를 자극하여 행동을 이끌어내는 반복적이고 순환적인 과정.

동물성 지방(animal fat) 동물의 지방조직에 포함된 유지. 동물은 과잉 화학 에너지의 일부를 유지의 형태로 지방조직에 저장하는데, 피하나 장간막, 장기 주위, 근육 사이에서 많이 볼 수 있다. 동물성 유지는 주로 우지(牛脂), 돈지(豚脂), 양지(羊脂) 등과 같은 육산동물유를 말한다. 육산동물유는 탄소수 16, 18의 포화지방산 함량이 높고, 비교적 불포화도가 낮다. 포화지방산의 조성은 식물지(植物脂)와는 달리 완전 포화 트리글리세드가 많고, 가소성이 크다. 불포화지방산은 거의 올레산과 리놀레산인데, 실용지방으로 중요하며, 식용에 적합하지 않은 저급품은 주로 비누제조용으로 사용된다.

동백기름(冬柏油, camellia oil) 동백의 씨를 압착하여 얻는 기름. 주요 산지는 제주도와 남해안 등지이나 생산량은 적다. 주요 구성지방산은 올레산으로 약 90%를 차지하여 불건성유(不乾性油)이다. 공기 중에 방치해도 증발하지 않고, 비중은 약 0.916으로 물과 비슷하다. 황색의 맑은 기름으로 응고점은 약 25℃로 약간 높다. 정제한 것은 담백한 맛이 있어 요리에 쓰인다. 올리브 기름 대용으로도 쓰인다. 우리나라에서는 과거에 부녀자들이 머릿기름으로 많이 써 왔다.

동작연구(motion study) 종사원의 동작을 상세히 분할하고 검토하여 불필요한 동작 요소를 없애고 필요한 동작을 합리적인 순서로 재배열하여 작업의 효율성을 높이고자 하는 작업 개선을 위한 연구 방법.

동적 점성도(動的粘性度, kinematic viscosity) 점성도를 밀도로 나눈 양. 동점도 · 동점성률 · 운동점성계수라고도 한다. 점성유체의 운동은 점성도 η와 밀도 ρ의 비 $\nu=\eta/\rho$에 의해서 지배되는데, 이 ν가 동적 점성도이다. 단위는 MKSA 단위계에서는 m^2/s이고, CGS 단위계의 스토크스(St)도 사용되며, $1St=1cm^2/s$이다. 확산계수(擴散係數)의 차원과 같으며, ν를 속도의 확산계수라고 할 수 있다.

동적 점탄성(動的粘彈性, dynamic viscoelasticity) 진동적인 힘을 계속해서 주어, 역학적으로 물체에 항상 평형상태 반복을 하고, 그 반응을 관측해서 얻은 점탄성. 예를 들면 복소탄성률 등이다. 수박의 익은 상태를 알아보기 위해 겉을 두드리거나 치즈의 좋고 나쁨, 숙성상태를 두드려 판단하는 등의 행위는 동적 점탄성과 대응한다.

동적 탄성률(storage modulus) 일정 주파수 사인(sin)적 응력성분의 크기. 복소탄성률의 실수부.

동죽(surf clam) 연체동물 석패목(石貝目) 개량조개과의 부족류. 학명은 *Mactra veneriformis* Reeve. 바지락 개량조개라고도 한다. 중요한 식용종으로 새끼조개를 채취하여 양식하는 곳도 있다. 산란기는 5~7월이다. 내만의 모래와 진흙이 많은 곳에 살며, 남해안에서 많이 나며 바지락, 백합과 서식장소가 같다. 우리나라, 일본, 타이완 등지에 분포한다. 모래를 토하도록 바닷물에 보관한다. 소화작용 및 간장기능 향상에 좋다.

동충하초(冬蟲夏草, vegetable worms) 자낭균류 맥각균목 동충하초과의 소형 버섯류. 학명은 *Corduceps militaris* Fr.. 넓은 의미에서 곤충류에서 발생하는 모든 종류를 말하지만 좁은 의미에서는 번데기 동충하초를 말한다. 겨울에는 곤충의 몸에 기생하다가 여름에 곤충이 죽으면 풀처럼 나온다고 해서 붙여진 이름이다. 면역기능을 강화시키며 암, 고혈압, 신장병, 심장병, 동맥경화, 뇌졸중, 허약체질, 위장에 탁월한 효과가 있는 것으로 알려져 있다.

돼지고기(pork) 수육류(獸肉類). 저육(猪肉)이라고도 한다. 멧돼지를 가축으로 기른 것이 돼지인데, 중국에서는 일찍부터 식용으로 이용하였다. 중국요리에서 요리명에 러우[肉]라는 말이 붙은 것은 돼지고기를 가리킨다. 돼지의 종류는 수십 종이 있으나 크게 흰돼지와 흑돼지로 나눌 수 있다. 흰돼지는 비계가 두꺼워 살이 많이 찌고 빨리 크는 데 비해 흑돼지는 사료효율이 나빠 빨리 크지 않지만 살이 단단하고 맛이 좋다. 돼지고기는 잡은 지 3~4일 지난 것이 가장 맛있다고 하며, 오래 되면 고기가 누렇고 단면이 희어진다. 지방은 올레산, 리놀레산 등의 불포화지방산의 함량이 많아 융점이 낮은 편이다. 고기를 입에 넣었을 때 소기름(40~50℃)에 비해 돼지기름(33~46℃)이 입에서의 촉감이 좋은 것은 융점이 사람의 체온과 더 가깝기 때문이라고 생각된다. 다른 육류와 마찬가지로 돼지고기에는 단백질의 함량이 많고, 비타민 B_1의 함량이 0.4~0.6mg으로 월등히 많다. 100g당 열량은 125kcal이다. 다만 돼지고기에는 선모충 등의 기생충이 있을 염려가 많으므로 날로 먹는 일은 피하고 반드시 충분히 익혀서 먹어야 한다. 그러나 너무 익히면 고기맛을 잃게 되므로 구이를 할 경우는 우선 센 불로 양쪽 면을 완전히 익힌 다음 불을 낮추어 속까지 익도록 뚜껑을 덮어 익히는 것이 좋다. 돼지고기는 대체로 연하고 지방질이 많아 열량을 많이 얻을 수 있는 식품이므로 여러 가지 요리에 폭넓게 이용된다. 돼지고기 요리로는 양념하여 구이나 볶음을 하고, 갈비나 족으로는 찜을 하며, 돼지머리는 삶아 눌러 돼지머리편육을 만든다. 돼지고기의 부위는 쇠고기만큼 자세히 분류하지 않고 목심, 등심, 안심, 갈비, 삼겹살, 앞다리, 뒷다리 등 7부위로 구분한다. 육량과 육질·외관을 종합하여 평가하여 5개 등급(A, B, C, D, E)이 있으며, 등급판정은 도체중량과 등지방 두께로 등급을 판정하게 되나 최종 등급은 외관(균형, 비육 상태, 지방부착 상태, 마무리) 및 육질(조직감, 육색, 지방색과 질, 근내 지방도)의 정도에 따라 판정하게 된다. 소비자 선호부위인 목심과 삼겹살은 등급을 표시해야 하며, E등급(노폐돈)은 '등외'로 의무표시하고, A·B·C·D 등급은 '기준등급'으로 표시할 수 있다. 육색이 연분홍빛을 띤 것이 좋다. 부위에 따라 지나치게 짙은 색을 띠는 것은 질기고 맛이 없으며 고기 전체가 누런 것은 오래된 것이다. 지방층이 붉거나 부분적으로 변색된 것, 물렁물렁한 것은 피하도록 한다.

된장(fermented soybean paste) 메주를 소금물에 담가 발효시킨 후 액체를 떠 낸 나머지의 메주 건더기를 계속 발효시킨 것. 된장의 발효에는 누룩균, 효모균, 젖산균 등의 미생물이 작용하여 숙성 중에 균이 분비하는 효소에 의하여 단백질, 전분, 지방 등이 가수분해되어 아미노산, 당, 유기산 등이 함유되어 단맛, 감칠맛이 풍부하다. 따라서 된장은 구수한 맛과 짠맛이 어우러져 음식의 맛을 내고 간을 맞추는 조미료의 역할 뿐 아니라 육류의 누린내, 어류의 비린내 등 좋지 않은 맛과 냄새를 제거해주는 역할도 한다. 된장에는 단백질을 비롯한 각종 비타민과 무기질이 풍부하다. 된장의 종류는 메주의 재료와 담그는 방법에 따라 된장, 담북장, 집장, 밀장, 막장 등 다양하다. 된장의 제니스테인(genistein)은 콩에서 발효될 때, 원료 콩의 제니스틴(genistin)에서 유래되어 항암활성을 나타낸다. 제니스테인은 콩보다 높은 항암성을 나타낸다. 특히 제니스테인은 유방암과 암 전이를 예방하는 데 효과가 있다. 된장의 종류는 재래식과 개량식이 있다. 재래식은 메주를 소금물에 담가 1~2개월 숙성시킨 후 액체를 걸러내고(조선장) 건더기만을 발효시켜서 만든 것으로 단맛과 감칠맛이 적다. 개량식 된장은 일본에서 개발되었는데 대두만을 원료로 한 콩된장과 보리나 쌀로 코지를 만들고 여기에 찐 콩을 넣어 만든 쌀·보리된장이 있다. 만드는 방법은 대두, 쌀 또는 보리를 증자하고 종국을 가해 코지를 만든다. 대두, 쌀 또는 보리 코지를 섞어 물과 소금을 넣어 발효 숙성시킨 것으로 장물을 떠내지 않고 숙성시킨다. 된장 코지균은 황국균에 속하는 균주로 향기가 좋고 단백질 분해력, 당화력이 강하다. 된장 특유의 향기를 만드는 역할을 하는 내염성 효모로는 사카로미세스 루시이(*Saccharomyces rouxii*), 토룰롭시스(*Torulopsis*)속이 사용된다. 된장 제조에서 젖산균의 작용이 불충분하면 산이 부족한 미숙한 된장이 되고 효모의 작용이 불충분하면 방향이 부족한 된장이 된다. 그 외에도 봄철에 담그는 담북장, 막장, 여름철에 담그는 집장, 가을철에 담그는 청태장, 겨울철에 담그는 청국장 등이 있다. 된장은 항아리에 넣어 입구를 종이나 비닐로 완전히 밀폐하여 뚜껑을 덮는 것이 좋으며 맑은 날에는 4~5시간 정도 뚜껑을 열고 바람과 햇볕을 쏘이는 것이 좋다.

두류(legumes) 콩과식물의 꼬투리 속의 종자의 총칭. 영어로는 유지종자류를 제외한 두류를 'pulses', 완두, 렌즈콩 등을 제외한 두류는 'beans'라 하여 'legumes'와 구분하여 표기한다. 대부분의 꼬투리는 열매로 열리나 땅콩과 같이 꼬투리가 땅속에서 성장하는 것도 있다. 종피, 자엽, 배아로 되어 있으며, 그 비율은 대략 8 : 90 : 2 정도이다. 콩의 가식부는 자엽부이고 2장의 자엽 사이에 배아가 있다. 종피의 표면은 각피(cuticle)층으로 되어 있어서 물을 통과시키지 않으며 단단하고, 묽은 산이나 알칼리에 불용성이다. 따라서 두류는 저장과 수송이 편리하고 양질의 단백질과 지방의 중요한 급원으로 영양가가 우수한 식품이다. 그러나 종피에는 조섬유가 많고 세포막은 주로 헤미셀룰로오스(hemicellulose)로 되어 있어 소화흡수율이 떨어지는데 다행히 우리나라에서는 예로부터 두류의 조리법이 발달하여 두부, 두유로 가공되기도 하고, 식용유의 원료로 이용되기도 하며, 싹을 틔워 채소로 이용하기도 한다. 우리나라에서 주로 생산되는 두류에는 콩(대두), 팥(적두), 녹두, 땅콩, 강낭콩, 동부, 완두 등이 있다. 두류는 환경에 대한 적응성이 좋으며, 재배가 용이하고 생육기간이 짧아 전 세계적으로 널리 재배하며 윤작이나 간작이 가능하고, 뿌리혹박테리아의 기생으로 토양을 비옥하게 하며, 단백질은 식물성 단백질임에도 불구하고 비타민 B_1과 칼슘, 철, 인과 같은 무기질의 우수한 급원식품이라는 점에서 식품학적인 가치를 가진다. 두류는 보통 단백질의 함량이 20~40%로 매우 높은 편이어 단백질 식품으로 알려져 있으나 그 종류에 따라 구성성분의 차이가 커 그 성분에 따라 크게 세 그룹으로 나눌 수 있다. 첫째, 대두나 땅콩같이 단백질과 지방 함량은 높고 탄수화물(20% 이하)은 비교적 적은 것, 둘째 팥, 녹두, 완두, 강낭콩같이 지방(2% 정도)이 극히 적고 탄수화물(50% 이상)의 함량이 많은 것, 셋째 청태콩, 껍질콩과 풋완두같이 채소적 성격을 띤 것 등으로 분류할 수 있다. 두 번째 그룹에 속하는 것들에는 50% 이상의 탄수화물이 함유되어 있고, 그 대부분이 전분이다. 이 두류들은 전분의 함량이 높아 가열하면 쉽게 무르므로 전분을 추출하여 떡이나 과자의 속 또는 고물로 많이 이용하고 있다. 비타민의 함유량도 그룹별로 약간의 차이를 보이는데 대부분의 두류는 비타민 B_1의 좋은 급원이나 비타민 C는 풋완두나 콩나물을 제외하고는 나머지 두류에는 거의 들어 있지 않다.

두릅 두릅나무과의 낙엽활엽 관목으로 산채의 일종. 학명은 *Aralia elata* Seem.. 우리나라뿐만 아니라 일본, 중국 등에 널리 분포되어 있다. 4~5월경 줄기의 끝에서 돋아나는 새순을 식용한다. 두릅나무과에 속하는 나무는 전 세계에 약 6백여 종이 있으며 우리나라에는 두릅나무, 오갈피나무, 음나무, 황칠나무 등 10여 종이 있다. 나무의 높이는 3~4m이고 줄기와 잎에 가시가 있다. 잎은 타원형 또는 넓은 난형으로 가장자리에 톱니가 있고 잎의 뒷면은 희고 잎자루에 잔털과 가시가 있다. 유사종으로 잎 뒷면에 회색 또는 황색의 가는 털이 나 있는 것을 애기두릅나무(var. *canescens*), 잎이 작고 둥글며 잎자루의 가시가 큰 것을 둥근잎두릅나무(var. *rotundata*)라고 한다. 성분은 수분 84.9%, 단백질 5.5%, 지방 0.9%, 탄수화물 4.5%, 섬유 2.2%, 회분 2.0%이다. 특히, 단백질과 회분이 많은데 단백질은 아미노산 조성이 우수하다. 특히, 철이 풍부하며, 특수성분인 올레아노린산, 알파타랄린, 베타타랄린, 이라로시드, 사포닌 등 다양한 성분을 함유하고 있다. 쌉싸래한 맛이 식욕을 돋우어 준다. 그러나 많이 먹으면 설사나 배탈이 나기 쉽다. 두릅은 끓는 물에 데쳐서 초고추장에 찍어 먹거나 나물로 하는데 목두채(木頭菜), 문두채(吻頭采), 요두채(搖頭菜)라고도 한다. 또 소금을 뿌려 간을 들인 후 기름이나 버터에 볶거나 튀김가루를 발라 튀겨 먹기도 한다. 또 살짝 데친 후 길이로 잘라서 양념을 하여 쇠고기와 번갈아 대꼬챙이에 끼워 밀가루를 묻히고 달걀을 씌워 기름에 지진 것을 목두채적이라고 하는데 상당히 맛이 있다. 두릅을 손질할 때는 겉껍질을 벗기고 줄기의 딱딱한 부분을 떼어낸 후 밑동에 십자 모양의 칼집을 내어 끓는 물에 소금을 넣고 데친다. 좋은 두릅은 절단부위가 목질부를 포함한 것이 좋으며, 잎 끝이 퇴색되지 않고 녹색을 유지한 것이 좋다. 잎의 펴짐 정도는 반 정도가 좋다. 잎줄기에 붙은 가시가 만져서 아플 정도이면 좋다.

두부(豆腐, **soybean curd**) 대두를 물에 담갔다가 갈아 그 액을 가열하여 비지를 짜내고 응고제를 첨가하여 굳힌 식품. 문헌상에 나타난 두부 제조는 지금부터 2천 년 전인 중국 한(漢)나라의 회남왕(淮南王) 유안(劉安)이 발명한 것이 시초라고 한다. 우리나라 문헌에는 고려 말기의 성리학자 이색(李穡)의 『목은집(牧隱集)』 '대사구두부내향(大舍求豆腐來餉)'이라는 제목의 시(詩)에 '나물죽도 오래 먹으니 맛이 없는데, 두부가 새로운 맛을 돋우어 주어 늙은 몸이 양생하기 더없이 좋다….' 라는 구절이 나오는 것이 처음이고, 중국과 교류가 가장 활발하였던 고려 말에 원(元)으로부터 전래되었을 것으로 추측한다. 두부는 대두를 마쇄하여 대두 중에 함유된 수용성 단백질(글리시닌)의 교질 현탁액인 두유로 만들고 여기에 응고제(Ca과 Mg의 염화물 또는 황산염)를 가하여 침전 · 응고된 겔(gel) 상태로 정의된다. 두부의 제조는 콩 선정과 침지, 두유의 제조, 응고제로 수용성 단백질의 응고, 성형 틀에 의한 압착 및 성형 그리고 냉각 및 수침 과정이 포함된다. 두부 제조에 사용되는 대두는 단백질 함량이 높고 종피의 색이 표피와 동일하고 종실 크기가 비교적 크고 표피가 얇은 것이 좋은 것으로 알려져 있다. 원료 콩의 조성에 따라 두부의 영양성분이 다르게 된다. 대두단백질이 겔을 형성할 때 11S성분이 7S보다 두부의 조직을 강하게 하며, 단백질이 응고될 때 분산되지 않고 하나의 덩어리를 이루면서 덩어리간 결합이 견고한 상태로 된다. 따라서 11S 성분을 많이 함유한 대두로 두부를 제조하면 두부 조직이 그만큼 강하게 된다. 반면 7S 성분은 두부의 겔을 부드럽게 한다. 성형 후 두부가 충분히 굳으면 잠시 수침시켜 여분의 응고제를 제거하여야 맛이 좋아진다. 보통 두부 1모는 200g이 표준이고, 콩 1kg에서는 400~500g의 두부가 나온다. 현재 우리나라에서 유통되고 있는 두부를 크게 나누면 수분 함량 차이에 따라 일반 두부, 만두두부, 연두부 등이 있고 유탕 처리한 유부, 채소 및 해조류, 겔화 물질, 영양강화제를 첨가하여 응고시킨 가공 두부 등이 있다. 두부의 성분은 추출 및 응고방법 및 사용된 대두 종자에 따라 차이가 있으나 일반적으로 100g당 52.6kcal의 열량을 가지며 85%의 수분, 7.5% 단백질, 4.3%의 지방을 갖고 있다. 두부의 소화흡수율은 96%로 생대두가 갖는 82%에 비해 가열처리로 인해 소화흡수율이 높다. 단백가가 우유나 달걀단백질의 85~95% 정도로 우수한 단백질 급원 식품이다. 또한 두부는 콜레스테롤과 유당(lactose)이 없고 포화지방산의 함량도 낮다. 두부의 온화한 맛과 다공성 조직감을 이용해서 다른 식품과 함께 조리되는 경우가 많다.

두유(soybean milk) 대두의 수용성 추출액. 콩물 또는 콩국이라고도 한다. 두유는 B.C. 2세기경에 중국에서 처음으로 만들어진 것으로 여겨진다. 일본, 한국, 필리핀, 홍콩, 싱가포르 등에서 상업적으로 생산되고 있다. 일반적으로 두유는 8~10%의 고형분을 갖고 있다. 그 중 단백질 3.6%, 지방 2.0%, 탄수화물 2.9% 그리고 회분은 0.5%이다. 두유는 많은 양의 단백질, 철, 불포화 지방산, 나이아신을 함유한다. 그러나 지방, 탄수화물, 칼슘의 함량은 낮고 유당(lactose)은 없다. 전통적인 두유의 제조는 대두의 수침과정으로부터 시작된다. 수침은 대두의 조직을 부드럽게 하며 마쇄를 용이하게 해주고 대두단백질 및 가용성 물질로 되어 있는 고형성분의 분산을 용이하게 하여 준다. 수침 시 수분의 흡수를 조절하는 것은 표피이며 사용된 대두에 따라 다르지만 흡수가 시작된 지 1~2시간 동안 가장 많은 수분을 흡수하고 수침시간이 길어질수록 수분 흡수율이 감소하게 된다. 마쇄과정에서는 단백질이 추출되고 지방과 함께 물에 분산되는데 대두 중량의 9~10배의 물을 가한 후 100℃에서 10~20분 간 끓여 대두단백질의 가용화를 용이하게 한 후 비지를 제거하고 두유를 얻게 된다. 두유 제조방법에는 마쇄 후 가열 처리하는 전통적인 방법과 이를 개선하여 온수로 마쇄하는 코넬(Cornell) 방법, 마쇄 전 가열처리하는 일로노이스(Illonois) 방법 그리고 스팀으로 고온단시간 열처리하는 RHHTC 방법 등의 개선방법이 있으며, 또한 상업화된 두유제조 방법으로 데치기(blanching) 전에 콩을 수세하여 껍질을 벗겨 제조하는 대니시(Danish) 방법, 테트라 알윈 소이 프로세스(Tetra Alwin Soy Process), α-라발(Laval) 방법 등이 있다. 두유는 우유 대체용으로 식용되나 한편 두부 등과 같은 대두 식품으로 가공하기 위한 중간물질로 사용되기도 한다. 그리고 두유는 여러 종류의 생리활성 물질을 가지고 있으며 콜레스테롤이 없어 우리나라를 비롯한 세계 여러 나라에서 천연의 건강식품으로 가치를 인정받고 있다. ☞ 두부

▲ 두부류의 종류 및 특징

분류	종류	특징
두부류	일반 두부	대두 고형분이 6~8%인 두유를 응고시켜 수분이 85% 내외인 것
	연두부	대두 고형분이 11% 내외인 두유를 가열 냉각 후 가열 응고시킨 것
	순두부	대두 고형분이 7% 내외인 두유를 가열 냉각 후 가열 응고시킨 것
	경두부	일반 두부를 압착 시에 수분이 78% 이하로 압착한 것
	압착 연두부	연두부 조직과 같이 한 압착두부
가공두부류	유부	3~5%의 두유를 단시간 가열하여 응고시킨 후 2단계에 걸쳐 튀김
	생양	두부의 표피만 유탕 처리한 것
	군두부	프라이팬에 표피를 튀긴 것
	냉동건조 두부	두부를 급속동결하여 건조시킨 것
	계란 연두부	계란을 생란으로 10% 이상 첨가하여 응고시킨 것
	분말두부	두유를 분무건조 후 응고제를 첨가한 것으로 물을 붓고 가열 시 두부가 되는 것
	두부국수	두유에 겔화 물질을 첨가하여 가열 시 응고시킨 것
	강화두부	비타민, 미네랄 등을 두유에 첨가한 것
	어육두부	어육(수리미)의 열응고성을 이용하여 두부와 혼합 응고시킴
	발효두부	두부를 발효시켜 응고한 것
	수프	두부를 발효시켜 보존성을 늘린 것
	간모	두부를 으깨어 다른 첨가물을 넣고 유탕 처리한 것
	우유두부	우유를 산처리 혹은 응고제로 응고시켜 압착한 것
	혼합두부	두유에 채소, 해조류 등을 넣어 가열·응고시킨 것
	분리대두 단백두부	분리대두 단백을 이용하여 단백질 함량을 조정한 두부
	조미두부	두부를 조미하여 인스턴트화한 것

출처: 농수축산신문사(1999)

두족류(*Cephalopoda*) 동물분류학상 연체동물에 속하는 한 강. 좌우상칭으로 발, 머리, 몸통의 3부분으로 나누어져 있고 몸통의 껍데기가 있는 쪽이 등, 깔때기가 있는 쪽이 배이다. 머리에는 무척추동물 중에서 가장 발달된 1쌍의 홑눈이 있고 또 악편(顎片) · 치설(齒舌)이 있는 입이 있다. 족연(足緣)에 8개(팔완목, 낙지류) 또는 10개(십완목, 오징어류)의 발이 연결되어 있고 발에는 흡착판이 붙어 있다. 두족류 중 식용으로 이용되는 것은 주로 문어류와 오징어류이다. 문어류는 초밥용 또는 삶아서 숙회로 이용하는 것이 보통이다. 오징어류는 횟감, 튀김, 삶아서 이용하며 많은 양이 마른 오징어로 이용된다. 문어나 오징어류의 일반적인 성분은 기타 어패류와 거의 같아 영양가가 좋다. 오징어는 단백가 85, 문어는 단백가 75로 비교적 좋은 단백질을 공급하는 식품이다.

뒷맛(後味, after taste) 음식을 먹은 후 느껴지는 맛. 먹고 난 후 불쾌한 맛이 오랫동안 남는 경우와 상쾌한 느낌이 남는 경우가 있다. 뒷맛이 좋지 않은 성분으로서는 떫은맛, 금속맛, 아린맛 등 일반적으로 불쾌한 맛이 많으며, 이러한 맛의 자극은 오랫동안 혀의 미각에 남아서 음식 전체의 맛을 나쁘게 한다. 따라서 뒷맛을 나쁘게 하는 성분은 제거하는 조리조작을 하게 된다. 일반적으로 산미는 뒷맛을 좋게 하는 경우가 많다.

듀럼 밀(durum wheat) 마카로니 소맥이라고도 불리는 이탈리아가 원산지인 단백질 함량이 높은 밀. 스파게티나 마카로니와 같은 파스타(pasta)용 밀가루 제조에 이용되며, 지중해 연안과 중동 지역에서 재배된다.

드라이브인 서비스(drive-in or drive-thru service) 자동차를 탄 채 서비스를 받는 형태. 주로 패스트푸드 레스토랑에서 볼 수 있는 서비스로 운전을 하다가 차에 그대로 앉아서 웨이터나 웨이트리스에게 청하여 음식을 받는 형태를 의미한다.

드라이 아이스(dry ice) 고체 이산화탄소의 속칭. 기체 이산화탄소를 압축 액화하여 노즐로부터 분출시키면 단열 기화할 때의 잠열에 의하여 냉각되며 그 일부가 눈송이 모양의 분말로 된다. 여기에 소량의 액체 이산화탄소를 가하여 압축시켜 덩어리로 만들면 대기압 하에서 −78.5℃에서 승화하며 주변의 열을 빼앗아 저온이 얻어지므로 냉각제로 사용된다.

드라이 키친 시스템(dry kitchen system) 주방 바닥의 물기를 최소화함으로써 다습한 환경에서의 미생물 번식을 최대한 억제하고 주방 작업자들도 보다 쾌적한 환경 속에서 작업이 가능하도록 만든 주방 시스템.

드레싱(dressing) 샐러드 · 냉요리 · 전채(前菜) 등에 사용되는 차가운 소스의 총칭. 프렌치드레싱이 기본이다. 기름과 식초의 비율은 2:1이며 그 외에 소금과 후춧가루를 조금 넣는다. 이것에 잘게 썬 향미 채소와 각종 향신료를 넣어 여러 가지 드레싱을 만들 수 있다.

ㄷ

드롭스(drops) 설탕에 향료를 섞어 굳혀 만든 서양과자. 백색, 적색, 황색, 녹색, 자색, 초콜릿색 등의 다양한 색을 가진 유리처럼 투명한 모양이며, 먹을 때에는 아삭아삭 부서지고 이에 달라붙지 않는 것이 특징이다. 설탕을 주재료로 하여 물에 녹인 후 물엿을 섞어서 114~149℃까지 온도를 높여서 농축시킨 다음 어느 정도 식혀서 산미료, 과즙, 색소, 향료 등을 섞어 말랑말랑할 때 모양을 만든다. 우리나라에는 미국에서 일본으로 보급된 것이 들어온 것으로 추정된다.

드립(drip) 동결 식품이 해동될 때 내부에 있던 얼음 결정이 융해되어 물로 되면서 그 물의 일부가 원래대로 세포조직에 흡수되지 않고 외부로 유출되는 액. 드립 중에는 물에 녹을 수 있는 성분인 단백질, 액기스분, 염류, 비타민류를 함유하고 있기 때문에 식품 본래의 풍미와 영양가가 저하되고 동시에 중량도 감소한다. 드립은 식품을 동결 저장함으로써 오는 세포조직의 기계적 손상, 단백질, 전분 등의 보수성의 비가역적인 변화에 의해 물이 원래대로 결합할 수 없게 되어, 식품으로부터 이탈, 압출되기 쉬워지기 때문에 생긴다. 드립의 양은 덩어리가 크고, 선도가 좋고, 동결속도가 빠르고, 동결저장 중의 온도변화가 적고, 저장온도가 낮고 저장기간이 짧을수록 적다.

들기름(perilla oil) 들깨에서 짜낸 기름. 들깨는 인도 · 중국 등이 원산지로 한국 · 일본 등에서 재배된다. 들깨에는 40~45%의 지방이 함유되어 있고 주로 리놀레산(50%), 올레산(11%)으로 구성되어 있어 고도의 불포화산이 많아 건성유에 속한다. 필수지방산을 많이 함유하고 있으며 들깨의 씨를 착유한 기름으로 독특한 방향을 가지고 있으며 참기름 대용으로 많이 쓰이고, 깻묵은 사료 또는 비료로 쓰인다. 유럽 지역에서는 들기름을 주로 공업용으로 사용한다. 종피의 색은 백색과 흑색이 있는데 흑색종을 많이 재배하고 있다. 들깨의 종자에는 아미노산 중에 아르기닌(arginine)와 리신(lysine)이 다량으로 함유되어 있어 리신이 부족한 참깨와 대조가 된다.

들깻잎(紫蘇, perilla leaf) 꿀풀과에 속하는 한해살이 쌍떡잎식물. 학명은 *Perilla frutescens* Britt. *japonica* Hara. 일본자소라고도 한다. 원산지는 인도, 중국 중남부이다. 분포지역은 한국, 중국, 인도, 일본이다. 우리나라에는 통일신라시대에 참깨와 들깨를 재배한 기록이 있다. 식물의 전체 높이는 60~90cm이다. 줄기는 사각으로 곧으며 잎은 마주 나고 길이 7~12cm, 너비 5~8cm로 가장자리가 톱니모양이고 겉은 녹색이지만 뒷면에는 자줏빛이 돈다. 무기질 중에서는 칼륨, 칼슘, 철 함량이 매우 높다. 비타민 중에서는 비타민 A(1,553R.E.)의 함량이 매우 높으며, 비타민 B_1, B_2, C 함량도 높다. 잎에 특유의 향기가 있으며 정유성분은 0.4% 정도이고 주성분은 페닐라케톤($C_{10}H_{14}O_2$)이다.

등온흡습곡선(moisture sorption isotherm) 일정한 온도에서 상대습도와 평형수분 함량 사이의 관계를 나타내는 곡선. 동일온도와 상대습도에서 식품의 수분 함량은 수분의 출입이 완전히 차단되지 않는 한 궁극적으로 평형수분 함량을 나타내게 되며, 동일온도가 유지되어도 상대습도가 변화하면 그 식품은 새로운 평형수분 함량을 갖게 된다.

등자(橙子) 감귤류의 일종. 학명은 *Citrus junos* Tanaka. 덜 익은 파란 등자 열매는 겨울이 되면 노랗게 되고 열매를 따지 않은 채 그대로 두면 봄에 다시 파랗게 변한다. 또 겨울이 오면 다시 노랗게 변하다. 달걀 모양의 긴 타원형으로 맛이 시고 쓰기 때문에 음식의 조미료로 쓰이며 약재로는 발한제, 건위제 및 향수의 원료로도 쓰인다.

등전점(等電點, isoelectric point) 양성 전해질 용액에서 음양 두 전하의 수가 동등하여 알짜 전하가 0인 pH. 일반적으로 단백질은 등전점에서는 용해도, 표면장력이 최소가 되므로 침전이나 발포현상을 볼 수 있다. 등전점에서 생선이나 고기의 수화(水化)가 최저가 된다.

등황색 채소 카로티노이드 색소를 포함하며 등황색을 나타내는 채소. 카로티노이드 색소는 당근, 고구마, 노란 호박뿐 아니라 푸른색 채소에도 들어 있다. 이 색소는 지용성이어서 기름에는 녹으나 물에서는 안정하므로 삶거나 데치는 과정에서는 안정하다.

디아스타아제(diastase) 아밀라아제가 혼합된 형태로 침샘에서 분비되는 효소. 보리를 발아시켜 맥아를 만들어 물로 침출한 다음, 알코올을 첨가하여 디아스타아제를 침전시키고, 전분의 소화력을 200배로 조절하여 판매하기도 한다. 주로 α와 β-아밀라아제로 되어 있으며, 전분을 가수분해하여 말토오스와 소량의 덱스트린을 생성한다. 전분의 소화제이며 소화불량 · 식욕부진 · 위장장애에 쓰인다.

D 값(D-value) 일정온도에서 살아있는 세균의 수를 10분의 1로, 즉 90%를 감소시키는데 필요한 열처리 시간. D값은 여러 식품미생물들의 열저항성을 비교하거나 식품안전을 위한 열처리 시간을 산출하는데 매우 중요한 지표로 보통 아래첨자를 가지고 있어 D_{121}은 121℃에서 90%의 미생물을 사멸하는데 걸리는 시간을 의미한다. 식품미생물들의 열저항성은 그 미생물이 존재하는 환경조건에 따라 다양한 D값을 보인다. *Bacillus stearothermophilus*같은 호열성 세균의 포자는 121℃에서의 D값이 4~5분이나 되나 중온균 포자의 D_{121} 값은 0.01~0.2분에 지나지 않는다. 포자가 아닌 일반세균의 형태는 일반적으로 65℃에서 0.5~30분의 D값을 보인다.

DHA(docosahexaenoic acid) 탄소 22개에 6개의 이중결합을 함유하고 있는 n-3(ω-3)계의 고도불포화지방산. 등푸른 생선에 많이 함유되어 있으며 산화되기 쉬운 특징이 있다. 혈청 중성지방이나 콜레스테롤의 농도를 낮추며 망막 및 뇌 조직의 주요 성분이다. 동맥경화에 의한 협심증, 심근경색 등 심장질환의 예방에 효과가 있는 식품성분이다.

DHEA(dihydroepiandrosterone) 부신에서 생산되는 생식호르몬. 남성의 체내에서는 테스토스테론으로, 여성의 체내에서는 에스트로겐으로 각각 전이되는 모든 신체호르몬의 어머니 격인 호르몬. DHEA 호르몬제 요법의 원리는 노화와 더불어 소멸하는 호르몬을 인공적으로 대체하는 것으로 인체호르몬 전문가들은 DHEA가 사람을 젊어보이게 하고 젊은이처럼 행동하게 하며 건강하게 오래살 수 있도록 한다는데 대체적인 의견일치를 보이고 있다. DHEA를 복용케 한 임상실험 결과 육체적 심리적 안정감이 증가하고 기운이 넘치며 잠을 푹 잘 수 있으며 기분이 훨씬 좋아지고 긴장이 이완되며 스트레스상황에 대처하는 능력이 훨씬 커졌다고 보고하고 있다. 뿐만 아니라 DHEA는 암발생 및 심질환억제, 면역기능개선, 노화방지 등에 큰 효과가 있다는 연구결과들이 발표되면서 대중적인 관심이 급증하였다. 주로 멕시코에서 재배되는 야생고구마(wild yam) 속에 있는 다이오스제닌을 추출하여 DHEA를 만든다.

DNA probe 검출법(DNA probe test) 미생물들이 가지고 있는 특징적인 DNA 또는 RNA sequence로 구성되어 있는 probe를 사용하여 신속하게 미생물을 검출하는 방법. 식품에 검출하고자 하는 미생물이 오염되어 있다면, 그 미생물의 유전자를 추출하여 제한효소로 처리한 후 DNA probe와 반응시켰을 때 서로 상보적인 DNA sequence와 hybridization이 일어남으로써 해당 미생물의 존재유무를 확인할 수 있다. Hybridization이 일어나는 것은 방사성물질을 부착하거나 생화학적 반응을 이용하여 확인할 수 있다. 이 방법은 보통 식품 중에 오염되어있는 특정 미생물의 수가 최소 $10^{5\sim6}$마리 이상이어야 가능하다. 따라서 오염된 숫자가 적을 경우는 일정시간 배양을 통해 미생물을 증식시켜야 한다.

디자이너 푸드(designer food) 식물에 함유된 생리활성물질을 분리하여 새롭게 만들어진 식품. 식물성 생리활성물질인 피토케미칼(phytochemical)의 함량을 높여 처방된 식품으로 1990년부터 NCI(National Cancer Institute)에서 식품에 있는 암을 예방할 수 있는 식물성 성분(phytochemicals)에 관한 연구가 진행되고 있다. 항암 잠재능력이 있는 40여 종의 식품을 선정하였는데 그 중에서 콩을 비롯한 마늘, 양배추, 감초, 생강 그리고 당근, 셀러리 등의 미나리과 식물이 중요하다. 특히 피토케미칼의 식별, 정량분석과 항암능력 평가와 이 성분을 보충한 가공식품, 즉 디자이너 푸드의 개발에 주목적을 두고 있다.

디프테리아(diphtheria) 디프테리아균(*Corynebacterium diphtheriae*)에 의한 경구전염병. 이 균은 그람 양성 간균으로 열이나 소독약에 비교적 약하다. 증상은 2~5일의 잠복기를 거쳐 급격히 고열이 나고 목이 아프며 연하곤란 및 기침을 하며 특히 편도선에 디프테리아 흰 위액이 생기면, 이 균이 이 막에서 번식하여 강한 체외독소를 생성하여 체내에 들어가 전신증상을 일으키며, 위막(pseudomembrane)이 후두부에 생기면 기도가 좁아지기 때문에 호흡곤란이 나타난다. 감염경로는 비말 감염으로 재채기나 기침을 할 때 튀어나온 분비물에 의해 감염되고 아이스크림, 생우유 등에 의해 집단으로 발생하기도 한다.

디히드로캅사이신(dihydrocapsaicin) 고추의 매운 성분인 캅사이시노이드 중 하나. ☞ 캅사이신

딸기(strawberry) 장미과에 속하는 덩굴의 다년생 초본. 학명은 *Fragaria grandiflora* Ehrn. 북아메리카가 원산지이다. 우리나라의 주생산지는 충남 논산으로 전국 생산량의 11%이다. 저장성은 매우 나쁘다. 재래종 딸기의 성분은 수분이 91.5%, 단백질 0.8%, 지방 0.2%, 탄수화물 6.2%, 섬유소 1.0%, 무기질 0.4%가 있다. 무기질 중에서는 칼륨(156mg%)이 많아 체내 나트륨을 많이 배설시키고 이뇨작용을 통해 부종과 소갈에 효과가 있다. 비타민 C 함량이 82mg%로 매우 높다. 새콤한 맛을 내는 유기산은 0.6~1.5%로 주로 말산, 구연산, 주석산 등이다. 딸기의 빨간색은 안토시아닌(anthocyanin) 색소이며, 잼을 만들 때 레몬즙을 넣으면 선명한 붉은 색이 유지된다. 소염, 진통의 효과가 있는 메틸 살리실산(methyl salicylate)이 있다. 생과, 주스, 잼, 젤리, 제과원료, 냉동딸기 등으로 이용된다.

땅두릅 두릅나무과에 속하며 나무가 아닌 여러해살이풀로 산채의 일종. 학명은 *Aralia cordata* Thunb. 한자명은 독활(獨活), 강청(羌靑), 토당귀(土當歸)이다. 땅두릅 또는 풀두릅이라고도 한다. 우리나라 어디에나 분포하고 있으며 주로 산의 음지쪽에서 많이 자생하고 있다. 어린잎은 달걀모양 또는 긴 타원형으로 끝이 뾰족하고 길이는 5~30cm, 폭은 3~20cm 정도로 양면에 털이 약간 나 있다. 잎 가장자리에는 작은 톱니가 규칙적으로 배열되어 있으며 가지 끝에 작은 꽃이 많이 뭉쳐 원추형을 이루는데 색깔은 엷은 황록색이다. 어린순을 나물로 이용하는데, 데쳐서 고추장에 찍어 먹거나 튀김을 하기도 하며 국거리로 이용하기도 한다. 맛은 쌉쌀하고 산뜻하며 씹히는 느낌이 매우 좋다. 뿌리에는 다량의 아스파라긴(asparagine), 펜토산(pentosan)과 구아닌(guanin) 등이 들어 있으며 예로부터 발한, 거풍, 진통에 효능이 있어 풍으로 인한 마비와 통증, 반신불수, 수족경련, 두통, 현기증, 관절염, 치통, 부종 등의 치료제로 널리 쓰여 온 약제이다. 약제로 이용할 경우에는 늦가을이나 이른 봄에 뿌리를 캐어 햇볕에 말린 후 잘게 썰어 사용한다. 좋은 땅두릅은 굵기가 일정하고, 무거우며, 잎이 쭉 뻗쳐 있고 연한 분홍색을 띤 백색으로 광택이 있으며 껍질에 나 있는 가시가 손에 닿으면 아플 정도로 단단한 것이 좋다. 또한 통통하게 굵은 것이 좋다. 빨간 반점이 갈색이나 흑색으로 변색되고 줄기가 녹색으로 변색된 것은 오래된 것이다. 뿌리 쪽에 물들어 있는 것은 질겨서 좋지 못하다.

땅콩(groundnut, peanut) 콩과(*Fabaceae*)에 속하는 땅콩의 협과(莢果) 또는 꼬투리. 학명은 *Arachis hypogaea* L.. 낙화생(落花生)이라고도 한다. 독특하게 열매가 땅속에서 여문다. 땅콩을 일컫는 영어 이름에는 견과를 나타내는 'nut'라는 낱말이 들어 있으나 견과가 아니다. 땅콩은 브라질이 원산지로 우리나라에는 1800~1845년에 중국으로부터 들어왔을 것으로 추정된다. 인도, 중국, 서아프리카와 미국이 무역량이 가장 많은 생산국이다. 땅콩은 종자의 크기에 따라 생육기간이나 그 내용 성분과 용도에 차이가 있는데, 종자가 큰 대립종(大粒種)은 단백질 함량이 높아서 보통 간식용으로 하며, 종자가 작은 소립종은 지방 함유율이 높

아서 기름을 짜거나 과자나 빵 등 식품의 가공에 이용된다. 우리나라에서는 평균기온 12℃의 등온선이 통과하는 남쪽인 영남·호남지역과 제주가 대립종 땅콩 재배 적응지역이며, 그 이북이 소립종 적응지역으로 구분되어 있다. 국내에서 육성한 땅콩 품종으로는 대립종에 서둔땅콩·영호땅콩이 있으며, 소립종으로는 올땅콩이 장려되고 있다. 땅콩 종자에는 45~50%의 지방과 20~30%의 단백질, 무기물 및 비타민이 풍부하여 영양가가 매우 풍부한 식품에 속한다. 땅콩의 주 단백질은 아라킨(arachin)과 코나라킨(cornarachin)으로 글로불린의 일종이다. 탄수화물은 대부분이 전분이고 소량의 자당과 헤미셀룰로오스(hemicellulose)가 함유되어 있다. 인이 많은데 주로 인지질인 레시틴의 형태로 들어있다. 주로 식용유를 얻기 위해 심고 있지만 미국에서는 수확량의 절반가량을 갈아서 땅콩 버터를 만든다. 그 밖에도 볶거나 소금에 절여 먹으며 사탕이나 빵에 넣어서 먹기도 한다. 낙화생유는 식용유·마가린·기계유·윤활유 등에 쓰인다. 줄기와 잎은 질소 함량이 많아서 가축의 사료로 알맞으며 또한 녹비로 쓰인다. 땅콩 껍질도 사료와 제지 원료로 사용된다.

땅콩기름(peanut oil) 땅콩에서 압착법으로 채유한 담황색을 띤 불건성유. 껍질을 깐 땅콩에 40~50% 함유되어 있으며, 비중 0.92, 응고점 0~3℃, 비누화가 188~195이다. 샐러드유와 튀김기름 등 식용으로 쓰이는 외에 비누원료, 섬유처리제, 감마제로도 쓰인다. 주요 산지는 미국, 남아메리카, 지중해 연안, 인도, 중국 등이다.

떡(rice cake) 쌀(멥쌀과 찹쌀)을 주로 하고, 대개 곡식가루를 반죽하여 찌거나 삶아 익힌 음식. 농경문화의 정착과 그 역사를 함께 하는 우리의 대표적인 전통음식이다. 낙랑 유적으로 추측해 보면 삼국시대 이전에는 피, 기장, 보리, 밀과 같은 잡곡으로 찐 시루떡을 부족국가의 제천의식(무속, 고사, 부락제)에 주로 사용하였으며, 삼국시대 및 통일신라시대에는 벼농사가 널리 보급되면서 쌀을 주재료로 사용하여 떡의 종류와 조리법이 다양화되었다. 고려시대에는 권농정책으로 양곡이 증산되고 숭불정책으로 불교의례 및 음다풍 속에 떡이 널리 이용되며 떡문화가 한층 발전하여 떡이 일상식 및 명절식에 자리 잡은 시기이다. 조선시대 전기에는 유교의 전파로 인해 관혼상제의 풍습이 일반화되며, 제례, 혼례 등의 각종 의례행사에 떡이 필수적으로 이용되어 과실, 꽃, 야생초, 약재 등 첨가하여 색, 형태, 맛의 다양한 변화가 이루어졌다. 후기에는 궁중과 반가를 중심으로 더욱 사치스러워져 대소연회에 필수 음식으로 다채롭게 발전하였다. 떡은 만드는 재료나 방법에 따라 종류가 많고, 지방이나 각 가정의 형편에 따라서도 종류가 다양하다. 그러나 일반적으로 만드는 방법에 따라 분류된다. 찌는 떡에는 멥쌀가루에 물을 내려서 한 덩어리가 되게 찌는 설기떡과 멥쌀이나 찹쌀가루를 시루에 고물로 얹어가며 켜켜로 안친 켜떡이 있으며, 치는 떡에는 시루에 찐 다음 안반에 놓고 떡메로 쳐서 만드는 찹쌀도병(인절미)과 멥쌀도병(흰떡)이 있다. 지지는 떡에는 찹쌀가루를 반죽하여 모양을 만들어 기름에 지지는 전병, 화전, 주악 등이 있으며, 찹쌀을 반죽하여 빚거나, 주악이나 약과 모양으로 썰고 더러는 끓는 물에 삶아 건져서 고물을 묻힌 경단이나 잡과병과 같은 삶은 떡이 있다. 태음력을 기준으로 하여 1년을 24절기로 나누고, 이 절기에 따른 계절의 변화에 따라 생산되는 식품을 재료로 하여 거기에 의미를 부여해 가며 음식을 시식(時食) 또는 절식(節食)이라고 하여 흔히 명절을 중심으로 만들어 먹는다. 중국에서는 일반적으로 곡류를 갈아서 그 가루를 반죽해서 쪄서 떡을 만든다. 고대의 떡은 콩이나 찹쌀로 만드는데, 요즈음은 조, 옥수수와 콩으로 만든다. 단맛을 내기 위해 대추, 밤, 엿, 꿀 등을 썼다. 남방서는 정월 설날음식으로 설탕이나 호박, 무 등을 넣은 떡이 있으며, 팥이나 고기로 소를 넣어서 거북 모양으로 된 틀에 넣어서 찐 떡은 아이들의 생일축하 떡으로 쓰인다. 일본에서는 주로 찹쌀만을 쓰는 떡이 많다. 민속적으로 떡은 보통 음식이 아니고, 신비한 영력(靈力)을 가지고 있다고 믿고 있었다. 우리나라와 같이 설날은 물론 모든 축일, 제일에는 떡을 빼놓지 않는다. 최근에는 즉석 떡을 만들기도 하며, 모양과 만드는 법을 변형하여 고급화하기도 하는 등 다양화되고 있다. 즉석 떡은 찹쌀을 쪄서 80℃ 이하로 내려가지 않는 온도에서 쳐서 떡을 만들어 가열한 후 롤러 사이를 통과시켜서 건조시켜 분쇄한 것이다. 찹쌀의 전분이 이미 호화(α화)되었기 때문에, 뜨거운 물 또는 찬 물로 개기만 하면 금방 찐 것 같은 부드러운 떡이 만들어진다. 등산, 캠핑 등의 휴대용 식품으로 좋다. 여러 가지 첨가재료를 써서 각종 떡을 만들어 주식 대용으로 하기도 하고, 속에 소를 넣어서 간식용 과자로 쓰기도 한다.

떫은 감(astringent persimmon) 감의 품종 중에서 떫은맛이 나는 감. 한국의 재래종은 거의 떫은 감이다. 떫은 감은 탄닌 성분의 수용성이 늦게까지 계속되므로 떫은 감은 더운 물 · 술 · 소금물 등에 담그는 등의 방법으로 탄닌 성분을 응고시키거나 불용성으로 변화시킨 후에 먹을 수 있다.

떫은맛(澁味, astringent taste) 혀의 미각신경을 마비시키는 일종의 물리적 자극에 의한 감각. 혀의 신경성분인 단백질을 응고시키려고 하는 수렴작용에 의한 것이다. 감, 차, 미숙과일에 포함된 탄닌에 의한 불쾌한 맛이므로 없는 편이 좋다. 그러나 차의 적당한 떫은맛은 기호성을 높여 준다.

▲ 절기에 따른 떡의 종류

월	절기	떡
1월	설	가래떡, 인절미, 절편
	보름	약식, 원소병
	무오일	백설기, 붉은팥시루떡
	초삼일	승검초편, 꿀찰떡, 삼색주악, 각색단자, 산병
2월	중화	노비송편, 용떡
3월	중삼	쑥송편, 두견화전, 쑥버무리, 청절편
	한식	쑥떡, 쑥단자
	곡우절	개피떡, 장미화전(유전), 환병과, 산병
4월	등석	청저편, 느티떡(유엽병), 기주떡, 녹두찰편, 쑥편
5월	단오	쑥편, 쑥절편, 수리취절편
6월	유두	상화병, 밀전병, 색비름화전, 수각(편수), 경단
7월	삼복	통깨동부인절미, 올벼송편, 개떡, 조떡, 콩떡
	칠석	밀전병, 강냉이떡, 밀개떡
	백중절	석탄병
8월	추석	송편, 깨찰떡, 밀설구, 주악, 떡수단
9월	중양절	감국화전, 밤단자, 밤떡, 감떡, 호박떡, 쇠머리떡
10월	상달	무시루떡
	고사	콩인절미, 감떡, 붉은팥시루떡, 검은콩시루떡
11월	동지	골무떡, 호박떡
12월	납일	골무떡
	대회일	온시루떡, 주악

ㄹ

라디칼소거제(radical scavenger) 반응성이 강한 라디칼에 전자를 내어주어 라디칼을 없애는 물질. 아스코르브산, 글루타치온, 요산 등이 있으며 유지 산화의 연쇄반응을 막는 효과가 있어 산화방지 작용을 한다.

라드(豚脂, lard) 돼지고기의 지방 조직을 정제하거나 녹여서 얻는 식용유지. 라드는 돼지의 지방조직으로부터 렌더링(rendering)이라는 과정을 거쳐 분리해 낸 지방이다. 우지(牛脂)보다 불포화지방산의 함량이 많기 때문에 부드럽고 융점이 28~40℃로 낮아서 라드를 사용하여 만든 음식은 부드럽고 맛이 좋다. 지방산 조성은 올레산 46%, 팔미트산 8%, 스테아르산 13%, 리놀레산 6%, 미리스트산 1%로 고도의 불포화지방산인 리놀레산의 함량이 많다. 돼지는 부위에 따라 지방을 형성하는 지방산의 종류가 다르기 때문에 맛과 품질이 다르며, 유지를 만드는 방법도 다르다. 중성 라드는 돼지의 신장과 등 부분에서 짜낸 최고급품 지방이고 리프 라드(leaf lard)는 돼지의 신장을 둘러싸고 있는 지방조직에서 짜낸 것으로 중성 라드 다음 가는 고품질의 지방이다. 라드는 독특한 맛과 향이 있어 중국 요리에 많이 이용되며, 쇼트닝성(shortening power)이 커서 파이나 비스킷 같은 페이스트리(pastry)를 만들 때 많이 사용한다.

라미나린(laminarin) 고등식물의 녹말에 상당하는 저장성 다당류로서 갈조류의 세포벽 속에 들어 있다. 다시마속(laminaria)에서 처음 발견되었다고 해서 이 이름이 붙었다. 라미나린에는 가용성 라미나린과 불용성 라미나린이 있는데, 이들은 β-1,3-글루칸으로 구성되어 있으나, 전자에는 소수의 β-1,6-글루코시드 결합도 형성하고 있다. 라미나린은 혈장의 콜레스테롤 함량을 줄여 동맥경화를 막고 라미나린 염산염은 항혈액응고 작용을 하며 혈압을 낮추는 효과가 보고되어 있다.

라세미화(racemization) 광학활성 물질을 적당한 조건 또는 촉매의 존재 하에 두면 우선성(+)과 좌선성(−)의 동량 혼합물이 생성되어 광학적으로 불활성화 되는 현상. 이 혼합물을 라세미 혼합물(racemic mixture)이라고 하며 라세미 혼합물은 광학활성이 없다.

라이베리아 커피(Liberia coffee) 열매가 크고 갈색이며 수확량이 많은 커피의 일종. 품질은 좋지 못한 편으로 수요가 거의 없는 편이다.

라이소자임(lysozyme) 난백, 체액, 백혈구 내에 존재하며, 세균의 세포벽을 분해하는 효소. 오보뮤신(ovomucin)과 함께 농후난백에서 망 구조를 형성하여 농후난백을 겔로 만들어 수용성 난백과 독립하여 유지되도록 한다. 체액(침, 눈물)에 존재하고, 일부 그람 양성 세균(Gram positive bacteria)과 고분자 탄수화물을 분해시키는 효소로서 용균작용 능력이 있으므로 세균의 침입을 억제하여 달걀의 신선도를 유지해 준다.

라임(lime) 껍질의 색이 녹색인 감귤류 과일의 일종. 그러나 레몬 중에도 녹색 레몬이 있고, 또 스위트라임은 노란색이기 때문에 겉모양만으로는 구별하기가 쉽지 않다. 잘랐을 때 껍질이 두꺼운 것이 레몬, 얇은 것이 라임이다. 또한, 레몬은 껍질뿐만이 아니라 과즙에도 향기가 있지만 라임은 껍질에만 독특하고 강한 향기가 있다.

라즈베리(raspberry) 장미과 나무딸기류 중에서 과일이 익으면 집합과가 서로 붙어서 꽃받침에서 떨어지면 떨어진 과일의 가운데가 구멍이 나게 되는 종류. 유럽이 원산지이며 열매는 여름에 익으며, 익은 열매는 꽃턱에서 톡 떨어진다. 즙이 많고 적당한 신맛과 단맛이 있고 향기가 좋다. 칼륨(168mg%)과 칼슘(22mg%)이 많다. 유럽산과 북아메리카산 등 여러 종이 있으며 열매를 먹기 위하여 재배한다. 열매의 색은 적색(레드 라즈베리)·자주색(퍼플 라즈베리)·검은색(블랙 라즈베리)이 있으며 주로 레드 라즈베리가 많다. 생과로 먹거나 잼이나 술을 만든다.

락토페린(lactoferrin) 포유동물의 유즙에 존재하는 분자량이 82kD인 당단백질. 1분자의 락토페린은 2개의 철 이온과 결합한다. 유즙에서 얻는 항균작용과 면역증강 작용이 있는 단백질이다. 철 이온뿐만 아니라 구리, 아연, 칼슘, 코발트 등의 금속이온과 결합하며 철 요구성이 많은 미생물에 대해 정균효과를 갖는다.

락토페린농축물(lactoferrin concentrate) 우유를 탈지, 분리, 정제하여 농축한 것으로서 주성분은 락토페린이다. 식품첨가물의 하나로 제조용제, 영양강화제로 쓴다.

레닌(rennin) 유즙(乳汁) 속의 단백질인 카세인을 분해하여 응고시키는 효소. 응유효소(凝乳酵素)라고도 한다. 글로불린에 속하는 단백질 분해효소로서 κ-카세인 분자의 특이한 펩티드 결합(페닐알라닌과 메티오닌의 결합)을 분해하여 소수성인 파라(para)-κ-카세인과 산성이며 용해될 수 있는 글리코펩티드(glycopeptide)를 생성하여 카세인 미셀을 불안정하게 하여 응고시켜 응유물(curd)을 형성하게 한다. 젖먹이나 송아지의 제 4위에 많이 들어 있다.

레디 프리페어드 급식체계(ready prepared food service system) 음식을 조리된 형태로 미리 준비하여 조리-냉장(cook-chill), 조리-냉동(cook-freeze), 수비(sous-vide) 방식 등의 저장방법에 따라 일정기간 저장하였다가 필요한 시기에 재가열 과정을 거쳐 소비자에게 저장하는 급식체계. 음식의 생산과 소비가 시간적으로 분리되므로 급식작업의 문제점의 하나인 피크 타임(peak time)을 없애고 계획적인 작업관리가 가능하나 생산품목의 제한성, 기기투자비용, 위생상 문제점 발생 가능성, 품질저하 우려의 단점이 있다.

레몬(lemon) 감귤류의 일종. 학명은 *Citrus limon* Burn. F.. 원산지는 인도로, 15세기경에는 유럽 지중해 연안지역에서 재배되었으며 콜럼버스의 대륙 발견으로 아메리카로 전해졌고 캘리포니아가 세계의 주 생산지로 발전했다. 타원 모양인 레몬은 겉껍질이 녹색이지만 익으면 노란색으로 변하며 향기가 강하다. 완전히 익기 전에 껍질이 녹색일 때 수확하여 익힌다. 레몬의 주요 품종은 캘리포니아에서 생산되는 유레카로서 껍질이 아름다운 노란색으로 약간 기다랗게 생겼다. 과육이 연하고 과즙이 많으며, 방향이 강하다. 비타민 C와 구연산이 많기 때문에 신맛이 강하다. 비타민 C가 감귤류 중 가장 많은데 100g 중에 껍질에 90mg, 과즙에 45mg이 함유되어 있다. 과즙의 pH는 2.1~2.5로 과일 중에서 가장 낮다. 당의 함량은 과일 중에서 가장 적다. 비타민 C 외에도 비타민 P와 칼슘이 풍부하다. 또한, 껍질에는 정유성분이 35%가 함유되어 있으며 주 향기 성분은 게라니올(geraniol)이다. 신맛이 너무 강하기 때문에 그냥 날것으로 먹는 것보다는 방향을 내기 위한 곳에 에센스(essence)로 쓰인다. 또한 얇게 저며 홍차에 띄우거나 육류나 생선요리, 칵테일, 청량음료에 쓰이며 파이나 케이크의 향기를 내는 데 이용한다. 과즙에 설탕을 넣고 조려서 젤리를 만들고 여기에 과육을 섞어서 마멀레이드를 만든다. 과피를 설탕에 절여서 캔디를 만들고 또 이것을 잘게 잘라서 케이크를 장식할 때 사용한다. 식초를 넣을 음식에 사용하거나 튀김요리에 즙을 내어 뿌리면 향기와 맛이 한층 더 감미로우며 특히 소금 양을 제한하는 식이요법 음식에 레몬으로 맛을 내면 특이한 풍미가 있다. 생선회 등에 과즙을 뿌려 생선의 비린내를 감소시킨다. 인도나 실론섬에서는 레몬이나 라임을 얇게 잘라 소금에 절인 것을 햇빛에 말려 숙성시킨 다음 위가 좋지 않을 때 먹는다.

레몬그래스(lemongrass) 화본과의 여러해살이풀로 향신료의 일종. 학명은 *Cymbopogon citratus*. 인도와 스리랑카 원산으로 억새풀과 유사하며 레몬향이 난다. 높이는 1~1.5m이고, 잎은 드문드문 달린다. 향료를 채취하기 위하여 열대지방에서 재배한다. 어린잎은 튀김으로도 이용하며 닭요리, 생선요리, 수프, 소스 등에 사용한다. 인도나 동남아에서는 허브차로 이용하고 동양요리에 잘 어울리며 레몬 대신 사용하기도 한다. 잎과 뿌리를 증류하여 얻은 레몬그래스 유(油)에는 시트랄이 들어 있다.

레몬밤(lemon balm) 꿀풀과의 여러해살이풀로 향신료의 일종. 학명은 *Melissa officinalis* L.. 지중해 연안, 유럽, 서아시아가 원산이다. 잎은 작은 타원형에 가장자리는 톱니모양이다. 오렌지향과 다소 쏘는 맛과 쓴맛을 낸다. 어린 잎이나 줄기를 샐러드, 소스 등에 이용하며, 특히, 프랑스인은 레몬밤을 차로 즐겨 마신다.

레시틴(lecithin) 인지질의 하나. 포스파티딜 콜린(phosphatidyl choline)이라고도 한다. 생체막의 주요 구성성분으로서 생체기능을 발휘하는 데 중요한 역할을 한다. 레시틴이라는 용어는 1850년 고블레이(Gobley)가 난황(그리스어, lekithos)에서 분리하여 명명한 데 기인된다. 레시틴은 식품에서 발견되는 가장 흔한 인지질로서 종자유(seed oils), 달걀, 대두 및 동물의 뇌, 신경, 간, 심장, 난황, 굴 등에 많이 함유되어 있다. 인지질은 친수성기와 소수성기를 모두 지니고 있어 유화제, 즉 계면활성제의 작용을 한다. 점도를 완화하여 주며 결정성을 조절한다. 이러한 성질을 이용하여 마요네즈와 아이스크림 제조, 일부 약제의 제조 시에 이용되기도 한다. FDA(미국 식품의약품안전청)은 마가린, 드레싱, 초콜릿, 냉동 디저트, 제과 · 제빵에 안정제 및 유화제의 첨가제로서 인정하였다. 더 나아가 페인트, 비누, 프린트 잉크, 화장품 등에 사용된다. 또한 인지질은 세포구성 성분으로서 세포막을 구성하고 있는 주성분이며, 각종 효소들의 작용환경을 제공해 줌으로써 효소반응의 조절에도 중요한 역할을 하고 있다. 각종 자극에 의한 세포 내 2차 전달물질로서 작용하는 등 생체 항상성 유지에 매우 다양한 역할을 하고 있다. 레시틴을 구성하고 있는 지방산으로는 리놀레산, 리놀렌산 등 필수지방산인 불포화지방산이 함유되어 있어 LDL(저밀도지단백)−콜레스테롤치를 저하시키는 데 큰 몫을 한다. 레시틴의 생리작용은 다음과 같다. ① 세포막의 구성물질로 영양의 흡수 및 노폐물의 배설 등 생명의 기초대사에 관여한다. ② 레시틴으로부터 떨어져 나온 콜린(choline)으로부터 신경전달물질이 되는 아세틸콜린(acetyl choline)이 만들어져 두뇌활동을 도와준다. ③ 계면활성을 저하시키고 생체 내에서 콜레스테롤의 가용화에 관여하여 혈중 콜레스테롤의 양을 감소시키므로 심근경색의 예방에 효과가 있다. ④ 비타민 A와 E와 같은 지용성 물질의 흡수촉진과 노화예방을 한다.

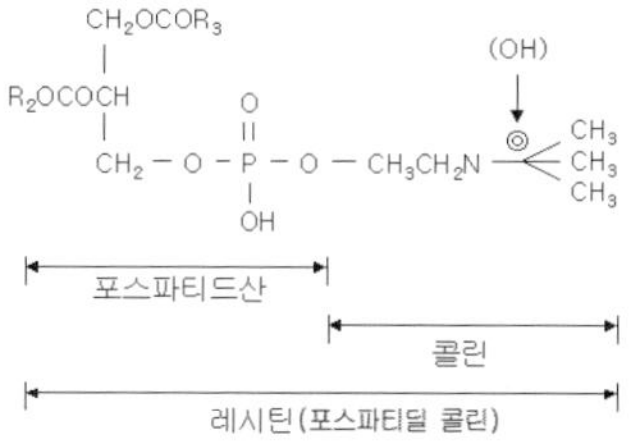

레오미터(rheometer) 물성을 측정하는 데 사용되는 장치. 레오미터는 실험실에서 액체의 물성학적 연구나 시험에 이용되는 연구용과 공장의 공정 중에 설치해서 점도를 연속적으로 측정하고 그 결과를 이용하여 공정의 컨트롤을 행하는 목적으로 사용되는 것이 있다. 둘 다 점성의 측정뿐 아니라, 비뉴턴 점성, 이상 점성 등에 대해 측정할 수 있는 것이 많다. 액체의 물성학적 성질을 연속적으로 기록, 해석, 구명할 수 있고, 점성식품의 연구, 식품의 품질관리 등에 유효하다. 주된 것으로서 원추평판형 점도계 또는 회전원통 점도계와 항온조, 기록계, 온도계, 온도조절용 릴레이미터, 회전계 등이 작은 본체 속에 편입되어, 단순한 조작으로 측정을 할 수 있도록 되어 있다. 측정범위는, 전단속도 $2\sim10^{-3}$ sec^{-1}, 점도 $10^{-2}\sim10^{5}$ 포이즈(poise)로 광범위한 측정이 가능하다.

레이놀즈의 법칙(Reynolds' law) 기하학적으로 서로 다른 두 물체가 다른 유체 속을 운동하는 경우 다음과 같은 관계가 성립할 때, 각각의 유체의 흐름의 실상이 같은 현상. 이때의 VD/γ를 레이놀즈 계수라고 하고 일정한 값을 취한다.

$$\frac{VD}{\gamma} = \frac{\upsilon d}{\nu}$$

V, υ : 양물체의 속도
D, d : 양물체의 대응부분의 크기
γ, ν : 유체의 동적(動的) 점성계수

레토르트 포장(retort pouch packaging) 내열성 플라스틱 필름이나 알루미늄 포일 등을 적층하여 만든 복합 포장용기인 레토르트 파우치 용기에 각종 식품을 충진하고 열접착방식에 의하여 밀봉한 다음 가압, 가열, 멸균하는 포장방법. 상업적 무균상태(통상의 냉장 유통조건 하에서 식품 중에 발생할 수 있는 미생물이 존재하지 않는 상태)의 식품용 포장용기를 사용한다. 라미네이트한 기밀성 용기에 식품을 넣고 밀봉한 후 레토르트에서 세균포자의 사멸온도, 즉 120℃에서 4분 이상 고온, 가압 살균하며, 포장형태에 따라 레토르트 파우치, 레토르트 팩, 레토르트 용기식품이 있다.

렉틴(lectin) 콩류에 함유된 단백질. 식물 종자 속의 적혈구응집물질을 총칭하며 식물성혈구응집소라고 불리고 있다. 그러나 현재는 당과 상호작용하는 단백질 또는 당단백질로 당의 복합체를 침강시키거나 세포를 응집시키는 물질을 일컫는다. 세포막 당단백질이나 당지질과 결합해서 세포를 한군데 엉키게 하거나 분열하게하고, 기능을 발휘할 수 있게 하는 효과를 미치는 물질이다. 혈액형 판정용 응집소 작용을 한다. 아주까리 독소에서 동물 적혈구의 응집작용이 있음을 발견한 것을 계기로 여러 종의 식물종자로부터 같은 작용을 나타내는 물질을 발견하고 그것을 총칭해서 렉틴이라고 명명하였다. 다수의 식물로부터 유래된 렉틴 중 대표적인 것은 PHA(phytohemagglutinin), 콘카나발린 A, PWM(pokeweed mitogen), 맥아(麥芽) 중의 응집소 등이 있다. 이 중에서 PHA와 콘카나발린 A는 T세포, PWM은 T세포와 B세포의 분열을 유발한다. 식물뿐만 아니라 무척추동물(절지 또는 연체동물)의 체액 중에도 렉틴으로 보이는 물질이 발견되었다. 작두콩, 강낭콩, 감자, 대두 등에 포함되어 있다.

렌넷(rennet) 우유만으로 자란 생후 3~6개월의 송아지의 제 4위에서 레닌을 추출하여 상품화한 것. 치즈 제조 시 단백질을 응고시키는 데 쓰인다. ☞ 레닌

렙틴(leptin) 지방세포에서 만드는 단백질호르몬. 렙틴은 몸의 지방함량을 감시하는 것으로 알려져 있다. 체지방이 적으면 식욕을 돋우고 많이 쌓이면 식욕에 제동을 걸어 몸무게를 일정하게 유지하도록 한다. 생식기능에도 관여한다.

로돕신(rhodopsin) 망막의 간상체에 들어 있는 색소. 시홍이라고도 한다. 단백질인 옵신과 11-시스-레틴알이 결합한 화합물이다. 어두운 곳에서는 붉은 자줏빛을 띠나 빛에 의해 분해, 퇴색하고 빛을 받으면 다시 합성된다.

로마노 치즈(romano cheese) 세균에 의해 숙성되는 초경질 치즈. 강하고 톡 쏘는 맛이 있으며 25℃ 이하에서 12개월까지 저장 가능하다. 열을 가했을 때 빨리 갈색으로 변하므로 갈아서 수프, 소스, 샐러드 등에 넣거나 빵가루와 함께 섞어서 닭고기나 생선 위에 뿌린다. ☞ 치즈

로부스타 커피(robusta coffee) 전 세계 생산량의 20~30%를 차지하나, 아라비카에 비해 향이 떨어지고 쓴맛이 강하며, 카페인이 많이 들어 있는 품종. 주로 인스턴트 커피의 원료로 쓰인다. 주산지는 앙골라, 우간다, 아이보리코스트, 인도네시아이다.

로열젤리(royal jelly) 일벌의 인두선에서 분비되는 유백색의 물질로 진한 우유모양을 하고 여왕벌만이 먹는다고 하여 왕유(王乳) 또는 봉유(蜂乳)라고도 한다. 이것을 먹은 여왕벌은 약 120만 개의 알을 낳고 일벌의 약 20배나 장수한다. 그러므로 예로부터 불로장수, 정력의 묘약으로 알려져 있다. 성분으로는 단백질이 20~30%, 탄수화물 15%, 지방 10~15%, 수분 50~60%를 함유하고, 그 밖에도 여러 종류의 비타민을 풍부하게 함유하고 있고 pH는 3.5 내외이다. 로열젤리는 인간의 생명을 연장하고 강력한 항암작용을 하는 것으로 알려진 10-HDA(hydroxy decenic acid)와 신비의 미지물질인 R-factor를 위시하여 항생물질, 항염물질, 혈류개선제, 세포재생제, 피부미용제 등 백여 가지의 물질이 포함되어 있다고 보고되어 있다. 정신불안, 갱년기 장애, 혈압부조, 수술 후의 쇠약 등에 뛰어난 효과가 보고되어 있고 강장, 강정, 피로, 권태, 쇠약, 빈혈, 체질개선, 갱년기 장애, 성기능부전, 피부미용, 노화방지 등에 광범위하게 사용되고 있다.

로즈메리(rosemary) 꿀풀과의 상록관목으로 향신료의 일종. 학명은 *Rosmarinus officinalis* L..

미질향(迷迭香)이라고도 한다. 지중해 연안이 원산지이다. 보라색 꽃이 피고 잎은 솔잎과 유사하며 앞은 녹색이고 뒤는 흰색이다. 잎을 말려서 그대로 쓰거나 갈아서 사용한다. 말린 것은 대부분 육류요리에서 향을 내기 위해 사용하며 특히 양고기와 돼지고기를 굽거나 졸이는 데 많이 쓰인다. 잎은 차로 이용하기도 한다. 로즈메리의 향은 뇌의 기능과 기억력을 높인다고 한다.

로크포르 치즈(Roquefort cheese) 프랑스 남부의 로크포르 마을에서 만드는 푸른곰팡이로 숙성시킨 반경질의 양젖 치즈. 같은 종류의 프랑스 제품을 블뢰 프로마주(bleu fromage)라 하고, 다른 나라의 제품은 블루치즈라고 한다. 영국의 스틸턴(Stilton)이나 이탈리아의 고르곤촐라(Gorgonzola)도 같은 종류의 유명한 제품이다. ☞ 치즈

루이보스(rooibos) 루이보스는 남아프리카 희망봉(希望峰)의 세다르버그(Ceder Berg) 산맥에서만 생육하는 콩과 침엽수로서 희귀식물. 학명은 *Asparathus linearis*. 낮에는 작열하는 태양열을 받고, 밤에는 세찬 냉풍을 받으며 척박한 땅에서 자라기 때문에 플라보노이드 같은 항산화성분을 다량 함유하고 있다. 옛날부터 남아프리카 원주민이 일상적인 음료수로 먹던 것을 18세기 후반 스웨덴 식물학자가 세계에 소개하였다. 현재는 전 세계에서 건강차, 미용차로서 애음하고 있고 홍차와 비슷한 선명한 적색의 차로 떫은맛이 적고 카페인이 함유되어 있지 않은 것이 특징이다. 잎은 건강기능식품의 주원료로 사용되는데 18개월간 자란 식물의 잎을 특수한 발효과정을 거쳐 차로 만들기 때문에 담배냄새 같은 냄새가 느껴지기도 한다. 루이보스티의 생리활성으로는 뇌의 신경전달물질을 정상화하여 파킨슨병을 상당히 정상화시키고 모노아민옥시다제 작용을 억제하여 정신 안정작용도 한다고 한다. 또한 루이보스티는 아토피성 피부염, 여드름, 사마귀, 기미 등의 피부질환 개선효과가 인정되고 있고 식이성 알레르기에 대한 효과 및 변비 해소 효과도 보고되어 있다. 플라보노이드 및 비타민 C의 함량이 많아서 강력한 SOD 유사 활성을 나타내므로 멜라닌의 생성을 억제하여 피부미용에도 효과가 있음이 보고되어 있다. 남아프리카 현지에서는 식욕증진, 소화불량개선, 진정, 변비개선 등의 효과가 전해지고 있다.

루코안토시아닌(leucoanthocyanin) 플라바놀의 세부 그룹으로 flavone-3,4-diol의 구조를 갖는 무색의 색소. 산과 함께 가열하면 안토시아닌으로 전환되어 붉은 색을 나타내므로 프로안토시아니딘(proanthocyanidin)으로 명명되기도 한다. 사과나 복숭아 등으로 주스를 만들 경우에 분홍색으로 변화되는 색소 성분이다.

루테인(lutein) ☞ 카로티노이드

루틴(rutin) 쿼세틴(quercetin, 5,7,3',4'-tetra hydroxy flavone)에 루티노오스(rutinose)가 결합된 배당체이다. 구조식은 2-phenyl-3,5,7,3',4'-pentahydroxy benzopyrone. 황색 또는 담황색의 폴리페놀 화합물인 플라보노이드(flavonoid)의 일종이다. 루틴과 쿼세틴은 모세혈관의 정상적인 저항을 유지시키고 혈관의 투과성을 감소시킨다. 루틴보다 쿼세틴의 효과가 강하며 루틴과 쿼세틴을 연속해서 대량 투여하면 감압에 기인된 마우스의 폐출혈(肺出血)을 멎게 하는 효과가 있다. 이와 같은 작용은 혈압을 낮춰 주며 출혈시간(bleeding time)을 단축시켜 항상성 효과(hemostatic effect)가 있고 지혈, 토혈(吐血), 치혈(痔血), 변혈(便血) 등에 이용된다. 루틴 및 쿼세틴은 항염효과도 지니고 있다. 또한 모세혈관의 저항성을 강하게 하고 고혈압증으로 인한 뇌출혈 등의 혈관손상을 예방하는 효과가 있다. 루틴은 최초로 메밀에서 분리되었으며 구기엽에 소량 함유되어 있다. 루틴의 주요 효능은 항고혈압성 기능이 높다. 즉, 혈당과 혈청 콜레스테롤 저하효과가 강해 성인병 예방에 좋으며 루틴과 유사한 플라보노이드계 화합물은 지질대사 조절기능과 항산화 활성이 강하다. ☞ 쿼세틴

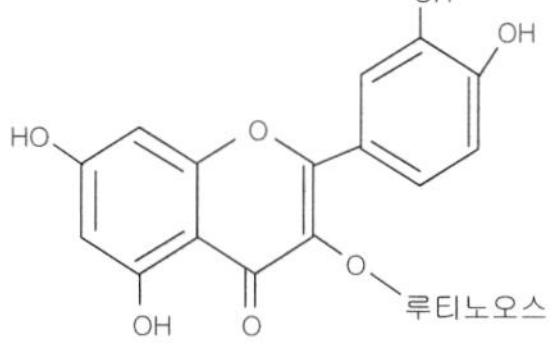

루풀론(lupulone) 후물론의 이성질체. ☞ 후물론

리모넨(limonene) 라임의 향기성분. 모노테르펜(monoterpene)의 일종이며, 합성향미제로 제조되어 라임, 과일 음료, 아이스크림, 빙과, 캔디, 제과, 젤라틴 후식류, 추잉껌 등에 사용된다.

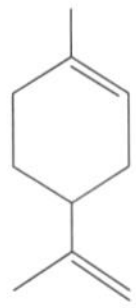

리모닌(limonin) 트리테르페노이드 디락톤(triterpenoid dilactone)으로 감귤류의 쓴맛 성분 중 하나. 자몽 주스의 뒷맛은 쓴데, 원래 자몽에 들어 있는 것은 쓴맛이 없는 유도체이나 주스 추출 후 효소작용으로 쓴맛이 있는 리모닌으로 전환된다. 리모닌으로 전환되지 않도록 하는 연구가 진행 중이다.

리보뉴클레오타이드이나트륨(disodium 5′-ribonucleotide) 5′-이노신산이나트륨, 5′-구아닐산이나트륨, 5-사이티딜산이나트륨과 5′-유리딜산이나트륨의 혼합물 또는 5′-이노신산이나트륨과 5′-구아닐산이나트륨의 혼합물. 식품첨가물의 하나로 향미증진제로 쓴다.

리신(lysine) 염기성 아미노산의 일종. 화학명은 α,ε-diaminocaproic acid이다. 단백질을 구성하는 주요 아미노산이며, 화학적으로 두 개의 아미노기($-NH_2$)를 함유한 독특한 필수 아미노산이다. 인체에서 합성이 안 되므로 식사로 제공되어야 하며 양질의 동물성 단백질 식품에는 많이 함유되어 있으나 대부분의 곡류에는 리신 함량이 낮으므로 제한 아미노산이 된다. 불충분한 리신의 섭취는 음의 질소평형(negative nitrogen balance)으로 나타낸다.

리신(ricin) 피마자 열매(castor bean)에 들어있는 독성물질. 아주까리씨에서 아주까리 기름, 즉 피마자유를 짜낸 후의 찌꺼기에는 여러 유독 성분이 들어 있는데 이 유독 성분의 하나가 리신이다. 리신은 피마자 열매 뿐 아니라 많은 식물의 잎, 뿌리, 구근 등과 특히 콩과식물의 종자에 널리 분포하고 있으며, 적혈구를 응집하는 피토헤마글루티닌(phytohemagglutinin; PHA) 중의 하나이다. 리신은 열에 약하지만 독성이 매우 강하여 쥐에서의 LD_{50}이 5 μg/kg이다. 리신은 미국 질병통제예방센터(Centers for Disease Control and Prevention, CDC)에서 Class B로 분류되는 독성물질이다. 전 세계적으로 매년 10억 파운드의 피마자유가 사용되고 있으며 이중 인도, 중국 및 브라질이 주요 공급원이다. 매년 피마자씨의 수확과 가공 과정 및 그 결과로 생성된 피마자박으로 인한 사고사가 빈번하게 발생하고 있다. 리신은 그 독성 때문에 생물무기로 자주 사용된 적도 있다. 피마자 씨에는 리신 외에도 알칼로이드 성분으로 리시닌(ricinine)과 알레르기를 유발하는 알레르겐이 들어 있다. 알레르겐은 기름을 짠 후의 가루에 6% 내지 9% 정도 함유되어 있는데 비교적 내열성이기 때문에 불활성화 하기가 어렵다. 그러나 중량의 8% 정도의 석회를 섞어 140℃에서 1시간 가열하면 불활성화 된다.

리스테리아 식중독(listeriosis) 그람(Gram) 양성의 통성혐기성 간균인 *Listeria monocytogenes*에 의해 발생하는 감염형 식중독. 이 균은 양의 유산이나 수막염의 원인균으로서 자연계에 상재하고 있고, 인체 내의 감염은 오염된 식품 등으로 이루어지나 감염된 동물과의 직접적인 접촉에 의해서도 이루어지며, 특히 임산부, 신생아 및 노인 등 면역능력이 저하된 사람들에게 발생하여 패혈증, 수막염 및 유산 등의 증세를 일으킨다. 국내에서는 1993년 뉴질랜드산 수입 홍합에서 최초로 검출되었고, 그 후 원유, 우유, 냉동만두, 피자 등 냉동식품에서 검출되었다. 리스테리아병균(*L. monocytogenes*)은 자연에 널리 분포되어 있고 성장조건이 까다롭지 않으며, 고염 · 저온 상태 등 식품가공 및 제조에서 식품저장법으로 널리 사용되고 있는 환경에서도 잘 적응하여 성장하기 때문에 균의 오염 자체를 예방한다는 것은 매우 어려운 것으로 미국 FDA와 USDA에서는 HACCP 계획에 의한 식품 제조단계에서 균의 오염방지 및 제거를 가장 최선의 방법으로 추천하고 있다.

리치(litchi) 무환자나무과의 상록교목인 여지나무의 열매. 학명은 *Litchi chinensis* Sonn. 중국 남부 원산이다. 열매는 둥글며 지름 3cm 정

도로서 겉에 돌기가 많고 우둘투둘하여 거북이 등과 같다. 껍질의 색은 갈색으로 두껍고 단단하지만 쉽게 벗겨진다. 껍질 속에 유백색의 과육이 들어 있고 시고 달며 독특한 향기가 있어 날로 먹는다. 비타민 C가 50mg% 함유되어 레몬과 거의 유사하게 많이 들어 있다. 중국 남부에서는 과일 중의 왕이라고 한다. 저장성이 나쁘며 신선한 것은 빨간색이나 가지에 붙어 있지 않은 것은 금방 갈색으로 변한다. 통조림, 생과 등으로 이용하고 생과는 주로 중국에서 볶는 요리에 사용된다.

리코펜(lycopene) 카로티노이드계 색소로 비고리 구조를 갖는 카로틴. 토마토, 수박, 살구와 같은 과일과 채소에서 등황색을 나타내며 일부의 암과 관상 동맥 심장병 발병 억제를 도와줄 수 있는 산화방지제이다. ☞ 카로티노이드

림버거 치즈(Limburger cheese) 세균으로 숙성시킨 반경질의 매우 강한 향과 맛을 지닌 벨기에 치즈. 주로 전채요리에 많이 애용하며 크래커와 함께 먹기도 한다. ☞ 치즈

ㅁ

마(yam) 마과(*Dioscoreacea*) 마속에 속하는 다년생의 넝쿨식물 또한 그의 식용 덩이줄기의 총칭. 산우(山芋), 서여(薯蕷)라고도 한다. 약 600여 종이 알려져 있으나 이들 중 대부분은 독성이 있어 단지 10여 종 만이 식용으로 재배되고 있다. 서류 중에서 생식하는 유일한 것으로 식용뿐 아니라 한방에서 산약(山藥)이라 하여 외피를 제거한 후 그대로 말리거나 증자하여 중풍, 고혈압, 부인병의 약제 또는 강정, 강장, 지사제 등의 약용으로도 쓰이고 있다. 동남아시아에서 오스트레일리아에 이르는 지역과 아프리카 및 남아메리카 등 고온다습한 지역이 주산지이다. 마의 주성분은 전분이며, 당분, 펜토산(pentosan), 만난과 함께 단백질, 무기질, 비타민 C, 비타민 B_1 등의 영양성분도 함유한다. 마의 유효 성분은 당단백질(glycoprotein)로 만난(mannan)에 글로불린 등이 결합된 점성물질이다. 우리나라에서는 약제로 이용될 뿐 다양하게 사용되고 있지는 않으나, 요즘 건강식품에 대한 관심이 높아짐에 따라 생으로 갈아서 이용하는 사람들이 많아져 소비량은 매년 증가하는 추세이다. 국내에서 재배되는 식용 마는 뿌리 모양에 따라 긴마(*D. batatas* Decne), 단마(*D. amiadoimo*) 및 참마(*D. Japonica* Thunberg)로 구분된다. 한꺼번에 수확하여 두면 부패하기 쉬우므로 출하할 때마다 캐는 것이 바람직하다. 우리나라에서 가장 일반적인 것은 참마로 수분이 많고 점성이 적으며 사각사각한 질감이 나고 가격이 저렴한 것이 특징이다. 대화참마는 가장 점성이 강하여 고급요리의 재료로 이용된다. 이초참마는 재배가 참마보다 까다로우나 점성이 더 커서 인기가 있다. 참마는 일본에서 가장 많이 식용되는 전분성 부식품의 하나로 알려져 있고, 미국 등에서는 마전분을 분리하여 소화율이 높은 칼로리 공급원 또는 건강식품으로서 어린이나 병약자를 위한 제빵, 비스킷, 소스, 스프 등의 원료로 쓰이고 있다.

마가린(margarine) 식용유지(유지방 포함)에 물, 식품, 식품첨가물 등을 혼합하고 유화시켜 만든 고체상 또는 유동상의 천연 버터의 대용품. 정제된 동식물성 기름과 경화유를 적당한 비율로 배합하고 유화제, 향료, 색소, 소금물 또는 발효유를 가하여 잘 섞고 유화시켜서 버터 상태로 만든다. 인조 버터라고도 한다. 마가린은 프랑스의 나폴레옹 3세가 버터 대용품을 모집한 결과 화학자 메주 무리에(H. Mege Mories)가 고안하여 1873년 영국과 프랑스의 특허를 얻은 데에서 비롯된다. 과거에는 생선기름 또는 고래기름의 경화유를 사용하였으나 오늘날에는 식물성기름이 많이 사용되고, 발효유를 가하여 풍미를 조절하거나 비타민 A · D를 강화하여 영양적으로도 우수한 제품을 얻게 됨으로써 용도에 따라서 천연 버터보다 많은 장점을 가지게 되었다. 따라서 마가린의 수요가 늘어나고, 생산량도 버터를 능가하며 가격도 싸다. 마가린의 규격은 지방 80% 이상, 수분 18% 이하로 규정하고 있다. 저온에서 잘 퍼지는 소프트형은 지방 중에서 식물성기름이 많고, 필수지방산인 리놀레산을 많이 넣은 것도 있다. 요즘은 경화기술의 발달로 냉장 온도에서도 부드럽고 퍼짐성이 좋은 제품을 생산하게 되었다. 그러나 최근 경화과정 중에 생기는 트랜스(trans) 지방이 인체에 좋지 않은 영향을 준다는 보고에 따라 구미에서는 1인당 하루 소비량을 제한하고 있다.

마그네슘(magnesium, Mg) 경조직 및 연조직의 구성에 필요한 영양소. 신경을 안정시키고 근육이완 작용을 하며 체내에서 여러 효소의 보조인자로 작용하여 효소기능을 활성화시킨다. 마그네슘의 필요량은 식사 중의 단백질과 칼슘 수준에 따라 영향을 받으므로 확실히 정하기는 어려우나 성인은 200~300mg이 필요하다고 생각된다. 그것은 일상식사에서 섭취하는 양으로 충분하다. 마그네슘을 많이 함유하고 있는 식품으로는 코코아, 견과류, 두류, 녹엽채소 등이 있다.

마늘(garlic) 백합과의 다년생 식물. 학명은 *Allium sativun* L.. 한자명으로는 산(蒜)이다. 원산지는 서아시아. 그리스, 로마 시대부터 재배되었으며 B.C. 2세기경에 중국에 전파되었다. 『본초강목』에 "산에서 나는 마늘을 산산(山蒜), 들에서 나는 것을 야산(野蒜), 재배한 것을 산(蒜)이라 하였다." 서역에서 알이 굵은 대산(大蒜)이 들어오게 되어 예전에 있었던 마늘을 소산이라 하였다고 한다. 마늘의 어원은 『명물기략(名物紀略)』에 의하면 "맛이 매우 날하다" 하여 맹랄(猛辣)이라 하였고 후에 마랄로 되었다가 마늘이 되었다고 하였다. 우리나라에서 주산지는 충남 서산, 경북 의성 등이다. 가을에 심어서 다음해 6~7월에 수확하며 잎과 줄기의 전체 높이는 60cm 정도이다. 마늘을 재배하는 곳에 따라 논마늘과 밭마늘로 나뉘고, 껍질의 색은 흰색과 자주색이 있다. 또한, 마늘은 쪽수에 따라 육쪽 마늘, 여러 쪽 마늘, 장손마늘(잎, 풋마늘용)로 분류된다. 성분으로는 수분이 60~70%, 당질은 20~30%, 단백질은 9.2%, 무기질 1.6% 함유되어 있다. 비타민 중에서 B_1, B_2가 풍부하다. 생마늘 중의 비타민 C는 적으나, 풋마늘이나 마늘쫑에는 많다. 마늘 특유의 매운맛 성분은 알리신(allicin)이다. 알리신은 마늘을 썰거나 다질 때 무미, 무취의 전구체인 알린(alliin)으로 불리는 알릴시스테인 설폭사이드(allylcysteine sulfaxide)가 효소인 알리나아제(alliinase)에 의해 분해되어 생성된 것이다. 이 효소는 산이나 열에는 약하므로 가열 마늘이나 마늘장아찌에는 매운맛이 거의 없다. 알리신은 황을 함유한 물질로 강한 살균력과 병에 대한 저항력이 크며, 혈전증, 동맥경화, 암 등 성인병에 좋다. 비타민 B_1과 알리신이 결합된 알리티아민(allithiamin)이 0.1mg% 정도 존재하는데, 알리티아민은 비타민 B_1의 체내 흡수, 이용률을 높여준다. 또한, 세포재생 및 항암작용이 있는 스코르니딘(scornidin)이 함유되어 있다. 마늘은 한국음식에서는 없어서는 안 될 향신료로서 모든 음식의 양념으로 이용될 뿐 아니라 부식으로도 많이 이용된다. 생마늘은 매운 맛이 강해 자주 이용하지 않으나 우리나라의 경우 육류 요리 먹을 때 생마늘을 쌈장에 찍어 먹는다. 또한 초여름(6월경)에 마늘쪽이 채 여물지 않은 통마늘로 식초와 소금, 또는 식초와 간장에 절여서 만든 마늘장아찌는 매운맛이 거의 없어 밑반찬으로 매우 좋다. 중국요리에서는 불에 달군 팬에 채 썬 마늘을 넣어 기름에 마늘의 향이 베게 한 후 요리에 이용한다. 또한, 겨자채의 소스에 설탕, 식초에 다진 마늘을 넣으며, 마늘 샐러드 드레싱에 이용한다. 마늘 다대기, 마늘 분말, 마늘 가루 등 다양한 가공품이 나와 있으며 건조 마늘은 라면이나 우동의 분말 수프의 재료로 이용된다. 마늘잎은 풋마늘이라 하여 초고추장에 양념을 하여 버무리거나, 찌개에 넣는다. 또는 길게 썬 쇠고기와 꼬치에 끼워 밀가루와 달걀을 입혀 지진 산적 지짐도 있다. 마늘쫑은 마늘 잎 사이로 나온 가늘고 연한 대로서 신선한 대는 고추장이나 된장에 박아서 장아찌로 또는 멸치나 건새우와 함께 기름에 살짝 볶아서 밑반찬으로 이용한다. 좋은 마늘은 육쪽 마늘로 자주색 껍질에, 껍질이 잘 벗겨지지 않는 것이 좋으며, 밭마늘이 논마늘보다 저장성이 좋다.

마른간법(dry salting) ☞ 건염법

마비성 패독(痲痺性貝毒, paralytic shellfish poison) 알렉산드리움(*Alexandrium*)속이나 피로디니움(*Pyrodinium*)속 등 와편모조류에 속하는 유독 플랑크톤이 생산하는 독. 이 독이 매패류의 중장선(中場腺, digestive gland)에 축적되어 독화되는데, 이런 독화된 패류를 어느 양보다 많이 섭취하면 중독증상이 나타난다. 우리나라 남해안에서 생산되는 이 매패류의 경우 지역에 따라 다소 차이가 있으나 주로 2~5월에 자주 검출되며, 종류별로는 진주 담치에서 검출률이 높았으며 부산, 충무, 마산, 여수, 목포 등 전 연안에서 검출되고 있다. 중독증상은 식후 30분 정도에서 입술, 혀, 안면에 저려 오는 감각이 나타나고 이것이 목이나 팔, 수족의 말단으로 퍼지는 동시에 마비로 변하여 수의적 운동이 곤란하게 된다. 언어장애, 두통, 메스꺼움, 구토 등도 나타나며 의식은 있으나 호흡마비로 사망하게 된다. 보통 12시간 이내에 사망하게 되는데 이것을 넘어서면 비교적 순조롭게 회복된다.

마시맬로(marshmallow) 전에는 양아욱의 뿌리로, 지금은 전분, 시럽, 설탕, 젤라틴 등으로 만드는 원통형의 푹신푹신한 질감의 과자.

마요네즈(mayonnaise) 난황을 유화제로 하여 식물성 기름과 식초를 혼합하여 만든 반고체의 유화액. 주로 샐러드용 드레싱 소스로 쓰인다. 18세기에 프랑스에서 처음으로 만들어졌으며 마요네즈 소스라는 말은 마요르카 섬의 마욘에서 유래된 것으로 '마욘풍' 소스라는 뜻이다. 식물성 기름으로는 옥수수기름 · 면실유 · 콩기름 · 유채유(평지씨 기름)와 같은 정제 샐러드 기름이 사용된다. 만드는 법은 난황 1개에 식초 큰술 하나, 소량의 소금 · 설탕 · 겨자 · 후춧가루를 잘 섞고 샐러드유 1컵을 조금씩 넣고 잘 저어야 한다. 마요네즈는 그대로 채소 · 고기 · 생선 등의 요리에 쳐서 사용되는 이외에 그것을 토대로 여러 가지 소스를 만들어 사용하기도 한다.

마이크로톰(microtome) 현미경 관찰을 위한 표본을 만들기 위해 시료를 일정한 두께의 조각으로 자르는 기계. 광학현미경용은 보통 2~3μm에서 수십 μm의 두께로 자르나, 전자현미경용은 0.1μm 이하의 두께로 자르는 울트라마이크로톰(ultramicrotome)이 있다. 대체로 어떤 경우라도 시료는 각종 고정액(광학현미경용의 경우는 포르말린 · 피크르산(酸) 등, 전자현미경의 경우는 오스뮴산 등)으로 고정시킨 후 적당한 매몰제(埋沒劑-고정조직 내에 잘 침투해서 굳어지고 적당한 유연성과 점성을 가진 물질. 예를 들면, 파라핀 · 셀로이딘 · 각종 합성 중합체 등) 속에 매몰시켜 자르거나 시료를 동결한 상태에서 자른다. 마이크로톰에는 여러 가지 형이 고안되고 있으며, 고정시킨 절삭날에 대해 시료를 움직여서 자르는 형(케임브리지형 · 미노형)과 시료를 고정시키고 절삭날을 움직여서 자르는 방식(슬라이딩 마이크로톰 등)으로 나눌 수 있다.

마이크로파(microwave) 가정에서 흔히 사용하는 전자레인지는 마이크로파를 사용하는 것인데 이 마이크로파의 조사는 식품 등에 존재하는 수분에 작용해 열을 발생시킴으로써 미생물에 간접적으로 저해효과를 준다. 마이크로파 조사는 물분자의 진동을 일으키고 이 때 발생하는 열에너지를 이용해 식품의 조리 및 해동에 널리 사용되고 있는데, 이는 또한 식품미생물 배지의 멸균이나 우유의 열처리 등에 응용되기도 한다.

마조람(marjoram) 꿀풀과의 여러해살이풀로 향신료의 일종으로서, 학명은 *Majorana hortensis* Moench. 지중해 지역이 원산지이며, 영국, 프랑스, 독일, 체코슬로바키아 등에서 재배된다. 잎은 달걀 모양으로 넓으며 6~8월에 연한 노란색 또는 흰색의 작은 꽃이 핀다. 식물 전체에서 달콤한 향기가 나고, 맛은 약간 쓴 편이다. 따라서 스위트 마조람이라고도 한다. 다임과 같이 향이 강하여 이탈리아 요리와 육류요리에서 빼놓을 수 없는 향신료이다. 소시지 · 육류 · 닭고기요리, 생선요리, 수프 등에도 이용한다. 이집트에서 정향, 아니스, 커민, 계피 등과 함께 미라를 만들 때 쓰인 최초의 향신초이다.

마카로니(macaroni) 이탈리아의 파스타 요리의 재료로 듀럼밀로 만든 강력분과 세몰리나에 물을 조금 넣고 끈기 있도록 치대어 가운데 구멍을 뚫어 잘 말려서 상품화한 파스타의 한 종류. 어떤 요리를 하든지 꼭 거쳐야 되는 요리과정은 끓는 물에 15~20분간 삶아 물기를 빼고 부드럽게 한 후에 다른 재료와 섞거나 다른 요리과정이 필요하다. 마카로니 요리는 보일드(boiled) 마카로니와 베이크트(baked) 마카로니로 나눌 수 있다. 치즈와 버터 외에 토마토, 고기류, 버섯, 어패류 등을 섞은 요리 등에 이용된다. 마카로니 샐러드도 만들 수 있다.

마케팅(marketing) 개인과 조직의 목표를 충족시키기 위하여 아이디어 및 제품, 서비스의 개념화와 가격결정, 촉진 · 유통을 계획하고 수행하는 과정.

마케팅 믹스(marketing mix) 급식소가 표적시장에서 계획한 마케팅 목표를 효과적으로 달성하기 위하여 사용하는, 통제 가능한 총체적인 수단. 전통적인 마케팅 믹스는 4P, 즉 상품(Produce), 가격(Price), 경로(Place), 촉진(Promotion) 등의 요소로 구성되며 각 요소들은 서로 상호 관련성을 맺고 있고 서로 일정 부분을 의존하고 있다.

막걸리 찹쌀, 멥쌀, 보리, 밀가루 등을 쪄서 누룩과 물을 섞어 발효시킨 한국 고유의 술. 탁주(濁酒), 농주(農酒)라고도 한다. 한국에서 역사가 가장 오래된 술로, 색깔이 뜨물처럼 희고 탁하며, 6~7도로 알코올 성분이 적은 술이다. 각 지방의 관인(官認) 양조장에서만 생산되고 있는데, 예전에 농가에서 개별적으로 제조한 것을 농주라 한다. 제조방법은 주로 찹쌀, 멥쌀, 보리, 밀가루 등을 찐 다음 수분을 건조시켜(이것을 지에밥이라고 한다.) 누룩과 물을 섞고 일정한 온도에서 발효시킨 것을 그대로 걸러 짜낸다. 찹쌀을 원료로 한 것을 찹쌀막걸리, 거르지 않고 그대로 밥풀이 담긴 채 뜬 것을 동동주라고 한다. 좋은 막걸리는 단맛, 신맛, 쓴맛, 떫은맛이 잘 어울리고 감칠맛과 시원한 맛이 있는 것으로서, 땀 흘리고 일한 농부들의 갈증을 덜어주어 농주로서 애용되어 왔다.

막장 날 메주를 빻아 소금물에 짓이겨 익히거나 콩메주 가루를 약간 띄운 보리밥에 섞어 소금물을 넣어 익힌 장.

만니톨(mannitol) 만노오스가 환원된 당알코올. 식물에 널리 분포한다. 해조류, 양파, 파인애플에서 제조하며, 백색 결정으로 단맛이 있다. 비중 1.489(20℃), 녹는점 168℃, 끓는점 295℃이다. 물에는 잘 녹으나 에탄올에는 쉽게 녹지 않고 에테르에도 녹지 않는다. 말린 다시마나 곶감 표면의 흰 가루는 주로 만니톨로 되어 있다. 만닛(mannit)이라고도 하며 자당의 60%의 단맛을 가진다. 추잉검과 캔디의 질감증진제로 사용하고, 무설탕제품의 감미제로도 사용한다.

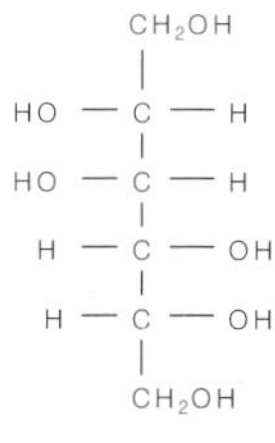

만다린(mandarin) 운향과 만다린계 귤의 총칭. 학명은 *Citrus reticulata* Blanco. 만다린 오렌지라고도 한다. 열매의 껍질이 잘 벗겨지고 과육은 연하다. 만다린계의 종(種) 가운데 인도가 원산이면서 아시아의 온난지역에서 재배하였던 밀감(mandarin orange / *Citrus reticulata*)과 근연종인데, 전 세계로 퍼져나갔다. 유럽으로 전파된 것 중에서 껍질의 색이 담황색인 것을 만다린, 모로코가 원산이며 미국 등으로 전해진 주홍색인 것은 탄저린(tangerine)이라 한다. 보통 생과로 먹거나 주스 · 식초 제조에 사용된다.

말고기(horse meat) 일반식용의 소와 돼지 같은 육류와는 달리 말은 왠지 식용으로는 거부감이 있는 것이 사실이다. 오늘날 유럽 대륙의 대부분 러시아, 프랑스, 벨기에, 네덜란드, 독일과 일본 등에서는 소고기보다 말고기를 상급으로 치는 대표적인 말고기 애호국이다. 유럽에서는 늙은 고기는 식용으로 사용하지 않는다. 일반 쇠고기보다 빨리 변하기 때문에 엄격하게 위생처리된 제품만을 쓴다. 말은 날씬한 몸매에 맞게 군살이 없고 살코기가 많으며 거의 모든 쇠고기 요리에 응용될 수 있다. 말의 육색은 어린 말일수록 연하나 연령과 더불어 진해져 암적색을 띠고 공기와 접촉하면 흑변하므로 다른 고기와 구별되기 쉽다. 근섬유는 섬세하나 결합조직이 다소 많아 단단한 편이며, 글리코겐이 1.1%로 다른 육류보다 2~3배 많이 함유하고 있어 특유의 단맛이 나며 끓이면 거품이 나는 특징이 있다. 지방은 연하고 황색을 띠며 근육간에는 존재하지 않고 리놀레산이 많아 융점이 낮아 부드럽다. 최상등급은 마블링이 잘 박혀 있는 뒷다리살이며 유럽 국가들의 정육점은 말고기뿐만 아니라 당나귀 고기, 노새 고기도 함께 취급하는 곳도 있다. 말고기는 특히 프랑스의 경우는 3명 중 1명이 먹으며 1인당 소비량은 1.78kg 정도로 대중적이다. 이는 미국의 송아지나 어린양고기의 소비량보다 많은 것으로 전문 정육점이 3천 개에 이를 정도이다. 일본의 말을 먹는 스타일은 이색적이다. 신선한 말고기를 사시미로 하여 마늘과 생강을 섞어 회로 먹거나, 다다끼(고기를 뜨거운 물에 살짝 데친 후 얇게 썰어서 소스에 찍어 먹는 일본식 스테이크 요리)로 먹기도 한다. 구마모토현은 맛있는 말고기의 산지로 유명하다. 우즈베키스탄에서는 카시라고 하는 말고기 소시지도 만들어 먹으며, 이 나라의 별미 음식이다.

말산(malic acid) ☞ 사과산

말차(抹茶) 전차(煎茶)를 절구로 빻아서 가루로 한 것.

말토올리고당(maltooligosaccharide) 포도당이 α-1,4 결합으로 연결되고 2~6개의 포도당으로 구성된 올리고당. 전분을 분해하여 일정한 크기의 올리고당을 생산하는 효소가 미생물로부터 발견되고 있으며 산업적으로 이 효소를 이용하여 고순도의 말토올리고당이 생산되고 있다.

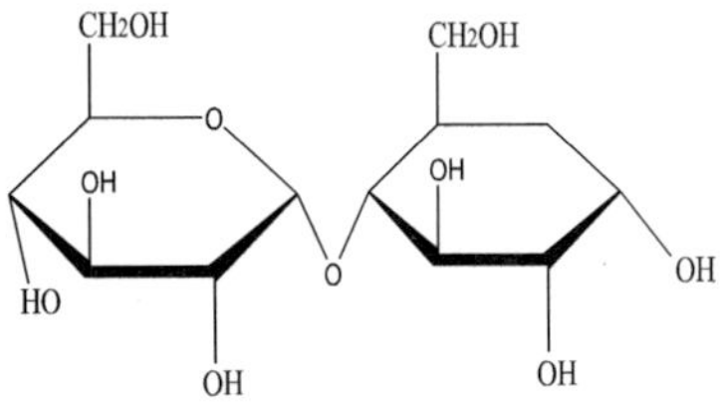

말토올리고실 수크로오스(maltooligosyl sucrose) 수크로오스에 말토올리고당이 결합된 사이클로덱스트린 글루카노트란스퍼라아제(cyclodextrin glucanotransferase, CGTase)는 전분을 사이클로덱스트린으로 전환시키는 작용 이외에 전분으로부터 glycosyl unit를 acceptor에 전이시키는 transglycosylation 작용을 한다. 따라서 전분과 수크로오스 혼합용액에 CGTase를 가하여 작용시키면 여러 종류의 maltooligosyl sucrose(coupling sugar)가 생성된다. 감미도는 수크로오스의 60%이며 충치 예방의 기능성이 있다.

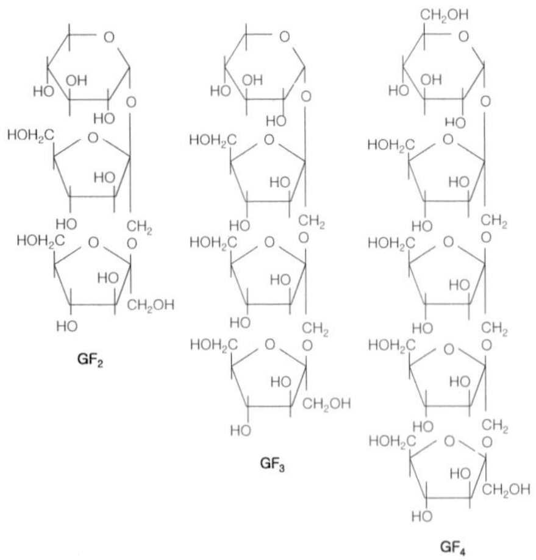

말톨(maltol) 낙엽송의 나무껍질, 치커리 등에 있는 달콤한 향기와 캐러멜과 같은 냄새를 갖는 물질로서 식품첨가물로 착향료, 향미증진제로 사용된다. 초콜릿, 코코아, 커피 향미로서, 또한 파인애플, 포도, 딸기 등의 과실 향미로서 초콜릿 제품, 빵류, 설탕과자, 소프트드링크 등에 널리 사용되고 있다.

맛(taste) 음식을 맛볼 때, 여러 요소가 관련되어 느껴지는 복합적인 감각. 단맛, 신맛, 쓴맛, 짠맛, 감칠맛의 5가지 기본맛과 매운맛, 떫은맛과 같은 미각세포 이외에서 수용되는 맛, 그 외 냄새, 입속 촉감도 관계한다. 일반적으로 이것을 광의의 맛이라 한다. 혀의 미각세포에서 수용되는 맛, 즉 5가지 기본 맛을 협의의 맛이라 한다. ☞ 맛의 상호작용, 맛있는 상태

맛 4면체(taste tetrahedron) 헤닝(Henning, 1924)에 의해 제안된 단맛, 신맛, 쓴맛, 짠맛의 4원미를 정점으로 한 사면체. 모든 맛은 사면체 중의 어느 한 점에 위치한다고 하였다.

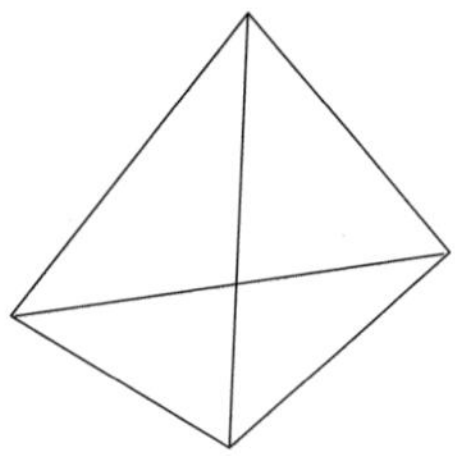

헤닝의 맛 4면체

맛의 상호작용(相互作用, taste interaction) 두 가지 이상의 맛이 혼합하여 나타나는 맛의 작용. 음식의 맛은 대부분 여러 가지 맛이 혼합되어 있으며 단일 맛과는 달리 서로 작용을 하여 맛의 복합체를 이룰 때가 많다. 두 가지 이상의 맛이 혼합작용하여 맛이 증대될 때에는 상승작용(上昇作用, synergism)이라 할 수 있고, 반대로 맛이 억제될 때는 상쇄작용(相殺作用)이라 할 수 있다. ☞ 맛

맛있는 상태(palatability) 음식을 섭취했을 때 즐거운 감각을 일으키는 상태. 인간의 오감 즉 미각, 후각, 촉각, 시각, 청각의 모든 감각이 복잡

하게 관련된 것이다. 미각에 의한 맛을 지배하는 것은 맛의 성분인데, 짠맛, 신맛, 단맛, 쓴맛 등의 맛이 여기에 해당된다. 후각에 의한 향기는 식품이 원래 가지고 있는 향기 외에 가열조리 시 생기는 향기 등 모든 것이 포함된다. 촉각에 의한 텍스처로서는 탄력, 표면의 매끄러움, 입자의 크기, 수분의 다소 등이 포함된다. 또한 맛에는 심리적인 조건이 크게 작용하는데, 심리적 조건으로서는 색채, 배색, 음향 등이 있다. 그 밖에 식사를 하는 장소의 분위기 등도 중요한 요소로 되고, 누구와 식사하느냐에 따라서 맛에 영향을 미친다. 맛은 또 몸의 조건에 따라서도 변화한다. 몸이 피곤할 때는 단 것을 맛있게 느끼고, 정신적으로 피곤할 때는 신 것을 맛있게 느낀다. 또 땀을 흘려 소금의 유출이 많을 때는 짠맛이 있는 음식이 맛있다. 단백질의 섭취가 부족한 상태가 계속되면 진한 맛이 맛있게 느껴지고, 충분히 섭취했을 때는 담백한 음식이 맛있게 느껴진다. 맛은 또한 연령과도 관계가 있다. 어린이는 감미에 민감하고, 단것을 맛있게 느낀다. 젊은 세대에서는 농후한 맛을 맛있게 느끼고, 고령자가 될수록 담백한 맛을 맛있게 느끼는데 이는 신체의 요구에 따른 것으로 보인다. 이처럼 맛있는 상태란 많은 조건에 의해 지배되는 것이며, 사람에 따라서도 느껴지는 양상이 차이가 있다. 그 때문에 맛이라는 것은 개성을 가지고 있다. 그러나 한편으로는 누가 먹어도 맛있게 느껴지는 맛이 있다. 예를 들어 국의 간이 식염 농도로 1% 전후일 때 맛있게 느껴지는데 이것은 체액의 식염농도와 가깝기 때문으로 생리적인 것에서 온 현상이다. ☞ 맛

망각성 패독(amnestic shellfish poisonig) 1987년 미대륙 대서양에서 잡힌 홍합 섭취 후 발생이 보고된 패독의 하나로, 그 후 지속적으로 보고되고 있다. 섭취 24시간 내에 구토, 설사, 복통을 일으키며 48시간 이내에 건망증, 혼돈, 심한 경우 발작이나 혼수상태 등의 신경증상을 나타낸다. 우리나라 해역에서 잡히는 조개류에는 오염이 심하지 않은 것으로 나타났으며 인체에는 체중 1kg 당 0.2~0.3mg정도가 위험량으로 알려져 있다. 원인물질은 바닷말이 생성하는 domoic acid(그림)이며 겨울철에 합성이 증가한다.

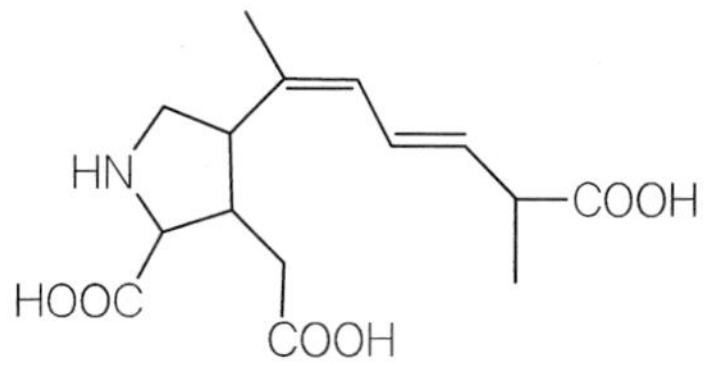

망간(manganese, Mn) 인체 내에서 이용되는 미량무기질 중의 하나. 망간은 일반 동물조직과 식물조직에 많이 함유되어 있고, 인체에는 간장, 췌장 등에 많이 함유되어 있다. 식품 중에 널리 분포되어 있어 부족증은 알려지지 않았다. 망간은 포스파타아제 등의 효소작용을 활성화시키는 작용이 있으므로 필수적인 영양소이다. 망간의 가장 좋은 급원은 전곡류와 녹차이고 견과류, 채소, 과일 등에도 있다.

망고(mango) 옻나무과의 상록교목인 망고의 열매. 학명은 *Mangifera indica* L.. 열매는 핵과(核果)이고 넓은 달걀 모양으로 길이 3~25 cm, 나비 1.5~10cm이다. 익으면 노란빛을 띤 녹색이거나 노란색 또는 붉은색을 띠며, 과육(果肉)은 노란색 또는 주황색이다. 씨는 1개 있으며 갑오징어 뼈와 같은 모양의 납작한 원기둥꼴로 양끝이 뾰족하다. 씨는 약용 또는 분말로 하여 식용한다. 동남아시아, 인도 북부지역이 원산이다. 아프리카 · 남아메리카 · 플로리다 · 캘리포니아 · 하와이 등 열대와 아열대지방에 분포한다. 과실 중에서는 비타민 A가 많은 편이다. 미량성분으로 마그네슘 9mg%, 망간 0.03mg%, 아연 0.10mg%, 코발트 0.3μg%, 구리 117μg%가 함유되어 있다. 날로 먹기도 하고 디저트와 과자 재료로 쓰며 과육을 갈아 샐러드의 드레싱이나 소스 · 스프 등에 사용한다. 산지에서는 덜 익은 것을 야채와 같이 볶거나 절여서 먹는다. 관상용으로도 심으며 수액은 아라비아고무 대용으로 이용한다.

매(梅, Japanese apricot) 장미과에 속하는 매화나무의 열매. 학명은 *Prunus mume* Sieb et Zucc. 원산지는 중국의 강남지방이며, 중국, 한국, 일본에 분포한다. 열매는 지름 2~3cm의 공 모양이고 녹색이나 7월에 노란색으로 익는

다. 껍질에 털이 많이 있고 신맛이 강하며 씨는 과육에서 잘 떨어지지 않는다. 매실의 종류는 수확시기와 가공방법에 따라 다양하다. ① 청매(靑梅)－5~6월에 덜 익은 열매를 딴 것으로 껍질이 녹색이고 과육이 단단하고 신맛이 가장 강하다. ② 황매(黃梅)－노랗게 익은 것으로 향기가 매우 좋으며, 과육이 무르다. ③ 금매(金梅)－청매를 증기에 쪄서 말린 것이다. 금매로 술을 담그면 빛깔도 좋고 맛도 뛰어나다. ④ 오매(烏梅)－청매를 따서 연기에 그을려 과육이 노란색을 띤 갈색(60% 건조)이 되었을 때 햇빛에 말려 검게 만든 매실. 색이 까마귀처럼 검다고 해서 붙여진 이름이다. 각종 해독작용이 있을 뿐 아니라 해열, 지혈, 진통, 구충, 갈증방지 등에 탁월한 효과가 있다. ⑤ 백매(白梅)－열은 소금물에 청매를 하룻밤 절인 다음 햇볕에 말린 것으로 효능은 오매와 비슷하지만 오매보다 만들기 쉽고 먹기에도 좋다. 과육부분이 전체의 85%로 주성분은 탄수화물이고, 당분 10%와 다량의 유기산을 함유하고 있다. 유기산은 구연산, 사과산, 주석산, 호박산 등으로 특히 구연산이 5%나 되어 다른 과실에 비해 월등히 높아 매우 시다. 또한 무기질, 비타민을 다량 함유한 알칼리성 식품이며, 그 외에 카테킨산, 펙틴, 탄닌 등을 함유하고 있다. 향기성분으로는 벤조 알데히드, 벤조산, 벤질 알코올, 5－메틸푸르푸란 등이 있고, 미숙 과실의 씨에는 아미그달린이 함유되어 있어 효소에 의해 청산을 생성하므로 청매를 생식하면 중독의 위험이 있다. 뿌리(梅根), 가지, 잎, 씨(梅仁)를 약용한다. 매실은 생식할 수 없고 절임, 엑기스, 차, 술 등을 만들어 이용하거나 매실정과, 과자 등을 만들어 먹기도 한다. 일본에서는 매화나무의 과실인 매실을 건강식품이라 하여 매실절임(우메보시), 농축액, 죽, 즙, 술, 차, 산자 등으로 많이 이용하고 있다.

매운맛(辛味, **hot taste, pungent taste**) 통각과 온도감각이 복합되어 나타나는 자극에 의한 맛. 4원미와 같이 혀의 표면의 미뢰로 느끼는 미각과 달리 화학물질에 의해 입속 전체에 주어지는 일종의 물리적 자극이다. 따라서 강력한 매운맛 물질은 입 속뿐 아니라 피부감각에도 같은 자극을 준다. 이 자극은 단독으로 맛보면 불쾌미에 지나지 않지만 음식에 가해진 적당량의 매운맛은 미각신경을 흥분시켜 식욕을 증진시키는 작용이 있다. 매운맛 성분에는 고추의 캅사이신, 산초의 산쇼 등이 있다.

맥각독(麥角毒, **Claviceps toxin**) 호밀 또는 화본과 식물의 꽃에 기생하는 맥각균(*Claviceps purpurea*)이 생성하는 독소. 에르고타민(ergotamine), 에르고톡신(ergotoxin) 및 에르고메트린(ergometrine)이 이에 속한다. 곡류 중에 맥각이 0.5% 이상 혼입되면 만성 중독을 일으킨다고 하여 곡물 중 혼입률의 허용량을 규제하고 있다. 맥각에 의한 만성중독에는 경련형, 괴저형이 있다.

맥류약엽가공식품(**barley leaf concentrate**) 20cm정도로 자라난 보리 어린잎을 베어 착즙해서 농축한 액체, 또는 분말(과립)화 한 것. 건강기능성소재로 활용되고 있다. 보리 잎에는 엽록소, 단백질, 미네랄, 식이섬유, 탄수화물 비타민 등의 영양성분 뿐만 아니라 세포의 신진대사를 돕는 물질들이 함유되어 있는 것으로 밝혀지고 있다. 보리 잎에 함유되어 있는 미네랄류에는 칼륨, 마그네슘, 칼슘 등이 있는데 시금치에 비해 칼륨이 약 18배, 칼슘이 약 11배, 마그네슘이 약 4배로 그 함량이 뛰어나다. 보리 잎에 풍부히 함유되어 있는 엽록소는 상처나 염증, 췌장염에 유효성이 입증되고 있다. 비타민 B1, 비타민 C, 카로틴 등의 함량도 뛰어나다. 또한 보리 풋잎 농축액은 세포증식을 활발하게 하는 것이 실증되어 있다. 맥류약엽가공식품은 일상 식생활에서 녹황색 채소가 부족한 사람에게 유효한데 특히 보리, 밀, 귀리의 어린잎을 착즙하여 분말로 한 제품은 효소활성을 갖는 것이 특징이다.

맥아식초(**malt vinegar**) 맥아(엿기름)를 원료로 한 발효식초. 보리·밀·옥수수 등의 전분을 맥아로 당화하여 효모로 알코올 발효를 시킨 후 초산균으로 발효시킨 것이다. 산도는 4.5~7%, 산의 조성은 초산에 이어 젖산의 함량이 많고, 이 밖에 피로글루탐산·푸마르산·글리콜산 등도 함유되어 있다. 곡류의 단백질에서 감칠맛 성분이 나와 향기도 부드럽다. 조리용으로 사용되는 것 외에도 마요네즈 소스 · 식초절임 등의 식품가공, 증류식초의 제조 등에 사용된다.

맬서스법(Malthus) 각종 시료의 총 세균수, 대장균군 외 병원성미생물의 정량분석 방법. 미생물이 생육할 때 그 대사활성에 의해 낮은 전하를 가진 물질이 높은 전하를 갖는 물질로 분해되면서 배지 내에서 일어나는 컨덕턴스(conductance)의 변화를 주기적으로 측정하는데, 이때 전도의 변화는 미생물수의 변화에 비례하므로 이를 이용하여 미생물의 양을 분석한다.

머위 국화과에 속하는 여러해살이풀로 산채의 일종. 학명은 *Petasites japonicus* Maxim. 머우, 머구, 머귀, 머윗대, 머웃대라고도 한다. 한자명은 곡동(穀冬), 관동(款冬), 봉두채(蜂斗菜)이다. 전국의 어디에서나 자생하며 주로 논둑, 밭둑, 습지 등 수분이 많은 곳에서 자라며 민가의 장독대나 울타리 밑에 심어 재배한다. 속명인 '*Petsites*'는 그리스어로서 '챙이 넓은 모자'라는 뜻으로 머위가 큰 잎을 갖는 데서 유래되었으며 원산지는 유럽과 아시아 그리고 북아메리카로 알려져 있는데 15~20종이 자생하고 있다고 한다. 한국, 일본 등지에도 분포한다. 굵은 땅속줄기가 옆으로 뻗으면서 끝에서 잎이 나온다. 잎은 둥글고 가장자리에 치아상의 톱니가 있고 전체적으로 꼬부라진 털이 있으며 잎자루는 굵고 길다. 5월에 암꽃은 백색, 숫꽃은 황백색의 꽃이 핀다. 일본에서는 후끼(フキ)라고 하여 산채 중 제일이라고 할 정도로 애용하고 있으며 중국에서도 봉두채(蜂斗菜), 사두채(蛇頭菜)라고 불리며 나물로 이용하고 있다. 유사종으로는 개머위와 털머위가 있다. 성분은 수분 89.2%, 단백질 2.5%, 지방 0.7%, 당질 4.8%, 섬유 1.6%, 회분 1.5%이다. 비타민 A, 칼슘, 철이 많은 알칼리성 식품이다. 잎과 잎줄기, 꽃봉오리는 매우 쓴데, 쓴맛을 내는 페타시틴, 이소페타시틴, 쿠에르세틴, 켐페롤 등과 플라보노이드, 트리테르펜, 사포닌 등 특수성분이 많이 함유되어 있다. 예로부터 관동(款冬)이라고 하여 현기증, 기관지천식, 인후염, 편도선염, 축농증, 진통, 벌레나 뱀에 물린 데, 다래끼 등의 치료제로 한방에서 널리 쓰여 온 약재이기도 하다. 최근, 페타시틴 등의 성분은 뇌졸중 등에 효과가 있다고 보고되었다. 조리법으로는 잎줄기를 약간 데친 후 껍질을 벗겨 무침으로, 꽃은 어릴 때 튀김으로 잎은 양념 무침으로, 껍질은 장아찌로 이용한다. 머위를 삶을 때는 물이 끓을 때 줄기 부분을 먼저 속히 넣고 뚜껑을 덮고 물 위에 나오지 않도록 하고, 청색으로 변했을 때 꺼내서 곧바로 냉수에 담그면 색이 곱게 유지된다. 그러나 삶을 때 공기에 노출되면 흑갈색으로 변하는데 이는 클로로젠산과 폴리페놀 때문이다. 머위잎쌈은 삶아 우려서 쓴맛을 빼야 하며, 머위장아찌는 간장에 설탕을 넣고 조린 것이다. 나물로 무칠 때 들깨를 가루로 낸 것이나 들기름을 넣으면 더욱 맛이 좋다. 그 외에도 녹즙, 샐러드, 쌈 등으로 이용된다. 꽃이삭은 식용 또는 진해제(鎭咳劑)로 사용한다. 좋은 머위는 봄철 새잎이 자란 것이 좋고, 줄기 한가운데가 연하며 단맛이 있어야 좋다. 잎이 힘이 있으며 녹색이 진하고 황갈색으로 변색되지 않은 것이 신선하다. 또한 뿌리 쪽을 쥐고 수평으로 들어보았을 때 휘는 정도로 잎의 힘을 판단한다. 줄기가 너무 굵으면 심줄이 많고 구멍이 있으며 너무 가는 것도 좋지 않다.

머천다이징(merchandising) 일반적으로 상품화계획을 일컫는 말로 적정한 상품을 적정한 가격으로 적정한 시기에 적정한 수량을 제공하기 위한 계획. 즉 과학적인 수법을 기본으로 하여 기업의 입장에서는 팔릴 수 있는 제품을 만드는 것을 의미하고, 유통 사업자의 입장에서는 적절한 구색을 갖추는 것을 의미하는데 일반적으로 머천다이징은 유통 사업자의 입장에서 설명하는 경우가 많다. 급식 머천다이징은 고객에게 급식소를 알리고 홍보하기 위한 효과적인 도구로 푸드 코디네이션(food coordination)과 메뉴 프레젠테이션(menu presentation) 등에 대한 계획과 구성을 포함한다.

멍게(sea squirt) 원색동물로서 해초목 멍게과의 총칭. 학명은 *Halocynthia roretzi*. 우렁쉥이라고도 한다. 큰 것은 길이 18cm, 둘레 26cm에 달하나 보통은 그보다 작다. 몸 빛깔은 붉은색에서 등색, 때로는 암갈색과 백색까지 있다. 동해안의 초도리에서 제주의 성산포에 이르기까지 전 연해의 암초에 널리 분포한다. 특히 주문진과 여수에서 다량 채집된다. 가장 맛이 좋을 때는 4~6월이며, 6~8월에 제일 많이 생산된다. 단백질과 탄수화물이 많고 지방이 약간 들어있다. 멍게는 비타민 B군과 나트륨과 칼륨이 풍부하고 칼슘도 함유하고 있으며 산성을 띤다. 특히 요오드 함량이 많다. 멍게 특유의 단맛은 옥타놀 또는 신티아올(cynthiaol)같은 고급 알코올로 오래되면 멍게에서 나는 안 좋은 냄새는 이 알코올과 지방산의 분해 과정에서 나오는 것이다. 등적색의 광택이 있는 껍질을 벗기면 등황색의 살이 있는데 이것을 생으로 초고추장에 찍어 먹고 소금 절임하여 가공하기도 한다. 감자, 고추 등의 채소를 넣고 고춧가루를 이용해서 멍게조림을 하기도 한다.

메기(catfish) 메기목 메기과의 민물고기. 학명은 *Parasilurus asotus* L. 몸길이 25~30cm이나 때로는 100cm 이상인 것도 있다. 일반적으로 암컷이 수컷보다 크다. 몸은 길고 원통 모양처럼 생겼다. 몸 빛깔은 등쪽이 어두운 회색이고 배쪽이 흰색이며, 옆면에는 불규칙한 반문이 있다. 물살이 느리고 바닥에 해캄이 깔려 있는 하천이나 호수, 늪에 서식한다. 오염된 물에서도 잘 견딜 수 있다. 살은 흰색이다. 우리나라, 일본, 타이완, 중국 등지의 담수계에 분포한다. 우리나라 메기과에는 메기, 동자개, 자가사리를 포함하여 14종이 기재되어 있고, 메기속에는 메기와 미유기 2종이 있다. 칼슘과 비타민 A가 다른 어종에 비해 상당히 많은 양이 함유되어 있으며, 철이 많아 성장기 어린이나 산모에게 조혈제로도 이용된다. 메기를 무 뿌리와 같이 푹 삶아 싱겁게 국물로 만들어서 먹으면 신장염의 부기가 빠지고 소변이 잘 나온다. 황련 가루를 메기의 타액으로 개어 동그랗게 빚은 다음 오매를 끓인 물로 5~7알씩을 공복에 하루 3번씩 먹으면 어질어질하고 피곤하거나 입이 바짝바짝 마르는 여름철에 좋다. 메기탕으로 끓여 먹거나, 구이, 찜, 조림 등으로 이용한다.

메뉴(menu) 한 끼 식사에 제공되는 음식들의 상세한 목록으로 식단 또는 차림표. 메뉴는 급식 운영에 있어서 가장 중요한 내부 통제 도구이며 마케팅 도구의 역할을 한다.

메뉴 믹스 비율(menu mix ratio : MM%) 각 메뉴 품목이 판매된 비율. [각 메뉴의 판매량/판매량×100]으로 계산되며 메뉴 엔지니어링에 활용된다.

메뉴 엔지니어링(menu engineering) 단체급식이나 레스토랑에서의 메뉴 평가법. 마케팅적 접근에 의해 메뉴의 가격, 디자인, 내용 및 인기도와 수익성을 평가하며, 현재 판매되고 있는 메뉴 가격의 적정성, 식재료 비율, 이윤을 극대화할 수 있는 메뉴, 가격 및 판매량 설정 등 메뉴에 대한 의사결정에 도움을 준다.

메뉴 평가(menu evaluation) 고객만족과 합리적인 급식관리를 위해 실시하는 메뉴에 대한 평가. 공정개선 측면에서의 생산성 평가, 기호도 조사, 잔반 조사, 관능평가 메뉴 엔지니어링 등이 있다.

메밀(buckwheat) 잡곡에 속하는 마디풀목 마디풀과(여뀌과)에 속하는 1년생 식물 또한 그의 식용 곡류. 학명은 *Fagopyrum esculentum* Moench. 서늘하고 습한 기후에서 가장 잘 자라며, 모밀이라고도 한다. 시베리아의 바이칼호 부근이 원산지로 여겨지며, 중국과 유럽을 통하여 전파되었다. 러시아와 폴란드는 세계 제일의 메밀 생산국이다. 열매는 익으면 갈색 또는 흑갈색의 삼각뿔 모양을 이루며, 과피가 단단하고 광택을 지니며 벗겨지기 쉽다. 메밀은 단백질이 다른 곡류보다 많아서 12~14% 포함되어 있고, 곡류에 부족하기 쉬운 리신과 트립토판의 함유량도 많아서 단백가가 80인 영양학적으로 우수한 식품이다. 탄수화물은 66%, 지방은 약 2% 정도 함유하며 철, 칼슘, 망간 등의 무기질과 나이아신, 티아민, 리보플라빈 등 비타민 B 복합체가 풍부하고 열매 중에 균일하게 분포하여 제분 시에 손실되는 양이 적다. 또한 섬유소를 다량 함유하고 있어 변비와 대장암 예방에 도움을 주며, 모세혈관의 저항성을 강하게 하고, 고혈압증으로 인한 뇌출혈 등의 혈관 손상을 예방하는 효과가 있는 루틴(rutin)의 함유량도 많다. 루틴은 메밀국수를 삶을 때, 삶은 물에 상당량이 용출되므로 국수 삶은 물을 마시는 것을 권장할 만하다. 종자는 가루로 빻거나 찧어 식량이나 가축 사료로 이용한다. 원료 메밀에 대하여 가루가 나는 비율은 70~75%이다. 중심부만을 가루로 낸 것이 가장 빛깔이 희고, 가루를 많이 낼수록 빛깔은 검지만 풍미가 더 좋다. 메밀은 제분 직후의 것이 특히 풍미가 있는데, 건조가 잘 된 것을 한랭한 곳에 두면 4~6개월은 맛을 잃지 않는다. 메밀은 본래 끈기가 있지만, 열을 가하면 끊어져서 면상태로 하기 어려우므로, 국수를 만들 때는 밀가루나 그 밖에 콩가루 · 전분 · 달걀흰자 · 인산염 · 참마가루 등을 섞어서 쓴다. 아시아에서는 메밀가루로 국수, 만두, 지짐을 만들며, 동유럽에서는 눌러 부순 거친 메밀가루로 카샤라고 하는 걸쭉한 죽을 만들어 먹는다. 북아메리카에서는 보통 팬케이크를 만들 때 메밀가루를 쓰며, 겉껍질을 벗겨낸 낟알을 수프와 곡물가공식품에 이용한다. 우리나라에서는 옛날부터 메밀묵과 냉면을 즐겨 먹었다.

메뚜기콩검(locust bean gum) 메뚜기콩 열매 배유에서 얻는 갈락토만난. 식품첨가물의 하나로 점증제, 안정제, 결착제, 유화제, 착향료 등으로 쓴다.

메이스(mace) 열대상록수 너트메그(nutmeg) 나무의 꽃. 인도네시아가 원산지이며, 너트메그보다 향기가 짙으며 적황색의 것이 좋다.

메일러드 반응(Maillard reaction) 활성을 가진 유리 알데히드(aldehyde)기나 케톤(ketone)기와 같은 카르보닐(carbonyl)기를 가진 환원당 또는 가수분해되어 환원당을 만들 수 있는 당류가 아미노산, 펩티드(peptide), 단백질과 같은 유리 아미노(amino)기나 이미노(imino)기를 가진 질소화합물과 상호 반응하여 산화, 중화, 축합되면서 갈색 물질을 생성하는 반응. 아미노카보닐(amino−carbonyl)반응 혹은 멜라노이딘(melanoidin) 반응이라고도 한다. 온도가 높을수록 반응속도가 빠르다. ☞ 갈변

메주(fermented soybean) 메주콩(흰콩)을 푹 삶아 찧어서 직사각형 모양으로 빚어서 발효시킨 것. 간장, 된장, 고추장 등 장류의 주원료이다. 재래식 메주는 흰콩을 장시간 불려서 무르게 삶아 절구에 찧어서 모양을 빚은 후 짚으로 묶어 바람이 잘 드는 처마 밑이나 기둥에 매달아두면, 볏짚이나 공기로부터 무코르(*Mucor*), 리조푸스(*Rhizopus*), 아스페르길루스(*Aspergillus*) 등의 곰팡이와 바실루스(*Bacillus*) 등의 세균이 메주에 붙어 자라면서 미생물이 콩의 성분을 분해할 수 있는 각종 효소를 분비하게 된다. 메주는 가을에 만들어 10~20일 발효 후 매달아 말려서 본래는 가마니 속에 넣어 띄운다. 메주를 소금물에서 숙성시켜 건더기는 된장, 즙액은 간장으로 이용한다. 좋은 메주는 거죽이 말라 있고 노르스름하며 속은 약간 말랑말랑하며 쪼갠 면이 잘 떠서 검붉게 보여야 한다. 흰색이나 노란색 곰팡이가 피어 있어야 하며, 푸른색이나 검은색은 잡균이 번식한 것이다.

메추리알(Quail's egg) 꿩과에 속하는 메추리의 알. 무게는 11~12g이고, 껍질의 색은 녹백색으로 흑갈색의 반점이 있고 알껍질은 달걀이나 오리알보다 얇다. 껍질 8~12%, 난백 68~70%, 난황 20~24%이다. 단백질 함량은 달걀과 유사하다. 아미노산 조성은 달걀과 비슷하나 글루탐산이 메추리알에 더 많다. 달걀에 비해 비타민 A, 비타민 B_1, 비타민 B_2, 철이 약 2배 많다. 메추리알은 삶거나 생으로 먹는다.

메트미오글로빈(metmyoglobin) 미오글로빈의 산화에 의해 생성된 물질이라고도 한다. 육류를 공기 중에 방치하면 갈색을 띠게 되는 것은 미오글로빈과 옥시미오글로빈(oxymyoglobin)의 2가 헴철이 산화되어 3가 헴철로 되고, 산화된 철에 물분자가 결합되면서 적갈색의 메트미오글로빈이 되기 때문이다. ☞ 미오글로빈

메트헤모글로빈(methemoglobin) 헤모글로빈(hemoglobin)의 산화에 의한 생성물질. 산화헤모글로빈이라고도 한다. 헤모글로빈의 헴철이 산화되어 3가의 철(Fe^{3+})로 되면서 산소와의 결합능력은 잃게 된다.

메티오닌(methionine) 함황아미노산. 단백질을 구성하는 아미노산의 하나이다. 화학명은 α−amino−γ−methylthiobutyric acid이다. 필수아미노산으로 동물성 단백질에 다량 함유되어 있고, 식물성 단백질에는 조금밖에 없다. 생체 내에서는 메틸기(−CH_3) 공급체인 S−아데노실 메티오닌 S−의 전구체로서 생화학 반응에 참여한다.

멜라노이딘(melanoidin) 메일러드 반응(Maillard reaction)에서 포도당, 글리신 등의 환원당과 아미노기가 반응하여 생성되는 갈색 색소.

멜라닌(melanin) 동물의 조직과 피부에 있는 갈색이나 검정색 색소. 멜라노사이트(melanocyte)라고 하는 검정색 소포(黑色素胞) 내에서 만들어진다. 멜라닌은 세포 내의 소기관(小器官)인 리보솜(ribosome)에서 티로시나아제라는 효소에 의해 생합성 된다. 야채나 과실류, 예로서 생감자의 갈색화는 중요하다. 감자 등에 함유된 아미노산 중의 하나인 티로신이 티로시나아제 존재 하에 급속하게 산화되어 몇 단계를 거쳐 합성되어, 갈색과 자색의 아직 그 구조가 확실하게 알려져 있지 않은 멜라노크롬(melanochrome) 등을 거쳐 계속 축합, 중합 반응을 통해서 최종적으로 멜라노솜(melanosome)이라는 멜라닌 과립이 생성된다. 멜라닌 과립의 형태, 크기 및 침착 정도는 동물의 종류나 장기(臟器)에 따라서 달라진다. 물이나 대부분의 유기용매에 녹지 않으며 비활성이다.

멜라토닌(melatonin) 뇌의 송과선에서 분비되는 호르몬의 일종. 세로토닌에서 합성되며 어느 생물이든 똑같은 구조를 가지고 있다. 멜라토닌은 해가지면 분비가 시작되고 해가 뜨면 분비량이 줄어든다. 이처럼 빛과 어둠에 반응하여 신체에 잠들 때와 깰 때를 알리고 하루의 리듬을 조절해 준다. 멜라토닌 분비량은 10대에 절정에 달했다가 점차 감소하여 60대 이후엔 거의 분비되지 않는다. 멜라토닌의 기능성으로는 멜라닌 생성을 억제하고 포유동물의 발정기를 늦추거나, 성선 발육을 조절하는 작용이 있다. 멜라토닌은 수면을 촉진하는 효과 및 시차 극복에 탁월한 효과를 발휘하는 것으로 밝혀지고 있고 노화방지와 면역기능 강화효과도 보고되어 있다. 멜라토닌은 안정성이 매우 높아 상용투여량의 수백 배를 복용해도 안전하다는 것이 동물실험을 통해 밝혀졌으며 미국 식품의약품(FDA)에서도 멜라토닌 판매를 용인하고 있다. 멜라토닌은 약품이 아닌 건강식품으로 분류되어 있으며 값도 매우 저렴하여 미국 내에서 가장 인기 있는 기능성식품의 하나로 팔리고 있다. 시판되는 멜라토닌은 생물체내의 멜라토닌을 추출하여 인공적으로 대량 합성한 것이다.

멜론(melon) 박과에 속하는 일년생 덩굴의 초본. 학명은 *Cucumis melo* L.. 원산지는 북아프리카 · 중앙아시아 및 인도로 추정된다. 모양은 둥글고 과육은 백색, 담녹색, 황등색 등이다. 종류로는 ① **네트 멜론**(netted melon)－열매의 겉이 그물처럼 갈라져 있다. ② **캔털루프**(cantaloupe)－과실의 겉에 그물망의 무늬가 없고 혹 모양의 돌기가 있으며 세로로 홈이 있는 멜론의 한 종류. ③ **겨울 멜론**(winter melon)－과실의 겉이 밋밋하거나 세로줄이 있지만 그물망의 무늬가 없는 멜론의 한 종류. ④ **머스크 멜론**(musk melon)－향기가 강한 네트 멜론과 캔털루프를 지칭하는 멜론의 한 종류. ⑤ **참외**－인도에서 중국을 거쳐 들어온 동양계 멜론. 겨울 멜론형에 속한다. 생과로 이용하거나 주스, 아이스크림 등에 이용한다.

멥쌀(non-glutinous rice) 보통 밥을 지어먹는 찰기가 적은 쌀. 전분의 약 80%가 아밀로펙틴이고, 20%는 아밀로오스로 구성되어 있어 아밀로오스를 거의 함유하고 있지 않은 찹쌀에 비해 찰기가 적고, 요오드와 반응했을 때 아밀로오스-요오드 내포화합물을 형성하여 청자색을 띤다. 전분의 호화온도는 찹쌀보다 낮아 65℃ 정도이다. 단백질 함량은 6.5%로 찹쌀보다 적으며, 지질은 찹쌀보다 유리지방산과 저급 불포화지방산의 함량이 적다. 멥쌀은 낟알에 반투명한 부분이 많아 광택이 있으며, 비중은 1.13으로 찹쌀에 비해 약간 무겁다. 우리나라에서 생산되는 쌀의 약 96%는 멥쌀이다. 술, 설기떡, 과자, 식초 등의 제조에 주로 이용된다.

면실유(綿實油, cotton seed oil) 목화씨를 쪄서 압착하여 얻는 반건성유(半乾性油). 면화에서 면을 딴 후 종자의 핵을 짜서 얻은 것으로 주산지는 미국, 인도, 이집트 등이다. 주요 지방산은 리놀레산 47~50%, 팔미트산 26%, 올레산 18%가 함유되어 있다. 면실유를 냉각하여 혼탁해지는 고형지방 주로 포화지방을 제거한 기름을 윈터 오일(winter oil), 고형 지방을 제거하지 않은 것을 서머 오일(summer oil)이라 한다. 유독물질인 고시폴(gossypol)이 있어 정제 시 주의가 필요하다. 샐러드, 마요네즈, 마가린, 쇼트닝, 중국요리에 많이 쓰인다.

멸균(滅菌, sterilization) 살아 있는 즉 증식 능력이 있는 미생물을 제거하여 완전히 무균 상태로 만들어내는 조작. 주로 임상에서 병원성 미생물을 제거하는 경우의 소독도 멸균의 일종이다. 주요한 멸균법으로는 열을 사용하는 방법, 전자파, 초음파를 사용하는 방법, 화학물질을 이용한 방법 등으로 구분되며, 멸균할 대상에 따라 구분하여 사용된다.

멸치(anchovy) 청어목 멸치과의 바닷물고기. 학명은 *Engraulis japonicus* Temminck et Schlegel. 『우해이어보』에서는 멸아, 『자산어보』에서는 멸어라 하였고 한자어로 추어라 하였다. 『재물보』와 『전어지』에서는 멧이라 하였다. 정어리류에 속하는 체장 약 13~20cm 정도의 소형 어종으로 모양은 원통이며 등쪽은 암청색, 배 쪽은 은백색인데, 옆구리에는 은백색의 가로줄이 분명하며, 입이 머리의 밑쪽으로 열리는 것이 특징이다. 멸치 분포는 태평양을 비롯한 전 세계의 난류수역에 널리 분포하는데 우리나라의 연해, 특히 남해(충무, 추자도)에서 많이 서식하며, 일본 연해에도 분포한다. 난류성 해안에서 매년 산란하는데 대체로 봄부터 여름 사이로, 산란 성수기는 4~6월 정도이다. 다른 어류에 비해 칼슘(1,860mg%)과 단백질이 풍부하며, 정어리류 성분과 흡사하다. 살과 뼈를 전부 식용 가능하기에 칼슘 섭취가 용이한 성장기 어린이에게 좋은 영양식품이다. 멸치 국물의 감칠맛은 여러 가지 아미노산의 맛 때문인데, 특히 글루탐산의 함량이 많다. 멸치의 품질은 재료의 선도, 지방의 함량으로 크게 좌우된다. 멸치는 뽀얀 빛이 나는 것이 질이 좋고 붉고 검은 빛이 나는 것은 기름이 산화된 것이 질이 좋고 붉고 검은 빛이 나는 것은 기름이 산화된 것이다. 선도가 낮은 것은 잘 부서지고, 지질은 많은 것은 저장 중에 산화되어 냄새가 난다. 주로 마른 멸치로 이용되며 그 밖에 멸치젓은 김치 양념에 중요한 역할을 하며, 추자도산 멸치젓갈이 유명하고, 마른 멸치는 전남 여수와 거문도산 건 멸치가 일품이다. 가장 작은 멸치(지리멘)는 무, 두릅과 간장을 섞어서 먹으면 깔끔한 맛을 느낄 수 있다. 마른 멸치의 제조 방법은 멸치에 불포화지방산이 지나치게 많아 바닷물 또는 소금물(농도 7%)에 끓여 기름기를 빼고, 완전히 삶은 것은 건져서 음건하면서 식힌 다음 멸치가 서로 중첩되지 않도록 널어서 수분함량이 20~22% 이하가 되도록 2~3일간 건조한다. 최근에는 열풍건조법도 많이 이용되고 있다. 건조품은 크기에 따라서 몸길이 77mm 이상을 대멸, 76~46mm를 중멸, 45~31mm를 소멸, 30~16mm를 자멸, 15mm 이하인 것을 세멸이라고 한다. 밑반찬으로 멸치조림, 멸치 고추볶음 등이 있고 국물요리로도 많이 이용하며 서양요리에는 통조림으로 가공된 멸치젓(앤초비)으로 각종 소스류에 많이 사용한다. 특히 샐러드용 시저 드레싱에는 앤초비를 잘게 다져서 첨가해야 맛이 난다.

멸치젓 멸치에 소금을 뿌려 담근 젓갈. 멸치젓은 남해안 지방에서 많이 담그는 젓갈로 봄에 담그는 것을 춘젓, 가을에 담그는 것을 추젓이라 하는데 춘젓의 맛이 더 좋다. 담그는 시기는 6월경이 적당하며 김장할 때 쓸 수 있다. 멸치젓은 달여서 쓰는데, 국물과 건더기를 합친 젓 2L에 물 1L의 비율로 붓고 팔팔 끓이면 살은 모두 빠지고 뼈만 남는다. 이것을 체에 밭쳐 국물을 가라앉힌 다음에 윗 국물을 다시 끓여 보관해 두고 쓰는 액젓도 있다.

명도(明度, luminosity) 채도, 색상과 함께 색의 3속성 중 하나. 색의 밝기를 일정 척도로 나타낸 것으로 명도가 클수록 밝은 색이다.

명태(Alaska pollack) 대구목 대구과의 바닷물고기. 학명은 *Theragra chalcogramma* Dallas. 우리나라에서 가장 많이 잡히는 어종으로 동해, 일본 북부, 오호츠크해, 베링해 등의 북태평양 해역에 널리 분포되어 있다. 몸의 등 쪽은 연한 갈색 혹은 청색 바탕에 폭이 좁은 파상 무늬의 암갈색 세로띠가 3줄 가량 머리 뒤쪽에서 꼬리까지 길게 뻗어 있으며 배 쪽은 희며, 가슴지느러미는 검다. 산란은 1~5℃에서 이루어지며, 산란기는 우리나라의 동해 북부에서는 12~2월, 일본에서는 2~4월로 겨울철이 제 맛이다. 날 것을 명태 또는 생태, 겨울철에 잡아 얼린 것을 동태 또는 동명태라 하고, 반건조시킨 것을 코다리, 말린 것을 북어 또는 건태(乾太)라고 한다. 또 산란기 중에 잡힌 명태를 원료로 동결과 해동을 반복하여 승화하여 건조시켜 만든 것을 더덕북어라고 한다. 알은 명란젓으로, 창자는 창란젓으로 이용되어 버릴 것이 없는 생선이다. 간유에 함유된 비타민 A가 대구에 비해 3배가량 된다. 신선한 상태에서는 주로 찌개로 이용되며, 장기간 냉동 보존하면 맛이 떨어질 뿐 아니라 살에 수분이 많아 가열하면 살이 흩어지므로 말리거나 갈아서 어묵가공을 하거나, 훈제품의 원료로 사용하기도 한다.

모과 장미과의 낙엽교목의 열매. 학명은 *Chaenomeles sinensis* Koehne. 중국 원산이다. 열매는 타원형이고 길이 10~20cm, 지름 8~15cm이며 울퉁불퉁하여 못생겼고 단단한 목질부위가 많다. 9월에 노란색으로 익으며 향기가 매우 좋으나 신맛이 강하다. 말려서 한약재로 쓰거나 얇게 썰어 설탕에 절여서 차로 끓여서 마신다.

모노소디움글루타메이트(monosodiumglutamate, MSG) 구수한 맛 또는 감칠맛을 갖는 글루탐산의 나트륨염. 맛 증진제로 사용된다. 글루탐산은 1866년 리타오슨이 분리하였고, 모노소디움글루타메이트는 1908년 이케다가 해조류인 다시마(*Laminaria japonica*)에서 발견하였다. 보통 사용되는 농도는 0.2~0.5%이며 이때 MSG는 상쾌하고 구수한 맛을 낸다. 특히 육류의 맛과 향기를 더욱 좋게 한다. 육류와 어류의 가공식품에 맛 증진제로 사용되며 가정용 조미료로도 시판된다. 일부 MSG에 과민한 사람은 과량을 섭취하면 일시적으로 두통, 현기증, 복통, 관절의 경직 등이 일어난다. 중국 식당에서 식사 후에 이런 일이 발생하는 경우가 많아 '차이니즈 레스토랑 신드롬(Chinese restaurant syndrome, CRS)' 이라고 한다.

모노엔산(monoenoic acid) 이중결합을 한 개 갖는 불포화지방산. 천연에 존재하는 것은 대부분 시스형(cis-type)이다. 올레산이 대표적이며, 거의 모든 동식물 유지의 주요성분이다. 일가 또는 단일불포화지방산이라고도 한다.

모니터링(monitoring) CCP(critical control point, 중요관리요소)가 CL(critiacl limit, 관리기준)의 범위 내에서 관리되고 있음을 확인하기 위하여 관찰, 측정 또는 검사하는 일련의 과정. 연속적인 모니터링이 바람직하지만 그것이 불가능한 경우에는 개개의 제품에 대하여 CCP의 관리상태가 적절함을 보증할 수 있는 충분한 빈도로 수행하여야 한다.

모세관 현상(毛細管現想, capillary phenomenon) 양끝이 열린 가는 관(모세관)을 액체 속에 수직으로 넣었을 때 관속의 액면이 상승 또는 하강하는 현상. 다공질의 물체에 액체가 스며드는 경우도 모세관 현상으로 생각할 수 있다. 건조식품의 불리기, 꼭 짠 행주로 물기를 훔치는 일 등은 모세관 현상의 예이다.

모시대(ladybell) 초롱꽃과의 다년초로 산채의 일종. 학명은 *Adenophora remotiflora*(S. et Z.) Miq. 모싯대라고도 한다. 한자명으로는 행엽채(杏葉菜), 행엽사삼(杏葉沙蔘) 또는 지삼이라고도 불리며 뿌리는 한방에서 제니(薺苨)라 한다. 지방에 따라서는 모싯대, 모시나물, 게로기 등의 별명이 있기도 하다. 산지는 유라시아, 중국, 한국, 일본 등이다. 주로 산의 다소 그늘진 곳에서 자란다. 줄기는 곧게 서며 높이 40~100cm이고 뿌리는 도라지 뿌리처럼 굵다. 8~9월에 자주색의 종모양의 꽃이 핀다. 비슷한 종으로 흰색 꽃이 피는 것을 흰모시대(for. *leucantha*)라고 한다. 단백질, 탄수화물, 회분, 인 등의 함량이 높다. 푸마르산, 구연산, 말산 등의 유기산과 사포닌, 이눌린이 함유되어 있다. 연한 부분과 뿌리를 식용으로 하는데, 잎은 연하며 뿌리는 맛이 순하고 담백하다. 어린잎과 줄기는 생으로 무쳐 먹거나 국거리, 나물무침, 볶음, 샐러드, 묵나물 등으로 이용한다. 잎, 줄기, 꽃으로 튀김을 만들기도 하며 뿌리는 구이, 생채무침, 볶음, 장아찌 등으로 조리한다. 뿌리는 거담, 해독(종기, 벌레 물린 데나 뱀에 물린 데), 강장 등의 효능이 있는 것으로 알려져 한방에서는 약용으로 쓰인다.

모조유제품(模造乳製品, imitation milk products) 식물성 유지 원료를 가공 혼합하여 만든 유제품과 유사한 제품. 모조유제품 중에 가장 성공한 제품은 버터를 모조한 마가린, 커피 크림을 모방한 커피 크리머, 케이크 토핑 등이 있다.

유제품과 일부를 식물성 원료와 혼합하여 만들어지는 것이 일반적이다.

목이버섯(木鷺, Jew's ear) 담자균류 목이과의 버섯. 학명은 *Auricularia polytricha*(Mont.) Sacc. 흐르레기라고도 한다. 여름에서부터 가을에 걸쳐 활엽수의 고목에 기생하며 전 세계에 분포되어 있다. 뽕나무, 물푸레나무, 닥나무, 느릅나무, 버드나무에 기생하는 것을 5목이라고 하며 품질이 가장 좋다. 표고와 같이 참나무류 원목에 종균을 접종하여 인공재배하고 있다. 윗면은 갈색이고 밑면은 밋밋하고 광택이 있다. 크기는 2~6cm이고 군생한다. 물에 닿으면 부드러운 젤라틴질의 겔상이 되나 건조하면 수축되어 단단해지고 물을 먹으면 다시 원형으로 된다. 몸 전체가 아교질의 반투명하고 물결 모양으로 마치 사람의 귀 모양과 유사하다. 단백질11.3%, 칼륨 1,200mg%, 철, 칼슘, 인, 에르고스테롤이 비교적 많이 들어 있다. 섬유소의 함량이 많고 교질상 물질이 많아 위장의 정장작용이 있으며, 혈액 응고를 억제하는 작용이 뛰어나다. 부드럽고 쫄깃쫄깃한 질감과 담백한 맛을 지니고 있어 여러 가지 요리에 두루 쓰이며, 특히 검은색으로 시각적인 효과가 뛰어나다. 특히 중국요리에 많이 이용된다. 좋은 목이는 살이 두껍고 단단하게 건조된 것이 좋다. 주로 건조시켜 유통되며, 시판되는 건조상품에는 목이와 유사종인 털목이가 혼입되어 판매되고 있다.

몰농도(morality) 용액 1L 속에 녹아 있는 용질의 몰수. 몰농도의 단위는 M 또는 mole/L로 나타낸다. 몰농도는 묽은 용액의 조성을 나타내는 데 가장 흔히 쓰이는 방법이다.

몰랄농도(molarity) 용액 1,000g 속에 녹아 있는 용질의 몰수. 몰랄농도의 단위는 m 또는 mole/kg으로 표시한다. 주로 라울의 법칙이나 삼투압 측정 등에 이용된다.

몰리브덴(molybdenum, Mo) 인체의 뼈에 축적되어 있는 미량원소. 구리와 길항작용이 있어 몰리브덴이 많으면 구리를 다량으로 필요로 한다. 잔틴 옥시다아제(xanthine oxidase), 알데히드 옥시다아제(aldehyde oxidase), 니트레이트 리덕타아제(nitrate reductase) 등의 효소작용을 활성화시킨다.

몰분율(molar fraction) 두 성분 이상의 물질계에서 한 성분의 농도를 나타내는 방법의 하나. 몰분율은 그 물질의 몰수를 존재하는 전체 물질의 총 몰수로 나눈 값이다. 모든 화학종의 몰분율을 합하면 1이 된다.

묘사분석(描寫分析, descriptive analysis) 고도로 훈련된 패널 요원에 의하여 감지된 제품의 관능적 특성을 질적 및 양적으로 묘사하는 방법. 제품의 관능적 특성을 전체적으로 규명하고자 하는 경우 사용된다. 묘사분석은 차이식별, 패널에 의한 성질의 묘사, 각 특성의 강도 평가의 3단계로 진행된다. 묘사분석의 결과는 소비자 기호도와 밀접하게 관련된 관능적 특성을 결정하는데 기초를 마련해 주고, 원료 및 가공과정에 의한 제품의 개념을 설정하고 개발하려는 경우 유용하게 사용될 수 있다. 묘사분석에서 평가하는 기본요소에는 시료가 지닌 특성을 감지하고 묘사하는 것, 그 특성의 강도를 측정하는 것, 특성들이 출현하는 순서를 결정하는 것, 특성들의 전체적인 강도를 측정하거나 조화되는 정도를 조사하여 전체적 인상을 평가하는 것 등이 있다. 묘사분석의 종류로는 크게 향미 프로필, 텍스처 프로필, 정량적 묘사분석, 스펙트럼 묘사분석, 시간-강도 묘사분석 등으로 구분된다. 이러한 묘사분석에 대한 신뢰감과 타당성을 확립하려면 관능적 특성에 대한 기술적이고 생리적인 원리가 철저하게 이해된 용어를 사용하고, 모든 패널 요원이 같은 의미로 용어를 이해하여 같은 방식으로 그것을 적용시킬 수 있도록 철저하게 훈련시켜야 하며 감지된 감각에 묘사용어를 일치되게 사용할 수 있도록 각 용어의 기준을 정립해야 한다.

무(radish) 겨자과 또는 십자화과(brassicaceae)에 속하는 한해살이 또는 두해살이의 쌍떡잎식물. 학명은 *Raphanus sativus* L.. 한자명은 만청(蔓菁), 내복근(萊菔根), 나복(蘿蔔)이다. 무는 배추와 함께 우리나라의 2대 채소 중의 하나이다. 원산지는 지중해 연안으로 중앙아시아를 거쳐 중국에 전해졌으며 우리나라에서는 삼국시대 때부터 재배되었다. 주로 중국, 우리나라, 일본 등이 주산지이다. 전파 경로에 따라 재래 무와 일본 무가 있다. 재래종은 중국을 통하여 들어온 것으로 깍두기나 김치용으로 많이 쓰인다. 일본 무는 주로 단무지용이다. 서양 무에는 붉고 둥근 20일 무, 붉고 긴 40일 무, 검정 무 등이 있다. 수확하는 시기에 따라 봄 무, 여름 무, 가을 무가 있다. 수확 시기는 봄 무는 6~7월, 여름 무는 8~9월에, 가을무는 11월경이며, 여름 무는 고랭지에서 재배된다. 봄 무와 여름 무는 수분이 많고 육질이 연한 데 비해, 가을 무는 육질이 단단하고 단맛이 강하고, 저장성이 좋아 주로 김장용, 겨울 저장용으로 이용한다. 또한, 크기에 따라 대형 무(깍두기 제조용, 단무지 제조용), 소형 무(알타리 무, 총각 무)로 분류하기도 한다. 좋은 무는 무겁고 육질이 단단하고 치밀하며, 매운맛이 적고 단맛이 많아야 한다. 또한 진흙에서 재배한 것으로 잔뿌리가 적고 청색 부분이 1/5 정도이면서 모양이 매끄럽고 바르며 광택이 있는 무가 좋다. 무의 성분은 대부분이 수분(93%)이며 단백질이 1% 정도이나 리신(lysine) 함량이 많아 영양적 가치가 높다. 무기질로는 칼슘이 많다. 비타민 C가 많이 들어 있는데, 특히 껍질부분에 많다. 무잎은 녹색 채소로서 자당이 3% 정도이고 베타카로틴(β-carotene)을 많이 함유하고 있으며 특히 비타민 C도 약 90mg%나 함유하고 있다. 무에는 아밀라아제(amylase)가 많이 있어 소화를 돕는다. 무의 특유한 향기 성분은 배당체인 시니그린(sinigrin)의 분해로 생긴 겨자유(mustard oil)에 기인된 것이며, 특히, 매운맛은 4-methylthio-3-butenyl isothiocya nate이다. 예로부터 무는 수분과 비타민 C가 많아 기침, 해소, 천식 등에 이용되어 왔다. 무는 주로 깍두기, 동치미 등의 김치와 짠지, 단무지를 담그는 데 이용되며, 배추김치의 속, 초절임, 생채, 숙채, 장아찌, 생선회, 국이나 찌개, 무밥, 무시루떡, 무엿 등 매우 다양하게 이용된다. 무잎(무청)에는 카로티노이드와 비타민 C, 칼슘, 철이 풍부할 뿐 아니라 식이섬유도 많으므로 어린 연한 무잎은 열무라고 하며 열무김치, 열무 물김치를 담그고, 살짝 데쳐서 나물로 이용한다. 또한, 성숙한 무에 무성하게 달린 무잎은 무청김치를 담그거나 살짝 데쳐서 건조시켜 채소가 귀한 겨울철에 시레기국, 나물(시레기 나물)로 이용하거나 추어탕, 매운탕, 생선매운 조림에 넣어 이용한다. 무씨를 싹 낸 것을 무순이라고 하며, 무순은 무의 매운맛이 다소 강하므로 생선초밥, 생선회, 소고기말이, 샐러드 등에 이용된다.

무균충전포장(aseptic packaging) 전체의 공정을 무균상태에서 제조하고 포장하는 방법. 즉, '무균의 포장 재료에, 무균의 내용물을, 무균의 상태로 충전하는 포장'을 말하며, 포장재료(또는 용기)를 증기, 열수, 열풍, 약제 등을 이용하여 멸균한 후 증기, 열풍의 무균 공기 등으로 무균 상태로 한 환경 하에서 무균의 내용물을 충전, 포장한다. 충전장치의 멸균을 위해서는 과산화수소의 분무에 의한 멸균, 고온포화수증기에 의한 멸균이 행해지며, 무균포장에 사용되는 종이용기의 구성은 PE · 종이 · PE · 알루미늄 포일 · PE의 5층 구성이 일반적이고, 플라스틱 용기의 경우는 PVC, PS 등의 단체필름, 시트, PS 수지 · PVDC 수지 · PE 수지 등의 공압출 라미네이트 시트가 이용되고 있다.

무기질(minerals) 동 · 식물 조직이 퇴화한 후에 재로서 남는 구성물질. 인체를 구성하고 있는 원소에는 산소, 탄소, 수소, 질소의 4원소가 약 96%를 차지하고 나머지는 칼슘, 인, 나트륨, 염소, 칼륨, 마그네슘, 철 등의 무기질이다. 무기질은 체내의 헤모글로빈 중의 철과 같이 생리적으로 중요한 화합물 중의 구성분이 되는 것, 나트륨, 칼륨처럼 체액 중에 함유되어 체액의 삼투압의 조절에 관여하는 것, 칼슘, 인과 같이 뼈, 치아를 구성하는 것, 또한 효소반응의 보조인자로 작용하는 것 등 그 역할은 여러 가지이다.

무당연유(無糖煉乳, unsweetened condensed milk) 설탕을 가하지 않은 농축우유. 우유를 2~2.5 : 1로 농축한 것으로 농축우유 밀크(evaporated milk)라고도 한다. 우유를 가열, 감압농축, 균질화 과정을 거쳐 깡통에 채워 밀봉한 후 가열 살균한 것이다. 열에 약한 비타민 B_1과 C는 많이 감소되었으나, 균질화에 의하여 지방 입자가 세분화되어 있고 카세인이 미세한 커드

(curd)로 되어 부드럽기 때문에 소화가 잘 된다. 무당연유는 커피, 홍차와 같은 기호음료에 첨가하여 마시기도 한다.

무스카린(muscarine) 광대버섯류, 무당버섯류, 땀버섯, 깔때기 버섯류에 들어 있는 성분으로 아세틸콜린 수용체에 결합하여 부교감신경의 지속적 흥분을 가져온다. 결과적으로 분비항진, 소화관과 기관지 수축, 말초혈관 확장에 따른 혈압저하 등을 가져와 발한과 구토 등의 증상을 일으키나 치명적이지는 않다.

무화과(fig) 뽕나무과에 속하는 무화과나무의 과실. 학명은 *Ficus carica* L.. 꽃이 주머니 속에 들어 있어 밖에서 안 보이므로 무화과라는 이름이 붙었다. 원산지는 아시아 서부 지중해 연안이며 주 생산국은 그리스와 터키이다. 우리나라에서는 남해안 지방에서 주로 생산된다. 열매는 꽃턱이 자란 것이며 길이 5~8cm의 달걀을 거꾸로 세운 모양이고, 8~10월에 검은 자주색 또는 황록색으로 익는다. 당분이 10%로 대부분 포도당과 과당이고, 유기산은 적으며 펙틴이 있다. 소량의 비타민 $B_1 \cdot B_2 \cdot C$, 칼슘, 철이 들어 있다. 말린 무화과에는 칼슘, 인, 칼륨 등의 무기질이 많으며 옥살산도 들어있다. 무화과의 흰 유즙 속에는 단백질 분해효소인 피신(ficin)이 많아서 고기를 먹은 후에 후식으로 섭취하면 소화가 잘 된다. 생과로 먹기도 하고 건조, 잼, 프리저브, 푸딩, 통조림 등으로 이용된다. 질긴 쇠고기 등과 섞어 두면 연육효과가 있다. 서양요리에서는 오리고기에 곁들이면 맛이 어울리고 과일 후식용으로도 사용된다.

문어(octopus/poulp) 연체동물 팔완목 문어과의 두족류. 학명은 *Paroctopus dofleini*. 한자어로는 팔초어(八梢魚), 장어(章魚), 팔대어(八帶魚)라고도 한다. 몸길이 3m, 몸무게 30kg인 세계 최대형 문어도 있다. 문어류는 세계에 약 250종, 일본 근해에는 60종 정도가 알려져 있는데 식용으로 이용되는 것은 5~10종에 지나지 않는다. 일견 머리와 같이 보이는 둥근 주머니는 몸체로 이 안에 내장이 들어 있다. 두부는 눈이 있는 부분이다. 수심 100~200m에 서식하며 일본 동북지방 북부에서 북아메리카 북부연안, 북아메리카 캐나다 연안, 우리나라의 동해와 남해안에 분포한다. 우리나라에서 성수기는 11월~이듬해 2월로 맛이 좋은 시기이다. 냉동시켜 보관하거나 건조시켜 보관한다. 지질, 당질은 적고 단백질은 아주 높은 고단백질 저지방 식품이다. 문어는 영양가는 높지만 근육이 단단해서 소화에 부담이 가는 식품이다. 아미노산의 일종인 타우린이 풍부하여 문어의 독특한 맛을 내게 하는 주성분이며, 근육 중의 베타인(betaine)은 단맛을 나타낸다. 껍질에는 오모크롬(ommochrome)이라는 색소가 단백질과 결합상태로 들어 있다. 옛날부터 혈압이 높거나 심장병 등의 순환기 질환에 걸리면 오징어나 문어를 푹 고아 먹었다는 기록이 구전되고 있다. 일본에서는 이미 1940년에 낙지 삶은 국물에서 타우린을 추출하여 의약품으로서 심장병 및 결핵치료약을 개발했다. 신선한 문어는 횟감으로 사용되고 중국요리의 냉채재료 중 하나로도 이용한다. 북태평양 문어는 몸이 부드러우며 수분이 많아 생식도 하지만 낙지에 비해 맛이 떨어지므로 초절임이나 가공용으로 이용된다. 캐나다산은 살이 부드럽고 수분함량이 높아 주로 조림문어나 초문어로 요리되는 것이 대부분이고 말리거나 훈제 요리로도 이용한다. 또한 물에 국간장, 소금, 미림을 넣고 5kg 정도의 문어를 손질하여 11분 정도 삶은 후 식힌 것을, 껍질을 벗겨 제거한 후 초밥, 초회, 회로 이용하면 한결 문어의 진미를 느낄 수 있다.

물간법(brine salting) 식품을 적당한 농도의 식염수에 담가 저장하는 방법. 식품에 소금이 침투됨에 따라 소금의 농도가 묽어지므로 수시로 소금을 첨가하고 교반하여 염수의 농도를 일정하게 유지해야 한다. 물간법의 장점은 ① 소금의 침투가 균일하여 제품의 품질이 고르며, ② 염장 중에 공기와 접촉하지 않으므로 지방의 산화가 적어 기름변색을 막을 수 있고, ③ 과도한 탈수가 일어나지 않아 외관, 풍미, 수율이 좋으며, ④ 제품의 짠맛을 조절할 수 있다. 단점으로는 ① 물이 새지 않는 용기가 필요하고, ② 마른간법에 비해 염용량이 많이 들며, ③ 염장 중에 자주 교반하지 않으면 염장 초기에 부패하기 쉽다.

물냉이(water cress) 겨자과의 여러해살이풀. 학명은 *Rorippa nasturtium-aquatium* (L.) Hayek. 물에서 자라는 냉이라는 뜻이며, 논냉이와 비슷한 모양이다. 유럽과 아시아 북부가 원산지이고 깨끗한 물에서 자란다. 원줄기는 녹색이고 속이 비어 있으며 밑부분은 옆으로 기면서 마디에서 뿌리가 내리고 털이 없다. 잎은 어긋나고 깃꼴겹잎이다. 작은 잎은 가장자리가 밋밋하거나 물결 모양이고 끝에 달린 것이 가장 크며 옆에 달린 것은 1~4쌍이다. 4월에 흰색의 꽃이 피며 총상꽃차례를 이룬다. 어린 식물체를 생으로 먹는다.

물레나물 물레나물과의 여러해살이풀. 학명은 *Hypericum ascyron*. 한국, 중국, 일본 등지에 분포하며 산기슭이나 볕이 잘 드는 물가에서 자란다. 줄기는 곧게 서고 네모지며 가지가 갈라지고 높이가 0.5~1m이며 윗부분은 녹색이고 밑 부분은 연한 갈색이며 목질이다. 잎은 마주나고 길이 5~10cm의 바소꼴이며 끝이 뾰족하고 밑 부분이 줄기를 감싸며 가장자리가 밋밋하고 투명한 점이 있으며 잎자루가 없다. 꽃은 6~8월에 피고 지름이 4~6cm이며 황색 바탕에 붉은빛이 돌고 가지 끝에 1개씩 위를 향하여 달린다. 꽃받침조각은 5개이고 길이 1cm의 달걀 모양이며 맥이 많다. 꽃잎은 5개이고 길이 2.5~3.5cm의 넓은 달걀 모양이며, 5개가 모두 한쪽 방향으로 굽어 바람개비 모양을 이룬다. 한방에서는 뿌리를 제외한 식물 전체를 홍한련(紅旱蓮)이라는 약재로 쓰는데, 지혈작용, 두통, 고혈압에 효과가 있다. 종기와 악창에 짓이겨서 바르면 효과가 있다. 어린순을 식용하며 주로 무침이나 나물로 먹는다.

물성학(rheology) 물질의 변형과 흐름, 즉 유동(流動)에 관한 과학으로 액체의 흐름성을 연구하는 학문으로, 유변학(流變學)이라고도 한다. 1922년 미국의 빙엄(E.C. Bingham)에 의해서 제안되었으며, 그리스어로 '흐른다'는 뜻의 리오(rheo)에서 유래되었다고 한다. 역학적으로 고체와 액체의 중간성질을 나타내는 천연물질이나 합성물질에 대하여 점성, 가소성(可塑性), 틱소트로피(thixotropy - 물체가 외부의 힘에 의하여 연화와 경화를 반복하는 성질), 탄성, 점탄성(粘彈性), 접착, 마찰 등의 각종 성질을 다룬다.

물엿 전분을 묽게 고아서 굳어지지 않는 엿. 조청이라고도 한다. 엿을 고다가 중도에서 불을 끄고 완전히 졸이지 않은 것을 가리키는데, 정도에 따라서 묽은 조청과 된 조청 등으로 나누어진다. 쌀, 수수, 조, 옥수수 등으로 밥을 고슬고슬하게 지어 뜨거울 때 찬 엿기름물을 부어 7~8시간 두면 삭아서 밥알이 동동 떠오른다. 이것을 베자루에 퍼 담아 눌러서 짜면 뽀얀 당화액이 나오는데, 이것을 솥에 퍼 담고 나무주걱으로 눋지 않게 저으면서 곤다. 다 고아진 엿을 주걱에 떠서 비스듬히 들었을 때 엿이 실같이 연속된 상태로 늘어지면서 굳는데 이렇게 되기 전의 상태가 곧 조청이다. 따라서 조청은 아무리 식혀도 엿처럼 굳어지지 않으며, 불을 끄는 시각에 따라 조청의 굳기가 여러 가지로 달라진다. ☞ 조청

뮤신(mucin) 점막에서 생성 및 분비되는 점질의 당단백질. 산성에서는 녹지 않고 침전되나, 알칼리성에서는 점성질의 액이 되며 물과 중성염 용액에는 난용이다. 점액의 기원 및 종류에 따라 여러 당단백질을 함유하고 있다. 소화기관에 있는 뮤신은 기관의 보호 및 소화운동의 윤활제 역할을 하고, 위점막 뮤신은 위산과다와 위궤양 치료에 사용된다.

미각(味覺, sense of taste, gustation) 음식물을 입속에 넣고 구강 내를 통과하여 소화관에 도달하기까지의 과정에서 일어나는 감각의 총칭. 광의의 미각에는 심리적 미각, 화학적 미각, 물리적 미각이 포함되며, 협의로는 화학적 미각을 말한다. 심리적 미각에서는 음식물의 형상, 색, 광택 등의 감각을, 화학적 미각에서는 단맛, 신맛, 쓴맛, 짠맛 등의 맛을, 물리적 미각에서는 경도, 점도, 온냉, 입속 촉감 등을 느끼게 된다. 일반적으로 미각은 구강 내 특히 혀의 표면, 입천장, 인후두부의 특이적인 수용기와 화학물질의 접촉에 의해서 일어나는 화학적 미각을 의미한다. ① **미각기관**－혀의 표면에는 무수한 돌기가 있는데 이것을 유두(papillae)라고 부르며 그 모양에 따라 용상유두(fungiform

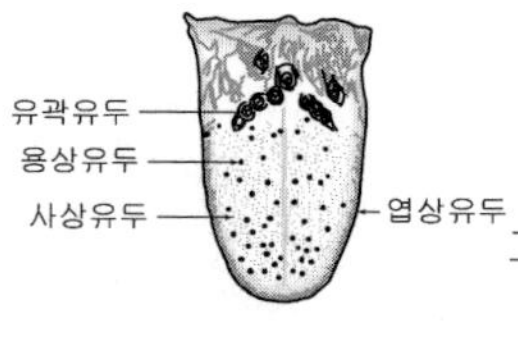

그림1 혀의 유두 분포

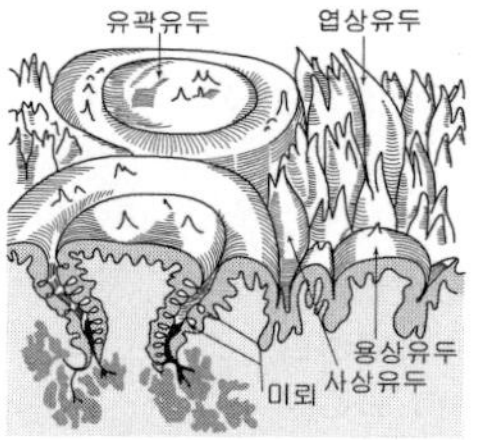

그림 2 유두의 모양

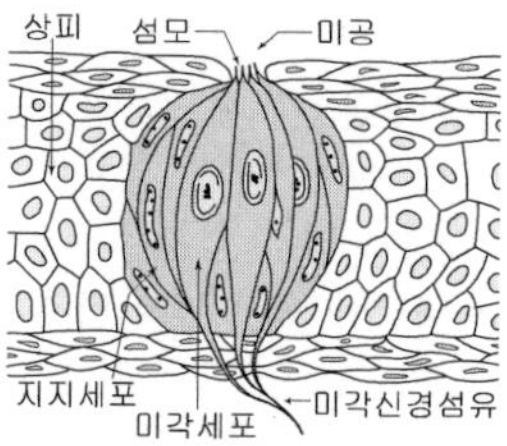

그림 3 미뢰의 구조

papillae), 유곽유두(circumvallate papillae), 엽상유두(foliate papillae), 사상유두(filiform papillae) 등으로 분류하고 있으며 그림 1과 같이 각각의 유두가 분포하고 있다. 유두에는 표면의 상피 속에 미뢰(taste bud)라고 부르는 기관이 다수 분포되어 미각을 일으킨다. 미뢰는 너비 40㎛, 높이 70㎛의 달걀 모양으로서 미각세포(taste cell)와 지지세포(supporting cell)가 분포되어 있으며 미각신경(taste nerve)이 통해 있다. 외부에서 미뢰로 들어가는 입구를 미공(taste pore)이라고 한다. 어른은 약 2천 개의 미뢰를 가지고 있으며 그중 1천개는 유곽유두에 나머지는 용상유두와 엽상유두에 분포되어 있다. ② **미각의 전달**—음식물의 맛물질이 물에 용해되어 용액으로서 미공을 통해 미뢰에 들어가서 미각세포를 자극하면 수용기전위(receptor potential)라고 하는 전위변화가 생긴다. 이 수용기 전위는 전도성이 없는 국소성 응답으로 이 전위변화와 더불어 수용기와 신경과의 접합부에 제너레이터 전위(generator potential)가 생긴다. 이 제너레이터 전위가 일정 수준에 도달하면 미각신경에 전도성의 임펄스(impulse)가 생긴다. 미각세포에 주어진 미각자극은 이렇게 하여 미각신경에 미각신호를 생성시켜 미각에 대한 정보를 대뇌의 미각중추에 전달하게 된다. 미각중추에서 느껴진 식품의 맛은 쾌감 또는 불쾌감으로 심리작용을 일으키게 한다. ③ **고색신경**(鼓索神経, chorda tympani nerve)—혀의 내부에 있는 미각의 말단기관인 미뢰에 들어온 맛물질은 미각세포를 자극하고, 그 자극은 고색신경을 포함하는 두 개의 전달경로를 거친 후 합쳐져서 대뇌의 미각중추에 도달하게 되는데, 이때 미각세포의 자극은 음식물의 맛이 된다. 이처럼 고색신경은 미뢰와 미각중추 사이를 연락하는 역할을 하는 미각에 관계있는 중요한 신경이다. ④ **미각과 기호**—구강 내 미각 수용기의 화학자극은 맛의 감각을 일으킴과 동시에 그 자극에 대한 쾌·불쾌의 감정(hedonic qua-lity)을 일으킨다. 우리들이 단것을 좋아하고 쓴 것을 싫어한다고 하는 맛의 기호는 이러한 정보에 근거한 것이다. 사람의 미각은 생후 곧 나타나는 것으로 생후 23~84시간의 유아에게 자당, 과당, 포도당, 유당을 주었을 때, 유아들이 물보다도 당용액을 즐겨 마셨고, 유당보다 자당을, 포도당보다 과당을 많이 마셔 감미를 식별한다는 것이 알려지고 있다. 당에 대한 미각 감수성 및 기호는 사람뿐 아니라 많은 포유동물, 곤충 등에도 있는데, 우리들이 달다고 느끼는 감미물질에 대해서 감수성이 없는 경우가 많다. 즉 미각과 기호는 태어날 때부터 취득한 것이고 동물종에 특유한 것이다. 식염도 많은 동물이 즐겨 섭취하는 것이다. 이것은 체액의 주성분이 나트륨 이온이고, 그 농도를 항상 일정하게 유지하는 것이 개체의 유지에 필요하다는 것과 관련되는 것으로 생각된다. 부신피질장애 등에 의해서 체액 중의 나트륨 농도가 저하했을 때, 또는 장기간 염분이 적은 음식물을 섭취해 온 동물에서는 식염에 대한 욕구, 기호가 굉장히 강해지고, 염미의 역치가 저하한다. 이러한 일은 신체 내부로부터의 신호에 의해서 미각과 섭취행동이 제어되는 것을 나타내는 것으로 항상성(homeostasis) 혹은 동적 평형(dynamic equilibrium)에 기초한 일종의 피드백 기구이다. 이것은 당에 대한 기호에서도 나타난다. 예를 들어, 평소 맛있다고 느끼는 설탕액이라도 당용액을 과잉섭취한 후에는 맛이 없다고 느낀다. ⑤ **미각 이상**(味覺異常, dysgeusia)－미각이 정상이 아닌 상태. 미각의 이상에는 단순한 미각의 감퇴(味覺減退, hypogeusia) 또는 무감각증(無感覺症, ageusia)이 가장 많다. 그외 음식물의 맛은 변화가 없으나, 아무것도 먹지 않았는데 입이 쓰다고 하는 등의 자발성 이상미각(pantogeusia)이 약 30% 정도 존재한다. 자발성 이상미각의 맛으로서는 쓴맛, 짠맛이 많다. 또 어떤 음식물의 맛이 본래의 맛과 다른 맛으로 느껴지는 이미증(heterogeusia)도 있다. ☞ 수용기

미강유(米糠油, **rice bran oil**) 쌀겨에서 추출한 기름. 현미를 도정할 때 부산물로 4~6%의 쌀겨가 생기는데 쌀겨에는 약 15~20% 지질이 함유되어 있다. 쌀겨를 용매 추출하여 채유하며 왁스분이 많아 정제유로 만드는 데는 고도의 기술이 필요하다. 미강유에는 항산화력이 큰 토코페롤과 오리자놀(orizanol)이 있어 산화나 열에 대해서 안정성이 높다. 지방산 조성은 올레산과 리놀레산이 80% 이상 함유하고 있으며 황색을 띤 반건성유이다. 과자의 튀김에 많이 사용한다. 그 외에 마가린, 쇼트닝, 제과 등에 이용된다.

미꾸라지(**loach**) 잉어목 잉어과의 민물고기. 학명은 *Misgurunus mizolepsis* Günther. 『동의보감』에 추어(鰍魚)라 하고 한글로 '믜꾸리'라고 썼으며, 『난호어목지』에는 이추(泥鰍)라 하고 한글로 '밋구리'라고 쓰고 있다. 몸길이 약 20cm이다. 먹이는 진흙 속의 유기물이다. 우리나라, 대만 중국, 일본 등 아시아 지역 하천에 널리 분포한다. 지방과 단백질이 풍부하고 비타민 A와 아미노산이 다량 함유되어 있다. 점액소 무친이 들어 있어 위궤양을 예방해 주는 효과가 탁월하다. 비타민 B_1 분해효소인 티아미나아제를 함유하고 있으므로 날것으로 먹으면 안된다. 난소에는 환경에 따라 심한 독소를 함유하고 있는데 이것에 의한 중독증상으로는 중추신경의 경련, 호흡곤란, 혼수상태가 될 수 있다. 조리하여 고온으로 익히면 별 문제가 없다. 가을의 스태미나 음식으로 으뜸이며, 발기불능, 술 깨는데 효력이 있는 것으로 알려져 있다. 영양결핍으로 기력이 쇠진하고 허약체질로 기운이 없을 때 좋은 영양공급식품이고 또한 병후 회복에 좋으며 특히 원기회복 등 자양강장에 좋다. 추어탕, 추두부탕, 숙회, 양념구이 등으로 이용된다.

미나리(**water dropwort, water celery**) 미나리과에 속하는 여러해살이 식물. 학명은 *Oenanthe stolonifera* DC.. 한국, 일본, 중국, 타이완, 말레이시아, 인도 등에 분포되어 있다. 습지에서 자라며 주로 논에서 재배한다. 줄기 밑 부분에서 가지가 갈라져 옆으로 퍼지고 가을에 가지 줄기의 마디에서 뿌리가 내려 번식한다. 미나리의 종류로는 돌미나리, 밭미나리, 논미나리가 있다. 돌미나리는 자연산을 채취한 것이고 밭미나리는 돌미나리를 밭에서 재배한 것으로 성분은 돌미나리와 유사하나 잎과 잎자루가 갈색이고, 줄기 안쪽의 수(數)가 비어 있지 않고 내용물이 꽉 차 있는 것이 특징이다. 논미나리는 논에서 재배한 것으로 줄기가 길며 줄기 안쪽이 비어 있고 조직이 유연하다. 또한, 잎이 크고 둥글며 잎과 잎자루의 색이 선녹색이다. 철, 구리, 아연의 함량이 높아 빈혈에 좋고, 병에 대한 저항력을 높여 준다. 비타민 중에서는 비타민 A, B_1, B_2, C 등이 함유되어 있다. 독특한 향기의 주성분은 이소람네틴, 페르시카린, 알파피넨, 미르센이며 혈압을 내리는 효과가 있다. 한방에서는 잎과 줄기를 수근(水芹)이라는 약재로 쓰는데, 고열로 가슴이 답답하고 갈증이 심한 증세에 효과가 있고, 이뇨작용이 있어 부기를 빼주며, 강장과 해독 효과가 있다. 미나리에 있는 거머리는 놋수저를 넣은 물 속에 함께 담아두면 거머리가 빠져 나와 가라앉는다. 미나리에는 독을 해독하는 성분이 있어서 특히 복어요리에는 필수적이다. 나물, 무침, 미나리강회, 미나리초대, 탕평채, 죽 등으로 이용하고 김치, 생선 매운탕, 찜 등에 이용한다. 좋은 미나리는 푸른 녹색으로 잎이 신선하고 줄기가 매끄러우며 줄기에 연갈색 부분이 없는 것이 좋다. 잎이 끝까지 퇴색되지 않은 것이 좋으며 줄기를 눌러 보아 탄력이 있는 것이 좋다. 또한

줄기가 두껍고 굵으며 마디 사이가 짧은 것이 좋다.

미더덕 측성해초목 미더덕과의 총칭. 학명은 *Styela clava.* 가늘고 긴 몸에 자루가 있고 그 끝이 바위에 붙어 있다. 전체 길이는 5~10cm로 황갈색을 띠고 외피는 섬유질과 같은 물질로 되어 있어 딱딱하다. 우리나라의 전 연안에서 서식하는데, 특히 패류 양식장과 배 밑에 많이 부착해 있다. 4~7월이 제철이며, 찜이나 매운탕의 재료로 많이 쓰인다.

미림 찐 찹쌀에 소주와 누룩을 넣어 발효시킨 양조 조미료, 맛술이라고도 한다. 요리에 단맛과 점성, 광택을 부여해 주고 이취를 제거 해주고, 육질을 쫄깃하게 한다. 미림에는 전분이 분해된 포도당을 주체로 하는 당류가 25~38%, 13~14%의 알코올 그리고 단백질이 분해된 아미노산 등의 질소화합물이 함유되어 있다. 포도당 이외에 이소말토스, 파노스, 올리고당 등의 당류가 함유되어 있다. 이들 당류는 설탕에 비해 온화한 단맛을 내며, 색, 점성, 광택을 부여한다. 또한 가열 시 아미노-카르보닐 반응에 의해 향기를 생성하는데, 가열에 의한 미림의 향기는 미림 특유의 향기를 식품에 부여할 뿐만 아니라, 이취를 감소시키는 효과도 있다. 미림에 함유되어 있는 알코올은 삼투성을 높여서 이취를 휘발시키는 효과와 단백질을 단단하게 하는 효과가 있다.

미맹(味盲, **taste blindness**) 대다수 사람이 느끼는 어떤 특정 물질의 맛을 어떤 사람은 전혀 느끼지 못하는 현상. 1932년에 폭스(Fox)가 PTC (phenylthiocarbamide, $C_6H_5 \cdot NHCSNH_2$)라는 물질의 강한 쓴맛을 전혀 느끼지 못하는 사람이 있는 것을 발견하고 이것을 미맹이라고 부르게 되었다. 1942년에 홉킨스(Hopkins)는 분자 중에 thiocarbamyl(-NH-C=S)기를 가지는 물질의 다수가 PTC와 같은 현상을 보이는 것을 확인하였다. 이 경우 보통의 음식물의 맛에 대해서는 완전히 정상이다. 따라서 미맹이라는 명칭은 적합하지 않다고 할 수 있다. PTC의 맛을 못 느끼는 것은 열성유전자에 의한 것으로, PCT의 맛을 못 느끼는 사람은 매우 적다. 미맹의 출현율은 인종별, 성별 등에 따라 차이가 있고 백인이 약 30%, 일본인이 12~13%라고 한다. 간단하게 조사하는 방법으로는 0.1% PTC용액을 만들어서 맛보든지, 0.1% PTC용액에 담가 건조한 여과지를 혀에 대서 맛을 보게 하여 판단한다.

미생물 정량법 식품, 화장품 등에서 미생물의 양을 측정하는 방법. 미생물 세포막에 포함된 지질에서 추출된 FAMEs(fatty acid methyl esters)의 분석은 노카디아(Nocardia)를 포함한 활성슬러지 내의 다른 미생물들을 모니터링하고 정량화가 가능하다. 대부분의 미생물들은 인지질로 구성된 세포벽을 가지고 있다. 특정 인지질의 존재와 함량은 미생물마다 특이적이며, 독립된 순수배양 미생물에서는 분명한 구분이 가능하다.

미식가(美食家, **epicure, gourmet**) 음식에 대하여 특별한 기호를 가진 사람. 원래의 뜻은 맛있는 음식을 자기 자신이 조리하여 먹는 사람, 즉 맛을 탐구하는 연구자를 의미하여, 돈에 의지하여 맛있는 식사를 하는 사람은 엄밀한 의미로는 미식가라고 할 수 없다.

미역(**sea weed, kelp**) 미역과에 속하는 갈조류. 학명은 *Undaria pinnatifida.* 한자명은 감곽(甘藿), 해채(海菜)이다. 분포지역은 한국, 일본 등이다. 모양은 길이 1~2m, 폭 50cm의 길고 넓은 잎 모양이다. 봄부터 초여름에 걸쳐 번성하는데, 봄에 채취하여 대부분 건조, 염장하여 유통된다. 건미역에는 단백질 20.3%, 탄수화물 33.9%, 무기질 24.8%, 지질 2.9%가 들어 있고 특히 칼슘, 칼륨, 철, 요오드가 많아 강한 알칼리성 식품이다. 탄수화물로는 주로 만닛(mannit), 알긴(algin, alginic acid) 등 소화 흡수되지 않는 식이 섬유가 대부분으로 열량은 거의 없으며, 변비에 좋다. 특히 알긴은 점질의 다당류로 뿌리보다는 잎과 줄기에 많다. 라미닌은 염기성 아미노산의 일종으로 혈압강화작용이 있다. 미역의 카로티노이드 색소는 큐노잔틴(quoxanthin), 바이오잔틴(violaxanthin), 루테인(lutein), 베타카로틴(β-carotene)이 있다. 산후 회복에 좋고 성인병 예방에 우수한 식품이다. 미역을 이용한 가장 보편적인 음식은 미역국이고 여름철의 별미인 미역냉국이 있다. 그 외에 물미역무침, 미역볶음, 미역쌀, 미역수제비, 미역찬국 등이 있다. 좋은 마른 미역의 특징은 줄기보다도 잎이 많고, 검은색에 가까운 색깔을 띠고, 심이 가늘고 광택이 도는 것이 좋다. 물에 담갔을 때 잎이 조각조각 풀어지지 않는 것이 좋다.

미오글로빈(myoglobin) 근육에 존재하는 색소단백질. 헴(heme)과 단백질이 결합된 것으로 혈액으로부터 산소를 받아서 근육세포에 사용하기 위해 산소를 저장하는 역할을 한다. 식육 및 육가공품에서 육색의 변화에 관여한다. 헴은 프로토포르피린(protoporphyrin) 고리와 2가의 철 원자로 구성된 분자이다. 헴을 일명 페로프로토포르피린(ferroprotoporphyrin)이라고 한다. 프로토포르피린은 4개의 피롤(pyrrole) 고리가 4개의 메틴(methyne, −CH=)탄소에 의하여 고리모양으로 연결된 기본핵 포르피린에 1~8자리의 탄소에 메틸, 비닐, 프로피온기들이 결합된 편평한 고리모양의 화합물이다. 프로토포르피린은 여러 개의 공역이중결합을 가지고 있기 때문에 색을 갖는다. 헴 중심의 철 원자는 4개의 질소원자와 공유결합 및 배위결합에 의해 결합되어 있다. 산소와 결합되지 않은 미오글로빈은 암적색을 띠지만 공기와 접촉하여 분자상 산소와 결합되면 선명한 적색의 옥시미오글로빈(oxymyoglobin)이 된다. 옥시미오글로빈은 공기 중에서 서서히 산화되어 철 이온이 2가에서 3가로 되면 갈색의 메트미오글로빈(metmyoglobin)이 된다. 2가의 철이 산화된 3가의 철을 갖는 프로토포르피린을 헤민(hemin) 또는 페리프로토프로피린(ferriprotoporphyrin)이라고 한다. 육류를 가열하면 미오글로빈은 옥시미오글로빈을 거쳐 메트미오글로빈이 되고, 옥시미오글로빈은 직접 메트미오글로빈으로 된다. 가열에 의해 글로빈이 변성되어 분리되면 헴 부분이 유리된다.

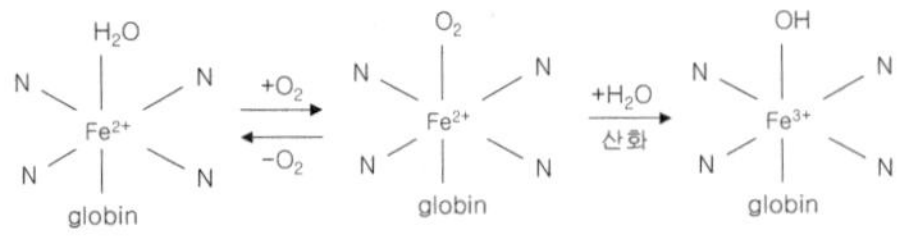

미오글로빈 옥시미오글로빈 메트미오글로빈

민들레(蒲公英, Mongolian dandelion) 국화과의 여러해살이풀로 산채의 일종. 학명은 *Taraxacum mongolicum* H. Mazz. 한자명은 금잠초(金簪草), 지정(地丁), 포공초(蒲供招)라고 한다. 한국, 중국, 일본에 분포하며 야산이나 들의 양지바른 곳에서 자란다. 줄기는 없고, 잎이 뿌리에서 뭉쳐나며 옆으로 퍼진다. 잎은 거꾸로 세운 바소꼴이고 길이가 20~30cm, 폭이 2.5~5cm이며 깃꼴로 깊이 패어 들어간 모양이고 가장자리에 톱니가 있고 털이 약간 있다. 4~5월에 노란색 꽃이 피고 꽃대는 30cm 정도이다. 열매는 흰 관모가 삿갓모양으로 붙어 바람에 날려 퍼진다. 한방에서는 꽃피기 전에 말린 것을 포공영(蒲公英)이라는 약재로 쓰는데, 열로 인한 종창, 유방염, 인후염, 맹장염, 복막염, 급성간염, 황달에 효과가 있으며, 열로 인해 소변을 못 보는 증세에도 사용한다. 민간에서는 젖을 빨리 분비하게 하는 약제로도 사용한다. 약용으로 하는 뿌리는 잎이 남아 있을 때 채취하고 꽃은 4~5월에 따서 술을 담그기도 한다. 재래종과 개량서양종이 있으며 개량 서양종은 주로 콩나물같이 재배한 것을 샐러드용으로 쓰는 데 쓴맛이 적다. 봄에 어린잎을 된장국, 나물, 김치나물로 먹는다. 민들레술은 강장, 강정 효과가 있으며 꽃 또는 뿌리에 소주를 2~3배 부어 20일 정도 우려낸다. 숙성기간은 1개월 이상이 걸린다.

민어(croaker) 농어목 민어과의 바닷물고기. 학명은 *Nibea imbricata* Matsubara. 『동의보감』에는 회어, 『습유기』에는 면어, 『난초어목지』에서는 민어라 하였다. 우리나라의 대표 어종이지만 어획량은 그다지 많지 않으며 우리나라 서남해, 동중국해, 일본 남부해 등에 분포한다. 전체 몸길이 63cm(6년생)정도로 몸은 길고 측편되어 있으며, 모양은 조기와 비슷하다. 전체가 어두운 흑갈색 또는 회청색인 반면 배쪽은 밝은 회백색이다. 산란 시기는 7~9월이며, 성어기는 겨울이다. 수심 40~120m의 뻘 바닥에서 주로 서식하며, 계절회유를 하는데 가을에는 제주도 근해에서 월동을 하고 봄이 되면 북쪽으로 이동한다. 민어는 회, 조림, 찜, 소금구이, 찌개 등으로 이용되며 건제품이나 훈연품으로도 이용되고 있다.

민트(薄荷, mint) 꿀풀과에 속하는 다년생 식물로 잎을 이용하는 향신료의 일종. 학명은 *Mentha* spp.. 박하(薄荷), 야식향(夜息香), 번하채, 인단초(仁丹草), 구박하(歐薄荷)라고도 한다. 민트의 종류는 다양해서 매운 맛을 내는 페퍼민트(peppermint), 향을 내는 애플민트, 캣민트, 스피어민트(spearmint) 등이 있고 모양도 조금씩 다르다. 페퍼민트는 유럽과 미국에서 재배되고 있다. 유럽이 원산지인 스피어민트는 영국과 미국에서 재배되고 있다. 말린 박하잎에는 1%의 정유가 있고 이중 약 반은 주 방향성 분인 멘톨(menthol)이다. 멘톨은 상쾌한 향기와 청량감이 있다. 유럽에서는 잎이나 줄기를 샐러드로 이용한다. 스피어민트는 육류, 생선요리에 이용하며 양고기에는 민트 소스가 필수적이다. 페퍼민트는 쿠키, 페이스트리, 리큐르, 캔디, 음료 등에 사용되며 스피어민트는 양고기, 수프, 채소, 감자, 아이스크림, 셔벗 등에 사용한다. 멘톨은 약용으로도 많이 이용되는데 주로 도포제(塗布劑), 진통제, 건위제 등에 이용하거나 치약, 화장품 등에도 사용한다.

밀(小麥, wheat) 보리류에 속하는 1년생 벼과 식물 또한 그의 식용 곡류. B.C. 10,000~15,000년경부터 재배되어온 인류 역사에서 가장 오래되고 널리 경작되는 농작물 중의 하나. 아프가니스탄에서 카스피해 해안 일대가 원산지로 알려져 있으며, 로마제국 시대에는 식생활에서 중요한 역할을 하여서 로마 제국을 '밀의 제국'(wheat empire)이라고도 한다. 밀(*Triticum*)의 종류로는 20여 종이 알려져 있으나, 실제 많이 이용하는 것은 90% 이상이 보통 밀(*Triticum aestivum* L.)이고, 5~7%가 듀럼 밀(*Triticum durum* Desf.)이다. 또한 배유의 성분인 단백질과 전분의 결합력에 의해 결정되는 입자의 질감에 따라는 경질 밀(hard wheat)과 연질 밀(soft wheat)로, 파종 시기에 따라 겨울 밀(winter wheat)과 봄밀(spring wheat)로, 밀기울의 색에 따라 적색 밀과 백색 밀로 구분되기도 한다. 대부분의 경질 밀은 제빵 목적으로 쓰이고 연질 밀은 과자, 파이나 케이크용으로 사용되며, 이탈리아가 원산지인 듀럼 밀(durum wheat)은 단백질 함량이 높아 스파게티와 같은 파스타(pasta)를 만드는 데 쓰인다. 밀의 천립중량은 30~35g이며, 겨층이 약 7.8~8.6%, 배아가 약 2.8~3.5%, 배유는 약 87~89%를 차지한다. 제분 시 겨층과 배아 부분이 제거되고 주로 전분으로 된 배유를 제분하여 밀가루로 사용하게 된다. 밀가루의 성분은 제분 과정, 사용되는 밀의 종류 및 원료 밀의 혼합 비율에 따라 다르나, 일반적으로 12~14% 수분 함량일 경우 지질은 2% 이하, 회분은 0.5% 정도이고 대부분은 배유의 성분인 전분과 단백질로 구성되어 있어 이 두 성분은 서로의 함량에 역비례 한다. 전분은 건중량 당 약 75~80%를 차지한다. 배유의 밀단백질은 저장단백질로 프롤라민(prolamin)에 속하는 글리아딘(gliadin)과 글루텔린(glutelin)에 속하는 글루테닌(glutenin)으로 영양학적으로 중요한 리신(lysine), 트립토판(tryptophan), 메티오닌(methionine)이 부족한 불완전 단백질이다. 그러나 이 두 단백질은 독특한 기능성 단백질인 글루텐으로 결합되어 밀반죽에서 아주 중요한 역할을 한다. 곡류 단백질 중에서 밀 단백질만이 점탄성이 강한 반죽(dough)을 형성하여 그 안에 기체를 보유하여 구웠을 때 가볍고 폭신폭신한 제품을 만들어낼 수 있다. 글리아딘은 분자량이 약 40,000 정도이고 사슬이 하나인 구형의 단백질로 반죽의 점성과 반죽이 늘어지는 것에 관련된다. 글루테닌은 여러 다양한 특성을 지닌 단백질 복합체로 분자량은 100,000~수백만(평균 3,000,000)으로 광범위하고 여러 사슬로 되어 있는 선형 단백질로, 탄성(resilience)을 나타내고 검질 같은 특성을 보이나 잘 찢어지며 빵 반죽에서 반죽이 지나치게 늘어지는 것에 저항력을 나타낸다.

밀가루(小麥粉, wheat flour) 주로 밀의 배유 부분을 제분하여 가루로 만든 것. 원료인 밀에 대하여 얻어지는 밀가루의 양은 대체적으로 70~75% 정도이나, 원료나 제분의 규모, 방법, 목적에 따라 달라질 수 있다. 제분하여 얻어지는 밀가루의 수득률을 높이려거나, 제분기술이 좋지 않으면 껍질(밀기울)의 혼입이 많아져 밀가루의 회분 함량이 많아진다. 밀가루에 껍질 부

ㅁ

분이 많으면 착색이 되고 글루텐 형성이 방해되며 효소력이 강하여 가공품의 빛깔, 외관, 제조적성 등이 좋지 않게 된다. 따라서 밀가루의 품질은 껍질 부분의 혼입률로 등급을 매기는데, 보통 회분 함량의 많고 적음으로 판단한다. 한국 농산물검사규격에서 밀가루의 등급과 회분 함량의 1등급은 0.45% 이하, 2등급은 0.46~0.65%, 3등급은 0.66~1.00%로 되어 있다. 밀가루는 제분 후 공기 중에 방치하면 자연적으로 산화되어 색이 희어지고 제빵 적성이 좋아지는데 이를 숙성(aging)이라 한다. 그러나 공기 중에 방치하는 것은 시간이 오래 걸리고 위생적인 문제가 발생하므로 과황산암모늄 · 과산화벤조일 · 과산화질소 등의 혼합물인 질개량제를 첨가한다. 이들은 산화제로서 표백작용 이외에 글루텐의 성질을 강화시키는 작용을 가진다. 이물질이 제거된 건조한 밀 입자를 일정시간 물이나 다른 용액에 담가 가수처리(tempering)를 하면 제분 시 밀기울 부분이 작은 조각으로 부서져 쉽게 제거되고 배유 부분이 부드러워져 적당한 크기로 분쇄하기 쉽다. 가수처리되어 부드러워진 밀 입자에서 일련의 분쇄기(roller mill)를 이용하여 밀기울과 배아를 제거하고(분쇄 공정, break system), 그 결과 크기가 작게 분리된 배유를 체와 공기흡입기를 이용하여 원하는 크기의 입자를 가진 밀가루로 분쇄하는 공정(reduction system)을 제분이라 한다. 따라서 제분된 밀가루의 성분은 원료 밀의 성분과는 다르다. 제분 과정에서는 밀가루 외에도 동물의 사료로 쓰이게 되는 밀기울(원료 밀 중량의 약 11%), 배아(약 0.5%), 쇼츠(shorts, 약 15%) 등의 부산물을 얻게 된다. 밀의 분쇄 공정에서 첫 단계의 롤을 통과하여 밀기울이 제거된 회분의 양이 가장 적은 최상급의 밀가루를 패턴트 분(patent flour)라 한다. 이 중에서 밀 입자의 가장 중심에서 얻은 제분율이 약 45%인 밀가루는 쇼트 패턴트(short patent)라 하고 제분율이 65%인 밀가루는 롱 패턴트(long patent)라 한다. 첫 단계 롤을 통과하지 못한 껍질 부분이 약간 많은 것을 클리어 분(clear flour)이라 한다. 패턴트 분과 클리어 분을 모두 합치면 원료 밀 중량의 72%(제분율 72%)가 되는데, 이것을 스트레이트 분(straight-grade flour)라 하며 일반적으로 시중에서 구입하는 밀가루가 여기 속한다. 또한 밀기울에 가까운 껍질 부분이 많은 부분을 테일 분(tail flour)이라 하여 별도로 취급한다. 우리나라에서는 대부분의 밀을 수입하는데 미국이나 호주에서 생산된 경질 밀과 연질 밀을 적절히 혼합하여 제분한 밀가루는 글루텐 함량에 따라 강력분(13% 이상), 준(準)강력분(11~12%), 중력분(9~10%), 박력분(9% 이하)으로 구분한다. 강력분은 주로 제빵용으로, 중력분은 칼국수나 부침용과 같이 가정에서 다목적용으로, 박력분은 과자나 파이, 케이크를 만드는 데 사용된다. 밀가루는 쌀과 같이 열량원으로 중요하다. 단백질 함량은 8~12%로 쌀보다 많으나 필수아미노산은 쌀보다 약간 적어, 쌀의 단백가는 72인 반면 밀가루의 단백가는 47이다. 그러나 리신과 트레오닌을 첨가하면 영양가가 향상된다는 점은 쌀과 비슷하다. 비타민 B_1은 100g 중 0.28mg으로서 쌀보다 많다. ☞ 박력분, 중력분

밀가루 개량제(maturing agents) 밀가루의 저장가공 중 표백, 숙성기간의 단축, 제빵 저해물질을 파괴시켜 밀가루의 품질을 개량하기 위한 목적으로 사용되는 화학물질. 현재 사용되고 있는 밀가루 개량제로는 과산화벤조일, 과황산암모늄, 브롬산 칼륨, 염소, 이산화염소 등이 있다.

밀감 ☞ 귤

밀기울(wheat bran) 밀입자의 과피, 종피와 호분층 세포를 포함하는 부분으로 제분과정에서 얻어지는 부산물. 원료 밀 중량의 약 11%에 해당하며, 분쇄 과정으로부터 얻은 크기가 작은 밀기울은 쇼츠(shorts)라고 하며 밀 중량의 약 15%를 차지한다. 겨라고도 한다. 밀기울은 인과 같은 무기질, 회분, 피트산(phytic acid), 지질과 나이아신, 비타민 B_1과 B_2의 함량이 비교적 많고 효소의 활성도 높다. 밀기울에 함유된 당류도 배아와 마찬가지로 자당과 라피노오스가 주된 당류로 밀기울 무게의 4~6% 정도 차지한다. 밀기울은 열량은 적으나 무기물이 많이 들어 있으므로 주로 가축의 사료로 쓰이는데, 젖소에는 농후사료의 25~30%, 육계에는

10%, 산란계에는 23%까지 사용할 수 있다. 이 밖에 된장 · 누룩 등의 원료로도 쓰인다.

밀도(密度, **density**) 단위부피 당 물질의 질량(g/mL). 물질의 무게를 그 물질의 부피에 해당하는 물의 무게로 나눈 비중(g/g)과 비슷한 수치를 나타낸다. 물질 속의 원자나 분자 배열의 소밀도(疎密度), 합금이나 혼합물 속의 성분비(成分比) 등을 알아내는 데 이용된다. ☞ 비중

밀봉(**sealing**) 통조림 제조과정 중 탈기를 한 다음 용기 속에 미생물과 공기가 들어가는 것을 막고 용기 내의 진공도를 유지하며 식품의 부패를 방지하기 위한 조작. 일반적으로 통조림의 밀봉에는 2중 밀봉기가 널리 사용되는데, 제1밀봉롤이 캔 몸체의 가장자리와 뚜껑의 가장자리를 겹치게 접은 다음, 제2밀봉롤로 압착하여 뚜껑의 가장자리 안쪽에 칠한 실링 콤파운드(천연고무를 주원료로 한 패킹)로 밀봉한다. 모든 육제품의 통조림은 밀봉이 끝난 후 바로 가열살균해야 한다.

밀씨눈(**wheat germ**) 제분과정에서 밀기울과 함께 얻어지는 부산물. 원료 밀 중량의 약 0.5%를 차지하며, 밀 배아라고도 한다. 배아는 영양분 저장소로 단백질(25%), 탄수화물[24%, 주로 설탕과 라피노오스(raffinose)], 지방(16~32%), 회분(5%), 비타민 B군과 효소, 비타민 E가 500ppm이나 함유되어 있다 요즈음은 제분과정 중에 손실된 밀가루의 영양소를 섭취하기 위해 밀씨눈을 이용한 간식이 시판된다.

밀크 커피(**milk coffee**) 우유를 넣은 커피. 불어로 카페오레(café au lait)라고도 한다. 커피를 보통의 추출농도보다 40% 정도 진하게 추출한 후 큰 컵에 설탕을 미리 넣고 커피와 우유를 동시에 부은 후 휘핑된 크림을 얹는다.

ㅂ

바나나(banana) 파초과 바나나속에 속하는 식물의 총칭. 학명은 *Musa* spp.. 열대 아시아가 원산지이며 고대 아라비아어로 '손가락'이라는 뜻을 지니고 있다. 재배 바나나는 무사 아쿠미나타(*M. acuminata*) 계통과 무사 발비시아나(*M. balbisiana*) 계통으로 나눈다. 무사 아쿠미나타는 인도 동부에서부터 서부 말레이시아 지역까지 분포하는 종으로, 열매가 크고 향기가 있으며 날것으로 먹는 바나나의 대부분을 차지한다. 무사 발비시아나는 동남아시아와 미크로네시아, 폴리네시아 서부에 야생한다. 이 종과 무사 아쿠미나타가 자연 교배하여 100여 종의 품종이 생겼다. 노란색, 흰색, 연한 갈색, 주홍색 등 색이 다양하고 크기도 엄지손가락만 한 것에서부터 50cm를 넘는 것도 있다. 날것으로 먹는 바나나는 주로 브라질, 인도, 필리핀, 인도네시아, 에콰도르 등지에서 특히 많이 생산되고, 요리용 바나나는 아프리카, 남아메리카, 아시아 등지에서 생산된다. 바나나는 다른 과일에 비해 수분이 85%로 적고 당이 20.7%로 많다. 바나나의 탄수화물은 소화 흡수가 잘 되고 100g당 약 82kcal의 열량을 가지며, 특히 칼륨의 함량이 많은데 칼륨은 스트레스를 낮춰 주는 역할을 하기도 한다. 바나나는 덜 익었을 때 수확하여 후숙시키는 동안 황색으로 되고 과육은 떫은맛이 없어지면 단맛이 생겨 먹기 좋아지고, 이소아밀 알코올, 이소아밀 아세테이트 등의 방향성분이 생성되어 향기로워진다. 날로 먹거나 샐러드, 건조, 분말, 퓌레 등에 쓰인다. 요리용 바나나는 기름에 튀기기거나 삶거나 또는 굽거나 쪄서 먹는다. 바나나 잎은 넓어 동남아에서는 음식을 싸서 찌거나 담는 용도로 사용된다. 바나나의 꼭지가 약간 녹색을 띠고 있는 노란 바나나는 4~5일간 실온에서 보관이 가능하다. 즉시 먹으려면 갈색 점이 있는 바나나가 가장 달고 맛있는 상태이다.

바닐라(vanilla) 난초과의 덩굴식물로 향신료의 일종. 학명은 *Vanilla planifolia.* 중앙아메리카가 원산지이다. 성숙한 열매 중에는 코니페린(coniferin)이라는 배당체가 존재하며 발효시키면 바닐린(vanillin)이 백색 결정으로 석출된다. 바닐린은 초콜릿과 비슷한 달콤한 향기가 나며 초콜릿, 아이스크림, 캔디, 푸딩, 케이크, 음료의 향료로 널리 사용된다.

바닐린(vanillin) 바닐라 추출물의 성분. 바닐라 추출물은 멕시코와 서인도제도에서 자라는 바닐라 식물의 미숙과에서 추출된다. 바닐라 향료에 사용하는 인공향신료로 유제놀(eugenol) 또는 목재 펄프에서도 합성된다. 유제놀은 정향의 향미성분으로 여러 가지 식물성 향신료에 존재한다. 버터, 초콜릿, 과일, 음료, 아이스크림, 캔디, 제과, 젤라틴 후식류에 사용된다.

바실러스 세레우스(*Bacillus cereus*) 그람 양성 간균으로 통성혐기성 및 포자형성균이다. 이 세균이 오염된 식품을 섭취하게 되면 설사형 또는 구토형의 식중독이 발생하게 된다. 설사형은 고분자 단백질에 의해 발생하며 주로 육류, 우유, 채소, 생선이 연루되어 나타나며, 구토형은 저분자 열안정성 펩티드에 의해 발생되는데 쌀 제품이나 감자, 파스타 등이 식중독에 연루되었다. 잠복기는 설사형이 6~15시간, 구토형이 0.5~6시간이다. 반복투여 독성시험 반복투여 독성시험은 실험동물에 시험물질을 반복하여 투여하거나 식이 등에 첨가하여 연속적으로 투여하면서 증상을 관찰하는 시험으로 1개월 이내에 종료하는 경우 아급성 시험, 3개월에서 12개월 정도를 관찰하는 아만성 시험(subchronic toxicity test), 1년 이상 시험동물의 생애 전체를 관찰하는 만성 시험으로 분류된다. 우리나라의 경우 식품원료로 사용될 물질에 대해서는 일반적으로 3개월 반복투여 독성시험에 의한 안전성이 입증되어야 한다. 시험 기간에는 시험동물의 식이 섭취량, 성장률, 사망률, 혈액생화학적 검사, 뇨의 생화학적 검사 등을 시행하며 시험 종료 후에는 각 장기의 병리적 소견 및 중량 등을 수집해야 한다. 이 시험에서 용량에 따른 증상을 관찰함으로써 이상 증상을 나타내지 않는 최대 무작용량(NOAEL; No Observed Adverse Effect)값을 구하고, 이 시험의 결과에 따라 장기간의 독성시험 필요성 여부를 판단한다.

바이러스(viruses) 숙주세포가 있어야 증식할 수 있는 절대 기생성 세포내 생물(obligate intracellular parasite). DNA나 RNA 중 한 종류의 핵산만을 보유하고 있는데, 식물 바이러스는 주로 RNA, 세균 바이러스인 박테리오파지(bacteriophage)는 주로 DNA로 구성되어 있고, 동물 바이러스는 RNA 또는 DNA를 가지고 있다. 0.02~0.3㎛ 정도의 크기이므로 전자현미경으로 관찰할 수 있다. 소형 구형 바이러스는 전자현미경으로 관찰하였을 때 소형 구형 구조를 가진 바이러스를 총칭하는 뜻에서 SRSV(small and round structured virus)로 명명되었는데, 1968년 미국 오하이주 노워크의 초등학교에서 발생한 집단 위장염 환자에서 최초로 관찰한데 연유하여 노워크 바이러스(Norwalk virus)라고도 한다. 잠복기는 섭취한 바이러스의 양에 따라 다르지만 평균 24~48시간이며 심한 경우 식후~3시간에 발병한 예도 있다. 주요한 중독 증상은 메스꺼움, 구토, 설사 및 복통 등이다. SRSV 식중독은 겨울철에 많이 발생하는데 가장 중요한 원인식품은 굴, 백합 등 패류이며, 그 외 음용수, 얼음, 샐러드 등이 있고, 보균자나 오염된 기구에 의한 접촉감염으로 추정되는 경우도 있다.

바이러스성 간염(viral hepatitis) 간염 바이러스에 의한 감염증. 간염은 A형 간염과 같이 경구감염에 의한 유행성 간염과 B형 간염과 같이 혈액감염에 의한 혈청간염으로 나누어 왔으나, 1970년대 이후에 A, B, C, D, E의 다섯 종류가 발견되었다 여기서 유행성 간염에 속하는 것은 A형과 E형 바이러스이고, 혈청간염에 속하는 것은 B형, C형, D형 바이러스인데, 다섯 종류 중 B형 간염 바이러스만 DNA 바이러스이고 나머지는 RNA 바이러스이다. 현재 A형 간염 바이러스(hepatitis A virus, HAV)에 의한 A형 간염, B형 간염 바이러스(hepatitis B virus, HBV)에 의한 B형 간염이 알려져 있으며 이 밖에 C, D, E형도 밝혀졌다. A형 간염은 환자 또는 불현성 감염자의 분변, 혈액, 혹은 이들에 의하여 오염된 음식물에 의해 감염되며 38℃ 이하의 발열 증세로 발병하는 것이 특징이며, 구토, 황달 등과 일반적인 복통, 설사 등이 나타난다. B형 간염은 유행성 간염으로 여름철에 가장 많이 발생하며, 특히 청소년이 감염되는 경우가 많으며, 감염 경로는 주사침 사고, 약물남용자의 불결한 침, 산모와 태아의 수직감염 등으로 보고되고 있다. 증상은 일반적으로 발열기, 황달기 및 회복기의 4기로 나누어진다. 이 바이러스는 저항력이 강하므로 60℃에서 30분간 가열해도 생존하며 1ppm의 염소를 함유하는 물에서도 사멸하지 않는다. 그리고 건조에 대해서도 강하므로 배설물을 철저히 소독해야 한다.

바이메탈(bimetal) 팽창계수가 매우 다른 두 종류의 얇은 금속편(金屬片)을 맞붙인 것. 온도의 변화에 따라 현저하게 구부러지는 성질을 이용하여, 온도변화의 검출, 온도조정 등의 목적으로 널리 사용한다. 2종의 금속 또는 합금을 대립시켜서 온도 변화에 따라 구부러지는 것을 이용하는데, 온도조절장치나 온도계에 사용되고 있다.

바이오식품(biofood) 인체의 생리기능을 향상시키는 식물, 동물, 미생물, 효소 등을 원료로 하여 만든 식품. 유전자를 재조합하거나 생물의 기능을 응용한 생명공학 기술로 만든다. 미생물이 가진 능력을 이용하여 새로운 물질을 합성하거나 식품의 맛과 질, 영양을 높이고 수확량을 늘리기 위한 연구가 진행되면서 항생물질이나 비타민 B_{12}, 비타민 D_2의 합성이 가능하고 니코틴산 제조법이 개발되었다. 그 외에도 각종 아미노산을 만들어내기도 하며 유전학적 방법으로 얻어낸 효모로 사료용 단백질 생산에 성공하였다.

ㅂ

바지락(shortneck clam) 연체동물 석패목(石貝目) 백합과의 부족류. 학명은 *Tapes philippinarum* Adams et Reeve. 우리나라에서 가장 흔한 조개로 전 해안에 분포하고 특히 선재도 일대, 안면도, 줄포만, 당진만, 사천만 등에서 많이 난다. 내해나 내만의 조간대에서부터 수심 20m 사이의 자갈이 섞인 모래펄에 산다. 바지락은 양식이 쉬워 연안어민들이 예로부터 많이 양식도 하는데, 0.5~5kg/m²를 수확할 수 있다. 가장 맛이 좋을 때는 2~4월경이며, 10월경에 살의 무게가 최소가 된다. 어육의 단백질 함량이 많으며 질도 좋다. 또한 칼슘, 인, 철 등 무기질과 비타민이 풍부해 어린이나 노약자에게 좋다. 지미성분의 주체는 호박산이고 그 밖에 글루타민산도 들어 있다. 바지락은 간장질환이 있는 사람이나 담석증 환자에 좋고 과음 및 과식 후에 그 국물을 먹으면 소화작용 및 간장기능이 향상된다. 젓갈을 담그거나 조갯국, 된장찌개 등의 재료로 이용하지만 늦봄부터 초여름까지의 번식기에는 중독의 위험이 있으므로 피하는 것이 좋다. 최근에는 수출용 통조림의 원료로 수요가 증가하고 있다. 이용하기 전에 1~2% 소금물에 여러 시간 담가서 토사를 토하게 한 후 써야 한다.

바질(basil) 민트(Mint)과 또는 꿀풀과의 한해살이 초본. 학명은 *Ocimum basilicum* L.. 동남아시아와 중앙유럽이 원산지이다. 동남아시아, 유럽, 아메리카, 일본 등 세계 각지에서 재배하며, 온난한 지역에서는 야생한다. 바질의 전체 높이는 20~70cm이고 줄기는 각이 져 있고 부드러운 털이 나 있다. 잎은 가장자리에 물결 모양 톱니가 있는 타원형으로 들깻잎과 유사하게 생겼으며 길이는 5~10cm이고 향기가 강하다. 꽃은 연한 보라색을 띠는 흰색이다. 식물 전체에서 향이 나며, 잎이나 줄기를 말려서 향신료로 쓰며 이탈리아 요리에 쓰이는 대표적인 향신료이다. 정향과 유사하면서도 달콤하고 강한 향을 지니는데 주 방향 성분은 오시멘(ocimene), α-피넨(pinene) 등이다. 생것보다는 건조한 것이 향이 강하다. 진해(鎭咳)·해열·해독·설사·변비·월경불순 등의 약재로도 사용한다. 토마토 요리에는 필수적이며, 닭고기, 어패류, 샐러드, 스튜, 소스 등의 요리에 쓰인다.

박력분(weak flour, cake flour) 연질밀을 원료로 한 것으로 단백질이 9% 이하, 젖은 글루텐 함량(습부량)이 19~25%인 밀가루. 미국의 태평양 연안 및 오스트레일리아에서 생산되는 밀에서 얻어지며, 과자, 파이, 케이크 및 튀김용에 적합하다. ☞ 밀가루

박테리오신(bacteriocin) 유사한 종류의 세균 또는 다른 세균들을 죽이거나 성장을 억제하는 물질. 다양한 종의 세균에 의하여 생성되고 단백질로 구성되어 있다.

박피(peeling) 과실이나 채소의 껍질을 벗기는 공정. 박피의 종류에는 수 박피, 열처리에 의한 박피, 기계적 박피, 알칼리 박피 등이 있다. ① **수 박피**(hand peeling)-식품의 껍질을 벗기는데 칼을 이용하여 손으로 작업하는 방법. ② **열처리에 의한 박피**-복숭아, 토마토, 고구마 등의 껍질을 벗기기 위하여 끓는 물이나 수증기에서 1~3분 간 처리한 후 찬물에 냉각하여 연화된 껍질을 손으로 벗기는 방법. 열처리 조건은 각 원료에 따라 다르다. ③ **기계적 박피**-사과의 껍질을 기계로 제거하고, 당근 등의 근채류의 껍질을 회전하는 원통의 내벽에 부착된 샌드페이퍼(carborundum)에 의하여 제거하는 방법. 근래에 많이 사용되고 있다. ④ **알칼리 박피**-과일이나 채소를 뜨거운 알칼리 용액에 담갔다가 꺼내어서 껍질을 과육으로부터 제거하는 방법. 껍질은 펙틴질에 의하여 과육 부분에 부착되어 있으므로, 펙틴질을 뜨거운 알칼리 용액으로 쉽게 용출시켜 분리된 과피를 제거한다.

반감기(半減期, half-life) 방사성 원소가 붕괴해서 다른 안정된 원소로 변할 때, 원래 원소의 원자수가 최초의 반으로 줄어들 때까지 필요한 시간.

반건성유(semi-drying oil) 공기 속에 방치하면 서서히 산화하여 점성도가 증가하나, 건조 상태로까지는 되지 않는 기름. 건성유(아마인유, 오동나무기름 등)와 불건성유(동백기름, 올리브유, 피마자유 등)의 중간 성질을 가진 것으로, 주로 채종유(菜種油), 참기름, 면실유, 미강유(米糠油), 옥수수기름 등이 이에 속하는데, 식

물유로서는 생산량이 가장 많고, 식용 또는 화장비누의 제조원료 등 용도가 많다. 요오드가가 100~130의 것이 반건성유에 속하며, 이보다 값이 높은 것은 건성유에 속하고, 낮은 것은 불건성유에 속한다. ☞ 식물성 유지

반수치사량(半數致死量, LD_{50}) 48시간 내에 시험동물의 50%가 사망하는 것으로 추정되는 시험물질의 1회 투여량. 체중 kg당 mg수 또는 g수로 표시하며, 급성 독성시험 방법으로 사용된다. 중금속류에 대한 독성검사 방법은 다양한데 어류에 대한 독성을 검사할 때 MTL(median tolerance limit)값으로 나타낸다.

반응열(sensible heat) 식품에 열에너지를 가감하여 식품의 온도와 물리적 상태까지 변하게 하는 열.

반응표면분석(response surface methodology) 계획된 회귀분석으로 2차 모형을 가정하여 요인수준의 변화에 따른 반응변수의 변화 패턴을 보고 최적 반응값을 주는 요인들의 최적조건을 찾는 계획된 회귀분석. 반응표면분석을 할 때는 모든 변수들이 연속변수여야 한다는 이론적인 제약이 있다. 패널 요원을 사용하는 관능평가의 경우 패널 요원들의 점수는 이산변수로 연속변수가 아니지만 한 시료에 대한 여러 패널 요원들의 평가점수들의 평균을 기초로 반응표면분석을 하고 있다.

발렌시아 오렌지(valencia orange) 스위트 오렌지의 일종. 전 세계에서 널리 재배되는 만생종이다. 과실은 200~250g으로 향기가 풍부하며 즙이 많고 달아서 품질이 좋다. 생과, 과즙으로 이용하며 과즙제품이 수입되고 있다.

발사(發絲) 설탕을 끓여서 실처럼 뽑아서 만든 것.

발색제(color fixatives) 색소와는 달리 그 자체에는 색이 없어서 식품을 직접 착색시킬 수는 없으나 식품 중에 존재하는 유색 물질과 작용하여 그 색을 안정화하여 선명하게 발색케 하는 물질. 예를 들어 육가공품의 색을 선홍색으로 고정시키기 위해 아질산염을 사용하면 산화질소와 결합하여 고운 색깔을 유지하게 된다. 또한 가지와 같은 채소에는 황산제일철이 사용되어 식물색소와 결합해서 청록색을 나타내는 작용을 하기도 한다.

발생건수(number of outbreak) 식중독 발생에 따른 역학조사에 의해 그 원인이 규명되었을 때 하나의 발생 건수로 집계된다. 독소형 중독의 경우 미국 질병통제센터(Center for Disease Control and Prevention, CDC)의 경우 1명의 환자가 발생 시에도 식중독 사고로 보고하고 역학조사를 실시하여 발생 건으로 집계되고 있으며, 감염형의 경우, 2명 이상의 동일 증세의 환자가 발생한 경우 역학조사를 실시하여 하나의 발생 건으로 집계하고 있다.

발아(germination) 식물의 종자, 포자, 화분 및 가지나 뿌리 등에 생긴 싹이 발생 또는 생장을 개시하는 현상.

발암성 물질(carcinogenic materials) 발암은 개시와 촉진의 2단계가 있으며 각각의 개시자와 촉진자로 작용하는 화학물질. 사람에 발암성이 있다고 알려진 물질로는 Aflatoxin, 4-aminobiphenol, Arsenic compound, Benzene, Cadmium oxide, Chloromethyl ether, Chromium, Nickel, Vinyl chloride 등이 알려져 있다. 식품 중에는 천연식품성분 중에도 발암성 성분이 있음이 밝혀지고 있고, 식품성분의 반응에 의해 생성되는 유해물인 니트로소(nitroso) 화합물, 단백질 가열변성물 중의 변이원물질 등이 알려져 있다.

발암성 시험(carcinogenic test) 시험 화합물이 종양을 유발하는지를 평가하는 것이 목적으로 보통 설치류의 생애기간(2년)을 진행하여, 종양 생성 빈도와 장기, 조직적 이상 등을 관찰한다. 그러나 이 실험은 장기 관찰에 따른 막대한 비용과 비투여 대조군에서 생성되는 종양에 대한 통계적 유의성 문제 등으로 실제 우리에게 노출되는 양에 비해 매우 높은 양을 시험동물에 투여하게 되어, 현실성이 없다는 비난을 받기도 한다. 그러나 비투여 생애기간의 실험이기 때문에 대조군에서 발생하는 배경 종양률(background tumor rate)이 워낙 높아 낮은 농도의 시험물질로는 통계적으로 유의성 있는 결과를 보기가 어려워 높은 양을 투여할 수밖에 없는 현실이고, 따라서 이 실험과 더불어 유전독성의 결과를 종합하여 발암성 여부를 판단하게 된다.

발연점(smoking point) 유지를 강하게 가열할 때 유지의 표면에서 엷은 푸른 연기가 발생할 때의 온도. 푸른 연기의 주성분은 아크롤레인(acrolein)으로, 글리세롤에서 2분자의 수분이 제거되어 생성된다.

발주(purchase) 필요한 물품을 주문하는 행위.

발주량(purchase order quantity) 주문하고자 하는 물품의 수량. 식품의 적정 발주량은 저장비용과 주문비용, 가격변화, 수량할인율, 재료특성, 계절 등의 요인에 영향을 받게 된다.

발주서(purchase order) 물품사용부서의 구매요구서에 따라 구매부서에서 작성하는 물품 주문서. 구매표, 발주전표라고도 하며 구매부서에서 공급자에게 발주서를 발행하게 되면 법률상의 계약이 성립된 것으로 간주되어 법률상의 구속을 받게 된다. 발주서는 보통 3부씩 작성되어 원본은 공급업자에게 보내고, 1부는 구매부서에서 보관하며, 나머지 1부는 회계부서로 보내져서 물품 납입 후에 대금 지불의 근거로 사용된다. 발주서에 포함되는 내용으로는 급식소, 공급업체의 상호명과 주소, 확인번호, 구매품목의 상세설명, 구매계약 단가, 공급업자에 대한 일반적 지시, 구매자의 서명 등이다.

발췌검사법(sampling inspection) 검수 시 납품된 물품의 일부를 무작위로 선택하여 검사하는 방법. 대량구매물품인 경우, 검수항목이 많은 경우, 파괴검사가 필요한 경우에 이용하며 시간적 · 비용적인 측면에서 유리한 검수방법이다.

발효(fermentation) 미생물 작용에 의해 유기물질이 분해 또는 변화되어 유익한 물질이 생성되는 현상.

발효식품(fermented food) 미생물, 주로 젖산균이나 효모 등의 발효작용을 이용하여 만든 식품. 미생물의 종류, 식품의 재료에 따라 발효식품의 종류는 다양하며 침채류, 장류, 젓갈류, 주류, 식초류 등이 있다. 이들 발효식품은 각기 독특한 맛을 가지고 있으며 조금씩 다르기는 하나 중국, 일본, 동남아, 남양 군도 등에서도 볼 수 있는 것으로 상당히 오래 전부터 내려오는 음식들이다. 사용되는 원료는 농산물, 수산물, 축산물 등이며 이들 식품 속의 성분들이 미생물의 작용으로 분해되고 또 한편으로는 새로운 성분이 합성되어 영양가, 기호성, 저장성이 우수해진다.

발효유(fermented milk) 소, 양, 면양 등의 포유류의 젖을 유산균 또는 효모에 의하여 발효시킨 유제품. 종류로는 유산균을 배양하여 유산만을 함유하는 산유(acid milk)와 유산균 및 효모의 작용에 의하여 유산발효 및 알코올 발효를 동시에 일으킨 알코올 발효유로 나눈다. 산유에는 요구르트(yoghurt), 발효 버터 밀크, 애시도필러스 밀크(acidophilus milk) 등이 있다. 알코올 발효유에는 양젖, 염소젖을 원료로 하는 케피어(kefir), 말젖을 원료로 하는 쿠미스(kumyz) 등이 있는데, 1~3% 정도의 알코올을 함유하므로 유주(milk wine)라고도 하며 중앙아시아, 코카서스 지방에서 많이 이용한다. 산유는 반고체의 겔 형태이며 그대로 먹기도 하고, 응고물을 부수어 설탕과 향료 등을 가하고 유산균이 살아남도록 가공한 유산균 음료로, 또는 가공 후 살균하여 저장성을 가지게 한 칼피스(calpis)와 같은 유산음료로 이용된다.

밤(chestnut) 밤나무속(*Castaneacea*) 식물의 열매. 학명은 *Castanea crenata* var. *dulcis* Nakai. 밤은 견과로서 9~10월에 익으며 한 송이에 3개 또는 1개씩 들어 있다. 밤나무속 식물은 아시아, 유럽, 북아메리카, 북부 아프리카 등의 온대지역에 13종이 분포되어 있다. 이 중 과실로 이용되는 것은 일본밤(*C. crenata*), 유럽밤(*C. sativa*), 중국밤(*C. mollissima*), 미국밤(*C. dentata*) 등이다. 우리나라에서는 예로부터 자연방임적으로 재배되어 왔으며, 지역의 특산물로 이름이 호칭되었을 뿐 뚜렷한 품종이 많지 않았는데 평양밤(함종밤), 양주밤(불밤) 등이 유명하였다. 일반적으로 우리 재래밤은 감미가 높고, 중국종은 알이 작고 속껍질이 잘 벗겨지며 단맛이 강해 품질은 좋으나 내충성이 약하며, 일본밤은 감미가 적다. 밤은 평균 수분 60%, 당질 35%, 단백질 4% 정도를 함유한다. 당질 중 50%는 전분이며 나머지는 설탕, 포도당, 덱스트린 등으로 들어 있어 단맛이 강하고, 단백질 중 알부민이 75%를 차지한다. 이 외에도 비타민 A, B_1, C와 칼륨, 인, 철, 나트륨, 칼슘 등도 풍부한 자양식품으로 병후 회복기 환자나 유아에게 적합하다. 특히 비타민 C는 70~100mg% 정도로 견과류 중에서 가장 많은 양이 들어 있고 껍질이 두꺼워 가열 시에도 좀처럼 손실되지 않는다. 밤의 속껍질에는 엘라그산(ellagic acid)이라는 탄닌 성분이 함유되어 있어 떫은맛이 난다. 밤을 조릴 때는 당분이 많으면 칼슘의 흡수를 방해하므로 흑설탕으로 단맛이 약하게 조리는 것이 좋다. 밤을 삶을 때 명반을 약간 가해서 끓이면 밤이 가지고 있는 플라본 색소가 명반의 알루미늄과 불용성인 염을 만들기 때문에 고운 황색을 띠게 된다. 보통 날로 먹거나 삶아서 먹고 건조, 통조림, 가루 등으로 가공하여 사용한다. 전통적인 밤 요리로는 밤떡, 밤밥, 밤암죽, 밤즙, 밤초, 밤편, 밤단자 등이 있다. 특히 밤을 넣고 끓인 밤암죽은 우리나라 특유의 이유식으로 어린이나 회복기 환자에게 좋다.

방사선 멸균(radiation sterilization) 살균력이 있는 방사선을 이용한 멸균법. 살균력이 있는 방사선으로는 전자방사선인 X선, α선, 입자방사선인 β선, γ선, 중성자, 양자, 고속전자선이 있으나 장치의 경제성 등의 이유로 Co-60의 γ선 정도가 실용화되어 있다. 살균 과정 중에 열이 발생하지 않으므로 냉살균(cold sterilization)이라고도 한다.

방사선 조사(放射線照射, irradiation) 발아 억제, 살충, 살균, 숙도 조정 등의 목적으로 방사선을 쏘이는 것. 식품에는 주로 인공 방사선 동위원소 코발트-60(^{60}Co)으로부터 방사되는 γ선과 특수장치에 의하여 만들어지는 높은 에너지의 고속 전자선이 이용된다. 식품위생법에서는 감자, 양파, 밤 등에 방사선 조사를 허용하고, 방사선 조사 식품은 '조사처리(treated with radiation, treated by irradiation)'라고 문구로 표시하거나, 라두라(radura)라고 하는 마크를 지름 5cm 이상의 크기로 표시하도록 하고 있다.

라두라 마크

방사선 조사식품(irradiated food) 발아 억제, 살충, 살균, 숙도 조정 등의 목적으로 방사선(α, β, γ, X선)을 조사한 식품. ☞ 방사선 조사

방사선 조사취 방사선을 식품에 조사할 때 조사선량이 어느 정도를 넘으면 식품 내의 수분이 이온화되어 식품성분을 분해함으로써 휘발성 저분자 물질이 생성되어 형성된 좋지 못한 냄새. 함황 아미노산, 단백질 분해에 의한 머캅탄(mercaptan), 설파이드(sulfide)류, 지질로부터의 탄화수소, 알코올, 알데히드, 케톤 등이 좋지 않은 냄새를 내는 성분들이다.

방사성 동위원소(radioactive isotope) 천연에 존재하는 원소는 수소를 제외하고 원자핵이 안정을 이루나 동위원소 중에서 원자핵 내의 양자에 비해서 중성자가 적거나 과다한 것은 불안정하여 전자 또는 방사선(α, β, γ, X선)을 방출해서 안정된 원소로 이행하는 원소.

방어(yellow tail) 농어목 전갱이과의 바닷물고기. 학명은 *Seriola Quinqueradiata* Temminck et Schlegel. 수온 14~19℃에서 사는 온대어로 우리나라 동해와 남해, 일본 연안에 분포한다. 몸통의 색깔은 등쪽이 청록색이며 배쪽은 은백색으로 옆구리에 1줄의 황색띠가 있다. 우리나라의 동해와 남해에 널리 분포되어 있으며 몸길이는 1m 정도이다. 방어류는 몸길이에 따라 이름이 달라지는데 10cm 내외의 것을 곤치메레미, 15cm 내외의 것을 떡메레미, 30cm인 것을 메레미, 60cm 이상을 방어라고 부른다. 또한 방어는 출하되는 계절에 따라 이름이 다른데 봄에는 하마찌라 부르는 작은 방어로 보통 3~4kg 정도이며, 여름에는 야마사라 부르는 방어로 6~7kg, 겨울에는 오부리라고 부르는 몸짓이 제일 큰 방어로 8~14kg 정도이다. 방어는 10kg 이상의 큰 것일수록 맛이 좋다. 방어의 맛은 다량의 지방과 히스티딘에 의해 만들어지며 단백질, 무기질, 비타민 D 등이 풍부한 영양식품이다. 방어는 맛이 좋은 고급 어종으로 지방이 가장 많은 겨울철(12월~이듬해 2월)에 가장 맛이 좋다. 방어는 횟감으로 많이 쓰이고 구이, 조림, 염장품, 건어물로 이용된다.

방향(芳香, aroma) 코에 의해 인지되는 제품의 냄새.

방향차이식별검사(directional difference test) 두 시료 간의 특정 관능특성이 어느 방향으로 다른지를 결정하는 데 사용하는 검사. 방향차이식별검사는 좀 더 복잡한 관능평가를 실시해야 할 필요가 있는지를 결정하기 위해 흔히 사용되는 간편한 검사방법이다.

배(pear) 장미과(rosaceae), 배나무속(pyrus), 배나무의 열매. 학명은 *Pyrus ussuriensis* Max. 원산지는 중국 또는 중앙아시아이다. 품종으로는 동양배와 서양배가 있다. ① 동양배 – 한국, 일본, 중국에서 재배되고 있는 대부분의 배로, 돌배나무를 개량한 품종이다. 과일은 둥글고 과즙이 많아 시원한 맛과 아삭아삭한 질감이 뛰어나다. 저장성도 높은 편이다. ② 서양배 – 표주박 모양이며 석세포가 적고 단맛이 강하고 향기가 매우 좋다. 그러나 수분 함량이 적고 푸석푸석하고, 무르다. 우리나라에서 재배되는 품종으로는 신고, 장십랑, 만삼길 등이 있다. 주성분은 탄수화물이며 당분은 10~13%이다. 서양배는 수분과 비타민이 적지만 당분이 많고 칼로리가 높다. 단백질 함량은 0.3% 내외로서 다른 과실과 큰 차이가 없다. 지방은 0.2%, 섬유소는 0.5%로 다른 과실에 비하여 다소 적은 편이다. 비타민은 사과보다 함량이 적어 비타민을 섭취하기 위한 과일로는 적당치 않다. 배의 단맛은 대부분이 과당이며, 사과산, 구연산, 주석산 등의 유기산이 적어 신맛이 없다. 석세포는 펜토산(pentosan)으로 장을 자극하여 연동운동을 촉진시켜 변비를 예방한다. 향기의 주성분은 아세트알데히드(acetaldehyde)이다. 배에는 단백질 가수분해하는 효소가 들어 있어서 육류를 연화시키고 소화를 돕는다. 또한, 해열에도 효과가 크고 기침에도 좋다. 주로 생과일이나 주스로 이용하며 그 외 김치, 연육용으로 고기를 잴 때 이용된다. 서양배는 통조림, 설탕 절임 등 주로 가공에 이용된다. 기침이 날 때 배를 달이거나 중탕하여 마신다. 서양요리에서는 레드 와인으로 졸여 육류요리에 곁들인다. 껍질이 얇고 투명하면서 석세포가 두드러지지 않은 배가 연하며, 모양이 둥글고 배의 꼭지 반대편 뒷부분의 둥근 부분이 고른 원형인 것이 수분이 많고, 당도가 높고 아삭아삭하고 연하다.

배건법(焙乾法, roast drying) 식품을 선반에 얹어 배건로 위에 쌓아 올리고 목재를 태워 그 때의 복사열과 상승기류에 의하여 수분을 증발시켜 건조하는 방법. 훈제품을 만들 때의 훈건법과 같으나, 제품에 따라서는 목재를 태우지 않고 숯불, 전열, 적외선 등을 열원으로 하기도 한다. 이 건조법은 훈연 중에 특유한 향기 성분과 항산화성 물질이 제품에 흡착되는 특징이 있다.

배당체(配糖體, glycoside) 단당류의 수산기와 비당류 아글리콘(aglycone)의 수산기가 에테르 결합한 것으로 식물계에 광범위하게 분포되어 있는 식물성 화합물. 시안 배당체(cyanogenic glycoside)와 함황배당체인 글루코시놀레이트(glucosinolate)가 널리 알려져 있다. 시안 배당체는 α-hydroxynitrile 그룹과 당분이 결합된 배당체로서 식물체 내의 효소에 의해 분해되어 시안화수소(HCN)를 생성하며, 이는 매우 유독한 성분으로 사람에 대한 평균 치사량은 50~60mg이다. 글루코시놀레이트는 겨자나 고추냉이에서 자극취의 원인 성분이며 순무, 양배추 등 채소의 특이하게 관련된 성분이다. 독성학의 관점에서는 글루코시놀레이트가 티오글루코시다아제(thioglucosidase)의 작용으로 분해되어 나오는 이소티오시아네이트(isothiocyanate)와 티오시아네이트(thiocyanate)가 실험동물의 갑상선 기능을 방해하여 여러 가지 생리적 영향을 가져오기 때문에 고이트로겐(goitrogen)이라는 갑상선 자극물질로서 관심을 가지게 되었으나, 사람의 정상적인 소비수준에서 글루코시놀레이트가 유해하다는 증거는 아직 없다.

배아미(embryo-retaining polished rice) 현미를 특수한 방법으로 도정하여 배아를 남긴 쌀로 배현미라고도 한다.

배아식품(germ food) 밀이나 쌀에서 얻은 배아를 먹을 수 있도록 가공한 것 또는 이를 주원료로 하여 쉽게 먹을 수 있도록 여러 형태로 가공한 건강기능식품품목의 하나. 현미에는 조단백, 조지질, 비타민 A, B_1, B_2, B_6, B_{12}, E, 니코틴산, 판토텐산, 엽산과 각종 미네랄이 함유되어 있다. 소맥배아에는 천연비타민 E와 B1, B2, B6

를 주로 하는 비타민군, 미네랄 그리고 글루타치온 등이 함유되어 있다. 배아식품에는 ① 배아만으로 만든 쌀 배아식품, 밀 배아식품 ② 배아 50% 이상으로 만든 밀 배아가공식품, 쌀 배아가공식품 ③ 쌀 배아와 밀 배아를 합계 50% 이상 섞어 만든 배아혼합가공식품의 유형이 있다.

배아유(germ oil) 곡류 배아에서 얻는 기름. 쌀, 옥수수, 밀 배아 등에서 얻는다. 이중 소맥 배아유에서는 천연비타민 E(토코페롤)가 풍부하게 함유되어 노화예방이나 미용 등에 기능성이 있는 건강식품으로 폭넓게 이용되고 있다. 천연비타민 E가 의학적으로 주목을 받은 것은 1936년 에반슈트교수에 의해서 처음으로 알려진 것이 유명하며, 일반적으로 배아유에는 비타민 E가 많이 함유되어 있다. 소맥 배아유에는 특히 β-토코페롤을 포함하고 있는 것이 특징이며 쌀배아유에는 α-토코페롤 및 γ-토코페롤이 많다. 소맥배아유에는 비타민 E 이외에 리놀레산(구성지방산의 51~57%)과 식물스테롤류, 고급알코올류(옥타코사놀) 등을 함유하고 있다. 옥수수기름은 옥수수 배아에서 추출한 것으로 옥배유라고도 한다. 옥수수기름의 옥수수에 대한 수율(收率)이 2.52%밖에 되지 않아 가격이 비교적 비싼 편이다. 그러나 산화안정성이 다른 기름보다 우수하고 상온에서 풍미가 좋으며 가열처리 후 보존성과 빛에 노출되었을 때의 안정성도 우수하기 때문에 드레싱, 마요네즈 등 조리용뿐만 아니라 과자나 스낵, 스프, 유제품에도 널리 쓰인다. 콜레스테롤의 혈중농도를 감소시켜 주는 등 여러 가지 건강에 좋은 사실들이 밝혀져 다른 건강식품이나 가공식품에도 널리 쓰이고 있다.

배추(chinese cabbage) 십자화과에 속하는 두해살이의 쌍떡잎식물. 학명은 *Brassica campestris* L. spp. *pekinensis.* 원산지는 중국 화북지방이다. 중국, 한국, 일본에서는 중요한 채소로 여기고 있으며, 특히 우리나라에서는 무와 함께 중요한 채소 중의 하나로 김치의 주재료로 가장 많이 쓰인다. 종류는 속이 차는 정도에 따라 결구형과 반결구형이 있으며 주로 결구형이 재배되고 있다. 배추는 호냉성 채소이며, 11월 초에 수확하는 가을 김장 배추가 봄이나 여름에 수확하는 배추에 비해 단맛이 많고 연하며 수분이 94.4%로 많다. 배추는 100g당 약 13kcal의 열량을 내며, 단백질(1.3%), 지방(0.2%), 탄수화물(2.4%)등은 적으나 단백질을 구성하는 아미노산은 우수한 편이다. 비타민 C와 칼슘, 칼륨 등이 풍부하다. 부드러운 섬유질이 들어 있어 변비에 좋은 식품이기도 하다. 흰 부분에는 비타민 A가 없고 푸른 부분에 많다. 겨자유 성분인 이소티오시아네이트(isothiocyanate)가 소량 들어 있으며, 배추의 단맛은 포도당에 기인한다. 김치, 배추된장국, 배추 겉절이, 배추된장 무침, 전골, 쌈 등에 다양하게 이용된다. 일본 음식 중 스키야키에는 배추가 필수재료이다. 서양에서는 샐러드로 이용된다. 좋은 배추는 푸른 잎이 많고 껍질이 얇으며 잎이 단단하게 밀착되어 있고 잎 끝이 여며져 있으며, 겉잎을 버릴 게 별로 없는 것, 깨끗하고 신선해 보이는 것이 좋다. 배추의 크기는 중간 크기가 적당하며, 들어 보았을 때 속이 꽉 차 묵직하고 잎의 수가 많고 잎의 두께가 두껍지 않아야 한다. 속잎의 색이 노란 것이 단맛이 많고 고소하다.

백미(polished rice) 현미의 겨층과 배아부를 전부 제거한 쌀. 현미를 100으로 잡았을 때 겨층과 배아부가 8%에 해당하므로 현미를 도정 또는 정미(polishing)하여 백미로 만들었을 때 도정도는 92%이다.

백색란(白卵, white egg) 껍질색이 흰 달걀. 주로 닭의 깃털이 흰 레그혼(Leghorn)종의 알이다.

백합(hard clam) 연체동물 석패목(石貝目) 백합과 부족류. 학명은 *Meretrix lusoria* Röding. 바지락보다 온해성이며 내해의 조간대부터 수심 20m의 모래나 펄에 서식한다. 우리나라, 일본, 대만, 중국, 필리핀, 동남아시아 등지에 분포한다. 맛이 좋아 서해안에서 많이 양식되고 있으며, 찜, 국, 찌개 등에 이용된다. 가공품으로 대합의 알맹이를 말리거나 조림 또는 통조림으로 이용한다. 가을부터 봄까지 제철이며 2~3월의 것이 맛이 제일 좋다. 단백질은 히스티딘, 리신 등 아미노산이 많고 글리코겐이 풍부하여 간장질환과 담석증 환자에게 좋은 식품이다. 단백질과 비타민 함유량은 낮지만 아미노산이 많기 때문에 농후하며 고급스러운 맛이 난다. 조개국물의 시원한 맛은 질소화합물인 타우린, 베타인, 아미노산 및 핵산류와 호박산 등 때문이다. 또한 단백질과 칼슘이 함유되어 있어 특히 숙취에 효능이 뛰어나다. 대합에도 모시조개처럼 비타민 B_1 분해효소를 포함하고 있으므로 생식은 피해야 한다. 조개탕 끓일 때 간장으로 간을 맞추고 청주를 넣으면 탕국의 맛을 돋우어 준다. 양식 요리로는 스프, 전채요리 등에 주로 사용한다. 조리할 때에는 마늘, 양념을 같이 곁들이는 방법이 영양상 효과적이다. 그러나 오래 끓이면 맛이 질기고 육질이 단단해진다. 조개 몸속에 뻘이 들어 있을 경우가 많으므로 해감 시킨 후 사용해야 한다. 3% 소금물에 넣어 냉장고에서 약 3~4일 정도 보관 가능하다.

뱀장어(eel, commom eel) 뱀장어목 뱀장어과의 민물고기. 학명은 *Anguilla japonica* Temminck et Schlegel. 지역에 따라 꾸무장어, 참장어, 드물장어, 배미쟁이, 배암장어, 뻘두적이, 곤장어라고도 불린다. 바다에서 산란하고 부화하여 강을 거슬러 올라온다. 최대 몸길이 150cm까지 성장한다. 몸은 가늘고 길며 횡단면이 원통형이다. 뒤쪽으로 갈수록 옆으로 납작하다. 몸빛깔은 서식 장소에 따라 다르지만 등쪽이 암갈색, 배쪽이 은백색을 띤다. 성숙되면 8~10월에 산란할 목적으로 바다로 내려가 난류를 따라 높은 수온(16~17℃)과 높은 염분도를 가진 심해에 들어가 알을 낳는다. 우리나라의 서남해안으로 흐르는 하천의 수계, 일본, 중국, 인도차이나, 전 유럽, 서인도제도, 오스트레일리아 등지에 분포하며 서부태평양 연근해의 열대 해역에서 발견된다. 장어는 몸을 보하고 더위를 이길 수 있고 입맛을 돋굴 수 있는 식품으로 잘 알려져 여름철 보신식품 또는 회복기에 좋다. DHA, EPA, 레시틴 등이 풍부한 영양적으로 우수한 지방을 17.1% 함유하며, 비타민 A는 1,050 R.E.로 다량 함유하고 있다. 표피의 점액질은 교질단백질로 되어 있어 정력제가 된다. 장어의 피에는 눈에 들어가면 결막염을 일으키고, 상처에 묻으면 피부가 약한 사람의 경우 염증을 유발하는 이치티오톡신(ichthyotoxin)이 함유되어 있으나 가열하면 독성이 없어진다. 장어를 먹고 복숭아를 먹으면 설사가 나기 쉽다. 이는 복숭아의 유기산이 장에 자극을 주어 지방이 소화되기 위해 작게 유화되는 것을 방해하기 때문이다. 따라서 유기산이 많은 과일의 섭취를 피하는 것이 좋다. 중국에서는 기름으로 튀긴 마늘을 섞어 고아낸 자양강장식품으로 이용하며, 우리나라에서는 장어구이, 매운탕, 소금구이, 덮밥, 장어탕 등에 이용한다.

뱅어(shirauo ice fish, white bait) 바다빙어목 뱅어과의 민물고기. 학명은 *Salangichthys microdon* Bleeker. 『세종실록지리지』와 『신증동국여지승람』에는 백어(白魚)라 하였고, 『난호어목지』에는 氷魚라 하였고, 뱅어라 표기하였다. 주로 동해로 흐르는 하천(강원도의 고성군, 속초시, 양양군, 강릉시, 삼척시, 동해시, 경상북도의 울진군, 포항시, 경상남도의 김해시, 부산광역시)에 분포하며, 일본, 사할린, 연해주 등지에도 분포한다. 뱅어는 몸은 가늘고 길며 다소 옆으로 납작하고 몸은 푸른빛을 띠고 반투명하며 몸길이는 10cm 내외의 가느다란 실모양을 하고 있다. 소금물에 데쳐서 편평하게 펴서 말려서 사각형의 포(뱅어포)로 만들어 저장하기에 편리하다. 열량이 적고 지방함량(1.0%)이 적어 맛이 담백하며 다이어트 식품으로 좋다. 칼슘이 다른 어류에 비해 많이 들어 있기 때문에 골다공증에 좋다.

버섯(fungi) 동물이나 식물의 유기물체에 기생하여 필요한 영양분을 섭취하는 균류 중 대형의 자실체를 형성하는 것의 총칭. 버섯은 담자균류가 대부분이고 일부 자낭균류에 속하는 것이 있다. 엽록소가 없기 때문에 광합성을 하지 못한다. 주로 습도가 높은 장마철과 기온이 저하하는 가을에 발생한다. 식용으로 하는 종류는 1천 종이며 자주 이용되는 것은 약 80종이다. 신선한 버섯의 성분으로는 수분 88~90%, 단백질 2~3%, 탄수화물 5~7%, 조섬유 7~8%, 무기질 6~7%이다. 버섯은 독특한 향기와 맛이 좋을 뿐 아니라 씹을 때의 느낌이 좋아 널리 이용되고 있다. 그러나 신선한 버섯은 수분이 많고 각종 효소가 있어 부패되기 쉬우므로 건조,

통조림 등으로 가공한다. 건조버섯의 성분조성은 단백질 15~30%, 지방 2~10%, 조섬유 5~10%, 무기질 5~6%이다. 탄수화물은 트레할로스(trehalose), 만니톨(mannitol) 등 소화흡수 되지 않는 당이 대부분으로 열량이 낮다. 글루타민산(glutamic acid), 알라닌(alanine) 등이 함유되어 있어 감칠맛을 낸다. 건조버섯은 비타민 D의 전구체인 에르고스테롤(ergosterol)과 비타민 B_1과 B_2를 많이 함유하고 있을 뿐 아니라 칼륨, 철, 구리, 망간 등의 무기질이 풍부해 알칼리성 식품이다. 지미 성분으로 IMP, GMP가 있다. 또 버섯에는 암 발생을 억제하는 물질과 콜레스테롤의 흡착을 방해하는 물질이 함유되어 있어 암, 뇌졸중, 심장병 등 성인병 예방과 개선에 효과가 있다. 주요 식용버섯은 표고버섯, 송이버섯, 싸리버섯, 느타리버섯 등이 있다.

번식독성 시험(reproductive toxicity) 시험 화합물이 차세대에 미치는 영향을 평가하기 위한 시험법으로, 암수 모두에게 시험물질을 투여하고 투여 후 교배시켜 차세대 또는 그 다음 세대까지를 관찰하는 시험이다. 임신율, 임신기간, 한 배에 분만하는 새끼의 수, 사산율, 생존 차세대의 무게, 독성 증상 등을 관찰한다.

버찌(cherry) 장미과 벚나무 나무의 열매. 학명은 *Prunus avium* L.. 둥글거나 심장형이며 직경이 약 2cm이고 5월 하순부터 7월 상순에 익는다. 껍질의 색은 황색, 노란색을 띤 홍색, 흑적색 등이 있다. 과일로 이용되는 것은 유럽종이며 스위트 체리(sweet cherry, *P. avium*)와 사워 체리(sour cherry, *P. cerasus*)가 있다. 스위트 체리는 당분이 많아서 단맛이 강하므로 생과로 먹거나 당조림, 통조림, 디저트의 장식용, 잼, 양주 등에 이용된다. 사워 체리는 당분이 적어 신맛이 강하므로 건과를 만들거나 냉동저장하며 과자, 아이스크림, 프루트펀치나 과일 칵테일에 중요한 재료로 쓴다. 스위트 체리에는 당분이 약 16% 정도인데, 과당이 60% 이상으로 많다. 유기산은 주로 사과산이며, 비타민 C가 약간 많다. 아미노산은 아스파라긴산과 아스파르트산이 많다. 종자에는 아미그달린이 1% 정도 들어 있어 행인유(杏仁油)를 짜낸다. 생과, 당조림, 잼, 젤리 등으로 이용한다. 한국 재래종은 즙이 적으며 검은색이어서 흑앵(黑櫻)이라고 하는데, 버찌술을 만들거나 전분을 넣어 굳힌 버찌편을 만들기도 한다.

버터(butter) 우유에서 크림을 분리하고 유지방을 모아서 굳힌 우유의 가공품. 지방이 80%이고 나머지가 수분, 단백질, 유당, 무기질로 구성되어 있다. 버터에는 크림의 발효 여부에 따라 발효 버터(sour butter)와 비발효 버터(sweet butter)로 나누며, 여기에 식염의 첨가 유무에 따라 가염 버터와 무염 버터로 분류한다. 버터의 제조법은 우유를 크림 분리기에 넣어 원심력으로 비중이 가벼운 우유지방을 주로 함유하는 크림을 분리한 후 살균, 냉각(5℃)하여 하룻밤 숙성시킨다. 이것을 천(churn)이라는 장치에 넣어 세게 교반하면 지방입자가 서로 부딪치면서 서로 들러붙어 육안으로 볼 수 있는 크기로 성장하여 커지면서 수분과 분리되는데, 이 때 얻어지는 지방덩어리를 버터 입자, 수분을 버터 밀크(butter milk)라 한다. 버터 밀크를 제거한 버터 입자를 2~3회 수세한 후 기계로 압력을 가해 누르면서 소금을 가하여 균일한 조직으로 만들고 성형하여 만든다. 고열량 식품으로서 100g당 약 720kcal를 낸다. 유지방 함량이 적어도 80% 이상이며, 단백질 함량은 낮다. 비타민 A, D를 상당량 지니고 있으며 칼슘과 인도 함유하고 있다. 지방 중에는 탄소수가 적은 부티르산(C_4)과 카프로산(C_6)이 있어 버터 특유의 향미를 지닌다. 버터는 지방이 많아 산패되기 쉽고 냄새를 잘 흡수하므로 밀봉하여 저온에서 직사광선을 피하여 보관해야 한다. 버터의 색깔은 카로틴과 그 외 지방에 녹아 있는 지용성 색소로 인해 만들어진 것이다. 빵에 발라 먹거나 요리할 때 사용하며 북유럽과 북아메리카, 그 밖의 젖소사육 지역에서 중요한 식용 지방이다. 인도에서는 버터를 기(ghee)라고 부른다. 대량생산되는 기는 보통 물소의 유지방과 섞어 쓰며, 인도의 여러 지역 요리에서 대표적인 조리용 기름이 되고 있다. 또한 약용으로도 쓰고 힌두교의 특정 종교의식 때 사용하기도 한다. 버터를 삼나(samna)라고 부르는 이집트에서는 삼나를 대량생산해서 양이나 염소의 유지방과 섞는다. 버터 지방의 화학적 구성성분은 주로 부티르산, 카프로산, 카프릴산(C_8), 카프르산(C_{10}) 같은 수용성 지방산으로부터 유도된 글리세리드의 혼합물이다. 이러한 지방산의 양을 측정하기 위한 라이헤르트마이슬가(Reihert-Meissle value)는 버터 지방을 분석하는 데 매우 중요하다. ☞ 우유

버터 밀크(butter milk) 버터 제조를 위해 크림층을 제거한 후 남은 탈지유에 스트렙토코쿠스 락티스(*Stretococcus lactis*)를 배양하여 산도가 0.8~0.9% 되도록 만든 우유. ☞ 산유

번차(番茶) 굳어진 새싹이나 줄기 등을 원료로 한 차. 제조법은 전차(煎茶)와 동일하다. 차 제조 마무리 공정에서 제거한 큰 잎으로도 만든다. ☞ 전차

벌꿀(honey) 산야의 나무나 풀의 꽃으로부터 벌이 꿀을 모아서 벌집에 모아 놓은 것. 당분이 대부분으로 주로 포도당과 과당이 비슷한 비율로 들어 있다. 포도당의 함량이 많으면 가끔 결정이 형성된다. 당 외에도 각종 비타민, 무기질이 함유되어 있다. 아카시아, 밤, 싸리, 선인장의 꽃에서 얻으며, 꽃의 종류에 따라서 색, 향기, 성분이 다르다. 케이크이나 빵 제조 시 설탕 대신 꿀을 넣으면 보습성이 커서 오래 동안 촉촉한 상태를 유지한다.

베리류(berry) 장미과 나무딸기에 속하는 식물의 열매의 총칭. 베리류는 넓은 의미로 액과(液果)를 지칭하며, 외피가 있고 즙이 많은 종류를 말한다. 그러나 포도, 토마토, 사과, 배, 버찌, 박류 등은 제외된다. 또 액과는 아니지만 꽃받침이 비대한 딸기, 나무딸기, 오디 등은 베리류에 포함된다. 식용으로 이용되는 작은 과실을 지칭하기도 한다. 나무딸기(*Rubus* spp.)류와 월귤나무류가 있다. 나무딸기에는 블랙베리와 라즈베리가 있고 월귤나무류에는 블루베리가 있다. 원산지는 유럽에서 아시아에 이르는 지역이다. 베리류는 색이 아름답고 크기가 작고 모양이 아름다울 뿐 아니라 단맛과 신맛이 조화를 이루고 있어 생과, 설탕 절임, 잼, 통조림, 건과, 후식 등에 다양하게 이용된다.

베크만 온도계(Beckmann's thermometer) 용액의 끓는점 상승과 어는점 강하를 측정하기 위하여 고안한 특수 온도계. 온도의 변화를 규명하여 정밀하게 측정하기 위한 수은온도계로 베크만이 고안한 것. 구부(球部)A의 부피는 크고 관 B는 극히 가늘어 온도 수치의 범위가 0.01℃ 단위까지 눈금이 새겨져 있다. B의 상부에는 굵은 유리관 C가 연결되어 있다. 이 온도계를 거꾸로 하면 구내의 수은이 상부의 유리관으로 들어가므로 구내의 수은 양을 적당히 가감하여 눈금의 0점을 임의 온도와 일치시키면 이 온도 부근의 작은 온도 변화를 규명하여 정밀하게 측정할 수 있다.

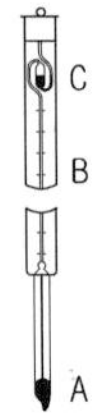

β-글루칸(glucan) β-포도당의 단순고분자 점질성의 식이섬유로 귀리와 보리에 들어 있다. 귀리나 보리에 함유된 β-글루칸이 심장혈관계 질환의 발병위험을 줄이는 데 도움이 된다고 알려져 있다. β-글루칸은 고혈압 환자들의 혈압을 낮추는데 도움이 되고 혈중 지질(유해한 콜레스테롤)치를 낮추는 효과가 있다. β-글루칸은 곡립의 배유와 호분층 세포벽을 구성하고 있는 중요 물질이다. 최근에 보리를 섭취함으로써 간의 콜레스테롤 생합성을 저해함은 물론 음식물로 섭취된 포화지방산 등을 흡착 배설시킴으로써 콜레스테롤의 축적을 억제시킨다는 연구가 많이 보도되고 있다.

베타인(betaine) 콜린(choline)이 산화되어 생성된 맛성분. 콜린은 산화되어 베타인 알데히드(betaine aldehyde)가 되고, 이것이 다시 산화되면서 인체에 중요한 생리기능을 가진 메틸(methyl)기의 공급원인 베타인이 된다. 물에 잘 녹으며 양성이온으로 존재한다. 구기자의 베타인은 간장과 위장의 기능 촉진, 동맥경화와 고혈압 예방, 근골 강화와 빈혈 예방에 효과가 있다. 베타인은 구기자에 6~11mg/g, 구기잎에 10~20mg/g, 지골피에 2~5mg/g이 함유되어 있다.

베타-1,3-글루칸(β-1,3-glucan) 담자균류의 자실체에 함유되어 있는 다당체. 식이섬유로 정장작용을 한다. 칼로리원이 되지 않고 발암물질을 흡착하여 제거하는 작용이 있고 장관을 자극하여 배변을 촉진하고 장암의 예방에 효과

적으로 활동함이 지적되었다. 이들 다당은 면역세포인 마크로파아지, T세포, B세포, NK세포 등을 활성화하여 사이토카인의 생산을 촉진하고 면역계를 부활한다. 이로 인해 항암효과를 가지고 부작용이 적은 것도 좋은 점이다. 이것을 이용한 기능성식품의 개발이 진행되고 있다.

베탈레인(betalain) 적색 또는 황색의 색소로 비트(beet)나 아마란스(amaranth)에서 발견되는 수용성 색소. 베탈레인은 적색의 베타시아닌과 황색의 베타잔틴으로 분류된다. 베타시아닌은 보통 배당체로 존재하며 이중 중요한 색소는 베타닌이다. 산성에서는 적색이며 알칼리에서는 자색, 청색으로 변한다.

벤조피렌(benzopyrene) 배기가스나 식품을 직화에 굽거나 훈연 중에 생성되는 독성화합물의 하나이다. 이 화합물은 벤젠고리가 5개 연결된 구조로 화학적으로 매우 안정해서 다른 물질과 쉽게 반응하지 않으며 강한 지용성으로 소변을 통해 배설되지도 않는다. 우리 신체는 이런 필요 없는 물질들이 흡수되면 제거하고자 약물대사효소계를 작동시킨다. 약물대사효소계는 이 분자의 여러 곳을 공격해서 산화시키는데, 한 곳에 한 단계로 반응이 끝나는 것이 아니라 일련의 반응과정이 분자 여러 부분에서 일어난다. 이 반응 과정 중 매우 반응성이 강한 중간반응 물질이 생성되며 이 물질이 효소계 내에서 다음 과정으로 진행되지 않고 빠져 나오게 되면 세포내의 고분자 물질과 결합하여 독성작용을 일으키게 된다. 벤조피렌의 경우 제I상 반응 효소인 시토크롬P450에 의해 독성화 되지만, 다른 효소의 경우에도 중간에 반응성이 큰 물질이 빠져나오게 되면 독성작용이 강한 물질로 전환될 수 있다.

벤치마킹(benchmarking) "다른 회사로부터 배운다."라는 의미에서 출발하여 경쟁기업 그리고 더 나아가 최고의 기업을 따라잡기 위한 공격적 경영 전략. 즉 어떤 기능을 수행하는 데 탁월한 조직을 확인하여 그 조직의 실천방법을 모방함으로써 개선하기 위한 아이디어를 얻고자 하는 것. 따라서 벤치마킹은 순수한 창조보다는 창조를 위한 모방을 통해서 우량기업의 우수 경영기법을 활용하는 전략으로서 다른 기업의 최고의 실천 활동을 모방하거나 개선하는 것을 의미한다.

변동 메뉴(changing menu) 급식소의 여건에 따라 식자재 수급 및 가격에 맞추어 새로운 메뉴를 계획하는 것. 메뉴의 다양성과 식자재 수급상황에 유연하게 대처할 수 있는 장점이 있으나 재고관리나 작업통제가 어려운 단점이 있다.

변동비(variable cost) 생산량이 증가함에 따라 비례적으로 증가하는 원가. 급식소에서는 식재료비가 대표적인 예이다.

변성녹말(modified starch) 이화학적 방법 또는 효소로 처리한 녹말의 총칭. 산처리녹말, 산화녹말, 덱스트린, 다리결합녹말, 호화녹말 등이 있다. 또는 녹말의 하이드록실기와 화학물질과의 반응에 의해 구조를 화학적으로 변형시킨 녹말. 일본에서는 화공녹말이라 한다.

병동배선 방식(decentralized tray service system) 병원급식에서 이용하는 분산배식 방법으로 주조리실에서 생산된 음식을 냉동차나 보온차로 각 병동으로 옮긴 후 각 병동에 설치된 작은 주방에서 배선하여 환자에게 배식하는 형태.

변패(deterioration) 식품 중의 탄수화물이나 지방이 미생물 등에 의해 변질되어 식품의 품질이 저하되고 맛이 손상되는 것. 식품변패의 요인은 크게 나누어 생물학적 요인, 화학적 요인, 물리적 요인 등으로 나눌 수 있다. 생물학적 요인에 속하는 것은 해충(바퀴류, 나방류, 갑충류 등), 쥐, 미생물, 효소 등이 있다. 식품이 벌레나 쥐에 의해서 입는 해는 식품 자체를 이들 생물이 식해(食害)함으로써 오는 양적 손실에 의한 직접적 피해와 식품을 오염시키거나 포장 등을 파손시킴으로써 오는 간접적 피해로 나누어 볼 수 있다. 화학적 요인에 속하는 것은 산소, pH, 금속이온, 성분 간의 반응 등이 있으며 생물학적 요인에 의한 것보다는 그 규모가 크지 못하다. 그러나 이들 화학적 요인에 의해서 식품의 향, 맛, 색등의 기호성에 미치는 영향은 대단히 크다. 물리적 요인에 속하는 것은 건조, 냉동, 기계적 손상 등이 있다. ☞ 산패

변형(deformation) 어떤 물체에 외력이 가해졌을 때 나타나는 형상이나 부피의 변화(기체는 부

ㅂ

피만 변함). 변형의 종류에는 늘어남(신장), 줄어듬(수축), 층밀림, 휨, 비틀림 등이 있으며, 이중 몇 가지 종류가 겹쳐서 생기는 경우도 있다. 외력에 의해 변형이 생기는 물체에는 그 힘에 대하여 변형되지 않으려고 하는 힘(변형력)이 생기며, 이 힘이 어느 한계, 즉 탄성한계를 넘으면 변형이 생긴다. 이것을 영구변형 또는 소성변형이라 한다. 이 영구변형이 생기기 전, 즉 탄성한계에 도달하기 전에 외력을 제거하면 물체는 원상태로 돌아가려고 하며 이를 탄성변형이라 한다. 이때 외력과 변형 사이에 성립되는 비례관계를 후크의 법칙(Hooke's law)이라 한다. ☞ 후크의 법칙

병어(pomfret) 농어목 병어과에 속하는 바닷물고기. 학명은 *Stromateoides argenteus* Euphrasen. 우리나라 서남연해, 일본 중부이남, 동중국해, 인도양에 등에 분포되어 있고 몸통길이는 60cm 정도에 달하는데 보통 시장에서 볼 수 있는 것은 40cm 이하인 것이 많다. 몸빛깔은 청색으로 은빛을 띠고 있다. 비늘을 벗기면 등쪽은 청회색, 배쪽은 백색을 띤다. 병어의 산란기는 5~8월로 12월~이듬해 4월까지가 제철이다. 병어는 비타민 B_1, B_2가 풍부하고 지방질이 적으며, 소화가 잘되어 어린이나 노인, 환자들의 원기를 회복하는데 좋다. 병어를 생선회로 먹을 때에는 내장과 머리 손질 후에 뼈 반대방향으로 얇게 썰어서 된장소스를 곁들이거나 된장에 무치면 좋다. 소금구이, 된장구이, 기름 튀김요리 및 찌개 등에 이용하며, 간장조림 등의 요리방법도 있다.

병원성 대장균 장염(coli enteritis) 병원성 대장균에 의하여 일어나는 것으로 보통 대장균 장염이라고 부르며 소아에 많이 발병하는 경구전염병. 불소화 분변에 농혈액 등이 혼합된 이질 모양의 설사를 하므로 집단적인 이질 발생으로 오인할 수 있다. 주로 유아들에게 많이 발생되어 유아가 사용하는 수건이나 기저귀, 목욕물 등에서 병원성 대장균이 분리되고 있으므로 철저한 위생적인 관리가 필요하다.

병조림(bottling) 가열 살균한 유리병에 가열 조리한 내용물을 뜨거울 때 넣고 뚜껑을 한 다음, 수증기 또는 끓는 물속에서 가열하여 살균하는 방법. 병조림은 통조림과는 달리 외부에서 내용물을 볼 수 있는 장점이 있는 반면, 광선이 통과하여 내용물이 변색하거나 변질되기 쉽다는 단점이 있다. 그러나 통조림에서와 같이 주석이 녹아나오는 것을 걱정할 필요가 없고, 양질의 유리를 사용한 경우에는 안심할 수 있으므로 미국 등에서 유아용 식품은 원칙적으로 병조림을 하도록 되어 있다. 그러나 병은 열이나 기계적 충격에 약하고 열전도가 나쁘므로 밀봉이나 살균이 곤란하다. 통조림보다 보존기간이 짧고, 무게도 무겁기 때문에 수송이 불편하고 사용범위도 좁다. 따라서 병조림 제품은 살균이 쉬운 신맛이 강한 식품에 주로 사용된다. 절임류, 사워크라우트, 잼, 마멀레이드, 과일시럽절임 등 신맛이 있는 식품에 주로 사용되고 있다. ☞ 통조림

보리(大麥, barley) 벼과(*Poaceae* / *Gramineae*) 보리속(*Hordeum*)에 속하는 식물 또는 그 식용 곡류. 약 1만 년 전부터 인류가 재배해온 작물 중의 하나로 생산량은 쌀, 밀, 옥수수 다음으로 많으며 중앙아시아 근방이 원산지로 알려져 있다. 우리나라에서 흔히 심는 여섯줄보리(*H. vulgare* L.)는 아시아 동부의 양쯔강 발원지역인 티베트가 원산지로 삼한시대 이전부터 재배되었던 것으로 알려져 있으며, 두줄보리(*H. distichum* L.)는 17세기경부터 재배되었다. 종류로는 열매껍질이 낟알에 달라붙어 떨어지지 않느냐, 쉽게 떨어지느냐에 따라 크게 겉보리(피맥 또는 대맥)와 쌀보리(나맥)로 구분하거나, 이삭에 달린 씨알의 줄 수에 따라서 두줄보리(이조대맥)와 여섯줄보리(육조대맥)로 나누어진다. 또한 파종시기에 따라서 가을보리(추파형)와 봄보리(춘파형)로 구분하는데, 우리나라에서는 대부분 가을보리를 재배한다. 천립중량은 겉보리의 경우 30~45g, 쌀보리의 경우 30~40g이다. 보리는 조단백 9.4%, 조지방 1.2%를 함유하고 있어 밀과 큰 차이가 없으나 전분 함량은 약 65%로 밀보다 적다. 반면 섬유소의 함량이 높아 보리는 소화가 잘 안된다. 다른 보리류와 비교해 보리는 탄수화물의 함량이 높고 칼슘, 인, 철 등의 무기질과 비타민 B군이 풍부하다. 겉보리는 전 단백질의

16~19%가, 그리고 쌀보리는 24~26%가 물에 불용성인 단백질이다. 주요 단백질은 프롤라민(prolamin)에 속하는 호르데인(hordein)이고, 그 외에 글로불린(globulin)에 속하는 에데스틴(edestin), 알부민(albumin)에 속하는 류코신(leucosin)을 소량 함유하고 있다. 보리는 리신, 메티오닌, 트립토판 등의 필수 아미노산 함량이 낮으므로 단백질의 질은 높지 않다. 보리는 글루텐(gluten) 단백질이 없으며 분쇄하여도 전분이 조직으로부터 분리되기 어렵기 때문에 제분이 어려워 빵이나 면의 재료로 100% 사용할 수 없고 일부 밀가루와 복합분으로 사용되고 있다. 비타민은 백미와는 달리 배유 내부에도 분포되어 있으므로 도정하더라도 손실은 비교적 적은 편으로 보리쌀은 티아민을 0.40mg%, 압맥은 0.18 mg%, 리보플라빈도 소량 함유하고 있으며, 비타민 A와 C는 거의 없다. 고분자 수용성 식이섬유인 β-글루칸(glucan)은 곡립의 세포벽을 구성하고 있으며 약 2~8%를 차지하고 있다. 최근에는 β-글루칸이 점성이 높아 혈중 콜레스테롤 함량을 저하시키며, 보리에 함유된 다량의 섬유소는 변통을 용이하게 하여 변비 해소나 대장의 기능 향상에 기여하는 것으로 알려져 건강식품으로서 재인식되고 있다. 보리는 겉껍질이 두꺼워 섬유소가 많아 먹기에 좋지 않으므로 도정(정맥)하여 보리쌀(polished barley)을 만들어 사용한다. 겉껍질이 겉보리는 15~20%, 쌀보리는 10~15%를 차지하므로 보리의 정백율은 겉보리 50~60%, 쌀보리 55~56%이다. 그러나 도정해도 쌀같이 속겨층이 완전히 제거되지 않을 뿐만 아니라 중앙에 깊은 홈이 파여 있고 그곳에 섬유질이 많아 소화가 잘 안되므로 소화율을 높이기 위하여 압맥(납작보리) 또는 할맥으로 가공하여 판매하기도 한다. 보리는 쌀과 섞어서 밥을 지어 먹는 혼식 방법이 일반적이며, 도정한 것은 흡수율이 커지기 때문에 밥을 지을 때는 가열 직전에 물에 넣고, 물은 쌀만으로 지을 때보다 5% 정도 많게 하면 좋다. 두줄보리는 주로 공업원료로서 맥주 양조의 원료 또는 소주, 위스키 제조에도 이용된다. 여섯줄보리는 엿기름을 만들어 엿, 식혜, 된장, 고추장 등을 만들기도 하며, 볶아서 보리차로 쓰기도 한다.

보리류(麥類, **barleys**) 밀(소맥), 보리(대맥), 호밀 및 귀리 등의 벼과(*Poaceae / Gramineae*) 식물의 총칭. ☞ 곡류

보리새우(**tiger prawn**) 십각목 보리새우과의 갑각류. 학명은 *Penaeus japoicus* Bate. 몸길이 20cm 정도에 이르는 중형 새우로 식용 새우류 중 최고급품으로 맛도 모양도 좋다. 인도양 연안, 홍해, 수에즈 운하, 지중해 동부까지 널리 분포한다. 우리나라 주산지는 전북이남, 동해의 영일만, 대동강 부근, 남해안 등이다. 고단백 저지방 식품이며, 늦가을에 유리 아미노산인 글리신의 함유량이 최고이다. 따라서 늦가을에서 겨울에 맛이 가장 좋다. −35℃로 급속 냉동하여 약 3개월간 보존할 수 있으며 건조 또는 염장하여 보관한다. 회, 튀김, 탕으로 많이 이용하며 중국요리에서는 찜이나 튀김, 새우 칠리 소스 냉채에 사용한다. 피자의 재료로 사용되기도 한다. 머리부분을 제거한 후 꼬챙이를 끼워 삶은 다음 배를 펴서 초밥에 이용한다.

보리쌀(**polished barley**) 겉껍질을 제거한 보리(현맥)의 겨층을 도정(정맥)한 보리. 보리는 겉껍질이 두꺼워 정백률이 겉보리 50~60%, 쌀보리 55~56%이다. 그러나 도정해도 쌀같이 겨층이 완전히 제거되지 않을 뿐만 아니라 중앙에 깊은 홈이 파여 있고 그곳에 섬유질이 많다. ☞ 보리

보메(**Baumé**) 보메 비중계의 눈금단위. 보메도(°Bé)로 나타낸다. 보메 비중계에는 비중이 가벼운 액체를 측정하는 데 이용하는 경액용(經液用)과 비중이 큰 경우에 사용하는 중액용(重液用)이 있다. ① **경액용**−10% 식염용액의 비중을 0°Bé로, 순수한 물을 10°Bé로 해서 그 사이를 10등분한 것이다. 밀도(d)와의 관계는 다음과 같다.

$$d=\frac{144.3}{144.3+B} \quad \text{(B는 보메도)}$$

② **중액용**−15% 식염용액을 15°Bé로, 순수한 물을 10°Bé로 해서 그 사이를 10등분한 것이다. 밀도(d)와의 관계는 다음과 같다.

$$d=\frac{144.3}{144.3-B}$$

보수성(保水性, water holding capacity) 육류와 어류 등의 단백질 식품이 조직 중에 수분을 보유하는 성질. 식육의 보수성은 식육을 가열하였을 때의 연한 정도, 육즙의 손실 정도 등과 밀접한 관계가 있으며, 식육의 pH, 이온농도, 식육의 질, 숙성기간, 단백질의 변성, 분쇄나 냉동 등에 의해 보수성을 잃으면 수분을 분리하여 맛이 저하되고 마침내 품질의 저하를 초래한다. 보수성은 식육의 pH 5.5일 때 가장 낮고, 지방함량이 높을수록 낮아진다. 식육을 조리하는 과정에서 수분과 지방의 손실, 중량이 감소하는 양을 조직의 보수성의 지표로 삼는 경우도 있다. 감자, 쌀, 밀가루 등의 전분 식품은 보수성이 가장 큰 식품이고, 식육, 생선, 달걀, 치즈 등의 단백질 식품은 지방도 상당량 함유되어 있으므로 보수성이 가장 낮은 식품이다.

보이차(puer tea) 중국 운남성 남부 보이 지방 전통 차의 하나. 곰팡이로 발효시킨 흑차. 여러 지방에서 생산된 차를 푸얼현(普洱縣) 차 시장에서 모아 출하하기 때문에 푸얼차[普洱茶]라는 이름이 붙었다. 소수민족들이 주로 마시다가 중국 본토로 알려졌으며 1726년에 이르러서는 공차(貢茶)로 지정되었다. 오래 묵은 차일수록 품질이 좋으며, 가장 오래된 금과공차(金瓜貢茶)인 푸얼차는 100년 정도 되었다. 푸얼차는 운남 대엽종 차잎을 이용하여 햇볕에 건조시켜 만든 모차(母茶)를 이용하여 만든 차를 말하지만 원료의 부족으로 사천성, 베트남, 타이 등지의 차엽으로도 만들고 있으며 이런 차를 변경보이차라고도 한다. 오래되면 될 수록 떫은맛이 사라지며 향기가 오래 지속되는 특징이 있다. 지방과 콜레스테롤을 분해하는 효과가 있다는 사실이 알려지면서 애용하는 사람들이 증가하는 추세에 있다.

보존료(preservatives, antimicrobial agents) 미생물의 증식에 의해서 발생되는 식품의 부패나 변패를 방지하기 위하여 사용되는 식품첨가물. 현재 허용된 보존료는 데히드로 초산류, 소르빈산류, 안식향산류, 파라옥시 안식향산 에스테르류, 프로피온산류 등이 있다.

보존식 식중독 사고에 대비하여 그 원인을 규명할 수 있도록 검체용으로 남겨둔 음식. 배식 직전에, 제공한 음식을 각각 약 1.5인분씩의 양을 채취하여 소독된 보존식 전용 용기에 담아 5℃ 이하 냉장고에서 72시간 보관한다.

보툴리누스 식중독(botulism) 보툴리누스균(*Clostridium botulinum*)에 오염된 식품이 혐기상태에서 증식할 때 생산하는 신경독소(neurotoxin)에 의해 일어나는 독소형 식중독. 이 신경독소는 자연계에 존재하는 독소 중에 가장 치사율이 높으며, 18~19세기에 유럽, 특히 독일에서 소시지에 의한 식중독의 사례가 많았으므로 일명 소시지 중독이라고도 하여, 유럽이나 미국에서는 오래 전부터 알려져 온 식중독이다. 이 균은 그람 양성의 편성혐기성 간균으로 내열성의 아포를 형성하며, 보툴리누스균의 독소는 항원형에 따라 A, B, C, D, E, F, G의 7형으로 나누어지며 사람에게서 식중독을 일으키는 것은 주로 A형, B형, E형, 및 F형으로 A형균은 야채, 과일, 육류와 관련이 깊고, B형균은 육류, 사료 등, E형균은 주로 어패류, F형균은 특히 육류와 각각 관련이 깊다. 대부분의 균은 중온균인데 비하여 E형균은 5℃인 저온에서도 발육하는 특성을 갖고 있으며, 아포 자체는 내열성 및 내구성이 강하다. 이 식중독의 잠복기는 보통 12~36시간이나 2~4시간 이내에 신경증상이 나타나기도 하며 72시간 후에 발병한 경우도 있다. 메스꺼움, 구토, 복통, 설사 등의 소화기증상으로 시작하여 시력장애, 복시(複視), 두통, 근력 감퇴, 변비, 신경장애 등의 증상이 있고 발열은 없으며, 결국 호흡부전에 의하여 사망한다. 보툴리누스균의 오염원은 토양, 동물분변이 주이며 E형은 해조, 어류 등에 널리 분포되어 있으므로 이들의 오염을 방지해야 한다. A형 아포는 100℃에서 6시간 이하의 가열로는 파괴되지 않으나, E형 아포는 100℃에서 5분간 가열로 파괴되므로 충분히 가열하면 된다. 또한 이 균은 20℃ 부근에서 잘 발육하며 독소를 생산하고 특히 E형은 4℃에서도 증식하고 독소를 생산하므로 식품을 4℃ 이하로 저장하여야 한다. 그러나 4℃ 이하에서도 균이나 독소는 사멸되지 않기 때문에 냉장 전후에 독소 생성의 기회가 없도록 주의하여야 하며, pH 4.5 이하, 수분활성도 0.94 이하 및 온도 3.3℃ 이하의 물리적 방법과 항균제 첨가 같은 화학적 방법으로 아포의 발아 및 균의 증식을 방지할 수 있다. ☞ 식중독

복분자딸기 장미과의 낙엽관목의 열매. 학명은 *Rubus coreanus* Miq. 산딸기라고도 한다. 한국, 중국에 분포하고 일본에서는 재배한다. 나무의 크기는 높이 3m 정도이고 줄기는 적자색이며 새로 나는 가지에는 흰 가루가 있다. 잎은 어긋나고 5~7개의 작은 잎으로 된 깃꼴겹잎이다. 잎자루와 줄기에는 굽은 가시가 있다. 5~6월에 연한 붉은색 꽃이 피고 열매는 7~8월에 붉게 익으나 점차 검게 된다. 한방에서는 열매를 복분자라고 하며 청량(淸凉), 지갈(止渴), 강장약(强壯藥)으로 사용한다. 딸기와 같이 생과로 먹거나 주스, 과편에 이용한다.

복사(輻射, **heat radiation**) 열원으로부터 파장의 형태로 열이 물체의 표면에 전달되는 현상. 열방사 또는 온도방사라고도 한다. 열이 전달되는 속도는 진공 속에서 가장 빠르며, 물체의 재질, 표면의 매끈함 등에 따라 다르다. 열방사는 물질이 존재하지 않는 공간에서도 통과한다. 0.77~1nm의 전자파를 적외선 또는 열선이라고 한다. 물체에 흡수되면 주로 열을 주는 것이므로 열선이라고도 한다. 열방사를 내는 색은 온도에 따라 다르다. 전열기구, 방사판을 붙인 가스기구, 혹은 붉게 타고 있는 목탄들에 있어서 그 표면의 색을 아래의 표와 대응시키면 열원의 대략 온도를 알 수 있다. 열방사 시 나오는 색이 온도에 따라 다른 것은 방사하는 에너지 파장 분포가 다르기 때문이다. ☞ 열방사

▲ 고온의 색

색	온도(℃)
초기의 적열	500
암 적 색	700
진분홍색	900
선명한 적색	1,000
등 황 색	1,100
백 열	1,300
눈부신 백열	>1,500

복수식단(**selective menu**) 선택식단이라고도 하며, 매 끼니마다 두 개 또는 그 이상의 음식을 제공하여 피급식자가 자기의 습관이나 기호에 맞는 음식을 선택할 수 있도록 한 메뉴 형태.

복숭아(**peach**) 장미과(*Rosaceae*), 자두속(*Prunus*)에 속하는 복숭아나무의 과실. 학명은 *Prunus persica* (L.) Batsch. 원산지는 중국 황하 상류의 고원지대이다. 중국에서는 역사가 오래되었으며, 기원전에 페르시아에 전해졌다. 품종으로는 솜털이 있는 것과 없는 것, 과육이 핵에서 잘 떨어지는 것과 안 떨어지는 것, 과육의 색이 백색, 황색, 붉은 색 등 여러 종류가 있다. 백색 꽃이 피는 것을 백도(for. *alba*), 백색의 겹꽃이 피는 것을 만첩백도(for. *alboplena*), 붉은 색 꽃이 피는 것을 만첩홍도(for. *rubroplena*), 붉은 색이 나지만 백색 비슷한 꽃이 피는 것을 바래복숭아(for. *albescens*), 과실의 모양이 감처럼 편평한 것을 감복숭아(for. *compressa*), 열매에 털이 없는 것을 승도(var. *nectarina*), 핵이 잘 떨어지고 밑부분이 들어가며 끝이 뾰족하고 둥근 것을 용안복숭아(for. *aganopersica*)라 한다. 백도는 과육은 흰색이고 당도가 높고 완전히 익으면 과즙이 많고 부드러워 매우 맛이 좋다. 쉽게 물러져 저장이 어렵다. 황도는 과육의 색이 황색이며 백도에 비해 신맛이 강하고 과육이 단단하며 주로 통조림으로 이용한다. 과육은 대부분이 당분이고 80% 이상이 수크로오스(sucrose)으로 낮은 온도에서는 감미가 약하게 느껴진다. 당알코올인 소르비톨이 있어 장내 유해균을 억제한다. 유기산은 사과산, 구연산으로 백도에는 적고 황도에는 1.0~1.5% 정도로 많다. 비타민 A는 황도에는 20R.E.로 백도보다 많다. 비타민 C는 5~10mg%로 다소 적다. 과육의 유리아미노산 중에는 아스파라긴산이 함유되어 있다. 복숭아의 방향성분은 주로 에틸 개미산(ethyl fomate)이며, 펙틴질도 많이 함유되어 있어 잼이나 젤리에 이용되기도 한다. 핵 주위에는 안토시안 색소가 있어 통조림 시 자색으로 변한다. 씨는 도인(桃仁)이라 하며 단백질과 지방이 많이 들어 있고 독성작용을 나타내는 시안화합물인 아미그달린이 들어 있어 한방에서 약재로 주로 쓰인다. 주로 생과, 통조림, 잼, 술에 이용된다. 좋은 복숭아는 모양이 좌우

대칭이고 상처가 없으며 잘 익은 것이 맛이 좋다. 덜 익은 것은 떫은맛이 나지만 잘 익으면 떫은맛은 자연히 없어진다. 잘 익은 복숭아는 뒷면에 파란기가 없으며 향기가 진하다.

복어(**globe fish, puffer**) 복어목 복과 어류의 총칭. 온대에서 열대에 걸쳐 널리 분포하는 연해성 바닷물고기로 인도양, 서태평양, 카리브해, 황해 등 세계 따뜻한 대양과 우리나라 제주와 남해안 등 따뜻한 수역에서 자란다. 몸이 뚱뚱하고 등지느러미가 짧으며 이가 날카롭게 생겨서 물에 사는 돼지로 하돈 또는 강돈이라고도 한다. 몸 표면은 아주 매끄러운 것과 극상린(棘狀鱗)을 가진 것이 있다. 배쪽 부분을 팽창낭(膨脹囊)이라 하며 이 팽창낭에 물 또는 공기를 들이마셔 배를 크게 부풀릴 수 있는데, 마시는 물의 양은 몸무게의 4배에 이를 때도 있다. 우리나라 근해에는 자주복, 까칠복, 검복, 졸복, 까치복, 복섬, 매리복, 바실복, 황복, 흰점복, 눈불개복, 밀복, 꺼끌복, 별복, 흰복, 청복 등이 알려져 있다. 복어는 테트로도톡신(tetrodotoxin, $C_{11}H_{17}N_8O_3$)이라는 신경독을 가지고 있는데 hemiacetal 고리를 가지고 있으며 비단백성 독소 중에서 가장 강력하다. 복의 난소 1t에 약 10g 들어 있으며 동물의 몸무게 1kg당 치사량은 수 μg 정도이다. 중독증상은 운동신경이 마비되고 심하면 혈압이 떨어지고 맥박이 불규칙해지며 의식은 뚜렷하나 결국은 호흡곤란으로 사망하게 된다. 중독 시에는 즉시 토제(吐劑)나 하제를 투여하고 혈압상승제를 써서 혈압을 유지하고 인공호흡을 실시한다. 복독의 함량은 복의 종류, 계절에 따라 다르며, 장기별로는 난소에 가장 많고 간, 피부, 장의 순이며 근육에는 적다. 봄의 산란기의 난소에는 특히 독이 많고, 또한 이 독은 열에 의해서는 파괴되지 않는다. 테트로도톡신은 의약품으로 쓰이는데, 신경통, 위경련, 피부의 가려움증, 야뇨증 등에 사용된다. 우리나라에서 복어는 석기시대의 패가에서 복어과의 뼈가 돔, 고등어, 넙치 등의 뼈와 같이 출토된 것을 보아 신석기 시대인 약 5천 년경부터 식용하였음을 알 수 있다. 그러나 주요 어종이 아니므로 기록은 거의 없으며, A.D. 100년경 후한대의 허진이 서술한 설문해자에 한반도 북부와 그 인근에 생산되는 어류나 해수가 몇 가지 기술되어 있는데 여기에 조기 또는 민어류, 새우류, 가자미류, 넙치류와 함께 복어가 설명되어 있다. 0.1~1%의 저지방과 고단백질로 저칼로리 식품이며 우리 몸에 필요한 무기질과 비타민이 골고루 함유되어 있다. 유리 아미노산으로서 타우린, 리신, 알라닌 및 글리신이 총 유리아미노산의 79%를 차지하고 있다. 타우린은 글루타민산, 아미노산 등과 맛의 조화를 이루며, 알코올 해독, 스트레스 해소에 효과가 있고 체내 콜레스테롤치를 낮춰 준다. 수술 전후의 환자 회복 및 비만, 당뇨병, 간장질환의 식이요법으로 적격이며, 갱년기 장애, 혈전과 노화 방지에 효과가 있다. 담백하고 깨끗한 맛으로 사랑을 받고 있는 복어는 다른 생선과는 비교할 수 없을 정도로 감칠맛이 뛰어나 생선 중 단연 으뜸으로 친다. 찌개, 횟감, 포, 탕류, 튀김, 구이로 이용하며 껍질은 데쳐서 차게 초무침을 하여 안주로 이용한다. 지느러미는 불에 구워서 태우고 여기에 더운 술을 부어 이용하면 역한 냄새가 제거된다. 복탕은 미나리와 같이 끓여서 먹는 것이 좋다. 미나리가 복독을 해독하기 때문이다. 회로 이용할 때는 접시의 무늬가 투시될 정도로 얇게 포를 뜨지 않으면 복어 고유의 맛이 나지 않는다. ☞ 자연독 식중독

복족류(***Gastropoda***) 연체동물문의 한 강(綱). 유두류(有頭類, *Cephalophora*)라고도 한다. 대부분 해산이나, 민물과 육상에서도 산다. 연체동물에서 가장 큰 강이며, 75,000여 종이 알려져 있다. 몸은 잘 발달한 머리와 넓고 편평한 포복성인 근육성 발이 있다. 성체는 몸이 비틀어짐으로써 비대칭형으로 된다. 성체는 대부분 나사 모양으로 된 1장의 껍데기를 가지지만 민달팽이나 군소와 같이 껍데기가 없는 것도 있고, 삿갓 모양의 껍데기를 가진 것도 있다. 복족류 중에는 소라, 전복 등 많은 종류가 식용된다. 복족류는 전새류(전복 *Nordotis discus* Reeve, 소라 *Batillus cornutus* Lightfoot, 다슬기 *Semisulcospira bensoni* Philippi 등), 후새류(민칭이 *Bullacta exarata* Philippi, 군소 *Aplysia kurodai* Baba 등), 유폐류(달팽이

Acusta despecta Gray 등)의 3아강으로 나뉜다.

복합단백질(**conjugated protein**) 단순단백질과 비단백질 부분으로 구성된 단백질. 그 함유성분에 따라 인단백질, 당단백질, 핵단백질, 리포 단백질, 금속단백질, 색소단백질 등으로 분류된다.

복합지질(**compound lipids**) 지방산과 여러 알코올의 에스테르에 다른 성분(인, 당, 황, 단백질)이 결합되어 있는 지질. ① **인지질**(phosphlipids)－알코올과 지방산의 에스테르에 인산이 결합된 지질. ② **당지질**(glycolipids)－지방산과 당으로 구성된 지질. 글리세롤 대신에 스핑고신 분자를 가지고 있다. ③ **지단백질**(lipoprotein)－지방산과 단백질이 결합된 지질. ☞ 지질, 지단백질

볶은 장 콩을 볶아서 그 껍질을 갈아내고 다시 삶아 띄워서 만든 장.

볶은 차 번차(番茶)나 중급의 전차(煎茶)를 강한 불로 볶은 것. ☞ 차

볼락(**black rock fish**) 쏨뱅이목 양볼락과의 바닷물고기. 학명은 *Sebastes inermis* Cuvier et Valenciennes. 난해의 연안성 태생어이다. 한국(원산, 인천, 부산, 제주 연해) 및 일본에 분포한다. 볼락은 몸길이 30cm 이상이다. 몸은 방추형으로 측편되어 있고 몸빛깔은 서식 장소와 깊이에 따라 변화가 많으나 회갈색인 것이 가장 많다. 산란기는 11~12월이다.

부분선택 식단(**partially selective menu**) 메뉴를 구성하는 일부 품목(주메뉴나 부찬)을 선택할 수 있도록 한 메뉴 형태.

부서짐성(破斷性, **fracturability**) 어떤 물질을 부수는데 필요한 힘. 관능평가에서는 시료를 어금니 사이에 넣고 한두 번 씹을 때의 부서지는 정도를 평가한다. 기계적 평가에서는 눈에 보이는 균열을 일으키는 힘의 크기로 나타낸다.

부족류(**pelecypoda**) 연체동물의 한 강(綱). 무두류(無頭類, *Acephala*), 이매패류(二枚貝類, *Bivalvia*)라고도 한다. 몸은 좌우대칭이다. 좌우 2장의 서로 같은 껍데기는 꼭대기에서 관절치로서 서로 맞물리고 바로 안에 있는 외투막과 함께 몸을 완전히 싸 넣는다. 몸은 옆으로 납작한데 발도 납작하여 도끼 모양이다. 부족류라는 명칭은 이런 사실에 연유한다. 자연생태계 내에서 다른 동물들의 먹이로 중요하며, 인류의 식량원으로서도 매우 중요하다. 부족류는 원새목(*Protobranchia*), 사새목(*Filibranchia*), 진판새목(*Lamellibranchia*), 격새목(*Septibranchia*)의 4목으로 나뉜다. 호두조개(*Acila mirabilis* Adams et Reeve, 원새목), 고막(*Tegillarca granosa* L., 사새목), 백합(*Meretrix lusoria* Röding, 판새목), 큰국자조개(*Cuspidaria nofilis*, 격새목) 등 우리나라에는 약 186종이 알려져 있다.

부착성(**adhesiveness**) 식품의 표면과 타 물체의 표면에 부착되어 있는 인력을 분리시키는 데 필요한 힘. 관능평가에서는 식품이 입천장 또는 치아에 붙을 경우 이것을 떼는 데 필요한 힘으로 나타낸다. 식품의 부착성을 평가하는 방법은 시료를 입에 넣고 입천장에 혀로 압력을 가하여 붙인 다음 혀로 이것을 분리시키는 데 필요한 힘으로 결정한다. 입안의 침이 부착성에 영향을 주므로 검사 전에 입을 물로 가신 후 검사에 임해야 한다.

부추(**chinese chive**) 백합과에 속하는 다년생 초본. 학명은 *Allium tuberosum* Rott. 한문명은 구채, 구자, 가미량, 기양초, 장양초이다. 원산지는 동남아시아와 중국의 서북부이며, 중국에서는 가장 오랫동안 재배해 온 채소 중의 하나이다. 봄에 작은 비늘줄기에서 가늘고 긴 잎이 여러 가닥 나오는데, 우리가 식용으로 이용하는 것은 바로 이 부분이다. 여름이 되면 잎 사이에서 줄기가 나와 그 끝에 흰색의 작은 꽃이 피어 열매를 맺는데, 한방에서는 가을에 여문 씨를 받아 햇볕에 말려 약재로 쓴다. 종류는 잎의 모양에 따라 소엽과 대엽으로 분류한다. 소엽은 잎이 둥글고 가늘며 작은데 추위와 더위에 잘 견디는 특징이 있으며 대엽은 잎이 납작하고 더위와 건조에 매우 약하다. 중국 부추는 뿌리부분이 흰색이며 줄기부분이 우리나라 조선부추에 비해 길며 김장철에 출하된 부추가 맛이 있다. 수분이 91.4%이며 단백질 2.9%, 지방 0.5%, 탄수화물 2.8%, 섬유소 1.1%, 무기질 1.3%이다. 특히 무기질 중에서는 칼륨, 칼슘, 철이 많다. 비타민 중에서는 비타민 A,

B_1, B_2, C가 들어 있다. 부추의 독특한 향기 성분은 알릴 설파이드(allyl sulfide)로 마늘과 같이 비타민 B_1의 결합체를 이루어 흡수를 돕고 소화력 증진, 살균작용 등이 있다. 체내에 흡수되어 자율신경을 자극하여 에너지 대사를 높인다. 많이 먹으면 위장이 약하거나 알레르기 체질인 사람은 부추 성분으로 인해 설사를 하기도 한다. 김치나 나물, 전, 강회, 만두속 등에 이용한다. 또 달걀이나 육류와 함께 중국 요리에 많이 쓰인다. 부추의 자극성분은 더운물에 데치면 약해진다. 씨는 한방에서 구자(韮子)라 하여 비뇨(泌尿)의 약재로 사용한다. 비늘줄기는 건위(健胃), 정장(整腸), 화상(火傷)에 사용한다. 좋은 부추는 몸통 줄기가 통통하고 몸통의 흰 부분이 긴 것, 잎과 줄기가 연하고 색이 뚜렷한 것, 망울이 없고 잎이 마르지 않은 것, 뿌리의 절단면이 윤기 있고 싱싱하며 특유의 향기를 지닌 것이 좋다. 부추를 냉장고에 보관할 경우에는 냄새가 밸 우려가 있기 때문에 장기간 보관하는 것은 좋지 않다. 부추를 2~3cm 정도 큼직큼직하게 썰어 식품 보관용 비닐봉지에 넣어 냉동 보관시키면 냄새 걱정 없이 오래 먹을 수 있다.

부티르산(butyric acid) 탄소수 4개의 곧은 사슬 포화지방산. 계통명은 butanoic acid로 화학구조는 $CH_3 \cdot CH_2 \cdot CH_2 \cdot COOH$이며, 융점은 −8℃이다. 낙산이라고도 한다. 버터나 치즈 등 유지방의 특징적인 성분이다. 유지방이 미생물의 작용에 의해 발효될 때 발효취를 내는 성분이며, 우유제품이 변패될 때 나타나는 산패취 성분의 하나이다. 채소절임 등에서 부티르산 발효가 일어나기도 한다. n−Butyric acid와 iso−butyric acid의 2개 이성체가 있다.

부패(putrefaction) 주로 단백질 식품이 미생물의 분해작용을 받아 질소화합물의 분해에 의해 암모니아 등을 발생시키고, 악취와 유해물질을 생성하는 것. 생물이 죽은 조직이나 배출물 등 질소를 포함하는 유기화합물이 무산소성 세균에 의하여 불완전분해를 하고, 각종 아민이나 황화수소 등 악취가 나는 가스를 발생하는 현상을 말한다. 탄수화물이 무산소적으로 분해하는 발효에 대하여 단백질이 분해되는 것을 말하는데, 이산화탄소가 암모니아 등에 완전 분해되는 경우는 부후(腐朽) 또는 폐모(廢耗)라 하여 부패와 구별하는 경우도 있다. 또, 지방이 불완전분해하고 케톤류 등이 생기는 과정도 일종의 부패이다. 부패가 생기기 쉬운 조건, 즉 세균이 번식하기 쉬운 조건은 적당한 온도와 수분의 존재이다. 가장 적당한 온도는 20~40 ℃이며, 여름철에 부패가 쉽게 일어난다. 부패과정은 복잡한 유기질소 화합물을 간단한 유기질소 화합물이나 무기질소 화합물로 변화시키는 중요한 요인의 하나이다. 식품의 부패를 방지하기 위해서 냉동, 냉장, 가열, 탈수, 훈연, 염장, 설탕조림 등의 방법 외에 급속냉동법도 많이 이용된다.

부패미생물(spoilage microorganisms) 사람에게 질병을 일으키지는 않지만 식품에서 증식하여 식품의 색깔, 조직, 냄새를 변화시켜 식품으로 섭취할 수 없게 만드는 미생물로 식빵에 핀 곰팡이, 과실채소의 조직을 무르게 하는 곰팡이 등을 들 수 있다.

부패세균(putrefactive bacteria) 식품 중에 단백질 분해에 관여하는 세균. 식품에 세균이 혼입되면 균수의 증가에 따라 세균의 효소에 의해 식품성분이 분해되어 각종의 대사생산물이 생성되어 식용할 수 없게 된다, 식품의 부패는 단일 세균의 오염으로 발생하는 경우는 드물며, 일반적으로는 몇몇 종류의 세균이 시기를 달리하여 증식하여 부패가 진행된다. 부패세균의 종류는 식품에 따라 다르지만 어패류, 농축산물에서는 슈도모나스(*Pseudomonas*), 플라보박테리움(*Flavobacterium*), 바실루스(*Bacillus*) 등이, 혼합가공단백질 식품에서는 바실루스, 클로스트리듐(*Clostridium*) 등이 관여한다. 건어물, 빵 등과 같이 수분이 적거나, 과일 등의 산성인 식품에서는 곰팡이에 의한 경우가 많다.

분리(separation) 물질이 용해되어있는 상태로부터 결정이 되어 나오는 현상. 예를 들면, 고농도의 설탕용액이 저온으로 되면 용해도가 낮아지기 때문에 설탕이 석출(析出)된다.

분무건조법(spray drying) 액체상태의 식품을 1mm 이하의 미세한 물방울 상태로 열풍 속에 분무시켜 수분을 날려 보내어 건조시키는 방

ㅂ

법. 1~10초 정도의 짧은 시간에 건조될 수 있고, 연속적으로 대량 처리가 가능하며, 제품형상을 구형의 다공질 입자로 할 수 있고, 액상물질을 직접 분말화하므로 분쇄와 분말의 등급과정이 필요 없다는 장점이 있다. 재료를 미립화한다는 것은 재료 단위당의 표면적을 크게 함으로써 건조에 필요한 증발잠열을 주위의 열풍으로부터 받거나, 재료의 수분을 주위의 기류 속으로 증발시키는 데 효과적이다. 따라서 이 방법은 열풍과의 접촉시간이 짧고 재료의 온도도 비교적 낮아 온도의 영향을 받기 쉬운 식품의 건조에 적합하며, 산화작용도 거의 일어나지 않고, 식품의 풍미가 비교적 잘 유지된다. 재료의 미립화에는 ① 가압식 노즐, ② 기류식 노즐, ③ 회전판(원심력식) 방식이 쓰인다. 인스턴트 커피, 분유, 분말과즙, 분말향료 등의 제조와 효소, 비타민 등을 건조시키는 데 사용된다.

분무식 동결(spray freezing) 액체질소(N_2)와 액화이산화탄소(CO_2) 등을 식품 표면에 직접 살포하는 방법. 액체 질소는 −195.8℃에서 기화하므로 매우 빠른 속도(종전의 급속 동결법의 약 10배)로 동결시킬 수 있어 제품의 품질을 향상시키며, 새우, 양송이 등을 하나씩 분리하여 냉동시키는 데 사용된다.

분변계 대장균군(fecal coliform) 대장균군 중에서 EC(*Escherichia coli*) 배지에서 배양할 때 공기배양기에서 45.5±0.5℃, 수조배양기에서 44.5±0.2℃에서 24시간 또는 48시간 배양했을 때 양성 반응을 나타내는 세균. 분변 오염의 지표로 사용되며 대장균군보다 정확하다.

분산구매(decentralize purchasing) ☞ 독립구매

분산분석법(analysis of variance) 하나의 특성에 대한 데이터의 분산 크기를 그 분산의 요인별로 분석하는 통계적 방법. 중요한 요인을 명확하게 찾아내고 그 영향이 어느 정도인지를 알기 위해 실시한다. 피셔(I. Fisher)에 의해 처음으로 실시되었다. 예를 들면, 쌀 등 농작물의 수확량은 품종, 기후, 토양의 성질, 비료의 사용방법 등의 영향을 받는다. 이와 같이 분산의 요인이라고 생각되는 것(품종, 기후, 토양, 비료 등)을 인자(因子)라 하고, 1개의 인자 속에서 성립되는 구별(품종인 경우에는 개개의 품종)을 수준(水準)이라 한다. 분산분석법은 농업뿐만 아니라 공업제품의 데이터 해석 등 넓은 분야에 다양하게 응용된다. 참요인을 발견하기 위해서는 실험계획법에 기초하여 인자 간 수준조합의 균형을 유지하여 실험을 실시하는 것이 바람직하다. 분산분석법에서 각 데이터를 '총평균+사용한 수준의 효과+오차'로 분석할 수 있으며, 어느 수준의 조합이 좋은지, 오차에는 이상이 없는지 등의 문제를 통계적으로 검토할 수 있다.

분산식 배식방법(decentralized service) 많은 양의 음식을 한 곳에서 만들어 여러 곳에 정해진 수량만큼 배분하고 피급식자에게 배식하는 방법.

분산조리(batch cooking) 시간대별로 예측되는 수요에 맞게 일정량을 분산해서 조리하는 방법으로 시차조리라고도 함.

분석적 관능평가(analytical sensory evaluation) 시료의 관능적 특성 차이, 성질과 강도를 평가하는 방법. 차이식별검사와 묘사분석으로 크게 나눌 수 있다. 차이식별검사는 종합적 차이식별검사와 특성차이검사, 예민도검사로 구분할 수 있다. ☞ 특성차이검사

분쇄(grinding) 식품 원래의 형태를 파괴하여 보다 작은 형태로 만드는 조작. 분쇄하는 목적은 물질의 표면적을 크게 해서 효소나 화학 반응을 용이하게 하고, 내용물을 추출 분리, 혼합, 건조, 용해하기 쉽게 하며, 또한 가공을 편리하게 하기 위해서이다. 분쇄는 물질의 표면적의 크기와 분쇄도가 많은 것일수록 크고, 분쇄에 필요한 에너지는 총면적에 비례한다. 분쇄에는 마찰열이 있어서 이 열 때문에 원료 중의 전분이 호화되고, 단백질이 일부 비가역적 열변성을 일으키고, 혹은 향료 등의 휘발성 물질이 달아나는 등의 변화를 가져온다.

분차(粉茶) 차 제조 마무리공정에서 나온 가루만을 모은 것. 맛이 진하다.

불건성유(non-drying oil) 산소와 결합하기 어려워 공기 중에 방치하여도 굳어지지 않는 기름. 팔미트산이나 스테아르산과 같이 불포화도가 낮은 지방산이 많이 함유되어 있으며, 요오드가는 100 이하이다. 대표적인 것은 동백기름, 올

리브 기름, 피마자 기름, 땅콩기름 등이다. ☞ 식물성 유지

불소(fluorine, F) 뼈와 치아에 많으며 갑상선, 피부에도 미량 존재한다. 1ppm 정도의 불소를 함유한 음료수를 상용할 때 치아의 법랑질이 단단하게 되어 충치가 적게 발생하나, 1.5ppm 이상이라면 오히려 법랑질에 해를 주어 반문(斑紋)치아가 생긴다. 뼈는 불소를 흡수하기 쉽고, 연화되어 약해진다. 불소가 지나치게 많을 때 칼슘을 다량 섭취하면 불용성의 불소화칼슘(CaF)으로 되어 흡수가 어려워진다. 또한 칼슘, 마그네슘, 망간, 아연, 구리 등을 보결인자로 하는 효소의 작용을 저해시킨다.

불소증(fluorosis) 불소증은 불소를 장기간 과다하게 섭취할 경우 이, 뼈, 신장, 신경계, 생식계 등에 나타나는 신체상의 병증이다. 예전에는 자연상태에서 생성되는 불소가 많이 녹아 있는 천연수를 식수원으로 하는 인도를 비롯한 몇몇 나라들에서만 발견되는 것으로 알려져 왔으나 그보다 훨씬 저농도인 0.7~1.5ppm의 불소를 오랫동안 섭취하는 경우에도 발생할 수 있다고 보고되었다. 골격불소증의 초기 단계라고 할 수 있는 관절 강직, 관절염, 요통, 골다공증 등은 인공적으로 불소화된 먹는 물로 인하여 발생할 가능성이 매우 높은 것으로 알려져 있다.

불포화지방산(unsaturated fatty acid, UFA) 자연계에 존재하고 이중결합을 1개에서 5개 또는 그 이상 가진 지방산. 일가 또는 단일불포화지방산(monounsaturated fatty acid, MUFA)과 다가 또는 고도불포화지방산(polyunsaturated fatty acid, PUFA)으로 분류한다. 포화지방산에 비해 화학적으로 불안정하며, 산화되기 쉽고 융점이 낮다. 체내에서 합성할 수 없는 필수지방산이 포함되어 있으며, 영양적으로 중요한 지방산이다. 천연에는 디엔산, 트리엔산, 테트라엔산, 펜타엔산, 헥사엔산이 존재한다. 디엔산 이상을 폴리엔산이라고 총칭하며 어유에 많은 테트라엔산 이상의 산을 다가불포화지방산이라고 한다. 대표적인 것은 올레산(oleic acid, 18:1), 리놀레산(linoleic acid, 18:2). 천연에 존재하는 불포화지방산은 대부분 불안정한 시스(cis)형이다. ☞ 지방산

붕어(crussian carp) 잉어목 잉어과의 민물고기. 학명은 *Carassius carassius* Linnaeus. 모양에 따라 참붕어, 떡붕어, 송어, 송애(경상도), 뺌치, 넙적붕어, 알붕어, 약붕어, 왕붕어라 부르며 몸에 흰빛이 나고 꼬리가 긴 형의 붕어를 일반 붕어와 구별하여 영남지방에서는 '희나리배기' 또는 '희나리'라 부른다. 몸은 옆으로 납작하고 꼬리자루의 나비는 넓은 편으로 잉어와 흡사하나, 콧수염이 없는 것이 특징이 이다. 몸길이 20~43cm이다. 사는 곳에 따라 몸빛깔이 달라지는데, 등쪽이 황갈색이고 배쪽은 은백색에 황갈색을 띤다. 분포지가 광범위하고 지리적 또는 환경적으로 형태상 여러 가지 차이가 보인다. 유럽산 붕어(*C. carassius*)와 아시아산 붕어(*C. auratus*)를 각각 별종으로 구별하나, 학명은 분류하지 않고 그대로 *C. carassius*로 다룬다. 산란기는 4~7월이고 성기는 5월이다. 손쉽게 잡을 수 있는 곳에 많이 분포하기 때문에 옛날부터 식용으로 이용하였다. 그러나 무분별한 남획과 수질오염으로 그 수가 많이 줄고 있다. 우리나라 전역, 일본, 대만, 중국, 시베리아, 유럽의 담수역에 널리 분포한다. 충북 제천군 의림, 전주 지역의 삼례, 평양 대동강변, 의주 압록강, 경흥 등이 국내 유명 산지이다. 지질 함량이 적고, 비타민 A, D 등 지용성 비타민의 함량이 많다. 산성 식품이지만 칼슘과 철, 단백질이 많아서 발육기의 어린이나 빈혈이 있는 사람에게 좋다. 비타민 B_1 분해효소인 티아미나아제를 함유하며 기생충이 있으므로 날것을 먹는 것은 금한다. 한방에서는 소갈증 풀어주며, 내장을 보호한다고 한다. 매운탕, 붕어찜 등으로도 이용한다. 큰 것은 뼈가 강하므로 조리 전에 산으로 적당히 처리하면 뼈가 연화되어 먹기 편할 뿐만 아니라 Ca의 급원이 될 수 있다.

붕장어(conger eel) 뱀장어목 붕장어과의 바닷물고기. 학명은 *Astroconger myriaster* Brevoort. 주로 깊고 따뜻한 바다에만 살며 민물이나 기수역에서는 볼 수 없다. 우리나라 전 연근해(특히 목포, 제주, 부산, 포항), 일본 홋카이도 이남 해역, 동중국해, 발해만 등에 분포한다. 몸 빛깔은 옆구리와 동쪽 부분이 암갈색,

배부분은 흰색이다. 각 옆줄 구멍에는 분명한 흰 점이 있으며, 옆줄 위부분에도 1줄의 흰 점이 있고 머리부분에도 다수의 흰 점이 있다. 몸은 원통형으로 가늘고 길며, 꼬리부분은 약간 측편되어 있으며 몸길이는 90cm 정도에 이른다. 지방(4.4%), 비타민 A(360R.E.), 칼슘(201mg) 등을 다량 함유하고 있으며, 특히 맛이 좋은 시기가 따로 없이 1년 내내 맛이 좋다. 주로 '아나고'라 하여 횟감으로 이용된다.

브로멜라인(bromelain) 파인애플에 들어있는 단백질 가수분해 효소. 일반적으로 파파인이나 피신과 유사한 SH 프로티나아제이며 기질특이성이 넓으며 최적 pH는 중성부근에서 넓은 영역에 이른다. 과일에 주로 함유되어 있는 효소를 fruit bromelain, 근경의 효소를 stem bromelain이라고 하며 종래 브로멜린(bromelin)이라고 하였던 효소는 fruit bromelain에 상당하는 것이다. 브로멜라인은 고기에 연육작용을 하며 고기와 함께 섭취할 경우 단백질의 소화를 돕는 작용을 한다. 또한 항염증(anti-inflammatory) 작용을 하는데, 조직손상 시 유발되는 통증을 완화하며 관절염, 스포츠 상해, 부종, 정맥염, 정맥동염, 아밀로이드증(amyloidosis) 등의 치료에 도움을 주고 객담을 제거하는 데도 효과적이다. 특히 미량의 브로멜라인 0.005%를 고기 표면에 뿌려도 연육 효과가 크게 나타나는 것으로 알려져 있다. 다만, 파인애플에 있는 브로멜라인의 대부분은 통조림으로 만드는 과정에서 열에 의해 파괴될 수 있다.

브로콜리(broccoli) 십자화과에 속하는 한해 또는 두해살이식물. 학명은 *Brassica oleracea* var. *italica* Plen. 지중해 또는 소아시아가 원산지이다. 가지 끝에 녹색의 꽃봉오리가 다발로 뭉쳐 있으며 이 부분을 식용한다. 콜리플라워에 비해 단백질, 무기질, 비타민 C와 B_2의 함량이 월등히 높다. 특히 구리와 아연이 많다. 단백질을 구성하는 아미노산 중 글루탐산, 아르기닌, 트립토판, 리신 등이 많이 함유되어 있어 질이 높다. 함황화합물로 이소티오시아네이트(isothiocyanate)가 들어 있으며 특히 양배추 종류 중에서는 항발암 효과가 매우 좋은 설퍼라판(sulforaphan)을 다량 함유하고 있어 서양에서는 매우 인기 있는 채소로 소비량이 많다. 생으로 또는 살짝 데쳐서 샐러드로 이용하며 수프, 그라탕, 볶음 등으로 이용한다. 진한 녹색으로 꽃봉오리가 서로 밀집되어 있어 단단하며 구형의 것이 좋다. 자색을 띠는 것은 저온 탓으로 데치면 녹색이 되며 맛에는 변화가 없다. 황색이나 다갈색으로 변한 것이나 줄기 부분이 갈라진 것은 수확 후 오래되어 노쇠한 것이다.

브릭 치즈(brick cheese) 전유 또는 탈지유에 세균으로 숙성시켜 만든 둥글고 작은 구멍이 많은 반경질의 미국 치즈. 부드럽고 톡 쏘는 맛과 달콤한 맛이 있다. 냉장 보관을 해야 하고 얼리지 말아야 한다. 열을 가하면 빨리 녹으므로 과자나 샌드위치에 곁들이고 피자를 만들 때 모차렐라 치즈와 함께 갈아서 사용한다. ☞ 치즈

블랙베리(blackberry) 장미과 딸기속에 속하는 나무딸기류 중에서 집합과를 꽃받침과 함께 따는 종류. 유럽, 아프리카, 아메리카에 널리 분포하며 종류가 많다. 열매는 비교적 크며 여름에서 가을에 걸쳐 검정색으로 익는다. 칼륨(208 mg%)과 칼슘(63.3mg%)이 많다.

블루베리(blueberry) 진달래과 월귤속의 관목의 열매의 총칭. 학명은 *Vaccinium* spp.. 북아메리카 원산으로 20여 종이 있다.

블루 치즈(blue cheese) 푸른곰팡이로 숙성시킨 반경질 프랑스 치즈. 푸른곰팡이의 일종인 페니실륨 로케포르티(*Penicillium roqueforti*)가 숙성에 관여한다. 톡 쏘는 맛이 있으며 열을 가하면 쉽게 녹아내리므로 쇠고기나 닭고기, 생선 위에 뿌려 굽기도 한다. ☞ 치즈

비가시적 지방(invisible fats) 식품 속에 포함되어 눈으로 쉽게 식별할 수 없거나 분리되지 않는 지방을 말한다. 곡류, 과일, 채소.

비극성 결합(nonpolar linkage) 비극성 공유결합이라고도 하며, 공유 전자쌍이 어느 쪽 원자로도 치우치지 않아 분자 내 전기적 성질(부분적인 전하)을 띠지 않는 결합.

비뉴턴 유체(non-Newtonian fluid) 단백질, 전분, 펙틴(pectin) 등의 각종 콜로이드 용액, 유탁액, 버터 등의 반고체 식품들은 뉴턴 유체의 특성을 갖고 있지 않으며, 전단응력과 전단속도 사이의 관계를 나타내는 유동곡선이 직선이 아

니라 곡선으로 표시된다. 이와 같이 전단응력과 전단속도 사이에 일정한 비례 관계가 성립하지 않는 모든 유체를 비뉴턴 유체라고 한다. 비뉴턴 유체는 전단속도에 대한 전단응력의 변화에 따라 그림에서 보는 바와 같이 여러 가지로 분류된다. ☞ 뉴턴 유체

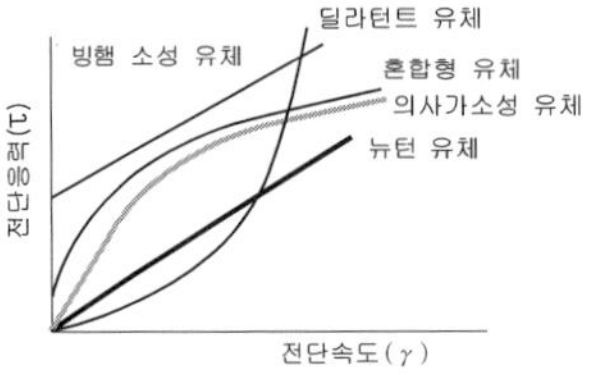

여러 가지 비뉴턴 유체의 성질을 나타내는 유동곡선

비대칭 탄소(asymmetric carbon, chiral carbon) 결합된 4개의 원자(단)들이 모두 다른 탄소원자. 이러한 분자에는 대칭면이 존재하지 않는다.

비름 비름과의 한해살이풀로 산채의 일종. 학명은 *Amaranthus mangostanus* L.. 현채, 비듬나물, 새비름이라고도 한다. 길가나 밭에서 자란다. 인도 원산으로 높이 1m 정도이고 굵은 가지가 뻗는다. 분포지역은 한국, 대만, 중국, 말레이시아이다. 뿌리는 해열, 해독, 최유, 소종 등에 쓴다. 대만, 중국, 말레이시아 등지에서는 여름채소로 가꾸며 한국에서는 들에서 자라는 어린순을 나물로 한다.

비브리오 패혈증(vibrio vulnificus) 비브리오 패혈증 식중독의 원인균. 주요 오염원은 따뜻한 해수지역에서 채취된 수산물, 물, 침전물, 굴, 조개, 게, 플랑크톤 등이다. 주요 감염경로는 먼저 상처를 통한 감염으로 갑각류나 게류를 수확시 피부에 상처가 나면 감염, 발열 및 봉와직염(연결조직 염증), 때로 상처 부위 절단이 필요하다. 또 다른 감염은 1차 패혈증으로 오염된 물 또는 날 수산물을 섭취했을 때 오한, 열, 불쾌감, 설사 등이 발생하며 치사율이 50%에 이른다. 70% 이상의 감염자는 피부가 불룩불룩해지는 특징이 있으며 특히 간경변, 당뇨, 백혈병 환자나 면역억제제나 스테로이드 약물을 섭취하고 있는 자는 주의가 요망된다. 이를 예방하려면 바닷물에 피부상처의 노출을 방지하고, 간 질환자는 날수산물의 섭취를 제한한다.

비소(arsenic, As) 원자번호 33, 원자량 74.9216g/mol, 녹는점 817℃(28atm), 끓는점 614℃(승화), 비중 5.73(회색), 회색과 황색, 검정색의 3가지 동소체가 있다. 일반적으로 회색이며 약간의 금속광택을 지닌 마름모형 결정계로서 금속비소라고도 불린다. 열의 양도체이며, 전기전도도는 은의 42%에 상당하는 금속성을 보이며 이황화탄소에는 녹지 않는다. 비소는 공기 속에서 가열하면 청백색 불꽃을 내며 타서 산화비소가 된다. 할로겐, 황과는 직접 작용한다. 묽은 황산, 저온의 묽은 질산에 거의 변하지 않으나, 진한 황산, 질산에는 아비산이 되고, 진한 질산에는 비산이 된다. 염산과는 공기 중에서 반응하여 염화비소를 만든다. 알칼리와 용해하면 아비산염이 된다.

비소 중독(arsenic(As) poisoning) 매우 유독한 성분으로 알려져 있으나 식품에 원래부터 존재하는 수준의 비소가 어떠한 독성학적 의의를 가지는 것인지는 분명치 않은 중금속. 자연계에는 보통 3가와 5가의 원소로서 주로 As_2O_3, As_2O_5의 형태로 존재하는데, 물에 녹아 아비산을 형성하는 As_2O_3가 독성학적으로 가장 문제시된다. 만성 비소 중독 증상은 위장장애, 피부증상, 지각장애, 운동장애, 정신신경 장애, 간장, 신장장해 등 다양하며 진단은 모발 등의 비소량(3㎍/g), 요중 비소량(200㎍/L 이상)이 상승하는 것으로 진단할 수 있다. ☞ 비소

비스킷(biscuit) 밀가루와 물 또는 우유에 이스트 대신 베이킹파우더를 넣고 구워낸 빵. 어원은 '두 번 구운 빵', 즉 프랑스어 bis(다시 한 번) cuit(굽다)에서 유래한다. 밀가루를 주원료로 하여 지방, 우유, 버터, 달걀, 설탕, 향료 등을 섞어서 만드는데, 원료 배합과 만드는 방법에 따라 하드 비스킷, 소프트 비스킷, 팬시 비스킷의 3종으로 분류한다. 하드 비스킷은 글루텐이 많은 강력분을 사용하고 설탕과 지방을 적게 사용하기 때문에 제품이 비교적 단단하고 광택이 난다. 과자 표면에는 음각무늬를 넣을 때가 많고, 불에 넣어 익힐 때 부풀어 오르는 것을 방지하기 위하여 바늘구멍을 낸다. 제조상의 특색은 글루텐의 차진 성질을 충분히 나타내기 위하여 반죽을 오랜 시간 동안 놓아두는 것이다. 단단하여 보존성이 좋으므로 휴대식량으로

적합하다. 소프트 비스킷은 글루텐이 적은 박력분을 사용하고, 설탕과 지방은 하드 비스킷보다 많이 사용한다. 표면은 광택이 나지 않고 양각무늬이며 바늘구멍을 내지 않은 풍미가 강하고 부드러운 비스킷이다. 팬시 비스킷은 달걀, 설탕을 많이 배합하고 여러 가지 모양으로 만들고 모양 위에 장식을 더한 고급 비스킷으로, 질이 매우 부드럽고 감미도 강하다. 또한 쿠키도 비스킷의 일종인데, 버터를 보통 비스킷보다 많이 사용한 것이며, 미국에서 부르는 명칭이다. 미국식의 기본적인 방법은, 버터나 쇼트닝에 설탕을 넣고 저어 크림 모양으로 만든 다음, 달걀을 넣고 다시 잘 저어 밀가루, 베이킹 파우더, 향료를 섞어서 반죽하여 얇게 밀어 쿠키 틀로 찍어서 오븐에 구워 낸다. 반죽에 따라 철판 위에다 튜브로 짜 내거나, 스푼으로 떠놓거나(드롭 쿠키), 냉장고에 넣어 굳혔다가 얇게 썰어서 굽거나(아이스박스 쿠키) 한다. 이 밖에 비스킷 표면에 초콜릿을 칠하거나 잼과 크림을 사이에 끼운 것 등 비스킷을 응용한 제품이 많다.

비엔나 커피(vienna coffee) 커피 잔에 설탕을 넣고 추출된 커피를 붓고 가볍게 저은 후 휘핑크림을 얹어 마시는 커피. 오스트리아의 비엔나에서 유래되었다.

비열(比熱, specific heat) 어떤 물질의 열용량을 물과 비교하여 나타내는 값.

비오틴(biotin) 비타민 B 복합체의 하나. 티아민(thiamin)과 같이 황(S)을 함유하고 있다. 체내에서 탄산고정반응을 촉매하는 보조효소로 작용하여 이산화탄소(CO_2)를 제거하거나, 첨가하는 탈카르복시 반응(decarboxylation), 카르복시 반응(carboxylation) 그리고 탈아미노 반응(deamination)에 관여하여 당질, 지방, 단백질의 대사를 정상으로 유지하는 데 매우 중요하다. 비오틴이 생달걀의 흰자에 함유된 아비딘(avidin)과 결합하면 흡수를 방해하지만 가열 조리시 아비딘은 불활성화된다. 인체의 장내 미생물에 의해 하루에 필요한 양 이상의 상당량이 합성되므로 결핍증을 일으킬 염려는 없으나, 장기간 항생제의 복용으로 장내 세균총이 감소된 경우에 비오틴 결핍에 주의해야 한다. 간 및 신장 등 내장, 치즈, 밀기울, 견과 및 땅콩 버터, 달걀노른자, 초콜릿, 연어, 콜리플라워, 버섯, 닭고기 등 동·식물계에 널리 분포되어 있다. 정제하지 않은 전곡은 비타민의 좋은 급원이나 도정시 손실된 열에 안정하므로 조리 시 많이 손실되지 않는다.

비용생산성(cost productivity) 효율성 평가에 쓰이는 양적 척도인 생산성 지표의 하나로, 투입요소로서 비용을 사용하여 산출요소의 효율성을 평가하는 것. 급식에서 사용되는 비용은 인건비, 식재료비, 경비이며 산출요소는 식수(meals), 식당량(meal equivalents), 서빙수(servings)이다.

비용생산성 지표(cost productivity index) 조직 내 비용을 얼마나 효과적으로 활용하고 있는지를 평가하는 지표. 급식소에서 비용생산성 지표를 산출할 때 비용을 투입요소로 사용할 경우 인건비만을 계산하기도 하고 식재료비나 경비를 포함한 전체 비용으로 계산하기도 한다. 비용생산성 지표 산출의 예는 다음과 같다.

$$\cdot\ \text{1식당 인건비} = \frac{\text{일정기간 동안의 인건비}}{\text{일정기간 동안 제공한 총 식수}}$$

$$\cdot\ \text{1식당 비용} = \frac{\text{일정기간 동안의 총 비용}}{\text{일정기간 동안 제공한 총 식수}}$$

비율척도(ratio scale) 원점을 가지며 크기를 나타내므로 얻은 결과를 비율로 계산할 수 있는 척도. 주로 크기추정법(magnitude estimation-test)에 사용되는 척도이다.

비점(boiling point) 액체의 포화 증기압이 대기압과 같게 되는 온도. 비등점(沸騰點)이라고도 한다. 대기압이 1기압일 때의 물의 비점은 100℃이지만 기압이 증가하면 비점이 올라가고 기압이 내려가면 비점도 낮아진다. 다음 표에 고기압 및 저기압일 때의 물의 비점을 표시하였다. 높은 산에서는 기압이 낮기 때문에 취반이 충분히 안되므로 압력솥을 사용한다. 압력을 p mmHg로 하였을 때 비점 $\theta°C$는 다음 식으로 계산된다.

$$\theta°C = 100.00 + 0.0367(p-760) - 0.000023(p-760)^2$$

비점 상승(elevation of boiling point) 용액의 비점이 높아지는 현상. 압력을 높이면 비점이 상승

▲ 감압 시의 물의 비점

압력(기압)	비점(℃)	압력(기압)	비점(℃)
760.0	100	92.5	50
525.9	90	55.3	40
355.3	80	31.8	30
233.8	70	17.5	20
149.5	60	9.2	10

▲ 가압 시의 물의 비점

압력(기압)	비점(℃)	압력(기압)	비점(℃)
1.000	100	6.100	160
1.414	110	7.817	170
1.959	120	9.895	180
2.666	130	12.390	190
3.567	140	15.340	200
4.698	150		

하고, 압력을 낮추면 비점은 저하한다. 압력솥을 사용하면 100℃ 이상의 온도에서 물을 끓일 수 있다. 가압에 의해 장시간 조리를 하여야 하는 삶은 콩 등은 압력솥을 이용하면 단시간으로 가능하다. 비점 상승의 현상은 진용액의 용질의 농도와 비례해서 일어나며 빙점강하 현상, 삼투압 현상과도 관계가 있다. 용질이 비전해질인 경우, 1몰 용액에서 0.52℃ 비점 상승한다. 전해질인 경우에는 이온의 몰농도에 비례해서 0.52℃ 비점 상승한다. 식염과 같은 전해질에서는 1몰 용액이 완전히 해리해서 2이온 몰 용액으로 되기 때문에 1.04℃ 비점 상승하게 된다. 완전히 해리하지 않는 전해질에서는 그 해리도에 따라서 비점 상승 정도가 달라진다. 설탕용액에서는 농도가 매우 높아지면 위와 같은 관계가 성립되지 않는다. 이것은 가열 중에 녹은 설탕용액의 성질이 변화하기 때문이다. 이와 같이 농도와 비점의 관계로부터 비점을 측정하면 설탕 용액의 농도를 알 수 있기 때문에 설탕용액의 비점을 기준으로 하여 조리에 적합한 농도의 설탕용액으로 농축시킨다.

▲ 설탕용액의 비점

농도(%)	비점(℃)	농도(%)	비점(℃)
10	100.4	60	103.0
20	100.6	70	106.5
30	101.0	80	112.0
40	101.5	98	130.0
50	102.0		

비중(比重, specific gravity) 어떤 물질의 질량과 그것과 같은 부피를 가진 표준물질의 질량과의 비. 단위는 g/g으로 나타낸다. ☞ 밀도

비지(soybean curd residues, Soy Pulp, Okara) 두부를 만들 때 두유를 짜고 남은 찌꺼기. 비지는 건조 중량으로 단백질 25.4~28.4%, 지방 9.3~10.9%, 불용성 섬유소 40.2~43.6%, 수용성 섬유소 12.6~14.6%, 수용성 탄수화물 3.8~5.3%로 구성되나 원료인 대두 품종이나 두유 및 두부 제조방법에 따라 다소 차이가 있다. 비지는 식이섬유의 풍부한 급원일 뿐 아니라 양질의 단백질을 갖고 있다. 단백질의 영양가를 단백질 효율비(protein efficiency ratio, PER)로 측정하였을 때 탈피 대두 2.51, 두부 2.20, 두유 2.11, 대두 유청(soy whey) 1.93, 비지 2.71로 비지의 PER이 가장 높게 나타났다(카세인의 PER은 2.86임). 그 이유는 대두는 함황아미노산이 부족하나 비지는 함황아미노산인 시스틴(cystine)을 많이 함유하기 때문이다. 최근 식이 섬유의 중요성이 인식되어서 비지를 건조시킨 후 가루로 제조하여 식이섬유원으로 발효식품, 조미식품, 제과 · 제빵의 첨가제로 이용되고 있다.

비차별적 마케팅(undifferentiated marketing) 소비자들의 욕구 중 공통적인 부분에 초점을 맞추어 하나의 제품이나 서비스를 세분화되지 않은 전체 시장을 대상으로 전개하는 마케팅.

비타민(vitamin) 동물체내에서 대부분 합성되지 않으며 식물이나 미생물로부터 합성되는 유기물로 세포 안에서 특수한 대사기능을 수행하기 위하여 반드시 필요한 극소량 영양소. 최초로 발견된 비타민은 비타민 B_1이며 쌀의 학명에 의하여 오리자닌(oryzanine)이라고 명명하고 아민(amine)의 성질이 있으므로 생명력을 가진(vital) 아민(amine) 물질이라는 의미로 'vitamine'이라고 명명하였다. 그 후 계속 발견된 모든 비타민들이 모두 아민 형태가 아닌 것으로 밝혀지면서 vitamine에서 e를 없애고 vitamin으로 되었다. 지용성 비타민(비타민 A, D, E, K)과 수용성 비타민(티아민, 리보플라빈, 판토텐산, 나이아신, 비오틴, 비타민 B_6, 비타민 B_{12}, 비타민 C)으로 분류하며, 총 14 종

류의 비타민이 발견되었고, 비타민 K를 제외하고는 발견된 순서에 따라 알파벳순으로 명명되었다. 비타민 자체는 에너지를 공급하지 않지만 탄수화물, 단백질, 지방이 에너지를 내는 과정을 촉진하며, 세포분열, 시력, 성장, 상처치료, 혈액응고 등 신체에서 일어나는 다양한 과정에 참여한다. 대부분의 비타민들은 매우 불안정하여 식품의 저장, 가공, 조리과정 중에 상당히 파괴되기 쉽고, 온도, 수분 함량, pH, 산소, 광선, 중금속(철, 구리 등) 등에 의해 파괴가 촉진된다. 특정 비타민을 오랫동안 섭취하지 못하면 결핍증이 나타나며, 과잉으로 섭취하면 중독증 및 사망을 초래하기도 한다.

비타민 E 강화란(一强化卵) 비타민 E를 강화시킨 달걀. 1개 중에 60mg 정도 함유되어 있다.

비타민강화우유(vitamin-enriched milk) 비타민을 강화한 우유. 미국 FDA에서는 우유 1쿼트(0.94L)에 비타민 A를 700RE 이상, 비타민 D를 10㎍ 이상 넣도록 정하고 있다.

비타민 유사물질(vitaminlike substances) 실제 비타민은 아니지만 활성이 비타민과 매우 유사한 물질. 때때로 비타민 B 복합체로 분류되기도 한다. 인체 영양에는 필요하지만 필요량이 설정되지 않은 물질들로 다음과 같다. 바이오플라보노이드(bioflavonoids), 카르니틴(carnitine), 코엔자임 Q(coenzyme Q), 이노시톨(inositol), 라에트릴(laetrile), 리포산(lipoic acid), 판감산(pangamic acid), 파라-아미노벤조산(para-aminobenzoic acid), 비타민 B_{13}(orotic acid) 등이다.

비타민 A(vitamin A, retinol) C_{20}화합물인 알코올로서 레티놀(retinol)과 그 에스테르 형태인 레티닐 에스테르들 그리고 비타민 A 활성을 갖는 β-카로틴(carotene)을 주체로 하는 카로티노이드(carotenoid)들의 총칭. 레티놀과 그 에스테르들은 육류와 어류의 간, 특히 대구나 참치의 간 및 간유, 달걀노른자, 우유 및 버터, 치즈 등의 동물성 식품에만 존재한다. 식물성 식품 중에 함유되어 있는 일부 카로티노이드는 체내에서 레티놀로 전환되어 프로비타민 A이라고 한다. 체내 세포의 성장과 물질대사 및 건강한 피부와 눈의 표면각막, 호흡기의 내층과 소화관 같은 점막보존을 위해 필수적이며 항산화 및 항암 작용을 한다. 결핍되면 성장부진, 피부, 상피세포의 각질화, 감염에 대한 저항성 저하로 면역능력도 낮아져서 사망하게 된다. 가장 흔한 결핍증상은 야맹증과 안구건조증이다. 과잉섭취하면 졸음, 권태감, 피로감, 두통, 구역질, 가려움증, 피부와 뼈의 장애, 간경화, 시력의 손상 및 근육통이 나타나며 임산부의 경우 사산, 기형, 출산아의 영구적 학습장애의 원인이 된다. 조리과정 중 공기 · 열에 의한 산화가 일어나고, 건조할 경우, 50~80%가 손실되는데 가열조리에는 안정하여 90% 정도 남게 된다. 1일 권장량은 한국인 성인 남녀 모두 700R.E(레티놀 당량, retinol equivalent)이다.

비타민 B 복합체(vitamin B complex) 비타민 C를 제외한 모든 수용성 비타민인 티아민(thiamin, vitamin B_1), 리보플라빈(riboflavin, vitamin B_2), 판토텐산(pantothenic acid, vitamin B_3),비타민 B_6(pyridoxine, pyridoxal, pyridoxamine), 코발아민(cobalamine, vitamin B_{12}), 비오틴(biotin), 콜린(choline), 엽산(folacin, folic acid), 나이아신(niacin, nicotinic acid, nicotinamide) 등이 이에 속한다.

비타민 B_1(vitamin B_1, thiamin) 비타민 B 복합체의 하나. 비타민 B군뿐만 아니라 모든 비타민 중 최초로 발견되었다. 국제적으로는 보통 화학명인 티아민(thiamin)이 사용되며 관용적으로 비타민 B_1의 명칭이 이용되고 있다. 발견 초기에는 쌀겨의 아민 물질로서 오리자닌(orizanine)이라고 하였다.

비타민 B_2(vitamin B_2, riboflavin) 비타민 B 복합체의 하나. 국제적으로 보통 화학명인 리보플라빈(riboflavin)이 사용되고, 그 소재에 따라 락토플라빈(lactoflavin, 우유), 오보플라빈(ovoflavin, 달걀흰자), 헤파토플라빈(hepatoflavin, 간) 등이 있다. 체내에서는 약 94%가 인산과 결합하여 플라빈모노뉴클레오티드(flavinmononucleotide, FMN) 또는 플라빈아데닌디뉴클레오티드(flavin adenine dinucleotide, FAQ)와 단백질이 결합해서 각종 산화 · 환원 반응의 보조효소로서 작용하므로 결핍되면 성장 정지, 피로, 식욕 부진, 구강염, 설염, 피부염 등의 증상이 나타난다. 비타민 B군 중에서 열에 비교적 강하고 산화에 안정하나 수용액에서 녹황색의 형광 빛을 나타내고, 자외선에 예민하여 쉽게 파괴된다. 비교적 짙은 황색 수용성 물질이므로 국수류, 버터, 마가린의 착색료로 이용되고 있다. 동물계에 널리 분포되어 있으며 간, 효모에 많고 우유, 달걀의 흰자, 녹엽채소 등에도 많다.

비타민 B_6(vitamin B_6) 비타민 B 복합체의 하나. 비타민 B_6의 종류는 피리독신(pyridoxine), 피리독살(pyridoxal), 피리독사민(pyridoxamine) 및 이들의 인산 에스테르로서 총 6종류가 존재하지만, 체내에서는 상호 전환되기 때문에 생물학적으로 효력은 모두 같다. 단백질 및 아미노산 대사를 촉매하는 아미노산 전이반응(transamination), 탈카르복시 반응(decarboxylation), 탈아미노 반응(deamination)에 보조효소로 작용하여 트립토판(tryptophan)을 니코틴산(nicotinic acid)으로 전환하거나, 헤모글로빈(hemoglobin) 형성, 아미노산 흡수에 관여한다. 헤모글로빈의 구성성분인 헴(heme) 합성 과정에 관여하므로 임신 초기의 입덧, 차멀미, 배멀미 등의 구토증상을 치료하는 데 효과적이다. 유아의 경우 경련성 발작, 흥분, 복통 및 코 · 턱 · 입 가장자리 등의 피부가 거칠어지고 붉은 색을 띠는 피부질환이 나타난다. 일반적으로 동 · 식물계에 널리 존재하며 육류의 내장(간, 신장), 흰살생선, 콩류, 가금류, 현미, 견과류, 바나나, 살코기(쇠고기, 돼지고기, 양고기), 아보카도, 전곡(쌀겨, 밀기울 등)에 많이 함유되어 있다. 임신부, 수유부, 질병 및 수술 후 회복기 환자의 경우, 단백질과 함께 필요량이 증가한다. 1일 섭취권장량은 한국 성인 남녀(20~49세) 모두 1.4mg이다.

비타민 B_{12}(vitamin B_{12}, cobalamine) 비타민 B 복합체의 하나. 동물의 간에서 분리된 적색 결정형 물질로서 비타민 중 유일하게 무기질인 코발트(cobalt)를 분자 내에 함유하고 있어, 화학명은 코발아민(cobalamine)이라고 명명되었다. 체내에서 조효소로서 적혈구 세포형성과 악성 빈혈의 조절, 신경조직의 정상적인 대사, 탄수화물 · 지방 · 단백질 대사, 엽산과 함께 호모시스테인(homocysteine)으로부터 메티오닌(methionine) 합성 및 에타놀아민(ethanolamine)으로부터 콜린(choline) 형성, 핵산합성에 관여한다. 위점막에서 분비되는 당단백질(내적인자)과 결합해야 하고 회장에서 흡수를 촉진시키기 위해 췌장의 트립신이 필요한 독특한 흡수과정이 있으므로 위절제 환자 및 노인들의 경우 비타민 B_{12} 흡수가 저해되어 악성빈혈을 초래하게 된다. 채식주의자의 식생활에서도 결핍되기 쉽다. 결핍증은 엽산 대사에 장애가 초래되고 적혈구의 비정상 세포분열에 의한 악성빈혈, 신경장애, 창백한 피부, 설염, 설사, 기억력 감퇴, 체중 감소를 동반하며 심하면 사망에 이른다. 장내 세균에 의해 합성되나 필요량보다 부족하므로 식사를 통해 섭취해야한다. 간, 신장, 심장 및 췌장 등 내장, 살코기(쇠고기, 돼지고기, 양고기), 어패류, 달걀, 우유 및 유제품, 가금류 등 동물성 식품에 많이 함유되어 있으며 식물성 식품에는 거의 존재하지 않는다.

비타민 C(vitamin C, ascorbic acid) 비타민 B 복합체에 속하지 않는 수용성 비타민으로 질소를 함유하지 않는 비타민. 식물의 포도당이나 다른 단순 당으로부터 합성되므로 탄소 6개로 이루어진 구조가 당과 비슷하다. 천연에는 아스코르브산(L-ascorbic acid, 환원형)과 디히드로아스코르브산(L-dehydroascorbic acid, 산화형)의 두 형태가 있으며, 체내에서는 상호 전환되지만 환원형 쪽이 유효하고 많이 존재한다. 대부분의 동물 체내에서는 합성할 수 있으나 사람, 원숭이, 기니피그(gineapig), 박쥐 등의 체내에서는 합성하지 못한다. 인체 내에서는 콜라겐(collagen)을 합성하여 피부 · 연골 · 치아 · 모세혈관 · 근육 등을 단단하게 구성해 주고, 티로신(tyrosine)과 트립토판(tryptophan)의 대사에 필요하며 신경전달물질인 노르에피네프린(norepinephrine)을 합성하고, 식물성 식품에 존재하는 환원형 철의 흡수를 촉진하고, 비타민 A와 E 및 다가불포화지방산에 대한 항산화제 역할, 엽산(folic acid, folacin)의 체내이용을 원활하게 하고 스테로이드 호르몬 합성 및 지방대사에도 관여한다. 비타민 C 유도체들(erythrobic acid, ascorbyl palmitate)은 식품의 갈변화 및 산패방지를 위한 항산화제 (antioxidant)로 사용된다.

비타민 D(vitamin D) 지용성 비타민 중 두 번째 발견되었고, 석회화(calcification)와 관계가 있으므로 칼시페롤(calciferol, 항구루병 인자)이라 부름. 비타민 D 활성을 가진 10종의 스테롤(sterol)중 에르고스테롤(ergosterol)과 콜레스테롤(cholesterol)이 중요하다. 에르고스테롤계인 프로비타민(provitamin) D_2는 버섯, 효모 등의 식물계에 존재하며, 콜레스테롤계인 프로비타민 D_3인 7-디하이드로콜레스테롤(dehydrocholesterol)은 피하조직 등 동물계에 존재하는데, 각각 자외선 조사에 의해 활성형 비타민 D_2인 에르고칼시페롤(ergocalciferol, calciferol 혹은 viosterol)과 비타민 D_3인 콜레칼시페롤(cholecalciferol)로 전환된다. 활성형 비타민 D는 체내에서 Ca · P의 대사에 관여하여 혈중의 Ca 농도를 일정하게 유지하는 작용을 하며, 뼈 및 치아의 대사, 구연산염 대사에 관여한다. 동물조직 중의 인산을 칼슘과 결합시켜 인산칼슘($Ca_3(PO_4)_2$)으로 뼈에 침착시키므로 결핍되면 뼈의 발육, 특히 석회화가 늦어져서 어린이 경우 구루병, 성인의 경우 골연화증이 나타난다. 과잉섭취하면 탈모, 체중 감소, 설사 및 경련 등이 나타나며, 혈관경화, 신결석을 유발할 수도 있다. 지방이 많은 생선, 달걀노른자, 간, 크림, 버터, 치즈, 비타민 D 강화우유, 시리얼, 식빵, 마가린 등에 다량 함유 되어 있다. 1일 섭취권장량은 한국 성인 남녀(20~49세) 모두 5μg이다.

비타민 E(vitamin E, tocopherol) 지용성 비타민의 하나. 그리스어로 tokos(자손)+pherein(임신한다)의 뜻을 가진 합성어로 tocopherol(항불임인자)이라고 명명하였다. 천연에는 4가지의 토코페놀과 4가지의 토코트리에놀이 있다. 그 중에서 d-α-토코페놀의 활성이 가장 크며 이것을 1로 했을 경우 β형은 1/2~1/3, γ형은 1/10, δ형은 2/100 이하의 생물활성을 갖는다.

비타민 저해제(antivitamin) 비타민의 생체이용도를 저해하는 물질로, 크게 두 가지 기전으로 작용한다. 하나는 비타민과 비슷한 화학구조를 갖으나 활성이 없어 비타민의 활성을 경쟁적으로 저해하는 방법이고 다른 하나는 비타민과 반응하여 파괴시키는 방법으로 비타민을 공격하는 효소와 일반 유기화합물이 있다. 비타민 저해제에는 티아민 저해제가 가장 많이 알려져 있는데, 어패류와 고사리에 있는 I형 티아민 분해효소와 세균, 효모, 곰팡이에 있는 II형 티아민 분해효소가 있다. 달걀 흰자에는 비오틴과 결합하는 아비딘이라는 단백질이 있으며, 아미씨(flaxseed)에는 리나틴이라는 아미노산 유도체가 피리독신(비타민 B_6)과 결합하는 것이 알려져 있으나 이들 물질 때문에 비오틴이나 피리독신 결핍이 일어나는 사례는 극히 드물다.

비타민 K(vitamin K) 지용성 비타민의 하나로 혈액응고 비타민. 간에서 프로트롬빈(prothrombin)과 기타 혈액응고인자의 합성에 필요한 물질이다. 실제로 비타민 K는 퀴논 화합물(quinone compounds)로서 천연에는 엽록식물에서만 생성되는 필로퀴논(phyllo quinone, 비타민 K_1)과 인체의 장내 세균을 포함한 많은 미생물에서 합성되는 메나퀴논(menaquinone, 비타민 K_2) 2종이 있다. 따라서 식이성 결핍증은 드물고 간 장해나 담즙부족 등에 의한 비타민 K 흡수작용이 저해될 때 결핍증이 일어나기 쉽다. 결핍증상은 혈액응고시간의 연장으로 나타난다. 한편 소장 내에서 Ca의 흡수를 높이는 효과가 있다. 과잉섭취의 경우 천연형태는 독성이 나타나지 않으나 합성형태는 1일 5mg 이상 섭취하면 유아에게 독성을 나타낸다. 주로 녹차, 녹엽채소, 소간, 돼지고기, 치즈, 버터, 곡류, 강낭콩, 달걀 등에 다량 함유되어 있다. 우유에는 모유보다 함량이 높다. 보통 황색 결정으로 산, 알칼리, 산화제, 특히 자외선에 의해 파괴된다. 천연 비타민 K는 열에 안정하고 지방 및 지용성용매에 잘 녹으나 물에 잘 녹지 않으며, 정상적인 조리과정에서는 손실이 적다. 건강한 사람의 경우 1일 필요량의 절반가량이 장내 세균에 의해 합성되므로 1일 섭취 권장량을 정할 수 없다.

비파(loquat) 중국원산의 장미과에 속하는 상록소교목. 열매는 타원형으로 6월경에 노란색으로 익는다. 열매는 과실로 식용하는데 카로틴이 810㎍%로 다량 함유되어 있어 높은 생리작용이 기대된다. 비파 잎은 옛날부터 민간약으로서 사용되어 왔는데 잎을 달여서 마시면 이뇨, 갈증해소, 건위와 피부트러블 해소에도 효과가 있다. 야맹증에도 효과가 있다.

비피더스균(**Bifidobacterium**) 대장 내에 존재하는 유익한 장내 세균인 비피더스균은 건강한 모유영양아의 대변에서 처음 분리한 것으로 편성혐기성균이다. 이들은 포도당을 발효하여 아세트산과 유산을 생산한다. 유아기에는 비피더스균이 우세하지만 이유기가 되면 박테로이드(*Bacteroide*) 등 혐기성균이 출현해서 비피더스균을 능가하고 이후 장내 세균총은 거의 변화가 없다. 그러나 노년기에는 성인의 10^9~10^{10}균/g변 정도인 비피더스균이 10^5~10^8균/g변으로 감소하고 건강한 성인에게 10^5~10^8균/g변 정도 나타나는 대장균이나 스트렙토콕시(*Streptococci*) 등은 증가하여 많을 경우 10^{10}균/g변에 이른다.

비필수 아미노산(**nonessential amino acid**) 필수 아미노산에 대하여 그 이외의 아미노산을 지칭하는 말. 체내에서 합성되지만 성장에는 역시 필요한 아미노산이다. 성인의 경우는 알라닌, 아스파르트산, 시스테인, 글루탐산, 글리신, 프롤린, 세린 등이다. 영유아에게는 히스티딘이 필수 아미노산이 되므로 제외되고, 시스테인은 필수 아미노산인 메티오닌으로부터, 티로신은 페닐알라닌으로부터 일부 합성할 수 있다.

비효소적 갈변반응(**non-enzymic browning reaction**) 메일러드 반응(amino-carbonyl 반응), 캐러멜화 반응(caramelization), 탄닌의 비효소적 갈변, 아스코르브산의 산화에 의한 갈변 등 식품의 색이 비효소적으로 점차 갈색 또는 암갈색으로 변하는 반응. 메일러드 반응은 거의 모든 식품에서 자연발생적으로 일어나는 반응으로, 아미노산의 아미노기와 환원당의 카르보닐기가 축합하는 초기 단계와 중간 단계 및 최종단계를 거쳐서 갈색 물질인 멜라노이딘(melanoidin)을 생성하는 반응이다. 캐러멜화 반응은 고온에서 당류 또는 당류 수용액의 가열에 의하여 형성된 가열산화물 또는 가열분해물 등에 의한 갈색화 반응이다. ☞ 메일러드 반응

비 후크 탄성체(**非Hooke彈性體**) 일부 고체에서는 응력이 제거된 후에 영구적인 변형은 없으나 응력과 스트레인(strain) 사이에 직선관계가 성립하지 않을 뿐만 아니라 응력이 가해졌을 때와 제거되었을 때 이력현상(hysteresis)이 나타나는 경우가 있다. 이러한 성질을 가진 고체를 비 후크 탄성체 또는 억제된 탄성체(retarded elastic body)라고 한다.

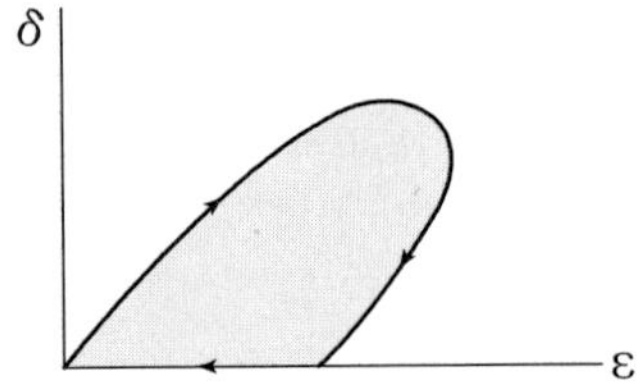

비 후크 탄성체의 응력과 변형과의 관계

빙설탕 순도가 높은 설탕을 물에 녹여서 천천히 시간을 두어서 큰 결정으로 만든 것. 그대로 먹을 수 있으며, 등산이나 비상시의 보존식이나 과실주 제조 시 좋다. ☞ 설탕

빙의(**glaze**) 식품이 동결될 때 표면이 공기와 직접 접촉하여 일어나는 건조와 풍미의 변화를 방지하기 위해 식품표면에 형성시킨 얼음의 막. 빙의를 입히는 작업을 글레이즈 작업(glazing)이라 한다. 빙의는 안정성이 결여되어 요즈음에는 내포장으로 대체되는 경향이 있으나, 대형 식품이나 포장하기 곤란한 식품 또는 소형의 개체동결식품 등에는 여전히 빙의가 실시되고 있다.

빙점(**freezing point**) 물질의 상태가 액체에서 고체로 변하는 온도. 액체상태의 식품이 고체상태의 식품으로 그 상태가 변할 때 사용되는 용어로 1기압 하에서 물이 어는 온도는 0℃이다.

빙점 강하(**falling freezing point**) 용액의 농도가 낮을 때, 농도에 비례하여 빙점이 강하하는 현상. 비점 상승의 경우와 마찬가지로 비전해질 용액의 경우, 몰농도에 비례하고, 전해질 용액의 경우는 이온의 몰농도에 비례한다. 어느 경우나 몰농도당 1.86℃씩 빙점 강하한다. 우유, 육류, 채소류 등의 빙점이 물의 빙점보다도 낮은 것은 그 속에 녹아 있는 용질의 농도에 의한 것이다. 식품의 빙점은, 과일류 −2℃, 채소류

−1℃, 육류 −2℃, 달걀 −3℃, 우유 −1℃ 등이다.

빰장 메주를 가루로 빻아 미지근한 물에 버무려 소금과 굵은 고춧가루를 섞어 하룻밤 재운 장.

빵의 노화(staling) 빵을 저장할 때 호화되었던 밀전분이 노화되어 단단해지고 건조되는 현상. 탄력있고 복원성이 좋았던 물성이 뻣뻣하고 복원성이 없어진다. 노화를 촉진하는 조건은 냉장온도에 가깝거나 수분함량이 30~60%인 경우이다. 노화를 방지하려면 수분을 아주 낮게 해주거나 실온 이상으로 높은 온도를 유지하는 것이 좋다. 또한 쇼트닝이나 마가린 등의 유지제품으로 전분을 코팅하거나 스테아린 계통의 계면활성제를 첨가해 주면 매우 효과적이다. 신선한 빵의 껍질은 바삭바삭하고 특유의 향이 있지만 노화가 진행되면 빵 속의 수분이 껍질로 이동해 껍질이 부드러워지고 빵 속은 거칠고 건조하게 되어 굳어지고 부스러지기 쉬우며 탄력성 및 향미가 없어진다. 냉장온도에서 노화속도가 최대이고 −18℃ 이하에서는 노화가 정지되며, 높은 온도(43℃ 이상)에서는 노화속도가 느려지나 미생물에 의한 변질이 빠르다. 수분이 많으면 노화가 지연되고 밀가루 내 단백질의 양과 질이 노화속도에 관여한다. ☞ 노화

ㅂ

ㅅ

사과산(말산, malic acid) 과일에 널리 존재하는 유기산. 능금산, 말산이라고도 하며 사과, 체리에 많이 존재한다. 강한 신맛을 내며 포도주 숙성에서 향미제로 사용된다. 음료, 제과, 젤리 잼 등에 과일향을 내기 위해서 사용되기도 한다.

사과식초(沙果食醋, apple vinegar) 사과를 원료로 한 양조식초. 과즙을 살균한 후 효모를 첨가하여 알코올 발효를 시키고, 다시 초산균을 넣어 초산 발효를 시켜서 만든다. 당분과 산이 많은 품종으로 잘 익은 것을 써야 품질이 좋은 식초가 된다. 담황색이 되며 사과 향기와 더불어 산뜻한 맛이 난다. 시판되고 있는 사과초는 4.5~7%의 산도를 지니고 있다. ☞ 식초

사별(sorting) 불순물을 체에 걸러 제거하는 공정. 밀가루의 경우 롤러에 의하여 분쇄된 분쇄물을 체를 사용하여 사별한다. 과즙의 공정에서 펄퍼(pulper), 피니셔(finisher) 및 원심 분리식 착즙기로 착즙한 것은 다시 체질할 필요가 없으나 이 외의 것은 착즙한 과즙에 씨나 과피 조각 등이 부유되어 있어 외관이 불량하고 저장 중 품질 저하를 촉진시킨다. 따라서 이들을 제거하는 동시에 과육(pulp)의 양 및 크기를 조절하기 위해 사별한다. 사별장치로는 평면 진동체, 원통회전체 등을 사용해서 체질한 후 균질기(homogenizer)에 통과시켜 펄프를 균일하게 만든다.

사보리유(savory oil) 차조기과에 속하는 여름 사보리(Satureja hortensis) 또는 겨울 사보리(S. montana)의 꽃, 잎, 줄기를 수증기 증류하여 얻는 정유. 조미료, 소스, 육가공품, 피클, 식초 등에 쓴다. 우리나라에서는 식품첨가물로 지정되어 있지 않다.

사이다(cider) 무색의 비알코올성 탄산음료. 구미에서는 사과를 발효시켜 만든 사과주(apple wine)를 말하며 알코올 성분이 1~6% 정도 들어 있다. 그러나 우리나라에서 사이다라고 불리는 것은 물에 설탕, 향료, 구연산 또는 무기염류를 첨가하여 혼합한 후 탄산가스를 혼합한 알코올을 함유하지 않은 음료를 말한다.

사이코리올로지(psychorheology) 사람에 의한 감각적, 주관적 평가와 리올로지(rheology)적, 객관적인 측정치와의 관계를 대상으로 하는 학문 영역.

사이클로덱스트린(cyclodextrin) 포도당이 6~8개 결합된 고리구조의 덱스트린. 전분에 바실루스 마세란스(*Bacillus macerans*)의 아밀라아제를 작용시키면 얻어지는 고리구조의 덱스트린으로 포도당이 6~8개까지 결합되어 있다. 사이클로덱스트린을 샤르딩거덱스트린이라고도 부르며 포도당의 개수에 따라 6개는 α-, 7개는 β-, 8개는 γ-의 접두사를 붙인다.

사이클 메뉴(cycle menu) 신중한 계획을 통해 작성되어 일정한 기간을 주기로 한 번씩 바꾸어 사용될 수 있도록 고정해 놓은 식단. 공공기관이나 고객들이 자주 바뀌는 단체급식에서 사용하기 편리한 식단이다.

사이토카인(cytokine) 혈액 속에 함유되어 있는 면역 단백의 하나. 면역 글로불린, 인터페론, 사이토카인 따위가 있다. 작은 단백질이나 당단백으로 구성되어 있으며 목표 세포의 기능을 변화시키기 위하여 내분비되거나 paracrine, 혹은 autocrine경로를 택할 수 있다. 구조에 따라 type I cytokine은 IL-2, -3, -4, -5, -6, -7, -9, -11, -13, -15, G-CSF 등이 속하고 Type II cytokines은 IFN-α, -β, -γ, IL-10 등으로 구조가 비슷하고 수용체도 비슷하다. 사이토카인 길항제 및 작용제는 류머티즘 관절염, 다발성 경화증, 건선, 천식, 감염성 대장질환 등 자가면역질환에서 중요한

치료제로 떠오르고 있다.

사이토키닌(cytokinin) 식물 호르몬. 식물에는 자율신경은 없지만 몇몇 호르몬으로 생리를 조절한다. 여기에는 옥신(auxins), 벤질아데닌(benzyladenine), 지베렐린(gibberelline), 사이토키닌(cytokinin), 아브시스산(abscisin acid), 에틸렌(ethylene) 등이 있다. 이들 호르몬들은 식물의 발육정도에 따라서 혹은 환경의 변화에 따라서 늘어나기도 하고 줄어들기도 하며, 서로 작용을 촉진하거나 억제하면서 생장활동을 조절하고 있다. 사이토키닌은 세포분열과 형태형성, 색소체의 발달을 유도시키는 호르몬으로 잘 알려져 있으며 주로 뿌리에서 만들어진다. 옥신과 공동 작용을 한다.

사카린(saccharin) 인공감미료의 일종. 설탕의 300배 단맛을 내며, 고농도에서는 뒷맛이 쓴 특성이 있다. 톨루엔으로부터 합성되며 칼슘염, 칼륨염, 나트륨염으로 된다. 무색 내지 백색의 결정 또는 백색의 결정성 분말로서 절임식품류, 어육가공품, 청량음료(유산균 음료 제외) 및 특수영양식품(이유식류 제외)에 사용된다.

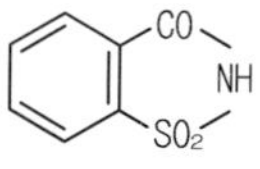

사탕(candy) 캐러멜, 드롭스, 젤리 및 땅콩 등을 당류로 싼 것 등 설탕을 주체로 하는 과자의 총칭. 어원은 라틴어이며, 'can'은 설탕, 'dy'는 틀에 흘려 넣어 굳힌다는 뜻이다. B.C. 2000년경 이집트에서는 과실이나 두향과(豆香科) 식물 등을 벌꿀에 버무려서 만든 단 과자가 만들어졌다. 그 후 버무린 것이 단단하도록 곡식가루를 섞었고, 치즈로 풍미를 가하였다. 알렉산더 대왕은 원정 시에 갈대에 벌꿀, 향신료, 착색료를 넣은 과자를 가지고 다녔다고 한다. 그 후 아라비아에서 아시아로부터 사탕수수를 가지고 와서 재배하여 설탕의 정제를 시작하였으며, 가루설탕을 만들었다. 여기에 아카시아의 수액에서 얻은 아라비아고무를 섞어 로젠지라는 것을 만들었는데, 이것이 사탕의 원조라고 할 수 있다. 중세 유럽에서도 설탕은 사치품으로 간주되었으며, 약을 마실 때나 맛을 없애기 위해 설탕이나 벌꿀을 사용하는 습관이 있었으며, 그 후 차차 캔디의 형태가 발달하였다. 현재는 설탕을 비롯하여 캔디용 원료의 종류가 풍부하고, 기계에 의한 생산법도 발달하여 종류가 많아졌다. 원료는 설탕 외에 물엿, 유제품(버터, 연유, 분유, 크림), 식용유지(야자유, 카카오 기름), 벌꿀, 포도당, 거품제(젤라틴, 난백), 콩류(땅콩), 가공한 과실(건포도, 설탕에 절인 오렌지 껍질, 앵두, 복숭아 등), 향료, 착색료 등 수없이 많다. 이들 원료를 조합하는 방식에 따라 종류가 다른 캔디가 만들어지며, 설탕을 단독으로 사용한 캔디는 많지 않은데 차이나마블, 콘페티 등이 그것이다. 설탕 다음으로 물엿이 중요한 원료인데, 설탕에 물엿을 섞어 씀으로써 캔디 안의 설탕이 결정이 되어 나오는 것을 방지하고, 단맛을 적당히 주며, 모양을 만들 수 있게 된다. 만드는 방법은 ① 원료를 혼합하여 증기솥 등에서 졸인 다음 성형하는 방법(캐러멜, 드롭스), ② 혼합한 다음 강력한 힘으로 틀에 밀어 넣어 만드는 방법(정과), ③ 회전하는 솥에 알갱이를 넣고 설탕을 입혀서 둥글게 성형하는 방법(젤리빈, 피너츠볼) 등이 있다. 이 중에서 ①의 방법이 많이 사용되며, 졸이는 온도에 따라서도 여러 가지 종류의 캔디가 된다.

사탕무 설탕(beet sugar) 사탕무를 압착하여 짜낸 즙에서 얻은 설탕. 첨채당(甛菜糖)이라고도 함.

사탕수수 설탕(cane sugar) 사탕수수 줄기를 압착하여 짜낸 즙에서 얻은 설탕. 감자당(甘蔗糖)이라고도 한다. 불순물을 제거하고 걸러 끓여서 함밀당(含蜜糖) 등을 취하고, 원심분리기로 밀(蜜)을 제거하여 분밀당을 얻는다. 분밀당(원료당)을 정제한 것을 정제당이라 한다.

사포닌(saponin) 식물계에 널리 분포하며 트리테르페노이드계와 스테로이드의 비(非)당 부분(아글리콘, aglycon)이 여러 고리 화합물과 결합되어 있는 배당체의 총칭. 당부분은 D-글루코오스 · D-갈락토오스 · L-아라비노오스가 잘 알려져 있고 글리시딘이 대표적인 예로 감초의 뿌리나 줄기에 존재한다. 디기탈리스의 잎에서 추출되는 디기토닌은 아글리콘의 예이다. 식물의 뿌리 · 줄기 · 잎 · 껍질 · 씨 등에 있는데, 강심제나 이뇨제로서 강한 작용이 있어

ㅅ

옛날부터 한방약으로 사용되어 왔다. 어느 것이나 세포에 대해서는 표면활성제로서 작용하여, 세포막의 구조를 파괴하거나, 물질의 투과성을 높이기도 한다. 이 밖에 스테아린 · 알코올 · 페놀 등과는 난용성인 분자화합물을 형성한다. 따라서 적혈구에 대하여 용혈작용을 보이는 것은 적혈구막 속의 콜레스테린이 사포닌과 강하게 결합하여 막구조가 파괴되기 때문이라고 생각되고 있다.

사프란(saffron) 붓꽃과의 여러해살이풀로 향신료의 일종. 학명은 *Crocus sativus* Linnaeus. 유럽 남부와 소아시아 원산이다. 스페인, 프랑스, 이탈리아, 남아프리카에서도 자라고 있다. 높이는 약 15cm이고, 꽃은 깔때기 모양으로 자주색이다. 꽃이 봄에 피는 종을 크로커스, 가을에 피는 종을 사프란이라고 한다. 암술대를 말려서 진정(鎭靜), 진경(鎭痙), 지혈제로서 월경곤란, 갱년기장애, 자궁출혈 등에 쓴다. 요리에 사용되는 사프란은 크로커스라는 식물의 암술만을 색깔별로 모아 말린 것으로 색을 내기 위해 많이 사용한다. 선홍색이지만 물에 녹이면 밝고 투명한 노란색으로 활짝 터지며 소량을 사용해도 진한 빛깔과 얼얼한 향을 낼 수 있다. 소스 · 수프 · 빵 · 감자 · 페이스트리 · 치즈 등에서 독특한 냄새와 색을 내기 위해 사용한다. 생선요리에 잘 어울리며, 부이야베이스(Bouillabaisse)나 스페인의 파에랴에 필수적인 향신료이다.

사후경직(rigor mortis) 동물을 도살 후 시간이 경과되면 근육이 수축되고 관절 등이 고정되어 굳어지는 현상. 원인은 근육 내의 아데노신3인산(ATP)의 분해 · 소실에 의한 것으로 추측한다. 튼튼한 근육일수록 죽기 직전에 고도로 사용된 근육일수록, 경직이 강하게 일어난다. 경직의 시기와 기간은 동물의 종류에 따라 다르나, 조류 고기는 6~12시간, 말과 쇠고기는 12~24시간, 돼지고기는 2~3일의 시간이 소요되며, 경직 중에 있는 고기는 가열 조리하여도 연해지지 않으므로 숙성 후 고기를 사용하여야 연한 고기 조리를 할 수 있다.

산가(酸價, acid value) 유지 1g 중에 포함된 유리지방산을 중화하는 데 필요한 KOH의 mg수. 품질이 좋은 기름에서는 이 값이 낮고, 저장 중이나 가열에 의해 가수분해가 진행하면 값이 상승하기 때문에, 유지 품질판정의 지표가 된다.

산도(acidity) 식품 100g을 연소시켜 얻은 회분의 수용액을 중화하는 데 소비되는 1N-NaOH의 mL수. 식품 성분 중에서 산을 생성할 수 있는 P · S · Cl 등과 같은 원소들의 상대적인 양을 나타내는 하나의 척도이며, 식품의 산-알카리 균형을 측정하는 기준이 된다. 달걀, 육류, 어류는 10~20, 현미는 9~14, 보리는 10, 오트밀은 15, 조개류는 10, 밀가루는 3~5, 쌀밥은 1의 산도를 나타낸다. ☞ 산성 식품

산마늘 백합과에 속하는 다년생 식물로 산채의 일종. 학명은 *Allium vitorialis* L.. 한자명은 산총(山蔥)이다. 파와 비슷한 인경이 있으며 식물 전체에서 마늘 냄새가 난다. 우리나라에서는 지리산, 오대산, 설악산의 높은 지대와 울릉도에 자생하고 있으며 일본, 중국, 시베리아 등에도 분포하고 있는 것으로 알려져 있다. 산마늘은 파와 비슷한 인경이 있는데 길이는 4~7cm이다. 산마늘은 자양 강장효과가 높은 산채로 '맹이(命)나물', '신선초'라는 별명으로도 불린다. 산마늘은 눈이 일부 있는 이른 봄에 새순이 돋아나는데 잎이 3매 이상 완전히 나왔을 때 잎 · 인경 · 꽃 등 식물 전체를 이용하며, 독특한 향이 있어 입맛을 자극하고 무기성분, 비타민 등이 풍부하다. 날 것으로 먹거나 무침 · 초절임 · 튀김 · 볶음 등 다양하게 요리해 먹을 수 있다. 또한 염장이나 장아찌, 묵나물 등 저장식품으로 이용하기도 한다. 중국에서 '각총'이라 하여 자양강장제 중 제일로 치고 있다. 최근에는 몇 가지 식중독균에 대한 항균효과와 인체 내 비타민 B의 흡수를 촉진하는 작용과 항혈전 작용이 있다고 보고되었다.

산분해간장(acid hydrolyzed soy sauce) 탈지대두, 밀가루, 글루텐(gluten)등의 단백질 원료를 염산 등으로 가수분해하여 아미노산으로 만든 후 탄산소다로 중화시켜 소금을 넣어 간을 맞추고 간장의 색 · 맛 · 향기를 내기 위해 화학약품을 첨가한 간장. 아미노산 간장, 화학간장이라고도 한다. 발효간장에 비해 제조시간이 짧아 값이 싼 장점이 있으나 맛이나 향기가 좋지 않다. ☞

간장

산성 식품(acid-forming foods) 식품 중의 무기 이온에 따라 섭취 후에 체내에서 산성을 띠는 식품. 곡류 등의 탄수화물 식품은 생체 내에서 분해되어 CO_2와 H_2O로 분해되고 H_2CO_3을 생성하므로 산성 식품이다. 또한 육류나 어류는 단백질중의 S는 SO_4^{2-}와 지질 중의 P는 PO_4^{3-}를 생성하며, 지질 중의 지방산과 글리세롤은 체내에서 완전 분해되어 CO_2와 H_2O로 되므로 역시 산성 식품이다. ☞ 산도

산숄(sanshool) 산초의 향신 성분. ☞ 산초

산유(酸乳, sour milk) 주로 젖산균에 의해 우유 등을 발효시켜서 산미와 특유의 향미를 지닌 음료로 만든 발효유. 산유에는 요구르트 · 애시도필루스 밀크 · 산유 음료 · 버터 밀크 등이 있다. 발효유는 오래 전부터 마셔 왔으며 사용되는 원료로는 우유 · 양젖 · 염소젖 · 말젖 등이 쓰였으나 현재는 주로 탈지유를 사용한다. 최근 들어 요구르트를 비롯한 발효유가 건강에 좋다는 과학적인 증거가 밝혀지면서 세계적으로 소비량이 증가되고 있다. 발효유는 냉장고에 저장할 수 있으며 1주일 내에 소비하는 것이 좋다.

산유 치즈(酸乳一, sour milk cheese) 유산균으로 우유를 응고해서 만드는 치즈. 코티지 치즈(cottage cheese)가 대표적이다. 산유 치즈에 대해 응유효소(凝乳酵素)인 레닌으로 응고시켜 만드는 치즈를 레닛 치즈라고 한다. 현재는 대부분의 치즈 제조에 레닌을 사용한다. ☞ 치즈

산저장(酸貯藏, pickling) pH가 낮은 초산이나 젖산 등을 이용하여 식품을 저장하는 방법. 마늘, 오이, 토마토, 청대콩, 양배추, 죽순을 원료로 한 것과 칼피스나 요구르트와 같은 젖산발효 음료 등을 들 수 있다. 미생물의 생육을 저지하는 pH는 균종에 따라 다르나, 대체로 pH 4.9 이하가 되면 세균은 생육하지 못하며, 효모와 곰팡이는 pH 3~4에서 생육이 중지된다. 그러나 젖산균은 약산성에서도 어느 정도 생육이 가능하다. 같은 pH에 있어서 유기산이 무기산보다 미생물의 번식을 저지하는 효과가 크다. 일반적으로 미생물의 생육에 대한 저지 효과는 산과 소금 · 산과 당 · 산과 화학방부제 등을 겸용함으로써 그 효과를 한층 증가시킬 수 있다.

산지시장(primary market) 식품시장 중 제1차 시장을 말하며, 물품 공급의 기본적인 원천이 되는 곳으로서 재배 · 수확 · 획득을 수행하는 생산지역을 의미하기 때문에 생산지 시장이라고도 함. 농촌지역의 농산물 시장, 해안지역의 수산물aa 시장을 예로 들 수 있으며 소비지 시장과는 대립되는 개념이다.

산채류(山菜類, wild vegetables) 산야에서 자라는 식물 중에서 식용이 가능한 식물의 총칭. 산나물이라고도 한다. 산채는 조직이 연하고 독성분이 없어야 하는데, 세계적으로는 산채로 이용이 가능한 식물은 약 3천여 종이 되는 것으로 분류되고 있다. 우리나라에서 자생하는 식물 3,200여 종 중 480종이 식용으로 가능하다고 보고 있다. 그러나 실제로 사람이 먹을 수 있는 식물 중에서 기호성이 좋고 식품적 가치가 높은 산채는 약 80여 종 정도이다. 주로 초본(풀)이 많으며 또 대부분 종자식물이다. 그러나 고사리 같은 양치식물도 있다. 이용 부위별로 줄기와 잎을 함께 이용하는 것, 뿌리를 이용하는 것, 종자나 열매를 이용하는 것으로 분류한다. 산채는 당분 외에 거의 모든 성분을 지니고 있을 뿐 아니라 무기질, 비타민이 풍부하고 아미노산 조성도 매우 우수하다. 과거에 흉년이나 전쟁 시에 구황 식물로서 이용해 왔을 뿐 아니라 민간에서 질병의 치료와 예방으로 이용하는 종류가 상당히 많다. 산채를 요리할 때에 설탕을 약간 첨가하면 채소보다 훨씬 영양가가 높아진다. 섬유질이 많기 때문에 성숙하기 전에 채취해야 하며 잔대나 참나물류는 생으로 먹기도 하나 삶은 후 물에 우려서 쓴맛이나 잡맛을 제거하는 것이 좋다. 특히, 고사리 같이 다소 독성이 있는 것은 삶아서 물에 오랫동안 담갔다가 건조시킨 후 필요할 때 이용한다.

산초(山椒, Japanese pepper) 운향과 낙엽 활엽관목으로 향신료의 일종. 학명은 *Zanthoxylum schinifolium* S. et Z.. 한자명은 천초(川椒), 화초(花椒)이고 또한 진초(秦椒)라고도 한다. 주로 우리나라, 일본, 중국에서 자란다. 잎과

열매를 사용하는데, 잎과 어린 열매는 그대로 이용하고 익은 열매는 말려서 가루로 쓰는데 상쾌한 향기와 매운맛이 독특하다. 주 매운맛 성분은 산숄(sanshool)이며, 어류의 비린내를 없애 준다. 생선요리 특히, 장어나 추어탕에 사용한다. 중국요리에 많이 쓰이는 오향(산초 · 회양 · 계피 · 정향 · 진피) 중의 하나이다.

산패(rancidity) 유지(油脂)를 공기 중에 오래 방치해 두었을 때 산화되어 불쾌한 냄새가 나고 맛이 나빠지거나 빛깔이 변하며 산가가 증가되는 현상. 불포화지방산은 더 쉽게 산화하므로 산패가 되기 쉽다. 기름의 열화현상(劣化現象)이며, 이것은 공기 속의 산소 · 빛 · 열 · 세균 · 효소 · 습기 등의 작용에 의하여 유지가 화학변화를 일으킴으로써 생기는 현상으로, 화학변화 양식에 따라 가수분해형, 케톤형, 산화형으로 나눌 수 있다. 산패는 식품 등에 대한 영향이 크며, 특히 유지를 많이 함유하는 식품은 이것 때문에 맛을 잃고, 비타민 · 아미노산 등의 영양소도 파괴되며, 심할 때는 독성(毒性)을 가진다. 산패를 방지하기 위해서는 항산화제(抗酸化劑, 산화방지제)를 가하여 차고 어두운 곳에 저장해야 한다. ☞ 변패

산화(酸化, oxidation) 어떤 물질이 산소와 결합하여 산화수가 증가하거나 또는 그 물질에서 수소를 떼어내는 작용을 말한다. 예를 들면, 공기 중에서 탄소나 황이 연소되면 $C + O_2 \rightarrow CO_2$ 및 $S + O_2 \rightarrow SO_2$ 와 같이 산소와 결합하여 산화수를 증가시키는 것. 또한 에탄올(CH_3CH_2OH)이 적당한 산화제와 반응하여 아세트알데히드(CH_3CHO)를 생성할 때 원래의 에탄올보다 분자 중의 수소 수가 감소하며 산화한다. 산화에서의 산화수의 변화는 이온인 경우는 양전하의 증가, 음전하의 감소로 나타나는데 어느 경우이든 전자를 방출하는 반응이 산화가 된다.

산화방지제(酸化方止劑, antioxidants) 식품의 보존 시 공기 중의 산소에 의해 유지의 산패나 식품의 맛과 색이 변질되는 산화를 방지하기 위한 목적으로 사용하는 식품첨가물. 현재 지정된 산화방지제 중 에리소르브산(erythorbic acid), 아스코르브산(ascorbic acid) 등의 수용성인 것과 몰식자산프로필(propyl gallate, PG), 부틸레이티드히드록시아니졸(butylated hydroxy anisole, BHA), 부틸레이티드히드록시톨루엔(butylated hydroxy toluene, BHT) 등의 지용성인 것이 있는데 지용성인 것은 유지 또는 유지를 함유하는 식품에 사용된다.

산화환원전위(oxidation-reduction potential, redox) 한 물질이 전자(electrons)를 잃거나 또는 얻으려는 경향의 측정치이다. 산화환원전위 값은 수소로 둘러싸여 있는 수소-백금 전극으로 측정되는데, 이 전극이 전압계를 통해 전원에 연결되었을 때, 산화된 상태(전자를 얻으려는 경향)의 물질은 +값을, 산화된 상태(전자를 잃으려는 경향)의 물질은 −값을 띤다. 이 때, 전류의 흐름은 mV의 단위로 측정된다. 가공되지 않은 식품은 대부분 살아있는 조직이기 때문에 호흡활동이 있고 따라서 환원된 상태로 음(−)의 redox 값을 갖게 된다. 또한 과일이나 채소의 비타민 C, sulfhydryl group (−SH) 등도 음의 redox 값에 기여한다. Redox 값이 낮으면 혐기성 미생물이 성장하기 쉬운 조건이 된다.

살구(杏, apricot) 장미과의 살구나무의 열매. 학명은 *Prunus armeniaca* L.. 중국이 원산지이고 미국이 세계 최대 생산국이다. 국내에서는 경북, 충남이 주요 산지이다. 과실은 지름이 3cm의 둥근 모양으로 털이 많고 주황색이며 과육이 핵에서 잘 떨어진다. 한국 종은 유기산이 많아 산미가 강하지만 유럽 종은 크고 유기산도 적고 당도와 향이 좋다. 90%가 과육이며 비타민 C는 5mg%로 적은 편이지만, 비타민 A는 297R.E.로 과일 중에서는 많은 편이다. 당질은 6~8%이고 대부분 설탕, 과당이고 나머지는 소르비톨이다. 유기산은 품종에 따라 1~3%로서 신맛이 강하며 주로 사과산(malic acid)이고 소량의 시트르산이 포함되어 있다. 철은 0.5mg%로 많은 편이고 그 외 칼슘, 칼륨, 나이아신과 같은 비타민, 미네랄 성분이 풍부하게 함유되어 있다. 잘 익은 살구의 황적색은 베타카로틴이 함유된 카로티노이드계 색소로서 인체에 들어가 프로비타민 A의 효과를 내는 중요한 영양소이다. 펙틴이 많이 있어 잼으로 가공하기 좋다. 살구씨는 행인(杏仁)이라고 하며,

ㅅ

아미그달린이 약 3% 정도 함유되어 있다 행인은 해열, 진해, 거담 등의 효능이 있어 기침 · 천식 · 기관지염 · 인후염 · 급성폐렴 · 변비에 사용한다. 살구씨에 있는 지방은 피부를 하얗게 하고 윤기가 나도록 도와준다. 생과 · 통조림 · 잼 · 술 · 소스 · 건과 등으로 이용하며 건조 시에는 3~4시간 훈증 처리하여 말린다. 행인에서 추출한 액을 한천과 함께 굳혀서 디저트로 만들며 살구 소스는 닭고기 요리에 사용한다.

살균(殺菌, **pasteurization**) 식품을 위생적으로 안전하게 하기 위해 병원성 세균을 없애는 과정. 우유의 살균법으로는 62~65℃에서 30분간 가열하는 저온살균, 72℃에서 15초 살균하는 고온순간 살균(high temperature short time process), 130℃ 이상에서 2~3초 가열하는 초고온살균(ultra high temperature process) 등이 있다. 40℃ 이상으로 우유를 가열하면 점도가 감소하고 고온 장시간 가열 시는 갈변반응이 일어나며 75℃ 이상에서 15초 정도 가열하면 특유의 가열취가 발생한다.

살균제(殺菌劑, **bacteriocides**) 미생물을 단시간 내에 사멸시키기 위해 사용되는 식품첨가물. 그 작용이 강한 만큼 유독한 것이 많으므로 식품첨가물로는 독성이 적고 식품에 악영향을 주지 않으면서도 살균력이 강한 것이 바람직하다. 현재 허용되고 있는 살균제는 차아염소산나트륨(sodium hypochlorite), 표백제(bleaching powder), 고도표백분(calcium hypochlorite), 과산화수소(hydrogen peroxide) 및 이염화이소시아뉼산 나트륨(sodium dichloroisocyanurate)의 5종이다.

살모넬라 식중독(**salmonellosis**) 그람(Gram) 음성, 비아포성, 통성혐기성 간균인 살모넬라에 의한 식중독. 우리나라와 일본에서 가장 많이 발생하는 식중독이다. 살모넬라 감염증상은 혈변을 동반하지 않는 설사, 복통, 열, 구역질과 구토 등이 6~48시간 후에 발생하고 증상은 1~2일 정도 지속되거나 그 이상 연장될 수도 있다. 이 균의 생육 적정 온도는 37℃이며, 사람 · 동물 · 식품 및 환경에서도 발생하여 사람 및 동물의 질병을 일으키며, 동물의 경우 특히 닭과 돼지에 많이 분포한다. 위생적인 식품 취급 및 충분한 열처리 등으로 식중독을 예방할 수 있다.

삼백초 삼백초는 동아시아 일대에 분포하는 삼백초과의 다년초. 학명은 *Saururus chinensis*로서 뿌리 · 잎 · 꽃이 흰색이기 때문에 삼백초라고 한다. 한방에서는 식물체 전체를 말려 몸이 붓고 소변이 잘 안 나올 때 쓰고, 각기 · 황달 · 간염 등에도 사용한다. 부종, 변비, 악창, 요도염, 고혈압증, 피부염의 개선 등에 널리 사용된다. 삼백초차는 생엽을 잘게 썰어서 달이든가, 건조엽을 달여서 마신다.

삼소 치즈(**Samsoe cheese**) 에멘탈형으로 생긴 덴마크산 치즈. 표면이 노랗기 때문에 금빛 치즈라고도 한다. 지름 44cm, 높이 10cm의 원반 모양의 치즈이다. 단면은 담황색의 왁스 모양이고 발효 중에 발생하는 가스 때문에 생긴 6~12mm의 구멍이 있다. 약간 단맛이 나는 호두맛과 같은 향미가 특징이다. ☞ 치즈

3-MCPD(**3-monochloro-1,2-propandiol**) 발암의심물질로 한때 산분해 간장에서 발견되어 논란의 대상이 되었던 화합물. 대두를 염산으로 가수분해하여 아미노산으로 만드는 과정에서 함께 있던 지방이 지방산과 글리세롤로 가수분해되고, 글리세롤이 염산과 반응하여 생성되는 물질이다. 남성의 성기능 장애 유발 물질로도 의심이 되었던 이 물질은 현재는 공정에 변화를 주어 그 생성량을 최소화하고 있다.

삼온당(三溫糖) 상백당보다 순도가 낮은 설탕. 순도가 90% 이상으로 낮으며 엷은 갈색을 띠고 회분 등을 함유한다. 단맛은 상백당보다 강하고, 특유한 향미가 있다. 조림 등에 이용하면 독특한 맛을 즐길 수 있다. 제과용으로도 이용된다.

3점검사(三點檢査, **triangle test**) 특성이 다른 두개의 시료 차이를 평가할 때 사용되는 검사 방법. 비교적 정확하게 식별된다고 인정되어 많이 쓰인다. 세 개의 시료 중 두 개는 같은 시료를, 한 개는 다른 시료를 제공하며 이 세 개 중 다른 시료를 선택하게 한다. 이 때 제공될 수 있는 시료의 배치는 AAB, ABA, BAA, BBA, BAB, ABB의 6가지이며, 위치 및 순위 오차를 제거하기 위해 무작위로 배치되어 각 패널에게 제

공되고, 패널 요원은 세 개의 시료 중에서 어느 것이 다른지를 선택한다. 우연히 맞출 확률은 1/3이며 감각의 둔화현상을 고려하여 시료에 따라 다르지만 한 번 검사 시 4회 이하로 실시하는 것이 좋다.

삼치(Spanish mackerel) 농어목 고등어과의 바닷물고기. 학명은 *Sawara niphonia* Cuvier et Valenciennes. 최대 몸길이 100cm, 몸무게 7.1kg까지 성장한다. 몸두께는 낮아서 머리길이보다 작다. 몸은 가늘고 길며 옆으로 납작하며, 몸 등쪽은 회색을 띤 푸른색이고 배쪽은 은백색을 띤다. 연근해의 아표층에 서식한다. 봄(3~6월)에는 산란을 위해 회유하며, 가을(9~11월)에는 먹이를 찾아 일본 근해로 이동하는 색이회유를 한다. 동중국해, 일본 홋카이도이남, 러시아의 블라디보스토크, 우리나라 등 북서태평양의 온대 해역에 분포한다.

삼투압(osmotic pressure) 동·식물체 세포의 세포막과 같은, 용매는 통과하지만 용질은 통과하지 않는 반투막의 양측에 농도가 다른 두 액을 두면 희석액 중의 물이 막을 통해서 농후액으로 이동하는 것을 삼투현상이라고 하고, 이때의 막 면에서의 압력차를 삼투압이라고 부른다.

삽주 국화과 여러해살이풀로 산채의 일종. 학명은 *Atractylodes japonica* (Koidz.) Kitagawa. 한자명은 천정(千精)이다. 분포지역은 한국, 중국, 동북부, 일본 등이며, 우리나라에서는 전국 산지의 양지 바른 곳에 널리 분포되어 있다. 뿌리는 굵고 길며 마디가 있고 향기가 있다. 줄기는 곧게 서고 윗부분에서 가지가 몇 개 갈라지며 높이가 30~100cm이다. 뿌리에서 나온 잎은 꽃이 필 때 말라 없어진다. 잎은 깊게 깃꼴로 갈라지며, 갈라진 조각은 3~5개이고 타원모양 또는 달걀을 거꾸로 세운 모양의 긴 타원형이며 표면에 윤기가 있고 뒷면에 흰빛이 돌며 가장자리에 가시 같은 톱니가 있고 잎자루의 길이가 3~8cm이다. 비슷한 종류로 잎자루가 없는 것을 용원삽주(*A. koreana*)라고 한다. 성분은 아트르악틸론(atractylone, $C_{15}H_{18}O$) 20%, 아세트알데히드(acetaldehyde), 퍼퓨르알데히드(furfuraldehyde) 등이 있다. 한방에서는 뿌리줄기를 창출(蒼朮)이라는 약재로 쓰는데, 이뇨제, 신장염, 토사, 복통, 설사, 건위, 발한, 혈압강하 등에 쓰이지만 지나치게 많이 섭취하면 호흡마비증세가 있다고 한다. 봄에 어린순을 끓는 물에 데쳐서 물에 우려낸 다음 무침, 튀김, 생채로 이용하는데, 쓴맛이 입맛을 돋워 준다.

상관계수(coefficient of correlation) 두 변량 X, Y 사이의 상관관계의 정도를 나타내는 수치(계수). 모집단을 대상으로 한 식도 있으나 대부분 표본자료를 이용하므로 표본상관계수가 흔히 사용된다. 측정값 (x, y)에 대하여 n개인 측정값 (x_1, y_1) (x_2, y_2), …,이 주어졌을 때, x와 y 사이의 상관정도를 나타내는 것으로서 상관계수 (r)라고 하며 다음의 식으로 표현한다.

$$r=\frac{\frac{1}{n}\sum_{i=1}^{n}(x_i-\bar{x})(y_i-\bar{y})}{\sigma_x\sigma_y}$$

$\bar{x}$, $\bar{y}$: 각각 x, y의 평균값

σ_x, σ_y : 각각 x, y의 표준편차

윗식의 우변의 분자에 있는 양을 x, y의 공분산(共分散)이라고 한다. 상관계수 r은 항상 부등식 $-1 \leq r \leq 1$을 만족시키며, 양의 상관관계가 있을 때는 $r>0$, 음의 상관관계가 있을 때는 $r<0$이다. 또 무상관일 때는 $r=0$이 된다.

상관관계(correlation) 두 변수의 짝지은 관측치 사이에 존재하는 관계의 강도와 방향을 결정하는 통계적 방법. 두 변수 사이에 한 쪽이 증가하면 다른 쪽도 증가(또는 감소)하는 경향이 있을 때, 이 두 변량 사이에는 상관관계가 있다고 한다. 이러한 예는 흔히 볼 수 있다. 예를 들면, 키가 큰 사람은 작은 사람에 비하여 일반적으로 몸무게가 많다. 이와 같이 한쪽이 증가하면, 다른 쪽도 증가하는 관계를 양의 상관관계라고 한다. 또, 어떤 제품의 생산량이 늘어나면 그 제품의 가격이 떨어지는 경향이 있듯이, 한쪽이 증가하면 다른 쪽은 감소하는 관계를 음의 상관관계라고 한다. 두 변수 사이의 상관관계를 표로 나타낸 것을 상관관계표라 하며 그림으로 나타낸 것을 상관관계도라고 한다. 상관관계도에서는 한 쪽의 수값(키)을 가로축 위에, 다른 쪽의 수값(몸무게)을 세로축 위에 나

타내고, 그 사람 수에 해당하는 수만큼 점을 그려 넣는다. 점이 완전히 직선 주위에 몰리면, 거의 일차함수의 관계를 나타내는 것이 된다. 특히, 이와 같이 점들이 직선에 가깝게 분포되어 있을 때에는 강한 양의 상관관계가 있다고 한다. 또 두 변량 x, y 사이의 상관관계의 정도를 나타내는 수값을 상관계수라 한다.

상대습도(相對濕度, **relative humidity, RH**) 식품 중의 수분함량은 완전하게 밀폐된 용기에 존재하지 않는 한 오랫동안 방치할 때 식품 중의 수분과 대기 중의 수분 사이에 자유로운 출입이 생겨서 결국 대기 중의 수분과 평형상태에 이르게 된다. 이 평형상태에 이르렀을 때 한 식품의 수분함량은 대기 중의 수분함량 즉 상대습도라 하며, 식품자체의 특성에 따라 정해진다. 상대습도는 실질적으로 식품의 수분활성의 정의와 같으며, 상대습도와 평형을 이루고 있는 식품의 수분활성의 100배와 같다. 따라서 같은 온도에서 순수한 물의 증기압에 대한 증기 중 습기의 증기압의 비율로서 상대습도는 수분활성 ×100으로 나타낸다.

상백당(上白糖) 가장 많이 사용하는 흰설탕. 백설탕, 정백당(精白糖)이라고도 한다. 입자가 작고 고순도의 설탕으로 담백한 단맛을 느끼게 하며, 순도는 99.9% 이상이다. 다목적용, 가정용이다. ☞ 설탕

상승작용(**synergism**) 하나의 성분이 존재할 때보다 다른 물질을 넣었을 때 본래의 성분들이 나타내는 특성을 더 증가시키는 작용. 같은 계통의 두 종의 정미 물질이 혼합될 때, 예를 들면 다시마, 멸치 등을 우려낸 혼합국물과 같이 각 정미의 세기를 가산한 것보다도 훨씬 강한 맛을 내는 것.

상어(**shark**) 연골어류 악상어목에 속하는 어류의 총칭. 전 세계의 열대에서 한대에 걸쳐 깊은 바다에서 연안에 이르기까지 널리 분포한다. 요소 및 산화트리메틸아민이 사후 부패세균에 의해서 분해되어 생성하는 암모니아와 트리메틸아민에 의해 냄새가 난다. 경골어류의 뼈에 비해 인산과 칼슘이 적으며, 콜라겐이나 콘드로이친황산이 많이 포함되어 있다. 상어는 부위별로 다양하게 이용되는데, 간유에 함유된 스쿠알렌(squalene)은 간장보호제로 이용되며, 수분 함량 30% 정도로 말린 상어 살은 정종과 소금을 가한 다음 찜으로 이용하며 식초간장소스를 곁들이면 좋다. 또한 소금구이, 버터구이, 꼬치구이 등에 이용한다. 지느러미는 중국에서 스프 등 고급요리에 이용되며, 특히 철갑상어 알은 캐비아(caviar)라고 하여 카나페, 초밥요리에 이용한다. 껍질은 말려서 물건을 문지르는 데 쓰고, 구두 및 공구의 장식용으로도 사용한다. 캐비아는 다음과 같이 만든다. 신선한 알을 꺼내어 체로 알 입자와 다른 부착물을 나누고 여름에는 10%, 가을에는 8% 정도의 건조소금을 넣고 휘저어 소쿠리에 담아 흘러나오는 소금물을 제거하고 도자기나 깡통에 담아 저온에서 숙성시킨다. 이것을 알갱이 캐비아라 하고, 적당히 숙성되면 좋은 풍미를 내지만 보존성이 약하므로 5℃ 이하에서 저장한다. 또는 알 입자를 포화된 소금물에 담가 으깨어 연하게 된 것을 통에 담근다. 이것은 짠맛이 나지만 보존성이 좋으므로 수출용에 사용된다. 캐비아는 생산량이 적어 값이 비싼데, 술안주에 좋으며 샌드위치의 재료로도 적당하다. ☞ 스쿠알렌

상어 연골(**shark cartilage**) 상어연골의 주요 구성성분은 뮤코다당체(mocopolysaccharide)라 불리는 점성물질로서 콘드로이틴황산(chondroitin sulfate)이 중요 구성성분의 하나이다. 콘드로이틴황산은 주로 피부, 혈관 벽, 연골, 인대, 관절, 안구, 각막, 점액, 각 장기 등에 분포해서 체내의 결합조직을 구성하고, 관절이나 인대의 탄력과 원활성 유지, 뼈의 성장이나 골격의 회복, 골다공증의 방지뿐만 아니라 혈액 중의 콜레스테롤이나 과산화지질을 제거해서 동맥경화나 고혈압, 혈전생성을 방지하는 다양한 생리활성을 가진 기능성물질로 밝혀지고 있다. 건강 기능성식품으로 이용될 뿐만 아니라 신장염, 류머티즘, 신경통, 요통, 어깨 결림, 야뇨증, 안질환, 탈모증 등의 의약용품에도 이용되고 있다.

상업성 급식(**commercial foodservice**) 일반 대중을 대상으로 영리를 목적으로 운영되는 외식산업.

상 전환(**phase inversion**) 유화액을 이루는 분산상

과 분산매의 두 계(phase)가 바뀌는 현상. 예를 들어, 수중유적형(oil in water, O/W) 유화액인 크림상이 유중수적형(water in oil, W/O) 유화액인 버터로 변화되는 현상.

상추(lettuce) 국화과에 속하는 한해 또는 두해살이 식물. 학명은 *Lactuca sativa* L.. 유럽과 서아시아가 원산지이고 중국의 문헌에는 고려의 상추가 질이 좋다는 기록이 있다. 품종이 다양하며 크게 결구상추(var. *capitata*), 잎상추(var. *crispa*), 배추상추(var. *longifolia*), 줄기상추(var. *asparagina*)로 나눈다. 우리나라에서는 주로 잎상추를 재배하는데 수확방법에 따라 포기상추와 치마상추로 나누고, 잎의 색으로 적(꽃)상추와 청상추로 나눈다. 일반적으로 치마상추보다 포기상추가 맛이 좋은 편이며, 청상추보다 적상추가 맛이 좋다. 양상추는 결구 상추이며, 주로 샐러드로 이용된다. 철과 구리가 풍부하여 빈혈 환자에게 좋으며, 셀레늄도 많이 들어 있다. 줄기에서 나오는 우윳빛 즙액에 락투세린과 락투신이 들어 있는데, 이 성분은 진통과 최면 효과가 있어 상추를 많이 먹으면 잠이 온다. 아미노산으로는 류신(leucine)과 발린(valine)이 다른 채소보다 많고, 리신, 트립토판도 많으나, 채소 중에서 비타민 C는 적은 편이다. 감칠맛 성분은 아데닐산(1mg%)이고, 수산이 상당량 있어서 Ca의 이용률을 떨어뜨린다. 주로 샐러드나 쌈으로 이용한다. 중국요리에서는 기름에 살짝 데쳐서 사용한다. 시든 상추는 찬물에 담가두면 싱싱하게 살아난다. 겉잎의 푸른 부분을 살짝 데쳐 곱게 갈아 크림수프용으로 사용하면 맛이 좋다. 좋은 상추는 싱싱해야 하며 잎이 힘이 있으면서도 조직이 부드러운 것이 좋다. 잎이 힘이 있을 경우 그 정도가 지나치면 조직이 질기다.

상한섭취량(tolerable Upper Intake Level : UL) 한국인 영양섭취기준 구성의 하나로 인체 건강에 유해영향을 나타내지 않는 최대 영양소 섭취수준. 과량 섭취 시 건강에 악영향의 위험이 있다는 자료가 있는 경우에 설정이 가능하다. 즉 유해영향이 확인된 영양소의 경우 영양소의 과잉섭취로 인한 위험을 예방하기 위해 일반적인 집단의 대다수 구성원에게 건강상 유해 영향의 위험을 나타내지 않을 섭취 수준을 상한섭취량으로 설정하였다.

상황버섯 뽕나무와 활엽수의 줄기에 자생하는 목질 진흙버섯. 학명은 *Phellinus linteus.* 야생되는 버섯은 3, 4년 동안 다년생으로 생장하며 초기에는 황금색의 진흙덩이가 뭉친 것 같다가 다 자라면 나무그루터기에 혀를 내민 모양으로 '수설'이라고도 한다. 갓의 두께가 두꺼운 것일수록 좋다. 효능으로는 항암작용, 위장병, 간질환, 혈압강하, 체력강화, 동맥경화, 월경불순 등이다.

새꼬막(cockle) 연체동물 사새목 꼬막조개과의 부족류. 학명은 *Scapharca subcrenata* Lischke. 크기는 꼬막과 피조개의 중간 정도이다. 조간대부터 수심 10m의 진흙, 갯벌에 살며 양식하기도 한다. 전남 순천시 해룡면이 주산지이며 강진군 대구면 등지로 이식하여 양식하고 있으며 일명 꼬마피안다미조개라고도 한다. 우리나라(남해 · 서해), 일본, 중국 북부 등지에 분포한다. 살은 자홍색이며 맛이 달며 양질의 단백질과 비타민, 필수아미노산이 균형 있게 들어 있고, 특히 철과 각종 무기질이 다량 함유되어 있다. 어른들에게는 조혈강장제가 되고 어린이들의 성장발육에 효과가 클 뿐만 아니라 저혈압에도 좋아 자주 먹으면 혈색이 좋아진다고 한다. 선도가 좋은 것은 새조개 대용으로서 생선초밥용으로 이용되거나 조림 또는 찜 등으로 이용하는 수가 많다.

새송이버섯 우리나라에서는 큰 느타리버섯으로 등록되어 있으며 새송이버섯은 상품명이다.

새우(shrimp/prawn) 절지동물 십각목(十脚目) 장미아목(長尾亞目) 동물의 총칭. 한자어로 하(鰕 · 蝦)라 한다. 새우는 머리, 배, 꼬리의 세 부분으로 이루어져 있고 수염과 꼬리가 긴 것이 특징이다. 새우는 옛날부터 장수와 좋은 일의 상징으로 전해지며 '해로'라고도 부르는데, 이는 새우가 물속에서 움직일 때 허리를 구부리는 모양을 노인에 비유하여 생긴 말이다. 새우류의 화석은 고생대의 데본기에서부터 나타난다. 보통 몸은 가늘고 길며 좌우대칭이고 키틴질을 포함하는 외골격으로 덮여있으며, 여러 개의 몸마디로 되어 있고, 머리 · 가슴 · 배의 3

부분으로 구분된다. 머리와 가슴은 몸길이의 반보다 짧고 배는 잘 발달하여 있다. 배의 끝부분은 좌우대칭인 꼬리부채를 이룬다. 아가미는 구조상 나무 모양 아가미(樹狀-보리새우류 등), 실 모양 아가미(絲狀-해로새우류 · 닭새우류 · 가재류 등), 잎 모양 아가미(葉狀-징거미새우류 · 도화새우류 · 자주새우류 등) 등의 3가지로 구분된다. 새우류는 민물 · 기수 · 바닷물 등에 사는데 민물에 사는 것은 징거미새우류 · 새뱅이류 · 가재류 등으로 종류 수가 적고 바닷물에서 사는 것이 종류가 많다. 수평적으로는 열대 · 온대 · 한대 해역에, 수직적으로는 조간대에서 심해에 이르기까지 분포하는데 한대 수역보다 열대 수역에, 심해보다 얕은 바다에 더 많다. 우리나라 연해와 민물에서는 약 80종이 알려져 있는데 이 중 경제성이 높은 것들은 동해의 도화새우 · 북쪽분홍새우 · 진흙새우, 남해의 보리새우 · 꽃새우 · 자주새우, 황해의 대하 · 중하 · 중국젓새우 · 밀새우, 제주의 닭새우 · 펄닭새우 등이다. 새우의 지방에는 고도불포화지방산이 다량 함유되어 있고, 특히 엑기스 중에는 타우린이 들어 있어 혈중 콜레스테롤을 내려주며, 심장병과 피로회복에 좋다. 지방과 탄수화물이 적고, 단백질이 다른 영양분과 섞이지 않은 순수한 상태이다.

새우젓 생새우에 소금을 뿌려 담근 한국 고유의 젓갈. 새우젓은 우리나라에서 가장 많은 젓갈로서 빛이 흰 잔새우를 골라서 이물질을 골라내고 물에 씻어서 물기를 뺀 후 새우에 소금을 3:1의 비율로 넣고 잘 섞어서 항아리에 담고 꼭꼭 눌러서 윗면에 소금을 두껍게 얹고 봉해서 그늘에 둔다. 젓을 담는 시기에 따라 5월에 담근 것을 오젓, 6월에 담근 것을 육젓, 가을에 담근 것을 추젓, 겨울에 담근 것을 동백하젓이라 하는데, 육젓이 새우의 살이 통통하게 올라 맛이 있고 젓국도 좋아 김장용으로는 제일 좋다. 이 밖에 자하(紫蝦)젓 · 곤쟁이젓 등이 있다. 숙성이 잘된 새우젓은 육질이 토실하고 짠맛이 알맞으며 액즙이 유백색이고 악취가 없다. ☞ 젓갈

새조개(egg cockle) 연체동물 석패목(石貝目) 새조개과의 부족류. 학명은 *Fulvia mutica* Reeve. 닭고기 맛과 비슷하다 하여 조합(鳥蛤)이라고도 한다. 우리나라의 마산만, 통영만, 고흥만 등 내만의 수심 10~30m의 진흙이 많은 곳에 산다. 우리나라 남해안, 일본, 유럽, 북미 등에 분포한다. 제철은 겨울에서 봄이다. 살은 연한 홍색이고 내면은 홍색이며 가장자리는 더욱 짙은 색이다. 발이 길며 적갈색으로 식용한다. 조개 중 단백질 함량이 가장 높고 지방도 많다. 맛이나 향기는 떨어지지만 쫄깃한 감칠맛이 특색이다. 청정지역 한려수도에서 자란 새조개는 단백질, 칼슘, 철이 다량 함유된 영양 덩어리이다. 숙취해소, 간염 및 지방간의 활성화와 당뇨, 소화기능에도 좋은 건강식품이다. 생선회, 생선초밥 외에 구이, 조림용으로도 사용된다. 중식에는 해물볶음 요리로 많이 사용하고 잡탕밥, 팔보채, 전가복, 잡탕류, 회 등으로 즐기며 초회로도 사용된다.

새치류 농어목의 바닷물고기. 분류상 황새치과와 청새치과에 속하는 거어의 총칭. 난류성이어서 온대 및 열대해역에서 서식하고 우리나라 남부와 제주도 연해에 분포하고 있다. 약 13종이 있는데 황새치(swordfish, *Xiphias gladius* Linnaeus)만이 황새치과에 속하고, 그 외에 청새치(marlin, *Makaira mitsukurri* Jordan et Snyder), 녹새치, 백새치, 돛새치 등은 모두 청새치과에 속하며 새치류의 몸길이는 청새치 2m, 돛새치 2.5m, 백새치 3m, 녹새치 2.5m, 황새치 3.5m 정도로서 이들은 모두 위 주둥이가 길게 돌출하여 송곳같이 뾰족한 것이 특징이다. 어획량은 많지 않아서 세계 전체의 총계로 약 13만 톤, 그 중 황새치 7만 톤, 녹새치 2만 5천 톤, 청새치는 1만 5백 톤이다. 일본에서는 식용가치가 높아서 생선회, 생선초밥용, 구이 등으로 즐기는데 구미에서 식용으로서의 가치는 청새치를 제외하면 높지 않다. 황새치는 스테이크, 마리네이드소테 등 여러 나라에서도 좋아한다.

색(色, color) 빛은 전자파의 일종으로, 가시광선 범위는 380~780nm의 파장 범위이다. 이런 빛이 물체에 반사해서 물체의 색을 분별할 수 있다. 각각의 파장에 따라 파랑, 초록, 빨강 등으로 나누어지며 이러한 색의 감각을 색상(色

相) 감각이라고 한다.

▲파장에 따른 색

파장 범위(nm)	색명
467 ~ 483	파랑
498 ~ 530	초록
573 ~ 578	노랑
586 ~ 597	주황
640 ~ 780	빨강

색도(色度, **chroma**) 가시광선 중에서 반사되는 특정 파장의 양에 의해 결정되는 값. ☞ 색

색상(色相, **hue**) 가시광선 중 반사, 또는 투과되는 특정 파장대에 의해 결정되는 값. 400~500nm의 파장이 많이 반사되면 청색으로 보이고, 500~600nm의 파장이 많이 반사되면 초록 또는 노랑으로 보이며, 600~700nm의 파장이 주로 반사되면 빨강으로 보인다. ☞ 색

색의 표시법 색은 붉다, 푸르다고 하는 색상, 밝고 어두운 명도, 선명하고 희미한 채도로 나타내진다. 이 색상, 명도, 채도를 색의 3속성이라 한다. 이를 입체적으로 조합해서, 명도를 축으로 해서 정상에 흰색, 최하부에 검정을 배치하고 그 사이를 무채색의 밝기 순서로 배치한다. 색상은 무채색 축을 중심으로 해서 원으로 하여 빨강, 주황, 노랑의 순으로 배치한다. 채도는 무채색 축을 중심으로 해서 순차적으로 채도가 높게 되도록 배치한다. 이렇게 해서 색을 계통적으로 분류한 것을 색입체라고 한다. ☞ 색체계, 색도, 색상

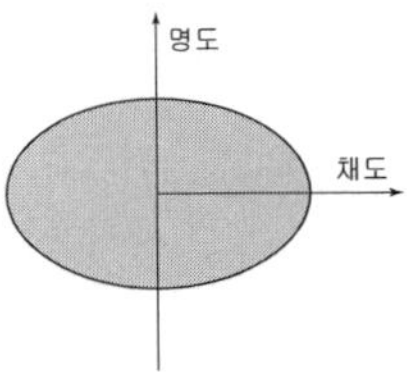

색의 3속성과 색입체

색차(色差, **color difference**) 물체 표면색의 상위(相違) 정도를 나타내는 수치. 색차계에 의해서 측정되는 명도, 채도, 색상의 3가지 수치를 기본으로 구한다. 보존, 조리에 의한 식품 표면색의 변화 등을 조사할 때는 색차를 비교해서 육안으로의 변화와 대응시킨다. 색차의 단위는 일반적으로 NBS(National Bureau of Standards) 단위가 사용된다. 이 단위에 의해서 표시되는 색차(ΔE)와 느낌과의 관계는 다음과 같다. ☞ 색차계

▲색차에 따른 느낌

ΔE	표현
0 ~ 0.5	미미한
0.5 ~ 1.5	조금, 약간
1.5 ~ 3.0	느낄 수 있는
3.0 ~ 6.0	눈에 띄게, 두드러지게
6.0 ~ 12.0	많이
12.0 이상	매우 많이

색차계(色差計, **colorimeter**) 색차분석법에 이용되는 기기. 색차분석법은 용액 중의 분자가 어떤 특정 파장의 광을 정량적으로 흡수하는 것을 이용한다. 액의 층 두께가 투과광의 강도와 어떤 관계를 나타낸다고 하는 람베르트의 법칙과 베르의 법칙이라고 알려진 농도와 투과광의 강도의 관계식이 그 기본으로 되어 있다. 식품에서는 헌터(Hunter) 색차계를 많이 이용한다. ☞ 색차

색체계(色體系, **color system**) 색을 체계적으로 분류하고 표시하여 놓은 체계. 맥스웰의 RGB 색체계는 빨강(R), 초록(G), 파랑(B)을 세 변으로 하는 삼각형 안에 모든 색을 배열한 것으로 가법 색혼합으로 삼각형의 중심이 흰색이 된다. 맥스웰의 RGB 색체계는 국제조명위원회가 만든 CIE 표준 색체계의 기본이 되는 색 체계이다. 이 외에도 먼셀(Munsell) 색체계, 헌터(Hunter) 색체계 등이 산업적으로 널리 이용되고 있다. ☞ 색

샐러드 드레싱(**salad dressing**) 샐러드 요리에 쓰이는 드레싱의 총칭. 마요네즈는 기름 함량이 65% 이상이어야 하며 프렌치 드레싱은 기름의 함량이 더 적다. 마요네즈는 난황을 유화제로 사용하여 기름과 식초가 분리되지 않고, 프렌치 드레싱은 기름과 식초가 분리되어 사용할 때마다 흔들어 섞어서 쓴다. ☞ 샐러드유

샐러드유(**salad oil**) 주로 샐러드 드레싱을 만드는 데 쓰이는 식물성 기름. 과거에는 올리브유를 원료로 하였으나 현재에는 면실유(綿實油)·콩기름·채종유(菜種油)·옥수수기름 등을 원료유로 사용한다. 원료유는 탈랍(脫蠟)·탈산(脫酸)·탈색·탈취 등의 정제과정을 거쳐서 생산한다. ☞ 샐러드 드레싱

생강(生薑, ginger) 생강과의 여러해살이 외떡잎식물. 학명은 *Zingiber officinale* Rosc. 새앙, 새양이라고도 한다. 동남아시아가 원산지이다. 우리나라에서는 충남 해미, 전북 전주, 전남 나주산이 유명하다. 성분으로는 수분 83.3%, 탄수화물 12.3%이며 탄수화물 중 전분이 40~60%로 대부분이다. 그 외 섬유소 1.6%, 무기질 1.1%가 함유되어 있다. 생강의 매운맛 성분은 진저론(zingerone), 진저롤(gingerol), 쇼가올(shogaol) 등이다 이들 성분은 위점막을 자극하여 위액 분비를 증가시키고 소화를 촉진하는 작용이 있다. 생강은 땀을 나게 하여 풍한을 없애 주고, 비위를 덥혀 주며, 구토를 멈추게 한다. 김치 양념에 필수이고, 그 외에 생선, 육류 요리에 냄새 제거용으로 많이 쓰이며, 엷게 저며서 꿀이나 설탕에 재었다가 먹으며(편강), 설탕에 졸인 생강정과 설탕에 졸인 후 말린 생강편, 물에 끓인 생강차, 계피, 통후추와 함께 끓여 곶감을 띄운 수정과 등에 이용된다. 생강에서 뽑아낸 전분을 꿀로 반죽하여 만든 강분다식, 곱게 다진 생강을 찹쌀가루로 반주해서 찐 후 둥글게 빚은 생강단자 등이 있다. 요리에 사용하고 남은 생강은 곱게 다져서 정종을 1:3의 비율로 넣어 병에 보관하면서 생선이나 돼지고기 요리에 사용한다. 건위제 등의 약용, 카레가루, 소스, 생강주 등에 이용된다. 가을에 잎이 마를 때쯤 뿌리를 캐서 습한 모래땅에 묻거나 서늘한 곳에 보관해 놓고 먹는다. 좋은 생강은 굵지 않고 색이 좋으며 신선하고 육질이 충실해서 섬유가 발달하지 않고 씹는 맛이 좋은 것이다.

생리식염수(physiological saline) 체액의 삼투압과 같은 농도를 갖는 멸균 식염수. 증류수 100mL 속에 염화나트륨(NaCl) 0.85~0.95g을 함유하고 있다. 무색투명하며, 혈청과 등장(等張)인 용액이다. 인체에 주사하면 전염병 · 중독 등으로 인한 수분 손실을 보충하고, 혈압의 회복과 독소의 배설을 촉진하는 효과가 있다. 이 밖에도 동물실험에서 생체조직의 일부를 떼어내어 얼마 동안 살아 있게 하는 데 사용되는데, 이 경우의 생리적 식염수는 개구리는 0.7%, 토끼는 0.9%의 농도가 알맞다. 염화칼륨 0.03%와 염화칼슘 0.033%를 가한 것을 링거액이라 하고, 다시 포도당 0.1%를 더 가한 것을 포도당액이라 한다. 모두 혈액 성분과 가깝게 만든 것이다.

생선묵(surimi) 생선의 살을 으깨어 소금 등을 넣고 반죽하여 익혀서 응고시킨 식품. 빛깔이 흰 조기나 오징어 등이 많이 쓰이며 기름기가 많은 생선은 좋지 않다. 으깬 생선살에 소금, 설탕, 전분, 맛술 등을 넣어 반죽한 것을 여러 모양으로 빚어 찌거나 굽거나 튀겨낸 것으로 소금의 양은 생선 무게의 3% 정도가 적당하다. 일본에서 무로마치 시대(1336~1573) 중기에 처음 만들어졌으며 주로 의식용 음식으로 사용되었다. 일본말로는 가마보코(蒲鉾)라 한다. 한국에 처음 전해진 것은 1700년대로, 역관 이표(李杓)가 쓴 요리책 『소문사설』에 일본 음을 그대로 따서 가마보곶이라고 표기하였으나 만드는 법은 다르다. 가마보곶은 생선살을 얇게 저민 후 여기에 돼지고기, 쇠고기, 버섯, 해삼, 파, 고추 등을 다져 만든 소를 3~4켜 높이로 쌓아올려 두루마리 말듯이 둥글게 말아 삶아낸 것이다. 1938년 조자호(趙慈鎬)가 쓴 『조선요리법』에 태극선이라는 이름으로 다시 나오지만 일본식 생선묵과는 전혀 다른 전통음식이 되었다. 이후 개화기에 접어들면서 일본식 생선묵이 일반인들 사이에 널리 보급되었고 요즘에는 수많은 생선묵 가공식품이 생산된다. 소화가 잘 되고 단백질 함량이 높은 식품이나 상하기 쉬우므로 반드시 냉장 보관해야 한다.

생리활성물질(biologically active substance) 생물의 생명현상에 아주 적은 양으로도 영향을 주는 유기물질이나 무기이온을 함유한 물질. 식품의 섭취 목적이 영양소를 공급하는 것에 있을 때 이를 식품의 1차 기능이라 하고, 향기나 미각 등 관능적 만족감을 부여하는 것을 2차 기능이라고 한다면 생체조절 기능을 갖는 식품의 3차 기능이 강조되고 있다. 이러한 3차 기능은 그 안에 함유된 생리활성물질에 기인한다고 볼 수 있다.

생분해성플라스틱(biodegradable plastics) 사용한 플라스틱을 매립하여 미생물의 작용에 의해 수개월 안에 물, 이산화탄소, 메탄가스 등으로 완전분해되는 플라스틱을 말한다. 플라스틱은 자연 상태에서 거의 분해되지 않거나 분해되는데 수백 년이 걸려 환경오염과 폐기물처리 등이 커다란 환경문제로 떠오르고 있는 상황에서 이에 대한 대책의 하나로 각광을 받고 있는 제품이다. 분해 메커니즘에 따라 가수분해성, 생분해성, 광분해성 플라스틱으로 구분할 수 있다.

생분해성필름(biodegradable film) 세균이나 다른 생명체에 의해 분해되는 필름. 기존의 PE(폴리에스테르) 폐비닐은 수거와 처리가 어려워 환경오염을 유발하고 있는데다 친환경 농업에 대한 인식이 확산돼 친환경적인 멀칭 필름의 요구가 증가하면서 다양한 제품이 개발되고 있다. 생분해성 필름은 토양에 안전한 성분으로 이뤄져 땅속에 묻히면 환경조건 등에 의해 분해되는 장점이 있다.

생산성 지표(productivity index) 시스템 내에서 인적·물적 자원을 얼마나 최대한 활용하고 있는지를 평가하는 지표. 보통 노동생산성, 비용생산성 지표가 활용된다.

생식독성시험(reproductive toxicity test) 생식기관의 성숙, 임신, 수정, 난할, 배자 및 태아의 성장, 발달, 분만, 수유뿐만 아니라 차세대의 행동기능 발달 등을 포함한 생식기능에 어떠한 영향을 미치는가에 대한 정보를 얻기 위한 동물실험. 이에는 수태능력 실험, 최기형성 실험 및 출산·수유기(peri-and post-natal) 실험을 포함한다.

생장작용(growth) 식물이 생장할 때, 식물체의 각 부분에서 생장속도의 차이 때문에 나타나는 현상. 자발적인 생장운동과 자극에 의하여 일어나는 경우가 있다. 자발적인 생장운동은 발아한 쌍떡잎식물의 줄기 끝이 구부러진 상태에서 똑바로 뻗는 경우라든지, 뿌리나 줄기 끝이 나선 모양으로 신장하는 경우 등이 있다. 자극에 반응하여 일어나는 생장운동은 오히려 일반적이며, 이것에는 자극에 반응하여 일정한 방향으로 기관이 굴곡하는 굴성과 자극방향과 전혀 관계없이 기관이 반응하는 감성[傾性]으로 구별된다. 굴성운동에는 굴광성·굴지성·굴수성 등이 있으며 감성반응에는 수면운동 등이 있다. 생장이 완료되었을 때 최고의 가치를 가진다. 수확한 채소류의 생장이 계속되면 조직의 경화가 일어나고, 색깔의 저하, 풍미가 나빠진다. 생장작용을 억제하기 위해서는 5℃ 이하로 보존하거나 가열 처리하여 효소를 불활성화 시킨다.

서류 땅속줄기나 뿌리의 일부가 비대해져서 괴경, 구경, 구근을 이루고 전분이나 기타 다당류를 저장하는 덩이식물. 대개 지하 괴경, 구경, 구근 등을 사용하는 식물은 근채류로 분류하지만 그 중에서 전분의 함량이 특히 많아 열량원 식품으로 볼 수 있는 감자, 고구마 등은 따로 구분하여 서류라고 한다. 단백질과 지방질, 비타민의 함량은 적지만 칼륨이나 칼슘 등의 무기질의 함량이 비교적 높아 알칼리성 식품으로 분류되어 다른 전분류의 식품이 산성 식품인 것과 비교된다. 서류에는 감자와 고구마 외에도 토란, 참마(yam), 돼지감자, 곤약, 카사바(cassava) 등이 속한다. 일반적으로 서류 식품은 주성분이 탄수화물인 것은 곡류와 같으나, 곡류에 비해 수분함량이 70~80%로 높아서 냉해에 약하고, 발아되기 쉬워서 저장성은 많이 떨어진다. 따라서 그대로 조리에 이용되기도 하지만 전분, 알코올, 물엿, 포도당 제조 시 그 가공 원료로도 널리 이용되고 있다.

서미스터(thermistor) 온도가 오르면 전기저항이 감소되는 반도체 회로 소자(素子). 전기저항이 그림과 같이 온도와 일정관계를 갖는 저항체의 일종. 이 저항치에 의해 온도를 측정하는 계기를 저항온도계라고 한다. 서미스터와 같은 반도체 외에도 백금, 니켈과 같은 금속선도 이용된다.

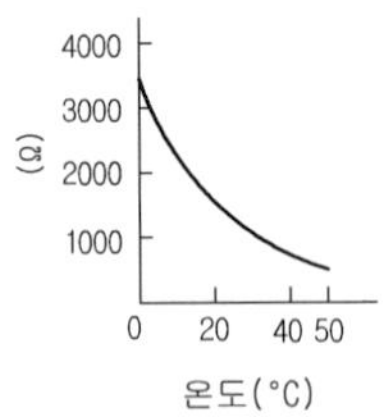

서미스터의 온도-저항치 관계

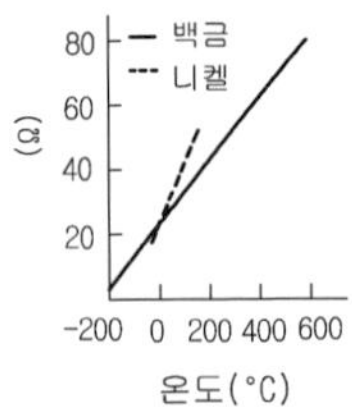

백금·니켈의 온도-저항치 관계

서브퀄(SERVQUAL) 서비스 품질 측정 도구로 자이타믈(Zeithaml) 등이 개발. 평가사항은 유형성, 신뢰성, 응답성, 확신성, 공감성의 5가지 품질차원으로 분류하여 22문항으로 구성되어 있다.

서비스 품질(**service quality**) 고객의 요구를 충족시키는 제품과 서비스의 총체적인 특성. 파라슈라만(Parasuraman) 등의 마케팅 연구자들은 서비스 품질을 신뢰성(약속한 서비스를 정확하게 제공하는 능력), 대응성(고객을 기꺼이 돕고 신속한 서비스를 제공하려는 의지와 준비성), 확신성(신뢰를 전달하는 종사원의 능력, 정중함, 의사소통 능력 등), 공감성(고객에게 제공하는 배려와 차별화된 관심을 위한 준비성), 유형성(물적 시설, 종사원, 설비 등 서비스를 나타내는 유형적 증거)의 다섯 가지 기본 차원으로 분류 하였다.

서양고추냉이(**horseradish**) 겨자과의 관상용 식물의 한 종류인 다년생 초본. 학명은 *Armoracia rusticana.* 중앙유럽과 아시아가 원산지이다. 황갈색 뿌리는 대략 45cm이고 뿌리 속은 흰색이며, 와사비와 유사한 방향이 있는데 향기와 매운맛은 약하다. 일본의 와사비와 같이 매운맛이 있어 서양와사비라고 불리지만, 와사비는 연록색이고, 서양고추냉이는 흰색이다. 뿌리의 껍질을 벗겨 갈아서 식초와 우유를 넣고 끓여 사용한다. 매운맛의 주성분은 와사비와 같은 시니그린이다. 생것을 갈아 놓으면 향기가 곧 날아가므로 사용하기 직전에 갈아서 사용한다. 다져서 로스트 비프에 곁들이거나 생선, 소스, 드레싱 등에 곁들인다. 일본에서는 보통 건조 분말로 만들어 가루와사비의 원료로 사용되고 있다. 남은 것은 레몬즙을 뿌려 두면 변색되지 않는다.

서양자두(**European plum**) 유럽 남부와 서남아시아가 원산인 서양자두. 학명은 *Prunus domestica* L.. 열매는 타원 또는 원 모양이며 검은 청자색으로 8월에 익고 맛이 달며 신맛이 강하고 향기가 있다. 건과로 많이 이용한다.

석류(石榴, **pomegranate**) 석류나무과에 속하는 낙엽소교목인 석류나무의 과실. 학명은 *Punica granatum* L.. 원산지는 페르시아. 6월에 새빨간 꽃이 피고 열매는 지름이 6~8cm인 둥근 공 모양으로 9~10월에 황갈색 또는 홍색으로 익는다. 완전히 익으면 과피가 불규칙하게 터지고 속의 종자가 보인다. 가식부는 20% 정도로서 과즙의 성분은 대부분 탄수화물로 약 16%이고 유기산은 1.5%로 주로 구연산이다. 비타민 C가 10mg% 정도 들어 있다. 칼륨, 비타민 B_1, B_2, 나이아신이 비교적 많이 함유되어 있다. 과육의 선명한 홍색은 안토시아닌 색소이다. 생과일이나 화채로 이용하고 있으며 그 밖에도 설탕 절임, 주스 및 청량음료의 원료로 쓰인다. 한방에서 열매껍질을 석류피(石榴皮)라는 약재로 쓰는데, 설사·이질에 효과가 있고 구충제로도 쓰인다. 열매 안에는 많은 씨가 들어 있어 다산을 상징한다. 씨는 투명하고 루비 같은 붉은색으로 매우 아름다우므로 색이나 모양을 내는 데 사용한다.

석이버섯(石鷩, **manna lichen**) 바위나 돌 등에 이끼처럼 붙어서 자라는 석이과의 버섯. 학명은 *Manna lichen*. 분류학적으로는 균류와 조류의 공생체인 지의류(地衣類)이다. 지름 5~10cm로 표면은 회색이고 약간 매끈하나 안쪽은 검정색으로 거칠거칠하다. 단백질, 칼슘, 인, 철 등이 비교적 많이 함유되어 있으며 아미노산으로는 알라닌, 페닐알라닌, 류신, 글루탐산 등이 많고, 레시틴, 섬유소도 많다. 습기가 있으면 부드럽지만 마르면 부서지기 쉬워진다. 향기가 좋고 담백한 맛과 씹는 질감이 좋다. 요리에서 검은 색을 낼 때 이용되는데 석이단자, 증편 위에 얹어 무늬를 내기도 하고 음식의 고명으로 이용되고 있다.

선별(選別, **selection, sorting**) 재료에 함유되어 있는 불필요한 화학적 물질(농약, 항생물질), 물리적 이물질(돌, 모래, 흙, 금속, 배설물, 털, 잎, 나뭇가지) 등을 물리적 성질의 차이에 따라 분리, 제거하는 과정. 선별에서 말하는 재료의 물리적 성질이란 재료의 크기, 무게, 모양, 비중, 성분조성, 전자기적(電磁氣的) 성질, 색 등을 말한다. 그 원리는 식품의 성질을 이용하는데 일반적으로 식품재료의 무게(과일, 채소, 달걀의 선별), 크기(체, 길이분리기, 지름분리기), 모양(디스크나 실린더 선별기), 색 특성(photometry), 기체 유체특성(aspirator나 부력분리기), 표면의 성질(doddler and needle 선별기) 등이 선별 시 이용되는 일반적인 기준이다.

선입선출(**first-in first-out : FIFO**) 재고물품의 낭

ㅅ

비를 최소화하기 위해 물품을 진열할 때 나중에 구입된 물품을 보관 중인 물품의 뒤쪽에 보관하여 재고회전 시 먼저 반입된 물품이 먼저 사용될 수 있도록 하는 방법. 이를 전제로 하여 재고품 중 제일 먼저 들어온 식품부터 불출하는 것을 기록하여 가장 최근에 구입한 식품의 단가가 재고액을 평가하는 데 반영되게 하는 평가방법이 있다.

선척도(線尺度, **line scale**) 일정거리의 직선상에 느끼는 강도의 정도로 표시한 척도. 왼쪽 끝으로부터 표시된 지점까지의 거리를 점수로 환산하여 통계분석에 사용한다. 주로 15cm 선척도를 이용한다. 이 방법은 항목척도의 단점인 항목숫자 사이의 강도도 표시할 수 있으며 좋아하는 숫자나 싫은 숫자개념을 없앨 수 있다. 그러나 훈련되지 않은 평가자는 숫자가 표시되어 있지 않아 강도의 느낌을 표시하기 힘든 단점이 있다.

ㅅ

선택식단(**selective menu**) ☞ 복수식단

선호도조사(**preference test**) 식품에 대한 기호의 정도를 측정하는 것을 목적으로 행하는 조사. 실험대상자(기호형 패널)는 특별히 전문지식, 경험, 훈련을 필요로 하지 않지만, 올바른 모집단을 대표할 수 있게 표본의 유출법에 유의한다. 또, 패널의 규모(검사수), 의욕, 흥미 등은 결과에 영향을 미친다. 조사의 규모는 목적에 따라 다르나 최소한 50명 이상의 다수 집단에 대해 조사해야 하며, 1대1 비교법, 3점기호시험법, 평점법 등 적합한 방법을 이용한다.

설탕(**sugar**) 수크로오스(sucrose)를 주성분으로 하는 감미료. 그러나 경우에 따라서는 설탕류로서 포도당, 맥아당과 같은 다른 단맛을 가지는 당류까지 포함시키기도 한다. B.C. 327년 알렉산더 대왕이 인도에 원정군을 파견하였을 당시 사령관이었던 네아체스 장군은 "인도에서는 벌의 도움을 받지 않고도 갈대의 줄기에서 꿀을 만들고 있다"고 하여 놀랐다는 기록이 있다. 또 B.C. 320년에는 인도에 주재한 일이 있었던 그리스인 메가스테네스가 설탕을 '돌꿀[石蜜]'이라고 소개하였다. 돌이라고 한 것으로 보아 그 때 이미 고형물인 설탕이 사용되고 있었던 것으로 보인다. 중국문헌으로는 『이물지(異物誌)』에 기록된 것이 최초로서, 베트남에 사탕수수설탕[甘蔗糖, cane sugar]이 있었던 것으로 소개하고 있다. 또 『후한서』에도 인도에 돌꿀이 있었다고 기록되어 있다. 이러한 것으로 볼 때 설탕은 인도에서 최초로 만들어진 것 같고 그 원료인 사탕수수는 B.C. 2천 년경 인도에서 이미 발견된 것으로 추측할 수 있다. 설탕은 5~6세기경에 인도로부터 중국, 타이, 인도네시아에 보급되었고, 중동을 거쳐 유럽에도 전하여졌다. 8세기가 되어서는 키프로스 섬을 거쳐 지중해 연안에도 보급되었고, 그 후 아프리카 남부에까지 이식되었다. 1492년 콜럼버스의 아메리카 대륙 발견 이후 에스파냐와 포르투갈 사람이 신대륙에 진출하게 되면서부터 쿠바, 푸에르토리코, 멕시코, 브라질 등 중남미에도 사탕수수의 재배를 전하였다. 이들 지방은 16세기경에 이르러 이미 세계 굴지의 설탕 생산국으로 발전하였다. 한편 사탕무 설탕(beet sugar)이 유럽에 보급된 시기는 나폴레옹이 1806년 유럽대륙을 봉쇄한 이후의 일이다. 설탕이 우리나라에 보급된 것은 20세기 초로 생각되며 1920년 평양에 제당공장을 세워 사탕무 설탕을 생산하기 시작하였다. 그 후 1953년 한국 최초의 정당공장이 부산에 세워졌고 수입한 원료당(原糖이라고도 한다)에서 설탕을 대량생산하기에 이르렀다. 설탕은 원료에 따라서 수수설탕과 무설탕으로 나누며 가공방법에 따라 여러 형태의 것이 나오며 종류도 많다. 제품 형태에 따라 크게 나누면 당밀을 함유하는 함밀당과 원심분리에 의하여 당밀을 분리시킨 분밀당이 있다. 일상생활에서 사용되는 것은 거의 분밀당이며, 이것은 당밀을 분리하여 정제한 것이므로 빛깔이 흰 것이 대부분이다. 분밀당은 다시 제법이나 사용 목적에 따라 원산지에서 당밀을 원심분리기로 제거한 원료당과 정제공장에서 원료당으로부터 재용해 · 재결정 등의 정제과정을 거쳐 생산하는 정제당, 현지에서 원료로부터 직접 정제과정을 거쳐 생산되는 경지백당(耕地白糖) 등으로 나눈다. 정제당에는 정제한 정도에 따라 상백당(上白糖) · 중백당(中白糖) · 삼온당(三溫糖)이 있고, 설탕을 가공한 것으로 가루

설탕, 각설탕 등이 있다. 설탕을 산으로 가수분해한 전화당(invert sugar)도 있는데 이것은 제과용으로 사용된다. 함밀당은 당밀을 함유하고 있기 때문에 빛깔이 검고, 강한 단맛과 아울러 특유한 당밀 냄새를 지닌다. 성분으로는 무기질이나 비타민이 많지만 쓴맛이 있으므로 맛을 내기 위한 특수한 용도에만 사용한다. 흑설탕은 사탕수수를 짠 즙액에 석회를 가하여 중성으로 만들고 걸러서 그대로 농축하여 굳힌 설탕이다. 제당공정을 간단히 말하면 분밀 · 정제 및 결정화의 3단계가 있다. 또한 무설탕은 사탕무를 얇게 썰어 더운 물로 당분을 침출시킨 다음 당액을 정제 · 농축 · 결정과정을 거쳐 제조한다. 이때에는 당밀분을 함유하지 않으므로 백설탕만이 나온다. 설탕의 주성분은 거의가 수크로오스이므로 체내에서 쉽게 흡수된다. 흡수된 설탕은 포도당과 과당으로 분해된 다음 주로 열량원으로 이용된다. 설탕을 많이 먹으면 체내에서 지방질로 변화되어 비만의 원인이 될 수 있으므로 비만체질인 사람은 설탕의 다량섭취를 삼가는 것이 바람직하다. 커피나 홍차에 두 찻술의 설탕을 넣는다 해도 약 70kcal에 해당한다. 또 식사 전에 설탕이 많은 음식을 섭취하면 혈당 농도가 올라가 만복감을 주게 되고 밥맛이 줄어드는 경우가 있으므로 주의할 필요가 있다. 그러나 피로가 심할 때는 설탕을 섭취하면 혈당을 급속히 보충하여 주므로 빠르게 기운이 회복된다. 설탕의 이용범위는 넓어서 제과용을 비롯하여 양조, 식품가공, 식품보존, 음료 등에 널리 사용된다. 설탕은 요리에 있어서 단맛을 줄 뿐만 아니라 탈수성과 보수성이 강하기 때문에 이러한 물리적 성질도 널리 이용된다. 탈수성을 이용한 것으로는 보존용의 설탕조림, 설탕절임이 있다. 또 달걀요리에서는 달걀 단백질 중의 수분을 설탕으로 옮기게 하여 응고온도를 높이고 가열하였을 때 부드럽게 해준다. 젤리에서는 콜로이드 용액에서 탈수시킴으로써 겔 형성제인 한천이나 펙틴의 분리와 망상조직(network) 형성을 도와 겔 형성을 촉진시키는 등 응용범위가 넓다. 또 설탕을 밀가루에 넣으면 가열조리 시 표면의 결을 곱게 만들어주고 가열에 의한 메일러드 반응을 촉진시켜 좋은 향기를 줄 뿐만 아니라 입맛을 돋우는 엷은 갈색의 빛깔을 내게 한다. 대부분의 굽는 요리에는 설탕을 이용하는 경우가 많다. 설탕의 감미도는 설탕의 양뿐만 아니라 설탕 중에 함유된 칼슘의 양이 많을수록 강해지는 경향이 있다. 떫은맛을 잘 빼거나 정제도를 높인 설탕일수록 단맛이 산뜻하다. 또 단팥죽 등에서 단맛을 짙게 할 때는 소량의 소금을 가하기도 하는데, 이 때 설탕에 대한 소금의 양은 0.5%가 가장 좋다. ☞ 빙설탕, 상백당, 중백당

섬유소(纖維素, **cellulose**) 식물의 세포벽 골격을 형성하는 주성분이다. D-글루코오스가 β-1,4 결합한 직쇄상의 단순다당류이며, 크실란(xylan), 만난(mannan) 등 각종 펜토산(pentosan), 헤미셀룰로오스(hemicellulose) 등과 함께 식이섬유(dietary fiber)를 구성하는 성분 중의 하나이다. 인체는 섬유소를 분해시키는 효소가 없으므로 에너지원으로 이용이 안되며, 거의 체외로 배설되지만 장내의 일부 세균에 의해 가수분해와 발효를 통해 단쇄지방산, 유기산 등이 생성되어, 인체에 흡수 이용되기도 한다. 식품성분으로서의 가치는 각종 식물성 식품에 부피를 부여해 주며, 장의 연동을 자극하여 변통을 좋게 한다. 소화가 되지 않는 점을 이용하여 저칼로리 식품의 제조, 착색성, 보향성이 좋아서 식품 첨가물용 착색안료 또는 휘발성이 강한 향기성분의 흡착, 유지에 이용된다. ☞ 셀룰로오스

성게(**sea urchin**) 극피동물 성게아문, 성게강을 이루는 동물군. 섬게라고도 한다. 옛 문헌에 해구(海毬), 해위(海蝟)라 하였으며, 우리말로는 밤송이조개라고 하였다. 『자산어보』에 보라성게를 율구합(栗毬蛤)이라 하였다. 몸은 구형, 반구형, 심장형, 또는 편평한 반상(盤狀)이고 팔이 없다. 가시가 단단하며 껍질 지름과 거의 동일한 길이이고 껍질은 전체적으로 암자색이다. 얕은 바다의 암초역에서 가장 일반적으로 볼 수 있는 일본 특산의 성게는 얕은 바다의 암초 사이 또는 모래진흙에 산다. 우리나라 근해, 일본 홋카이도 근해 및 중국, 동남아, 대만, 열대, 아열대 등 바다에 분포한다. 우리나라의 동

ㅅ

해안에 보라성게가 많이 서식하여 주요 수산자원이 되고 있다. 세계적으로 약 900종이 있고 우리나라에는 약 30종이 서식한다. 나팔성게 · 흰수염성게 등은 몸 표면에 독주머니가 달린 가시가 있어 사람의 피부에 박히면 피부가 발갛게 부어올라 통증을 느낀다. 심한 경우 오한, 심계항진 등의 증상이 나타난다. 보라성게(*Anthocidaris crassispina*) · 분홍성게(*Pseudocentotus depresus*) · 말똥성게(*Hemicentotus pulcherrimus*) 등은 생식소에 독특한 향기가 있어 식용한다. 날것으로 먹거나 성게젓을 담가 먹기도 한다. 성게는 난소가 성숙하는 시기에 가장 맛이 좋은데, 보라성게는 6~8월, 말똥성게는 2~4월, 분홍성게는 8~10월이 제철이다. 말똥성게가 가장 맛이 좋다. 콜레스테롤 함량은 비교적 높아 21.9mg% 정도이다. 성게에는 에키몬(echimome) 또는 에키노크롬(echinochrome) A 같은 색소가 함유되어 있다. 성게 특유의 풍미는 주로 글리신, 알라닌, 글루탐산, 메티오닌, 이노신산, 구아닐산 등에 의해 나타난다. 특히 메티오닌은 특유의 맛을 나타내는 성분이다. 장기간 사용할 때는 냉동시켜야 하지만 얼리지 않고 냉장 상태에서 사용해야 빛깔이 좋다. 성게를 보관할 때는 냉장 또는 염장하며 냉동하면 성게의 몸이 흩어지기 쉽기 때문에 잘 하지 않는다. 성게류는 잘 발달한 생식선을 생식하며 장 등으로도 이용한다. 성게밥, 성게초밥 등이 있고 성게 껍질은 요리 장식용으로도 사용한다. 성게와 산마를 갈아서 함께 복용하거나 알밥이라고 하여 연어알, 상어알, 날치알 등과 함께 넣어 비벼 먹어도 맛있다.

성장곡선(growth curve) 신선한 배지에 세균을 접종시켜 배양하면서 세균들의 life cycle을 살펴보면 곡선을 그리게 된다. 접종 초기에는 빠른 대사속도를 보이나 세균의 수는 증가하지 않고 단지 세균의 크기만 증가하게 된다. 이 시기를 lag phase라고 부른다. 이후 세균들은 몇 시간 또는 며칠간 빠른 속도로 증식하여 세균 수의 logarithm이 시간과 비례하여 증식하게 되는데 이 시기를 log phase라고 부른다. 다음으로 새로 생겨나는 세균의 수와 죽는 세균의 수가 같아져서 더 이상 세균의 수가 증가하지 않고 정점에 머무르는 단계에 이르게 되는데 이를 stationary phase라고 부른다. 그 후 배지의 영양성분 즉 비타민이나 무기질 등의 고갈과 더불어 세균들은 사멸단계에 이르게 되는데 이 단계를 decline phase 또는 death phase라고 부른다. decline phase 또한 log phase와 같이 logarithm의 형태를 취하고 있으나 시간이 경과함에 따라 감소하는 음의 관계를 보인다.

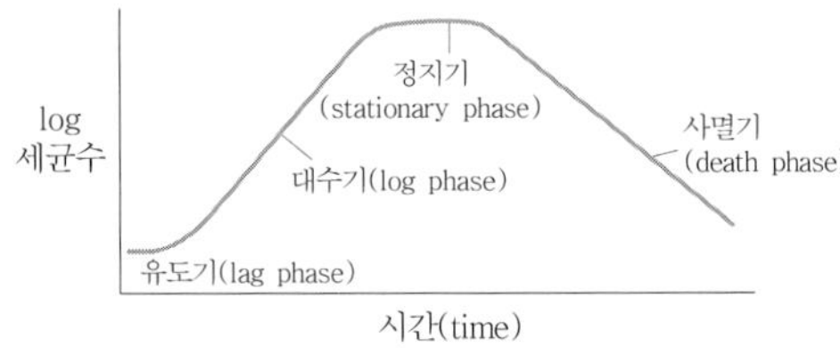

성홍열(scarlet fever) 용혈성 연쇄상구균(*Streptococcus heaemolyticus*)의 감염으로 발생되는 경구전염병. 이 균은 그람(Gram) 양성이며 이 균이 생성하는 성홍열 독소 또는 발적 독소라고 부르는 균체외 독소인 클릭(click)에 의하여 증상이 나타난다. 이 균이 편도선에서 증식하며 생성된 독소가 혈액 중에 이동되므로 전신에 확산되며, 특히 피부혈관에 충혈을 일으켜서 발적이 생긴다. 성홍열은 5~10세의 어린이에게 잘 감염되며 전신에서 특징적인 발진도 볼 수 있고 혀가 딸기와 같이 증대되고 편도선이 종창되는 질병이다. 3~7일간의 잠복기를 거쳐서 급격히 40℃ 전후의 고열이 생기고 목이 아프며 전신에 걸쳐 담적색의 발진이 나타난다.

세균(bacteria) 세균(박테리아)은 토양, 물, 공기뿐만 아니라 인체의 피부, 코, 목, 입 등 자연 및 생물체에 널리 분포하고 있는 가장 작은 단세포 미생물이다. 크기가 다양하나 보통 직경이 0.4㎛정도이다. 생긴 모양에 따라 구균(coccus), 간균(bacillus), 나선균(spirillum) 등으로 구분된다. 세포 내에는 세포질(cytoplasm)과 핵물질(nuclear material)을 가지고 있다. 세포는 세포벽(cell wall)으로 둘러싸여 있고 때로는 다당류나 폴리펩티드로 구성된 캡슐이나 slime

층이 다시 겉을 둘러싸고 있다. 어떤 세균들은 flagella라고 불리는 세포 밖으로 튀어나온 실 모양의 구조를 가지고 있어 운동성을 지니고 있다. 세균은 이분법(binary fission)에 의해 증식하는데 핵물질이 증식하면 이것이 둘로 갈라지며 세포의 나머지 부분들이 둘로 나뉘어져 2개의 딸세포가 생기게 된다. 두 개의 딸세포는 자라서 다시 4개의 세포로 되고, 이 과정이 반복되면서 숫자가 늘어나게 된다. 세균들은 외부환경이 적당하면 20~30분 만에 한 번씩 분열한다.

세균성 식중독(細菌性食中毒, bacterial food poisoning) 식중독 세균에 오염된 식품을 섭취함으로써 발생하는 중독. 이러한 음식을 섭취한 사람에게서 구토·설사·복통 등의 급성위장염 증세와 신경장애 등의 증상을 일으키며 감염형과 독소형으로 분류된다. 식중독과 경구전염병과의 차이는 원인균이 각각 다르며, 식중독의 경우 상당량의 균을 섭취해야 발병하며, 2차 감염이 일어나지 않고, 발병원인으로는 균 자체나 균의 대사산물이 되는 반면, 경구전염병은 소량의 균 섭취로 발병하며, 미생물만이 발병의 원인이 되고 2차 감염을 일으킨다.

세균 아포수 내열성 세균수는 시료의 채취 및 시험용액의 조제에 따라 조제한 시험원액 20mL를 멸균한 중형 시험관에 넣고 끓는 물속에 10분간 넣어 가열한 후 표준평판법에 준해 35℃에서 48시간 배양하여 발육한 집락의 수를 측정하여 내열성 세균수로 한다.

세대 시간(generation time) 한 마리의 세균이 분열하여 두 마리의 세균이 되는데 이처럼 한 번 분열이 일어난 후 다음 분열이 일어나는데 걸리는 시간을 말한다. 대부분의 세균은 최적상황에서 20~30분 정도의 세대시간을 갖는다.

세레브로사이드(cerebroside) 당지방질의 일종인 갈락토리피드(galactolipid). 스핑고신과 갈락토오스의 배당체에 지방산이 아마이드 결합한 것이다. 생체막의 구성성분으로 뇌신경계 외에 비장 등에 많이 함유되어 있고 혈액형, 면역 등에도 관계한다.

세로토닌(serotonin) 혈액이 응고할 때 혈소판으로부터 혈청 속으로 방출되는 혈관 수축작용을 하는 물질. 트립토판의 대사과정에서 생성되며 화학구조는 5-히드록시트리프타민임이 밝혀졌다. 위액분비 억제, 평활근의 수축, 중추신경계 시냅스의 화학전달물질로 작용하며 멜라토닌의 전구물질이다. 세로토닌의 대사산물은 5-히드록시인돌아세트산인데 몸에 악성종양이 있으면 오줌으로 다량 배설된다.

세사민(sesamin) 참깨에 들어 있는 리그난류. 파라히드록시 페닐프로판 화합물이 짝지움한 구조를 갖는 저분자 천연물의 총칭인 리그난류 중의 하나로 세사민과 세사몰린이 대표적이다.

세이지(sage) 꿀풀과에 속하는 여러해살이 관목성 식물로 향신료의 일종. 학명은 *Salvia officinalis* L.. 별명은 약용 샐비어(salvia)이고, 지중해연안이 원산지이다. 유럽이나 미국 가정의 정원에서 아름다운 자주색의 꽃을 피우고 향기를 발하는 화초이기도 하다. 잎을 사용하며 향이 강하고 약간의 씁쓸한 맛이 있는데 건조시키면 향이 더 진해진다. 말린 세이지 잎에는 약 2%의 정유(精油)가 함유되어 있는데. 정유의 주성분은 알파피넨, 세스퀴테르펜, 보르네올 등이다. 고기 요리에 세이지를 넣으면 냄새를 없애주고 맛을 좋게 해주며 기름이 많은 부분이라도 느끼하지 않게 해준다. 어육류, 소시지, 햄, 스튜 등에 많이 사용한다. 방부, 항균, 항염 등 살균 소독작용이 있다.

세포(cell) 생물체를 구성하는 단위. 핵과 세포질로 구성되어 있으며 세포막으로 둘러싸여 있다. 식물세포는 동물세포와는 달리 세포벽을 가지고 있으며 광합성을 하는 엽록체, 색소체, 액포를 포함한다. 근육세포처럼 세포가 융합하여 생긴 다핵세포도 있다. 세포는 공 모양·실 모양·통 모양·백혈구같이 부정형의 것 등 여러 가지가 있다. 인체를 형성하는 세포의 평균 크기는 17μm 정도이며 신경세포를 제외한 가장 큰 세포는 난세포로 지름 230μm인 구형(球形)이다.

셀러리(celery) 미나리과에 속하는 한해 또는 두해살이 식물. 학명은 *Apium graveolens* L.. 남유럽, 스웨덴이 원산지. 셀러리는 향기가 강한 서양채소로 연한 잎과 줄기를 식용하며 서양요리에서 없어서는 안 될 중요한 재료이다.

품종은 잎색이 짙은 녹색, 엷은 황색, 중간색 등이 있다. 셀러리악(var. *ripaceum* (Mill.) DC.)은 뿌리가 무처럼 굵어지며 독일, 프랑스에서 많이 재배하고 생식 또는 삶아서 먹는다. 셀러리는 독특한 향과 맛 때문에 중세부터 약용 또는 식용으로 많이 이용해왔는데 영양학적으로는 무기염류가 많이 들어 있다. 아미노산 중에서 감칠맛을 주는 글루탐산이 가장 많고 글리신(glycine)과 메티오닌(methionine)이 비교적 많다. 비타민 B_1, B_2가 다른 채소에 비해 10배 많이 들어 있고, 마그네슘과 철, 구리가 많으므로 혈구생성을 돕는다. 아핀(apiin)이라는 성분이 들어 있어 입맛을 돋우며, 소화나 신장의 활동을 촉진한다고 알려져 있으며, 칼륨 함량과 기타 물질은 배설을 돕고 낮은 당과 지방함량에 의해 대표적인 다이어트 채소로 알려져 있다. 샐러드, 튀김, 볶음, 스튜, 피클로 이용한다. 씨는 피클 제조 시에는 향신료로 사용한다. 초여름부터 가을까지가 맛있다. 좋은 셀러리는 잎에 광택이 있고 진한 녹색으로 시들거나 누런 잎이 없는 것, 줄기는 길이가 20~25cm 정도이고 굵으며, 포기 수도 14~15개 정도로 나눠진 것이 적당하다. 또한 두껍고 심줄이 뚜렷이 박혀 있는 것, 자른 단면이 둥글수록 좋은 셀러리이다. 줄기를 눌러 봐서 움푹 들어가는 것은 바람이 들어 있기 때문이며 포기가 갈라진 것은 불량품이다.

셀레늄(selenium, Se) 무기질 중 대표적인 항산화 영양소로서 비타민 E와 함께 체내에서 지질과 산화를 방지하고 세포막을 보호해 주는 역할을 한다. ☞ 셀렌

셀렌(selenium) 주기율표 6B족에 속하는 산소족 원소의 하나. 셀레늄이라고도 한다. 최근, 무기질 중 가장 주목받고 있는 영양소의 하나로 노화를 비롯하여 질병의 원인이 되는 활성산소의 발생을 억제, 과산화지질을 제거하는 항산화제로서의 역할이 뛰어나다. 암 발생을 억제하고 전이를 방지하는 외에 협심증이나 심근경색 예방에도 기여한다. 고혈압과 동맥경화, 백내장, 관절염, 근위축증, 정력감퇴 등에 유효한 영양소이며 특히 젊어지는 효과가 뛰어나다고 알려지게 된 것이 주목을 받는 이유이다. 셀렌은 여러 가지 야채에 포함되어 있으나 그 양은 미미하다. 비교적 많다고 여겨지는 것은 인삼, 마늘, 양파 등이다. 그 밖에 버터, 청어의 훈제, 빙어, 소맥배아, 브라질너트 등에도 함유되어 있다.

셀룰라아제(cellulase) 셀룰로오스의 가수분해반응을 촉매하는 효소. 균류 · 세균 · 고등식물 · 연체동물 등에 존재하며 셀룰로오스의 $\beta-1$, 4 글리코시드 결합을 가수분해하여 셀로비오스로 만든다. 이 효소의 작용기전은 매우 다양하며 같은 생물일지라도 생성하는 셀룰라아제 역시 다양하다. 일반적으로 셀룰로오스에 셀룰라아제가 작용하여 어느 정도 짧은 분자의 셀룰로오스를 만든 후 또 다른 셀룰라아제가 이에 작용하여 올리고당이나 포도당으로 가수분해시킨다. ☞ 섬유소

셀룰로오스(cellulose) ☞ 섬유소

셀프 서비스(self service) 원하는 음식을 고객이 직접 식탁으로 가져와 먹는 서비스 방법. 패스트푸드 및 뷔페 레스토랑을 비롯하여 단체급식의 카페테리아에서 널리 이용되는 서비스 방법으로 단시간에 많은 사람들에게 식사를 제공할 수 있다.

셜롯(shallot) 백합과의 숙근초로 향신료의 일종. 학명은 *Allium ascalonicum* L.. 양파에서 갈라져 나온 것으로 둥근 비늘줄기가 있고 잎은 파잎처럼 속이 비어 있다. 전체 높이는 45cm 정도이다. 비늘줄기는 향신료(香辛料)로, 잎은 파처럼 식용으로 한다.

셰이크(shake) 셰이커(shaker)로 재료를 잘 혼합한 것. 우유에 난황 · 설탕 등을 넣어서 만드는 밀크셰이크가 대표적이다.

식품행동척도(food action rating scale) 식품 기호조사에 적합한 항목 척도의 하나. 적어도 50명 이상의 훈련이 되지 않은 다수에게 검사 시 이용 가능한 척도이다. 팩트(FACT) 척도라고 불리고, 아래와 같은 구성을 갖는다.

9 기회 있을 때마다 먹는다.
8 아주 자주 먹는다.
7 빈번히 먹는다.
6 좋아하며 때때로 먹는다.
5 있으면 먹지만, 없으면 안 먹을 것이다.
4 좋아하지 않지만 가끔 먹는다.
3 그의 안 먹는다.

2 다른 먹을 것이 없다면 먹겠다.
1 강제로 먹인다면 할 수 없이 먹겠다.

소금(食鹽, salt) 짠맛을 내는 인류에게 가장 요래된 조미료. 식염(食鹽)이라고도 한다. 주성분은 염화나트륨(NaCl)으로 Na^+, Cl^-로 이루어진 화합물로, 그 중 Na^+는 세포 외액에 함유되어 세포의 기능을 원활하게 유지하는 생리적으로 필수적인 전해질이며 Cl^-는 짠맛을 낸다. 소금은 NaCl 외에 소량의 KCl, $MgCl_2$, $CaCl_2$, $MgSO_4$ 등의 불순물을 함유하므로 짠맛 이외에 약간의 떫은맛과 쓴맛을 나타낸다. 이 불순물을 제거하는 정도에 따라 호렴, 재제염, 정제염으로 나뉜다. 소금은 음식의 맛을 내는 가장 기본적인 조미료이지만 분자량이 작아 음식 재료에 침투하기 쉽고 또 조직을 단단하게 하여 다른 조미료가 침투하기 어렵게 하므로 재료가 익은 다음에 넣는다. 소금은 이 외에도 방부(각종 염장품) 및 탈수(침채류), 조직의 단단한 정도 유지, 점성의 조절(밀가루 반죽, 연제품), 갈변 방지, 색의 보존(녹색채소 데치기), 단백질의 응고성 증진 및 다른 맛의 강화 등 여러 가지 역할을 한다. 소금은 천연에서는 바닷물, 호수, 암염(岩鹽)으로부터 얻는다. ☞ 천일염, 재제염, 정제염, 가공소금, 식탁소금, 호렴

▲ **여러 가지 소금의 성분 함량** (단위 %)

종류	수분	NaCl	Cl	Ca	Mg	SO_4
정제염	0.01	99.9	60.6	0.007	0.004	0.004
재제염	10.10	89.8	54.5	0.04	0.13	0.44
호렴	16.60	78.9	47.9	0.14	1.32	3.17

소다수(soda water) 탄산가스가 함유된 물. 소다수의 성분은 수분과 이산화탄소만으로 이루어졌으므로 영양가는 없으나, 이산화탄소가 혀에서 톡 쏘는 맛으로 청량감을 주고, 식욕을 돋우어 준다. 이산화탄소는 가스이므로 온도가 낮을수록 압력이 높을수록 물에 잘 용해된다. 소다수만을 마시기도 하고, 시럽이나 과즙 또는 양주류에 넣어서 마신다.

소독(消毒, disinfection) 목표로 하는 미생물 중에 병원성 미생물(pathogen)만을 제거하여 감염될 위험성을 제거하는 조작. 통상 비병원균이나 세균 아포는 생존하고 있는 경우가 많다. 물리적 방법으로는 방사선이나 자외선 조사, 혹은 가열방법을 사용하며, 화학적 방법으로는 소독제가 사용되며, 이들은 세균의 종류, 조건, 소독해야 하는 대상물의 성질에 따라서 구분하여 사용한다. 각종 소독제에는 중금속 화합물(heavy metals), 염소 화합물(chloride derivatives), 요오드 화합물(iodine derivatives), 역성 비누(4급 아민, inverted soap), 알코올, 알데히드, 페놀 화합물(phenol derivatives), 색소류, 산화제 등이 있다. 수돗물에는 물 속의 각종 세균 및 바이러스 등 불순물을 살균처리하기 위해 소독을 하는데 크게 염소소독법, 오존살균처리법, 자외선살균처리법의 3종류로 처리하고 있으며, 우리나라에서는 비용관계로 '염소소독법'을 사용하고 있다. 염소소독은 THMs(trihalomethanes) 및 기타 염소화합물을 생성시킬 소지가 많다. THMs 중 $CHCl_3$(chloroform)은 동물실험 결과 발암성이 인정되었으며 인간에게서도 발암 가능성이 밝혀졌다. 염소에 의해 부산물로 생성되는 클로라이트(chlorite)나 클로레이트(chlorate)와 같은 것은 독성을 갖는 물질인데, 특히 동물실험에서 적혈구나 갑상선 기능에 손상을 주는 것으로 나타났다.

소독제(disinfectants) 병원성 미생물을 죽이거나, 반드시 죽이지는 못한다 할지라도 그의 병원성을 약화시켜 감염력을 없애기 위해 주방설비나 도구 등에 사용하는 화학물질.

소라(turban shell/topshell/weath-shell) 연체동물 원시복족목(原始腹足目) 소라과의 복족류. 학명은 *Batillus cornutus* Lightfoot. 생식선은 수컷이 황백색, 암컷은 녹색이다. 조간대에서 수심 20m 사이의 바위에 살며 전복과 마찬가지로 해조류 특히 갈조류를 잘 먹는다. 일본, 중국 연안에 분포하고 우리나라의 모든 해안, 특히 서해안에 많다. 가장 맛있는 것은 산란 전의 생식기관이 활발해지는 봄부터 여름철이다. 스테롤은 가식부 100g당 100mg 정도 포함되어 있는데 그의 대부분이 콜레스테롤이다. 또 프로비타민 D의 함량도 고둥류 중에서는 많은 부류에 속한다. 한방에서 소라는 소화가 잘 안 되는 사람이나 노인에게 좋다고 한다. 소라 국

물은 빈혈에 도움을 주며 열을 내리게 하고 눈을 맑게 한다. 청소년과 병후 회복기의 사람에게 소라 국물을 마시게 하면 입맛을 되찾는 식욕촉진 역할을 한다. 소라의 육질은 약간 단단하며 씁쓸한 맛을 띤다. 가열 조리 시에는 약간 가열하여 근육의 굳어짐을 막도록 한다. 소라를 삶아 시원한 국물요리에 넣거나 아니면 초회 및 전채요리에 사용되기도 한다. 소라와 무를 함께 조리하면 소라가 연해진다. 중국요리로는 오향장육처럼 사용하며 얇게 슬라이스하여 팔보채나 짬뽕국물에 넣거나 또는 채소와 무쳐 먹기도 한다. 약한 소금물에 1~2일 동안 냉장 보관하여 사용하고 장기간 사용할 때는 냉동하여 사용한다.

소매상(retailers) 최종소비자들을 대상으로 상품이나 서비스를 직접 판매하는 유통기관. 규모, 취급상품, 서비스, 영업방법, 소유형태, 입지에 따라 다양하게 구분된다. 식품과 관련된 소매상의 예로는 주택가 주변의 정육점, 축협 직매점, 슈퍼마켓(백화점) 등이 있다.

ㅅ

소매시장(retail market) 소비지에 형성되는 소비자시장. 유통과정의 최종단계로서 도매시장의 주요 상품 구매자이고, 소매시장의 활동주체는 소매상이며 제품의 분산과 공급, 소비자 욕구의 충족 및 새로운 욕구의 창출 등의 역할을 담당한다.

소면(素麵) ☞ 국수

소비자 검사(consumer test) 제품의 품질 유지, 품질향상과 최적화, 신상품 개발, 판매 가능성 분석 등을 하기 위하여 사용되는 소비자 대상의 검사법. 제품이 개발되고 난 후의 선호도 혹은 기호도 검사뿐만 아니라 제품 개발 초기 혹은 개발 도중에 소비자로부터 제품 개발이 나아가야 할 방향 및 개선점에 관한 의견을 얻는 데 사용되기도 한다. 이 검사를 수행하는 데 앞서 검사목적이 분명하고 목적에 따른 목표집단이 명확하게 설정되어 있는지를 확인하는 것이 요구되며 소비자 반응을 얻는 데 있어 잘못된 결론에 이르게 하는 여러 가지 요인을 고려해야 한다.

소비자 기호도 검사(consumer acceptance test) 소비자를 대상으로 제품의 기호도를 측정하기 위한 검사방법. 많은 수의 소비자로부터 제품 및 제품의 넓은 범위의 특성에 대한 소비자의 전반적인 기호도를 알고자 할 때, 특정한 관능적 특성에 대해 소비자의 반응을 얻고자 할 때, 그리고 진단적 정보를 얻어내기 위해 사용된다. 주로 기호척도가 사용된다. 소비자 기호도 검사는 제품의 판매 실적을 올리기 위한 계획을 세우는 데 많은 도움을 줄 뿐 아니라 가격을 높이기 위한 정보를 제공하기도 한다.

소비자 선호도 검사(consumer preference test) 소비자들로 하여금 제공된 시료 중에서 가장 좋은 것을 선택하도록 하는 검사 방법. 두 개의 시료에서 더 좋아하는 시료를 선택하게 하거나 3개 이상일 때는 좋아하는 순서를 요구하기도 한다. 이 방법은 관능평가 전문직원의 입장에서 수행하기 쉽고, 패널 요원이 검사하기 쉬우며 결과해석이 용이하다. 선호도 검사는 소비자가 단지 제시된 시료 중에서 비교하여 더 좋은 것을 선택하게 하므로, 검사를 하는 사람들은 제품의 기호도 상태에 대해 미리 잘 알고 있어야 한다. 이 검사는 새로이 개발된 제품이 현재 유통되고 있는 제품보다 선호되는지 아닌지를 결정하는 데 주로 사용된다.

소스(sauce) 서양요리에서 맛이나 색을 내기 위하여 음식에 넣거나 위에 끼얹는 액체 또는 걸쭉한 액체.

소시지(sausage) 돼지고기나 쇠고기를 곱게 갈아 동물의 창자 또는 인공 케이싱(casing)에 채운 육가공품. 보통 원료로서는 햄을 만들 때 나오는 부스러기 고기를 사용하는데, 돼지기름을 많이 넣으면 유연성이 증가되고 입에 닿는 촉감이 좋아진다. 소시지는 영양적으로는 햄보다 단백질이 적은 반면 지방질이 많으므로 칼로리가 높다. 소시지는 원래 상등육을 얻을 수 없는 가난한 사람들에게 정육 이외의 먹을 수 있는 부분, 즉 골, 혀, 귀, 염통, 콩팥, 코, 창자, 피 등의 부산물을 이용 가능하게 하기 위해 만들게 된 제품이다. B.C. 9세기에 썼다고 하는 호메로스의 『오디세이』에 병사들이 고기반죽을 만들어 창자에 채운 것을 먹었다고 하는 기록이 가장 오래된 것이다. 그리스 · 로마시대를 거쳐 소시지는 이들 국가의 사람들에게 애용된

듯하나 유럽의 중심부에 소시지가 일반화된 것은 상당한 세월이 흐른 뒤의 일이다. 소시지의 일반적인 제조법은 다음과 같다. 원료육을 작게 썰어 이에 소금, 질산염류를 가하여 하루 동안 재어둔다. 이것을 가늘게 썰고 첨가물이나 돼지기름 등을 가하여 잘 섞은 다음 케이싱에 채워 끓는 물에 삶아서 만드는 더메스틱 소시지(domestic sausage)와 케이싱에 채운 다음 훈연 건조시킨 드라이 소시지(dry sausage)가 있다. 소시지를 만드는 케이싱으로 옛날에는 양의 창자를 사용하였으나 현재는 돼지창자나 플라스틱 또는 셀룰로오스로 만든 인공 케이싱을 사용한다. 더메스틱 소시지는 비엔나, 볼로냐, 프랑크푸르트, 리오나 소시지 등 흔히 볼 수 있는 소시지로서 수분함량이 많으므로 신선식료품으로 취급할 필요가 있다. 드라이 소시지는 건조되어 보존성이 좋으나 보존성을 더 좋게 하기 위하여 소금, 향신료 등을 다량 넣은 것이 많이 있다. 그 종류로서는 살라미 · 세르벌라 · 모르타델라 등이 있다. 이 외에 어육 소시지도 넓은 의미의 소시지류에 넣고 있으나 나라에 따라서는 돼지고기 100%의 것만을 소시지라 하고 다른 고기를 혼합한 것은 소시지 고기라 한다. 우리나라의 소시지는 대부분 돼지고기, 쇠고기, 닭고기, 토끼고기, 생선의 혼합물로서 돼지고기만으로 된 것은 드물다. 소시지에는 대개 KS 마크, 제조년월일, 보존방법, 제조회사명, 사용한 고기의 종류 및 첨가물의 기재를 의무화하고 있다. 따라서 소시지를 살 때는 이들이 분명하게 기록되어 있는 것을 골라야 한다. 자른 것을 분별하는 일은 햄보다는 곤란하지만 보통의 국내산 소시지인 경우는 잡다한 고기가 적은 것이 맛있으므로 빛깔로 판별하는 것이 좋다. 잡다한 고기가 많은 것일수록 인공색소를 강하게 사용하므로 빛깔이 진하기 때문이다. 이에 대하여 돼지고기가 많이 든 것은 깨끗한 연분홍색이며 빛깔도 선명하다. 소시지를 먹을 때는 케이싱 그대로 먹을 수 있는 것은 사용하기 전에 그대로 뜨거운 물에 넣어 표면 살균한다. 새로 산 소시지는 끝으로부터 잘라서 사용하고 나머지를 냉장고에 보관하면 보통 1개월간 보존할 수 있다.

소주(燒酒) 곡류를 발효시켜 증류하거나, 알코올을 물로 희석하여 만든 술. 노주(露酒) · 화주(火酒) · 한주(汗酒) · 백주(白酒) · 기주(氣酒)라고도 한다. 일반 양조주는 알코올 도수가 낮아서 오래 두면 대개 식초가 되거나 부패하게 된다. 이러한 결점을 없애기 위해 고안된 것이 증류주인 소주이다. 소주에는 증류식과 희석식이 있는데, 희석식은 연속식 증류기로 증류할 때 불순물을 거의 다 제거하고 얻은 순수 알코올을 물로 희석한 것이다. 95% 가량 되는 알코올분을 20~35%로 희석한 것이다. 증류식은 간단한 증류기로 증류한 제품이며, 원료 및 이로부터 유도되는 각종 알코올 발효부산물 중 휘발성의 물질을 불순물로 함유하기 때문에 특수한 향미를 강하게 풍긴다. 최근에는 증류식은 거의 찾아볼 수 없다.

소포제(消泡劑, **defoaming agents**) 식품의 제조공정 중 발효 농축공정에서 기포로 인하여 작업이 지연되거나 제조용기가 협소하여 반응을 제대로 일으킬 수 없을 때 기포를 제거하거나 억제시켜 작업을 원활히 진행시킬 목적으로 첨가하는 물질. 지정된 품목은 규소수지(silicon resin)만으로 식품 1kg에 대하여 0.05g 이하를 사용하되 거품을 없애는 목적으로만 사용하도록 허가되어 있다.

소프트 드링크(**soft drink**) 알코올을 함유하지 않거나 저(低)알코올 음료. 넓게는 탄산음료 · 과즙음료 · 젖산음료 · 커피 · 코코아 그 외에 우유나 달걀 · 크림 등을 사용한 음료를 지칭한다. 알코올을 함유한 음료는 하드 드링크라 한다. 소프트 드링크에는 에이드 · 스쿼시 · 플로트 · 셰이크 · 쿨러 · 넥타 · 프로스트파르페 · 선데 등이 있다.

소회향(**dill**) 지중해 연안이 원산지이고 유럽, 미국, 서인도제도에서도 자라는 정원풀. 학명은 *Anthum graveolens* L.. 중국명으로는 '시라'라고 한다. 캐러웨이와 모양과 맛이 비슷하며 꽃은 피클, 샐러드에, 줄기는 생선요리에, 씨는 빵이나 과자, 피클에 이용한다. 피클의 독특한 향은 딜에 기인된 것이다.

속도 변화도(**velocity gradient**) 평행한 두 평면 사이에 액체가 채워져 아랫면은 정지하고, 윗면

ㅅ

만 이동할 때, 액체의 속도는 아랫면부터의 거리에 비례해서 변화하는데 이때 윗면을 이동시킨 속도를 두 면 사이의 거리로 나눈 양.

손실률(loss modulus) 복소 탄성률의 허수부. 일정 주파수의 사인(sine) 변형을 주었을 때 발생하는 변형에 대해서 90° 위상이 올라간 응력성분의 진폭의 비. 동적 손실이라고도 한다.

손익계산서(profit & loss statement or income statement) 일정기간 동안의 기업 경영성과를 보고하는 회계보고서로 손익보고서라고도 한다. 손익계산서에 기재되는 계정과목은 수익이나 비용을 발생하게 한 이유·원인을 나타내야 하는데, 매출액·수입이자 등은 기업의 가치를 증가시킨 원인이며, 반대로 매입비·급료·잡비 등은 기업의 가치를 감소시킨 원인이다. 이와 같이 손익계산서에서는 수익과 비용의 과목을 대응·비교시켜 손익을 표시하므로, 그 기능은 순 손익액을 명백히 할 뿐만 아니라 손익발생의 과정을 분석적으로 추적할 수 있으므로 영업의 수행과정까지 알려준다. 따라서 손익계산서는 기업의 목적달성 정도를 측정하는 기준이며 경영정책의 수립과 방향 설정에서 중요한 자료가 된다.

손익분기점(break-even point : BEP) 매출액과 총비용이 일치하는 시점. 손익분기점에서는 이익도 손실도 발생하지 않는 점으로 매출액이 그 이하로 감소하면 손실이 나고, 그 이상으로 증대하면 이익을 가져오는 기점을 가리킨다.

솔라닌(solanine) 스테로이드계 알칼로이드인 솔라니딘과 글루코오스, 갈락토오스, 람노오스와 결합한 알칼로이드 배당체. 감자의 발아부위와 녹색부위에서 검출되며, 보통 감자에는 함량이 2~13mg/100g 정도이나 광선에 쬐여 녹색이 되거나 발아부위에는 80~100mg/100g으로 증가하여 보건상 문제가 된다. 이 독은 중추신경독으로 용혈성도 있으며, 많이 섭취하게 되면 섭취 후 수시간 만에 복통, 두통, 현기증, 마비 등을 일으킬 수 있다.

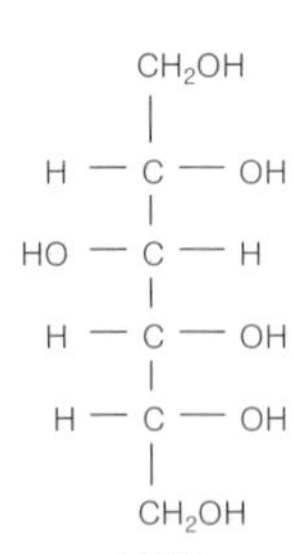

솔비톨

솔비톨(sorbitol) 당알코올의 일종. 천연으로 딸기류(berries), 체리, 자두, 배, 사과, 해조류 등에 존재한다. 공업적으로 포도당을 환원시켜 제조한다. 식품의 보습제와 유연제로 많이 이용되며 단맛이 있어 당뇨병 환자의 설탕 대체 감미료로 이용되기도 한다.

송어(trout) 연어목 연어과의 물고기. 학명은 *Oncorhynchus masou* Brevoort. 시마연어라고도 한다. 몸길이 약 60cm이다. 연어보다 몸이 굵고 둥글며 약간 옆으로 납작하다. 몸 빛깔은 성어의 경우 등쪽이 짙은 남빛이고 배쪽은 은백색이며, 옆구리에는 작은 암갈색 반점이 있다. 산란기는 9~10월이며 산란기가 되면 암컷과 수컷이 다 같이 바다에서 강으로 올라온다. 부화 후 바다로 내려가지 않고 강에 남아서 성숙한 것을 산천어라고 한다. 오호츠크해·동해 등 북서태평양에 분포한다. 고급 식용어로 알려져 있다.

송이버섯(松鷺, Pine mushroom) 담자균류 주름버섯목 송이과의 버섯으로, 학명은 *Tricholoma matsutake*(Ito et. Imai) Sing. 분포지역은 한국, 일본, 중국, 대만 등이고, 한국에서의 주산지는 태백산맥과 소백산맥을 중심으로 경북 울진, 영주, 봉화 지방과 강원 강릉, 양양 지방이다. 인공재배가 어렵고 가을에 잠깐만 나기 때문에 귀하고 값이 비싸다. 자연 송이는 20~60년생 적송림의 뿌리에서 자라며 향기와 맛이 매우 좋고 질감 또한 뛰어나다. 갓 지름 8~20cm, 자루 길이 10cm, 굵기 2cm 내외이고, 갓 표면은 엷은 다갈색이다. 송이 특유의 향기는 메틸신나메이트(methyl cinnamate), 메틸에스터(methylester), 맛추타케올(matsutakeol)에 기인된다. 송이의 향기는 열에 매우 약하기 때문에 살짝 굽고 국이나 찌개에 넣을 때도 먹기 직전에 넣어 잠깐 끓이는 것이 좋다. 전분과 단백질을 가수분해시키는 효소가 풍부하여 위에 부담을 주지 않는다. 영양가로는 수분 90%, 단백질 2.0%, 지방 0.5%, 탄수화물 6.7%, 조섬유 0.8%이며 비타민과 무기질이 풍부하다. 특히, 비타민 B_1, B_2, 에르고스테롤(ergosterol) 등이 많다. 좋은 품질의 송이는 갓이 전혀 펴지지 않아야 하고 자루가 굵고 짧아야 좋다. 또한, 은백색으로 살이 두껍고 탄력이 있으며 향기가 진한 것이 좋다. 송이는 채취하여 주로 생

송이로 수출되고 일부는 냉동, 염장, 통조림으로 가공된다. ☞ 버섯

송장(statement of delivery) ☞ 거래명세서

송풍동결(air blast freezing) 동결실이 터널형으로 식품을 수레(tray rack)나 컨베이어에 실어 -30~-40℃의 찬 공기를 식품표면에 3~5 m/sec 속도로 불도록 하여 단시간에 동결시키는 방법. 송풍동결을 실시하면 식품의 표면건조가 많을 것이라 생각하기 쉬우나 공기의 온도가 낮고 동결시간이 짧기 때문에 실용적인 면에서는 문제되지 않는다. 급속동결에 속하여 우수한 제품을 생산할 수 있다.

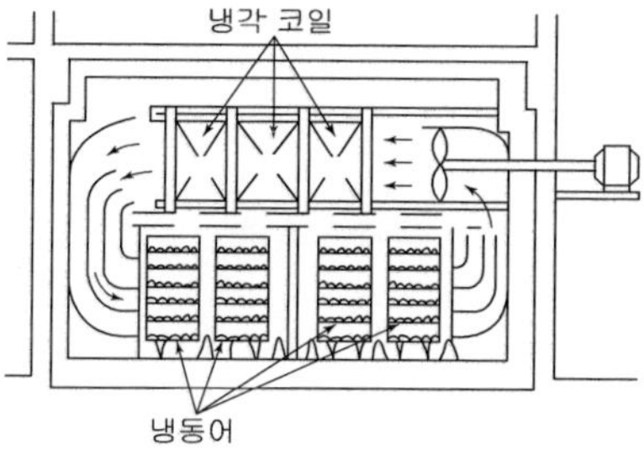

쇄미(碎米, crashed rice) 벼를 가공하는 공정에서 떨어진 쌀부스러기 등.

벼→정선→탈각→현미→정백→도정→선별→백미
(탈각 ↓ 왕겨, 도정 ↓ 쌀겨, 선별 ↓ 쇄미)

쇠고기(beef) 수육류(獸肉類). 우육(牛肉)이라고도 한다. 소는 서부 아시아가 발상지로 원래 야생우였으나 B.C. 5000년경 정착 농업이 시작되면서 가축화되어 현재 인도, 미국, 브라질, 멕시코, 아르헨티나 등지에서 많이 사육되고 있다. 고기용 소는(육우) 한우, 유럽종, 아시아종으로 구분된다. 한우는 비교적 지방 함량이 적고 영양가가 높으며 가열 시 향기 및 질감 등의 기호도가 높아 모든 식육류 중에서 가장 인기가 높다. 쇠고기는 좋은 질의 동물성 단백질과 비타민 A, B_1, B_2 등을 함유하고 있다. 소의 품종, 나이, 성별, 영양상태 및 부위에 따라 고기의 유연성, 빛깔 및 풍미가 다르다. 쇠고기는 육우로서 사육한 4~5세의 암소 고기가 연하고 가장 좋으며, 그 다음에는 비육한 수소(황소), 송아지, 늙은 소의 순이다. 적당히 성숙하여 잘 비육된 소는 육색소(미오글로빈)의 함량이 높아 돼지고기에 비해 진한 색을 나타내어 선홍색 내지 적갈색을 띤다. 근섬유는 섬세하고 탄력이 있으며 광택이 나고 특유의 향기가 있다. 또한 백색 지방이 근육조직의 내부까지 침착되어 도체 표면에 균등하게 서리와 같이 덮여 있는 상강육(marbling)이 입의 촉감이 좋고 풍미가 높으며 가열 조리하여도 단단해지지 않는다. 그 이유는 고기의 단백섬유는 급속히 가열될 때 수축되어 단단해지는 성질을 가지고 있으나, 지방은 열의 전달이 느리므로 붉은 살 부분의 급속한 온도 상승을 방지하기 때문이다. 늙은 소나 황소의 고기는 암적색을 띠며 지방은 짙은 황색이며 냄새가 강하나 양이 적어서 근육 간에는 거의 존재하지 않는다. 뿐만 아니라 근섬유가 굵고 거칠며 다량의 결합조직을 함유하고 있어 상품적 가치가 떨어진다. 송아지고기는 연령에 따라 빌(veal, 16주 미만)과 칼프(calf, 6~9개월)로 구분하는데, 육색은 담적색을 나타내며 근섬유가 가늘고 지방이 적은 편이다. 또한 수분이 많아 육질이 매우 부드럽고 맛이 담백한 편이나 육엑스분(아미노산, 펩티드, 이노신산, 환원당, 유기산)이 적어서 풍미가 떨어진다. 소는 도살한 후 큼직하게 절단하는데, 방법은 나라에 따라 조금씩 다르다. 쇠고기의 구수한 맛은 주로 이노신산인데, 이것은 소를 도살한 후 4~5℃ 되는 곳에 약 10일간 보존하는 숙성기간 중에 다량 생긴다. 숙성이 끝난 고기는 장기간 보존할 수 없으므로 급속냉동을 시켜 -20℃ 이하에서 보존한다. 또 쇠고기를 공기에 접촉시키면 적색의 육색소인 미오글로빈이 산화되어 갈색의 메트미오글로빈으로 변화되고, 지방도 산화되어 산패되므로 곧 사용하지 않을 경우는 공기에 접촉되지 않도록 포장하여 냉장고 안에 보관해야 한다. 쇠고기의 부위는 목심, 등심, 안심, 갈비, 설도, 채끝, 우둔, 양지, 앞다리, 사태 등 10부위로 구분한다. 육량 등급(A, B, C)과 육색, 지방색, 성숙도, 성별, 근내 지방도 등 육질에 따른 등급(1, 2, 3)을 혼합하여 표기한다. 소비자 선호부위인 등심, 채끝 2개 부위는 등급을 표시 판매해야 하며, 육질등급인 1, 2, 3, 등외급을 소

매단계에서는 특상등급, 상등급, 중등급, 등외로 표시한다. 소고기는 부위별로 그 특성이 다르기 때문에 조리법을 달리 하여야 독특한 맛을 즐길 수 있다.

쇠기름(牛脂, beef tallow) 소의 지방조직에서 얻는 지방. 우지(牛脂)라고도 한다. 오스트레일리아, 남북아메리카가 주산지이며, 독일, 영국에서도 생산된다. 백색, 담황색, 황색, 회색의 고체지방으로서 신선한 것은 냄새가 없다. 황색은 주로 카로티노이드계 색소에 기인하며, 이는 사료에 의해 축적된다. 지방산 조성은 올레산 42%, 팔미트산 30%, 스테아르산 20%, 미리스트산 3%, 리놀레산 2%로 상온에서 융점이 40~43℃로 상온에서 고체상태이다. 융점이 높아 즉석 카레 등의 요리에 이용하기도 하지만 대부분 공업용으로 사용하며 소의 신장에서 얻어낸 쇠기름은 '스에트'라 하여 식용으로 쓰여지고 있다. 우지는 콩팥과 심장, 위 주위에서 채유한 지방은 불포화 지방산이 많아 융점이 낮은데, 프리미에 주스(premier jus, 또는 oleo stock이라고도 함)라고 하며 최고급 요리에 사용된다. 또한 올레오 스톡(oleo stock)을 29~32℃로 유지하면서 압착 분리한 지방을 우지 올레인(olein), 또는 올레오유(oleo oil)라 하며, 점도가 커서 마가린 제조에 이용된다.

쇼가올(shogaol) 생강의 건조 또는 저장 중 진저롤에서 탈수 반응하여 생성되는 매운 성분. 진저롤보다 더 매운 자극이 강함. ☞ 진저롤

쇼트닝(shortening) 정제유를 수소화시켜 가소성의 고체 상태로 한 지방. 식품의 쇼트닝성이나 연화를 위해서 쓰이며, 액상 제품도 사용된다. 8~14%의 공기나 질소가 분산되어 있으며 원료로 정제한 식물성 경화유를 많이 쓰며 산화방지제와 유화제를 첨가하기도 한다. 고체지방을 사용하면 결을 따라 조각이 쉽게 나는 페이스트리를 얻을 수 있고, 기름을 쓰면 보다 촘촘한 조직의 페이스트리를 만들 수 있다. 반죽에 넣는 쇼트닝 함량은 제품의 종류에 따라 다르다. 빵과 롤빵은 약 1~2%, 케이크는 10~20%, 파이 껍질은 30% 이상을 넣는다. 쇼트닝 함량이 많아질수록 가소성은 증가하나 지나치게 많아지면 케이크가 부풀지 않는다. ☞ 쇼트닝성

쇼트닝성(shortening성) 기분 좋게 부서지는 성질. 주로 입 속에서 이에 닿아 쉽게 부서지는 성질을 말한다. 쇼트니스라고도 한다. 소맥분 제품에 있어서는 유지가 많이 사용될수록 쇼트닝성이 크다. 파이, 쿠키 등이 그 예이다. '쇼트닝'은 이 성질을 내기 위해 만들어지고 있다. 쇼트니스(shortness). ☞ 쇼트닝

쇼트미터(shortmeter) 쿠키나 비스킷, 크래커 등 바삭바삭함을 그 품질 특성으로 하는 식품의 쇼트니스의 측정을 목적으로 하는 기기. 시료 파괴 시에 요하는 하중을 지표로 한다.

수렴성(astringency) 몸 조직 특히 피부세포를 수축시킴. 맛이 거세어 입안이 떨떠름하다. 혀 점막이 경직한 것같이 저린 느낌으로 폴리페놀성 물질이 혀 점막의 단백질과 강한 수소 결합을 함으로써 점막이 수축되어 나타난다.

수박(watermelon) 박과에 속하는 일년생 덩굴 초본. 학명은 *Cisrullus vulgaris* Schard. 한자명은 서과(西瓜-서역으로부터 들어왔다는 데서 붙여진 이름), 수과(水瓜-물이 많은 박과 과실)이다. 크고 둥글며, 수분이 많고 단맛이 많다. 원산지는 아프리카이며, 국내 주요 생산지는 진주, 함안, 의령, 성주, 고령 등이다. 과육의 색이 적색, 황색인 것, 모양이 구형, 타원형인 것, 또한 과피의 색이 녹색, 줄무늬, 황색인 것 등이 있으며, 크기도 다양하다. 수박은 여름 과일이며, 수박의 붉은 색소는 라이코펜(lycopene)과 카로틴(carotene)의 혼합물이다. 성분은 수분이 91%로 대부분으로 열량은 31kcal/100g로 매우 낮다. 당질이 많은데 주로 과당과 포도당이어서 쉽게 흡수되고 피로회복에 도움이 된다. 당분은 수박의 중심부에 더 많다. 무기질 중에서는 칼륨(139mg%)이 많아 체내 나트륨을 많이 배설시키고 이뇨작용을 통해 부종과 소갈에 효과가 있다. 시트룰린(citrulline)이라는 성분이 있어 이뇨작용이 있으므로 해열, 해독작용이 있다. 수박은 6~8월이 제철로 두드리면 맑고 높은 소리가 나며 표면에 흠집이 없고, 꼭지가 마르지 않은 것이 신선하고 잘 익어 맛이 있다. 수박 꼭지가 약간 안으로 들어간 것, 꽃 떨어진 부분 즉 배꼽자리가 아주 작게 축소된 것, 지면에 닿았던 부분이

노랗게 된 것이 맛이 있다. 주로 신선한 과일로 이용된다. 수박의 속껍질을 사용하여 깍두기나 절임 정과 등을 만들어 먹는다. 중국에서는 수박씨를 볶아서 식사하기 전에 손님끼리 기다리는 시간에 먹는 음식으로 내놓기도 한다.

수분(水分, **water**) 생체유지에 필수성분이며, 식품의 일반적인 구성성분인 영양소. 화학적으로 두 개의 수소(H)와 한 개의 산소(O)가 약 105℃의 결합각을 이루고 있으므로, 화학구조식은 H_2O이다. 한 개의 물분자(H_2O) 내에 산소원자(δ^-)가 음전하, 수소원자(δ^+)는 양전하를 띠는 양극성을 가지므로 여러 분자의 물이 함께 존재하면 한 물분자의 산소와 다른 물분자의 수소 사이에 수소결합이 생긴다. 액체상태의 물은 4℃에서 수소결합에 의하여 최대 밀도를 나타내고, 얼음 결정체로 변하면 물분자가 육각형으로 배열하여 부피가 커진다. 소금이나 단백질, 당류가 물에 용해되기 쉬운 것은 이들 분자 주위의 물분자와 이온결합이나 수소결합을 하고 있기 때문이다. 천연의 물에 용존하는 이온의 양이 많은 경수와 이온의 양이 적은 연수가 있다. 체온조절제, 영양소와 노폐물의 운반체, 반응매체, 생체 고분자의 안정제로 작용하며, 효소를 포함한 고분자 물질의 활성에 영향을 미친다. 수분은 식품의 구조와 형태 또는 맛에 큰 영향을 미치지만, 화학적 · 미생물학적 변질과 부패의 원인이 되며 식품의 건조, 건조된 식품의 재수화에 의한 원상 복귀 등에도 중요하다.

수분결합능력(水分結合能力, **water holding capacity**) 어떤 식품에 절단, 마쇄, 압축, 가열과 같은 외부적인 힘을 가하여도 그 자체의 수분을 보유하는 능력.

수분계(水分計, **moisture tester**) 수분량을 측정하는 기기의 총칭. 식품 중의 수분 정량은 보통 건조법을 표준으로 하지만 시료의 성질, 실험 목적에 따라서는 칼 피셔법 또는 전기적인 측정법 등이 이용된다. ① **건조법에 의한 수분계**–시료를 상압에서 가열 건조하면서 그 감량을 정밀도가 높은 상명(上皿) 천칭으로 측정, 이것을 광학적 혹은 기계적으로 읽는 것이다. 일반적으로는 1~3개의 적외선 램프로 가열하는 적외선 수분계가 널리 이용된다. 보통은 5g, 형식에 따라서는 50g 정도의 시료까지 측정할 수 있다. 정밀도는 약 0.1%로 약간 낮지만 수분간, 길어도 20분에 한 검체를 측정할 수 있으며 신속 정량에는 매우 편리하다. 램프의 높이, 전압에 의해 가열온도가 변하기 때문에 신뢰성 있는 결과를 구하기 위해서는 표준 건조법과 같은 결과를 얻을 수 있는 가열조건을 각 시료마다 조사해둘 필요가 있다. 적외선 외에 마이크로파에 의한 가열 방식도 있다. ② **화학적 정량법에 의한 수분계**–칼 피셔법에 의한 전기적정 장치가 널리 이용된다. 미세한 분말이 유기용매에 녹는 시료라면 정밀도가 높다. 요소, 이산화 이온, 피리딘을 섞은 칼 피셔 시약을 메그놀의 존재 하에 떨어뜨려 식품 중의 수분과 반응시키면 요소가 소비되는 그 종점을 디지털화하여 직접 수분치를 읽는 기종이 보급되었다. ③ **전기적 측정법에 의한 수분계**–곡류, 설탕 등 품질이 비교적 일정한 것에서 수분량의 변화가, 전기량의 변화에 어느 정도 대응하는 것 같은 시료에 적용된다. 수분은 15% 이하인 것이 바람직하다. 전기저항, 고주파 유전율을 측정하는 각종 시판기기가 있다.

수분활성(水分活性, **water activity, Aw**) 같은 온도에서 순수한 물의 수증기압에 대한 식품 중의 수증기압의 비율. 즉, 어떤 임의의 온도에 있어서의 그 식품의 수증기압(P)을 같은 온도에 있어서 순수한 물의 수증기압(P_0)으로 나눈 값이다($Aw=P/P_0$). 식품 중의 수분은 주위의 환경조건에 따라 항상 변하고 있으므로 식품의 수분은 절대적인 함량 %로 표시하지 않고 식품 중의 수분의 상태를 나타낼 수 있도록 대기 중의 상대습도까지 고려한 수분활성으로 표시한다. 순수한 물의 수분활성은 1.0이고 식품 중 물의 수증기압은 순수한 물보다 낮기 때문에 식품의 수분활성은 1.0보다 낮다. 채소, 과실, 육류의 수분활성은 0.95~1.00으로 상당히 높고 수분활성값이 클수록 미생물이 이용하기 쉬우며 미생물의 성장에 필요한 최저한의 수분활성은 보통 세균 0.91, 보통 효모 0.88, 보통 곰팡이 0.80, 내건성 곰팡이 0.65, 내삼투압성 효모 0.60이다.

수비(sous-vide) 불어로 진공상태라는 의미이며 유럽에서 개발된 조리-냉장 방식의 한 가지. 음식 원료를 플라스틱 파우치에 진공 포장하여 완전 조리 혹은 반조리하여 급속 냉각한 후 0~2℃에 보존해 두었다가 필요한 시점에 끓는 물을 이용하여 재가열한다.

수산(oxalic acid) 카르복시기(COOH) 두 개가 서로 결합하여 생긴 가장 간단한 디카르복시산(화학식 $C_2H_2O_4$)으로 비휘발성 유기산의 일종. 칼슘 또는 칼륨염 형태로 식물계에 널리 분포되어 있으며, 시금치 등에 함유되어 있다. 알칼리 금속이온인 칼슘(Ca), 철(Fe) 등과 쉽게 결합하여 무기질의 흡수를 저해한다. 주상결정 또는 침상결정을 하고 있다. 물, 알코올에 가용으로 90℃ 이상 가열하면 결정수를 잃는다. 토란에는 수산염의 형태로 존재하고, 피부를 가렵게 한다. 가열하거나 식초를 사용하면 이 활성은 없어진다.

ㅅ

수소결합(水素結合, hydrogen bond) 어떤 분자 간 또는 분자 내에서 수소를 사이에 두고 일어나는 결합. 보통 -OH, NH 등의 양자 공급체와 C=O기 등의 양자수용체의 사이에서 생긴다. 예를 들어 물 분자간의 수소결합은 두 개의 수소원자가 한 개의 산소원자와 공유결합을 이루고 있으나 산소원자가 수소원자에 비해서 전기음성도가 크기 때문에 공유 전자쌍이 산소 쪽으로 치우쳐 위치하게 되며 산소원자는 음전하(δ^-)를 띠고 수소원자는 양전하(δ^+)를 띠게 되고 물분자는 δ^-와 δ^+ 두 부분으로 분극 됨으로써 δ^-와 δ^+ 간의 전기적 인력에 의해 이온결합 또는 공유결합보다 약한 결합력이 작용하는 것을 말한다.

수소첨가(hydrogenation) 유지를 구성하는 불포화지방산의 이중결합에 고온, 고압, 촉매의 존재하에서 수소를 작용시켜 포화유지가 되게 하는 반응. 이로 인하여 액체상태의 유지는 융점이 상승되어 고체상으로 된다. 예를 들어 탄소수가 18에 해당하는 불포화지방산인 리놀렌산, 또는 올레산에 수소첨가반응을 시키면 최종적으로 모두 포화지방산인 스테아르산이 생긴다. 이러한 반응을 수소첨가라고 하며, 여기에서 생성된 유지를 경화유(硬化油)라고 한다. 수소첨가의 목적은 융점 상승, 고체지방량의 증가, 산화 및 열 안정성의 향상, 색상이나 냄새, 맛의 개량 등 물리적 또는 화학적으로 그 용도에 적합한 제품을 얻는 데 있다.

$$-CH{=}CH- \xrightarrow{\text{수소, Ni, 180℃}} -CH_2-CH_2-$$

수소첨가유(hydrogenated oil) ☞ 경화유

수송나물(solt-wort) 명아주과에 속하는 한해살이 풀. 학명은 *Salsola komarovii.* 가시솔나물 · 저모채라고도 한다. 한국, 일본, 중국, 시베리아, 유럽 남부, 호주 등에 분포되어 있다. 바닷가 모래땅에서 무리지어 자란다. 잎은 가는 실 모양의 원주형이며 줄기와 함께 다육질이며 30~40cm 자란다. 어린 것은 부드럽고 연하지만 자라면 굳어져서 잎 끝이 가시처럼 되어 따끔할 정도로 살을 찌른다. 4~8월까지 수확하는데, 싹이 10~15cm쯤 자랐을 때가 적기이다. 수송나물에는 비타민 A, B_1, B_2, C 등이 많이 함유되어 있고, 단백질, 칼륨, 칼슘, 철, 나트륨 등 많은 영양소가 풍부하게 들어 있다. 혈압을 내리며, 해열 · 해독 · 염증 · 비만 · 황달에도 효과가 있는 것으로 알려져 있다. 어린순과 잎을 식용하는데, 살짝 데쳐서 나물로 이용하거나 샐러드로 마요네즈와 함께 먹을 수 있다. 찌개, 국거리, 볶음, 튀김요리 등으로 이용된다.

수수(sorghum) 아프리카와 아시아가 원산지인 열대 벼과 1년생 식물 또한 그의 식용 곡류. 학명은 *Sorghum vulgare* L. / *S. bicolor* Moench. 옥수수를 재배하는 것과 거의 같은 방식으로 재배된다. 미국이 세계 최대 생산국이며, 인도와 중국이 그 뒤를 잇는다. 우리나라에서는 북한 지역이 비교적 재배면적이 넓으며 남한에서는 강원 및 경기에서 일부 재배되고 있다. 재배가 쉽고 수확량이 많지만, 청산을 함유하여 날것으로 과량 먹으면 중독현상을 일으키기도 한다. 종피는 탄닌(tannin)을 함유하고 있어 떫은 맛이 나며, 종피의 색소에 따라 백색, 황색, 갈색을 나타내기도 한다. 단백질과 지방이 많이 함유된 차수수와 단백질과 지방이 적어 식용에는 부적당한 메수수, 고량으로 구분할 수 있다. 탄수화물이 약 76%, 지방이 약 2.1%, 단백질이 9.5~10% 함유되어 있으며, 트립토

판이나 시스틴과 같은 아미노산이 결핍되어 있다. 비타민 B_1이 겨층에 다량 함유되어 있으나 도정에 의해 손실된다. 밥에 섞어 혼반용으로 사용되며, 떡, 엿, 죽, 과자의 제조에 이용된다. 고량은 중국 황주의 원료로 사용한다. 어린아이의 생일이나 돌에는 수수팥떡을 만들어 먹이는데, 이것은 나쁜 귀신이 붉은 색을 싫어하므로 이의 접근을 막고 건강하게 자라라는 의미를 담고 있다. 줄기에 10~11%의 설탕을 함유하고 있는 사탕수수는 설탕 제조에 이용되고, 그 외에도 가축사료와 저장 목초도 만들 수 있다.

수시구매(occasion purchase) 사용부서에서 구매요구서가 들어올 때마다 시점에 관계없이 수시로 구매하는 구매방법.

수요예측(forecasting) 미래의 요구를 예측하기 위하여 수치해석이나 수학적 모델 등 체계적 방법을 이용하여 과거의 정보를 이용하는 기술. 급식소에서 필요한 수요예측은 미래 특정일의 식수, 생산해야 할 음식량, 음식생산에 필요한 식자재의 양에 관련된 내용이다.

수용기(受容器, receptor) 어떤 자극에 대해 다른 기관보다 더 예민하게 반응하는 세포 중의 부위. 맛을 느끼는 수용기는 유두에 포함되어 있는 미뢰이고, 냄새를 느끼는 수용기는 후각상피에 있는 후각 접수 세포이다. ☞ 미각

수용성 식이섬유(soluble dietary fiber) 식이섬유 중에서 물에 분산될 수 있는 물질. 수용성 식이섬유에는 소장이나 대장에서 일부가 미생물에 의해 분해되어 흡수되는 식물성 검질, 펙틴질과 폴리덱스트로오스 등이 포함된다. 식이섬유의 생리적 활성을 갖고 있으며 불용성 식이섬유보다는 콜레스테롤 저하와 혈당저하 작용 등의 효과가 더 좋은 것으로 알려졌다. ☞ 식이섬유

수율(yield) 원료물질로부터 어떤 화학적 과정을 거쳐 목적물질을 얻는 경우에 실제로 얻은 양의 이론 양에 대한 비율. 일반적으로 수율이 100%가 되지 않는 것은 ① 반응이 도중에서 평형상태에 이르거나, ② 반응시간이 부족하거나, ③ 부반응이 일어나 목적물질 이외의 물질을 생성하거나, ④ 기술적으로 취득하기가 곤란한 점 등이 원인이 된다. 수율은 때때로 수량과 혼동되어 사용하는 경우가 있으나, 엄밀하게 구별되어야 한다.

수은(水銀, mercury, Hg) 원자량 200.59, 녹는점 −38.86℃, 끓는점 356.66℃, 비중 13.558 (15℃)인 상온에서 은백색의 광택이 나는 무거운 액체인 유일한 금속. 고체로는 주석백색의 금속광택이 되며, 전성(展性)·연성(延性)이 크고 칼로 자를 수도 있다. 팽창률이 크며, 또한 상당히 넓은 온도 범위에서 일정하다. 철·니켈·코발트·마그네슘 등을 제외한 대부분의 금속과 아말감을 만들며, 저장할 때는 흔히 철로 만든 그릇을 사용한다. 염산에는 녹지 않지만, 질산에는 녹아 질산수은이 된다. 공기 중에서 건조할 경우에는 안정하지만, 300℃ 이상에서 산화수은이 되고, 400℃를 넘으면 다시 분해하여 수은이 된다. 습한 공기 중에서는 표면이 산화하여 회색 피막이 생긴다. 또 황과 서로 문지르면 쉽게 황화수은이 된다.

수은중독(水銀中毒, mercury poisoning) 수질오염의 근원이 되며 직업적 노출에 의한 중독증상으로 오래 전부터 보고되고 있는 중금속 중독. 일본의 미나마타(minamata)병 사건은 미나마타만 상류에 위치한 아세트알데히드(acetaldehyde) 합성 화학공장에서 사용하였던 염화제2수은($HgCl_2$)이 폐수 중에 방출되어 뻘 속의 혐기적 조건하에서 유기수은인 메틸수은으로 전환되면서 어류의 체내에 축적되면서 체내의 메틸수은 농도는 물속의 농도의 100만 배까지 달하고 이렇게 오염된 어패류를 먹은 사람에게 미나마타병이 발생하게 되었다. 메틸수은에 오염된 어패류를 섭취하게 되면 메틸수은이 장관 세포막을 투과하여 표적장기인 뇌에 도달하게 되며, 여기에서 탈메틸화되어 민감한 효소의 −SH기와 결합함으로써 독성을 나타내게 된다. 유기수은은 지용성으로 쉽게 중추신경의 이상증상이 나타나며, 즉 지각이상, 시야협착, 난청, 언어장애, 운동실조, 손떨림, 신경장애 등이 발생한다.

수의계약(private contract) 공급업자를 선정할 때 계약내용을 이행할 자격을 가진 특정업체와 협의하여 계약을 체결하는 방법. 수의계약은 절차가 간소하고 경비절감이 가능하나 공정성이 결여되고 새로운 거래처 발굴이 어려운 단점이

있다.

수인성 전염 장티푸스, 파라티프스, 이질, 콜레라, 병원성대장균, 유행성간염, 급성회백수염 등 병원 미생물이 물로 인해 경구적으로 체내에 침입하여 증식되어 질병을 일으키는 경구전염. 주로 소화기계통에 장해를 일으키고, 병원체가 사람에 대하여 강한 병원성을 갖고 있어서 미량의 균으로도 발병할 수 있고 사료 → 매개물 → 사람으로 2차 감염을 일으켜 감염환이 성립된다.

수중유적형 유화액(oil in water emulsion) 물의 연속상에 기름이 미립자가 되어 분산되어 있는 형태의 유화액. 물에 녹기 쉽고, 수용성 염료에 물들고, 전기전도도가 높다. 우유, 마요네즈나 크림 등이 여기에 속한다. ☞ 유화액

수증기 증류(水蒸氣蒸溜, steam distillation) 끓는점이 높고, 물에 거의 녹지 않는 유기화합물에 수증기를 불어 넣어 그 물질의 끓는점보다 낮은 온도에서 수증기와 함께 유출되어 나오는 물질의 증기를 냉각하여 물과의 혼합물로서 응축시키고 그것을 분리시키는 증류법. 수증기를 불어넣는 대신 물을 가하고 가열할 수도 있다. 물과 기름처럼 서로 섞이지 않는 것의 혼합물을 가열하면, 각 물질은 단독으로 가열되었을 때와 같은 증기압을 보이므로, 수증기와 물질의 증기압의 합이 대기압과 같아지면 유출하므로, 그 물질의 끓는점보다 낮은 온도에서 물과 함께 유출시킬 수가 있다.

수화(水和, hydration) 수용액 중에서 이온 또는 용질분자, 입자의 둘레에 물분자를 몇 개 끌어당겨 결합하는 현상.

숙성(熟成, aging) 식품 성분인 단백질, 지방, 탄수화물 등이 효소, 미생물, 염류 등의 작용에 의해 분해되어 부패하는 것 없이 특수한 향미나 양호한 물성 등을 생기게 하는 과정. ① **고기의 숙성**－사후경직 후, 고기는 효소작용에 의해 분해되어 부드럽고 맛좋게 되는 과정을 말하며 쇠고기의 숙성기간은 4~7℃에서 약 10일 전후, 2℃에서 약 2주간이다. ② **밀가루 반죽의 숙성**－밀가루 반죽을 몇 시간 발효시키면 신전성이 증대되어 글루텐의 형성이 잘된다. 빵의 밀가루 반죽은 숙성에 의해서 방향이나 팽화성이 생기게 된다.

숙신산 ☞ 호박산

순무(turnip) 십자화과에 속하는 한해살이 또는 두해살이 쌍떡잎식물. 학명은 *Brassica campestris* L. spp. *rapifera*. 한자명으로는 무청(蕪菁)이다. 유럽이 원산지이며 우리나라에서는 개성과 강화도에서 주로 재배된다. 모양은 매끈한 편구형, 구형 등이고 색은 백색, 홍색, 녹색, 홍자색 등이 있다. 순무는 맛이 달고 순하며 배추뿌리 맛과 유사하다. 성분은 무와 비슷하며 비타민 C, 칼슘 등이 풍부하다. 무에 비해 순한 매운맛을 내며 매운맛은 겨자유로 페닐에틸 이소티오시아네이트(phenylethyl isothiocyanate)에 기인되며 이 성분은 항발암력이 크다. 잎에는 클로로필, 칼슘 등이 풍부하다. 자색은 안토시아닌(anthocyanin) 색소이다. 신선한 순무는 맛이 달고 순하며 조직감이 좋아서 전채요리나 과일대용의 후식, 샐러드, 술안주 등으로 이용된다. 순무를 납작썰기로 하여 깍두기 또는 석박지 같은 김치나, 또는 손가락 굵기로 썰어 동치미 형태의 김치를 담구거나 피클을 만드는 데 이용된다. 건조시켜 순무 말랭이로 만들어 장아찌 등으로 이용하기도 한다. 순무의 잎은 김치, 샐러드, 나물 등으로 이용된다.

순위검사(順位檢査, ranking test) 세 개 이상 시료를 주어진 특성에 따라 순서대로 순위를 매기는 검사방법. 시료를 큰 그룹 또는 작은 그룹으로 분류하는 데 많이 사용하는 방법으로 검사원은 주어진 특성에 대하여 맛을 본 후 시료를 임시로 배치하고 그 다음에 계속 맛을 보면서 강도의 순서를 정하여 순위를 정한다. 일시에 많은 시료를 빠르게 시험할 수 있고, 표준품이 필요하지 않은 장점이 있으나 시료간의 차이 크기가 무시되는 단점이 있다. 프리드만(Friedman)의 순위검사 분석방법과 바스커(Basker)의 순위법 유의성 검정표가 많이 사용된다.

순위법(ranking method) ☞ 순위검사

순위오차(順位誤差, order error, time error) 관능평가시 시료의 제시순서나 제시위치에 따라 일어나는 오차. 이런 오차를 줄이려면 제시순서 또는 위치를 균형 있게 배치하여 제공한다.

순응(順應, adaptation) 자극이 오랫동안 계속되

면 주어진 자극에 대한 예민도가 상실되어 감각반응이 약화되는 현상. 둔화, 적응이라고도 한다. 자극의 농도와 순응시간과의 관계는 대체적으로 농도가 강할수록 순응시간이 오래 걸리며, 순응의 회복은 순응보다 느리다고 한다. 관능검사 시에는 순응이 최소감량 및 기타 결과에 영향을 미치며 관능검사 결과에 변화를 주므로 검사횟수에 제한을 가져온다. 완전순응이 일어난다면 전연 감각을 느낄 수 없는데 보통 식품의 관능검사의 경우에는 별로 일어나지 않고 부분순응이 중요하게 된다.

순채(蓴菜) 수련과의 여러해살이 수초. 학명은 *Brasenia schreberi* J.F. Gmel. 부규, 순나물이라고도 하며, 중국 원산이다. 연못에서 자란다. 분포지역은 동아시아, 인도, 오스트레일리아, 서아프리카, 북아메리카 등이다. 뿌리줄기가 옆으로 뻗으면서 길게 자라서 50~100cm나 되고 잎이 수면에 뜬다. 잎은 어긋나고 타원형이며, 뒷면은 자줏빛이 돌고 중앙에 잎자루가 달린다. 잎이 자랄 때는 어린줄기와 더불어 우무 같은 점질로 둘러싸인다. 꽃은 5~8월에 피고 검은 홍자색이다. 열매는 달걀 모양이다. 우무 같은 점질로 싸인 어린순을 식용한다. 어린잎을 지혈, 건위, 이뇨에 약용한다.

순환 메뉴(cycle menu) ☞ 사이클 메뉴

술(酒, liquor) 알코올 성분을 1도 이상 함유한 음료. 일반적으로 제조방법에 따라 양조주, 증류주, 혼성주로 나누어진다. 발효주는 양조주라고도 하며 효모의 활동에 의하여 발효되어 만들어진 것으로 포도주, 맥주, 샴페인, 청주, 중국의 노주 등이 있다. 증류주는 양조주를 증류하여 알코올성분을 높인 것으로 위스키, 브랜디, 진, 보드카, 럼 등이 있다. 혼성주는 약초나 향료를 알코올 함유물에 침투시켜 증류하거나 과일즙이나 당밀 등을 첨가하여 향미를 더욱 살린 술로 보통 리큐르(liqueur)라고 부르는 술이다. 술의 주성분은 에틸 알코올(ethyl alcohol)과 물이며, 향기성분으로서 에스테르(ester)류나 고급 알코올(alcohol)류와 맛성분으로서 당, 유기산, 아미노산이 있으며, 그밖에 색소류도 있다. 술의 성분은 보통 알코올분과 술 100mL에 함유된 비휘발 성분의 총 그램수, 즉 엑스분(分)으로 표시한다.

숭어(mullet) 숭어목 숭어과의 바닷물고기. 학명은 *Mugil cephalus* Linnaeus. 『자산어보』에는 치어라 기재하고 맛이 좋아 물고기 중에서 제1이라고 하였다. 최대 몸길이 120cm, 몸무게 8kg이다. 머리는 다소 납작하지만 몸 뒤쪽으로 가면 옆으로 납작하다. 몸의 등쪽은 암청색을 띠며 배쪽으로 밝아져 은백색을 띤다. 산란은 우리나라의 경우 10~2월(산란성기는 10~11월)에 연안에서 이루어지며, 산란기에는 쿠로시오 난류의 영향을 받는 따뜻한 해역으로 회유한다. 주로 연안에 서식하나 강 하구나 민물에도 들어간다. 도약력이 뛰어나 수면위 매우 높은 곳까지 뛰어오른다. 태평양, 대서양, 인도양의 온대·열대 해역에 광범위하게 분포한다. 숭어는 예로부터 음식으로서만 아니라 약재로도 귀하게 여겼다. 또 고급 술안주로도 이용하였는데 난소를 염장하여 말린 것을 치자라 하여 귀한 손님이 왔을 때만 대접하였다고 한다. 『난호어목지』에 '숭어를 먹으면 비장(脾臟)에 좋고, 알을 말린 것을 건란(乾卵)이라 하여 진미로 삼는다.' 고 하였다. 『향약집성방』 『동의보감』에는 수어(水魚)라 하였고, "숭어를 먹으면 위를 편하게 하고 오장을 다스리며, 오래 먹으면 몸에 살이 붙고 튼튼해진다. 이 물고기는 진흙을 먹으므로 백약(百藥)에 어울린다."고 하였다. 『세종실록 지리지』에 건제품(乾製品)을 건수어(乾水魚)라 하며 자주 보이는 것으로 보아 소비가 많았던 것으로 추정된다. 숭어 중에는 영산강 하류 수역에서 잡히는 것이 숭어회로서 일품이다. 숭어는 여름에 맛이 좋고 특이한 맛이 있다. 소금구이나 찜으로 하여 먹는 것이 보통이다. 제사상에 숭어찜을 올리는 풍습이 있다.

슈크림(choux cream) 속에 크림을 넣어 만든 서양 진과자. 슈는 콜리플라워(cauliflower)라는 뜻의 프랑스어로, 껍질이 부푼 모양이 이와 흡사한 데서 붙은 이름이다. 영어로는 크림 퍼프(cream puff)라고 한다. 밀가루에 달걀, 버터, 소금을 섞어서 잘 반죽하여 속이 비도록 오븐에 구워 부풀린 껍질 속에, 우유, 달걀, 설탕, 밀가루, 향료를 섞어서 저으면서 익힌 커스터

드(custard) 크림을 넣은 과자이다. 커스터드 크림 대신 생과일이나 통조림으로 된 과일을 넣기도 하고, 거품을 낸 생크림을 넣은 것도 있다. 또 크기를 자유롭게 하여 작게 만들기도 하고, 길쭉하게 만들기도 한다. 이 밖에 슈크림 껍질 위에 초콜릿을 얹은 것도 있다.

슈퍼옥사이드뮤타제(superoxidemutase, SOD) 신체에 유해한 활성산소를 억제하는 항산화효소. 체내에 대량으로 발생하는 유해활성산소의 하나인 슈퍼옥사이드 라디칼을 활성도가 낮은 과산화수소(활성산소의 일종)와 산소로 분해, 활성산소의 산화반응으로 말미암아 발생하는 질병을 예방하거나 치료하는 역할을 한다. 활성산소를 소거하는 역할을 하는 효소에는 SOD뿐만 아니라 카탈라제, 글루타치온 퍼옥시다제라는 효소가 관여하는데 SOD가 가장 중요한 역할을 한다.

ㅅ

스왓 분석(SWOT analysis) 기업이 구체적인 경영전략을 세우기 전에 행하는 자기분석 및 평가를 위한 전략 도구. 기업 내부적으로 가지고 있는 강점(strengths)과 약점(weaknesses)을 파악하여 강점을 최대한 육성하고 약점을 보완하면서 환경적인 기회요인(opportunities)을 최대한 이용하고, 위협요인(threats)에 대비하는 전략을 세우는 분석 기법이다.

스위스 모카(Swiss mocha) 컵에 설탕과 초콜릿 시럽을 넣고 커피를 붓고 가볍게 저은 다음 휘핑크림을 얹어 모양을 내고 작은 초콜릿 조각을 뿌려서 마시는 커피. 여성과 어린이를 위한 커피로서 유럽 카페의 주된 메뉴이다.

스카톨(skatole) 인돌의 α− 및 β−메틸 유도체 중 β−메틸인돌의 물질. 무색, 엽상 결정으로서 사람의 오줌 및 대변의 불쾌한 냄새의 원인 성분이며 미량의 경우 향료에 쓰이기도 하는데 단백질의 부패과정에서 트립토판으로부터 생성된다.

스콤브로이드 독소(scombroid poisoning) 고등어, 참치, 전갱이, 가다랭이 등의 등 푸른 생선(Scombroidea species)을 잘못 저장했을 경우에 주로 발생하는 독소. 다른 종류의 생선에서도 발생 가능하다. 복통, 메스꺼움, 설사 등의 histamin 알레르기 증상을 나타내는데 세균에 의해 히스티딘을 비롯한 아미노산이 탈탄산되어 히스타민과 putrescine, cadaverine 등 다른 혈관 작용성 아민을 생성하며 발생하는 것으로 여겨진다. 그러나 순수 histamine을 섭취했을 때보다 상한 생선을 섭취했을 때 독성이 더 크게 나타나는데, 위에 언급한 다른 부패성 아민과 더불어 aminoguanidine, isoniazid 등이 장내의 히스타민 대사효소를 저해시키기 때문인 것으로 알려져 있다.

스쿠알렌(squalene) 심해 상어 간유의 주성분. 불포화탄화수소($C_{30}H_{50}$)로 올리브유나 아마란스(amaranth) 종실유, 야자 열매기름에도 상당량 들어 있다. 항산화작용, 해독작용, 항암작용과 피부건강유지에 영향을 준다.

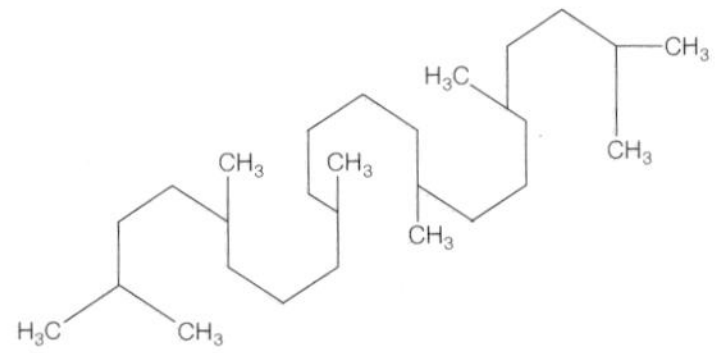

스쿼시(squash) 과일즙에 설탕 시럽과 소다수를 섞어서 만든 것. 과육이 있기 때문에 탁하고 불투명하다.

스타키오스(stachyose) 글루코오스, 프락토오스와 두 분자의 갈락토오스가 글리코사이드 결합한 사당류. 콩과 목화씨에 비교적 많이 들어 있다. 인체 내에서 소화흡수가 잘 안되며 대장 내에서 가스를 발생시키는 이른바 가스발생인자로 알려져 있다. 대두에 평균 1.21%의 스타키오스가 함유되어 있다.

스테로이드(steroid) 스테로이드 핵을 공통으로 갖는, 불검화물의 총칭. 생체 내의 소화·흡수와 대사에 중요한 역할을 하는 물질. 스테롤, 담즙산, 성 호르몬, 부신피질 호르몬, 비타민 D 등이 여기 속한다. 영양성분으로서 중요한 것에 콜레스테롤과 에르고스테롤이 있다.

스테비오사이드(stevioside) 남아메리카 파라과이가 원산지인 국화과 여러해살이풀. 스테비아(*Stevia rebaudiaua*)잎에서 얻는 글리코시드 성분. 백색 또는 회백색의 분말 또는 결정성 분말로 단맛이 설탕의 270~300배이다. 칼로리가 없으며 pH 변화와 열에 안정하며 식빵, 이

유식, 캔디류 등에 사용된다.

스토마커(stomacher) 식품시료를 미생물학적으로 분석하기 전에 균질화하기 위해 사용하는 도구. 블렌더(blender)를 이용하여 식품시료를 균질화하게 되면 블렌더의 고속 칼날 회전에 의해 발생한 열이 미생물의 수를 감소시킬 수 있으나 스토마커를 사용하게 되면 이런 결점을 보완할 수 있다. 스토마커를 사용하는 방법은 우선 폴리에틸렌 백에 식품시료와 희석액을 넣은 후 스토마커에 넣어주게 되면 스토마커 내에 달려 있는 2개의 페달이 식품시료를 마사지하듯 부드럽게 두드려 주어 시료에 부착되어 있던 미생물들이 열에 의한 손상이 없이 희석액으로 떨어져 나오게 되고, 이 희석액을 이용하여 plating을 하면 식품의 오염정도를 측정할 수 있게 된다. 시료를 마사지 하는 시간은 보통 1~2분 정도로 표준화되어 있다.

스토크스(stokes) 동점도계수를 나타내는 c.g.s.계 단위. 생략해서 St라고 쓴다.

스트레이트 커피(straight coffee) 스트레이트 커피는 브라질 산토스, 블루마운틴, 콜롬비아, 모카, 멕시코와 같은 각기 맛과 향이 다른 특성을 살리기 위해 블렌딩(blending)을 하지 않고 단품종으로 조리하는 커피. 더블 스트레이트 커피는 보통 커피보다 물을 반 정도만 사용하여 진하게 우려낸 커피로 아이스커피, 데미타스, 카페오레 등이 있다.

스파게티(spaghetti) 듀럼밀로 만든 강력분과 세몰리나에 물을 조금 넣고 끈기 있도록 치대어 만든 이탈리아 국수 및 이탈리아 파스타. 파스타는 가루를 반죽할 때 달걀을 섞어서 하는 이탈리아 국수요리를 말한다. 서양 여러 나라에서는 공장생산으로 보편화되어 여러 가지 소스를 곁들여 여러 종류의 스파게티를 즐긴다. 스파게티는 곁들이는 소스에 따라 여러 종류로 나누어지는데, 주요 요리에는 '스파게티 이탈리안'과 '스파게티 밀라네스'가 있다. 스파게티는 소금을 조금 넣은 끓는 물에서 8~12분 충분히 삶아야 하고 찬물에 헹구지 않으며 뜨거운 채로 소쿠리에 건져 물기를 빼고 식기 전에 버터로 버무려 서로 붙지 않게 한다. 약간 움푹한 그릇에 담아 소스를 얹고 가루 치즈를 뿌려 따뜻할 때 먹는다. 이탈리아에서는 스파게티를 식사 첫 코스에 먹는 데 비해 다른 나라에서는 일품요리로서 주식으로 이용한다.

스펀지 케이크(sponge cake) 거품을 낸 달걀에 밀가루, 설탕과 약간의 소금을 넣고 가볍게 섞은 재료를 케이크팬에 부어 오븐에서 170~180℃로 45~50분간 스펀지 모양으로 부풀게 구운 서양과자. 기본재료에 코코아, 버터, 향료(오렌지 껍질)등을 첨가하기도 한다. 케이크 팬 밑바닥에 파라핀지를 깔고 섞은 재료를 부어 굽고, 다 구워지면 옆면과 윗면을 생크림, 버터크림, 잼 등으로 장식한다.

스펙트럼 묘사분석(spectrum descriptive analysis) 제품의 향미 및 텍스쳐 등의 관능적 여러 특성에 대해 설정된 척도를 이용하여 비교적 객관적으로 강도를 측정할 수 있는 묘사분석. 각 특성을 이해하기 쉽게 간단히 정의하거나 설명하고 각 특성에 대하여 몇몇의 식품을 사용하여 기준점수를 사전에 설정한다. 평가하려는 식품의 특성강도는 설정된 기준점수에 대하여 상대적으로 비교하여 0~15점까지의 점수로 나타낸다. 일부 특성에 대하여 설정된 점수의 예를 들면 다음 표와 같다.

▲ 4원미의 강도(0~15)

분 류	맛의 강도
오렌지 농축물(Tang사 제품)	단맛 9.5 신맛 4.5
티백으로 1시간 우려낸 차	쓴맛 8
트리스큐트(Nabisco사 제품)	짠맛 9.5
V-8 채소 주스(Campbell사 제품)	짠맛 8

▲ 거침성(rough scale)

분 류	거침성
젤라틴 후식(Jellow사 제품)	0.0
오렌지껍질(신선한 오렌지껍질)	5.0
감자 칩(Pringles사 제품)	8.0
단단한 그라놀과 바 (Quaker Oats사 제품)	12.0
호일 웨이버(Finn Crisp사 제품)	15.0

스포츠음료(sport drink, isotonic drink) 필수 염이나 무기질을 몸의 농도와 같게 만든 음료. 등장

ㅅ

음료라고도 한다. 운동이나 노동 등으로 인해 체내에서 빠져나간 수분과 전해질을 보충해 주는 기능성 음료로 스포츠 드링크 또는 스포츠 음료라고도 한다. 주요 성분으로는 당질(탄수화물)을 비롯해 나트륨, 칼륨, 마그네슘 등의 무기질과 비타민 C가 포함되어 있다. 무기질은 땀으로 손실된 전해질을 보충해주고 당질은 대개 6~8% 농도로 함유되어 있는데 그 이상이 되면 장내 흡수 속도를 지연시켜 효과가 감소된다. 운동 중에 수분과 전해질을 보충해 줄 경우 그렇지 않은 경우보다 더 오래 운동을 지속할 수 있다고 알려지고 있다.

스피룰리나(spirulina) 남조식물(藍藻植物) 흔들말과의 조류(藻類). 에티오피아 원산이며 클로렐라 등과 함께 미래의 단백질원으로 주목되고 있다. 청록색으로 나선형이며 시아노박테리아의 일종으로 해수와 염도가 높고 강한 알칼리성을 지닌 열대지방의 더운 물에서 번식한다. 단백질 함량이 높고 (60~70%) 필수아미노산을 모두 함유하고 있으며, 필수지방산인 리놀렌산, 감마리놀렌산도 풍부하다. 비타민, 무기질, 섬유소 등을 함유하고 있고 카로티노이드, 클로로필, 피코시아닌 등의 색소가 들어 있다. 스피룰리나는 클로렐라와 비슷하지만 단백질 함량이 훨씬 많고 소화흡수율이 대단히 높으며 (95% 이상), 배양 · 수확이 용이하며 강알칼리성이다. 이를 주원료로 하여 먹기 좋도록 여러 형태로 식품을 만들어 건강기능식품의 하나로 사용하고 있다. 푸른 색소를 추출하여 착색제로 쓰기도 한다.

스핑고마이엘린(sphingomyelin) 스테아르산(stearic acid), 팔미트산(palmitic acid) 같은 지방산, 인산염, 콜린, 아미노 알코올, 스핑고신(sphingosine)으로 구성된 인지질의 일종. 동물조직(신장, 간, 폐, 췌장)에 널리 분포되어 있고 특히 뇌에 많이 함유되어 있다. 각종 생체막의 구성성분이며, 조직의 기능, 면역 등에 관계하고 있다.

스핑고신(sphingosine) 동물조직, 특히 뇌에 많이 포함된 지방질의 일종인 스핑고지질의 구성 성분. 탄소수 16~20의 고급 아미노 알코올의 총칭, 단일 성분의 명칭으로 이용되는 경우도 있다. ☞ 스핑고마이엘린

슬라이더 모델(slider model) 식품의 복잡한 점 · 탄성현상을 모델화하기 위한 모형의 일종. 그림과 같이 나타내는 데 항복치를 갖는 소성체의 역학 모형.

습부량(濕麩量, wet gluten yield) 수분을 함유한 글루텐의 양. 소맥분에 수분을 가하여 반죽한 후 전분을 씻어 흘려보내면 점탄성이 있는 물질이 남는 부분을 습부(濕麩)라고 한다. 습부량은 소맥분 100g당의 습부의 중량(%)로 나타낸다. 습부량은 소맥분의 종류에 따라 다르다. 경질소맥으로부터 얻을 수 있는 강력분은 35~40%, 연질소맥으로부터 얻을 수 있는 박력분은 20~25%, 중력분은 그 중간 수치를 갖는다.

승화(昇華, sublimation) 고체가 직접 기체로 되는 상태 변화. 고체표면으로부터 기화하는 데 증기압이 그 온도에서의 포화증기압(승화압)에 달하면 고체상과 기체상은 상호간에 평형하게 된다. 포화증기압에 달하기까지 고체상은 승화를 계속한다. 상온, 상압에서 승화현상을 보이는 것은 장뇌, 요오드, 드라이아이스 등이다. 드라이아이스는 승화점이 −78.5℃로, 승화하여 이산화탄소로 되기 때문에 다루기 쉬운 저온제로서 이용되고 있다. 승화에 필요한 열량을 승화열이라고 하는데 드라이아이스에서는 −78.5℃에서 132cal/g이다.

시간 · 강도 묘사분석(time-intensity descriptive test) 시간이 지남에 따라 식품의 향미 및 텍스쳐 특성의 강도가 변화되는 양상을 평가하여 그 결과를 시간 · 강도 곡선으로 나타내는 방법. 이 방법을 사용할 경우에는 짧은 시간 내에 평가를 해야 하므로 평가할 특성을 너무 많지 않게 제한하도록 한다. 강도의 크기는 미리 정해진 척도를 사용하여 평가하며, 시간에 따른 변화를 조사하기 위해 설정할 시간간격은 냄새, 향 또는 텍스처가 계속되는 시간의 길이를 고려하여 정한다. 시간 · 강도 분석의 결과는 표나 그림으로 모두 나타낼 수 있으며, 그림으로 나타내는 경우에는 각 특성별로 시간 · 강도 곡선으로 작성한다. 이 곡선은 한 특성에 대한 일련의

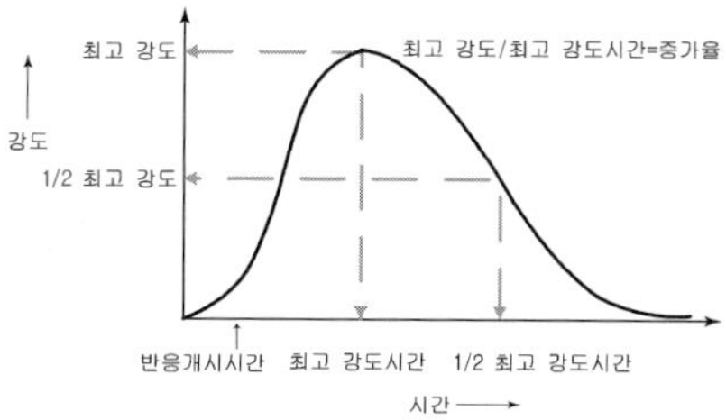

시간· 강도 곡선

강도 측정 결과를 보여주게 된다.

시간급제(payment by the hour) 종사원이 수행한 작업의 양과 질에는 관계없이 단순히 근로 시간을 기준으로 하여 임금을 산정·지불하는 방식.

시간·온도 한계(time-temperature tolerance) 고품질을 유지할 수 있는 한계는 유통 중의 온도와 시간에 따라 달라지므로 냉동식품의 시간·온도 허용한도의 관계. 냉각 또는 동결 식품의 저온유통에서의 품질은 온도와 유통기간에 큰 영향을 받는다. 식품의 고품질이 유통 중에 유지되는 기간, 즉 고품질 유지기간은 그 기간 중의 온도에 의하여 변하게 된다.

시구아테라(Ciguatera) 카리브해와 태평양지역에서 주로 발생하는 어패류 독소 중독 증상. 두통, 복통, 설사, 근육통, 오한, 발열 등의 증상을 나타낸다. 오염된 생선 섭취에 의해서 발생하는데 내장이나 알에 독소의 축적량이 높다. 독소를 가지고 있는 생선이 간헐적으로 나타나며, 한 지역에서 잡히는 같은 종의 생선이 모두 오염되는 것도 아니고, 오염된 생선을 육안으로 구별할 수도 없어서 예방이 매우 어렵다. 남태평양처럼 따뜻한 바다(위도 35도 이하)에서 주로 문제가 되었으나, 일본에서도 발견되었으며, 지구 온난화에 의해 해수온도가 상승함에 따라 우리 해역에서도 주의해야 할 독소 중 하나이다. 원인 물질은 ciguatoxin으로 알려져 있다.

시금치(spinach) 명아주과에 속하는 한해살이 또는 두해살이 식물. 학명은 *Spinacia olearcea* L.. 아시아 서남부가 원산이다. 시금치는 잎이 부드러우며, 비타민이나 무기질 등의 함량이 많은 진한 녹색 채소이다. 뿌리는 담홍색이고, 줄기는 비어 있다. 시금치는 내한성이 강하여 가을부터 겨울에 공급되어 온 채소로 겨울철 비타민 C의 공급에 중요하였으나 최근에는 연중 공급되고 있다. 겨울에 노지에서 자란 시금치가 시설 재배한 것보다 더 달고 맛이 좋다. 노지의 경우 시설 재배한 것보다 철, 칼슘, 비타민 A, C, B_2의 함량이 월등히 높다. 비타민 K도 들어 있다. 특히, 구리, 코발트, 아연, 요오드가 많아서 발육기의 어린이는 물론 임산부에게 좋은 알칼리성 식품이다. 시금치에는 사포닌과 부드러운 섬유가 들어 있어 변비에도 효과가 있고, 철과 엽산이 있어 빈혈 예방에도 유효하다. 수산이 0.2~0.3%가량 들어 있는데 수산을 많이 먹게 되면 체질에 따라 체내의 칼슘과 결합하여 녹지 않는 수산칼슘으로 변한다. 이것이 신장과 요도에 결석을 가져오게 되는데 500g 이상을 매일 먹는 경우에 일어나므로 우리가 먹는 양으로는 별로 문제가 되지 않는다. 결석이 가장 잘 형성되는 것은 칼슘과 수산의 비가 1:2일 때이고, 이보다 칼슘량이 많으면 결석이 안 생기고 체외로 배설되므로 칼슘 함량이 높은 식품과 함께 섭취하는 것이 좋다. 데치거나 끓이면 수산이 조리용수에 우러나와 상당량 제거된다. 데칠 때는 다량의 끓는 물에 소금을 조금 넣고, 뚜껑을 열고 살짝 데쳐야 엽록소의 푸른색을 유지할 수 있다. 뿌리 부분에는 구리, 망간 등이 들어 있어 조혈작용을 한다. 국, 나물, 죽으로 이용하며, 서양요리에서는 샐러드, 볶음, 딥 피자(deep pizza)의 속에 넣는 등 다양하게 이용한다. 좋은 시금치는 뿌리 색깔이 짙은 빨간색이 맛이 좋으며 일반적으로 잎이 수직으로 올라와 있는 것보다 눕혀져 벌려 있는 것이 맛있다. 잎은 싱싱하고 윤기가 있으며 녹색인 것이 좋으며 너무 진한 것은 질산태 질소의 함량이 높아 좋지 않을 수도 있다. 잎은 두껍고 길이는 20cm 내외이며, 잎줄기가 짧고 밑에서부터 잎이 나 있고 잎의 면적이 넓은 것이 좋다.

시니그린(sinigrin) 글루코시놀레이트. 채소의 향기성분으로 특히 십자화과 채소에 많다. 효소인 미로시나아제의 작용으로 가수분해되어 매운맛과 냄새를 지닌 이소티오시아네이트가 된다. ☞ 알릴이소티오시아네이트

시럽(syrup) 설탕을 녹여서 향료를 첨가한 액상의 가공설탕. 각종 과즙, 향료, 커피, 아라비아고무 등을 녹인 설탕에 첨가하여 가공한 당액인데, 종류가 많으며 과자, 음료 등에 사용된다. 보통 시럽이라면 각종 과실즙에 설탕을 가한 프루츠 시럽(fruits syrup)을 말하지만, 화학약품을 배합해서 인공적으로 과실의 향미를 낸 것도 있다. 물이나 소다수와 혼합해 청량음료로 만들기도 하고, 생과실 대용으로 칵테일, 푸딩, 젤리, 과자 등의 착향 · 착미 · 착색에 쓰인다. 프루츠 시럽 중 그레너딘 시럽(grenadin syrup)은 석류의 풍미와 선홍색이 특징인데, 미국 사람이 즐겨 칵테일에 사용한다. 메이플 시럽(maple syrup)은 단풍나무 당으로 만든 것인데 풍미가 있으며, 특히 핫케이크에 사용된다. 검 시럽(gum syrup)은 무색 · 무향의 설탕 시럽으로, 설탕의 결정화를 막기 위하여 아라비아고무를 배합한 것으로, 칵테일에 사용한다. 또 커피나 홍차의 향기를 분리 · 농축하여 첨가한 커피 시럽 · 홍차 시럽도 있다.

ㅅ

시료 채취(sampling) 식품 등의 위생 및 품질관리를 위해 식품위생 감시원에 의한 대표 시료를 채취하는 행위. 채취된 시료는 식품위생 검사기관에 송부하고 그 결과에 따라 필요한 조치를 취한다. 시료의 채취, 취급, 시험 및 행정조치는 반드시 일관성을 유지하여야 한다. 시료를 채취함에 있어서는 검사목적, 대상식품의 종류, 상태, 전체의 수량, 균질 여부, 발췌방법 등을 충분히 고려하여 업무를 처리하여야 하며, 또한 시료의 수량은 검사목적, 검사항목 등을 참작하여 검사대상 전체를 대표할 수 있는 최소한도의 양이어야 한다.

시스테인(cysteine) ☞ 시스틴

시스틴(cystine) 시스테인(cysteine) 2분자가 결합한 함황아미노산. 단백질을 구성하는 아미노산으로 비필수 아미노산이다. 인체내에서 메티오닌(methionine) 필요량의 일부에 시스틴이 이용될 수 있다. 머리카락, 손톱, 표피 등의 주성분이 되는 케라틴(keratin)에 많이 포함되어 있다. 화학명은 α−diamidopropionic acid.

시안배당체(cyanogenic glycosides) 가수분해에 의해 청산(HCN)을 형성하는 화합물들을 총칭하는 이름. 다양한 식물에 존재하며, 식물이 해충에 대한 방어기전으로 생성한다고 여겨진다. 청산이 식물세포에 유리상태로 존재하는 것은 아니며 대부분 배당체 형태로 액포 내에 존재하는데, 액포막이 파괴되어 세포질 내에 존재하는 효소가 작용하게 되면 가수분해 되어 청산을 형성한다(그림). 배당체의 결합은 β결합으로 연결되어 있어 인체의 효소가 분해할 수 없으며, 시험관 내에서는 산에 의해서도 가수분해 되기는 하지만 위산의 시안배당체 가수분해 효과는 낮은 편이다. 그러나 장내의 미생물에 의해 가수분해 될 수도 있고 위산의 분비가 높거나 공복의 경우 가수분해 효율이 높아지므로 시안배당체를 함유하는 것으로 알려진 살구씨(행인), 복숭아씨, 은행, 아몬드, 죽순, 청매실 등을 한 번에 다량 섭취하는 것은 바람직하지 않다.

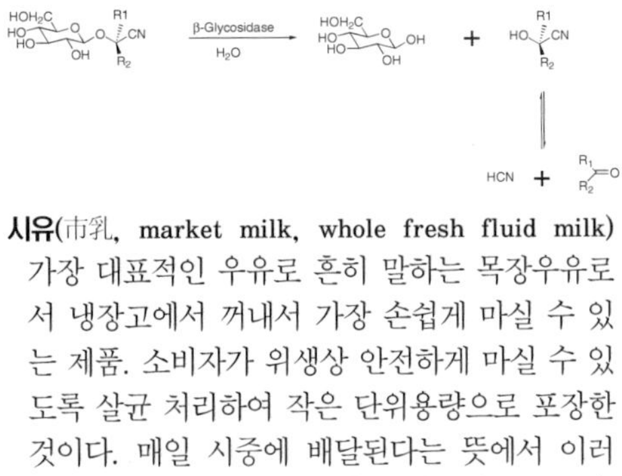

시유(市乳, market milk, whole fresh fluid milk) 가장 대표적인 우유로 흔히 말하는 목장우유로서 냉장고에서 꺼내서 가장 손쉽게 마실 수 있는 제품. 소비자가 위생상 안전하게 마실 수 있도록 살균 처리하여 작은 단위용량으로 포장한 것이다. 매일 시중에 배달된다는 뜻에서 이러한 이름이 붙었다. 시유의 규격조건으로는 유지방 3.0% 이상, 무지고형분 8.0% 이상, 비중 1.028~1.034, 산도 0.18%(젖산), 총 균수 4×10^4 /mL 이하, 대장균수 10/mL 이하, 포스파타아제(phosphatase)는 음성이다. 멸균우유는 실온에 오래 보관할 수 있으나 일반 시유는 반드시 냉장고에 보관해야 4일간 저장할 수 있다. 시유는 지방 함량을 떨어뜨린 저지방 우유, 우유에 부족하기 쉬운 비타민 D를 강화한 우유 등이 있으며 가공우유로는 향료나 과실을 넣고 설탕을 첨가해서 만드는 딸기 우유, 초콜릿 우유 등 여러 가지가 있다. ☞ 우유

시장세분화(segmentation) 잠재 고객들로 이루어진 전체 시장을, 마케팅믹스를 고려하여 필요,

욕구, 선호, 구매행동을 보이는 고객끼리 묶어 집단화하는 과정. 즉, 고객의 필요와 욕구를 정확하게 충족시킴으로써 시장 수요의 변화에 보다 신속하게 대처하여 경쟁상의 우위를 획득하고, 나아가 급식소의 목표인 고객만족과 이윤 창출을 보다 더 효과적으로 추구하려는 경쟁전략이다.

시토스테롤(sitosterol) 알파-, 베타-. 감마-시토스테롤의 혼합물. 옥수수나 밀 배아 기름, 콩기름에 많이 들어 있다.

시트러스 플라보노이드(citrus flavonoids) 시트러스 과일에 함유된 플라보노이드 헤스페리딘(hesperidin), 헤스페리틴(hesperetin), 나린진(naringin) 및 나린제닌(naringenin) 등 4종류를 가지고 있으며 PAP(phosphatidate phosphohydrolase) 활성을 촉진시킨다.

시트론(citron) 감귤류의 일종. 학명은 *Citrus medica* L.. 인도 북부 원산이며 감귤 중에서 가장 오래된 과일이다. 열매는 레몬과 비슷한 넓은 타원형 또는 긴 타원형으로 길이 12~15cm 정도이고 주름이 있고 끝이 튀어나와 있다. 노란색을 띤 녹색으로 껍질은 두껍고 단단하며 우툴두툴하다. 다육질로 신맛과 단맛이 나고 향기가 있다. 약간 쓴맛이 나며 설탕에 절여서 먹는다.

식단(menu) ☞ 메뉴

식단가 계약제(contract by menu price) 식사의 단가를 기준으로 계약하는 위탁계약 방법. 식단가에는 재료비, 인건비, 경비와 위탁 수수료가 포함되며 이 계약방법은 식수 변동이 적고 규모가 큰 사업체 급식소에서 많이 이용하고 있다.

식단표(menu list) 식사 급여의 계획표. 식단표에는 제공할 음식명과 그에 필요한 식품명, 중량 등을 기입하고, 대체식품을 포함하여 계절별로 많이 나오는 식품 등을 이용하여 식단에 변화를 줄 수 있도록 한다.

식물성 기름(vegetable oil) ☞ 식물성 유지

식물성단백질가수분해물(hydrolyzed vegetable protein, HVP) 식물성 단백질(탈지콩. 밀 글루텐. 옥수수 글루텐 등)을 산으로 가수분해하여 얻는 아미노산 액.

식물성스테롤(phytosterol) 식물에 들어 있는 스테로이드 골격을 가진 알코올의 총칭. 대표적인 것은 베타-시토스테롤과 캄페스테롤, 에르고스테롤, 브라시카스테롤, 스티그마스테롤 등이 있다. 주로 식물성유에서 발견된다. 이 스테롤류는 콜레스테롤 흡수를 막아주는 작용이 알려져 있다. 에르고스테롤은 프로비타민 D이다.

식물성 에스트로겐(plant estrogen) 여성 호르몬인 에스트로겐과 유사한 구조를 가진 화합물로 크게 콩과 식품에서 주로 관찰되는 이소플라본계와 여러 종자류에서 관찰되는 리그난으로 나뉘는데, 리그난의 경우 이소플라본에 비해 유사호르몬으로서의 활성은 낮은 편이다. 식물성 유사호르몬의 영향은 섭취한 화합물, 양, 생애 중 섭취시기 등에 의존한다. 식품 중에는 대두류가 이소플라본을 가장 많이 함유하고 있는데, 골다공증과 심혈관계 질환의 예방과 같은 긍정적인 역할을 한다고 믿어지고 있다. 그 외에 이소플라본의 섭취가 생리주기를 늘이는 것이 관찰되었으며, 유방암에 관해서는 긍정적인 보고와 부정적인 보고들이 혼재하여 그 역할을 아직 단정적으로 판단하기 어렵다. 칡에는 대두류의 수백 배에 달하는 이소플라본이 함유되어 있어 성장시기의 어린이에게 칡을 섭취시키는 것은 바람직하지 않다.

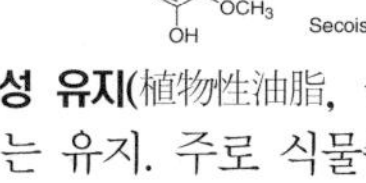

Isoflavone

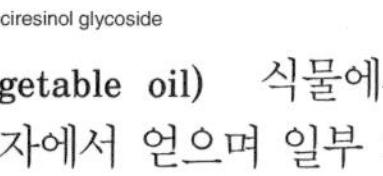

Coumestan

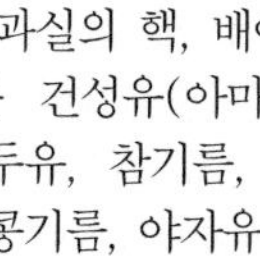

Secoisolariciresinol glycoside

식물성 유지(植物性油脂, vegetable oil) 식물에서 얻는 유지. 주로 식물종자에서 얻으며 일부 과실, 과실의 핵, 배아 등에서 얻는다. 식물성 기름은 건성유(아마인유, 호두기름), 반건성유(대두유, 참기름, 면실유, 미강유), 불건성유(땅콩기름, 야자유)로 분류되고 식물성 지방에는 팜유, 야자유가 있다. 식물성 유지에 함유되어 있는 비타민 E는 다가불포화지방산의 자동산화를 방지하는 효과적인 천연 항산화제로 작용하고 식품중의 비타민 A나 카로틴을 보존하

는데 이용된다. 비타민 E가 결핍되면 세포막의 산화에 의한 세포의 손실, 적혈구의 용혈현상과 근육 및 신경세포의 손상을 가져오는데, 주로 곡류의 배아, 종실류, 콩류, 푸른잎 채소, 식물성 기름과 버터, 마가린, 게 , 연어, 새우, 정어리, 쇠고기 및 내장육(간, 심장, 신장)등에 다량 함유되어 있다. 1일 섭취 권장량은 한국 성인남녀(20~49세) 10mg α-T.E.(토코페놀 당량)이다. 다가불포화지방산의 섭취가 많을수록 비타민 E의 필요량도 증가한다. ☞ 건성유, 반건성유, 불건성유

식물추출물 발효식품(plant extract fermented food) 여러 종류의 식물추출액을 발효시켜 보다 많은 효소를 활성화시킨 후 이를 섭취함으로써 신진대사기능을 촉진시키고자 하는 목적의 건강보조식품. 인간의 몸속에서 생체가 필요로 하는 대부분의 효소를 생산하지만 상당량의 효소는 몸 밖에서부터 섭취되어야 한다는 사실이 밝혀지면서 효소를 충분히 섭취하는 것이 건강을 유지하는 조건이 되고 있다는 것을 알게 되었다. 여러 종류의 식물추출액으로부터 풍부한 효소를 추출해 낸 식물추출물 발효식품은 현대인에게 부족한 효소를 보충하는데 큰 역할을 하고 있다. 채소, 과일, 종실, 해조류 등 식용식물을 압착 또는 당류의 삼투압으로 얻은 추출물을 자체 발효 또는 유산균이나 효모 등으로 발효하여 식용식물 유래성분과 발효생성물을 섭취에 적합하도록 가공한 액상의 것이다.

식사구성안(food guide) 일반인들이 영양권장량을 충족시키며, 식사계획을 쉽고 올바르게 할 수 있도록 한 식사제안. 각 식품군의 식품들 중 한국인이 많이 섭취하는 대표적 식품을 중심으로 1인 1회 분량을 설정하고, 생애주기 및 성별에 따라서 하루에 섭취해야 할 횟수를 제시하였다. 식사구성안은 영양적으로 만족할 만한 식사를 제공할 수 있는 식품의 종류와 식품별 섭취량에 대한 개념을 제공하고 있으며 식사구성안에서는 식품은 (1) 곡류 및 전분류, (2) 고기, 생선, 계란, 콩류, (3) 채소류, (4) 과일류, (5) 우유 및 유제품, (6) 유지 견과 및 당류의 6개 식품군으로 분류되어 있다.

식염 ☞ 소금

식욕(食慾, appetite) 음식을 맛있게 먹고 싶어하는 욕구. 대뇌피질에 존재하는 식욕에 관한 중추의 흥분에 의한다. 공복감과는 범주가 다른 개념으로서 공복감이 있어도 식욕이 없는 일이 있고, 또 포만감이 있어도 식욕이 있는 일이 있다. 식욕의 유무, 다소에 관계하는 조건은 매우 다양하다. 식욕은 공복감, 건강상태, 정신상태, 연령, 성별, 기호, 식사경험 등에 의해 영향을 받는다. 걱정거리가 있다든지, 불안, 공포감을 느낄 때는 식욕이 떨어진다. 또한 식전에 커피를 마신 경우 식욕이 떨어지는 일이 있다. 긴장감과 커피 중의 카페인은 교감신경을 흥분시켜 식욕이 감퇴한다. 또한 빛의 영향도 무시할 수 없다. 청색 계통의 빛은 교감신경을 흥분시켜 식욕이 감퇴하고, 황색과 오렌지색의 빛은 교감신경을 진정시키므로 식욕이 촉진된다. 촛불아래에서의 식사가 맛있는 것은 이 때문이다. 그 밖에 식욕은 다른 사람에 의해서도 영향을 받기 쉽다. 다른 사람이 식욕이 있어서 맛있게 식사를 하고 있을 때는 자신도 식욕이 난다. 반대로 식욕이 없는 사람이 있으면, 그 영향을 받아서 식욕이 감퇴한다. 혼자서 먹을 때는 입맛이 없다가 여럿이 먹으면 식욕이 나서 많이 먹을 수 있는 것은 그 때문이다. 또 식욕은 포만감이 있을 때도 일어나는 일이 많다. 식사가 끝난 후라도 자신이 좋아하는 것을 보면 먹고 싶어지고, 다른 사람이 맛있게 식사를 시작하면 다시 한 번 먹고 싶어지는 것이 그것이다. 이처럼 식욕은 심리적인 것이 크게 지배하고 있다. 따라서 식사 중의 대화도 식욕과 관계가 깊어진다. 식사 중, 일이나 공부 이야기를 하면 교감신경의 긴장에 의해 식욕이 떨어지고, 싫어하는 것의 연상을 일으키는 것도 식욕을 떨어뜨린다.

식용 유지(edible fats and oils) 식용으로 할 수 있는 모든 동·식물성 유지. 콩기름, 참기름, 유채유(평지씨기름), 옥수수기름, 땅콩기름, 고추씨기름, 쌀겨기름과 같은 식물성 기름의 대부분은 식용유이고, 돼지기름, 쇠기름, 버터와 같은 동물성 지방은 식용지방이다. 한편 야자유, 팜핵유, 카카오기름과 같이 식물성이면서 고체상태의 지방도 있다. 또 생선기름, 고래기름과

같이 불쾌한 냄새 때문에 그대로는 식용할 수 없으므로 수소첨가반응을 일으켜 고체상태의 경화유로 만들어 이용하는 것도 있고, 쇼트닝과 같이 여러 가지 유지를 적당히 배합하여 용도에 맞는 굳기의 유지제품으로 가공한 것도 있다. 식용 유지의 열량은 1g당 9kcal로서 영양소 중에서 단위 중량당 가장 높은 칼로리를 가지고 있으므로 열량원으로서 중요하다. 소화흡수율은 어느 것이나 거의 비슷하지만 고래기름과 정어리기름은 떨어진다. 유지의 소화에는 비교적 오랜 시간이 걸리므로, 소화기관이 약한 경우나 특히 여름에 많이 섭취하면 설사를 일으킬 수 있다. 식용 유지의 용도에는 여러 가지가 있다. 샐러드유는 주로 샐러드 드레싱에 이용되므로 그대로 먹게 되므로 고도로 정제된 것이라야 하며, 저온처리(winterization)를 거치게 된다. 콩기름, 옥수수기름, 유채유 등은 품질이 좋아 마요네즈, 프렌치 드레싱 및 통조림용으로 사용된다. 튀김용 기름은 샐러드유보다 정제도는 낮으나 발연점이 높은 것이 좋다. 콩기름, 땅콩기름, 유채유, 옥수수기름, 쌀겨기름 등이 사용된다. 제빵용에는 콩기름, 제과용에는 팜유, 목화씨기름, 조미용에는 참기름, 땅콩기름 등이 사용된다. 식용유지를 잘 보존하려면 유지의 산화를 촉진하는 금속류를 피하여 유리그릇에 넣고, 공기와의 접촉을 적게 하기 위하여 입이 작은 병에 가득 넣는 것이 바람직하다.

식이보충제(dietary supplement) 식품에 특정식품 성분의 양을 많게 하기 위하여 넣는 물질. 비타민, 무기질, 향신료와 식물생리활성물질, 아미노산 등이 있다.

식이섬유(dietary fiber) 사람의 소화효소에 의해 가수분해 되지 않아 에너지로 이용되지 못하는 식물의 다당류. 식이섬유는 1953년 힙슬레이(Hipsley)에 의해 처음으로 제창되어 셀룰로오스, 헤미셀룰로우스, 리그닌으로 이루어지는 것이라고 규정되었고 그 후 트로웰(Trowell)에 의해 정의의 개정이 이루어져, '식물의 세포벽을 구성하는, 사람의 소화효소로 소화되지 않는 다당류와 리그닌 외에, 세포 내에 포함되는 소화되지 않는 저장다당류를 포함한다.' 고 되어 있다. 즉, 소화되지 않는 식물성 다당류와 리그닌의 합계치로 초기에 정의되었으나 최근에는 동물성 급원까지 포함하여 인간의 소화효소에 의해 소화되지 않는 난소화성 다당류의 총체로 다시 정의되고 있다. 식이섬유에는 크게 불용성 식이섬유와 수용성 식이섬유로 구분된다. 불용성 식이섬유에는 주로 식물세포벽의 구성 성분으로서 셀룰로오스, 리그닌 및 일부 헤미셀룰로오스가 있으며, 야채와 밀기울 그리고 대부분의 곡류 및 채소류에 풍부하고, 수용성 식이섬유는 펙틴, 검 및 β-글루칸 등이고 과일, 콩류, 보리, 귀리 등에 많이 함유되어있다. 키틴, 키토산, 콘드로이틴 설페이츠와 같은 동물성 다당류도 식이섬유에 포함된다. 식이섬유의 생리적인 기능을 보면 불용성 식이섬유는 수분흡수력이 강하여 포만감을 주며 장의 연동운동 자극으로 변을 묽게 하여 통변을 쉽게 함으로써 장에서의 이동시간을 감소시키는 반면, 수용성 식이섬유는 담즙산이나 무기질과 결합하거나 또는 점도를 증가시켜 영양분의 흡수를 느리게 하고 체내 지질(콜레스테롤 등)의 축적을 방지하며 장내 세균의 기질로 이용되어 장의 pH를 변화시키고 장암을 예방하는 것으로 알려져 있다. ☞ 수용성 식이섬유

식이성알레르기(food allergy) 특정한 식품을 먹었을 때 그에 대하여 나타나는 과민증. 두드러기, 홍반, 가려움, 복통, 설사, 발열, 구토, 오한 등의 증상이 나타난다. 원인으로는 면역학적 반응에 의한 것과 식품의 화학물질에 의한 것이 있다. 알레르기를 유발하는 가장 흔한 원인은 우유, 달걀, 생선, 닭고기, 돼지고기 등 단백질을 많이 함유한 식품의 섭취이다. 식품은 체내로 들어가면, 각종 소화효소에 의해 분해되거나 장관의 면역 글로불린 A와 결합하거나 하는데, 소화기능이 미성숙한 유아나 장관에서의 면역글로불린 A의 분비가 불충분한 경우는 식품 알레르기가 일어나기 쉽다. 대표적인 식품 알레르기의 종류는 다음과 같다. 메밀알레르기는 메밀을 먹은 뒤 찌릿찌릿한 이상미각과 점막부종이 일어난다. 계란알레르기가 있는 소아는 계란을 먹으면 바로 입술종창, 구토, 복통, 설사가 나타난다. 우유, 계란, 돼지고기, 콩 등

은 가려움증이 강한 두드러기를 일으킨다. 메밀, 버섯, 가지, 계란 등은 기관지천식을 일으키기도 한다.

식재료비(food cost) 음식 생산을 위해 소비되는 식재료 구입에 소요된 비용. 식품비, 식자재비라고도 하며, 주식비, 부식비 등이 식재료비에 속한다.

식중독(食中毒, food poisoning) 독성분이 있는 식품을 섭취함으로써 일어나는 식품 기인성 질환(foodborne disease). 원인물질에 따라 세균성, 자연독, 화학적 식중독으로 분류하고 독성 발현 기전에 따라 중독(intoxication)과 감염(infection)으로 분류한다. ☞ 세균성 식중독, 자연독 식중독, 화학적 식중독

식중독 다발 식품(potentially hazardous foods ; PHF) 육류, 가금류 등 동물성 식품이나 달걀과 난류 제품, 도시락 등 손이 많이 가는 식품(복합조리 식품), 생 채소 및 과실류 (샐러드 포함) 등과 같이 최근 식중독에 빈번히 연루되어 나타나는 식품들.

ㅅ

식초(食醋, vinegar) 신맛을 가지는 대표적인 조미료. 식초의 주성분은 초산이다. 양조식초와 합성 식초가 있다. 상큼한 신맛이 타액이나 위액의 분비를 촉진시켜 식욕을 돋우어주고 음식물 살균효과를 높이기 때문에 부패를 지연시켜 식중독 예방에 효과가 있다. 식초는 살균력이 강하므로 식초에 담그거나 절여서 식품의 보존성을 높인다. 또 식초는 소금의 짠맛을 부드럽게 해주는 작용이 있고, 식초는 pH를 낮추어줌으로써 채소류의 갈변을 일으키는 효소작용을 억제하고 안토시아닌 색소가 적색을 유지하도록 해주는 작용이 있다. ☞ 사과식초, 식초산

식초산(acetic acid) 아세트산이라고도 하는 무색의 맑은 액체. 사과, 치즈, 코코아, 커피, 포도, 오렌지, 복숭아, 파인애플, 딸기, 및 여러 과일과 식물에 천연으로 존재한다. 식초는 아세트산을 4~6% 함유한다. 피클과 초절임에 사용된다. ☞ 식초

식탁 소금(table salt) 정제염에 방습제인 콜로이드성 탄산칼슘 0.6%, 염화마그네슘 0.4%를 첨가한 것. 입자는 정제염보다 약간 거칠지만 고르다. 식탁 위에서 완성된 요리에 뿌릴 수 있도록 만들어진 것이므로 조리하는 동안에 사용하지 않도록 한다. ☞ 소금

식품위생(food sanitation) 식품의 안전성을 확보하여 식품으로부터의 위해를 최소화하는 것. 현재의 여건이 허락하는 최대한의 안전성을 확보하는 것이 식품위생의 목표이며, 과학과 기술의 한계, 경제력의 한계 수준에서 식품의 안전성 확보 수준을 결정하게 된다. 식품위생의 범주는 식품원료의 생산 과정인 농업과 축수산업에서부터 식품의 생산, 가공과정, 유통, 저장, 조리과정까지의 모든 단계를 망라하며, 급성으로 나타나는 식중독 증상 원인 뿐 아니라, 만성질병을 초래하는 인자까지 포함한다.

식품위생법(food sanitation act) 식품이 안전하게 제조, 가공, 유통 및 소비될 수 있도록 식품의 위생관리를 위한 세부사항을 규정하여 식품제조가공업자들은 이를 따르도록 한 법. '식품으로 인한 위생상의 위해를 방지하고 식품영양의 질적 향상을 도모하며 식품에 관한 올바른 정보를 제공함으로써 국민보건의 증진에 이바지함을 목적으로 한다' 고 규정되어 있다.

식품위생행정(food sanitation regulation) 국가의 관련 행정기관이 식품의 안전성을 확보하기 위하여 정책을 개발하고 관련법을 제정하며 이에 따른 행정을 펼치는 일련의 활동을 뜻한다.

식품조사(food irradiation) 방사선을 식품에 조사하여 발아를 억제시키거나 숙성 지연을 통해 식품의 보존성을 향상시키거나 병원균, 기생충 및 해충을 사멸시켜 위생적인 식품을 만들기 위한 처리. 온도를 높이지 않고 살균이 가능하여 무열살균(cold sterilization)으로 불려진다. 방사선은 전자선이나 X선을 생성할 수 있는 전자선 발생장치에서 생성되거나 Co-60 같은 방사성 동위원소의 γ선으로부터 생성되는데, 이런 종류의 전리방사선에 대해 식품이 흡수하는 에너지의 양을 조절하여 식품에 방사전장을 통과시키는 것이다.

식품첨가물(食品添加物, food additives) 식품의 품질을 개량하여 보존성 또는 기호성을 향상시킬 뿐만 아니라, 영양가 및 식품의 실질적인 가치를 증진시킬 목적으로 식품을 제조, 가공 또는 보존함에 있어 식품에 첨가, 혼합, 침윤, 기타

의 방법으로 사용하는 식품 본래의 성분 이외의 물질.

식품표시(food labeling) 소비자가 식품구매 시 우선적으로 고려하는 요인인 안전성, 맛에 대한 정보를 제공하고자 실시되고 있는 표시제도. 기본표시와 관련된 제도로는 '식품 등의 표시기준', '축산물의 표시기준', '원산지표시', '유전자변형농산물표시', '표준규격표시' 등이 운영되고 있으며, 인증 성격의 제도로는 '품질인증제', 'HACCP 인증', '친환경농산물인증', '지리적 표시', '전통식품인증', '특산품인증', '가공식품 KS' 등이 있다.

식품행동척도법(食品行動尺度法, food action scale test) 소비자의 평가식품에 대한 행동을 분석하기 위하여 평가식품을 일주일에 몇 번 소비하는지, 얼마의 값을 주고 구입을 하겠는지 등을 질문지를 사용하여 조사, 평가하는 방법이다.

식품회수제도(food recall) ☞ 자진회수제도

식해(食醢) 생선을 토막 친 다음 소금 · 조밥 · 고춧가루 · 무 등을 넣고 버무려 삭힌 수산 발효 음식중의 한 종류. 곡류의 식(食)자와 어육으로 담근 젓갈 해(醢)자를 합쳐 표기한 것으로 한국 · 중국 · 일본 등지에 분포한다. 우리나라에서는 함경도 가자미식해 · 도루묵식해, 강원도 북어식해, 경상도 마른고기식해, 황해도 연안식해 등 지방마다 약간의 차이는 있으나, 대개 기본 재료는 엿기름 · 소금 · 생선, 좁쌀이나 찹쌀 등이다. 여기에 고추 · 마늘 · 파 · 무 · 생강 등 매운 양념이 첨가된다.

신뢰한계(confidence limit) 신뢰도가 주어졌을 때 그 신뢰도에 따라 정해진 수치의 한계. n개의 표본에서, 표본의 평균치 $\overline{\chi}$, 표준편차 s일 때, 그것에 근거해서 측정한 모집단의 평균치를 $\overline{m}$이라고 하면 이 $\overline{m}$이 100번 중 5번은 어떤 주어진 한계 밖에 있을 수 있어도, 100번 중 95번까지는 반드시 $\overline{m}$이 그 한계의 내부에 있어야 한다. 그와 같은 한계를 신뢰도 95%의 신뢰한계라고 하고, 한계의 내부를 신뢰구간이라고 부른다. 신뢰도 95%는 바꿔 말하면 위험률 5%와 같다. ☞ 위험률, 유의(有意)

신맛(酸味, sour taste) 산의 해리에 의한 수소이온의 자극에 의해 생기는 맛. 그러나 수소이온을 생성시키는 물질, 즉 산이면 반드시 시다고는 말할 수 없다. 붕산은 거의 무미, 피크린산은 쓰고, 살리칠산은 달다. 호박산은 신맛보다 감칠맛이 주체가 된다. 같은 수소이온 농도를 가지는 산도 같은 맛이 아닌데, 이것은 수소이온을 방출한 후의 음이온 부분에 따라 단맛, 떫은 맛, 쓴맛 등의 맛이 동반되기 때문이다. 신맛은 단맛, 짠맛 등보다 훨씬 낮은 농도에서 강한 자극을 느끼는 것이 특징이다. 또한 신맛은 단맛이나 짠맛을 더해 주면 억제효과가 나타나 자극이 부드럽게 느껴진다. 과일의 맛은 전자에 해당되고, 초무침은 후자에 해당된다.

신선초(神仙草) 미나리과에 속하는 여러해살이 쌍떡잎식물. 학명은 *Angelica keiskei*. 명일엽(明日葉) · 신립초라고도 한다. 원산지는 아열대지방으로, 높이는 약 1m이다. 줄기가 굵으며 잎자루가 굵다. 잎은 두껍고 연하며 짙은 녹색으로 윤기가 난다. 줄기나 잎을 자르면 연한 노란색의 즙이 나온다. 잎의 성분은 수분이 87.6%이며 단백질 2.5%, 지방 0.3%, 탄수화물 7.1%, 섬유소 1.3%, 무기질 1.3%이다. 특히 무기질 중에서는 칼슘과 철이 많다. 비타민 중에서는 비타민 A, B_1, B_2, C가 들어 있다. 어린잎을 셀러리처럼 즙을 내어 먹거나 나물로 먹으며, 조려서 반찬으로 한다.

신속동정(rapid identification) 간단하고 신속한 식품위생 관련물질의 동정 방법. 미량유해물질의 신속검사, 미생물의 신속검사, 자동화기기에 의한 생균수 측정 및 신속한 미생물 동정장치 등이 다양하게 개발되어 활용되고 있다.

신장성(伸長性, extensibility) 물체를 잡아당겼을 때 늘어나는 현상. 일반적으로 신장성은 밀가루 반죽과 같이 잡아 늘이거나(延伸), 두드려 늘리는 조작이나, 빵이나 중국식 만두의 팽창과 밀접한 관련이 있다. 예를 들면, 품질이 좋은 빵을 얻으려면 밀가루 반죽은, 내포하는 공기나 탄산가스의 기포에 응해서 팽창하는 신장성과 팽창하는 기체를 감싸서 외부로 잃지 않는 저항력을 둘 다 가지지 않으면 안 된다. 브라벤더 엑스텐시그래프(Brabender exotensigraph)는 신장성과 장력강도를 동시에 측정하는 장치이다.

ㅅ

실사재고 시스템(physical inventory system) 주기적으로 창고에 보유하고 있는 물품의 수량과 목록을 확인하여 기록하는 방법. 영구재고 시스템의 단점인 부정확성에 대한 보완방법으로 사용되고 물품의 도난이나 입·출고 기록상의 문제점을 파악할 수 있으며, 재고실사법이라고도 한다.

실제 구매가법(actual purchase price method) 재고자산의 가치 평가법 중 마감재고 조사에서 남아 있는 물품들을 그 물품을 구입했던 단가로 계산하는 방법. 소규모 급식소에서 많이 이용하며, 개별법(specific identification method)이라고도 한다.

실제원가(actual cost) 제품 제조를 위해 실제로 소비된 경제가치. 실제원가란 확정원가 또는 보통원가라고도 하며 실제로 발생한 직접재료비, 직접노무비, 제조간접비를 근거로 계산한 원가를 말한다.

신전성(伸展性, extensibility) ☞ 신장성

심리적 오차(心理的 誤差, psychological error) 관능평가에 있어서 검사원이 심리적 상태에 따라 무의식적으로 범하는 오차. 심리적 오차에는 여러 가지가 있으며 결과에 큰 영향을 미친다. 관습 오차는 자극정도의 계열이 아주 완만하게 증가하거나 감소할 때 마치 동일 강도(농도)가 계속 되는 것처럼 느껴지는 경향에서 오는 오차이다. 기대오차는 검사자의 선입관에서 오는 오차이다. 자극오차는 두 가지의 시료 자체에는 차이가 없는데도 용기, 절차, 기타의 관련조건이 다르면 차이가 있다고 오판하는 데서 온다. 논리오차는 식품품질의 두 가지 특성이 논리적으로 관련이 있다고 검사자가 생각하고 있을 때에 한 가지 특성만으로 두 시료를 동일하게 평가하는 경우이다. 중앙경향의 오차는 검사자가 양극에 가까운 점수를 주기 싫어하는데서 오는 오차이다. 대조오차는 품질이 우수한 시료 후 저열한 시료를 평가하면 독립적으로 검사할 때보다 더 낮게 평가되는 오차이다.

심온동결(deep freezing) 식품의 평균 품온을 −18℃ 이하로 낮추어 그 품온을 유지할 수 있도록 동결하는 방법. 심온동결이란 표현은 최근에 급속동결이란 용어로 많이 사용되고 있다. 품온만을 문제로 하는 용어이나 '정상적이고 실용적인 동결방법에 의한다.' 라는 용어 속에는 급속동결이나 이에 가까운 동결방법으로 동결해야 한다는 뜻이 내포되어 있다고 해석되어야 할 것이다. 즉, 동결에 장시간이 소요되면 그 사이에 품온이 변화되므로 동결품온이 아무리 낮아도 품질유지를 하기가 곤란하기 때문이다.

심황(turmeric) 생강과에 속하는 향신료의 일종. 학명은 *Curcuma domestica* Valeton. 인도가 원산지이고, 동아시아, 아프리카, 호주 등에서 재배된다. 이용 부위는 뿌리이며 순한 단맛과 매운맛을 낸다. 카레와 머스터드의 주원료이다. 카레가 노란색을 띠는 것은 심황색소로 불리는 쿠르쿠민(curcumin)에 기인되며 산성에서 황색, 알칼리성에서 적색을 띈다. 정유성분으로 튜메론(tumerone), 큐커민(curcumen) 등이 있다. 색이 고와서 노란색을 내는 착색제로 단무지 등에 사용한다. 영국이나 스웨덴에서는 주로 소스를 만드는 데 많이 사용하고 있다.

싸리버섯(clustered coral) 여름에서 가을까지 활엽수림 내 땅 위에 나는 싸리버섯과의 산호모양의 버섯. 학명은 *Ramaria botrytis.* 버섯의 밑부분은 굵기 3~5cm인 흰 토막과 같은 자루이고 위쪽으로 가지를 쳐서 차차 가늘고 짧은 집단으로 되어, 위에서 보면 꽃배추 모양이다. 가지의 끝은 담홍색에서 담자색으로 아름답다. 끝을 제외하고는 희나 오래 되면 황토색이 된다. 살은 흰색이며 속이 차 있다. 맛있는 식용버섯이나 독성이 있으므로 뜨거운 물에 살짝 데쳐서 하루 정도 물에 독을 우려내고 조리해야 안전하다. 종류로는 댑싸리버섯과 송이싸리버섯이 있으며 뿌리가 두껍고 기둥이 형성된 것이 송이싸리이고 뿌리가 가늘고, 기둥이 형성되지 않은 것이 댑싸리버섯이다. 싸리버섯은 흰색과 진한 커피색이 나는 것이 있는데 흰색은 독성이 거의 없으나 색이 있는 것은 독성이 매우 강하다. ☞ 버섯

쌀(rice) 벼과 벼속에 속하는 식물인 벼의 열매껍질을 벗긴 알맹이. 학명은 *Oryza sativa* L.. 쌀은 밀, 옥수수와 더불어 세계 3대 식량작물 중의 하나로 90% 이상을 아시아에서 생산하고

전 세계 인구의 약 40%가 주식으로 이용하고 있는 곡류이다. 재배벼는 북위 30°를 경계로 하여 온대 또는 열대와 아열대의 산악지대에서 재배하는 자포니카형(Japonica type)과 열대와 아열대에서 재배하는 인디카형(Indica type)으로 나눈다. 전자는 쌀알이 짧고 동글동글하며 밥은 끈기가 있으나 후자는 가늘고 길며 탈곡이 쉬우나 밥의 끈기가 약한 특징을 보인다. 전 세계적으로 보면 쌀알의 길이는 4.5mm 이하부터 9.0mm 이상까지 다양하나 쌀알의 길이를 너비로 나눈 장폭비로 구분할 때, 우리나라에서 생산되는 쌀은 현미의 장폭비가 1.6~3.0인데 비해, 세계적으로 보면 3.0정도의 가늘고 긴 쌀이 많다. 자포니카형은 대부분 길이가 짧은 단립종(short grain)과 중간길이의 중립종(medium grain)이고, 인도, 필리핀, 태국 등 동남아시아 및 미국에서 많이 생산되는 인디카형은 주로 장립종(long grain)이다. 쌀 전분의 아밀로오스와 아밀로펙틴의 함량의 차이에 따라 멥쌀과 찹쌀로 구분하며, 과피에 색소를 가진 유색미도 있다. 우리나라에서는 기원전 2~3세기경에 벼의 재배가 시작되었다는 기록이 있으며, 전통적으로 자포니카형 벼를 재배하여 왔다. 1971년 인디카와 자포니카형의 교배종인 통일벼가 보급됨에 따라 쌀의 부족현상은 극복되었으나 쌀알이 크고 배아가 커서 도정하면 쌀알에 이가 빠진 것 같고 식미가 좋지 않아 1993년부터는 통일벼의 재배는 거의 사라지게 되었다. 식미 개선을 위하여 연구를 계속한 결과 통일계보다 식미가 좋은 일반계 유신과 밀양 등의 품종을 개발했고 계속 연구 중에 있다. 요즈음 많이 재배하는 품종은 동진벼, 추청벼, 영남벼, 일품벼, 화령벼, 화성벼, 오대벼, 상주벼 등이다. 벼에서 제현과정(hulling)을 통해 왕겨를 벗겨낸 것을 현미라고 하는데, 길이 5~6mm, 폭 3~3.5mm, 두께 2.5mm 내외이다. 현미는 겨층 5~6%, 배아 2~3%, 배유 92% 내외의 세 부분으로 구성되어 있다. 백미는 현미의 겨층과 배아부를 전부 제거한 것으로 현미를 도정 또는 정미(polishing)하여 백미로 만들었을 때 도정도는 92%이다. 7분도미는 70%의 겨를 제거한 것으로 백미보다 색은 누렇고 소화율은 약간 떨어지나 비타민 B_1과 B_2의 함유량이 많아 영양학적으로 우수하다. 또한 정미공정 후 백미 표면에는 미세한 겨가 부착되어 있어 저장성을 저하시킬 뿐만 아니라 낟알의 윤기를 떨어뜨리므로 약간의 물을 분사한 다음 롤러에 의한 마찰 전단력과 강한 공기류를 이용하여 쌀겨를 제거하는 연미공정을 거쳐 청결미를 생산한다. 쌀은 함수율이 적을수록 장기간 저장할 수 있으나 함수율이 너무 낮으면 밥맛이 저하된다. 저장 중 온도가 높으면 호흡이 왕성하여 수분이 발생하며 아울러 호흡열에 의해 쌀알의 온도가 상승하므로 쌀의 품질은 특히 여름에 저하하게 된다. 쌀을 저장하면 우선 수분함량이 감소하고 쌀의 경도는 높아지게 되며, 밥을 지을 때 물이 많이 필요하게 된다. 높은 온도에서 저장하면 쌀의 지방이 분해되어 유리지방산이 생성되고 n-발레르알데히드와 n-카프로알데히드로 변하여 묵은 쌀의 냄새의 원인이 된다. 벼는 왕겨가 보호막 구실을 해주므로 해충에 의한 손상이 적으며 청결미는 겨층과 배아 즉, 지방이 거의 제거된 상태이기 때문에 저장성이 높다. 그러나 표면에 겨가 많이 부착되어 있는 백미의 경우는 곤충에 의한 피해가 가장 크게 나타난다. 따라서 쌀의 저장성은 현미<백미<벼<청결미의 순서로 높다고 할 수 있다.

쌀겨(rice bran) 현미를 도정하여 정백미를 만들 때 생기는 과피(열매껍질), 종피(씨껍질), 외배유와 호분층(aluerone layer) 등의 분쇄혼합물. 보통 현미는 6~8%의 쌀겨가 생기는데, 현미의 도정도를 높이면 그 양이 증가되고 또한 도정도에 따라서 그 성분도 달라진다. 도정도가 커질수록 지방, 비타민 B_1, 인이 증가하나 섬유소는 감소된다. 이것은 현미의 성분이 외층으로부터 내층으로 들어가는 데 따라서 달라지기 때문이다. 쌀겨의 성분은 수분 13.5%, 단백질 13.2%, 지방 18.3%, 탄수화물 38.3%, 섬유소 7.8%, 회분 8.9%이고 비타민 B_1은 2.5mg%나 들어 있으며 비타민 E도 함유하고 있다. 쌀겨는 대부분이 배합사료나 쌀겨기름의 원료로 이용된다. 쌀겨는 저장 중 변질되기 쉬우며 기온이 높고 습도가 클 때는 더욱 심하다.

이것은 쌀겨 속의 리파아제(lipase)의 작용에 의해 지방의 산패가 일어나기 때문이다.

쌀보리(裸麥, naked barley, hulless barley) 열매껍질이 낟알에서 쉽게 떨어지는 보리. ☞ 보리

쏘가리(mandrin fish) 농어목 농어과의 민물고기. 학명은 *Siniperca scherzeri* Steindachner이다. 『임원경제지』「전어지」에는 맛이 돼지고기와 비슷하다고 하여 수돈이라고 표기되어 있으며, 살은 두텁고 가시가 없고 담백한 맛이다. 민물고기 중에 최고의 맛을 지녀, 예로부터 천자어라 한다. 지방에 따라서 강쏘가리, 금잉어, 쏘가리, 금린어(錦鱗魚) 등으로 불리고 있다. 만주 송화강과 중국의 양자강이 주산지이며, 우리나라 서 · 남해로 흘러드는 모든 하천에 물이 맑고 바위가 깔린 곳에 서식한다. 몸길이는 20~40cm 정도인데 머리가 길고 입이 크며 아래턱이 긴 것이 특색이다. 산란 전인 4~5월이 제철이다. 양질의 단백질이 많은 보신용 물고기로 알려져 있다. 비위를 튼튼하게 하며 혈액순환을 돕기 때문에 소화능력이 떨어져서 식욕이 없거나, 어혈이 있는 사람에게 권장되는 식품이다. 직장궤양과 설사에도 좋으며, 쏘가리의 쓸개는 소화력이 아주 강해서 목에 걸린 생선가시까지 삭혀 준다고 알려져 있다. 신체가 차고 수분정체가 심한 사람에게는 부작용의 우려가 있으며, 등마루뼈에는 독이 있으므로 먹을 때는 이를 제거해야 한다. 『동의보감』에는 성인병에 좋고 맛이 달며 독이 없으며, 창자의 풍과 혈변을 고치고, 뱃속의 벌레를 제거하고 기력을 더하게 하다고 하였다. 구이, 지짐, 회, 매운탕, 전등에 이용하며 영하 35℃로 급랭시켜 보관하여 이용하거나 수조에서 활어상태로는 일주일 내로 요리하면 좋다.

쑥(mugwort) 국화과의 여러해살이 풀로 산채의 일종. 학명은 *Artemisia asiatica.* 약쑥, 사재발쑥, 모기태쑥이라고도 한다. 한국, 일본, 중국 등지에 분포한다. 민가 근처나 밭둑, 논둑, 하천둑 등에서부터 해발 2,000m 이상의 높은 고원지대까지 분포되어 있다. 양지 바른 풀밭에서 자란다. 아르테미시아속에 속한 식물 중 쑥과 겉모습이 비슷한 것은 모두 쑥이라고 한다. 쑥 종류는 거의 비슷하기 때문에 구별하기 어려우나, 이 중 뜸에 사용하는 종을 참쑥이라고 하여 구별한다. 참쑥은 쑥과 비슷하지만 잎 겉면에 흰 털이 난 점이 다르다. 쑥은 쑥 종류 중 가장 흔하게 자라는 것을 가리킨다. 높이는 60~120cm이고, 줄기에 능선이 있으며 줄기가 옆으로 뻗으며 싹이 뭉쳐서 난다. 줄기에 달린 잎은 타원형이고 길이 6~12cm, 나비 4~8cm이며 깃처럼 갈라진다. 잎의 겉은 진한 녹색이나 뒷면은 우윳빛의 솜털이 있다. 꽃은 7~9월에 연한 보라색으로 핀다. 쑥은 산나물이라기보다 예로부터 어린순은 떡, 된장국 등 주식 또는 부식으로 이용해 왔을 뿐 아니라 줄기와 잎은 약용으로도 요긴하게 이용되어 왔다. 성분은 수분 81.4%, 단백질 5.2%, 지방 0.8%, 탄수화물 4.0%, 섬유소 3.7%가 함유되어 있다. 비타민 A, B군, 칼슘, 철이 함유되어 있다. 독특한 쑥 향기는 주로 치네올(cineol)이며 봄철에 입맛이 없을 때 식욕을 돋워 준다. 약재로 쓰는 것은 예로부터 5월 단오에 채취하여 말린 것이 가장 효과가 크다고 한다. 해열, 진통, 구충, 혈압 강하, 소염, 토사(吐瀉), 지혈제로 쓰고, 냉(冷)으로 인한 생리불순이나 자궁출혈 등에 사용한다. 여름에 모깃불을 피워 모기를 쫓는 재료로도 사용하였다. 향긋한 향기와 색이 좋아 국(애탕국, 된장국)과 튀김 등으로 이용하며, 쑥개떡, 쑥편, 쑥절편, 쑥송편 등의 각종 떡에 색과 향을 내는 데 빠지지 않고 이용된다.

쑥갓(茼蒿, Garland chrysnthemun, crown daisy) 국화과에 속하는 한해 또는 두해살이 식물. 학명은 *Chrysanthemum coronarium* L. 유럽이 원산이며 서양에서는 주로 관상용으로, 동양에서는 채소로 재배한다. 한문명은 동호(茼蒿)이고, 쑥갓나물을 동호채 또는 애국채라 한다. 엽산을 다량 함유하고 있어 악성 빈혈에 좋다. 구리와 아연이 많으며, 아스코르비나아제를 함유하고 있다. 쑥과 유사한 향기를 낸다. 제철은 11월부터 3월이나 연중 재배되고 있다. 좋은 쑥갓은 잎이 싱싱하고 색이 진하며 광택이 있는 것이 신선하다. 또 길이 15cm 내외 것이 좋으며, 줄기가 굵지 않고 가는 것이 좋으며 손으로 잘 부러지는 것이 좋다. 줄기 아래쪽에도 잎

이 잘 붙어 있는 것이 좋다. 잎이 시들었거나 누렇게 변한 것과 줄기가 단단한 것은 피한다. 쌈, 나물, 쑥갓강회, 매운탕 등에 이용된다.

쓰케모노(漬物) 채소를 절임한 일본의 저장 음식. 채소를 소금 · 된장 · 간장 · 술찌끼 · 초 등에 절인 것으로 주재료인 채소의 종류와 절임하는 조미료에 따라 수십 종류가 있다. 절이는 동안 맛이 들고 저장성이 높아진다. 일본식의 상차림에 반드시 놓이는 고노모노(香の物)를 말하는데 다쿠앙, 나라쓰케, 후쿠진쓰케, 랏쿄 등이다.

쓴맛(苦味, bitter taste) 키니네, 카페인 등 주로 식물 알칼로이드가 나타내는 맛. 강한 쓴맛은 사람에게 고통을 주어 독을 가진 물질에 대한 인간의 방위본능의 하나로 생각되고 있으나, 다른 맛에 가해지는 약간의 쓴맛은 음식의 맛을 복잡하게 하여 기호성을 높이고 식욕을 자극하는 역할을 한다. 4원미 중 쓴맛 물질의 한계치는 가장 작고, 극히 미량으로도 강한 자극을 부여한다. 쓴맛은 단맛을 가하면 억제효과가 일어나 맛이 약해진다. 커피, 그 밖의 기호음료에 설탕을 넣는 것은 쓴맛을 부드럽게 하려는 목적이 크다. ☞ 카페인

씀바귀(苦菜/Sowthistle) 국화과의 다년생 쌍떡잎식물로 산채의 일종. 학명은 *Ixeris dentata* Nakai. 한자명은 산고채(山苦菜), 고채(苦菜), 황과채(黃瓜菜)이다. 지역에 따라서는 쓴나물, 고채(苦菜), 싸랑뿌리, 씸배나물, 쓴귀물이라고도 한다. 한국, 일본, 중국의 산과 들에서 흔히 자란다. 전국 각지의 풀밭이나 밭둑의 밭 가장자리, 인가 근처에 자라는데 추위에 견디는 힘이 강하다. 줄기는 가늘고 위에서 가지가 갈라지며 자르면 쓴맛이 나는 흰 즙이 나온다. 높이는 25~50cm이다. 뿌리에 달린 잎은 뭉쳐나며 끝이 뾰족하고 가장자리에 이 모양의 톱니가 있다. 잎은 땅 표면에 붙어서 10~13매 정도가 둘러가며 고루 발생하고 흰 털이 생기는 것과 전혀 생기지 않는 종류가 있다. 뿌리와 잎은 길이가 10~15cm, 폭이 1.5~1.7cm 정도 되는 좁고 긴 피침형이며, 잎가장자리에 톱니가 있거나 결각이 약간 있다. 줄기에 붙은 잎은 길이가 4~9cm 정도로 긴타원형의 피침상이며 밑부분이 줄기를 감싸고 붙어 있다. 꽃은 5~7월에 직경 15mm 크기로 줄기와 가지 끝에 피며, 꽃색은 황색 또는 백색이고 종자는 7~8월에 원통형 삭과 내에 10~12개 정도가 생기며, 끝에 털이 있어 바람에 날려 전파된다. 종자모양은 길이 5mm, 폭 0.5mm로 상추씨와 같이 길다. 유사종으로는 선씀바귀, 흰씀바귀, 벋음씀바귀, 벌씀바귀, 갯씀바귀, 모래땅씀바귀, 애기벋줄씀바귀 등이 있다. 흰색 꽃이 피는 것을 흰씀바귀(var. *albiflora*), 노란색 꽃이 피는 것을 꽃씀바귀(var. *amplifolia*)라고 한다. 성분은 수분이 82.7%이며 단백질 3.0%, 지방 0.6%, 탄수화물 8.4%, 섬유소 1.7%, 회분 3.6%이다. 특히 무기질 중에서는 철이 많으며, 비타민 중에서는 비타민 A와 B_1이 매우 많으며, 그 외에도 비타민 B_2가 있고 비타민C는 적다. 주성분은 다당류의 이눌린이며 칼슘, 철, 비타민 등이 시금치보다 월등히 많다. 쓴맛이 있으나 묵나물로 이용하기도 하고 이른 봄에 뿌리와 어린 순을 나물로 또는 김치로 담가 먹는다. 나물로 이용할 때는 데쳐서 물에 우려 쓴맛을 제거한 후에 무치면 쌉쌀한 맛과 향기, 뿌리의 씹히는 질감이 좋다. 봄에 씀바귀를 먹으면 여름에 더위를 타지 않는다고 하며 열병, 속병, 황달, 위에 좋으며 많이 먹어도 해가 없다고 하였다. 성숙한 것은 진정제로 쓴다. 약효로는 해열, 건위, 폐렴, 간염, 종기의 치료제로 쓰이고 있다. 최근에는 사람의 골수암세포를 억제시키는 항암효과와 콜레스테롤을 저하시키는 효능이 있는 것으로 알려져 있다.

씹힘성(咀嚼性, chewiness) 어떤 식품에 일정한 힘과 속도로 삼킬 수 있을 때까지 저작하는 데 걸리는 시간 또는 씹은 횟수. 표준 식품을 입에 넣고 매초 한 번씩의 속도로 씹어 삼킬 수 있는 정도로 마쇄하는 데 필요한 힘으로, 경도, 응집성 및 탄력성이 관련된다. 일반적으로 섬유질 식품이나 육류는 씹힘성이 크다.

ㅅ

ㅇ

아가리쿠스 버섯(agaricus mushroom) 흰들버섯. 학명은 *Agaricus blazei.* 신령버섯이라고 불리며 원산지는 브라질의 피에다데이다. 브라질에서는 로얄 아가리쿠스 또는 태양의 버섯이라 불린다. 모양은 양송이와 유사하지만 버섯대가 양송이보다 두껍고 길며 마른 오징어나 멸치 냄새 같은 구수한 냄새가 난다. 버섯대구근의 육질은 단맛이 있고 씹었을 때의 느낌이 좋다. 각종 요리에 잘 어울리기 때문에 일반 양송이나 느타리버섯처럼 요리로 먹을 수 있다. 효능으로는 항종양 활성, 면역증강작용, 항염증작용, 혈당강하작용, 강심, 혈압 강하, 콜레스테롤 저하, 치매 개선, 비만 억제, 골다공증 예방 등이 알려져 있다. ☞ 버섯

아니스(anise) 파슬리과 또는 미나리과의 한해살이 초본. 학명은 *Pimpinella anisum* L.. 원산지는 서아시아, 지중해 동부. 베저터블 아니스(vegetable anise)와 스타 아니스(star anise)가 있으며 스타 아니스(오향장육을 담글 때 넣는 8각이라 하는 것)는 중국 목련나무의 씨이다. 씨는 단단하고 녹갈색이며, 매운맛이나 쓴맛이 없고 상쾌하고 달콤한 향을 낸다. 주 방향성분은 아네톨(anethol)과 아니솔이다. 디저트, 케이크, 빵, 비스킷, 캔디, 피클, 카레, 중국음식(오향장육) 등에 쓰인다. 꽃은 프루츠 샐러드에, 잎은 샐러드 · 수프 · 채소 요리에, 줄기나 뿌리는 수프 · 스튜에 사용한다.

아라비카 커피(Arabica coffee) 세계적으로 가장 널리 재배되는 커피 품종. 열매는 짙은 홍색이며 2개의 종자가 들어 있다. 커피 전체 생산량의 70% 가량 생산된다. 아라비카종은 크게 마일드(mild)와 브라질(Brazil)로 나뉜다. 마일드에는 멕시코, 모카, 콜롬비아, 엘살바도르, 과테말라가 있으며 특징은 다음과 같다. ① **멕시코**－중앙아메리카의 대표적인 커피로 주로 배합용으로 사용하며, 강한 신맛을 지닌다. ② **모카**－아라비아 예멘 지방에서 생산되는 커피로 신맛과 단맛이 뛰어나며, 생두는 황록색을 띠고 향기가 좋다. ③ **콜롬비아**－향기와 단맛, 신맛 등이 진하고 원두는 청록색으로 크고 일정하다. ④ **엘살바도르**－녹색 빛이 나며, 맛과 향기가 진하고 생두는 크기가 굵다. ⑤ **과테말라**－둥글거나 타원형으로 된 청록색의 생두이다.

아르기닌(arginine) 염기성 아미노산. 화학명은 α－amino－δ－guanidinovaleric acid. 분자 내에 구아니도기(NH_2－CNH－NH－)를 가지며, 요소 형성과 근육의 성분인 크리아틴(creatine)의 구성원으로 참여하는 아미노산이다. 성인에게는 비필수 아미노산이지만, 유아에게는 필수 아미노산이 된다.

아린맛(acrid taste) 쓴맛과 떫은맛을 혼합한 듯한 불쾌미. 인간이 느끼는 맛 중 가장 바람직하지 않다고 생각되는 맛으로, 시금치, 죽순 등의 채소에 주로 존재한다. 맛 물질로서는 호모겐티스산, 수산 등이 있다.

아마란사스(amaranthus) 아마란사스는 중남미 원산인 비름과의 1년초. 황량한 땅에서 물 부족이나 추위에도 강하고 성장도 빠르기 때문에 고대 인디오식으로 귀중한 곡물자원의 역할을 했다. 종자는 곡물로서 영양가가 탁월하다는 것이 특징인데 아마란사스의 현곡은 현미에 비해서 칼슘이 17배, 철분 4.5배나 된다. 단백질 함유량도 많고 곡물에서는 드물게 필수아미노산의 종류도 풍부해서 미래의 식량부족에 대비할 식물로서의 평가가 높다. 콜레스테롤 저하작용, 글루코오스 대사활동을 높이는 인슐린성 작용, 항암작용이 보고되어 있어 일반음식과 건강식품의 양면에서 아마란사스의 장래성을 시사하고 있다.

아마씨기름(linseed oil) 아마의 씨에 함유되어 있

는 건성유. 씨앗의 지방 함유량은 28~44%이다. 생아마인유는 비중 0.932~0.936, 굴절률 1.480~1.483, 응고점 -18~-27℃로, 리놀레산과 리놀렌산 등의 불포화산을 다량으로 함유하기 때문에 불포화성이 풍부하며(요오드가 175~195), 도료용의 건성유로서 매우 중요하다. 구성비는 포화지방산 8~9%, 올레산 10~15%, 리놀레산 25~35%, 리놀렌산 35~45%, 산소산 6.5%, 비비누화물 0.5~1.5%, 글리세롤기 4.5% 등이다. 공기 중에 두면 산소를 흡수해서 축중합하여, 탄력성 있는 내수성 반투명의 고분자 물질인 리녹신을 만든다. 산소흡수에 의한 중량 증가는 1주일 동안에 약 20%이다. 아마인유 피막의 건조일수는 여름철에 6~7일, 겨울철에는 8~10일이다. 이 고도의 건조성을 이용하여 페인트, 니스, 리놀륨, 래커, 인쇄 잉크 등을 제조하고, 또 고무 대용품, 약용, 연성세제의 원료 등에 사용한다. 아마인유라고도 한다.

아마톡신(amatoxin) 독우산광대버섯, 알광대버섯, 흰알광대버섯 등에 들어있는 잠복기가 긴 세포용해성 독소. Amanitin, amanin, amaninamide, amaullin, amanullinic acid 등을 포함하는데 amanitin이 가장 널리 알려져 있다. 섭취 후 6~15시간까지 아무 증상이 없으나(긴 경우 48시간), 그 이후 갑자기 심한 복통, 지속적인 구토, 수양성 설사, 탈수 증상을 보이며, 이 후 회복이 되는 것처럼 보일 수도 있으나, 탈진상태를 보이고 점진적이고 비가역적인 간, 신장, 심장, 골격근의 손상으로 어린이는 4~6일, 성인은 4~6일 정도에 사망한다.

아만성 시험(subchronic toxicity test) 시험물질을 시험동물에 반복 투여하여 중 · 장기간 내에 나타나는 독성을 질적 · 양적으로 검사하는 시험. 적어도 3단계의 시험 투여물질로 하고, 최대 내성용량 및 무해용량 등을 포함하여 용량, 반응관계를 산출할 수 있도록 설정, 대조군은 음성 대조군과 필요에 따라 비투여 대조군, 양성 대조군을 두며, 이 시험도 2종 이상의 시험동물을 사용해야 한다.

아미그달린(amygdalin) 일명 비타민 B_{17}로 두 개의 포도당과 벤즈알데히드와 시안화합물로 구성된 물질. 살균, 진통작용, 비타민 B_{12} 합성에 절대인자이다. 이상세포 파괴작용, 생체 내 혈압을 자연적으로 조정한다. 적혈구 및 빈혈을 치유한다. 부족 시에는 빈혈, 체력 강하, 암을 발생시키며 이들이 풍부하게 들어 있는 식품은 살구, 복숭아, 매실, 자두, 사과씨, 오얏, 싹눈, 수수, 야생딸기이다.

아미노산(amino acid) 단백질의 구성단위. 아미노(amino)라는 말은 염기의 아미노기($-NH_2$)의 존재를 나타내는 반면, 산(acid)은 산성의 카르복시기($-COOH$)의 존재를 가르키는 말이다. 모든 아미노산은 산과 염기의 양쪽을 함유하므로 양성화합물이라고 말한다. 천연의 단백질을 구성하는 아미노산은 22종이 있다. 일반식은 $R-CH(NH_2)-COOH$로 나타내며, 측쇄(R)의 구조에 따라 지방족 아미노산, 방향족 아미노산, 복소환식 아미노산의 3가지로 분류한다.

아밀라아제(amylase) 전분을 가수분해하는 효소. 아밀로오스 및 아밀로펙틴의 α-1,4결합에 작용하는데 그 양식에 따라 α-아밀라아제, β-아밀라아제 및 글루코아밀라아제로 나눈다. α-1, 4 결합만으로 이루어진 아밀로오스는 이 효소에 의하여 완전히 분해된다. 그러나 아밀로펙틴은 α-1, 4 및 α-1, 6 결합이 함유되어 있어 완전분해되지 않는데, 이 부분을 한계(限界) 덱스트린이라고 한다. 이 효소는 고등식물 · 곰팡이 · 세균 등 자연계에 널리 분포한다. 누룩곰팡이가 배양액에 다량의 아밀라아제를 분비한다는 것에 착안하여 타카디아스타아제(takadiastase)라고 하는 소화제도 만들어졌다. 또, 어떤 종의 곰팡이의 아밀라아제는 전분을 거의 완전히 가수분해하여 포도당(글루코오스)으로 변화시키므로 포도당 제조에 이용되고 있다. α-아밀라아제가 존재하는 곳은 곰팡이와 침이며, 전분이나 글리코겐 등의 글루코오스 사슬을 불규칙적으로 안쪽에서부터 절단하는 효소이다. 호화된 전분액에 이 효소를 작용시키면 점도가 급격히 감소하므로 액화효소라고 하며, 엔도(endo) 효소이다. α-아밀라아제 한계 덱스트린은 α-1,6 결합을 포함한 3당류 및 4당류들이다. β-아밀라아제는 전분의 포도당 사슬을 비환원성 말단으로부터 차례로 가수분해하여 맥아당을 생성하는 효소이다. 효소작용의 초기에 당이 생성되므로 당화 효소라고 하며 분자의 말단으로부터 작용하므로 엑소(exo) 효소이다. α-아밀라아제와 마찬가지로 α-1,4 결합에만 작용하며 고구마·밀·콩·맥아 등에 많이 존재한다.

아밀로그래프(amylograph) 전분 현탁액을 일정한 속도로 가열하면서 점도변화를 측정하는 기기. 일반적으로 브라벤더(Brabender)가 고안한 것을 아밀로그래프라고 하며, 이 기계로 얻어진 도형을 아밀로그램이라고 부르고 있다. 이 기계는 일정농도의 전분과 물의 혼합물을 넣는 용기가 있고, 이것을 일정한 속도로 회전시킬 때, 이 용기에 삽입되어 있는 핀 또는 날개에 걸리는 저항을 점도로서 자동기록할 수 있도록 장치된 것이다. 이 기계의 특징은, 일정한 속도로 내부의 전분-물 혼합물을 가열하거나, 냉각하거나, 혹은 일정온도로 유지 하는 등 온도변화를 자유롭게 바꿀 수 있는 것이다. 여기에 나타나는 점도는 절대단위로서의 점도(cP)로 나타나는 것이 아니라, 임의단위로서의 브라벤더 유니트(BU)로 나타낸다. 점도는 전분의 종류, 농도, 첨가물의 종류 등에 따라서 일정한 온도에서 갑자기 점도가 상승한다. 이 점을 점도상승점이라고 부르나 일반적으로 호화 개시점이라 한다. 또, 가열 시에 점도치가 최고가 되어, 피크를 나타내고, 점도 저하를 나타내는 전분이 많다. 냉각 시에는 서서히 다시 점도치는 높아지게 된다. 이 가열 시의 최고 점도치와 냉각 직후에 나타나는 최저 점도치와의 차를 브레이크다운이라고 부르고, 전분 알갱이의 팽윤성 그 이외의 것을 아는 방법으로서 이용되는 수치이다.

아보카도(avocado) 녹나무과의 상록수인 아보카도의 열매. 학명은 *Persea americana* Mill. 악어의 등처럼 울퉁불퉁한 껍질 때문에 악어배라고도 한다. 멕시코와 남아메리카가 원산이다. 열매는 녹갈색, 자주색을 띤 검은색 등으로 다양하고 모양은 둥글거나 타원 또는 서양배같이 생겼으며 길이는 10~15cm이다. 공모양의 둥글고 큰 종자가 한 개 들어 있다. 과육은 버터같이 부드럽고 노란색을 띠며 고소한 맛과 독특한 향기가 난다. 성분은 수분 70.1%, 단백질 2.5%, 지방 18.7%, 탄수화물 5.2%이고 비타민 A, C, E가 풍부하다. 가장 지방 함량이 높은 과일로 알려져 있는데, 지질은 주로 불포화 지방이다. 소스, 수프를 만들거나 샐러드 등의 요리재료로 쓰며, 최근 캘리포니아 누드김밥의 재료로 인기가 좋다. 빵에 발라먹거나 아보카도 기름으로도 사용한다. 덜 익은 것은 딱딱하고 맛이 없으므로 실온에서 완숙시킨 후 냉장 저장한다. 미숙과는 냉장하면 내부가 갈변된다. 잘 익은 아보카도는 약간 말랑말랑하며 고소한 맛이 많다.

아비딘(avidin) 생난백 속에 0.05% 존재하는 당단백질. 조류, 양서류의 난백, 포유동물의 생식선에 존재하며, 비타민 B 복합체의 일종인 비오틴(biotin)과 결합하여 비오틴을 불활성화하는 작용을 한다. 열에 의해 쉽게 변성되므로 난백을 85℃에서 5분간 가열하거나 방사선을 조사하면 아비딘 작용이 파괴된다.

아스타잔틴(astaxanthin) 새우, 게 등의 갑각류에 많이 들어 있는 카로티노이드 색소 중의 하나. 새우가 익으면 붉은 색으로 변하는 원인 물질이다. ☞ 카로티노이드

아스파라거스(asparagus) 백합과에 속하는 여러해살이식물. 학명은 *Asparagus officinalis* L.. 남유럽이 원산지. 연한 어린줄기를 식용하는데, 녹색인 것과 백색인 것이 있다. 녹색인 것은 저장성, 영양성이 뛰어나며 조직이 연하다. 백색인 것은 주로 통조림용으로 쓰인다. 아미노산 중 아스파라긴(asparagine)은 이 식물에서 처음으로 발견되어 붙여진 이름이다. 아스파라거스에는 특히 아스파라긴과 아스파라긴산이 많은데, 신경통을 앓고 있는 사람에게 좋은 효과가 있고 이뇨 효과도 있다. 백색 아스파라거스는 수확 후 변질이 빨라 섬유질로 되고 억세고 쓴맛이 생기며 변색하므로 냉장 또는 가공이 필요하다. 밑 부분의 쓴맛은 사포닌에 기인된다. 칼슘에 비하여 인(61mg%)이 많으나 칼륨(220mg%)의 함량이 높아 알칼리성 식품에 속한다. 녹색인 것은 샐러드로 또는 기름에 살짝 볶거나, 끓는 물에 살짝 데쳐서 먹는다. 아

스파라거스는 길이가 20~25cm 정도가 좋으며 두꺼울수록 좋고 생장점 순 끝이 벌어지지 않은 것이 좋다. 이삭 끝은 물론 전체가 진한 녹색이 좋으며 줄기가 생기가 있고 힘이 있어야 한다. 보랏빛이 나는 것은 수확 후 기간이 오래 경과된 것이다.

아스파르트산(aspartic acid) 분자 내에 2개의 카르복시기(−COOH)를 갖는 산성 아미노산. 화학명은 α−aminosuccinamic acid. 단백질의 구성 아미노산이고 영양적으로 비필수 아미노산이다. 유리상태에서 동식물계에 널리 분포되어 있으며 글루타민과 같이 생체 내 아미노기 전이반응에서 중심적 역할을 한다.

아스파탐(aspartame) 두 개의 아미노산으로 이루어진 설탕 대체 감미료. 화학명은 L−aspartyl−L−phenylalanine methyl ester. 설탕의 200배 단맛을 낸다.

아연(zinc, Zn) 인체에 필수적인 미량 무기질. 동식물계에 널리 분포되어 있다. 인체에는 췌장에 많고 인슐린(insulin) 및 효소의 구성성분이다. 굴, 간 등의 고단백 동물성 식품에 다량 함유되어 있고, 콩류, 땅콩, 땅콩버터, 쌀 등 곡류에도 함유되어 있다.

아욱(mallow, whorled mallow) 아욱과의 한해살이 쌍떡잎식물. 학명은 *Malva verticillata* L.. 원산지는 유럽 북부이며 분포지역은 북부 온대에서 아열대의 습기 있는 밭에서 자란다. 높이는 60~90cm이다. 잎의 모양은 둥글며 5~7갈래로 얕게 갈라져 가장자리에 뭉툭한 톱니가 있다. 주로 여름철이 수확기이며 6~7월에 연분홍색의 작은 꽃이 줄기 사이에 다발로 핀다. 한방에서 종자를 동규자(冬葵子) 또는 규자라 하여 분비나 배설을 원활하게 하는 약재로 사용한다. 연한 줄기와 잎을 식용하며 쉰 것은 억세고 풋내가 난다. 아욱은 주물러 치대어 씻어 미끈거리는 것과 풋내를 없애고 쌀뜨물을 넣고 국을 끓인다. 아욱죽은 소화력이 약한 사람에게 좋으며, 마른 새우를 넣고 끓인 아욱된장국은 여름철에 입맛을 돋우어 줄 뿐 아니라 영양적으로도 우수하다.

아웃소싱(outsourcing) 인소싱(insourcing)과 반대되는 개념으로, 기업 내부의 프로젝트를 신뢰할 수 있는 제3자에게 일임하여 기업의 핵심역량은 강화시키고, 비전문적 영역의 업무 활동은 외부의 전문 기업에 위탁 처리함으로써 효율성을 높이고, 효과를 증대시키는 전략. 급식 운영의 효율성 제고와 질의 향상을 위해서 위탁경영을 하고 있는 것이 대표적인 아웃소싱의 형태.

아이리시 커피(irish coffee) 컵에 설탕을 먼저 넣고 커피를 넣은 후 발화되기 직전까지 데운 아일랜드산 위스키를 붓고 휘핑 크림을 얹어 마시는 커피.

아이스 커피(ice coffee) 진하게 추출한 커피에 설탕을 넣고 가볍게 저은 다음 얼음을 넣고 생크림을 넣어 마시는 커피. 여름철에 시원하게 마실 수 있다.

아이스크림(ice cream) 우유 및 유제품에 당류, 향료, 유화제, 안정제 등의 원료를 혼합하여 교반시켜 동결해서 만든 것. 유지방을 비롯한 고형분의 함량이 높아 −20℃에서도 얼지 않고 크림처럼 부드러운 질감을 나타낸다. 유지방 함량에 따라 아이스밀크, 셔벗, 비유지방 아이스크림, 아이스크림 등으로 분류한다. 국제낙농규격(IDF)에 의하면 유지방분이 8% 이상 함유되어 있는 것은 아이스크림이라 하고, 유지방분이 3% 이상 함유된 것을 아이스밀크로 부르게 되어 있다. 한국의 경우도 보건복지부 식품위생법에 의하면 전자를 아이스크림, 후자를 아이스밀크로 규정하고 있다. 아이스크림의 종류로는 다음과 같다. ① **보통 아이스크림**(plain ice cream)−감미료, 향료를 넣어 만든 것으로 유지방이 8% 이상이다. ② **너트 아이스크림**(nut ice cream)−보통 아이스크림에 호두, 아몬드, 밤 등을 넣은 것이다. ③ **과일 아이스크림**(fruit ice cream)−보통 아이스크림에 3~6%의 과일 또는 과즙을 섞어 만든 것이다. ④ **비스크 아이스크림**(bisquet ice cream)−카스텔라, 스펀지 케이크 등과 향료를 넣어 얼린 아이스크림이다. ⑤ **아이스밀크**(ice milk)−유지방 함량이 2~5%로 낮고 무지 고형분의 함량은 높은 편이다. ⑥ **비유지방 아이스크림**−일반 성상은 보통 아이스크림과 같으나 유지방 대신에 대두유와 같은 식물성 유지를 사용하여 만든 것이다.

ISO 인증제도(International Organization for Standardization) 국제표준화기구가 세계 경제의 글로벌화에 따라 나라마다 다른 규격을 통일시킴으로써 제품의 원활한 교역을 돕기 위해 제정하는 국제표준규격 인증제도. 품질 시스템을 표준화한 ISO 9000과 환경 관리를 표준화한 ISO 14000 등이 있다.

아차(芽茶) 차 제조 마무리공정에서 나온 작은 싹을 모은 것. 어린 싹은 맛도 좋고 향기도 좋다.

아크로덱스트린(achrodextrin) 녹말을 가수분해할 때 생기는 덱스트린 중 에리스로덱스트린(erythrodextrin)이 더 분해된 저분자 덱스트린. 요오드 녹말 반응에서 발색하지 않는다.

아크릴아마이드(acrylamide) 아미노산인 페닐알라닌과 당이 열에 의해 결합하는 메일라드 반응을 통해 생성되는 화합물. 고농도 투여 실험동물에서 암 유발, 남성 생식능력 저하, 신경독소 기능 등이 보고되어 있다. 감자나 곡류처럼 탄수화물 함량이 높은 식품을 고온(보통 120℃ 이상)에서 튀기거나, 굽는 등 가열할 때 생성되며, 감자튀김, 포테이토칩, 시리얼 등에서 발견된다. 식품에 소량 들어있는 수준에서 사람에게 암을 유발시키는지는 아직 확실하게 결론지어지지 않았다.

아티초크(artichoke) 국화과의 여러해살이풀. 학명은 *Cynara scolymus* L.. 지중해 연안이 원산지이며, 중동아시아의 산악 고원지대에서 자란다. 키는 1.5~2m이고 줄기는 굵고 속이 비어 있으며 잎은 은록색으로 솜털로 싸여 있다. 꽃은 여름에 피는데 진한 홍색으로 엉겅퀴꽃과 비슷하다. 꽃이 피기 전에 꽃봉오리 밑 부분을 잘라 채소로 먹거나 통조림으로 사용한다. 꽃봉오리는 연하고 담백하며 영양가가 높다. 단백질, 비타민 A, C, 칼슘, 철, 이눌린 등이 함유되어 있다. 잎이나 뿌리 등에 있는 시나링이라는 성분이 담즙 분비를 촉진하고 간장기능을 활성화시키고 혈중 콜레스테롤치를 내린다고 알려져 있다. 꽃봉오리 겉 부분은 벗겨내고 속 부분만 이용하고 검게 변하는 것을 막으려면 식초물에 담근다. 요리 시에는 물에 담갔다가 씁쓸한 맛을 우려내고 끓는 물에 살짝 데쳐서 사용한다. 육류, 생선, 채소류와 잘 어울리며 수프, 스튜, 샐러드 등에 사용한다.

아플라톡신 검사법 아플라톡신을 비롯한 곰팡이독소의 분석방법. 대개 추출 → 정제 · 분리 → 정성 · 정량분석의 단계를 거치며 TLC 및 액체 크로마토그래프에 의한 분석이다. 최근에는 아플라톡신에 대한 항체를 동물 체내에서 생산하여 식품 중의 아플라톡신 분석에 이용하는 면역분석법도 활용되고 있으며, 대표적인 것으로는 ELISA(Enzyme-Linked Immunosorbent Assay)와 RIA(radioimmunoassay)가 있다.

아피게닌(apigenin) 플라본의 하나. 파슬리 중에 배당체로 존재한다.

아황산처리(sulfiting) 감자, 사과, 복숭아 등의 가공 시에 효소적 갈변 방지를 위해 폴리페놀라아제에 대하여 강한 저해작용을 가지는 아황산가스와 아황산소다, 산성아황산소다, 메타아황산소다 등의 아황산염을 처리하는 방법. 일반적으로 아황산가스는 가스 상태로 아황산염은 묽은 용액 상태로 쓰인다. 따라서 아황산가스는 아황산염보다 과채류에 빨리 침투되나 농도 조절이 어렵고 부식성이 있어 아황산염 용액이 더 많이 이용된다. 이들 환원표백제는 갈변의 중간화합물인 퀴논(quinone)과 반응하여 무색의 부가화합물을 만들어 갈변을 방지할 뿐 아니라 갈색 색소도 환원 표백한다. 또 이들 환원제들은 비타민 C를 보존하는 효과를 가지고 있으나 반대로 티아민과 리보플라빈을 파괴시키는 결점이 있다. 아황산처리 후 철저히 제거하지 않으면 인체에 해롭다.

안전계수법(safety factor approach) 동물이나 사람에게 어떤 화학물질의 해가 나타나는 수준과 나타나지 않는 수준에 대한 실험적 독성 자료로부터 무해용량을 구하고 사람이 섭취하여도 안전하다고 생각되는 수준을 설정하기 위하여 안전계수를 도입하는 방법. 이 때 전제 조건으로 모든 화학물질이 전형적인 투여량 반응곡선(dose response curve)을 나타내며 독성이 나타나지 않는 한계 값이 있다고 하는 약리학의 원리에 근거하고 있다. 이 때 동물실험의 결과로부터 인간의 안전성을 예측하기 위하여 어느 정도의 안전마진을 두어야 할 것인가 하는 문제가 제기된다. 식품첨가물의 경우 100의 안전계수법을 사용하면서 널리 활용되었으며, 발암성이 의심되는 물질의 경우에는 1,000을 사용하여 관례상 10~1,000의 안전계수를 채택하고 있다.

안전성 평가 급성 독성시험(acute toxicity test), 아만성 독성시험(subchronic toxicity test), 생식독성시험(reproductive toxicity test), 최기형성시험(tetratoxigenicity test), 유전독성시험(genetic toxicity test) 등이 있다. 이들 시험을 통해 안전계수법(safety factor approach), 1일 섭취 허용량 설정(acceptable daily intake, ADI), 위해평가(risk assess ment) 등을 실시하며 유전자 재조합식품(genetically modified foods), 조사식품(irradiation food) 등은 이들 시험을 실시해야 한다.

안정제(安定制, **stabilizer**) 고분자화합물로서 가공식품의 물성을 좋게하여 보형성을 양호하게 하는 첨가물. 안정제로는 구아 검(guar gum), 로커스트 빈 검(locust bean gum), 카라기난(carrageenan), 젤라틴, 펙틴 등 천연물질 및 화학적 합성품에 이르기까지 여러 종류가 있다.

안지오텐신작용(**angiotensin reaction**) 혈압상승작용과 관련 있는 폴리펩타이드 물질. 당단백질의 전구체인 안지오텐시노겐(angiotensinogen)이 간에서 합성되어 혈액으로 내보내지게 되면 신장에서 분비되는 레닌에 의해 안지오텐신 Ⅰ으로 되며 이것은 약한 혈압상승효과를 갖는다. 여기에 안지오텐신전환효소(angiotensin-converting enzyme, ACE)에 의해 강한 혈압상승효과를 가지는 안지오텐신 Ⅱ가 생성된다. 안지오텐신 Ⅱ는 혈관을 수축시켜 혈압을 높이고 신장에 대한 혈류량을 많게 한다. 우유, 계란, 참치, 정어리, 대두 등의 단백질의 효소분해물 속에 존재하는 펩티드들은 ACE 저해작용에 의해 항고혈압효과를 나타낸다.

안토시아닌(**anthocyanin**) 식물에 널리 존재하고 적·청·자색 등을 나타내는 일군의 수용성 색소. 식물의 세포액 중에 용액상태로 존재한다. 배당체로 존재하며 아글리콘(aglycon)을 안토시아니딘(anthocyanidin)이라 한다. 안토시아니딘은 플라빌리움(flavylium)이라 하는 2-페닐벤조피릴리움(2-phenylbenzopyrilium)을 기본 구조로 갖는다. 페닐 고리에 결합되는 치환기의 종류와 수에 따라 6가지의 안토시아니딘이 존재한다. 안토시아닌은 pH에 따라 쉽게 변색된다. 채소를 가공 조리할 때 산을 가하여 pH를 낮추면 아름다운 색이 보존된다.

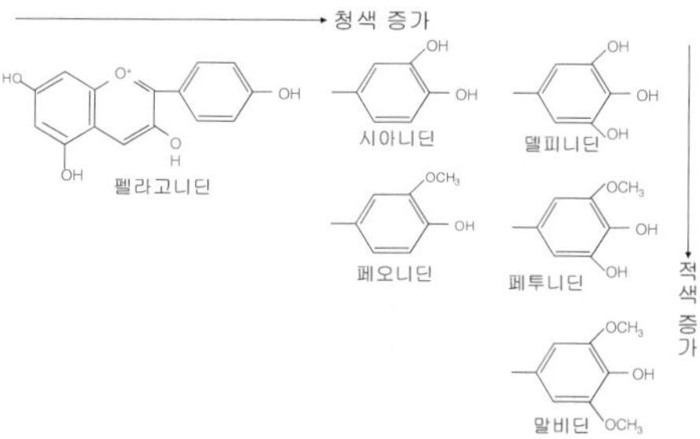

안토잔틴(**anthoxanthin**) 식물체에 함유된 안토시아닌이 아닌 플라보노이드 화합물의 총칭. 페놀 화합물로 수용성이며 pH에 따라 색이 흰색에서 황색으로 변한다. 기본구조는 이소플라본을 제외하고는 모두 벤조피론(benzopyrone)의 2위치에 페닐기를 가진 플라본 유도체이다. 여기에는 플라본(flavone), 플라반(flavan), 플라보놀(flavonol), 플라바놀(flavanol), 플라바논(flavanone)과 이소플라본(isoflavone)이 있다. 페닐기를 가지므로 산화되기 쉬워 산화방지제로 사용된다. ☞ 플라보노이드

알끈(**chalaza**) 나선형의 실 구조를 가지고 있는 난백의 변성 물질. 난황막으로부터 시작하여 난백을 지나 거의 속껍질까지 연결되어 있으면서 난황을 중앙에 고정시키는 역할을 한다.

알란토인(**allantoin**) 푸린염기 대사산물의 하나. 영장류 이외의 포유류와 파충류에서는 푸린대사의 최종생성물이다. 상수리나 담배씨, 사탕무, 밀 배아, 오줌 등 동식물에 널리 들어있는 흰색 결정성 물질이다. 세포의 활동을 직간접적으로 활성화시키는 기능성이 보고되어 있다. 가장 많아 사용되고 있는 분야는 소화기궤양 치료제이며 뛰어난 약리작용과 안정성으로 화장품에도 많이 응용되고 있다. 피부가 트는 것

을 방지해주며 여드름이나 아토피에 효과적이며 피부표면을 부드럽고 매끄럽게 하는 효능이 보고되어 있다.

알레르기반응(allergic reaction) 밖에서 생체에 침입하는 항원(주로 단백질 성분)에 대하여 생체에 특수한 항체가 생성되고 이들이 반응하여 항원항체반응이 발생하는데, 생체가 항원에 대하여 과민하게 반응하여 발열, 관절통, 피부의 발적, 때로는 쇼크사에 이르는 여러 가지 병적 현상을 나타내는 것. 알레르기에는 즉시형과 지연형이 있다. 전자는 알레르겐에 접촉하여 24시간 이내에 발현하는 페니실린 쇼크나 꽃가루 알레르기 등이 있고 후자는 알레르겐에 접촉하여 24~48시간 후에 발현하는 투베르쿨린 반응이나 진균감염증 등이다.

알레르기성 식중독(allergic food poisoning) 어떤 식품에 대하여 과민한 체질을 가진 사람이 일으키는 중독. 주로 꽁치, 전갱이, 정어리, 고등어, 참치 등 붉은 살 생선 및 그 가공품과 같은 원인 식품을 먹고 한 시간 안에 일어나며 주 증상으로는 안면홍조, 명정감, 두통, 편두통, 두드러기, 발열, 구토, 설사 등이 있다. 붉은 살 생선 중의 유리히스티딘이 특정 오염균인 히스티딘 탈탄산효소작용에 의해 히스타민을 생성하여 발증에 이른다고 생각되고 있다. 심한 발작을 일으키는 식이성알레르기와는 달리 증세가 비교적 가볍고 알레르기와 비슷하므로 알레르기성 식중독이라고 부른다.

알레르기질환용 식품(food for allergic disease) 알레르기의 원인물질인 특정 알레르기원을 없앤 식품. 우유 알레르기용의 두유를 쓴 분유, 쌀 알레르기용의 효소분해 한 특정단백질을 쓴 저알레르기 쌀 등이 있다.

알로에(aloe) 아프리카원산의 백합과의 다년초. 전 세계에 약 300종이 있다. 고대로 부터 불가사의한 천연약제로 사용되어 왔는데 현대에 이르러서는 세계 많은 학자들의 연구를 통해 그 기능이 과학적으로 밝혀지고 있다. 알로에의 효능은 위염, 방광염, 요도염 등 염증성질환, 당뇨병(인슐린 같은 혈당강하작용), 악취, 통풍, 종양이나 암 등에 효과가 보고되어 있다. 알로에의 유효성분으로는 약 80여종이 밝혀지고 있다. 세균과 곰팡이에 대한 살균력이 있고 독소를 중화하고 자외선을 차단하며 피부를 희게 하는 알로에신(aloesin), 궤양에 효과가 있는 알로에 울신(aloe ulcin)과 항암효과가 있는 알로미신(alomicin)이 함유되어 있다. 이 밖에도 스테로이드, 아미노산, 사포닌, 항생물질, 상처치유 호르몬, 무기질 등 다양한 성분이 함유되어 있다. 알로에는 과로로 인한 피로 회복과 과음으로 인한 숙취 해소 등에 효과가 있고 알로에의 잎을 잘라두면 유난히 쓴 황색 물질이 흘러나오는데, 이것은 변비에 특히 효과가 있다. 민간에서는 알로에 잎의 액즙을 위장병에 내복하고 외상이나 화상 등에도 이용한다. 또한 건성 피부와 지성 피부를 중성화시키고 피부 보습 효과가 있어 화장품 원료로도 쓰인다. 생약 알로에로 사용되는 알로에 종류에는 알로에 베라, 알로에 아보레센스, 알로에 사포나리아의 3종이 있다.

알루미늄(aluminium) 독성 지각의 8% 정도를 차지하는 원소로, 자연에 널리 분포하므로 식품에도 존재할 수밖에 없는데, 알루미늄의 부작용에 관한 보고로는 식품에 의한 것 보다 신부전을 위해 투석을 실시하는 환자들에 대한 보고가 주를 이룬다. 골이영양증(骨異營養症), 소구성 빈혈, 투석형 뇌병증 등의 심각한 증상을 보이나, 식품에 의해서는 이 정도의 증상을 일으킬 만큼 노출이 일어나지 않아 크게 우려하지 않았었다. 그러나 최근 평균 수명이 늘어나며 발생하는 각종 노인성 질환 중 신경계 증상인 파킨슨씨 병(Parkinson's disease), 노인성 치매(Alzheimer's disease)등이 알루미늄 노출량과 관련된다고 알려져 다시 식품 내 알루미늄에 대해 주의가 기울여 지고 있다. 알루미늄은 주로 음료수 캔으로 사용되는데, 대부분의 음료수 캔들은 수지코팅(lacquer)이 되어 있어 매우 적은 량이 용출된다. 그러나 코팅되지 않은 알루미늄 용기에 산도 높은 주스나 콜라 등을 보관하면, 용출 속도가 매우 빠르다. 알루미늄 호일은 코팅이 되어있지 않기 때문에 산도 높은 식품에 닿았을 때는 용출이 쉬우므로 깎아 놓은 과일 등을 알루미늄 호일로 싸 놓는 일은 삼가는 것이 좋다.

알리이나아제(alliinase) 마늘과 양파에 들어 있는 효소. 알리인을 분해하여 매운맛을 가진 알리신으로 전환시킨다. ☞ 알리인

알리인(alliin) 마늘과 양파의 매운맛 전구체. 화학명은 S-allyl-L-cysteine sulfoxide. 효소 알리이나아제(allinase)의 작용을 받아 디알릴 이소티오설피네이트(diallyl isothiosulfinate, allicin)와 디알릴 디설파이드(diallyl disulfide)를 생성한다.

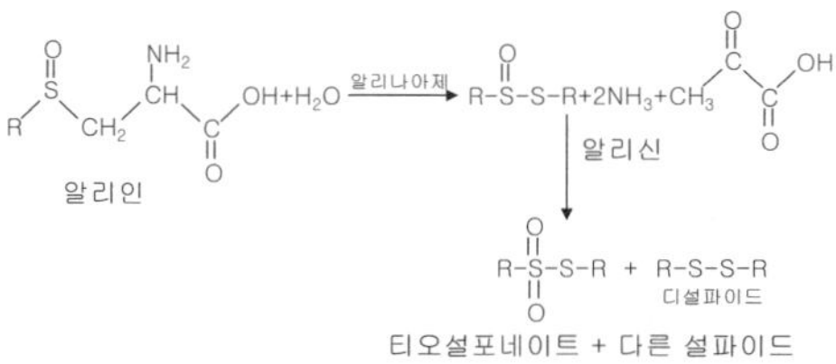

알릴이소티오시아네이트(allylisothiocyanate) 겨자, 호스래디시(horseradish) 및 양파의 매운맛 성분. 겨자를 따뜻한 물에 개어 사용할 때 전구체인 시니그린(sinigrin)에 효소인 미로시나아제(myrosinase)가 작용하여 생성되어 자극성 냄새와 매운맛을 낸다. ☞ 시니그린

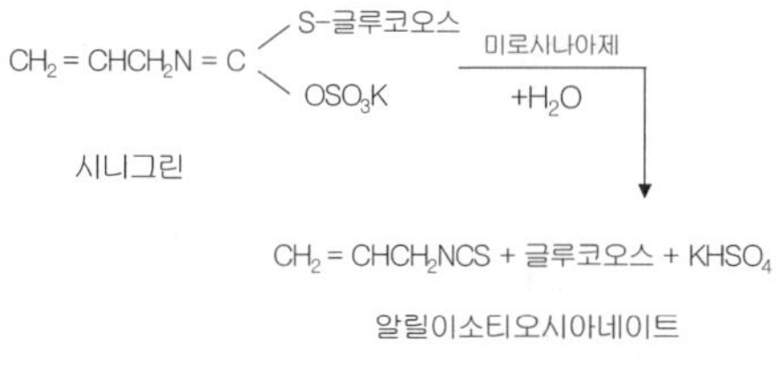

알베오그래프(alveograph) 밀가루 반죽의 신장성을 측정하는 기계. 쇼팽(Chopin)엑스텐시미터라고도 불리고 있다. 프랑스와 영국 등에서 널리 이용되고 있다. 측정방법으로는 밀가루반죽을 전용믹서로 혼합해, 이것을 롤러로 늘려 얇은 원판형으로 만들어 이 장치에 설치한다. 주위를 눌린 시료는 아래서부터 들여보내지는 가압공기에 의해 위쪽으로 부풀고, 일정한 한도에 달해서 파열한다. 이 변화를, 밀가루반죽의 신장성을 가로축에, 공기의 가압을 세로축에 자동 기록시키는 것을 알베오그램이라고 부르고 있다. 알베오그램의 곡선과 베이스라인에 둘러싸인 부분의 면적이 클수록 탄력이 강한 밀가루가 된다.

알부미노이드(albuminoid) 경단백질(scleroprotein). 동물조직에 존재하고, 골격구조의 주요한 유기 성분으로 각 조직을 지원 및 보호하는 기능을 가진 섬유상 단백질로 3가지 형태가 있다. 첫째, 피부, 힘줄, 뼈에 있는 콜라겐은 펩신과 트립신을 억제하고, 수분과 함께 가열에 의해 수용성 젤라틴으로 전환된다. 둘째, 인대와 건의 엘라스틴은 젤라틴으로 전환되지 않는다. 셋째, 표피, 머리털, 양모, 뿔, 발굽 및 치아의 유기형 성물을 이루고 있는 케라틴은 묽은 산과 알칼리에 불용성이며, 대부분 동물의 소화효소에 의해 분해되지 않는다.

알부민(albumin) 순수한 물, 염류, 묽은 산, 알칼리에 잘 녹는 단순 단백질. 각종 필수 아미노산들을 좋은 비율로 함유하고 있고, 쉽게 소화된다. 혈장알부민(동물, 사람의 조직이나 체액), 락토알부민(우유), 오브알부민(달걀), 혈청알부민(혈청), 미오글로빈(근육), 레구멜린(완두콩) 등이 있으며 수용성이고, 열에 의해 응고된다. 혈액과 조직 사이로 규칙적인 체액의 흐름에 주요한 역할을 한다.

알쯔하이머병(Alzheimer's diease) 퇴행성 뇌질환. 노인의 치매 원인 중에서 가장 흔한 형태이다. 뇌의 전반적인 수축, 뇌실의 확장, 신경섬유의 뒤틀림, 노인성 반점 등이 특징이다. 차차 기억, 판단, 언어 능력이 떨어지고 우울증, 격한 행동 등 증세도 나타나 결국은 죽음에 이른다.

알칼라인 포스파타아제(alkaline phosphatase) 우유에 존재하는 효소. 저온살균이 적절히 이루어졌는가를 위한 지표로 사용된다.

알칼로이드(alkaloid) 식물에 함유되어 있는 함 질소 염기 화합물의 총칭. 동물체에 들어가 생리 활성을 나타내고, 쓴맛을 가지며 약 600여 종이 알려져 있는데, 식물 중의 약 1/4에서 발견되고 있다. 감자의 솔라닌, 커피의 피롤리딘계 알칼로이드인 카페인 등이 있다.

알칼리도(alkalinity) 식품 100g을 연소시켜 얻은 회분의 수용액을 중화하는 데 소비된 1N-HCl의 mL수. 식품의 성분 중에서 알칼리를 생성할 수 있는 K, Na, Ca, Mg 같은 금속원소들의 상대적인 양을 나타내는 하나의 척도이며, 식품의 산-알칼리 균형을 측정하는 기준이 된다.

대두는 9~10, 당근은 9~15, 밀가루는 5~10, 고구마는 6~10, 감자는 5~9, 무는 6~10, 시금치는 5~12, 토마토는 3~5의 알칼리도를 나타낸다.

알칼리맛(alkali taste) 알칼리성 물질을 맛보았을 때, 혀와 구강 내 점막을 자극하는 맛. 예를 들어 중조의 맛, 중화면에 사용하는 간수(K_2CO_3와 Na_2CO_3의 혼합물)가 나타내는 맛이 알칼리맛이다. 단맛, 짠맛 등과 같이 혀의 미뢰로 느끼는 미각이 아닌 점에서 매운맛, 떫은맛에 가깝다. 알칼리맛은 일반적으로 식품의 기호성을 손상시킨다고 생각되나, 중화면과 같이 극미량이라면 특유의 풍미를 부여할 수도 있다.

알칼리성 식품(alkali-forming foods) 식품 중의 무기이온에 따라 섭취 후 체내에서 알칼리성을 띠는 식품. 과일류, 채소류, 해조류는 칼슘, 철, 망간, 나트륨, 칼륨 등을 많이 함유하고 있으므로 알칼리성 식품이다. 함유된 유기산은 그 자체는 산성이지만, 체내에서 CO_2와 H_2O로 분해되고 함유된 무기질이 알칼리성 원소이므로 알칼리성 식품에 속한다.

알칼리이온수 물을 전기분해 함으로서 얻는 물. 음극판과 양극판을 설치한 전해조에 필터를 통과한 물을 채워서 직류전기를 통전하면 음극에는 마이너스를 대전한 환원수(알칼리이온수)가, 양극에는 플러스로 대전한 산화수를 얻을 수 있다. 이렇게 얻어진 알칼리이온수(pH8~10)는 체세포의 과산화를 막고 성인병을 예방할 뿐만 아니라 장내 이상발효나 위궤양, 노화방지 등에도 유효하다고 하는 발표들이 많다. 또 동시에 얻어지는 산화수는 세균의 성육을 제지하는 작용이나 수렴작용이 있기 때문에 화장수로 하거나 아토피성피부염이나 욕창의 치료 등에도 효용이 있다고 한다.

알코올 발효(alcohol fermentation) 미생물(곰팡이, 효모, 세균)이 혐기적으로 당류(糖類)를 에탄올(에틸 알코올)로 변화시키는 과정. 주정발효(酒精醱酵)라고도 한다. 즉, 미생물에 의한 탄수화물의 비효소적 분해의 일종으로, 당 또는 다당류에서 최종적으로 에탄올과 이산화탄소를 생성한다. 그 반응식은 다음과 같다. 이러한 작용을 갖는 미생물로서 가장 잘 알려져 있는 것은 효모이며, 포도당, 과당, 만노오스, 맥아당, 설탕을 발효시킬 수 있다. 알코올 발효는 미생물이나 고등식물에서 볼 수 있으나, 대부분의 동물조직에서는 알코올 발효가 일어나지 않고 탄수화물이 무효소적으로 분해되어 젖산을 생성한다.

$$C_6H_{12}O_6 \rightarrow 2CH_3CH_2OH + 2CO$$

알콕시글리세롤(alkoxyglycerol) 체내에서 지방분해효소인 리파아제에 의해 분해되지 않는 알코올 유도체. 글리세롤 분자의 첫 번째 OH와 결합한 지방산이 에테르 결합체를 이루고 있다. 형성하는 지방산의 종류에 따라 키밀 알코올(chimyl alcohol), 바틸 알코올(batyl alcohol), 셀라킬 알코올(selachyl alcohol) 등 유도체로 분류한다.

R-OCH_2-CHOH-CH_2OH

CH_2OH
|
CHOR
|
CH_2.O.P

R= $(CH_2)_{15}.CH_3$	키밀 알코올
= $(CH_2)_{17}.CH_3$	바틸 알코올
= $(CH_2)_8.CH=CH.(CH_2)_7.CH_3$	셀라킬 알코올

알파-리놀렌산(α-linolenic acid) ω-3계의 다가불포화지방산으로 사람의 체내에서는 합성되지 않기 때문에 식품에서 섭취하지 않으면 안 되는 필수지방산. 녹색의 짙은 야채에 함유되어 있으며, 특히 들깨기름, 차조기 기름, 아마인유 등에 함유량이 많다. 알파-리놀렌산은 체내에서 EPA나 DHA로 대사됨으로 이들의 기능도 함께 가진다. 알파-리놀렌산은 대장암의 발생을 대폭 억제하는 작용이 있다는 실험결과가 발표되어 주목되었고 알레르기성 질환의 개선, 고혈압예방, 뇌세포의 활성화 등의 작용도 보고되어 있다.

알팔파(alfalfa) 서남아시아 원산인 콩과의 다년초. 옛날부터 사료작물로 재배하였다. 유럽에서는 루선(lucern)이라고 불렀으나, 미국에서는 아랍어로 '가장 좋은 사료'라는 뜻으로 '알팔파'라고 부른다. 성숙한 알팔파에는 비타민 A, C, 칼슘, 인, 식이섬유가 많이 함유되어 있고 알팔파 종자를 발아시킨 것은 콩나물과 비교해서 가늘고 부드러워 샐러드로 생식하는 일이 많다. 알팔파는 영양성분 뿐만 아니라 피로회복, 자양강장, 간장기능 항진, 변비개선 등에 효과가 있다고 알려져 있고 비타민 K, 비타민 U 등도 함유되어 있어 건강기능성 소재로 인기가 높다. 알팔파의 잎, 줄기를 건조해서 분말이나 과립상으로 가공한 건강식품이 다이어트 식품으로서 판매되고 있다.

압맥(milled and pressed barley) 보리 도정 후 보리쌀을 고열 증기로 부드럽게 하여 기계로 눌러 단단한 조직을 파괴하여 가공한 보리. 납작보리(rolled barley)라고도 한다. 보리알의 조직이 파괴되어 물이 쉽게 흡수되며 소화율도 높아진다.

압착법(pressure method) 식물성 유지원료에 압력을 가하여 채유하는 방법. 오래 전부터 사용되어 왔으나, 참기름이나 유채유의 일부 등 보통 정제처리를 하지 않는 유지의 채유에 한정되어 있다. 규모가 큰 공장에서는 대형 압착기에 의해 연속 처리함으로써 용제추출법과 같이 쓰이고 있으며, 예비압착 수단으로 중요한 역할을 하고 있다. 팜유 또는 습식에 의한 옥수수 배아에서의 유지 추출 등 수분 함량이 높은 원료로부터의 채유법으로서는 매우 유효한 방법이다.

압축률(壓縮率, compression ratio) 주어진 압력에 의한 탄성체의 체적 변형 비례정수. 탄성체에 압력을 가하여 체적이 감소하는 경우 변형을 일으키기 전의 체적을 V, 변형 후의 체적을 V+$\varDelta$V로 표시하면 변형의 비율은 $\varDelta$V / V로 표시된다. 이 변형의 비율은 후크의 법칙에 의해 압력 P와 비례관계에 있다.

$$\frac{\varDelta V}{V} = Kp$$

이 비례정수 K는 물질에 따라서 특유한 정수로, 이것을 압축률이라 한다.

압축응력(壓縮應力, compressive stress) 재료가 압축력을 받았을 때 그 단면에 대해서 수직방향으로 생기는 응력(應力). 압축력을 F, 재료의 단면적을 A라고 하면, 압축응력의 크기는 F/A이다.

압출성형 조리(extrusion cooking) 고압순간가열법과 같이 압출성형기(extruder)를 이용하여 이송, 혼합, 압축, 가열, 반죽, 전단, 성형 등 여러 단위공정이 복합된 가공방법. 압출기를 구성하는 핵심적인 부분은 스크류이며, 투입된 식품원료는 이 스크류를 따라 전진하면서 혼합되고 압착되면서 반고상 물질을 형성하여 스크류 끝부분에 있는 사출구를 통해서 압출되는데, 이때 압력과 함께 외부에서 투입되는 열, 기계적 전단응력 등에 의하여 가열처리된다. 압출성형의 주 목적은 일정한 식품원료로부터 여러 가지 형태, 조직감, 색과 향미를 가진 다양한 제품을 생산하는 데 있다. 압출성형은 일종의 고온단시간가열(HTST) 공정으로 미생물을 사멸시키고 효소를 불활성화하며, 또한 압출성형 제품은 일반적으로 수분활성도가 낮기 때문에 보존성이 높다.

애시도필러스 밀크(acidophilus milk) 락토바실루스 애시도필러스균을 스타터로 하여 발효시킨 우유. ☞ 산유

액틴(actin) 근육단백질을 구성하는 주요한 근원섬유 단백질의 일종. 근원섬유 단백질의 20~25%를 차지하며, 구상(G)−액틴과 섬유상(F)−액틴으로 존재한다. 미오신과 결합하여 액토미오신의 복합체를 형성하고 근육수축에 관여하며, 액토미오신이 액틴과 미오신으로 떨어지면 근육은 이완된다.

앤초비(anchovy) 지중해나 유럽 근해에서 나는 멸치류의 작은 물고기를 소금에 절여서 발효시킨 젓갈. 생선을 묽은 소금물로 씻어서 포화식염수에 7~8시간 담근 후, 머리와 내장을 제거하고 소금을 뿌려서 무거운 것으로 누르고 뚜껑을 덮어서 수개월 동안 냉암소에 저장한다. 이때 월계수나 후추 · 정향 등의 향신료를 넣기도 한다. 다 익은 후에 꺼내어 배를 갈라 뼈를 제거하고 둘둘 말아서 병 같은 그릇에 꼭꼭 채우고 올리브유를 부어 꼭 싸매 둔다. 이대로 오르되브르로 쓰기도 하며, 앤초비 소스도 만든다.

앵두(Chinese bush fruit) 장미과의 낙엽관목인 앵두나무의 열매. 학명은 *Prunus tomentosa* Thunb. 앵도라고도 한다. 중국이 원산지이고, 관상용으로 울타리에 심기도 한다. 과실은 지름이 1cm인 공모양으로 버찌와 비슷하며 6월에 붉은색으로 익는다. 주성분은 탄수화물이며 8.3% 정도이고, 새콤한 맛은 사과산과 구연산

ㅇ

등이다. 씨가 과육에 비해 큰 편이며, 성숙한 열매는 생과로 먹고 술이나 화채, 과편(앵두편) 제조에 쓰인다. 한방에서는 열매와 가지를 약재로 쓰는데, 열매는 이질과 설사에 효과가 있고 기운을 증강시키며, 불에 탄 가지의 재를 술에 타서 마시면 복통과 전신통에 효과가 있다.

야자핵유(椰子核油, **coconut kernel oil**) 야자나무 열매속의 배유(핵)를 건조시킨 것을 짜서 만든 지방. 필리핀, 인도네시아, 말레이시아 등 널리 열대지방의 해안에 자생하는 야자나무의 과실의 핵의 지방질을 건조시킨 것을 코프라라고 하며, 일반적으로는 코프라를 채취원료로 하여 일명 코프라유(油)라고도 한다. 백색 또는 담황색을 띠며 특유한 냄새가 난다. 녹는점이 식물종자유에 비해 23~28℃로 매우 높다. 라우르산(lauric acid)이 주성분으로 소량의 카프르산(carpric acid)이나 카프릴산(carprilic acid) 등의 포화저급지방산이 함유되어 있다. 비중 0.914~0.938, 굴절률 1.447~1.449, 비누화값 253~258, 요오드가 8~10이다. 담백한 맛과 향이 있으며 양과자의 장식용, 커피용 크림, 생과자 비누원료, 식용, 가소제 원료용으로도 사용된다.

야콘(**yacon**) 국화과의 다년생 식물로 남미 안데스지역인 볼리비아와 페루가 원산지. 지하부는 고구마와 비슷하고 지상부는 돼지감자와 흡사하다. 야콘을 날것으로 먹으면 배와 같이 아삭아삭 씹히며 단맛이 있고 수분이 많으며 배 맛처럼 시원함을 느낀다하여 현지에서는 땅속의 배라 부른다. 열을 가하여 조리하면 연근과 같은 맛이 난다. 야콘에는 프락토올리고당이 대량 함유되어 있고 난소화성 다당인 이눌린이 함유되어 있으면서 고구마나 감자에 많은 전분은 함유되어 있지 않으므로 저칼로리 식품 소재로 인기가 높다. 별명은 '안데스포테이토'이다.

약용식물(**medicinal plant**) 병을 치료하기 위해 옛날부터 사용해 온 식물. 대량 생산을 위해 재배하는 경우에는 약용작물이라 한다.

얄라핀(**yalapin**) 고구마 상처 부위에 있는 하얀 유액의 주성분. 공기와 접촉하면 하얀 유액이 산화되어 검은 색으로 변하여 상처 부위를 보호하게 된다. 얄라핀은 완화작용의 하제기능을 갖는데 가열조리에 안전하고 변비에 효과적이다.

얌(**yam**) 마곤약. 천남성과의 다년초의 식용 구경(球莖). 구약나물이라고도 한다. 베트남 원산으로 남부지방에서 재배한다. 우리나라에는 중국을 거쳐 들어온 듯하나 확실한 연대는 알 수 없으며, 곤약을 애용하는 일본에는 1,400여 년 전에 의약용으로 우리나라에서 전래되었다고 한다. 구경(알줄기)으로부터 곤약이라는 식품의 가공법을 일본에서 개발하였고 그 후 식품으로 널리 이용하기에 이르렀다. 곤약을 가공하려면 심어서 3년 된 지하경을 원료로 한다. 곤약감자를 썰어서 말려 가루를 낸 후, 주성분인 글루코만난이 완전히 팽창할 때까지 풀을 쑤어 석회수를 가해 가열 응고시킨다. 이것을 냉수 중에 담가 두면 단백질과 석회가 녹아나오고 알칼리의 잡맛도 없어진다. 곤약감자의 성분은 수분 75~83%, 탄수화물 11~14%, 단백질 2~4.5%인데 탄수화물의 주성분은 글루코만난이다. 제품이 된 곤약의 성분은 수분 97%, 글루코만난 2.3% 가량이다. 글루코만난은 만노오스와 포도당이 2:1의 비율로 결합한 것으로, 소화 흡수가 안 되어 열량은 거의 없다. 정장작용이 크기 때문에 변비증인 사람에게는 매우 좋은 식품으로 위에서 소화되지 않고 창자에 부드러운 자극을 주게 되므로 배에 통증을 주지 않고 배설을 돕는다.

양고기(**mutton**) 생후 1년 7개월 이상 되고 체중 45~50kg 정도 되었을 때의 양고기. 양은 가장 역사가 오래된 가축으로 B.C. 7천 년경부터 아시아의 서부 고원지대와 중앙아시아에서 길렀으며 우리나라에서는 백제 때부터 사육한 것으로 알려졌다. 양고기는 섬유질이 연하므로 돼지고기의 대용으로 사용되지만 특유한 냄새가 난다. 육색은 선홍색 내지 벽돌색으로 쇠고기보다 엷으나 돼지고기보다는 진하다. 지방은 백색으로 피하나 신장 주변에 많고, 근육 내 지방 함량도 소와 돼지에 비해 상당히 많은 편이다. 스테아르산의 함량이 많아 융점이 44~55℃로 높은 편으로 입 안에서 녹기 어려워 차가운 음식에는 부적당하다. 냄새를 없애는 데는 생강, 마늘, 파, 후춧가루, 카레가루, 포도주, 민트 소스 등이 사용되며 끓는 물로 1번 데쳐도 된다. 생후 10개월 미만, 체중 30~35kg 이하의 어린양고기(lamb)는 육질이 섬세하고 연하며 육색도 연한 붉은색으로 나쁜 냄새가 없고, 풍미가 좋아 칭기즈칸 요리나 로스구이 등에 사용되는 고급 식품으로 취급되고 있어 어린양고기의 생산과 소비가 늘어나고 있는 추세이다. 양고기 요리로는 칭기즈칸 요리, 바비큐, 불고기, 스튜 등이 좋다. 또 점착력이 강하므로 햄, 소시지의 결합제로서도 널리 사용된다. 고기 빛깔이 밝고 광택이 있으며 지방질이 적당히 섞인 백색의 것이 좋다.

양기름(mutton tallow) 양이나 염소의 지육에서 얻은 지방. 쇠기름과 지방산 조성은 매우 비슷하나 쇠기름 보다 약간 많은 포화지방산을 함유하여 융점은 45~55℃이다. 식용으로나 비누의 원료로 쓰인다.

양미리(sand-lance) 큰가시고기목 양미리과의 바닷물고기. 학명은 *Hypoptychus dybowskii* Steindachner. 겉모양은 까나리와 비슷하며, 몸은 가늘고 길며 옆으로 납작하다. 몸길이 약 9cm이며, 등쪽은 갈색이며 배쪽은 은백색이다. 산란기는 4~7월이며 연안의 약간 깊은 곳에서 무리를 지어 서식한다. 우리나라, 일본, 사할린섬, 오호츠크해 등에 분포한다.

양배추(cabbage) 십자화과에 속하는 한해 또는 두해살이식물. 학명은 *Brassica oleracea* L. *var capitata.* 원산지는 지중해 연안과 소아시아이다. 품종은 색에 따라 보통 양배추와 자색 양배추로 구분한다. 수산을 함유하지 않아서 칼슘 급원으로서 가치가 높다. 양배추의 잎에는 비타민 A와 비타민 C가 많은데 녹색 부위에는 흰색 부위에 비해 2배의 비타민 C가 함유되어 있다. 단백질의 양은 적으나 필수 아미노산인 리신이 많다. 혈액을 응고시키는 작용을 하는 비타민 K와 항궤양 성분인 비타민 U가 많아 위염, 위궤양에 좋으며, 섬유소가 많아 변비 예방에 좋다. 탄수화물은 포도당이 가장 많다. 양배추 단백질의 아미노산 조성은 글루탐산, 리신, 프롤린이 높다. 양배추에는 겨자유가 들어 있어 매운맛을 낸다. 겨자유의 주성분인 알릴이소티오시아네이트(allylisothiocyanate)는 썰거나 다질 때 기질인 글루코시놀레이트(glucosinolate)에 효소인 미로시나아제(myrosinase)가 작용하면서 생성된다. 이 성분은 함황화합물로 오래 가열하면 불쾌한 냄새가 생기나 뚜껑을 열어 놓으면 휘발되어 날아간다. 신선한 양배추는 샐러드로 많이 이용하고, 식초나 소금에 절임(피클, sauerkraut), 김치, 쌈, 찜, 스프, 양배추롤 등에 이용한다. 좋은 양배추는 모양이 둥글고 겉잎이 녹색이고 보기에 비해 무거우면서 속이 꽉 찬 것으로, 잘랐을 때 치밀하게 안이 차 있는 것이 좋다.

양상추(lettuce) 국화과에 속하는 한해 또는 두해살이식물. 학명은 *Lactuca sativa* var. *capitata.* 결구상추 또는 통상추라고도 한다. 유럽 남부와 서아시아가 원산지이며, 유럽과 미국에서 오래 전부터 샐러드용으로 재배하였다. 우리나라에서는 해방 이후 미군납용으로 재배하면서 널리 퍼졌다. 품종은 크리습 헤드(Crisp head)와 버터 헤드(Butter head)가 있다. 크리습 헤드는 현재 가장 많이 재배되는 종류로 결구형이고 잎은 가장자리가 깊이 패어 있고 큰 물결 모양을 이룬다. 버터 헤드는 반결구이고 잎모양은 길고 배추 같은 모양이다. 유럽에서 주로 재배한다. 수분이 전체의 95.8%를 차지하고, 그 밖에 탄수화물 2.3%, 단백질 0.9%, 조섬유 0.5%, 비타민 C가 7mg% 들어 있으며, 열량은 11kcal이다. 양상추의 쓴맛은 락투세린(lactucerin)과 락투신(lactucin)이라는 알칼로이드 때문인데, 이것은 최면, 진통 효과를 나타낸다. 양상추는 조직이 매우 연하고 부드러워 씻은 후 손으로 적당한 크기로 잘라 샐러드에 많이 이용한다. 좋은 양상추는 모양이 구형에 가까울수록 좋고, 세로로 긴 것이나 옆으로 긴 것은 좋지 않다. 밑둥의 크기는 동전 크기 정도가 적당하고 너무 큰 것은 좋지 않다. 또한 색은 겉잎이 짙은 녹색일수록 신선하다.

양송이버섯(洋松鷺, mushroom) 담자균류 주름버섯목 주름버섯과의 버섯. 학명은 *Agaricus bisporus* Sing. 원산지는 유럽으로 서양송이 또는 머시룸이라고도 한다. 퇴비 위에 종균을 접종하여 인공재배하며, 갓은 5~12cm이고 둥글며, 색은 흰색, 크림색, 갈색이 있으나 우리나라에서는 흰색을 재배한다. 양송이는 살이 두꺼우며, 향기는 송이보다 못하나 매우 연하고 감칠맛이 많다. 단백질과 무기질이 풍부하며 섬유질은 극히 적다. 티아민, 리보플라빈, 나이아신(niacin), 에르고스테롤(ergosterol) 등을 함유하고 있으며 소화효소가 들어 있어 음식물의 소화를 돕는다. 양송이는 티로시나아제(tyrosinase)가 풍부하여 공기 중에 방치해 두면 산화되어 암갈색이 된다. 향기 성분은 주로 렌티오닌(lenthionine)이다. 수프, 샐러드 등 다양하게 이용되며 생으로 또는 통조림으로 가공하여 이용한다.

양젖(羊乳, **sheep milk**) 양의 젖. 양유(羊乳)라고도 한다. 성분조성은 수분 82.8%, 지방 6.1%, 단백질 5.4%, 유당 4.7%, 회분 0.9%로 단백질과 지방 함량이 우유의 약 2배이다. 양젖은 중동 지방 등에서 널리 음용하는 유즙이다. 프랑스의 로크포르(Roquefort) 지방에서 만드는 로크포르 치즈는 양젖을 원료로 한 유명한 치즈이다.

양조간장 공장에서 생산하는 개량식 간장. 미생물이 분비하는 효소에 의해 단백질을 장시간에 걸쳐 분해시킨 것으로 성분은 질소 0.6~0.9%, 염도 19%, 당분1%, 고형물 9%를 함유한다.

양조식초(**brewing vinegar**) 초산 발효를 시켜서 만드는 식초. 원료는 곡류, 과일, 술지게미 등이다. 곡류 등의 전분질 원료는 당화시킨 후에 효모에 의하여 알코올 발효를 시키고, 이어 초산발효를 시킨다. 과일류 · 당밀 등은 알코올 발효와 초산 발효, 주류 등의 알코올 함유 원료는 초산 발효만 시킨다.

양측검정(**two-side test**) 대립가설이 부등식의 관계를 가지고 있고 검정의 기각역이 채택역의 양쪽에 있는 경우. 양쪽 검정이라고도 하며 검정 통계량의 값이 양쪽 중 어느 한 기각역에 위치하면 귀무가설을 기각하고 대립가설을 채택한다. ☞ 단측검정

양파(**onion**) 백합과(liliaceae)에 속하는 다년생 식물. 학명은 *Allium cepa* L.. 한자명은 옥총(玉葱), 양총(洋葱)이다. 원산지는 지중해 또는 중앙아시아 지역으로 재배역사는 4천 년이 넘지만 우리나라에서는 조선 말엽 미국과 일본에서 전해졌다. 국내 주산지는 전남 무안이며 6월경에 수확한다. 양파의 잎과 줄기의 전체 높이는 50~100cm에 이르며 식용부위는 지하의 비늘줄기가 비대해진 것으로 구형 또는 편구형으로 무게는 150~200g이다. 껍질의 색은 백색, 황갈색, 자색이 있다. 성분으로는 수분이 90.1%, 탄수화물은 8.0%, 단백질은 1.0%, 무기질 0.4% 함유되어 있다. 비타민 중에서 티아민, 리보플라빈이 풍부하다. 성숙함에 따라 포도당과 설탕의 양이 증가하여 단맛이 증가한다. 양파의 매운맛 성분은 마늘과 유사하게 알리인이 알리이나아제(alliinase)에 의해 분해되어 생성된 티오설피네이트(thiosufinate)에 기인되는데 주로 프로필(propyl), 프로페닐(propenyl) 티오설피네이트이다. 최루 성분은 티오프로판알(thiopropanal)인데 이들 성분은 수용성이므로 물로 씻거나 물에 담그면 제거된다. 가열한 양파는 단맛이 증가하는데 이는 프로필디설파이드(propyldisulfide)가 분해되어서 프로필메르캅탄(propylmercaptan)으로 되는데 이 물질은 설탕의 50~60배의 단맛을 나타낸다. 양파에 들어 있는 케르세틴(quercetin)은 알칼리성에서 황색으로 변하는 플라본(flavone) 색소로 고혈압 예방에 좋다. 양파는 튀김, 수프, 소스, 고기요리, 생선요리, 스파게티 미트 소스 등 요리의 주, 부재료 또는 향신료로서 다양하게 이용된다. 특히, 육류나 생선요리에서 냄새를 없애기 위해 많이 이용된다. 껍질의 색이 자색인 것은 매운맛이 적어 단양파라고도 하며, 샐러드나 샌드위치 등에 넣어 먹는다. 중국에서는 생양파를 요리에 곁들여 먹기도 한다. 식품가공 원료로서는 소스류의 제조에 반드시 필요하다. 양파는 흠이 없고 만져 봐서 육질이 단단하고 탄력이 있으며, 공같이 둥근 것이 맛도 좋고 저장성도 좋다.

어간장 생선이나 생선 내장을 원료로 하며, 자체 효소에 의해 분해, 숙성시킨 간장.

어류단백질농축물(**fish protein concentrate, FPC**) 어류 단백질을 추출, 농축하여 가공한 것. 고기를 찐 후 마쇄하여 다시 압착하고 수분과 일부 지방산을 제거한 후 isoprapanol, 아세톤 등으로 단백질을 추출한 다음 추출한 용매를 제거하여

만든 것이다. 현재 가축의 사료로 많이 사용되고 있으며 인간의 미래단백질식량으로 기대되고 있다.

어리굴젓 생굴에 소금과 고춧가루를 버무려 담근 젓갈. 서산, 당진, 예산, 간월도가 유명한데 특히 간월도에서 생산된 것은 왕에게 올리는 진상품으로 쓰였다고 한다. 지역에 따라 만드는 방법이 조금씩 차이가 있는데 서산 지역에서는 고춧가루와 조밥을 섞어서 담고 예산 지역에서는 설탕과 멸치젓국, 채썬 배, 생강, 파를 넣는다.

어유(魚油, fish oil) 어류에서 채취한 건성유(乾性油). 주로 명태, 대구, 오징어, 꽁치, 정어리, 고등어 등에서 채유하는데 어류의 내장에서 채유한 기름을 어간유라 하며, 특히 비타민 A가 풍부하여 간유구를 만드는 원료로 쓰인다. 어유에는 고도 불포화지방산인 DHA, EPA 등을 함유하고 있는데 이들 물질은 뇌세포 구성 성분일 뿐만 아니라 순환기계 질환(심장병, 고혈압, 동맥경화 등)의 예방과 치료에 좋다. 그러나 공기 중에서 쉽게 산화 분해되어 알데히드, 케톤 등이 생성되어 산패악취의 원인이 되기도 한다. 상어 간유에는 불포화 탄화수소인 스쿠알렌(squalene)이 많이 함유되어 있는데 이것은 스테로이드(steroid) 화합물의 전구물질로 알려져 있으며, 심해에서 상어가 활동하는 데 필요로 하는 고열량을 내는 에너지 물질이다. ☞ 간유, 스쿠알렌

어육장(魚肉醬) 육류와 어패류를 섞어서 간장 · 소금 · 생강 등으로 담근 장.

에루크산(erucic acid) 22개의 탄소원자의 사슬 구조 중에 13번째 탄소와 14번째 탄소 사이에 이중결합이 1개 존재하는 단일 불포화지방산. 유채유에 50% 이상 다량 함유되어 있으며, 실험동물에 투여하면 번식 및 심장 장애를 보이기 때문에 캐나다 산의 유채는 에루크산이 적은 품종으로 개량 생산하는데 이를 카놀라유(canola oil)라고 한다. ☞ 유채유

에르고스테롤(ergosterol) 식물계에 존재하는 스테롤로서 유도지질의 하나. 맥각(ergot)의 스테롤이란 어원을 갖는다. 효모, 표고버섯에 많이 함유되어 있다. 프로비타민 D로서 자외선을 받으면 비타민 D_2(에르고칼시페롤)로 바뀐다.

에멘탈 치즈(Emmenthal cheese) 크림을 혼합하여 세균으로 숙성시킨 스위스 에멘탈 지방이 원산지인 경질 치즈. 미국에서는 미국산 에멘탈 치즈를 스위스라 부르고, 스위스산을 스위철란드 스위스(Swizerland Swiss)라고 구별해서 부른다. 지름 1m, 무게 100kg의 원반형이며 호두맛이 난다. 숙성기간은 10~12개월이며, 숙성될 때 지름 1~2cm의 구멍이 생기는 것이 특징이다. 부드럽고 담백한 맛을 내며, 이탈리아의 폰티나, 프랑스의 그뤼예르 등이 비슷한 맛을 가진 치즈 종류이다. 가루상태일 때 녹는 속도가 빠르다. 쇠고기, 생선에 뿌려 로스트 요리를 할 때 많이 쓰이며, 소스에 넣기도 한다. ☞ 치즈

에스테라아제(esterase) 에스테르 결합을 가수분해하는 효소. 작용하는 효소의 기질특이성에 따라 카르복시산에스테르 가수분해효소, 티오에스테르 가수분해효소, 인산모노에스테르 가수분해효소, 인산 에스테르 가수분해효소, 황산에스테르 가수분해효소 등으로 분류할 수 있다. 카르복시에스테르 가수분해효소는 카르복시산에스테르를 카르복시산과 알코올로 분해하며 알릴에스테르 가수분해효소는 카르복시산과 페놀의 에스테르를 가수분해한다. 리파아제는 트리글리세리드를 가수분해해서 지방산과 글리세린으로 만들며 포스포리파아제 A 및 B는 인지질에서 지방산을 방출한다.

에스프레소 커피(espresso coffee) 커피를 완전히 가루로 분쇄하여 에스프레소 커피 주전자에서 여과한 후 크림을 넣지 않고 설탕, 레몬과 같이 마시는 커피. 유럽과 미국에서 많이 이용되고 있다.

에이드(ade) 과일즙에 설탕 시럽과 물을 탄 것. 레모네이드가 대표적이다.

ABC 관리방식(ABC inventory method) 디커(H. Ford Dickie, 1951)에 의해 개발된 것으로 구매물품의 품목가치, 소요량(또는 사용액)및 재고투자금액에 따라 A, B, C등급으로 구분하여 구매 및 재고물품의 중요도나 가치에 따라 차등적으로 관리하는 재고관리 방식. 재고물품을 그룹별로 분류화하는 목적은 물품의 중요도에 따라 적절한 통제를 하기 위함이며, 분류방식은

다수의 물품보다는 소수의 중요물품을 중점관리하고 중요도의 구분은 파레토 분석(pareto analysis) 곡선을 활용하게 된다. ☞ 파레토 분석

ATP 광측정(ATP photometry) 살아있는 미생물의 세포는 모두 일정량의 ATP를 가지고 있다는 사실을 이용한 신속·간편 미생물 측정방법. ATP에 기질(substrate)과 효소(luciferase)를 첨가하게 되면 화학반응이 일어나며 빛이 발생하는 원리를 이용하여 식품이나 식품가공 환경에 오염되어 있는 미생물의 수를 측정하는 방법이다. 위 방법은 신선한 육류나 우유의 위생상태 측정, 종균의 활성 측정, UHT우유의 멸균상태 등을 측정하는데 효과적이며 특히 식품가공 시설 및 설비에 대한 실시간 모니터링에 활용되고 있다.

에피카테킨 갈레이트(epicatechin gallate) 차잎에 들어 있는 떫은 성분. ☞ 탄닌

엑소톡신(exotoxin) 세균이 증식하면서 독소를 생성해 밖으로 내보내는 것. 생균의 섭취와는 상관없이 그 독소가 오염된 식품을 사람이 섭취하게 되면 식중독에 걸리게 된다. 이런 종류의 식중독을 독소형 식중독이라고 한다. 식중독의 증상은 독소가 몸속에 들어가는 즉시 나타나게 된다.

엑스텐시그래프(extensigraph) 밀가루 반죽의 신장성을 측정하는 기계. 엑스텐소그래프(extenso-graph)라고도 한다. 밀가루의 개량제 효과를 측정할 수 있으며, 측정방법은 밀가루 반죽이 수직방향으로 힘을 가하여 반죽이 끊어질 때까지 늘렸을 때 소요되는 힘과 신장되는 정도와의 관계를 표시한다. 엑스텐시그래프는 밀가루 반죽의 매우 적은 물리적 성질의 변화를 측정하고 기록할 수 있기 때문에 밀가루반죽의 물리적 성질 연구에 널리 세계적으로 사용되고 있다. 단, 이 기계에 의해서 얻은 값을 점성, 탄성 등의 기본적인 물리적 성질로 변환할 수 없는 것이 결점이다. ☞ 신장성

엔도톡신(endotoxin) 세균들이 대사산물로 생성해 내는데 일부 인체에 해로운 독소의 하나. 세균 내에 생성되며 세균이 장내에서 사멸하기 전까지는 세포 밖으로 나오지 않는다. 그렇기 때문에 이런 종류의 세균에 감염된 사람은 어느 정도 시간이 지나 침입한 세균이 사멸하여야 증상이 나타난다. 보통 감염형 식중독 세균들이 이에 해당한다.

엔테로톡신(enterotoxin) 황색포도상구균이나 웰치균이 식품 속에서 번식한 경우에 생산하는 장독소(腸毒素). 이들 균들이 식품 내에 증식하여 경구적으로 섭취된 후 장관 내에서 증식하여 균체 내에 엔테로톡신을 생산하여 장관점막에 작용하여 구토, 설사 등의 식중독을 일으키는 독소이다.

엘라스틴(elastin) 인대, 폐조직, 혈관벽에 존재하는 결합조직 단백질로서 탄력성과 복원성이 있는 경단백질. 빠르게 성장하는 연령 동안에 대부분 합성되는 단백질이며, 리신 함량이 높다. 성장기의 아동은 성인에 비해 리신의 필요량은 높다. 물, 염류용액에 불용성이며, 삶아도 연화되지 않기 때문에 이것을 함유하는 고기는 식품의 가치가 낮아진다.

여과멸균(濾過滅菌, filter sterilization) 가열할 수 없는 액체로부터 균세포를 제거하는 방법으로 지름 0.5㎛ 이하의 여과기를 통과시켜 살균하는 방법. 여과 전의 액체 중에 바이러스 입자가 존재하지 않으면 여과로서 멸균상태를 만들 수 있다.

여름단무지 일본식 무짠지. 무에 소금을 넣고 눌러 절여 속성으로 담는 것. 여름에 생무를 소금과 소량의 쌀겨에 2~3일간 절여 조직이 부드러워지면 쌀겨·소금·감미료·착색료를 섞어 만든 쌀겨소금에 다시 담가 1주일가량 두었다가 먹는다. 단기간에 소금 절임하여 만든 것이므로 신선한 맛이 있다. 최근에는 감미료나 글루탐산나트륨·유기산·착색료, 기타의 첨가물을 섞어 만든 조미액에 무를 담갔다가 폴리에틸렌 주머니에 넣어 살균한 공장제품이 시판되고 있다. 주로 우리나라에서 시판되는 것으로 주로 김밥의 속재료나 라면, 우동 등의 부식으로 곁들인다.

여름밀감(summer orange) 운향과의 상록 소교목의 열매로 봄부터 초여름에 나는 감귤류의 일종. 학명은 *Citrus natsudaidai* Hayata. 일본이 원산이다. 모양은 지름 10~15cm의 편구형이고 껍질은 담황색이고 두껍고 거칠며 얇은

ㅇ

골이 나 있다. 가을에 익지만, 나무에서 따지 않으면 다음해 여름에 먹을 수 있기 때문에 여름밀감이라고 불린다. 과육은 즙이 많고 신맛이 강하다. 비타민 C가 많으며 쓴맛은 나린진(naringin)에 기인된다. 헤스페리딘이 있어 고혈압 예방에 좋다. 생과 또는 과즙으로 이용한다. 젤리 · 주스 · 과일주 · 통조림 · 마멀레이드 등을 만들고, 시트르산의 원료가 되기도 한다.

여지(荔枝) ☞ 리치

역학(**epidemiology**) 인구집단에서의 어떤 요인에의 노출과 질병의 발생, 전파 및 통제의 제반 연구 활동을 포함하는 학문 영역. 역학은 공중보건연구의 중요한 방법론으로 질병위해요인을 규명하고 임상적으로 적절한 처치를 할 수 있도록 하는데 중요한 역할을 하고 있다.

역치(閾値, **threshold value**) 감각적으로 차이를 느끼기 위해서 넘지 않으면 안 되는 최소자극량. 한계값이라고도 한다. 감각의 연구에 있어서 역치의 측정은 기초적으로 중요하며, 그 종류로는 최소감각량, 최소감별량, 최소감미량, 한계감미량 등이 있다. ① **최소감각량**–무감각에서 유감각으로 감각이 발생하는 최소자극량. 절대한계값이라고도 한다. 예를 들어 식염의 수용액은 어떤 농도 이하에서는 짠맛이 아닌 약간 단맛으로 느껴지는데 이와 같이 단순히 맛이 감지되기 시작한 최소의 농도를 최소감각량이라 한다. ② **최소감별량**–어떤 자극 특성에 대하여 서로 다른 2개의 자극을 제공하였을 때 양자의 차이가 식별 가능한 최저량의 차이. 즉 어떤 크기의 자극 R이 R+△R로 변화했을 때 처음 그 차이를 느꼈다면 이 최소의 자극의 변화 △R이 R에 있어서의 최소감별량이라 한다. 또한 이것은 겨우 구별할 수 있는 자극의 차이라는 의미에서 차이식별 최소감별량(just noticeable difference, JND)라고 하기도 한다. ③ **최소감미량**–어떤 자극 특성에 대하여 고유한 특성을 느낄 수 있는 최소 농도. 감지한계값이라고도 한다. 예를 들어 식염의 수용액이 짜다고 느껴지기 위해서는 어떤 농도 이상이 되지 않으면 안 된다. 이런 농도는 개인이나 테스트의 조건에 따라서도 다르지만 일정 조건에서 다수의 사람들이 맛보았을 때 반수의 사람이 짜다고 느끼는 농도를 역치로 한다. 즉 자극반응의 출현율이 50%가 되는 값을 말한다. 4원미의 최소감미량은 단맛 0.5%(설탕), 짠맛 0.2%(소금), 신맛 0.0012%(초산), 쓴맛 0.006%(카페인)의 값을 가지며 단맛, 짠맛의 최소감미량은 큰 데 비해 신맛, 쓴맛은 작다. 일반적으로 최소감미량이 작다는 것은 농도를 희석해도 그 맛을 느낀다는 것으로 맛이 잘 유지된다는 것을 뜻한다. ④ **한계감미량**–자극에 대해 감지된 특성강도가 더 이상 증가되지 않는 자극의 크기.

연근(蓮根, **Indian lotus root**) 수련과 다년생 식물인 연의 뿌리. 학명은 *Nelumbo nucifera* Gaertn. 회백색으로 길고 뚜렷한 마디가 있다. 잎은 둥글고 물위에 높이 나와 있으며, 표면에 소돌기와 왁스질의 분비가 있어서 물에 안 젖는다. 원산지는 인도와 이집트이다. 가을과 겨울에 수확하며, 성분으로는 수분 80.2%, 탄수화물은 15.6%로 대부분이 전분이며, 지방은 0.2%, 단백질은 2.1% 함유되어 있다. 비타민 C는 57mg% 함유되어 있으며 비타민 B_{12}가 많아 빈혈에 좋다. 연근은 껍질을 벗기거나 잘랐을 때 갈색에서 흑색으로 변하는데 이같은 현상은 연근에 함유된 탄닌(tannin)계의 폴리페놀(polyphenol) 화합물이 갈변효소의 작용에 의해 산화되기 때문인데, 이를 방지하려면 식초를 이용하는 것이 좋다. 연근을 식초물에 담가두면 변색되지 않을 뿐 아니라 아삭아삭하고 떫은맛도 제거되며 향미가 좋아진다. 조리법으로는 소금이나 간장, 설탕과 함께 졸이거나, 튀김, 설탕에 졸인 정과 등으로 이용한다. 아삭아삭한 연근 조림을 만들려면 식초물에 데친 후 식초, 설탕, 소금이나 간장 등으로 졸이면 좋다. 건조시켜 분말제조나 전분제조에 이용된다. 연근 전분(우분)은 단독으로 또는 쌀을 섞어 끓여 죽을 만든다. 사용하지 않은 연근을 보관할 때는 신문지에 물을 조금 적신 다음, 잘 싸서 비닐봉지에 담아 냉장고에 넣는다. 좋은 연근은 모양이 길고 굵으며, 휘거나 건조되지 않고 무거우며, 잘랐을 때 속이 희고 부드러운 것이다.

연마(硏磨, **polishing**) 절삭작용에 의하여 곡립의 조직을 분할하는데, 절삭작용의 단위가 적은 조작. 절삭작용의 단위가 클 때는 연삭이라고 한다. 연마는 뜻이 광범위하여, 연마숫돌에 의한 연삭(硏削)도 이에 포함되기도 한다. 이 경우, 연마된 면이나 연마 부스러기 본래의 재질 조직이 그대로 남아 있다. 본래의 조직이 그대로 남지 않고 망그러지는 경우 이것을 탁마(琢磨)라고 하는데, 유리면의 연마작업이 이에 속한다. 탁마작업용 기계로는 래핑 머신, 호닝 머신 등이 있다. 표면을 문질렀을 때, 연삭도 아니고 탁마도 아닌 경우가 있는데, 이것을 연마라고 할 때도 있다. 따라서 연마라고 했을 경우에는 연삭, 탁마, 연마를 포함해서 말할 때와 좁은 뜻의 연마를 말할 때가 있다.

연상오차(聯想誤差, association error) 과거의 인상을 반복하는 경향으로, 자극에 대한 반응이 과거 연상 때문에 감소하거나 증가하는 현상으로 인한 오차.

연소(燃燒, combustion) 빛, 열, 화기를 발생하는 가연물의 산화반응. 가스, 목탄 등은 연소함에 따라 열을 발생하므로 가열 조리의 열원으로서 이용된다. 격렬한 연소에 의해 기체의 팽창과 높은 열의 발생이 단시간에 일어나는 현상이 폭발이다. 연소가 일어나기 위해서는 연소하는 물질이 있어야 하며 공기(산소)가 있어야 하고, 착화온도까지 가열되어야 한다. 그 외에 연소 생성물인 이산화탄소의 제거, 연소에 필요한 공간이 있어야 한다. 넓은 의미에선 빛이나 화재를 동반하지 않는 산화, 분해반응도 연소라고 하기도 한다. 체내에서 연소물질(칼로리 원으로서의 음식물)이 분해, 이용되는 현상은 이런 의미의 연소이다.

연어(salmon) 연어목 연어과의 한대성 회유어. 『신증동국여지승람』, 『세종실록지리지』, 『난호어목지』에서는 年魚 또는 連魚라고도 적었다. 『전어지』에서는 계어(季魚)라 하였다. 민물에서 산란하고 바다에서 성장한다. 산란기(9~1월)에는 태어난 하천으로 거슬러 올라와서 개울바닥의 모래에 구멍을 뚫고 약 3천개의 알을 낳는다. 우리나라 동해, 일본, 오호츠크해, 북아메리카 서부 등에 분포하며, 몸은 비교적 가늘고 긴 원통형으로 몸길이는 약 70cm이며 등쪽은 남회색, 배쪽은 은백색을 띠는데 산란기에는 적자색의 붉은 반점이 나타난다. 연어는 늦가을에 특히 하천으로 산란하기 위해 올라왔을 때 가장 맛이 좋아서 횟감으로 많이 쓰인다. 내장 손질 후 용도에 맞게 잘라서 −35℃로 급랭하여 저장한다. 연어의 살 색깔은 홍색을 띠는데 이와 같은 근육색소는 가다랑어나 정어리 등과는 전혀 다른 지용성의 카로티노이드의 일종인 아스타잔틴(astaxanthin)이다. 이 색소는 가열하여도 변화되지 않으므로 연어는 가열조리하더라도 아름다운 색깔을 그대로 유지할 수 있다. 연어의 살은 흰살 생선에 비해서 지방이 많고 비타민 A, D, B_1, B_2 등이 풍부하다. 알은 생선초밥용으로 이용되며 콜레스테롤 함유량이 높지만 콜레스테롤 저하작용이 있는 다가불포화지방산도 많다. 소금구이용은 손질할 때 미리 밑간을 해두고 구울 때는 속이 살짝 덜 익은 상태가 되도록 해야 육즙이 빠지지 않아서 부드럽고 구수한 맛을 느낄 수가 있다. 조선시대에는 건연어나 염연어 등으로 가공하였고 알은 젓갈로 만들어 먹었다. 오늘날에는 훈제품이 인기가 있다.

연유(練乳, condensed milk) 우유를 감압 하에서 수분을 증발시켜 1/2~1/3 정도로 농축시킨 것. 가당연유, 무당연유, 전지연유, 탈지연유가 있다. 탈지연유는 탈지우유를 농축한 것이다. 연유는 실온에서도 장기간 보존할 수 있다. 연유는 과거에는 어린이용으로 이용되었으나, 오늘날에는 주로 제과, 아이스크림 원료에 많이 사용된다.

연육제(meat tenderizer) 고기에 단백질 분해효소를 가해주어 단백질 분해를 촉진함으로써 식육의 질감을 부드럽게 만드는 물질. 효소들 중에서 가장 일반적인 것은 파파야에서 얻은 효소와 염의 혼합물인 파파인(papain)과 곰팡이에서 얻어지는 프로테아제(protease)가 있다. 파파인은 상온에서는 거의 효과가 없으며 55℃에서 활성이 급증하여 80℃까지 작용이 계속되나 85℃ 이상에서는 불활성화되어 작용이 정지된다. 파파인은 근원섬유를 둘러싸고 있는 살코레마(sarcolemma)를 파괴하고 악토미오신(actomyosin)과 콜라겐을 가수분해하여 연화시킨다. 파파인 이외에도 파인애플에 함유되어 있는 브로멜라인(bromelain), 무화과의 피신(ficin), 키위 효소 등의 연화작용도 밝혀져 있다. 우리나라에서는 예부터 배와 무를 고기의 연화목적으로 사용해 오고 있다.

연질밀(soft wheat) 주로 케이크, 쿠키, 크래커 등의 제과용으로 사용되는 박력분의 원료가 되는 밀. 단백질 함량은 9% 이하로 낮고, 배유조직의 전분과 단백질의 결합력이 약해 배유를 손가락으로 으깨면 간단히 가루가 되기 때문에 연질밀이라는 이름이 붙었다. 겨울파종이 많으며, 알갱이의 빛깔은 엷은 황백색·적갈색 등의 종류가 있다. 미국의 웨스턴화이트는 백색이다.

연체동물(mollusca) 동물계에서 절지동물문(節肢動物門) 다음으로 많은 종(種)을 포함하는 동물문. 현생종이 약 11만 2천 종, 화석종(化石種)이 약 3만 5천 종 있다. 연체동물문에는 군부, 뿔조개, 달팽이, 민달팽이, 군수, 조개, 굴, 오징어, 문어, 앵무조개 등이 포함된다. 이 문에 속하는 동물은 체제와 크기 등이 다양한데, 80% 이상은 크기가 5cm 이내이다. 그러나 아주 큰 종도 있어서 대서양에 사는 대왕오징어(*Architeuthis harveyi*)는 촉완(觸腕)을 합친 전체 길이가 약 15m에 달한다.

열(熱, heat) 분자의 운동 에너지의 일종. 가열조리는 조리 중에서 가장 중요한 위치를 차지하며, 조리(cook)라고 하는 말은 일반적으로 가열 조리하는 것을 가리키는 경우가 많다. 적절한 가열은 조리된 음식의 품질에 큰 영향을 미친다. 가열에 의해 전분을 호화하고, 단백질을 열변성시키고, 소화성을 증가시키고, 조직감을 좋게 해주며, 음식물의 색·맛·향에 변화를 일으킨다. 하나의 물체 또는 계 중에 고온부와 저온부가 있을 때, 고온 쪽에서부터 저온 쪽으로 열이 이동한다. 열의 이동방법으로는 전도, 대류, 복사의 3가지가 있다. 가열조리에서 조림, 찜, 튀김에는 주로 대류, 전도의 방법으로, 구이에서는 복사, 대류, 전도의 방법으로 열이 전달된다고 할 수 있다. 이들은 열원, 열매체, 음식물의 종류 등에 따라 다르나 비열, 밀도, 형상, 온도상태, 점성율, 열전도율, 온도전도율 등에 의해 영향을 받는다.

열량의 단위(熱量의 單位, calorie unit) 물체 중에서 열이 증가 혹은 감소하는 것을 양으로서 나타낸 것. 열량의 단위로서 칼로리(calorie), 줄(joule), Btu 등이 이용된다. CGS 단위를 사용하는 나라에서는 칼로리가 사용된다. 순수한 물 1g을 1기압 하에서 1℃ 상승시키는 데 필요한 열량을 1cal라고 하며 이것의 1000배를 1kcal라고 한다. 엄밀하게 말하면 물의 비열은 온도에 따라 다소 차이가 있지만 대략 각 온도에서 1cal/g℃라고 한다. 1J은 0.239cal이고, 1kcal는 4.184kJ이다. 야드, 파운드계 단위를 사용하는 나라에서는 열량의 단위로 Btu를 사용한다. 60°F의 순수한 물 1파운드의 온도를 1기압에서 1°F 올리는 데 필요한 열량을 1Btu라고 한다. 10^5Btu를 1therm이라고 한다. 1Btu는 CGS단위로 환산하면 0.252kcal이다.

열방사(熱放射, thermal radiation) 물질을 구성하는 원자의 집단이 열에 의해서 들뜨게 되어, 그 결과 전자기파를 복사하는 현상. 온도복사·열복사라고도 한다. 열방사의 크기는 물체의 종류와 온도에 따라서 결정되며 온도가 높을수록 커진다. ☞ 복사

열변성(熱變性, heat denaturation) 가열에 의해 식품성분의 구조가 변하는 현상. 그 한 예로 단백질을 가열할 때 3차원의 구조가 풀어져 변성되는 현상이다. 단백질의 1차 구조인 아미노산 결합 순서는 변하지 않고 2차, 3차 구조를 이루는 데 관여하는 결합이 깨져서 3차원의 구조가 바뀌게 된다.

열용량(熱容量, heat capacity) 어떤 물질의 온도를 1℃ 높이는 데 필요한 열에너지. 단위는 cal/deg로 표시한다. 여러 가지 물질을 가열할 때 같은 온도만큼 상승시키는 데 필요한 열량은 각각의 물질에 따라 다르다. 열용량은 물체의 질량과 비열에 비례한다. 물체의 질량을 m, 비열을 c라고 하면 열용량은 mc로 표시된다. 열용량 mc인 물체의 온도를 t℃만큼 높이기 위해서는 Q=mct의 열량을 필요로 한다. 열용량이 큰 물질은 데우기도 어렵고 식히기도 어렵다. 역으

로 열용량이 작은 물체는 데우기도 쉽고 식히기도 쉽다.

열전대(熱電對, thermocouple) 서로 다른 재질로 된 두 금속선을 한 부분으로 접합시켜 접합된 부분의 온도를 측정하는 센서.

열전대온도계(thermoelectric thermometer) 열전대에 의한 열기전력을 이용하는 온도계. 원리는 열전도도가 다른 두 종류의 금속을 두 점에서 접합한 경우 접점 t1, t2의 온도가 다르게 되면 두 종의 금속 간에 열기전력이 생긴다. t1을 정온으로 유지하면, t2의 온도변화와 이에 따라 생기는 열기전력을 파악해, t2를 온도계로 이용한다. 금속의 조합으로서는 동-콘스탄탄, 백금-백금조지움 등 다수가 있다. 측정온도, 산화내성, 가격 등을 고려해서 적합한 것을 고른다.

열전도(熱傳導, heat conduction) 어떤 물체에 온도차가 있을 때 고온부로부터 저온부로 열이 흐르는 상태. 분자론적으로 말하면 고온의 분자운동 에너지가 저온의 분자운동 에너지로 전해지는 것이다. 이 에너지는 분자의 충돌, 분자력의 작용에 의해 접해 있는 분자에 전해져, 열이동이 일어나는 것이지만 현상적으로는 물체 중의 열의 흐름(熱流)이라고 취급된다. 물체 내 혹은 접해 있는 물체와의 사이에 온도가 불균일할 때, 온도는 균일하게 되려고 하므로 열의 흐름이 일어난다.

열전도율(thermal conductivity, heat conductivity) 열전도를 나타내는 척도. 열전도도라고도 한다. 열전도율이 큰 것은 열 흐름이 크고 열전도율이 작은 것은 열 흐름이 작다. 여러 가지 물질의 열전도율은 다음 표와 같다. 여러 가지 물질의 열전도율은 금속에서는 크며 은 · 동은 특히 크다. 공기 등의 기체는 매우 작고, 액체, 고분자류 등은 그 중간이다. 식품의 열전도율은 그 측정 예가 적으나 물의 열전도율과 비슷한 값이다. 열전도율은 전기의 경우와 달라 열의 완전한 절연재료가 없기 때문에 정밀한 실험을 하는 것이 상당히 어렵다. 열전도율의 단위는 cal/cm · sec · deg로 표시한다.

▲ 여러 가지 물질의 열전도열

물질 (온도℃)	열전도율 (cal/cm·sec·deg)	물질 (온도℃)	열전도율 (cal/cm·sec·deg)
은(18)	1.006	감자(40~80)	1.49× 10-3~ 1.61× 10-3
동(0)	0.962	고구마 (40~80)	1.14× 10-3~ 1.67× 10-3
알미늄(0)	0.572	플라스티롤	0.39× 10-3
철(0)	0.197	코르크단	0.106× 10-3
얼음(0)	5.3× 10-3	공기(0)	5.5× 10-5
물(30)	1.44× 10-3	공기(27)	6.3× 10-5
무(40~80)	1.41× 10-3~ 1.67× 10-3		

열팽창(熱膨脹, thermal expansion) 일반적으로 온도가 높아지면 물체의 부피가 증가하는 현상. 어떤 물체의 온도가 t_1에서 t_2로 될 때 부피가 V_1에서 V_2로 된다고 하면,

$$V_2 = V_1[1+\alpha(t_2 - t_1)]$$

변형하여

$$\alpha = \frac{V_2 - V_1}{V_1(t_1 - t_2)}$$

으로 나타낼 수 있다. α는 단위온도당 부피증가율로 체팽창률이라고 한다. 또 고체에서는 체적보다 2점간의 길이를 측정하기 쉽기 때문에 열팽창에 있어서도 길이 증가율 β를 고려한다. 물체 온도가 t_1에서 t_2로 될 때 2점간의 길이가 l_1 에서 l_2로 된다고 하면

$$l_2 = l[1+\beta(t_2 - t_1)]$$

바꾸면

$$\beta = \frac{l_2 - l_1}{l_1(t_2 - t_1)}$$

으로 나타내고 β를 선팽창률이라고 한다. 고체의 열팽창률은 보통 선팽창률 β로 나타내는데 물리적 성질이 방향에 따라 달라지지 않는 고체에서는 $\alpha=3\beta$이다. 액체에서는 α만을 생각할 수 있으며 일반적으로 고체보다 크다. 물은 변화를 보여 3.98℃에서 가장 작은 체적을 나타낸다. 기체의 열팽창은 고체, 액체에 비해 크다. 일정 압력 하에서 기체의 체적변화는 온도에 비례하며, 그 종류에 관계없이 온도 1℃ 상승하면 0℃의 체적의 1/273 씩 증가한다. 이것을 샤를의 법칙이라고 한다. 일정압력 하에서 0℃의 기체의 체적 V_0가 t℃에서 V로 팽창하면 이 관계를

$$V = V_0(1+\frac{t}{273.15}) = V_0\frac{T}{T_0}$$

로 나타낼 수 있다. 여기서

$T = t+273.15$, $T_0 = 273.15$

T는 절대온도이고 T°K라고 쓴다.

열풍건조(hot air drying) 식품을 망으로 된 건조대에 넣거나 트레이(tray)에 얹어서 건조실에 넣고 열풍으로 수분을 날려 보내는 방법. 제품의 품질이 균일하고 위생적이며 대량생산에 유리하다. 식품의 종류나 상태에 따라서 열풍의 온도, 풍속, 풍향 등을 알맞게 조절해야 한다. 통풍식과 송풍식으로 나뉘는데, 통풍식은 건조실 내에 선풍기를 설치하여 건조된 공기와 습기가 많아진 공기를 섞어서 건조에 사용하며, 가열부분이 아래나 벽면에 설치되어 있는 캐비닛형 건조기를 사용한다. 송풍식은 건조실을 터널상으로 하여 가열된 공기를 송풍장치로 외부에서 송풍하여 식품을 건조한다.

열효율(熱效率, thermal efficiency) 공급된 열 에너지에 대한 일 에너지의 비율. 열효율은 연료의 종류, 기구 및 연소조건에 따라 다르다. 어떤 경우에도 주어진 열 에너지가 100% 모두 유효하게 이용되어지는 일은 없다. 전기의 열효율은 50%를 넘지만 장작과 같이 열이용이 매우 비경제적인 것도 있다. 열효율을 높이기 위해서는 연소상태를 최적의 상태로 해야 한다. 뚜껑을 무턱대고 덮지 않는 것, 재료의 가열 조건에 적당한 기구를 이용하는 것, 여열을 이용하는 것 등에 주의하면 좋다.

▲ 연료에 따른 열효율(%)

연료	열효율	연료	열효율
전력	50~65 (전기솥)	연탄	30~40
가스	40~45	목탄	35~45
석탄	30~40	장작	25~45

염교(rakkyo, scallion) 백합과에 속하는 다년생 식물. 학명은 *Allium chinese bakeri* Regel. 락교(rakkyo)는 일본에서 부르는 명칭. 중국이 원산지이고 우리나라에는 10세기 이전에 도래했다. 주로 한국, 중국, 일본에서 자란다. 파 종류로 지하의 인경을 이용한다. 수확기는 8~9월이며, 알이 적은 것일수록 맛이 좋으며, 재배종은 흰색이고 야생종은 붉은 색이다. 주 성분은 탄수화물이 12.6%로 많고 비타민, 무기질은 적으나, 비타민 C가 많다. 부추나 파, 마늘 등과 마찬가지로 냄새의 원인이 되는 황화아릴(allyl sulfide)이 티아민의 흡수를 좋게 한다. 초절임이나 소금 절임, 간장 절임, 설탕 절임, 피클 등 절임으로 이용한다. 열대에서는 카레용으로도 이용되기도 한다.

염석(鹽析, salting out) 수용액에 무기염류 등을 가하여 용질을 석출시키는 반응. 단백질 수용액에 다량의 황산암모늄을 가하게 되면 단백질이 침전된다. 또한 식염 수용액에 염화수소가스를 통과시키면 염화나트륨이 석출되며 알코올수용액에 탄산칼륨을 가하면 알코올이 분리되는 현상도 광의의 염석에 해당되는 반응이다.

염소(鹽素, chlorine, Cl) 원자번호 17, 원자량 35.45, 녹는점 −100.98℃, 끓는점 −34.6℃, 비중 3.214g/L(0℃)인 상온에서는 황록색 기체. 심한 자극적 냄새를 내며 점막을 상하게 하여 질식시킨다. 냉각 시 황백색 고체가 되며 임계압력(臨界壓力)은 76.0기압, 임계온도는 144℃이다. 용해도는 물 100g에 대해 0.9972g(10 ℃), 사염화탄소 100g에 대해 15.6g(0℃)이다. 화학적으로 극히 활발하여, 비활성기체를 제외한 대부분의 원소와 화합물을 생성하며 수소상태에서는 빛 등의 에너지를 흡수하여 염화수소를 발생시켜 폭발한다. 염소수는 염소 냄새가 나며, 표백작용을 갖는다.

염소젖(goat's milk) 염소의 젖. 산양유(山羊乳)라고도 한다. 젖 짜는 염소의 주요 품종은 자넨, 토겐부르크이다. 하루 젖 생산량은 0.3~3L이며, 성분은 수분 88.0%, 단백질 3.1%, 지방 3.6%, 유당 4.5%, 회분 0.8%이다. 열량은 100g당 62kcal로서 우유보다 단백질, 지방, 회분이 많고 단백질 중에서는 알부민의 비율이 높다. 지방입자가 작고 부드러운 응유물(curd)을 이루어 소화율이 높다. 카로틴이 우유보다 적으므로 빛깔은 희게 보인다. 지중해 연안에서는 치즈, 버터로 가공하며, 프랑스에는 염소젖으로 만든 치즈의 종류가 많다.

염장법(salting) 주로 어패류와 채소 등의 저장성을 높이기 위해 소금에 절이는 방법. 식염의 방

ㅇ

부효과, 위생적인 안전성, 풍미, 사용상의 간편성 등의 장점을 이용한 식품의 저장 방법이다. 식염의 방부력 중 주된 작용은 식염용액이 가지는 높은 삼투압에 의한 세균세포로부터의 탈수작용이다. 식품의 삼투압은 높아지고 수분활성도는 낮아져서 미생물이 자라는 데 필요한 수분이 부족한 상태가 되어 세균세포는 원형질 분리를 일으켜 사멸하게 되어 저장성이 증가된다. 염장방법에는 마른간법, 물간법, 개량마른간법, 개량물간법 등이 있다. ☞ 마른간법, 물간법, 개량마른간법, 개량물간법

염화칼륨(potassium chloride, KCl) 칼륨의 염화물. 짠맛을 내므로 고혈압과 신장질환자는 소금 대신 사용할 수 있다. 식염과 달리 뒷맛이 쓴 단점이 있다. 사과절편과 다른 과일의 형태유지제로 사용한다.

엽·경채류(葉·莖菜類, leaf and stem vegetables) 잎이나 줄기를 식용하는 채소류의 총칭. 수분 함량이 많고 조직이 연해 저장성이 약한 것이 결점이다. 당질 함량과 열량이 낮다. 무기질과 비타민 A, C, B_2와 철을 많이 함유하고 있고, 색이 짙은 잎을 가질수록 비타민 A의 함량이 많다. 칼슘이 많기는 하지만 근대, 무청, 시금치 같은 채소는 수산과 결합하여 소화되지 않는 수산화칼슘으로 변하기 때문에 체내에 흡수되지 않는다. 배추, 상추, 시금치, 파슬리, 양배추, 쑥갓, 셀러리, 미나리, 아스파라거스, 갓, 머위, 순채, 죽순 등이 이에 속한다. ☞ 채소

엽록소(chlorophyll) 식물의 녹색을 나타내는 지용성 색소. 식물의 엽록체에 함유되어 있고 광합성 작용에 중요한 역할을 한다. C-3의 치환기에 따라 메틸기가 결합되어 있는 것은 클로로필 a, 알데히드기가 결합되어 있는 것은 클로로필 b이다. 녹엽채소에는 클로로필 a와 b가 약 3:1로 들어 있다. 클로로필 a와 b의 구조는 네개의 피롤(pyrrole) 유도체가 메틴(methyne, -CH=) 탄소에 의하여 연결된 포르피린(porphyrin) 고리의 중앙에 마그네슘 원자가 결합되어 있다. 하나의 피롤 고리에 결합된 프로피온산(propionic acid) 치환기에 피톨(phytol)이, 그 이웃의 사이클로펜타놀 고리에 있는 카르복시기에 메타놀이 에스테르 결합을

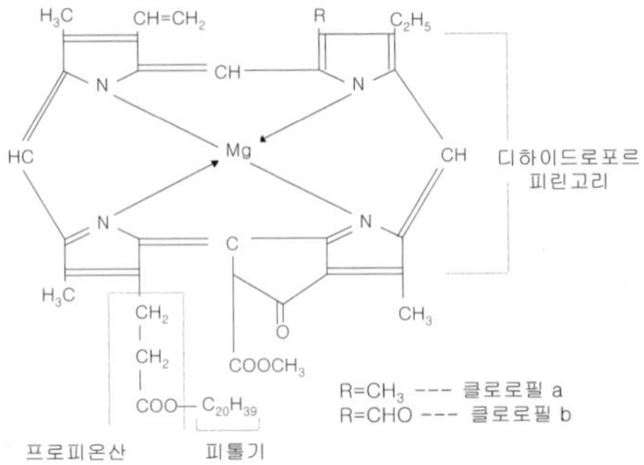

하고 있다. 클로로필 색소는 불안정하여 조리나 가공 중에 변색되기 쉽다. 산성 용액 중에서는 분자 중의 마그네슘이 유리되어 녹갈색의 페오피틴으로 된다. 한편 알칼리 용액 중에서 가열하면 에스테르 결합이 가수분해되어 수용성이며 선명한 녹색을 띠는 클로로필린이 된다.

엽산(folic acid, folacin) 비타민 B 복합체의 하나. 시금치 농축물부터 분리되었기 때문에 라틴어 식물의 잎(folium)에서 유래했다. 탄소 1개 전달반응(one-carbon transfer reaction)의 보조효소로서 RNA와 DNA 및 단백질 생합성에 필수적이므로 인체 및 동물의 세포분열, 성장인자로 작용하고, 메티오닌(methionine), 콜린(choline) 등을 합성 가능케 해주며, 비타민 B_{12}와 함께 적혈구 형성과정에도 관여한다. 장내세균에 의해 합성되므로 정상적인 사람에서는 결핍증상이 나타나지 않으나 식사상태가 불량하고 심한 다이어트를 하는 여성, 유산이 적은 노인, 임신부, 비타민 C가 부족한 유아, 백혈병, 항생제 복용 시 장의 흡수능력이 저하된 경우나 만성적인 알코올 중독자의 경우 결핍이 나타날 수 있다. 결핍되면 핵산의 합성능력이 저하되며, 거대적혈구성 빈혈, 설염과 설사증세를 동반한다. 간과 신장, 녹엽채소류, 견과류, 오렌지 및 오렌지주스, 콩류, 통밀제과·제빵, 비트, 복숭아, 토마토, 생선, 달걀, 셀러리에 다량 함유되어 있다. 1일 섭취권장량은 한국 성인 남녀(20~49세) 모두 250μg이다.

엿기름(malt) 보리, 밀 따위의 곡류에 싹을 내서 말린 식품. 맥주를 비롯해 술을 만들 때 사용하며, 여러 가지 구운 음식이나 당과류, 물엿, 유아용 식품 등에 맛이나 향기를 내는 성분으로

사용한다. 엿기름은 곡류를 찬물에 20~50시간 담가둔 다음 바람이 잘 통하는 곳에서 4~6일 정도 싹을 틔워 자라게 한 후 2~3일 정도 건조시켜 제조한다. 말린 엿기름은 식힌 후 잔뿌리를 제거하고 잘 씻어 4~8주 동안 묵혀서 사용한다. 제조과정 중에 아밀라아제라는 탄수화물 가수분해 효소가 증가하여 곡류의 전분을 당분으로 전환시키고, 단백질과 핵산도 분해된다.

영구재고 시스템(perpetual inventory system) 재고기록법(perpetual inventory method)이라고 하며, 저장고에 있는 재고자산의 증가나 감소를 계속적으로 기록하여 합리적인 적정 재고량을 확보하는 시스템. 장점은 적절한 재고량 유지에 관한 정보를 제공하기 때문에 재고 자산의 가치평가뿐만 아니라 손익계산상의 매출원가, 중간재무제표의 작성 및 관리적인 통제를 용이하게 한다. 반면 단점은 경비가 많이 들고, 수작업에 의한 노동력이 소요되며 기록체계의 정확성에 하자가 발생할 수 있다.

영률(young's modulus) 탄성률의 일종. 1807년 영(T. Young)이 도입하였으며 균일한 굵기의 막대를 양쪽 끝에서 잡아당기면 막대에 가해지는 변형력 T는 탄성한계 내에서 단위길이당 연신(延伸, 늘어나거나 줄어듦) A에 비례하는데, 그 비 E=T/A를 영률 또는 신장탄성률(늘어나기 탄성률)이라 한다. 막대의 굵기나 길이와는 관계없이 재료에 따라 거의 정해진 값으로 나타난다.

영양사(dietitian) 식품위생법 제37조에 의하면 교육법에 의한 대학 또는 전문대학에서 식품학 또는 영양학을 전공하고 영양사 자격시험에 합격한 후 보건복지부장관의 면허를 받은 자. 식품과 영양에 관한 전문 지식을 바탕으로 국민의 영양 및 건강 향상을 위해 일하며 개인, 단체, 지역사회를 대상으로 질병 예방과 건강 증진을 위하여 급식관리 및 영양 서비스를 수행하는 전문인이다. 급식 서비스 제공자·관리자·경영자로서의 역할을 '급식관리'로, 영양평가 및 영양치료, 영양교육(상담)자로서의 역할을 '영양 서비스'로 정의하고, 영양사의 사회적 역할의 목적을 '질병 예방과 건강 증진'에 둔다.

영양섭취기준(dietary reference intakes : DRIs) 현대사회에서 다양한 형태로 나타나고 있는 영양소 섭취와 건강의 관계를 포괄적으로 포함하는 새로운 개념. 평균필요량(estimated average requirements, EAR), 권장섭취량(recommended intake, RI), 충분섭취량(adequate intake, AI), 상한섭취량(tolerable upper intake level, UL)의 4가지로 구성되어 있다.

영양출납표(nutrition account book) 영양의 과부족을 한 눈에 보고 알 수 있도록 작성된 출납장부. 실시된 급여 영양량이 적절한지 아닌지를 보는 것으로 매일의 사용식품을 일정한 출납표에 기입하여 식품의 종류별 가중표준성분치에 의해서 영양량을 산출한 것이다.

영지버섯 여름철에 활엽수 고사목에 자생하는 목재부후균. 학명은 *Ganoderma lucidum* Krast. 옛 부터 한방의 약재로 이용되어 왔다. 영지는 대와 갓의 표면 모두가 광택이 있는 1년생 버섯으로 윤문이 있는 원형이나 때에 따라 타원형의 것도 있다. 앞면은 처음에 황백색을 띠고 있으나 생장하면서 먼저 자란 부분부터 적갈색 내지 자갈색으로 변해간다. 뒷면은 황백색을 띠고 관공이 무수히 나 있다. 대는 갓의 표면과 같은 색으로 약간 굴곡이 생긴다. 큰 것은 갓의 지름이 30cm이고 길이가 20cm를 넘는 것도 있다.

예르시니아 식중독(yersiniosis) 장내세균과에 속하는 예르시니아균(*Yersinia enterocolitica*)에 오염된 식품을 섭취하여 발생하는 감염형식중독. 이 세균은 아포를 형성하지 않는 그람 음성 간균으로서 생육온도는 4~44℃이며 적정 발육온도는 약 25~35℃이다. 특히 이 균은 4℃에서도 성장이 가능하며, 육류의 경우 4℃에서 진공 또는 공기가 조절된 상태에서도 생육이 가능하므로 식품위생상 특히 중요하다. 이 식중독은 어린아이 및 노약자에게서 주로 발생하는 기회 감염의 성격을 갖고 있으며, 6~24시간의 잠복기 이후 복통, 발열, 설사, 두통, 구토 등을 동반하는 급성 위장질환과 패혈증 그리고 2차 면역질환으로 피부의 결절성 홍반, 다발성 관절염 등과 같은 예르시니아증(yersiniosis)을 일으키는 병원균이다. 이 균은 돼지, 소, 조류를 포함하는 많은 동물 및 하천 등 자연계에 넓게 분포하므로 음료수나 식품에 오염되는 것으로 추정되며, 원인 식품으로는 돼지, 소, 쥐 등 동물과의 접촉이나 오염된 우유, 식육 및 먹는 물에 의해 감염이 가능하므로 특히, 학교급식시설에 있어서 식품의 처리 및 보관에 철저한 관리가 요구된다. 이 균은 열처리에 비교적 민감하여 63℃에서 30분간의 열처리인 저온살균에 의해서 사멸되므로 돼지고기를 포함한 식품의 조리 시 75℃에서 3분 이상 충분히 열을 가하면 이 균에 의한 일차적인 식중독을 방지할 수 있으며, 식품취급 종사자들의 철저한 개인위생관리가 필수적이다.

예비냉각(pre-cooling) 농산물의 저장과 수송을 하기 전에 품온을 내리는 조작. 예비냉각은 농산물 성분의 산화분해, 발열, 수분증산 등과 같은 생리작용을 지연시키기 위하여 실시하며, 수확 후 곧 냉각시키는 것이 좋다. 예비냉각의 효과는 ① 미생물 및 효소의 증식 억제 및 사후경직 지연, ② 표면의 수분 제거 및 얇은 피막 형성으로 미생물 오염 및 증식 억제, ③ 육색 변화 억제로 선홍색의 장기간 유지, ④ 근육을 긴축시켜 절단 용이, ⑤ 지방 응고에 의한 외관 개선과 더불어 산화 억제 등이 있다.

예비 저장식 급식체계(ready prepared foodservice system) ☞ 레디 프리페어드 급식체계

예비훈련(preparatory training) 관능평가를 실시하기 전에 미리 실시하는 훈련. 예비훈련은 관능평가에 영향을 주는 기본적인 화학적 · 심리적 · 생리적인 인자들에 대한 소개로 시작하여, 실제 제품평가, 표준시료의 사용, 평가결과의 토의로 이어진다. 훈련은 제품의 관능적 특성 묘사를 위한 용어개발, 향미특성 강도 평가, 각 관능적 특성의 출현순서, 뒷맛 그리고 전체적인 제품의 인상을 평가하는 것으로 이루어진다.

예정원가(estimating cost) 예상원가, 견적원가, 기대원가 또는 추정원가라고 하며, 제품의 제조 이전에 예상되는 원가를 의미.

오감(五感) 시각, 청각, 촉각, 후각 및 미각 등의 다섯 가지 감각. 이중 후각과 미각은 가장 원시적인 감각으로 식품의 기호성에 대해서 가장 중요하다. 코와 입이 통해 있어 음식을 삼킬 때는 맛과 냄새를 동시에 느낄 수 있다. 기타 감각은 온도감각, 통각, 압각, 공복감각, 갈증감각, 피로감각, 평형감각 등이 있다.

오디(mulberry) 뽕나무과에 속하는 낙엽교목 또는 관목인 뽕나무의 열매. 학명은 *Morus alba* L.. 원산지는 온대 · 아열대 지방이다. 열매는 6월에 검은색으로 익는다. 우리나라의 뽕나무 품종은 산상(山桑, *M. bombycis*) · 백상(白桑, *M. alba*) · 노상(魯桑, *M. lhou*)의 3종이 재배되고 그 중에서 백상이 가장 많이 재배된다. 잎은 누에를 기르는 데 이용되며, 열매를 오디라고 하는데 술을 담그거나 날것으로 먹는다. 오디 즙에는 약 10%의 당이 함유되어 있어 달며 유기산이 적다. 진한 자주색은 안토시아닌 색소에 기인된 것이다. 뿌리껍질은 한방에서 해열 · 진해 · 이뇨제에 쓰인다.

오레가노(oregano) 꿀풀과의 여러해살이풀로 향신료인 민트(mint)과의 일종. 학명은 *Origanum vulgare*. '꽃박하'라고도 하며, 꽃이 피는 시기에 수확하여 잎을 건조시켜 사용한다. 원산지는 유럽, 서남아시아이고 지중해 연안과 미국에 분포되어 있다. 잎은 길이 1.5cm 정도이고 박하 같은 향기가 있다. 토마토를 이용한 스파게티, 피자 등의 이탈리아 요리에는 빼놓을 수 없는 향신료이다. 칠리 파우더 등의 멕시코 요리와 오믈렛, 비프 스튜, 양고기요리, 닭이나 칠면조요리에 많이 쓰인다. 건조시킨 잎과 꽃을 더운찜질에 사용하면 류머티즘에 효과가 있다. 고대 그리스 시대부터 약초로 이용되어 왔으며 강장, 이뇨, 건위, 식욕증진, 살균, 불면증 등에 이용되어 왔다.

오리고기(duck meat) 집오리의 고기. 집오리는 유라시아 대륙에서 야생하던 물오리를 중국과 유럽에서 가금화한 것이다. 불포화지방산을 많이 함유하고 있어 성인병 예방에 좋다고 하여 요즘 각광을 받고 있다. 주로 가슴살이 이용되며, 파, 미나리 등과 함께 먹는 오리찌개, 철판구이 등으로 이용된다. 프랑스 요리에서는 로스트, 조림, 튀김 등에 이용되며, 고급요리로서 즐긴다. 다리살이나 날개살은 단단하므로 두들겨서 단자로 둥글게 해서 국 등에 이용된다.

오리알(duck's egg) 집오리의 알. 무게는 70~90g

이고 껍질색은 흰색인 것이 많다. 껍질 11~13%, 난백 45~58%, 난황 28~35%로 구성되어 있다. 오리알의 일반 성분 조성은 달걀과 비슷하지만 비타민 A와 나이아신(niacin)의 함량은 달걀보다 많고 인, 칼슘의 함량은 약간 적은 경향을 보이고 있다. 글로불린(globulin) 함량이 낮아 거품이 잘 일지 않는다. 아미노산 조성으로는 달걀에는 아르기닌(arginine)과 리신(lysine)이 많으나 오리알에는 히스티딘(histidine)이 많다. 또한, 콜레스테롤 함량이 많다. 오리알은 피단의 제조 시 사용되며 달걀보다 우수하다.

오미(五味) 우리나라에서 분류한 단맛, 신맛, 쓴맛, 짠맛, 매운맛의 다섯 가지 맛. 오미자는 다섯 가지 맛이 포함되었다는 의미이다. 중국과 일본에서는 매운맛 대신 감칠맛을 기본 맛에 포함시킨다.

오보글로불린(ovoglobulin) 난백단백질의 일종. 저으면 거품이 이는 성질이 있으며 65℃에서 응고된다. 전기영동에 의해 G_1, G_2, G_3의 3종으로 분리되며, G_1은 라이소자임(lysozyme)이라 부르며 난백 중에 0.4% 가량 존재한다. 라이소자임은 열에 대하여는 상당히 안정된 성질을 가지고 있고 오브알부민과 함께 있으면 불활성화되기 쉽다. 라이소자임의 특성은 특정한 세균을 용해시키는 성질을 가지고 있어 달걀의 신선도를 유지해 준다. 신선한 달걀의 난백에서는 라이소자임이 오보뮤신과 결합하여 고점도의 특수 망상 구조를 형성한다.

오보뮤신(ovomucin) 난백단백질의 일종. 물에 대한 용해도가 아주 낮은 당단백질로서 난백에 물을 넣어 희석하면 쉽게 침전한다. 이 단백질은 용액 중에서는 높은 점성을 보이며 라이소자임과 함께 농후 단백을 형성한다. 그뿐 아니라 난백을 저어서 생긴 거품의 안정화에 기여한다. 내열성이 강하여 pH 7.6에서 100℃로 30분간 가열해도 활성을 잃지 않는다.

오보뮤코이드(ovomucoid) 난백단백질의 일종. 전 단백질의 1/10 이상을 차지하며, 당류를 약 20% 함유하는 당단백이다. 열에 의하여 응고되지 않으며, 단백질 소화효소인 트립신의 작용을 억제시키므로 트립신 저해물질이라고 알려져 있다.

오브알부민(ovalbumin) 난백단백질의 일종. 달걀 단백질의 약 2/3를 차지하며, 64~67℃의 열에 의하여 쉽게 응고된다. 분자 내에 1.8%~2.8%의 다당류를 함유하고 있는 당단백이다.

오스트발트 점도계(Ostwald's viscometer) 가장 흔히 이용되는 저점도용 모세관점도계. 정밀도가 높은 점도측정을 할 수 있다. 모세관이 주체인 유리제(琉璃製)로, 모세관 속을 일정 부피의 액체가 아래로 흐르는 데 걸리는 시간이 액체의 동점도(動粘度)에 비례하는 푸아죄유의 법칙(Poiseuille's law)에 따라, 표준액과 비교해서 동점도, 혹은 점도를 구할 수 있다. 표준액과 시료액의 동점도를 각각 ν, ν_s라고 하고, 아래로 흐르는 데 요하는 시간을 t, t_s, 시료의 밀도를 ρ_s, 시료의 점도를 η_s라고 하면,

$$\frac{\nu_s}{\nu} = \frac{t_s}{t} \quad \nu_s = \frac{t_s}{t}\nu \quad \nu_s = \eta_s / \rho_s$$

$$\eta_s = \frac{t_s}{t}\nu\rho_s$$

으로부터 시료의 동점도 ν_s, 점도 η_s를 산출한다. 액체의 점성에 따라 모관의 굵기가 적당한 것을 골라 이용한다. 측정오차를 작게 하기 위해 액체가 아래로 흐르는 시간이 2분 정도의 것을 이용하는 것이 좋다. 오스트발트 점도계를 적당한 경사로 설치할 수 있도록 장치를 고정하고, 유체의 속도 기울기의 의존성에 대해 측정하면, 유체가 비뉴턴성인지 아닌지 확인할 수 있다. 오스트발트 점도계는 시료액이 5mL나 10mL로 조작도 간단하고 정밀도가 높은 측정을 할 수 있어 편리하다. 측정범위는 10^{-2}~10^{-3}cP 정도이다. 점도는 온도에 영향받기 쉬우므로, 오스트발트 점도계는 항온 수조 속에 고정하고, 측정하는 것이 보통이다. ☞ 동적 점성도, 점도계

오이(cucumber) 박과의 덩굴식물. 학명은 *Cucumis sativus* L.. 한자명은 호과(胡瓜), 황과(黃瓜)이다. 인도의 북서부가 원산지이다. 요즘은 일년 내내 재배가 이루어지나 최성기는 여름이다. 종류로는 가시오이(취청오이 : 가시가 또렷하게 돋아 있다), 백다다기오이(매끈하게 흰색이 돌며 아삭아삭하게 씹히는 맛이 있다), 피클

오이(길이 10cm 정도)가 있다. 개량종 오이의 성분은 수분이 95.5%로 대부분이고열량은 19kcal/100g으로 매우 낮다. 무기질 중에서는 칼륨이 많아 체내 나트륨을 많이 배설시키고 이뇨작용을 통해 부종과 소갈에 효과가 있다. 아스코르비나아제(ascorbinase)가 많다. 오이의 싱그러운 향은 오이 알코올에 기인된 것이고 쓴맛은 큐커비타신(cucurbitacin)에 의한 것이다. 샐러드, 냉채, 무침, 김치(오이소박이), 오이지, 피클 등으로 이용한다. 다다기 오이는 오이지나 오이소박이를 담글 때 주로 쓰고, 취청오이는 날것으로 썰어 먹거나 볶아서 오이나물 만들 때, 냉국에 채쳐서 넣을 때 좋다. 오이지나 소박이가 익으면 젖산에 의해 엽록소의 녹색이 녹갈색으로 변하게 되는데, 이를 방지하기 위해서는 놋수저를 넣는다. 좋은 오이는 굵기가 머리에서 끝 부분까지 일정하게 고르고 모양이 반듯하여 구부러지지 않고, 푸른색이 선명하고, 꽃이 붙어 있는 것이 좋다. 만져 보아 단단한 것이 신선한 것이다.

오이지(salted cucumber) 오이를 소금에 절여 발효시킨 김치의 일종. 오이를 항아리에 담고 돌로 눌러 떠오르지 않게 한 후 끓여 식힌 소금물(60℃)을 붓고 뚜껑을 닫아 실온에서 약 한 달 정도 두면 젖산 발효가 진행되어 신맛과 짠맛이 어우러진다. 오이의 녹색은 뜨거운 소금물에 데쳐져 색이 선명해지고 펙틴 에스테라아제가 활성화되어 무르지 않고 조직감이 좋아진다. 썰어서 양념에 무치거나 냉수에 띄워서 시원하게 먹는다.

오존(ozone, O_3) 분자량 48.00, 녹는점 −193℃, 끓는점 −110.51℃, 비중 2.144인 산소의 동소체. 어원은 그리스어인 ozein '냄새를 맡다'에서 유래되었으며 특유한 냄새 및 색을 띠고 있다. 상온에서는 약간 청색을 띠는 기체이나, 액체가 될 때는 흑청색, 고체가 될 때는 암자색을 띤다. 특이한 냄새가 나며, 공기 속에 0.0002부피%만 존재해도 냄새를 감지할 수 있다. 기체는 물에 잘 녹지 않으며, 0℃에서 1부피의 물에 0.494부피밖에 녹지 않는다. 물에 녹은 오존은 서서히 분해한다. 액체질소 · 사염화탄소 · 클로로포름에 잘 녹으며, 테레빈유 · 계피유(桂皮油)에 흡수된다. 강한 산화력을 가지고 있으며 상온에서 자발적으로 분해되어 산소가 되고, 이산화망간 · 백금 분말 등은 분해를 촉진시킨다. 건조한 산소 또는 공기 중에서 무선방전시킬 때 생기며, 붉은인이 공기 중에서 서서히 산화할 때나 과망간산칼륨 · 중크롬산칼륨 등 산소화합물을 진한 황산으로 분해시킬 때, 물을 플루오르로 분해할 때, 물을 큰 전류밀도에서 분해할 때 산소와 함께 발생한다. 또, 산소의 가열, 황산의 전기분해, 자외선이나 X선 · 음극선 등이 공기 속을 통과할 때에도 생기므로, 자외선이 풍부한 높은 산 · 해안 · 산림 등의 공기 중에도 존재하여 상쾌한 느낌을 주는 근원이 되고 있으나, 다량으로 존재할 때는 오히려 불쾌감을 느끼게 한다. 극장 · 학교 · 병원 등에서 산소로 분해되는 성질을 이용하여 공기의 정화(淨化)에 사용되며 살균작용에 의한 음료수 소독, 표백이나 유기화합물의 구조결정 등에 사용된다. 인체에 독성이 있어 장시간 흡입하면 호흡기관을 해치므로 주의해야 한다. 지상에서 20~25km의 고도에 20km 두께로 비교적 농도가 높은 오존이 분포하는데, 이것을 오존층이라고 한다. 이 오존층에서 태양의 자외선을 흡수하기 때문에 지구의 생물은 자외선에 의한 피해를 막을 수 있다. 그러나 환경오염으로 인해 오존층이 서서히 파괴되고 있어 그 대책이 시급하다.

오징어(squid, cuttlefish) 연체동물 두족류 십완목에 속하는 종류의 총칭. 학명은 *Doryteuthis bleeeri*. 오적어(烏賊魚)라고도 한다. 몸은 머리 · 몸통 · 다리의 3부로 이루어지며, 머리는 다리와 몸통 사이에 있고 좌우 양쪽에 큰 눈이 있다. 우리나라의 동서남해 일본의 규슈 등에 널리 분포한다. 사철을 통하여 어획되고 있으나 생식 시기는 대부분이 4~6월이며, 성어기는 8~10월이다. 싱싱한 것은 청갈색을 띠며 특유한 광채가 있고 눈이 튀어나와 있다. 오징어는 수분 함량이 많고 단백질은 다른 어류보다 약간 적으나 패류보다는 많다. 지방, 탄수화물, 무기질 등의 함량도 적은 편이다. 콜레스테롤이 100g당 180mg이 들어 있어 사람들의 외면을 받기도 했으나 최근에는 어패류에 함유되어 있는 콜레스테롤이 육류와는 달리 성인병과 무관하다는 사실이 밝혀지면서 각광을 받고 있다. 오징어에는 타우린이 100g당 327~854mg으로 일반 어류에 비해 2~3배나 높고 육류보다 무려 25~66배나 많이 함유되어 있다. 특히 마른 오징어는 97~333배나 높은 것으로 나타났다. 오징어를 말릴 때 표피에 생기는 하얀 가루가 바로 이것이다. 엑기스에는 글리신, 알라닌, 히스티딘, 프롤린(proline) 등이 함유되어 있어서 오징어의 감미와 감칠맛의 원인이 되고 있다. 마른 오징어를 계속해서 씹으면 단맛이 나는 것은 오징어 중에 함유되어 있는 단백질 미오신(myosin)에 의한 것이다. 오징어류는 식용으로 하며, 생식하는 외에 마른 오징어 등으로 가공한다. 오징어류는 건조에 알맞아 고대로부터 말린 오징어로 가공되어 왔다. 일반적인 오징어 요리 방법은 회, 구이, 절임, 튀김, 젓갈, 마른안주, 국거리, 초무침, 숙회, 볶음용 등이 있다. 우리나라 전통음식으로는 오징어탕, 오징어채, 오징어무침. 오징어구이, 오징어젓 등이 있다. 오징어 근육은 가열을 많이 할수록 소화율이 떨어지므로 가급적 생식이 좋으며 콜레스테롤이 가장 많이 함유되어 있는 껍질 부분을 소금을 조금 묻혀서 벗겨내면 콜레스테롤 수치를 많이 줄일 수 있다. 건오징어의 껍질에는 타우린 성분이 많이 함유되어 있으므로 피로에 아주 좋은 식품이다. 오징어는 가열 시 섬유가 세로로 오그라들기 때문에 미리 세로로 칼질을 하여 요리한다. 튀김으로 할 때는 껍질을 벗기고 껍질과 살 사이에 있는 물기를 잘 닦아내고 사용한다. 요리 방법 중 통오징어 구이는 풍부한 단백질의 손실을 막기 위한 조리법으로 통째로 구우면 오징어의 엑기스가 손실되지 않고 맛 또한 최상으로 일거양득의 효과를 기대할 수 있다. 바닷물에 활어 상태로 보관하면 2~3일 가능하여 횟감으로 애용되기도 하며 −35℃ 이하로 급속 냉동시켜 수개월 저장하는 것이 일반적이다. 나머지는 건조시켜 마른 오징어로 보관한다.

오크라(okra) 아욱과에 속하는 일년초. 아프리카 북동부 원산이며 이집트에서는 200여 년 전부터 채소로 재배되어 온 역사가 있으며, 현재는 세계각지에서 재배되고 있는 야채이다. 여름에 노랗고 큰 꽃이 핀 뒤에 단면이 오각형 별모양의 깍지를 이루는데 이 어린 열매를 식용한다. 가늘게 썰면 낫또처럼 끈적끈적한 실이 생기는 것은 펙틴이라는 식이섬유와 뮤신 등의 다당류가 함유되어 있기 때문이다. 오크라의 펙틴은 정장작용(변비에도 설사에도 효능이 있다)을 하고 뮤신은 단백질의 소화흡수를 돕는다. 종자는 커피 대용으로 한다.

5탄당(五炭糖, pentose) 탄소수 5개의 단당류. 알데히드(−CHO)를 갖는 알도펜토오스와 케톤기(>C=0)를 갖는 케토 펜토오스로 분류된다. 자연계에는 홀로 존재하는 경우는 적고, 다당류인 펜토산(pentosan)이나 배당체로 널리 분포한다. L−아라비노오스는 식물 검질(gum), D−자일로오스는 식물줄기와 잎 등의 구성성분이며 볏짚, 밀짚, 옥수수 줄기와 낙화생 껍질에 많다. D−리보오스는 RNA, DNA의 핵산을 구성하고, ATP, NAD, NADP 등의 조효소 및 비타민 B_2, B_{12}의 구성성분으로 중요하다. L−람노오스는 배당체로 되어 식물체내에 널리 분포되어 있다. 환원력을 가지며 염산 또는 황산과 가열하면 푸르푸랄(furfural)이 생성되며 펜토오스의 정성, 정량에 이용되고 있다.

오트밀(oatmeal) 귀리를 볶은 다음 거칠게 부수거나 납작하게 누른 식품, 또는 이것으로 죽처럼 조리한 음식. 제품은 백색으로 입자가 고르고 충분히 건조되어 향기와 풍미가 좋은 것이 우량품이다. 귀리의 껍질은 단단하여 잘 벗겨지지 않고 보통의 제분으로는 섬유소가 많이 남아 위장을 자극하므로 오래 전부터 스코틀랜드에서는 분쇄한 귀리의 형태(groats) 또는 압착하여 납작귀리(rolled oats)로 이용하였다. 다른 곡류에 비해 단백질 · 비타민 B_1이 많고 소화도 잘 되며 섬유소가 변통을 돕기 때문에 유럽이나 미국에서 아침식사로 많이 이용한다. 조리법은 2인분의 경우 물 1.5컵에 소금 1/4 찻숟가락을 넣고 가열하여 끓기 직전에 오트밀 5숟가락을 넣고 눋지 않도록 휘저어 3분 후에 미리 따뜻하게 해놓은 수프 접시에 담아 따뜻한 우유 1컵에 설탕을 곁들여서 먹도록 한다.

옥로(玉露) 갈대발 등으로 차밭을 덮어서 직사일

광을 피해 맛을 증가시키고, 쓴맛을 억제해서 키운 고급차.

옥록차(玉綠茶) 차 공정 중 비비는 과정을 생략하고 만든 차.

옥배유(corn oil) ☞ 옥수수기름

옥수수(corn, maize) 남미 안데스산맥 일대가 원산지인 잡곡에 속하는 벼과의 1년생 식용 곡류. 학명은 *Zea mays* L.. 옥수수는 멕시코 또는 과테말라를 중심으로 B.C. 5천 년경부터 인간에 의해 재배되기 시작하였다. 콜럼버스에 의해 전 세계에 전파되었으며, 16세기 초에 포르투갈인이 바다로 인도에 전하고, 그것이 중국을 거쳐 고려 때 우리나라에 들어왔다. 밀, 쌀 다음으로 생산량이 많은 세계 3대 작물 중의 하나로, 주생산국은 미국으로 전 세계 수확량의 약 46%를 차지하고 있다. 주요 옥수수 수입국은 일본, 우리나라, 멕시코, 스페인 등이다. 옥수수는 종자의 모양과 성질에 따라서 8 종류로 나눈다. ① **마치종**(dent corn)-종자의 측면은 경질전분, 정면부와 중심은 연질전분으로 되어 건조되면 윗부분이 말 이빨 모양으로 움푹 들어간다. 이삭이 굵고 수확량이 많아 사료나 전분, 기름 등의 공업용 원료로 이용되며, 세계에서 가장 많이 재배되는 종이다. ② **경립종**(flint corn)-종자의 외측이 경질전분으로 광택이 있으며, 윗부분이 둥글고 수확량은 마치종보다 적지만 맛이 좋아 식용으로 오래 전부터 재배해왔다. 주로 사료나 공업용 원료로 이용된다. ③ **감미종**(sweet corn)-씨알 전체가 반투명인 각질로 되어 있고 여문 후에는 쭈글쭈글해진다. 조생이며 전분의 일부가 포도당이나 자당으로 변하여 단맛이 강하고 연하며 굽거나 찌는 외에 수프, 조림, 크로켓 등에 식용으로 이용된다. 그 중에서도 하니반탐이라는 슈퍼스위트콘은 단맛이 더욱 강해서 인기가 높다. 그 밖에 샐러드나 중화요리에 사용되는 영콘(베이비콘)은 생식용으로 만든 감미종의 일종으로, 쪄서 통조림으로 판매되고 있다. ④ **폭립종**(pop corn)-종자가 작지만 대부분이 단단하고 중앙에 연질 부분이 있어 가열되면 연질부분이 갑자기 부풀어 부피의 20~30배가량 종자가 폭발한다. 이러한 폭발은 173~198℃의 온도와 수분 함량이 11~14%의 좁은 범위에서 성공적으로 일어난다. 팝콘에서 36가지의 휘발성 화합물이 검출되었는데, 피페라진(piperazine), 푸란(furan), 피롤(pyrrole), 카르보닐 화합물(carbonyls)과 치환된 페놀 화합물 등이 주요한 방향성분이다. ⑤ **연립종**(soft corn)-연질로서 각질은 배유 주위에 극히 얇은 층이 있거나 전혀 없는 경우도 있다. 분질상 전분이 많아 전분 제조, 통조림 또는 식용으로 이용된다. ⑥ **연감종**(starchy-sweet corn)-연립종과 감미종의 중간성질을 가진 것으로 아메리카의 일부에서 재배된다. ⑦ **나종**(waxy corn)-찰옥수수라 하는 것으로 씨알이 납질(wax) 모양으로 반투명에 가깝고 찰기가 있어 간식용으로 좋다. 아시아에 분포되어 있다. ⑧ **유부종**(pop corn)-씨알 하나하나가 모두 껍질에 싸여 있는 것으로 별로 재배되지 않는다. 건조한 옥수수에는 탄수화물이 70%, 단백질도 약 10%를 차지하고 있다. 그러나 옥수수의 주된 단백질인 제인(zein)은 리신과 트립토판이 부족한 불완전 단백질로 옥수수가 주된 식량인 라틴아메리카, 아프리카, 아시아 등의 많은 개발도상국에서는 양질의 단백질(우유)과 같이 섭취하지 않으면 단백질 영양결핍증과 나이아신의 영양결핍증인 펠라그라(pellagra)라고 하는 피부병에 걸릴 수 있다. 배아에는 리놀레산(linoleic acid)의 함량이 높은 지방질과 비타민 E를 다량 함유하고 있어 식용유 제조에 이용된다. 황색 옥수수에는 비타민 A의 전구체인 크립토잔틴(cryptoxanthin)이 함유되어 있다. 미국에서는 생산량의 80%는 사료로 쓰이고 나머지는 식량으로 이용된다. 옥수수를 섭취하는 가장 흔한 방법은 이삭을 통째로 삶거나 구워서 씨를 뜯어먹는 것이다. 감미종의 씨는 이삭대에서 떼어낸 뒤 요리하기 쉽게 통조림을 만들거나 냉동시켜서 판다. 폭립종은 소금, 버터, 캐러멜, 치즈 등으로 맛을 내거나 그대로 튀겨서 먹는다. 옥수수는 아침식사용 시리얼(콘플레이크), 샐러드 드레싱, 마가린, 시럽, 옥수수 가루, 엿, 과자 같은 많은 가공식품의 중요한 재료로 쓰인다. 옥수수를 거칠게 빻아 만든 가루인 콘밀은 빵, 타말리(으깬 옥수수와 고기로 만든 멕시코 음식), 토르티야(tortilla) 같은 음식을 만드는 데 쓰인다. 또한 맥주와 위스키의 양조원료로 이용되기도 한다.

옥수수기름(玉胚油, corn oil) 옥수수 종자에서 얻은 기름. 옥수수 종자에는 33~40%의 유지가 함유되어 있으며 압착법과 용매추출법에 의하여 얻는다. 지방산으로는 올레산과 리놀레산이 80% 이상을 차지하고 팔미트산은 10% 정도 들어 있다. 담황색 또는 황색의 액체로서 비교적 많은 인지질(1~3%)과 불검화물을 1% 정도 함유하고 있다. 비타민 E 가 0.1% 함유되어 산화 안정성, 가열 안정성이 뛰어나며, 연속 튀김을 할 때 거품이 잘 안 생기고, 발연점 저하가 낮아 장시간 사용이 가능하다. 튀김유 및 조미유로 대부분 사용하고 그 외에 샐러드유, 마요네즈, 마가린 제조에 많이 쓰인다.

옥수수전분(corn starch) 옥수수에서 얻은 전분. 옥수수를 정선기에 넣어 협잡물을 제거하고 온도 55℃, 농도 0.25~0.3%의 아황산 용액에 48시간 담근 후 부드러워진 것을 압쇄기로 부순다. 이것을 씨눈 분리기에 넣어 씨눈만을 따로 모은다. 나머지 부분에는 전분, 글루텐, 셀룰로오스가 혼합되어 있으므로 이것을 200메시의 체로 거르면 전분과 글루텐을 함유하는 액이 체눈을 통과하게 된다. 이것을 긴 홈통 위로 조용히 흘려보내면 전분은 침전되고 글루텐은 홈통의 끝으로 흘러내린다. 이것을 모아 글루탐산나트륨(MSG)의 원료로 쓴다. 홈통 위에 침전된 전분을 탈수 후 건조시켜 제품으로 만드는데, 회수율은 60% 정도이다. 씨눈에서는 옥수수기름을 얻으며, 옥수수를 담갔던 아황산용액은 농축(corn steep liquor)하여 페니실린과 같은 유용물질 생산을 위한 미생물 배양액으로 중요하게 쓰인다. 옥수수전분은 여러 가지 조리에 이용될 뿐 아니라 비스킷 · 껌 · 아이스크림 · 성형제(成形劑) 등으로 용도가 넓다. 공업용으로는 섬유를 풀먹일 때, 염색할 때의 풀(糊料)로, 종이상자의 접착제로, 화장품 · 건전지 등에 쓰인다. 감자 · 고구마 전분과는 달리 연중 조업이 가능하므로 기계화된 대규모 경영이 가능하며 생산비도 매우 저렴하다. 미국에서 대량생산되어 세계시장을 주도한다.

옥시미오글로빈(oxymyoglobin) 공기 중에 노출되어 산소화된 미오글로빈. 미오글로빈은 쉽게 두 개의 산소 원자와 결합하여 더 선명한 적색의 옥시미오글로빈이 된다.

옥시토신(oxytocin) 뇌하수체후엽에서 분비되는 아미노산 9개로 이루어진 펩타이드 호르몬. 자궁 근육을 수축시키고 모유분비를 촉진하는 작용이 있다.

옥타코사놀(octacosanol) 직쇄상의 고급 알코올. 탄소수 28개의 말단에 히드록시기가 붙어 있는 고급 알코올이다. $CH(CH_2)_{26}CH_2OH$의 백색 결정상으로 지방산과 에스테르 결합이나 알데히드 형태로 존재한다.

옥타코사놀식품(octacosanol food) 소맥의 잎에서 추출한 왁스와 사과껍질 왁스로부터 발견된 물질. 이의 생리적 의의가 밝혀진 것은 1926년 미국 일리노이대학 크레톤박사에 의해서이다. 옥타코사놀은 에너지를 방출하는 활성인자로서 체력증진, 근육기능의 향상, 기초대사의 향상 및 반사신경 예민성의 향상, 스트레스의 영향에 대한 저항성의 향상, 성호르몬의 자극, 근육경련의 감소, 수축기혈압의 감소 등에 영향을 주는 것으로 확인되었다. 옥타코사놀은 직쇄지방산 고급알코올에 속하고 탄소수 28개의 말단에 수산기가 붙어있는 $CH(CH_2)_{26}CH_2OH$의 분자식과 410.77의 분자량을 가진 백색결정상으로 녹는점은 83℃이다. 옥타코사놀은 극히 미량으로 생리기능성을 나타내는 물질이고 천연계에서도 미량으로 존재하므로 추출하기 어려워 가격도 고가이다. 소맥배아, 미강, 사과의 과피, 포도 과피, 사탕수수, 알팔파 등의 왁스에 함유되어 있으며 소맥배아에는 배아 중에 약 10ppm, 배아유 중에 100ppm으로 극미량 함유되어 있다. 옥타코사놀식품은 식용식물에서 추출한 유지에서 분리한 옥타코사놀 함유성분을 식용에 적합하도록 정제한 것 또는 이를 주원료로 하여 먹기 좋도록 여러 형태로 가공한 것으로서 건강기능식품의 하나이다. 옥타코사놀과 옥타코사놀 가공식품의 두 유형이 있다.

온도감각(溫度感覺, temperature sense) 온도 자극을 수용함으로써 일어나는 피부감각. 온 자극에 대한 온각과 냉 자극에 대한 냉각으로 나누며, 감각점으로는 온점과 냉점이 구별되는데 그 수는 냉점이 온점보다 많다. 맛의 온도감각은 10~40℃에서 전반적으로 역치가 낮아 예민하다. 음식의 품온이 이 온도에서 벗어나면 감각은 둔해진다. 맛의 종류에 따라 변동폭이 달라지는데 쓴맛은 변동이 커서 상온의 감도를 100으로 할 경우 0℃에서 3정도를 나타낸다.

온도계(溫度計, **thermometer**) 물체의 온도를 측정하는 기구. 이탈리아의 갈릴레오 갈릴레이가 1604년경 공기의 팽창을 이용하여 온도를 측정한 것이 최초라고 한다. 물체의 어떤 성질이 온도에 따라 변화하게 된다면 이것을 온도측정에 이용할 수 있다. 온도 측정방식에는 접촉방식과 비접촉방식의 2종류가 있다. ① **접촉방식**－온도를 측정하고자 하는 물체에 온도계의 측온부(測溫部)를 잘 접촉시켜서 양쪽(물체와 측온부)이 같은 온도로 된 상태로 하여 측온부의 온도를 측정하여 목적물의 온도를 알아내는 방식이다. 액체봉입 유리온도계, 바이메탈 온도계, 압력 온도계, 열전대 온도계, 저항 온도계가 여기에 해당된다. ② **비접촉방식**－온도를 측정하고자 하는 물체에 온도 검출부(檢出部)를 접촉시키는 것이 아니라 물체로부터의 방사를 이용하는 등의 방법으로 온도를 측정하는 방식을 말한다. 광고온계(光高溫計), 색온도계, 방사온도계가 여기에 해당된다.

온도팽창(**thermal expansion**) 물체에 열을 가해 온도가 높아지면 일반적으로 부피가 증가하는 현상을 말한다.

올레오마가린(**oleomargarine**) 쇠고기 지방을 30~34℃로 가열하여 얻는 액상 부분. 버터를 녹인 때와 유사한 점성을 나타내며 제과제빵시에 마가린과 함께 사용된다. 한편 우지를 똑같은 온도로 가열하여 얻은 것 중 고체 상태인 것을 올레오스테아린(oleostearine)이라고 하고 융점이 60~65℃로 높아 주로 쇼트닝 제조에 이용된다.

올리고당(**oligosaccharide**) 글루코오스(glucose), 갈락토오스(galactose), 프룩토오스(fructose)와 같은 단당류가 2~8개 정도 결합한 탄수화물. 천연감미료로 설탕 대체효과를 지닌 올리고당은 장내의 비피도박테리아(bifidobacteria)를 증식시켜 정장작용의 촉진, 충치 예방, 혈청지질 등의 작용을 한다. 그 종류에는 이소말토올리고당, 프룩토올리고당, 갈락토올리고당, 말토올리고당 등이 있다. 대부분의 탄수화물이 체내 소화효소에 의하여 구성 단당류로 분해되어 흡수되는 데 반하여 일부 올리고당은 소화효소에 의해 분해되지 않고 대장에 도달되어 장내 유용세균인 비피더스균에게 선택적으로 이용된다. 소화되지 않은 올리고당은 대장에 존재하는 유익균에 의해 아세트산(acetate), 프로피온산(propionate)과 같은 휘발성 지방산으로 전환되므로 칼로리가 낮다. 올리고당류는 비피더스균 등이 잘 이용하나 클로스트리듐(*Clostridium*)균들은 거의 이용하지 못하므로 선택적 이용성이 높은 당이라 할 수 있다. 충치 발생률을 낮추는 올리고당은 팔라티노오스(palatinose), 말티톨(maltitol), 팔라티니트(palatinit) 등이다. 이러한 올리고당은 뮤탄스(*S. mutans*)의 발육에 거의 이용되지 않거나 또는 타액의 pH 저하작용을 약하게 하여 충치의 원인물질이 되기 어렵다고 보고되어 있다. 올리고당의 유용성과 기능은 장내세균 개선, 배변의 개선, 장내 부패물질의 감소, 면역력의 강화와 노화방지, 간경변 환자의 증상개선, 비타민 B군의 생산 등이다. 대두, 우엉, 양파, 마늘, 바나나, 감자 등 어떤 식물에나 소량씩 함유되어 있는데 순수한 올리고당의 감미도는 설탕의 20~40% 정도이며 칼로리가 적다. 그러나 식품 속에 올리고당의 함량이 적기 때문에 충분한 양을 섭취하는 것이 어려워 공업적으로 효소를 설탕에 작용시켜 대량생산한다. ☞ 이소말토올리고당, 말토올리고당

올리고리보핵산(**oligoribonucleic acid**) 당과 염기가 인산 결합으로 이어져 있는 핵산 분해산물. 구아닌산 인산염과 이노신산 인산염으로 감칠맛과 향기 상승효과 등이 있다.

올리고펩티드(**oligopeptide**) 펩티드 결합을 이룬 작은 분자량의 단백질. 지방이 많은 음식을 먹을 때 올리고 펩티드를 함께 섭취하면 지방이 혈액 내에서 증가하는 것을 억제한다고 알려져 있다. 확실한 메커니즘은 밝혀져 있지 않지만

올리고펩티드가 장에서 지방이 흡수되는 것을 억제하고 지방이 몸에서 축적되기 전에 빨리 소화시키기 때문이라는 설명이 있다. 콩이나 밀에 이 올리고 펩티드가 많이 들어 있다.

올리브유(olive oil) 올리브나무(감람나무)의 열매로부터 채취한 기름. 올리브에는 30~70%의 기름이 함유되어 있고 압착법 또는 추출법으로 채유한다. 올리브유는 구약성서에도 기록이 있을 만큼 오래 전부터 이용되었던 식용유로서 용도가 다양하다. 생산지역은 지중해 연안과 미국이며, 우리나라에서는 전혀 생산되지 않아 전부를 수입에 의존하고 있다. 지방산의 주성분은 불포화산인 올레산(oleic acid)으로, 함량은 65~85% 정도이며, 포화지방산으로는 팔미트산이 주성분이다. 비비누화 물질은 0.5~1.3%로서 피토스테롤을 함유하고 있다. 비중은 0.908~0.914, 굴절률 1.466~1.469, 산가 0.2~0.6, 비누화가 184~196이며, 10℃에서 혼탁해지고 0℃에서 연고상태로 된다. 담황색이며 냄새가 없고 담백한 맛이 난다. 공업용으로는 비누, 섬유윤활용, 머릿기름, 포마드용, 의료용으로는 관장제, 연고, 주사용 용제로 이용된다. 식용유로는 샐러드유나 기름절임용에 주로 쓰이고, 마요네즈, 샐러드 드레싱, 튀김용 및 볶음용으로 널리 이용된다. 식용유 중에서 최고급품으로 세계적으로 귀중하게 사용되는데, 특히 그리스, 스페인, 이탈리아의 요리에 가장 널리 사용되고 있다.

올스파이스(allspice) 도금양과(科)에 속하는 열대 상록수인 올스파이스나무(pimenta dioica)의 미성숙열매를 건조시킨 것. 학명은 *Pimenta dioicalis* L.. 자메이카에서 많이 자라며, 피멘토(pimento), 피멘타(pimenta), 자메이카 페퍼(Jamaica pepper)라고도 한다. 정향, 계피, 육두구(nutmeg)를 섞어 놓은 것 같은 향을 지녀 올스파이스라는 이름이 붙었다. 후추 알보다 약간 큰 열매로 진한 갈색을 띠어 후추와 유사하여 백미후추라고도 한다. 녹색인 것을 채취하여 햇볕에 말리면 건조됨에 따라 적갈색으로 변하는 동시에 향기가 강해진다. 주방향 성분은 유제놀(eugenol)이다. 주로 통째로 햄버거, 비프 스튜 등에 사용하고 가루는 수프, 소스, 카레, 소시지, 생선, 피클, 케이크, 쿠키 등에 사용한다.

옴(ohm) 전기저항의 단위. Ω의 기호가 사용된다. 전기저항이라고 하는 양을 규정한 독일의 물리학자 옴(G.S. Ohm) 을 기념해서 명명된 단위로 CGS 전자(電磁) 단위의 10배에 상당한다. 전기측정법에 의하면 얼음의 융해온도에 있어서 질량 15.4521g, 길이 106.300cm로 균일한 절단면적을 가진 수은주의 불변전류(不變電流)에 대한 전기저항을 말한다.

와트(watt) 공률의 단위로 1초간에 1J의 일을 하는 것. 증기기관의 발명자 와트(I. Watt)의 이름에서 유래.

$$1W = \frac{1}{1000} kW = 1 joule/\sec = 10^{7} erg/\sec$$

왁스(wax) 고급지방산과 고급 알코올이 에스테르화된 것. 동물성과 식물성 왁스류로 나눌 수 있으며, 소화가 되지 않아 영양적 가치는 없다. 동식물체의 표면에 보호물질로서 수분의 증발을 방지하는 역할을 하거나 습윤해지는 것을 막는 역할도 한다. 식물체에서는 세포벽의 성분으로 잎이나 과일의 각피나 코르크층에 존재한다. 식물의 잎이나 과일의 표면에 형성하는 흰 가루가 왁스이다. 동물성 왁스는 밀랍(bee wax), 경랍(supermolceti wax)이 있으며, 식물성 왁스는 카르나우바 왁스(carnauba wax), 캔들일라 왁스(candelilla wax), 일본 왁스(Japan wax) 등이 있다.

완두(peas) 콩과(*Fabaceae*)의 1~2년초 또는 그 종자. 멘델의 유전법칙에 관한 실험에 이용한 것으로 유명하다. 완두의 원산지는 지중해 연안으로 고대 그리스 · 로마시대에 이미 재배되었다. 중국에는 5세기경에 전해졌고 우리나라에서의 재배 역사는 그리 오래지 않다. 꼬투리는 콩과 유사하나 조금 더 크고 표면이 매끄러운 편이다. 한 꼬투리에 5~6개의 종자가 들어 있으며 천립중량은 18~54g이다. 종자는 백색, 녹색, 황색으로 다양하며, 표면이 팽팽한 것도 있고 주름이 잡혀 있는 것도 있다. 완두는 탄수화물이 주성분이며 단백질도 많고 어린 꼬투리에는 비타민도 풍부하다. 완두단백질은 주로 글로불린에 속하는 레구민(legumin)이라고 하고 리신과 트립토판이 풍부하여 혼식할 경우 곡류의 부족한 아미노산을 보충할 수 있다. 지질 중에는 레시틴이 많이 함유되어 있고, 당질은 주로 전분의 형태로 존재하며, 칼슘, 인등의 무기질이 많고, 비타민 B_1, B_6, 비오틴, 콜린, 비타민 C가 풍부하다. 또한 껍질째 먹는 완두는 비타민 C와 카로틴이 다량 함유되어 있다. 그러나 통조림 가공을 위해 황산 등으로 처리할 경우 대부분의 비타민 C가 손실된다. 한방에서는 오장육부에 이롭고 몸을 조화롭게 한다 하여 보양식으로 이용하며, 또한 수용성 섬유질이 풍부하여 배변에 효과가 있다. 완두는 팥이나 강낭콩처럼 밥에 넣어 먹거나 떡 · 제과 · 제빵에 이용된다. 성숙하기 전의 푸른콩은 통조림으로 가공하여 수프, 샐러드 등에 색감을 부여하기 위한 재료로 이용된다. 어린 꼬투리는 채소로, 잎 · 줄기는 가축의 사료로 이용한다.

완충작용(緩衝作用, buffer action) 충격을 완화시키는 작용. 화학적으로는 산 또는 알칼리를 첨가할 때, pH의 변화를 적게 하는 작용을 말한다. 그 목적으로 만든 용액을 완충용액이라고 한다. 단백질 아미노산과 같은 양성 전해질, 인산염, 유기산염에는 완충작용이 있다. 된장, 간장, 식초, 술 등에도 완충작용이 있어 맛의 안정화 역할을 한다.

완화 스펙트럼(relaxation spectrum) 물체의 완화특성을 간단한 역학적 모형에 의해 나타낼 수 없을 때, 완화시간의 연속적 분포를 스펙트럼으로 나타내는 것. 완화시간의 분포도라고도 한다. 겔상 식품구조의 결합상태, 구조체의 분자의 탄성 등 분자론적으로 고찰할 때 유효하다.

완화시간(relaxation time) 점탄성체를 나타내기 위해 후크(Hooke)의 탄성요소와 뉴턴(Newton)의 점성요소를 직렬로 조합한 맥스웰 모형(Maxwell model)에서 변형이 일정할 때 응력이 처음 값의 1/e만큼 감소되는 데 요구되는 시간. 즉, 힘이 처음 값의 36.8% 붕괴하는 데 걸리는 시간을 말한다.

왕게(king crab) 절지동물 십각목 왕게과의 갑각류. 학명은 *Paralithodes camtsschaticus* Tilesius. 왕게류는 큰 집게를 가지고 있기 때문에 게로 불리는데, 실은 진정한 게류는 아니다. 한해성이며 살고 있는 곳의 깊이는 북쪽일수록 얕아 북극해에서는 약 30m, 일본의 홋카이도에서는 약 200m, 동해 남부에서는 300m이다. 살고 있는 곳의 수온은 0~10℃이다. 종류에는 왕게, 골든킹크랩, 블루킹크랩, 스칼렛킹크랩 등이 있다. 왕게는 오호츠크해, 베링해, 알래스카 연안에, 골든킹크랩은 오호츠크해, 베링해, 캐나다 연안, 일본 동북지방 연안에, 블루킹크랩은 일본의 스루가만 이북, 캄치카 반도 연안, 베링해에서 캘리포니아 연안에 분포한다. 이 종은 북태평양에서 매우 중요한 수산자원이며 통조림, 냉동품, 다리살 부분만 손질하여 급속 냉동한 상태로 저장 유통된다. 특히 다리살 속 힘줄을 빼내고 진공 포장하여 급랭시켜 저장하면 좋다. 지방이 적어 담백하고 단백질이 15%, 탄수화물, 당질도 미량 함유하고 있다. 나트륨, 칼륨, 철, 인, 칼슘 함유량이 다른 게류에 비해 풍부하며, 껍질에는 다량의 키토산 성분을 가지고 있어 수산자원으로의 가치가 크다. 게찜으로 요리하여 먹고 오래된 왕게일수록 맛있다.

왕겨(rice hull) 벼의 낟알을 찧어 현미를 만들 때(제현과정, hulling) 생기는 분쇄혼합물. 왕겨는 대부분 가축 사료나 비료로 사용한다.

왕고들빼기 국화과의 한해 또는 두해살이풀로 산채의 일종. 학명은 *Lactuca indica* var. *laciniata.* 한국, 일본, 중국 등에 분포하며 들에서 자란다. 높이 1~2m이고 윗부분에서 가지가 갈라진다. 잎은 어긋나고 타원형의 바소꼴로 길이 10~30cm로서 밑부분이 직접 원줄기에 달린다. 앞면은 녹색이며, 뒷면은 분백색이고 깃처럼 갈라진다. 갈래조각에 톱니가 있고, 상처에서 흰 유액(乳液)이 나온다. 꽃은 7~10월에 노란색의 꽃이 핀다. 이와 유사하지만 잎이 갈라지지 않고 바소꼴인 것을 가는잎왕고들빼기(for. *indivisa*), 잎이 갈라지지 않고 크며 재배하는 것을 용설채(var. *dracoglossa*)라고 한다.

왕귤 감귤류 중에서 열매의 크기가 큰 귤. 학명은 *Citrus grandi* Osebek. 말레이 반도가 원산이며, 주로 열대와 아열대에서 재배한다. 귤 중에서 가장 크고 납작한 공 모양으로 지름 약 17cm, 무게는 500g에서 2kg이 넘는 것도 있다. 그레이프프루트는 왕귤나무의 혈통을 이어 받은 것이다. 껍질의 두께는 1.5~2cm로 매우 두껍다. 과육은 연한 노란색인 것과 홍색인 것이 있으며, 겉모양도 서양배 같이 표주박 모양인 것도 있다. 과육은 달기 때문에 생과로 먹거나 설탕에 절이기도 한다.

외관(appearance) 겉모양. 식품의 모양, 색, 광택, 크기, 투명도, 윤기, 외형적인 결함 등을 판단할 수 있는 시각적 복합 요소. 색, 광택 및 윤기는 식품 표면과 조사되는 광선과의 상호작용에 의해 나타나며, 모양 및 크기 등은 식품의 기하학적인 특성이고, 외형적 결함은 식품에 가해지는 물리화학적 침해에 기인한다.

외식산업(foodservice industry) 상업성의 목적으로 일반인을 대상으로 가정 외 장소에서 식사제공, 인적 서비스 제공, 분위기 연출, 식사와 관련된 편익제공 등의 생산, 판매 및 서비스 활동을 하는 산업.

요구르트(yoghurt) 살균 처리한 탈지유 또는 부분 탈지유에 유산균을 접종 배양하여 제조한 겔상의 발효유제품. 세계 장수촌 중의 하나인 불가리아의 코카서스 지방에서 오래 전부터 마셔온 유제품이다. 원료유로는 우유 외에 염소젖, 면양유(緬羊乳)가 쓰이기도 한다. 유산균은 불가리아 유산균(*Lactobacillus bulgaricus*), 스트렙토코쿠스 테르모필루스(*Streptococcus thermophilus*), 호산성 유산균(*L. acidophilus*) 등이 쓰인다. 요구르트는 유산균이 장내에서 유산의 생성으로 장내 환경을 산성화하여 독소를 생성하는 유해균의 생육을 억제하여 부패성분의 발생을 억제하는 정장작용이 있다. 그 외에도 유산균이 장내에서 각종 비타민 B군을 만들며 칼슘의 흡수를 높이는 등 좋은 효과가 많다. 요구르트는 신맛이 강하므로 과일, 설탕 등을 넣어서 만든 과일 요구르트 또는 이것을 냉동시킨 냉동 요구르트 등으로 소비되고 있다. ☞ 산유

요오드(iodine, I) 갑상선 호르몬을 구성하는 필수 영양소. 요오드는 물, 해조류, 채소 등에 함유되어 있어 결핍되는 일이 드물다. 그러나 결핍되면 갑상선종이 되는데 이는 바다와 멀리 떨어진 지역에 사는 사람들에게 흔하다. 하루에 150~200μg을 섭취해야 한다.

요오드란(一卵) 사료에 해조 등의 요오드를 섞어 닭의 몸을 통해서 알로 이행시킨 달걀. 보통 알의 약 20배의 요오드를 함유하고 있다.

요인분석(要因分析, factor analysis) 다변량 분석기법 중의 하나로 많은 수의 변수를 적은 수의 요인으로 줄이는 데 가장 흔히 사용되는 분석방법. 변수 사이의 상관계수(相關係數)의 모임, 즉 상관행렬(相關行列)을 간단한 인자행렬로 변환하는 일련의 수학적 조작을 가리킨다. 인자분석법은 여러 변수들 사이의 상관관계를 기초로 하여 정보의 손실을 최소화하면서 변수의 개수보다 적은 수의 요인(factor)으로 자료 변동을 설명하는 다변량 통계기법이다. 줄어든 요인들은 변수와 높은 상관관계를 나타낸다. 요인분석의 목적은 실험적으로 측정한 변수를 나타낼 수 있는 소수의 요인을 찾아내는 데 있다. 이런 작업이 필요한 이유는 측정한 특성이 중복되고 필요하지 않은 것들이 있어, 이런 불필요한 변수를 소수의 요인에 포함시켜 측정 결과를 간략하게 보고할 수 있다. 소수의 요인들은 개개의 변수보다도 패널 요원이 판정하는 품질 차이를 통계적으로 잘 반영할 수 있다.

요충(*Enterobius vermicularis*) 맹장부위에 기생하는 기생충으로 암컷이 밤에 항문 밖으로 기어 나와 항문주위의 피부에 산란을 하고 죽는다. 항문에서 경구로 직접 감염되며, 먼지와 함께 공기를 통해 흡입되기도 하고, 항문주위에 산란된 충란이 부화하여 다시 항문을 통하여 장내로 들어가 성충으로 발육하기도 한다. 접촉 감염성이 있으며, 특히 어린이의 감염률이 높고 인구밀집지역, 즉 도시에서 많이 발생한다. 항문주위 가려움증, 발적, 종창, 화농. 야뇨증, 불면, 불안 등의 증상을 보인다.

용설채 국화과의 한해 또는 두해살이풀로 산채의 일종. 학명은 *Lactuca indica* var. *dracoglossa*. 왕고들빼기의 일종이다. 잎이 갈라지지 않고 크며 재배하는 것을 말한다. ☞ 왕고들빼기

용제(溶劑, solvents) 착색료, 착향료, 보존료 등을 식품에 첨가할 경우 잘 녹지 않으므로 용해시켜 식품에 균일하게 흡착시키기 위하여 사용하는 물질이다. 현재 허용되어 사용하고 있는 것

ㅇ

에는 글리세린(glycerine)과 프로필렌 글리콜(propylene glycol)이 있다.

우렁쉥이 ☞ 멍게

우롱차(烏龍茶) 녹차와 홍차의 중간적인 성질을 가진 반발효차. 발효를 중간 정도 한 후에 볶아서 건조한 것이며, 달인 물은 진한 주황색으로 향기가 매우 좋다. 중국 특유의 달이는 법이 따로 있으나, 보통은 홍차와 같은 방법으로 달여서 단맛을 가미해서 마신다. 원래는 중국에서 만들어졌으나, 1890년경부터는 타이완(臺灣)에서 생산하게 되었다. 6~8월 사이에 난 새싹을 사용하며, 제품의 빛깔이 까마귀같이 검으며, 모양이 용(龍)같이 구부러진 데서 연유하여 붙여진 이름이다.

우뭇가사리(agar) 우뭇가사리과에 속하는 다년생의 홍조류. 학명은 *Gelidium amansii* L.. 한국, 일본, 인도네시아에 분포하며 우리나라에서는 서·남해안과 제주도에 분포한다. 홍갈색의 가지를 많이 친 나뭇가지 모양으로 전체 길이는 10~30cm이다. 채취 시기는 여름이다. 성분은 수분 20.1%, 단백질 2.3%, 무기질 2.9%, 나머지는 탄수화물로 74.6%이다. 탄수화물은 한천질로 이루어져 칼로리가 거의 없다. 무기질로는 칼슘, 철이 많다. 한천은 우뭇가사리를 끓여서 나오는 즙을 분리하여 만든다.

우스터 소스(Worcester sauce) 채소·향신료(고추·육계·후추·육두구·샐비어)를 삶은 국물에 소금·설탕·빙초산 기타 조미료를 첨가한 식탁용 소스. 1850년경부터 영국의 우스터시(市)에서 판매되었기 때문에 이러한 이름이 붙었다. 주재료인 양파·당근·다시마에 물을 부어 푹 삶아 거른 후 당밀·물엿·소금·캐러멜·인공감미료 등을 넣어 끓인 후 향신료 추출액을 넣고 식초, 화학조미료, 점증제 등을 넣은 것이다. 병조림 소스로서 장기간 보존할 수 있다.

우엉(great edible burdock) 국화과(compositae)의 두해살이쌍떡잎식물. 학명은 *Arctium lappa* L.. 한자명은 우방근(牛蒡根), 악실근(惡實根), 우방자(牛蒡子)이다. 원산지는 지중해 연안에서 서부아시아에 이르는 지역이다. 일본에서 많이 재배한다. 식용으로 하는 뿌리는 길이가 1.5m정도이고 단단하며 향기가 있다. 품종으로는 뿌리가 길고 굵은 농야천과 육질이 좋고 뿌리가 짧은 사천 등이 있다. 성분으로 수분은 80.3%로 다른 채소에 비해서 비교적 적으나 탄수화물은 14.2%로 많으며 주로 이눌린(inulin)이 함유되어 있다. 이눌린은 소화흡수가 어려운 다당류로 당뇨에 좋다. 조섬유는 1.3%, 무기질은 1.0% 함유되어 있다. 지방은 0.1%로 작으며 팔미트산(palmitic acid)이 약간 들어 있다. 아미노산 중에서 아르기닌(arginine)이 풍부하다. 또한, 특수성분으로 플라보노이드(flavonoid)계의 루틴(rutin)이 함유되어 있다. 우엉을 삶을 때 청색으로 변하는 것은 우엉에 함유된 칼륨, 칼슘, 마그네슘 등의 알칼리성 무기질이 용출되어서 안토시아닌(anthocyanin)계 색소를 청색으로 변화시키기 때문이다. 특히 곤약과 함께 삶으면 곤약 중의 석회염에 의해 청변 현상이 심해진다. 또한, 우엉은 껍질을 벗기거나 잘랐을 때 갈색에서 흑색으로 변하는 데 이 같은 현상은 우엉에 함유된 탄닌(tannin)계의 폴리페놀(polyphenol) 화합물이 갈변효소의 작용에 의해 산화되기 때문인데, 이를 방지하려면 식초를 이용하는 것이 좋다 우엉을 식초물에 담가두면 변색되지 않을 뿐 아니라 떫은맛도 제거된다. 유럽에서는 이뇨제와 발한제로 쓰고 종자는 부기가 있을 때 이뇨제로 사용하며, 인후통과 독충(毒蟲)의 해독제로 쓴다. 조리법으로는 우엉은 찢어서 소금이나 간장에 설탕과 함께 졸여서 일본의 김초밥, 우리의 김밥의 속재료로 이용하거나, 밑반찬에 이용한다. 또한, 채친 후 기름에 볶은 우엉나물, 어슷하게 썰어 살짝 데친 후 김치 양념한 우엉김치, 얇게 썰어 계란 밀가루를 입혀지진 우엉전 등이 있으며 그 외에도 장아찌로도 이용한다. 우엉잎도 식용하는데, 주로 쪄서 쌈으로 먹거나, 찹쌀풀을 발라 튀겨 우엉잎부각으로 이용한다. 좋은 우엉은 탄력이 있고 매끈하며 껍질에 흠이 없는 것이다. 우엉을 다듬거나 요리하고 나면 손에 검은 물이 들어 잘 지워지지 않는 데 이때는 식초로 닦아내고 다시 물로 씻으면 깨끗이 닦인다.

우유(牛乳, milk) 포유동물의 유선에서 분비되는 불투명한 흰색의 액체. 우유는 양질의 단백질, 비타민과 무기질을 함유하고 있어 영양적으로 우수한 식품일 뿐만 아니라, 우유 성분들의 기능적 성질이 우수하여 조리 및 가공에 많이 이용되고 있다. 식용하는 젖의 종류로는 소젖 즉 우유 외에 양젖, 염소젖, 물소젖 등이 있다. 우리나라의 젖소 품종은 홀스타인(Holstein)종이 대부분을 차지하고 있는데, 다른 종에 비해 수분이 많고 흰색이다. 성분은 젖소의 품종, 연령, 계절, 사료 등에 따라 달라진다. 일반적으로 우유 고형분의 함량은 12~13%이며, 탈지 고형분의 함량은 약 8.5~9.0%이다. 계절적으로 가을에서 겨울에는 고형분 함량이 높고 봄에서 여름에는 묽어진다. 일반 성분은 수분 85~89%, 단백질 2.7~4.4%, 지방 2.8~5.2%, 탄수화물 4.0~4.9%, 회분 0.5~1.1%로 구성되어 있다. 성분 중에서 유당과 회분의 함량은 변화가 적으나 지방과 단백질 함량은 변화가 크다. 특히, 초유는 고형분 함량이 20% 정도로 높고 지방과 단백질, 특히 글로불린 함량이 많고 회분 특히 철 함량이 높으며 면역체가 함유되어 있다. 유단백질은 우유의 3~4%이며 크게 두 종류로 나뉜다. 열에 의해서는 잘 응고되지 않으나 산이나 레닌(rennin)에 의하여 응고되는 카세인 단백질과 카세인이 응고될 때 상층액에 존재하는 유청단백질이다. 무기질로는 칼슘, 칼륨, 인이 주성분을 이루고 있을 뿐 아니라 칼슘과 인의 비율이 1 : 1.1~1.2로 칼슘의 흡수율이 매우 높아 우수한 칼슘의 공급원이 된다. 그러나 철의 함량은 낮다. 대부분의 비타민이 우유에 존재하는데, 지용성 비타민으로는 비타민 A, D, E, K 등이 있고 수용성 비타민으로는 B_1, B_2, B_6, 나이아신, 비오틴, B_{12}, C, 엽산, 콜린(choline) 등이 함유되어 있다. 특히, 한국인에게 부족하기 쉬운 비타민 B_2(리보플라빈)가 우유에 많이 들어 있다. 우유는 수분함량이 높으나 농축하여 연유를 만들 수 있으며, 또한 건조하여 만든 분유는 저장과 보관이 용이할 뿐 아니라, 음식제조 시 첨가하면 단백질과 무기질 함량이 높아 음식의 영양가를 높일 수 있다. 또한 우유를 가공하여 다양한 지방함량을 가지는 크림, 버터, 요구르트, 버터 밀크, 아이스크림, 치즈 등의 유제품을 만들 수 있다. 우유는 음료로서 이용될 뿐만 아니라 수분 함량이 87%로 높기 때문에 케이크, 빵, 크림 수프 같은 음식을 만들 때 물 대신 사용된다. 수프, 소스 등에 주로 이용되어 순하고 부드러운 촉감을 낸다. 우유 중의 칼슘 이온은 단백질의 겔 강도를 높여주는 작용을 하며 커스터드, 푸딩, 한천 겔 등을 이용한 요리에 첨가하면 맛을 증진시키고 부드러움과 조직감을 좋게 만든다. 우유를 넣어 주면 빵이나 케이크를 굽는 동안 아미노 카르보닐 반응에 의해 먹음직스런 갈색과 구수한 향을 부여해 준다. 또한 우유의 콜로이드는 생선이나 육류의 비린내나 좋지 않은 냄새를 흡착하는 작용이 있다. 카세인 단백질은 산이나 레닌에 의해 응고되는 성질이 있어 발효유나 치즈 제조에 이용한다. 유청단백질은 40℃ 이상의 온도에서 가열하면 응고되어 피막을 형성하거나 냄비바닥에 눌러 붙는데 이러한 현상은 교반함으로써 방지할 수 있다. 우유를 80℃ 이상으로 가열하면 β-락토글로불린(β-lactoglobulin) 또는 지방구막 단백질이 열 변성되기 때문에 함황 아미노산으로부터 유리된 -SH기에서 휘발성 황화물과 황화수소가 생성되어 특유의 가열취가 발생한다. ☞ 레닌, 발효유, 버터, 치즈

우지(beef tallow) 무취, 무미, 유연함이 특징인 흰색 지방으로 소의 허리와 신장 주변에 있는 지방조직으로부터 채취한 굳은 지방. 비중 0.893~0.904, 굴절률 1.448~1.460, 비누화가 190~202, 요오드가 35~50, 비비누화물 1.2% 이하. 주요성분은 팔미트산과 스테아르산과 같은 포화지방산이며, 올레산도 다량 함유하고 있으나 비교적 불포화도는 낮다. 추출은 녹이거나 잘게 다진 지방조직을 큰 통에 넣고 끓이거나 수증기 찜통에서 가열한 다음 원심분리 또는 걷어내는 방법으로 수거한다.

웅어(korean sword fish) 청어목 멸치과의 바닷물고기. 학명은 *Coilia ectenes* Jordan et al. 우리나라, 일본, 동중국해에 분포한다. 회유성 어류로 4~5월에 바다에서 강의 하류로 거슬러 올라와 갈대가 있는 곳에서 6~7월에 산란한다. 서해로 흘러드는 하천(압록강 · 대동강 · 임

진강 · 한강)의 짠물과 민물이 서로 접하는 기수역 바로 위 끝까지 올라온다. 몸길이 22~30cm이며, 몸 빛깔은 머리, 몸통, 꼬리는 회갈색이고, 배쪽은 은백색이다. 행주 웅어회는 고양시의 대표적인 먹거리로, 쫄깃하고 담백한 맛 때문에 예전에는 임금님이 드시던 진상품 중의 하나이다.

원가(cost) 특정제품의 제조 · 판매 · 서비스를 위하여 소비되는 재화나 용역의 경제적 가치. 즉 제품을 생산하는 데 소비한 경제적 가치. 원가를 구성하는 원가의 3요소는 재료비 · 노무비 · 경비로 구성되며 ① 재료비는 제품의 소비를 위하여 소비되는 물품의 원가로서 일정한 기간에 소비한 재료의 수량에 단가를 곱하여 소비된 재료의 금액을 계산한 것이다. ② 노무비는 제품의 제조를 위하여 소비된 노동의 가치로서, 임금, 급료, 잡금 등으로 구분될 수 있다. ③ 경비는 제품의 제조를 위하여 소비된 재료비, 노무비 이외의 가치로 계속적으로 소비되는 일체의 비용을 말한다.

원생동물(原生動物, protozoa) 2.0~20㎛ 정도의 크기의 단일세포성의 진핵생물. 건조에 대하여 저항성이 매우 낮으며, 엽록소를 갖지 않고 활발한 운동성이 있으며, 편모충류(flagellates), 근족충류(amoeba), 포자충류(sporozoa), 섬모충류(ciliates)가 있다. 사람의 장관에 기생하여 이질성 설사를 유발하는 *Entamoeba histolytics*는 근족충류에 속하며, 절대기생성인 포자충류 중에는 말라리아의 병원체인 *Plasmodium malariae*와 톡소플라스모시스(toxoplasmosis)의 원인생물인 *Toxoplasma gondii* 등이 포함되어 있다.

원추리 백합과의 여러해살이풀로 산채의 일종. 학명은 *Hemerocalis fulva* L.. 넘나물이라고도 한다. 동아시아 원산으로서 한국, 중국 등에 분포하며, 야산이나 높은 고산지대에도 자란다. 모양은 백합과 비슷하며 꽃은 노란색으로 7~8월에 핀다. 관상용으로도 심는다. 번식은 종자나 포기나누기로 한다. 꽃이 여러 겹인 것을 왕원추리(var. *kwanso*)라고 한다. 주성분으로는 아르기닌(arginine), 아데닌(adenin), 콜린(choline) 등 아미노산류와 단백질, 섬유질, 지질, 회분, 비타민류가 포함되어 있다. 어린순은 삶아서 무침, 부침, 튀김, 국, 볶음으로 이용하며, 꽃은 중국요리에 사용된다. 뿌리는 여성의 몸을 보호해 주며, 이뇨, 황달, 소염 등의 치료약으로 쓰이고 있다.

원형질(protoplasma) 세포의 내용물로 후형질에 대해 세포의 주체를 차지하는 부분. 핵, 세포질로 되어 있고 생체의 기능을 하는 기본물질이다. 원형질은 구성성분이 수분, 무기이온, 단백질, 탄수화물, 지질, 핵산 등으로 점성이 높은 콜로이드이다. 수분이 가장 많이 함유되어 있으며 85~90%이다. 무기이온은 pH를 일정하게 하거나 삼투압을 조절하는 것 이외에 단백질, 탄수화물, 지질과 결합해서 원형질의 구성성분이 되고 있다. 원형질막은 세포의 원형질과 바깥의 경계를 이루는 막이다.

원형질 분리(plasmolysis) 세포를 세포내액의 삼투압보다도 높은 삼투압을 가진 액에 넣었을 때, 세포 내의 물이 세포막 밖으로 이동하여 원형질 부분이 세포벽에서 분리되는 현상. 원형질이 분리된 세포가 등장용액에서 원상태로 되는 현상을 원형질 복귀라고 한다. 세포벽이 없는 동물세포나 죽은 식물세포에서는 이런 현상을 볼 수 없다. 세포를 어떤 농도의 용액에 담갔을 때, 세포내액과 외액과의 삼투압이 같으면, 세포의 팽압은 제로이며, 이 상태를 한계원형질분리라고 한다. 즉, 세포의 삼투압보다도 높은 삼투압의 용액에 담글 때 원형질 분리가 일어나게 된다. 진한 설탕용액이나 식염수에서 급격히 식품을 익히면, 세포 내의 수분이 나와서 식품은 주름진 상태가 된다. 설탕에 절인 밤을 만들 때, 20% 정도의 당용액으로 시작하여 30% 이상까지 점점 농도를 높여 가는 것은 밤이 쭈글쭈글해지는 것을 막기 위해서이다. ☞ 세포, 삼투압

월계수잎 녹나무과의 상록수의 잎. 감람나무 잎이라고도 한다. 학명은 *Laurus nobilis* L.. 지중해 연안이 원산지. 고대 올림픽에서 승자에게 월계수잎이 달린 가지로 만든 관 즉, 월계관을 머리에 씌어주어 명예를 상징하였다. 월계수나무는 높이 약 15m이며 가지와 잎이 무성하다. 잎은 단단하고 긴 타원형으로 길이 약

8cm, 나비 2~4cm이고 진한 녹색이며 달콤한 향기가 난다. 신선한 상태 또는 건조시켜 사용하는데, 말린 잎은 베이 리프(bay leaf)라고 한다. 생잎은 약간 쓴맛이 있으나 건조시킨 잎은 달고 독특한 향기가 있어서 서양요리에는 널리 쓰이는 향신료이다. 주 정유 성분은 유게놀이다. 식욕을 촉진시킬 뿐 아니라 방부력도 뛰어나므로 소스, 소시지, 피클, 수프 등에 쓰이고 생선, 육류 등의 요리에, 특히 스튜나 쇠꼬리 수프에 많이 이용된다. 또한, 양고기의 냄새를 없애거나 갈비 절임에 좋다. 열매와 잎은 건위제로도 사용해왔다.

월귤나무 진달래과의 관목에 속하는 종류. 블루베리와 크랜베리가 있다. 과실은 구형 또는 달걀형이며 익으면 껍질은 자흑색이나 적색이고 표면에 하얀 분이 난다. 즙이 많고 달고 약간 시다. 잼이나 설탕절임으로 이용한다.

웨버의 법칙(Weber's law) 웨버, 페히너에 의한 자극과 지각의 관계에서 심리적인 강도를 비교함에 있어서 산술적인 차이보다는 강도의 비율로서 지각된다는 물리학상의 법칙. 웨버 공식은 $\triangle S/S=K$로서 어떤 자극강도 S에 대한 최소감별량 $\triangle S$는 S에 거의 비례하여 증대하며 $\triangle S/S$를 웨버비라고 하고 K는 웨버 계수라고 한다. 이후 페히너(Fechner)는 자극의 모든 범위에서 웨버 법칙이 성립하는 것으로 하여 지각과정의 강도(R)는 자극의 대수에 비례한다고 하는 다음과 같은 웨버-페히너 법칙을 세웠다. $R=a\log S+b$(여기서 R은 심리적 단위, a, b는 정수). 그러나 현재에는 S의 전범위에 걸쳐서 웨버의 법칙이 성립하는 것은 아니라는 것이 증명되었고, 자극과 지각과의 전반적 대응을 검출하려 한 최초의 시도라는 역사적 의의가 있는 정도로 실용적인 가치는 약화되고 있다.

위생요인(hygiene factor or dissatisfiers) 헐즈버그(E. Herzberg)의 2요인 이론 중 불만족 요인을 위생요인이라고 하며, 이는 임금(봉급), 안정된 직업, 작업조건, 신분, 경영방침, 관리, 대인관계 등 주로 직무를 둘러싸고 있는 환경과 관련된 것이다.

위생지표 세균(sanitary indicative bacteria) 식품이 위생적으로 안전한가를 판단하기 위한 목적으로 사용되는 지표 세균. 보통 대장균군, 분변계 대장균군, 장구균 등이 이에 해당된다.

위치효과(位置效果, position effect) 관능검사 시 특정위치에 놓인 시료가 다른 시료에 우선하여 특별히 선발되기 쉬운 경향.

위탁급식(contract foodservice) 단체급식의 운영형태 중 하나로 기업 또는 기관 내 일체의 급식관리업무를 외부 위탁급식업체가 대행하는 형태. 학교급식을 위한 시설과 설비를 갖추지 못한 학교의 경우 학교급식 공급업자와 계약을 통하여 학교급식을 위한 시설의 설치·운영을 위탁하거나, 조리·가공한 식품을 운반하여 위탁급식을 실시할 수 있다.

위해요소중점관리기준(hazard analysis critical control point, HACCP) 식품제조·가공공정 및 소매단위의 생산, 조리 판매에 이르는 모든 단계에서 건강상의 위해를 끼칠 수 있는 요소를 공정별로 분석하고, 각 과정에서 이들 위해물질이 해당 식품에 혼입되거나 오염되는 것을 사전에 방지하기 위하여 이를 중점적으로 관리하는 예방적 위생관리체계. 식품의 안전성을 최대한 확보하기 위하여 개발된 집중적 관리방식이다. HACCP은 특정 위해를 확인하고 효율적으로 관리함은 물론 위해를 확실히 예방하기 위한 관리체계로 본 제도. 적용에는 7원칙으로 이루어진 식품의 안전관리제도가 반드시 충족되어야 하며 이는 위해분석, 중요관리점의 설정, 관리기준의 설정, 모니터링 방법의 설정, 개선조치의 설정, 검증방법의 설정, 기록의 유지관리이다.

위해평가(risk assessment) 식품의 안전성 평가를 체계적으로 시행하기 위해 최근 미국 식품안정청에서 마련한 기준. 위해평가에는 위해성 확인(hazard identification), 투여량-반응 평가(dose response assessment), 섭취량 평가(exposure assessment), 위해확인(risk characterization)의 4단계로 설명하고 있다.

유기농산물(organic produces) 전환기간 이상 농약과 화학비료를 사용하지 않고 재배한 농산물. 유기농식품이라고도 한다. 우리나라의 친환경 농산물 품목의 하나이다. 전환기간은 여러해살이 작물은 3년, 그 이외의 작물은 2년이다.

유당(乳糖, lactose) 우유의 주요 탄수화물. 포도당과 갈락토오스로 구성되어 있는 이당류로서 약 4.8~5.0%를 차지하고 있으며, 모유에는 7% 전후의 유당이 포함되어 있다. 유당의 감미도는 설탕의 20% 정도이고 용해도가 매우 낮다. 우유에는 그 외에 소량의 포도당, 갈락토오스, 기타 올리고당 등이 존재하여 단맛을 낸다. 또한, 갈락토오스는 유아의 뇌세포 구성을 위한 중요한 성분이다. 유당은 용해도가 낮으며 당류 중 상대감미도가 가장 낮다. 아이스크림, 가당연유, 분유에서 모래와 같은 깔깔한 감촉(sandiness)이나 덩어리지는 현상은 유당이 결정화된 데 기인한다. 우유와 관련된 질병으로는 효소 결핍에 의해 유당불내증(lactose intolerance)과 유당이 전혀 분해되지 않고 그대로 소변에 섞여 나오는 유당뇨증(lactourea)도 있다. ☞ 유당불내증

유당불내증 우유를 마신 후에 복통, 설사를 일으키는 현상. 이것은 소장의 유당 분해효소인 락타아제가 결핍되어 유당이 정상적으로 소화 흡수되지 않기 때문에 생기는 것으로 동양인의 경우 성장함에 따라 락타아제가 서서히 감소하기 때문에 아이들보다 성인이 유발되기 쉽다. 우유를 성인이 될 때까지 지속적으로 마신 경우, 락타아제의 감소로 수반되는 유당불내증(不耐症)은 별로 나타나지 않는다.

유도지질(誘導脂質, derived lipids) 단순지질과 복합지질의 가수분해로 생성된 물질. 지방산들, 고급 알코올류, 스테롤류, 탄화수소, 비타민 A·D·E·K 등이 여기에 속하며 대부분이 검화되지 않는 불검화물이다.

유동체(rheological body) 유동성 혹은 물성을 가진 물질.

유바(yuba) 두유를 일정한 온도로 가열 시 형성되는 피막을 채취하여 이를 그대로 이용하거나 가공한 독특한 대두 가공식품의 하나. 두유막(soymilk film, soy protein-lipid film, SPLF)이라고도 한다. 약 1천년 전 중국의 사찰에서 섭취한 것이 시초이며, 그 후 차와 함께 다과로 애용되어 왔다. 현재 일본, 대만, 광동 일부, 말레이시아 등에서 많이 이용되고 있다. 현재 유바는 일부 가정이나 소규모 공장에서 전통적인 방법으로 제조되어 그 자체나 혹은 채소를 싸서 모양을 내어 튀겨 오르되브르(hors-d'œuvre)로 이용되며 수프나 전골에 넣거나 토핑용으로 사용되고 있다. 일본이나 중국에서 생 SPLF, 반건조 SPLF, 완전건조 SPLF 등 수분함량에 따라 3가지 형태로 생산, 시판되고 있다. SPLF의 주성분은 단백질과 지방으로 단백질 함량이 52.3%로 두부(7.8%)나 두유(3.6%)보다 높은 고단백식품이며, 지방(24.1%), 무기질(Ca : 270g, P : 590mg, Fe : 11mg) 및 나이아신, 비타민 B_1과 B_2 등 B군이 풍부하고, 11.9%의 탄수화물과 8.7%의 수분을 함유하여 100g당 432kcal의 열량을 낸다. 또 소화 흡수가 좋고 맛이 담백하여 산전, 산후, 환자들에게 권장되는 고단백식품으로 특히 대두단백질이므로 콜레스테롤 섭취가 제한되는 고혈압환자나 비만, 당뇨병 환자에게 유용할 것으로 생각된다. 유바는 보존성과 즉석성의 조리 특성을 갖고 있다. 특히 건조 SPLF는 그 보존 기간이 길며, 조리 시 물에 7~8분 담가 두면 원래의 생것으로 되고 기능성도 우수하다. 여러 가지 재료와 함께 조리 시 정미성분을 흡수하는 작용이 뛰어나고, 식감과 풍미가 독특하며, 텍스처(texture) 식품으로나 인조육의 재료로, 가식성 포장 피막으로도 이용 가능성이 높다.

유부(deep-fried soybean curd) 일반 두부를 단단하게 만들어 이것을 수분이 적도록 압착하여 얇게 잘라 기름에 튀겨낸 두부. 튀김두부라고도 한다. 일본에서 기름으로 튀긴 요리가 등장한 것은 1560년이며 1782년에 출판된 『두부백진』(두부의 백가지 진미)에 두부를 튀겨 이용한 요리가 기록되어 있는 것으로 보아 이 때 이미 유부는 꽤 널리 보급되었던 것으로 생각된다. 식물성 기름 중 비자나무에서 추출한 기름이 유부와 가장 잘 어울린다고 나와 있다. 유부는 두부의 표면이 200℃에 가까운 기름에 노출되기 때문에 독특한 풍미와 두부에 없는 쫄깃쫄깃한 텍스처를 가진다. 또한 다공질로 되어 있어 양념이 잘 흡수되므로 밑반찬으로 다양하게 사용할 수 있고 표면이 단단하고 속은 비어 있어 쌈으로 활용할 수 있으며 비교적 맛이 담백해 각종 요리에 폭넓게 쓰인다. 우동,

전골요리, 유부초밥 등에 이용된다.

유산(乳酸, lactic acid) 카르복시기 · 수산기 · 메틸기 · 수소의 네 원자단이 결합한 비대칭 탄소 원자를 가지는 유기화합물. 젖산, 락트산이라고도 한다. ☞ 젖산

$$CH_3 - \underset{\displaystyle OH}{\underset{|}{CH}} - COOH$$

유산균(lactic acid bacteria) 젖산균. 유산을 생성하는 박테리아(*Lactobacillus bulgaricus*). 유산균은 19세기 말에 우유 중의 당을 특이하게 발효시켜 우유의 응고작용을 일으키는 박테리아로 분류되면서부터 본격적인 연구가 시작되었다. 유산균의 종류에 따라서는 인체에 여러 가지 유익한 작용을 한다고 하며 20세기부터 유산균을 이용한 발효식품의 개발이 시작되었다. 유산균에 속하는 세균으로서는 연쇄상구균, 페디오코쿠스, 류코노스톡, 유산간균, 비피더스균 등 수십 종에 달하고 있다. 유산균은 사람이나 동물의 소화관이나 수십 종의 농산물에 이르기까지 자연계에 널리 분포되어 있으며, 또한 요구르트, 유산균 음료, 치즈, 발효버터, 된장, 간장, 김치, 소시지 등의 식품에서 유산균 체제 등의 약품 제조나 사료 첨가제에 이르기까지 적극적으로 이용되고 있다. 유산균은 장내 병원균과 부패균의 증식을 억제하고 소화흡수를 촉진하며 변비, 설사를 예방, 개선한다. 또한 순환기 계통의 건강 유지에 도움을 준다. 암세포의 생육을 억제하고 발암물질의 생성을 억제하고 면역기능을 활성화하는 등 인체에 유익하다. 유산균을 섭취하는 가장 손쉬운 방법으로는 요구르트를 들 수 있고 의약품으로 고단위 유산균 제재를 약국에서 구입할 수도 있다. 유산균의 효과는 나이와 건강 상태에 따라 다르게 나타난다. 노인은 장내 유익균이 적어지기 때문에 유산균 함량이 많은 요구르트를 먹는 것이 좋고 어린이는 체내에 유산균이 많이 있으므로 100mL 정도의 용량이 적은 요구르트를 먹으면 되고 변비개선에 초점을 맞춘 제품보다 철, 칼슘 등 기능성 성분이 함유된 제품을 고르는 것이 바람직하다.

유산균 음료(乳酸菌飮料) 우유나 탈지유에 유산균을 발효시킨 것을 희석하여 만든 액상의 음료. 일본과 우리나라에서 많이 소비되는 액상 요구르트이다. 발효 후에 살균공정을 거치지 않아 유산균이 살아 있다. 유산균을 함유하는 제품은 균수(菌數)가 1mL 내에 100만 개 이상 있어야 한다. 저장성이 좋으며 칼피스(calpis)가 이에 속한다. ☞ 산유

유색미(colored rice) 과피에 색소를 가진 쌀. 그러나 배유에 색을 가진 쌀은 없으므로 유색미라도 완전히 도정하면 백미가 된다. 이러한 유색미는 인도 북동부의 산간지방, 중국의 남서부, 자바 섬 등 동남아시아의 산간지역에서 널리 재배되어 왔으나, 최근 우리나라에서도 유색미의 건강기능성이 알려지면서 그 수요가 증가되고 있다. 현재 우리나라에서 유색미는 색깔에 따라 흑미, 적미 그리고 적미와 색은 비슷하나 향이 강한 홍향미의 3종류로 대별되며 산지별, 품종별로 여러 종류가 유통되고 있다. 소량만 생산되고 주로 밥에 혼용하는 잡곡의 형태로만 이용되고 있다. 전 세계적으로 수집 보유되고 있는 유색미의 색은 담적색-농적색-농자갈색-흑색에 이르는 다양한 변이를 보인다. 이들 유색미는 백미에 비해 발아력 및 저장성이 우수한데 그 원인의 하나로 색소성분의 항산화력에 기인한다고 생각된다. 유색미의 색소성분으로는 적색계 쌀은 탄닌계, 자색계 쌀은 안토시아닌계 색소로 알려져 있다. 이들 적색소의 주요 성분은 주로 cyanidin-3- glucoside이며, malvidin-3-glucoside도 소량 함유되어 있다. 이들 색소성분은 산성조건에 안정하며, 열에도 비교적 안정한 편으로 최근 천연색소로의 이용이 연구되고 있다. 향미의 강한 향의 주성분은 2-acetyl-1- pyrolline이다.

유용미생물(beneficial microorganisms) 동식물의 사체를 비롯한 유기물을 분해시켜 간단한 무기물로 만들어 줌으로써 생물이 자랄 수 있거나 새로운 생물사이클이 계속되도록 해주는 미생물군을 일컫는다. 빵, 김치, 맥주, 와인, 치즈, 요구르트 등 각종 발효식품의 제조에 핵심적인 역할을 수행하는 미생물군과 페니실린과 같은 항생제를 생산하여 인체에 해로운 미생물을 사멸시키는 미생물군을 들 수 있다.

ㅇ

유의성(有意性, significance) 각 독립변수와 종속변수의 관련도가 통계적으로 유의한지 또는 각 독립변수가 종속변수에 대한 설명력을 가지고 있는지를 밝히는 것. 관측한 표본의 모습으로부터, 원래의 모집단의 모습을 파악하기 위해 어떤 기대를 가지게 되는데, 그것이 가설이고, 가설이 바른지 그른지를 조사하는 것이 검정이다. 보통 가설을 기각(부정)함으로써 우리가 기대하는 것을 주장하게 되는데 그와 같은 가설을 귀무가설(歸無假說)이라고 한다. 관측한 결과가 귀무가설의 바탕에서는 대단히 드물게 밖에 일어나지 않게 되었다면, 즉 귀무가설이 의심스럽고, 일어나기 힘든 경우가 많을 정도[이 확률을 유의수준(有意水準) 또는 위험률이라고 하고 α로 나타낸다]라면, 안심하고 귀무가설을 버려도 좋다. 이 귀무가설을 기각하는 경우를 유의하다라고 한다. 거꾸로, 유의성이 없는 경우에는 귀무가설은 기각할 수 없다. 귀무가설은 원래 실험으로부터 얻은 결과를 부정해서 세운 것이므로, 이 검증의 결과만으로는 버려질 수 없음을 나타내고 있다는 것에 지나지 않고, 측정을 반복하거나, 측정의 방법을 바꾸면 유의가 될 가능성이 있으며, 검증결과가 적더라도 그 관측 결과로부터 가설이 올바르지 않다고는 할 수 없다는 것이다. ☞ 검증

유의수준(有意水準, level of significance) 통계적 가설검증(假說檢證)에서, 가설이 참인데도 불구하고 이를 기각(棄却)하는 확률. 위험률(危險率)이라고도 한다. 귀무가설 H_0이 옳을 때, 모집단에서 추출한 임의표본(任意標本)(x_1, x_2 …)의 함수로서 정한 어떤 통계량의 실현값이 미리 결정한 영역(기각역)에 포함될 확률이다. 이 때 가설 H_0가 옳음에도 불구하고 이 가설 H_0을 버리는 잘못을 제 1종 오류라고 한다. 가설 검정론에서는 우선 유의수준을 문제에 따라 적절히 정해야 하나, 실제로는 이 값은

5%(0.05=1−0.95)

또는

1%(0.01=1−0.99)

로 정한다.

유자(柚子, citrus, yuzu) 감귤류의 일종. 학명은 *Citrus junos* Sieb. ex Tanaka. 대표적인 조리용 감귤이다. 중국이 원산지로 국내 최대 산지는 전남 고흥이다. 모양은 편편하게 둥글며 노란색이고 무게는 130g 내외이다. 껍질의 표면은 거칠고 요철이 심하며 껍질은 두껍고 벗기기 어렵다. 즙이 많고 향기가 강하고 신맛이 강하며 씨가 많아 생과로는 먹기 어렵다. 비타민 C가 105mg%로 레몬보다 많다. 구연산은 4% 정도 있다. 주 향기 성분은 리모넨(limonene)이다. 채 썰어 화채나 설탕에 재운 후 차로 마신다.

유전독성시험(genetic toxicity test) 화학물질이 DNA에 영향을 끼쳐 돌연변이를 유발하는 것을 유전독성이라고 말하는데, 이러한 것을 기초로 하여 시험물질의 돌연변이 유발성(mutagenic) 또는 발암 가능성(carcinogenic) 여부를 *in vivo, in vitro* 실험을 통해 정성적으로 표시하려는 일련의 시험.

유전율(誘電率, dielectric constant) 전장에 유전체를 넣었을 때 생기는 쌍극자 모멘트(誘電分極)를 지배하는 정수. 진공 중의 전기 유도용량(전기변위 D / 전장 E) ε_0와 유도체를 넣었을 때의 전기유도 용량 ε의 비로, $\varepsilon / \varepsilon_0$ = KE 로 나타낸다.

유전자 재조합식품(genetically modified foods) 어떤 생물의 유전자에서 원하는 유용한 유전정보(예: 내한성, 내병성 등)를 갖는 부분을 효소 등을 사용하여 절단, 연결하여 재조합 DNA를 만들고 이것을 생세포에 이입하여 신품종을 만들거나 이 신품종을 이용하여 유용한 물질을 생산하는 기술. 품종개량에서 유전자 재조합 기술을 이용하면 목적하는 유용한 유전자를 좀 더 정확하게 도입할 수 있어 농작물 등의 계획적인 개량이 가능하도록 할 뿐만 아니라 안전성이 확인되면 식품 또는 식품첨가물로 이용할 수 있다.

유제품(乳製品, dairy products) 포유동물의 젖(주로 우유)을 가공한 제품의 총칭. 대부분의 유제품은 우유를 원료로 하여 가공되고 있다. 대체로 우유를 원료로 하여 가공 처리되는 유제품은 액상(液狀) 유제품, 지방성 유제품, 농축 유제품, 건조 유제품, 냉동 유제품, 발효 유제품,

모조(模造) 유제품 등으로 분류할 수 있으며, 각 제품별로 종류가 다양하다.

유중수적형 유화액(water in oil emulsion) 기름의 연속 상에 물이 미립자가 되어 분산되어 있는 형태의 유화액. 기름에 녹기 쉽고, 지용성 염료에 물든다. 버터, 마가린 등이 여기에 속한다. ☞ 유화액

유지류(fats and oils) 지방산의 글리세린 에스테르(triacylglycerol). 동식물에서 얻어지는 비휘발성의 미끌미끌한 유성(油性) 물질로 지방(fats)과 기름(oils)의 총칭. 상온에서 액체상태인 유지를 기름, 고체 상태인 것을 지방이라 하며, 그 차이는 단지 녹는점의 차이에 불과하다. 유지는 물에 잘 녹지 않으며 에테르, 벤젠, 클로로포름, 사염화탄소, 이황화탄소, 트라이클로로에틸렌 등에 녹는다. 또한, 대개는 석유 에테르 · 헥산 등의 파라핀계 탄화수소에도 잘 녹지만 피마자유와 같은 옥시지방산글리세리드로 이루어져 있는 것은 잘 녹지 않는다. 피마자유를 제외하고는 알코올에 잘 녹지 않는다. 1분자의 트리글리세리드는 비누화 반응에 의해 글리세린 1분자와 지방산 3분자를 생성한다. 유지는 생체의 저장 에너지로서 동물에서는 피하지방, 조직과 장기에, 식물에서는 씨와 열매에 각각 축적된다. 압착법 · 용매추출법 · 초취법(炒取法) · 자취법(煮取法) 등으로 제조 및 정제하여 식용과 공업원료로 사용된다. 식품으로 섭취하면 그대로 흡수되어 9.45kcal/g의 열량을 낸다. 유지는 필수지방산과 비타민 A, 비타민 D 등의 지용성 비타민을 포함하는 경우가 많아 영양학상으로 중요하다. W. R. 블루어(1943)는 유지를 구성성분에 따라 단순지질, 복합지질, 유도지질의 3가지로 분류하였다. 단순지질은 지방산과 알코올의 에스테르로 중성지질(triacylglycerol)과 납류(wax)로 분류된다. 복합지질은 그 밖의 원자단을 포함하는 에스테르로 인지질, 당지질과 기타의 것 등으로 분류된다. 유도지질은 이들 작용기로부터 유도된 화합물이며, 지질의 일반적인 특성을 지니고 있다. 유지의 물리적 성질은 다음과 같다. 일반적으로 비중은 0.90~0.95의 범위이며, 저급지방산 · 불포화지방산 · 옥시지방산 등을 많이 함유하는 것일수록 크고, 지방산의 불포화도가 증가함에 따라 점차 커진다. 유지의 굴절률은 대부분 1.44~1.48의 범위이며, 일반적으로 고급지방산 · 불포화지방산 · 옥시지방산 등을 많이 함유할수록 크다. 유지의 점도는 일반적으로 함유하는 지방산의 분자량이 커지면 증가한다. 예를 들면, 에루크산(erucic acid)을 다량 함유하는 유채유는 점도가 큰 부류에 속하며, 저급지방산을 다량 함유하는 야자유는 점도가 작은 부류에 속한다. 또한 함유된 지방산의 불포화도가 증가하면 점도는 감소하고 유지가 중합하게 되면 점도는 현저하게 증가한다. 유지의 비열은 0.44~0.51, 연소열은 8,860~9,500kcal이다. 일반적으로 유지의 분자량이 증가하면 연소열이 커지는데 연소열이 가장 큰 것은 피마자유이다. 유지를 공기 중에 오래 방치하면 불쾌한 냄새와 맛을 띠며 유리지방산의 함유량이 많아진다. 이 현상을 유지의 산패(rancidity)라고 한다. 산화속도는 지방산의 불포화도가 클수록 빠르다. 일반적으로 요오드값이 클수록 산화되기 쉽다. 기름은 지방에 비하여 산패하기 쉽고, 버터나 야자유와 같은 휘발성의 글리세리드를 많이 함유한 것은 빨리 산패한다. 지방산에 니켈 등의 촉매를 사용하여 수소첨가하면 불포화지방산의 이중결합에 수소가 첨가되어 녹는점이 상승하면서 고체상이 된다. 이 현상을 지방의 경화(hydrogenation)라고 하며, 이 때 얻어진 것을 경화유라고 한다. 현재 우리나라에서 소비되는 유지는 우지, 돈지, 야자유, 대두유, 유채유, 미강유, 피마자유, 팜유, 아마인유 등이 대부분을 차지한다. 유채유와 미강유 이외의 것은 수입에 의존하고 있다. 용도는 식용과 공업용이며, 공업용은 비누용, 도료용, 화장품 원료, 윤활유 및 의약용 등이다.

유지방(乳脂肪, milk fat) 우유에 함유된 지방으로 보통 2.8~5.2% 들어 있으며 평균 2~3㎛ 크기의 미세한 지방구로서 분산되어 있는데 모유(0.03㎛)보다는 매우 크다. 지방은 거의 대부분이 트리글리세리드(98%)이며, 지방산 조성은 4~22개의 탄소 길이를 가지고 있는 포화지방산과 불포화지방산으로 구성되어 있는데, 특

히 다른 지질에 비하여 부티르산, 카프로산, 카프릴산, 카프르산과 같은 저급 포화지방산 함량이 높은 것이 특징이다. 이들 저급지방산들은 우유나 유제품의 변패 시 생성되어 특유의 자극적인 냄새를 내며 버터나 치즈 등 유제품의 특징적인 향기성분이다. 우유 지방구는 수 ㎛ 정도의 둥근 모양으로 현탁(懸濁)되어 있어 우유가 노르스름하게 보인다. 또한 물보다 밀도가 작으므로 크리밍 과정에서 용기의 표면에 떠오른다. 균질화시키면 지방 입자의 수를 증가시키고 점도를 증가시킨다.

유채(油菜, **rape**) 겨자과의 두해살이풀. 학명은 *Brassica campestris* L. spp. *napus* var. *nippo-oleifera* Makino. 평지라고도 한다. 한국, 일본, 중국 등지에 분포하며 우리나라에는 주로 제주도와 남부 지방에 있다. 보통종(*Brassica napus*)과 서양종(*B. campestris*)이 있다. 보통종은 지중해 연안에서 중앙아시아 고원지대 원산으로서 꽃은 노란색이고 종자는 붉은 갈색이라서 적종(赤種)이라고도 한다. 서양종은 스칸디나비아 반도에서 시베리아와 카프카스 지방에 걸친 지역이 원산지로서, 꽃은 녹색을 띤 붉은 색이며 종자는 검은 빛을 띤 갈색이다. 한국에서 재배하는 것은 서양종이며, 1962년부터 채유작물로서 본격적으로 재배하였다. 유채의 높이는 80~130cm이고 줄기의 표면은 매끄러우며 녹색이다. 원줄기에서는 15개 안팎의 1차 곁가지가 나오고, 이 가지에서 다시 2~4개의 2차 곁가지가 나온다. 잎은 바소꼴이고 끝이 둔하다. 아래쪽 줄기에 달린 잎은 긴 잎자루가 있으며 잎 가장자리는 깊게 갈라진다. 위쪽 줄기에 달린 잎은 잎자루가 없으며 줄기를 둘러싸고 그 끝은 가늘다. 서양종의 잎은 두껍고 혁질(革質, 가죽 같은 질감)이며, 보통종은 연한 녹색이고 잎살이 비혁질이다. 줄기에는 보통 30~50개의 잎이 붙는다. 꽃은 3~4월에 총상꽃차례로 피며 가지 끝에 달린다. 십자모양의 꽃으로 배추꽃과 비슷하며 약 10cm 길이의 꽃자루를 가진 홑꽃이 핀다. 종자에는 38~45%의 기름이 들어 있는데, 15~20%의 가용성 질소와 20%가량의 단백질이 들어 있는 식용유로서 콩기름 다음으로 많이 소비하고 있으며, 깻묵은 사료나 비료로 쓴다. 종자에서 분리한 지방유를 연고기제(軟膏基劑)·유성주사약(油性注射藥)의 용제나 기계의 윤활유로 쓴다.

유채유(油菜油, **rapeseed oil**) 유채씨에서 채유한 기름. 채종유, 평지씨 기름이라고도 한다. 겨자과에 속하는 1년 또는 2년생 초본인 유채 즉 평지의 종실을 압착하고, 추출하여 얻는다. 인도, 중국, 캐나다가 주산지이며 우리나라에서는 제주도를 중심으로 한 남부지방에서 많이 생산되고 있다. 종자의 색은 녹색이지만 성숙하면 흑색 또는 적갈색으로 되며, 황색인 것도 있다. 종자에는 지질 함량이 35~50% 정도이고 에루크산(erucic acid)이 50% 함유되어 있는 것이 특색이며, 리놀레산 22%, 올레산 28%가 함유된 황색의 반건성유이다. 유채 종자에는 함황배당체인 글루코시놀레이트(glucosinolate)가 함유되어 있는데 이것은 미로시나아제(myrosinase)에 의해서 알릴 이소티오시아네이트(allyl isothiocyanate)와 갑상선비대증의 원인이 되는 물질인 옥사졸리딘 티인(oxazolidine thines)으로 분해된다. 따라서 인체에 유해한 에루크산과 함황 배당체의 함량이 적은 품종이 개발되어 보급되고 있다. 담백하고, 열에 강하고 산화가 잘 되지 않아 튀김이나 샐러드용으로 좋다. 그 밖에 조미용으로 이용되며, 경화하여 마가린의 원료로 이용되기도 한다. 다른 식물성 기름에 비하여 점도(粘度)가 높고 산화 중합성이 적으므로 윤활유 또는 절삭유(切削油) 등으로 쓰인다. ☞ 카놀라유

유청단백질 우유 중의 가용성 단백질. 우유에서 카세인을 응고시키고 남은 유청 중에 존재하는 단백질로 총 유단백질의 20%를 차지한다. 종류로는 β-락토글로불린(50%), α-락트알부민(25%), 혈청 알부민, 면역 글로불린, 효소, 프로테아제, 펩톤 등이 포함되어 있다. 유청단백질의 주요 단백질인 β-락토글로불린은 염이 전혀 존재하지 않을 때는 등전점인 pH 5.3에서 거의 용해되지 않으나, 소량의 염을 가하거나 등전점에서 먼 pH에서는 용해되는 성질이 있다. 우유에는 소량의 염이 존재하므로 산을 가하여 카세인을 응고시킬 때 β-락토글로

불린은 응고되지 않는다. α-락토알부민의 등전점은 pH 5.1이다. 우유의 혈청 알부민은 분자가 비교적 크고 다량의 시스틴을 가지고 있다. 면역 글로불린은 항생작용을 하는 당단백질이고, 초유에서의 주된 단백질로서 새로 난 송아지의 면역작용을 하며 보통 우유에서의 함량은 낮은 편이다. 유청단백질인 락트글로불린과 락토알부민은 60℃ 이상의 온도에서 가열하면 변성되고 응고되므로 우유를 직접 불 위에서 가열하면 쉽게 침전물이 냄비 밑바닥에 가라앉는다. 탈지유를 95~100℃에서 30분간 가열한 다음 산을 가하여 pH 4.6으로 조절하면 프로테아제와 펩톤을 제외한 유청 단백질의 대부분은 카세인과 함께 응고된다.

유통(**distribution**) 생산에서 소비자로 이어지는 경제활동. 기업과 생산자들은 생산된 물품을 광범위하게 분산된 소비자에게 직접 판매하기는 곤란하기 때문에 판매능력과 조직이 구비되어 있는 상인들을 선택하여 그들이 생산한 물품을 판매하게 된다. 이와 같이 제품이 생산자로부터 최종 소비자에게로 이동되는 과정에 관련된 중간상들의 집합을 유통경로라고 한다.

유해물질 인체에 해를 주는 물질. 납중독(lead poisoning), 카드뮴 중독(cadmium poisoning), 수은중독(mercury poisoning), 비소중독(arsenic poisoning), 주석중독(tin poisoning), 등을 일으키는 중금속(heavy metal), 폴리염화비페닐(polychlorinated biphenyls, PCBs), 농약, 다이옥신(dioxin), 발암성 물질(carcinogenic materials), 내분비 장해물질(endocrine disruption chemicals, EDCs) 등을 말한다.

유화(**emulsification**) 두 개의 섞이지 않는 액체를 강력히 교반하여 유화액(emulsion)을 형성하게 하는 조작. 이 때 한 액체가 작은 방울 상태로 안정하게 다른 액체에 분산되어 있다. 식품공업에서는 대부분의 경우 물과 기름을 유화시킨다. 우유와 같이 유지방이 물속에 미립자로 분산되어 있는 형태를 수중유적형 유화액 또는 O/W 에멀전(oil-in-water emulsion)이라 하는데, 이 때 유지방은 분산상이고 물은 연속상이다. 한편, 이와 반대로 기름 속에 물이 미립자 형태로 분산되어 있는 형태를 유중수적형 또는 W/O 에멀전(water-in-oil emulsion)이라 하는데, 버터와 마가린 등이 여기에 속한다. 유화액을 안정하게 유지시키기 위해서는 한 분자 내에 친수성기와 소수성기를 동시에 가지고 있는 유화제가 필요하다. 유화제의 종류로는 단백질, 레시틴과 같은 인지질, 모노(mono-) 또는 디(di-)글리세리드(glyceride) 등이 있다.

유화액(乳化液, **emulsion**) 전혀 혼합되지 않거나 부분적으로 혼합되지 않은 두 종류의 액체의 한편(분산상, dispersing medium)이 다른 쪽의 액체(분산매, dispersed phase)에 분산된 상태. 액체입자의 직경은 0.1~10㎛의 범위이다. 유화액에는 물속에 기름이 분산되 수중유적형(水中油滴形, oil in water, O/W)과 기름 중에 물이 분산된 유중수적형(油中水滴形, water in oil W/O)의 2가지 형태가 있다. 예를 들면, 우유, 마요네즈, 아이스크림 등은 수중유적형이고, 버터, 마가린 등은 유중수적형이다. ☞ 수중유적형 유화액, 유중수적형 유화액

유화제(乳化劑, **emulsifiers**) 서로 혼합이 잘 되지 않는 두 종류의 액체 또는 고체를 액체에 분산시키는 기능을 가지고 있는 물질. 이를 계면활성제라고 하며, 글리세린 지방산 에스테르(glycerin fatty acid ester)와 소르비탄 지방산 에스테르(sorbitan fatty acid ester), 인지질, 단백질 등이 이에 속한다. 유화제는 분자 내에 친수성기(hydrophilic group)와 친유성기(lipophilic group)를 가지고 있으므로 이들기의 범위 차에 의해 친수성 유화제, 친유성 유화제로 구분하고 있으며 이것을 편의상 수치로 나타낸 것이 HLB(hydrophilic-lipophilic balance)이다. 유화제는 물과 기름의 경계면에 작용하고 있는 힘(계면장력)을 저하시켜서 물 중에 기름을 분산시키거나(수중유적형), 기름 중에 물을 분산시키고(유중수적형), 분산된 입자가 다시 응집되지 않도록 안정화시키는 작용을 가지고 있다.

유효라이신(**available lysine**) 입슬론-아미노기가 유리상태로 존재하여 영양적으로 이용할 수 있는 라이신. 식품에서 아미노-카보닐반응이 일어나면 염기성 아미노산의 아미노기가 환원당

등의 카보닐 화합물과 반응하여 영양효과가 없어진다.

육계(肉桂) 녹나무과 녹나무속(*Cinnamomum*)의 신나모뮴 카시아 블룸(*Cinnamomum Cassia Blume*)으로부터 얻음. 학명은 *C. cassia.* 중국 중남부지대에서 자라며 향기는 계피보다 떨어지고 단맛도 부족하다.

육두구(肉荳蔻, **nutmeg**) 육두구는 말려서 건위제, 강장제 등으로도 쓴다. ☞ 너트메그

6탄당(六炭糖, **hexose**) 탄소수 6개의 단당류. 자연계에 홀로 존재하거나 다른 것과 결합한 형태로 동·식물계에 광범위하게 분포되어 있으며, 식품성분으로서 매우 중요하다. 알도헥소오스 중 D-글루코오스, D-만노오스, D-갈락토오스 및 케토헥소오스 중 D-프룩토오스 등이 대표적인 것이며 이 4종의 단당류는 모두 효모에 의해 발효되므로 지모헥소오스(zymohexose)라고도 한다.

융점(融點, **melting point**) 어떤 물질이 고체상태에서 액체상태로 전환되는 온도. 융해점(融解點)이라고도 한다. 유지의 융점은 일정 온도가 아니라 녹기 시작하는 온도의 범위를 가리킨다. 고체를 가열하면 분자의 열진동이 격렬해지는데, 어느 온도에 달하면 분자간의 결합이 파괴되고 고체는 융해되어 액체로 된다. 응고점의 항목에서와 같이 한천 젤라틴 겔에서는 응고 온도와 융해온도가 꽤 다르다.

▲ 여러 가지 물질의 융해점과 융해열

물질	융해점(℃)	융해열(kcal)
에틸알코올	-114.5	26.1
메틸알코올	-97.8	23.7
금	1,063	15
은	961	26.5
얼음	0	79.7
아세트산	167	47
일산화탄소	-205.1	7.18
식염	808	116
수은	-39	2.7
철	1,536	65
동	1,084	49.9
나프탈렌	80.1	337
백금	1,770	24.1

융해열(融解熱, **heat of melting**) 융(해)점에 달한 고체 1g이 동일 온도의 액체로 되기까지에 필요한 열의 양. 융점 항목에 여러 가지 물질의 융해열을 제시하였다. 융해열은 분자 간의 결합을 파괴하며 같은 온도의 액체로 되는 것에만 사용되고 온도 상승에는 사용되지 않는다. 이와 같은 열을 잠열이라고 한다.

융해점 ☞ 융점

은어(**sweet fish**) 바다빙어목 바다빙어과의 민물고기. 학명은 *Plecoglossus altivelis.* 『석왕사천』에 은광어(銀光魚)라 하였고, 『동국여지승람』「재물보」에 은구어(銀口魚)라 하였다. 몸길이 약 15cm이다. 몸은 가늘고 길며 옆으로 납작하며 몸빛깔은 어두운 청록색을 띤 회색으로 배쪽에 이를수록 그 빛깔이 연해진다. 은어는 기생충이 없어 고급 식용어로 알려졌으나 최근의 연구조사에 의하면 섬진강의 은어에 간질을 유발하는 요코가와 흡충(*Metagonimus yokogawai*)의 피낭유충(被囊幼蟲)이 기생하고 있다. 한강을 제외한 모든 하천 및 하구 부근에 서식하며 경상남도 밀양강, 전라남도 섬진강 등이 은어 산지로 유명하다. 이 외에도 일본, 타이완, 중국에 분포한다. 물이 맑은 하천과 그 하구에 서식하며 강 밑바닥에 자갈이 깔려 있는 곳을 좋아한다. 산란기는 9~10월이다.

은행(**ginkgo nut**) 은행나무목(*Ginkgoales*)에서 유일하게 살아 있는 대표적인 교목의 열매. 학명은 *Ginkgo biloba* L.. 중국이 원산지인 은행나무를 종종 살아 있는 화석이라고도 하는데, 중국과 일본에서는 옛날부터 절의 뜰에 심어왔으나 지금은 곰팡이와 벌레에 강하고 도심의 탁한 대기 속에서도 살 수 있어 아름다운 관상수로서 세계 여러 곳에서 귀중하게 쓰고 있다. 싹이 튼 지 20년 이상이 지나야 열매를 맺기 시작하는데, 할아버지가 심으면 손자가 그 열매를 먹게 된다는 뜻에서 중국에서는 공손수(公孫)라고 한다. 은행은 은빛을 띠며, '징코(ginkgo)'라는 영어 이름은 중국과 일본의 은색 견과, 은살구라는 말에서 유래한다. 은행의 열매는 고약한 냄새가 나는 외종피에 싸여 있고 속에 단단한 껍질이 있다. 그 껍질 때문에 오래 저장할 수 있고 그 안에 배유부분을 먹는다. 사람에 따라서는 은행 열매의 외종피가 피부에 닿으면 옻이 오르는데 일종의 알레르기

증세이다. 은행은 탄수화물이 38.3%로 대부분을 차지하며, 단백질과 지방이 각각 5.1%, 1.7% 함유되어 있다. 단백질은 질이 우수한 편이며, 탄수화물은 대부분이 전분이고 당분이 소량 함유되어 있다. 신경조직의 성분이 되는 레시틴과 비타민 D의 모체가 되는 에르고스테롤도 들어 있다. 은행은 아무래도 그 고유한 풍미가 특색인데, 이러한 풍미성분의 하나가 시안 배당체이다. 이 시안 화합물 때문에 때로는 중독 사건이 일어나기도 한다. 한 임상실험에서 하루에 150개 이상을 먹으면 열이 나고 토하며 호흡이 어려워진다는 보고가 있다. 은행은 굽거나 가열해서 익히면 독성이 줄고 독특한 풍미가 나기 때문에 날것으로는 먹지 않는다. 독특한 풍미 때문에 술안주로 구어 먹거나 신선로 등 여러 요리의 재료로 쓰이기도 한다. 구운 은행은 야뇨증이 있는 어린이들의 치료에 좋은 효과가 있다고 하며, 한방에서는 기름에 볶은 은행을 매일 복용하면 기침이 멎게 해 결핵 치료약으로 쓰기도 한다. 껍질을 벗겨 말린 씨를 백과(百果)라고 하는데, 폐와 위를 깨끗하게 해주며, 진해·거담에 효과가 있다. 잎에는 여러 가지 화합물이 들어 있는데, 특히 방충작용을 하는 것으로 알려진 부티르산이 있어 잎을 책 속에 넣어 두면 책에 좀이 먹지 않으며, 몇몇 플라보노이드계 물질은 사람의 혈액순환을 도와주는 것으로 알려져 있다.

은행란(銀杏卵) 사료에 은행잎을 첨가하여 사육한 닭이 낳은 알.

은행잎(ginkgo leaf) 현대의 과학적인 연구에 의하면 은행잎농축액은 고령자 치매증 방지, 혈류순환개선제등으로서 높이 평가되고 있고 세계 여러 나라에서 매우 유망한 보조제(supplement)나 의약품으로 사용되고 있다. 은행잎의 유효성분으로는 30여 종류의 플라보노이드들이 밝혀져 있다. 특히 은행잎에는 이종플라본이 함유되어 혈액순환효과가 매우 강하다고 보고되어 있다. 은행잎에 특유의 성분인 징코라이드는 혈소판활성화인자(PAF)의 활동을 저해하고 모세혈관의 확장과 혈행촉진, 혈전방지, 혈압의 조정, 뇌의 혈류량증가, 노폐물의 배설을 촉진하는 작용이 있어 노인성치매증에 유효하다고 생각되고 있다. 그러나 미시건 주립대학 칼손 박사팀이 65~84세 사이 90명의 남녀를 대상으로 4개월간 은행잎 추출물 함유 보충제를 섭취케 한 결과 기억력, 집중력을 비롯한 인지 기능 향상 효과가 없는 것으로 밝혀졌다.

음나무 두릅나무과에 속하는 상록 교목으로 산채의 일종. 학명은 *Kalopanax pictus* (Thenb.) Nakai. 가지는 회색이고 가시가 있다. 전국 각지에 널리 분포하며 주로 산지의 숲 속에서 잘 자라며 높이가 25m에 달한다. 한자명은 해동피(海桐皮)이다. 칼로톡신(kalotoxin), 칼로사포닌(kalosaponin) 등의 성분이 함유되어 있으며, 이른 봄 어린순은 개두릅 또는 엉개나물이라 하며, 가지와 껍질은 한약재 또는 육류요리 시 이용되며, 민간에서는 음나무 가지를 삶아 그 물로 식혜나 차를 만들어 마시면 신경통에 좋다고 하였으며 이 밖에도 강장, 해열, 요통, 신장병, 당뇨병, 피로회복 등에 효과가 있다.

응결(凝結, condensation) 포화증기의 압력을 증가시키거나 온도를 내리면 증기의 일부가 액화하는 현상. 응축이라고도 한다. 응결할 때는 기화열과 동량의 열량을 방출하며 이를 응결열이라고 한다. 찜이나 조림 조리 시 기화한 수증기는 저온 식품의 주변에 응결하는데 이 때 응결열을 방출하여 식품의 온도를 높이는 데 사용된다.

응고(凝固, solidification) 기체 또는 액체가 고체로 변화하는 현상. 예를 들어 물이 얼음으로 되는 것을 응고라고 하며 난백 용액을 가열하면 단백질이 응결하는 것도 응고라고 한다.

응고점(凝固點, solidifying point, freezing point) 액체 또는 기체가 고체로 변하여 응고할 때의 온도. 액체의 응고점은 융해점과 기체의 응고점은 승화온도와 완전히 일치한다. 응고할 때 방출하는 열량을 응고열이라고 하며 이것도 융해열과 같다. 물이 얼음으로 될 때의 응고점은 0℃이고 응고열은 80cal/g이다. 응고점은 압력과 함께 상승하는 경향이 있으며, 응고하여 밀도가 낮아지는 물질에서는 강하하는 일도 있다. 예를 들면 물의 응고점은 1기압에서는 0℃이나 150기압에서는 −1℃로 된다. ☞ 융점

응고제(凝固劑, **solidifying agent**) 두부 제조 시와 같이 응고시킬 목적으로 첨가하는 물질. 예를 들어 두유에 염화마그네슘, 황산칼슘 또는 글루코노-δ-락톤(glucono-δ-lactone : GDL) 등을 첨가하여 대두 단백질인 글리시닌을 응고시킨 것이 두부이다.

응력(應力, **stress**) 어떤 물질에 외부의 힘이 가해졌을 때, 그 힘에 저항하여 물질의 형태를 원상태로 유지하기 위하여 물체 내부에 생기는 내적인 힘. 변형력(變形力)이라고도 한다. 단면이 균일한 막대기의 양끝을 p라는 힘으로 잡아당겼다고 하면 이 힘 p에 의해 막대기는 늘어나며, 더욱 세게 당기면 마침내 부러지고 만다. 이 힘 p에 대해 막대기 속의 수많은 미세입자 간의 작용과 반작용이 저항한다. 이 내부의 힘은 눈에 보이지 않지만 만일 막대기를 축에 수직인 단면 q로 절단하였다고 하면, q의 아랫부분은 하단에 외부의 힘 p가 작용하고 있고, 상단에는 윗부분의 여러 입자에서 아랫부분의 여러 입자로 내부의 힘이 작용하고 있다. 이 내부의 힘은 단면 q에 고루 분포하여, 그 단면적 전부는 마치 하단에 작용하는 외부의 힘 p와 같은 크기로 되어 있다. 따라서 물체 내의 어떤 단면을 생각하면 이 단면에는 크기가 같고 방향이 반대인 1쌍의 내부의 힘이 작용하고 있는 셈이 된다. 이 1쌍의 내부의 힘을 응력(변형력)이라 한다. 응력은 작용하는 하중(荷重)의 종류에 따라 전단응력(剪斷應力)·인장응력(장력이라고도 함)·압축응력으로 나눈다. 전단응력은 단면에 평행인 응력(접선 성분)으로 접선응력이라 하고, 인장응력과 압축응력은 단면에 수직인 응력(법선 성분)으로 수직응력 또는 법선응력이라고도 한다. 응력의 세기는 단위면적당의 힘으로 나타내는 것이 일반적이다. 외력을 p, 단면적을 A, 응력을 σ라 하면 $\sigma = p/A$이며, 그 단위는 kg/cm^2을 사용한다. 일반적으로 물체 내의 동일점에서의 응력이라도 면의 방향에 따라 그 종류나 세기가 다르다.

응력 완화(應力緩和, **stress relaxation**) 자극을 가해 물체에 일정한 변형을 순간적으로 부여했을 때 응력의 시간적 변화현상. 예를 들어 추잉검을 잡아 늘이면, 처음에는 힘이 들지만 그 늘어남(신장)을 일정하게 유지하는 데에 필요한 인장력(引張力)은 점차로 작아져서 결국에는 힘을 가하지 않아도 그 늘어남을 유지하게 된다. 이와 같이 일정한 변형을 유지하는 데 필요한 힘의 감소현상을 나타내는 응력완화곡선으로부터 역학 모형의 해석, 점탄성 정수의 산출, 완화 스펙트럼 등을 구할 수 있다.

응석(凝析, **precipitation**) 액체 또는 기체 속에 분산하고 있는 미립자가 집합하여 큰 입자가 되는 현상. 소량의 전해질을 가하면 전하는 중화되어 반발력이 없어져 입자가 집합 침강하는 현상을 말한다. 커스터드 푸딩에 이용되는 우유는 그것에 들어 있는 칼슘염의 응석작용에 의하여 겔 강도를 높인다.

응석력 응석을 일으키는 데 필요한 최소농도(mM/l)인 응석가의 역수(逆數). 현탁액에서 소수성 졸은 소량의 전해질을 첨가 시 입자의 전하가 중화되어 응집하며 응석을 일으킨다. 이 경우, 전하를 중화하는 이온의 이온가가 클수록 소량의 이온에 의해 응석이 일어난다. 이온가와 응석력과는 비교할 수 없다. 예를 들면 AsS_3졸에 관하여 $Na^+ : Ca^{2+} : Al^{3+} = 1 : 80 : 500$이라고 하는 것과 같은 예가 알려져 있다.

응집(凝集, **coagulation**) 분산하고 있는 콜로이드 입자가 집합하여 큰 입자로 되는 현상. 응집으로 생성된 대형의 입자가 침전하는 현상을 응석이라고 한다. 소수성 졸(hydrophobic sol)은 응집하기 쉽고, 특히 기체상의 졸에서는 자연에 방치해도 응집해서 입자가 침강하기 쉬워진다.

응집성(凝集性, **cohesiveness**) 어떤 물체를 형성하는 내부 결합력의 크기. 관능적으로 직접 평가하기 어려우므로 이차적인 특성인 부서짐성, 씹힘성, 껌성 등으로 평가한다.

의가소성 유동(擬可塑性 流動, **pseudoplastic flow**) 항복치를 나타내지 않고 전단응력의 크기가 어떤 수치 이상일 때 전단속도의 증가에 따라 전단응력의 증가폭이 점차 감소하는 유동. 요구르트를 천천히 교반하면 흐름에 대한 저항이 크며, 급속히 교반하면 저항이 줄어드는 현상을 말한다. 그 외에 참마를 간 액, 전분풀, 한천 용액, 젤라틴 용액, 펙틴 용액이 같은 현상을 나타낸다. ☞ 비뉴턴 유체

ㅇ

의미분화법(semantic differential method) 1959년 미국의 심리학자 찰스 오스굿이 고안한, 개념의 의미내용을 분석하는 방법. 의미미분법이라고도 한다. 일반적으로 강하다–약하다, 크다–작다와 같이 반대되는 의미의 형용어를 짝지은 평점척도를 10~50개를 사용하여 어떤 개념, 즉 과자의 경도라고 하는 말이 우리에게 연상시키는 강도의 크기를 척도상에서 평점을 주어 나타내게 한다. 과자의 경도는 일반적으로 대단히 강하다, 또는 대단히 약하다라고 하는 평점(評點)이 주어지는데, 이 평점의 프로필이 어떤 과자의 경도라고 하는 개념의 의미내용을 분석한 것이 되는 것이다. 문제는 평점척도의 선택방법인데, 오스굿 등은 좋다–나쁘다, 크다–작다, 혹은 활발함–활발치 않음으로 대표되는 활동성의 3차원이 가장 중요하다고 하였다. 그들은 이 방법을 사용하여 정치상의 지도자들이 일반 대중에게 어떤 의미로 받아들여지는지를 분석하려고 하였으며, 평점대상은 반드시 언어적 개념이 아니라도 된다. 식품의 관능검사에서 이용되는 평점법(scoring)은 이 다양한 척도를 이용하여 식품의 관능적 상태를 표현하므로 의미분화법과 상통한다고 볼 수 있다.

의사결정(decision making) 경영관리기능을 수행할 때 필요한 활동으로 조직의 목표 달성 및 문제해결 과정에서 다양한 대안을 탐색하고 평가하여 가장 최선의 안을 선택하게 된다. 의사결정의 유형은 계층과 범위에 따라 기업 내부보다는 외부 환경과의 관계에 관한 결정인 상위 경영층의 전략적 의사결정(strategic decision), 전략적 의사결정을 실현하기 위하여 자원을 조직화하는 중간 관리층의 관리적 의사결정(administrative decision), 일상적 업무를 효율적으로 수행하기 위한 하위 관리층의 업무적 의사결정(operational decision)으로 구분할 수 있다. 의사결정의 내용에 따라서는 일상적으로 반복되어 일정한 절차나 규칙이 정해져 있는 정형적 의사결정(programmed decision)과 전례가 없거나 비일상적인 내용이어서 직관과 판단에 의존하게 되는 비정형적 의사결정(unprogrammed decision)으로 구분할 수 있다.

의사소통(communication) 발신자로부터 수신자가 이해할 수 있는 상태로 수신자에게 정보가 전달되는 과정. 즉 공통의 목표를 달성하기 위해 사람들을 조직 내에서 서로 연결하는 수단으로 의사소통 경로의 주요소는 발신자(sender), 메시지 전달 채널(channel), 수신자(receiver)의 세 가지이다.

이노신산(inosine 5'-monophosphate:5'-IMP) 육류나 어류에 함유된 구수한 맛 성분. 공업적으로 이노신산 나트륨이 제조되어 조미료로 사용된다. 구아닐산 나트륨도 이노신산 나트륨과 같은 맛을 낸다. 이들은 단독으로 사용될 때보다 글루탐산과 함께 사용하면 상승효과가 있다.

이눌린(inulin) 프룩토오스의 중합체. 주로 돼지감자에 들어 있고 우엉에는 약 8% 함유된 다당류이다. $(C_6H_{10}O_5)n$의 구조로 프룩토오스가 β–1,2 결합으로 30~40개 중합하여 사슬의 환원 말단에 1개의 글루코오스가 수크로오스와 같은 α–1,2 결합으로 결합되어 있다. 전분에 비해 중합도가 낮으므로 냉수에도 약간 용해되며 열수에는 잘 녹는다. 인체의 체내에서는 소화되지 않아 난소화성 다당류이다. 산과 염기가 가열하거나 이눌라아제를 작용시키면 가수분해하여 전부 프룩토오스가 된다.

이당류(二糖類, disaccharides) 2분자의 단당류가 글리코시드 결합한 당에 대한 총칭. 환원성을 가지고 있는 것이 많지만 카르보닐기가 서로 결합한 설탕(수크로오스)이나 트레할로오스(trehalose)와 같은 비환원당도 있다. 환원성 이당류는 변선광을 나타낸다. 말토오스, 트레할로오스 등은 같은 단당류로 구성되어 있으므로 호모 이당류라 하고, 수크로오스, 락토오스 등은 구성 단당류가 서로 다른 헤테로 이당류로 구별한다. 비오스(biose)라고도 한다.

이동평균법(moving average method) 최근 일정기간 동안의 기록을 평균하여 수요를 예측하는 방법. 즉 새로운 기록이 발생할 때마다 가장 오래된 기록을 제외시키고, 최근의 기록평균만을 가지고 산출하며, 단순이동평균법과 가중이동평균법이 있다.

이성화당(isomerized fructose) 포도당에 이성화효소를 작용시켜서 과당으로 이성화시킨 당.

ㅇ

설탕이나 포도당보다 단맛이 강해서 과자나 청량 음료수, 통조림 등에 이용된다. 포도당과 과당은 분자식이 동일하나 성질이 다른 화합물인데 이 같은 관계의 물질을 이성체라고 한다.

이소말토올리고당(isomaltooligosaccharide) 분지올리고당으로 α-1,6 결합이 한 개 이상 존재하는 올리고당. 이소말토오스, 이소말토트리오스 및 말토실말토오스(6-O-maltosyl maltose)가 주성분이다. 청주, 된장, 간장 등의 발효식품에 함유되어 있으며 식품에 맛을 부여하는 당질로 알려져 있다. 소당류에 β-아밀라아제를 작용시켜 말토오스를 얻고 트랜스글루코시다아제(transglucosidase)를 작용시켜 이소말토올리고당을 얻는다. 이소말토올리고당은 보습성, 방부성이 우수하고 단맛의 개선, 전분노화 방지에 효과적이어서 가공식품에 폭넓게 사용된다. 주된 용도는 과자, 음료, 캔디 등에 주로 사용되며 감칠맛의 부여로 인한 미각의 개선효과가 인정되어 고급 식초, 케이크 등에도 사용이 확대되고 있으며 충치발생의 주원인이라고 생각되는 불용성 글루칸의 생성을 억제하는 효과들이 알려지면서 이러한 특성을 이용한 상품이 다양하게 개발되고 있다. ☞ 올리고당

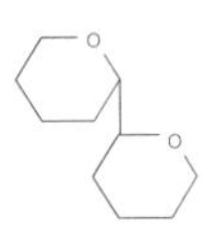
이소말토트리오스

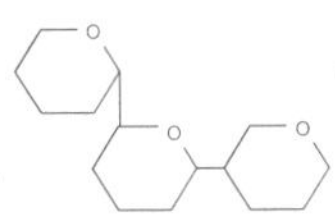
파노오스

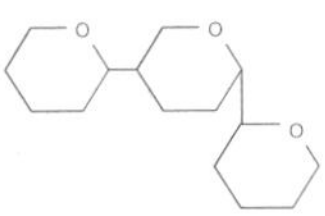
이소파노오스

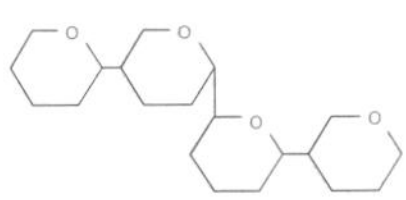
분리말토테트라오스

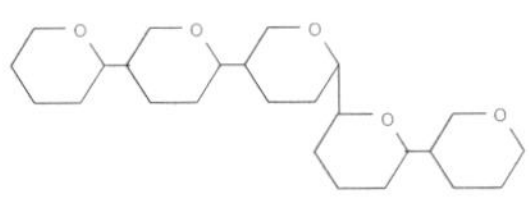
분리말토펜타오스

이소티오시아네이트(isothiocyanate) 효소 미로시나아제에 의하여 시니그린으로부터 생성되는 자극성의 향미물질 ☞ 알릴이소티오시아네이트

이소프레노이드(isoprenoid) 탄소수가 5개인 이소프렌 단위[isoprene(C_5H_8) unit]의 축합에 의하여 생긴 물질로서 탄소골격을 갖는 화합물의 총칭. 동식물계에 널리 분포한다. 테르페노이드, 스테로이드, 카로티노이드는 이 그룹에 속하고 동일한 생합성 메커니즘에 의해 합성된다.

이소플라본(isoflavone) 대두에 존재하는 플라보노이드의 일종. 식물에서 발견되는 피토에스트로겐(phytoestrogen)으로 본래 에스트로겐과 같은 생리활성을 갖거나 장내 균총에 의해 생리활성화되는 피토케미칼이다. 콩에 함유된 이소플라본은 여성 호르몬인 에스트로겐과 구조적으로 유사할 뿐만 아니라, 생물학적 작용도 유사하기 때문에 식물성 에스트로겐이라 불리기도 한다. 식물성 에스트로겐은 현재까지 암, 폐경기 증후군, 심혈관계 질환과 골다공증을 포함하는 호르몬 의존성 질병에 대하여 잠재적인 대체요법을 제공할 수 있는 것으로 밝혀져 있다. 혈당 콜레스테롤을 35% 정도 낮출 수 있어 저해제로 사용이 가능하다. 화학적으로 이소플라본이라는 것은 콩에, 특히 배축부(콩눈)에 많이 함유된 플라보노이드 계통의 화합물을 통틀어 말한다. 화학구조로 볼 때 아글리콘인 다이드제인(daidzein), 제니스테인(genistein), 글리시테인(glycitein)과 배당체인 다이드진(daidzin), 제니스틴(genistin), 글리시틴(glycitin), 이들의 아세틸 또는 말론닐 배당체가 존재한다. 콩은 마른 것을 기준으로 0.1~0.3% 정도의 이소플라본을 함유하고 있다. 쉽게 접할 수 있는 가장 풍부한 이소플라본 공급원은 콩 배아로, 품종에 따른 차이는 있지만 약 1~2% 정도의 이소플라본을 함유하고 있다. 콩 가공식품에 있어서 이소플라본의 함량은 다양하지만, 우리 식탁에 자주 오르고, 흔히 접하는 콩 식품인 두부, 두유, 된장, 콩나물 등에 상당히 많은 양의 이소플라본이 함유되어 있음을 알 수 있다. 주로 비발효식품에는 배당체 형태로 발효식품에서는 비당질형태가 대부분이다. 많이 이용되는 콩 발효식품인 낫토(natto), 일본 된장(miso), 인도네시아 전통 발효식품인 템페(tempeh) 등과 같은 식품의 경우에는 100g당 30~40mg 정도의 풍부한 수준으로 이소플라본을 함유하고 있다. 역학조사나 동물실험 또는 사람을 대상으로 한 임상연구 자료에 따르면 하루에 30mg 이상의 이소플라본을 섭취하면 생물학적 효과를 볼 수 있다고 한다.

이온결합(ionic bond) 양이온이나 음이온의 전하를 갖는 이온 간의 쿨롱의 힘(Coulomb's force)에 의한 화학결합. 즉 한 원자에서 다른

원자로 1개 혹은 여러 개의 전자가 완전히 이동함으로써 형성되는 결합을 이온결합이라 한다. 이온결합이 형성되려면 한 원자는 이온화 에너지가 낮아서 쉽게 전자를 내놓고 다른 한 원자는 전자 친화도가 높아서 쉽게 전자를 얻을 수 있어야 한다. 따라서 이온결합은 대개의 경우 이온화 에너지가 낮은 금속원자들(ⅠA, ⅡA족 원소들과 약간의 전이원소들)과 전자친화도가 큰 비금속 원자들 사이에서 형성된다.

이점 비교검사(paired comparison test) 두 개의 시료(A, B)를 동시에 제시하여 특정 특성이 더 강한 것을 지적하게 하는 검사방법. 정답 확률은 1/2로 다른 방법보다 시료가 적게 들고 실시방법이 쉽기 때문에 많이 사용되고 있는 방법이다. 단측검정을 사용한다.

이점 선호검사(paired preference test) 정서적 관능평가법의 하나로 두 시료 중 더 좋아하는 것을 선택하는 검사방법. 한 패널에 대한 반복실험은 일반적으로 실행되지 않으며 최소 24명 이상 많은 평가자에 의하여 평가되는 것이 바람직하다. 양측검정을 사용한다.

EGCG(epigallocatechin-3 gallate) 폴리페놀화합물의 일종. 녹차에 함유된 EGCG는 정상 피부세포의 성장을 촉진하며 자외선에 의한 홍반반응 억제 및 기질 단백질 조절에 의한 주름살 개선효과를 갖고 있으며 자외선에 의한 피부손상과 노화를 억제한다고 한다.

이질(痢疾, dysentery) 이질균에 의한 설사를 동반한 질병. 세균성 이질(bacillary dysentery, shigellosis)과 아메바성 이질(amoebic dysentery, amebiasis)로 구분되며, 대부분이 세균성이다. 식품위생상 문제가 되는 세균성 이질의 원인균은 *Shigella dysenteria*(A군), *S. flexneri*(B군), *S. boydii*(C군) 및 *S. sonnei*(D군) 등이다. 그람 음성의 단간균으로 아포, 협막이 없으며, 이 균은 물속에서 2~6일, 바닷물 속에서 2~5개월간 생존하며 대부분의 감염은 환자 내의 직접 접촉에 의한 것이 많고 균은 환자나 보균자의 장관에 서식하기 때문에 분변과 함께 배출되어 이것에 오염된 음식물에 의해 전파된다. 잠복기는 1~3일이며 권태감, 식욕부진, 가벼운 복통 등의 전구증상을 거쳐 오한, 전율과 함께 설사가 따른다. 설사는 혈액과 점액이 섞이는 수가 많으며 발열은 38~39℃ 정도이다. 어린이는 전신증상이 강하게 나타나며 고열과 경련 등의 뇌신경증상을 일으킨다. 예방에는 감염경로를 차단하기 위하여 쥐나 곤충의 식품에 대한 침입을 막고 오염된 식품은 60℃에서 10분 가열로 병원체를 사멸시킬 수 있다.

2차 시장(wholesale market) ☞ 도매시장

이취(異臭, off odor, foreign flavor) 일반적으로 제품과 연관이 없는 향미.

이취미(異臭味, off flavor) 식품의 향미가 손실되거나 이취가 혼입 발생하여 식품 고유의 향미가 없어지는 것.

EPA(eicosapentaenoic acid) 탄소수 20개에 이중결합이 5개인 n-3계 고도불포화지방산. DHA와 비슷한 생리적 기능을 갖고 있으며 어유 중에 많이 함유되어 있다. 혈액 중의 포화지방산을 감소시키고 고밀도지단백(HDL)이 증가되어 항혈전(antithrombus)에 도움이 된다. DHA와 함께 등푸른생선에 많이 들어 있다.

이형제(releasing agents) 빵의 제조과정에서 빵 반죽을 분할기에서 분할할 때나 구울 때 달라붙지 않게 하고, 모양을 그대로 유지하기 위하여 사용되는 물질. 유동 파라핀이 허용되어 있다.

인(phosphorus, P) 칼슘이나 마그네슘과 함께 뼈와 치아 등의 경조직을 구성하는 원소. 그 외에는 뇌나 신경조직에 함유되어 있다. 뼈에서 칼슘과 인의 비율은 2:1이다. 경조직 이외의 인은 여러 가지 조효소나 핵산 그리고 ATP 등의 중요한 성분이 되며 세포막을 이루는 인지질의 성분이 된다. 인산은 여러 대사물질들과 결합하여 그들을 활성화시키는 작용이 있고, 체액의 산, 염기 평형조절에도 기여한다. 인은 우유 및 유제품, 쌀, 콩, 난황, 육류 등에 많이 들어 있다.

인과류(仁果類, pomaceous fruits) 꽃턱이 발달하여 과육부(果肉部)를 형성한 과일류. 사과, 배, 비파 등이 이에 속한다.

인돌(indole) 무색의 소엽상(小葉狀) 또는 판상 결정의 헤테로고리 방향족 화합물(화학식 C_8H_7N). 물에는 난용이나 유기용매에는 녹는

다. 소량이거나 순수한 상태에서는 꽃향기가 나지만 썩은 단백질, 포유류의 배설물(대변) 속에 존재하면 스카톨과 함께 불쾌한 냄새의 원인물질이기도 하다. 분자량 117, 녹는점 53℃이고 253℃에서 끓고 분해가 된다. 생물학적으로 트립토판 대사 및 합성에 관여하며 트립토판·알칼로이드·인디고 등의 구조에서 뼈대를 이루고 있는 물질이다. 재스민이나 등화유(橙花油, neroli oil) 등 꽃의 정유(精油)의 조합, 염료나 알칼로이드를 합성하는 원료, 아질산 이온을 검출하기 위한 시약 등으로 사용된다.

인삼란(人蔘卵) 사료에 인삼을 첨가하여 사육한 닭이 낳은 알.

인수공통전염병(人獸共通傳染病, zoonoses) 척추동물과 사람이 같은 병원체에 의하여 발생되는 질병. 사람은 식육이나 우유에 병원체가 존재할 경우 그것을 섭취하거나 감염동물, 분비물들에 접촉하거나 그런 오염된 음식물의 처리, 조리, 가공할 때 감염된다. 인수공통전염병은 약 200여 종이 있는데 우리나라에서 주로 문제가 되는 것은 결핵, 탄저병, 브루셀라증(brucellosis), 야토병, 돈단독증 등이다.

ㅇ

인스턴트 커피(instant coffee) 볶은 커피를 추출하여 농축·건조시킨 후 가루로 만든 것. 경제적이며 사용하기 편리하나 방향성분이 감소되는 결점이 있다. 건조방법 중 냉동 건조한 것이 방향물질의 손실이 적다. 인스턴트 커피에는 냉동건조 커피, 분무건조 커피, 과립 커피, 탈 카페인 커피 등의 종류가 있다.

인자분석(factor analysis) ☞ 요인분석

인지질(燐脂質, phosphlipids) 알코올과 지방산과의 에스테르에 인산을 함유하고 있는 복합지방질. 글리세롤의 2개의 −OH가 지방산과 에스테르 결합을 하고 3번째 −OH기는 인산과 결합되며, 질소염기를 함유한 것이다. 대표적인 것은 레시틴, 세팔린, 스핑고마이엘린 등이다. 다가불포화지방산이 풍부하고 동물체 내에서는 주로 생체막의 구성성분으로서 중요하며 지방의 소화 흡수를 돕는 작용도 한다. 자연계에 널리 분포하며 대사기능이 왕성한 뇌, 신경계, 간 및 난황, 대두 등에 많으나 저장지방 중에는 적다. ☞ 복합지질

일(power) 단위시간당 일량 혹은 그것에 상당하는 열량을 나타내는 물리량, 공률(工率) 또는 출력이라고도 한다. 공률은 효율과 혼동하기 쉬운 것으로 최근에는 사용되지 않는다. 일의 단위는, 미터법에서는 와트로 표시되지만 실용적으로는 마력이라고 하는 단위가 자주 사용된다. 단위시간에 동력기가 행하는 일의 양, 또는 열원이 발생하는 열량 또는 냉각기가 행하는 냉각량 등을 말한다. 조리조작에서 자주 사용된다.

일괄 위탁구매(consignment purchasing) 구입하고자 하는 물품의 양은 적으나 종류가 다양한 경우에 구입단가를 명백히 책정하여 특정업자에게 일괄 위임하는 구매하는 방식. 계약기간은 창고의 규모, 물품의 수명기간, 지불시기 등을 고려하여 설정하며 장점으로는 일관된 구매방침이 있고 구매비용이 절감되는 효과를 가질 수 있다.

일반 경쟁 입찰(open-market buying) 경쟁자의 제한 없이 모든 거래처에 입찰 가격을 부여, 입찰 내용을 신문 또는 매스컴에 공고하여 응찰자를 모집하는 계약 방법으로 공고, 입찰, 개찰, 업체 조사, 낙찰 및 계약체결의 순서로 행해진다. 공평하고 경제적이며 새로운 업자를 발견하기 용이하지만 자본, 신용, 경험이 불충분한 업자가 응찰하기 쉽고 긴급을 요할 경우 물품 조달시기를 놓치기 쉬우며 업자의 담합으로 낙찰이 어려울 때가 많고 공고일로부터 낙찰까지의 수속이 복잡하다는 단점이 있다.

일·이점 시험검사(一·二點 試驗檢査, duo-trio test) 두 시료간의 차이를 평가하는 검사방법. 제시되는 시료의 수는 3개로 제시되는 시료 중에서 하나는 기준 시료로 표시가 되어 있다. 패널 요원은 나머지 두 시료 중에서 어느 것이 기준 시료와 같은 것인지를 선택하도록 요구되며 정답 확률은 1/2이다. 시료가 많이 드는 단점이 있으나 기준시료와 대조시료의 특성이 다르기는 하지만 어떤 특성이 명확히 다른지 모를 경우 또는 전체적인 특성 차이를 평가할 때 사용한다. 단측검정을 사용한다.

일산화탄소(一酸化炭素, carbon monoxide, CO) 탄소 또는 그 화합물이 산소 공급이 충분하지 못한

곳에서 연소하거나, 이산화탄소가 높은 온도에서 탄소에 의해 환원될 때 생기는 기체. 무색·무취의 기체로, 녹는점 −205.0℃, 끓는점 −191.5℃이다. 물에 잘 녹지 않는다. 공기보다 약간 가볍고(0℃, 1atm에서 1.250), 공기 중에서 점화하면 청색 불꽃을 내며 타서 이산화탄소가 된다. 환원성이 있으며, 촉매 존재하에서 탄소와 이산화탄소로 분해한다. 또, 염소와는 촉매 존재하에 반응하여 포스겐이 되고, 알칼리성 수용액과는 포름산염을 만든다. 염화구리(Ⅰ)의 염산산성 수용액 또는 암모니아성 수용액에는 쉽게 흡수되므로, 이 반응은 일산화탄소의 가스 분석에 응용된다. 적당한 압력·온도·촉매 등으로 각종 물질과 반응시킴으로써 메탄올·아세트산메틸·벤즈알데히드 등 중요한 화합물이 만들어진다. 일산화탄소를 흡입하면 혈액 속에 있는 헤모글로빈과 결합하고(그 친화력은 산소의 200배이며 보다 안정된 화합물을 만든다), 공기 중에 소량 존재해도 호흡을 저해한다. 특히 빛깔과 냄새가 없기 때문에 그 존재를 알지 못하는 경우가 많으므로 세심한 주의가 필요하다.

일원배치(一元配置, one way classification) 실험계획에서 하나의 인자를 배치할 때 인자의 각 수준에 따라 실험을 분할하여 자료를 수집하고 분석하는 기법. 어느 모집단에 대하여 하나의 인자의 영향만을 파악하기 때문에 가장 단순한 실험계획법이다.

1일 섭취 허용량 설정(acceptable daily intake, ADI) 사람이 일생 동안 섭취하였을 때 현시점에서 알려진 사실에 근거하여 바람직하지 않은 영향이 나타나지 않을 것으로 예상되는 화학물질의 1일 섭취량. 체중 kg당 mg수로 표현한다. 특수 독성실험에서 특이한 독성이 관찰되지 않았을 경우, 아만성 독성시험에 의한 무해용량인 NOAEL의 1일 투여량의 1/100을 ADI화하는 방법이다.

일일허용섭취량(acceptable daily intake, ADI) 동물에 대한 독성실험을 통해 얻은 최대무작용량에 안전계수(safety factor)를 적용하여 인체에 무해한 양을 설정한 값. 일일섭취허용량이란 어떤 경로나 식품을 통하던 관계없이 사람에게 하루에 노출되어도 안전하다고 생각되는 양이다. 따라서 식품내의 최대 허용량은 몇 가지 식품에 시험물질이 들어가는 가와 이 시험물질이 들어간 식품의 섭취량이 얼마나 되는가를 고려하여 결정하게 된다. ADI(mg/kg) = NOAEL (mg/kg) / Safety factor

일중항산소(singlet oxygen) 기저상태의 삼중항 산소로부터 에너지 전이에 의하여 활성화된 산소분자. 산소분자의 반결합성 파이(π)궤도의 전자스핀이 역방향 또는 같은 방향으로 향한 전자배치를 하고 있다.

1차 시장(primary market) ☞ 산지시장

임금(labor cost) 사용자가 근로의 대가로 근로자에게 지급하는 일체의 금품. 근로자측에서의 임금은 가계수입의 중요한 원천이 되고 사회적인 신분을 규정하는 요소가 되고 사회적·심리적 욕구충족의 수단이 되며, 기업측에서의 임금은 기업의 주요한 생산원가가 된다.

임상시험(clinical test) 의약품 개발에서 사람을 대상으로 약효를 평가하기 위한 시험. 동물을 대상으로 한 시험 다음에 수행하며 4단계에 걸쳐서 실시한다.

임연수어(林延壽魚, atka mackerel) 쏨뱅이목 쥐노래미과의 바닷물고기. 학명은 *Pleurogrammus azonus* Jordan et Metz. 『신증동국여지승람』에 임연수어(臨淵水魚), 『전호지』에 이면수어(利面水魚)라 하였다. 우리나라 동해와 북태평양의 오호츠크해, 일본 홋카이도 근해에 분포하며 한대성·저서성 어류로 수심 100~200m의 바위나 자갈로 된 암초 지대에 주로 서식한다. 다 자랐을 때의 최소 몸길이 27cm 정도이며, 최대 50cm 정도까지 자란다. 몸은 방추형에 가깝고 길며 옆으로 납작하다. 몸의 등쪽은 암갈색을 띠며 배쪽은 황백색을 띤다. 몸 옆구리에는 불분명한 검은색 세로띠가 있다. 산란기는 9~2월이며, 12~2월과 5~6월에 많이 잡힌다. 임연수어는 맛은 특이하지 않지만 회, 구이, 조림 등으로 이용된다.

입고(receiving) 납품된 물품이 검수과정을 거친 후 저장고에 들어오는 것. 입고의 유형으로는 저장고로의 흐름, 생산라인으로의 흐름, 판매라인으로의 흐름의 형태가 있다. 이때 생산라인

은 식품 생산공장, C/K(central kitchen), 주방, 바(bar) 등이고, 판매라인은 외식 점포나 호텔 각 영업장을 의미한다.

입속 감촉(mouthfeel) 혀, 잇몸, 이를 포함한 입속의 피부감각에서 감지되는 촉감. 이것에 관련되는 용어로는 미끈미끈한(slimy), 촉촉한(moist), 마른(dry) 등의 여러 표현이 있다.

잉어(carp) 잉어목 잉어과의 민물고기. 학명은 *Cyprinus carpio* Linnaeus. 한자어 리어(鯉魚)가 음이 변해 된 말이다. 원산지는 유라시아로 온대성 담수어이다. 우리나라 전역에 분포하며, 남아메리카 · 오스트레일리아 · 마다가스카르 섬을 제외한 전 세계에 널리 분포한다. 인류가 양식한 어류 중에서 가장 오랜 물고기로, 기원전 약 500년경의 중국문헌 『양어경(養魚經)』에 양식법이 상세히 기록되어 있다. 몸길이는 일정하지 않으나 최대 120cm에 이르는 것도 있다. 몸은 크고 긴 원통 모양이며 옆으로 납작하다. 몸은 누런 빛을 띤 갈색으로 등쪽은 짙고 배쪽은 연한 색이며 옆구리의 바탕색은 갈색이다. 큰 강이나 댐, 저수지 등 물살이 안세고 바닥이 진흙인 곳에 서식한다. 12월부터 이듬해 3월이 제철이며, 활어로 이용하거나 −35℃ 이하에서 급속 냉동 보관한다. 단백질, 지질, 칼슘, 철 등의 미네랄과 비타민 B_1, B_2를 다량 함유하며, 히스티딘과 글리신 같은 아미노산도 다량 함유한다. 근육과 내장에 아노이리나아제라는 비타민 B_1 분해효소가 많은데 가열 조리 시에 파괴되어 그 작용을 상실한다. 일반 가정에서 자양식품 또는 반약용식(半藥用食)으로 귀중히 여기고 있다. 잉어는 내장을 제거하고 고기 전체를 약으로 이용한다. 잉어의 피는 결핵의 특효약이며, 임산부, 허약자, 회복기의 환자에 유용하다. 잉어탕은 구기자와 함께 고아서 만드는데 남성의 정력에 좋고, 여성의 냉감증에 효과가 있으며, 신장병에도 탁월한 효과가 있다고 알려져 있다. 민속에서 잉어는 효, 축복과 출세 또는 수태의 상징으로 여겨지며, 잉어가 황하 상류의 룽먼[龍門]의 거센 물길을 오르면 용이 된다는 중국의 등룡문(登龍門) 고사도 전해지고 있다.

ㅈ

자기분해(autolysis) 육류의 숙성과정에서 근육 자체의 카텝신 등 단백질 분해 효소작용에 의해 질긴 근육이 연해지는 현상. 경직된 근육의 자기소화(自己消化)라고도 한다. 도살 후 경직된 근육이 이와 같이 연화되는 것을 숙성과정(ripening, 또는 aging)이라고도 하며, 쇠고기의 경우 4~7℃에서 7~10일, 2℃에서는 약 2주일 걸린다. 근육 조직의 결합이 강한 육류는 숙성으로 고기가 연해지고, 보수성(保水性)이 증대되어 조직감과 향미가 좋아진다. 단, 어육(魚肉)은 자가분해로 고기가 연해지면 오히려 맛이 나빠지므로 사후 경직 중에 조리하는 것이 맛이 좋다. 온도가 높으면 연화에 관계하는 단백질의 분해가 빨리 진행되지만 미생물 번식의 우려가 있으므로 숙성은 저온에서 행하는 것이 좋다. ☞ 자기소화

자가품질검사(self quality test) 자가품질검사는 식품, 식품첨가물, 용기·포장을 제조 또는 가공하는 영업자가 식품위생법 제19조(자가품질검사의 의무) 및 시행규칙 제19조(자가품질검사)에 따라 자사제품과 원료에 대하여 법으로 정한 식품 등의 기준 및 규격에 적합한지를 스스로 검사하는 제도를 말한다. 즉, 식품 등을 제조·가공하는 영업을 하는 자는 제조·가공하는 식품 등의 기준·규격 적합성 여부를 스스로 검사하여야 하며, 자가품질검사시설 미비 등의 사유로 직접 검사하기 어려운 때에는 식품위생검사기관에 의뢰하여 검사할 수 있다. 자가품질대상은 영 제7조 제1호의 식품제조·가공업, 제2호의 즉석판매제조·가공업, 제3호의 식품첨가물제조업과 제7호의 용기·포장류 제조업이며, 식품 등에 대한 자가품질검사는 제조·가공하는 품목별로 실시한다. 즉, 즉석판매제조·가공대상식품에 있어서는 동일한 성분·규격을 적용받는 식품유형별로 실시할 수 있으며, 기구 및 용기·포장의 경우 동일한 재질의 제품으로 크거나 형태가 다를 때에는 재질별로 실시할 수 있다. 검사주기 적용시점은 제품 제조일을 기준으로 산정하며, 검사항목은 당해 제품의 해당 항목에 한하여 적용하고 있다.

자극(stimulus) 냄새물질, 향미물질, 전류(電流) 등과 같은 것이 감각기관에 작용하여 어떤 느낌을 느껴지게 하는 것. 그 지각에는 분별, 순위, 간격, 비율 및 강도 등으로 나눌 수 있다. 분별은 관찰자가 자극이 존재하는지 존재하지 않는지 판단하는 것이고, 순위는 그 자극의 강약의 순서로서 지각하는 것이다. 간격에서는 관찰자가 두 개 또는 그 이상 간에서 분명한 지각의 차이를 판단한다. 비율에서는 두 개 또는 그 이상 간의 지각강도의 비를 판정하며, 강도에서는 관찰자는 지각의 강한 정도를 판정한다.

자극오차(stimulus error) 두 가지의 시료 자체에는 차이가 없는데도 용기, 절차, 기타의 관련 조건이 다를 때 이들 조건에 영향을 받아 차이가 있다고 평가하는 오차.

자기면역(autoimmunity) 생체 자신의 조직성분에 대한 면역. 자가면역이라고도 한다. 자기 몸에 있는 조직구성성분이 항원성을 나타내어 그것에 대응하는 항체가 만들어져 생기는 면역이다. 자가 인식의 메커니즘이 파손된 경우에 일어나며 그 결과 과민증 반응이 일어나든가 심하면 자기면역질환이 생긴다. 자기면역질환에는 바세도우시병, 중증근무력증, 자기면역성간염, 류머티즘성 관절염 등이 대표적이다.

자기소화(autodigestion) 생체가 죽은 후 자신의 효소에 의해 자체 성분이 분해되는 현상. 자가분해라고도 한다. 과일, 채소 등의 식물성 식품도 수확 후에는 자기소화가 일어난다. 육류와 생선은 신선한 것에 비해 어느 정도 시간이 경

과하면 자신이 가지고 있는 프로테아제에 의해 자기소화가 일어나 그 식품 중의 단백질이 펩티드, 아미노산 등으로 가수분해되어 수용성 질소화합물이 증가하므로 오히려 맛이 좋아지는데 이러한 변화를 숙성이라고도 한다. 자기소화의 결과, 근육은 아데노신3인산(ATP)으로부터 아데노신2인산(ADP), 아데닐산(AMP), 이노신산(IMP), 이노신(HXR), 하이포잔틴(HX)의 순으로 분해하고, 또 아미노산 등 저분자 질소화합물이 늘어난다. 식품의 종류에 따라서는 자기소화에 작용하는 효소에는 프로테아제 · 리파아제 · 아밀라아제 등 여러 종류가 있지만, 그 중 육류나 어류 등에서처럼 프로테아제가 작용하는 경우가 많다. ☞ 자가분해

자동산화(autoxidation) 촉매가 없는 상태 및 실온에서 분자상의 산소에 의한 산화반응. 식품에 있어서는 유지의 산패가 문제가 된다. 유지의 불포화지방산은 공기와 접촉이 있는 한 자연발생적으로 산소를 흡수하여 서서히 산화되고, 알데히드류, 케톤류, 저급 지방산 등의 산화 생성물을 형성함으로써 산패가 되는 것이다. 자동산화 과정은 자유 라디칼(free radical)을 형성하는 초기반응(initiation), 퍼옥시 라디칼(peroxy radical)과 새로운 자유 라디칼을 형성하는 전파반응(propagation reaction) 및 하이드로퍼옥사이드(hydroperoxide) 분해과정을 거치는 연쇄반응을 지나서 축적된 라디칼의 중합이 일어나는 종결반응(termination reaction)의 3단계를 거쳐서 일어난다.

자동온도조절장치(thermostat) 설정된 온도를 일정하게 유지하기 위한 장치. 온도 변화에 따라 변화하는 것(예를 들면 bimetal, thermistor, 금속저항 등)을 이용하여 어떤 설정온도보다 온도가 상승하면 히터 전원을 멈추고 온도가 하강하면 히터가 들어오도록 되어 있다. 바이메탈이 간단하게 자주 이용된다.

자두(plum) 장미과에 속하는 자두나무의 과실. 학명은 *Prunus salicina* L.. 원산지는 중국이다. 품종은 동양자두, 서양자두가 있으며 색은 주황색, 홍색, 검붉은색, 자색, 홍색, 황색, 황백색 등이 있다. 동양자두는 포모사, 피자두, 산타로사등의 품종이 있으며 수분이 많고 새콤달콤하여 생과로 먹기에 좋다. 서양자두(*P. domestica*)는 모양이 타원형이며 검은 청자색이며 건과로 많이 이용한다. 당분은 약 10%이고 유기산은 주로 사과산이고 비타민, 무기질이 풍부하다. 말린 자두에는 칼슘(60mg%), 인, 철(1.1mg%), 칼륨(140mg%)이 풍부하다. 생과, 잼, 젤리의 원료, 통조림, 과실주 등으로 이용된다. 미국에서는 건과(乾果)로 이용하는 품종을 플럼이라고 하며, 마른 자두는 아침식사나 쿠키나 케이크 장식으로 쓴다.

자라가공식품(processed soft-shelled turtle) 자라는 지금으로부터 약 2억 년 전 빙하시대부터 살아남아온 몇 안 되는 수중동물의 하나이며 환경적응력이 뛰어나 끈질긴 생명력을 자랑한다. 자라요리는 강정, 강장에 특효가 있는 요리로 알려져 있다. 중국에서는 3,000년 전의 주나라 시대에 왕실의 밥상에 제공된 이래 자양강장 · 불로장수의 보건식으로서 진귀하게 여겼고 오늘날에도 중국요리의 수프에 강정용으로 사용되고 있다. 프랑스에서도 자라의 "콘소메"가 일급 요리로 사용되고 있다. 자라는 식품으로 보온, 정력증진에 효과가 있다고 알려져 있으며 피, 기름 등도 널리 사용되고 있다. 영양적으로는 칼슘이나 단백질, 특히 필수아미노산이나 비타민이 풍부하고 영양가가 높고, 동물이면서 그 지방은 불포화지방산을 많이 함유하고 있다. 자라에 다량 함유되어 있는 불포화지방산들과 레시틴이나 타우린의 상승작용에 의해 지방의 대사분해를 촉진함으로서 혈중콜레스테롤을 정상화하고, 혈소판 응집, 동맥수축의 억제, 혈액의 점착성을 낮추어 혈압을 떨어뜨리고 뇌졸중, 심근경색을 예방한다.

자몽종자추출물(grapefruit seed extract, GSE) 자몽씨를 물, 에틸알코올 또는 글리세린으로 추출한 것. 주성분은 지방산, 플라보노이드 등이다. 식품첨가물의 하나로 보존료, 제조용제로 쓴다.

자소(차조기) 자소과의 일년초 식물. 잎은 들깻잎처럼 생겼고 푸른 자소와 붉은 자소가 있는데 본래는 붉은 차조기를 자소라고 한다. 붉은 자소는 일본에서 생선회접시의 장식용으로 쓰기도 하고 우메보시나 생강을 물들일 때 사용하기도 하는데 이는 자소엽의 식중독예방효과로

설명한다. 자소의 잎은 매우 영양가가 높은데 특히 카로틴이 11,000㎍%나 함유되어 있어 야채 중 톱 클래스에 해당한다. 칼슘, 철분 등 무기질과 비타민 B_1, B_2, C, E를 풍부하게 함유하고 있다. 자소특유의 향기를 낳는 정유성분은 발한작용, 위액의 분비촉진과 위장의 연동을 높이고 이뇨작용이 보고되어 있으며 기분을 상쾌하게 하므로 스트레스 해소식품으로도 인기가 높다. 자소엽차로 애용되는데 9월경에 잎을 따서 음건한 후 찻잔에 조금씩 넣고 열수를 부으면 된다.

자연독 식중독(natural intoxication) 자연 중에 존재하는 독소를 섭취함으로써 발생하는 중독. 독버섯, 면실, 감자 등에 의한 식물성 독소, 복어독, 패독 등의 동물성 독소, 아플라톡신 등의 곰팡이 독소 등에 의한다. ☞ 식중독

자연식품(natural food) 재배, 유통, 가공에서 화학적 처리를 하지 않은 식품, 농약을 쓰지 않은 무농약식품, 화학비료를 쓰지 않은 유기식품, 첨가물을 쓰지 않은 무첨가물식품 등이 있다. 최소한의 가공처리를 한 식품 또는 인공감미료, 인공향료, 색소와 보존료를 쓰지 않은 식품을 일컫는다.

자외선(ultraviolet rays) 가시광선의 단파장 끝(약 400nm)에서 X선의 장파장 끝(약 10nm)의 범위의 파장을 갖는 전자기파의 총칭.

자외선 멸균(ultraviolet ray sterilization) 자외선 중 살균력이 가장 큰 260~280nm의 파장의 광선 조사에 의한 멸균. 이것은 핵산 및 단백질의 자외선 최대 흡수 파장에 해당된다. 그러나 자외선은 투과력이 약하며, 조사 후의 균을 가시광선에 비취면 급속히 살아나는 광 회복이 있으므로 자외선 조사 후 일정시간 암소에 보관하여야 한다.

자유수(free water) 식품이 가지고 있는 수분으로 다른 물질과 수소결합에 의해 결합되어 있지 않아 자유로운 물과 같은 성질을 갖는 물. 식품을 건조시키면 쉽게 제거되며, 0℃ 이하에서 잘 얼고 당류, 염류, 수용성 단백질을 녹이는 용매로서 작용할 수 있는 보통 형태의 물과 같은 성질을 나타낸다. 유리수라고도 한다. ☞ 결합수

자일로올리고당(xylo-oligosaccharide) 자일로오스(xylose)가 β-1,4 결합한 자일로바이오스(xylobiose)와 세 개 결합한 자일로트라이오스(xylotriose)의 혼합물 식물체 헤미셀룰로오스의 주된 구성성분인 자일란(xylan)을 효소로 분해하여 얻은 올리고당이다. 자일로올리고당은 그 감미도가 설탕의 약 40% 정도로 알려져 있으며, 열과 pH에서도 안정하여 식품첨가에 매우 유용한 올리고당이다. 또한 다른 올리고당과 같이 장내 유해미생물의 생육억제 및 비피더스균의 증식인자, 장내 균총개선, 변성개선 등의 기능성이 확인된 바 있다. 보습성과 항부식성의 천연 당류이다. ☞ 올리고당

자일리톨(xylitol) 오탄당인 자일로오스(xylose)의 당알코올. 펄프 공업에서 생산된다. 설탕과 달리 입안에서 발효되지 않으므로 치아부식 방지용으로 추잉껌, 토피(toffee) 등에 사용.

자진회수제도(recall systems) 판매의 목적으로 식품 등을 제조 · 가공 · 소분 또는 수입한 영업자가 당해 식품 등으로 인한 위생상의 위해가 발생하였거나 발생할 우려가 있다고 인정하는 때에는 그 사실을 국민에게 알리고 유통 중인 당해 식품을 회수하도록 노력하여야 하는 제도. 우리나라에는 1995년 12월에 도입되었다.

작업공정표(work procedure sheet) 작업량을 분석하여 이에 따라 작업내용을 시간적으로 배열하고 몇 가지 작업공정으로 분배하는 것. 작업공정표를 작성할 때는 메뉴별로 작업의 시간 경과에 따라 기입하고 사용하게 될 식재료의 전처리, 주조리, 상차림까지의 작업들에 대한 요점과 순서, 조리 조작의 장소 및 시간 배분을 알 수 있도록 제시해 주어야 한다.

작업단순화(job simplification) 상품 생산에 가치가 없는 불필요한 작업을 제거함으로써 적은 노력과 시간으로 최대한의 효과를 얻고자 하는 활동. 작업단순화는 작업과정의 수정 또는 교체, 그리고 동선에 따른 기구 배치의 이동에 의해 이루어지며 작업 수준의 향상과 종업원들의 피로감 감소 등의 장점을 가져다준다.

작업일정표(work schedule) 작업을 각 종업원들에게 적절히 분담하여 일정한 시간 내에 주어진 과제를 최대한 수행할 수 있도록 짜여 진 시간

표. 각 작업별 특성과 직원의 작업 능숙도를 감안하여 짜야 한다.

작업지시서(worksheet) 급식관리자가 조리종사자에게 작업을 지시하는 내용을 기입한 장표. 작업일정표나 작업공정표가 작업지시서로 활용될 수 있다.

작업측정(work measurement) 대상 작업의 내용을 표준화된 측정조건 하에서 시간의 양으로 결정하는 일련의 절차로 제품과 서비스를 생산하는 워크 시스템(work system)을 과학적으로 계획・관리하기 위해 사용하는 기법. 작업측정의 기법은 직접법과 간접법으로 나누며 직접법에는 시간연구법, 워크 샘플링 기법 등이 있으며, 간접법에는 요소별 기본 시간자료 또는 과거의 경험치 등을 합성하여 시간치를 설정하는 방법인 PTS법, 실적기록법 등이 있다.

잔대 초롱꽃과의 여러해살이풀로 산채의 일종. 학명은 *Adenophora triphylla* DC.. 사삼(沙蔘), 딱주, 제니라고도 한다. 한국, 일본, 중국, 대만 등지에 분포한다. 우리나라에서는 전국 어디에서나 자생하며 주로 양지바른 산과 들에서 자란다. 뿌리가 도라지 뿌리처럼 희고 굵으며 원줄기는 높이 40~120cm이고 식물체 전체에 잔털이 있다. 꽃은 7~9월에 피며 작은 종 모양의 연한 보라색이다. 잔대는 칼슘과 비타민 A, 비타민 C 가 풍부한 우수한 식품으로 이른 봄 어린 순과 뿌리를 나물로 이용한다. 주로 무침, 장아찌, 구이, 튀김, 부침 등으로 이용하는데, 맛이 달고 부드럽다. 뿌리의 주성분은 더덕, 도라지와 같은 사포닌으로 예로부터 한약명으로 사삼(沙蔘), 백사삼(百沙蔘), 남사삼(南沙蔘)이라 하여 진해, 거담, 강장제로 그리고 폐를 맑게 하고 종기 치료에도 효과가 있다고 한다.

잔류농약(residual pesticide) 농작물의 해충구제나 제초에 사용된 농약이 작물이나 토양에 잔류하는 것. 농작물을 통하여 체내로 흡수되는 잔류농약의 발암성, 유전독성, 최기성이 우려되고 있다. 수입 농작물에서는 운반 도중의 품질열화를 막기 위해 살포되는 방부제, 방곰팡이제, 살충제 등 수확 후 사용농약의 잔류가 큰 문제가 되고 있다.

잔류농약시험법 식품시료 중에서 잔류농약을 분석하는 방법. 원칙적으로 가식 부분을 시험하며, 각 농약별로 특수한 방법이 이용되기도 하나 일반적으로는 추출 및 정제를 거쳐 가스 크로마토그래프를 이용하여 분석한다.

잔반(plate waste) 식사를 하고 남긴 음식으로 잔반량 조사를 통해 피급식자의 식사에 대한 반응을 평가할 수 있다. 각 개인별 잔반량을 측정하려면 제공된 각 음식의 배식량과 잔반 중량을 직접 개량하여야 한다. 그러나 실제 계측방법에 의한 섭취량 측정방법은 시간과 노력 및 비용이 많이 들기 때문에 이를 개선한 방법인 집합선택 계측방법(aggregate selection plate waste measurement technique)에 의한 잔반량 측정방법이 많이 활용된다.

잔식(leftover) 서비스하지 않고 조리된 상태에서 남은 음식. 즉, 급식을 위해 준비된 음식 중 서비스하지 않은 음식을 말한다.

잔탄검(xanthan gum) 세균(Xanthomonas campestris)이 글루코오스를 산화하여 생성하는 균체 밖 수용성다당류. 주 골격은 베타-1,4-글루코오스이고 두 개의 글루코오스 잔기마다 만노오스-글루쿠론산-만노오스의 삼탄당이 곁사슬로 결합되어 있다. 글루코오스와 결합하고 있는 만노오스는 아세틸화되어있다. 식품첨가물의 하나로 증점제, 에멀션 안정제 등으로 쓰인다.

잔토필(xanthophyll) 카로티노이드 색소의 한 무리. 탄소와 수소 이외에 산소원자를 하이드록시기, 케톤기, 카르복시기, 에폭시기 등의 형태로 포함하고 있다. ☞ 카로티노이드

잠두(broad bean) 콩과(*Fabaceae*)의 1년초 또는 그 종자. 종자가 건조하면 다색의 신장형으로 된다. 종자는 소립종과 대립종으로 구별된다. 소립종의 품종으로는 방주조생, 유명재래, 천석두 등이 있고, 대립종으로는 천뢰재래, 일촌 등이 있다. 이집트 시대부터 아프리카 북부에서 재배되어 왔으며, 우리나라 전국에서도 재배되고 있다. 주요한 성분은 탄수화물 50%, 단백질 26%이고 탄수화물의 70%는 전분이다. 지방함량은 1% 정도로 비교적 적은 양이 함유되어 있으며 레시틴이 풍부하게 함유되어 있다. 미

숙종자는 채소로서 요리에 이용하여 간장에 조려 먹고, 완숙종자는 밥과 혼식하기도 하고, 볶은 콩, 고물 등에 이용된다.

잠열(潛熱, **latent heat**) 가열해도 온도변화가 없는 경우의 열. 이 경우는 열을 흡수하거나 방출하는 물질이 상태변화만 일어나고 온도변화는 전혀 일어나지 않는다. 어떤 물질에서 열 에너지를 가감하면, 물질의 온도 또는 물리적 상태가 변하게 된다. 열을 가했을 때 온도가 올라갈 경우를 느낌열(sensible heat)이라고 한다. 물질이 고체상태에서 액체 상태로 변할 때 소요되는 잠열을 융해열이라 하고, 그 반대를 응고열이라 한다. 또 액체 상태의 물질이 온도변화 없이 기체상태로 변할 때의 잠열을 기화열이라 하고, 그 반대를 응축열이라 한다.

잣(海松子, **pine nut**) 소나무과에 속하는 상록교목인 잣나무의 열매. 학명은 *Pinus koraiensis* Sieb. et Zucc. 해송자(海松子), 백자(柏子), 송자(松子), 실백(實柏)이라고도 한다. 소나무잎과 같이 뾰족하고 길며 잎은 짧은 가지 끝에 5개씩 달린다. 열매의 전체 모양은 솔방울과 같다. 한국을 비롯하여 일본, 중국, 시베리아 등지에 분포되어 있다. 지방 함량이 매우 높으나, 리놀레사, 리놀렌산 등 불포화지방산이 다량 함유되어 있다. 단백질 함량도 높으며 아미노산 조성도 매우 우수하다. 또한 비타민 B_1이 풍부하고 호두나 땅콩보다 철이 풍부해 빈혈에도 좋다. 그러나 인이 많고 칼슘이 적으므로 해조류나 우유와 같은 칼슘이 많은 식품을 함께 먹어 보완하는 것이 좋다. 잣을 갈면 우윳빛으로 되고 향기가 좋고 단맛도 약간 나면서 고소하여 맛이 좋으므로 자양 강장식으로 이용하거나 약용한다. 생식, 잣죽, 떡(잡과병, 약식), 과자, 술등에 이용하고 요리에는 곱게 가루로 내어 고명으로 뿌리거나 그대로 쓰기도 한다. 나무는 가구용 목재로 이용된다.

장과류(漿果類, **berries**) 꽃턱이 주머니 모양이며, 중과피와 내과피가 부드럽고 즙이 많은 육질을 가지며 그 속에 종자가 있는 과실의 총칭. 종류로는 포도, 무화과, 석류 등이 있다.

장관독소원성 대장균에 의한 식중독(**enterotoxigenic *E. coli* food poisoning**) 콜레라와 유사한 독소(enterotoxin)를 생산하는 장관독소원성 대장균에 의한 식중독. 독소에는 60℃에서 10분간 가열에 활성을 잃는 이열성 독소(heat labile enterotoxin, LT)와 100℃에서 30분간 가열에 내성을 나타내는 내열성 독소(heat stable enterotoxin, ST)로 나눌 수 있다. 이 균이 감염되면 콜레라와 유사한 특징을 보이는데, 균이 소장 상부에서 증식하여 1mL당 10^7~10^9의 균 농도에 달하게 되면 콜레라와 같은 설사증을 일으킨다. 잠복기는 10~12시간으로 수양성 설사, 복통, 구토, 산성증(acidosis), 피로, 탈수 등이 일어나며 열은 없거나 미열이 나타나는데, 이러한 증상은 5일 정도 계속된다. 장관독소형 대장균의 원인이 되는 종류는 O6, O8, O15, O20, O25, O27, O63, O78, O80, O114, O115, O128, O148, O153, O159, O167 등의 혈청형이 알려져 있다.

장관병원성 대장균에 의한 식중독(**enteropathogenic *E. coli* food poisoning**) 1세 이하의 신생아에서 주로 발생하고 구토, 복통, 설사, 발열증상을 나타내며 대장 점막에 비 침입성인 장관병원성대장균에 의한 식중독. 발병기전에 대해서는 아직 불분명하지만, 잠복기는 약 9~12시간이며 오염된 신생아용 분유와 유아 음식이 원인식품으로 지목되고 있다. 이에 속하는 혈청형은 O18, O20, O26, O28, O44, O55, O86, O111, O114, O119, O125, O126, O127, O142, O158, O159 등이다.

장관출혈성 대장균에 의한 식중독(**entero-hemorrhagic *E. coli* food poisoning**) 병원성 대장균 중 최근 일본과 미국 등지에서 새롭게 출현된 *E. coli* O157 : H7 과 같이 베로독소(verotoxin)를 생성하는 장관출혈성 대장균에 의한 식중독. 이 균에 감염되면 혈변과 심한 복통 등 일반적인 증상이 나타나며, 감염의 약 2~7%가 혈전성 혈소판감소증 또는 용혈성 요독증후군 같은 질병을 일으킨다. 또한 심한 경우 신부전증을 유발하기도 하며, 이 경우 사망률은 3~5% 정도로 매우 높다. 주요 원인식품으로는 완전히 조리되지 않은 쇠고기 분쇄육이며, 칠면조, 샌드위치, 원유, 사과 주스, 무순 등이며, 1996년 일본에서의 발생 경우 2차 감염이 발생하여 법정전염병으로 지정된 바 있다. *E. coli* O157 : H7 의 감염을 예방하기 위하여 주의해야 할 점은 모든 쇠고기 분쇄육이나 햄버거는 완전히 조리하여 내부까지 충분히 익혀야 하며, 살균우유와 유제품을 섭취하고 원유는 피해야 하며, 감염된 사람 특히 어린이는 손을 비누로 깨끗하게 자주 씻어서 철저한 개인 위생관리를 하여야 하며, 또한 적당한 수준의 염소 처리된 물이나 오염되지 않은 물을 마시도록 주의해야 한다.

장관침투성 대장균에 의한 식중독(enteroinvative *E. coli* food poisoning) 발열과 복통을 주 증상으로 하며 환자의 10% 정도는 합병증을 일으키며 혈액과 점액이 섞인 설사로 진행되는 장관 침투성 대장균에 의한 식중독. 대장점막의 상피세포에 침입해서 감염을 일으켜 세포 괴사 등에 의해 궤양이 형성되어 혈액과 점액이 섞인 설사를 일으킨다. 잠복기는 약 10~18시간이며, O28, O112, O124, O136, O143, O144, O152, O164, O167 등의 혈청형이 알려져 있다.

장구균(enterococci) 그람(Gram) 양성의 구균으로 위생지표 세균의 일종. 대장균군보다 환경에 대한 내성이 강하며, 냉동에 강하고, 냉동식품에서 많이 분리되므로 냉동이나 이후의 지표균으로 유용하게 사용된다.

ㅈ

장기계약구매(long-term contract purchasing) 어떤 물품이 계속적으로 필요한 경우에 체결하는 구매형태로 일정한 시기마다 일정량을 납품하도록 하는 구매방법.

장독소(enterotoxin) 병원성 미생물에 의해 생성된 위장장애를 일으키는 독소. 황색포도상구균 및 *E. coli* 등에 의해 생성되는 독소로서 식중독의 원인물질이 된다.

장류(醬類, fermented soybean products) 메주를 기본으로 하여 담그는 대두 발효식품의 총칭. 장류에는 간장, 된장, 고추장이 있으며, 한국 음식에서 간을 맞추고 맛을 내는 데 기본이 되는 조미료이다. 우리나라는 예로부터 농업국가로서 곡식을 발효시켜 조미료를 만드는 기술이 발달하였는데 그 대표적인 것이 바로 장류라고 할 수 있다. 곡물 중 주로 콩을 주원료로 사용하나 보리쌀, 밀, 밀가루, 멥쌀, 찹쌀을 혼합하여 사용하기도 한다. 일부 해안지방이나 섬에서는 멸장 같은 어간장이 있다. 이들 장류는 양질의 단백질 식품에 좋은 물과 소금을 첨가하여 발효시켜 저장성을 높였을 뿐 아니라 채식위주의 식생활에서 부족하기 쉬운 양질의 단백질을 공급해 주고 음식의 맛을 내는 데 중요한 역할을 하여 왔다. 장류에 관한 기록은 삼국시대 이전부터 된장과 간장이 혼합된 걸쭉한 것을 담가 먹다가 삼국시대에 와서 간장과 된장을 분리하여 먹었다고 추정하고 있으며, 조선시대에 기록된 『구황촬요(救荒撮要)』와 『증보산림경제(增補山林經濟)』에는 장을 담그는 방법이 자세히 기록되어 있어 장류가 매우 중요하였음을 알 수 있다. 가정에서 담가 왔던 장은 주생활의 서구화로 담그기 어려운 환경에 놓임으로써 식품산업체의 공장에서 제조하여 판매하게 되었다.

장부(books) 사무작업 수행 시에 도구로 이용되는 것으로 일정한 장소에 비치되어 동종의 기록이 계속적·반복적으로 기입되는 서식으로 한 부서에서 계속적으로 사용되므로 고정성을 지니고 동일대상에 대한 기록이 집합되므로 집합성을 지닌다.

장아찌 무·오이·마늘 등을 간장·된장·고추장 또는 식초 등에 담가 저장성을 높인 부식류의 총칭. 장과(醬果)라고도 한다. 즉시 먹을 수 있는 것을 갑장과 또는 숙장과라고 한다. 장아찌의 재료는 깻잎·풋마늘·고춧잎·마늘종·참외·동아 등으로 대개 장에 박아 두어 물기가 빠지고 간이 배면 꺼내어 잘게 썰어 참기름·깨소금·설탕 등으로 양념해서 먹는다.

장염비브리오 식중독(*Vibrio parahaemolyticus* food poisoning) 그람(Gram) 음성, 무아포의 간균이며, 호염균인 장염비브리오(*Vibrio parahaemolyticus*)에 오염된 식품을 섭취하여 일어나는 감염형 식중독. 발육 최적온도는 37℃이며, 전형적으로 하절기에 해산물이 원인식품이 되어 발생한다. 이 식중독은 복통, 설사, 구토를 주 증상으로 하며, 잠복기는 8~20시간으로 평균 12시간이며, 열은 보통 37.5~38.5℃ 정도이나 고열이 나는 경우도 있다. 예방은 다른 세균성 식중독의 경우와 유사하나, 다만 여름철

해수 중에서 번식하며 생어패류의 섭취가 주된 감염경로이기 때문에 7~9월을 포함한 여름철에는 어패류의 생식을 주의해야 하며, 60℃ 이상의 가열에 의해서 쉽게 사멸하기 때문에 가열 조리 후 바로 먹거나 또는 2차 오염을 방지하는 원칙적 관리방법을 취하는 것이 중요한 예방법이다.

장티푸스(typhoid fever) 장티푸스균(*Salmonella typhosa, S. typhi*)에 의해 발병되며, 가장 높은 발병률을 차지하고 있는 우리나라의 제1종 전염병종. 이 균은 그람 음성 간균으로서 편모에 의한 활발한 운동을 하며, 장티푸스균의 저항력은 비교적 강하여 일광이 없고 습한 환경에서 장시간 생존력으로 환자의 혈액, 분변, 요중에 장티푸스균이 배출되어 손, 기구, 음식물, 물 등을 오염시켜 경구 전염되며, 일반적으로 7~14일의 잠복기를 거쳐 전신 권태증상이 나타나고 40℃ 이상의 고열이 약 2주간 계속된다. 특히 치즈나 버터에서도 1개월 이상 생존 가능하며, 병후 보균자와 건강 보균자가 많으므로 보균자 관리가 가장 큰 문제이다.

장흡충(Metagonimus yokogawai) 은어가 매개하는 일명 요코가와 흡충으로, 70년대에 알려졌고 80년대 이후에 13종의 장흡충이 추가로 확인돼 우리나라에 분포하는 장흡충의 종류는 14종으로 늘어났다. 요코가와 흡충은 사람이나 동물의 장내에 기생하면서 복통이나 설사를 일으킨다. 요코가와 흡충은 강 상류로 거슬러 올라가는 은어 떼를 만나면 빠르게 비늘과 근육으로 들어가 피낭유충이 되는 것으로 알려지고 있다. 장흡충의 증상은 설사, 복통, 장염, 식욕감퇴, 소화불량 등이 수반되며 이질 증상과 혼동되기 쉽다.

재고(inventory) 물품(재고자산)의 흐름이 어떤 지점에 정체되어 있는 상태.

재고조사법(inventory valuation method) 재고조사는 물품의 출고 및 입고를 관리하여 보유하고 있는 물품의 수량과 목록을 확인하는 것으로 조사 및 기록 방법에 따라 영구재고 시스템과 실사재고 시스템으로 분류. 영구재고 시스템은 구매하여 입고되는 물품의 출고 및 입고 시에 물품의 수량을 계속해서 기록함으로써 남아 있는 물품의 목록과 수량을 알고 적정 재고량을 유지하게 하는 방법이며, 실사재고 시스템은 주기적으로 창고에 보유하고 있는 물품의 수량과 목록을 확인하여 기록하는 방법.

재고회전율(inventory turnover ratio) 총출고액을 평균 재고액으로 나눈 값으로, 일정기간 중 재고가 몇 차례나 사용되었는가 또는 판매되었는가를 의미하며 자금이 재고자산으로 묶여 있는 정도를 평가하는 척도.

재구성지질(reconstituted lipid) 중쇄지방(medium chain triglyceride, MCT)과 장쇄지방(long chain triglyceride, LCT)을 에스테르 교환(interesterification)시켜 얻은 지질. 흡수가 빠른 중쇄지방과 흡수가 느린 장쇄지방의 중간 정도의 흡수속도를 갖는다. ☞ 지질

재료비(material cost) 제품의 원료 또는 가공의 대상물 구입에 투입된 비용을 의미하며 재료구입에 소요된 운반비도 포함. 급식원가의 재료비는 음식 생산을 위해 사용되는 식재료를 구입할 때 소요된 비용.

재제염(再製鹽) 천일염(호렴)을 다시 물에 녹여 재결정한 것. 고운 소금 또는 꽃소금이라고도 한다. 호렴에 비해 깨끗하고 색이 희며 결정이 곱다. 염도는 약 90% 정도로 일반적으로 조리에 많이 이용된다. ☞ 소금

Z 값(Z-value) 식품의 열처리 시 D-value(☞ D값)를 10분의 1로 감소시키는데 필요한 열처리 온도 상승 값. 대부분의 미생물들은 Z값이 5~8℃이며, 세균의 포자는 6~16℃이다. Z 값은 식품가공에 유용하게 사용되는데, 예를 들면 한 식품에 오염되어 있는 미생물의 D값이 100℃에서 5분이며, 그 미생물의 Z값이 8℃라고 하면, 100℃에서 5분 가열하였을 때 총 미생물의 수를 90% 줄일 수 있었다면, 108℃(100+8)에서는 0.5분(5×0.1)만 가열하여도 90%의 미생물을 사멸할 수 있는 것이다. 역으로 92℃(100−8)에서는 50분(0.5×10)을 가열하여야 똑같은 사멸효과를 볼 수 있을 것이다. 이 원리를 이용하여 식품의 특성에 따라 가열시간을 조절하여 식품을 가공할 수 있다.

저농약농산물(agricultural produces with low pesticides) 잔류농약이 식품의약품안전청이 고시한 "농산

물의 농약잔류허용기준"의 1/2 이하인 우리나라의 친환경농산물의 하나. **저칼로리감미료**(low-calorie sweetener) 설탕보다 칼로리가 낮은 감미료. 소량으로 감미도가 높은 글리틸리틸산이나 스테비오사이드, 사카린과 같은 인공감미료가 사용되고 있다.

저염간장(low salt soy sauce) 간장에 사용되는 소금의 일부를 염화칼륨(KCl)으로 대체하여 염도를 낮춘 간장. 고혈압, 신장병 환자나 성인병 예방을 위해 사용한다. 일본 기꼬망 회사에서 만들어 시판하며 유기산의 농도가 우리나라 간장에 비해 높다.

저온미생물(psychrotrophic microbes) 7℃ 이하에서 잘 생육하며 최적 생육온도가 20~30℃인 미생물. 최적 증식 온도가 20~30℃이고, 0~7℃에서 7~10일간 배양했을 때 육안으로 감지할 수 있는 집락을 생성한다. *Pseudomonas, Shewanella, Vibrio, Brochothrix, Enterococcus, Listeria* 등의 세균과 곰팡이인 *Aspergillus, Cladosporium, Thamnidium* 등이 이 그룹에 속한다.

저온살균(pasteurization) 60~70℃에서 5~30분간 가열하는 방법으로 병원성균의 증식형 영양세포(vegetative cell)에 대한 살균방법. 예로부터 우유의 소독방법으로 사용되어 왔으며, 대부분 62.8℃, 30분의 가열처리가 이용된다.

저온세균수 보통 20~25℃의 저온에서 비교적 신속하게 발육하는 세균수.

저온유통체계 저온에서 취급하여 품질이 좋게 유지되도록 하는 유통체계. 냉각 또는 동결된 식품의 저온유통은 각 단계의 저온창고나 저온판매설비와 이것들을 연결하기 위한 각종 수송기관으로 이루어진다. 5℃ 전후 차를 냉장차, −20℃ 전후 차를 냉동차라고 한다. 냉동차와 냉동 컨테이너의 동력은 엔진을 이용하기도 하고 단거리일 때는 액화 질소를 이용하기도 한다. 냉각제로는 얼음, 물, 소금 혼합물이나 드라이아이스를 이용하기도 한다. 드라이아이스는 아이스크림 운반에 이용되며, CO_2로 승화하는 온도는 −78℃로서 냉동력은 얼음의 2배가 된다.

저온저장(low temperature storage) 식품을 실온보다 낮은 온도에서 저장하는 방법. 동결저장은 식품을 변패시키는 부패균의 발육과 자가소화효소가 작용하기에 적당한 온도보다 훨씬 낮은 온도환경에서 수분 80% 이상이 빙결되어 자유수의 양이 극도로 감소하게 되므로 이들 작용은 정지한다. 냉각저장(cooling storage)은 식품을 동결하지 않는 범위의 저온에서 저장하는 방법이며, 특히 −2~2℃의 온도에서 행하는 저장을 빙온저장(chilling storage)이라고 한다.

저장병해(storage spoilage) 수확 후 저장, 수송, 판매를 거쳐 소비자가 이용하기까지의 기간에 나타나는 각종 병에 대한 피해. 저장병해를 유발시키는 원인으로는 미생물의 감염 정도와 저장 중의 온·습도가 가장 중요하다. 대부분 저장병해는 과수원에서 병원균에 의해 직접침입을 받는다. 과일이 이병 및 잠복 감염된 상태로 저장되거나 과일표면에 부생적으로 존재하다가 바람, 농작업이나 수송 및 유통 중 상처가 났을 때 침입하여 피해를 준다. 병원균은 겹무늬병(*botryosphaeria dothidea*), 탄저병(*collectotrichum* sp.), 검은무늬병(*alternaria alternata*), 잿빛곰팡이병(*botrytis inerea*), 푸른곰팡이병(*penicillium* sp.), 열매썩음병(*fusarium* sp.), 잎마름병(*cladosporium* sp.), 과실무름병(*phomopsis* sp.)이 있으며 가능한 한 저장온도를 낮추고, 습도를 조절하는 등 환경을 제어하여 방제하는 방법이 근본적이며 가장 확실한 방법이다.

저장비용(storage cost) 재고를 보유하기 위해 소요되는 비용. 즉 저장시설의 유지비, 보험비, 변패로 인한 손실비, 재고 자체의 보유에 소요되는 비용 등이 포함된다.

저지방우유(low-fat milk) 우유에서 지방을 감소시킨 우유. 보통 우유의 평균 지방 함량은 3.5%이나 저지방우유에는 0.5~2% 함유되어 있다.

저칼로리식이(low-calorie diet) 체중 유지에 필요한 것보다 낮은 칼로리를 가진 식사. 성인의 경우 하루에 1,200kcal 이하의 식사를 말한다. 당뇨병, 비만 등 에너지 섭취 제한이 필요한 질환의 식사요법에 이용하는 특수용 식사이다.

저칼로리식품(low-calorie food) 일반 식품에 비해 중량당 칼로리가 낮은 식품. 당뇨병, 비만증으로 인해 칼로리 섭취를 제한할 필요가 있는 사람을 대상으로 한 식품으로 칼로리는 보통 같은 종류의 식품의 50% 이하로 한다. 현재 저칼로리식품으로 판매하고 있는 것은 환원 맥아당(말티톨)을 감미원료로 한 엿, 잼 등이다.

적온배식(time-temperature meal service) 따뜻한 음식은 따뜻하게, 차가운 음식은 차갑게 각 음식에 맞는 적절한 온도로 배식하는 것. 조리된 음식 중 따뜻한 음식은 60℃ 이상, 차가운 음식은 5℃ 이하로 보관하고 조리 후 2시간 이내에 제공해야 한다. 적온배식을 통해 음식의 관능적・미생물적 품질을 향상시킬 수 있고 고객의 만족도도 높일 수 있으며 잔반율 감소에도 영향을 미친다.

적외선(赤外線, infrared rays) 가시광선의 장파장 끝(약 700nm)에서 전파의 단파장 끝(1nm)에 이르는 파장을 갖는 전자기파의 총칭. 열선(熱線)이라고도 한다. 1800년에 허셜(Herschel)이 발견하였다. 열효과가 많기 때문에 적외선 건조 등에도 이용된다. 우유, 주스 등의 식품류나 한천, 난백 등의 고분자물질은 열전도율이 낮고 또 가열에 의해 품질이 손상되기 때문에 1mm 정도의 얇은 필름상으로 해서 1~3μ의 적외선을 쪼여 표면으로부터 건조시킨다.

적외선 수분측정기(infrared moisture meter) 적외선 전구를 열원으로 하여 그 복사열을 이용해서 시료를 건조・감량시켜 그 감소량을 수분량으로 환산해서 읽는 기기. 장치가 간단하고 단시간 측정이 가능하기 때문에 조리, 가공에서의 수분 변화의 측정 등에 적합하다.

적정제조기준(good manufacturing practices, GMP) 미국 연방정부의 식품법규에 의한 일반적으로 식품의 가공과 저장에 강제조항으로 적용되는 기본적인 식품위생 원칙에 입각한 최소기준. 이는 개인위생에 관한 일반조항, 건물과 시설, 설비의 위생, 기기의 설계와 구조의 위생, 생산과 공정관리의 위생부분으로 구성되어 있다.

전기영동(electrophoresis) 콜로이드 용액 속에 전극을 넣고 직류전압을 가하면 콜로이드 입자가 어느 한 쪽의 전극을 향해서 이동하는 현상. 단백질이나 핵산 등의 고분자물질은 전하를 띄므로 이를 기초로 하여 전기장을 띤 매질에서 이들 분자를 이동 분리시켜 순도나 성질 분석 및 분리 등에 사용하는 방법이다.

전기전도도(electric conductivity) 용액이 전류를 운반할 수 있는 정도. 용액 중의 이온 세기를 신속하게 평가할 수 있는 항목으로서 전기저항의 역수 ohm^{-1} 또는 mho로 나타내며, 현재는 국제적으로 S(siemens) 단위가 통용되어 있다. 전기를 잘 전하는 도체 중에서 금속과 같이 자유전자가 관여하는 것은 전기전도도가 좋은 것이며, 전해질 용액 혹은 용융염과 같이 이온이 관여하는 것은 이온전도가 좋은 것이다. 이 전도의 정도를 수치적으로 나타낸 것을 전기전도도 또는 도전율이라고 한다. 전기측정법에 의하면 1V(볼트)의 전압에 있어서, 1A(암페어)의 불변전류에 의해 매초 소비되는 전기 세력을 가지고 표시하는 전력을 말한다. 기호는 W로 1s(초)에 1J(줄)의 일을 1W로 정한다. $1W=1J/s=10^7 erg/s$이다. 주로 전력의 단위로 쓰는데, 이 경우에는 1V의 전압으로 1A의 전류가 흐를 때의 전력의 크기에 해당한다.

전단력(shearing force) 부피에 변화 없이 작용면의 접선방향으로 작용하는 변형력. 그림과 같이 물체의 아랫면 AD를 고정하고, 그것과 평행한 BC면에 힘 F를 가하면 이 물체는 기울어지고 BC면이 B′C′면이 된다. 이와 같은 변형을 전단변형이라고 하고, 힘 F를 전단력 또는 층밀리기 힘이라고 한다. 전단력 F를 BC면의 면적 A로 나눈 F/A를 전단응력이라고 한다. 전단력 F와 이 물체의 강성률 또는 층밀리기 탄성률 G와의 관계는 $\frac{F/A}{\gamma} = G \quad \therefore F = GA\gamma$로 나타낼 수 있다. 여기서, γ는 전단에 의한 변형으로 $\Delta\chi/y$로 나타낼 수 있다. 그러므로 $\Delta\chi/y=\tan\alpha=\gamma$이다.

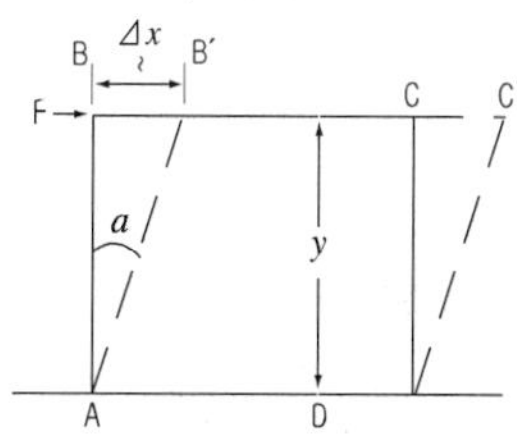

전단압기(shear presser) 식품시료의 압축, 압출과 전단을 측정하는 기기. 주로 날과 금속판의 플런저(plunger)에 전단압축력을 건 경우 시료의 응답을 전기(電氣)적으로 검출하는 장치로 되어 있다. 콩, 채소, 과일의 경도, 고기의 유연성의 측정 등에 쓰인다.

전도(conduction) 열이 물체 내로 이동하는 현상. 물질의 개개 분자가 가지고 있는 운동 에너지가 차차 인접한 분자에 퍼져 나가는 현상으로 그 분자 자신은 진동만 일어나고 이동하지 않는다.

전류(electric current) 전하의 흐름. 양전하의 이동 방향을 전류의 방향으로 정하고 어떤 면을 통하여 이동하는 단위시간당 총량. 그 면에 통과하는 전류의 세기라고 한다. 전류의 단위는 1암페어(1A)로 $1mA = 10^{-3}A$, $1\mu A = 10^{-6}A$이다.

전문 패널(expert panel) 특별한 식품에 있어서 특별한 평가능력 및 기술이 있다고 인정된 전문가. 이미 기억된 기준에 의해 각각의 특성을 측정하는 정성적 검사를 하며, 포도주 감정사, 유제품 전문가, 커피 전문가 등이 이 범주에 속한다.

전복(abalone) 연체동물 복족강 원시복족목(原始腹族目) 전복과에 딸린 권패(卷貝)의 총칭. 한자어로 복(鰒) 또는 포(鮑)라고도 한다. 『자산어보』에 복어(鰒魚), 『본초강목』에는 석결명(石決明)이라 하였고, 일명 구공라(九孔螺)라고도 쓰고 있다. 해심 60m 이내의 물이 맑고 조수의 유통이 좋은 곳에 산다. 이 분포는 거의 미역과 같으며 주로 미역과 같은 해조류를 먹고 산다. 우리나라 동해 구룡포, 진해와 일본에 서식하고 있으며 전 세계에 100여 종이 분포되어 있다. 11월경이 산란기이며 산란기를 앞두고 영양상태가 양호한 여름에서 가을이 제철로 맛이 좋은 시기이다. 생식선(生殖腺)이 황백색인 것이 수컷이고 녹색인 것이 암컷이다. 우리나라에는 까막전복(*Nordotis discus* Reeve), 말전복(*N. gigantea* Gemlin), 오분자기(*Sclculus diversicolor aguatilis* Reeve) 등이 알려져 있다. 생전복은 소금물에 담가 보관하고, 활전복은 바닷물에 담가 냉장온도에 3~4일간 보관이 가능하다. 장기저장 시에는 −30℃로 급랭시켜 보존한다. 중국에서는 전복을 쪄서 응달에 말려 저장하는데 이렇게 하면 3~4년간을 보관해도 모양과 색깔이 변하지 않는다. 전복의 성분은 종류, 크기, 계절에 따라 차이가 난다. 지용성 비타민은 거의 없고 콜레스테롤이 가식부에 70~100mg 함유되어 있다. 숙신산과 단백질 중에는 류신, 글루탐산, 아르기닌 등과 같은 아미노산이 많이 있어서 독특하고 새큼한 맛을 갖는다. 콜라겐 등의 경단백질이 많아서 살이 단단하며 단백질의 영양가가 낮다. 그러나 식감이나 풍미를 즐기는 식품으로 귀히 여긴다. 비타민 B_1, B_{12}가 많고 칼슘, 인, 등의 미네랄이 풍부하여 산모의 젖이 나오지 않을 때 효과가 있다. 또 폐결핵의 특효약으로 이용되며 아르기닌이 많아서 정력증강에 효력이 있다고 한다. 한방에서는 전복은 해수를 다스리고 눈을 밝게 하며, 간장과 신장을 보호하고 정을 늘리며 위를 열어준다고 하였다. 횟감, 초밥 재료, 전복죽 등에 널리 애용되며 일품요리로서 귀하게 여기고 있다. 중국요리에서는 명포, 회포 등이 있는데 명포는 소금에 절였다가 쪄서 말린 것이고 회포는 소형의 재료를 껍질이 달린 채로 일차 말렸다가 다시 독에 넣어서 곰팡이가 생기게 한 것으로서 표면이 회백색으로 되어 있는데 어느 것이나 일품요리 중의 하나로 애용되고 있다. 중국식 요리로는 해산물을 볶을 때 많이 이용한다. 불도장, 잡탕류, 냉채에서도 사용한다.

전분(starch) D−글루코오스(포도당)가 수백에서 수백만 개 축합한 다당류. 녹말이라고도 한다. 대표적인 저장 탄수화물로서 쌀, 보리, 밀 등의 곡류와 감자, 고구마 등 서류의 주성분이며, 고등동물의 열량원으로서 중요한 물질이다. 식물 세포 내의 세포질에 존재하는 색소체(plastids)의 백색체(leucoplast)에서 형성되고, 그 속에 입자형태로 존재한다. 비중은 1.55~1.65 정도이며 물에 녹지 않고 물에 분산시키면 현탁액(suspension)을 형성하고 시간이 경과하면 점차 침전한다. 전분입자의 크기나 형태는 식물의 종류에 따라 달라, 형태는 원형, 타원형, 렌즈형, 다각형 등으로, 크기는

2~100㎛로 전분의 종류에 따라 다양하다. 입자를 광학현미경으로 보면 동심원륜의 층상구조와 그 중심에 힐럼(hilum)이라는 검은 점이 보인다. 힐럼은 기공이며, 동심원륜은 전분의 형성속도의 차이에 따라 나타나는 일종의 성장륜으로 여겨진다. 전분입자는 결정성 물질로서 편광 하에서 복굴절성(birefringence)을 가지며, 전분의 종류에 따라 독특한 X선 회절상을 보인다. 전분분자는 α-1,4 결합에 의해 포도당이 직쇄상으로 결합한 아밀로오스(amylose)와 직쇄상의 기본구조에 포도당 15~30개마다 α-1,6 결합으로 가지가 쳐지는 분지상의 아밀로펙틴(amylopectine)의 혼합물이며, 그 비율은 전분의 종류에 따라 대체로 일정하다. 일반적으로는 아밀로오스 20~25%, 아밀로펙틴 75~80%가 함유되어 있다. 그러나 찹쌀, 찰옥수수 등은 아밀로오스는 거의 없고 아밀로펙틴만으로 이루어져 있다. 전분에 물을 가하고 전분의 호화온도(60℃) 이상으로 가열하면 전분입자는 자체 무게의 3~25배까지 팽윤(swelling)하고 전분입자의 일부가 붕괴하고 아밀로오스가 용출되며 점성이 급격히 증가하며 교질용액을 형성하게 된다. 이 현상을 호화(糊化, gelatinization)라 하는데, 전분의 종류에 따라 대체로 일정한 온도범위에서 볼 수 있다. 이 변화는 전분입자가 결정성을 잃어버리므로 비가역적이다. 호화액이 식어서 흐르지 않게 되면 겔화된 것이고, 겔이 굳어서 단단해지고 불투명해지면 노화된 것이다. 전분의 호화, 겔화(gelation), 노화(retrogradation)는 각각 독립적으로 일어나는 현상이 아니라 연속적으로 일어나는 것이다. 겔화되는 과정에서 생기는 작은 결정성 영역(micelle)이 커지면 노화현상이 일어난다. 그러나 겔화 또는 노화에 의해 생기는 미셀은 생전분의 그것과는 양상이 다르기 때문에 호화되었던 전분이 노화되어 미셀이 생긴다고 하여 원래의 생전분으로 돌아가는 것은 아니다. 전분에 물을 가하지 않고 160~180℃ 이상으로 가열하면 가용성 전분을 거쳐 다양한 크기의 덱스트린으로 분해되는데, 이러한 변화를 호정화(dextrinization)라 한다. 누룽지가 누를 때, 식빵을 토스터에 구울 때 호정화에 의한 피로덱스트린(pyrodexrin)이 생긴다. 전분에 요오드 용액을 가하면 청색(아밀로오스) 또는 적갈색(아밀로펙틴)으로 변색하는데, 이것을 요오드 정색반응이라 한다. 이 요오드 반응은 매우 예민하여 미량의 전분 검출에 사용된다. 이 용액을 가열하면 청색이 없어졌다가 식으면 다시 나타난다. 전분은 체내에서 셀룰로오스와 달리 아밀라아제(amylase)나 말타아제(maltase) 등의 효소에 의해서 소화되어 중요한 열량원이 된다. 전분은 점성과 겔 형성 능력을 가지므로 식품에서 증점제(소스, 파이 속), 안정제(샐러드 드레싱), 겔 형성제(묵), 결착제(소시지), 코팅제(중국음식 류차이) 등으로 이용된다. 녹두전분, 도토리 전분, 동부전분, 메밀전분 등은 우리의 전통식품인 묵의 재료로 이용되며, 옥수수전분, 고구마전분 등은 산 또는 효소로 가수분해하여 물엿, 포도당의 원료로 사용된다. 다른 전분들도 각기 그 특성을 이용하여 직물, 풀, 식품, 의약품 등에 사용된다.

전분당 전분을 산이나 효소로 가수분해(당화)시켜 얻어지는 당의 총칭. ☞ 콘 시럽

전분의 겔화(gelation) 호화된 전분 풀을 젓지 않고 냉각시켰을 때, 호화과정에서 용출된 아밀로오스 분자들의 수소결합에 의해 형성된 입체적 망상구조 내부에 물이 갇히는 현상. 전분의 종류에 따라 형성되는 겔의 성질이 다르다. 녹두나 도토리전분과 같이 탄력 있는 묵을 만들 수 있는가 하면, 밀이나 감자전분처럼 탄력이 약한 겔을 만드는 것도 있다. 겔 형성은 전분을 구성하는 아밀로오스와 아밀로펙틴의 비율, 아밀로오스의 사슬 길이, 수분함량 등 여러 요인에 의하여 영향을 받으며, 첨가되는 물질이 겔 메트릭스를 이루는 직선상의 아밀로오스 분자끼리의 결합을 도와주면 겔 형성이 촉진되며 겔 강도는 증가된다. 찰전분의 경우에는 주로 아밀로펙틴만 존재하기 때문에 30% 이상의 농축된 풀이 아니면 분자간의 결합형성이 어려워 겔 형성이 잘 되지 않는다. 겔 강도는 전분입자가 최대로 팽윤된 상태 즉, 최고 점도에 달했을 때 냉각시킨 것이 가장 크다. 전분으로 풀을 쑨 후 시간이 경과하면 겔 강도는 차츰 증가하지만 16시간이 경과하면 오히려 감소한다. 또한

저온에서 풀을 냉각시키면 더 강한 겔이 형성된다. 그리고 겔 강도는 일반적으로 가열시간이 길수록 또는 아밀로오스 함량이 많을수록 커지나, 지나치게 가열하거나 저어 주면 전분입자가 일부 붕괴되어 점도가 저하되고 겔 강도가 작아진다. 설탕을 첨가하면 전분의 호화가 지연되고 아밀로오스의 방출이 억제되므로 겔화가 방해되나 일반적으로 겔 강도는 증가하는데, 이는 설탕의 친수성에 의하여 전분의 실제 농도가 높아지기 때문이다. 또한 유기산은 전분분자를 가수분해하여 망상구조 형성을 방해함으로써 겔화를 억제하며 겔 강도도 저하시킨다. 대체로 점성이 낮을수록 겔 강도가 낮다.

전수검수법(100 percent inspection) 납품된 식재료를 전부 검수하는 방법으로 손쉽게 검수할 수 있는 물품이나 고가의 품목에 실시된다.

전염성 설사증(epidemic gastroenteritis) 미국에서 전염성 위장염(epidemic gastroenteritis) 또는 급성 무열성 비세균성 전염위장염(acute afebrile infectious non-bacterial gastroenteritis)으로 알려진 경구전염병. 전염성 설사증은 바이러스에 의하여 발생되므로 그 성상도 분명치 않은데, 환자의 분변과 같이 배출된 바이러스가 음식물을 통하여 경구 감염되며 2~3일의 잠복기를 거쳐 미열과 더불어 하루에 5~20회 정도의 특이한 수양성 설사를 일으킨다. 연소자에게는 거의 발병자가 없다. 예방으로는 발생지역에서 환자의 분변처리를 철저히 하고, 음식물을 가열해서 먹도록 한다.

전지분유(whole dry milk) 우유에서 수분을 제거하여 분말화한 것. 우유 중의 수분을 2/3 가량 제거하고 80~130℃의 열풍에서 분무 건조시킨 유제품으로서 26% 이상의 지방과 5% 이하의 수분을 함유하고 있다. 가볍고 용적이 작아서 다루기가 좋고 보존성이 커서 저장과 수송에 편리한 유제품이다.

전차(煎茶) 차 잎을 쪄서 냉각시킨 후 기계로 비벼서 열풍건조시킨 후 잎줄기를 제거해서 조정한 차. 차의 80%를 차지한다. 1번차부터 4번차까지 있으며 상급품일수록 맛이나 향기가 좋다. ☞ 차

전통적 급식체계(conventional foodservice system) 음식의 생산, 분배, 서비스가 모두 같은 장소에서 연속적으로 이루어지는 급식체계. 음식을 준비하여 배식하기까지의 시간이 짧아 적온급식이 가능하여 영양적·관능적으로 좋은 품질을 유지할 수 있고 고객들의 다양한 요구를 받아들이기 쉬우며 다른 급식체계에 비해 저장공간이 덜 필요하지만 피크 타임(peak time)에 인력이 집중되어 생산성이 낮고 인건비도 많이 소요되며 작업 스트레스가 크고, 양질의 음식을 생산하기 위해 숙련된 조리인원이 필요하다는 단점이 있다.

전통차(traditional herb tea) 산과 들에서 자생하는 식물을 이용하여 옛 부터 마셔온 차류. 주로 약용식물이 많으며 이들을 이용한 차의 종류는 식물의 뿌리, 줄기, 열매, 종자, 잎, 꽃, 버섯, 해조 등 매우 다양하다. ① **뿌리, 줄기류**-인삼차, 생강차, 칡차, 마차, 계피차, 더덕차, 감초차, 느릅차, 당귀차, 도라지차, 둥글레차, 맥문동차, 석곡차, 천궁차, 두릅차, 모란차 등. ② **열매, 종자류**-결명자차, 대추차, 땅콩차, 옥수수차, 은행차, 현미차, 구기자차, 들깨차, 레몬차, 모과차, 보리차, 오미자차, 유자차, 호두차, 동규자차, 복분자차, 석류차, 회양차 등. ③ **잎류**-감잎차, 박하차, 쑥차, 솔잎차, 음양곽차, 화살차, 인동차, 비파차, 민들레차, 진달레차, 차조기차 등. ④ **꽃류**-국화차, 잇꽃차, 복숭아꽃차 등. ⑤ **버섯류**-영지차, 표고버섯차, 송이버섯차 등. ⑥ **해조류**-다시마차, 미역차 등. ⑦ **기타류**-꿀차, 덩굴차, 두충차, 오갈피차, 원추리차, 쌍화차, 닭의장풀차, 초피차.

전표(slips) 경영의사전달이 필요할 때마다 작성되어 업무 흐름에 따라 이동하여 기록대상을 구체적으로 관리하는 서식으로 각 부서 사이에서 유통되므로 이동성을 지니고 1건당 1매의 전표가 작성되므로 분리성을 지닌다.

전화(inversion) 설탕에 전화효소(invertase)나 산 또는 산성염을 넣어서 가열하면 설탕이 가수분해하여 포도당과 과당의 등량혼합물로 되는 변화. 포도당과 과당의 혼합물을 '전화당'이라고 한다. 전화는 산의 농도, 종류, 반응시간, 온도, 당용액의 농도 등에 영향을 받는다. 전화당이 생성되면 흡습성과 감미도가 높아지며 용해도가 증가되어 결정의 석출이 어려워진다.

설탕과 전화당을 혼합할 경우에도 성질은 전화당과 유사하다.

전화당(invert sugar) 수크로오스(sucrose)를 가수분해하여 얻은 포도당과 과당의 등량 혼합물. 설탕보다 단맛이 강하고 용해도가 높다. 그러나 흡습성이 있으므로 고체상품으로는 부적합하며 액체로 이용된다. 최근 공장에서는 노력의 절감과 위생적인 측면에서 액상당을 이용하는 경향이 있으며, 제과 · 제빵 외에 여러 가지 용도로 소비가 증대하고 있다. 천연으로는 꿀에 많이 들어 있다. 꿀의 당은 대부분 전화당이다. 보습과 건조방지 효과가 있다.

전화효소(invertase) 설탕(수크로오스)을 포도당과 과당으로 가수분해하는 효소. 수크라아제(sucrase), 사카라아제(saccharase) 또는 β-프룩토플라노시다아제라라고도 한다. 포유류 · 곤충류 · 고등식물 · 효모 · 곰팡이 · 세균 등 생물계에 널리 분포한다. 벌의 타액에 많이 존재하는 전화당 및 인공꿀의 제조에 이용된다.

점도계(viscometer) 유체의 점도를 측정하는 장치. 점도계에는 여러 종류가 있는데, 우선 가는 관 속을 일정 부피의 유체가 흐르는 시간을 재든가, 정상적인 유체를 흘려보내 유량(흐름의 양)을 잰다. 푸아송(Poission)의 법칙을 적용해서 점도를 구하는 것을 모세관점도계라 한다. 그 중에서 오스트발트 점도계는 물의 점성률을 표준삼아 그것과 비교되는 값을 실측하는 것으로서 역사적 · 실용적으로 기본적인 점도계로 알려져 있다. 이 밖에 정지한 유체 속의 작은 구(球)의 낙하속도를 측정해서 스토크의 법칙(Stoke's law)을 적용하는 낙구점도계, 기포의 상승속도를 측정하는 기포점도계, 동축(同軸) 원통 간에 유체를 채우고 내부 원통을 회전시켜 점성저항을 재는 회전점도계, 유체 속의 진동체가 받는 비틀림 진동의 감쇠를 재는 진동점도계, 엥글러도를 측정하는 엥글러점도계 등이 있다. ☞ 오스트발트 점도계

점새우(spotted shrimp) 십각목 점새우과의 갑각류. 학명은 *Sergests lucens* Hansen. 우리나라 서해에서 많이 나는 소형의 새우로 몸길이는 4~5cm, 껍질이 얇고 반투명하며 담홍색으로 새우젓을 담는 데 이용한다.

점성(viscosity) 물질의 흐름에 대한 저항을 나타내는 물리적 성질, 즉 유동성(fluidity)에 반대되는 말. 움직이는 액체나 기체의 내부에서 흐름에 저항하여 생기는 마찰력이므로 내부마찰이라고도 한다. 예를 들면, 흐름에 대한 저항성이 적은 물 등은 점성이 낮고, 저항성이 큰 물엿 등은 점성이 높다. 관능적으로는 흐를 수 있는 식품을 숟가락에 떠서 입에 대고 빨아들이는 데 필요한 힘의 크기로 평가한다. 액체에 있어서는 일반적으로 온도를 올리면 점성이 감소하고 압력을 가하면 증가한다. 용액의 점성은 용매의 점성 외에 용질의 종류, 농도 등에 의하여 변화한다. ☞ 뉴턴 유체

점조도(consistency) 점성물질의 변형에 대한 저항. 각 부분들의 일치나 조화, 균일한 정도로 흐름에 저항하는 성질로 입안에서 느끼는 촉감을 말한다. 점성은 주로 균일한 형태와 크기를 가진 단일물질로 구성된 뉴턴유체의 흐르는 성질을 나타내는 말이고, 점조성(粘稠性, consistency)은 상이한 형태와 크기를 가진 복합물질로 구성된 비뉴턴 유체에 적용되는 말.

점탄성(viscoelasticity) 물체에 힘을 가했을 때 탄성 변형과 점성을 지닌 흐름이 동시에 나타나는 현상. 보통의 액체는 그릇이나 지형에 따라 쉽게 변형되며, 변형을 일으키는 힘(층밀리기 힘)에 대한 복원력을 갖지 않는다(즉 탄성변형을 하지 않는다). 그러나 콜로이드 용액이나 진한 고분자(高分子) 용액은 점성을 지닌 동시에 층밀리기힘에 대한 복원력을 가지고 탄성 변형을 하기도 한다. 탄성을 지닌 보통 고체는 변형의 원인이 된 힘을 제거하면 후크의 법칙에 따라 단시간 내에 변형이 풀리지만, 다결정(多結晶)의 물체에서는 변형이 없어질 때까지 더 많은 시간이 걸린다. 이것은 점성에 의한 흐름과 같은 메커니즘 때문이다. 이와 같은 액체적 특성과 고체적 특성을 갖춘 점탄성은 용수철과 대시포트(dashpot, 유체저항기)를 결합시킨 역학적 모형으로 표현되는 경우가 많다. 병렬의 결합을 보이트 모형(Voigt model), 직렬의 결합을 맥스웰 모형(Maxwell model)이라 한다. 점탄성을 가진 물체를 점탄성체라고 하며

밀가루 반죽, 신선한 채소류, 과일류, 육류 등에서 그 예를 볼 수 있다. 점탄성은 온도 및 변화 시간 등에 관계가 있다. 즉, 막대기 모양의 엿은 기온이 낮을 때는 구부리려면 부러지나 온도가 높으면 분명한 점탄성을 나타낸다. 그리고 구부리는 속도를 빨리하면 부러지나 천천히 구부리면 부러지지 않고, 원하는 대로 구부러진다.

접촉냉동(contact freezing) 냉각한 금속판 사이에 식품을 넣고 양면으로부터 밀착, 접촉시켜 동결시키는 방법. 벽돌 모양 아이스크림 등을 냉동시킬 때 많이 사용한다. 금속판은 그 속에 직접 냉매를 흘리거나 또는 냉각한 식염수와 같은 2차 냉매를 흘려서 −30~−40℃로 냉각하고, 식품과 금속판 사이에는 0.1~0.2kg/cm^2 정도의 접촉압이 걸리도록 하여 식품을 가볍게 누르면서 동결한다. 이 방법은 두께 3~4cm의 식품이면 1시간 반 정도에 급속동결되며, 제품의 모양이 같게 되는 장점이 있다.

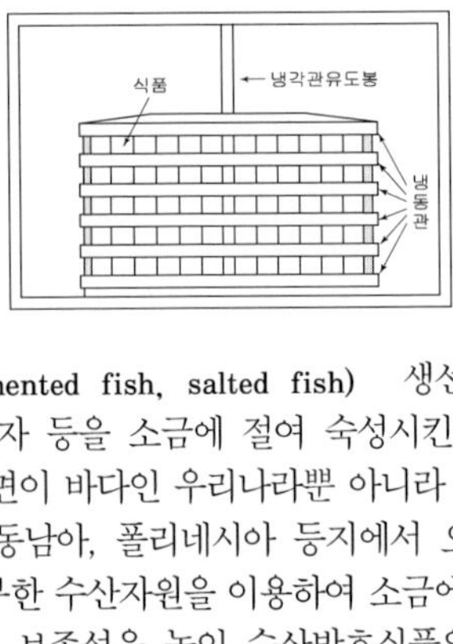

젓갈(fermented fish, salted fish) 생선의 살·알·창자 등을 소금에 절여 숙성시킨 것의 총칭. 삼면이 바다인 우리나라뿐 아니라 스칸디나비아, 동남아, 폴리네시아 등지에서 오래 전부터 풍부한 수산자원을 이용하여 소금에 절여 발효시켜 보존성을 높인 수산발효식품의 대표적인 것이다. 젓갈은 유해세균의 발육을 억제하여 부패를 방지하여 저장성을 높였을 뿐 아니라 발효 숙성시켜 독특한 향미를 지닌다. 숙성 초기에는 자체 효소에 의한 자기소화가 이루어지고 후기에는 세균이나 효모의 작용에 의하여 숙성이 이루어진다. 젓갈의 숙성에 관여하는 주요 미생물들은 *Micrococcus*속, *Brevibacterium*속, *Sarcina*속, *Leuconostoc*속, *Bacillus*속, *Pseudomonas*속, *Flavobacterium*속 및 각종 효모류 등으로 알려져 있는데, 숙성 초기에는 *Achromobacter, Pseudomonus, Micrococcus*와 같은 해양세균이 관여하며 이후에는 호염성 세균인 *Halobacterium, Pediococcus, Sarcina, Micrococusmorrhuae*, 효모균인 *Saccharomycis* sp. 및 *Torulopsis* sp.가 번식하여 발효가 완성된다. 이러한 숙성발효과정에서 재료에 함유된 풍부한 단백질이 분해되어 유리아미노산으로 되고 그 외 핵산관련물질, 트리메틸아민옥사이드(trimethylamine oxide, TMAO), 베타인(betaine) 등에 의해 구수한 맛과 감칠맛을 낸다. 가용성 질소와 아미노산의 함량은 저장발효 3개월간에 걸쳐 계속 증가하고 이들 값이 최대가 될 때 젓갈의 맛이 가장 좋아지며, 이때의 pH는 5.5~ 6.0 수준이며 그 이후 휘발성 염기질소의 함량이 다시 증가되면서 맛은 감소한다. 성분으로는 젓갈 종류에 따라 함량에 차이가 있기는 하나 단백질은 8~16%, 지방 6~25%, 비타민 B_1과 B_2는 0.5~1.5㎍/g, 나이아신은 6~16㎍/g이며, 명란젓은 특히 비타민 B_1과 B_2의 함량이 높다. 그 외에도 비타민 A, B_{12}가 함유되어 있다. 그러나 젓갈의 염도는 20~30% 정도로 매우 높아 성인병의 우려가 있으며 최근에는 8% 이하의 저염 젓갈이 개발되어 시판되고 있다. 젓갈을 발효시킬 때에는 공기와의 접촉이 없도록 하고 15℃ 가량의 서늘한 곳에서 숙성시키는 것이 가장 좋은 젓갈이 된다. 토굴을 이용하여 젓갈을 저장하기도 한다. 우리나라의 주요한 젓갈은 새우젓, 멸치젓, 명란젓, 연어알젓, 굴젓, 조개젓, 오징어젓, 소라젓, 곤쟁이젓, 밴댕이젓, 꼴뚜기젓, 대합젓, 조기젓, 창란젓, 방게젓 등 많은 종류가 있다. 이들은 각각 제철에 사서 항아리에 담고 재료가 완전히 덮일 만큼 소금을 켜켜이 치고 꼭 봉해서 익히는데, 새우젓, 멸치젓, 조기젓(황석어젓도 포함) 등은 김장담글 때 주로 쓰이고, 나머지는 양념에 무쳐 밥반찬으로 쓰인다. 이 밖에도 육류와 생선, 어패류를 섞어서 간장, 소금, 생강 등을 얹어 담근 어육장(魚肉醬), 생선을 저며 소금, 국수 부스러기, 파, 술과 함께 담근 주맥어법(酒麥魚法), 참가자미에 메조밥, 엿기름, 고춧가루, 소금을 섞어 담근 밥식해(또는 가자미식해) 등 특수한 젓갈이 많았는데, 밥식해는 지금도 성행되는 젓갈의 하나이며, 어패류와 밥이 삭는 동안에 생긴 독특한 발효미가 별미이다. 어리굴젓과 방게젓은 태안반도 근해인 서해안이 생굴의 명산지인데, 그 중에서도 충남 서산의 어리굴젓은 특히 유명하다. 초가을에 좋은 생굴을 사서 깨끗이 손질하여 고춧가루, 파, 마늘 다진 것, 소금 등을 섞어 살살 버무려 항아리에 담고 꼭 봉해서 10℃ 이하에서 보관하면 약 1주일 후에는 먹을 수 있게 익는다. 잘 담근 것은 이듬해 봄까지도 변질되지 않는다. ☞ 새우젓

정기구매(fixed period purchasing) 계속적으로 사용하는 품목을 일정재고량에 맞추어 자동적으로 구입하거나 정기적으로 구입하는 방식.

정기발주방식(fixed-order period system) 정기실사방식이라고도 하고 정기적으로 일정한 발주시기에 부정량(不定量 : 최대재고량-현재 재고량)을 발주하는 방식. 가격이 고가이어서 재고부담이 큰 품목, 조달에 기간이 오래 걸리는 품목, 수요의 예측이 가능한 품목 등을 발주할 때 적합하다.

정량발주방식(fixed-order quantity system) 재고가 일정수준(발주점)에 이르면 일정 발주량을 발주하는 방식. 저가이어서 재고부담이 적은 품목, 항상 수요가 있어 일정한 양의 재고를 보유해야 하는 품목, 수요를 예측하기 어려워도 사장품이 될 우려가 적은 품목 등을 발주할 때 적합하다.

정량적 묘사분석(quantitative descriptive analysis, QDA) 제품의 외관, 향, 맛 및 텍스처 특성을 종합적으로 평가하기 위하여 선척도에 사용하여 여러 특성을 관능적으로 평가하고 그 결과를 통계처리 하여 나타내는 방법. 10명 내외의 훈련된 평가자가 다양한 관능적 특성에 대하여 3개 이상의 시료를 동시에 평가할 수 있으며 반복실험을 실행한다. 또한 패널 지도자의 영향을 받지 않고 평가할 식품에 대한 관능특성 용어를 개발한다. 패널 지도자는 얻어진 데이터를 통계적으로 적절히 처리하고 그 결과에 대하여 분석, 판단하여야 한다. 통계적 처리로는 제품 간 각 특성의 평균값, 표준편차 및 분산분석에 의한 F값을 구하여 유의도를 구한다. 제품 간에 유의하게 특성의 차이가 나타나면 LSD, 터케이(Tukey), 또는 던칸(Duncan)의 다중비교분석을 통하여 제품특성간의 차이형태를 알아본다. 제품간의 여러 특성의 차이를 한눈에 살펴볼 수 있게 평균값을 이용하여 거미줄 그림을 그리기도 한다. 그 외에 상관관계 또는 다변량분석을 실시할 수도 있다. 정량적 묘사분석의 적용범위는 매우 넓어서 식품, 음료, 그리고 화장품, 향료 등의 특성을 평가하는 데 사용된다.

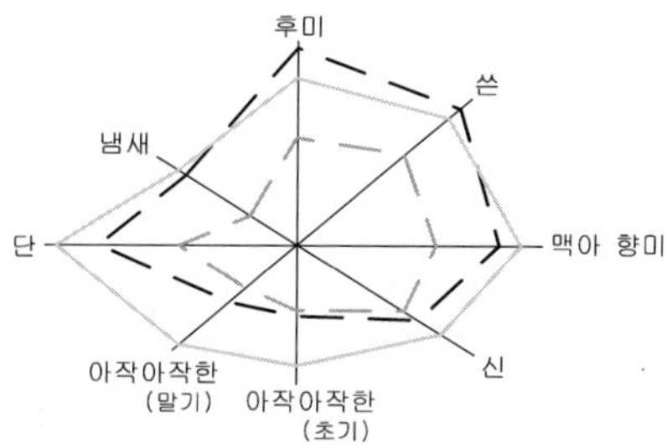

정백(polishing) 쌀을 도정하는 조작. 현미, 보리 등 곡류는 과피, 종피, 호분층, 배유로 구성되어 있고 바깥쪽에 겉껍질이 붙어 있는데, 겉껍질에서 호분층까지 겨층을 벗기는 조작을 도정이라 한다.

정서적 관능평가(affective sensory evaluation) 대상식품을 사용하는 소비자들의 기호도, 순응도, 의견을 조사하기 위한 소비자 대상 관능평가. 대상 식품을 소비하는 계층을 잘 대표할 수 있는 사람이 평가원으로 선발된다. 정서적 관능평가방법으로 이점선호법, 순위선호법, 기호척도법, 식품행동척도법 등이 사용되고 있다.

정선(cleaning) 곡류의 도정 전 불순물을 제거하는 과정. 곡류는 수확 후에 건조, 저장, 가공의 과정을 거치는 과정에서 씨, 먼지, 금속조각, 모래 등의 이물질의 혼입과 미생물 또는 해충에 의해 변질이나 부패가 일어날 수 있으므로 도정하기 전에 불순물을 제거한다.

정어리(sardine) 청어목 청어과의 바닷물고기. 학명은 *Sardinia melanosticta* Temminck et Schlegel. 『우해이어보』에는 증울(蒸鬱), 『자산어보』에는 대추라 하였고 그 형태와 회유에 관해 기록하고 있다. 제주도 동남방 해역에서 겨울철을 지내다가 봄이 되면 북상하기 시작하

여, 여름에는 동해에서 서식하고, 가을이 되면 남하하여 산란 해역 부근에서 겨울을 지낸다. 출현 범위가 넓어 유럽에서 사할린까지 분포하며 어획량도 많다. 몸은 긴 원통형이지만 배 쪽은 다소 측편되어 있으며 아래턱이 약간 돌출되어 있다. 성어의 몸길이는 15~25cm이다. 빛깔은 등 쪽은 짙은 청색, 배 쪽은 은백색을 띠고 있으며, 보통 정어리 옆구리에는 1줄로 된 7개 내외의 흑청색 점이 있고 그 위에 여러 개의 점이 있다. 국내산은 10월~이듬해 봄까지 제철이다. 가을부터 겨울까지는 지방 함량이 15~17%에 달하고 4~9월 중에는 2~4%로 떨어진다. 그러므로 가을부터 겨울까지 맛이 가장 좋고 통조림이나 채유 원료로 많이 이용된다. DHA와 EPA와 같은 고도불포화지방산을 많이 함유하고 영양적으로 매우 우수한 아미노산 조성을 가지고 있다. 정어리는 뼈와 같이 먹을 수 있으므로 무기질의 급원이 된다. 글루탐산, 히스티딘 등 유리 아미노산 등과 핵산 성분이 많다. 일반적으로 정어리는 어획 즉시 급속 동결하여 −35℃의 온도로 동결 저장한다. 정어리의 지방은 요오드값이 176.5~183.0, 검화가는 186.7~203.7이다. 흔하고 값싼 정어리는 영양가는 많지만 신선도가 쉽게 떨어져서 회로는 잘 이용하지 않고 소금구이, 튀김, 조림 등으로 식용한다. 정어리, 꽁치, 고등어 등의 등푸른 생선은 생강을 넣고 조리면 맛이 더욱 좋아진다. 요즈음은 식용보다는 양식용 사료로 더 많이 쓰인다.

정유(essential oil) 식물에서 수증기 증류에 의해서 얻는 휘발하기 쉬운 유성 액체. 향신료에서는 유효성분의 대부분이 포함되어 있다. 정유는 향기가 강하고 휘발하기 쉽고, 유상의 모습을 하고 있으나 유지는 아니다. 향기 외에 매운맛, 쓴맛, 단맛을 가진다. 이용방법은 향신료에서 정유를 추출하여 이것을 에센스로서 이용하든지, 분말향신료로 가공하여 사용하기도 한다. 주요 성분은 모노테르펜(monoterpene)과 세스퀴테르펜(sesquiterpene) 또는 페놀과 페놀에테르이다. essential oil이라 부르는 이유는 ① 정유가 생명에 필수적이라고 믿었으며 ② 식물의 정수(essence)라는 것 때문이다.

정장작용(intestinal regulation) 장내에서 비피더스 세균이 생성하는 락트산, 아세트산에 의해 장내 환경이 정비되어 장내 부패균의 생육억제, 변비개선 등의 장을 정제하는 작용.

정적 점탄성(static viscoelasticity) 역학적으로 물체의 비평형상태로부터 평형상태에 빠지는 과정을 관측하고 얻은 점탄성. 예를 들면, 응력완화나 크리프 측정에서는 일방적으로 물체를 변형시키고, 시간과 함께 그 변해가는 현상을 파악하여 점·탄성을 얻는다.

정제염(refined salt) 소금을 재결정하여 염화나트륨의 순도를 99% 이상으로 높인 것. 마그네슘염이 제거되어 흡습성이 적고 백색을 띤다. 고추장 담을 때, 음식의 맛을 내는 데 사용한다.

정향(丁香, clove) 도금양과의 상록 소교목. 학명은 *Syzygium aromaticum.* 인도네시아가 원산지이며, 미숙한 꽃봉오리를 건조시킨 흑갈색의 것으로, 정(丁)자와 같은 모양으로 되어 있어서 '정향'이라고 부른다. 별명이 '백리향'이라 할 정도로 향이 좋다. 주 방향성분은 유제놀(eugenol)이다. 말린 꽃봉오리는 그대로 또는 가루 형태로 사용하며, 진저 브레드, 쿠키, 머핀, 케이크 등 디저트와 육류, 피클, 햄요리에 사용되어 왔는데 감칠맛과 매운맛이 있으면서 상큼한 맛도 있어 중국요리에도 자주 이용된다.

젖산(lactic acid) 신 우유, 맥주, 김치, 사우어크라우트(sauerkraut) 등 발효식품에 존재하는 신맛 성분. 공업적으로 유장, 콘스타치, 감자, 당밀을 발효시켜 생산하며 음료, 캔디, 올리브, 건조단백, 빵, 치즈 제품 등에 신맛을 내기 위해서 사용된다. ☞ 락트산

젖산균 ☞ 유산균

제1종 오류(Type Ⅰ error) 통계학에서 실제로 존재하는 자극을 감지하지 못하는 오차. 귀무가설이 옳은데도 불구하고 귀무가설을 기각할 오류로서, 이 오차를 범할 확률은 α로 표시된다.

제2종 오류(Type Ⅱ error) 통계학에서 존재하지 않는 자극을 존재하는 것처럼 판단하는 오차. 귀무가설이 거짓임에도 불구하고 귀무가설을 채택할 오류로서, 이 오차를 범할 확률은 β로 표시된다.

제국(koji making) 쌀, 보리, 콩, 그 밖의 잡곡 등

을 쪄서 고지균을 키워 효소를 생성시킴 또는 그 과정.

제니스테인(genistein) 콩에 함유된 이소플라본이 발효과정을 통해 생성된 물질.

제분(flour milling) 쌀 · 밀 · 메밀 · 옥수수 · 콩 등의 곡식을 분쇄하고 외피 · 섬유 등을 체로 분리하여 가루로 만드는 조작. 곡물 중에도 밀을 제분하여 가루로 만들면 특별한 성질 즉 전성 · 연성 또는 팽창성 등이 커지며 면류 및 빵 등을 만들 수 있으므로 그 이용 범위가 넓어진다. 또한 제분하면 원곡보다 소화율이 좋아진다. 밀은 비교적 부스러지기 쉬운 흰색의 배유가 강인한 종피 및 과피에 둘러싸여 있는데, 회분은 일반적으로 과피 및 종피 등 밀의 외부에 많고 안으로 들어갈수록 적다. 제분은 밀의 배유부를 될 수 있는 대로 순수하게 분말상으로 분리하는 것이 목적이며 그 조작은 분쇄와 사별의 두 공정으로 크게 나뉜다.

제시순서 효과(order effect) 관능검사 때, 시료의 제시순서가 판단, 평가에 영향을 미치는 것. 최초 또는 최후의 시료는 과소 · 과대평가되는 경향을 갖는다.

제아잔틴(zeaxanthin) 옥수수에 많이 들어 있는 카로티노이드 중의 하나로 잔토필에 속하는 황색 색소. ☞ 카로티노이드

제조물책임법(product liability) 제조물의 결함으로 인하여 발생한 손해에 대한 제조업자 등의 손해배상책임을 규정함으로써 피해자의 보호를 도모하고 국민생활의 안전향상과 국민경제의 건전한 발전에 기여함을 목적으로 한 법으로 우리나라는 2000년 1월 12일 제정되었다. 제조물의 제조상의 결함, 설계상의 결함, 표시상의 결함으로 인하여 생명 · 신체 또는 재산에 손해(당해 제조물에 대해서만 발생한 손해를 제외한다)를 입은 자에게 그 손해를 배상하여야 한다.

제품(product) 인간의 욕구, 필요, 수요를 만족시키기 위해 표적시장에 제공하는 잠재고객들의 소비를 목적으로 가치를 제공하는 과정 혹은 대상물의 묶음. 엄밀히 구분하면 유형의 제품인 상품(goods)과 무형의 서비스(service:용역이라고도 함)로 구분할 수 있는데 일반적으로는 좁은 의미로 상품을 일컫는 말로 사용되며 급식에서 제품은 메뉴를 의미한다.

젤라틴(gelatin) 동물의 뼈, 가죽, 인대, 건의 가열에 의해 콜라겐으로부터 유도된 가용성 단백질. 소화될 수 있으며 필수 아미노산인 트립토판이 부족하고 다른 필수 아미노산도 매우 적은 양을 함유하고 있는 불완전 단백질이다. 물과 함께 가열하면, 약 30℃ 이상에서 녹아 친수성 콜로이드(hydrocolloid), 즉 졸(sol)을 형성하며, 냉각하며 겔(gel)을 형성한다. 무미 · 무취이지만 겔화하면 투명하고 한천보다도 점탄성이 크다. 젤라틴의 어원은 고화(固化)하는 것이다. 과자제조, 젤리, 아이스크림에 안정제, 농후제, 품질개량제의 식품첨가제로서 이용되고, 접착제, 세균의 배지, 약용 캡슐, 잉크, 플라스틱 화합물, 인공 실크, 사진용 필름, 종이와 섬유의 풀먹이기, 혈장확대 등에 사용된다. ☞ 콜라겐

조(italian millet, foxtail millet) 잡곡에 속하는 벼과의 1년생 식물 또는 그의 식용 곡류. 학명은 *Setaria italica* L. Beauv. 조의 원형은 강아지풀(*S. viridis* L. Beauv.)로, 원산지는 동부아시아이며 일부는 아프리카를 원산지로 추정하고 있다. 조는 토양이 척박하고 온도가 높으며 가물어서 다른 곡류가 재배되지 않는 지역에서도 잘 자라며, 아프리카, 중국, 러시아 등이 주 생산지이다. 구황작물로서 중요시되어 왔고 동양에서는 5곡(五穀)의 하나로 오래 전부터 재배되어 왔으며, 우리나라에서는 전국적으로 재배해 온 작물로서 한때는 보리 다음으로 많이 재배했던 밭작물이었으나 요즈음에는 식생활이 바뀌면서 극히 적은 면적에서 재배되고 있다. 종자는 구형이며 곡류 중 크기가 가장 작아서 천립중량이 2g 정도이다. 탄수화물이 약 72%, 단백질은 약 9~10%로 프롤라민과 글루텔린이 주된 단백질이며, 아미노산 조성은 리신이 부족하며, 류신(leucine)이 풍부하게 함유되어 있다. 무기질로는 칼륨, 칼슘, 철, 인 등이 다량 함유되어 있으며, 비타민 B_1과 B_2가 풍부하다. 조의 섬유소는 2~3%로 비교적 다량 함유되어 있어 기호성이 우수한 편은 아니지만 소화율이 보리류보다 좋고 칼슘 함량이 많아

우유 생산량이 적은 지역이나 이유기의 유아와 임산부에게 권장할 만하다. 전분의 성질에 따라 메조와 차조로 나뉜다. 메조는 쌀이나 보리와 함께 혼식용으로 이용되며 죽, 단자, 로티(빵의 일종) 등으로 이용한다. 차조는 동아시아에 분포가 한정되고 밥, 엿, 떡 또는 민속주의 원료로 이용되고 있다. 그 외에도 견사용의 풀, 새의 사료 등으로 이용된다. ☞ 차조

조건반사(conditioned reflex) 일정한 조건 하에서 동물이 환경에 적응하기 위하여 후천적으로 얻게 되는 반사작용.

조기(yellow corvenia) 농어목 민어과의 바닷물고기. 학명은 *Collichthys fragilis* Jordan et Seale. 『자산어보』에 추수어라 하였고, 『오주연문』에 석수어(石首魚)라 하였다. 동중국해, 타이완, 일본 남부, 우리나라 연근해에 분포한다. 수심 40~200m인 바닥이 모래나 갯벌에서 서식하며, 특히 연평도 근해에서 많이 잡힌다. 산란기는 3~6월이며, 4~5월 중순이 성수기이다. 민어와는 가슴지느러미의 색깔(민어는 검다)에서 잘 구별되며, 동일 속의 부세와는 뒷지느러미 연조수(부세는 주로 8개)로 식별할 수 있다. 참조기는 빛깔이 회색을 띤 황금색이고 입술은 홍색이고 전체길이는 30cm 정도이다. 부세로 통하는 수조기는 참조기에 비해 값도 저렴하고 몸집도 큼직하다. 입 주위는 붉지 않고 배쪽이 흰색과 노란색이 섞여 있으나 몸빛은 노란색을 띠고 있다. 참조기와 다른 점은 아가미 뚜껑 외에 큰 검은색 반점이 있는 것이 특징이다. 생어는 급속동결시켜 냉동보관 한다. 조기를 절여서 바닷바람에 적절히 말린 것을 굴비라고 하는데 3월경에 말린 '영광산' 굴비가 품질이 가장 좋다. 감칠맛이 일품인 영광굴비를 만드는 방법은 3월경에 소나무 장대를 이용하여 밑은 넓고 위는 좁은 원모양의 건조장을 만들어 그 주위를 짚발로 둘러싼 후 맨 위가 튀어 있는 건조장 안에 조기를 걸어 놓고 밑바닥 한 가운데에 구덩이를 파서 숯불을 피워 말리는 게 특색이다. 조기란 사람에게 기운을 북돋워주는 효험이 있다는 데서 붙여진 이름으로 맛도 좋을 뿐 아니라 양질의 단백질이 풍부해서 어린이들의 발육과 원기회복에도 좋다. 또한 한방에서는 배탈이나 설사할 때 순채와 함께 넣어 끓여 먹었다. 조기매운탕은 봄철에 가장 잘 어울리는 음식으로 입맛이 없는 나른한 봄에 영양식으로 일품이다. 조기젓은 저장기간이 길면 길수록 육질이 효소에 의해 분해되어 젓국의 양이 늘어나는데 우리나라 전통식품인 조기젓국은 1년 이상 숙성시킨 것으로 만들어진다.

조류(algae) 수중에서 광합성을 통해 무기물질을 유기물질로 전환시킬 수 있는 단세포 또는 다세포 단순 생물체이다. 보통 녹조류, 갈조류, 홍조류의 세 문으로 구분한다.

조류독감(avian influenza, AI) 오리, 갈매기 같은 야생 조류나, 닭, 칠면조, 거위와 같은 가축 조류를 감염시키는 바이러스로, 이들 조류에 독감을 일으킨다. 조류독감 바이러스는 두 그룹의 단백질 조합에 의해 분류되는데, 하나는 헤마글루티닌(hemagglutinin) 또는 H 단백질(H1~H16)이고, 다른 하나는 뉴라미니데이즈(neuraminidase) 또는 N 단백질(N1~N9)이다. AI는 또한 조류에게 질병을 일으킬 수 있는지 여부에 따라 저병원성 조류독감(low-pathogenicity avian influenza, LPAI)과 고병원성 조류독감(high-pathogenicity avian influenza, HPAI)으로 나뉜다. LPAI는 야생조류에서 발생하여 가축동물에게 번질 수 있다. 대부분의 경우, 감염증상이 없거나 약한 증상만 보이며 인간에게는 거의 건강상 위해를 주지 않는다. LPAI H5와 H7은 HPAI로 변할 수 있어 세심히 관찰하여야 한다. HPAI는 종종 닭이나 칠면조에 치명적이다. HPAI는 LPAI보다 훨씬 빠르게 전염되며 치사율도 높다. HPAI H5N1이 아시아 등 일부지역에서 빠르게 번지고 있는 종이다. HPAI H5N1은 보통 사람에 감염되지 않으나 2004년 이래 200명의 인간조류독감 사례가 보고되었는데 대부분 감염조류와 매우 직접적인 접촉을 한 경우이다. 닭이나 달걀 등은 제대로 조리하면 쉽게 조류독감을 예방할 수 있다. 닭은 조리 시 내부 온도가 74℃ 이상 되도록 가열하면 된다.

조류식품(algae food) 인위적으로 배양한 클로렐라 속 조류 또는 스피룰리나 속 조류를 가열,

건조한 것 또는 이를 주원료로 하여 먹기 좋도록 여러 형태로 가공한 것. 건강기능식품의 하나이다.

조리-냉동방식 급식체계(cook-freeze foodservice system) 음식을 조리하여 바로 배식하는 것이 아니라, 조리한 후에 급속 냉각하여 냉동(−18℃이하)시키고 엄격하게 통제된 온도대로 냉동 보관한 후 급식 전에 재가열하여 배식하는 방법. 조리저장식 급식체계에서 저장방법으로 사용된다.

조리-냉장방식 급식체계(cook-chill foodservice system) 조리한 후에 급속 냉각하여 냉장(1~3℃, 보다 장기간 보존하기 위해서는 −1~−2℃)시키고 엄격하게 통제된 온도대로 냉장 보관한 후 급식 전에 재가열하여 배식하는 방법. 조리저장식 급식체계에서 저장방법으로 사용된다.

조리사(cook) 국가기술자격법에 의한 조리기능사 자격을 취득하여 시·도지사의 면허를 받은 자. 식품에 물리적·화학적 조작을 가하여 위생, 맛, 소화성을 높인 음식물로 만드는 과정을 전문적으로 담당하는 역할을 수행하며 조리하는 음식의 유형에 따라 한식 조리기능사, 양식 조리기능사, 중식 조리기능사, 일식 조리기능사, 복어 조리기능사로 구분한다.

조립(粗粒, middling) 밀을 가루로 만드는 과정 즉 제분과정에서 조쇄공정을 통과하여 나온 흰 덩어리가 섞여 있는 가루. 조립해도 어느 정도 껍질이 혼입되어 있으므로 이를 분리하기 위하여 조립정선기(purifier)를 사용한다. 껍질이 없는 순수한 조립(semolina)을 스무드 롤러에 통과시켜 얻어지는 가루를 미들링 가루(middling flour)이라고 하며, 브레이크 롤러로 조립을 얻을 때 나오는 가루를 브레이크 가루(break flour)이라고 한다. 또한, 각종 조립을 순차적으로 분쇄하여 껍질의 분리를 계속하면 맨 마지막에는 약간의 배유와 껍질이 혼합된 밀기울을 얻게 되는데, 이를 소피(작은 껍질, short bran)라고 한다.

조명(illuminations, lighting) 인공광원이나 자연광원으로 실내나 특정 부분을 밝게 하는 것. 자연광원에는 태양광선이 있다. 인공광원에는 식사 또는 조리실에서 사용되는 백열구, 형광등, 양초 등이 있다. 수은등, 나트륨 램프 등은 식사, 조리실에서는 부적당하다.

조미료(seasonings) 음식의 맛을 내기 위해 소량으로 첨가하는 물질. 광의로는 함미료(염미료), 감미료, 산미료 등으로 분류할 수 있으나 협의로는 보통 감미료, 산미료 등과 구분하여 음식물의 맛난 맛을 증가시키려는 목적으로 사용되는 지미료를 의미한다. ① 함미료(鹹味料)-짠맛을 내는 조미료. 가장 대표적이고 중요한 것은 소금이다. 짠맛은 무기 및 유기의 알칼리염이 해리하여 생긴 이온 맛이다. 짠맛은 주로 음이온에 의존하며 양이온은 짠맛을 강하게 하거나 부가적인 맛을 준다. 가장 순수한 짠맛을 가지고 있는 것은 소금(NaCl)이다. NaCl은 Cl^-이 짠맛을 가지는 데 반하여 Na^+은 쓴맛을 아주 적게 가지기 때문에, 짠맛을 내는 데 소금을 널리 사용한다. NaCl 외에 KCl, NH_4Cl, $CaCl_2$, $MgCl_2$ 등의 염들도 짠맛을 내나 염을 구성하는 양이온인 Na^+은 거의 쓴맛을 가지고 있지 않아 순수한 짠맛을 내나 그 외의 양이온은 짠맛 외에 불쾌한 쓴맛을 낸다. 소금은 음식에서 짠맛을 낼 뿐 아니라 음식이 지닌 맛을 좋게 해주어 맛을 돋우는 역할을 한다. 또한 다른 맛 성분의 맛을 증가 또는 감소시키는 작용을 하는데, 특히 단맛 성분과 함께 넣으면 단맛이 증가되며 신맛 성분과 함께 존재 시에는 신맛을 약화시키기도 한다. 또한 소금은 음식의 부패를 막아주는 방부제로서도 작용한다. 소금 이외에 사용되는 짠맛을 내는 조미료로는 간장·된장·고추장, 각종 젓갈 등이 있으며, 이들은 짠맛 외에 아미노산·당·유기산을 함유하고 있어 감칠맛을 낸다. ② 감미료(甘味料)-단맛을 내는 조미료. 가장 대표적인 천연감미료는 설탕과 꿀이다. 이외에 포도당·과당·물엿(맥아당)·이성화당 등 당류가 감미료로 사용된다. 설탕은 열대지방에서 생산되는 사탕무와 사탕수수로부터 얻는다. 포도당은 전분을 가수분해하여, 과당은 설탕을 분해하여 만들고, 물엿은 엿기름과 전분으로부터 제조하며, 이성화당은 포도당을 과당으로 일부분 변화시켜 포도당의 감미도를 높인 것이다. 설탕은 과당과 포도당이 결합된 것으로 자당이라고 한다. 자당은 감미료 중에서 가장 순수한 단맛을 내므로 상대 감미를 측정하는 기준이 되는 물질이다. 상대 감미도는 설탕을 100으로 보고 다른 당들의 감미도의 상대적 정도를 나타낸다. 인공 감미료로는 사카린 · 시클람산나트륨 · 둘신 · 아스파탐 등이 있으며 이들은 설탕보다 강한 단맛을 지니고 있어 경제적이기는 하나 펩타이드 유도체인 아스파탐 이외는 거의 대부분이 독성을 나타내므로 사용이 금지되고 있다. 설탕의 작용은 단맛을 주는 외에 단백질의 펩티드 결합을 짧게 끊어줌으로써 육류나 밀가루 반죽제품을 연하게 하는 성질이 있고, 전분의 노화를 방지하며, 펙틴을 겔화시키는 작용도 있다. ③ **산미료(酸味料)**–신맛을 내는 조미료. 유기산들이 신맛을 내며 과일에 많이 들어 있다. 신맛은 음식에서 산뜻한 맛과 시원한 느낌을 주어 식욕을 돋우어주고 생리적으로는 당의 대사를 원활히 해준다. 음식에 주로 사용되는 것은 식초이다. 식초는 과일이나 곡물을 발효시킨 것으로, 발효에 관여하는 미생물은 초산균이다. 식초의 주성분은 초산이며, 보통 3~6% 정도가 함유되어 있다. 발효에 의해 만드는 식초를 양조식초라 하며 양조식초에는 아세트산(초산)이 약 5~7% 함유되어 있고 그 외에 각종 유기산이나 아미노산이 있어 향미가 좋다. 합성 식초는 빙초산을 희석하여 만든다. 각 나라마다 고유의 식초가 있는데 미국에는 사과 주스를 발효시킨 사과식초(cider vinegar), 프랑스에는 포도 주스를 발효시킨 포도식초(wine vinegar), 영국 · 독일에는 맥아액을 발효시킨 맥아식초(malt vinegar), 일본에는 청주 찌꺼기를 원료로 한 청주박식초, 우리나라에는 전통 '막걸리'로 식초를 만들었고, 최근에는 감을 원료로 한 감식초가 있다. ④ **지미료(旨味料)**–감칠맛 또는 구수한 맛을 내는 조미료. 서양에서는 맛증진제(flavor enhancer)라는 용어를 사용한다. 아미노산계 화합물과 핵산계 화합물이 있다. 아미노산계는 모노소디움 글루탐산(monosodium glutamate, MSG) · 아스파트산 · 숙신산나트륨 등이고, 핵산계는 이노신산나트륨과 구아닐산나트륨이다. 지미료는 천연지미료와 화학지미료가 있다. 천연지미료에는 다시마, 표고버섯, 말린 멸치, 조개류, 가쓰오부시 등이 있는데, 조개류의 감칠맛은 숙신산나트륨, 표고버섯의 구수한 맛은 구아닐산나트륨에 기인된다. 화학지미료에는 글루탐산모노나트륨과 이노신산 등이 있다. 화학지미료는 미량으로 음식의 맛을 좋게 해줄 뿐 아니라 아미노산과 핵산을 함께 사용하면 상승작용을 하여 각각의 맛의 강도를 합친 것보다 더 강한 맛을 낸다. 시판되는 복합조미료는 글루탐산의 나트륨염과 핵산의 이노신산나트륨을 혼합한 것이다.

조사식품(irradiated food) 방사성 동위원소 또는 방사선 발생장치에서 나오는 이온화 방사선을 쬔 식품. 현재 우리나라에서 허가된 품목은 감자, 양파, 마늘, 빵, 버섯, 난분, 가공용 곡류, 두류, 녹말, 향신료, 식육, 어패류, 된장, 고추장, 간장, 채소류, 해조류, 알로에 등의 건조품, 효모, 효소식품, 인삼제품, 환자식, 복합조미식품, 침출차, 분말차 등이다.

조직감 ☞ 텍스처

조청(malt syrup) 여러 종류의 곡류 전분을 맥아에 함유되어 있는 아밀라아제에 의해 가수분해시킨 후 가열하여 수분을 증발시켜 농축한 것. 수분함량은 18% 정도이며 10%로 농축하면 엿이 된다. 사용되는 곡류로는 멥쌀, 찹쌀, 수수, 고구마 등이다. ☞ 물엿

조합식 급식체계(assembly foodservice system) 반조리 또는 완조리 가공품을 구매하여 데우거나 최종가열, 조합해서 급식하는 체계. 조리를 최소화하여 조리 인력, 주방설비가 거의 필요하지 않게 되고 인건비와 시설 투자비를 줄일 수 있어 생산성이 증가되나 식재료비가 많이 소요되고 가공품이 다양하지 않아서 음식의 맛과 품질의 문제가 있으며 구입한 식재료의 저장 공간이 필요하다는 단점을 가진다.

졸(sol) 액체 속에 미립자의 분산질이 분산하고 유동성을 보유하고 있는 것. 콜로이드 분산액과 같이 액체의 성질을 갖는 졸이 불안정하여 고체처럼 변하는 것을 겔이라고 한다. 온도, 농도, 외력 등 조건에 따라 겔로 변환된다. 한천은 건조상태(제품)에서는 키세로겔, 조리과정에서 팽윤 · 용해하면 졸, 냉각 · 응고시키면 겔이라고 불리는데, 이처럼 동일물질이라도 상태

ㅈ

변화에 따라 각 명칭이 변한다.

종합적 차이검사(overall difference test) 차이식별검사 중 하나로 시료간의 전체적인 차이를 분석적으로 식별 평가하는 방법. 단일시료검사, 단순이점차이검사, 1·2점 검사, 3점 검사 등이 이에 속한다. ☞ 단순이점차이검사, 단일시료검사

종합적 품질경영(total quality management : TQM) 조직 전체가 참여하여 지속적인 개선으로 능동적인 변화와 효과적인 기업문화 조성과 소비자 만족을 지향하려는 경영철학. 종합적 품질경영의 기본 핵심은 결과의 원인이 되는 공정을 지속적으로 개선하는데 있으므로, 급식산업에서는 이 개념을 적용시켜 공정의 지속적 개선, 종업원의 능동적 참여 증진을 통한 관능부여, 팀워크, 품질개선에 도구사용 등의 접근방법을 통해 고객만족을 줄 수 있는 제품과 서비스, 품질의 지속적인 개선방법을 모색하고자 한다.

주관적 예측법(subjective method) 수요예측의 질적인 접근방법으로서 기술계측이나 신제품출시 등 예측자료가 불분명하거나 불확실할 때, 혹은 과거의 자료가 시간적으로 일치하지 않을 때 주로 활용하는 방법. 이 방법은 과거와 미래가 연속성이 없으므로 관련된 의견 및 정보자료를 이용하여 수요예측이 이루어지며, 시장조사법, 델파이기법, 위원회 합의법 등이 있다.

주니퍼(杜松, juniper) 측백나무과 또는 삼나무과에 속하는 관목 상록수의 열매로 향신료의 일종. 학명은 *Juniperus communis.* 주산지는 이탈리아, 체코슬로바키아, 루마니아 등이다. 열매는 둥글거나 넓적한 타원형이며 지름은 5~6mm이다. 꽃이 핀 다음해에 녹색이었다가 익으면 검은 자주색이 된다. 완두콩 크기만 한 열매가 나오기 시작해서 두 번째 계절에 따는데, 손으로 딴 것이 최상품이다. 사워크라우트, 진, 리큐르, 케이크 등에 사용한다. 이뇨제로도 이용한다.

주문비용(order cost) 주문하기 위해 소요되는 비용. 즉 발주업무와 관련된 구매, 검수, 창고관리에서 요구되는 인건비가 주를 이루며, 업무처리비, 여비교통비, 검수에 따른 검사비 등이 포함된다. 물품의 적정발주량을 결정하기 위하여 주문비용의 경제성이 요구된다고 할 수 있다.

주석산염(cream of tartar) 타타르산(tartar acid)의 나트륨염 또는 나트륨칼륨염. 로셸(Rochelle)염이라고 한다. 무색투명한 결정이나 백색 결정성 분말이며 냄새가 없고 신맛을 낸다. 베이킹파우더의 산 구성물질로 사용되고 캔디류, 탄산음료의 산미료로 이용된다.

주석중독(tin poisoning) 통조림 용기에서 용출된 주석(Sn)에 의한 중독. 원래 주석 화합물은 독성이 낮은 것으로 생각되나 최초에는 주스 통조림 용기에 의한 중독사고가 보고되었다. 주석의 중독량은 아직 상세히 밝혀지고 있지 않았으나 비장, 심장, 폐, 뇌에 장해를 일으키는 것으로 알려져 있다.

주성분분석(principal component analysis) 통계처리 방법 중 다변량 해석의 일종. 일상생활에서 평가를 행하는 대상은 다변적인 특성을 지니고 있는 것이 많고, 다소의 차는 있지만 이들 특성의 상관관계를 고려해서 동시에 평가를 행하지 않으면 의미가 없다. 이 분석은 목적의 현상에 관여하는 몇 개의 특성치 사이의 관계를 분석하고, 거기에서 몇 개의 집약된 기준을 도출하는 방법이다. 식생활과 같이 인자수가 복잡한 분야의 분석평가에 적합하다.

죽순(bamboo shoot) 벼과에 속하는 대나무의 어린순. 학명은 *phyllostachys* spp.. 봄철 비가 온 직후에 솟아오른 순을 식용으로 한다. 대나무는 인도, 말레이시아 등 동남아시아에는 물론 중국, 일본, 우리나라 등에 많다. 지하경을 심어서 4~5년 후 수확하며, 어린 줄기는 3~5월에 잘라 식용으로 한다. 식용으로 하는 죽순의 종류로는 왕대, 솜대, 죽순대이며, 죽순대의 죽순을 상품(上品)으로 친다. 단백질의 약 1/3은 티로신(tyrosine), 아스파트산, 아스파라긴, 베타인(betaine), 콜린(choline) 등이다. 삶은 후 표면에 나타나는 흰 가루는 조리수에 용해된 티로신과 전분이 냉각 후 석출·침전되기 때문이다. 수산이 앞 끝과 밑 부분에 많이 있으며, 하루정도 방치하면 증가하여 아린 맛을 낸다. 그러나 쌀겨 물에서 잘 씻으면 많이 제거된다. 독특한 질감과 아린 맛, 사각사각 씹히는

맛이 특징이다. 죽순은 채취한 즉시 삶아야 질감과 맛이 더 좋다. 죽순을 삶을 때는 껍질을 벗기지 않고 통째 삶고 삶은 죽순은 물속에 오래 담가두면 죽순의 좋은 맛이 없어지므로 흐르는 물에 재빨리 씻어낸다. 볶음, 볶음밥, 탕, 찌개, 전골, 국, 무침, 중국요리 등에 다양하게 이용되며 특히, 요리로는 죽순채나물, 죽순찜, 잡채, 죽순밥 등이 있다. 또한 염장하거나 통조림으로 가공하기도 한다. 좋은 죽순은 어릴수록 연하고 잡맛이 없어서 상품으로 친다. 반대로 클수록 쇠어서 맛이 질겨진다. 또한 겉껍질이 노르스름한 빛깔을 띠는 것, 만져 보아 말랑말랑한 느낌이 들수록 연하고 부드러운 맛을 지니고 있다. 외피의 색은 담갈색, 모양은 땅딸막한 포탄형이고, 마디 사이가 짧고 자른 부분과 껍질의 색은 순백에 윤이 나는 신선한 것이 좋다. 껍질이 건조된 것은 향이 적고 단단하고 떫은맛이 강하다. 단면이 미끈미끈한 것이나 다갈색으로 변색된 것은 수확한 지 오래된 것이며, 크기에 비해 가벼운 것은 수분이 적어 신선도가 떨어진다.

죽염(bamboo salt) 대나무통 속에 소금을 넣고 여러 번 구워서 만든 것. 회백색이며 미세하다.

준인과류(準仁果類) 씨방이 발달하여 과육이 된 과실류. 감, 귤, 레몬 등이 이에 속한다.

ㅈ

준치(chinese herring) 청어목 준치과의 바닷물고기. 학명은 *Ilisha elongata* Bennett. 우리나라 서남해와 일본 남해안에서 많이 서식하며, 남지나해, 말레이군도, 인도양에도 분포한다. 몸통 길이는 50cm 이상으로 청어, 정어리류 중에서 가장 크며, 모양은 밴댕이와 비슷해서 납작하며, 몸빛은 등 쪽이 청황색이고 배 쪽은 은백색이다. 잔가시가 많으나 오래 전부터 '썩어도 준치'라는 속담이 있듯이 맛이 좋은 생선이다. 준치에는 5℃ 가량에서 잘 번식하는 저온성 세균이 있기 때문에 냉장고에 보관하면 좋지 않다. 산란기는 4~7월로 남쪽일수록 빠르고 북쪽으로 갈수록 늦어진다. 가장 맛이 좋은 시기는 봄철로, 보통 3~5월말이다. 준치는 수분 73.2%, 단백질 23.6%, 지방 6.0%, 회분 1.3%로 이루어져 있으며, 생선 중에서 단백질 함량이 많은 것 중의 하나이며 비타민 B군이 풍부하다. 산성 식품이므로 무, 죽순 등의 채소와 곁들여 먹으면 영양의 균형이 잡힌다. 신선한 준치는 맑은 장국을 끓여도 좋고, 준치전이나 가시를 발라서 회로도 먹는데 토막 친 준치에 부추, 파, 죽순 같은 채소를 넣은 후에 술이나 식초 및 기름을 치고 중탕해서 먹는 준치찜은 맛이 독특하다. 또 준치젓은 오래 삭히는 것이 맛이 좋다. 준치의 살맛은 좋으나 살 사이에 가시가 많은 것이 결점인데, 준치가 맛이 좋다는 것은 많은 양을 한꺼번에 먹지 못하기 때문에 적은 양을 조금씩 먹으므로 입안에 머무는 시간이 길어져서 혀 사이의 미각세포에 잘 닿으므로 맛을 더 예민하게 느낄 수 있기 때문이다.

중간수분식품(intermediate moisture food) 수분활성이 1.0~0.0의 중간을 나타내는 식품. 수분활성이 0.7~0.75 이하의 식품은 미생물의 발육을 대체로 억제할 수 있다.

중국음식점증후군(Chinese restaurant syndrome) 화학조미료가 들어간 중국요리를 먹은 후 두통, 현기증, 홍조 등이 나타나는 현상. 글루탐산(MSG)을 많이 먹어 나타나는 것으로 의심되면서 유해성 논란에 휘말린 이래 각국에서 MSG 사용의 규제와 허용이 거듭되고 있다.

중금속(heavy metal) 비중이 4 이상에 속하는 금속의 총칭. 식품을 오염시키고 인체에 장해를 줄 가능성이 있는 것은 금속으로 납, 카드뮴, 수은, 비소, 주석 등이 있다.

중력분(medium flour) 글루텐 함량에 의한 밀가루 분류에서 강력분과 박력분의 중간으로서 단백질이 9~10%, 젖은 글루텐 함량(습부량)이 25~35% 정도의 것. 주로 한국 · 호주산 밀에서 얻어지며, 칼국수나 부침용과 같이 가정에서 다목적용으로 사용하므로 다목적 밀가루(all-purpose flour)라고도 한다. ☞ 밀가루

중백당 상백당이 무색 · 투명한 데 비해서 중백당(중조당)은 연한 황갈색을 띠는 설탕. 결정의 크기는 상백당과 거의 동일하며 순도가 높아서 당도는 96.5% 이상이다. 제과 · 제빵, 조리용으로 사용되며, 풍미가 있어서 조림 등에 이용하면 맛이 살아난다. ☞ 설탕

중성지방(neutral fat) 단순지질 중의 하나. 트리아실글리세롤(triacylglycerol, TAG) 또는 트

리글리세리드(triglyceride, TG)라고 한다. 식품 중에 존재하는 지방과 인체에 저장되어 있는 대부분의 지방이다. 글리세롤 한 분자에 각종 지방산 세 분자가 에스테르 결합한 것으로 동일 지방산일 때 단일 글리세리드(simple glyceride), 세 개 중에서 두 개 또는 세 개 모두 서로 다른 지방산일 때 혼합 글리세리드(mixed glyceride)라고 한다.

중쇄지방(medium chain triglyceride, MCT) 탄소수가 8~10인 지방산인 중쇄지방산으로 구성된 지방. MCT는 구성 지방산이 C_8~C_{10}인 카프릴산(caprylic acid)과 카프르산(capric acid)으로 이루어져 있으며 상온에서 무색투명한 액상이며, 점도가 낮고 향과 맛이 좋은 점이 특징이다. 소장에서 가수분해되지 않고도 그대로 흡수되기도 하며, 가수분해되어 흡수된 MCT는 혈관으로 이송되어 약 4배 정도 빠른 속도로 흡수, 이용되는 특징이 있다. MCT는 지질흡수능력이 저하된 환자나 유아식이나 미숙아의 영양원으로 이용되고 있다.

중앙경향오차(error of central tendency) 가운데 위치한 시료가 더 잘 선택되는 경향으로 인한 오차.

중앙공급식 급식체계(commissary foodservice system) 중앙의 공동조리장(central kitchen)에서 대량으로 조리한 후 이를 인근의 급식소로 운반하여 배식하는 급식체계. 시설의 반복투자를 줄이고 대량구매와 생산을 통해 생산성이 증대되고 비용이 절감된다. 하지만 동일 지역 내에서는 같은 질의 음식을 공급할 수 있으나 생산과 배식이 공간적으로 분리되어 있어 배식되기까지 어느 정도 시간이 소요되므로 그에 따라 음식의 미생물적, 관능적 품질 수준이 저하될 수 있고 인근의 급식소로 운반할 때 보온이 가능한 기구와 운반차량이 필수적이다.

중앙구매 집중구매(centralized purchasing) 조직 전체에서 필요로 하는 물품을 한 개의 업소나 특정 조직부문에 집중시켜 구매하는 방법. 고가품목이나 조직전체에서 공통적으로 사용하는 물품, 구매절차가 복잡한 구매에 주로 사용된다. 비용절감과 구입단가가 최소화되고, 전문구매부서에 의한 구매가 이루어지므로 전문성이 있으며 구매조직의 집중도가 향상되고 거래처 관리가 용이하며 재고감소가 용이하나 구매절차가 복잡하고 비능률적일 수 있으며, 장시간이 소요되어 긴급물품 발주 시 불리할 수 있다.

중앙집중식 배식방법(centralized service) 주방이나 기타 어느 일정한 장소에 트레이(tray)와 음식을 준비해 놓고, 이곳에서 그릇에 음식을 옮겨 담아 카트(cart)나 컨베이어(conveyer)에 의해 피급식자에게 배식하는 방법. 예를 들어, 병원급식의 경우 각 병동이나 각 층마다 주방을 두지 않고 한 곳에서 음식을 준비하여 개인용 그릇에 담아 운반차에 실어서 복도나 승강기를 거쳐 운반되며 운반 시에는 적온급식이 되도록 최대한 노력해야 한다.

중온 미생물(mesophilic microbes) 20~45℃ 범위에서 잘 생육하며, 최적 생육온도가 30~40℃인 미생물. 대부분의 식중독균을 포함한 병원성 미생물이 이 그룹에 속한다(예 : *E. Vcoli*).

중합(polymerization) 동일분자를 2개 이상 결합하여 분자량이 큰 화합물을 생성하는 반응. 중합에 의하여 생성된 화합물을 중합체 또는 폴리머(polymer)라고 한다. 중합도에 따라 이합체 · 삼합체 · 다합체로 분류하고 또 중합체의 원료가 되는 화합물을 단위체(單位體) 또는 모노머라고 한다. 물질의 분자를 M으로 나타낼 때, nM → Mn으로 표시하며 그 예로는 아미노산이 결합하여 단백질을 생성하는 반응이나 글루코오스가 결합하여 전분을 생성하는 반응 등을 첨가중합 또는 고중합(高重合)이라고 한다.

쥐치류(file fish) 복어목 쥐치과의 바닷물고기. 학명은 *Monacanthus cirrhifer* Temminck et Schlegel. 쥐치, 말쥐치, 객쥐치 등이 있는데 이 중에서 쥐치가 가장 흔하다. 쥐치는 우리나라 서남해안, 일본 중부 이남에 널리 분포하며 길이 10~30cm 정도의 암초가 있는 해저에 서식하는데 몸통 길이는 30cm 정도이다. 쥐치와 말쥐치를 비교하면 일반적으로 쥐치가 맛이 좋고 말쥐치는 약간 떨어진다. 껍질이 질겨서 하복부의 뼈를 일으키듯이 칼질을 하여 벗기면 쉽게 벗겨진다. 맛은 담백하여 좋으며 조금 흙냄새가 있다. 우리나라에서는 최근에 건조하거나 가공원료로 이용한다. 조미액을 발라서 말린 조미 건조품인 쥐포로 많이 이용한다. 성수기는 여름철에 제철이고 주로 2~5월에 어획되는 쥐치가 가장 맛이 뛰어나다. 단백질이 20% 가까이 되어 단백가가 높은 반면에 지질이 적어 0.2~0.4%에 지나지 않는다.

증기압(vapor pressure) 액체의 표면에서 증기가 나타내는 압력. 액체는 온도 여하에 상관없이 그 자유 표면으로부터 서서히 기체로 변해 가는데 이것을 증발이라고 한다. 밀폐한 용기 내에서 액체는 표면으로부터 증발하며, 일정 한도가 되면 증발이 멈춘다. 밀폐한 용기 내에서는 차차 증기압이 높아져 액체와 증기 사이에 평형을 이룬다. 이때 용기 내의 증기는 포화되었다고 하며 이 증기압을 포화증기압이라고 한다. 100℃에서 물의 포화증기압은 760mmHg이며, 100℃에서 물이 끓는 것은 물 속에서 생긴 기포 내의 포화증기압이 760mmHg로 되어 대기압과 평형을 이루어 비등상태가 계속되기 때문이다. 에틸알코올은 78.3℃에서 비등하며, 초산은 118℃에서 비등하는데 이 온도에서 각각의 포화증기압이 760mmHg에 도달하였기 때문이다.

▲ 물의 포화증기압

온도(℃)	0	10	20	30	40	50
증기압 (mmHg)	4.58	9.21	17.53	31.83	55.34	92.5
온도(℃)	60	70	80	90	100	
증기압 (mmHg)	149.5	233.8	355.3	525.9	760	
온도(℃)	100	120	140	160	180	200
증기압 (기압)	1.00	1.959	3.567	6.100	9.895	15.34

▲ 에틸알코올 및 초산의 포화증기압

온도(℃)	0	20	40	60	80	100
에틸알코올의 포화증기압 (mmHg)	12.73	44.0	133.4	350.2	812	1692

온도(℃)	17	30	50	70	90	110	130
초산의 포화증기압 (mmHg)	9.8	20.6	56.2	133	288	582	1068

증류(distillation) 몇 가지 액체가 혼합된 혼합물로부터 순수한 액체를 분리하기 위해 끓는점을 이용하는 분리법. 액체를 증류시켜 증기를 회수하고, 잔류액으로 나누는 조작을 말한다. 위스키, 소주, 브랜디 등은 이 방법을 이용한 증류주이다. 상압 증류, 진공 증류, 수증기 증류 등이 있다.

증산작용(transpiration) 과채류의 수확 후 저장 시에 수분이 증발하는 현상. 저장 중 증산작용으로 인한 수분 손실은 과일 표면의 광택이 손실되고 상품가치의 저하를 가져오며 미숙과는 저장 중 완숙과에 비해 증산량이 많아 저장온도가 높을수록 수분의 손실량은 많아진다. 저장고 내의 바람의 속도도 증산작용에 영향을 주며 특히 빛은 과실 표피세포의 기공을 열리게 할 뿐만 아니라 체온을 상승시키므로 증산작용을 촉진한다. 따라서 증산작용을 억제하기 위해서는 저장고의 습도를 85~90%로 유지하는 것이 좋다.

지단백질(lipoprotein) 지질과 단백질의 복합체. 대표적인 것으로 혈청(장)과 난황이 있다. 혈액에 존재하는 중성지방(트리글리세리드), 인지질, 콜레스테롤, 유리지방산 등의 혈장지질은 단백질과 결합하여 친수성의 지단백질 복합체를 형성하고 있다. 이 혈장지단백질이 혈액 속에서 지질을 운반하고 있으며 크기와 비중에 따라 킬로미크론(chylomicrons), 초저밀도지단백질(very low density lipoprotein, VLDL), 저밀도지단백질(low density lipoprotein, LDL), 고밀도지단백질(high density lipoprotein, HDL)의 네 종류가 있다.

지명 경쟁 입찰(designated bidding) 구매자 측에서 지명한 몇 개의 업체에만 공고하여 응찰자를 모집하는 계약방법. 계약에 관한 내용을 일반에게 일정 기간 공고하여 응모자를 모집하고 상호 경쟁을 시켜 적정한 입찰가격을 제시한 응찰자와 계약을 체결하는 경쟁 입찰 계약 방법. 경비가 절약되고 절차가 간편하고 명확한 책임소재를 밝힐 수 있으며, 계약이행의 확실성이 보장되지만 계약에 있어서 독단적인 결정을 할 수 있으며 일반 경쟁 계약보다 경제성 확보가 곤란하고 업자간의 담합의 우려가 있다.

지방(fats) 상온에서 고체상태의 유지. 굳기름이라고도 한다. 상온에서 액상인 기름(oils)과 구별하지만 본질적인 차이는 없다. 동물성 지방과 식물성 지방으로 분류되는데, 동물성 지방은 돼지기름, 쇠기름, 버터 등이 대표적이며, 야자유, 팜핵유와 같은 라우르산(lauric acid) 계열 유지와 카카오 버터 등은 식물성이면서도 고체상태의 지방이다. 또 생선기름, 고래기름과 같이 불쾌한 냄새 때문에 그대로는 식용할 수 없으므로 수소첨가반응을 일으켜 고체상태의 경화유로 만들어 이용하거나, 쇼트닝과 같이 여러 가지 유지를 적당히 배합하여 용도에 맞는 굳기의 유지제품으로 가공한다. ☞ 식용유지, 유지류, 지방산, 지질

지방산(fatty acid) 지질의 중요한 구성 성분으로 탄소원자가 길게 사슬모양으로 결합한 1가의 카르복실산의 총칭. 한 쪽 끝에는 카르복시기(-COOH)를 다른 한 쪽에는 메틸기(-CH_3)를 가지며, 일반식은 RCOOH로 표시한다. 자연계에 존재하는 지방산은 거의 짝수의 탄소원자를 가지며 구성하는 탄소수는 4~22개로 매우 다양하다. 또한 지방산을 구성하는 탄소원자 간의 결합은 단일결합과 이중결합으로 되어 있으며 모든 탄소가 단일결합으로 연결되어 있는 포화지방산(saturated fatty acid)과 탄소 사이에 이중결합을 한 개 이상 가지고 있는 불포화지방산(unsaturated fatty acid)으로 나누어진다. 이때 이중결합을 한 개 가지고 있으면 단일불포화지방산(monounsaturated fatty acid), 두 개 이상 포함하고 있으면 다가불포화지방산(polyunsaturated fatty acid)이라 한다. 지방산의 탄소수가 4~8개인 것을 단쇄지방산(short chain fatty acid) 또는 저급지방산, 8~10개의 것을 중쇄지방산(medium chain fatty acid), 12~20개인 것을 장쇄지방산(long chain fatty acid) 또는 고급지방산 그리고 22개 이상의 것을 초장쇄지방산(very long fatty acid)이라고 한다. 보통 식품 중에는 탄소수 14~18개 지방산이 가장 많이 함유되어 있다. ☞ 지질

지연 스펙트럼(relaxation spectrum) 지연시간의 연속분포함수. 일반적으로 물체의 점탄성을 알기 위해 크리프 거동을 보이트 모형(Voigt model)으로 나타내지만, 완전히 나타낼 수 없을 때 다요소 모형으로 나타내고 각각의 요소에 대한 지연시간을 연속적 분포를 고려하여 지연 스펙트럼을 구한다. ☞ 완화 스펙트럼

지연시간(retardation time) 점탄성체를 나타내기 위해 후크(Hooke)의 탄성요소와 뉴턴(Newton)의 점성요소를 병렬로 조합한 보이트 모형(Voigt model)에서 응력이 일정할 때 변형이 최종적인 평형치에 도달하도록 하는 데 지연되는 시간. 즉 변형이 평형변형의 63.2%[1-(1/e)]에 도달하는 데까지 걸리는 시간.

지질(lipids) 물에 용해되지 않고 클로로포름, 벤젠, 석유, 에테르 등의 유기용매에 용해되는 물질이며, 생체 내에 이용될 수 있는 천연물질의 총칭. 지질은 단순지질, 복합지질, 유도지질의 기본적인 3가지 형태로 분류한다. ① **단순지질**(simple lipids)-지방산과 알코올류 결합의 에스테르 결합. 지방산과 글리세롤의 에스테르 결합인 중성지방과 고급지방산과 고급알코올의 에스테르 결합인 왁스가 여기에 속한다. ② **복합지질**(compound lipids)-단순지질에 다른 성분이 결합된 것. 알코올과 지방산의 에스테르 결합에 인산을 함유하는 지질인 인지질과 지방산과 당에서 생성되며 질소를 함유하나 인산은 함유하지 않는 지질인 당지질 및 지질과 단백질이 결합된 지단백질이 여기에 속한다. ③ **유도지질**(derived lipids)-단순지질 및 복합지질의 가수분해산물로 지방산, 글리세롤, 그 밖에 탄화수소, 비타민 D, E, K 등이 이에 속한다.

직교배열표(orthogonal table) 실험계획에 이용되는 실험조건의 배열표. 요인수가 많은 실험에서, 실험규모를 그다지 크게 하지 않고 많은 인자를 편입 할 수 있는 할당방법이다.

직류(direct current) 회로에서 언제나 일정한 방향으로 흐르는 전류. DC로 표기한다. 이에 대해, 일정시간에 교대로 역방향으로 흐르는 전류를 교류(交流)라고 하며 AC라고 표기한다.

직무기술서(job description) 직무분석을 통하여 얻은 직무에 관한 자료와 정보를 직무의 특성에 중점을 두고 작성된 서식. 직무명, 직무개요, 직무내용, 직무요건 등으로 구성된다.

직무 단순화(job simplification) 작업 절차를 표준화하여 명확하고 아주 전문화된 과업에 종업원

을 배치하는 직무설계 전략.

직무명세서(job specification) 직무기술서의 내용을 기초로 하여 직무구성요건 중에서 인적요건에 중점을 두어 작성된 서식.

직무 충실화(job enrichment) 직무의 범위뿐만 아니라 직무의 내용을 확대하여 동기부여 요인을 직무 내용에 통합시키기 위한 직무설계 전략. 단순히 직무의 수를 늘리는 것과 구별하여 실제적으로 직무 그 자체가 성취감, 인정감, 책임감 발전 및 성장에 대한 기회를 제공하도록 재구성한다.

직무 확대(job enlargement) 서로 다른 임무를 갖는 직무에 대해서 주기적으로 종업원을 순환시켜 다양한 과업을 수행하도록 하는 직무설계 전략. 개인이 분담하는 직무의 범위를 확대하여 단순작업의 되풀이에 의한 권태감을 없애고 보다 흥미를 가질 수 있도록 재편성 한다.

직장 내 훈련(on-the job training, OJT) 기업 내 피교육자인 종업원이 직무에 종사하면서 숙련된 상사나 지도원 등으로부터 고도의 기술수준을 지도받도록 하는 교육 훈련 방법.

진공건조(vacuum drying) 식품 내의 수분을 진공 하에 그 진공도에 상응하는 온도에서 증발 또는 승화시켜 건조시키는 방법. 원료 중의 수분을 저온에서 건조시킬 수 있으므로, 열에 민감하여 높은 온도에서 취급할 수 없는 식품을 건조할 때 사용한다. 조작압력은 대기압 이하 200~300mb 감소시킨다. 배기가 되는 밀폐용기 속에 물을 담은 접시를 넣고, 용기 안에 있는 대기를 감압(減壓)하면, 물은 점차 증발하여 확산하기 쉽게 된다. 열의 공급이 없거나 불충분한 경우에는, 증발잠열(蒸發潛熱)이 부족해지며 이를 보충하기 위해 물과 용기의 온도는 낮아진다. 진공도 4.58mmHg 이하의 감압상태에서는 0℃ 이하로 내려가 얼기 시작하여 얼음으로부터 직접 승화한다. 진공건조에는 식품을 동결시키지 않고 감압 하에서 건조되는 자기동결법이 있고, 또한 식품을 먼저 동결시킨 후 동결상태를 유지하면서 고도의 진공상태에서 식품 중의 얼음을 승화시켜 건조하는 동결건조법이 있다.

진공농축(vacuum concentration) 진공 하에 비교적 낮은 온도에서 가열하여 용액의 농도를 증가시키는 조작. 고온에서 농축할 때 열에 의하여 영향을 받기 쉬운 물질이나 또는 공기가 있으면 산화되기 쉬운 물질을 농축할 때 사용된다. 진공 하에서는 물질의 비점이 낮아지기 때문에 열원 공급이 쉬워 이용되기도 하고, 특히 열에 불안정한 물질을 취급할 때 가장 많이 이용된다. 예를 들면, 천연 과즙을 농축할 때 신선한 향기를 유지하고 색의 변화가 없으며 비타민 C의 파괴를 방지하기 위하여 최대한 저온처리를 위해 진공농축을 한다. 효소의 경우, 활성도를 유지하기 위해서 진공농축을 한다.

진공탈기법(vacuum exhausting) 육류, 어류 등 고형식품의 통조림 제조 시에 감압하여 공기를 제거하는 방법. 감압하 에서 밀봉조작도 겸할 수 있다. 소요면적이 적게 들고 증기가 절약되어 고능률로 대량처리가 가능하며, 가열에 의한 나쁜 영향도 줄일 수 있을 뿐만 아니라 위생적인 처리가 가능한 장점이 있다. 그러나 갑자기 감압상태가 되므로 액즙이 많고 용해된 기체가 많은 식품에서는 내용물이 분출(flushing)할 우려가 있으므로 진공충진기(prevacuumerizer syrupper)를 이용하여 내용물 중의 기체를 제거한 다음 진공 하에서 시럽을 가하고 진공 밀봉하여야 한다. 그러나 이 방법은 통조림 내의 의 공기만 빼기 때문에 내용물 조직 중에 함유되어 있던 공기가 빠져나와 시간이 경과한 후에는 진공도가 떨어지는 결점이 있다.

진저론(zingerone) 페닐메틸 케톤(phenylmethyl ketone). 생강을 가열함에 따라 진저롤(gingerol)에서 알킬기가 분해되어 생성되는 성분으로 매운 자극이 약하다.

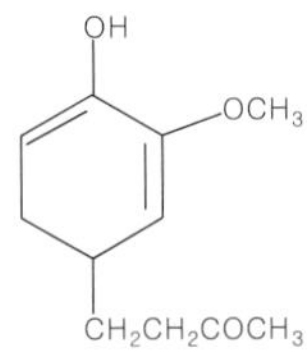

진저롤(gingerol) 페닐알킬 케톤(phenylalkyl ketone). 생강의 매운 성분이다.

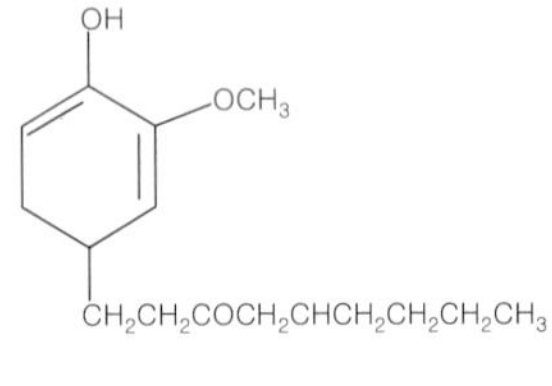

진저 에일(ginger ale) 발포성 청량음료. 진저 비어(ginger beer)라고도 한다. 알코올 성분은 함유되어 있지 않으며, 탄산수에 진저(생강), 레몬, 고추, 계피, 정향 등을 혼합하고 캐러멜로 착색시킨 것이다. 청량음료로 음용하는 외에 위스키와 같은 양주를 희석하는 물로도 사용된다.

질경이(asian plantain) 질경이과의 여러해살이풀로 산채의 일종. 학명은 *Plantago asiatica* L.. 한국, 일본, 중국, 시베리아 등에 분포한다. 풀밭이나 길가 등 어디에서나 자란다. 한자명은 차전초(車前草)이다. 수레가 지나간 바퀴자리에 씨가 모여 수북이 나기 때문에 붙여졌다고 한다. 잎은 난형 또는 타원형으로 끝이 뾰족하다. 우리나라에는 갯질경이, 긴잎질경이, 왕질경이, 털질경이 등 10여 종이 있다. 질경이 잎에는 플라보노이드, 탄닌, 플란타긴이 들어 있다. 플란타긴은 호흡중추신경계에 작용해서 기침을 멈추게 하거나 소화액의 분비 촉진, 이뇨 작용, 궤양의 치료에 효과가 있다. 한방에서는 종자를 차전자(車前子)라고 하여 약재로 쓰는데, 이뇨 작용이 있고, 설사를 멈추게 하며, 간 기능을 활성화하여 어지럼증, 두통에 효과가 있고, 폐열로 인한 해수에도 효과가 있다. 민간요법으로 어깨가 결릴 때 잎을 소금으로 짓이겨 바르면 낫는다고 한다. 어린잎을 식용하며, 나물이나 국으로 이용한다.

집단급식소(foodservice institutions) 식품위생법 제2조 제9항에 의하면 '집단급식소란 영리를 목적으로 하지 않고 계속적으로 특정다수인에게 음식물을 공급하는 기숙사, 학교, 병원, 기타 후생기관 등의 급식시설이다' 라고 정의하고 있다.

집락형성단위(colony forming unit, CFU) 시료 중에 존재하는 세균은 표준 한천 배지 내에서 적정 온도에서 배양하면 육안으로 식별할 수 있는 집락을 형성하게 되며 그 단위를 칭함. 보통 CFU로 나타낸다. 일반 세균 수는 보통시료와 표준 한천 배지를 페트리 접시 중에서 혼합 응고시켜 배양 후 발생한 세균의 집락수로부터 시료 중의 생균수를 측정한다.

집장 밀가루 풀에 메주가루와 엿기름가루를 섞고 여름철에 흔한 무, 부추, 풋고추, 박오가리 등의 채소와 섞어 왕겨에 파묻고 하룻밤 정도 왕겨를 은근히 태우면서 익힌 장. 다른 장류와는 달리 집장 자체를 부식으로 이용한다.

집중적 마케팅(concentrated marketing) 시장을 세분화한 후 세분화된 소수의 대상만을 선정하여 마케팅 노력을 집중시키는 전략. 보다 높은 시장 점유율을 확보하려고 할 때 선택하는 방법으로 기업은 세분 시장의 욕구에 대해 보다 많은 지식을 갖게 되고 그 세분 시장에 주의를 집중시킬 수 있어 강력한 시장 지위를 확보할 가능성이 높아지며 마케팅 비용이 적게 든다는 장점을 가진다.

짠맛(塩味, salty taste) 염화나트륨(NaCl)을 입에 넣었을 때 느껴지는 맛. 짠맛은 다른 모든 맛과 잘 조화되는 성질을 가진다. 단맛, 감칠맛에 가하면 그 맛을 북돋아주며, 신맛에 가해 주면 맛을 더 부드럽게 해준다. 일상의 요리에서는 0.8~1% 정도를 적당한 짠맛으로 느낀다. 실제 식품에서는 이것보다 고농도의 식염이 사용되지만, 이 경우 입 속에서 다른 음식과 물에 의해 희석된다. 가공식품 중에는 보존 등의 목적으로 다량의 식염을 첨가하는 것이 많고, 여기에 익숙해진 사람들의 혀는 짠맛에 대해서 강한 욕구를 느낀다.

짠지(salted radish kimchi) 조선무를 통째로 소금에 짜게 절인 후 발효시켜서 이듬해에 먹는 한국 고유의 김치의 일종. 김장철에 단단하고 작은 무를 골라 깨끗이 씻은 다음 껍질을 벗기지 않고 잔털만 떼어내 소쿠리에 건져서 물기를 뺀다. 항아리에 무를 한 켜 넣고 소금을 뿌리고 또 한 켜 넣고 소금을 뿌리는 식으로 담아 2~3일간 절인 다음 무거운 돌로 눌러 떠오르지 않게 한다. 절일 때 무에서 우러나온 물을 버리지 말고 새로이 소금물을 타서 무가 완전하게 잠길 정도로 붓는다. 간을 짜게 하여 이듬해 여름까지 먹을 수 있다. 입맛이 없는 봄 · 여름 · 장마철에 채 썰어서 참기름 · 마늘 · 고춧가루에 무치거나 납작하게 썰어 식촛물에 띄워 먹는다.

ㅊ

차(茶, tea) 동백나무과의 상록관목의 어린 잎이나 어린 싹으로 만든 기호음료의 일종. 차는 제조과정에서의 발효 여부에 따라 녹차, 홍차, 우롱차로 나뉜다. 차를 처음으로 마시기 시작한 곳은 중국과 인도이다. 그 후 일본, 실론, 자바, 수마트라 등 아시아 각 지역으로 전파되었다. 한국, 일본, 중국산 찻잎은 잎의 크기가 작고 탄닌(tannin)이 적고 질소량이 많아 녹차에 적당하고, 인도, 스리랑카, 인도네시아산 등 열대에서 재배되는 찻잎은 크고 탄닌이 많으며 질소량이 적어 홍차에 적당하다. 우롱차 제조에 적합한 중간 크기의 잎을 지닌 차나무는 중국남부, 대만에서 재배된다. 찻잎은 봄부터 가을에 걸쳐 3~4회 채취한다. 싹을 포함해서 3~4번째 잎까지 가위나 기계로 따는데 고급품은 손으로 딴다. 찻잎 따는 시기에 따라 1번차(番茶, 5월 초순), 2번차(6월 하순), 3번차(8월 상순)라고 한다. 찻잎을 일찍 딸수록 향기가 높고 질소 함량과 테아민 함량이 높아 맛이 좋다. 따라서 1번차는 품질이 가장 우수하며, 2 · 3번차는 탄닌과 카페인(caffein) 등이 많아 떫은맛과 쓴맛이 강하다. 차의 품질은 찻잎의 색, 비벼진 모양 및 우려낸 차의 색깔과 향미로 결정된다. 차의 맛은 사용하는 물, 온도, 용기 등에 따라 달라진다. 물은 연수(soft water)가 좋고 물을 끓이는 용기는 유리, 도자기 또는 에나멜로 된 것이 좋다. 물은 끓여서 약간 식은 것(85~93℃)을 사용하면 차 속에 들어 있는 방향성 물질의 손실을 줄일 수 있으므로 향기 높은 차를 얻을 수 있다. 차의 탄닌은 최소한도로 우려내고 방향성 물질은 최대한 우려내야 하므로 충분한 양의 찻잎을 넣고 2~3분 우려서 찻잎을 받쳐내는 것이 좋다.

차별적 마케팅(differentiated marketing) 시장이 다양한 욕구를 가진 고객들로 구성되어 있다고 인식하고 세분화된 시장을 대상으로 각 시장별로 마케팅 활동을 차별적으로 수행하는 전략. 비차별적 마케팅보다는 많은 매출을 올릴 수 있다는 장점이 있으나 각 세분 시장에 맞는 마케팅 활동을 위한 비용이 증가된다. 대학 급식소의 사례를 살펴보면 한 곳은 정식류와 일품요리를 선택식으로 제공하고 다른 한 곳은 카페테리아식 형태로 식사를 제공함으로써 학생들에게 보다 넓은 선택의 폭을 제공하는 것은 차별적 마케팅에 해당한다.

차비신(chavicine) 피페린의 입체이성질체. 후추의 매운 성분 중 하나이다. ☞ 후추

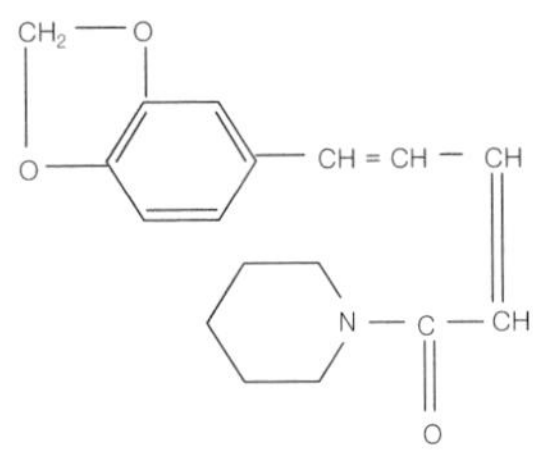

차아염소산나트륨(sodium hypochlorite) NaClO의 화학구조식을 가진 화학물질로 식품, 의류, 기구 등의 살균, 소독, 표백 등에 널리 사용된다. 가정용은 보통 4~6% 용액이 사용되며, 수돗물의 소독에는 12%가 쓰인다. 다음 표는 용액을 희석하여 사용하는 사례이다.

용도	예	희석배수	소요시간
살균, 소독	음료수 채소, 과일 식품가공기구, 용기	6,000 500 500	1분 이상 5분 이상 1분 이상
의료, 소독	법정전염병의 소독 국부세척	4 1,000	
가축, 가금	낙농 및 우유처리기구 축사 소독, 탈위	250 100~200	1분 이상 1분 이상
세탁, 표백	백목면, 백마포지의 세탁표백 거즈, 포대의 소독, 표백	200 60~200	15분 이상 15분 이상

ㅊ

차이브(chive) 백합과의 여러해살이풀로 파의 일종. 학명은 *Allium Schoenoprasum* L.. 양파 비슷하게 생긴 잎줄기채소이다. 유럽, 미국, 러시아, 일본 등에 널리 퍼져 있으며 정원에 많이 심는다. 둥근 모양의 작은 비늘줄기에서 길고 가느다란 잎이 모여 난다. 잎은 비타민 C가 매우 풍부하고 파 냄새가 나지 않으면서 향긋하면서도 톡 쏘는 맛을 지닌다. 샐러드, 수프 등의 향신료로 쓰이고 오믈렛, 크로켓, 푸딩, 파이, 생선, 육류 요리에 사용되며, 육류나 생선의 냄새를 없애주고 향미를 더해 준다. 꽃은 보라색으로 아름다우며 샐러드의 장식으로 쓰인다.

차이식별검사(discriminative difference test) 시료 간에 차이가 있는지를 평가하는 검사. 관능평가 방법 중에서 가장 많이 사용되는 방법으로 시료 간의 전체적인 차이 유무를 검사하는 종합적 차이검사와 시료 간에 주어진 특성에 대한 차이를 검사하는 특성차이검사로 크게 나뉜다. ☞ 특성차이검사

차조(glutinous Indian millet) 전분의 성질이 찰성을 띠는 조. 종자의 색은 차조는 녹색에 가깝고 메조는 노란색에 가깝고 반짝거리지 않는 것이 좋은 것이다. ☞ 조

착색료(coloring agents) 식품의 기호성을 높이기 위해 인공적으로 식품을 착색시키기 위하여 사용되는 식품첨가물. 식품의 착색에는 인체에 해가 없는 천연색소를 사용하는 것이 바람직하나, 색깔의 안정성, 선명성 등의 여러 가지 이유 때문에 합성 착색료가 널리 사용된다. 15종의 타르 색소와 기타 9종의 착색료가 지정되어 있는데 타르 색소는 초기에 석탄에서 얻은 콜타르로부터 제조되어 유래된 명칭이나 현재는 합성에 의해서 제조되며 그 종류는 식용색소 녹색 제3호, 적색 제2호, 적색 제3호 등 매우 많다.

착염(complex salts) 착이온을 함유하는 염. 넓은 뜻으로는 고차화합물이나 배위화합물도 포함한다. 한 개의 단이온에 다른 분자나 이온이 결합해서 새로 생긴 복합이온으로 단이온과는 별개의 성질을 나타내는 것을 '착(錯)이온'이라 하고, 이 착이온을 만들 수 있는 염을 착염이라고 한다. 안토시안이 철에 의하거나 엽록소가 구리에 의해 안정되는 것은 착염이 생기게 되기 때문이다.

착향료(colored flavoring agents) 향기 성분을 증강하기 위해 사용하는 물질. 단독으로 사용되는 경우는 거의 없고, 향기가 약한 천연 향료에 합성 향료를 배합하여 증강하거나, 천연 향료에 가깝게 하기 위하여 여러 합성 향료를 혼합하여 사용한다. 향료에는 합성 향료와 천연 향료로 구분되고 천연 향료는 식물성인 것과 동물성인 것으로 분류된다. 착향료에는 수용성 향료, 유성 향료, 유화 향료, 분말 향료의 네 가지 제재가 시판되고 있다.

착화열(着火熱, ignition heat) 연료가 상온 15℃에서부터 착화점까지 가열하는 데 필요한 열량. 전도, 대류, 복사에 의해 비산되는 전 열량이 그 연소발열량보다도 작을 때에는 착화점이 유지되어 연소가 계속될 수 있다. 목탄, 석탄 등이 타다 말고 꺼져 버리는 현상은 연소속도가 작아, 연소발생 열량보다도 방산전열량(放散全熱量)이 큰 경우에 일어나기 쉽다.

착화온도(着火溫度, ignition temperature) 충분한 공기의 공급 하에 연료를 가열할 때 어느 온도에 달하면 그 이상 가열하지 않아도 연료 자체의 연소열에 의해서 연소가 지속되는데, 이러한 연소가 시작되는 최저 온도. 착화점 또는 발화점이라고도 한다. 각종 연료의 착화점은 연료의 종류, 주위조건에 따라서 다르다. 고체연료는 그 조성, 밀도, 형상, 크기에 따라 착화온도가 다르다. 석탄은 편평한 것보다도 둥근 것이 한가운데에 열이 집중되기 쉬우므로 착화점이 낮아진다. 즉 방화가 쉽다는 뜻이다. 액체연료의 착화온도는 인화점과 같은 의미이며 기체연료의 착화점은 대략 정해져 있지만 공기와의 혼합비율에 따라 착화되지 않기도 한다.

▲ 각종 연료의 착화온도(공기중)

물 질	착화온도(℃)	물 질	착화온도(℃)
장작	280~300	가솔린	300~320
목탄	250~320	수소	530
석탄	330~400	메탄	650
석유	400~500	벤젠	700

참게(freshwater crab) 십각목 바위게과의 갑각류. 학명은 *Eriocheir sinensis* H. Milne

ㅊ

Edwards. 한자어로 해(蟹) 또는 천해(川蟹)라 하였는데 해는 또 참게와 동남참게를 가리키기도 하였다. 등딱지가 둥그스름한 사각형이고, H자 모양의 홈이 뚜렷하며 집게에 부드러운 털이 나있다. 이 종은 크고 작은 하천 유역, 특히 바다에 가까운 곳의 민물에서 살며, 흔히 논두렁 또는 논둑에 구멍을 파고 산다. 사할린에서 대만 및 우리나라에 분포한다. 끓였다 식힌 간장에 게장 담가 먹으나 페디스토마의 피낭유충이 죽기 전에 먹으면 안된다. 냉동시켜 보관하나 요즘은 활어로 유통시켜 선도를 높이기도 한다. 게장, 찜요리, 삶아서 먹는다. 물맞이게 등의 담수 털게는 크기가 작기 때문에 튀겨서 전체를 먹을 수 있어 칼슘 섭취에 용이하다.

참기름(胡麻油, sesame oil) 참깨를 압착하여 얻는 식용유. 참깨는 우리나라 · 중국 · 일본 · 동(東)인도 · 북(北)아메리카 등지에서 많이 생산된다. 종피의 색은 흰색, 황색, 갈색의 3종이 있다. 백색, 갈색은 지방 함량이 높아서 (45~63%) 착유하여 식용유로 많이 쓰이고 흑색은 볶아서 깨소금으로 많이 이용한다. 채유 방법에는 온압법과 냉압법이 있다. 전자는 주로 우리나라에서 사용하는 방법으로 참깨를 볶은 후 쪄서 압착하는 방법으로, 기름의 색이 갈색이며 특유의 고소한 향미가 강하다. 후자는 냉압하여 채유하는 방법인데, 주로 향미를 싫어하는 구미 등에서 사용하며 색이 엷고 향미도 덜하다. 참기름의 지방산 조성은 올레산 45%, 리놀레산 40%, 팔미트산 9%로 반건성유이다. 고소한 향기와 맛으로 식물성 유지 중 가장 산화안정성이 좋으며, 기름의 산화를 방지하는 토코페롤과 세사몰(sesamol) 등과 같은 항산화제를 함유하고 있다. 특유한 고소한 향을 가지고 있어 정제하면 소실되므로 정제하지 않고 착유한 기름을 그대로 식탁용 기름으로 사용하고 있다. 참기름은 우리나라에서는 매우 귀하게 여기며 중국 · 일본 등에도 요리 시 사용한다. 참깨 껍질에는 옥살산과 피트산이 많아 인체의 무기질 이용을 방해하므로 참기름 제조 시에는 껍질을 벗기는 것이 좋다. ☞ 참깨

참깨(sesame seed) 참깨과의 1년초 또는 그 열매. 호마(胡麻), 지마(芝麻), 향마(香麻)라고도 한다. 참깨의 원산지는 아프리카라는 설과 인도라는 설이 있다. 한국의 참깨는 중국에서 전해온 것이라고 하며 각 지방에서 널리 재배한다. 최근에는 참깨의 급격한 수요 증가로 가격이 높아져 일부 수입에 의하여 수요에 충당하고 있다. 참깨의 품종은 자실의 빛깔에 따라 검정깨, 흰깨, 누런깨 등으로 구별한다. 깨는 대체로 소출이 많고 45~55%의 지방이 함유되어 있어 착유하여 그 기름을 각종 식용 및 약용에 쓰고 있으며 그 밖에 조미료로도 쓰고 있다. 깻묵은 사료 및 비료로 쓴다. 열량은 100g당 590kcal 가량이며 단백질도 20% 정도이다. 참깨의 단백질은 주로 글로불린이며, 그 구성 아미노산으로 보아 동물성 단백질에 비해서도 뒤지지 않는 우수한 단백질이다. 참깨를 볶을 때 나오는 고소한 향기의 일부는 바로 시스틴(cystine)에 기인하다. 소위 흑임자라는 검정깨와 흰깨의 성분상 두드러진 차이가 나는 것은 섬유소가 11%나 되고 칼슘이 1,100mg%나 되는 점이다. 한방에서 흑임자가 변비치료와 영양강장제로 쓰여 온 이유가 바로 거기에 있었을 것이다. 또한 흑임자죽은 정력제나 병후의 회복음식으로 이용되어 왔다. 깨가 이용되어 온 전통 음식으로 유밀과, 다식과 같은 과정류를 들 수 있으며, 참깨가 든 음식은 일반 서민용이 아닌 귀중한 것이었음을 알 수 있다. 참기름은 깨소금이나 마찬가지로 조미료로서 소량을 이용하여 그 향미를 즐겨왔다. 참기름은 우리 가정에서 가장 많이 써 온 기름으로 비타민 E와 세사몰과 같은 항산화제가 들어 있어 오랫동안 변하지 않고 두고 먹을 수 있는 장점이 있다.

참나물(野芹菜) 미나리과의 여러해살이풀로 산채의 일종. 학명은 *Pimpinella brachycarpa* Nakai. 반디나물, 거린당이, 머내지라는 별명을 갖고 있다. 유사한 종으로는 파드득나물, 반디나물 일본에서 많이 이용하는 미쓰바(三葉菜) 등이 있다. 제주도를 제외한 전국 각지에 고루 분포하고 있는데 주로 산속의 그늘지고 습한 곳에 자생하고 있다. 줄기는 높이 50~80cm이고 털이 없으며 향기가 있다. 잎은

어긋나고 잎자루는 밑부분이 넓어져서 줄기를 감싼다. 잎자루는 밑에서는 길지만 위로 가면서 점점 짧아진다. 잎은 3개의 작은 잎으로 되어 있다. 작은 잎은 달걀 모양으로 끝이 뾰족하고 밑은 원저(圓底)이며 가장자리에 톱니가 있다. 꽃은 6~8월에 피고 흰색이며 줄기 끝이나 가지 끝에 복산형 꽃차례로 달린다. 어린순을 채취하여 나물로 이용하는데 생채를 고추장에 찍어 먹거나 무침, 튀김, 김치 등으로 조리하기도 한다. 생약명으로는 야근채(野芹菜)라고 하여 간염과 고혈압 치료제로 이용하기도 한다.

참다랑어(bluefin tuna) ☞ 참치

참비름 비름과의 한해살이풀로 산채의 일종. 학명은 *Amaranthus lividus* L.. 한자명은 야견(野見), 백견(白見), 녹견(錄見)이다. 비름은 크게 나물로 무쳐 먹는 나물용과 씨앗을 이용하는 종실용(種實用)으로 구분되는데 우리나라에서는 주로 나물용으로 이용되고 있다. 나물용으로 이용되는 비름도 여러 종류로 비름(*A. mangostanus* L.), 참비름(*A. lividus* L.), 눈비름(*A. deftexus* L.), 털비름(*A. retroflexus* L.) 등이 있는데 주로 참비름을 이용하고 있다. 참비름은 1년생으로 밭이나 공휴지 등지에 잘 자라며 종자로 번식한다. 일반 성분은 수분 85.75%, 단백질 2.9%, 지방 0.4%, 탄수화물 7.4%, 섬유 1.5%, 무기질 2.15%이다. 비타민 A와 C가 많이 들어 있다. 단백질의 함량이 매우 높고 필수 아미노산 중에서도 특히 리신(lysine)을 많이 함유하고 있다. 잎이 연하므로 시금치처럼 국거리로도 이용하고 데쳐서 나물로 무쳐도 되며, 기름에 볶아도 맛이 있다. 줄기는 껍질을 벗겨 이용하고, 까칠까칠한 털이 있지만 데치면 부드러워진다. 떫은맛이 없어 생식이나 녹즙으로도 가능하다. 참비름은 우리나라에 도입되어 귀화된 식물이다. 인도에서는 '탐팔라(tampala)'라 하여 채소로 재배되고 있으며, 미국에서는 '인디안 스피나시(Indian spinach)'라 하여 요리에 이용한다.

참외(oriental melon) 박과에 속하는 일년생 덩굴의 초본. 학명은 *Cucumis* melo L. *makuwa* Makino. 한자명은 감과(甘瓜), 진과(眞瓜)이다. 인도가 원산지로서 한국, 중국, 일본 등에 분포되어 있다. 참외와 멜론은 원산지로부터 전파되어 환경에 적응한 것으로 서양계 멜론과 동양계 참외로 분리되었다. 참외는 외피가 백색 또는 황색이고 매끈하며 과육은 대부분 희고 육질은 연하고 맛이 달다. 우리나라에서 재배되는 품종으로는 은천참외, 충남 성환에서 많이 재배되어온 성환참외(녹색 바탕에 개구리 무늬같이 얼룩져 있고 울퉁불퉁해서 흔히 개구리참외라고도 불렀음), 금싸라기참외가 있다. 참외의 성분은 수분이 90.6%, 단백질 1.0%, 지방 0.1%, 탄수화물 7.3%, 섬유소 0.4%, 무기질 0.6%가 있다. 무기질 중에서는 칼륨(221mg%)이 많아 이뇨작용도 있다. 비타민이 적은데, 비타민 A는 없고, 특히 비타민 C(22mg%)의 함량이 높은 것이 특징이다. 꼭지의 쓴맛 성분은 큐커비타신(cucurbitacin)이다. 한방에서는 참외를 진해(鎭咳), 거담작용(祛痰作用)이 있고 완하작용(緩下作用)이 있어서 변비에도 도움을 주며, 풍담 · 황달 · 수종 · 이뇨 등에도 유효하다고 전해지고 있다. 주로 생과, 화채, 주스로 이용하며 된장에 박아두면서 숙성시키는 장아찌도 있다.

참취(rough aster) 국화과에 속하는 다년생 숙근초로 산채의 일종. 학명은 *Aster Scaber.* 한자명은 동풍채근(東風菜根), 산백채(山白菜), 백지초(白之草)이다. 분포지역은 한국, 일본, 중국이며 산이나 들에서 자란다. 식물의 크기는 1~1.5m 정도 자라며, 잎은 긴 타원형이고 잎 가장자리에 톱니가 있다. 어린순을 취나물이라고 하며 식용한다. 성분은 수분 87.5%, 단백질 2.3%, 지방 0.1%, 탄수화물 6.3%, 섬유소 2.3%, 회분 1.5%이다. 특히, 단백질과 회분이 많은데 단백질은 아미노산 조성이 우수하다. 플라보노이드 함량이 높으며 항산화력이 뛰어나다. 잎과 줄기는 생채, 묵은나물 등 나물로 이용되며 한약재로는 진통, 현기증, 해독, 요통, 장염 등의 치료제로 쓰인다. 조리법은 나물, 무침, 볶음, 쌈, 튀김 등이다.

참치(tuna) 농어목 고등어과의 바닷물고기. 학명은 *Thunnus orientalis* Temminck et Schlegel. 태평양, 대서양, 인도양의 열대, 온대, 아한대 해역에 광범위하게 분포하며 우리

ㅊ

나라 근해에는 10여 종이 서식하고 있다. 몸은 방추형에 가깝고, 체고는 약간 높은 편이다. 몸 등쪽은 짙은 청색을 띠며 체측의 중앙과 배쪽은 은회색 바탕에 여러 개의 폭이 좁은 가느다란 흰색 가로띠와 둥근 무늬가 나타난다. 일반적으로 길이 150cm, 무게 150kg 정도이지만 때로는 400kg에 달하는 것도 있다. 종류로는 참다랑어, 황다랑어, 눈다랑어, 날개다랑어 등이 있다. 다랑어는 그 종류에 따라서 고기 색깔이 다르다. 참다랑어는 가장 색깔이 짙은 농청색을 나타내고 눈다랑어와 황다랑어는 분홍색이고 날개다랑어는 가장 떨어진다. 눈다랑어는 맛이 담백하여 닭고기와 비슷하다. 참다랭이는 고급 횟감으로서 특히 배 부분의 지육은 으뜸으로 꼽히고 초밥 원료에도 쓰인다. 참다랑어의 적색육은 보통 1%의 지방을 함유하지만 지육 부분은 25~40%의 지방이 들어 있다. 참다랑어 이외에도 모두 통조림 원료에 사용되며 특히 날개다랑어의 통조림은 '바다 닭고기(sea chicken)' 라고도 불린다. 참치의 색깔이 붉은 이유는 근육에 모세혈관이 밀집되어 끊임없이 다량의 산소를 근육에 내보내고 있기 때문이다. 따라서 부패속도가 빠르므로 어획 직후에 선상에서 신속한 처리기술로 급속동결시켜야 한다. −70℃로 초고속 급랭시켜 냉동상태로 유통되는데 사용하기 위해 해동시킨 참치는 다시 얼리면 맛도 떨어지고 색도 빨리 변하므로 냉장고 보관하며 24시간 이내에 사용한다. 냉동참치를 사용할 때 해동은 식염수해동법 · 유수해동법 · 자연해동법 · 초음파해동법 · 얼음해동법 등 여러 가지가 있지만 식염수해동법이 삼투압 원리로 영양분 손실 없이 참치 특유의 맛과 색을 살릴 수 있는 방법이다. 식염수해동법은 18~25℃ 물에 4~5% 식염수에 냉동참치를 넣어 5분 정도 지나 천에 싸서 −1℃의 냉장고에 3시간 정도 두면 발색과 힘줄도 연해진다. 참치에는 DHA가 가식부위 100g당 약 2,700mg으로 생선 중 가장 다량 함유되어 있다. DHA의 효과로는 학습능력 향상, 혈중 콜레스테롤 저하, 치매, 암, 알레르기 질환 등의 예방 및 억제를 들 수 있고 EPA의 효과는 동맥경화 · 비만 · 빈혈 방지 및 해로운 콜레스테롤치 감소와 혈압 정상화 유지 등을 들 수 있다. 지방이 많고 근육조직이 단단한 참치는 특히 겨울철에 그 맛이 일품이고, 기생충의 우려도 없으므로 생선 횟감으로 많이 이용한다. 전문점에서 고급 참치(혼마구로, 박아이 A급)를 사용할 때는 50~60℃의 급냉동으로 보관하여 요리해야 맛을 유지할 수 있다. 참치는 기름이 많은 뱃살을 '도로' 라고 하며 와사비간장에 찍어 먹어도 맛이 좋으나, 기름소금에 찍어 먹거나 김을 싸서 먹어도 별미이다.

찹쌀(glutinous rice) 찰밥이나 찰떡의 원료가 되는 쌀. 학명은 *Oryza sativa* L.. 우리나라에서 생산되는 쌀의 약 4%를 차지한다. 보통 밥을 짓는 멥쌀은 반투명한데, 찹쌀은 유백색으로 불투명하다. 찹쌀은 배유세포 내의 전분 함량이 낮아 건조하면 배유 내부에 미세한 간격이 생기므로 유백색을 띠지만, 찹쌀도 수분 함량이 많으면 반투명하여 멥쌀과 구별하기 힘들어진다. 찹쌀의 비중은 1.08로 멥쌀보다 가볍다. 찹쌀의 전분은 대부분 아밀로펙틴으로 이루어져 있으므로, 점성이 크고 요오드 반응에서 적갈색을 띠며 호화 온도는 멥쌀보다 높아 70℃ 이상이다. 찹쌀의 단백질 함량은 7.4%로 멥쌀의 6.5%보다 약간 높으며, 찹쌀의 지질은 멥쌀보다 유리지방산과 저급 불포화지방산의 함량이 많아 산가와 요오드가가 높게 나타난다. 우리나라 찹쌀 품종에는 한강찰벼, 신성찰벼 등이 있다. 찰떡 · 인절미 · 경단 · 단자 등 여러 가지 떡을 만들며, 찰밥 · 약식 · 식혜 · 술 · 고추장 등을 만드는 데도 쓰인다.

찹쌀고추장 찹쌀을 주재료로 하여 담근 고추장. 멥쌀, 보리, 밀가루 고추장에 비하여 부드럽고 찰기가 있으며 윤기가 흐른다.

창고클럽구매(warehouse club purchasing) 구매자가 직접 창고에 진열되어 있는 물품을 선택 · 구입하는 구매방법. 창고클럽구매는 도매상을 통하여 최저가격형태의 구매행위가 이루어지기 때문에 물품구매가격이 저렴할 뿐만 아니라, 종업원의 서비스가 없다.

채도(彩度, chroma) 색의 선명한 정도. 채도가 높은 색이 순수한 색이다. 색차계로 측정할 수 있다. ☞ 색

채소(vegetables) 식용을 목적으로 재배되는 초본식물의 총칭. 채소는 전 세계에 걸쳐 약 800여 종이 분포되어 있으며, 우리나라에서 예로부터 식용해 오던 채소류 외에 최근에는 서양채소가 도입 재배되어 그 종류는 약 140종 이상이나 약 30여 종이 많이 애용되고 있다. 일반적으로 사용하는 부위에 따라 근채류·엽채류·경채류·과채류·화채류로 분류한다. 채소의 주성분은 수분으로 90% 이상을 차지하고 있다. 영양 성분으로 단백질, 지방, 당질은 소량이나 다른 식품에 비해서 무기질, 비타민이 풍부하다. 특히 채소류는 한국인의 비타민 A와 C의 주공급원이며, 비타민 B군의 공급원이다. 무기질은 칼슘이나 칼륨이 많기 때문에 알칼리성 식품이며, 주식인 곡류나 육류를 섭취함으로써 산성으로 변하기 쉬운 체액을 중성으로 유지시켜 주는 기능을 한다. 예외적으로 파, 아스파라거스와 같은 몇 종의 채소가 산성 식품이다. 둘째로, 식이섬유가 많아 잘 소화되지 않는 채소도 있지만 이러한 점이 오히려 변의 양을 늘려주어 장벽을 적당하게 자극함으로써 변비를 막아 줄 뿐 아니라 장내의 세균의 증식을 도와주어 장내 세균에 의한 비타민 합성(비타민 B_1, 판토텐산 등)의 능력을 높여준다. 셋째로는 색, 향기, 산뜻한 맛에 의해 식욕을 증진시켜 주며 소화액의 분비를 높여준다. 채소의 색소로는 녹색의 클로로필, 카로티노이드, 플라보노이드가 있다. 클로로필은 물에 불용성이고, 산성에서는 녹갈색으로 되어 색상이 보기에 좋지 않으며, 알칼리에서는 선명한 녹색을 나타내나 채소류 중의 비타민의 파괴와 조직이 뭉크러지기 쉽다. 카로티노이드는 담황색에서 붉은 색을 나타내며 녹황색 채소(당근, 토마토, 고추, 고구마 겉껍질) 등에 주로 함유되어 있다. 비교적 조리 중에 안정한 지용성 색소로 체내에서 비타민 A로 전환된다. 또한 안토시아닌은 붉은색, 청색, 자색의 아름다운 색을 나타내는 수용성 색소로 가지, 자색 양배추, 순무 등에 함유되어 있으며, 플라보노이드는 백색으로 양파, 아스파라거스의 잎줄기, 파슬리에 존재한다. 일부 채소는 떫은맛이나 쓴맛이 나므로 우려내야 하는 것도 있으나 그 자체의 맛을 즐기는 경우도 많다. 한편, 채소를 나물로 섭취하는 경우에는 생이나 샐러드로 섭취하는 경우에 비해 많은 양의 채소를 섭취하게 되므로 채소로부터 얻는 단백질의 양은 의외로 많다. 한편 채소는 열량이 적어 다이어트 식품으로 좋다. 채소는 생식하는 경우가 더 많기 때문에 위생적인 취급이 필요하다. 채소의 성분 그 자체가 중독의 원인이 되는 것으로 독버섯과 감자의 솔라닌이 있다. 또한 토사, 기생충 알, 농약 등 유해물질에 의한 오염을 최소화해야 한다. 특히 농약에 주의해야 하는데 파라티온과 같이 침투력이 강하고 독성이 현저한 것은 금지되고 있지만 주로 염소계 농약이 사용되고 있기 때문에 충분히 세척해야 한다. 채소는 수분이 많아 상하기 쉬울 뿐만 아니라 일반적으로 저장성이 약하고 부피가 크기 때문에 보관이나 운반에 있어 불편한 점이 많다. 수확 후에도 세포는 호흡작용을 활발히 하므로 열이 많이 발생하거나, 수분의 증발에 따른 중량 감소, 비타민 C와 같은 영양소의 감소 및 효소작용에 의한 성분 변화에 의한 조직의 연화 등이 발생하여 품질이 저하되므로 각각의 채소의 성질에 따라 보관하고 취급하는 것이 필요하다. 저장방법으로는 채소에 따라 다르나 대개 온도는 10℃ 내외, 습도는 80~95%를 유지시켜 준다. 과거에는 땅속에 움을 파서 저장하였으나 보통 가정에서는 냉장고에 보관한다. 상업적으로 저장성을 높이기 위해서는 CA(공기조절) 저장을 하여 신선도를 오래 보존하기도 하나 비용이 많이 든다.

처빌(chervil) 서부아시아, 러시아, 코카서스 지방이 원산지인 정원초의 일종. 학명은 *Anthriscus cerefolium.* 파슬리같이 생겼으며 밝은 녹색의 얇은 잎은 달콤하면서 순한 파슬리(parsley) 향을 가지고 있다. 어린 식물의 잎은 샐러드로 이용하거나 생선요리, 수프, 소스에 사용하며 가열하면 향이 날아가므로 마무리 직전에 넣는다.

천연검(natural masticatory substance) 검 기초제. 식품첨가물의 하나로 솔바(sorva), 솔빈하(sorvinha), 젤루통(jelutong), 치클과 천연고무가 있다.

천연색소(natural color, natural pigment) 동식물체

에서 얻는 색소. 수용성 색소(안토시아닌계 색소, 플라보노이드계 색소)와 지용성 색소(카로티노이드계 색소, 엽록소)가 있다.

천연조미료(natural seasoning) 천연의 동·식물성 식품으로부터 추출하거나 가수분해시켜 얻는 구수한 맛과 감칠맛을 지닌 조미료. 가수분해형과 추출효소분해형이 있다. 가수분해형으로는 HVP(hydrolysed vegetable protein, 식물성 가수분해 단백질)와 HAP(hydrolyzed animal protein, 동물성 가수분해 단백질)가 있다. 추출효소분해형으로는 어류(조개, 게, 오징어, 새우, 다랑어)나 축산물(쇠고기, 돼지고기, 닭고기, 고래고기) 등 동물성 식품으로부터 추출하여 효소가수분해시켜 얻는 것과 마늘, 양파, 당근, 과일, 후추 등 식물성 식품이 재료로 사용되기도 한다. ☞ 조미료

천일건조(sun drying) 자연 상태의 태양열과 풍력에 의해 식품 내의 수분을 제거하여 건조하는 방법. 소량 건조에 유리하나, 비위생적이고 작업능률이 낮다. 특별한 설비가 필요 없고 방법이 간편하며 경비가 들지 않는 장점이 있어 어패류나 해조류의 건조에 많이 이용되고 있다.

천일염(天日鹽, sun-dried salt) 염전에서 바닷물(약 3%의 염분이 함유)을 끌어들여 햇볕을 이용해 건조시키는 과정을 반복하여 생긴 소금의 결정체. 호렴(胡鹽) 또는 굵은소금이라고도 한다. 색이 검고 불순물이나 이물질이 많으며, 입자가 굵고 반투명하며 각이 일정하다. 수분 함량이 높으며 Ca, Mg, SO_4 등 불순물이 많고 염도는 약 80%이다. 배추 절일 때, 젓갈 및 수산물 가공용, 절임 등에 이용된다. ☞ 소금

철(iron, Fe) 체내에 필수적인 무기질. 체내에 약 3g 정도 함유되어 있으며, 약 70%는 헤모글로빈에, 10%는 미오글로빈 중에 들어 있고, 나머지는 카탈라아제(catalase), 퍼옥시다아제(peroxidase), 시토크롬(cytochrome) 등의 효소 성분 및 철을 함유한 단백질인 페리틴(ferritin)을 형성한다. 헴철이 비헴철보다 흡수가 잘 되며, 제1철 이온(Fe^{2+})이 제2철 이온(Fe^{3+})보다 흡수가 잘 된다. 인 또는 곡류 중의 피틴(phytin) 등은 철의 흡수를 감소시킨다. 동물성 식품 중의 철은 식물성 식품의 철보다 흡수율이 높다. 한국인 성인 남자의 1일 권장량은 10mg이며, 성인 여자는 14mg이다. 청소년은 16mg, 임신부는 24mg을 권장한다. 철은 쇠간, 쇠고기, 굴, 조개, 달걀, 배아, 참깨, 콩, 시금치, 파래, 들깻잎, 코코아 등에 많이 함유되어 있다.

청각(青角, seastaghorn) 청각과에 속하는 녹조류. 청각채의 준말, 학명은 *Codium fragile.* 우리나라의 전 연안에 분포되어 있다. 짙은 녹색을 띠고 굵기가 2~3mm 되는 스파게티 국수모양의 원주상의 줄기가 가지를 쳐 나뭇가지 모양을 하고 있으며 전체 길이는 15~40cm이다. 부드러운 질감을 지니며 몸의 내부에 무색투명한 사상조직(絲狀組織)이 불규칙하게 엉켜 있다. 수분 95.1%, 단백질 1.7%, 탄수화물 2.2%, 무기질 0.5%가 함유되어 있다. 무기질로는 나트륨이 칼륨에 비해 상당히 많으며 철도 비교적 많다. 청각은 주로 김치에 넣는다.

청국장 고초균을 이용하여 제조한 대두 발효식품. 가을부터 이듬해 봄까지 만들어 먹는 식품으로서, 콩을 삶아서 거기에 볏짚을 군데군데 꽂고 따뜻한 아랫목(40℃ 정도)에 두면, 콩 표면이 회백색이 되고 끈적끈적한 실이 나면서 띄워진다. 여기에 소금이나 마늘, 고춧가루 등을 섞어 절구통에서 찧어 단지에 다져 넣고 찌개의 재료로 사용하여 온 것으로 간장, 된장, 고추장과는 달리 소금을 첨가하지 않고 속성(2~3일)으로 발효시킨 제품이다. 볏짚의 역할은 고초균(*Bacillus subtilis*) 제공 이외에 향기를 주고, 발효 시 생성되는 이취를 흡수하는 역할을 한다. 청국장의 제조는 각 지방, 각 가정마다 제조 방법이 일정치 않으며 그 품질도 볏짚에 부착된 고초균의 종류와 발효 조건 등에 따라 크게 다르다. 유중림에 의해 출간된 『증보산림경제(增補山林經濟)』(1766)에 '대두를 잘 씻어 삶아서 고석(볏짚)에 싸서 따뜻하게 3일간을 두면 생진(生絲)이 난다.' 고 하였다. 홍만선의 『산림경제(山林經濟)』(1715)에 '전국장' 이라는 명칭이 처음 기록되었으며, 제법도 소개되어 있다. 전시(戰時)에 부식으로 시급히 단시간 제조 가능하여 붙여진 이름으로 '전국장(戰國醬)'이라 한다는 설과 청나라로부

터 전래되었다는 의미로 청국장(淸國醬)이라고도 하며, 전시장이라고도 한다. 청국장은 미식(米食) 위주의 식생활을 하는 중국이나 한국, 일본 등 해산물이 귀한 내륙지방에서 단백질 급원으로 발전했다고 보는 견해도 있다. 일본에서도 우리 청국장과 유사한 납두(納豆, natto)가 있는데 납두는 낫토균(*Bacillus natto*)을 이용해서 발효시킨 것으로 식용방법은 청국장과 달리 간장이나 겨자와 함께 주식인 밥과 함께 그대로 식용하고 있다. 최근 청국장의 소비량은 발효와 조리과정 중 발생하는 불쾌취로 그 소비량은 날로 감소되고 있지만 청국장은 콩으로부터 유래되고 발효과정 중에 각종 생리활성 물질을 함유하고 있어 우리 식생활에 단백질 급원뿐만 아니라 고혈압 방지, 혈중 콜레스테롤 저하, 항암성, 항산화성, 혈전 용해능력 등 생리활성을 갖는 기능성 식품으로 그 중요성이 재조명되고 있다. ☞ 낫토

청대콩(green soybean) 자실이 푸른색을 띠는 대두. 흰콩과 성분이 같으며, 먹는 방법도 비슷하다. ☞ 콩

청량음료(soft drink) 차게 해서 마시는 비알코올성 기호성 음료. 대부분 탄산가스를 함유한 비알코올성 음료를 말한다. 탄산염에 산을 작용시켜서 탄산수를 만드는데, 탄산염은 주로 소다를 사용하므로 소다수라고 한다. 현재는 액체 또는 고체의 이산화탄소를 물과 혼합하여 만든다. 단맛이 없는 플레인 소다, 단맛과 향미를 가미한 레모네이드 · 진저에일 · 토닉(tonic : 진 같은 양주에 섞는 탄산음료) · 사이다 · 콜라 · 세븐업 · 스프라이트 등이 있다.

청색란(靑卵) 껍질색이 푸른 달걀. 칠레가 원산인 야생닭 알로카나와 백색 레그혼(white leghorn)의 교배종의 알로, 청색은 담즙 색소의 일종이다. 영양성분은 백색란과 차이가 없다.

청어(herring) 청어목 청어과의 바닷물고기. 학명은 *Clupea pallasii* Cuvier et Valenciennes. 청어는 빛깔이 청색이기 때문에 붙여진 이름으로 지방에 따라 비웃(경기, 강원), 구구대(서울, 특히 크고 알을 가진 것)라 하며, 『재물보』에 청어의 별칭을 누어라 하였다. 우리나라의 동 · 서해, 일본 북부, 베링해 · 쿠릴해 등의 북태평양 등에 고루 분포한다. 최근에 와서 어획고가 줄어들고 있기 때문에 유통되고 있는 청어의 대부분은 북태평양산으로 맛이 훨씬 떨어진다. 몸길이는 35cm 정도로 외형이 정어리와 비슷하나 몸통 높이가 좀 높고 머리 모양이 정어리보다 조금 모가 나 있으며 등지느러미가 배지느러미의 곧바로 위쪽에 붙어 있어서 쉽게 구별할 수 있다. 몸통의 색깔은 담흑색의 푸른빛을 띠고 있으며 배 쪽은 은백색이다. 산란기는 겨울에서 봄이며, 3~4월경 산란하기 전의 봄 청어가 가장 맛이 좋다. 단백질이 풍부하고 질이 매우 우수하며, 지방질도 많아 병후 회복기에 좋은 식품이다. 또한 칼슘, 철, 비타민 B_2가 풍부하고 맛이 좋아 많이 이용되고 있지만 불포화지방산 함량이 높아 빨리 신선도가 떨어지는 단점이 있다. 청어알은 그 맛이 특히 좋아, 생선알 중에서 가장 맛있는 '베스트 5'(철갑상어의 알젓인 캐비아, 청어알, 연어알, 숭어알, 민어알)에 속하는 것으로 알려져 있다. 소금구이, 식초절임, 찜, 튀김 등으로 요리될 뿐 아니라, 염장품, 건조품, 훈제품 등으로 가공 이용된다. 경상북도 해안 지방에서는 말린 청어를 짚불에다 구워서 껍질을 벗겨 속의 육질을 별미로 먹는다. 이 청어를 '관목'이라 하여 지방 특산품으로 매우 귀하게 여긴다.

청주(淸酒) 쌀, 누룩, 물을 원료로 하여 빚어서 걸러낸 맑은 술. 쌀을 쪄서 누룩과 물을 가하면 효모가 발육한다. 이것을 독에 넣고 찐쌀과 누룩과 물을 가하여 잘 섞어 저장해 두면 효모균의 작용으로 쌀의 전분은 당분으로 변하고, 효모의 작용으로 알코올로 변한다. 보통 최고온도 14~16℃로, 16~25일간 숙성시킨다. 이것을 걸러낸 것이 탁주이고 이것을 통에 부어 30~35일간 깨끗한 곳에 두면 맑은 청주가 된다. 이 술을 50~65℃로 살균하여 위생 상 안전하게 하여 음용한다. 알코올 함량은 20% 전후이다. 청주의 쓴맛은 알코올, 신맛은 젖산, 숙신산과 미량의 아세트산, 단맛은 포도당을 주성분으로 하는 당류와 여러 종류의 아미노산, 방향은 이소부틸, 이소아밀 등 고급 알코올, 아세트산에틸, 아세트산아밀, 프로산에틸, 카프릴산에틸, 카프르산에틸 등의 에스테르류에 기

인된다. 시판되는 청주의 알코올 함량은 16%, 산 1.2~1.6mL%, 아미노산 0.12%이다.

체더 치즈(cheddar cheese) 세균으로 숙성시킨 경질의 미국 치즈. 숙성기간에 따라 순한 맛에서 매운맛까지 매우 다양하다. 순한 맛의 치즈는 향기가 약하여 샌드위치에 좋고, 강한 맛의 치즈는 가열 조리하는 뜨거운 요리에 적합하다. ☞ 치즈

초고온순간살균법(ultra high temperature sterilization, UHT) 130~135℃에서 2~5초간 살균으로 영양분의 파괴를 최소화하고 세균의 사멸효과를 높이는 연속 살균방법. 우유, 저산성음료 등의 살균에 쓴다.

초유(初乳, colostrum) 분만 후 수일간 분비되는 우유. 진한 황색이며 점도가 높다. 고형분 함량이 20% 정도로 높고 지방과 단백질, 특히 글로불린 함량이 많고 회분 특히 철 함량이 높으며 면역체가 함유되어 있고 가열하면 응고하는데, 사람이 마시기에는 적당하지 않다. 따라서 초유는 정상유와 구별한다. ☞ 우유

초음파(ultrasonic wave) 일반적으로 인간의 귀에 감지될 수 있는 음파의 진동수인 16,000~20,000Hz 정도 이상의 진동수를 가진 음파. 초음파는 인간이 들을 수 있는 한계를 넘은 음파라는 의미로, 불가청음파(不可聽音波)라고도 한다. 초음파는 일종의 음파이므로 음향학의 제법칙에 따르는 것은 물론이지만 진동수가 크고 파장이 짧으며, 에너지 밀도가 커서 보통의 음파에서는 볼 수 없는 현상이다. 초음파는 작은 동물, 세균을 사멸시키거나 적혈구를 파괴시킬 때, 또는 열작용, 유화작용, 안개의 발생, 응결 또는 분산 등의 작용을 일으킨다. 이러한 초음파의 성질을 이용하여 초음파 두께 측정기, 어군 탐지, 수중통신과 측탐(測探), 유화, 세정, 흠집의 검사 및 재질검사, 생화학에서 일어나는 세포의 파괴 등 다방면에 응용되고 있다. 조리에서도 초음파 세정기 등을 이용하여 초음파 세척을 이용한다. 대개는 수십 킬로사이클의 저주파수이고 진동자도 자왜진동자를 이용하는 것이 많다. 시계 등 미소부분의 더러움을 강력한 힘으로 없애려는 경우에는 수백 킬로사이클의 자왜진동자를 이용한다. 초음파 세정은 세정시간을 짧게 할 뿐만 아니라 마무리가 깨끗하다. 그러나 용기 내에 정재파가 생겨서 그 진동의 마디 부분에 씻을 물건을 놓는다거나 씻은 물건이 초음파의 진행 방향에 길게 배열되어 서로 간에 영향을 주는 상태이면 세정이 충분히 행해지지 않으므로 주의하여야 한다.

초점 그룹 연구(focus group study) 일정한 선발기준을 만족시키는 소비자 8~12명으로 이루어진 소비자검사 방법 중 질적 검사의 한 종류. 토의진행은 전문적인 진행자에 의해 이루어지고 토의실 한쪽 벽에 장치된 한쪽 면 거울 뒤에 마련된 관찰실에서 소비자검사를 의뢰한 고객에 의해 토의과정이 청취된다. 이 회의는 일반적으로 1회로 종료된다. 초점 그룹에 참여하는 소비자는 상품 사용 여부, 생활방식, 건강에 대한 관심, 폭넓고 자유로운 용어 사용, 심리검사를 통한 창의성 소유 여부 그리고 기타 인적사항 등을 참고하여 선발한다. 고객에 의해 토의과정이 관찰됨으로써 진행자에 의한 검사결과의 잘못된 해석 혹은 편견을 최소화할 수 있다.

촉감(touch sensation) 구강이나 피부, 손가락 등에 존재하는 기계적 수용기(mechano-receptor)에서의 물리적 자극에 의해 감지되는 감각. 음식물섭취 때, 손가락이나 구강점막에 의해서 '딱딱하다', '미끈미끈하다' 등의 평가가 있다.

촉진(promotion) 매출액을 증가시키기 위해 실시되는 모든 판매활동. 촉진 활동의 내용으로는 광고, 인적 판매, 판매 촉진, 홍보 등이 있으며 고객들은 기업의 촉진 활동을 통해 제품에 관한 정보를 얻게 되고 구매 욕구를 일으키게 된다. 따라서 촉진은 잠재적 소비자에 대한 설득적 커뮤니케이션의 주요 역할을 하는 마케팅 믹스의 모든 수단을 포괄하는 활동이므로, 마케팅 관리자가 목표소비자를 설득시키기 위한 메시지를 전달하는 데 유용한 수단이 되고 있다.

촉촉함(moistness) 시료의 표면에서 느껴지는 수분의 정도. 평가 전에 냅킨으로 입술을 잘 닦고 입술 사이에 시료를 놓고 평가한다.

총평균법(weighted average purchase price method) 일정기간의 총 구입액과 이월액을 그 기간의

총 입고수량과 이월수량으로 나누어 평균단가를 계산하여 반출할 때 평균단가를 계산하는 재고자산 평가방법. 대량구매하거나 출고될 때 활용하는 방법으로 평소 출고 시에는 수량만을 기록해 두었다가 마감일에 평균단가를 계산하여 기록하게 된다.

최기형성시험(tetratoxigenicity test) 태아의 기관형성기 동안 임신 모체에 약물을 투여하여 태아의 기형유발 여부 및 차세대의 신체발달, 반사기능, 학습기능 발달 등의 이상 유무를 확인하기 위한 시험. 고용량, 중간용량, 저용량의 3단계로 임상투여를 하여 모체의 이상 유무, 태아의 사망유무, 태아의 흡수, 외표기형, 내장기형, 골격기형, 분만 후 수요 등을 관찰하여 태아의 이상, 흡수율, 기형발생 빈도 등 전 실험항목별로 대조군과 통계학적으로 비교 관찰한다.

최대무작용량(NOAEL) 화합물의 독성작용은 농도에 비례하며, 일정 농도(역치) 이하에서는 독성작용이 관찰되지 않는다. 따라서 실험에 의해 안전하게 사용할 수 있는 양을 측정하여 이 중 가장 농도가 높은 투여량을 최대무작용량(NOAEL; No Observed Adverse Effect Level)으로 결정하며, 이에 기준해 물질의 규제치를 설정한다.

최소-최대 관리방법(mini-max method) 예기치 못한 상황에 대비해서 안전재고 수준의 재고량을 유지하면서, 재고량이 최소 재고량에 이르면 주문 후 물품이 조달될 때까지 사용되는 양을 고려한 적정량을 주문하여 '최대한'의 재고량을 보유하도록 관리하는 재고관리방식. 최대한의 재고량은 최소한의 재고량과 적정 주문량의 합에 해당되며 mini-max 관리방식이라고도 한다.

최종구매가법(latest purchase price method) 재고액을 가장 최근의 단가를 이용하여 산출하는 재고자산 평가방법으로 간단하고 신속하게 산출할 수 있다.

최확수(most probable number, MPN) 여러 단계의 연속한 동일 희석도의 시료를 수개씩 유당배지 발효관에 접종하여 대장균군의 존재 여부를 시험하고, 그 결과로부터 확률적으로 대장균군의 수치를 산출하여 표시하는 방법. 추출(extract) 용매를 사용해서 고체나 액체에서 어떤 물질을 뽑아내는 일.

추출제(extracting agents) 일종의 용제로서 어떤 성분을 추출할 목적으로 사용하는 물질. 현재 지정된 것은 핵산, 에탄올, 이소프로필알코올, 글리세린 및 프로필렌글리콜 등이다.

축산식품 잔류물질 검사법 축산식품 중의 잔류물질로 항생물질과 합성 항균제, 성장 호르몬제 등에 대한 검사법. 항생물질의 검사법으로는 미생물학적 시험과 화학적 분석법이 함께 이용된다. 화학분석법에서는 주로 고성능 액체 크로마토그래프가 이용되는데, 항생물질의 종류별로 HPLC와 특정 검출기가 사용된다. 합성 항균제 분석에는 액체 크로마토그래프, TLC, 형광분광광도계, 가스 크로마토그래프(GC)와 전자포획 검출기(ECD) 등이 사용된다.

축합(condensation) 2분자나 그 이상의 유기화합물이 반응하여 간단한 분자가 제거되면서 새로운 화합물을 만드는 반응. 아세트산(CH_3COOH)과 에틸알코올(에탄올, C_2H_5OH)로부터 물이 제거되어 아세트산에틸 ($CH_3COOC_2H_5$)이 생기는 에스테르화 반응이나 벤젠과 염화아세틸에서 염화수소가 제거되어 아세토페논을 생성하거나 아세트알데히드 (CH_3CHO) 두 분자가 반응하여 알돌 [CH_3CH (OH)CH_2CHO]을 생성하는 반응의 경우에는 간단한 분자를 제거하지 않으나, 알돌 축합이라 하여 축합반응으로 포함시킨다.

출고(issuing) 납품된 물품이 사용부서의 요구에 의해 저장고로부터 생산부서 및 각 영업장으로 출하되는 과정.

출국(出麴, koji finishing) 누룩(완성된 코지)을 내보내는 것. ① **쌀 코지**-코지균이 완전히 번식하면 발열도 하지 않고 품온이 내려가기 시작하며 포자가 생기게 된다. 순조롭게 된 것은 상자 전면이 흰 부분으로 덮이게 되며 일부는 포자의 형성으로 누런빛을 띠게 되는 시기에 코지실에서 꺼낸다. 보통 바꿔쌓기를 하여 7~11시간 경과하였을 때 출국한다. 출국하는 시기가 너무 빠르면 당화력과 단백질 분해력이 다 같이 약하여 좋지 않고, 너무 늦으면 포자가 너무 많이 생겨 된장의 색이 검게 되므로 출국 시기에 주의하여야 한다. ② **보리 코지**-바꿔쌓기를 한 후 균사가 길게 뻗어 보리 코지가 덩어리를 이루고 포자가 약간 생겼을 때 코지 상자를 코지실에서 밖으로 꺼내어 틈이 나게 쌓아 포자가 생기기 쉬우므로 빨리 냉각시킨다. 보통 두 번째 헤치기를 한 후 13~18시간 경과되었을 때 출국한다. 출국이 늦어 포자가 너무 생기면 이것으로 만든 된장은 점착성이 없어지므로 전체적으로 약간 황색을 띠게 될 때가 좋다. ③ **간장 코지**－두 번째 바꿔쌓기가 끝난 뒤 6~7시간이 지나면 전부 균사로 덮여 전면이 흰 빛깔로 되고, 품온도 여전히 올라간다. 이때부터 다시 6~7시간이 지나면 포자가 형성되기 시작하고 황록색으로 변하는데, 전면이 포자로 덮이게 되면 출국한다. 코지실에 넣어 두는 시간은 48~60시간이다.

층밀림 속도(shear rate) 유동에 있는 층밀리기 변형의 증가속도. 전단(剪斷)속도라고도 한다. 유체의 중심부에서 거리가 멀어짐에 따라 속도가 감소하는 정도로 속도 구배(velocity gradient)라고도 한다. 비뉴턴 유체의 소스류를 입속에서 맛볼 때의 전단속도는 대략 50sec^{-1} 이하, 또 점조성 식품을 휘저을 때는 100sec^{-1} 이하이다. 비뉴턴 유체의 겉보기점도는 전단속도에 의존한다.

층밀림 응력(shear stress) 물체에 층밀리기 변형을 줄 때에 요하는 단위 면적당 힘. 유체가 흐르는 현상을 분자구조상을 확대해 볼 때 마치 쌓여 있는 분자나 입자들이 층층이 밀려나가는 움직임을 층밀림이라 하며 일본어로는 전단(剪斷)이라고도 한다. 이러한 현상은 작용하는 힘이 쌓여 있는 분자층들을 표면과 평행한 방향으로 밀고 나가는 동작으로 생기며, 이때 작용하는 힘이 층밀림 응력이다. 일반적으로, 유체의 점탄성을 알 때에 사용되고, 예를 들면, 층밀리기의 최대응력으로 묽은 반죽의 경도를 알 수 있다. ☞ 전단력

충분섭취량(adequate intake : AI) 영양소 필요량에 대한 정확한 자료가 부족하거나 필요량의 중앙값과 표준편차를 구하기 어려워 권장섭취량을 산출할 수 없는 경우 제시하는 영양섭취기준. 주로 역학조사에서 관찰된 건강한 사람들의 영양소섭취수준을 기준으로 정한다.

치즈(cheese) 우유에 젖산균과 응유효소를 가하여 단백질을 응고시킨 것. 소, 양, 산양 등의 젖에 젖산균을 넣어 발효시키고 레닌을 첨가하여 우유단백질을 엉기게 한 후 절단, 가열하여 유청을 뺀 다음 우유덩어리(커드)를 만들어 숙성시킨 것으로 단백질, 지질, 무기질, 비타민이 풍부하다. 제조방법에 따라 약 1천여 종이 있다. 치즈의 종류는 사용원유의 종류, 숙성에 이용되는 미생물의 종류, 숙성환경, 숙성기간, 수분의 함량, 보존법 등에 따라 매우 다양하다. 같은 종류라도 숙성기간, 보존 조건 등에 따라 향미가 다르다. 세계적으로 가장 많이 소비되는 치즈는 체더 치즈이며 이외에 유명한 치즈는 프랑스의 로크포르 치즈, 카망베르 치즈(Camembert cheese), 이탈리아의 파르메산 치즈, 피자 치즈, 스위스의 스위스 치즈 등이며 이들 천연 치즈에 유화제 등을 첨가하고 가공하여 만든 가공 치즈, 치즈 스프레드, 치즈식품 등 매우 다양하다. 치즈는 수분 함량에 따라 경도를 4가지로 분류한다. ① **초경질(超硬質) 치즈**－수분 함량은 34%이고, 우유나 산양유로 만든 로마노 치즈와 탈지우유로 만든 파르메산 치즈가 있다. ② **경질(硬質) 치즈**－가장 많이 이용되는 치즈로 체더, 고다, 에멘탈 치즈 등이 속한다. 수분 함량은 39% 이하이다. ③ **세미소프트 치즈**－경질과 연질의 중간으로 수분은 50% 이하이다. 블루 치즈 등이 있다. ④ **연질(軟質) 치즈**－수분 함량은 50% 이하로 피자 치즈라 불리는 모차렐라 치즈와 카망베르 치즈, 브리 치즈 등이 이에 속한다. 숙성시킨 것과 숙성시키지 않은 것이 있는데, 숙성시킨 것에는 카망베르 치즈, 곰팡이를 이용한 브리 치즈, 세균을 이용한 림버거 치즈와 벨페 치즈가 있다. 숙성기간은 짧다. 숙성시키지 않은 것에는 코티지 치즈, 크림 치즈, 뉴샤텔 치즈가 있다. 자연 치즈는 발효미생물, 주로 유산균이 그대로 살아 있어서 오래 보관하면 숙성이 지나쳐 품질이 저하되므로 될 수 있는 대로 빨리 소비하는 것이 좋다. 자연 치즈는 영양소가 풍부하여 미생물의 번식이 왕성하며 지방 함량이 높아 고온에서는 지방이 분리되고 공기에 오래 노출시켜 두면 쉽게 산패된다. 그러나 냉동시

키면 푸석푸석한 질감이 되므로, 3~5℃(냉장고)에 보존하는 것이 좋다. 반면, 가공 치즈는 가열 살균하였으므로 밀봉상태에서 6개월 정도 보존이 가능하다. ☞ 산유 치즈, 삼소 치즈

치커리(chicory) 국화과에 속하는 여러해살이 쌍떡잎식물. 학명은 *Cichorium intybus* L.. 북유럽이 원산지이다. 뿌리는 다육질이고 길며, 줄기는 높이가 50~150cm이고 잎은 아래쪽을 향하고 삼각형의 작은 잎새가 갈라져 깃털 모양을 이룬다. 잎의 성분은 수분이 94%이며 단백질 1.7%, 지방 0.3%, 탄수화물 1.7%, 섬유소 1.0%, 무기질 1.3%이다. 특히 무기질 중에서는 칼륨, 칼슘, 철, 비타민 중에서는 비타민 A, B_1, B_2, C가 많다. 뿌리도 식용하는데, 살짝 익혀서 버터를 발라먹는다. 잎은 어린잎을 채취해 쌈, 샐러드로 이용하며 꽃은 중추신경계통의 흥분제 및 심장 활동을 증강시키는 약으로 쓰인다. 치커리 뿌리는 쓴맛, 색 등이 커피와 매우 유사하여 구미에서는 커피 대용 음료로 개발하여 사용하고 있다. 뿌리는 유럽에서 이뇨, 강장, 건위 및 피를 맑게 하는 민간약으로 이용하며, 한방에서는 식물체 전체를 황달형 간염과 소화기능 개선을 위한 약재로 쓰인다.

칠리(chili) 아메리카가 원산인 매운 고추의 일종. 학명은 *Capsicum chinense* Jacq. 아프리카, 서인도제도 등에서도 재배되고 있으며 열매는 빨간색으로 크기가 고추 종류 중에서는 가장 작으나 가장 맵다. 타바스코 소스(Tabasco sauce), 카레, 피클, 마리네이드, 닭요리 간요리, 바비큐 등에 사용한다.

칠면조고기(turkey meat) 조류의 일종인 칠면조의 고기. 야생종은 북아메리카의 북위 20~40°에 분포하는데 사육의 역사도 오래되어서 멕시코의 아스테카인에 의해 사육되어 이용되었다. 칠면조라는 이름은 축 늘어진 목의 피부가 흥분하면 청이나 자색으로 변화하는 것에서 이 이름이 붙었다. 다른 조류에 비해 몸이 커서 성조가 수컷은 13~15kg, 암컷은 8~10kg 정도이다. 살이 많은데 닭고기와 달리 가슴살이 많다. 식용으로서는 생후 7~8개월 정도의 것이 적합하다. 겨울이 가까워지면 지방이 붙어서 맛이 좋다. 구미에서는 크리스마스나 추수감사제의 요리에 또한 결혼식 등의 축하요리에도 이용된다. 다른 가축에 비해서 단백질이 많은 저칼로리 식품이다.

칡전분(arrowroot starch) 야생하는 칡뿌리에서 채집한 전분. 갈분이라고도 하며 각종 전분 중 질이 좋은 것으로 병자나 유아의 영양식으로 많이 사용된다. 칡뿌리는 영양소가 많이 저장되어 있는 늦가을에서 이른 봄에 걸쳐 채취하여 흙과 모래를 깨끗이 씻어 낸 다음, 적당히 잘라 그늘에서 건조시켜 분쇄기를 이용하여 빻는다. 대바구니나 소쿠리를 2/3쯤 물속에 담그고, 빻은 칡뿌리를 넣고 손으로 잘 저어 전분을 씻어낸 후 소쿠리에 남은 찌꺼기는 버린다. 이와 같이 하여 얻은 전분은 잔잔한 섬유가 포함되어 있으므로, 이것을 다시 마대나 무명으로 만든 자루에 넣고 짜낸다. 2~3시간 경과하여 전분이 완전히 침전되었을 때, 윗물을 쏟아버리고 다시 물을 붓고 잘 휘저어 놓는다. 이렇게 몇 번 반복하면 빛깔이 흰 전분이 된다.

침감(沈柿) 소금물에 담가 떫은맛을 우려서 없앤 감. 감속에 있는 세포의 기능을 정지시켜 각종 효소의 작용으로 생성된 물질이 탄닌과 결합하여 불용성 탄닌으로 변화시켜 떫은맛을 제거하는데 다음과 같은 방법이 쓰인다. ① **열탕법**(熱湯法)−50℃ 정도의 뜨거운 물속에 생감을 넣고 뚜껑을 꼭 닫고 보온하여 40℃ 정도를 유지하면서 하루 정도 두었다가 꺼낸다. ② **이산화탄소법**−감을 그릇에 넣고 이산화탄소를 채워 밀봉하여 1주일 정도 보관하였다가 꺼낸다. ③ **알코올법**−통 밑에 짚을 깔고 그 위에 생감을 늘어놓으면서 켜마다 알코올을 뿌리고 밀폐된 상태로 하여 약 1주일 경과한 후 꺼낸다.

침강반응(precipitation reaction) 항원항체반응의 일종으로 항원과 그것에 대응하는 항체가 용액이나 겔 등에서 반응하여 혼탁·침전하는 현상. 1897년 클라우스가 콜레라균의 배양액과 토끼의 항혈청 사이에 이 반응을 관찰한 것이 최초이다. 이 반응에 관여하는 항체를 침강소(沈降素)라 하며, 침전은 침강물 또는 항원항체 복합물이라고도 한다. 항원과 항체의 양이 최적 비율일 때, 반응이 가장 빨리 일어난다. 항원을 항혈청에 겹쳐 경계에 나타나는 침강물

을 검출하는 중층법(重層法), 두 인자를 섞어서 생긴 침강물에 의한 액의 혼탁방식을 보는 혼합법, 그 침강물을 화학적으로 정량하는 정량적 침강반응 등이 있다.

침지식 동결(immersion freezing) 식품을 −16~−95℃로 냉각한 $CaCl_2$, $MgCl_2$, CH_3OH, 프로필렌 글리콜 등과 같은 저온 액체 속에 침지하여 급속히 동결시키는 방법. 표면 전열 계수가 높고 급속냉동이 필요한 닭고기와 같은 고체 식품의 냉동에 이용되며, 저온 액체가 식품 내로 침입하지 않도록 미리 포장할 필요가 있다.

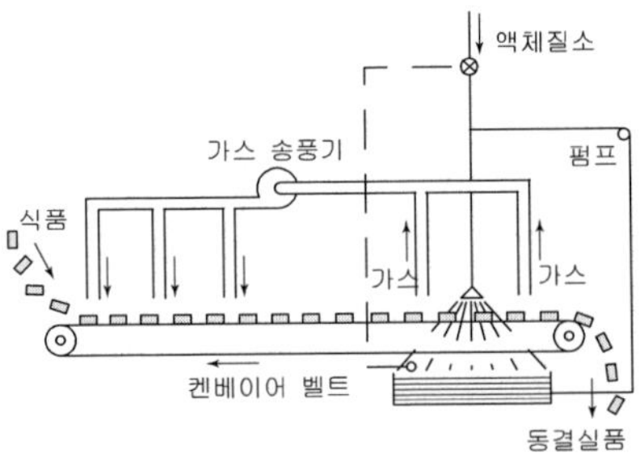

침채류(沈菜流, fermented vegetables) 채소를 소금에 절여 발효시킨 것. 침채류는 중국에서 우리나라를 거쳐 일본으로 전파되어 우리나라에서는 김치, 일본에서는 쓰케모노(漬物)로 각각 고유하게 발전되어 왔다. 침채류의 종류는 조미료에 따라 염침(鹽沈), 초침(醋沈), 당침(糖沈), 주정침(酒精沈), 된장침 등으로 나눌 수 있다. 침채류는 숙성 중 소금의 삼투작용, 조미료로 사용한 쌀겨, 주박 등이 함유된 전분, 단백질 분해효소에 의한 효소작용, 저장 중 번식하는 각종 미생물에 의한 발효작용을 받아 독특한 향미를 갖는다. 우리나라에서 주된 침채류는 염침에 의한 김치, 짠지, 단무지 등이다.

ㅋ

카놀라유(canola oil) 평지씨(rapeseed) 식물의 일종에서 얻는 기름. 채종유라고도 함. 토종 평지씨기름(유채유)에는 에루크산(erucic acid)이 22~45% 함유되어 있는데, 이 성분은 신장, 부신 및 흉선에 지방 변성을 초래하기 때문에 건강에 해로워 식용유에 5% 미만으로 함유하도록 규제하고 있다. 캐나다에서는 따뜻한 기후에서도 잘 자라며 에루크산이 2% 미만인 평지씨 식물의 변종을 개발하였다. 카놀라유는 비누화가 169~195, 요오드가 95~127이며, 올레산이 64.1%, 리놀레산이 18.7%, 리놀렌산이 9.2% 그리고 포화지방산은 6% 정도를 함유한다. 단일불포화지방산을 다량 함유하고 있으며, n−6/n−3의 비율이 2:1로 심장병 발병 위험을 완화시킬 수 있는 것으로 밝혀졌다. 카놀라유는 고온에서의 조리에는 권장되지 않는다.

카다몬(cardamon) 생강과에 속하는 아시아 열대지방산 식물인 소두구 또는 그 방향성 열매. 소스, 카레가루, 피클, 빵, 케이크 등에 향신료로 쓴다.

카다몬유(cardamon oil) 카다몬의 방향성 씨를 수증기 증류하여 얻는 정유. 주성분은 1,8−시네올(26~40%)과 알파−터피닐 아세트산(28~34%)이다. 향신료의 일종으로 피클, 육류소스, 카레가루 등에 쓴다.

카드뮴 중독(cadmium poisoning) 원자번호 48, 원자량 112.4인 금속원소인 카드뮴(Cd)에 의한 중독. 통신기 재료, 도금에 주로 사용된다. 공업제품이나 일상용품으로 널리 이용되어 환경이나 식량자원의 오염원이 되고 있는 중금속이다. 1940년대를 전후하여 일본에서는 이타이이타이병이 발생하였는데, 카드뮴에 오염된 쌀을 먹고 있던 주민에게 뼈의 만곡, 변형이 일어나고 통증이 심한 증상이 나타났으며 이는 카드뮴 중독으로 알려졌다.

카라기난(carrageenan) 홍조에 속하는 Chondrus crispus를 중심으로 하는 Chondrus, Gigartina, Eucheuma 속 등의 해조의 세포벽 구성성분으로 열수 또는 열알칼리 수용액으로 추출하여 얻는 다당류의 혼합물. 주성분은 아이오타, 카파, 람다−카라기난이다. 카파−형에만 겔 형성능력이 있으며 K+, 인산염의 존재 하에서 부서지기 쉬운 무른 겔을 만든다. 밀크카제인과 반응성이 있기 때문에 유음료의 안정화제로서도 이용된다. 영양적으로는 사람에 전혀 이용되지 않는다. 식품첨가물의 하나로 증점제, 안정제, 겔형성제, 유화제, 착향료 등으로 쓴다.

카라야검(karaya gum) 인도의 카라야(Sterculia urens Rosb.) 나무의 검상 분비물을 말린 것. 인디안 트라가칸스라고도 한다. 담황색−엷은 적갈색의 덩어리 또는 회색−엷은 적갈회색의 분말로서 약간의 초산 냄새가 있다. 갈락토오스, 람노오스와 갈락투론산으로 이루어진 다당류이다. 물에 잘 녹지 않고 팽윤하여 높은 점성을 나타내며 가열하면 점도가 저하된다. 식품의 점착성 및 점도를 증가시키고 유화안정성을 증진하며 식품의 물성 및 촉감을 향상시키기 위한 식품첨가물이다. 식품에 유화제, 증점제, 안정제 등으로 이용되며, 빙과 안정제로 0.001~0.4% 사용한다.

카레(curry) 여러 가지 향신료와 색소, 조미료를 혼합한 조합향신료. 카레라는 말은 국물이라는 뜻의 인도말에서 유래된 것이다. 인도에서 나는 여러 가지 향신료를 조합한 것으로, 주재료는 심황, 코리앤더, 후추, 피멘토(pimento), 생강, 카다몬(cardamon), 캐러웨이(caraway), 계피, 메이스(mace), 정향, 페뉴그릭(fenugreek) 등으로 단맛과 조화를 이루며 노란색이다. 카레의 맛은 생강과 고추의 함량에 따라 순한 맛,

▲ 카로티노이드의 종류와 구조

구 분	종 류	구 조
카로틴	α -카로틴	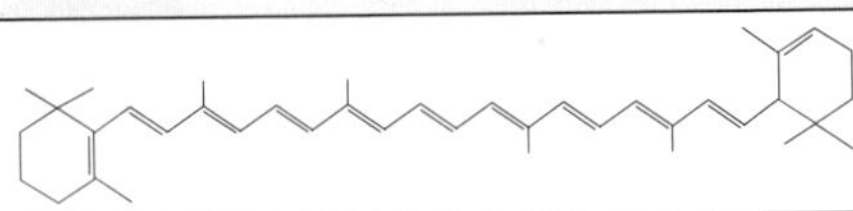
	β -카로틴	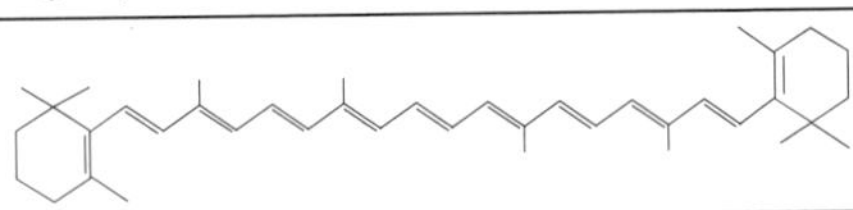
	γ-카로틴	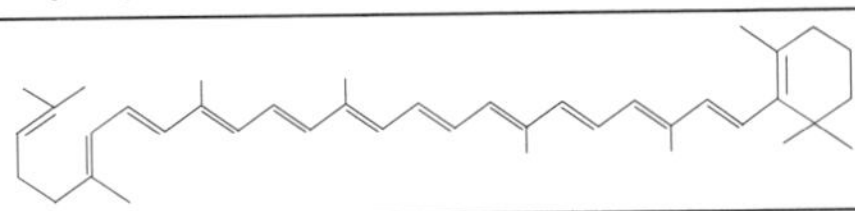
	리코펜	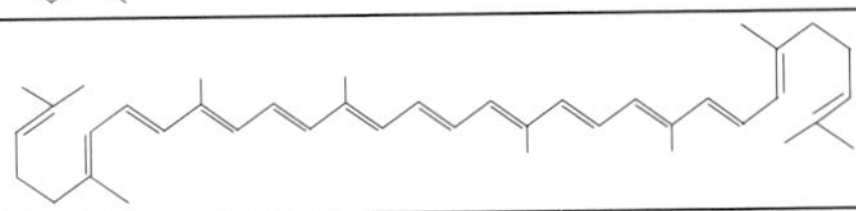
잔토필	크립토잔틴	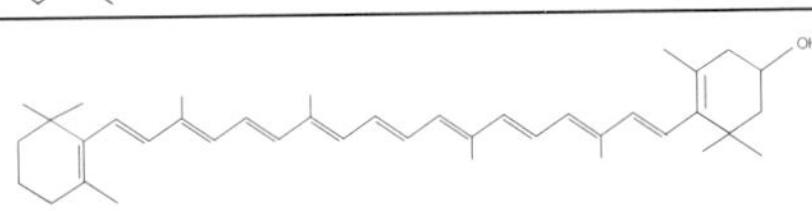
	제아잔틴	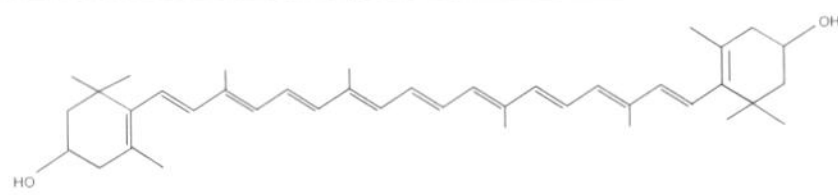
	루테인	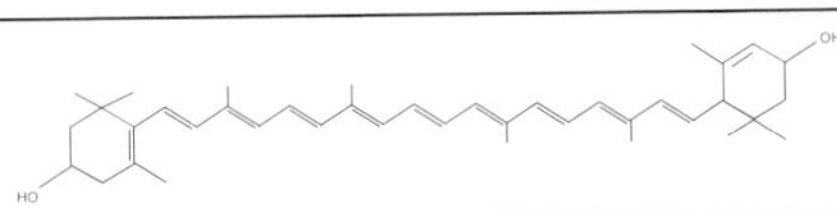
	비올라잔틴	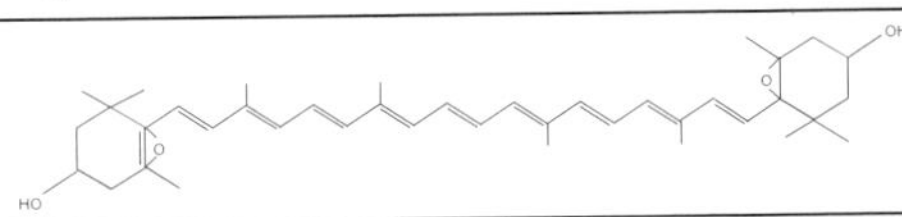
	캅산틴	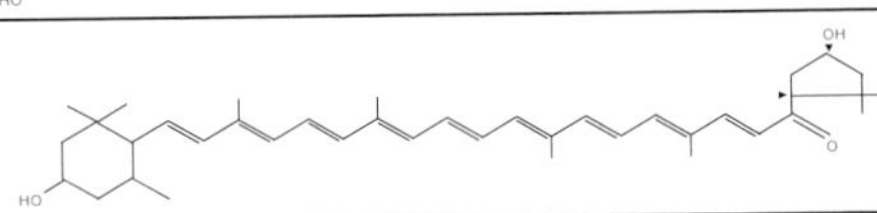
	아스타잔틴	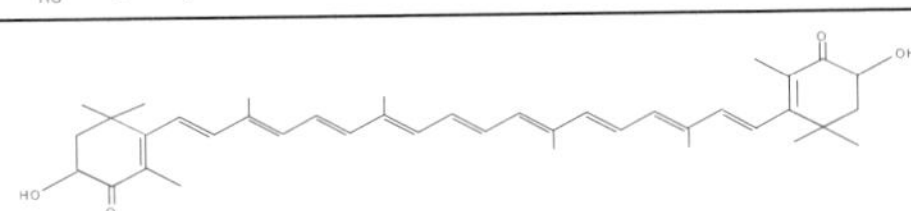
	푸코잔틴	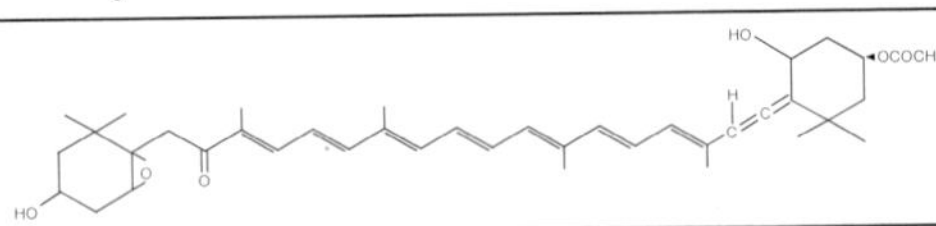

중간맛, 매운맛으로 나눌 수 있는데 남인도 지방에서 생산되는 카레가 맵기로 유명하다. 카레의 노란색은 심황(tumeric)에 의한 것이다. 소스, 쌀요리, 닭요리, 생선요리 등에 사용한다.

카로티노이드(carotenoid) 황색, 주황색, 적색을 띠는 지용성 색소화합물. 식물성 식품에 클로로필과 함께 널리 존재하며 동물성 식품에는 먹이로 섭취한 식물로부터 유래되어 근육, 젖, 난황, 지방조직 등에 축적되어 있다. 탄소와 수소만으로 구성된 탄화수소 카로티노이드인 카로틴(carotene)과 산소를 구성원소로 포함하고 있는 잔토필(xanthophyll)로 나뉜다. 카로티노이드는 8개의 이소프렌이 결합된 구조를 가지고 있는 테트라테르펜(tetraterpene)으로 40개의 탄소원자로 구성되어 있다. 다수의 공역이중결합을 가지고 있는 긴 탄소사슬로 이루어졌으며 β-카로틴같이 탄소사슬의 양쪽 끝이 고리를 갖는 것, γ-카로틴같이 한쪽 끝에만 고리를 갖는 것, 리코펜같이 선상 사슬로만 이루어진 것이 있다. α, β, γ-카로틴과 크립토잔틴은 그 구조에 β-이오논(ionone) 고리를 가지고 있어 체내에서 비타민 A로 전환되므로 프로비타민 A이다. ☞ 잔토필, 캅산틴, 크립토잔틴

카로틴(carotene) 탄화수소 카로티노이드. 카로티노이드 중 탄소와 수소로만 구성되어 있는 무리를 말한다. ☞ 카로티노이드

카르복시메틸셀룰로오스(carboxymethyl cellulose, CMC) 알칼리성 셀룰로오스를 클로로아세트산으로 처리하여 얻는 셀룰로오스 유도체. 치환도가 큰 것은 물에 녹는다. 젤리, 샐러드드레싱 등의 증점제, 호료, 광택제, 증량제로 쓰는 외에 의약품(완화제), 화장품에도 쓴다. 우리나라에서는 CMC 나트륨염이 식품첨가물로 허용되고 있다.

카망베르 치즈(Camembert cheese) 전유 또는 탈지유를 곰팡이로 숙성시킨 연질의 냄새가 강한 프랑스 치즈. 전채요리나 샌드위치에 이용된다. 부드러운 맛에서 톡 쏘는 맛까지 다양하다. ☞ 치즈

카모밀(camomile) 국화과 화초로서 유럽 원산의 약국. 1년초의 '져먼 카모밀'과 다년초의 '로먼 카모밀'이 있다. 가냘픈 꽃과 사과와 비슷한 달콤한 향기가 특징이다. 작은 꽃을 따서 허브티로 이용하는데 수면을 촉발시키는 효과와 몸을 따뜻하게 하는 작용이 있는 허브로 특히 여성의 냉증예방과 감기에 특효가 있는 것으로 알려지고 있다. 피로회복, 짜증, 불만을 억제하고 심신을 편안하게 하는 효과가 있다. 의료용 허브로서 가장 오래된 것의 하나이다.

카사바(cassava) 대극과의 낙엽관목의 식용 덩이줄기. 마니오크(manioc), 타피오카(tapioca)라고도 한다. 학명은 *Manihot esculenta*. 남아메리카가 원산지이며 주된 생산국은 브라질, 태국, 인도네시아 등이다. 다른 서류에 비해 단백질 함량이 크게 떨어지며 탄수화물 함량이 많은 전분질 식품이다. 시안 배당체인 라미나린(laminarin)의 함유 부위에 따라 두 종류가 있으며, 라미나린이 껍질에 들어 있는 감미종과 전체 뿌리에 퍼져 있는 고미종으로 나눌 수 있다. 라미나린은 열을 가하면 독성이 없어지므로 감미종은 원주민들이 감자처럼 쪄서 주식으로 먹는다. 한편 고미종은 발효시킨 후 탈수건조하여 카사바 분말을 만들거나, 뿌리를 잘게 잘라 전분을 추출한다. 이 전분을 타피오카 전분(tapioca starch)라고 하며 중요한 전분자원이다. 전분이 마르기 전에 베주머니에 넣어서 흔들면 지름 3~5mm의 알갱이로 된다. 이것을 가열한 철판 위에 놓고 잘 섞으면 표면이 풀로 되어 반투명한 진주처럼 된다. 이것을 타피오카 펄(tapioca pearl)이라 하며, 세이고야자(sago)에서 만든 세이고 펄과 함께 사용한다. 알갱이로 만들지 않고 편평한 조각으로 만든 것을 타피오카 플레이크(tapioca flake)라고 한다. 여기에서 생기는 찌꺼기와 작은 알갱이가 섞인 것을 타피오카 시프팅(tapioca sifting)이라고 한다. 타피오카 전분은 과자·식품원료 등 식용으로 이용되며 가축사료용, 의약품, 섬유공업용품의 재료로도 사용된다. ☞ 타피오카

카세인(casein) 우유의 주 단백질. 유단백질의 약 80%를 차지한다. 카세인은 우유의 pH를 4.6으로 조절하면 침전한다. 이것은 카세인의 등전점이 pH 4.6이기 때문이고 이 때 침전되지 않는 단백질을 유청단백질(whey protein)이라고 한다. 카세인은 전기영동 패턴에 의해 α_{s1}-카세인, α_{s2}-카세인, β-카세인(30%), 그리고 κ-카세인(15%)으로 분류한다. 카세인은 분자 내에 인산을 함유하고 있는 인단백질이며, 신선한 우유의 정상 pH인 6.6에서는 칼슘과 결합된 복합물(calcium phosphocaseinate complex)로서 안정한 콜로이드 형태인 미셀을 이루어 수분 중에 분산되어 있고 우유의 백색을 나타낸다. 카세인에는 필수 아미노

ㅋ

산인 리신이나 함황아미노산인 메티오닌 등을 적게 함유한다. 카세인이 산에 의해 응고되는 원리는 우유에 유산균을 첨가하여 자연적으로 산이 형성되거나 산을 첨가하면 칼슘 포스포카세이네이트(calcium phosphocaseinate) 분자에서 양전하를 지니는 칼슘 이온이 떨어지고 수소 이온이 카세인과 결합함으로써 카세인이 중화되어 큰 덩어리로 뭉쳐 침전하게 된다. 또한 응유효소인 레닌을 우유에 첨가하면 카세인의 미셀 구조가 파괴되면서 자체 내에 함유되어 있는 칼슘에 의하여 침전되는데 이와 같은 성질을 이용하여 치즈를 만든다. 이 효소는 카세인인 분자의 특이한 펩티드 결합을 분해하여 소수성인 파라(para)-κ-카세인과 산성이며 용해될 수 있는 글리코펩티드(glycopeptide)를 생성하여 미셀을 불안정하게 하므로 카세인을 응고시켜 응유물(curd)을 형성하게 한다. 우유가 모유에 비해서 카세인과 칼슘의 양이 많고 카세인의 구조도 약간씩 다르기 때문에 위 속에서 단단한 응고물이 형성되므로 소화되기 어렵다. ☞ 레닌

카세인 인산 펩티드(caseinphosphopeptides, CPP) 우유의 α_{s1}-카세인, β-카세인 중 세린포스페이트(serinephosphate) 잔기가 많은 부분으로 이루어진 펩티드. CPP는 인산칼슘의 침전을 방지하여 칼슘의 체내 흡수를 촉진한다. CPP는 우유 카세인이 트립신에 의해 가수분해된 산물로 분자 내에 포스포세린을 다수 함유한 펩티드이다. CPP의 중요 기능은 미네랄이 pH 7~8의 중성 및 약알칼리성에서 불용화되는 것을 저지하는 작용을 가지고 있다. 시중에 칼슘 강화식품이 많은데 CPP는 비교적 안정한 물질로 음료, 과자, 빵, 디저트 등에 배합하면 아주 우수한 칼슘 흡수 효과를 얻을 수 있다. 어린이용으로는 이유식에 CPP가 첨가되고 있다.

카스텔라(castella) 거품을 낸 달걀에 밀가루, 설탕 등을 버무려 구운 서양과자. 어원은 에스파냐의 옛 지방인 카스티야를 포르투갈어로 읽은 것으로 그곳에서 만든 과자를 그대로 카스텔라라 하였다. 카스텔라의 재료는 달걀, 설탕, 밀가루, 소금, 물엿, 꿀 등인데, 그 배합량이나 굽는 방법에 따라 맛이 달라진다. 일반적으로 달걀노른자에 설탕, 물엿, 꿀을 섞어 충분히 젓고, 따로 달걀흰자를 거품을 내어 이것에 섞어, 밀가루를 넣어 가볍게 저은 다음 오븐 팬에 부어 굽는다. 수분 후에 팬을 꺼내어 표면의 거품을 걷어내고 철판으로 뚜껑을 한 다음 오븐에 넣어 280℃ 정도에서 1시간가량 구워낸다. 절단면의 밀도가 고르고 적당한 탄력이 있는 것이 잘된 것이다.

카운터 서비스(counter service) 카운터에 있는 종업원이 주문, 음식 제공, 상차림의 업무를 담당하는 서비스 방법. 간이 식당이나 스낵 바 등 신속한 서비스를 원하는 고객들이 많이 모이는 공항이나 터미널에서 많이 볼 수 있고 식사를 하는 고객은 대개 카운터 높이에 맞춘 높은 간이의자인 스툴(stool)에 앉으며, 종업원은 많은 사람을 서브해야하므로 카운터는 U자 형태가 많다.

카카오(cacao) 열대산 상록교목으로 그 열매는 코코아, 코코아버터, 초콜릿의 원료가 된다. ☞ 코코아, 코코아버터

카테킨(catechin) 대표적인 탄닌 성분의 하나. 그 자체로서도 떫은맛과 특수한 맛을 식품에 부여할 뿐만 아니라 탄닌의 산화생성물들은 짙은 갈색, 또는 흑색, 또는 짙은 홍색 등과 같은 색깔을 가지고 있어서, 이 탄닌을 함유한 식품의 색깔에 중요한 영향을 준다. 여러 식품 중에서 탄닌의 함량이 특히 많은 것으로는 차(tea), 커피(coffee) 등이 있으며, 차의 색깔, 향기와 맛을 좌우하는 주요성분이다. EC(epicatechin), ECG(epicatechin gallate), EGC(epigallocatechin), EGCg(gepigallocatechin gallate) 등으로 구성되어 있으며 산화는 잘되나 결정을 형성하기가 어렵다. 유리형 카테킨은 약한 쓴맛과 떫은맛 또는 신맛을 내고, 결합형 탄닌은 약한 떫은맛과 강한 쓴맛을 낸다. 이 성분은 위장점막을 보호하고 위장운동을 왕성하게 하며 살균작용과 유독물질에 대한 해독작용을 나타낸다. 차의 경우 일조량이 많을수록 타닌의 함유량이 높아지므로 여름이나 가을에 딴 차에 다량 나타나며 적채 시기가 늦을수록 함량이 높아지며 품종별로는 홍차, 우롱차, 녹차 순으로 함유되어 있다. ☞ 탄닌

ㅋ

카페 로얄(cafe royal) 진하게 추출한 커피가 담긴 잔 위에 스푼을 걸치고, 그 위에 각설탕을 얹은 후 브랜디를 붓고 불을 붙이는 커피. 파란 불길이 솟으면서 브랜디에 젖은 각설탕이 커피 속으로 녹아내리며 특이한 향이 난다.

카페인(caffeine) 메틸테오브로민(methyltheobromine). 냄새가 없고 쓴맛을 가진 백색 분말이다. 천연으로 커피, 콜라, 구아라나 페이스트(guarana paste), 차 및 콜라 너트(kola nut)에 존재한다. 중추신경계, 심장, 호흡기를 자극하는 성질이 있다. 탈카페인(decaffeinate) 커피를 제조할 때 커피 콩을 볶기 전 용매추출법으로 추출하는 과정에서 카페인이 부산물로 얻어진다. ☞ 쓴맛

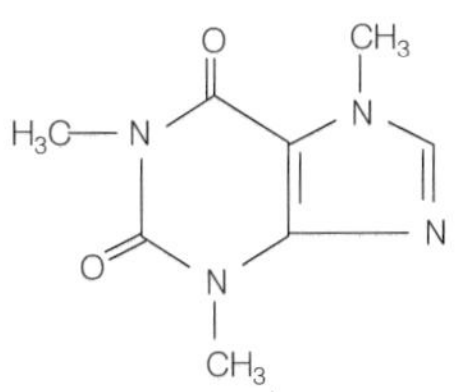

카페테리아(cafeteria) 종업원들이 음식이 진열되어 있는 카운터 뒤에서 고객이 음식을 선택할 때 정보를 주고 권하면서 진열된 음식을 채우는 셀프 서비스 방법 중 하나. 카운터의 진열방법은 일자식, 평행식, 지그재그식, U자형 등 여러 방법이 있다. 고객들의 기호에 맞는 다양한 가격으로 다양한 음식을 제공할 수 있다는 점과 셀프서비스에 의해 인력관리가 용이하다는 장점으로 경영자와 고객을 함께 만족시켜 준다.

카푸치노 커피(cappuccino coffee) 계피가루와 레몬, 너트메그의 맛과 향이 독특한 조화를 이루는 이탈리아의 대표적인 커피. 카페, 시나몬 커피라고도 부른다. 추출한 커피에 설탕을 넣어 휘핑한 생크림이나 뜨거운 우유를 얹고 계피가루와 너트메그를 살짝 뿌린다. 또한 레몬이나 오렌지 껍질을 작게 썰어 얹은 후 계피봉으로 저어 마신다.

칵테일(cocktail) 술과 술 또는 비알코올성 음료를 섞어 맛과 향을 부드럽게 만든 혼성주. 칵테일의 배합률에는 일정한 기준이 있으며 1인분 1회의 섭취량은 60mL 정도로 한다. 칵테일을 만드는 기본 수칙은 글라스가 롱글라스일 때 얼음은 1/2 정도 넣고, 기본적인 술은 1/4 정도 넣는다. 또한 음료는 8부를 채워 주어 모든 것이 글라스에 8부 정도가 채워지게 한다.

칼슘(calcium, Ca) 인체를 구성하는 무기질 중 양적으로 가장 많은 것. 성인에게는 1kg 정도 함유되어 있으며, 주로 뼈와 치아를 형성하고, 혈액 등 체액 중에 존재한다. 체액의 알칼리성 유지, 혈액응고 촉진 등의 생리작용을 한다. 칼슘의 좋은 급원 식품은 우유, 유제품, 뼈째 먹는 잔생선 등이다. 우유 중의 칼슘이 체내에서 가장 잘 이용된다. 채소류에 들어 있는 칼슘의 이용률은 우유 칼슘의 80%정도이다. 심한 칼슘 결핍은 어린이에게 구루병을 일으키며, 어른에게는 골연화증을 일으킨다. 한국 성인 남녀의 칼슘 권장량은 600mg이다. 임신부는 1000mg, 수유부는 1,100mg의 칼슘이 권장된다. 성장이 빠른 청소년기에는 800mg의 칼슘이 필요하다. 칼슘의 형태에 따라 그 이용도가 다른데, 옥살산(蓚酸) 칼슘과 같이 물에 녹지 않는 것은 이용도가 적은 것으로 알려져 있지만 흰쥐에 대한 실험에서 그와 같은 차이는 인정되지 않았으며, 이 점에 관해서는 정설이 없다. 단, 시금치의 옥살산이나 곡류의 피트산은 칼슘 흡수를 방해하는 경향이 있는 것으로 알려져 있다.

캄필로박터 식중독(campylobacteriosis) 캄필로박터균(*Campylobacter jejuni*)에 의해 발생하는 감염형 식중독. 장염의 주요 원인균으로 이 균은 비브리오 페투스(*Vibrio fetus*)로 알려져 있던 균주였으나 1963년 캄필로박터균으로 명명되었고, 주로 소, 염소, 돼지, 개, 닭, 고양이 등이 보균하고 있다. 대부분 처리하지 않은 우유나 오염된 음용수, 비위생적으로 처리한 가금류가 원인식품으로 지목되고 있다. 1971년 사람의 설사 변에서 최초로 검출된 이래 위장염의 주된 원인균으로 인식되고 있으며, 1977년 장염의 주요 원인 균으로 밝혀졌다. 주로 유아, 어린이 및 면역이 저하된 사람들에게 감염률이 높고, 주된 증상은 설사이며, 열, 메스꺼움, 복통 및 구토 등도 나타난다. 주요 오염 식품인 가금류 등의 생산, 가공, 유통 및 최종 소비자에 이르기까지 각 단계에서의 위생에 대한

적절한 통제가 필요하다.

캡사이신(capsaicin) 고추의 매운 성분. 구아이아콜 유도체인 캡사이시노이드(capsaicinoid) 중 하나이다. ☞ 고추

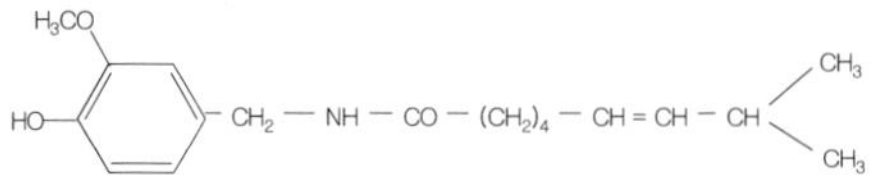

캡산틴(capsanthin) 고추에 많이 들어 있는 카로티노이드 중의 하나. ☞ 카로티노이드

캐러멜(caramel) 당류를 고온으로 가열하여 탈수, 분해, 중합의 복잡한 반응을 거쳐 생성된 갈색 색소 및 무정형 캔디. 캐러멜의 화학구조는 너무 복잡하여 아직 밝혀지지 않고 있다. 설탕이나 포도당에 약간의 알칼리 또는 산을 넣고 가열하여 제조한다. 캐러멜은 약간의 쓴맛을 내며, 독특한 향미와 색을 가지므로 가공식품의 착색 및 향미를 위한 첨가제로 이용된다. 탄산음료, 빙과류 및 제과에 널리 이용된다.

캐러멜화 반응(caramelization) 당류만 존재할 때 가열에 의해 생성되는 분해물들의 상호작용에 의하여 갈색 색소를 형성하는 비효소적 반응. 당류를 녹는점보다 높은 온도로 가열하면 주로 탈수, 분해, 중합 등의 반응을 거쳐 갈색의 색소가 형성된다. 당 함량이 적은 자연식품들이나 저온에서 저장된 식품들의 경우보다는 당 함량이 아주 큰 식품들의 가열, 가공 중에 흔히 일어난다. 특히, 설탕이나 물엿을 주원료로 하는 캔디류 등의 당과류에 있어서는 이 캐러멜화에 의한 갈색화가 문제시된다. 캐러멜화 반응은 산성, 알칼리 등 그 조건에 따라 반응 형식에 차이가 있다. 산성에서는 주로 탈수반응이 일어나 색소형성이 우세하게 진행되고, 알칼리에서는 주로 분해반응이 일어나 휘발성의 방향화합물이 우세하게 생성된다. 캐러멜화 반응은 어느 경우에나 갈색 색소, 독특한 맛과 냄새를 생성하므로 가공식품의 착색 또는 착향에 이용되고 있다. ☞ 캐러멜

캐러웨이(caraway) 미나리과에 속하는 일년 또는 이년생 초본. 학명은 *Carum carvi* L.. 원산지는 유라시아이고, 유럽, 아시아, 아프리카, 미국, 러시아, 폴란드, 네덜란드 등지에서 대규모로 재배되는 대표적인 허브이다. 줄기의 길이가 50cm에 달하며 꽃은 흰색이다. 이용부위인 씨는 갈색이고 약간 굽어 초승달 모양으로 상추씨와 비슷하다. 씨에는 3~5%의 정유성분이 들어 있어 향신료로 이용한다. 주로 육류, 치즈, 소시지 등의 요리에 사용한다. 케이크, 사과 등의 과일을 굽거나 시럽으로 만들 때 넣으면 상쾌한 향미가 단맛과 잘 조화된다. 또한 여러 요리와 술 등의 맛과 향을 내는 데 뛰어나다. 인도에서는 씨를 갈아 카레 원료로 사용한다.

캔들링(candling) 달걀의 신선도를 평가하는 방법의 일종. 강한 광선을 달걀의 뒤에서 비추고 달걀을 돌리면서 관찰하여 달걀의 공기집의 크기와 위치, 난백의 투명한 정도, 난황의 위치와 움직이는 정도, 껍질의 상태 등을 평가한다.

커드 미터(curd meter) 식품의 성질을 경도, 파단력(강도)과 점조도라는 요소로 수치화하는 계측기. 소프트 커드 밀크의 품질을 일정하게 하기 위한 품질관리 계기로서 이용되기 시작한 것으로부터 이 이름이 지어졌다. 응고상태의 조리식품, 제품, 원료, 예를 들면 유제품, 유지, 연고약품, 크림상태 화장품, 두부, 젤리, 한천제품 등의 품질의 균일화를 위한 품질관리기로서 활용되고 있다. 시료는 적당한 용기에 담아, 평판에 얹고, 이 평판을 일정 속도로 상승시키고, 용수철에 연계된 감압축을 시료에 따라 밀어 올린다. 기록계는 이 감압축과 추에 미치게 하는 저항력을 검출 · 기록한다. 추, 용수철, 감압축의 조합을 여러 가지로 바꾸는 것에 의해 마요네즈로부터 양갱, 삶은 콩에 이르기까지 측정할 수 있다. ☞ 경도계

커미서리 급식체계(commissary foodservice system) ☞ 중앙공급식 급식체계

커민(cumin) 미나리과에 속하는 식물의 씨로서 향신료의 일종. 학명은 *Cuminum cyminum* L.. 멕시코, 시리아, 이란 등지에서 주로 생산되며, 가루로 만들어 사용한다. 커민과 캐러웨이(caraway)는 같은 파슬리과에 속하지만 향이 뚜렷이 차이가 난다. 냄새가 강하여 카레 가루, 칠리 파우더의 일종으로 사용되며, 치즈, 사워크라우트, 소시지, 수프, 스튜 같은 음식에 어울린다.

커피(coffee) 커피나무의 열매를 볶아서 분쇄하여

추출한 음료. 쓴맛, 떫은맛, 신맛, 구수한 맛 등이 조화된 기호음료이다. 커피나무의 열매가 익으면 앵두같이 진한 붉은 색을 띠며 볶으면 향기가 생긴다. 커피는 머리를 맑게 하며 혈액순환을 원활하게 하여 오래 전부터 수도원에서 많이 이용해 왔다. 커피의 쓴맛은 주로 카페인(caffeine, 1~1.5%), 떫은맛은 탄닌(tannin, 4~9%)에 의하며, 색은 탄닌, 캐러멜(caramel), 멜라노이드(melanoid)에 의한다. 향기는 카페올(caffeol), 에스테르류(esters) 등 여러 혼합물이 관여한다. 커피의 카페인 성분은 흥분작용, 강심작용, 이뇨작용, 위액분비 촉진 등이 있으며 다량으로 마셨을 경우 불면, 맥박의 불규칙, 변비, 설사, 고혈압 또는 동맥경화의 유발, 당뇨병의 악화 등의 부작용이 야기될 수도 있다. 어린이, 임산부, 수유부, 위장병이 있는 사람은 커피를 삼가는 것이 좋다. 카페인은 커피뿐 아니라 차, 코코아, 콜라 등의 기호음료, 그리고 감기약, 알레르기약, 두통약, 잠쫓는 약 등의 약제에 포함되어 있는 알칼로이드(alkaloid)이며 사람마다 카페인에 대한 내성이 다르나 하루에 200mg 이하의 양이 바람직하다. 일반적으로 1g 정도의 카페인은 인체에 유해한 것으로 보며 불면, 불안, 흥분, 떨림, 심박수의 증가 등이 오게 된다. 종류로는 재래종으로 아라비카 커피, 리베리카 커피, 로부스타 커피 등이 있다. 커피 입자의 크기에 따른 종류로는 레귤러(regular), 드립(drip), 파인(fine) 등 세 가지가 있다. 이 중 드립이 가장 많이 이용되는데 입자의 크기는 20~28메시(mesh)이다. 인스턴트 커피는 볶은 커피를 추출하여 농축, 건조시킨 후 가루로 만든 것으로 경제적이며 사용하기 편리하나 방향성분이 감소되는 결점이 있다. 건조방법 중 냉동 건조한 것이 방향물질의 손실이 적다. 인스턴트 커피에는 냉동건조 커피, 분무건조 커피, 과립 커피 등이 있다. 탈카페인(decaffeinated) 커피는 커피의 카페인 성분을 97% 제거시킨 원두를 사용한 것이다.

커피 슈가 캐러멜을 첨가한 커피 전용 설탕.

컨벡션 오븐(convection oven) 다양한 음식을 고온으로 구울 때 사용하는 오븐의 한 종류. 가스나 전기를 열원으로 사용하며 오븐 내에 설치되어 있는 환풍기에 의해 공기를 순환시켜 대류에 의해 식품을 가열하는 방식이다.

컴프레시미터(compressimeter) 빵과 스펀지 모양 식품의 경도를 측정하는 것에 쓰이는 압축형 시험기. 시료를 압축하기 위해 필요한 힘을 측정하는 기기로 주로 빵과 케이크 등의 식품의 경도를 측정할 때 쓰인다.

컴플라이언스(compliance) 단위응력당 변형량. 변형량을 비교할 때 유효하다.

케라틴(keratin) 분자 내에 황(S)을 함유하고 물, 염류용액에 불용성인 경단백질의 일종. 섬유상 단백질로서 진성케라틴(eukeratin)은 피부, 머리털, 양모, 손톱, 뿔을 구성하는 단백질이며, 유사케라틴(pseudokeratin)은 신경조직(neurokeratin), 난곡막케라틴(ovokeratin) 등이 있다.

케이크(cake) 설탕, 달걀, 밀가루(또는 전분), 버터(또는 마가린 · 식물성 유지), 우유, 크림, 생크림, 양주류, 레몬, 초콜릿, 커피, 과일, 향료, 이스트 등의 재료를 적절히 혼합하여 구운 서양과자의 총칭. 신석기시대에 만들어진 최초의 케이크는 밀가루와 우유를 우묵한 돌그릇에 끓여 죽으로 만든 후 그것을 편평한 상태로 하여 굳힌 것이다. 이런 것은 보존성이 강하게 잘 건조시켰으며 두툼하였다. 후에 가토(gateau, 진과자), 갈레트(galette, 팬 케이크), 플랑(flan, 찐 과자) 등으로 분화 발전되었다. 케이크의 종류는 많으나 일반적으로 다음과 같이 분류한다. ① **스펀지 케이크**－거품 낸 달걀을 이용하여 부풀게 한다. 결혼식, 생일 등에는 데코레이션한 스펀지 케이크가 많이 쓰인다. ② **버터 케이크**－버터를 많이 사용하고, 흔히 향신료나 과일 등을 섞어서 만든다. ③ **소형 케이크**－슈크림, 마들렌 등과 같이 작은 과자류로, 오후에 차시간(tea time)에 주로 이용한다.

케이터링(catering) 급식시설이 없는 장소에 계약에 의해 음식을 제공해 주는 급식형태. 국내에서는 위탁급식업체들을 지칭하는 용어로 사용되기도 한다.

케일(kale) 지중해연안이 원산인 십자화과의 채소. 잎은 담뱃잎처럼 넓고 길고 두꺼우며 영양성분이 풍부하다. 생체 100g당 단백질 4.6g, 당질 2.2g, 칼슘 181mg, 인 69mg, 나트륨 65mg, 칼륨 380mg, 철 3.4mg, 비타민 A 9,094 IU, 비타민 B_1 0.16mg, 비타민 B_2 0.22mg, 비타민 C 146mg 등이 함유되어 있다. 위궤양을 치료하는 효과가 있는 비타민 U와 암을 유발하는 물질을 해독하는 인돌화합물도 함유되어 있다. 간염, 신염, 위궤양, 고혈압, 동맥경화, 빈혈, 당뇨병, 통풍, 천식, 백내장 등에 유효한 효과를 나타낸다고 보고되어 있다. 주로 녹즙으로 먹고 부드럽고 신선한 어린잎은 쌈이나 샐러드로 많이 먹는다.

케피어(kefir) 카프카스(Kavkaz) 즉, 코카서스(Caucasus)의 산악지대에서 음용하는 발포성의 발효유. 어원은 터키어로 편안하다는 뜻의 케프(kef)이다. 양, 염소, 소의 젖에 유산균과 효모 및 초산균이 함유된 케피어씨를 넣어 발효시키면 알코올, 젖산과 함께 이산화탄소를 생성하여 특유한 향미를 낸다. 이와 유사한 것으로 동유럽의 '우르다(Urda)', 칠레의 '스쿠타(Skuta)' 등이 있다. 산도는 0.6~1.0%, 알코올은 1% 이하이다. ☞ 산유

코리앤더(coriander) 미나리과에 속하는 일년생 초본. 학명은 *Coriacdrum sativum* L.. 지중해 연안, 모로코, 남부 프랑스, 동양 등이 원산지이다. 별명은 차이니스 파슬리이다. 우리나라에서는 고수라고 하며 중국에서는 향채라 불린다. 식물의 전체 높이는 60cm 정도이고 후추알 크기의 씨를 가지고 있다. 사용부위는 열매와 잎이며 건조된 열매는 겉모양이 후추와 비슷하다. 레이스 모양의 섬세한 잎은 아니스, 캐러웨이, 딜 등과도 유사하나 향미는 매우 다르다. 잎, 줄기, 미숙과는 빈대 냄새가 나며 향이 약하지만, 익으면 달콤하고 톡 쏘면서도 아주 향기로롭다. 건조 또는 보존기간이 지날수록 향미가 증가된다. 주 방향성분은 리나올(α-linalool)로 향기와 단맛이 있다. 카레, 피클, 마리네이드(marinades), 샐러드, 육류, 달걀, 콩요리, 진저브레드 등에 이용한다.

코발트(cobalt, Co) 항빈혈 비타민인 비타민 B_{12}의 구성성분. 동물체에 널리 분포하고 식물체에는 존재하지 않으므로 소나 양 등의 초식동물은 소화관 내의 미생물이 비타민을 합성하고, 흡수 및 이용하고 있다. 따라서 토양 중에 코발트가 부족한 지역의 동물들이 빈혈에 걸리기 쉽다. 백미와 땅콩 등에 비교적 많이 함유되어 있다.

코코아(cocoa) 카카오 나무 열매인 카카오콩을 볶아 껍질을 제거한 코코아 니브로부터 지방을 반 이상 제거하고 분말화한 것. 코코아의 주성분은 지방으로 22~50% 정도이며 그 외에 쓴맛을 주는 테오브로민(theobromine), 카페인과 전분, 단백질, 유기산 등이 존재한다. 코코아는 분말화하여 널리 사용되며 우유와 설탕을 혼합하여 초콜릿 제조에 이용하고 있다. 미국 규격으로 지방이 22% 이상 남아 있는 것을 브렉퍼스트 코코아(breakfast cocoa)라고 한다. 맛있는 코코아를 만들려면 물을 붓고 4~5분간 끓이는 것이 좋다. 그러나 5분 이상 끓이면 향기가 사라진다. 밀크 코코아의 경우, 밀크를 5분 이상 끓이면 맛이 떨어지므로 우유 분량만큼의 물을 덜어내고 끓이고 마시기 직전에 우유를 넣는다.

코코아 버터(cocoa butter) 카카오 열매의 핵에서 압착법에 의하여 얻는 지방. 카카오 향미를 가진 담황색 고체로 카카오 종자에 30~50% 함유된다. 녹는점 28~36℃, 비누화가 190~200, 요오드가 35~40. 구성지방산은 라우르산이 주성분으로 초콜릿의 원료로 쓰인다. 또한 그 밖의 과자류, 약용 및 화장용 지방으로 사용된다. 카카오 지방을 채취한 뒤의 압착박(壓搾粕)이 코코아에 사용된다.

코티지 치즈(cottage cheese) 숙성시키지 않은 치즈의 대표적인 것. 우유를 유산 발효시키거나 레닌을 첨가하여 카세인을 응고시켜 만든다. 흰색의 알갱이 모양으로 되어 있으며, 신맛이 있어 신선하고 상쾌한 향미를 지니나 수분 함량이 높아 보존성이 나쁘다. 원산지는 네덜란드이며 현재는 비숙성 치즈 중 생산량이 가장 많다. 시판되는 것은 14~20%의 크림을 첨가하며, 지방 함량은 5% 정도로 부드러워 샌드위치, 샐러드, 치즈 케이크 등에 사용된다. 표준 조성은 수분 73.0%, 단백질 20.0%, 지방 5.5%, 회분 1.5%, 열량 134kcal이다. ☞ 치즈

콘 비프(corned beef) 염장한 육가공품. 콘 비프라는 말은 17세기경까지는 고기를 절이는 데 굵은 호렴을 사용하였기 때문에 소금이 낟알 같다 하여 쓰기 시작한 말이라고도 하나, 콘이라는 말이 '소금에 절인'이라는 뜻이 있으므로 염장한 고기라는 뜻에서 이름이 생긴 것이라고 본다. 콘 비프를 제조하려면 쇠고기의 앞가슴 부위에서 뼈와 힘줄, 지방, 굵은 혈관 등을 제거한 후 약 3%의 식염과 0.1%의 질산칼륨을 가하여 약 10일간 염장한 후 115℃로 100분가량 쪄서 뜨거울 때 살을 적당히 부스러뜨린 다음 양념하여 통조림으로 한다. 목축업을 생업으로 하던 서유럽인들이 가정에서 소를 잡아 장기간 저장하며 식용으로 하기 위하여 고안해 낸 방법이다. 콘 비프의 세계적 생산지는 아르헨티나, 오스트레일리아, 우루과이, 미국 등이다.

콘 시럽(corn syrup) 옥수수전분에 산이나 효소로 포도당, 맥아당, 덱스트린이 적당히 섞여 있을 때까지 가수분해시킨 후 탈색, 가열 농축시킨 점성이 있는 당. 전분을 산분해하는 산당화 물엿과 전분 분해효소를 이용한 효소 당화 물엿 그리고 이 둘의 방법을 혼용하여 생산한다. 설탕에 비해 보수성이 높아 촉촉한 조직감을 나타내고 광택이 있으므로 조림 등에 이용되고, 캔디, 케이크, 잼 등에도 이용되며 팬 케이크에 발라먹기도 한다.

콘알부민(conalbumin) 난백단백질의 일종. 달걀 단백질의 약 1/10을 차지하며 철, 구리와 같은 2가, 3가의 이온과 강하게 결합하고 있다. 금속이온과 결합한 콘알부민은 분해효소나 열에 대하여 저항력이 크다.

콘 플레이크(corn flake) 옥수수 알갱이를 설탕, 식염 등의 용액에 담갔다가 롤러로 납작하게 눌러서 만든 가공식품. 최근에는 여기에 비타민 B 복합체, 철 등의 비타민과 무기질을 강화하고, 조미료도 첨가하여 맛을 보완한다. 비교적 소화도 잘 되고 배아가 그대로 붙어 있어 질도 우수하다. 서양에서는 아침식사용 시리얼(breakfast cereal)이라 부르며, 우유를 넣어서 먹거나 바나나 얇게 저민 것, 파인애플, 딸기 등의 과일을 적당히 얹어서 먹는다.

콜라겐(collagen) 동물체를 구성하는 주요한 근육단백질의 하나. 포유류의 표피, 인대조직, 뼈, 근속을 결합하거나 근육을 뼈나 다른 구조에 붙여주는 건 등의 결합조직에 다량 존재한다. 폴리펩티드 나선구조로 되어 있는 트로포콜라겐(tropocollagen)이 3개가 꼬여 있는데, 약 1/3의 글리신과 약 25%의 히드록시프롤린(hydroxyproline)과 히드록시리신(hydroxylysine)을 함유하고 있기 때문에 섬유상으로 나타난다. 콜라겐은 불용성이나 65℃ 이상으로 수분과 함께 가열하면 가용성인 젤라틴으로 전환된다. ☞ 젤라틴

콜라나무(cola, cola nitida) 열대산 상록교목. 서아프리카가 원산지이며, 열대 지방 각지에서 재배하고 있다. 열매는 긴 타원 모양이며 길이가 15cm이고 4~10개의 종자가 들어 있다. 종자에는 커피에 들어 있는 양의 2~3배에 달하는 카페인(caffeine)과 콜라닌(kolanin)이 들어 있다. 콜라 잎의 정유 성분으로 2~2.5%의 알칼로이드가 들어 있는데 그 중 약 반이 코카인(cocaine)이며, 이 외에 신나밀 코카인(cinamyl cocaine), 트루실린(α- 또는 β-truxilline), 살리실산(salicylate), 아세톤(acetone), 유기산 등이 들어 있다. 코카인은 마약 성분이므로 잎의 추출물에서 코카인을 제거하여 콜라 탄산음료를 만드는 데 사용하여 왔으나 요즈음은 사용이 금지되어 종자 추출액만을 콜라음료 제조 시 사용한다.

콜라 음료(cola drinks) 카페인이 함유된 콜라나무 열매의 추출물로 만든 비알코올성 탄산음료. 카페인과 산미료로 인산이 함유되어 있는 점이 다른 청량음료와 다르다. 또한, 캐러멜이 많이 함유되어 색이 진하다. 코카콜라가 최초의 콜라음료인데, 처음에는 코카나무 잎과 콜라나무 종자의 추출액을 사용한 데서 명명되었다.

콜레라(cholera) 경구전염병 중 가장 급성이며, 인도나 동남아시아 풍토병으로 알려져 있는 외래 전염병. 콜레라균(*Vibrio cholerae*)은 작은 콤마모양의 균으로 열저항력이 약하여 56℃에서 30분, 100℃에서 1~2분간 가열하면 사멸한다. 저온에 대한 저항력도 약하여 0~10℃에서 5~10일이면 사멸된다. 환자의 구토물, 환자나 보균자의 분변으로 오염된 음식물과 음료수

등에 의하여 경구 감염되며 10시간~5일의 잠복기를 거쳐 하루에 10~30회의 쌀뜨물 같은 설사를 하며 구토가 일어난다. 근래에 유행한 콜레라는 어패류의 섭취에 의하여 감염된 예가 많으므로 콜레라가 유행할 때에는 유행지역의 선박검역에 주의하여야 하며 일단, 그 항구가 오염되었다고 생각될 때에는 그 부근의 어패류 채취를 금지시켜야 한다.

콜레스테롤(cholesterol) 고등동물의 세포성분에 널리 존재하고 분자식이 $C_{27}H_{46}O$인 스테로이드 화합물. 그리스어로 chole(담즙)+steros(고체)+ol(알코올)이라는 어원이 있다. 물 · 알칼리 · 산에는 녹지 않으며 유기용매에 녹는다. 이 물질은 수산기와 이중결합을 1개씩 가지고 있으며 이 수산기는 디기토닌(digitonin)과 특이적으로 반응하여 난용성의 화합물을 만들어 침전하는 성질이 있어 화학분석에 많이 이용한다. 이것은 식물에서는 발견되지 않고 동물의 근육조직, 뇌, 신경조직, 혈액, 달걀노른자, 해산물 등 동물성 식품에만 존재한다. 18세기 말에 사람의 담석에서 발견되었고 뇌나 신경조직에 다량 함유되어 있다. 콜레스테롤은 인지질과 함께 세포막을 구성하는 주요 성분이며, 막구조나 기능에 중요한 역할을 하지만 그 상세한 기전은 뚜렷하게 밝혀져 있지 않다. 매일 간에서 약 800mg 정도가 합성되어 혈액을 통해서 운반되어 각종 생체막의 구성, 성 호르몬, 담즙산, 비타민 D의 전구물질까지도 합성하는 데 사용된다. 동물지방에는 0.1~0.4% 정도, 어유는 1~1.5% 정도 함유하고 있다.

콜레스테롤 저하 펩티드(hypocholesteolemic peptides) 대두 단백질의 가수 분해물인 펩티드. 이들 펩티드는 담즙산과 결합함으로써 소화관에서 그 흡수를 저해하여 혈중 콜레스테롤 농도를 낮추는 것으로 이해된다.

콜로이드(colloid) 액체에 0.1㎛~1nm 크기의 입자가 분산되어 있는 상태. 분산매 속에서 안정적으로 분산되어 있기 위해서는 분산질이 전하와 수분층을 가지고 있어야 한다. 콜로이드는 종류에 따라 용매를 흡착하는 것과 그렇지 않은 것이 있다. 물이 분산매인 경우, 전자를 친수성, 후자를 소수성이라 한다. 전분, 한천, 젤라틴, 단백질 등의 콜로이드는 친수성이다. 콜로이드 입자의 표면에는 전하를 갖는 경우가 많다. 같은 전하를 갖는 물질도 전하끼리 반발하여 콜로이드는 안정성을 유지한다. 전하가 중화되면 콜로이드는 불안정해지고 침전을 생기게 한다. 콜로이드의 성질을 이용한 것에 투석과 전기영동이 있다. 콜로이드 입자가 대전(帶電)하고 있기 때문에 생기는 현상이다. 예를 들면 수산화철이나 수산화알루미늄 등의 콜로이드 입자는 음극 쪽으로 이동하고, 황 · 금 · 은 등의 금속 콜로이드나 황화물 · 규산 등이 분산된 콜로이드 용액에서는 입자가 양극쪽으로 이동한다. 입자의 이동속도는 입자 계면(界面)에서의 전기운동학적인 전위차(電位差)에 의해서 변하며, 전해질이 흡착되면 이 전위차의 크기가 변화하므로 용액 속의 전해질의 농도나 종류에 따라 영향을 받는다. 식품 속의 콜로이드 입자에는 호화전분, 단백질 등의 고분자가 있고, 분산상인 콜로이드 입자가 기체이고 연속상이 액체인 것에 거품(머랭, 휘핑 크림), 둘 다 액체인 것에 에멀전(마요네즈, 크림, 우유), 콜로이드 입자가 고체, 연속상이 액체인 것에 졸, 겔(칡즙, 수프, 소스, 젤리) 등이 있다.

콜리플라워(cauliflower) 십자화과에 속하는 한해 또는 두해살이 식물. 학명은 *Brassica oleracea* L. var. *botrytis*. 꽃양배추라고도 한다. 지중해 연안이 원산지이다. 잎은 길고 둥근 모양이며, 줄기 끝에 흰색의 꽃봉오리가 다발로 뭉쳐 있으며 꽃대와 꽃을 식용으로 사용한다. 가장 맛이 좋은 계절은 날씨가 추운 겨울과 이른 봄이다. 비타민 C가 100g당 55mg이나 들어 있어 콜리플라워 100g을 먹으면 비타민 C의 하루 필요량을 충분히 섭취하게 된다. 단백질도 약간 들어 있으며 필수 아미노산인 리신과 히스티딘이 많이 들어 있어 쌀을 주식으로 하는 동양인에게 좋다. 함황화합물로 이소티오시아네이트가 들어 있다. 서양채소로 아직 우리나라에서는 대중화되지 못하고 있다. 생으로 또는 살짝 데쳐서 샐러드용으로 이용하거나 양식의 주요리에 곁들이며 그 외에 소테, 프리터, 그라탕 등에 쓰인다. 좋은 콜리플라워는 꽃봉오리들이 밀집되어 단단하고 구형이 좋다. 지름 15cm 전후가 좋고 너무 큰 것은 맛이 덤덤하다. 순백색이 좋으며, 크림색의 것은 퇴색한 것으로 수확 후 오래되었거나, 직사광선에 노출된 것이므로 좋지 않다. 꽃봉오리가 벌어져 핀 것은 좋지 않다.

콜린(choline) 비타민 B군 중의 하나. 인지질인 레시틴(lecithin)의 구성성분이다. 산에 안정하고, 알칼리에 분해되며, 동물에 콜린이 부족하면 간장에 지방에 축적된다. 결핍증상은 지방간이다. 달걀노른자, 간, 쇠고기, 젖, 효모, 콩 등에 많이 함유되어 있다.

콩(大豆, soybean) 콩과(*Fabaceae*)의 1년 초 또는 그 종자. 대두(大豆, *Glycine max*)라고도 한다. 자실의 형태와 색깔은 대부분 둥글고 황색인데, 푸른색을 띠는 청대콩이나 검정콩, 자실이 매우 작은 쥐눈이콩, 그 밖에 갈색, 얼룩콩, 아주까리콩 등 매우 다양하다. 뿌리에는 많은 근류(뿌리혹)가 생겨 흙 속의 질소를 고정하여 단백질을 생산한다. 콩은 야생의 들콩(덩굴콩)으로부터 재배작물로 발달되었다고 하며, 중국 동북지방에서 야생콩과 콩의 중간형이 재배되고 있는 사실이나 이들의 변이형의 분포로 볼 때, 원산지는 중국 동북지방에서 화북(華北)에 걸친 지역으로 추정된다. 중국에서는 오곡의 하나로 4,000년 전부터 재배되었으며, 한국에는 삼국시대 초기(B.C. 1세기 초)부터 재배되었다는 기록이 있다. 아시아 지역에서 오래 전부터 재배되어 왔지만, 현재는 미국, 브라질, 아르헨티나 등지에서도 많이 재배되고 있는데, 전 세계 대두의 약 ½ 이상이 미국에서 생산되고 있다. 우리나라에서는 전남, 경북, 제주도에서 많이 재배하고 있다. 콩은 우리 민족의 식생활에서 가장 중요한 단백질원이 되어 왔다. 콩에는 수분 8.6%, 단백질 40%, 지방 18%, 회분 4.6%, 탄수화물[섬유소 3.5%, 당류 7%, 펜토산(pentosan) 4.4%] 등이 함유되어 있다. 대두 단백질은 글로불린(globulin)에 속하는 글리시닌(glycinin)이 대부분이고 약간의 알부민(albumin)과 파세올린(phaseolin) 등이 들어 있다. 주 단백질인 글리시닌은 필수아미노산인 이소류신, 류신, 페닐알라닌, 트레오닌 등이 골고루 함유되어 있어 영양적으로도 우수하다. 다만 메티오닌이나 시스틴과 같은 함황아미노산은 약간 그 함유량이 떨어진다. 그러나 곡류에서 부족한 리신과 트립토판의 함량이 높아 두류를 곡류와 함께 섭취하면 단백가를 보완하는 데 아주 효과적이다. 글리시닌 자체는 소화율이 높은 단백질이기는 하나 대두의 조직이 치밀하므로 실제 소화율은 그리 높은 편은 아니다. 하지만 두부, 된장, 간장 등 여러 가지 형태의 대두 가공식품은 그 소화율이 매우 높다. 대두의 지방 함유량은 상당히 높아 식용유의 급원으로 이용된다. 대두유의 지방산 조성은 리놀레산(linoleic acid, 50%)과 올레산(oleic acid), 리놀렌산(linolenic acid, 7%) 등의 불포화 지방산이 많이 함유되어 있다. 그 외에도 레시틴(lecithin)과 포스파티딜 에타놀라민(phosphatidyl ethanolamine) 등의 인지질도 존재한다. 탄수화물은 약 20%가량이나 대부분이 소화가 잘 안되는 다당류이고 전분은 거의 없다. 주로 라피노오스(raffinose, 1.3%), 스타키오스(stachyose, 2.7%) 등의 올리고당과 아라반(araban), 갈락탄(galactan), 셀룰로오스(cellulose) 등의 다당류로 세포막에 존재하고 있다. 대두에 함유되어 있는 무기질은 주로 칼륨과 인으로, 인은 대부분이 피틴(phytin) 상태로 존재한다. 노란색 대두의 색소는 플라본 배당체이고 대두에는 사포닌(saponin)이 0.3~0.5% 함유되어 있는데 이것은 기포성이 있어 삶으면 거품이 일고, 장을 자극하는 성질이 있어 과식하면 설사의 원인이 된다. 단백질의 소화를 저해하는 물질인 트립신 저해제(trypsin inhibitor)가 함유되어 있으나 이 물질은 가열에 의하여 파괴된다. 대두의 생리활성 물질로는 이소플라본, 식이섬유, 대두 올리고당, 레시틴, 사포닌, 피트산, 트립신 저해제 등이 있으며, 요즈음 각종 암, 골다공증, 고지혈증 예방뿐 아니라 비만, 혈당 및 콜레스테롤을 조절하는 효과가 있는 것으로 알려져 최근 들어 대두는 동물성 식품을 대체할 수 있는 우수한 영양원으로 각광을 받고 있다. 콩은 가공하여 두부, 된장, 간장, 콩가루, 과자, 콩기름 등을 만든다. 콩기름은 다시 가공하여 인조 버터의 제조 원료와 각종 공업 원료로 쓰며, 콩깻묵은 사료 또는 비료로 쓴다. 그 밖에 콩나물로 길러 먹기도 한다.

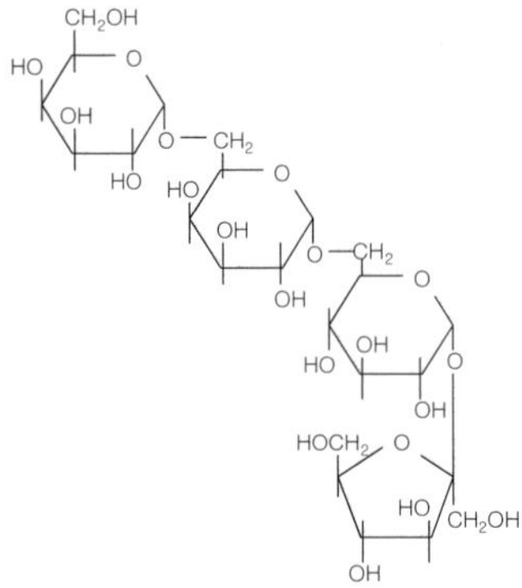

스타키오스

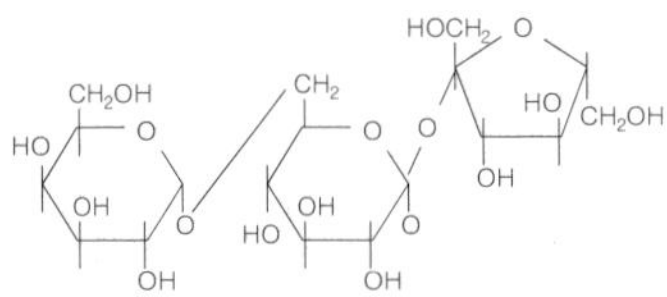

라피노스

쿠마린(coumarin) 여러 식물에 들어 있는 두 개의 고리를 가진 케톤 화합물. 벤조-α-피론이라고도 하며, o-옥시신남산의 락톤에 해당한다. 글루코시드의 형으로 벚꽃, 복숭아 등에 포함되며 단 방향을 가진다. 통카콩(tonka bean)에 1.5% 이상 함유되어 있는 약간 향긋한 마른 풀 냄새가 나는 백색의 주상결정(柱狀結晶)이다. o-크레졸을 원료로 하여 공업적으로 생산하고 있다. 향수, 비누, 담배 향료로 사용한다.

쿠미스(kumyz) 말젖으로 만든 알코올 발효유. 산도는 1%, 알코올 함량은 2% 정도이다. 말젖은 우유보다 유당이 많아 발효되면 알코올 함량이 높아지며 또 다량의 이산화탄소의 발생과 함께 유산에 의하여 약간 신맛이 난다. 몽골, 시베리아, 중앙아시아, 남부러시아 등에서 이용한다. 만드는 법은 온수에 녹인 케피어씨에 가열 냉각한 말젖을 넣고, 20℃에서 1주일 방치한 후 다시 약 5배의 가열 냉각한 말젖을 첨가해서 잘 섞은 후 2~3일 후에 마신다. ☞ 산유

쿠쿠민(curcumin) 생강과 심황의 뿌리줄기에 들어 있는 노란 색소. 항암효과 및 전립선질환 예방과 간 기능 개선에 효과가 있다고 연구되어 있다. 쿠쿠민 섭취는 알츠하이머성 치매의 원인물질이 되는 아밀로이드를 줄여 줄 뿐 아니라 아밀로이드에 대한 뇌의 반응 정도도 줄여주는 것으로 밝혀지면서 인도 지역에 거주하는 노인들의 경우 전 세계적으로 알츠하이머 발병률이 가장 낮은 것으로 나타난 원인을 그들이 즐겨먹는 카레성분인 쿠쿠민으로 설명하고 있다. 이밖에 천연염료, 두통 치료제 등으로 쓴다.

쿨러(cooler) 라임 주스로 신맛을 내고 소다수나 진저에일을 탄 청량감이 있는 음료.

쿼세틴(quercetin) 플라보놀의 하나인 3-히드록시 플라본(3-hydroxy flavone)의 히드록시 유도체 및 메톡시 유도체. 안토시아닌과 공존하는 경우가 많다. 양파껍질의 황색 색소인 쿼세틴은 지방질의 산패를 방지하며 고혈압을 예방하는 효과가 있다. 특히 플라보놀 배당체는 모세관 강화효과가 있어 비타민 P라고 불린다. 주로 양파, 홍차, 메밀, 적포도주에 많이 들어 있으며, 유해산소인 유리기(free radical)로부터 세포를 보호하는 항산화물질(antioxidant)이다. 건강에 해로운 환경오염 물질(atmospheric pollutants)과 흡연해독으로부터 폐를 보호하는 데 중요한 역할을 한다.

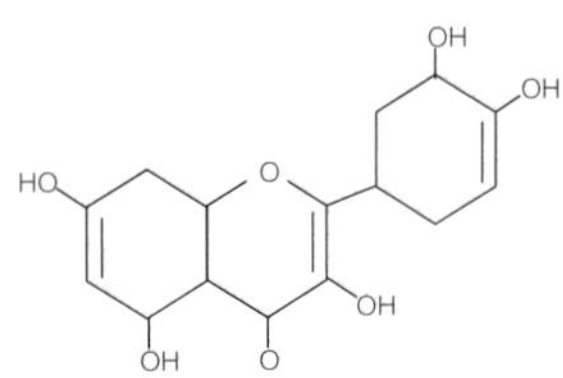

퀴닌(quinine) 쓴맛의 표준물질. 남미, 자바, 인도에서 재배되는 기나나무(cinchona)의 수피 추출물로부터 얻는 쓴맛 물질로 알칼로이드이다. 주로 염산염과 황산염의 형태로 존재한다. 음료에 향미제로 사용되며 말라리아 치료제로도 쓰인다.

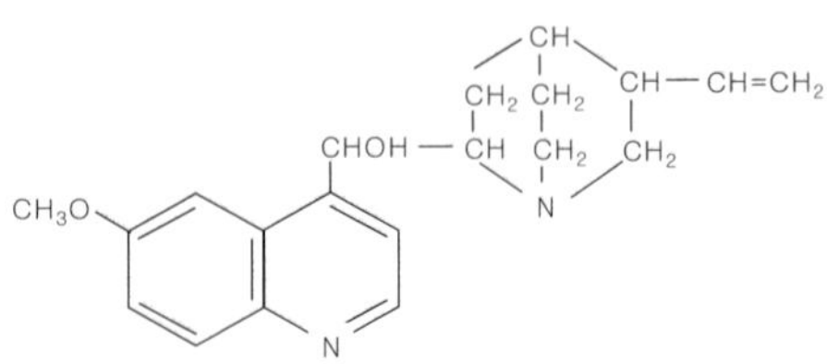

큐커비타신(cucurbitacin) 오이나 참외의 쓴맛 성분. 스테로이드 배당체의 일종이다.

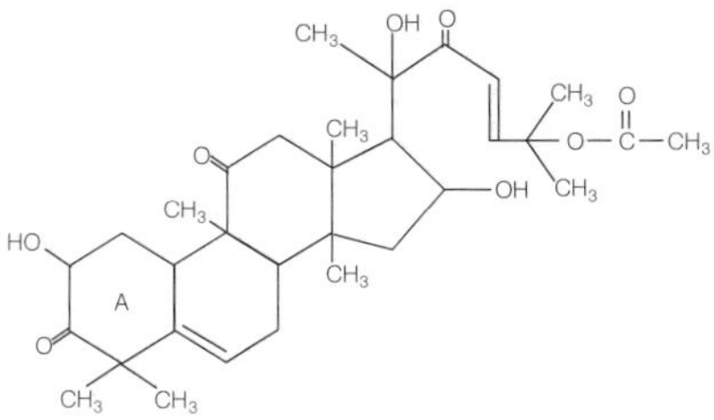

큐커비타신 B의 아글리콘

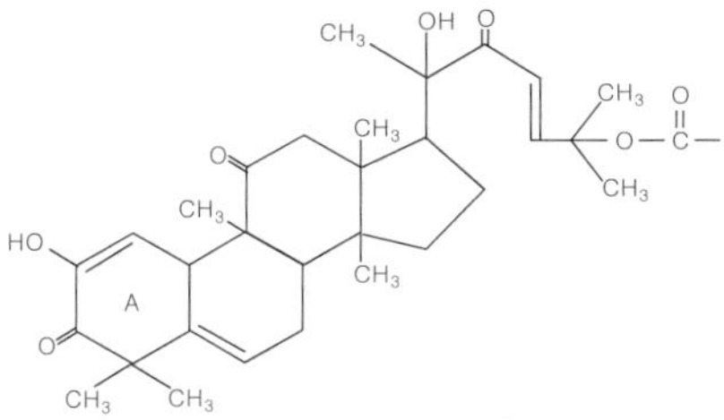

큐커비타신 E의 아글리콘

크기추정법(magnitude estimation test) 식품의 특성 중 비율적인 성질을 지니는 특성을 평가하는 방법. 비율척도를 사용하는 크기추정법은 평가 지도자가 진행하기 쉽고 특별한 평가표를 만들 필요가 없기 때문에 비율척도를 이용한 자료를 개발하는 데 흔히 쓰인다. 대부분의 척도에서는 그 강도를 나타내는 단어, 또는 일정 범위의 점수를 사용하지만 크기 추정법에서는 평가자가 감지하는 자극의 강도를 비율로서 자유롭게 점수화한다. 또한 지시 사항이 쉽기 때문에 일반적인 사람들이 패널 요원으로 참여할 수 있으며 사용하는 숫자(점수)의 제한이 없어서 숫자에 의한 편견을 감소시킨다. 하지만 음수와 소수는 사용하지 않고 자연수를 이용한다.

크라우터 치즈(krauter cheese) 풀잎을 넣은 치즈란 뜻으로 독일에서 생산되는 치즈. 초록 치즈라고도 한다. 스위스의 샤브 치즈와 같은 종류이다. 달콤한 향기가 있는 클로버잎의 분말을 넣어서 담록색이고 자극성의 상쾌한 향기가 난다. 오랫동안 압착하면서 발효시키기 때문에 단단하며 강판에 갈아서 쓰면 좋다. ☞ 치즈

크래커(cracker) 밀가루를 주재료로 하여 얇고 딱딱하게 구운 과자. 어원은 크랙(crack, 부서지다)으로 깨물 때 바삭바삭 부서지는 텍스처가 특징이다. 단맛이 없어 커피나 차와 곁들여 주식 대용으로 쓰기도 한다. 이스트 발효로 부풀리는데, 흔한 것은 소다를 병용하는 소다크래커이고, 그 밖에 치즈를 배합한 치즈 크래커, 그레이엄(graham, 정맥하지 않은 보리)분을 배합한 그레이엄 크래커 등이 있다. 크래커는 씹는 감촉과 담백한 맛으로 널리 애용되며, 주식·간식 외에 카나페의 재료나 수프 건더기, 마른 안주 등으로도 쓰인다.

크랜베리(cranberry) 유럽, 북아메리카의 북반부에서 자라는 월귤나무 속의 50여 종의 열매의 총칭. 열매는 빨간색이며 0.5~1cm 크기의 갸름한 타원형이다. 신맛이 강하고 껍질이 약간 단단한 편이다. 생과보다는 건과로 많이 이용하고 주스, 머핀, 케이크, 파이 등에 이용한다.

크레아틴(creatine) 글리신에 아르기닌의 구아니딘기가 전이되는 경로에서 아미노기 대신에 구아니딘기를 가진 아미노산 유사 물질. 척추동물의 근육 속에 많이 함유되어 있으며 인산과 결합한 크레아틴 인산의 형태로 존재한다. 산소가 부족한 경우 크레아틴 인산은 인산과 크레아틴으로 분해되면서 ADP를 ATP로 인산화한다. 크레아틴은 뇨를 통해 배설되는데 혈액이나 요 속의 크레아틴 양은 비교적 일정하나 심한 일을 하면 증가한다.

크리밍(creaming) 지방과 같은 재료를 부드럽게 될 때까지 주걱이나 전기 믹서로 저어 주어 공기가 포함될 수 있게 하는 방법. 크림, 버터, 마가린, 쇼트닝에서 거품을 내면 공기가 주입되어 용적이 커져 가벼운 감촉을 지니게 되는 성질을 말한다. 휘핑용 크림은 35~45%의 지방이 들어 있으며, 형성된 기포는 안정하지 않으므로 곧바로 이용한다. 크리밍용 쇼트닝은 공기 또는 질소가 10~20% 정도 혼합되어 있다.

크리프(creep) 일정 응력을 물체에 부여했을 때 시간이 지남에 따라 변형되는 현상. 예를 들면 식품 위에 추를 올려놓거나 아래에 추를 매달아 둘 경우, 순간적으로 변형이 일어나며 그 후 서서히 변형이 일어나는 현상이다. 현상을 나타내는 크리프 곡선으로부터 역학 모형의 해

석, 점탄성 정수의 산출, 마스터 커브, 지연 스펙트럼을 구할 수 있다.

크릴 새우(krill) 절지동물의 갑각류. 학명은 *Euphausia recurva* Hansen. 몸길이 2~4cm로 고래먹이로 알려져 있으며 남빙양 해역이 주산지이다. 남극새우라고도 한다. 10~30억 톤에 달하는 방대한 자원량으로 추측되며, 최근 새로운 단백질 식량자원으로 각광을 받고 있다. 보존성이 낮아 즉시 생체 냉동 또는 증숙냉동, 조리가공이 필요하다. 페이스트를 만들어 빵, 햄버거, 버터, 치즈 등과 함께 식용하거나 농축된 즙은 수프나 조미료, 튀김류, 껍질을 벗겨서 만두속이나 연제품을 만드는 원료로 이용한다.

크림(cream) 우유를 오랫동안 방치하거나 원심 분리할 때 떠오르는 지방층을 모은 것. 유지방이 18% 이상인 것을 말한다. 버터, 아이스크림, 제과 및 요리용으로 널리 사용되고 있다.
① **커피 크림**(coffee cream)-지방 함량이 20~25% 정도로 테이블 크림(table cream)이라고도 한다. 커피의 풍미를 온화하게 하고 색깔을 엷게 하기 위하여 커피에 첨가되는 크림을 말한다. ② **휘핑 크림**(whipping cream)-유지방이 30~36%인 연한 크림과 유지방이 36% 이상인 휘핑 크림이 있으며 생과자 장식용이나 과일과 함께 디저트로 이용된다. ③ **플라스틱 크림**(plastic cream)-실온에서 고체상태로 크림을 재차 원심 분리하여 유지방이 79~81% 함유된 것이다. 아이스크림의 원료 등으로 이용된다. ④ **분말 크림**-논데어리(non-dairy) 제품으로 우유를 재료로 쓰지 않고 야자경화유, 카세인나트륨 등을 사용한 분말 상태의 인스턴트 크림으로 커피 크림의 대용품이다.

크림 치즈(cream cheese) 지방이 8~10% 정도인 크림을 원료로 숙성시키지 않고 만든 연질 치즈. 치즈 케이크나 디저트에 주로 사용한다. 부드럽고 약간 신맛이 있다. ☞ 치즈

크립토잔틴(cryptoxanthin) 카로티노이드 중 잔토필류의 하나. 등황색이고 난황, 버터 등에 함유되어 있으며 프로비타민 A의 활성이 있다. ☞ 카로티노이드

클러스터 분석(cluster analysis) 군집분석이라고 하며, 주어진 관찰치 중에서 유사한 것들을 몇몇의 집단으로 그룹화하여, 각 집단의 성격을 파악함으로써 데이터 전체의 구조에 대한 이해를 돕고자 하는 분석방법. 다변량 해석의 일종. 인자수가 매우 많고, 인자수 간에 서로 상관관계를 가지므로 종합적으로 분석하기 위한 유효한 수량화 이론이 된다. 사회학이나 심리학에서 많이 이용한다.

클로렐라(chlorella) 클로렐라과에 속하는 녹조류. 클로렐라는 작다는 뜻의 라틴어로서 광합성을 하면서 생육하는 독립영양균이다. 단백질이 건조물 중에 약 52% 정도이고 아미노산 중에는 리신이 많다. 또한 필수지방산도 균형 있게 들어 있고 비타민, 핵산 관련물질들이 많아 단백질 식품으로 개발하고 있고, 우주식품으로도 이용될 전망이다. 소화율이 낮으며 클로렐라 특유의 냄새가 난다.

클로로필(chlorophyll) ☞ 엽록소

클로로필리드(chlorophyllide) 클로로필이 알칼리와 반응할 때 피틸 에스테르 결합이 가수분해되는 과정에서 생성되는 물질. 선명한 녹색이며 수용성이다. 반응이 계속되면 다시 메틸기가 가수분해되고 클로로필린(chlorophylline)이 된다.

클로로필린(chlorophylline) 클로로필로부터 알칼리에 의하여 피틸에스테르와 메틸에스테르가 모두 가수분해되어 생성된 화합물.

클로스트리디움 퍼프린전스 식중독(*Clostridium perfringens* food poisoning) 그람(Gram) 양성의 아포형성 편성혐기성 간균으로 이 균이 증식된 식품을 섭취함으로서 발생되는 식중독. 퍼프린전스균(*C. perfringens*)이 장관 내에서 아포를 형성할 때 일종의 독소를 생산하고, 이것이 식중독의 직접적인 원인이 된다. A형과 F형 식중독은 현저하게 그 증상이 다른데, A형 식중독은 잠복기가 8~20시간, 평균 12시간이며, 설사와 복통이 주 증상이고, 구토와 발열은 거의 볼 수 없으며, 하루 이틀 후면 정상으로 회복된다. F형 식중독은 수 시간의 잠복기가 지난 후 구역질, 구토를 일으키며, 어느 정도 경과되면 점혈이 섞인 심한 설사와 복통을 주 증상으로 하여 발병된다. 이 식중독의 주요 원인 식품은 육류와 그 가공품, 기름에 튀긴 동·식물성 단백질 식품이며, 대량으로 조리하여 온

도, 시간 관리가 부적절하게 방치된 가열 조리 식품이 주로 많이 연관되는 것이 특징이다. 퍼프린전스균의 발아 · 증식억제를 위하여 대량 조리한 식품은 혐기적 환경이 될 수 없도록 저어주고, 얕은 용기에 담아 신속히 냉각시킨 후 냉장보관하며, 섭취 직전에 충분한 재가열을 한다.

키위(kiwi fruit) 다래나무과의 낙엽 덩굴식물인 다래의 열매. 학명은 *Actinidia chinensis* Planch. 참다래, 양다래라고 불린다. 중국이 원산지이며 중국에서는 귀도(鬼桃) · 승리(繩梨) · 등리(藤梨) · 양도(羊桃) 등으로 부른다. 어린 가지에는 털이 많으나 나이든 가지에는 없다. 열매는 8~10월에 익고 달걀 모양 또는 원기둥 모양이며 표면에 갈색 털이 많다. 수확한 후 3~4개월간 저장하면서 후숙하여 먹는다. 열매가 뉴질랜드에 서식하는 키위 새처럼 생겼다고 하여 영어 이름이 키위(kiwi)이다. 과육의 가운데 부분은 크림색이고, 그 둘레는 연한 녹색이며 딸기씨와 같은 종자가 박혀 있다. 비타민 C가 많은 과일이다. 맛은 달고 약간 시며, 바닐라맛과 향이 있으며 주로 생과로 먹고, 잼, 케이크, 아이스크림 등에 사용한다. 키위에는 단백질을 가수분해 시키는 효소가 들어 있는 데 효소의 작용이 강력하여 연육제로 사용하기도 한다. 그러나 과량 사용하거나 오래 처리하면 지나치게 연화되어 오히려 맛이 없어진다. 뉴질랜드에서 많은 양을 생산하고 있으며, 한국에서는 1977년에 뉴질랜드에서 묘목을 도입해 제주도와 남쪽에서 주로 재배하고 있다. 맛있는 키위는 손으로 만져 보았을 때 탄력성 있게 들어가는 것이 후숙이 잘되어 향이 좋고 단맛이 많다. 돌같이 단단한 것은 신맛이 강하고 향도 별로 없어 맛이 나쁘다.

키조개(pen shell) 사새목 키조개과의 부족류. 학명은 *Atrina (Servatrina) pinnata* L. 모양은 삼각형으로 마치 곡식 따위를 까부르는 키를 닮은 데서 붙여진 이름이다. 내해 또는 내만의 조간대에서 수심 300m까지의 진흙에 산다. 우리나라(동해 · 남해), 일본에 분포한다. 11월 이듬해부터 3월까지의 겨울이 맛이 좋은 계절이다. 가식부 100g당 단백질 9.5%, 지방 1.8%, 탄수화물 5%, 그 밖에 비타민 A, B_1, B_2, C, E 등과 칼륨, 나트륨, 인, 칼슘을 함유하고 있으나 적은 편이다. 비교적 단백질이 풍부하며 비타민과 무기질은 적은 편이다. 비만의 원인인 지방 함량은 매우 적어 영국, 프랑스, 벨기에 등의 서구에서는 여성의 다이어트 식품으로 각광받고 있다. 특히 후폐각근을 조개관자(貝柱)라 하여 예로부터 식용해 왔다. 국내에서 생산되는 것은 대부분을 염건(鹽乾)하거나 냉동하여 일본으로 수출하고 있다. 바닷물에 담가 살아있는 그대로 냉장고에서 4~5일 이내에 사용해야 맛이 좋다. 키조개를 이용한 요리로는 회, 튀김, 구이, 매운맛 탕, 초무침, 초밥 등이 있다. 너무 오래 익히면 질긴 맛이 있고 즙이 빠져서 좋지 않다. 서양요리로는 전채요리나 관자 뮤스용으로 많이 사용한다. 말린 조개관자는 중국요리에 다양하게 이용하는데 최고급의 국물 맛을 낸다. 대합과 마찬가지로 궁중에서 즐겨 먹던 고급 음식으로 꼬치나 구이, 튀김으로 만들어 먹으며 날로 먹기도 한다.

키토산(chitosan) 키틴과 함께 동물체에 함유된 성분. 키틴의 탈아세틸화물로 글루코사민 중합체(poly-β-1,4-D-glucosamine)이다. D-글루코사민이 5,000개 이상 반복적으로 결합하여 분자량이 100만 이상인 탄수화물이다. 키토산 그 자체로는 수용액에 쉽게 녹지 않고 체내 흡수율도 낮은 고분자 물질이다. 산에만 녹고 물이나 알코올에 녹지 않는다. 키틴에 비하여 가수분해에 대한 저항이 크다. ☞ 키틴

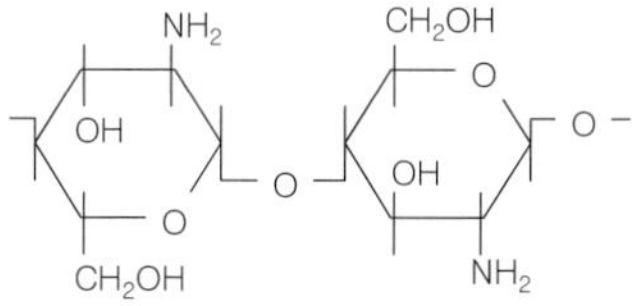

키토산 가공식품(chitosan processed food) 키토산 또는 키토산을 효소 처리하여 얻는 올리고당류 또는 키토산을 가수분해하여 얻는 글루코사민을 식용에 알맞도록 처리한 것 또는 이들을 주원료로 하여 이에 식품 또는 식품첨가물을 넣어 여러 형태로 가공한 것. 키틴 · 키토산은 천연에 존재하는 다당류로서 최근에 특히 주목을

받고 있는 고분자 생리활성물질이다. 키틴 · 키토산 및 그 유도체가 항종양(면역력 증강 및 부활작용), 항균 및 항곰팡이 활성, 콜레스테롤 감소 및 비피더스균 생육촉진 등 여러 가지 생리기능성이 밝혀지고 있다. 키토산은 수용액 상태에서 녹지 않고 고분자물질이므로 인체 내에서 분해할 수 있는 효소가 없어 거의 흡수되지 못하기 때문에 생체 내에서의 이용에 제한을 받아왔다. 그러나 키토산이 올리고당으로 가수분해되면 용해도가 높아지면서 체내흡수율과 생리활성이 높아진다. 키토올리고당의 경우 면역증진작용, 항균작용과 같은 독특한 생리기능을 갖는다. 그 밖에도 저칼로리 식품제조, 가축의 사료, 콘택트렌즈나 의료용 재료 및 화장품소재로 광범위하게 이용되고 있다. 건강기능식품의 하나이다.

키토올리고당(chito oligosaccharide) 키토산의 구조를 가지면서 글루코사민 6탄당(단당류)이 2개에서 6개 정도로 결합되어 있는 당. 키틴과 키토산을 부분적으로 분해하여 인체 흡수가 잘 되도록 만든 것이다. 키토산의 가수분해 산물인 키토올리고당은 산에 의한 가수분해, 효소에 의한 가수분해, 효소의 역 합성반응 등에 의하여 얻어진다. 키토올리고당은 항균작용, 항종양작용, 동물세포에 대한 면역부활효과, 식물 생체방어에 대한 생리기능 등의 기능성을 가지고 있다. 갑각류인 게, 새우 등의 껍질을 분쇄, 탈단백, 탈염화한 키틴을 탈아세틸화하여 얻어진 키토산을 효소인 키토사나아제(chitosanase)로 분해하여 얻는 올리고당이다. 키토산이 불용성인 것에 반해 이것은 2~8당류로서 물에 용해가 되어 체내 흡수가 빠르다. 키토산과 같이 항균작용, 항암작용, 면역강화기능, 유산균 증진작용 등 기능을 가지고 있다.

키틴(chitin) N-아세틸글루코사민(N-acetyl glucosamine)이 β-1,4 결합 분자량 100만 이상의 천연 고분자. 새우, 게 등의 갑각류의 껍질, 갑충의 갑피 등 절족 동물의 외골격, 연체동물의 기관, 곰팡이, 효모, 버섯 등 진균류의 세포벽 등에 함유되어 존재한다. 셀룰로오스와 비슷한 구조를 가지고 있다. 백색 분말로 물에 녹지 않고 반응성이 매우 적어서 강한 알칼리에 의해 유리 아미노기를 갖는 염기성 다당키토산이 생성된다. 콜라겐이나 셀룰로오스 섬유에 비하여 높은 흡착력을 갖는다. ☞ 키토산

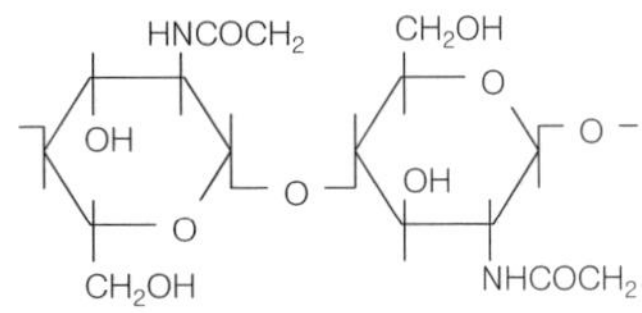

ㅌ

타라곤(tarragon) 국화과의 여러해살이풀인 향신료의 일종. 학명은 *Artemisia dracunculus* L.. 쑥의 일종이다. 유럽이 원산지이고 몽고, 러시아에서 재배되는 정원초로, 잎이 길고 얇으며 올리브색이다. 달콤한 향과 약간 매운맛과 쓴맛이 있는데, 건조한 잎의 향이 강하다. 닭, 생선, 해산물, 샐러드, 소스 등의 요리에 잎사귀 하나만 넣어도 맛이 매우 좋아지며, 프랑스 요리에서는 없어서는 안 될 향신료이다. 타라곤 식초는 샐러드 드레싱이나 달팽이요리의 소스에 사용된다.

타로감자(taro root, dasheen) 토란과의 다년초 또한 그의 덩이줄기. 학명은 *Colocasia antiquorum* L.. 타로감자는 열대 아시아 원산이며, 크기나 모양은 품종에 따라 다른데, 작은 알처럼 생긴 것부터 지름 15cm, 길이 60cm에 이르는 큰 것까지 있다. 땅속줄기에 다량의 전분을 저장하므로 열대지방에서는 카사바, 얌과 더불어 중요한 전분 식량이다. 타로 전분은 입자의 크기가 작아서 소화가 잘된다. 그러나 입자가 작기 때문에 전분을 분리시키기가 어려워 덩이줄기를 그대로 굽거나 쪄서 먹는다. 열대 아시아, 태평양의 여러 섬, 아프리카, 라틴아메리카 등 열대지역에서 온대에 걸쳐 널리 재배된다. 우리나라에서 재배되는 토란은 타로감자의 변종이다.

타액(唾液, saliva) 무색, 무미, 무취, pH 6.3~6.8의 구강 내에서 1일 1,200~1,500mL 분비되는 액. 대부분이 물이고 고형분은 1% 정도 함유한다. 타액에는 당단백질인 뮤신(mucin)이 있는데, 이것은 타액에 끈기를 주고 음식물을 삼키기 쉽도록 한다. 타액에 함유되는 유일한 소화효소는 전분 분해효소인 프티알린(ptyalin)이다. 타액은 조건반사와 무조건반사에 의해 분비되는데, 시각, 후각, 청각 등의 감각에 의해 타액이 분비되는 조건반사성 분비와 음식물이 미각 또는 지각신경을 직접 자극하여 반사적으로 분비를 일으키는 무조건반사성 분비가 있다.

타우린(taurine) 어류에 많이 포함되어 있는 혈압조정 효과의 아미노산. 분자량 125.14, 분자식이 $H_2NCH_2CH_2SO_3H$이다. 함황아미노산 대사의 최종산물인 2-아미노에탄술폰산(2-amino ethanesulfonic acid)으로 단백질 합성에 사용되지 않는다. 담즙산과 결합하여 타우로콜산(taurocholic acid) 등 담즙산의 형태로 각종 동물의 쓸개즙 중에 들어 있고 유리상태로 동·식물조직에 널리 분포한다. 정상적인 사람은 하루에 약 200mg이 오줌과 함께 배출된다. 오징어의 신경섬유에는 타우린의 탈아미노 생성물, 이세티온산과 함께 다량 존재한다. 동물에 있어서는 시스테인의 주 산화생성물로 그 중간 생성물인 히포타우린의 산화에 의하여 주로 생성된다. 담즙산에 포함되어 장으로 배설시킴으로써 지방의 흡수를 도와주고 광수용체 세포막의 안정제로 작용하며 심근세포 내 칼슘이 과잉 축적되는 것을 막아준다. 타우린은 유리상태로 존재하며 함황아미노산의 일종으로 담즙 중에는 타우로콜산으로 다량 존재한다. 타우린은 콜레스테롤이 혈관 벽에 침착하는 것을 막아주는 작용을 하므로 혈중 콜레스테롤 저하 및 혈압 안정작용을 가진다. 타우린은 모유에 다량 함유되어 있다. 해산 어류인 오징어(0.35%), 문어(0.52%), 조개, 해조류 등에 광범위하게 분포되어 있는 것으로 주로 해조류에서 추출되어 왔으나 최근에는 소의 담즙에서 추출하고 있다.

타임(thyme) 꿀풀과에 속하는 다년생 소관목으로 향신료의 일종. 학명은 *Thymus vulgaris* L.. 백리향, 입사향초 또는 사항초라고도 한다.

전통적인 지중해 허브의 하나지만 현재에는 유럽 각국과 영국, 미국 등에 널리 분포하고 있다. 높이는 20cm이고 가지에 흰색 털이 있다. 잎은 뒤로 둥글게 말려 있고 보라색 꽃이 여름에 핀다. 이용부위는 잎과 꽃이며 주 정유성분은 티몰(thymol) 또는 카바크롤(carvacrol)이다. 달콤하면서도 톡 쏘는 자극성이 짙은 향미는 요리에 깊은 맛을 주는데 주로 로스트, 소스, 수프 등에 사용한다. 채소, 육류, 어패류, 계란 요리에 이용하며 햄, 소시지, 치즈, 소스, 토마토케첩, 피클 같은 저장식품에도 이용된다. 유럽에서는 소스와 토마토케첩의 향료로 이용하고, 삶아서 기침약으로도 사용한다.

타타르산(tartarnic acid) ☞ 주석산

타피오카(tapioca) 열대작물인 카사바의 뿌리에서 채취한 식용 전분. 카사바의 뿌리는 생것의 경우 20~30%의 전분을 함유하고 있는데, 이것을 잘게 잘라 전분을 추출 건조시켜서 타피오카를 만든다. 동남아시아의 중요한 전분 자원으로 전분당, 캐러멜, 과자 제조 등 식용 외에 방직용 풀로 이용된다. 우리나라는 1974년부터 알코올 발효원료로 타피오카를 수입하고 있다. 원주민은 카사바 뿌리를 그대로 쪄서 식용으로 하지만 보통은 건조된 타피오카를 분말로 만들어 매매한다. 이것을 말레이시아 특산인 세이고(sago) 야자나무의 줄기에서 채취하는 세이고 전분과 혼동하는 경우가 있다. ☞ 카사바

탄닌(tannin) 미숙한 과실, 차엽 등 식물체 중에 존재하는 넓은 의미의 페놀화합물들. 탄닌의 일부는 입안의 표피단백질을 응고시키는 성질이 있어 떫은 감각을 자극한다. 떫은 자극을 주는 탄닌에는 차잎의 에피카테킨 갈레이트(epicatechin gallate), 갈로카테킨 갈레이트(gallocatechin gallate) 등이 있고, 미숙한 과일의 떫은 성분은 카테킨, 루코안토시아닌 등이 중합된 탄닌에 기인된다. 과일이 성숙함에 따라 탄닌이 불용성의 큰 분자로 중합되면 떫은 맛이 없어진다. 효소와 철에 의하여 갈색, 흑색 등으로 변색하는 성질이 있다. 갈산이 결합한 탄닌은 떫은맛이 있고 클로로겐산이 결합하면 쓴맛이 난다. ☞ 카테킨

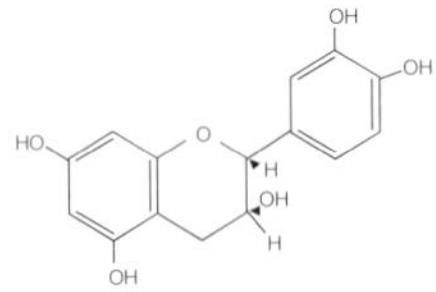
카테킨

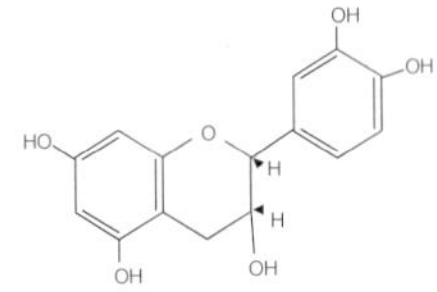
에피카테킨

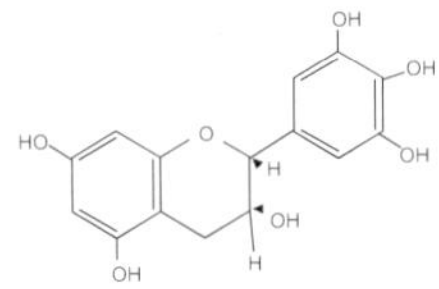
갈로카테킨

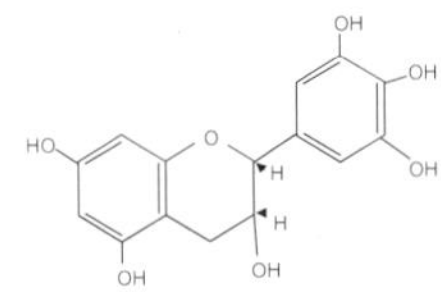
에피갈로카테킨

탄력성(springiness) 물체가 주어진 힘에 의하여 변형되었다가 그 힘이 제거될 때 다시 복귀되는 정도. 관능적으로는 일정 크기의 시료를 어금니 사이 혹은 입천장과 혀 사이에 놓고 완전히 깨어지지 않을 정도로 눌렀다가 떼었을 때 복귀되는 속도와 정도에 의하여 측정한다.

탄산음료(carbonated beverage) 탄산가스를 함유하는 청량음료의 총칭. 사이다 · 콜라 · 소다수 등이 있다. 물에 설탕 · 산미료 · 향료 · 착색료를 가하여 시럽을 만들고 가압 하에 이산화탄소를 용해시켜 만든다. 향료는 주로 감귤류 · 콜라나무 열매 등에서 추출한 것이나 에센스를 사용한다. 산미료로는 구연산이 많이 사용되고 콜라 음료에 한하여 인산이 사용된다.

탄성(elasticity) 물체에 어떤 응력을 가하면 변형하지만, 이 응력을 제거하면 원래의 모양으로 돌아가는 성질. 고무줄은 탄성체이며 어묵이나 곤약도 약간의 탄성이 있다. 일정한 응력 이상을 가해서 변형 한계를 넘으면 원래의 상태로 되돌아가지 않는 탄성한계가 있다. 또, 이 범위 내에서 외력을 제거하면 당장 완전히 변형이 사라지는 것을 완전탄성이라 한다. 또한 부피의 변화에 대해 일어나는 체적탄성(體積彈性)과 모양의 변화에 대해 일어나는 형상탄성(形狀彈性)으로 나뉜다.

탄성률(elastic modulus) 탄성체에 가한 힘과 그것에 의한 변형 사이의 비례정수를 말한다. 탄성률에는 세 종류가 있다. ① **탄성률**(E) – 늘어남의 변형 경우, ② **강성률**(G) – 전단변형의 경우, ③ **체적탄성률 또는 압축탄성률**(K) – 체적변형의 경우

탄수화물(炭水化物, carbohydrate) 한 분자 내에 1

개 이상의 알코올기(−OH)와 1개의 알데히드기(−CHO) 또는 케톤기(>C=0)를 가지는 화합물 또는 그 축합물. 주로 동물의 에너지원이 되며, 식물의 광합성에 의해 얻을 수 있고 식물체의 구성물질이 되며, 동식물을 통해서 에너지의 저장 및 확보를 위한 물질로서 동·식물계에 널리 분포되어 있다. 알데히드기 또는 케톤기를 한개 가지는 탄수화물은 단당류(單糖類, monosaccharide), 단당류가 두개 결합한 것을 이당류(二糖類, disaccharides), 세 개 결합한 것을 삼당류(三唐類, trisaccharides), 여러 개 결합한 것을 다당류(多糖類, polysaccharides)라 하며 이·삼·사당류 등을 올리고당류(oligosaccharides)라 총칭한다. 올리고당과 다당류는 산 또는 효소로 가수분해하면 단당류가 생성된다. 식품분석표에는 탄수화물을 당질과 섬유로 나누며 당질은 비섬유성 탄수화물(non−fibrous carbohydrates)로서 수분, 단백질, 지방, 섬유소 및 회분의 합계량을 100g으로부터 뺀 값으로 표시되어 있다.

탄저(炭疽, **anthrax**) 탄저균(*Bacillus anthracis*)에 의하여 일어나는 질병. 가축의 급성 전염병인데 가축 사료에서도 감염된다. 탄저균은 그람(Gram) 양성의 대형 간균으로 아포를 형성하며 100℃의 습열에서도 쉽게 사멸되지 않으므로 고압멸균이 필요하다. 여러 동물에 감염되나 감수성이 강한 것은 소, 양이며 말, 산양, 돼지는 가축 이환된다. 사람의 탄저는 주로 가축 및 축산으로부터 감염되며 감염 부위에 따라 피부탄저, 장탄저, 폐탄저로 나누어진다. 예방을 위해서는 병에 걸린 동물을 조기에 발견하여 격리, 치료하거나 도살해야 하며, 가축에 대한 예방접종을 철저히 시행하여야 한다.

탄화수소(炭火水素, **hydrocarbon**) 탄소와 수소만으로 이루어진 화합물의 총칭. 지방족 탄화수소는 지질에서 제외되지만 지질과 함께 존재하며 일부 스테롤과 합성에 관여한다. 식품성분으로서는 카로틴이나 스쿠알렌(squalene) 등 테르펜(terpene)계 불포화탄화수소와 곧은 사슬상의 것이 미량 성분으로서 널리 분포하고 있으며, 유지의 불검화물로서 얻어진다.

탈각(脫殼, **dehulling**) 벼를 도정하기 전에 왕겨를 제거하는 과정. 수확한 벼를 그대로 저장하기도 하지만 탈각기를 사용하여 왕겨를 제거한 현미로 저장하기도 한다. 탈각기는 스틸형, 디스크형, 롤러형 등이 있는데, 고무 롤러의 사용은 왕겨의 제거 효율이 높고 벼에 주는 충격을 줄여 쇄미의 발생을 줄이는 장점이 있다. 대칭이 되는 롤러의 속도를 서로 다르게 조정하는 것이 보통이며 벼에서 떨어진 왕겨는 비중의 차이를 이용하여 풍구로 분리한다.

탈기(脫氣, **exhausting**) 통조림 또는 레토르트(retort) 식품을 제조할 때 식품 중에 함유되어 있는 가스와 용기 내에 들어 있는 공기를 제거하는 조작. 탈기의 방법은 가열탈기법, 진공탈기법, 수증기분사법으로 구분된다. 보통 통조림 용기에 내용물을 충진한 후 다음과 같은 목적에서 탈기를 한다. ① 열처리 중에 내용물의 팽창으로 인하여 관내에 생기는 내압을 낮게 하여 시밍(seaming) 부위의 파손을 방지한다. ② 산소농도를 낮춤으로써 내용물의 화학적 변화를 감소시키고 관내면의 부식을 억제한다. ③ 유리 산소량의 감소로 호기성 세균의 발육을 억제한다. ④ 뚜껑과 밑바닥을 오목하게 만들어 변패관의 검출을 용이하게 한다. ⑤ 내용물의 향미, 색, 영양가의 손실을 방지한다. 산화로 인한 퇴색, 지방산의 산화, 비타민 등 영양가의 변질과 파괴를 방지할 수 있다. 종류로는 가열탈기법, 진공탈기법 등이 있다.

탈수(脫水, **dehydration**) 물질에서 수분을 제거하는 것. 다른 의미의 건조라고도 할 수 있다. 물질의 상태에 따라 압축·냉각·흡착(吸着)·흡수 등의 방법이나 가수분해에 의해 생성되는 물의 제거, 탈수축합, 결정수(結晶水)의 제거와 같이 화학반응에 의해 물을 제거한다. 특히 흡착 또는 흡수제를 통틀어 탈수제라 하며, 실리카겔·활성알루미나 등의 고체, 에틸렌글리콜 등의 액체가 사용된다. 화학적 탈수의 예는 알코올을 황산과 함께 가열하면 탈수하여 에테르가 생긴다. 가열·일사(日射)·통풍·적외선조사·공건조·동결건조 등과 같은 물리적 탈수법도 있다.

탈지미강추출물(**defatted rice bran extract**) 탈지미강을 물과 에틸알코올로 추출하여 얻는 것. 주성분은 페놀산이다. 식품첨가물의 하나로 산화 방지제, 착향료로 쓴다.

탈지분유(脫脂粉乳, **non-fat dry milk**) 탈지우유를 건조시킨 것. 전지우유에서 지방을 제거시킨 탈지우유를 진공 하에서 2/3 정도 증발시키고 열풍으로 분무 건조시킨 것이다. ☞ 탈지우유

탈지우유(脫脂牛乳 **fluid skim milk**) 우유의 지방을 원심 분리하여 제거한 우유. 지방 함량은 0.5% 정도이다.

탈카페인 커피(**decaffeinated coffee**) 커피의 카페인 성분을 97% 제거시킨 원두를 사용하여 제조된 커피.

탐식작용촉진 펩티드(貪食作用促進, **phagocytic peptides**) 탐식작용을 촉진하는 펩티드. 카세인 등에서 탐식작용촉진 펩티드가 다수 발견되었고 대두 11S 글로블린에서 유래한 펩티드도 있다.

태피(**taffy**) 캐러멜을 단단해질 정도까지 졸인 사탕의 일종. 토피(toffee)라고도 한다.

탱자 감귤류의 일종. 학명은 *Poncirus trifoliata* Raf. 중국이 원산지로 껍질은 녹색이며 가시가 많다. 5월경에 잎보다 먼저 꽃이 피고 가을에 열매가 노랗게 익는다. 열매는 둥글고 향기가 좋으나 먹지 못하고 건위 · 이뇨 · 거담 · 진통 등 한약재로 쓰인다.

털머위 국화과의 여러해살이풀로 산채의 일종. 학명은 *Farfugium japonicum.* 분포지역은 우리나리의 경남, 전남, 울릉도 등과 일본, 대만, 중국 등이다. 바닷가 근처에서 자란다. 높이 35~75cm이다. 줄기는 굵고 끝에서 잎자루가 긴 잎이 무더기로 나와서 비스듬히 선다. 잎은 머위같이 생기고 두꺼우며 신장 모양으로서 길이 4~15cm, 나비 6~30cm이고 윤기가 있다. 가장자리에 이 모양의 톱니가 있거나 밋밋하며, 뒷면에 잿빛을 띤 흰색 털이 난다. 잎자루는 길이 10~38cm이다. 꽃은 9~10월에 노란색으로 피는데 관상용으로 뜰에 심기도 한다. 어린 잎자루를 식용한다. 민간에서는 잎을 상처와 습진에 바르고, 생선 중독에 삶은 물이나 생즙을 마시며, 해독제로 쓰기도 한다.

테르펜(**terpene**) 불포화탄화수소. 과일, 채소, 향신채(herb)에 널리 존재하는 향기성분.

테마 레스토랑(**theme restaurant**) 식사와 함께 공연 · 오락 등의 이벤트를 즐길 수 있는 레스토랑.

테아닌(**theanine**) 5-N-ethylglutamine. 차잎에는 아미노산이 건물 기준으로 1% 들어 있는데 이 중 50%가 테아닌이다. 테아닌은 홍차보다 녹차에 많다.

$$H_5C_2 \cdot HN \cdot OC(CH_2)_2 - \underset{\underset{NH_2}{|}}{CH} - COOH$$

테오갈린(**theogallin**) 3-galloyl quinic acid. 차잎에 들어 있는 페놀 화합물로 차에만 독특하게 들어 있으며 차의 품질에 관계가 있다.

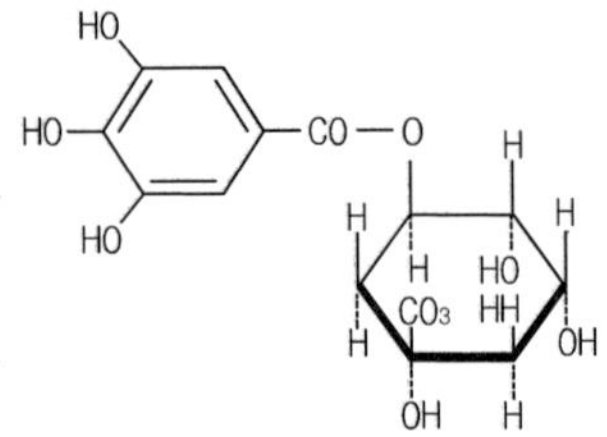

테오갈린

테오브로민(**theobromine**) 카페인과 비슷한 쓴맛 성분. 주로 코코아에 존재한다.

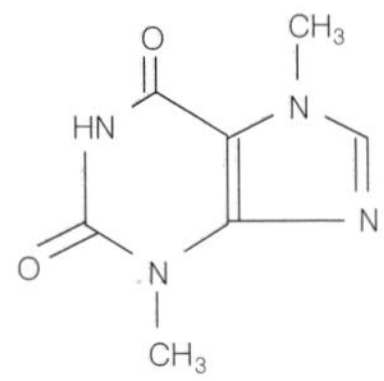

테이블 서비스(**table service**) 직원이 주문을 받고 주방으로부터 고객의 테이블까지 음식을 가져다주는 서비스 방법. 외식업에서 흔히 볼 수 있는 형태이다.

테이크아웃(**take out**) 매장 안의 의자에 앉아 마시지 않고 들고 다니면서 먹거나 집이나 사무실로 가져가 먹을 수 있도록 파는 형태. 활동성을 중시하는 서구의 젊은이들에게서 인기를 끄는 판매방식이다.

테킬라(**tequila**) 용설란(龍舌蘭)으로 만든 멕시코 고유의 술. 용설란의 수액을 채취해 두면, 하얗고 걸쭉한 풀케라는 탁주가 된다. 이것을 증류한 것이 테킬라이다. 알코올 농도는 40도 정도의 무색투명한 술이다.

텍스처(texture) 조직감. 식품의 기계적 · 물성학적 · 구조적 요소와 생리적 감각기관인 촉각, 온도감각, 통각, 근육운동, 지각 및 청각으로 감지되는 복합적 특성. 식품에서는 주로 입안에서의 촉감을 말하지만 넓은 뜻으로는 손가락에 의한 촉감도 포함되며 소비자 기호에 큰 영향을 준다. 라틴어로 '천을 짜내다'는 뜻을 갖고 있다. 매츠(Matz)는 '식품의 텍스처라는 것은 온도와 맛을 제외한 식품의 물리적 성질로 주로 입안피부나 근육의 감촉에 의해서 결정되는 것이다.' 라고 정의하고 있다. 식품의 텍스처 특성은 크게, 가해진 힘(stress)에 대한 식품의 물리적 반응을 나타내는 기계적 특성, 재료 표면의 촉감에 관련되는 기하학적 특성과 재료의 수분 및 지방 함량과 관련된 특성으로 분류할 수 있다. 기계적 특성은 다시 1차적 특성과 2차적 특성으로 분류된다. 1차적 특성에는 경도(hardness), 응집성(cohesiveness), 점성(viscosity), 탄력성(elasticity) 및 부착성(adhesiveness)이 있고, 2차적 특성에는 1차적 기본 특성들이 복합적으로 작용하여 생기는 파쇄성(brittleness), 씹힘성(chewiness) 및 검성(gumminess)이 있다. 기하학적 특성은 재료의 입자 모양 및 크기에 따라 분말상(powdery), 과립상(grainy), 모래상(gritty), 거친 정도(coarse) 및 덩어리진 정도(lumpy)가 있고, 재료 성분의 크기와 배열에 따라 박편상(flaky), 섬유질상(fibrous), 펄프상(pulpy), 기포상(aerated), 팽화상(puffy) 및 결정상(crystalline)으로 나눌 수 있다. 식품의 조직감이 수분함량이나 기름기의 영향을 받는 특성은 건조함(driness), 촉촉함(moistness), 걸쭉함(thickness), 묽음(thinness) 및 기름기(greasiness)로 나누어 설명할 수 있다.

텍스처 프로필 분석(texture profile analysis : TPA) 식품의 기계적 특성, 기하학적 특성, 지방과 물에 관계된 특성 및 그들의 강도 그리고 맨 처음 씹을 때부터 마지막 삼킬 때까지의 텍스처 특성을 측정하는 체계적인 방법. 향미 프로필 분석으로부터 개발되었으나 경도, 부착성 등 개별 텍스처 특성에 대하여 기준이 되는 여러 기준시료를 설정하여 훈련 및 평가에 사용한다. 본 실험의 실행 단계로는 ① 패널의 선택 ② 패널의 훈련 ③ 기준 평가점수 척도의 확립 ④ 기본 TPA 실험평가서 작성 및 평가실시 ⑤ 상대적 TPA 평가서 개발 및 평가실시 등이 있다. 설정된 기준 평가점수 척도를 예를 들면 옆의 표와 같다.

텍스처로미터(texturometer) 식품의 텍스처를 정량적으로 측정하는 기기. 텍스처는 맛, 냄새와 함께 기호특성에 영향을 주는 식품의 중요한 성질의 하나이다. 식품의 평가는 감각적으로 관능검사에 의해서 행해지는 일이 많지만, 객관적인 데이터를 측정계기에 의해서 얻는 것과, 감각에 의한 평가의 내용을 물리적인 특성으로서 해석하고 이용하는 것은 식품의 품질관리나 연구를 위해 필요한 것이다. 이 텍스처를

▲ 경도 기준척도

점수	상 품	상 품 명 또는 상 태
1	Cream cheese	Philadelphia
2	Egg white	Hard-cooked. 5min
3	Frankfurter	Large, uncooked, skinless
4	Cheese	Yellow, American, pasteurized process
5	Olives	Exquisite, giant size, stuffed
6	Peanuts	Cocktail type in vacuum tin
7	Carrots	Uncooked, fresh
8	Peanut brittle	Candy part
9	Rock candy	-

▲ 씹힘성 기준척도

점수	평 균 씹힘수	상 품	상 품 명 또는 상 태
1	10.3	Rye bread	Fresh, center cut
2	17.1	Frankfurter	Large, uncooked, skinless
3	25.0	Gum drops	Chuckle
4	31.8	Steak	Round, 1/2-in.-thick Broiled on each side for 10min
5	33.6	Black crows candy	-
6	37.3	Peanut chews	-
7	56.7	Tootsie rolls	Midget size

특징짓는 성질의 분류법과, 그것을 정량적으로 측정하는 계기로서의 텍스처로미터를, 미국의 제네럴후즈 기술센터의 Szczeniak과 그 그룹이 개발했다. 입 속의 씹는 동작처럼 기계적 저작장치에 있는 플런저의 상하 운동에 의해, 시료에 대한 저작력이 발생한다. 시료가 있는 판

밑의 스트레인게이지에 의한 검출기가 붙어 있어서, 플런저에 의한 분쇄동작 중의 식품시료의 상태를 나타내는 힘-시간곡선을 고속기록계로 그리게 한다. 이 곡선으로부터 얻는 주된 패러미터는, 경도, 응집성, 탄력성, 부착성, 파쇄성, 검(gum)성, 씹힘성이다. 텍스처로미터에 의한 결과는, 숙련된 평가자의 감각에 의한 텍스처 프로필 검사법으로 판정한 평가와 상당히 좋은 상관을 갖는다. ☞ 텍스처

템페(tempeh) 인도네시아의 가정에서 제조되어 온 오랜 전통의 대두 발효식품. 제조과정은 다양하나 전통적인 과정을 보면 미리 수침하여 탈피한 대두를 30분 동안 끓인 후 탈수하여 건조시킨다. 스타터(starter, *Rhizopus oligosporus*)와 함께 섞어 둥근 조각으로 빚은 뒤 바나나 껍질로 싸서 항온에서 1~2일 동안 발효시킨다. 특히 말레이시아에서는 콩을 탈피시키지 않고 사용하므로 비교적 조섬유 함량이 높다. 이 기간 동안 둥글게 빚은 대두는 흰 균사로 덮여 마치 케이크와 같이 보인다. 완성된 템페는 얇게 썰어 염수에 담갔다가 기름에 튀겨서 먹거나 혹은 수프와 함께 먹는다. 따라서 조미나 향신료로 사용되는 대두 발효식품과는 달리 주로 주식이나 육류 대체품으로 이용된다. 템페는 그다지 발효과정이 짧고 단순하다. 템페는 육류와 같은 조직과 버섯이 갖는 향미를 갖고 있어 서양 식품에도 잘 어울릴 수 있다.

토끼고기(rabbit meat) 8개월 전후의 것을 도살한 토끼의 고기. 집토끼는 B.C. 750년경 유럽 남부지방에서 야생하던 굴토끼를 가축화한 것으로 로마사람들에 의해 중세 말엽부터, 우리나라에서는 삼국시대부터 기르게 되었다고 한다. 토끼고기는 미오글로빈 함량이 소의 1/25에 불과하여 닭고기와 비슷한 담홍색 내지 회홍색으로, 근섬유가 섬세하고 부드러우며 단백질이 풍부하여 영양가가 높다. 지방은 연하고 백색이며 융점이 비교적 높지만 근육 내 지방이 극히 적어 맛이 담백하고, 닭의 지방이나 껍질과 섞어 조리하면 닭고기의 맛이 난다. 단백질이 많고 지방이 적은 것이 특징인 토끼고기는 씹는 맛이 비교적 좋지 않으나 다른 종류 고기의 육미와 순응하기 쉽고 결착력 및 보수성이 좋아 소시지 등의 식육 가공에 결착육으로 많이 쓰인다. 우리나라에서 사육되고 있는 육용종으로 대표적인 것은 벨기언 헤어(Belgian Hare)종으로 조숙 다산성이며 체중이 4kg 정도이고 고기맛이 우수하다. 그 외에 프레미시 자이언트(Flemish Giant), 뉴질랜드 화이트(New Zealand White), 캘리포니언(Califonian), 재패니스 화이트(Japanese White)종 등이 있다.

토란(taro) 천남성과의 다년초 또한 그의 식용 구경(球莖). 학명은 *Colocasia antiquorum* var. *esculenta* Engl. 토련(土蓮)이라고도 한다. 학명은 인도와 동남아시아가 원산지인 토란은 우리나라에서는 추석에 절기 음식으로 이용되고, 토란 줄기도 말려 두었다가 겨울철의 저장채소로 이용하기도 한다. 구성성분은 감자나 고구마와 같은 다른 서류와 크게 다를 것은 없으나 점질물질이 있어 다소 색다른 맛을 준다. 주성분은 주로 탄수화물(15~17%)이고, 단백질(2.2%), 지방, 비타민 등이 소량 존재한다. 무기질은 비교적 많은 편이며, 특히 칼륨(572mg)의 함량이 높다. 점성 물질은 갈락탄(galactan)에 기인하는 것으로 이것이 단백질과 결합하여 당단백질의 형태로 존재한다. 또한 토란의 아린맛은 호모젠티스산(homogen-tisic acid)과 옥살산(oxalic acid)에 의한 것으로 물에 미리 담가 놓으면 제거할 수 있다. 토란 껍질 내 즙액에 있는 미량의 수산염이나 알칼로이드가 피부를 자극하여 손이 가려우므로 고무장갑을 끼고 취급한다. 식초를 넣든지 가열하면 이 현상을 줄일 수 있다. 또한 토란은 검질로 둘러싸여 있어 조미료가 내부까지 침투하기 어려우므로 조미하기 전에 소금으로 문지르거나, 끓는 물에 데쳐내어 먼저 이를 제거해 주도록 한다.

토마토(tomato) 가지과에 속하는 일년생 초본. 학명은 *Lycopersisum esculentum* M.. 원산지는 남미의 잉카이다. 붉은색, 주황색, 황색이 있고 크기에 따라 무게가 150g 이상인 보통토마토(스테이크 토마토)와 20g 정도인 방울토마토(체리토마토) 등이 있다. 성분은 수분이 95.2%이며 단백질 0.9%, 지방 0.1%, 탄수화물 2.9%, 섬유소 0.4%, 무기질 0.5%이다. 무기질 중에서는 칼륨이 많다. 루틴(rutin)이 있

어 혈관을 튼튼하게 해주고 혈압을 내리는 역할을 한다. 토마토는 덜 익은 상태로 수확하여 냉장 또는 상온에 보관하면 후숙되어 빨갛게 된다. 붉은색은 리코펜(lycopene)으로 성숙함에 따라 많아지며 수확 후에도 합성되어 붉은색이 진해진다. 신맛의 주성분은 구연산이나 그 양이 적어 신맛이 약하다. 또한 짠맛이 느껴지므로 소금의 섭취량을 줄일 수 있게 해준다. 펙틴이 있어 변비예방에 좋다. 혈압을 상승시키는 작용을 하는 5-히드록시트립타민(hydroxytryptamine)이 들어 있다. 신선한 토마토는 샐러드, 후식, 주스 등으로 이용한다. 이탈리아 요리에서는 수프, 스튜, 피자 등 토마토를 이용하는 요리가 많다. 가공품으로는 퓌레(purée, 토마토를 썰어 고운체로 걸러 농축시킨 것), 케첩(퓌레에 향신료, 소금, 식초, 설탕을 가미한 것) 등이 있다. 껍질 벗길 때는 끓는 물에 잠깐 담갔다 건져서 찬물에서 벗기면 손쉽다. 토마토는 색이 진하고 껍질이 탄력이 있고 윤기가 있고 표면이 갈라짐이 없이 깨끗하며 꼭지가 파란 것이 신선하다. ☞ 토마토 케첩

토마토 케첩(tomato ketchup) 완숙 토마토로 만든 서양식 조미료. 케첩이란 채소나 과일을 체로 걸러 향신료나 조미료를 가해 만든 것의 총칭이다. 토마토를 으깨어 걸러낸 것에 설탕·소금·각종 향신료·식초·파·마늘 등을 넣어 끓여서 식힌다. 토마토 가공품 중 생산량이 많고, 가장 많이 쓰인다. 토마토는 적색 계통의 펙틴질이 많은 것이 사용되며 완숙한 것일수록 펙틴질과 색소의 함량이 높아져 좋은 제품이 된다. 토마토 퓌레를 가공해서 케첩을 만들기도 한다.

토코페롤(tocopherol) 항산화 작용이 강한 지용성 비타민인 비타민 E. 식물성 유지에 포함되어 항불임인자로서 발견된 지용성 비타민으로 천연으로는 α-, β-, γ-, δ-의 네 종류가 존재하는데 그 중 α-토코페롤이 가장 넓게 분포한다. 항산화 작용은 아스코르브산에 의해 상승되며 말초혈관의 혈액순환을 촉진하고 전신의 혈액 순환을 부드럽게 하는 효과를 갖는다.

톳(綠尾菜, brown algae) 모자반과에 속하는 갈조류. 학명은 *Hizikia fusiforme*. 녹미채라고도 한다. 우리나라 남해안과 제주에서 잘 자란다. 진한 갈색의 끝이 뾰족하고 가운데 부위는 통통한 침상의 잎이 가지를 쳐 마치 채송화 잎모양을 하고 있으며 잎의 길이는 3~10cm이나 전체 길이는 큰 것은 1m나 된다. 초봄에 채취하며 늦가을 이후는 단단해지고 떫은맛이 강해서 식용에 적합하지 않다. 칼슘, 칼륨, 요오드, 인, 철 등의 무기질이 다량 함유되어 있으며 그 중 칼슘과 칼륨이 많다. 그 외에도 비타민 B_1, B_2, 나이아신 등이 풍부하다. 예로부터 혈관경화를 막아 주는 건강식품의 하나로서 특히 일본 사람들이 잘 먹는다. 무침이나 튀김, 국물요리에 적합하다.

통계(statistics) 집단현상에 대한 구체적인 양적 기술을 반영하는 숫자. 특히 사회집단 또는 자연집단의 상황을 숫자로 나타낸 것이다. 관능평가에서 얻은 데이터는 통계 처리하여 신뢰성을 높인다. 집단현상을 통계로 나타낼 때, 그 집단을 구성하는 각 개체를 통계단위 또는 단위라고 한다. 또, 집단의 성질에 따라 자연현상에 관한 자연통계와 사회현상에 관한 사회통계로 나누어지는데, 자연통계는 기후통계(氣候統計)·생물통계(生物統計) 등으로, 사회통계는 경제통계·경영통계 등으로 세분할 수 있다. 또한, 국세조사(國勢調査)와 같이, 집단의 한 시점에 관한 것인 정태통계(靜態統計)와 1년간의 출생수·사망수·공업생산 등과 같이 어떤 기간에 관한 동태통계(動態統計)로도 나누어진다. 이 밖에 집단의 전체에 걸치는 전수통계(全數統計)와 일부분을 관찰한 부분통계로 나누는 수도 있는데, 전수통계는 비교적 소박한 기술적 수리(記述的數理)처리에 따른 방법으로 기술통계라고 불리며, 부분통계는 부분에서 전체에로의 추측기법(推測技法)을 포함하기 때문에 추측통계라고 한다. 통계를 이용하는 데는 작성자·작성시기·작성방법·대상·대상의 존재 장소 등에 관한 깊은 이해가 필요하다. 이같이 모든 통계는 현실의 일정한 사회관계를 바탕으로, 조사자와 피조사자 사이에서 질문·응답이 행해지는 통계조사(統計調査)라는 특수한 과정을 거쳐 이루어지는데, 거기에

는 상호협조와 이해관계에 따르는 대항관계가 작용한다. 또한 통계는 그 필요성과 작성능력이라는 점으로 보아, 그 대부분이 정부나 지방자치단체 등에 의한 관청 통계로 작성된다는 특성을 지닌다.

통밀가루(whole wheat flour) 밀을 제분하지 않고 그대로 분쇄한 밀가루. 무기질, 비타민 등이 많이 함유되어 있어 이것으로 만든 빵은 영양적으로 우수하다.

통성혐기성균(通性嫌氣性菌, facultative anaerobic bacteria) 산소 호흡도 하지만 그 밖의 에너지 획득반응(질산염환원, 탈질소 등)에 의해서 무산소적으로도 생활하며 증식할 수 있는 세균. *Lactobacillus, Pediococcus, Leuconostoc*과 장내 병원성 세균들이 이에 속하며, *Bacillus, Serratia,* 대장균군(*coliforms*)의 일부 종(species)도 이에 속한다.

통조림(canning) 식품을 금속제의 깡통에 넣고 가열 · 살균한 다음 밀봉해서 장기간 저장하는 방법. 분유 · 과자류 · 식용유와 같이 깡통에 넣어 밀봉한 것이라도 가열 · 살균하지 않은 것은 통조림에 포함되지 않는다. 금속제의 용기는 주로 주석깡통인데, 알루미늄이나 주석도금을 하지 않은 화학처리 강판을 사용한 깡통이 일부 식품에 사용되고 있다. 통조림을 저장하는 데 있어서 특히 중요한 것은 저장기간 보다는 저장온도의 변화가 영양가의 손실에 많은 영향을 준다. 일반적으로 통조림제품은 5~18℃ 정도에서 습도가 적고 통풍이 잘되는 곳에 저장하는 것이 가장 좋으나, 25℃를 넘지 않는 상온에서도 저장상 큰 제약은 없다. 그러나 이러한 상온에서 제품에 표기된 유효기간만큼 장기간 저장을 하였을 경우에는 저장 중에 발생할지도 모르는 통조림의 이상 유무를 살펴본 후 사용할 필요가 있다.

투기구매(speculative purchasing) 가격변동에 의한 이익을 도모할 목적으로 장기간의 수요량을 미리 구매하여 재고로 보유하는 구매방식. 가격이 상승하였을 때 일부를 전매할 수 있다.

투석(透析, dialysis) 반투막을 사용하여 콜로이드 · 고분자용액을 정제하는 조작. 셀로판 막 · 콜로디온 막 · 황산지(黃酸紙) 및 소의 방광막이나 물고기의 부레 등 동물 막은 마치 체와 같이 저분자나 이온은 자유로이 통과시키지만, 콜로이드 입자나 고분자는 통과시키지 않는 반투막이다. 이들 반투막으로 콜로이드 · 고분자 용액을 싸고, 이것을 순수(純水) 또는 다량의 용매 속에 담가 두면 저분자나 이온으로 섞여 있는 불순물이 차차 막 밖으로 확산되므로 콜로이드 · 고분자 용액을 정제할 수가 있다. 투석작용은 반투막의 체 효과와 확산속도의 차이에 의한 것으로, 콜로이드 입자나 고분자의 확산속도가 용질의 확산속도보다 매우 느린 데 그 원인이 있다. 전극(電極)을 사용하여 전기장을 걸면 이온은 더 빨리 탈출하여, 투석속도를 빠르게 하므로 정제시간을 단축할 수 있다. 이 방법을 전기투석이라고 한다. 투석은 정수(淨水)를 비롯하여 전분, 효소, 혈청이나 백신의 정제 등에 널리 이용된다.

튀김기름(frying oil) 대두유, 면실유, 옥수수유, 미강유 등의 식물유가 주로 쓰이며 튀김에 사용되는 기름. 시판되는 것들은 이들을 적당히 배합한 것이 대부분이다. 유지원료로부터 채취한 원유는 일반적으로 약간의 유리지방산을 함유하고 있어 발연점이 낮은 편이다. 원유는 탈산공정을 거쳐서 발연점이 190℃ 이상이 되어야 튀김기름으로 적당하다. 발연점이 230℃ 이상이면 좋은 기름이다. 정제가 불충분하여 불순물이 많은 기름은 이보다 낮은 온도에서 발연한다. 튀김용 기름을 오래 사용하면 거품이 나고 불쾌취와 색이 짙어지고 점도가 높아지는데, 이런 현상을 유지의 열화현상이라 한다.

트랜스 지방(trans fat) 트랜스 지방 또는 트랜스 지방산은 불포화지방(unsaturated fat)인 식물성 액체지방에 수소를 첨가하여 고체지방(saturated fat)으로 만들 때(☞ 수소첨가 또는 수소화, hydrogenation) 다중불포화지방산의 이중결합에 붙어있는 수소가 같은 방향(cis형)이 아닌 서로 반대쪽에 엇갈려 붙게 되어 형성되는 지방으로(그림 참조) 자연적으로도 동물성 지방에서 소량 발견된다. 식물성 쇼트닝, 마가린, 크랙커, 쿠키, 스낵류, 또는 수소화된 지방을 사용하여 튀긴 식품 등에서 발견된다. 트랜스 지방은 체내 저밀도지단백

(low-density lipoprotein, LDL)의 농도를 올려 심혈관계 질환의 위험을 높이는 것으로 보고되고 있는데 그 영향이 포화지방보다 더 큰 것으로 나타나고 있다. 수소화는 지방의 저장기간과 향미를 증진시키는 장점이 있는 반면 트랜스 지방이 함께 형성되는 단점이 있어, 최근 효소적인 방법에 의해 트랜스 지방의 형성이 획기적으로 감소되는 수소화 공정이 개발되고 있다.

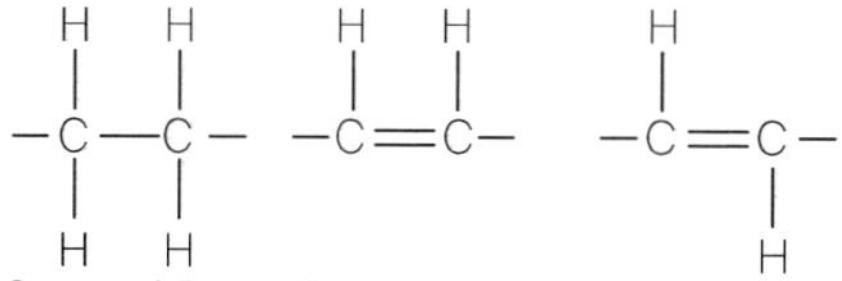

Saturated Fat Unsaturated Fat Trans Fat

트랩(trap) 하수관으로부터 냄새가 역류하는 것을 방지하고 방서 · 방충의 목적으로 설치하는 것. 직선형보다 곡선형과 수조형이 많이 사용되며 S자형, P자형, U자형 트랩이 있다.

트레오닌(threonine) 중성 아미노산. 화학명은 α-amino-β-hydroxy butyric acid이다. 단백질의 구성 아미노산이며 필수 아미노산이다. 분자 내에 히드록시기(-OH)를 갖는 특징으로 세린(serine)과 함께 알코올성 아미노산이라고도 한다.

트레이 랙 카트(tray rack cart) 트레이 전용 운반차. 세정라인 및 배선실에 다용도로 사용되며, 기타 음식운반 용도로 사용할 수 있다.

트레이 서비스(tray service) 중앙조리장에서 조리하여 1인분씩 배분한 식사를 쟁반에 차려서 고객들이 있는 장소로 가져다주는 서비스 방법. 음식이 전달될 때까지 보온 · 보냉이 잘 이루어져야 하며, 병원환자급식, 기내식, 호텔 룸서비스(room service)에 이용된다.

트렌치(trench) 바닥의 중앙에 긴 배수관을 설치한 후 루버형 맨홀 뚜껑으로 덮어 놓은 것. 조리장의 경우 바닥을 건조하게 유지하는 것이 중요하고 오물 유출량이 많을 때 바닥 청소를 효과적으로 하기 위하여 설계단계에서 다량의 물을 배출하는 설비의 위치를 정하고 배수량을 계산하여 충분히 배수시킬 수 있는 크기의 트렌치를 만들어야 한다.

트리글리세리드(triglyceride) 3가 알코올인 글리세롤이 함유한 3개의 수산기에 지방산 3분자가 에스테르 결합한 것. ☞ 중성지방

트리메틸아민(trimethylamine, TMA) $(CH_3)_3N$. 물고기에 흔히 들어 있는 산화 트리메틸아민(TMAO)이 분해되어 생긴 질소화합물. 바다어류의 비린내는 암모니아와 구조가 비슷한 트리메틸아민, 피페리딘(pipperidine) 등에 의해 생긴다. 트리메틸아민은 신선한 어류에는 원래 존재하지 않으며 신선한 어류를 저장함에 따라 형성되고 저장기간이 길어짐에 따라 그 함량은 증가한다. 특히 부패한 어류에서는 그 함량이 매우 많다. 흔히 생선요리를 먹기 전에는 식초나 레몬즙을 뿌리는데, 이는 염기인 아민과 산성분이 서로 반응하여 휘발성이 없는 화합물이 되므로 비린내가 사라지게 된다.

$$(CH_3)_3N + R\text{-}COOH \rightarrow R\text{-}COO(CH_3)_3$$

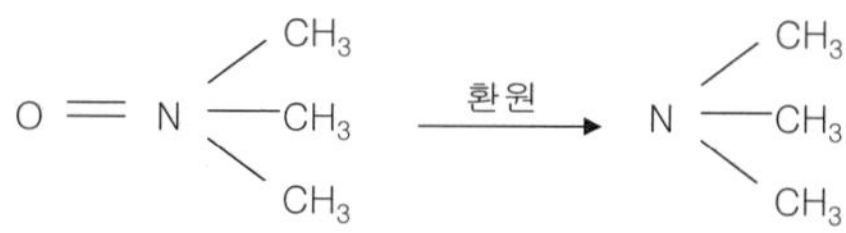

트리메틸아민 옥사이드 트리메틸아민

트리메틸아민옥사이드(trimethylamineoxide, TMAO) 어류의 비린내 성분의 전구체. 바다생선의 질소의 최종산물이라고 생각된다. ☞ 트리메틸아민

트립신(trypsin) 작은창자에서 단백질을 아미노산으로 가수분해하는 효소. 이자에서 합성되어 불활성형인 트립시노젠으로 분비되고 십이지장에서 트립신으로 활성화된다. 염기성 아미노산(아지닌과 라이신)의 카복시 쪽의 펩타이드 결합을 가수분해한다. 식품첨가물의 하나인 효소제이다.

트립신억제제(trypsin inhibitor) 트립신의 작용을 막아서 효소역할을 막는 물질. 대표적인 것은 쿠니츠(Kunitz) 억제제로서 특히 콩에 들어 있다. 열에 약하여 가열하면 쉽게 불활성화 된다.

특성차이검사(attribute difference test) 한 시료와 다른 시료 또는 여러 시료들 간에 특정한 한 가지 특성이 얼마나 다른지를 평가하는 검사. 이점비교검사, 순위법, 평점법, 다시료비교검사 등의 방법이 있다. 주의할 점은 검사물 간에 평가하는 한 가지 특성에 대하여 차이가 없다고 해서 종합적인 차이가 없다는 것을 의미하지는 않는다는 것이다.

티로시나아제(tyrosinase) 효소적 갈변반응을 일으키는 산화효소. 갈변반응의 기질인 티로신이나 페놀, 폴리페놀에 산소의 도움으로 산화시켜 갈변물질을 생성시킨다. 감자, 버섯, 사과 등의 갈변을 주도한다.

티로신(tyrosine) 분자 내 벤젠 고리를 갖는 방향족 아미노산. 화학명은 α-amino-β-propionic acid이다. 비필수 아미노산이며, 일반적으로 자연계에 널리 분포되어 있다. 체내에서 페닐알라닌(phenylalanine) 필요량의 일부를 티로신으로 대체할 수 있다.

티오알콜(thioalcohol, thiol) 식품을 가열할 때 시스테인과 메티오닌이 분해되어 생성되는 향기성분. -SH기를 갖는다.

틱소트로피(thixotropy) 유동성이 거의 없거나 또는 유동성이 작은 유탁액이나 현탁액에 응력을 가하면 부드럽게 되어 유동성이 증가하고 점성도 저하하지만, 응력을 제거하면 다시 유동성이 저하 또는 없어지는 현상. 응력에 의한 물체의 연화현상이며, 회복을 수반하는 것이라는 정의도 있다. 식품에서 틱소트로피 성질을 나타내는 것은 다음과 같다. 토마토케첩은 병을 거꾸로 해도 흘러나오기 어렵지만, 흔들거나 휘저어 섞거나 하면 유동성이 생겨 쉽게 흘러나온다. 그러나 이와 같이 점도가 감소하고 연화한 토마토케첩도 휘저어 섞는 것을 멈추고 가만히 두면 다시 원래의 겔 상태가 된다. 이것은 토마토케첩의 미립자로 이루어진 집합체의 구조가 진동, 휘저어 섞는 것 등의 외력에 의해 일단 파괴되지만, 가만히 두면 구조가 재건되어 점도 증가를 일으키기 때문이다. 이 때문에 틱소트로피는 가역적 졸-겔 변화라고도 불린다. 틱소트로피는 구조점성 안에서 시간 의존성이 있는 것으로 점도는 측정시간에 따라 변화한다. 예를 들면, 토마토케첩은 가만히 놓아두는 시간이 길게 될수록 동일 속도 경사를 유지하는 데 큰 외력이 필요하게 된다. 밀크 초콜릿, 마요네즈, 빵 생지 등은 틱소트로피한 움직임을 나타낸다. 현탁액이나 유탁액을 취급하는 식품공장에서 틱소트로피는 중요한 물성의 하나이다.

ㅍ

파(welsh onion) 백합과의 다년생 초본. 학명은 *Allium fistulosum* L.. 한자명은 총백, 총경백, 총백두, 녹태, 채백이다. 중국이 원산지로 동양에만 있고 서양에는 없는데, 중국에서는 3,000년 전부터 재배되어 왔으며 우리나라에는 중국을 거쳐 고려 이전에 들어온 것으로 추측된다. 끝이 뾰족하고 속이 빈 잎부분과 비늘줄기 부분을 식용한다. 파는 크게 쪽파와 대파, 실파로 나누어진다. 줄기와 잎 부분이 연하고 탄력이 있으며 특유의 매운 맛과 향기를 지니고 있다. 녹색 부분에는 백색 부분에 비해 비타민과 무기질이 더 많다. 파는 유황의 함량이 많아 일반적으로 채소류가 알칼리성 식품인 데 비해 산성 식품에 속한다. 파의 자극성분은 유황화합물로서 마늘과 유사한 알리신으로 체내에서 비타민 B_1의 이용률을 높여 주고 살균작용이 있다. 가열에 의해 단맛이 증가되는데 이는 파의 프로페닐 디설파이드(prophenyl disulfide)가 가열에 의해 분해되어서 프로페닐 메르캅탄(prophenyl mercaptan)으로 되기 때문이며 이 성분은 설탕의 50배 정도 감미가 있다. 파는 몸을 따뜻하게 해주며, 위장의 기능을 돕는 작용을 한다. 또한 파는 예부터 감기의 악화를 예방하는 데 쓰여 왔고 소변을 좋게 하며 흥분을 가라앉히는 데도 쓰여 왔다. 파는 그 자체를 주재료로 하여 음식을 만들기도 하나, 한국 음식의 양념으로 쓰여 음식 맛을 돋우어 주고 영양가도 높여 준다. 또한 국, 찌개, 복어요리 등에 쓰인다. 그러나 미역국에는 파를 넣지 않는다. 또한 파는 전이나 부침에 넣기도 한다. 육류나 생선요리에 넣어 냄새를 제거하고 향미를 좋게 하며, 수프의 재료로도 사용한다. 파를 이용한 요리로는 파산적, 파 겉절이, 파나물, 파전, 실파장아찌, 파김치, 파강회, 파국 등 다양하다. 좋은 파는 잎이 진한 녹색으로 황갈색의 녹슨 반점이 없고 윤기 있고 힘이 있으며 꺾인 부분 없이 곧바른 것이 좋다. 뿌리는 전체가 희고 곧으며 단단하고 탄력이 있는 것이 좋다. 또한 백색 부분과 녹색 부분이 확실히 구분되는 것이 좋다. 파를 다듬고 나면 손에서 파 냄새가 심하게 나는데 이 냄새는 아무리 물로 깨끗이 씻어도 쉽게 가시지 않는다. 이럴 때 식초로 손을 씻으면 냄새가 깨끗이 사라진다.

파괴(fracture) 물체가 변형이 진행됨에 따라, 혹은 균열의 발생에 의해, 2개 이상으로 나누어지는 것. 식품은 각각 특유의 파괴 강도가 있다. 특히, 생식하는 야채, 과일의 질감에는 그것들의 세포조직의 성상과 파괴강도가 밀접하게 관련한다. 또 섬유상의 구조를 지닌 어육, 축육가공품, 침채류 등도 입 안에서의 씹힘이 미각의 중요한 인자가 된다.

파드득나물 미나리과의 여러해살이풀로 산채의 일종. 학명은 *Cryptotaenia japonica*. 반디나물이라고도 한다. 한국, 일본, 중국 등에 분포하며 산지에서 자란다. 높이 30~60cm이다. 줄기는 곧추 서고 약간 갈라지며 전체에 털이 없고 향기가 있다. 줄기와 잎은 녹색이고 뿌리는 굵다. 잎은 어긋나고 잎자루가 5~17cm로 길며 3개의 작은 잎으로 되는데 뒷면에 윤기가 있다. 끝쪽의 작은 잎은 잎자루가 없고 달걀 모양으로서 길이 3~8cm, 나비 2~6cm이다. 끝이 뾰족하고 밑부분은 급히 좁아지며 가장자리에 날카롭고 불규칙한 톱니가 있다. 곁쪽의 작은 잎은 크기와 모양이 서로 같고 잎자루가 없으며 때로 불규칙한 톱니가 있는 가장자리가 2~3개로 얕게 갈라진다. 꽃은 흰색 또는 연한 자주색이며 6~7월에 핀다. 어린잎을 식용한다. 여름에 채취한 것은 그늘에 말려서 갑상선종 등에 약재로 쓴다.

파라티프스(paratyphoid fever) 파라티프스균

(*Samonella paratyphoid*)에 의하여 발생하는 우리나라의 제1종 전염병종. A, B, C의 3형이 있고 감염경로는 장티푸스와 동일하며, 잠복기는 1~10일이며, 일반적인 증상은 장티푸스보다 가볍다.

파래(green laver, sea lettuce) 갈파래과에 속하는 녹조류의 일종. 학명은 *Enteromorpha* spp.. 파래는 민물이 흘러 들어가는 담수가 섞인 연안에서 잘 자라는 녹조류로 우리나라 전 해안에 분포하고 겨울에서 봄에 걸쳐 무성하게 번식한다. 우리나라에 자생하는 종류로는 창자파래(*E. intestinalis*), 납작파래(*E. compressa*), 잎파래(*E. linza*), 가시파래(*E. prolifera*), 격자파래(*E. clathrata*) 등이 있다. 파래는 향기가 많고 맛이 있어 한국과 일본 등지에서 즐겨 먹는 해조류로 단백질 23.8%, 탄수화물 42.1%, 무기질 13.7%가 함유되어 있다. 비타민 A, B_1, B_2가 풍부한 알칼리성 식품이다. 특히, 요오드와 비타민 U가 많이 들어 있다. 단백질에는 메티오닌, 리신 등이 들어 있지 않아 단백가가 낮다. 광택이 있고 선명한 녹색을 띤 어린잎이 상품이다. 건조시키지 않은 물 파래와 마른 파래가 있으며, 질이 낮은 김과 섞어 파래김으로 유통되기도 한다. 조리법으로는 파래무침, 파래장떡, 파래간장장아찌 등으로 이용한다.

파르메산 치즈(Parmesan cheese) 전유, 양유, 산양유, 탈지유를 원료로 한 경질의 분말 치즈. 잘게 조각난 조직을 가진 치즈로 형태와 크기가 다양하다. 다양한 형태의 음식에 격자형 치즈로 사용되며, 녹을 때 실같이 늘어나지 않아 요리에 많이 이용한다. 통째로 장기 보존이 가능하며, 이탈리아에서 많이 이용되며, 마카로니, 스파게티, 수프 등에 뿌려 먹는다. 덩어리 형태로도 이용되고 있다. ☞ 치즈

파르페(parfait) 긴 글라스에 아이스크림 · 셔벗 · 과일 · 생크림 등을 번갈아 쌓아 놓고 그 사이에 달콤한 소스를 흘려 넣은 것으로 변형된 소프트 드링크의 일종. 초콜릿 파르페, 스트로베리 파르페 등이 있으며, 파르페란 이름은 신선한 과일과 아이스크림의 차가운 맛이 조화되어 더 할 나위 없이 맛있다는 의미이다. 원래는 프랑스의 파르페글라스에서 나온 것으로 파르페글라스란 난황과 설탕을 거품내서 냉각시키고 거품 낸 생크림을 섞은 후 틀에 넣어 냉각시켜 굳힌 아이스크림이다.

파보일미(parboiled rice) 열대지방에서 쌀의 저장성을 높이기 위해 벼를 반증열하여 건조시킨 쌀. 파보일미는 고온다습한 조건에서도 쌀의 변질이 없을 뿐 아니라, 증열하는 동안에 겨층이나 배아에 존재하는 무기질과 비타민이 배유로 이동하여 도정하여도 특히 티아민의 손실이 적다. 그러나 도정 시 쌀알이 파괴되기 쉬운 단점이 있다.

파상열(波狀熱, brucellosis, undulant fever) 그람(Gram) 음성 단간균인 브루셀라(*Brucella*)균에 의해 양, 산양, 돼지, 소에게 유산을 일으키고, 브루셀라균이 사람에게 감염되면 파상열을 일으키는 전염병. 브루셀라균에는 소에 감염되는 *B. abortus*, 돼지에게 감염되는 *B. suis*, 양 및 산양에게 감염되는 *B. belitensis*가 있으며, 사람은 접촉이나 우유 및 육류를 생식함으로써 2차 감염되며, *B. melitensis*에 의한 감염이 가장 심한 증상을 내고 *B. abortus*에 의한 것이 가장 가볍다. 주요 증상은 파상열이 나타나며, 즉 보통 오후에는 38~40℃의 고열이 있으며 오전에는 평열을 보이고 이러한 증상이 2~3일간 계속되며 이러한 열형이 여러 번 반복된다. 이 균은 열에 대한 저항력이 약하여 58℃에서 10~15분으로 사멸하며, 우유의 저온살균에서는 3분 내에 사멸하나 건조에는 저항력이 강하다. 예방으로는 이환된 동물의 조기발견, 격리 또는 도살하도록 하고, 축사 및 도살장의 환경위생을 철저히 하여야 한다. 그리고 우유의 살균과 수육의 가열조리 등도 철저히 하여야 한다.

파슬리(parsley) 미나리과에 속하는 두해살이식물. 학명은 *Petroselinum sativum* Hassk. 유럽 남동부와 아프리카 북부가 원산지이다. 가장자리가 작은 주름처럼 밀집해 있는 것이 좋고 과숙해서 잎의 색이 굳어 있는 것은 좋지 않다. 철, 구리, 아연의 함량이 높아 빈혈에 좋고, 병에 대한 저항력을 높여 준다. 비타민 중에서는 비타민 A, B_1, B_2, C가 높다. 특히, 파슬리 중의 비타민 C는 139mg%로 매우 많을 뿐 아

니라 튀김을 해서 먹어도 비타민 C, A의 효과는 별로 손실되지는 않는다. 파슬리는 향기가 독특한데 주 방향성분은 아피올(apiol)이다. 파슬리는 진한 녹색의 어린잎이 좋으며 잎자루와 잎의 간격이 짧은 것이 좋다. 잎의 끝이 마른 것은 질기고 쓴맛이 있다. 어린잎을 주로 생식하는데 장식용뿐만 아니라 식욕을 돋우는 전채 요리에 로 수프, 샐러드, 소스 등에 이용된다. 파슬리를 건조시켜 입자의 크기가 거친 상태의 분말을 스프나 오믈렛, 드레싱에 뿌려 색과 향을 내기도 하고 고기요리, 튀김요리 등에서 달걀물에 섞어 이용하기도 한다.

파운드 케이크(pound cake) 밀가루, 달걀, 설탕, 버터를 각각 1 대 1의 비율로 섞어 만든 케이크. 영국에서 처음 만들었으며 재료를 각각 1파운드(453.6g)씩 넣어 만들었다 해서 붙여진 이름이다. 프랑스에서는 그냥 케이크라고 한다. 말랑말랑하게 만든 버터에 설탕과 소금을 넣고 완전히 섞일 때까지 거품기로 빠르게 저은 뒤 달걀을 조금씩 넣어가며 크림 상태가 되게 섞는다. 여기에 2~3회 체에 내린 밀가루와 베이킹 파우더를 넣고 고루 섞은 뒤 우유를 부어 반죽하여 190℃ 오븐에서 20분 정도 굽는다. 반죽에 호두, 버찌, 건포도 등을 섞어서 구우면 후루츠 파운드 케이크가 되며, 굽기 전에 반죽 윗면에 달걀노른자에 설탕을 섞은 달걀 물을 발라 주면 윤기가 나고 노르스름하게 구워져 먹음직스럽게 보인다. 반죽 윗면에 납작하게 자른 아몬드나 쌀가루, 호밀, 호밀가루 등을 뿌려 먹기도 한다.

파이(pie) 파이 그릇을 이용하여 밀가루반죽(파이 껍질)을 밑에 깔고 또 하나는 위에 덮어 고기나 과일 등의 소를 채워 구운 서양요리. 고기와 해산물 등을 사용하는 파이는 흔히 깊은 그릇에 만들어 주 요리나 앙트레로 이용되고, 과일 등을 이용한 것은 후식으로 이용된다. 파이에는 껍질을 위아래로 덮은 과일 파이와 밑면에만 껍질이 있어, 소 재료가 보이는 파이가 있다. 다목적 밀가루 2컵에 소금 1작은술을 섞어서 체로 치고, 차게 굳은 라드나 쇼트닝 2/3컵, 버터 2큰술을 밀가루에 넣어 잘게 부수고 찬물 4큰술을 섞어 반죽한다. 반죽을 너무 얇지 않게 밀대로 밀어서 파이 껍질로 사용한다.

파인애플(pineapple) 파인애플과에 속하는 다년생 식물인 파인애플의 열매. 학명은 *Ananas comosus* Merr. 중앙아메리카와 남아메리카 북부 원산으로서 하와이, 서인도제도, 플로리다, 말레이 반도, 타이완 등지가 대량 생산지이다. 열매의 크기는 길이 15~30cm, 지름 10~15cm이며, 모양은 원통, 원뿔, 달걀 모양 등이 있으며 익으면 주황색에서 노란색으로 되며 향기가 있다. 파인애플의 성분은 수분 92.9%, 단백질 0.4%, 지질 0.1%, 당질 5.9%, 섬유소 0.4%, 무기질 0.3%이다. 열매는 수분이 많고 자당 10%, 시트르산 1% 가량이 들어 있으며 상쾌한 신맛과 단맛이 있다. 비타민 C는 60mg%로 많다. 브로멜린(bromelin)이라고 하는 단백질 분해효소가 함유되어 있어 육류의 연육제로 사용된다. 외피 근처에 수산칼슘의 결정이 있어서 혀를 자극한다. 덜 익으면 산이 많고 수산칼슘 등이 많다. 주 용도는 통조림이며 과자의 재료, 샐러드 등에 이용된다. 통조림은 하와이에서 세계의 약 40%를 생산하며 필리핀 · 말레이시아 · 타이완 등지에서도 많이 생산된다. 수확 후 2~3일 후숙(後熟)하면 단맛이 많아진다. 맛있는 파인애플은 왕관모양의 머리부분의 잎이 작고 단단하며 진한 녹색으로 싱싱해야 하며, 과육이 멍든 것은 피한다. 껍질의 색이 1/3 정도가 녹색에서 노란색으로 바뀐 것, 단 냄새가 강하게 나는 것, 손가락으로 눌렀을 때 말랑한 것이 없는 것이 맛있다.

파파야(papaya) 파파야과에 속하는 상록초본 모양의 교목인 파파야의 열매. 학명은 *Carica papaya* L.. 원산지는 열대 아메리카. 즙이 많으며 열매는 공 모양, 긴 달걀 모양 등이고 무게는 0.2~3kg이다. 녹색을 띤 노란색에서 붉은색을 띤 노란색으로 변하고, 과육은 짙은 노란색 또는 자주색을 띤 빨간색이며 두껍고 콩알만한 많은 종자가 젤리 같은 것에 싸여 있다. 주성분은 당분으로 약 10% 정도이고 비타민 C는 가식부 100g당 65mg 정도로 많다. 카로틴과 비타민 A도 소량 존재한다. 단백질 분해효소인 파파인(papain)은 어린 열매에서 상처를 내어 얻는데 나무 한 그루에서 약 450g 얻는다. 파파인은 고기의 연화작용과 단백질의 소화를 돕는다. 생식하거나 잼 및 설탕에 절인 과자 등을 만든다. 익지 않은 열매는 소금에 절여서 쓴다. 잎과 어린 열매를 고기와 함께 찌면 고기가 연해지며 꽃 및 속 등과 함께 채소로도 활용한다. 종자는 향신료로도 이용한다.

파프리카(paprika) 단고추(sweet pepper)의 일종. 학명은 *Capsicum annum* L.. 헝가리고추라고도 한다. 스페인, 남부 프랑스, 이탈리아, 유고슬라비아, 헝가리 등이 원산지이다. 열매는 주홍색, 빨간색, 노란색 등 다양하다. 신선한 것은 채소, 피클, 샐러드 등에 이용하고, 건조 분말로 만든 것은 어패류, 카나페, 수프, 소스, 드레싱, 롤 캐비지 등에 사용한다. 스페인산은 빨간색으로 단맛을 내고 순하며, 헝가리산은 검붉은색이며 매운맛을 낸다.

판토텐산(pantothenic acid) 보조효소인 코엔자임(coenzyme) A의 구성성분. 판토인산(pantoinic acid)과 β-알라닌(alanine)이 펩타이드 결합한 것이다. 탄수화물 · 지방 · 단백질로부터 에너지를 내기 위하여 최종적으로 아세틸 CoA(acetyl-CoA)을 형성할 때 판토텐산을 포함하는 코엔자임 A가 필요하며, 호르몬, 콜레스테롤 및 헤모글로빈 등의 합성과정에 보조효소로 작용한다. 장내박테리아에 의해 합성되므로 사람에게는 결핍증상이 나타나지 않으나, 쥐에서는 성장정지, 탈모, 피부염, 개는 간지방의 변성, 닭은 피부염 등의 증상을 나타낸다. 판토텐산의 어원이 그리스어의 panthos(어느 곳에나 존재한다)에서 유래한 이름으로 식품 중에 널리 분포되어 있다. 간에 많이 함유되어 있고, 알류, 두류, 효모 등에 많다.

팔라티노오스(palatinose) 이소말툴로오스(isomaltulose). 글루코피라노실 프루토후라노오스(6-O-α-D-glucopyranosyl-D-frutofuranose)로 감미가 좋고 충치예방 효과가 우수하며 설탕 대용으로 많이 사용된다. 감미도는 40~45이며 이당류로 말단에 케톤기를 가지고 있다. 미생물이 분비하는 글루코실 전이효소(α-glucosyltransferase)를 설탕용액에 작용시켜 제조한다. 장관 내에서 소화되기 어려울 뿐 아니라 체내 지방의 축적을 어렵게 하고 장내 균총 중 비피더스균의 선택적 증가에 도움을 주는 등 생리조절기능 특성을 나타낸다. 그러나 물에 녹기 어렵고 비교적 낮은 pH에서 가열에 의해 착색되기 쉽기 때문에 가공식품에 사용 시 주의를 요한다. 소장 내의 효소인 이소말타아제(isomaltase)에 의해 분해되어 포도당과 과당으로 되나 이소말타아제의 팔라티노오스에 대한 효소활성이 약하여 소화가 느리다.

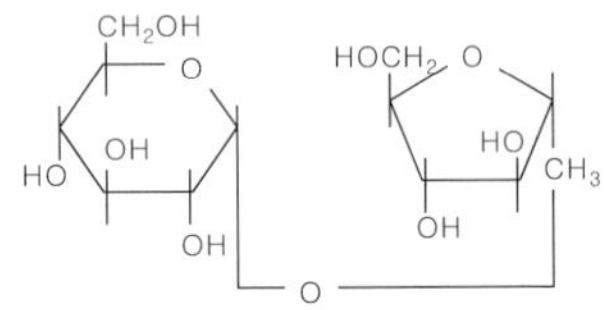

팔라티노오스

팔미트산(palmitic acid) 탄소수 16개의 포화지방산. 계통명은 hexadecanoic acid이다. 융점 63℃, 팜유, 유지방, 라드의 주요 구성 지방산을 비롯하여 일반적으로 동식물 유지의 구성지방산 및 자연계에 널리 분포되어 있다. ☞ 포화지방산.

팜유(palm oil) 기름야자나무인 팜(palm)의 과육을 압착하여 얻는 지방. 주산지는 말레이시아와 인도네시아 등이다. 카로틴을 함유하여 등황색을 띠며, 녹는점은 30~43℃이고, 주성분은 올레산이며, 식물에서 얻는 지방 중 유일하게 동물성 유지에 포함되는 포화지방산을 함유하고 있다. 주로 비누제조에 사용된다. 산화 안정성이 우수하기 때문에 쇼트닝 외에 포테이토 칩이나 라면의 가공용에 이용한다. ☞ 팜핵유

팜핵유(palm-kernel oil) 기름야자나무(palm)와 같은 과실의 핵으로부터 채취하는 불건성유. 녹는점 24~30℃, 비누화가 240~257, 요오드가 14~22. 성분은 올레산, 라우르산, 카프로산 등의 글리세리드이고, 비누 원료나 식용으로 쓰인다. 팜핵 내부의 지방질을 건조시킨 것을 코프라라고 하며, 일반적으로는 코프라를 채취원료로 하므로 일명 코프라유라고도 한다.

팥(小豆, red bean) 콩과(*Fabaceae*)의 1년초 또는 그 종자. 소두(小豆), 적두(赤豆)라고도 한다. 팥의 원종에 대하여는 분명하지 않으나 원산지는 중국 일대일 것으로 추정되고 있으며,

동양에서 오래 전부터 재배한 작물이다. 한국에는 중국으로부터 들어온 것으로 생각되며 재배한 역사도 오래된 작물이다. 종자는 길이 4~8mm, 너비 3~7mm의 원통형이고 양끝은 둥글다. 씨껍질의 색깔에 따라서 붉은팥, 검정팥, 푸른팥, 얼룩팥 등으로 구별한다. 씨껍질의 색소는 안토시안이므로 알칼리나 철냄비에 끓이면 흑색을 띠고, 산이나 공기에 접촉하면 붉은색을 띤다. 팥의 품종은 정리되어 있지 않고 재래품종이 재배되고 있으며 홍천적두(洪川赤豆)가 대립(大粒) · 조숙 · 다수(多收)로서 가장 우수하며, 이 밖에 조숙종인 진천적두(鎭川赤豆), 만숙종인 영동적두, 문의적두 등이 우량시되고 있다. 팥에는 전분 등의 탄수화물이 약 50% 함유되어 있으며, 그 밖에 단백질이 약 20% 함유되어 있다. 팥의 단백질 함유량은 대두에는 미치지 못하나 그래도 20% 이상으로 다른 식물성 식품과 비교하면 상당히 많은 양이다. 팥의 단백질은 대부분이 글로불린에 속하는 파세올린으로 함황아미노산은 약간 부족한 편이나 리신과 트립토판은 많이 들어 있다. 사포닌(saponin)이 0.3~0.5% 함유되어 있는데 이것은 기포성이 있어 삶으면 거품이 일고, 장을 자극하는 성질이 있어 과식하면 설사의 원인이 된다.

패널(panel) 관능평가를 할 수 있는 자격을 지닌 사람들의 집단. 이 때 패널의 구성원을 패널 요원이라 하고 패널을 통솔하는 사람을 패널 지도자라 한다. 식품의 최종 품질은 관능적으로 평가되기 때문에 제품의 관능적 품질에 관한 정확한 정보를 얻는 일이 중요하고, 이를 위하여 예민성 및 재현성이 있는 요원으로 구성된 패널을 유지해야 한다.

패널 요원 선발검사(panelist screening test) 패널 요원의 후보 중 예민도, 재현성 및 판단 능력에 따라 가능한 인원을 선발하기 위한 검사. 선발검사에는 1 · 2차 선정이 있다. 1차 선정에서는 관능평가에 흥미와 협조의식을 갖고 있으며 관능평가 기간 중 시간적 여유가 있고 건강에 이상이 없으면서 특정 식품을 기피하지 않는 사람으로 필요한 인원의 2~3배 정도를 선정한다. 2차 선정에서는 정상적인 감각을 지니고 관능평가에 관심이 있으며, 품질특성의 차이식별과 재현할 수 있는 능력을 고려하여 필요한 수의 1.5~2배 정도를 선발한다. 이 검사에 사용될 제품과 적절한 검사방법으로 선발검사를 실시하는 것이 바람직하다.

패널 요원 평가(panelist assessment) 각 패널 요원의 예민성 및 재현성 유지를 위해 정기적으로 하는 평가. 예민성을 평가하기 위해서는 향미물질에 대한 패널 요원의 역치를 평가하고, 재현성 및 판단 능력을 평가하기 위하여 다양한 특성을 갖는 해당 시료에 대한 평가를 정기적으로 실시하여서 각 패널 요원별로 일원분산분석을 한 후, 결과에 따른 F값을 계산한다.

팽나무버섯(velvet-stemmed agaric) 담자균류 주름버섯목 송이과의 버섯. 학명은 *Flammulina velutipes* Krast. 일명 겨울버섯이라고도 한다. 늦가을에서 봄까지 뽕나무, 감나무, 아카시아, 포플러 등 활엽수의 썩은 고목이나 그루터기에 다발로 발생한다. 갓의 크기는 2~8cm이고 황갈색으로 모양은 초기에는 반구형이나 성장한 후에는 편평하게 펴진다. 표면은 습하면 점질성이고, 주름살은 약간 빽빽하며 백색이나 옅은 황색을 띤다. 향기가 나고 쫄깃쫄깃하다. 인공재배 팽나무버섯은 일명 팽이버섯이라고 하며 가느다란 대에 콩알만한 갓이 달렸고 중간은 속이 비어 있으며 다발로 군락을 지어 자란다. 원목재배와 톱밥을 이용한 병 재배가 이루어지고 있다. 찌개, 국, 튀김 등의 일본요리에 많이 이용한다.

팽윤(澎潤, swelling) 건조상태의 겔이 분산매를 흡수하여 부푸는 현상. 건조식품이 물에 불어 다시 복원되는 것으로 쌀, 보리의 취반 등은 모두 이 현상의 예이다.

팽창제(膨脹劑, leavening agents, blowning agents) 빵, 과자, 비스킷 등에 연하고 맛이 좋고 소화되기 쉬운 것으로 만들기 위해서 사용되며 가스를 발생하는 성질을 가지고 있는 물질. 생물학적 팽창제로는 이스트가 있으며, 화학적 팽창제로는 탄산수소나트륨을 비롯하여 혼합된 합성팽창제를 사용하고 있다.

팽화미(puffed rice) 압력용기 속에서 튀긴 쌀. 압력이 걸려 있는 용기에 쌀을 넣고 밀폐시켜 가열하면 용기 속의 압력이 올라간다. 이 때 뚜껑을 갑자기 열면 압력이 급히 떨어져서 쌀알이 수배로 부풀게 된다. 이것을 튀긴 쌀 또는 팽화미라 한다. 이 때 용기의 뚜껑을 열면 뻥 하는 큰 소리가 나므로 뻥튀기라고도 한다. 이러한 조작에 의하여 쌀알은 다공질이 되고 전분은 덱스트린으로 변하므로 그대로 먹어도 소화가 잘 된다. 여기에 조미료나 감미료를 가하여 정형하거나 또는 분말로 만들어 식용하기도 한다.

페네트로미터(penetrometer) 점조성이 있는 반고형물의 점성이나 점탄성을 측정하기 위한 시험기의 일종. 침입도계(針入度計)라고도 한다. 아스팔트, 그리스(grease), 시멘트 모르타르 등의 공업적 시험에 널리 이용되고 있다. 원래는 점조도를 수량화하기 위한 실용적인 측정기였지만, 현재는 여러 가지로 개량이 되어, 레올로지적인 성질의 해명에 도움이 되는 것도 많다.

페놀산(phenolic acid) 페놀 화합물의 히드록시기가 카르복시산으로 산화된 화합물. 클로로겐산(chlorogenic acid)을 비롯하여 신남산(cinnamic acid), 페룰산(ferulic acid), 겐티스산(gentisic acid), 파라히드록시 벤조산(p-hydroxy benzoic acid), 살리실산(salicylic acid), 시린지산(syringic acid), 바닐산(vanillic acid) 등이 있다. 클로로겐산은 가수분해되어 카페산(caffeic acid)을 형성한다. 페놀 물질(phenolics)은 유리상태로 쉽게 산화가 되어 저장이나 가공방법에 따라 파괴될 수 있다. 카페산이나 클로로겐산은 영양손실이나 색상, 풍미에 영향을 주는 갈변반응으로 식품에 유해한 영향을 준다. 따라서 페놀 물질의 제거는 활성탄으로 처리하여 풍미를 증가시키고, 소화율을 향상시킨다. 카페산과 클로로겐산은 니트로사민(nitrosamine) 형성을 막아 주는 차단제(blocking agent)로의 잠재력을 갖고 있다. 또한 이들 페놀 물질은 쥐의 간에서 아플라톡신(aflatoxin) B_1 대사를 저해시켜 준다. 페놀산의 생체기능은 항산화제의 역할로 해로운 발암물질에 의한 DNA 손상을 초래하지 못하게 한다.

페오니딘(peonidin) ☞ 안토시아닌

페오닌(peonin) ☞ 안토시아닌

페오피틴(pheophytin) 클로로필 분자 중의 마그네슘이 산성 용액에서 2개의 수소원자로 치환되어 생긴 화합물. 녹갈색을 띠므로 녹색 채소의 가열조리 과정에서 변색의 원인이 된다. ☞ 클로로필

페이스트(paste) 퓌레를 더 농축해서 농도가 2배 정도 진한 것. ☞ 퓌레

페튜니딘(petunidin) ☞ 안토시아닌

페튜닌(petunin) ☞ 안토시아닌

펙틴(pectin) 식물체의 세포간질을 구성하는 주요성분. 알코올과 아세톤에는 녹지 않는다. 당과 산의 존재 하에서 겔을 형성하는 능력이 있고 그 분자 속의 유기산기의 일부가 메틸 에스테르로 되어 있는 폴리갈락투론산이다. 보통 6% 이상의 메톡실기를 갖는다. 황백색을 띤 무정형의 분말인데 물에 녹아서 점도가 높고 콜로이드를 형성한다. 펙틴은 적당한 양의 당, 산의 존재 하에서 겔을 형성할 수 있는 펙틴산(pectinic acid), 또는 이 펙틴산의 중성염 또는 산성염 또는 혼합물들에 대한 일반명이라고 말할 수 있다. 펙틴은 유기산기가 메틸 에스테르화되었거나, 염을 형성하고 있거나 또는 유리상태로 있는 갈락투론산들의 중합체, 즉 폴리갈락투론산들이 분자의 주체가 되고 있다. 구성단위가 되고 있는 갈락투론산은 α-1,4 결합을 통해서 연결되어 있으며, 아밀로오스와 유사한 α-나선형을 가진 직선상의 분자들로 생각되고 있다. 펙틴은 겔 형성제로 사용되며 혼합 주스에서 안정제로도 사용된다. 펙틴이 인체에 미치는 기능성에는 혈당치 감소로 당뇨예방, 콜레스테롤치 감소에 의한 고혈압, 동맥경화 예방, 만복감을 주므로 과식을 방지할 수 있다. 그 외에 체내 독성물질을 제거하여 대장암 예방효과가 있으며 면역기능 강화로 면역관계 질병예방 및 해독작용이 있다.

펜넬(fennel) 지중해 연안과 서아시아가 원산지인 식물. 학명은 *Foeniculum vulgare*. 중국에서는 '회향'이라고 부른다. 잎은 새의 깃털 같이 가늘고 섬세하며 씨는 아니스와 유사한 향기를 낸다. 잎은 샐러드나 육류, 생선요리에 사용하는데 냄새제거에 탁월하다. 소스, 카레, 피클, 포도주 등에 사용하며 이탈리아에서는 펜

넬 종자로 만든 살라미가 유명하다.

펠라르고니딘(pelargonidin) ☞ 안토시아닌

편도(扁桃, almond) 장미과의 낙엽교목인 편도나무의 열매. 학명은 *Prunus amygdalus* Batsch. 아몬드라고도 한다. 터키가 원산이고 복숭아와 비슷하게 생겼다. 지중해 연안에서 재배되며 미국의 캘리포니아주에서 대규모로 재배하기 시작하면서 아몬드라는 이름이 널리 알려졌다. 과육은 얇고 익으면 갈라져서 먹을 수 없으며 그 대신 안에 들어 있는 핵인(核仁)을 식용한다. 인은 붉은색을 띤 갈색 내피가 있는데 떫으며, 내부에 노란색을 띤 흰색의 배(胚)가 있다. 잘게 부수어 초콜릿 · 아이스크림 · 샐러드 · 케이크 · 과자 등 여러 요리에 이용한다. 쓴맛은 아미그달린 때문이나 식용하는 편도는 대부분 쓴맛이 없는 품종이다.

평균치(average) 자료의 분포 전체를 대표하는 수치의 하나로 자료의 합계를 총수로 나누어 얻어진 수치. 자료의 구조를 특징짓는 양으로서 대표치, 분산의 정도, 모멘트(moment) 등이 있다. 대표치에는 평균(mean), 중앙값(median), 최빈값(mode) 등이 있는데 그 중에 평균이 통계적 이론에 가장 사용하기 쉽다.

평행판 플라스토미터(parallel plate plastometer) 소성유동의 연구에 오래 전부터 사용되고 있던 측정기계. 두 장의 평행판 사이에 원판형의 시료를 끼워, 윗면으로부터 일정한 하중을 걸어, 일정시간(t) 후의 두께의 변화를 측정하고, 가소성을 측정한다. 평행판 플라스토미터에는 두 종류가 있는데, 평행판의 지름이 시료보다 작고 시료가 밖으로 넘쳐 나오는 구드리치형과, 평행판의 지름이 시료의 지름보다 큰 윌리엄스형이 있다. ☞ 플라스토미터

포도(葡萄, grape) 포도과에 속한 덩굴나무의 열매. 학명은 *Vitis* spp.. 서아시아와 지중해가 원산지. 인간이 재배한 가장 오래된 작물 중의 하나. 종류는 500~600종으로 세계 각지에서 재배된다. 그 중에서 중요한 종은 유럽종(*V. vinifera*)과 미국종(*V. labrusca*)이다. 유럽종 포도는 아주 오래 전부터 근동 · 중앙아시아에서 재배되었는데, 전파과정에서 남유럽계 · 중앙아시아계 · 동아시아계 등의 재배형으로 분화하였다. 중앙아시아 및 남유럽계는 과피가 얇고, 과육이 잘 떨어지지 않기 때문에 구미에서는 껍질째 먹는다. 과피의 색은 짙은 자흑색, 홍적색, 황록색 등이며 모양도 구형, 타원형, 방추형 등 다양하다. 품종으로는 ① **자흑색 품종**-거봉, 세리단, 캠벨 얼리(campbell early) ② **홍색 품종**-타노 레드(tano red), 델라웨어(delaware) ③ **백황색 품종**-골든 머스캣(golden muscat), 톰슨 씨드리스(thompson seedless), 힘로드 씨드리스(himrod seedless)이다. 주성분은 당분으로 10~18%이며 주로 포도당과 과당이어서 단맛을 낼 뿐 아니라 흡수가 빨라 피로회복에 좋다. 유기산으로는 주석산과 사과산이 주이고, 1% 내외가 들어 있다. 무기질로는 칼슘, 칼륨, 철이 특히 많아 알칼리성 식품이다. 비타민 B_1, B_2가 풍부하며, 펙틴 0.3~1%, 펜토산, 이노시톨, 탄닌 등이 들어 있어 장의 활동을 촉진시켜주고 해독하는 작용이 있다. 포도의 적색은 안토시안계 색소로 주로 오에닌(oenin), 말빈(malvin), 페오닌(peonin), 페투니딘(petunidin)이다. 전세계 총생산량의 80% 이상이 포도주로 이용되고 있으며 그 외에 생과로 먹거나 주스, 젤리, 건포도, 셔벗, 잼 등으로 이용한다. 서양요리에서는 오리고기 요리에 소스로 사용하기도 한다. 포도씨를 강장제로 사용하고 있는데, 지방이 20% 가량 들어 있다. 맛있는 포도는 고유의 색과 특성을 지니고 육질이 단단하고 하얀 분이 고운 것이 좋다. 가지 쪽이 가장 맛있고 송이의 제일 끝부분이 신맛이 강하므로 송이 끝부분의 맛을 보아 달면 전체가 단 것이다.

포도씨기름(grape-seed oil) 포도씨로부터 추출한 기름을 식용에 적합하도록 정제한 것. 포도씨에는 성인병에 좋은 리놀레산과 시토스테롤, 토코페롤 등을 많이 함유하고 있어서 동맥경화증, 고혈압 등의 질병예방 기능이 있으며 인체 내에 발생하는 지질의 산화를 지연시킴으로써 항산화 역할도 하므로 이를 주원료로 하여 섭취가 용이하도록 액상, 캡셀 등으로 가공하여 건강기능식품으로 이용한다. 건강기능식품으로 인정되는 포도씨기름 식품의 규격으로는 불순물이 없는 98% 이상의 포도씨 기름으로 가공

해야 되고 제품 100g 기준으로 카테킨이 3mg 이상 함유되어 있어야 하며 리놀레산은 57% 이상 함유되어 있어야 한다. 또한 포도씨기름에는 대두유나 옥배유보다 약 70배 정도 토코페롤이 많이 함유되어 있다.

포도주(葡萄酒, **wine**) 포도나 포도즙을 발효시켜서 만든 과실주. 포도의 단맛은 포도당이고, 과피(果皮)에는 천연 이스트가 붙어 있으므로 포도를 으깨어 방치하면 자연히 발효하여 술이 된다. 포도주에는 적포도주와 백포도주가 있다. 적포도주는 적포도를 과피(果皮)와 함께 짓이겨 양조한 것이며, 백포도주는 포도를 포도액으로 만들어 양조한 것이다. 백포도주에는 주로 황색 포도가 쓰인다. 백포도주는 드라이한 맛으로 어패류의 요리와 어울리며 차게 냉각시켜서 마신다. 적포도주는 과피로부터 침출된 탄닌 등에 의한 떫은맛이 있으며 육류나 치즈에 알맞다. 또 포도주는 순(純)포도주와 특수 포도주로 분류된다. 순포도주는 포도를 단순히 양조만 한 것으로, 주정도는 보통 8~12%이고, 특수 포도주는 발포성을 갖게 하거나 브랜디를 가해 강화한 술로서, 대표적인 것은 샴페인, 셰리(sherry), 포트(port), 마데이라(Madeira) 등이다. 포도주 제조 시 예전에는 사람이 발효통에 허벅다리까지 잠기며 들어가서 발로 포도를 으깼다. 포도에는 원래 효모가 붙어 있으나, 현재는 배양한 양질의 효모를 첨가한다. 포도주의 품질은 포도 수확 해의 기상조건에 크게 좌우된다. 프랑스가 제일 유명하며, 그 중에서도 보르도와 부르고뉴이다. 뱅 보르도 루주(Vin Bordeaux Rouge)는 선홍색으로 담백한 맛이 나며, 부르고뉴의 적포도주는 암적색으로서 감칠맛이 진하다. 보르도 블랑(Bordeaux Blanc), 특히 소테른(Sauternes) 지역의 것은 포도를 오래도록 따지 않고 덩굴에 매달아 두었다가 반건조된 감미로운 것을 따서 만들므로 단맛이 강하다. 부르고뉴 백은 드라이한 맛이 나며, 독일의 라인강 및 그 지류인 모젤강 유역에서 만드는 백포도주도 드라이한 맛이 일품이다. 와인잔은 받침대가 있어야 하며, 옛날에는 백포도주는 녹색의 글라스를 사용했으나 최근에는 적·백 모두 무색의 잔을 사용한다.

포만감(飽滿感, **satiety sensation**) 음식을 충분히 먹어 배가 부른 느낌. 간뇌의 시상하부에 있는 만복중추가 흥분하면 포만감을 느낀다.

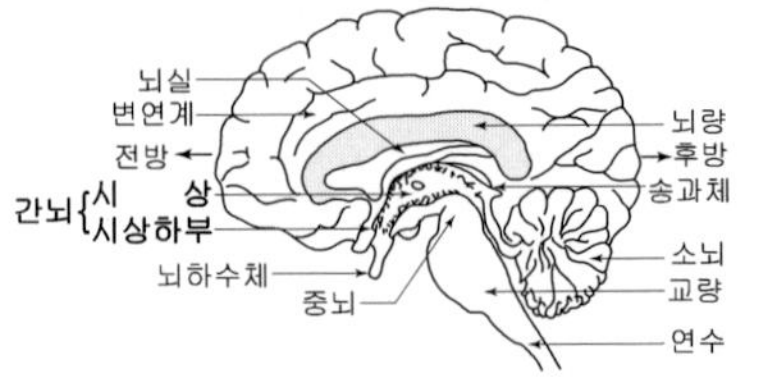

포만감을 느끼는 뇌의 부위

포말건조(**foam mat drying**) 액체 식품을 거품 내어 열풍건조시켜 수분을 날려 보내는 방법. 거품을 내면 표면적이 증가되어 건조속도가 빠르다. 액체 식품에 식용 가능한 기포제(건물 기준으로 1% 정도) 즉, CMC(carboxyl methyl cellulose), MC(methyl cellulose), monoglyceride, egg albumin, sucrose fatty acid ester, 천연고무질 등의 점조제나 계면활성제를 넣고 공기나 압축질소 가스를 혼입하여 거품을 일으켜 표면적을 크게 한 다음, 벨트에 약 2~5mm의 두께로 펴서 열풍건조기에 통과시켜 건조시킨다. 건조속도가 빠르고 원상복구가 잘 되어 제품의 질이 우수하므로 과즙의 분말화, 유아식품의 건조 등에 이용되고 있다.

푸아송비(**Poisson's ratio**) 탄성체에 힘을 가하여 잡아당긴 경우, 그 방향에 단위 길이당 늘어남 γ가 생기는 것과 동시에 이와 수직인 방향에 대해서는 단위 길이당 오그라듦 β가 생길 때, 이 늘어남과 오그라듦의 비인 $\beta/\gamma=\sigma$는 탄성 한계 내에서 각 물질에 대해 일정 값인 정수가 되는 비율. 구리의 푸아송비은 0.337, 강철은 0.287, 탄성고무에서는 0.46~0.49이다. 푸아송은 프랑스의 수학 및 수리물리학자로, 수학 외에 유체 및 탄성역학 방면에 공헌하였다.

포장(**packaging**) 식품 등을 담거나 싸는 물품. 식품위생법에서는 '식품 또는 첨가물을 담거나 싸는 물품으로서 식품 또는 첨가물을 수수할 때 함께 인도되는 물품을 말한다' 로 규정하고 있다. 식품의 포장용기는 식품에 보존성과 보호성을 주면서 위생적으로 안전하여야 한다. 따라서 식품포장은 식품의 유통과정에 있어서 그 품질을 보존하고 위생 안전성을 유지하며 생산, 유통, 수송의 작업성 향상과 간편성을 부여하고 상품가치를 증대시키며 판매를 촉진하기 위하여 알맞은 재료나 용기를 사용하여 적절히 처리한 식품을 겉으로 드러나지 않게 싸서 간직하는 것이다.

포피란(porphyran) 김에 들어 있는 콜레스테롤을 줄이고 간 기능을 강화시키는 생리활성 물질.

포화지방산(飽和脂肪酸, saturated fatty acid, SFA) 분자 내에 이중결합을 갖지 않는 지방산. 탄소수 2~26개의 것이 많으며 보통 탄소수 12~20개인 것이 많다. 탄소수가 증가할수록 물에 녹기 어려우며 불포화지방산에 비해 융점이 높고, 산화 안정성이 좋다. 탄소수 10 이하의 지방산은 상온에서 액체이지만 그보다 긴 사슬의 지방산은 고체이다. 요오드가가 낮은 동물성 지방, 식물성 지방, 불건성유에 많이 함유되어 있다. 식용유지 성분으로는 스테아르산(stearic acid 18:0)과 팔미트산(palmitic acid 16:0)이 가장 풍부하게 존재한다. 한편 라우르산(lauric acid 12:0)은 월계수 및 코코넛 같은 팜(palm)에서 다량 추출된다. ☞ 불포화지방산

폰던트(fondant) 양과자의 표면장식, 맛내기용, 캔디의 재료 등으로 쓰이는 순백색의 설탕액. 프랑스어로 '녹는'의 뜻으로, 설탕에 물을 붓고 110℃ 전후로 끓여서 식혀 순백색이 될 때까지 저어서 만든다. 전에는 과자점, 제과공장에서 자가생산하여 사용해 왔으나, 최근에는 폰던트 전문공장이 생겨 대량 생산된다. 제조방법은 여러 가지가 있으나 유기산을 이용하는 애시드 폰던트와 물엿을 이용하는 시럽 폰던트의 2종류가 있다. 케이크와 쿠키의 장식에 사용하면 대리석과 같이 굳어져서 손에 묻지 않으므로 운반하기에 편리하고, 보존도 비교적 잘 된다. 맛내기용으로는 이클레어(éclair)의 윗면에 칠하는 초콜릿액 등을 만들 때 이용되며, 캔디용으로는 폰던트를 심으로 하여 초콜릿액을 칠한 초콜릿 크림과, 프루트 페이스트를 심으로 하여 폰던트를 칠한 봉봉 등을 만들 때 이용된다.

폴리덱스트로오스(polydextrose) 물에 용해되는 식이섬유 부피개량제로 글루코오스, 솔비톨과 구연산의 비율을 89 : 10 : 1로 가열중합하여 만든 글루코오스의 다리결합 중합체. 글루코오스가 무작위로 결합되어 있으며 분자량 5,000 이하의 것이 약 90%를 차지하고 있다. 인체 내에서 1kcal/g의 에너지를 낸다. 부피개량제(bulking agent) 외에 텍스처 개선제(texturizer), 습윤제(humectant)와 당이나 지방대체제로 사용이 가능하다. 폴리덱스트로오스는 FDA에 의해 냉동유제품, 제빵 제품, 푸딩, 샐러드 드레싱, 사탕류 등에 사용이 허가되었다. 대변과 수분량의 증가, 소화관 통과시간의 단축, 담즙산의 배설 촉진, 콜레스테롤의 감소, 혈당과 혈압의 저하 작용 등의 기능이 확인되었다.

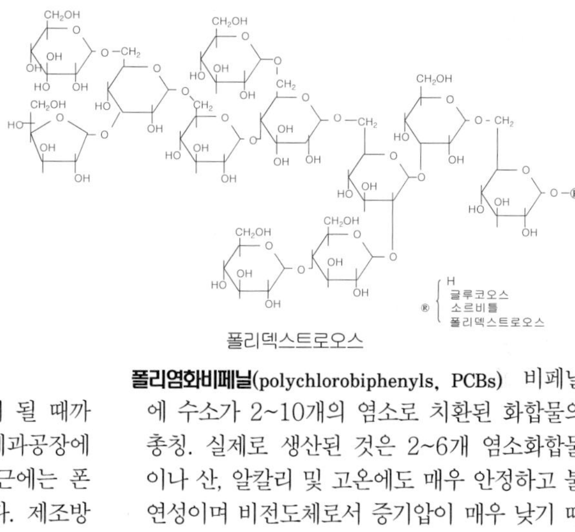

폴리덱스트로오스

폴리염화비페닐(polychlorobiphenyls, PCBs) 비페닐에 수소가 2~10개의 염소로 치환된 화합물의 총칭. 실제로 생산된 것은 2~6개 염소화합물이나 산, 알칼리 및 고온에도 매우 안정하고 불연성이며 비전도체로서 증기압이 매우 낮기 때문에 1930년대부터 공업용으로 널리 이용되어 왔으나 난분해성인 PCBs는 생산이 중단된 지금까지도 식품에 잔류되어 있어 PCBs 오염은 전세계적인 관심사로 대두되고 있다. PCBs의 주요 표적 장기는 간장이다.

폴리페놀(polyphenol) 벤젠 고리에 2개 이상의 −OH기를 가지는 화합물로 플라보노이드(flavonoid)와 탄닌(tannin)이 주성분인 화합물. 폴리페놀의 기능은 식품 및 유지류의 항산화기능, 항노화, 항돌연변이, 항암, 혈중 콜레스테롤 및 혈압상승 억제, 혈당상승 억제, 혈소판응집

억제, 항균, 항바이러스, 충치예방, 항궤양, 항알레르기, 탈취 등이 잘 알려져 있다.

폴리페놀 옥시다아제(polyphenol oxidase) 사과, 오렌지, 사탕무 등의 과실들이나 채소류 또는 차(tea)의 산화에 의한 갈색화 반응에 참여하는 효소. 사과를 쪼개거나 껍질을 제거한 후 과육이 공기와 접촉하면 갈색으로 변화되는데 이것은 과육의 성분이 폴리페놀옥시다아제에 의하여 산화되기 때문이다.

표고버섯(shiitake mushroom) 담자균류 주름버섯목 느타리과의 버섯. 학명은 *Lentinula edodes* (Berk.) Sing. 표고버섯은 참나무, 밤나무, 물가리나무 등에 자연적으로 기생하며, 분포지역은 한국, 일본, 중국, 타이완 등이다. 버섯 중에서는 송이 다음으로 향기가 높다. 표고버섯은 대부분 상수리나무 등의 참나무에 종균하여 인공재배로 생산한다. 갓의 지름은 6~10cm이고 표면은 다갈색이며 터진 사이로 흰 살이 보이는 것도 있다. 갓의 형태에 따라 화고(화동고), 동고, 향고, 향신으로 구분한다. 갓이 오므라들고 육질이 두껍고 색깔이 선명한 것일수록 고급에 속한다. 일 년 내내 생산되지만 3~5월과 9~11월의 봄, 가을이 제철이다. 말린 표고는 태양의 자외선에 의해 비타민 D의 함량이 증가하고 맛과 향도 좋아진다. 생표고에는 단백질 3%, 지방 0.4%, 탄수화물 8.7%, 조섬유 0.7%가 함유되어 있으며, 비타민 중에서는 에르고스테롤(ergosterol), 비타민 B_1, B_2가 많다. 탄수화물로는 헤미셀룰로오스(hemicellulose)와 트레할로스(trehalose), 만니트(mannit) 등이 많아 혈중 콜레스테롤 저하작용이 있으며, 렌티난(lentinan) 등의 다당류는 면역증강작용을 한다. 에리다데린(eridaderin)은 혈압 강하작용이 있으며, 향기 성분은 렌티오닌(lenthionine)이고 감칠맛은 구아닐산(guanilic acid), 아데닐산(adenylate)에 기인된다. 갓의 색깔이 검은 표고에는 멜라닌 색소가 많다. 표고버섯을 잘 고르려면 갓이 너무 피지 않고, 갓의 안쪽이 희고 깨끗하고 주름져 있고 살이 두툼하며 줄기가 짧은 것이 좋다. 마른 표고는 두껍고 갓이 피지 않고 짙은 황갈색의 것으로 잘 마른 것이 좋다. 마른 표고는 미지근한 물에 불려서 음식에 따라 알맞은 크기로 썰어 이용하고 생표고는 그대로 이용한다. 마른 표고를 불린 물은 향이나 맛이 좋아 국이나 찌개에 넣으면 좋다. 주로 전골 · 국 · 산적 · 볶음 · 조림 · 찜 · 구이 등의 조리에 쓰이는데, 특히 한국음식의 고명으로서도 빼놓을 수 없다. 표고를 우린 갈색물과 다시마 삶은 물, 간장을 함께 사용해 만든 표고진간장은 궁중이나 사찰에서 사용해 온 간장으로 유명하다. ☞ 버섯

표면장력(表面張力, surface tension) 액체의 자유표면에서 표면을 작게 하려고 작용하는 힘. 비누방울이나 액체 속의 기포가 구상이 되는 것은 이 힘이 액면에 작용하기 때문이며, 용기의 가장자리에 액체가 넘쳐 올라간 모양이 되어 쏟아지지 않는 것도 액체 표면에 장력이 작용하기 때문이다. 수면에 떨어뜨린 기름방울이 금방 퍼지는 것은 물의 표면장력이 기름의 표면장력보다 크고, 기름층이 물의 표면장력에 의해 잡아 늘여지기 때문이다. 표면장력의 세기는 액면에 가정한 단위길이의 선의 양쪽에 작용하는 장력에 의해 표시된다. 그 값은 액체의 종류에 따라 결정되는 상수이지만, 온도에 따라서도 변한다. 예를 들면 수은의 표면장력은 487(15℃), 물은 72.75 (20℃), 알코올은 22.3(20℃)로 물질에 따라 상당한 차이가 있으며, 그 값은 온도가 올라감에 따라 감소한다. 또 어떤 종류의 물질을 액체에 녹이면, 그 액체의 표면장력을 감소시키는 작용이 있다. 물에 대한 비누 등은 그 대표적 예이며, 이런 종류의 물질을 계면활성제라고 한다. 표면장력이 생기는 것은 액체의 분자 간 인력의 균형이 액면 부근에서 깨지고, 액면 부근의 분자가 액체 속의 분자보다 위치 에너지가 크고, 이 때문에 액체가 전체로서 표면적에 비례한 에너지(표면 에너지)를 가지기 때문이며, 이것을 될 수 있는 대로 작게 하려고 하는 작용이 표면장력으로 나타난다.

표백제(漂白劑, bleaching agents) 식품을 가공하거나 제조할 때 식품 중의 색소가 산화 등에 의하여 퇴색, 변색 또는 착색되어 식품의 질을 떨어뜨리는 것을 예방하기 위하여 색소로 착색하기 전에 그 식품이 완성되었을 때의 색을 아름답게 유지하기 위하여 사용하는 물질. 그 작용

에 따라 산화표백제와 환원표백제의 2종으로 구분 사용한다. 산화표백제에는 과산화수소, 과산화벤조일, 차아염소산나트륨 등이 있으며, 환원표백제로는 메타중아황산나트륨(sodium metabisulfite), 아황산나트륨(sodium sulfite), 산성아황산나트륨(sodium bisulfite), 차아황산나트륨(sodium hyposulfite) 등이 허용되어 있다.

표정 기호척도(facial hedonic scale) 기호척도의 일종. 척도눈금 상의 형용어 대신에 사람의 표정을 나타내어 표시하도록 한 것. 지능이나 교육정도에 관계없이 이용할 수 있는 이점이 있다. 어린이를 대상으로 하는 기호조사나 간편한 소비자조사에 적합하다. 훈련되지 않은 50명 이상의 다수 대상에 이용하여야 한다.

표준위생 작업절차(sanitation standard operating procedures, SSOPs) HACCP 시스템을 적용하기 전에 선결되어야 하는 위생적인 작업절차. 시설의 효과적인 세척, 청소, 개인위생관리, 해충, 해서 등의 예방 및 구제, 종사자의 위생 교육 등의 사항에 대하여 작업담당자, 작업내용, 실시빈도, 실시사항의 점검, 기록 방법 등을 기재한 표준작업 매뉴얼을 작성하여 준수하도록 한다.

표준척도(標準尺度, standard scale) 주로 각 텍스처 특성의 기준 시료를 설정하여 만든 척도. 경도, 점도, 부착성, 부서짐성, 검성, 씹힘성 등에 대하여 각 강도점수에 해당하는 기준시료를 설정하여 표준척도를 만든다. 패널 요원은 강도점수가 사전에 정해진 기준시료를 각 특성의 강도가 낮은 것부터 시작하여 높은 쪽으로 비교한 후 제시된 시료의 특성강도를 결정한다. 스펙트럼 묘사분석에서도 다양한 표준척도가 개발되어 있다.

표준편차(standard deviation) 통계자료의 퍼짐성을 나타내는 특성값. 관측값(x_1, x_2, ⋯, x_n)의 평균값을 $\bar{x}$라고 할 때, 표준편차 s는 다음 식으로 주어진다.

$$\sqrt{\left\{\sum_{k=1}^{n}(x_k-\bar{x})^2\right\}/n-1}$$

표준편차가 0일 때는 관측값의 모두가 동일한 크기이고 표준편차가 클수록 관측값 중에는 평균에서 떨어진 값이 많이 존재한다.

품질(品質, quality) 양적 요소, 영양 위생적 요소 및 관능적 요소로 구성되어 식품의 질을 평가하는 것. 양적 요소는 식품의 무게, 부피, 개수, 고형분 함량 등 비교적 쉽게 외관적으로 감지 또는 측정할 수 있는 요소이다. 영양 위생적 요소는 쉽게 소비자가 감지할 수 없는 감춰진 요소로 식품의 화학적 조성, 영양저해 또는 독소물질의 유무, 첨가물의 유무, 유해미생물의 유무 등이 이에 속한다. 관능적 요소는 소비자가 시각, 미각, 후각, 청각 및 촉각의 오감을 통하여 감지할 수 있는 품질로 관계기관에서 통제하지 않고 소비자가 평가하는 품질요소로서 일반적으로 식품의 겉모양, 향미, 텍스처로 분류한다.

풋콩(green soybean) 대두 종자를 조기 재배하여 80% 정도 성숙시킨 미성숙한 콩. 우리나라를 비롯하여 중국, 일본, 대만 및 태국 등 주로 아시아 지역에서 많이 이용되어 왔는데 우리나라에서 오래 전부터 가지채로 수확하여 찌거나 혹은 꼬투리만을 삶아서 풋콩알맹이를 간식으로 식용하였고, 밥밑콩, 떡소용 및 술안주용으로 이용하여 왔다. 우리나라에서는 풋콩으로 명명하고 일본에서는 edamame, 중국에서는 maodu, gingdou로 영어로 immature soybean, vegetable soybean 등의 다양한 명칭으로 부르고 있다. 신선풋콩은 건조중량으로 40%의 단백질, 콜레스테롤이 없는 20%의 지방, 33%의 탄수화물, 6%의 조섬유, 5%의 회분으로 구성되어 있으며 칼슘, 철, 인산, 칼륨 등의 미네랄과 비타민 C와 E가 풍부한 식품으로서 연중 수요가 있고 비수기에는 비교적 가격이 높으며 수요의 최성기는 여름을 비롯하여 추석 전후가 된다. 풋콩은 녹색과 부드러운 조직을 갖고 있어 채소로서의 특징이 있으며 콩이 갖는 콩비린내의 강도가 비교적 적고, 비타민 C와 β-카로틴이 많으며, 트립신 저해제(trysin inhibitor)나 피트산(phytic acid) 등의 항영양소(anti-nutritional factor)를 적게 갖고 있는 등 성숙된 종실용 콩보다 좋은 점을 갖고 있다. 또한 단백질의 영양가도 종실용 콩보다 비교적 높은 편이다.

퓌레(purée) 채소나 육류를 갈아서 체로 걸러 농축시킨 것. 고형분은 12~13%이고, 걸쭉한 점도를 가진다. 토마토 퓌레가 퓌레의 대표라고 할 수 있는데, 요리의 재료로 또는 각종 토마토 소스를 만드는 데 쓰인다. 퓌레는 변질되기 쉬우므로 마개를 연 후에는 되도록 빨리 소모해야 한다.

퓨린 염기(purine base) 퓨린 고리(퓨린 핵)를 가진 염기성 화합물. 퓨린 고리는 6원자고리의 피리미딘에 5원자고리의 이미다졸이 결합한 형태를 보인다. 천연으로는 핵산(DNA, RNA)을 비롯하여 뉴클레오티드·뉴클레오시드의 구성성분으로 아데닌·구아닌·이노신 등이 있고, 이것들의 에틸 유도체도 알려져 있다. ATP나 GTP(구아노신3인산) 외에 NAD, FAD 등 대사의 주요인자 또는 조효소의 구성성분으로 존재하므로 생화학적으로 중요하다. 잔틴·요산 또는 알칼로이드의 일종인 카페인 등도 퓨린 염기에 속한다. 생체 내에서 유리된 염기로서는 단독으로 합성되지 않고 퓨린 고리 전구체 상태로 이미 펜토오스와 결합되어 있다. 생체 내의 분해는 잔틴을 거쳐서 요소·요산·암모니아에 이른다.

퓨코이단(fucoidan) 갈조류에 있는 황산기를 함유한 산성 다당류. 생리적 특성이 혈액에 존재하는 함황 산성 다당류인 헤파린과 유사하여 항혈액 응고작용과 항암작용 등의 생리적 기능이 있다. 황산과 우론산을 포함하며 구성당의 57~80%는 프룩토오스와 갈락토오스로 이루어진다.

프라페(frappé) 글라스에 잘게 깬 얼음을 가득 채우고 시럽을 소량 넣고 잘 섞은 후 충분히 식혀서 마시는 변형된 소프트 드링크의 일종.

프로바이오틱스(probiotics) 유익한 장내세균. 프로바이오틱스는 '몸에 좋은 박테리아'들의 건강증진 효과를 나타내는 데 쓰여진다. 인간의 위장관 속에는 최소한 4백 가지의 서로 다른 종류들의 미생물들이 있다. 이들 몸에 좋은 박테리아들 중에서 가장 중요한 것은 호산성 유산간균과 비피더스균(*Bifidobactrium bifidum*)이다. 유산간균속 발효식품들은 전 세계의 모든 사람들의 음식 섭취에 대단한 중요성을 지녀왔으며, 지금도 그렇다. 거의 모든 문화권에서는 요구르트나 치즈, 일본식 된장, 템페(인도네시아의 콩 발효식품) 같은 발효 식품 형태를 이용하고 있다. 러시아의 과학자 엘리 메치니코프(I.I. Mechnikov)는 대장에 있는 부패성 박테리아들이 질병을 일으키고 수명을 단축시키는 독소들을 만들어 내는데 요구르트를 먹으면, 유산간균이 결장 속에서 부패성 박테리아들을 제거한다고 하였다. 유산균과 발효식품이 인간의 건강에 아주 중요한 역할을 한다는 것을 보여 주고 있다.

프로스티(frosty) 유리의 표면이 서리가 내린 듯이 하얗게 흐리고 차가운 느낌을 주는 소프트드링크의 일종. 프리즈(freeze)라고도 한다.

프로안토시아니딘(proanthocyanidin) 안토시아니딘으로 변할 수 있는 물질. 프로안토시아니딘은 바이오플라보노이드 중에서도 독성이 없고 수용성이 좋고 높은 생체기능을 가지고 있다. 소나무 수피, 포도씨, 포도껍질과 붉은 포도주에서 발견되는 물질로, 산소라디칼 흡수능력을 가져 심혈관계 질환과 당뇨 등을 예방한다.

프로타민(protamine) 단순단백질의 일종이며, 강염기성 단백으로 어류의 정자에서 많이 분리되고, 성숙한 생식세포에 DNA와 결합하여 핵단백질로 존재하는 특수한 단백질. 중성 염류액, 희석산, 희석 알칼리에는 용해되고 70~80% 에탄올에는 불용성이다.

프로폴리스(propolis) 벌들이 다양한 식물의 진액물질(resin)을 채취할 때 효소(침)를 첨가시켜 밀랍 등을 넣고 30℃ 이상의 온도에서 숙성시킨 것. 프로폴리스는 벌집을 보호하고 봉군을 지켜준다는 뜻으로 함유성분에는 수지 50%, 밀랍 30%, 정유 등의 유성 성분 10%, 화분 5%, 유기물 및 미네랄 물질이 5% 들어 있다. 항균 및 항산화 작용을 나타내는 것으로 알려져 있다.

프로피온산(propionic acid) CH_3CH_2COOH. 천연으로 사과, 딸기, 차에 존재하는 산미 물질. 목재, 펄프와 주류 찌꺼기에서 발효에 의하여 생산된다. 음료, 아이스크림, 사탕, 제과에 들어가는 버터 향, 과일 향에 사용된다. 치즈 향에도 사용되며 빵류와 가공 치즈에 곰팡이 방지제로 사용된다.

프룩토올리고당(fructoligosaccharide) 수크로오스에 주로 2~4개의 프룩토오스 단위가 결합된 올리고당. 감미료로서 보다 기능성을 가진 물질로 주목받고 있으며 감미와 물성, 생리적 기능에 관여한다. GF_2(kestose), GF_3(nystose), GF_4(fructofuranosylnystose)라고 부르며 이들 혼합물이 프룩토올리고당으로 상품명은 네오슈가(Neosugar)로 알려져 있다. 프룩토올리고당은 바나나, 보리, 마늘, 꿀, 양파, 토마토, 호밀 등에 0.15~0.75% 정도 함유되어 있다. 설탕에 FFase(β-fructofranosidase)를 작용시켜 제조한다. 산업적으로 이 효소를 *Asp. niger*로부터 얻는다. 프룩토올리고당은 체내 효소에 의해 가수분해되지 않는 난소화성 당이며 장내 유용균에 의해 이용되며, 충치발생에도 거의 관여하지 않는 기능성 당이다. 설탕의 30~60%의 감미도를 가지며 보습성도 있다. 과자, 캔디, 젤리, 제빵에 사용되고 있으며 생산량의 절반 이상이 사료첨가용으로 설사의 발생을 막아 발육증진, 번식률 향상 등의 효과가 있다.

프리바이오틱스(prebiotics) 프로바이오틱스인 유산균과 비피더스균의 성장을 도와주는 물질. 올리고당, 식이섬유 등이 여기에 포함되며 이로 인해 성인병의 예방에 좋은 영향을 준다.

프티알린(ptyalin) 타액 속에 함유되어 있는 효소. 이 효소는 α-아밀라아제로 전분을 가수분해하는 소화효소이다. 그러나 이 작용은 구강 내에서는 충분히 진행되지 못하며 보통 15~20분간 위 안에서 소화가 진행된다. 이들의 활성화 작용은 염소이온 등의 무기이온이나 식염 존재 하에서는 pH 6.9에서 최적을 나타낸다.

플라보노이드(flavonoid) 담황색을 띠는 식물성 식품의 수용성 색소. 플라보노이드에는 넓은 의미로 안토잔틴(anthoxanthin), 안토시아닌(anthocyanin), 카테킨(catechin) 및 루코잔틴 등이 포함되지만 일반적으로 안토잔틴만을 일컫는다. 안토잔틴은 모든 식물의 뿌리, 줄기, 잎 등에 널리 존재한다. 기본고리 구조는 벤조파이론이다. 식물계에는 플라본(flavone), 플라보놀(flavonol), 플라바논(flavanone), 플라바노놀(flavanonol) 및 이소플라본(isoflavone)의 다섯 종류가 존재한다. 안토잔틴은 대부분 당류와 결합한 배당체로 존재한다.

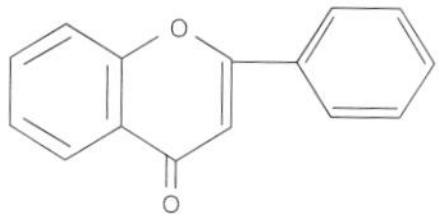

플라본

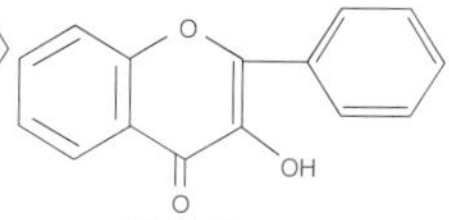

플라보놀

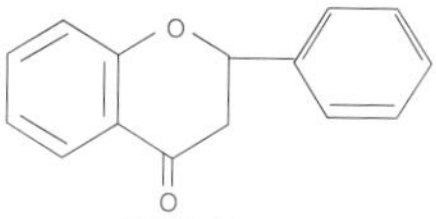

플라바논

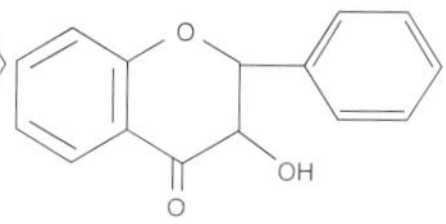

플라바노놀

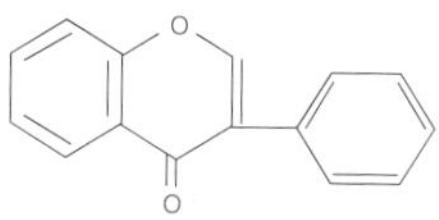

이소플라본

플라스토미터(plastometer) 소성유동의 측정에 이용되는 것으로 점도계와 같은 원리인 기기. 일반적으로 충분히 큰 응력을 발생시키도록 설계되어 있고, 항복치 이상의 응력에 있어서 유동의 측정에 알맞은 것도 있다. 모세관형 플라스토미터는 추출 플라스토미터(extrusion)라 하고, 평행판의 압축형의 것은 평행판 플라스토미터라 한다. ☞ 평행판 플라스토미터

플로트(float) 과일즙이나 커피 등에 아이스크림이나 셔벗을 띄운 음료.

피(Japanese millet, barnyard millet) 논에서 잡초로 자라는 벼과의 1년생 풀 또한 그의 식용 곡류. 학명은 *Eichinocholoa crus-galli* var. *frumentacea* Roxb. Wight. 아시아 원산으로 옛날에는 구황작물로서 한국, 인도, 중국, 일본, 유럽 등지에서 재배되었으나 최근에는 거의 재배되지 않는다. 피는 보통 가볍게 쪄서 절구로 정백한다. 단백질 · 지방이 많으며, 영양분은 쌀 · 보리에 떨어지지 않으나 소화율이 나쁘다. 밥에 섞어 먹거나 제분해서 떡 · 엿을 만들며 밀가루와 섞어서 빵을 만들기도 한다. 또 된장의 원료로도 쓰고 소주의 양조에도 이용한다. 피의 짚은 부드럽고 영양가가 높아서 겨울에 가축사료로 중요하다. 특히 칼슘이 많아서 말의 사료로 쓰면 연골증에 걸리지 않아 일본에서는 말의 사료용으로 재배한다.

피단(皮蛋) 오리알, 달걀 등을 알칼리에서 응고시킨 흑갈색의 중국요리의 일종. 피단은 알칼리에 의해 난백 단백질이 변성되어 젤리화되고 흑갈색을 띠며, 난황도 변성되어 청흑색의 응고물로 된 것이다. 일명 송화단(松花蛋)이라고도 한다.

피라진(pyrazine) 마이야르 반응과 아미노산의 열분해에 의해서 생성되는 향기성분. 식품 중에 50여 종이 있다. 빵, 고기, 볶은 커피, 코코아, 볶은 견과류 등에 존재한다.

피로현상(疲勞現象, fatigue) 계속적인 자극에 대하여 감각기관에 순응(adaptation)이 일어나 이로 인해 한 가지 자극을 오랫동안 접하면 그 강도가 점차 약하게 느껴지는 현상. 후각세포가 미각세포보다 더 쉽게 순응하여 피로해진다.

피마자기름(蓖麻子油, castor oil) 피마자의 종자를 압착하여 얻는 기름. 아주까리기름이라고도 한다. 종자에 약 45% 함유되어 있으며 주요 성분은 리시놀레산(ricinoleic acid)이다. 종자에는 독성이 있으나 압착하여 얻은 기름에는 없으며, 기름을 짜고 남은 찌꺼기에 존재한다. 담황색으로 점성이 있고, 특이한 냄새와 맛이 강하여 식용이 어렵다. 다른 기름과는 달리 알코올에 녹는다. 설사제(下劑)로 많이 사용한다.

피막제(皮膜劑, coating agents) 과실이나 채소의 선도를 장기간 유지하기 위하여 표면에 피막을 형성시켜 호흡작용을 적당히 제한하고 수분의 증발을 방지하는 목적으로 사용하는 물질. 현재 호흡작용을 억제하기 위한 피막제로 몰포린 지방산염(morpholine fatty acid salt)과 초산비닐수지가 허용되어 사용되고 있고 수분증발 방지용으로는 셸락(shellac)이 사용되고 있다.

피스타치오(pistachio) 옻나무과의 낙엽교목인 피스타치오의 열매. 학명은 *Pistachia vera* L. 중앙아시아가 원산이며 지중해 연안에서 재배하여 왔다. 열매는 핵과로서 달걀 모양 또는 타원형이고 길이는 1.5cm 정도이며 붉은색을 띤 노란색이다. 과육을 제거한 흰 내과피가 피스타치오 너트(pistachio nut)이다. 이 안에 육질의 떡잎이 들어 있는데 날것으로 먹거나 과자·아이스크림의 재료로 사용한다.

피어슨 상관계수(Pearson correlation coefficient) 반응 변수들 간의 관련성을 나타내는 계수. r로 표시한다. 관능평가에서 각 시료에 대하여 많은 변수들이 측정되는 경우가 대부분인데 이들 반응변수들 간의 관련성을 탐색하는 상관분석에서 두 변수 간의 선형 연관성의 강도를 측정할 때 나타내는 것이다.

피조개(ark shell) 연체동물 사새목 꼬막조개과의 부족류. 학명은 *Scapharca broughtonii* Schrenck. 꼬막 중에서 가장 크고 육질이 연하여 옛부터 식용하였으며 양식을 해왔다. 수산물 주요 수출품으로서 살아 있는 것을 그대로 일본으로 보내고 있으며 근래 통조림 원료로도 이용하고 있다. 우리나라, 일본, 중국, 필리핀 등지에 분포한다. 충무, 남해, 거제, 고흥, 여수, 벌교, 진해 등 내만의 조용한 수심 15~50cm의 진흙에 살며 식용으로 가치가 높다. 6~9월이 산란기로 이 시기에는 맛이 떨어지므로 겨울에 이용하는 것이 좋다. 맛의 제철은 2~3월경이다. 1kg당 가식중량은 200~220g 정도이며 쌍각류 중에서는 단백질의 함량(16%)이 비교적 많고 지질의 함량이 적은 편이다. 지방 중에 1.5%의 프로비타민 D를 함유하고 있다. 그 밖에 미량의 비타민이 다양하게 함유되어 있다. 조개류에서 보기 드물게 호흡 색소(hemoglobin)를 가지고 있어 체액이 붉은 색을 나타낸다. 부드럽고 맛깔스러운 진홍빛 조갯살 체장의 혈장에 헤모글로빈 함유로 빈혈에 효능이 있고 담석예방 또는 치료에 상당한 효과가 있는 것으로 알려졌다. 간장질환에도 비슷한 약효가 있다. 생선초밥용이나 초무침으로 생식하며 간장 및 식초 등과 같이 조림요리 및 국거리의 재료로 이용한다. 주로 날것으로 이용되며, 식용조개로서는 고급종이다.

피칸(pecan) 가래나무과의 낙엽교목인 호두나무의 열매. 학명은 *Carya pecan* Engl. 북아메리카가 원산지. 버터나무, 생명수나무라고도 부른다. 열매는 견과로서 긴 타원형이고 반들반들하다. 껍질은 잘 벗겨진다. 맛은 호도와 비슷하나 단맛이 많고 향기가 좋다. 주로 서양요리에서 아이스크림, 케이크, 피칸 파이 등에 사용한다. 껍질은 탄닌이 많아 떫은맛이 있으므로 물에 불리거나 살짝 구워 껍질을 제거 한 후에 사용한다.

피크노게놀(pycnogenol) 포도씨와 해송껍질에 존재하는 바이오플라보노이드(bioflavonoids). 프로안토시아니딘(proanthocyanidin)으로 비타민 E보다 50배, 비타민 C보다 20배 항산화 작용이 있는 것으로 밝혀져 있다. 비타민 C와 콜라겐을 합성하고 모세혈관의 투과성을 유지하여 세포 속으로 산소, 영양소, 효소 및 호르몬의 투과성을 유지해 준다. 피부의 탄력성을 증가하고 기억력을 증진시키며, 심장, 정맥류, 당뇨병성 망막장애, 기타 퇴행성 질환에 긍정적 효과가 있다.

피크노미터(pycnometer) 액체의 비중을 측정하기 위하여 사용하는 칭량병의 일종. 비중병이라고도 한다. 비중은 4℃에서의 물의 중량을 1로 하여 계산한 값이지만 피크노미터에 의한 비중은 15℃에 있어서의 비율로 나타낸다.

피클(pickles) 채소나 과일에 식초, 소금, 향신료를 넣어 절여 숙성시킨 서양식 초절임의 총칭. 원료로는 오이, 양배추, 당근, 비츠, 콜리플라워, 버찌, 토마토, 양파, 올리브 열매 등 여러 가지 종류가 쓰이며 서구인이 즐겨먹는 저장식품이다. 절이는 방법도 다양하나 대체로 설탕·소금·식초를 섞은 조미식초에 절이는 방법과 향신료를 섞은 소금물에 절여 발효시키는 방법이 있다. 향신료는 재료에 따라 다르지만 월계수잎·계피(cinnamon)·너트메그(nutmeg)·딜(dill)·파슬리(parsley)·세이지(sage)·붉은고추·마늘·후춧가루 등이 쓰인다. 피클에는 발효 피클과 간이 피클 두 종류가 있다. 발효 피클이란 오이를 소금물에 담가 젖산발효를 시키고 식초, 설탕, 딜, 고추, 육계 등의 향신료를 넣어 만든 조미액에 담가 저장한 것이다. 간이 피클은 오이를 발효시키지 않고 소금물에 담근 후 물로 씻고 조미액에 담가 제조한 것으로 발효 피클보다 향미는 덜하지만 신선한 색과 조직감이 좋다. 오르되브르·샌드위치·샐러드·냉채 요리의 장식으로 쓰인다. 장기간 보존하기 위해서는 저장병 등을 가열 살균한 후 담고 밀봉하여 냉암소에 보관한다.

피토케미칼(phytochemical) 인체의 다양한 반응을 촉진하여 건강에 중요하지만 생명이나 성장에 반드시 필요한 영양소로는 구분되지 않는, 식물에 함유된 화합물. 피토케미칼이라는 용어는 1950, 60년대에 식물생리학자에 의해 처음으로 사용되었으며 식품이 갖고 있는 제 2의 물질로 정의되었다. 제 1의 식물물질은 탄수화물, 단백질, 지방 그리고 비타민과 무기질이다. 피토케미칼은 주로 페놀 화합물, 알칼로이드, 이소프렌 유도체 즉 테르펜(terpene), 스테로이드(steroid), 카로틴(carotene) 등의 광범위한 화합물을 포함한다. 최근에 피토케미칼에 대한 정의가 다시 거론되고 있다. 즉 많은 관련연구자들은 피토케미칼을 암과 심장병을 예방할 수 있는 식물추출물로 정의하였으며, FDA에서는 과일이나 채소에서 발견되는 물질로 인간이 1일 그램 단위로 소화할 수 있고, 암 예방의 신진대사 조절능력을 나타내는 물질로 정의하였다. 또한 식물에서 유도된 물질로 영양적으로나 생리적으로 그리고 치료에 있어 생리활성이 있는 물질로 정의하고 있다. 따라서 피토케미칼은 식품(또는 식이)−질병관계에 있어 생리활성 기능을 줄 수 있는 자연 식물에서 추출된 또는 이 추출물을 가공하여 다른 식품에 첨가할 때 그 생리활성 기능이 강조되는 성분으로 간주하였다.

피페린(piperine) 후추의 매운 성분. 아미드의 일종이다. ☞ 후추

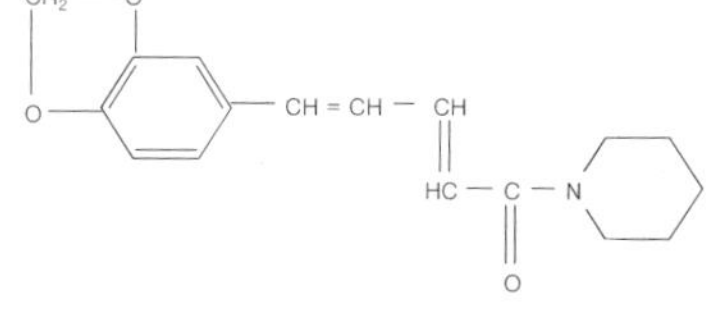

필수 아미노산(essential amino acid) 생체 내에서 합성이 되지 않거나 합성이 되더라도 그 속도가 필요량을 채우지 못하므로 식품을 통해 매일 섭취해야 하는 아미노산이다. 어느 한 종류가 결핍되거나 부족해도 동물의 성장은 정지하고 음의 질소평형(negative nitrogen balance)이 된다. 식품 단백질의 구성 아미노산 중에서 성인의 필수 아미노산은 이소류신, 류신, 리신, 메티오닌, 페닐알라닌, 트리오닌, 트립토판, 발린의 8종이고, 영유아에게는 히스티딘을 포함

ㅍ

하여 9종이 된다. 아르기닌은 성인에게는 필수 아미노산이 아니지만 영유아나 어린 포유동물에서는 성장에 필요한 만큼 충분한 양이 합성되지 않는다. 메티오닌은 시스테인의 합성에 페닐알라닌은 티로신의 합성에 일부 이용되므로 시스테인과 티로신은 필수 아미노산으로 받아들인다.

필수지방산(essential fatty acid) 동물의 정상적인 발육과 유지에 필수적이며, 영양상 꼭 필요한 지방산. 생체 내에서 합성할 수 없거나 생체가 필요한 만큼의 충분한 양을 만들 수 없으므로 식품으로 섭취해야 하는 다가불포화지방산. 리놀레산, 리놀렌산 및 아라키돈산이 대표적이다. 사람, 돼지, 닭 등은 생체 내에서 6번째와 7번째 탄소 위치 사이의 이중결합을 형성하지 못하므로 식사 또는 사료를 통하여 외부로부터 반드시 공급을 받아야만 생체대사 과정 중 그 유도체의 합성이 가능하다. 동물은 리놀레산, 리놀렌산은 합성할 수 없지만 식물이 합성한 이들 지방산으로부터 보다 더 불포화도가 높은 지방산인 아라키돈산, 아이코사펜타엔산, 도코사헥사엔산 등을 합성할 수 있다. 이중결합은 전부 시스형이고, 이중결합 사이에는 메틸렌기가 있는 구조를 가진다. 인지질(레시틴)에 들어 있는 생체막의 구성성분 및 각종 프로스타글란딘, 류코트리엔의 전구물질로 작용한다. 실험동물의 경우 결핍되면 성장불량, 피부염, 생식불량 등이 일어난다. 홍화유, 해바라기유, 옥수수유, 대두유 등 식물성 식용유는 리놀레산(linoleic acid 18:2 ω6)의 급원이고, 달맞이꽃 종자유, 붉은까치밥나무 등은 γ-리놀렌산(γ-linolenic acid, γ-18:3, ω6)의 좋은 급원이다.

ㅎ

한천(寒天, agar) 학명은 *Gelidium jelly.* 우뭇가사리의 열수추출액(熱水抽出液)의 응고물인 우무를 얼려 말린 해조가공품. 우무지라고도 하며 우뭇가사리를 물속에서 끓인 후 표백해서 동결, 해동, 건조시켜 만든다. 제조방법에 따라 플레이크(flake) 상태와 분말 상태가 있다. 수분은 99%이고 나머지는 한천질로 거의 열량이 없다. 한천을 구성하는 다당류로는 아가로오스(agarose)와 아가로펙틴(agaropectin)이 있는데 이 두 다당류는 7:3의 비로 구성되어 있다. 아가로오스는 중성의 다당류로서 겔화되는 성질이 강하고, 아가로펙틴은 산성 다당류로 겔화되는 성질이 약하다. 소화흡수가 안 되지만 장의 연동운동을 도우므로 변비치료에 효과적이다. 최근에는 다이어트 식품인 저칼로리 식품 소재로 많이 이용되고 있다. 한천은 끓여서 녹인 후 냉각시키면 40℃ 전후에서 젤리화하는데, 일단 젤리화한 것은 80~85℃가 아니면 녹지 않는 특성이 있어 미생물 배지로 이용된다. 그러나 산성이 되면 젤리화력은 저하한다. 우무는 여름에 얼음을 띄운 콩국에 말아먹기도 하고 무침이나 샐러드로 이용한다. 양갱, 잼, 젤리 등 겔(gel)상 식품의 첨가제로 사용되어 성형, 보수, 식품안정, 물성 유지 등의 목적으로 식품가공에 많이 이용된다. 한천의 경우 굳어지면 전혀 점도가 없는데, 아래층에 부어 굳힌 다음 위층에 아무리 뜨거운 것을 넣어도 밑의 층은 녹지 않으므로 두 층은 완전히 분리되어 굳어진다. 한편, 젤라틴의 경우는 아래층이 충분히 식어 굳은 뒤 위층에 따뜻한 물을 부어 넣으면 아래층 표면이 바로 녹아서 상하가 완전히 접착된다.

할맥(splitted barley) 보리 도정 후 보리쌀을 홈을 따라 분쇄하여 가공한 보리. 섬유소의 함량이 낮아지므로 밥을 지었을 때 모양과 색뿐 아니라 입 안에서의 느낌도 쌀과 비슷하고 소화율도 높아 많이 이용된다.

합성식초(chemical vinegar) 빙초산을 희석하여 만든 식초.

핫케이크(hot cake) 밀가루에 달걀, 베이킹파우더, 설탕 등을 반죽하여 프라이팬에 구운 둥근 서양과자. 팬케이크라고도 한다. 달걀과 설탕을 섞어 거품을 낸 후 우유와 베이킹파우더를 섞은 밀가루를 섞어 살짝 저어 프라이팬에 굽는다. 뜨거울 때 버터와 시럽을 곁들여 먹는다. 미국에서는 그릴(grilled) 케이크라 하여 덜 달게 만들어 베이컨, 소시지 등을 곁들여 아침식사나 간식으로 먹는다.

항균제(Antiseptics) 피부나 점막 등 신체 외부의 미생물을 사멸시키기거나 그 숫자를 줄이기 위해 쓰는 화학물질.

항균활성(antimicrobial activity) 어떤 물질이 미생물의 발육을 억제할 수 있는 능력. 항균력이라고도 한다.

항목척도(categorical scale) 식품의 관능적 특성 평가와 품질 결정을 위해 이용되는 판정기준이 되는 척도. 범주형 척도(structural scale)라고도 한다. 객관적 사실을 수치로 만들 때 어떠한 척도를 기준으로 수치화하였는가에 따라 묘사 · 서수 · 서열 · 등간 · 비율 척도로 구분하며, 이 중 묘사척도와 서열 · 서수 척도를 항목척도라 한다. 묘사척도는 서수척도나 서열척도와 병행하여 사용하며, 이때 서수의 간격은 물리적 강도의 차이가 아닌 심리적 강도의 차이임을 주의하여야 한다. 기호도검사 시에는 9점 항목척도인 기호척도(hedonic scale)를 많이 이용하고 있다.

항복응력(yield stress) 항복점이 명료히 나타나지 않는 물체에서 실용상 적당한 영구변형량을 발생시키는 응력. 항복강도(yield strength,

1933년 ASTM)라고도 한다. 대부분의 경우 영구변형 0.2%를 생기게 하는 응력을 항복강도라고 하고 있다. 항복응력은 항복치(yield value)와 같다.

항복점(降伏點, yielding point) 점도가 있는 물질에서 최초의 흐름을 일으키는 데 필요한 층밀림 변형력을 일으키는 점.

항복치(降伏値, yield value) 대부분의 반고체물질은 비교적 점도가 높아 최초의 흐름을 일으키기 위하여 제법 강한 전단응력을 필요로 하는데, 이 때 최초의 흐름을 일으키는 데 필요한 힘. 항복응력(降伏力, yield stress)이라고도 한다.

항생제(antibiotic) 미생물 및 그 밖의 생물에 의해 만들어지는 물질로서 생물의 생리활성에 영향을 주는 물질이다. 현재 의약품으로 쓰이고 있는 항생물질은 세균, 진균, 리케차, 클라미디아, 바이러스 등의 미생물 외에 원충, 악성종양세포의 발육을 저지 혹은 사멸시키는 것만을 가리키고 있다. 플래밍(Fleming)이 1929년 처음으로 곰팡이에서 페니실린을 발견한 이후 스트렙토마이신, 테라마이신 등의 항생물질이 발견되었다.

항생제내성(antibiotic resistance) 세균이 항생제를 중화시키는 단백질을 합성하는 능력

항암물질(anti-carcinogenic materials) 발암물질의 생성을 억제하고 발암과정의 개시와 촉진을 억제하는 물질. 이에는 비타민 C, E, β-카로틴, 비타민 A, 셀레늄, 퀴세틴이나 레티노이드 등이 이에 해당한다.

항암 펩티드(tumor suppressing peptides) 종양세포에 대해 억제활성을 나타내는 식품 펩티드. 한국의 전통 간장과 된장의 소수성 펩티드 분획이 항종양 활성을 나타내었다.

해동(defrosting, thawing) 냉동식품을 조리하거나 가공하기 위하여 식품 내에 형성된 얼음결정을 녹이는 조작. 이때의 녹은 물은 동결 전과 같이 식품 조직 구조 내로 다시 흡수되는 것이 이상적이나, 대부분의 경우 동결 중에 일어난 단백질의 변성으로 인하여 다시 흡수되지 못하고 분리되어 드립으로 발생한다. 해동 공정에는 냉동식품보다 온도가 높은 매체, 즉 공기, 물, 얼음, 증기, 금속팬, 오븐 등이 사용되는데 이들을 해동 매체라고 한다. 해동 매체는 유동시켜야 하고, 동결 식품에 비하여 많은 양을 사용하여야 한다. 침수 해동을 하는 경우에는 물에 가용성 성분의 용출을 방지하면서 물의 침투 방지를 위하여 그리고 공기 중 해동을 하는 경우에는 건조, 산화 및 오염방지를 위해 밀착 포장하여 해동하여야 한다. ① **완전 해동**(full thawing)-신선한 어육과 축육의 빙결점은 대부분이 -1℃ 전후이므로 식품의 온도중심점이 일반적으로 식품의 빙결점인 -1℃에 달하도록 하는 방법. 즉, 빙결율이 0이 되게 하는 방법. 표면은 해동매체의 온도에 가까워지므로 -1℃보다 높다. 이때의 시간적인 차이는 두께와 직경이 클수록 현저하며 표면이 10℃ 이상이 되면 그 부분의 변질이 빨라지므로 표면부가 10℃ 이상이 되지 않도록 하여야 한다. ② **반해동**(half thawing)-완전 해동은 해동 중에 품질이 저하될 우려가 있으므로 온도 중심점이 -1℃로 되는 것과는 상관없이 칼로 절단할 수 있을 정도의 온도대 즉, 유효 해동 온도대의 하한온도와 상한온도의 중간 정도의 온도에서 해동을 종료하는 방법. 일반적으로 냉동품의 가공은 반해동 상태에서 착수하고 그 이후의 해동은 가열조리 중에 진행시키는 방법을 취하기도 한다. 가공은 반해동 상태에서 실시하는 것이 간편하며 드립도 억제할 수 있다. 특히 신선한 상태에서 식용으로 이용하는 경우 반해동이 좋다. ③ **송풍해동**(air blast thawing)-다습한 공기(15~20℃)를 순환(2~6m/s)시켜 해동하는 방법. 20℃의 공기를 300m/min의 속도로 송풍하여 해동하거나 감압 상태에서 20℃의 온수를 약 30cm/min의 속도로 흐르게 하여 해동시킨다. 장점으로는 해동 시간이 짧다는 것이고, 단점으로는 표면이 건조하기 쉽고, 가습 공기를 송풍함에 따른 운전 경비가 다소 소요되며, 미생물의 오염이 용이하다는 점 등이다. ④ **전기해동**(electric thawing)-10~ 100Mcycle의 유전파 또는 전자파에 의한 해동방법. 전도에 의한 해동방법에 비해 빠르고 균일하게 이루어진다. 제품의 종류, 크기, 형태에 따라서 해동 조건이 달라지므로 유의해야 한다.

해바라기 기름(sunflower oil) 해바라기씨에서 얻는

기름. 리놀레산이 많이 함유되어 있어 비교적 산화되기 쉽다. 냄새가 거의 없으며, 담백한 맛을 낸다. 샐러드유로 매리네이드(marinade)나 드레싱에 이용한다.

해삼(sea cucumber) 극피동물 해삼류에 속하는 종류의 총칭. 한자로 해서(海鼠)라고도 함. 『물보』「오잡조(五雜組)」에 해남자(海南子), 『식경(食經)』에 해서, 『재물보』, 『문선(文選)』에 토육(土肉), 『물명고』에 토육, 해삼, 해남자, 흑충(黑蟲)이라 하였다. 『자산어보』에 해삼으로 하였으며 약효가 인삼과 같기 때문에 붙여진 이름이다. 천해에서부터 심해에 걸쳐 해저에 산다. 몸은 앞뒤로 긴 원통상이고 등쪽에 혹 모양의 돌기가 다수 있다. 세계에 약 1,500여 종이 알려져 있고 우리나라에는 4과 14종이 알려져 있다. 일반적으로 식용으로 쓰이는 종류는 우리나라 각 연안에 분포해 있는 참해삼(*Stichopus japonicus*)·검정점해삼(*Parastichopus nigripunctatus*)·파인애플해삼(*Thelenota ananas*), 동해 연안에 분포하는 광삼(*Cucumaria frondosa japonica*), 남부 얕은 바다에 분포하는 사각해삼(*Stichopus chloronotus*) 등이 있다. 살에 단백질이 적어 영양성분은 기대할 수 없지만 쫄깃쫄깃한 감칠맛을 즐긴다. 대부분의 해삼의 체내에는 홀로수린(holothurin)이라고 하는 사포닌과 비슷한 독소가 있어 어류에 주사하면 강력한 용혈작용을 하여 어류가 죽는다고 하는데 사람이 식용으로 하는 해삼류는 미량 함유하고 있어 인체에는 거의 영향이 없다. 홀로수린은 백균이나 칸디다균에 대해서 발육저지 작용을 나타내므로 무좀의 치료약으로 실용화되고 있다. 한방에서는 내장을 보호하고 주독을 중화시키며 피부노화를 풀어준다고 한다. 또한 해삼연골에는 콘드로이틴이 들어 있기 때문에 수산식품 중 최고의 강장제로 알려져 있다. 우리나라에서는 생채로 썰어서 초고추장에 찍어 먹으며 근래에는 내장으로 담은 젓갈을 별미로 친다. 일본도 젓갈을 담가 먹으며 중국은 건제품으로 탕을 만들어 먹는다.

해썹(hazard analysis critical control points : HACCP) 식품의 원료, 제조·가공·조리 및 유통의 전 과정에서 위해물질이 해당 식품에 혼입되거나 오염되는 것을 사전에 방지하기 위하여 각 과정을 중점적으로 관리하는 기준. 최종 제품의 안전성을 확보하는 것이 아니라 식품의 안전성을 보장하기 위하여 식품 중의 위해 요소(HA)를 분석하고 중요 관리점(CCP)을 규명함으로써 급식 생산 전단계에서의 안정성을 확보하고자 하는 예방 체계.

해양심층수 수심 500~600m로 부터 퍼 올린 물. 칼슘, 마그네슘, 칼륨을 필두로 미량미네랄 이온을 다채롭게 함유한 심층수가 얻어진다. 해수는 인체의 혈액과 미네랄조성이 근사하고 있으므로 대단히 밸런스가 좋은 종합적인 미네랄 보급이 기대되며 또 외용으로 아토피성피부염에 좋은 결과를 얻었다라는 의사의 보고도 있다.

해조류(海藻類, algae) 바다에 사는 식물 중 플랑크톤 이외의 정착성(定着性) 식물. 바닷말이라고도 한다. 잎, 줄기, 뿌리의 구별이 뚜렷하지 않은 엽상 식물로, 포자에 의해 번식하고 꽃이나 열매를 맺지 않아 하등식물이라고 한다. 엽록체(chlorophyll)를 가지고 있어 광합성을 한다. 세계적으로 약 8천 여 종이 알려져 있는데, 우리나라의 근해에서도 약 5백 여 종이 알려져 있고 그 중에 식용 해조는 50여 종이다. 식용으로 쓰이는 것은 바다 깊이에 따라 얕은 곳으로부터 녹조류, 갈조류, 홍조류 등이 있다.

해파리(jelly fish) 강장동물 히드로충류와 해파리류의 부유시기와 유즐동물(有櫛動物)의 총칭. 해파리는 한자어로 수모(水母)라 한다. 『재물보』에 해차(海䖳), 『물명고』에 수모라 하였고, 『본초강목』에 해차, 수모, 저포어(樗蒲魚), 석경(石鏡)이라 하였다. 『자산어보』에는 해타(海鮀)라 하고 속명을 해파리라 하였으며 『전어지』에는 수모를 물알이라 하였다. 몸은 보통 우산 모양으로 2개의 층 사이에 한천질로 차 있고 부유생활에 적합하게 되어 있기 때문에 수면을 떠돌며 생활하고 해류와 같이 이동하므로 플랑크톤 무리에 넣고 있다. 대부분은 바다에 살며 담수와 기수에 사는 것은 예외적이다. 해파리에 쏘였다고 하는 것은 자포독(刺胞毒)이 염증을 일으키기 때문이며, 자포독의 느낌은 개인의 체질에 따라 다르나, 보통 온도가 높고 해파리 생식선의 성숙되기 이전이 독이 가장 강하다. 해독에는 암모니아수나 알코올을 쓰는 것이 좋다. 해파리는 단백질, 당질, 인 등이 함유되어 있는 저칼로리 식품으로서 숲해파리와 근구해파리의 갓부분을 식용으로 하는데 요리에 사용하는 것은 건조시켜서 소금-명반 용액에 담가 소금절임으로 만든 것이다. 조리할 때는 하루 동안 물에 담가 소금기를 빼고 식초절임이나 무침으로 한다. 산지에 따라 맛과 색에 차이가 있는데, 색이 짙을수록 품질이 우수하다. 최근에는 중국산이 많이 유통되고 있으며 맛과 품질에 큰 차이는 없고 냉채 등 식욕을 돋우는 중화요리의 재료로 이용된다.

핵과류(核果類, **stone fruits**) 중과피가 과육을 이루고 내과피가 나무처럼 단단한 핵을 이루고 있으며 그 속에 종자가 있는 과실의 총칭. 석과(石果)라고도 하며 종자로 취급하기도 한다. 복숭아, 자두, 살구, 앵두, 대추, 매실 등이 있다.

핵산계 조미료(核酸係調味料, **nucleotide seasoning**) 핵산의 분해물에서 얻어지는 감칠맛이 강한 조미료. 일본에서 어류 가공품인 가쓰오부시의 감칠맛 성분이 이노신산의 히스티딘 염기라는 것이 밝혀졌고 그 후 핵산 성분인 리보뉴클레오티드(ribonucleotide) 구조에서 리보오스(ribose)의 5번 탄소 위치에 인산이 결합한 것이 가장 맛있는 맛으로 알려졌다. 이노신산(inosinic acids, inosine-5'-monophosphate :5'-IMP)과 구아닐산(guanylic acids, guanosine-5'-monophosphate: 5'-GMP)이 있는데, 이 중 5'-IMP는 육류, 어류의 감칠맛 성분이며, 5'-GMP는 버섯류의 감칠맛 성분이다. 이 외에도 잔토신(xanthosine 5'-monophosphate :5'-XMP)도 있다. 이들 핵산계 조미료의 맛의 세기는 구아닐산>이노신산>잔토신 순이다. 어육류에서 추출하거나 효모의 RNA를 분리하여 분해하여 얻기도 하나, 대부분 발효에 의해 대량 생산한다. RNA(ribonucleic acid)를 산 또는 알칼리로 가수분해하면 여러 가지 뉴클레오티드(nucleotide)가 생성되는데 감칠맛을 내려면 화합물의 구조 내부에 퓨린(purine) 염기가 있고, 6번 위치에 OH기가 있으며, 리보오스 5' 위치에 인산기를 가지고 있어야 한다. 핵산계 조미료와 MSG는 서로 상승작용을 가지며 1.2%의 소금용액에서 MSG는 같은 양의 5'-GMP가 함께 존재할 때는 MSG 단독으로 사용하는 경우보다 수십 배 더 강한 맛을 내는 상승작용을 나타낸다.

햄(**ham**) 돼지고기를 소금에 절인 후, 훈연하여 만든, 독특한 풍미와 방부성을 가진 대표적인 육가공식품. 본래는 돼지고기의 넓적다리살을 일컫는 말로, 그 가공품도 햄이라고 하였는데, 현재는 다리살 이외의 고기를 사용한 제품도 햄이라고 한다. 햄은 훈연과정에서 연기 속에 포함된 알데히드류나 페놀류가 고기 속에 침투하여 방부 효과가 증가되는 동시에 독특한 풍미를 가지게 된다. 햄의 기원은 오래된 것으로, B.C. 1000년경 그리스에서는 이미 햄의 원형이라고 볼 수 있는, 고기를 훈연한 것이나 소금에 절인 고기가 만들어졌다. 호메로스의 시에도 이런 것들에 관한 기록이 있다. 로마 시대에 이르러서는 연회나 원정군의 휴대식량으로 사용되었다. 이것이 유럽에서 점차로 가내 공업적으로 발달하여, 근대에 와서 대규모적인 공장 공업으로까지 발전하였다. 햄의 제조법은 햄의 종류에 관계없이 대개 비슷하다. 우선 필요한 부분의 돼지고기를 적당한 크기로 모양을 다듬는다. 다음에 혈액, 액즙 등 부패의 원인이 되는 것을 제거하기 위하여 육량의 2~4%의 소금과 0.2~0.4%의 질산칼륨을 고기 표면에 문질러서 약 5일간 5℃ 가량의 한랭한 장소에 쌓아둔다. 다음에 소금에 절이는데, 그 방법에 염수법과 건염법이 있다. 염수법은 주로 본리스 햄이나 로스트 햄에 쓰이는 방법으로 아질산 및 질산의 나트륨 또는 칼륨염과 같은 발색제와 설탕 등을 가한 소금물에 담그는 것이다. 건염법은 프레스 햄 등에 주로 쓰이는데, 발색제를 가한 소금을 직접 고기에 뿌리는 방법이다. 소금에 절인 고기는 본리스 햄(boneless ham)이나 로스트 햄(roasted ham)의 경우는 면포로 싸고 면사로 묶어서 훈연한다. 프레스 햄(pressed ham)은 돼지고기 외에 쇠고기, 양고기, 토끼고기, 닭고기 등을 섞어서 잘게 갈아서 조미료, 식품첨가물, 향신료, 전분 등과 섞어서 반죽한다. 이것을 케이싱(소 창자나 셀로

판)에 넣고 그 양끝을 묶은 후 끈으로 감아서 훈연한다. 훈연은 벚나무나 참나무 같은 단단하고 수지분이 적은 나무를 불완전 연소시켜서, 그 연기를 쐬는 것이다. 최근 많이 쓰이는 인공 케이싱은 훈연과정 없이 미리 연기의 엑스분을 섞어 훈연을 생략하는 경우가 많다. 훈연 후 70℃에서 2~3시간 가열하여 고기 속의 유해 미생물을 없앤 후, 냉각시켜서 끈을 다시 매면 제품이 된다. 이탈리아나 스위스의 명산인 생(生)햄은 소금을 뿌린 새끼돼지의 넓적다리살을 추운 곳에 달아매어 만드는 것으로, 오르되브르 등에 쓰인다. 햄에는 몇 가지 종류가 있다. 뼈째로 가공한 햄(본인햄)은 써는 방법에 따라서 쇼트컷과 롱컷이 있고, 훈연 후 가열하지 않는다. 고가품이고 생산량도 적으므로, 일반 가정에서는 별로 쓰지 않는다. 본리스 햄은 뼈를 빼고 가공한 것이다. 이 밖에 본리스 햄과 같은 방법으로 가공한 로스트 햄(로스트 고기) · 숄더 햄(어깨살) · 벨리 햄(가리새김, 삼겹살) 그리고 여러 가지 고기 부스러기를 모아서 만든 락스 햄 등이 있다. 그리고 본리스 햄의 경우 훈연하지 않고 가열 방법만으로 만든 것을 보일드 햄이라고 한다. 햄의 주성분은 단백질과 지질로, 육류식품의 전형적인 것이다. 그 단백질은 필수 아미노산을 골고루 함유하고 있는 우수한 단백질이므로 영양가가 높다. 지방도 순백양질의 것이어서, 식용으로서의 용도가 넓다. 그러나 비타민류의 함유량은 적다. 햄을 선택하는 기준으로는 제품에 기재된 중량, 제조 연월일, 사용 첨가물, 유통 상태 등을 확인해야 한다. 손가락으로 눌러 탄력이 있는 것이 좋고, 표면에 곰팡이나 점액이 붙어 있지 않은 것이어야 한다. 냉채, 오르되브르, 샌드위치 등 날로 먹는 요리에는 로스트 햄, 락스 햄, 프레스 햄이 적당하다. 바비큐에는 두껍게 썬 로스트 햄이나 프레스 햄이 좋다. 또 본리스 햄을 두껍게 썰어서 햄 스테이크를 만들기도 한다.

향미(香味, **flavor**) 화학적 감각을 통하여 입안의 물질로부터 느껴지는 전체적인 인상. 음식을 입 속에 넣었을 때 느끼는 맛, 향 또는 냄새 및 입 속 감촉 등이 포함된다.

향미묘사(香味描寫, **flavor profile**) 제품의 향 및 맛의 특성, 그의 강도, 이들 자극이 감지되는 순서, 전체적인 인상 등을 측정하여 제품의 향미를 완전히 묘사하는 것.

향미묘사분석(香味 描寫分析, **flavor profile analysis**) 향미를 기초로 후미, 화학적 촉감, 전체적 향미 강도를 포함시켜 순서와 강도에 따라 분석하며 묘사하는 방법. 시료의 향미가 재현될 수 있도록 패널을 선정함에 있어서는 비교적 장기간의 훈련을 통하여 여러 명의 대상자 중에서 향미 식별능력, 관심도, 예민성, 일관성 등을 참조하여 최종적으로 5명 내외를 선정한다. 검사 순서는 냄새−맛−후미의 순서로 하며, 냄새는 손을 시료용기에 대지 않고 코를 가까이 하여 3~4번 일정 속도로 짧게 들여 마시면서 감지한다. 맛은 일정량(5~10mL)을 입에 넣고 씹거나 삼켜서 평가하고 후미는 삼킨 다음 1분 후에 남아 있는 향미를 평가한다. 최종적인 평가결과 도출은 평가원들 간에 토론을 통하여 합의점에 이르도록 하는 방법을 채택하기 때문에 통계처리를 실시하지 않는다.

향신료(香辛料, **spice**) 음식의 맛과 향기를 내는 데 쓰이는 향미를 가진 식물의 총칭. 열대나 아열대 지역에서 생산되는 식물로 초본성 식물 의미를 가진 라틴어 헤르바(herba)에서 비롯되었기 때문에 허브(herb)라고 부르기도 한다. 향신료는 채취 부위에 따라 스파이스와 허브로 구분할 수 있다. 일반적으로 허브는 식물의 잎 또는 꽃봉오리 등 비교적 부드러운 부분이며, 스파이스는 씨, 줄기, 껍질, 열매, 뿌리 등 비교적 딱딱한 부분으로, 스파이스가 허브에 비해 향이 강하다. 신선한 그대로 또는 건조시켜 사용하는데, 신선한 스파이스나 건조 분말 스파이스는 요리를 마감하는 단계에서 사용하고, 식물 전체를 말린 것(whole dried spice)은 처음부터 사용하여 충분히 향을 우려내는 것이 보통이다. 향신료의 작용으로는 식욕 증진, 좋지 않은 냄새의 완화, 타액이나 소화액의 분비 촉진, 음식에 아름다운 색 부여 및 방부 작용 등이다. 향신료의 종류는 매우 다양하며 특징에 따라 이용한다. ① **매운맛을 내는 향신료**−후추, 고추, 겨자, 고추냉이. ② **향과 맛을 겸한 향신료**−생강, 계피, 산초, 너트메그(nutmeg),

아니스(anise), 펜넬(fennel), 마늘, 정향(cloves), 올스파이스(allspice), 메이스(mace), 캐러웨이(caraway), 페뉴그릭(fenugreek), 세이지(sage), 유인(euin), 셀러리(celery). ③ 향기가 강한 향신료-월계수(laurel), 세이보리(savory), 코리앤더(corian-der), 타임(thyme), 카다몬(cardamon), 바실(basil), 오레가노(oregano), 로즈마리(rosemary), 바닐라(vanilla), 타라곤(tarragon). ④ 색소를 이용하는 향신료-파프리카(paprika), 울금(turmeric), 사프란(saffron) 등이 있다.

헤모글로빈(hemoglobin) 적혈구의 산소운반역할을 하는 적색 색소단백질. 단백질의 글로빈과 철을 함유한 헴 색소로 구성되었다. 글로빈 1분자와 헴 4분자가 결합되어 있고 분자량은 68,000이다. 식육에 전체 헴 색소의 10~20% 정도 들어 있어 영향을 준다. 색의 변화에 관하여는 미오글로빈에서 설명하였다. ☞ 미오글로빈

헤미셀룰로오스(hemicellulose) 식물세포벽을 이루는 다당류 중 셀룰로오스와 펙틴질을 뺀 것. 여러 종류의 당과 우론산(uronic acid)으로 구성된 탄수화물 중합체. 식물 세포벽의 골격에 중요한 역할을 하며 식이섬유에 포함된다. 펙틴질을 없앤 세포벽에서 알칼리용액으로 추출한다. 주성분은 자일란, 글루칸, 자일로글루칸, 글루코만난 등이다.

헤스페리딘(hesperidin) 플라보노이드계 색소 중에 플라바놀(flavanol)에 속하는 배당체. 밀감, 금귤, 레몬 등 감귤과피에 1.5~3% 포함되어 있다. 함량은 숙도에 따라 다르며 미숙과에 많다. 무색의 침상 결정으로 녹는점은 251℃이며 알칼리액에 황색으로 용해되고 산을 첨가하면 침전된다. 헤스페리틴의 7위치에 글루코오스와 람노오스로 이루어진 이당류인 루티노오스가 결합하고 있다.

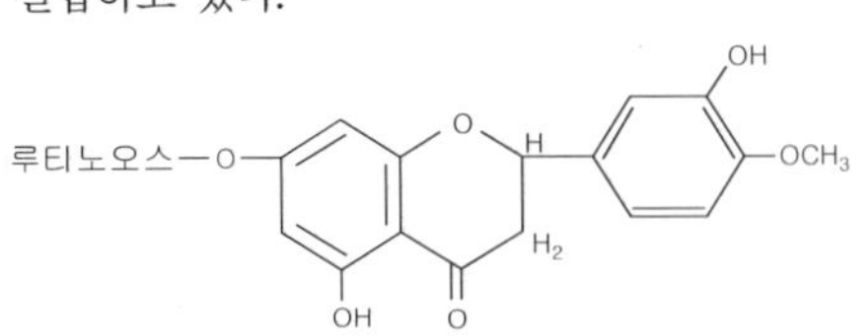

헤이즐넛(hazelnut) 자작나무과에 속하는 개암나무 과실의 열매. 남유럽부터 서아시아 지역이 원산이다. 열매의 모양은 구형 또는 타원형이고 익으면 자연 낙하하는데 단단한 껍질 속에 1개의 종자가 있으며 종자를 식용한다. 미국, 터키, 이탈리아, 스페인이 주산지이다. 맛과 향이 매우 좋아 쿠키, 케이크 등에 이용하며 향은 커피의 향으로도 애용된다.

헴철(heme iron) 혈액 내 헤모글로빈에는 철이 함유되어 있는데 이 철은 헤모글로빈이 산소와 결합하는데 중요한 역할을 한다. 인체에는 약 42g의 철분이 있는데 그 4분의 3은 헤모글로빈의 구성요소로서 적혈구 속에 함유되어 있다. 철분이 부족하면 헤모글로빈을 만들 수 없어서 적혈구의 크기도 작아지고 안색이 나빠지며 쉽게 피곤해지고 저녁에 발이 붓게 된다. 헴철은 헤모글로빈을 효소 처리하여 얻는데 헴철에는 철분농도가 헤모글로빈의 4배의 농도에 해당한다. 헴철은 흡수되기 쉽고 흡수효율이 좋으며 부작용이 적어 철결핍성 빈혈의 예방이나 증상 개선용 식품첨가물의 하나로 사용된다.

현미(brown rice) 벼에서 제현과정(hulling)을 통해 왕겨를 벗겨낸 쌀. 쌀알의 길이 5~6mm, 폭 3~3.5mm, 두께 2.5mm 내외이다. 현미는 겨층 5~6%, 배아 2~3%, 배유 92% 내외의 세 부분으로 구성되어 있다.

현미경(microscope) 물체의 미세한 부분을 확대하여 관찰하는 장치. 대개의 경우는 대물렌즈와 접안렌즈를 갖추고 있는 현미경을 말하나, 넓은 뜻으로는 전자선을 이용하는 전자현미경을 포함하며, 확대경도 단일 렌즈계(系)를 갖는 단(單)현미경이라 할 수 있다. 전자현미경에는 물질의 표면을 관찰하는 SEM과 전자가 투과하여 생긴 영상을 관찰하는 TEM이 있다. 종류와 형은 사용목적 · 제작연대 · 제작회사의 차이에 따라 여러 가지가 있으나 구조적으로 분류하면, 가장 일반적인 투과현미경 이외에 금속현미경 · 편광현미경 · 형광현미경 · 위상차(位相差)현미경 · 자외선현미경 등의 특수한 것들이 있다.

현미차(brown rice tea) 번차(番茶)나 중급의 전차(煎茶)에 볶은 현미를 섞은 것.

현탁액(懸濁液, suspension) 액체의 분산매 중에

고체가 입자로서 분산된 액. 고체입자의 크기는 콜로이드 정도로부터 현미경으로 보이는 정도의 수치(크기)이다. 생전분을 냉수에 푼 상태. 흙탕물 등이 이에 속한다. 입자가 크기 때문에 침전하기 쉽고, 불안정하다.

혈압강하 펩티드(antihypertensive peptide) 안지오텐신전환효소(angiotensin converting enzyme, ACE)저해물질. ACE는 안지오텐신을 안지오텐시노겐으로 전환하는 효소로 혈관을 수축시키고, 혈압을 상승시키는 작용을 한다. 혈압강하효과를 나타내는 펩티드에는 카세인, 젤라틴, 정어리, 참치, 제인, 오브알부민, 대두잔백질, 된장, 멸치가수분해물 등이 있다.

혈전(thrombus) 혈관이 파괴되고 출혈하여 그 부위에 혈소판이 점착·응고되어 피브린이 형성되면서 혈액성분이 엉겨 모인 조그만 핏덩이. 혈관을 폐색하여 순환장애를 일으키고 뇌경색이나 심근경색의 원인이 된다. 혈관내피손상, 혈액성분의 변화 등에 의해 생긴다. 혈전증에 좋은 식품이나 기능성 성분으로는 마늘, 어유(EPA, DHA), 콩류, γ-리놀렌산, 아라키돈산, 타우린, 리놀산, ω-3 지방산, 비타민 E 등이 있다.

혈전억제펩타이드(antihrombotic peptide) 혈관 안에서 혈전예방 효과를 나타내는 펩티드. 모유의 락토페린, 우유의 카세인, 쌀 단백질 등에서 유래되는 것으로 알려져 있다.

혈합육(dark meat) 척추동물의 가로무늬근 중 미오글로빈을 다량 함유한 암적색 근육. 적색근(red muscle)이라고도 한다. 심장근, 호흡근과 조류의 흉근과 같이 지속적 활동이 요구되는 근육에서 볼 수 있다. 미오글로빈이 적은 무색인 백색근과 대비된다. 적색근은 백색근에 비해 흥분성이나 수축속도는 낮으나 지속성이 높다. 골격근은 이 두 종이 혼합되어 있다. 온종일 나뭇가지에 매달려 있는 나무늘보는 전신이 적색근이지만, 나는 기능을 잃은 닭의 흉근은 백색근이다. 흰살, 붉은살의 어육도 그 어류의 생활 차이에서 기인한다. 가다랑어, 방어, 다랑어, 꽁치 등 표층에 사는 고기에 잘 발달되어 있다. 성분도 약간 달라 비타민 A, B_1, 지방 등이 많이 들어 있다.

혐기적 호흡(anaerobic respiration) 공기가 없는 조건에서 포도당이 분해하여 에탄올이나 젖산을 생성하는 과정.

형광(螢光, fluorescense) 빛이 물질에 흡수되면 열에너지로 되어 물질의 온도를 높이거나 화학에너지로 되어 반응을 일으키며, 물질로부터 다시 빛을 발하기도 한다. 자외선 및 가시광선에 의해 생기는 빛을 발광(發光)이라고 하며, 이에는 형광과 인광이 있다. 형광은 발광기간이 짧고 광 자극을 없애면 곧 소멸되어 버리는 것이고 인광은 자극을 없애도 금방 없어지지 않고 발광하고 있는 경우이다. 이처럼 형광과 인광의 차이는 발광시간의 차이에 의한다. 인광은 10^{-4}초 이상의 것으로 긴 것은 수시간이나 계속 발광하는 것도 있다.

형광광도계(螢光光度計, fluorescense spectrometer) 형광물질에 일정 파장의 광(대개의 경우 자외선)을 쪼여 생기는 형광을 측정하는 기구. 구조는 형광을 발생시키는 광원장치 검체, 여기광을 조사하여 형광을 내게 하는 광학부 및 형광을 광전류로 변화시켜 전기적으로 측정하는 광전류부의 3요소로 되어 있다. 비타민 A, B_1, B_2, E 및 K 등의 비타민류, 아드레날린, 에스트로겐 등의 호르몬류, 항생물질 등 생체에 중요한 많은 물질들은 그 자신이 형광을 발하던지 형광을 발하는 물질을 쉽게 이끌 수 있기 때문에 최근 이들의 정량에 형광측정이 대단히 많이 이용되고 있다. 형광측정은 정밀도가 높고 미량 측정에 적당한 것이 장점이다.

형광염료(螢光染料, fluorescein color) 물에 녹는 유기화합물로, 섬유에 염색하거나 자외선을 흡수하여 푸른 형광을 발하는 물질. 형광증백염료, 형광표백제라고도 한다.

형질전환(trasformation) 어떤 균주(공여체)의 유전형질 일부를 다른 균주(수용체)에 옮겨 넣는 유전교배의 하나. 공여체에서 추출한 DNA를 직접 수용체에 넣어 그 세포 중에서 재조합하는 것이다. 최근에는 대장균을 비롯하여 많은 세균이나 효모, 곰팡이, 고등생물의 배양세포에서도 형질전환이 가능하게 되었다.

호 단위(haugh unit) 달걀의 내용물로 신선도를 평가하는 방법. 난백의 높이(mm)를 H, 달걀의 무게(g)를 W로 했을 때 100log(H−1.7W+7.6)의 수치. 신선한 달걀은 86~90이다.

호기성세균(好氣性菌, **aerobic bacteria**) 공기 중이나 산소의 존재 하에서 생육하는 세균. 호기성세균은 산소를 요구하는 정도에 따라서 편성호기성균, 미호기성균, 통성혐기성균의 3종류로 나누어진다. ① **편성호기성균**(obligate aerobic bacteria)−산소가 있어야만 생육과 번식이 가능하며 초산균(*Acetobacter*), 고초균(*Bacillus subtilis*), 결핵균(*Mycobacterium tuberculosis*), 아조토박터(*Azotobacter*) 등이 여기에 속한다. ② **미(微)호기성균**(microaerophiles)−산소가 필요하지만 분압이 0.2기압 정도밖에 안되는 상당히 낮은 곳에서도 잘 생육하는 세균. 유산균(*Lactobacilli*)과 캠필로박터균(*Campylobacters*) 등이 이에 속한다. ③ **통성혐기성균**(facultative anaerobe)−산소가 있는 곳 또는 없는 곳에서도 모두 생육이 가능한 세균. 포도상구균(*Staphylococcus*) · 대장균(*Escherichia coli*) · 티푸스균(*Typhus*) 등이 여기에 속한다.

호기적 호흡(**aerobic respiration**) 공기가 있는 조건에서 포도당이 분해하여 이산화탄소와 물로 산화되는 과정.

호두(**walnut**) 가래나무과의 낙엽교목인 호두나무(*Juglans sinensis* Dode.)의 열매. 호두는 별명이 많아서 강도(羌桃), 당추자(唐楸子), 추자(楸子), 핵도(核桃)라고도 한다. 일반적으로 견과로 분류되나 외과피는 육질로 녹색이며 매우 단단한 골질로 잘 깨지지 않는 내과피를 가진 핵과이다. 종자는 구형에 가까우나 심하게 주름져 있고 흰색 또는 담황색을 띠며 그 겉면은 막질의 흑갈색인 종피가 있다. 호두는 가을에 따서 물에 담가 두거나 한 자리에 쌓아 두어 썩혀서 육질의 외과피를 제거하고 햇볕에 말린 뒤 딱딱한 내과피를 깨서 종자를 취한다. 유럽이 원산지이나 중국 및 아시아에 분포하고 세계 각지에서 재배한다. 호두는 한(漢)나라 장건이 서역에서 들여와 현재 중국의 각지에서 재배하며, 화북지방이 최대 생산지이다. 우리나라에는 고려시대에 유청신이 원나라 사신으로 갔다가 가지고 와서 고향인 천안에 처음으로 심었다고 하며, 일본에는 18세기경 우리나라에서 전파되었다. 호두에는 양질의 단백질과 불포화지방산(리놀레산, 리놀렌산)이 다량 함유된 지질을 50~60% 함유하고 있어 칼로리(100g당 630kcal)가 높은 식품이기 때문에 귀족들의 사랑을 받아온 식품이다. 단백질은 20~30%인데 그 중 50% 이상이 글루텔린(glutelin)이고, 트립토판이 풍부하여 질이 좋은 단백질이다. 또한 칼슘, 비타민 B_1, 비타민 B_2 등이 풍부하며, 우울증에 효과적인 나이아신, 뇌 발달에 꼭 필요한 비타민 A도 많아 호두를 하루에 1개씩 먹으면 뇌의 활동을 좋게 하는 건뇌 식품이다. 『본초강목』에 의하면 호두는 간을 보하고 허리와 무릎을 따뜻하게 해주며 변비를 낫게 하고 가래를 없애주며, 신장 기능을 강화하고 기억력을 증강하며 신경쇠약 치료에도 이용된다고 한다. 우리나라에서 호두는 그대로 먹기도 하고 제수용, 과자, 술안주, 요리에 이용하며, 프랑스나 미국에서도 고급 견과에 속한다. 호두 기름은 식용 외에도 화장품이나 향료의 혼합물, 그림물감용 등 용도가 넓다. 호두의 딱딱한 겉껍질을 깐 것은 공기 중에서 산화되기 쉬우므로 먹기 직전에 까먹는 것이 좋다. 겉껍질이 있는 것이라도 다음해 4~5월이 지나면 산패하여 맛이 없을 뿐 아니라 영양가도 떨어지게 된다.

호료(糊料, **thickening agents**) 콜로이드 성질을 가지고 있어 식품에 첨가하면 매끈하고 점성이 생기며 분산안정제, 결착보수제, 피복제 역할을 하는 물질. 그 용도는 광범위하나 사용량이 규제되어 있다. 현재 식품에 사용할 수 있게 지정되어 있는 품목으로는 천연물인 카세인, 알긴산나트륨, 카세인나트륨 등이 있다.

호밀(**rye**) 보리류에 속하는 벼과의 1년생 또는 월년생 식물 또한 그의 식용 곡류. 학명은 *Secale cereale* L. 라이보리라고도 한다. 열매는 다소 녹갈색 또는 자색을 띠고 표면에 주름이 있는 것이 많으며 등쪽에 세로 홈이 있고, 크기는 밀보다 다소 길쭉하다. 보리류 중에서도 냉랭한 기후에 적합하고 내한성이 강하며 건조한 사질토나 메마른 땅에서도 잘 자란다. 카프카스 · 터키 원산이다. 유럽에서는 청동기

시대부터 재배된 것으로 추측하고 있으며, 러시아, 독일, 폴란드 등 북유럽 국가들이 주산지로 이들 나라에서는 밀가루보다 중요하게 생각되고 있으며 감자와 더불어 중요한 식량자원이다. 호밀은 단백질이 약 10%이며 이중 프롤라민(prolamin)과 글루텔린(glutelin)이 각각 40%를 차지하고 아미노산 조성은 히스티딘(histidine)과 시스틴(cystine)이 많으며 리신과 트립토판의 함량이 적다. 무기질 중 칼륨과 인을 다량 함유하고 있으며, 비타민 B군도 많다. 다소 신맛이 있고 정백·제분하여 독특한 풍미를 지닌 흑빵을 만들며, 위스키, 보드카나 흑맥주의 양조 원료로 쓰인다. 그 외에 간장이나 된장의 원료로도 쓸 수 있다. 호밀의 이삭(씨방)에 자낭균이 기생하면 흑색각상(黑色角狀)의 맥각이 생기며 이것은 지혈제, 자궁수축제로 약용한다. 풋베기한 것은 사료 및 퇴비가 되며 열매도 양질인 농후사료가 된다.

호박(pumpkin, squash) 박과에 속하는 일년생 덩굴 초본. 학명은 *Cucurbita* spp. 원산지는 지중해 연안이다. 종류로는 동양호박(*Cucurbita moschata*), 서양호박(*Cucurbita maxima*), 관상용 호박(*Cucurbita pepo* L.) 등이 있으며 품종에 따라 크기, 색, 형태 등이 다양하다. 동양 호박에는 애호박, 늙은 호박이 있는데, 애호박은 과육이 유연하고 전분질이 다소 있고 단맛도 약간 있다. 서양호박으로 단호박은 밤호박이라고도 하며 고구마와 밤의 중간 정도의 맛과 질감을 지닌다. 약호박은 약용으로 쓰이며 화초호박이라고도 한다. 빨간색의 고운 빛깔을 지니고 있어 관상용으로도 쓰인다. 애호박은 늙은 호박과 성분이 유사하나 애호박에는 당질과 비타민 C가 더 많이 들어 있다. 과채류 중에서는 전분 함량이 가장 많아 칼로리가 높다. 잘 익은 호박일수록 자당이 증가되어 단맛이 높다. 카로틴을 비롯해 비타민 C, B, 칼슘, 칼륨, 철, 인 등이 들어 있다. 특히, 카로티노이드(carotenoids)의 함량이 높아 비타민 A의 효력도 큰데 색이 진한 황색일수록 더욱 크다. 호박에는 비타민 C를 파괴하는 아스코르비나아제(ascorbinase)라는 효소가 들어 있으나 열에 약하기 때문에 조리 중 파괴된다. 호박을 장시간 삶으면 비타민 C는 파괴되고, 황을 함유한 휘발성 정유성분으로 인하여 불쾌한 맛이 난다. 호박씨에는 단백질, 지방(불포화지방), 필수 아미노산, 레시틴이 풍부하다. 어린호박은 채소로 이용하거나 건조시켜 사용한다. 늙은 호박은 엿, 떡, 범벅, 중탕, 죽 등으로 이용하며, 서양에서는 수프, 퓌레, 잼, 파이 등에 이용한다. 잎으로는 쌈을 싸먹는다. 호박꽃도 요리에 이용한다. 늙은 호박은 꼭지 부분이 안쪽으로 많이 들어간 것이 당도가 높으며 잘랐을 때 흰 가루가 많이 붙어 있지 않은 것 좋다.

호박산(succinic acid) 자연계에 널리 존재하는 유기산의 하나. 숙신산이라고도 한다. 무색 내지 백색의 결정 또는 결정성 분말로서 냄새가 없고 산미, 지미를 가진다. 조개류, 청주 등에 들어 있으며 공업적으로는 초산에서 생산한다. 완충제와 중화제 및 보존제로 사용된다.

호박씨(pumpkin seed) 호박의 종자에는 빈뇨나 요실금 등을 개선하는 유효성분이 함유되어 있어 옛날부터 "천연의 이뇨제"로서 사용되어 왔다. 유럽에서는 호박씨 추출물을 배합한 의약품이 전립선비대나 과민방광의 치료를 목적으로 판매되고 있다. 호박씨의 전립선비대 개선 효과는 종자에 함유되어 있는 지방산과 식물스테롤의 작용에 의한 것으로 생각되고 있다. 전립선비대는 남성호르몬인 테스토스테론이 변화해서 생성되는 디히드로테스토스테론이 축적하여 생기지만 호박씨의 지방산이 5α-리닥타제의 활성을 저해하기 때문에 디히드로테스토스테론의 축적을 억제한다. 또 리셉터의 결합을 저해하는 작용도 확인되어 있다. 이밖에 여성에 많은 요실금의 개선에도 효과가 있는 것이 알려져 있다.

호정화(dextrinization) 전분을 효소나 산으로 가수분해하거나 전분에 물을 가하지 않고 160~170℃로 가열하였을 때, 전분이 가용성 전분을 거쳐 여러 종류의 덱스트린으로 분해되는 현상. 호정화하면 아밀로오스 사슬이나 가지를 치고 있던 아밀로펙틴의 여기저기가 끊어져서 분자가 작아지기 때문에 물에 더 잘 용해되고 점성은 감소한다. 예를 들면, 식빵을 구워서 토스트를 만들 때, 또는 기름에 밀가루 음식을 튀겼을 때, 미숫가루나 선식을 만들 때, 옥수수를 튀긴 팝콘이나 강냉이 등에서 이러한 호정화가 일어난다.

호화(gelatinization) 전분에 물을 가하고 가열하면 물이 흡수되어 팽윤되고, 계속 가열함에 따라 수소결합이 파괴되어 반투명의 콜로이드(colloid) 상태가 되는 현상. 전분이 호화되면 일부 아밀로오스가 용출되어 점도와 투명도가 증가하고, 또한 무정형이 되어 효소의 작용을 받기 쉽게 되므로 소화성이 증가된다. 호화에 이용되는 수분은 감자나 고구마를 구울 때와 같이 식품 자체에 함유되어 있는 것일 수도 있고, 밥을 짓거나 빵을 만들 때와 같이 식품에 첨가되는 것일 수도 있다. 전분의 종류 및 품종, 아밀로오스 함량에 따라 호화 개시온도와 호화온도가 다르다. 예를 들면, 감자 전분의 경우 일반적으로 56℃에서 호화되기 시작하여 64℃에서 완결되나, 옥수수 전분은 68℃에서 호화되기 시작하여 76℃에서 완결된다. 일반적으로 가열 온도가 높을수록 그리고 수분 함량이 많을수록 호화가 빨리 일어난다.

호흡작용(respiration) 산소를 흡수하여 에너지와 CO_2를 방출하는 작용. 식물도 동물과 마찬가지로 여러 가지 활동을 하는데, 이를테면 자동차가 움직이는 데 연료가 소모되고 이 때 나오는 화학 에너지를 이용하는 것처럼 식물체도 다른 생물의 경우와 마찬가지로 생활 활동을 하기 위하여서는 탄수화물 등을 산화시키고, 이 때 얻는 화학 에너지를 이용하고 있다. 이것을 호흡작용이라고 한다. 식물에서 호흡작용의 기본적인 특성은 다른 생물과 같다고 할 수 있으나,

빛
↓
이산화탄소+물→탄수화물(저장성분)+산소

생산작용(광합성)

탄수화물(저장성분)+산소→이산화탄소+물+호흡열
↓
에너지(ATP 등)

소비과정(호흡)

구체적인 부분에서는 다른 점도 있다. 동물의 경우 산소가 부족한 상태에서는 근육 등에서 포도당을 젖산으로 변화시키며 에너지를 얻지만, 식물에서는 최종 산물로 에탄올을 만드는 경우도 있다. 그러나 생명 현상의 가장 기본이 되는 핵산이나 단백질의 합성, 각종 물질대사의 원리는 다른 생물과 공통되는 것이 많다.

혼종올리고당(heteroolgosaccharide) 두 종류 이상의 당으로 이루어진 올리고당. 다당류의 부분 분해 또는 당 전달효소로 생산되는 한천올리고당, 프럭토올리고당, 갈락토올리고당 등이 있다.

혼합간장 산분해 간장과 양조간장을 일정 비율로 혼합한 간장.

홍경천(rhodiola) 홍경천은 원산지인 티베트의 해발 3,500~5,000m 고지에서 자생하고 있는 꿩의 비름과 야생 다년초 초본이다. 홍경천의 유효성분은 홍경천 케톤과 아글리콘, 티로솔인데 우수한 자양강장효과가 있다는 것이 판명되었고 장기간 계속되는 긴장상태 하에서 근육과 대뇌를 정상화시켜 면역능력을 높이는 작용이 있다, 산소부족에도 유효하다고 본다. 실제로 소련에서 우주비행가의 건강식품으로서 사용되고 있다. 홍경천에 함유된 글리코시드가 아토피에 효과가 있으며 기미, 주근깨의 원인이 되는 멜라닌의 생성을 억제하는 것 등이 밝혀져 있다.

홍국(hongguk) 찐쌀에 자낭균류인 홍국균(Monascus purpureus, Monascus anka 등)을 번식시킨 누룩. 녹말분해력이 아주 강한 것도 있다.

홍어(skate ray) 연골어류 홍어목 가오리과의 바닷물고기. 학명은 *Raja kenojei* Müller et Henle. 『본초강목』에서는 태양어(邰陽魚) 또는 모양이 연잎을 닮았다 하여 하어(荷魚)라 하였고, 생식이 괴이하다 하여 해음어(海淫魚)라고도 하였다. 『자산어보』에는 분어(魚)라 하였고 속명을 홍어(洪魚)라 하였으며, 음식으로서 나주(羅州)지방의 홍어에 대한 기호를 소개하고 있다. 대만 · 동중국해, 홋카이도(北海島)를 제외한 일본의 전 해역, 우리나라의 서 · 남해 등 북서태평양 연안에 분포한다. 산란기는 9~3월(산란성기는 11~12월)이다. 우리나라에서 특히 상업적 가치가 높은 어종으로, 회, 구이, 탕, 찜, 초무침 등 여러 형태의 요리로 식

용한다. 모체에 함유되어 있던 요소 및 트리메틸아민 옥사이드가 사후 부패세균에 분해되어 휘발성의 암모니아 또는 트리메틸아민으로 변하므로 손질 후 냉동 보관한다. 1.7~2% 정도의 콜라겐을 함유하고 있어 끓이면 젤라틴으로 변한다. 특히 전라도에서는 잡은 후 볏짚에 사서 항아리에 담아 암모니아 냄새가 나도록 삭혀서 요리하는 것으로 유명하다. 특히 삭힌 홍어와 탁주를 함께 먹는 것을 홍탁이라 한다.

홍조류(紅藻類, **red algae**) 홍색의 해조류. 김, 우뭇가사리 등이 이에 속한다. 다른 조류보다 비교적 깊은 물에 서식하며, 크기가 비교적 작은 반면 종류는 약 4천여 종으로 다양하다. 홍색의 색소는 피코에리스린(phycoerythrin)이다. 그 외에도 엽록소, 카로티노이드 등에 의해서 녹색이나 기타 색을 띠는 경우도 있다. 홍조전분이라고 하는 갈락토오스(galactose)를 주체로 하는 다당류가 함유되어 있다. 말린 홍조류에는 단백질, 탄수화물이 많이 함유되어 있으나 소화율이 높지 못하다. 칼슘, 칼륨, 요오드 등이 풍부하며 비타민 A의 좋은 급원이다.

홍차(紅茶, **black tea**) 발효차로, 찻잎을 하룻밤 말려서 조직을 파괴한 후 25℃ 정도에서 3시간 정도 발효시킨 후 건조시킨 것. 발효과정에서 비타민 C는 산화효소의 작용으로 파괴되고, 탄닌의 반 정도는 산화 및 중합(重合)되어 불용성으로 되므로 떫은맛은 적어지고 홍차 특유의 맛과 색이 나며, 방향 물질이 생성된다. 홍차는 녹차보다 탄닌의 양이 많으므로 위가 안 좋은 사람은 우유를 넣어 먹으면 좋은데 우유 단백질이 탄닌과 결합하여 위의 소화작용을 완화시켜 준다. 홍차에 레몬 한 조각을 넣으면 홍등색이 엷어지면서 향기가 좋아진다. 홍차를 만든 찻잎의 순서에 따라 다음 4등급으로 분류된다. ① **플라워링 오렌지 피코**(flowering orange pekoe)-어린 솜털이 있을 때 딴 새싹으로 만든 것. ② **오렌지 피코**-최초에 달린 잎으로 만든 것. ③ **피코**-세 번째로 달린 잎으로 만든 것. ④ **수숑**(souchong)-소종(小種)이란 뜻으로, 그 다음의 잎으로 만든 것이다. 또한, 홍차는 마무리된 잎의 형태와 크기에 따라서 ① **홀 리프**(whole leaf)**형**-엽차 ② **브로큰**(broken) **형**-엽차를 적당하게 분쇄한 것. ③ **패닝스**(fannings), **더스트**(dust)**형**-제조공정에서 나오는 부엽과 분말의 세 가지의 등급이 있다. 최근에는 전통적인 홀 리프형보다도 침출 시간이 빠르고 짙은 맛이 나오는 브로큰형의 수요가 증가하고 있다.

홍합(**mussel**) 연체동물 사새목 홍합과의 부족류. 학명은 *Mytilus coruscus* Gould. 참담치라고도 한다. 남해안의 일부지역에서 바다양식에 성공하여 연간 약 5천 톤의 수확을 올린다. 조간대에서 수심 20m 사이의 바위에 서식한다. 근연종 진주담치(*Mytilus edulis* L.)가 있으나, 이는 홍합보다 작고 배쪽의 자줏빛이 진하며 각질이 약하다. 우리나라, 일본, 중국 북부 등지에 분포한다. 살은 식용하는데, 산란 전인 겨울부터 봄에 먹는 것이 맛이 좋으며 말렸다가 먹기도 한다. 살을 삶아 말린 것을 담채(淡菜)라 하며 근래에 중국으로 수출하기도 하였다. 한방에서는 살을 말리거나 생으로 사용하며, 자양 · 양혈 · 보간(補肝)의 효능이 있어 허약체질, 빈혈, 식은땀, 현기증, 음위 등에 단방(單方)으로 처방한다. 날것은 냉장고에서 1~2일 이내로 사용하는 것이 좋다. 단백질 10.3~12.7%, 지방 0.7~1.4%, 탄수화물 3.2~4.8%, 회분 1.4~2.2% 등이다. 그 외에 칼슘, 마그네슘, 철, 비타민 B_1, B_2, B_6 등이 함유되어 있으며, 단백질과 무기질, 비타민이 풍부해서 숙취를 깨게 하는 데 효과가 있다. 동해안의 홍합을 '섭'이라고도 하는데 섭조개는 콩팥과 간을 보호하고 피를 돌게 한다. 홍합백숙, 홍합장아찌, 젓갈, 홍합초, 홍합탕, 섭죽 등이 유명하다. 일반적으로 국물을 많이 애용하고 있다.

홍화유(紅花油, **safflower oil**) 기름 함량이 높은 잇꽃의 종자에서 추출한 유지. '잇꽃유' 라고도 불린다. 다른 유지에 비해 리놀레산 함량이 많다. 맛과 향이 담백하여 샐러드용으로도 많이 사용하고 있다. 지방산 조성이 단순하며, 산화에 불안정하다.

화학적 감각(化學的 感覺, **chemical sense**) 화학적 자극에 대한 감각으로, 미각과 후각을 가리킴. 미각은 보통 구강의 미뢰에 수용성 물질이 접촉함으로써 생기며, 단맛, 쓴맛, 짠맛, 신맛의 네 종류의 기본 맛이 있고 후각은 코의 후각점막에 휘발성 물질이 작용함으로써 다양한 냄새가 감지된다.

화학적 식중독(化學的 食中毒, **chemical food poisoning**) 식품에 오염된 유기·무기의 유독 물질에 의한 중독. 의도적으로 사용한 식품첨가물, 식품용기, 포장재료, 보존제에 의한 중독과, 비의도적으로 사용한(오염물질) 잔류농약, 중금속, 합성세제, 기타 화학물질에 의한 중독 등이 포함된다. ☞ 식중독

화학조미료(化學調味料, **artificial seasoning**) 화학적으로 합성한 감칠맛을 내는 조미료. 아미노산계와 핵산계 조미료가 있다. ☞ 지미료, 글루탐산나트륨, 핵산계 조미료

환경 기체조절 포장 저장(**MAP 저장**, **modified atmosphere package storage**) 식품의 호흡에 의한 대사 작용을 억제하기 위하여 포장 내의 기체조성을 조절하여 저장하는 방법. 식품의 유통기간을 연장시킬 목적으로 호흡을 감소시키고 미생물의 성장과 효소반응을 억제하는 변형된 기체 환경 조건으로 유지되도록 정상적인 공기의 조성을 포장 내에서 바꾸어 조절하여 저장한다. 공기 중 산소는 식품의 저장 시에 화학적 반응을 유발시키고, 호기성 부패 미생물의 성장과 해충의 번식을 일으켜 식품의 색, 향미, 전체적인 품질을 저하시킨다. 호흡을 활발히 하는 식품에 MAP 저장을 하는 목적은 용기 내에 산소를 줄이고 이산화탄소를 증가시켜서 식품의 호흡속도를 억제하여 식품의 숙성과 노화속도를 늦추는 것이다. MAP 저장과 CA 저장은 둘 다 식품의 보관수명을 연장시키기 위해 공기의 조성을 조절한다는 점에서는 유사하나, CA 저장은 저장용기 중의 가스 조성을 일정하게 유지하기 위해 부족한 가스를 보충하여 조절하는 방법인 반면, MAP 저장은 초기에 가스를 주입하거나 내용물 자체에 의해 발생하는 가스를 조절하지 않고 방치하는 방법이다. 일반적으로 MAP 저장보다는 CA 저장이 적절한 가스 조성을 일정하게 유지하기 쉽다.

환대산업(**hospitality industry**) 호텔, 레스토랑, 단체급식을 포괄하여 고객에게 정성으로 서비스를 제공하는 사업체들로 구성된 산업. 미국의 호텔, 레스토랑, 단체급식 교육협의회인 council on hotel, restaurant, institutional education(CHRIE, 1992)의 정의에 의하면 환대산업을 급식, 호텔 및 관련 서비스 산업으로 규정하고 있으며 미국의 경우 숙박과 급식산업을 포괄하고 있으나, 환대산업의 경계는 명확하지 않으며, 관광산업, 레저산업과 밀접하게 연관되어 있다.

환원(還元, **reduction**) 어떤 물질로부터 산소를 빼앗거나 수소를 주는 것 또는 전자를 얻는 것. 예를 들면, 아연을 묽은황산에 녹일 때의 반응은 $Zn+H_2SO_4 \rightarrow ZnSO_2+H_2$ 이며, 이때 Zn은 Zn^{2+}가 되어 양전하가 증가하고 있으므로 산화이다. 그러나 $C+O_2 \rightarrow CO_2$에서는 C의 산화수 0 및 O의 산화수 0인데, CO_2의 C에서는 +4, O의 산화수는 −2인 사실에서 C는 산화되고, O는 환원되었으며 이를 환원이라 한다.

환원당(還元糖, **reducing sugar**) 당류 중에 헤미아세탈 OH기가 유리상태로 존재하는 당. 환원력은 수용액 중에서 헤미아세탈 결합이 열린 사슬 구조상에 유리 알데히드(−CHO)기 또는 케톤(>C=O)기에 의하여 나타난다. 환원당은 2개의 α−와 β−아노머(anomer)로 존재하며, 수용액 중에서는 이들의 평형 혼합물이 되므로 변선광 현상이 나타난다. 알칼리 용액 중에서 구리, 은 등의 중금속을 환원시키며, 이런 성질을 이용하여 펠링 용액(fehling solution)으로 환원당의 정성, 정량분석을 한다. 모든 단당류와 맥아당(maltose), 유당(lactose)등의 이당류는 환원당이나 설탕, 트레할로오스(trehalos) 등은 비환원당이다.

활성산소종(**reacitive oxygen species**) 일반 산소보다 반응성이 큰 산소종. 좁은 의미로는 삼중항 산소의 단계적 환원으로 생성되는 초과산화물(O_2^-), 과산화수소(H_2O_2), 하이드록시 라디칼과 일중항산소($^1O_2$)를 가리킨다.

황변미(黃變米, **yellowed rice**) 저장 곡류 중에 페니실리움(*Penicillium*)속의 곰팡이가 오염되어 적홍색 또는 황색의 색소가 생성되어 변한 쌀. 특히 우리나라를 포함한 동남아시아에서 황변미 발생이 많다. 이 중 *Penicillium islandicum*은 여러 독소를 생성하며 그 중에서도 아일

랜드산 쌀에서 발견한 이슬란다(islanda) 황변미의 원인물질은 류테오스키린(leuteoskyrin), 이슬란디톡신(islanditoxin) 등이다.

황산 콘드로이틴(chondroitin sulfate) 연골(軟骨)의 주성분인 N-아세틸갈락토사민 · 우론산 · 황산으로 이루어지는 다당류. 우론산(글루쿠론산 또는 이두론산)의 종류와 황산기의 결합위치에 따라 A, B, C, D, E 등의 형으로 나누어진다. 조직 속에서는 콘드로뮤코 단백질의 형태로 존재하며 1개의 단백질 사슬에 수십 개의 황산콘드로이틴 사슬이 결합되어 있고 주로 연골의 화골화 현상에 관여하는 것으로 알려져 있으나 생체 내에서의 기능은 불분명하다.

황색포도상구균에 의한 식중독(Staphylococcus aureus food poisoning) 포도상구균이 식품 중에 증식하여 그 대사산물로 생성한 엔테로톡신(enterotoxin)을 섭취하여 발생하는 독소형 식중독. 원인독소인 엔테로톡신을 생산하는 균종은 황색포도상구균에 한정된다. 아우레우스(*S. aureus*)는 그람(Gram) 양성 구균으로 비운동성의 호기성 또는 통성혐기성 균이며, 특히 식중독의 원인이 되는 엔테로톡신의 생산은 발육최적 온도가 35~38℃에서 가장 잘 생성이 되며, 열에 대한 내성이 매우 강하고, 주요 증상은 구토, 설사와 심한 복통을 유발하는 급성위장염 등이며, 구토는 독소가 장의 신경 수용체에 작용한 다음 구토중추를 자극하기 때문에 발생한다. 잠복기는 2~6시간이며, 임상증상은 독소 섭취량과 개체 감수성에 따라 다르게 나타나며 치사율은 낮고 24~48시간 내에 회복된다. 주요 원인식품으로는 우유, 크림, 치즈 등의 유가공품과 식육, 햄 등의 식육 가공품, 어육 가공품 등의 단백질 식품 등과 김밥, 도시락, 크림빵, 떡 등의 탄수화물 식품이 원인이 된다. 아우레우스는 건강한 사람의 피부 등에도 상재하며, 공기, 토양 등의 자연계에 광범위하게 분포하고 있어 완전한 예방대책이 어려우므로 주변환경을 위생적으로 처리하여 감염원을 제거하고 병원 내 2차 감염의 대책이 필요하다. 또한 생성된 엔테로톡신은 열에 대한 내성이 매우 강하여 가열 조리 후 바로 먹는 식품이나 살균우유 등으로도 식중독이 발생될 수 있으므로, 원 재료의 오염방지, 위생적인 식품취급 등의 예방이 우선되어야 한다.

회전점도계(回轉粘度計, rotational viscometer) 액체 중에 넣은 회전체가 액체의 점성에 의해 받는 저항을 측정하여 액체의 점성을 구하는 점도계.

회충(*Ascaris lumbricoides*) 주로 공장에 기생하는 기생충으로, '횟배'라고 알려진 복통, colic, 장폐쇄증, 영양장애 등을 일으키며 회충의 체강액이나 분비배설물에 의하여 회충독이라고 표현되는 과민반응(두드러기, 두통, 어지러움, 불면, 불안, 기침, 시력장애, 야맹) 등을 보인다. 1966년 기생충질환 예방법이 발효된 직후인 1969년 학생 충란양성률이 55.4%에 달하였으나, 집단검변을 통해 회충감염자를 색출하고 구충제로 치료함과 동시에 인분을 비료로 사용하는 것을 금지하고 위생환경이 개선됨에 따라 1995년에는 학생 충란양성률이 0.02%까지 감소했다. 토양을 매개로 해서 감염되는 회충은 오염된 손으로 음식을 먹거나 손가락을 빨 때, 오염된 채소를 날로 먹을 때 감염되는데, 여름철 홍수 및 겨울의 김장 김치, 봄철 푸성귀를 먹는 식습관에 의하여 2, 3월 및 8, 9월 2번 정도의 계절적 감염 peak를 보인다.

효모(酵母, yeast) 곰팡이와 같이 진균류로 분류되며, 구형이나 타원형 등의 단세포생물. 증식은 주로 출아법(budding)에 의하며 증식을 위한 최저 수분활성도(Aw)는 곰팡이보다는 높지만 세균보다는 낮고, 증식할 수 있는 pH 범위도 넓고(pH 2.0~8.5), 산성에서 잘 자라며, 발효식품산업에 이용되지만, 때로는 세균과 공존하며 식품을 변질시키기도 한다.

효소식품(enzyme food) 효소란 동식물 및 미생물 세포에서 생산되는 물질로서 다양한 생화학반응에서 촉매작용에 관여한다. 적절한 효소식품의 섭취는 체내의 부족한 효소를 보충하고 신진대사를 촉진하여 신체의 기능을 도와서 건강유지 및 증진에 도움을 준다. 효소식품은 체내의 효소가 원활하게 활동하기 위해 필요한 단백질, 비타민, 미네랄의 공급이 충분한 소재여야 하므로 이러한 영양소가 중점적으로 함유되어 있는 식품들을 주원료로 하고 있다. 또한 효소식품 자체에 다량 함유되어 있는 아밀라제, 프로테아제, 리파아제 등의 인체 내 효소 일부를 직접공급하는 역할을 한다. 따라서 효소식품이란 영양학적으로 우수하며 기능성이 인정된 식물원료를 선정하고 여기에 효모나 세균류, 곰팡이류 등의 미생물배양을 한 다음 섭취하기에 적절하도록 가공한 것을 일컫는다. 시중에 유통되고 있는 주요 품목으로서는 현미효소, 율무효소, 알로에효소, 해조류효소, 버섯효소, 야채류효소가 주종을 이룬다. 효소식품의 기능성은 건강유지 및 증진은 물론 변비, 당뇨병, 간장병, 숙취, 항콜레스테롤 효과 등을 들 수 있다.

효소적 갈변반응(enzymic browning reaction) 식품에 함유되어 있는 폴리페놀 산화효소(polyphenol oxidase)에 의하여 산소가 있는 조건에서 일어나는 식품의 갈변반응. 감자, 바나나, 사과 등 페놀성 물질을 함유한 식품들이 폴리페놀 산화효소 또는 티로시나아제(tyrosinase)에 의해 산화되어 퀴논(quinone)을 형성하고 이들이 계속 비효소적으로 산화, 중합 또는 축합하여 갈색물질인 멜라닌 색소를 생성하는 반응이다. 효소적 갈변반응은 기질, 효소, 산소를 조절함으로써 억제될 수 있다. 효소적 갈변반응을 억제하기 위한 방법으로는 효소를 불활성화하기 위한 열처리, 물에 담가 수용성 효소와 기질의 침출, −10℃ 이하의 냉동 저장, 산 첨가, 산소의 제거 등의 방법이 있다.

후각(嗅覺, sense of smell, olfaction) 냄새를 가지는 화학물질이 휘발성 물질로 비강(nasal cavity)의 상단부에 위치한 후각 수용기를 자극함으로써 생기는 화학적 감각. 순응되기 쉽고, 피로하기 쉬운 감각으로서 지각된 향은 식품의 기호가치를 형성하는 기본적 요소의 하나이다.

후각기관(olfactory organ) 비강 속에 위치하고 있는 냄새를 맡는 기관. 비강은 전정부(前庭部)), 호흡부 및 후각부의 세 부분으로 나누어져 있다. 호흡부는 상중하의 3단으로 된 갑개골(turbinate bones)에서 들어오는 공기를 따뜻하게 데워 주고 여과하는 작용을 한다. 중갑개골을 중심으로 상부가 후각부로서 후각자극을 인지하는 부위의 점막은 황색의 색소가 침착되어 있다. 후각상피(嗅覺上皮, olfactory epithelium)는 비강의 상단부에 위치하는데 흡입된 기류가 후각상피에 도달할 때 3개의 갑개골이 어느 정도 장해 역할을 하므로 냄새물질의 소량만이 흡수된다. 후각상피는 지지세포(supporting cell), 기저세포(basal cell), 후각세포(olfactory cell)로 구성되어 있는데, 후각신경이 후각상피에서 후각구(olfactory bulb)까지 연결되어 있으며, 후각구는 뇌에 연결되어 있다. 공기 중에 휘발된 냄새물질 분자가 코를 통해 후각상피에 도달하면 후각 수용기에 응답이 일어난다. 이 자극이 뇌에 전달되어 냄새가 지각되게 된다.

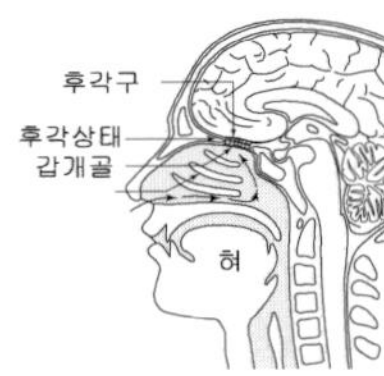

비강의 구조

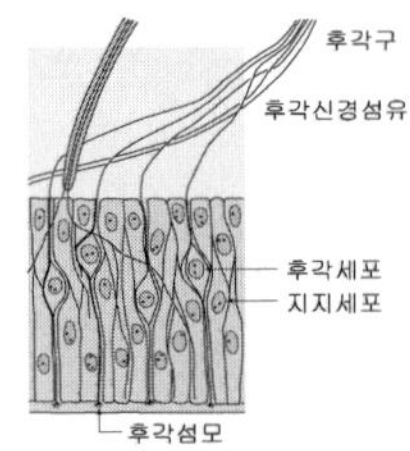

후각상태

후각 이상(dysosmia) 후각 기능에 이상이 생긴 상태. 육체적, 정신적 상해가 원인으로 후각기능의 일시적 또는 영구적 손실이 일어난 후각상실증(anosmia), 편두통 등이 원인으로 과도한 후감각이 일어난 후각과민증(hyperosmia), 후각과민증과 반대로 냄새에 대한 감도가 감소된 저후각증(hyposmia), 중대한 수술 후에 특정 냄새기능을 상실한 메로스미아(merosmia), 지속적으로 불쾌한 냄새를 느끼는 카코스미아(cacosmia) 등이 있다.

후각 프리즘(olfactory prism) 헤닝(1916)의 냄새 분류. 헤닝은 냄새를 향신료향(spicy), 꽃향기(flowery), 과일향(fruity), 수지냄새(resinous), 썩은 냄새(foul), 탄 냄새(burnt)의 여섯 종류의

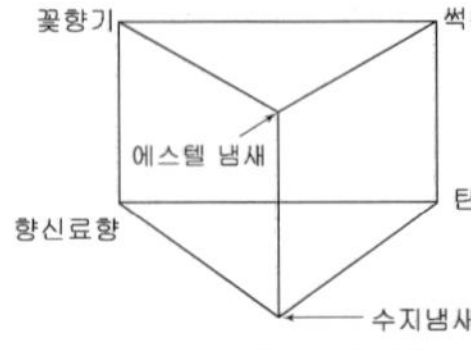

헤닝의 후각 프리즘

기본냄새로 분류하여 냄새의 3면체를 만들어 모든 냄새를 이 프리즘 표면에 배열하였다.

후광효과(後光效果, **halo effect**) 한 특성이 좋을 경우 다른 특성도 좋은 쪽으로 평가하려고 하는 경향 또는 그 반대 경향.

후물론(**humulone**) 호프의 쓴맛 성분. 맥주의 독특한 쓴맛을 낸다.

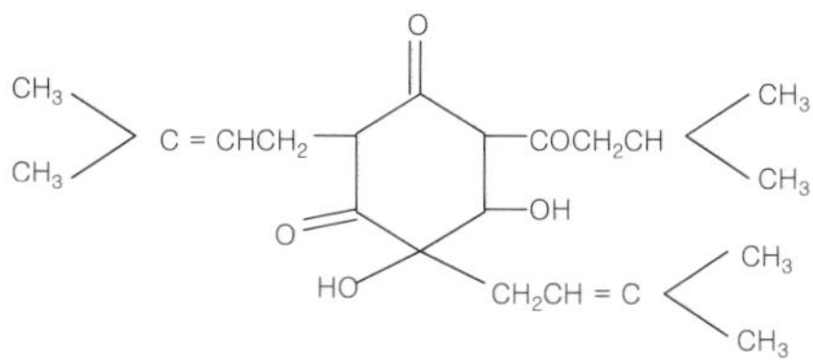

후숙작용(**after-ripening**) 성숙한 과채류가 수확 후에 호흡을 통하여 이루어지는 각종 생리적 작용. 수확 후에도 조직이 연화되고, 향기가 발생하며, 색깔 변화 등의 생리적 현상을 보인다. 종자가 일단 성숙해도 금방 발아능력(發芽能力)을 가지지 못하고 일정한 휴면기(休眠期)를 거치고 난 뒤에 발아가 가능해진다. 이렇게 종자가 발아능력을 가지게 되는 변화기간을, 종자가 시간과 더불어 완전히 성숙하는 것이라고 생각하여 이 현상을 후숙이라고 한다. 이 기간은 식물에 따라서는 거의 없는 것도 있고(보리 · 까치콩 등), 며칠, 몇 달, 몇 년(가시연꽃)을 필요로 하는 것도 있다. 수확한 과실은 상온에서 에틸렌이 생성되며 따라서 이산화탄소도 증가된다. 과실 내의 에틸렌 양이 증가됨에 따라 효소의 활성이 활발하게 되어 전분은 당으로 변화되고 산의 함량은 감소되며 세포벽의 구성물질인 펙틴 등의 분해가 촉진되어 과육이 물러지며 후숙이 진행된다. 0~5℃의 저온, 특히 2℃ 이하에서는 과실 내의 에틸렌이 생성되지 않으며 외부에서 처리하여도 호흡의 변화가 나타나지 않는다. 그러나 15~20℃로 온도를 높여주면 에틸렌에 대한 반응이 민감하여 후숙이 진행된다.

후천성면역결핍증(**acquired immune deficiency syndrome, AIDS**) 전염성의 바이러스(human immunodificiency virus, HIV)에 의하여 발병하며 백혈구를 파괴하여 면역기능에 문제를 일으키게 되는 질병. AIDS의 감염 경로는 대개 바이러스에 감염된 세포가 포함된 혈액, 감염된 주사기의 반복 사용, 정액 등의 체액의 교환을 통하여 이루어지며, AIDS에 감염된 산모는 유아에게도 전염시킨다.

후추(**pepper**) 후추과의 열대상록 덩굴식물인 파이퍼 니그럼(Piper nigrum)이라는 다년생 식물의 열매로 향신료의 일종. 동남아시아가 원산지. 육류, 어패류의 기본 향신료로 맛을 돋우고 누린내나 비린 냄새를 제거해 주므로 거의 모든 요리에 사용한다. 주 매운 성분은 알칼로이드(alkaloid)에 속하며, 피페린(piperine)과 차비신(chavicine)이다. 흑후추(black pepper)는 미숙한 열매를 건조시킨 것이고 백후추(white pepper)는 성숙한 열매를 수침 건조한 후 겉껍질 제거한 것으로 흑후추에 비해 매운맛이 약하다. 흑후추는 주로 육류요리에 쓰이고, 백후추는 섬세하고 색이 연해 맛이 연한 소스, 채소, 생선요리 등에 사용된다. 후추는 통후추를 갈아서 사용하는데 후춧가루는 시간이 지나면 향기와 맛이 떨어지므로 사용할 때마다 조금씩 갈아서 사용하면 좋다. ☞ 차비신, 피페린

후크의 법칙(**Hooke's law**) 탄성체의 변형은 변형력에 비례한다는 법칙. 고체에 힘을 가하여 변형시키는 경우, 힘이 어떤 크기를 넘지 않는 한 변형의 양은 힘의 크기에 비례한다는 법칙. 고체역학의 기본법칙으로서 1678년 영국의 후크(R. Hooke)가 용수철의 늘어남에 대한 실험적 연구로부터 발견하였다. 이 법칙이 성립되는 힘의 한계를 비례한계, 이 한계 내에서의 힘과 변형량과의 비를 그 변형에 대한 탄성률이라 한다. 예를 들면 용수철에 추를 달아 놓으면 어느 일정 무게까지는 용수철이 추의 무게에 비례하여 늘어난다. 따라서 이 관계를 그래프로 그리면 직선 부분을 얻게 된다. 이 직선관계가 파괴되는 점이 이 경우의 비례한계이다. 일반적으로 이 관계는 늘어남 변형만이 아니라 고체의 어떠한 변형에 대해서도 성립되나, 금속 중에서 구리와 주철(鑄鐵)에는 힘과 변형 사이에 비례부분이 없으며, 따라서 비례한계가 없다. 후크의 법칙을 응용한 계기에는 용수철저울을 비롯하여 여러 가지 탄성압력계 등이 있다. 물

체에 작용하는 추(하중)에 의해서 내부에 생기는 응력(변형력)과 변형과의 관계를 나타내는 선도를 응력변형도선도(應力變形度線圖)라고 한다. 이 선도는 물체의 탄성한계 · 항복점(降伏點) · 극한강도 · 신장률 등 재료가 가지는 기계적 성질을 조사하는 데 이용된다.

훈연(燻煙, smoking) 소금에 절이거나 양념한 육류 또는 어류에 목재를 불완전 연소시켜 발생하는 연기를 쏘여 저장하는 방법. 연기에 함유되어 있는 포름알데히드와 페놀에 의하여 식품 표면에 부착되어 있는 세균이 살균되며, 동시에 목재의 불완전연소 시 가열에 의하여 살균 및 건조가 일어나 식품의 저장성이 증가된다. 훈연의 목적은 제품의 풍미와 색을 향상시키며 보존성을 주어 저장성을 높이는 데 있다. ① **냉훈법**(cold smoking)−15~20℃의 저온에서 식품을 장시간 훈연하여 저장하는 방법. 드라이소시지류, 뼈가 있는 햄, 기타 육제품의 훈연 저장에 사용된다. 드라이소시지인 경우는 1~2일 간, 뼈가 있는 햄일 경우는 1주일가량 훈연한다. 냉훈한 제품은 훈취가 부드러워서 좋으나, 겨울철의 추울 때는 하기 쉽지만 여름철에는 실온이 상승하기 쉬우므로 어려움이 따른다. ② **온훈법**(hot smoking)−훈연실 내의 온도 30~50℃에서 2~3일간, 또는 50~80℃에서 2~12시간 식품을 훈연하여 저장하는 방법. 훈연시간은 뼈 있는 햄이 1~3일, 베이컨이 1~2일, 로인 햄이 1~1.5일 정도이다. 햄, 베이컨의 훈연에 온훈법이 흔히 사용되어 왔으나, 최근에는 육제품의 발색을 좋게 하고 훈연시간이 짧으며 훈연에 의한 영양 손실이 적은 열훈법(120~140℃에서 2~4시간 처리)을 많이 사용하고 있다. 연어, 청어 등을 짜지 않게 소금에 절인 다음 물기를 빼고 바람에 말려 50~70℃에서 5~20시간 정도 훈연한다. 수분 함량이 50% 이상 되어 살은 연하고 맛이 좋지만 저장성이 떨어지므로 냉장을 해야 한다. ③ **배훈법**(roast smoking)−100℃ 내외의 온도에서 2~4시간 정도의 짧은 시간에 훈연을 끝내는 방법. 이 방법은 독일에서 많이 이용되고 있다. 고기는 완전히 익게 되어 저장성이 없으므로 3~4일 내에 이용해야 한다. 또한 베이컨과 같이 지방 용출이 심한 식품에는 사용하지 않는다. ④ **훈연액법**(smoke solution method)−훈연실의 응축수, 목제건유(木製乾溜)에서 생기는 목초액(木醋液, wood vineger), 크레오소트(creosote), 노간주나무유(juniper oil) 등의 배합으로 만든 훈연액을 증발되기 쉽게 낮은 용기에 넣고, 다시 탈지면을 띄워 이것을 훈연실에 넣어 가열 증발시켜 훈연과 같은 효과를 얻는 방법. ⑤ **전훈법**(electric smoking method)−높은 전압에서 코로나 방전을 하여 생긴 연기가 반대 전극인 고기에 침착되도록 하는 훈연방법. 훈연시간을 일반법의 약 1/20 정도로 단축할 수 있으나, 설비비가 많이 들고 제품의 보존성이 약하여 별로 실용화되어 있지 않다. ⑥ **액훈법**(liquid smoking method)−연기의 성분을 갖는 액체에 고기를 담가 유효성분을 침투시키는 방법. 목재 건유 시 목초액 · 코레오소트 · 알코올 · 붕산 · 명반 · 초석 · 색소 등을 배합하여 쓰며, 기타의 조미료와 향신료도 같이 배합하여 염지와 동시에 훈연하는 방법으로 어류의 훈연에 주로 이용된다.

휴면작용(rest) 생물의 활동 또는 생장이 일시적으로 정체되거나 정지되는 현상. 휴면에는 자발적 휴면과 타발적 휴면이 있다. 전자는 종자와 눈이 건전하고, 생리생화학적 변화를 일으키는 데 적당한 조건 하에서도 발아하지 않는 경우와 같이 내적 요인에 의한 것이고, 후자는 식물이 건조 · 저온 등으로 인하여 발아에 부적당한 건조에 놓이게 되어, 배(胚)의 활동이 제한되는 경우와 같이 외적 요인으로 일어나는 것이다.

휴민(humin) 단백질을 가수분해할 때 생기는 흑색의 불용성 물질. 탄수화물을 함유하는 단백질 시료를 산으로 가수분해할 때 생성이 되며 흙에 들어있는 부식질 중 용제에 의해 침출되지 않고 남아 있는 부분을 일컫는다.

흐름(flow) 액체 또는 기체로서 끊임없이 부드럽게 연결되어 움직이거나 흐르는 현상. 마치 인체 내에서 혈액처럼 부드럽게 순환되지만 복잡할 수 있으며 각 점에서의 흐름의 방향이 그 점에서의 접선 방향과 일치하도록 선을 그으면 흐름의 모양을 파악할 수 있게 된다. 이 선을

ㅎ

유선(流線)이라 하며, 시간적으로 유선이 변하지 않는 흐름을 정상류(定常流)라 한다. 일반적으로 흐름의 현상을 기술하기 위해서는 각 부분을 구성하는 입자(粒子)의 운동을 추적하는 방법과 각 점에서의 속도 · 압력 · 밀도 등을 특징짓는 양을 논하는 방법이 있으며, 그 연구는 유체역학이라는 물리학의 한 부문으로서 체계화되어 있다.

흑도(黑度, **blackness, emissivity**) 열방사율(복사율). 온도 T°K에서 고체의 단위 표면적, 단위 시간에 발산하는 열방사에너지를 W라 하고, 그것과 같은 온도의 완전흑체의 열방사에너지를 WB라 할 때, 흑도(e)=W/B로 계산한다. 0~1의 값을 취하는데 흑체(黑體)의 열방사율을 1로 한다(볼츠만의 방사법칙).

흑변(**blackening**) 근육이나 체액 중의 티로신이 티로시나아제에 의해 또는 과일에 함유된 탄닌물질이 산화효소에 의해 효소적으로 멜라노이딘 색소를 형성하는 경우와 육류 단백질 성분 중의 −Sn기의 환원, 발생한 H_2S와 금속이온(Sn, Cn, Fe 등)의 반응에 의한 황화 흑변이 원인이 되는 경우 및 티로신의 산화생성물과 금속이온이 비효소적으로 반응하여 복합체를 형성하는 경우 등이 있다. 배를 저장하는 도중 과피에 흑색의 반점이 생기는 현상인데 동양배 중 금촌주에 주로 발생한다. 처음에는 한 부분에만 발생하나 점차 확대되어 큰 반점을 형성한다. 이 반점은 과피(果皮)에만 발생하고 과육(果肉) 부위에는 전혀 피해가 없어 식용에는 별 지장이 없으나 상품가치가 떨어진다. 발생 원인은 과피흑변 현상은 과피에 함유된 탄닌성 물질이 산화효소에 의하여 산화 작용을 받음으로써 흑갈색의 산화물질이 발생된다.

흑설탕(**dark brown sugar, unrefined sugar**) 사탕수수를 짠 즙액을 그대로 농축하여 굳힌 설탕. 정제하지 않은 당밀을 함유한 함밀당으로 당도는 85%이고 무기질, 비타민 등이 많고 특유의 향미가 있다. 케이크, 쿠키, 약식 등에 사용한다.

흡수 스펙트럼(**absorption spectrum**) 물질의 연속 스펙트럼으로부터의 빛 또는 X선 등을 취한 경우, 특유한 광을 선택적으로 흡수하기 때문에 그 일부를 흡수해서 군데군데 검은 부분이 있는 불연속 스펙트럼. 원자의 흡수 스펙트럼은 확실한 검은 선을 가진 선흡수 스펙트럼으로 되지만 분자의 경우에는 똑같이 엷은 어두운 띠흡수 스펙트럼으로 되는 경우가 많다.

흡열반응(吸熱反應, **endothermic reaction**) 화학반응에서 열을 흡수하는 반응. 예를 들면 난액이 응고할 때나 전분이 호화할 때, 흡열 때문에 온도가 상승하지 않게 된다.

흡착(吸着, **adsorption**) 상의 계면에서 어떤 성분의 농도가 그 상 내부보다 높거나 낮은 현상. 농도가 높은 경우를 정흡착, 낮은 경우를 부흡착이라고 한다. 조리에서 흡착은 냉장고 중의 탈취, 스프의 난백에 의한 청징 등에 응용된다.

희석법(稀釋法, **dilution method**) 비교적 농후한 소량의 시료를 검사할 때 희석하여 시험하는 방법. 차이식별 방법으로 쓰이나 묘사법에서도 사용된다. 이 방법은 정미 물질을 물에 타서 맛의 역치를 결정하는 희석과정과 유사하다.

흰콩(**white soybean**) 대두의 일종. 종콩이라고도 한다. 흰콩은 단백질, 칼슘, 비타민 B · E 등을 다량 함유하고 있어 우수한 영양 공급원이다. 흰콩으로는 된장, 고추장, 간장, 콩가루, 두부 등 많은 가공품이 만들어지고 콩자반을 해먹기도 한다. 조리하기 전에 4~5시간 동안 4배 정도의 물을 붓고 충분히 불려야 삶을 때 무르게 삶을 수 있다.

히스타민(**histamine**) $C_5H_9N_3$. β−이미다졸 에틸아민에 해당하는 유독물질. 장내 세균이나 부패균에 의하여 단백질인 히스티딘에서 카르복시기가 떨어져 나가면서 생기는 물질이다. 조직 내에서는 조직단백질과 결합한 비활성형으로 존재하고 항원항체반응 시에는 비활성형인 히스타민이 활성형이 되어 장기(臟器)나 조직에 작용하여 알레르기나 아나필락시스를 일으킨다. 히스타민에 대항하는 약항(藥抗) 히스타민제는 알레르기 질환의 치료에도 효과가 있다. 체내에서 일어나는 기전은 매우 복잡하고 명확하게 밝혀지진 않았지만 자궁 등 평활근의 수축작용, 소동맥이나 모세혈관을 확장시키는 순환계에 대한 작용 및 침샘 · 창자샘 · 눈물샘 · 이자의 분비 증대, 특히 위점막선의 분비

촉진작용을 한다. 또한 항히스타민제는 이 중의 위액분비 촉진작용에는 대항하지 않는다.

히스톤(histone) 물, 염류용액, 묽은 산, 묽은 알칼리에 수용성이나 암모니아에는 불용성이며, 가열에 의해 응고되지 않는 단순단백질의 일종. 아르기닌과 리신 함량이 많은 염기성 단백질이다. 동물세포핵, 정자핵, 흉선, 임파조직, 고등어, 청어 등 미성숙 정낭 중에 DNA와 결합하여 뉴클레오히스톤(neucleohistone)의 형태로 존재. 혈액응고저지 작용, 항균작용이 있으며, 염색체(크로마틴)에 함유된 주요 단백질이다.

제2부

조리용어와 조리기기

한국조리 용어

ㄱ

가락 가늘고 갸름하게 토막진 물건. 또는 이것을 세는 단위. 예) 가락엿

가래 떡이나 엿 같은 것을 둥글고 길게 늘여 놓은 토막. 또는 이것을 세는 단위. 가락보다 굵은 것을 말한다. 예) 엿가래, 떡가래

가루즙 밀가루나 전분을 물에 풀어 묽은 즙을 만들어 닭찜, 생치찜, 가리찜, 고사리찜, 잡산적 등의 음식에 끼얹어 먹는 즙. 재료에 따라 여러 가지로 만들어 쓴다.

가룻국 밀가루를 묽게 풀어 끓인 물. 열무김치 같은 풋김치를 담을 때 넣는다.

가르기 쪼개는 동작.

가시다 물로 부셔 다시 깨끗하게 씻다.

간 음식물 외 짠맛을 내는 소금, 간장 등의 조미료. 또는 짠맛의 정도.

감탕 ① 엿을 고아낸 솥을 가신 단맛이 있는 물. ② 메주콩을 쑤어 퍼낸 솥에 남은 진한 즙. ③ 단맛이 나는 국물이나 액체.

감투밥 밥그릇 위로 높이 담은 밥.

강보리밥 맨 보리밥.

강술 안주 없이 마시는 술.

개꿀 벌통에서 갓 떠내어 벌집이 그대로 들어 있는 꿀. 소밀(巢蜜).

객수(客水) ① 다른 데서 들어온 겉물. ② 군물.

갱엿 고아서 켜지 않고 그대로 굳힌 검은 엿.

거냉(去冷) 조금 데워서 찬 기운만 없애는 것

거르다 체 같은 것으로 받쳐서 국물과 건더기를 분리시키다.

거리 ① 오이, 가지 등의 50개를 단위로 하는 말. ② 바탕. 재료. 예) 국거리, 찬거리, 일거리

거섶 비빔밥에 섞는 나물.

거첨(去尖) 살구씨나 복숭아씨 등을 약에 쓸 때 뾰족한 부분인 배아(胚芽)를 떼어 버리는 것.

건교자(乾交子) 마른 음식을 주로 하여 술안주로만 차리는 교자상. ☞ 식교자

건더기 국이나 찌개 같은 국물이 있는 음식 속에 들어 있는 고기나 채소 같은 덩어리진 것의 총칭. 건지라고도 함.

걸다 ① 액체가 묽지 않고 진하다. ② 음식의 가짓수가 많고 푸짐하다. ③ 음식을 닥치는 대로 가리지 않고 아무것이나 잘 먹는다.

겉가루 곡식을 빻을 때 맨 처음 나오는 가루. ☞ 속가루

겉곡 겉껍질을 벗겨내지 않은 곡식. 피곡(皮穀) 예) 겉보리

겉나깨 메밀 겉껍데기 속에 있는 거친 나깨.

겉대 푸성귀의 겉쪽에 붙어 있는 줄기나 잎

겉뜨물 곡식을 대강 씻어낸 첫 번째 뜨물.

겉마르다 속은 덜 말라 물기가 있고 겉만 마르다.

겉물 액체에 함께 섞이지 않고 따로 도는 물.

겉여물다 곡식이 속은 여물지 못하고 겉으로 보기에만 여물다.

겨 벼, 보리와 같은 곡식을 찧어서 벗겨낸 껍질의 총칭. 겉겨와 속겨로 나누어진다. 벼의 겉겨는 왕겨, 속겨는 쌀겨, 밀의 속겨는 밀기울 또는 노깨. 메밀의 속겨는 나깨라 한다.

견짓살 닭 날개죽지 밑의 흰 살.

결이다 기름을 발라 말리다.

곁두리 일꾼들의 끼니 외에 참참이 먹는 음식. 샛밥, 곁밥, 겻누리라고도 함.

고고리 가지나 오이의 꼭지.

고다 질긴 것을 물을 붓고 뭉그러지도록 삶다. 달이다.

고두밥 아주 된밥. 고들고들한 밥. 찐밥.

고들개 소의 위벽 살. 처녑의 너덜너덜한 부분.

고들개머리 처녑의 고들개가 붙은 두툼한 부분.

고리 ① 소주 10사발을 한 단위로 하는 말. ② 소주고리의 준말.

고명 음식의 겉모양을 돋보이게 하기 위해 음식 위에 뿌리거나 곁들이는 것을 통틀어 일컫는 말. 밤, 대추, 잣가루, 호두, 배, 미나리, 실고추, 표고, 석이, 달걀지단, 완자, 은행 등.

고무라기 떡의 부스러기. 고무락.

고물 시루떡의 켜와 켜 사이에 뿌리거나 인절미나 경단 등의 겉에 묻히는 가루. 콩, 팥, 깨, 밤 등을 삶아 마쇄하거나 이겨서 만든다.

고배(高排, 高盃) 과일이나 떡 등을 높게 괴어 올려 담은 것 또는 괴어 놓는 그릇.

고봉(高捧) 되질을 할 때 곡식을 전위로 수북하게 담아 올림.

고시래(古矢來) 들놀이나 뱃놀이를 할 때나 굿을 할 때 음식을 조금 떼어 던지며 부르는 소리 또는 그렇게 하는 일. 고시네.

고종시(高宗柿) 감의 일종. 작고 씨가 없으며 매우 달다.

고주(苦酒) ① 쓴 술. 맛이 없는 술이라고 남에게 겸손하게 하는 말. ② 독한 술. ③ 식초.

고지 ① 박, 호박, 가지, 고구마 등을 얇게 썰거나 띠처럼 길게 오려서 말린 식품. ② 메주나 누룩을 디뎌 만들 때 쓰는 나무틀. 쳇바퀴 또는 밑이 없는 모발처럼 생겼다. ③ 명태의 이리.

곤이(鯤鮞) 물고기의 뱃속에 있는 알뭉치.

곤자소니 소 대장의 골반 안에 있는 끝부분.

곤죽 쌀알이 보이지 않을 정도로 지나치게 끓인 죽.

골마지 간장, 고추장, 술, 초, 김치 등 물기 많은 발효성 식품의 표면에 생기는 곰팡이의 덕경이. 골아지, 골다귀, 곳가지.

골패쪽썰기 무, 감자 등을 납작하게 골패짝처럼 써는 것. ☞ 부록(463쪽)

곯다 ① 속으로 묽어져 상하다. ② 곡식 같은 것이 담은 그릇에 차지 않는다.

곰(高飮) 고기나 뼈를 함께 넣어 푹 끓인 진한 국.

곰삭다 젓갈 같은 것이 오래 묵어 푹 삭다.

곱게 썰기 파, 등의 가는 것을 끝에서부터 얇게 써는 것. ☞ 부록(463쪽)

곱빼기 술, 국수, 떡국 등의 음식을 한 그릇에 두 그릇 양을 담은 것.

과메기 말린 청어. 관목(貫目)이라고도 한다.

괴다 ① 술, 간장, 초 따위가 익느라고 거품이 솟아나는 것. 발효하다. ② 그릇에 떡, 과실 등을 차곡차곡 쌓아올리다.

구제비젓 생선의 내장으로 담근 젓. 속젓, 애젓.

국 ① 고기나 조개, 생선, 미역 또는 나물 등에 물을 많이 붓고 끓여서 만든 음식. ② 국물.

국거리 국을 끓일 때 쓰는 고기나 채소 등의 재료.

국말이 장국밥.

국물 국, 찌개, 김치 등 물이 많은 음식의 즙.

국수사리 삶은 국수를 사려 담은 무더기.

국수원밥숭이 흰밥과 국수를 넣고 끓인 떡국.

국숫물 ① 국물 내린 물에 메밀가루를 풀어서 끓인 물. 이 물에 국수 부스러기를 넣어 먹는다. 교맥면수(蕎麥麵水). ② 국수를 삶아 낸 물.

국죽 국에 밥이나 쌀을 넣어 끓인 죽. 갱죽.

국화꽃썰기 ① 무나 당근 등 원통형 재료를 약 2.5cm 두께로 통썰기를 해서 바닥을 조금 남기고 가로, 세로로 칼집을 넣어서 소금에 담가 숨이 죽으면 꽃모양으로 펼친다. ② 죽순 등을 길이 3~4cm로 잘라 칼을 지그재그로 껍질을 파도모양으로 얇게 써는 것. ☞ 부록(463쪽)

군대면(裙帶麵) 밀가루를 반죽하여 널찍하게 밀어 끈처럼 좀 널찍하게 썰어 물에 익혀서 만든 음식.

군물 ① 아주 뜨거운 물과 같은 것에 덧치는 맹물. ② 죽이나 물 등에 따로 도는 물.

굴림만두 굴만두라고도 한다. 보통 만두소처럼 소를 만들어 지름 2.5cm 정도의 완자로 만들어서 물을 묻혀가며 여러 번 밀가루에 굴려 껍질을 입혀 장국에 끓인 음식. 평안도 겨울철 향토음식.

굴비 소금에 절여 말린 조기. 굵고 싱싱한 조기를 통으로 소금에 절였다가 켜켜로 놓고 돌로 짓눌러 물기를 빼고 반쯤 말렸다가 다시 한 번 소금물에 적셨다가 말린다.

귀밝이술 음력 정월 보름 아침에 귀가 밝아지라고 마시는 술. 이 술을 마시면 그해 동안에 좋은 일들을 듣는다는 구전이 있다. 데우지 않은 청주를 마신다. 이명주(耳明酒)라고도 한다.

규아상 미만두라고 하는 궁중음식. 쇠고기, 표고, 오이 등을 소로 하고 해삼모양으로 빚어 찜통에 담쟁이 잎을 깔고 찐 만두. 낼 때도 접시에 담쟁이잎을 깔고 담아낸다.

그슬리다 ① 불에 겉만 조금 타게 한다. ② 고기를 나무가 타는 연기 속에 매달아 말리는 일. 그을리다.

기울 밀이나 귀리 등을 빻아서 가루를 빼고 남은 속껍질.

기주(起酒) ① 술이 괴어오르다. ② 강정이나 증편 등을 만들 때 술을 부어 반죽하여 괴여 오르게 하다.

김부각 김에 찹쌀 풀을 발라 깨를 뿌려 말렸다가 기름에 튀긴 반찬.

김자반 김에 양념간장을 바르고 깨소금을 뿌려 말린 반찬.

김치말이 동치미 국물에 찬밥을 말고 동치미 채 썬 것을 고명으로 얹은 음식. 동치밋국에 육수나 닭국을 섞어 쓰기도 한다.

김치밥 통김치 속을 털어버리고 잘게 썰어 쌀과 함께 밥을 짓다가 끓기 시작하면 파, 마늘을 다져 넣고 간장에 잘게 썬은 돼지고기를 버무려 넣고 지은 밥.

김치소 배추통김치를 담글 때 무채에 파, 마늘, 생강, 갓 등의 양념과 젓갈, 굴, 고춧가루 등을 버무려 절인 배춧잎 사이사이에 끼워 넣는 소.

깍둑썰기 가로로 평면으로 자르고 이것을 다시 몇 조각으로 평행하게 썰어 다 썬 것이 대략 직육면체가 되게 썬 것으로서 무깍두기에 많이 쓰인다. ☞ 부록(463쪽)

깎아썰기 무나 우엉 등을 연필 깎듯이 돌려가며 얇게 써는 것. ☞ 부록(463쪽)

깍지 콩이나 팥 등 꼬투리의 껍질.

깨보숭이 들깨의 꽃송이에 찹쌀가루를 묻혀서 기름에 튀긴 반찬.

깻국 물에 불린 참깨를 맷돌이나 블렌더에 갈아 체에 받친 즙. 국수를 말아 먹기도 한다.

께끼다 절구질할 때 확의 바깥쪽으로 튀어나오는 것을 안으로 밀어 넣다.

꼬치 ① 가늘고 길며 끝이 뾰족한 나무나 대 또는 쇠로 만든 기구. 꼬챙이 ② 꼬챙이에 꿴 음식물.

꼬투리 콩이나 팥 등 콩과식물의 씨가 들어 있는 깍지. 두각(豆角)

꼽장떡 곡병(曲餠)이라고도 한다. 흰떡을 얇게 밀어 꿀팥소를 넣고 접어서 종지 입으로 눌러 떼어 반달꼴로 새끼손가락 만하게 만들어 등쪽으로 구부려 휘게 한 떡. 삼색으로 물들여 떡 위에 얹는 산병이다. 두 개씩 붙인 것을 쌍병이라 한다.

꽃국 용수 안에 고인 술을 처음 뜬 술.

꽃달임 진달래나 국화가 필 때 그 꽃을 따서 화전을 부쳐서 여럿이 모여 먹고 노는 놀이. 화전놀이.

꽃모양썰기 ① 매실꽃썰기. 무, 당근, 감자 등을 틀을 이용하여 꽃모양으로 만든 다음 칼자리를 내고 비스듬히 얇게 잘라낸다. ② 래디시를 꽃모양으로 칼집을 낸 다음 물에 담가 칼집낸 곳이 꽃잎처럼 퍼지게 한 것이다. ③ 당근 등을 5~6cm 길이로 잘라 정오각형이 되도록 한 면을 잘라낸다. 자른 면을 도마에 대고 칼등으로 15° 정도로 세워 자른다. ☞ 부록(463쪽)

꽃물 곰국 등에 아직 맹물을 타지 않은 진한 국물. 꽃국.

꽃소주 소주를 고아서 맨 처음 받은 소주.

꾸리 소의 앞다리 무릎 위에 붙은 살덩이.

꾸미 음식의 맛을 돋우기 위해 국이나 찌개에 넣는 쇠고기나 조개 등을 다져서 익힌 고명의 하나.

꾸미거리 꾸미로 쓰는 쇠고기, 조개 등.

꿀 꿀에는 백청, 생청, 석청, 소밀, 숙청, 황청이 있다.

ㄴ

나깨 메밀의 속껍질. 메밀 속겨. 낙겨. 낙개미.

나깨떡 메밀의 나깨로 만든 떡.

나깨만두 나깨를 반죽하여 빚은 만두.

나깨수제비 나깨를 반죽하여 장국에 굵게 썰어 익힌 수제비.

나라미 물고기의 가슴지느러미. 나레미.

나락 벼. 경상, 전라, 충청, 강원지방의 방언.

나물범벅 곡식가루에 나물을 넣고 된 죽처럼 쑨 음식.

나이떡 액땜으로 음력 정월 보름에 식구의 나이 수대로 숟가락으로 쌀을 떠서 만들어 먹는 떡.

나화(羅花, 糯花) 매화밥. 튀밥이라고도 한다. 술에 적셔 말린 찰벼를 불에 달군 솥에 모래와 함께 볶아 낟알이 폭발해서 매화꽃 모양으로 튀게 한 것. 산자 등의 겉을 묻히는 데 쓴다. 붉은 물을 들일 때는 지치를 기름에 끓여서 쓴다.

난도(亂擣) 마구 짓이기다.

난도(亂刀) 마구 베다. 잘게 썰다.

낟 곡식. 곡(穀), 낟곡 낟알 ① 쌀알, 밥알. ② 아직 껍질을 벗기지 않은 곡식의 알맹이.

날떡국 흰떡의 준비가 없을 때 손쉽게 만드는 떡국. 멥쌀가루와 찹쌀가루를 반반으로 섞고, 소금을 조금 넣은 끓는 물로 익반죽하여 엄지손가락 한 마디 정도의 크기로 동그랗게 비벼 다시 납작하게 눌러 소금으로 간을 한 바지락 조개국에 넣어 끓인 음식. 마늘, 파를 채썰어 넣는다.

날반(糲飯) 애벌만 찧은 쌀로 지은 밥.

날반죽 찬물로 하는 떡 반죽. ☞ 익반죽

날장(깻묵장) 콩을 맷돌에 타서 껍질은 벗기고 불려서 삶아 따뜻한 방에서 3일쯤 띄운다. 뜬 콩에 콩 삶은 물, 마늘, 고추, 무, 참기름을 섞어 두고 먹는 장. 이때 참깻묵을 조금 섞는다.

남새 심어서 가꾸는 나물. 무, 배추, 미나리 같은 것. 채소(菜蔬), 채마(菜麻).

납육(臘肉) ① 납향에 쓰는 산짐승의 고기. 납일에 잡은 짐승고기. ② 소금에 절인 돼지고기. 소금에 절여 훈연한 돼지고기.

낫밥 조밥.

낭화 ① 수제비의 일종. 밀가루를 반죽하여 풀잎같이 얇게 밀어 귀가 나게 썰어 삶아서 건져내어 고명을 얹고 장국에 말은 음식. 나화. ② 밀국수의 일종. 보통 국수보다 오리를 굵고 넓적하게 만들어 장국에 끓인 음식. 낭화(浪化).

내리다 가루 등을 체에 친다.

내림장 간장을 떠낸 뒤에 그 된장에다 다시 물을 부어 우려낸 간장.

내포(內包) 식용으로 하는 짐승의 내장. 내복.

넘나물(黃花菜) 원추리의 어린잎과 꽃을 나물로 일컫는 말. 또는 그것을 무쳐 만든 나물. 금침채(金針菜), 광채(廣菜).

노깨 밀을 갈아 가루를 뺀 밀의 속껍질. 밀기울. ☞ 겨

노두(蘆頭) 인삼, 도라지, 더덕 등의 뿌리 대가리에 줄기가 나온 부분.

노리다 가로로 길게 칼로 베다.

노주(老酒) ① 섣달에 빚어 넣어 해를 묵혀 떠낸 술. 납주(臘酒). ② 찹쌀이나 좁쌀, 수수 등을 원료로 해서 빚은 양조주인 황주를 오래되었다 해서 이르는 말. 특히, 소홍주를 말하기도 한다.

녹쌀 녹두, 메밀, 장목수수 등을 맷돌에 갈아 쌀알같이 만든 것.

녹의(綠蟻) 술구더기, 술개미.

농병(籠餠) 양고기나 돼지고기에 파를 섞은 것을 소로 한 만두를 광주리에 담아 찐 것.

뇌다 더욱 부드럽게 하려고 고운 체로 다시 치다. 체로 여러 번 치다. 중사(重篩)에 내리다.

누리다 기름기가 많아 메스꺼운 냄새가 나다. 노리끼리한 냄새가 나다.

눅다 반죽 같은 것이 무르다.

눅반죽 물을 많이 넣어 묽은 반죽.

눈집장 초고추장

느름즙 느르미에 끼얹어 먹는 즙.

늦사리 늦은 철에 농작물을 거둬들이는 일, 또는 그 거둔 농작물.

ㄷ

다담상(茶啖床) ① 손님 대접으로 음식을 차려내는 교자상. ② 옛날 지방관에서 감사나 사신을 접대하는 최상의 성찬.

다듬다 푸성귀 같은 것의 못 먹을 부분을 떼어 버리고 말끔하게 하다.

다맥(茶麥) 볶은 보리.

다지기 ① 칼로 여러 번 쳐서 잘게 만드는 일. 파, 마늘, 고추 등으로 양념장을 만들 때 쓰인다. ② 떠들썩하거나 푸석한 것을 누르거나 치거나 하여 단단하게 하다. ☞ 부록(463쪽)

닦다 볶다. ☞ 덖다

단(丹) 한 뭉치로 묶은 것, 또는 그것을 세는 단위. 예) 파 한 단, 장곽 한 단

달다 ① 끓이는 음식 같은 것이 너무 끓여 물이 거의 졸아들다. ② 물건이 몹시 뜨겁다.

달이다 끓여서 진하게 만들다.

달치다 바싹 졸아들어 눌어붙다.

당초무늬썰기 날오징어나 문어포의 다리를 당초 모양으로 써는 방법의 하나. 날오징어를 세로로 1cm 정도로 썰어 그 조각의 두께의 반 정도 깊이로 가로로 에어 써는 일. 끓는 물에 넣고 데치면 당초무늬로 벌어진 고운 모양을 낸다. 또 문어포로 조화를 만들 때 문어다리를 가로로 에어 썰어 휘어서 모양을 낸다. ☞ 부록(463쪽)

대갱(大羹) 제사에 쓰던 고깃국. 소, 돼지, 양고기를 삶아서 소금이나 양념을 전혀 섞지 않음. 원시적 조리법의 하나.

대궁 먹다 남은 음식. 예) 대궁밥, 대궁술

대끼다 애벌 찧은 수수나 보리 등에 물을 쳐가며 깨끗하게 찧다.

대뢰(大牢) 나라 제사에 소를 통째 제물로 바치는 일. 처음에는 소, 양, 돼지를 아울러 바치는 일을 대뇌라 하였으나, 후에는 소만 바치게 되었다. 태뢰(太牢).

댑싸리떡 댑싸리의 어린잎과 멥쌀가루를 버무려 섞어 찐 떡. 대싸리떡.

더껑이 걸쭉한 액체의 표면을 덮은 엉켜 굳은 꺼풀.

더덕북어 한 겨울에 명태를 덕장에 걸어 얼려가며 말린 북어. 빛이 누렇고 살이 단단하지 않다. 황태(黃太).

덖다 물기가 조금 있는 고기나 채소 등에 덧물을 붓지 않고 눋지 않을 정도로 볶아 익힌다.

덧소금 젓을 담그거나 채소를 절일 때 맨 위에 소복이 덧놓는 소금.

덧술 술의 질을 높이기 위해 1차 밑술에 2차로 겹쳐 담가 덧 넣는 술밑이나 술밥.

덧장 묵은 간장이 맛이 없으면 간장에 메주를 담가 두었다가 꺼내어 맛을 교정하는 일.

데치다 끓는 물에 잠깐 넣어 삶아낸다.

도라젓 숭어 창자로 담근 젓.

도래떡 ① 결혼식 초례상에 놓는 멥쌀로 만든 안팎이 없는 둥글넓적한 주발 뚜껑만한 큰 흰떡. 달떡. ② 메밀가루나 좁쌀가루로 말랑하게 반죽하여 동글납작하게 빚어 끓는 물에 삶아 참기름을 바른 떡. 돌레떡.

도리다 둥글게 빙 돌려서 베어 내거나 파내다.

도사리 다 익지 못한 채 저절로 떨어진 풋과실.

도소주 백출, 도라지, 산초, 방풍, 육계 등의 약재를 넣어 빚은 술. 설날 이 술을 마시면 사기(邪氣)를 물리치고 장수한다고 하여 나이 어린 사람부터 연장자순으로 마시는 풍습이 있다.

도청(淘淸) 탁한 액체를 가라앉혀서 맑게 하는 일.

도화반(桃花飯) 흰밥을 매홍지(梅紅紙)에 펴놓고 뒤섞어서 도홍색(桃紅色)으로 물들인 밥.

돈전병 찹쌀가루를 반죽하여 동전 모양으로 작고 납작하며 둥글게 만들어 번철에 지져 꿀을 바른 떡.

돌려깎아썰기 무, 당근 등의 재료를 적당한 길이의 원통형으로 잘라 돌려가며 두루마리를 풀듯 얄팍하게 긴 띠 모양으로 써는 일. 길게 채를 썰 때 이용한다. ☞ 부록(463쪽)

되다 ① 말(斗)이나 되(升) 같은 것으로 곡식이나 기름 등의 양을 헤아리는 일. ② 밥이나 죽 또는 반죽한 것의 물기가 적어 빡빡하다.

되비지 콩을 물에 불려 맷돌에 되직하게 갈아 콩물을 빼내지 않은 것. 콩비지.

되지기 밥이 거의 다 되어 갈 무렵 찬밥을 그 위에 얹어 찌거나 데우는 것.

된반죽 물을 조금 넣어 딱딱한 반죽.

됫밥 한 되 가량의 곡식으로 지은 밥.

두레 동글납작한 한 켜의 덩어리. 또는 그것을 세는 단위. 예) 콩깻묵 한 두레

두르다 가장자리를 따라가며 물을 뿌리거나 치는 것.

두름(級) ① 조기 등의 물고기를 한 줄에 열 마리씩 두 줄로 엮은 것. ② 고사리 같은 나물을 열 모숨씩 엮은 것.

두리기 두리반에 음식을 차려 놓고 여러 사람이 둘러앉아 먹는 일.

두면(頭麵) 진말과 같이 '가장 좋은 가루'라는 뜻으로 밀가루를 뜻한다.

등겨 벼의 껍질. 겉겨는 왕겨, 속겨는 쌀겨라고 한다.

등골 척수(脊髓). 소의 등골로 백숙, 찜, 전, 회 등을 한다.

등태기 등을 갈라서 소금에 절여 말린 조기.

떡고추장 흰무리를 섞어 메주가루로 담근 고추장.

떡무거리 떡가루를 체에 쳐내고 남은 찌꺼기.

떡소 송편이나 개피떡 등의 떡 속에 넣는 소. 팥,

한국조리

대추, 깨, 풋콩 등을 쓴다.

떡암죽 말린 흰무리를 빻아서 쑨 암죽. 젖이 적은 아이나 병약한 사람이 먹는다.

뜨기 고기를 얇고 넓게 베어내는 것.

뜨다 물기 있는 물건이 곰팡이 등의 작용으로 분해되어 삭아 뜨다. 예) 메주가 뜨다

뜨물 곡식의 쌀알을 씻어낸 부옇게 된 물. 예) 쌀뜨물(米泔水)

뜸 ① 음식물을 찌거나 삶을 때 밑불을 끄거나 줄여 뚜껑을 덮어둔 채 그대로 두어 김이 속까지 배어 푹 익게 하는 일. 뜸들이다. ② 뚜껑을 닫은 질냄비나 구리냄비 같은 그릇에 물기가 있는 고기나 생선 등을 넣고 가열하여 솥 안에 만든 재료 자체가 갖고 있는 수분이 고열의 김이 되어 속속들이 익게 하는 구이방법.

ㅁ

마구썰기 오이나 당근 등 둥글고 긴 재료를 아무렇게나 어슷썰기하는 일. ☞ 부록(463쪽)

막대썰기 무, 오이 등의 재료를 길이 5~6cm, 각 7~8mm의 크기로 잘라 막대모양으로 써는 것. ☞ 부록(464쪽)

막물 끝물.

맏물 채소나 과일, 곡식 또는 해산물 등의 계절적인 수확물에서 그 해에 맨 처음 거두어들인 것. ↔ 한물, 끝물

말다 밥이나 국수 등을 물이나 국물에 넣어서 풀어 섞다.

말리다(乾) 물기가 날아가 없어지도록 하다.

맛배기 양보다 맛을 위주로 만든 음식. 예) 맛배기 곰탕.

매작과모양썰기 밀가루 반죽이나 어묵, 곤약 등 부드러운 것을 1cm 두께로 자른 것을 중앙에 칼자리를 내어 칼로 자른 부분으로 한쪽 끝을 넣어 뒤집는다. ☞ 부록(464쪽)

맷고기 한푼 두푼 어치로 조금씩 베어 파는 쇠고기.

맹탕 매우 싱거운 국물.

메 제사 때 신위에 올리는 밥. 산천에 기도를 할 때 신에게 올리는 밥. 젯메의 준말.

메밀나깨 메밀가루를 체에 치고 남은 찌꺼기.

메밀당수 메밀가루를 물에 풀고 반쯤 끓이다가 술을 조금 넣고 끓여 미음처럼 만든 음식.

메탕 밥에 곁들여내는 국.

면미(麵米) 밀가루와 메밀가루를 섞어 반죽하여 기계로 눌러 쌀알처럼 만든 것.

명탁 맑게 거른 막걸리.

모 두부, 묵 등의 덩이를 세는 단위.

모로썰기 큼직큼직하게 두부모처럼 써는 것.

모루기 완자의 서울 사투리. 고기를 곱게 다져 갖은 양념을 하고 둥글게 빚어서 밀가루와 계란을 씌워 번철에 지진 음식.

모숨 가늘고 긴 물건이 줌 안에 들 만한 분량.

모주(母酒) ① 술지게미에 물을 부어 거른 술. 술 중 최하품이다. ② 술을 떠내고 남은 찌꺼기.

몽글리다 낟알의 꺼풀이나 허섭쓰레기가 붙지 않고 깨끗하게 하다.

무거리 곡류를 빻아 체에 쳐서 가루를 내고 남은 찌꺼기.

무리 ① 물에 불린 쌀을 물과 함께 맷돌에 갈아 체에 밭쳐서 가라앉힌 앙금. 수미분(水米粉), 수분(水粉). ② 무리로 쑨 풀. 무리풀.

무솔다 푸성귀들이 축축한 습기로 물러져 썩다. 무소다. 물다.

무치다 양념을 섞어 버무리다.

묵비지 묵을 만들 때 액즙을 거르고 난 찌꺼기.

묵장물 묵을 썰어 넣고 간장국에 끓인 장국.

묵당수 녹두묵 거리를 묵보다 썩 묽게 쑨 음식.

묵물 묵을 쑤려고 메밀, 녹두 등을 갈아서 가라앉힌 앙금의 웃물.

뭍고기(옛) 뭍짐승의 고기. 수육(獸肉).

물내리다 떡가루에 맹물이나 꿀물을 쳐 가며 어레미로 다시 치다.

물다 더위와 습기에 떠서 상하다.

물말이 물에 말은 밥. 물만밥.

물손 반죽이나 밥, 떡 등의 질고 된 정도.

물알 아직 여물지 않아 물기가 많은 곡식 알.

뭇 생선 열 마리나 자반 열 개, 미역 열 장을 이르는 단위.

밑반찬 젓갈, 자반, 장아찌 등을 만들어 두고 손쉽게 내어 먹을 수 있는 반찬.

밑술 ① 익은 술의 약주를 뜨고 남은 찌꺼기 술. 용수 뒤, 조하주(糟下酒), 모주(母酒). ② 술을

빚을 때 발효를 원만하게 하기 위해 술밑과 함께 넣는 미리 담가 두었던 술.

밀쌀 잡곡을 섞어서 밥을 지을 때 바탕이 되는 쌀.

ㅂ

박고지 박의 과육을 긴 끈처럼 오려서 말린 것. 박오가리라고도 함.

반달썰기 무, 감자, 고구마 등을 세로로 썰어 반달모양으로 써는 것. 통썰기를 한 것을 다시 썰어 반달같이 써는 것. 찜, 비빔밥 등에 많이 쓰인다. ☞ 부록(464쪽)

반대기 가루를 반죽한 것이나 고기를 다진 것 등을 둥글넓적하게 만든 조각.

반백(半白) 현미가 반쯤 섞인 쌀.

반죽 곡물가루에 물, 소금, 기타 여러 가지 부재료를 넣어 주무르는 것 또는 주물러 놓은 국수나 떡의 재료를 말한다.

반찬거리 반찬을 만드는 데 쓰는 여러 가지 재료.

발라내다 껍질을 벗기거나 갈라서 헤쳐 속의 것은 집어내다. 예) 뼈를 발라내다, 수박씨를 발라내다.

밤참 저녁을 먹은 뒤 밤중에 먹는 음식. 야찬(夜餐).

밥물 밥을 지을 때 붓는 물, 또는 그 물이 끓어 넘쳐흐르는 물. 식정수(食精水), 곡정수(穀精水).

밥밑 밥을 지을 때 쌀 밑에 놓은 콩, 보리쌀 등을 일컫는 말.

밭다 건더기가 있는 액체를 체 같은 장치를 통하여 액체만 받아내다.

배건(焙乾) 불에 쬐어 말림.

배래기 물고기의 배의 부분. 배래.

배포(焙脯) 고기를 얇게 저며서 소금을 뿌리고 화덕 위에 놓은 배롱(焙籠)에 걸어 말린 포.

백비탕(百沸湯) 아무것도 넣지 않고 맹물을 끓인 물.

백생채(白生菜) 고춧가루를 넣지 않고 무친 무생채.

백청(白淸) 빛깔이 흰 꿀.

뱃자반 생선을 잡자마자 배 위에서 바로 소금에 절여 만든 자반.

버무리 여러 가지를 한데 섞어서 만든 음식.

버캐 액체 속에 섞여 있던 염분이 엉켜서 뭉쳐진 찌꺼기.

번가루 곡식의 가루를 반죽할 때나 밀판에 놓고 밀대로 밀 때 반죽에 덧치는 가루.

범벅 곡식가루에 호박 같은 것을 넣고 되직하게 쑨 죽.

법유(法油) 들기름.

법주(法酒) 일정한 빚는 법칙에 꼭 맞추어 빚은 술.

보늬 밤처럼 겉껍질이 있는 과실의 속껍질.

보살감투 돼지의 자궁.

복주(福酒) 제사를 끝내고 제관들이 나누어 마시는 술.

볶음 ① 직접 불에 구울 수 없는 낟알 같은 것을 두꺼운 용기를 이용해서 마르게 불에 익히는 일. ② 물이나 기름을 약간 쳐서 불에 익히는 일.

봉궤(封饋) 잔치나 제사 음식을 참석하지 않은 사람들에게 인편으로 전하기 위해 떡, 과실 등 물기 없는 음식을 종이에 싼 꾸러미. 봉기. ☞ 반기

봉치떡(封采餠) 초례에 앞서 행하는 납폐(納幣)의식 중 속칭 함 보내는 의식에서 봉채를 보내는 집과 받는 집에서 각각 축복의 뜻으로 하는 찰시루떡. 신랑집에서는 봉채함을 봉치떡 시루(封采甑餠) 위에 올려놓았다가 신부집에 가지고 간다. 신부집에서도 붉은 보를 깐 판 위에 봉치떡 시루를 얹어 두고 함을 받는다. 떡은 찹쌀 3되(찰것처럼 부부의 금술이 잘 화합되라는 뜻)에 붉은 팥 1되(화를 피한다는 뜻)로 시루떡 2켜(부부 한 쌍의 뜻)만을 시루에 안치고, 대추와 밤(남자 자손의 번창을 기원하는 뜻)을 중앙에 놓아 함이 도착하는 시간에 맞추어 쪄서 준비한다. 즉, 기복과 제액의 의미를 상징한 의례음식.

부각 김, 깻잎 같은 재료에 찹쌀가루로 쑨 풀을 발라서 말려 두었다가 먹을 때 기름에 지져서 쓰는 마른반찬. 감자, 고추, 가죽순, 들깨송이, 국화잎 등의 부각이 있다.

부꾸미 찹쌀가루나 수수가루 등을 반죽하여 손바닥만 한 둥글고 납작한 반대기를 만들어 번철

에 지진 떡. 또는 반대기를 만들고 팥소를 넣고 반으로 접어서 붙여지진 떡도 부꾸미라 한다. 전병(煎餠).

부둥팥 여물기는 했으나 덜 말라 부둥부둥한 팥.

부시다 그릇 같은 것을 물로 깨끗하게 씻는다.

부유(腐乳) 두부를 원료로 해서 만든 된장 또는 두부를 된장에 박아 넣은 두부장아찌.

부채꼴썰기 죽순, 생강 등을 세로로 ⅔ 가량 칼을 넣어 넓게 펼친 것. ☞ 부록(464쪽)

부치다 팬에 기름을 바르고 누름적, 저냐, 전병 등의 음식을 익혀서 만들다. 예) 계란을 부치다, 전을 부치다.

부침개 빈대떡, 저냐. 누름적같이 기름에 부친 음식의 총칭. 부침이.

부편 찹쌀가루로 만든 웃기떡을 이르는 말이다.

북떡 전염병이 돌아다닐 때에 식구의 수효대로 쌀을 베틀의 북으로 하나씩 떠서 만든 흰무리. 이것을 먹으면 병에 걸리지 않는다고 한다.

분(饙) 애벌로 찐 밥.

분시(粉豉) 말려서 가루로 만든 된장.

분자(粉餈) 인절미.

분탕(粉湯) ① 전분으로 칼국수를 만들거나 세면(細麵)을 만들어 장국에 만 음식. ② 밀가루를 풀어서 끓인 맑은장국.

불리다 물에 넣어 불게 하다. 마른 식품이 물을 흡수하여 부피가 커지게 하다.

비계 짐승, 특히 돼지의 가죽 안쪽에 두껍게 붙은 기름층.

비리다 동물의 피나 물고기 또는 날콩을 씹을 때 나는 냄새나 맛과 같은 것.

비비다 ① 어떤 재료에 다른 재료를 넣고 섞이도록 버무리다. 예) 밥을 비비다. ② 재료를 둥글거나 가락이 되게 손바닥 사이에 두고 돌려 문지른다. 예) 떡을 비비다.

빗살무늬썰기 죽순의 뾰족한 부분을 얇게 썰면 아름다운 빗살무늬가 된다. 굵은 부분을 통썰기로 둥글게 써는 것에 적합하다. 잡채나 죽순채 등의 음식에 쓰인다. ☞ 부록(464쪽)

빚다 ① 지에밥과 누룩을 버무려 술을 담는다. ② 가루를 반죽하여 경단, 송편, 주악 같은 것의 모양을 내는 것.

빰장 굵직굵직하게 빻은 메주를 소금물에 담가 된장만을 목적으로 한 된장. 빠개장, 빠짐장.

빼대기 날고구마를 썰어 말려 가루로 만들어서 송편처럼 만든 떡.

ㅅ

사과탕 소의 뼈에 도가니, 아롱사태, 허파, 꼬리 등 네 가지로 만든 곰국.

사리 국수, 새끼, 실 등을 사려서 감은 뭉치 또는 이것을 세는 단위.

사리다 국수, 새끼, 실 등이 흩어지지 않도록 동그랗게 포개어 감아 놓다.

사육(四肉) 소, 돼지 같은 네발짐승의 고기.

사지 제사나 잔치 때 누름적이나 산적을 꽂은 꼬챙이 끝에 감아 늘어뜨리는 좁고 긴 종이 오라기. 적사지. 제사에는 흰 종이 잔치 때는 오색 종이를 쓴다. 오색사지를 색사지라 한다.

사회(沙灰) 굴껍질을 태워서 만든 가루. 동아정과를 만드는 데 쓰인다.

살골집 쌀골집. 핏골집. 돼지창자에 돼지고기를 채워 넣고 찌거나 삶은 음식. 순대의 한 종류.

살박다 절편에 떡살로 무늬를 찍는 것.

살치 쇠갈비의 윗머리에 붙은 고기.

삼(糝) 쌀을 국수에 말거나 고기나 채소와 섞어서 끓이거나 한 요리의 중간 조성물.

삼탯국(三太湯) 콩나물, 두부, 명태를 넣고 고추장을 풀어 끓인 국. 흔히 해장국으로 먹는다.

삼하탕(三下湯) 전유병(煎油餠)과 계란 부친 것, 쇠고기와 여러 가지 채소를 넣고 청장에 끓인 음식.

상수리쌀 상수리의 열매를 껍질째 말려서 쓿은 뒤 다시 물을 쳐가며 빻아서 만든 가루. 밥, 떡, 묵의 원료이다.

상실유(橡實乳) 도토리묵.

상화(霜花) 밀가루에 술을 섞어 반죽하여 부풀려서 작은 반대기로 밀어 소를 넣어서 찐 것. 상화병(霜花餠), 쌍화병(雙花餠).

새기기 말린 문어발 등의 재료를 칼이나 가위 등으로 당초무늬나 꽃모양을 만들어 내는 것.

새때 끼니와 끼니의 중간이 되는 때.

새물 새로 나온 과실, 생선 등. 예) 새물청어

새알심 찹쌀가루나 수수가루로 새알만하게 덩어

리를 만들어 팥죽에 넣은 것.

새초미역 좁고 짧게 채를 지어 말린 미역. 대개 길이 70cm, 너비 7cm 정도이다.

색종이썰기 잘린 부분이 정사각형을 한 재료를 얇게 써는 것. ☞ 부록(464쪽)

생떡국 멥쌀가루를 반죽하여 새알이나 동전같이 만들어서 장국에 넣어 익힌 음식.

생선식해(生鮮食醢) 토막친 생선(도루묵, 가자미, 동태)에 조밥, 소금, 양념을 넣고 버무려 독에 담아 돌로 눌러 발효시킨 음식. 홍국(紅麴)이나 엿기름을 넣기도 한다.

생선자반(生鮮佐飯) 생선의 아가미를 젖히고 내장을 빼내고 소금물에 씻어내어 물기를 빼고 소금을 뿌려 켜켜이 쌓아 절이다가 2~3일 후 돌로 눌러 물기를 빼고 채반에 널어 말린 생선. 자반을 하는 생선에는 조기, 준치, 비웃, 고등어, 정갱이, 갈치, 가자미, 연어, 송어, 전어 등이다.

생선젓(生鮮醢) 생선을 소금에 버무려 담가 발효시킨 음식.

생선묵 생선살을 갈아 소금과 전분을 섞어 짓이겨서 어떤 모양을 만들어 찌거나 튀겨서 단백질을 응고시킨 것. 만드는 방법에 따라 찐 생선묵, 구운 생선묵, 삶은 생선묵, 튀긴 생선묵 등이 있다. ☞ 어묵

생이 새우의 한 종류. 어린새우. 토하(土鰕).

생청(生淸) 불길에 대지 않고 뜬 꿀.

서거리젓 마른 명태인 북어의 아가미를 소금에 버무려 담근 젓.

서덜 생선의 살을 발라내고 나머지의 대가리, 등뼈, 껍질, 꼬리들을 함께 이르는 말. 찌개나 튀김에 이용한다.

서리다 ① 향기 따위가 흠뻑 풍기다. ② 그을음, 김, 안개 따위가 잔뜩 끼다.

서면(黍麵) 기장쌀을 푹 삶아 건져 밀가루를 묻혀서 다시 삶아 건져 녹두가루를 묻혀 삶아 냉수에 씻어서 간장국이나 꿀을 탄 오미자국에 말아 먹는 음식. 다면(茶麵)이라고도 한다.

석(腊) 토끼 같은 작은 짐승이나 꿩, 오리, 닭 등 또는 생선의 내장을 빼내고 통째로 말린 포의 일종.

석감주 감주를 달일 때 검은 사탕이나 꿀을 넣어 밥알이 붉어질 때까지 끓인 음청류.

석류병 찹쌀가루를 반죽하여 붉은 물을 들여서 석류모양으로 만들어 기름에 지진 떡. 웃기떡으로 이용된다.

석임 빚어 담근 술이 괴어오르면서 거품이 속으로 삭음.

선식(鮮食) 생선 반찬을 갖춘 밥.

석청(石淸) 산속 바위틈에 벌이 친 꿀.

설다 덜 익다. 미숙하다. 충분히 익지 않은 것. 예) 선밥, 선떡.

세물료(細物料) 고명, 꾸미.

세반(細飯) 찹쌀을 쪄서 말려 절구에 찧거나 도마에 놓고 칼로 다져서 싸라기로 만든 것. 이것을 기름에 튀겨 강정에 붙이면 세반강정, 산자에 붙이면 세반산자라 한다.

세실과 잘게 만든 숙실과.

세찬(歲饌) 설날에 세배 오는 사람에게 대접하는 명절음식. 이때 내는 술을 세주(歲酒)라 한다.

소(餡) 떡이나 만두 등을 만들 때나 김치를 담글 때 배추나 오이 등의 속에 맛을 더하기 위해 넣는 것. 고기, 두부, 팥, 콩, 깨, 밤, 대추, 향신료 등 여러 가지를 쓴다.

소(素) 고기나 생선을 쓰지 않고 만든 음식.

소곡(小斛) 곡식 열다섯 말들이의 그릇 또는 열다섯 말을 나타내는 단위.

소금절이 고기나 채소를 소금에 절이는 일. 또는 그렇게 한 고기나 채소.

소나무잎사귀모양썰기 무, 당근을 껍질을 벗기고 세로로 5mm 폭으로 잘라 끝을 약간 남기고 중앙에 칼을 넣는다. 끝을 벌리듯이 구부리고 다시 2mm 폭으로 잘라 모양을 만든다. ☞ 부록(464쪽)

소면(素麵) 고기양념을 쓰지 않고 말거나 비빈 국수.

소밀(巢蜜) 막 떠서 찌꺼기가 섞여 있는 꿀. 개꿀.

소박이 소를 넣어서 만든 모든 음식물의 총칭.

소식(素食) 고기붙이를 갖추지 않은 음식.

소유(酥油) 소나 양의 젖을 통에 넣고 교반하거나 자루에 넣고 두들기거나 끓여서 위에 뜬 기름을 모은 것.

소주원미 찹쌀로 쑨 원미에 소주와 꿀과 생강즙

을 넣고 끓인 것. 소주원미는 후식으로나 야참으로 술상에 놓아 술이 과하게 취하는 것을 막기 위해 술을 들기 전에 먹는 별식이다.

소적(素炙) 두부를 양념하여 꼬챙이에 꿰어 구운 음식.

소주지게미 소주를 고고 난 지게미(燒酒粕). 아랭, 아래기.

소태 소태나무 또는 소태나무의 껍질의 준말. 소태껍질은 맛이 몹시 쓰므로 소태같다 하면 맛이 몹시 쓴 것을 말한다. 예) 입맛이 소태다.

속가루 곡식이나 열매를 빻았을 때 나중에 나온 가루. 쌀은 속 부분이 나중에 가루가 되어 나오고 고추는 껍질 부분이 나중에 가루가 된다. ☞ 겉가루

속나깨 메밀의 고운 나깨.

속대 푸성귀의 겉대 속에 있는 줄기나 잎.

속뜨물 곡식을 여러 번 씻은 다음에 나오는 뜨물.

속젓 조기, 준치, 갈치 등 생선의 내장만으로 담근 젓. 구제비젓

손 물건을 손으로 집어내면서 셀 때에 한 번 집는 수량. 고등어나 암치 또는 통배추 같은 것은 큰 것, 작은 것을 끼워서 둘 씩, 미나리나 파 등은 한 줌씩을 말한다.

솔다 풀이나 엿 등 농도가 짙은 것이 얼어 굳어지다. 결정이 생겨나다.

솔방울썰기 오징어를 모양을 내어 써는 방법의 하나. 오징어의 안쪽을 빗금으로 에어 썰고 다시 엇갈리게 에어서 끓는 물에 넣어 데치면 예쁜 솔방울 모양으로 만들어진다. ☞ 부록(464쪽)

송이술 전국으로 떠낸 술. 전주. 아직 거르지 않은 술.

송이재강 전주에서 전국만 떠낸 술찌꺼기.

송치 암소의 뱃속에 들어 있는 송아지.

송화(松花) 소나무의 꽃가루. 빛이 노랗고 달착지근한 향내가 나며 다식(茶食), 밀수 등을 만들어 먹는다. 송황(松黃).

솥물 새 솥에서 우러나는 쇳물.

쇠다 채소 같은 것이 너무 자라서 부드러운 맛이 없어지고 억세다.

쇠심회 소의 등심에 있는 심줄만을 얇게 저며 만든 육회.

수구레 쇠가죽에서 떼어낸 기름고기.

수량 한 무리의 단위.

수볶기 소의 각 부위의 고기를 조금씩 떼어서 양념을 하여 볶은 음식. 수초(數炒).

수비(水飛) 곡물의 가루를 물에 넣고 휘저어 잡물을 없애는 일, 또는 이 일을 하는 사람.

수인(水引) 고기국물에 반죽한 밀가루를 손으로 가늘게 비벼 물에 담갔다가 다시 부춧잎처럼 가늘게 비벼서 끓는 물에 삶아 익힌 음식. 국수의 한 종류.

수잔지(水盞脂) 다시마를 물에 삶아 1.8~1.2cm로 썰어 솥에 넣고 기름기 없는 연한 쇠고기를 잘게 썰어 간장, 후춧가루, 깨소금을 치고 주물러 익혀서 함께 넣고 다시마 삶은 물을 다시 부어 표고, 석이 등을 넣고 끓여서 식힌 음식. 돼지고기나 오이도 곁들여 넣는다.

수짠지 정월 차례나 귀한 손님을 접대할 때 쓰는 음식. 꿩이나 닭고기를 작고 납작납작하게 썰어 볶고 절인 오이 썬 것과 계란 흰자와 노른자를 따로 부친 것을 쇠고기로 끓인 맑은장국에 넣은 음식.

숙(熟) 배, 모과, 살구, 복숭아 등 과일의 껍질을 벗겨 굵게 썰거나 통으로 하여 통후추를 박고 꿀물에 끓인 음식. 만든 과일의 이름 뒤에 붙여 배숙 등으로 부른다.

숙김치 노인이 먹기 좋게 무를 삶아서 담근 김치. 숙저(熟菹), 숙깍두기.

숙란(熟卵) 삶아서 익힌 계란. 팽란(烹卵), 돌알.

숙설간(熟設間) 잔치를 할 때 음식을 만드는 곳. 과방(果房), 숙수간(熟手間), 장설간(帳設間).

숙수(熟手) 음식을 만드는 조리사.

숙수(熟水) 독이 없고 향기 좋은 식물의 꽃이나 열매 등을 끓인 물에 우려낸 음료.

숙육(熟肉) ① 쇠고기나 돼지고기를 삶아 익힌 고기. ② 쇠고기나 돼지고기 등을 푹 삶아 베보자기에 싸서 돌로 누른 고기를 수육이라고 한다. 고기의 종류에 따라 쇠머리수육, 양지머리수육, 돼지머리수육 등으로 불린다. 숙육을 얇게 썬 것을 편육이라 한다.

숙장아찌 오이, 무 등을 길고 반듯하게 썰어 쇠고기를 섞고 간장에 조린 다음 갖은 양념을 한 반찬.

숙청(熟淸) 정제하여 찌꺼기를 없앤 꿀.

순대 돼지창자 속에 돼지피와 삶은 당면, 양파, 데친 숙주, 배추우거지를 섞어 갖은 양념을 한 것을 꼭 차게 집어 넣고 실로 양끝을 잡아맨 후에 찐 것. 이것을 고깃국 또는 된장과 고추장을 푼 물에 넣어 끓여 익히기도 함.

순두부 눌러서 굳히지 않은 두부.

술구더기 새로 빚은 술에 뜨는 밥알. 주의(酒蟻), 부의(浮蟻), 녹의(綠蟻).

술국 쇠뼈를 오래 고아서 된장을 풀고 배추 우거지, 콩나물 등을 넣고 끓인 토장국. 술집에서 술안주로 내놓으며 해장국으로도 쓰인다.

술국밥 술집에서 주는 술국에 밥 만 것.

술밑 누룩을 섞어 버무린 지에밥. 술의 원료. 주모(酒母).

술밥 ① 술을 담글 때 쓰는 밥. ② 쌀에 술, 간장 등을 섞어 지은 밥.

술지게미 술찌꺼기에 물을 부어가며 술을 거르고 남은 찌꺼기. 주박(酒粕).

숭늉 밥솥의 누룽지가 있는 상태에서 물을 붓고 끓인 물. 취탕(炊湯).

숭덩숭덩 썰기 무 같은 것을 거칠게 토막 써는 것.

쉬다 음식 등이 상하여 맛이 시큼하게 되다.

시래기 배춧잎이나 무 잎을 엮어 말린 것. 국, 나물, 떡, 찌개 등을 만들어 먹는다.

시룻번 시루에 솥을 앉히고 그 틈 사이로 김이 새어나가지 못하게 쌀가루나 밀가루를 반죽하여 바른 것.

시설(柹雪) 곶감 거죽에 돋아난 감미로운 하얀 가루.

시식(時食) 시절에 따라 나는 식물(食物). 그 시절에 알맞은 음식.

식교자(食交子) 여러 가지 반찬과 국, 밥 등으로 차린 교자상.

식단(食團) 비빔밥을 완자처럼 뭉쳐서 밀가루를 묻히고 계란을 씌워 지져서 먹거나 장국에 넣어 먹는 음식.

식지(食紙) 밥상과 음식은 덮는 데 쓰는 유지(油紙).

심육(心肉) 소의 허리 또는 척추에 붙은 고기. 등심.

십자썰기 둥근 재료의 통썰기를 십자로 써는 것. 반달썰기를 한 번 더 써는 것. 감자, 고구마 등을 세로 십자로 썰고 다시 가로 써는 것. 감자조림, 찌개 등에 쓰인다. ☞ 은행잎썰기, 부록(465쪽)

싸라기 부스러진 쌀알.

쌀겨 쌀을 쓿어서 나온 고운 속겨.

쌀누룩 찹쌀이나 멥쌀가루를 약간 쪄서 단단히 밟아 솔잎에 싸서 띄운 누룩. 미국(米麴).

쌀뜨물 쌀을 씻을 때 나온 물. 미감수(米泔水).

썰기 재료를 칼로 잘게 베는 것.

ㅇ

아랑주 술지게미를 증류하여 얻은 품질이 낮은 소주.

아래기 소주를 고은 뒤에 남은 찌꺼기. 아랑

아시 애초, 애벌. 예) 국을 아시 끓여, 아시 씻은 배추를.

안다미로 담은 물건이 그릇에 넘치지 않게. 예) 밥은 안다미로 담고…

안주(按酒) 술을 마실 때 곁들여 먹는 음식. 효(肴), 효(餚).

안치다 끓이거나 찔 물건을 솥이나 시루에 놓다.

알고명 계란의 흰자와 노른자를 나누어서 번철에 얇게 부쳐서 가늘게 채치거나 골패쪽 또는 완자 형으로 썬 것을 국수, 찜 등에 얹는 것. 고명. 달걀지단, 알지단, 지단.

알곡 ① 쭉정이나 잡것이 섞이지 않은 곡식. ② 깍지를 벗긴 콩이나 팥 등의 곡식.

알쌈 계란 깬 것을 얇게 펴서 익힌 다음 다진 고기를 싸서 반달모양으로 부친 것. 알송편.

암물 뽀얀 빛을 띤 샘물.

암치 소금에 절여 말린 암컷의 민어. 수컷은 수치라 한다.

앗다 껍질을 벗기고 씨를 빼다.

앙구다 ① 음식이 식지 않도록 불 위에 놓거나 따뜻한 곳에 묻어둔다. ② 한 그릇에 여러 가지 음식을 어울리게 곁들여 담다.

앙금 전분과 같이 아주 부드러운 가루가 물에 가라앉은 것. 침전물(沈澱物)

애— 다른 말 앞에 붙여서 어린, 첫의 뜻을 나타낸다. 예) 애호박, 애같이

애벌 한 가지 일거리에 같은 일을 여러 차례 해

야 할 때 맨 처음 대강 대강하는 것. 예) 애벌구이, 애벌짜다.

애벌구이 맨 처음 대강대강 구워낸다.

앵미 쌀 속에 섞여 있는 빛깔이 붉은 쌀. 적미(赤米).

약대구(藥大口) 알을 가진 대구를 소금에 절여 말린 염건어.

약엿(藥飴) 호두, 대추, 잣 등을 박아서 만든 엿.

약주(藥酒) ① 약재를 넣고 빚은 술. ② 막걸리보다 맑고 독한 술.

약포(藥脯) 쇠고기를 너비아니처럼 얇게 떠서 유장에 재웠다가 채반에 펴서 말려 꾸덕꾸덕하면 다시 진간장, 참기름, 꿀, 후춧가루 등을 섞은 장에 주물러 채반에 펴서 널어 말린 포.

얄팍썰기 무, 감자, 오이, 두부 등을 얄팍하게 써는 것. ☞ 부록(464쪽)

양념 맛을 돕기 위해 음식물에 조금씩 넣는 것. 소금, 간장, 기름, 꿀, 사탕, 엿, 깨, 파, 마늘, 고추, 후춧가루, 생강, 초, 천초, 산초 등의 총칭. 약념(藥念), 세물료(細物料), 요물(料物), 물료(物料), 약념(藥廉).

양원죽(養元粥) 멥쌀과 찹쌀의 날것과 볶은 것을 섞어서 쑨 죽. 흔히 꿀을 타서 먹는다.

어곽(魚藿) 해산물을 통틀어 일컫는 말.

어교순대 민어 부레에 숙주나물, 미나리 삶은 것과 쇠고기를 함께 다져 두부를 섞어서 양념하여 주물러 넣고 주둥이를 동여매어 삶은 음식.

어단(魚團) 경단모양의 둥근 생선묵 튀김. ☞ 생선묵

어란(魚卵) 소금에 절인 생선의 알. 숭어나 민어 또는 대구의 알도 쓰지만 숭어알을 상품으로 친다. 완숙된 알을 봉지째로 들어내어 소금에 절였다가 2~3일 후 물에 담가 간기를 알맞게 뺀 후 간장과 참기름을 발라서 채반에 널어 말리기를 여러 차례 반복하여 색이 검도록 말린다.

어묵 생선의 살을 갈아 소금, 전분, 양념을 섞어 나뭇조각이나 꼬챙이에 붙이거나 대발에 말아 막대처럼 만들거나 납작하게 반대기로 만들거나 또는 경단같이 모양을 만들어 삶거나 찌거나, 굽거나 기름에 튀기거나 한 음식의 총칭. ☞ 생선묵

어백(魚白) 이리.

어슷썰기 긴 토막을 한쪽으로 비스듬하게 써는 것. ☞ 부록(464쪽)

어시(魚翅) 상어의 지느러미를 말린 것.

어안탕(魚眼湯) 물이 펄펄 끓어오르는 물거품의 크기가 생선눈알 같은 정도로 끓는 물.

언덕밥 솥 안에 쌀을 언덕지게 안쳐서 한쪽은 질게, 한쪽은 되게 지은 밥.

언두부(凍豆腐) 겨울에 두부를 잘고 네모지게 썰어 찬 곳에 내놓아 얼려서 말린 두부.

얼간 소금을 조금 쳐서 절인 것.

얼간구이 생선을 얼간해서 구운 것.

얼간쌈 가을에 배추를 얼간해 두었다가 겨울에 쌈으로 먹는 것.

얼갈이 푸성귀를 겨울에 심는 일, 또는 그 푸성귀.

얼교자 식교자와 건교자를 섞어 차린 상.

얼추탕 밀가루국에 여러 가지 양념을 넣고 추어탕처럼 끓인 국.

엇갈려 썰기 원통형의 재료에 평행한 칼집을 중앙에 넣어 양면에 비스듬히 엇갈려 칼집을 넣는다. ☞ 부록(464쪽)

엇갈이 씨를 뿌리는 데 알맞은 절기가 아닌 때 씨를 뿌려서 거두게 된 푸성귀. 사이갈이, 중갈이.

에이다 가볍게 칼집을 내어 베다, 에다.

염매(鹽梅) 매실을 소금에 절인 것. 백매(白梅), 상매(霜梅).

염장(鹽醬) ① 음식의 간을 맞추는 양념의 총칭. ② 소금과 간장.

염포(鹽脯) 얇게 저민 쇠고기를 소금에 절여 말린 포. ☞ 포

엿가래 가래엿의 낱개, 엿가락

엿밥 엿감주를 자루에 넣어 엿물을 짜낸 밥찌꺼기.

오가리 박이나 호박 등의 살을 길게 오려서 말린 것.

오그락지 무말랭이를 고춧가루, 말린 고춧잎 등과 찹쌀 풀에 섞어 버무린 반찬. 곤짠지. 곤지.

오라기 좁고 길게 썬 조각. 오락이, 오리, 오락지.

오리기 칼이나 가위로 어떤 모양으로 베는 것.

오매(烏梅) 껍질을 벗기고 씨를 발라 버리고 짚불 연기에 그을려서 말린 검은색의 매실.

오사리 ① 이른 철에 거두어들인 농수산물. ② 5월에 잡힌 새우.

오신채(五辛菜) ① 파, 마늘, 염교, 부추, 생강 등 매운맛을 내는 5가지 식품. ② 오훈채.

오취(五臭) 노린내(羶), 비린내(腥), 향내(香), 탄내(焦), 썩은내(朽)의 다섯 가지 냄새.

오탕(五湯) 소탕(素湯), 육탕(肉湯), 어탕(魚湯), 봉탕(鳳湯), 잡탕(雜湯)의 다섯 가지 탕.

오훈채(五葷菜) 이것을 먹으면 음욕과 분노가 유발된다고 불가(佛家)나 도가(道家)에서 먹기를 금하는 다섯 가지의 자극성 채소. 불가에서는 마늘(大蒜), 달래(小蒜), 무릇(興渠), 파(慈葱), 돌파(茖葱). 도가에서는 마늘, 부추, 염교, 평지, 고수를 말함.

옥춘당(玉春糖) 쌀가루에 여러 가지 빛깔로 물들여 여러 모양으로 만든 사탕.

올 열매나 채소가 시기적으로 일찍 성숙되는 것. 예) 올벼, 올감자.

옴쌀 인절미에 섞인 떡메에 덜 맞아 뭉개지지 않고 그대로 남아 있는 찹쌀 밥알.

옹두(甕頭) 처음 익은 술. 옹두춘(甕頭春).

와가탕 모시조개를 맹물에 끓인 국. 저합탕(紵蛤湯).

왁저지 무를 숭덩숭덩 썰어 쇠고기와 다시마를 넣고 양념하여 지지미처럼 끓인 음식.

완자 다진 쇠고기에 계란, 두부를 섞고 은행알만한 크기로 둥글게 빚어서 밀가루와 달걀을 무쳐서 번철에 기름으로 지진 음식. 국의 고명으로 쓴다. 모리, 모루기.

외(煨) 불길 앞의 더운 재 속에 묻어 익히는 일.

우거지 ① 푸성귀를 다듬을 때 골라 놓은 겉대나 떡잎. ② 김장이나 젓갈 등의 맨 위에 덮여 있는 질이 낮은 부분.

우리다 물 등에 담가 맛, 빛깔, 진액을 빼내다. 울그다.

우비기 날카로운 끝으로 구멍이나 틈 속을 도려내듯 긁어내다.

우비어 넣다 속을 이리저리 헤치고 밀어 넣다.

우장증(牛腸蒸) 소의 창자에 고기를 채워 넣고 찐 음식. 우장찜.

우케 아직 찧지 않은 벼알.

움큼 손가락을 오므려서 움켜 쥔 물건의 분량.

웃국 간장이나 술 등을 담가서 익은 뒤에 맨 처음 떠낸 진한 국물.

웃기 떡이나 포 또는 과실 등을 괸 맨 위에 장식으로 꾸미는 떡이나 과일.

웃소금 된장이나 김장 등을 담근 다음 그 위에 뿌리는 소금.

원미(元味) 쌀을 팥 타듯 갈아 체로 쳐서 싸라기를 만들어 쑨 죽. 소주원미와 장국원미가 있다.

원밥수기 떡국에 밥을 넣어 끓인 음식. 원밥쑥이.

유자청(柚子淸) 유자를 가늘게 채썰어서 설탕에 재어두어 생긴 맑은 국물.

윤집 고추장에 식초를 넣은 초고추장.

율황(栗黃) 껍질을 벗긴 밤을 위아래를 납작하게 썰고 가장자리를 칼로 친 밤. 생률(生栗).

으깨다 굵은 덩어리를 눌러 부스러뜨리다.

으르다 물에 불린 쌀 같은 것을 방망이로 으깨다.

으스러지다 푸성귀 등이 다른 물건에 닿아서 눌리거나 문질러져서 부스러지다.

은행잎썰기 재료를 길게 십자로 4등분한 다음 고르게 은행잎 모양으로 썬 것. 감자, 무, 당근 등을 조림이나 찌개에 이용할 때 주로 쓰인다. ☞ 부록(465쪽)

음복(飮福) 제사를 마치고 제관들이 제주나 제물을 먹는 일.

응이 ① 의이(薏苡)의 발음이 순한 대로 불려서 된 것. ② 갈분이나 율무, 수수 등을 곱게 갈아 앙금을 말려서 냉수에 풀어 끓여 걸쭉하게 만들어 꿀을 타서 먹는 음식.

이기기 국수, 빵, 떡, 크림 등을 만들 때 하는 기본 동작의 하나로 반죽을 하는 동작.

이리 수컷의 뱃속에 있는 정소(精巢)덩어리. 어백(魚白)이리.

이바디 잔치

이삭 긴 꽃대 끝에 꽃이나 열매가 주위로 다부룩하게 달리는 부분.

익반죽 곡류의 가루를 끓는 물로 하는 반죽. 경단이나 세면(細麵)을 만들 때 쓰인다.

일다 ① 불순물이 섞여 있는 곡식을 그릇에 담아 물을 붓고 이리저리 흔들어서 쓸 것과 못 쓸 것을 가려내다. ② 곡식가루에 술이나 효모 또는 발포제를 섞어 넣어 부피가 커지다. 식품을 기름에 튀겨서 부풀어 오르다. 일구다.

입매 음식을 조금 먹어서 시장기를 면하다.

입맷상 잔치 때 큰상을 드리기 전에 먼저 간단히 차려서 대접하는 음식상.

입쌀 벼의 껍질을 벗긴 알. 볍쌀, 멥쌀.

ㅈ

자르기 끓어내다, 동강내다.

자주(煮酒) 청주에 약재를 넣어 중탕한 술. 예) 도인주(桃仁酒)

자채(鮓採) 물고기와 채소를 소금과 쌀밥으로 담근 것을 자(鮓)라 한다. 우리나라에서는 동해안을 따라 여러 곳에서 만들어지고 있으며 소식해(素食醢)라 불리고 있다.

작설향(雀舌香) 정향(丁香)의 아직 영글지 않은 열매를 말린 것. 모정향(母丁香).

잡차래 소의 잡육을 끓인 음식. 삶아 낸 잡살뱅이의 쇠고기.

장(漿) 곡식에 누룩을 섞어 물을 부어 유산발효를 시킨 산성 액체로 음료나 술을 빚는 데 이용. 이렇게 만드는 것을 와장(臥漿)이라 한다.

장국원미 정육은 다지고 표고, 석이, 느타리, 파를 채쳐서 고기와 함께 양념하여 장국을 끓이다가 원미쌀을 넣고 끓인다. 고춧가루, 후춧가루를 뿌려서 먹는다.

장대구(醬大口) 간장에 절였다가 쪼개어 벌려서 말린 대구.

장물 ① 간장을 탄 물 또는 간장. ② 간장을 담글 때 쓰는 소금물.

장볶기 볶은 고추장. 초장(炒醬).

장산(醬蒜) 초간장에 담근 마늘장아찌.

장수(漿水) 멥쌀, 좁쌀, 녹두 등을 불려 간 것에 술을 쳐서 미음 비슷하게 쑨 것. 맹물에 밥알을 넣어 유산발효시킨 것.

장족편 족편을 만들 때 간장을 쳐서 조려 응고시켜서 만든 족편. 장족병(醬足餠)

장지젓 대구의 내장으로 담근 젓갈.

장짠지(醬鹹菹) 오이와 배추를 간장에 절인 다음 양념을 넣고 전복 저민 것과 청각을 켜켜로 넣고 간장을 부어 익힌 반찬.

잦다 액체가 졸아 들어 밑바닥에 깔리다.

잦아들다 밥을 지을 때 밥알이 밥물을 흡수하여 밥물이 없어지는 것.

잦히다 밥이 끓은 뒤에 불을 잠깐 물렸다가 다시 불을 조금 때어 물이 잦아지게 하다.

재강 술을 떠내고 남은 찌꺼기. 모주(母酒), 술비지, 술찌끼, 주조(酒糟), 조박(糟粕), 조(糟).

재강장 재강으로 담근 장.

재강죽 재강에 멥쌀을 섞어 넣고 죽을 쑤어 꿀을 탄 죽. 주조죽(酒糟粥).

저(菹) 채소를 소금이나 초에 절여 담가 만든 음식. 과저(瓜菹), 즙저(汁菹), 석박지(胥薄菹), 백저(白菹).

저녁곁두리 점심 끼니와 저녁 끼니 사이에 먹는 곁두리.

저미기 칼로 얄팍하게 베어서 여러 개의 조각을 내다. 얇게 깎아내다.

적(炙) 양념한 어육을 꼬챙이에 꿰어 구운 음식. 산적, 누름적, 서리목 등.

전(臇) 지짐이. 국물이 적고 좀 짜게 끓인 음식. ☞ 지짐이

전국 술, 간장, 국 등에 군물을 타지 않고 그대로 떠낸 것. 전내기.

전차(錢茶) 떡차의 일종. 엽전모양으로 뭉쳐 말린 차. 노끈으로 꿰어 두었으므로 관차(串茶)라고도 한다. 이 차가 발효되어 녹색 곰팡이가 생긴 것을 청태전(靑苔錢)이라 한다.

전차(磚茶) 녹차나 홍차잎을 쪄서 틀에 넣고 눌러서 벽돌모양으로 굳혀 만든 차. 깎아서 쓴다. 주로 시베리아 몽고지방에서 애용한다.

전차(煎茶) ① 차 잎을 열탕에 우려내는 것. ② 고급인 옥로(玉露)나 하급인 번차(番茶)에 대해 중급의 차.

절다 푸성귀나 고기 등에 소금기가 속속들이 배어들다.

절미(折米) 낟알이 여러 개로 깨진 쌀. 원미쌀도 절미다.

절육(切肉) 얄팍하게 썬 고기조각 또는 이것을 양념하여 익힌 고기.

젓국 젓갈에 생긴 국물. 간장 대신에 쓰기도 한다.

젓국지 조기젓국을 간 맞추어 부어 익힌 김치.

정(脡) 생선이나 육류를 끓이거나 볶는 것.

제물 국물을 타지 않고 제 몸에서 생기거나 또는

물을 쳐서 만드는 음식을 익힐 때 처음 쳤던 물.

제물국수 국수를 삶아 헹구지 않고 장국에 넣어 익혀서 먹는 국수.

제물묵 물에 불린 녹두를 갈아 전대에 담아 짜서 그물로 쑤어 굳힌 묵. 녹두유(綠豆乳). 녹두묵.

제비추리 소의 안심에 붙은 고기.

조개관자 조개껍데기에 붙어 있는 조개기둥. 패주(貝柱).

조라술 산신제나 용왕제 등에 쓰이는 술. 술을 빚어 제단 앞에 묻어 두었다가 제사 때 내어 쓴다.

조리다 과실을 꿀물에 넣어 끓이거나 어육이나 채소 등을 양념하여 국물이 빠듯하게 끓여 맛이 속까지 스며들도록 한다.

조하주(槽下酒) 익은 술독에 용수를 박아 맑은 술을 떠낸 찌꺼기술.

졸이다 국물이 졸아들 정도로 푹 끓이다.

종대 파, 마늘 등의 그루에서 올라온 꽃대. 종다리, 쫑다리.

주름썰기 오이에 1mm 간격으로 좁고 깊게 칼집을 넣은 다음 먹기 좋은 크기로 나누어 썬다. 이것을 소금물에 담가 숨을 죽이면 칼집낸 곳이 아코디언의 주름상자처럼 늘었다 줄었다 하여 재미있는 썰기가 된다. ☞ 부록(465쪽)

주모(酒母) ① 술어미. ② 술밑. 지에밥에 누룩을 섞어 버무린 술을 만드는 원료. 주본(酒本).

죽력(竹瀝) 푸른 대쪽을 불에 구어서 받은 진액(津液).

준시(蹲柹) 꼬챙이에 꿰지 않고 납작하게 눌러 말린 감.

중둥밥 ① 팥 달인 물에 쌀을 안쳐 지은 밥. 팥물밥. ② 식은 밥에 물을 조금 치고 다시 지은 밥.

중탕(重湯) 끓는 물 속에 음식 담은 그릇을 담가 수증기로 음식을 익히거나 데우는 일.

즙청 약과를 기름에 튀긴 다음 꿀에 담그는 일.

지단 계란을 풀어서 얇게 번철에 부친 것.

지단채 지단을 가늘게 채썬 것. 고명으로 쓴다. 계란채.

지렁 간장. 청장(淸醬).

지레김치 보통 김장김치보다 미리 담가 먹는 김치.

지레뜸 밥에 뜸이 들기 전에 푸는 일.

지레장 겨울철에 메주를 빻아 무짠지 국물이나 소금물에 버무려 따뜻한 곳에 담아두어 익힌 된장.

지에밥 찹쌀 또는 멥쌀을 시루에 쪄서 만든 밥. ☞ 고두밥.

지육(枝肉) 소나 돼지 같은 것을 도살하여 머리, 발, 내장을 잘라내고 아직 각을 뜨지 아니한 고기.

지지다 ① 국물을 조금 붓고 끓여 조리다. ② 뜨겁게 달군 번철 같은 것에 기름을 두르고 음식물을 부쳐 익히는 일. 부침개, 누름적, 저냐 등을 만든다.

지짐이 ① 국물이 적고 간이 좀 짜게 끓인 음식의 총칭. 찌개보다는 국물이 적고 조림보다 국물이 많게 요리된 찌개와 조림 사이의 음식. 때로는 전을 부친 것에 국물을 부어 만들기도 한다. ② 기름에 지진 음식의 총칭.

진간장(陣艮醬) 오래 묵어 진하게 된 간장. 진장(陳醬), 진감장(陣甘醬).

진군죽(眞君粥) 씨를 뺀 살구를 넣어서 끓인 흰죽.

진반찬 바싹 마르지도 않고 국물이 있는 것도 아닌 저냐나 지짐 등과 같은 반찬.

진잎 푸성귀의 날것이나 절인 것.

질팍하다 반죽이나 진흙 등이 매우 부드럽고 질다.

짓개다 짓이기다시피 마구 개다.

짓이기다 아주 잘게 이기다.

짜개다 물건을 둘로 갈라지게 하다.

짝 소나 돼지의 갈비 여러 대가 합쳐진 흉곽의 한쪽 편.

찌다 뜨거운 수증기를 이용한 습식 가열조리법의 하나.

찐쌀 덜 여문 벼를 쪄서 말려 찧은 쌀.

ㅊ

차돌박이 소의 양지머리에 붙은 황백색의 단단하고 기름진 고기. 편육을 만든다.

차반 ① 예물로 가져가는 맛 좋은 음식. ② 맛있게 잘 차린 음식.

차조기보숭이 여물지 않은 차조기의 열매송이를

찹쌀풀을 묻혀 말려서 기름에 튀긴 음식.

찬국 냉국. 차게 식힌 맑은 장국이나 찬물에 간장, 기름, 식초를 넣은 국물. 여기에 김을 넣으면 김찬국, 오이를 넣으면 오이찬국, 미역을 넣으면 미역찬국이다.

참죽부각 참죽의 순을 데쳐 널따랗게 펴서 되게 쑨 찹쌀풀을 앞뒤로 발라 말려서 기름에 튀긴 음식.

참죽순적 참죽의 순을 데쳐서 양념에 버무려 꼬챙이에 꿰어 밀가루를 묻히고 계란을 씌워 번철에 지진 음식.

창면(暢麵) 녹말을 물에 묽게 풀어 양푼에 얇게 붙게 부어 끓는 물에 양푼을 담가 휘휘 둘러가며 익혀서 익으면 찬물에 넣었다 내어 길쭉하게 썰어 깻국이나 꿀을 탄 오미자국에 말아 먹는 음식. 물에 풀은 녹말에 지치로 붉게 물들이기도 한다. 착면(着麵), 책면, 창면(昌麵).

채김치 절인 무, 배추와 파, 갓을 채치고 다진 마늘, 실고추를 섞어 조기젓국을 넣고 버무려 담은 김치.

채썰기 무, 당근 등을 5~6cm로 썬 것을 세로로 얇고 실 같이 가늘게 써는 것. ☞ 부록(465쪽)

챗국 무, 오이 등을 채로 썰어 양념한 국물에 말은 찬국.

처녑 소, 양, 사슴 등의 반추동물의 제3위(胃). 많은 엽상(葉狀)의 판이 있음. 백엽(百葉), 천엽.

천금채(千金菜) 상추.

천리포(千里脯) 짐승의 고기를 술, 식초, 소금에 주물러 하루 재웠다가 삶아서 말린 반찬.

첨장(甛醬) 단맛이 나는 간장. 감장(甘醬).

첨집(沾汁, 霑汁) 양찜, 동아찜, 굴느르미, 쇠고기느르미 등에 즙을 끼얹어 먹는 일.

첫국 빚어 담근 술이 익었을 때 박아 놓은 용수에 첫 번으로 떠내는 맑은 술.

청량미(青粱米) 차좁쌀. 생동찰, 청정미.

청모죽(青麰粥) 풋보리를 쪄서 말린 것을 물에 담갔다가 찧어 멥쌀가루를 섞어 쑨 죽.

청아채(青芽菜) 무순 나물.

청태(青太) ① 청대콩. 깍지 속에 들어 아직 채 익지 않은 콩. ② 풋콩.

초(炒) ① 대추나 밤 등의 실과에 꿀이나 설탕을 넣고 뭉근한 불에 찌거나 삶아 낸 음식. 대추초, 밤초. ② 조림처럼 간장을 넣고 끓이다가 국물이 조금 남았을 때 참기름을 치고 물에 푼 전분을 넣고 걸쭉하게 조린 조리법. 전복초, 홍합초, 해삼초.

초맛살 쇠고기의 대접살에 붙은 고기.

초목(椒目) 천초열매의 겉껍질을 벗긴 속씨.

초산(醋蒜) 마늘을 식초에 절인 음식.

초장 간장에 식초를 탄 장. 초지렁.

초절임 각종 채소, 어·육·조개류를 날것 또는 소금에 절인 후 식초에 담근 것.

총백(蔥白) 파의 흰 부분.

축이(鱁鮧) 조기 내장으로 담근 젓갈의 옛이름.

ㅋ

칼싹두기 밀가루나 메밀가루를 익반죽하여 좀 두껍게 밀어서 큼직하게 썰어 끓는 장국에 넣어 익혀서 양념을 얹어내는 음식.

콩게젓 콩만한 작은 게를 맷돌에 갈아 소금과 고춧가루로 버무려 삭힌 젓갈.

쾌 북어 20마리를 한 꼬챙이에 꿴 것의 단위.

큰만두 잘게 빚은 만두 여러 개를 큰 껍질로 싸서 큰 덩이로 빚은 만두. 대만두(大饅頭).

큰상 혼인날 신랑·신부 또는 회갑날 부모에게 갖가지 음식을 높이 고여 축하하는 상.

ㅌ

타다 ① 속을 드러내려고 베거나 째서 쪼개다. 예) 박을 타다. 물고기 배를 타다. ② 낟알 등을 맷돌에 갈아서 부서뜨리다. 예) 콩을 타다.

타락(駝酪) 소, 양 등 동물의 젖.

타락죽(駝酪粥) 날 우유에 물에 불린 쌀을 갈아 넣고 끓인 죽,

타락차(駝酪茶) 우유 또는 크림을 넣은 차.

타래 채소를 짚으로 엮어 놓은 것 또는 이를 세는 단위.

탁료(濁醪) 막걸리, 탁주.

탁장면(托掌麵) 밀가루를 소금물에 반죽하여 밤톨만큼씩 떼어 쌀가루를 번가루로 해서 방망이로 밀어 잘게 썰어서 끓는 물에 삶아 찬물에 건져

내어 말아 먹는 음식.

탕원미(湯元味) 초상집에 보내는 죽. 멥쌀을 반쯤 부서지게 찧어 원미쌀로 만들어서 곱게 다진 쇠고기를 넣고 묽게 끓인 죽. 동이에 담고 쇠고기 볶은 것, 석이, 표고 등의 고명을 얹는다.

태면(太麵) 대두가루와 메밀가루를 같은 양으로 섞어 반죽하여 국수를 만들어서 삶아 냉수에 건져 내어 장국에 말아먹는 음식.

태병(苔餠) 떠서 말린 파래. 태포(苔脯).

태식 조청에 찹쌀 미숫가루를 넣은 음식.

태화탕(太和湯) 끓인 물.

토렴 밥, 국수 등에 더운 국물을 여러 번 부었다가 따라내어 덥히는 일.

토막썰기 좀 크게 덩어리로 잘라내는 것.

토장국 토장을 푼물에 양지머리나 업진이, 사태, 곱창 등과 뼈를 넣고 솎음배추나 배추속대, 콩나물, 토란, 무도 썰어 넣고 오래 끓여낸 국. 술국이나 해장국으로 쓰인다.

토화(土花) 가리맛조개.

톳 김 40매의 한 묶음.

통썰기 둥글게 썰기. 무, 당근, 고구마 같은 채소를 가로놓고 평행하게 내려 써는 것. 둥글게 만들어 여러 가지 튀김, 지짐, 등에 쓰인다. 통째썰기. ☞ 부록(465쪽)

튀하다 닭의 털을 뽑기 위하여 끓인 물에 잠깐 넣었다가 건져내는 것.

ㅍ

파간장 파를 썰어 넣고 양념한 간장.

파지단 움파 잎을 밀가루와 계란을 풀어 씌워 얇게 부쳐서 가늘게 썰어 고명으로 쓰는 것.

판 계란 30개를 한 장에 담은 단위. 계란판.

팥장 거피한 팥과 밀가루로 메주를 만들어 담근 장. 소두장(小豆醬).

편강(片薑) 얇게 저며서 설탕에 조려 말린 생강.

편청 떡에 발라 먹는 꿀.

포(炮) ① 그슬린 것. ② 싸서 구운 것.

포(脯) 포육의 준말. 얇게 썰어서 간을 하여 말린 고기조각. 먹을 때는 참기름을 발라 살짝 구워 먹기 좋게 오려서 낸다. 만드는 방법에 따라 배포, 산포, 약포, 염포, 장포, 편포 등이 있다. 또 물고기로 만든 것은 어포(魚脯), 짐승고기로 만들면 육포(肉脯), 쇠고기로 만들면 우육포(牛肉脯), 노루 고기로 만들면 노루포, 민어로 만들면 민어포, 꿩고기로 만들면 생치포(生雉脯), 전복으로 만들면 전복포라 한다.

포쇄(曝曬) 바람을 쐬고 볕에 쬐어 말림.

푸새김치 절이지 않고 담가서 바로 먹는 김치.

푸성귀 사람이 가꾸어 기르거나 저절로 난 온갖 나물의 총칭.

푸주 정육점.

풀떼기 잡곡의 가루로 풀처럼 쑨 죽. 범벅보다 묽고 죽보다 되다. 풀떼죽.

풋– 채 덜 익은.

풋것 그 해에 들어 처음으로 익은 과일, 곡식, 나물 등.

풋김치 새로 나온 어린 무와 배추로 담근 김치.

풋절이 풋배추나 열무를 소금에 절인 것.

핏골집 돼지의 창자 속에 피를 넣어 삶거나 찐 순대.

ㅎ

하지(下漬) 겉절이.

한물 성숙될 시기나 거두어들일 시기가 일정한 과일이나 채소, 해산물 등이 한창 거두어서 나올 때.

한밥 끼니가 아닌 때 차려 내는 밥.

한소끔 한번 끓어오르는 모양.

한식사리 한식 무렵에 잡은 고기.

해삼원미 원미를 쑤다가 불린 해삼을 잘게 썰어 넣고 끓인 다음 소주를 약간 섞은 음식.

해장(解酲) 술 마신 다음날 속을 풀려고 아침 식전에 국과 함께 술을 조금 마시는 일.

해장국(解酲湯) 술국. 해장으로 먹는 국. 소뼈를 오래 고아서 배추우거지, 콩나물 등을 넣고 끓인 토장국. 원래 술국이었지만 선짓국과 함께 해장국으로 쓰인다.

향설고(香雪膏) 껍질을 벗긴 시고 단단한 문배에 통후추를 드문드문 박고 생강을 저며서 꿀을 탄 물에 넣어 약한 불에서 오래도록 끓여 계핏가루와 실백을 띄운 음료.

향온주(香醞酒) 멥쌀을 찐 지에밥에 보리와 녹두로 만든 누룩으로 담근 술.

헛제삿밥(虛祭飯) 제사를 지내지 않아, 향냄새가 스며들지 않은 비빔밥을 일컫는 말이다.

현수(玄水) 제상에 올리는 제주.

현주(玄酒) 제사 때 제주 대신에 쓰는 냉수.

형갱(鉶羹) 제사 때 쓰는 갱의 일종. 고기와 나물을 섞어 끓인 국. 형기(鉶器)에 담아낸다.

호면(胡麵) 감자가루를 국수틀에 뽑아 말린 국수.

호박고지 애호박을 얇게 썰거나, 청동호박을 얇게 오리로 썰어 말린 것. 호박오가리.

호박무름 애호박 속에 양념하여 다진 쇠고기를 넣고 찐 음식. 호박찜.

혼돈반(餛飩飯) 멥쌀이나 찹쌀에 붉은 팥과 밤, 대추, 곶감 등을 넣고 지은 밥.

혼돈자(餛飩資) 밀가루 반죽을 작은 덩이로 떼어 네 변을 얇게 밀어 돼지고기, 천초, 무, 등을 양념하여 기름에 볶은 소를 넣고 빚어서 삶은 음식.

혼돈탕(混沌湯) 여러 가지 국거리를 뒤섞어 끓인 국.

홍국(紅麴) 쌀 밥알 표면에 홍국균을 배양한 산국(散麴).

황률(黃栗) 마른 밤, 황밤, 건율(乾栗).

황아채(黃芽菜) 묻어 둔 배추 뿌리에서 자란 순으로 만든 나물.

황육(黃肉) 쇠고기.

황채(黃菜) 늙은 오이나 늙은 호박을 잘게 썰어서 양념하여 볶은 나물.

황청(黃淸) 빛깔이 누런 꿀.

황화채(黃花菜) 넘나물, 원추리꽃.

회깟 소의 간, 처녑, 양, 콩팥 등을 잘게 썰고 양념한 육회.

회주(灰酒) 옛날 양조기술의 미숙으로 술이 시어진 것을 고치기 위해 나뭇재나 풀재를 술독에 넣어서 신맛을 중화시킨 술.

후주(後酒) 전국을 떠내고 남은 재강에 다시 물을 부어 떠낸 묽은 술.

후줏국 술, 간장 등에 물을 부어 두 번째로 떠낸 묽은 것.

훈채(葷菜) 파, 마늘과 같이 특이한 냄새가 나는 채소.

희아리 병들어서 말라 희끗희끗한 얼룩진 고추.

중국조리 용어

ㄱ

까오(糕) 쌀가루나 밀가루에 설탕, 달걀 등을 넣어 찐 것. 예) 카스텔라의 종류.

까오리(高麗) 거품을 낸 난백에 전분을 넣은 옷을 입혀 하얗게 튀기는 것.

까오탕(高湯) 띵탕(頂湯)이라고도 한다. 최상의 맑은 국물. 상탕에 닭고기, 돼지고기를 넣어 끓인 투명하고 진한 최상등의 국물. 건더기는 건져낸다.

깐빼이조우(干貝粥) 말린 조개를 불려서 죽을 쑨 것.

깐빼이탕(乾貝湯) 말린 패주로 만든 국물.

깐샤오(乾燒) 국물이 없어질 때까지 졸이는 것. ☞ 샤오(燒)

깐정(乾蒸) 국물을 사용하지 않고 찐다.

깐짜(乾炸) 밀가루, 녹말의 옷을 입혀 튀긴 것.

깐차오(乾炒) 재료의 색이 보기 좋게 볶고 부재료와 조미료를 넣어 국물이 없어질 때까지 다시 볶는 것.

껑(羹) 국물이 많고 건더기가 적은 국으로 전분을 넣은 걸쭉한 국. ☞ 탕차이(湯菜)

꾸아수앙(掛霜) 기름에 튀겨 설탕을 바른 과자.

꿔샤오(鍋燒) 육류에 간을 한 후 쪄서 밀가루 옷을 입혀 튀긴 것.

꿔요우(過油) 모양을 만든 재료를 기름에 튀기는 것. 차오(炒), 류(溜), 빠오(爆) 등의 준비과정.

꿔쯔(鍋子) 여러 가지 재료를 국물과 같이 냄비에 넣고, 식탁에서 끓이면서 먹는 중국의 냄비요리.

ㄴ

나이까오(奶糕) 우유를 넣어 만든 카스텔라.

나이류(奶溜) 우유를 넣어 하얗게 만든 걸쭉한 녹말 국물을 얹는 것.

나이탕(奶湯) 희고 탁한 진한 국물.

나아요우사쓰(奶油沙司) 크림 소스.

낭(釀) 똥꾸아(冬瓜), 후꾸아(胡瓜) 속을 빼내고 다른 재료로 속을 채우는 것.

ㄷ

따띵(大丁) ☞ 띵(丁)

따차이(大菜) 전체 뒤에 나오는 요리로서 따지안(大件), 뻰차이(本菜)라고도 부른다. 요리의 수는 짝수로 하는데, 보통 6~8가지 정도. 식단의 규모에 따라 그 이상의 것도 있으나 모두 뜨거운 요리 러차이(熱菜)이다. 요리는 재료, 조리법, 맛 등의 중복을 피하고, 전후의 조화와 변화를 준다. 따차이에서 맨 먼저 내는 요리를 토우차이(頭菜)라 부르며 아주 대표적인 재료를 사용한 요리로 한다. 생선 그대로의 모양을 낸 요리는 뒤쪽으로 배치하며, 최후로 탕차이(湯菜)를 낸다. 탕차이에서 에얀워(燕), 위치(翅), 깐빠오(干鮑) 등의 고급 재료를 사용할 때에는 전체 바로 뒤에 낸다. 연석의 등급이나 격식은 토우차이에 쓰이는 재료에 의해서 결정된다.

따하미탕(大海米湯) 말린 새우로 만든 국물.

딴딴미엔(担担麵) 장사가 지고 다니면서 파는 쓰촨(四川)의 대표적인 국수. 잘게 썬 자차이(榨菜)에 생강 · 마늘과 식초 · 간장 · 참기름 · 고추기름 등을 넣은 매운맛의 뜨거운 국물을 부어 먹는 국수.

딴판(單盤) ☞ 렁훈(冷薰)

땐신(点心) 간식 또는 가벼운 식사의 총칭. 샨땐신(鹹点心)과 티엔땐신(甛点心), 샤오츠(小吃)가 있다. 샨땐신(鹹点心)은 짭짤한 것으로 환(飯), 조우(粥), 쟈오쯔(餃子), 샤오마이(燒

賣), 빠오쯔(包子), 춘삥(春餅) 등을 말한다. 티엔땐신(甛点心)은 단 것, 우싸빠오쯔(豆沙包子), 웨삥(月餅), 유안샤오(元宵), 빠쓰샨야오(拔絲山葯), 빠빠오환(八寶飯), 싱런또우후(杏仁豆腐) 등 단과자류와 사탕류, 음료류를 말한다. 샤오츠(小吃)는 원래 차이(菜)이나 식사시간 외에 가볍게 집어 먹을 때 차이(菜)를 땐신(点心)으로 취급한다. 예를 들면 루쭈(乳猪, 애저통구이, 샤오야(燒鴨, 오리통구이), 샨지(鹹鷄, 닭의 간장찜), 차샤오로우(叉燒肉, 돼지구이) 등.

또우빠오(豆包) 팥소를 넣고 찐 빵.

또우사빠오쯔(豆沙包子) 팥소가 든 찐빵.

똥(凍) 우무나 젤라틴을 이용하여 재료를 굳힌 것.

똥싼쓰(凍三絲) 어류, 육류, 조류 등 세 가지를 잘게 찢어 만든 것.

똥지(凍鷄) 찐 닭살을 잘게 찢어 조미한 후 젤라틴이나 한천액을 넣어 굳힌 것.

뚜안(段) 통째로 써는 것인데 긴 파 등을 토막토막 자르는 것을 말함.

뚜어란(剁爛) 아주 잘게 다지다.

뚜어쑤이(剁碎) 잘게 썬다. 다지다.

뚠(燉) ① 약한 불에 오랫동안 고다. 푹 삶다. ② 뚜껑이 있는 질그릇에 약한 불로 오래 끓이는 것(북방식). ③ 작은 냄비에 재료와 조미료 등으로 간을 하고, 물을 넣은 큰 냄비 속에 넣어 오래 고는 방법으로 작은 냄비 속의 냄새가 나오지도 않고 물도 들어가지 않아(중탕) 곤 후의 맛이 특별하다(남방식과 광동식). ④ 샤오(燒)나 먼(燜)보다 국물이 약간 많다.

띵(丁) 주사위처럼 육면체로 자른 것으로, 기본 크기는 1cm 정도이다. 5~7mm인 것은 샤오띵(小丁), 2cm 이상인 것은 따띵(大丁)이며, 4각형 이외 삼각형이나 마름모꼴도 있다. ☞ 부록(463쪽)

띵탕(頂湯) ☞ 탕(湯), 칭탕(淸湯).

ㄹ

라미엔(拉麵) 칼을 쓰지 않고 손으로 여러 번 늘려 만든 국수.

라오(烙) 전병 등을 쇠 냄비에 굽는 것.

라오삥(烙餅) 밀전병으로 땐신(點心)의 일종.

라오환(撈飯) 쌀을 한번 끓여서 익힌 후 시루에 다시 쪄서 밥을 짓는 방법.

라차이(辣菜) 갓 뿌리와 무를 삶아서 만든 요리.

란슈(爛熟) 고기, 채소 등을 푹 익히는 것.

란화쑤삥(蘭花酥餅) 난의 꽃 모양으로 튀긴 파이. 쑤피를 얇게 늘려서 6cm 정도의 정방형으로 자르고 그 둘레를 돌아가면서 자른 자국을 넣어 난의 모양이 되게 하여 기름에 튀긴 것.

란환(爛飯) 진밥.

란후(爛糊) 음식이 푹 익다. 물렁물렁하다. 물컹하다.

량디에(凉碟) 전채(前菜).

량반(凉拌) 차게 무치는 것.

량차이(凉菜) 냉채. 렁판(冷盤).

러수이화(熱水發) 마른 재료를 끓는 물에 넣어 불리는 것.

러우허(揉合) 혼합하다. 반죽하다.

러차이(熱菜) ☞ 따차이(大菜)

러훈(熱葷) 뜨거운 전채. 러펀(熱盆), 러차오(熱炒)라고도 한다.

런(稔) 익다. 여물다.

렁쓰(冷食) 아이스크림, 청량음료 등의 차고 단 음식.

렁훈(冷葷) 따이차이(大菜)가 나오기 전에 제공되는 차가운 전채. 렁펀(冷盆). 렁띠에(冷碟). 재료는 고기류, 내장류와 가공품, 어패류, 난류, 채소, 버섯류 외, 피딴(皮蛋), 또우후깐(豆腐干) 등 중국 특유의 가공품도 널리 사용된다. 조리법도 차오(炒), 류(溜), 탕(湯), 빤(拌), 루(滷), 장(醬), 창(熗), 얀(醃), 똥(凍) 등의 렁차이(冷菜)가 많다. 어느 것이든 차가워도 맛과 색이 변하지 않는 것이 적합하다. 가짓수는 일반적으로 짝수로서 4~8가지 정도로 한다. 내는 방법은 딴판(單盤, 한 접시에 한 가지 종류), 핀판(拼盤, 한 접시에 두 가지 이상의 종류) 외에 꽃이나 새 또는 풍물을 모방한 것으로 장식한다. 렁훈에는 수앙핀판(双拼盤, 두 가지 냉채를 한 접시에 담는 것), 샤오싼판(小三盤, 세 가지 냉채를 한 접시에 담는 것), 스진핀판(什錦拼盤, 여러 종류의 냉채를 한 접시에 다른 것), 쑤핀판(素拼盤, 정진 냉채), 쓰렁훈(四冷葷, 네 가지 냉채), 황황핀판(鳳凰拼盤, 봉황모양으로 차린 냉채) 등이 있다.

로우빠오쯔(肉包子) 육류 찐빵.

로우쓰(肉絲) 실처럼 잘게 썬 고기.

로우탕(肉湯) 돼지고기나 돼지뼈로 만든 국물.

롱(龍) 원통형의 것을 다 자르지 않고 밑이 붙어 있게 덜 자르는 것. ☞ 부록(465쪽)

루(滷) ① 루즈(滷汁)를 사용하여 약한 불로 끓이는 것. 물과 간장을 1:1로 넣고 술, 얼음설탕, 각종 향초(丁香, 陣皮, 肉桂, 甘草, 大料, 花淑 등) 등을 넣어 끓인 것. 쟝(醬)과 다른 것은 국물로 오래 저장할수록 특이한 맛이 난다. 예) 홍루(紅滷, 간장을 사용하여 만든 것). 빠이루(白滷, 소금 사용). ② 멸치, 다시마, 사골뼈 등의 국물을 우려내는 것.

루안짜(軟炸) 밀가루나 전분에 난백 혹은 전란을 넣은 옷을 입혀 투긴 것.

루웨이(滷味) 간장을 넣고 푹 삶는 요리로 전채로 많이 사용한다.

류(熘) 뜨거운 팬에 기름을 붓고 그 기름이 뜨거워졌을 때 재료를 넣고 재빨리 볶은 다음, 물 녹말을 묻혀 몇 차례 뒤집으며 다시 볶아 물 녹말즙을 얹는 것. 육편이 얇아야 잘 익는다. 얹은 녹말즙은 간장을 넣은 홍즈(紅汁)와 소금 간을 한 빠이즈(白汁) 두 가지가 있으며 조미료나 진한 육수를 넣으면 맛이 더 좋다.

류(餾) 식은 음식을 다시 데우거나 다시 찌는 것.

류(溜) 주재료를 먼저 튀기거나 볶거나 찜통에 찌거나 삶아서 익힌 후 물 녹말로 걸쭉하게 만들어 위에 얹은 것.

류차이(溜菜) 걸쭉한 국물을 얹은 요리.

리(粒) 쌀알 크기로 잘게 썬. 미(米)와 동의어.

링쓰(零食) 간식.

ㅁ

마라라(痲辣辣) 매운 것을 먹었을 때 혀가 얼얼한 느낌.

마얼(馬耳) 말의 귀 모양처럼 자른 것으로 토끼 귀 모양보다 크게 자르는 것. ☞ 부록(463쪽)

마오탕(毛湯) 보통 국물. 닭뼈, 돼지뼈가 주원료이고 샹탕(上湯)처럼 끓임.

만한추안시(滿韓全席) 만민족(滿民族)과 한민족(漢民族)의 진귀한 요리가 다 모인 중국 초대의 대연회식. 수일 동안 1백종 이상의 요리가 제공된다. 그 동안에 관극이나 시조를 읊으면서 음식을 즐긴다.

먼(燜) ① 약한 불에 고거나 익히는 것. ② 재료를 끓이거나 기름에 튀긴 후 다시 육수를 붓고 양념을 한 후 뚜껑을 덮고 오랜 시간 익히는 요리.

메이웨이(美味) 맛이 있는 음식을 가리키는 말.

모(饝) 찐빵.

모(末) 잘게 써는 것으로 얇게 저며 채로 썬 후 잘게 썰어야 모양이 좋다. ☞ 부록(463쪽)

무시(木犀) 달걀을 풀어 넣어 만든 요리.

무시로우(木犀肉) 달걀과 목이버섯, 원추리나물, 고기를 함께 볶은 요리.

무시탕(木犀湯) 달걀탕.

무시환(木犀飯) 달걀밥.

미엔(麵) 국수.

미엔탸오(麵條) 면봉으로 얇게 밀어 칼로 가늘게 썬 국수.

미지엔(蜜餞) ① 과일을 설탕에 재다. ② 설탕에 잰 과일. ☞ 징차이(京菜)

밍루카오(明爐烤) 그릴처럼 석쇠 위에 놓고 굽는 것.

ㅂ

빠빠오(八寶) 여덟 가지 진귀한 재료를 사용한 요리. 중국요리에서 많은 종류의 재료로 만든 것을 가리키는 말.

빠쓰(拔絲) 엿, 꿀, 설탕을 넣고 졸여 만든 요리의 이름. 먹을 때 엿이 실가락처럼 늘어나므로 이렇게 부름. 재료는 마, 은행, 사과, 고구마, 밤, 바나나 등.

빠쓰띠꽈(拔絲地瓜) 고구마로 만든 것. 우리가 알고 있는 맛탕.

빠쓰리쯔(拔絲栗子) 밤으로 만든 것.

빠쓰샨야요(拔絲山藥) 튀긴 참마를 설탕 조림에 무친 것.

빠오(㷛) 강한 불로 재빨리 볶는 것.

빠오(包) 껍질에 소를 넣어 싸는 것. ☞ 빠오쟈오쯔(包餃子)

빠오(爆) 준비한 재료를 강한 불에서 매우 빠른 속도로 익혀 양념을 하는 것. 이 방법은 재료 원래의 맛을 살릴 수 있고 바삭바삭하고 부드럽다.

빠오삥(包冰) ① 얼음을 깎다. ② 빙수기로 깎은 얼음.

빠오쟈오쯔(包餃子) 만두를 빚다.

빠오쯔(包子) 소를 넣은 찐빵.

빠이(白) 맛이 싱겁다.

빠이웨이(白煨) 색깔이 없게 소금으로 간을 하여 희게 끓인 것.

빠이샤오(白燒) 간장을 넣지 않고 소금으로 간을 하여 희게 한 것.

빠이징(白景) 우리나라 신선로와 같이 여러 가지 재료를 사용한 요리로 훠꿔쯔(小鍋子) 같은 요리.

빠이파(白扒) 소금으로 조미하여 약한 불로 오래도록 푹 삶는 것.

빤(拌) 무침 요리. 여러 종류의 재료를 조미료와 혼합하여 골고루 섞어 주는 조리법.

빤미엔(拌面) 삶은 국수에 조미료나 그 밖의 부재료를 섞는 것.

빤차이(拌菜) 어패류, 닭고기, 돼지고기, 햄, 달걀, 해파리 죽순, 녹두 국수, 한천, 채소 등으로 조미한 초무침. 원래 찬 요리이므로 량판(凉拌)이라고도 한다.

빤후오(拌和) ① 휘저어 뒤섞다. ② 적당하게 혼합하다. ③ 버무리다.

빤훙샤요(半紅燒) 간장이나 설탕으로 누렇게 색을 낸 것.

뽀리(玻璃) 수이징(水晶). 소금, 설탕, 술등으로 조미한 투명한 국물을 얹는 것. ☞ 류(溜)

뿌차이(布菜) 주인이 손님에게 요리를 나누어 권하는 것.

삐엔(火辺) 소량의 기름으로 주재료를 볶은 후 부재료와 조미료를 넣고 다시 볶는 것.

삐엔(煸) 기름을 많이 사용하지 않고 채소를 볶기 위해 먼저 파, 생강 등을 볶아 그 향이 채소에 배게 하는 것.

ㅅ

사라(沙拉) 샐러드(salad).

사쓰(沙司) 소스(sauce).

사오쓰(小食) ① 간식, ② 가벼운 아침식사.

새피엔(斜片) 사선으로 자르는 것. ☞ 부록(464쪽)

샌(鮮) 맛이나 향기가 좋은 것.

샌똥(鮮凍) 날것으로 냉동하는 것.

샤꿔스쯔토우(砂鍋獅子頭) 대형 고기완자의 사기냄비찜. 다진 돼지고기에 다진 파, 생강, 전분, 조미료 등을 넣어 4개의 큰 고기완자를 만들어 기름에 튀겨서 태소와 같이 사기냄비에 끓인 찜요리. 큰 고기완자를 사자 머리로 비유한 것으로 4개를 만드는 것이 특징.

샤오(燒) ① 끓이거나 기름으로 튀기거나 찌거나 볶은 후, 조미료, 향신료, 물 또는 국물을 넣고 끓을 때까지 센 불로 다시 화력을 조정하여 뚜껑을 덮고 부드러워질 때까지 끓이는 것. ② 먼저 익힌 다음에 기름으로 볶는 것. ③ 굽는 것. ④ 가열조리의 전반적인 것.

샤오롱빠오(小籠包) 작은 찜 틀에 찐 작은 만두.

샤오미(小米) 잘게 써는 것. ☞ 모(末)

샤오차이(燒菜) 조림요리.

샤오차이(小菜) ① 간단한 반찬으로 밥, 술 등을 먹을 때 작은 접시에 담아 먹는 주로 소금 또는 간장에 절여 만든 채소요리. ② 간단한 요리.

샤오츠(小吃) 원래는 차이(菜)이나 식사시간 외에 가볍게 집어 먹는 것. ☞ 땐신(点心)

샤오훈(小葷) ① 육류를 조금만 사용한 요리. ② 파, 마늘 등의 조미료를 넣어 만든 요리.

샨로우(鹹肉) 절임 고기.

샨쯔(扇子) 부채꼴 모양으로 자르는 것. ☞ 부록(464쪽)

샨차이(鹹菜) 짠지. 소금에 절인 채소. ☞ 얀차이(醃菜)

샹얀(象眼) 다이아몬드형으로 자르는 것. ☞ 부록(467쪽)

샹창(香腸) 중국식 순대. 소시지.

샹탕(上湯) 노계, 닭 뼈 등의 주재료에 파, 생강, 물을 넣고 센 불로 끓기 시작하면 약한 불로 1~2시간 가열한다. 위에 뜨는 거품은 걷어내고 표면에 뜨는 기름은 종이로 걷어낸다.

셩차오(生炒) 간을 하지 않고 볶음.

수앙웨이쓰(双飛絲) 솔잎과 같이 한쪽은 붙어 있고 Y자 모양으로 갈라지게 자르는 것. ☞ 부록(464쪽)

수이먼(水燜) 재료를 끓는 물에 넣었다가 꺼내어 다시 찬물에 넣어 피 등을 빼낸 후, 소량의 국물이나 물과 조미료를 넣어 고는 것.

쉐미엔(削麵) 칼로 깎은 국수. 폭이 넓고 두께와 모양이 일정하지 않다.

순(燻, 熏) 훈제하는 것.

슈쓰(熟食) 삶거나 구어서 만든 음식.

슈안(涮) 냄비에 육수나 물을 센 불로 끓이고, 여기에 아주 얇게 썬 고기나 채소를 넣어 재료의 색이 변할 정도로 흔들어 내어 조미 국물에 찍어 먹음. 나중에 그 국물도 마신다. 예) 샤브샤브

슈차오(熟炒) 큰 재료를 일단 찌거나 튀긴 후에 피엔(片)으로 썰어서 볶은 것.

스진조우(什錦粥) 닭고기, 새우, 버섯, 죽순 등 여러 가지 재료를 넣고 쑨 죽.

스징, 스시(十景, 什錫) 열 가지 귀한 재료를 사용하는 것.

시에훤춘주안(蟹粉春捲) 게살로 만든 것.

싱수앙(杏霜) 싱라오(杏酪). 살구씨를 으깨어 짠 즙으로 만든 걸쭉한 녹말 국물을 얹는 것.

싼따쟌(三大件) 연회에 나오는 세 가지의 귀중한 요리.

싼띵(三丁) 세 가지 재료를 정육면체로 써는 것.

싼레이수이시(三壘水席) 만한추안시(滿漢全席)를 조금 간단하게 한 것. 싼레이수이는(三壘水) '삼단의 폭포'란 뜻으로 3회로 나누어 낸다. 오후는 술 연석, 저녁은 요리본위의 연석, 심야 연석이 있으며 술을 돌려 마시면서 하루 종일 행해진다.

싼밍(三明) 샌드위치(sandwich). 싼허츠(三合吃).

싼샌(三鮮) 대표적 산해진미. 보통은 돼지고기, 새우, 닭고기, 전복, 죽순, 표고버섯 또는 해삼 중 세 가지로 요리하는 것인데 바다, 육지, 조류의 재료라는 뜻도 있다.

싼쓰(三絲) 세 가지 재료를 가늘게 채로 써는 것.

싼자오콰이(三角塊) 삼각형의 꽃 모양으로 써는 것.

싼피엔(三片) 세 가지 재료를 골패쪽 모양으로 써는 것.

쑹(鬆) ① 생선, 새우 및 살코기 등을 실처럼 또는 분말로 만든 것. ② 잘게 써는 것. ☞ 모(末)

쏸차이(酸菜) 배추를 더운 물에 담근 후 식초를 넣어서 시큼하게 만든 요리. ☞ 얀차이(醃菜)

쑤빙(酥餅) 중국식 파이. 쑤피(酥皮)에 여러 가지 속을 넣어 기름에 튀기거나 직화로 구운 과자. 쑤피는 밀가루에 라드와 물을 가하여 반죽한 것으로 두 종류의 반죽을 겹쳐서 늘리고 또 접어서 늘리는 것을 여러 번 반복한 파이 반죽은 구어 냈을 때 껍질이 여러 겹으로 겹쳐 있어 사각사각하고 부드러운 맛이 있다. 이는 챈청삥(千層餅)이라고도 부른다.

쑤짜(酥炸) 재료 속에 라드(lard)나 버터(butter)를 넣어 기름에 바삭바삭하게 튀긴 것. ☞ 짜(炸)

쑤차이(素菜) 채소요리. 소찬. 쑤찬(素餐). 정진요리. 동물성 재료는 일체 사용하지 않고 주재료는 채소, 두류, 버섯, 곡류 및 그 가공품을 이용한 것으로 조미료, 동물성 국물 등도 사용하지 않는다.

쑤훠(煦火) 살짝 데우는 것.

쓰(絲) ① 가늘게 채써는 것. ② 채써는 것처럼 가늘게 써는 것으로 길이는 6~7cm, 두께는 성냥의 굵기가 적당하다. ☞ 부록(465쪽)

쓰렁훈(四冷葷) 네 가지 냉채. ☞ 렁훈(冷葷)

쓰빠오(四寶) 네 가지 진귀한 재료를 사용한 것.

쓰샹자오(拔絲香蕉) 바나나로 만든 것.

쓰시환(四喜飯) 네 가지 색을 낸 초밥.

ㅇ

아오(熬) ① 재료를 넣고 오래 끓여 진하게 만든 국물. ② 재료를 먼저 기름에 볶은 후 육수나 물을 붓고 약한 불로 오랫동안 끓이거나 졸이는 방법. ③ 피엔(片), 콰이(塊), 띵(丁), 쓰(絲), 타오(條) 등으로 잘게 썬 식품을, 소량의 기름으로 데친 것을 국물에 넣어 조미하고, 약한 불로 재료가 익을 정도로 가열한다. 녹말은 사용하지 않는다. 뚠(燉)보다 국물이 많다.

중국조리

중국 조리

안루카오(暗爐烤) 오븐처럼 밀폐된 화덕에서 굽는 것.

얀(醃) 소금, 설탕, 간장, 술, 각종 조미료나 향료 등으로 절인다.

얀라빠이차이(醃辣白菜) 김치.

얀시(筵席) 얀시(宴席)요리를 말한다. 연회요리.

얀차이(醃菜) 절임식품의 총칭. 쟝차이(醬菜, 장 절임), 샨차이(鹹菜, 소금 절임), 쏸차이(酸菜, 식초절임), 탕추쯔차이(糖醋漬菜, 설탕초 절임), 깐차이(干菜, 말린 재료를 절인 것), 빤깐심샨차이(半干性鹹菜, 반쯤 말려서 절인 것) 등이 있다.

얀타토우차이(醃大頭菜) 큰 무의 소금 절임.

얀파오(鹽爆) 소금, 술로 양념한 것. ☞ 빠오(爆)

얼탕(二湯) 샹탕(上湯)을 우려낸 재료로 샹탕의 반가량의 물로 다시 끓인 것. 샤탕(下湯)이라고도 한다.

완또우황(豌豆黃) 완두떡.

완쯔(丸子) 고기 및 재료를 갈아서 완자처럼 둥글게 만든 것.

요우까오(油糕) 돼지기름을 섞어 만든 떡.

요우먼(油燜) ☞ 먼(燜)

요우먼(油燜) 먼저 재료를 뜨거운 기름에 살짝 튀긴 후, 냄비에 넣고 조미료와 소량의 물을 가하여 익힌 후, 약한 불로 고아 국물이 졸아 농후하게 된 것.

요우빠오(油爆) 재료를 고온의 기름으로 재빨리 볶은 후 물 녹말을 넣고 저온으로 볶는다.

요우짜(油炸) 기름에 튀긴 것.

요우파(油發) 마른 재료를 기름에 튀겨서 불리는 것. 위뚜(魚肚, 생선의 부레 말린 것)나 티진(蹄筋, 돼지의 아킬레스건을 말린 것) 등을 처음에는 100℃ 정도의 기름에 넣어 서서히 온도를 올려 늘지 않게 가열하면 해면상이 된다. 이를 뜨거운 물에 담가 두었다가 기름을 빼고 따뜻한 물로 씻는다.

우샹(五香) 다섯 가지의 향료를 사용한 것에 붙는 말. 예) 우샹장로우(五香醬肉)

우써(五色) 다섯 가지 색깔을 사용한 것.

위셩조우(魚生粥) 회, 파, 생강, 조미료를 넣고 위에 뜨거운 죽을 부어 먹는다.

원(紋) 그물 모양으로 칼집을 넣음. ☞ 부록(467쪽)

웨이(煨) 뭉근한 불에 오랫동안 끓이는 것으로 육수를 만들 때 사용되는 조리법.

웨이차이(煨菜) 뭉근하게 오래 끓인 요리.

웨이카오(煨烤) 소금에 절인 고기를 돼지비계에 싸고, 그 위에 연잎으로 다시 싸서 점토로 잘 봉하고 잘 익을 때까지 굽는 것.

위차이(魚菜) 생선요리.

유안바오(元寶) 녹말 또는 쌀가루로 둥글게 빚어 만든 것.

유안샤오(元宵) 유안샤오지에(元宵節, 음력정월보름)에 먹는 음식으로서 소가 든 흰 경단. 국에 띄워 먹으면 탕유안(湯元), 시럽에 띄워 먹으면 탕투안(湯团)이라고도 부른다.

이빤얀시(一般宴席) 따차이(大菜)의 맨 처음 요리 즉 토우차이(頭菜)에 사용되는 재료에 따라 세 종류가 있다. 얀워시(燕窩席)는 제비집을 대표 요리로 한 연석으로 제일 상등석이며, 위치시(魚翅席)는 상어 지느러미를 대표 요리로 하는 중등석, 하이션시(海蔘席)는 해삼을 대표 요리로 하는 병등석이다.

이쯔탸오(一字條) 두께는 6~8cm 정도이고 길이는 5~6cm 정도로 써는 것.

이핀꿔(二品鍋) 모듬 냄비 여러 종류의 채소와 고기를 냄비에 넣어 끓이면서 먹는 요리인 일식의 샤브샤브와 비슷한 것.

ㅈ

잰(煎) 기름에 지지는 것. 전을 부치는 것.

쟈오반(攪拌) 뒤섞다. 휘젓다.

쟈오쯔(餃子) 교자. 밀가루를 반죽하여 얇게 민 다음, 잘게 저민 고기나 채소 등의 소를 넣어 싼 것. 가열방법에 따라 꿔티에쟈오쯔(鍋貼餃子, 지진만두), 수이쟈오쯔(水餃子, 물만두), 정쟈오쯔(蒸餃子, 찐만두), 짜쟈오쯔(炸餃子, 튀긴 만두) 등 4종이 있다. 또 속의 재료나 싸는 방법에 따라 다음과 같은 여러 가지 이름이 붙는다. 주로우쟈오쯔(猪肉餃子, 돼지고기), 지로우쟈오쯔(鷄肉餃子, 닭고기), 뉴로우자오쯔(牛肉餃子, 쇠고기), 양로우쟈오쯔(羊肉餃子, 양고기), 위쟈오쯔(魚餃子, 생선), 싼샨오쯔(三

仙餃子, 새우, 돼지고기, 어패류 등 3종), 쓰시쟈오쯔(四喜餃子, 4종의 재료), 후띠에쟈오쯔(蝴蝶餃子, 나비모양으로 만든 것 등). 식초, 간장, 고추 간장, 라요우(辣油) 등을 찍어 먹는다.

쟈창차이(家常菜) 가정요리. 가정에서 간단한 반찬으로 차린 일상식의 의미로서 삐안환치이(便飯菜)라고도 한다. 북방의 주식은 만토우(饅頭)등의 분식, 남방에서는 환(飯), 조우(粥)와 같은 쌀 음식을 한다. 일반적으로 아침식사는 조우(粥)에 샨차이(鹹菜), 만토우(饅頭)에는 또우장(豆漿, 두유)을 마시며 그 외에 요우탸오(油條, 막대모양의 튀김 빵), 요우쑤삥(油酥餅, 둥글게 튀긴 빵), 샨딴(鹹蛋, 소금에 절인 달걀), 로우쑹(肉鬆, 양념한 말린 고기를 으깬 것) 등을 곁들어 먹는다. 점심과 저녁은 주식으로 이즈얼차이(一汁二菜)부터 이즈쓰차이(二汁四菜) 정도의 반찬이 표준이다.

장딴(醬蛋) 반숙 달걀의 껍질을 벗겨 냄비에 간장을 넣고 타지 않게 조리는 것.

장빠오(醬爆) 간장으로 양념한 것.

쟝즈(醬汁) 소금, 간장으로 간을 한 걸쭉한 녹말 국물을 얹은 것.

장차이(醬菜) 된장에 절인 채소. ☞ 얀차이(醃菜)

정(蒸) 수증기로 찌는 조리법.

정쓰(蒸食) 쪄서 만든 음식의 총칭.

정차이(蒸菜) 찜요리.

조우(粥) 죽. 쌀에 10배 정도의 물을 넣고 끓기 시작하면 약한 불로 1시간 반 정도 끓인 것을 빠이조우(白粥)라 한다. 빠이조우는 주식이며 여러 가지 채소를 넣어 먹는다.

종꿔(中果) 쌀가루로 여러 가지 모양을 만들어 기름에 튀긴 후 설탕을 뿌린 튀김. 음식의 일종.

주(焗) 간접 열을 이용하는 방법으로 밀폐된 곳에서 굽는 조리법.

주(煮) 삶거나 데치는 방법.

주군(煮滾) 뜨겁게 끓이는 것.

주년(煮嫩) 물렁물렁하게 삶는 것.

주란(煮爛) 푹 삶다. 풀어질 때까지 삶는 것.

주안(捲) 재료를 말아서 만든 것.

지(擠) ① 잘게 다지는 것. ② 잘게 다진 조미용 생강, 마늘, 부추 등.

지롱조우(鷄蓉粥) 물 또는 육수로 죽을 끓이고 삶은 닭고기, 파, 생강, 미나리 등을 얹어 먹는다.

지쓰춘주안(鷄絲春捲) 닭고기로 만든 것.

지탕(鷄湯) 닭고기나 닭뼈로 만든 국물.

진인(金銀) 달걀을 황백으로 갈라서 만드는 법.

진쳔(金錢) 당근, 새우, 토마토의 붉은 색과 달걀 노른자로 색을 배합한 것.

징챠오(京炒) ☞ 차오(炒)

징차이(京菜) 전채 전에 나오는 깐꿔(乾果, 호박씨, 수박씨, 살구씨, 땅콩 등)나 미지엔(蜜餞, 대추나 오렌지, 귤의 껍질 등을 설탕에 조린 것)이다.

징차이(淨菜) 육류를 사용하지 않는 요리.

짜(炸) 기름에 튀기는 것. 많은 기름을 사용하여 고온으로 가열한다.

짜류(炸溜) 기름에 튀긴 것에 녹말로 만든 소스를 얹은 것.

짜반(雜拌) 설탕에 잰 과일이나 갖가지 건과 등을 한데 섞은 것.

짜쓰(炸食) 밀가루로 여러 가지 모양을 만들어 기름에 튀긴 음식.

짜쟈오(炸焦) 기름에 튀겨서 바삭바삭하게 만드는 것.

짜지마유안샤오(炸芝麻元宵) 소가 든 흰 경단에 흰깨를 묻혀 튀긴 것.

짜차이(炸菜) 튀김 요리.

짜차이(搾菜) 짜차이(搾菜)의 뿌리와 줄기를 그늘에 말려, 소금에 절인 다음 눌러 짜 물기를 뺀 뒤 다시 고추, 산초열매, 생강, 감초, 회향, 소주 등으로 절인 식품.

짜펑(炸烹) 재료에 녹말풀을 무친 것.

짜훠(炸貨) 밀가루로 기름에 튀긴 식품의 총칭.

쫑쯔(粽子) 일종의 송편 같은 것으로 갈잎이나 죽순 껍질에 불린 찹쌀, 돼지고기, 햄, 버섯 등을 삼각형으로 싸서 찐 것으로 오월 단오에 먹는 송편.

쯔렁(致冷) 냉동하다. 냉장하다. 즈렁(制冷).

ㅊ

차(擦) 채칼로 오이, 무 등을 써는 것.

중국조리

중국 조리

차오(炒) 가장 많이 사용되는 조리법으로 강한 불에서 단시간 볶는 방법. 간하는 방법에 따라 간장으로 간한 홍차오(紅炒)와 소금으로 간한 빠이차오(白炒)로 구분된다. 차오의 종류는 다음과 같다. ① **셩차오**(生炒)와 **칭차오**(清炒)-간을 하지 않고 볶는 것. ② **슈차오**(熟炒)-큰 재료를 일단 찌거나 튀긴 후에 피엔(片)으로 썰어서 볶는 것. ③ **화차오**(滑炒), **루안차오**(軟炒), **징차오**(京炒)-육류에 계란, 소금, 녹말을 섞은 옷을 입혀서 센불로 튀기고, 채소는 부드러워질 때까지 가열해 놓는다. 가열한 냄비에 조미액과 재료를 넣고 센불로 재빠르게 볶는다. ④ **깐차오**(乾炒)-재료의 색이 보기 좋게 볶고 부재료와 조미료를 넣어 국물이 없어질 때까지 다시 볶는 것.

차오(抄) 뜨거운 물에 살짝 삶다. 데치는 것.

차오차이(炒菜) 전채로 나오는 볶은 음식의 총칭.

차이딴(菜單) 식단. 메뉴. 차이푸(菜譜). 재료와 수량을 기입한 주방용과 식단구성에 따른 요리명과 품수를 제시하는 식탁용의 차이딴이 있다. 식탁용의 차이딴은 따차이(大菜), 땐신(点心)의 내는 순서로 열거하지만 챤차이(前菜), 땐신은 쓰렁훈(四冷葷), 얼땐신(二點心) 등 가짓수를 표시하기도 한다. 중국에서는 짝수로 주문하고, 차이딴을 적은 요리명도 네 글자로 적은 것이 많다.

차이빠오쯔(菜包子) 채소 찐빵.

차이수(菜蔬) 각종 채소요리.

창(熗) 살짝 데치거나 볶은 재료를 식기 전에 조미료 등을 위에 뿌리거나 익히지 않은 재료가 끓기 시작하면 조미료를 뿌려 간이 스며들게 하는 방법.

창꿔(熗鍋) 채를 썬 생강을 볶아 기름에 향미를 준 다음 재료를 볶는 것.

청평(清烹) 녹말을 사용하지 않은 것.

추류(醋溜) ☞ 류(溜)

추안(氽) 데치다. 끓는 물에 살짝 익히는 것.

추안(全) ① 통째로 취급하는 것. ② 재료를 합해서 만드는 것.

추안(川) 끓는 물이나 육수에 살짝 데쳐 먹는 요리.

추안쓰(全絲) 각종 재료를 채썰어 만드는 것.

추평(酢烹) 냄비에 기름을 두르고 식초, 소금 등을 넣고 살짝 볶는 것.

춘삥(春餅) 밀가루를 반죽해서 얇게 펴서 구운 것으로 티엔장(甛醬)을 바르고 고기와 썬 파를 얹어 먹는 것. 입춘에 먹는 음식.

춘주안(春捲) 밀가루를 얇게 밀어 곱게 채썬 돼지고기, 닭고기, 표고버섯, 부추, 숙주나물 등으로 소를 만들어 넣고 길이 10cm, 폭 3cm 정도 되게 둥그스름하게 빚어 기름에 노랗게 튀긴 것.

취(脆) 얇게 입힌 튀김 가루가 바삭바삭해질 때까지 튀기는 것.

츠(吃) 먹다. 마시다.

치차이(翅菜) 상어 지느러미 요리. ☞ 치쯔(翅子)

치에미엔(切麵) 면봉으로 얇게 밀어 칼로 가늘게 썬 국수.

칭뚠(清燉) 맹물에 푹 삶는 것.

칭정(清蒸) 생선 등을 통째로 소량의 국물을 넣고 찐다.

칭짜(清炸) 재료에 간을 하여 옷을 입히지 않고 튀긴 것.

칭차오(清炒) 한 가지 재료만을 기름에 볶는 것. ☞ 차오(炒)

칭탕(清湯) 맑은 국물. 노계, 닭 뼈 등을 주재료로 하여 끓인 맑은 국물.

ㅋ

카오(烤) 숯불이나 화덕 위에 직화로 굽는 방법.

카오차이(烤菜) 직화구이 요리.

카이(開) 끓다. 펄펄 끓다.

코우(扣) 간접 열을 이용하는 방법으로, 재료를 그릇에 담은 후 찜통에 찌는 요리법.

콰이(塊) 한입에 들어갈 수 있는 크기로 자르는 것. ☞ 부록(467쪽)

ㅌ

탕(湯) 채소즙으로 서양요리의 부이용(bouillon)에 해당한다. 짜차이(炸菜), 카오차이(烤菜)를 제외한 모든 요리에 사용한다. ① **재료별 종류**-훈탕(葷湯), 쑤탕(素湯). ② **청탁별 종류**-칭탕(清湯), 나이탕(奶湯). ③ **등급별 종류**-떵탕

(頂湯), 샹탕(上湯). 얼탕(二湯), 마오탕(毛湯)이 있다.

탕란신(糖蓮心) 연뿌리 설탕절이.

탕란쯔(糖蓮子) 연밥 설탕절이.

탕미엔(湯麵) 국물이 많은 국수. 일반적으로는 소금으로 간을 한 것을 탕미엔이라 부른다. 간장으로 간을 한 것은 라미엔(拉麵)이라고 하나 라(拉)는 '면을 잡아 늘리다' 라는 의미이고 본래는 요리명이 아님.

탕빠오(湯爆) 뜨거운 물에 넣었다가 재빨리 건져내는 것.

탕빠오쯔(糖包子) 설탕 소가 든 찐빵.

탕써(糖色) 설탕을 기름에 볶아 황적색이 된 상태에 간장을 넣어 끓인 것.

탕차이(湯菜) 국물 요리.

탕추(糖醋) 추류(醋溜). 간장, 설탕, 식초로 조미한 달고 신맛의 걸쭉한 녹말 국물을 얹은 것.

탸오(條) 사각형의 길쭉한 막대모양으로 써는 것으로 두께는 7~8mm, 길이는 5~6cm가 적합하다. 쓰(絲)로 썬 것보다 굵으면 생선, 무, 죽순 등을 써는 데 적합하다. ☞ 부록(464쪽)

투안(糰) 쌀가루 또는 밀가루로 만든 경단.

투안환(糰飯) 주먹밥.

투얼(兎耳) 토끼 귀 모양으로 써는 것. 마얼(馬耳)보다 다소 작게 써는 것. ☞ 부록(463쪽)

티에(帖) 한쪽 면만 굽는 요리.

ㅍ

파(扒) 약한 불로 오래도록 푹 삶는 것. 홍파(紅扒), 빠이파(白扒), 하오요우파(蠔油扒)가 있다.

파오요우(泡油) 기름으로 조금 튀겨 놓는 것. 동물성 식품은 소금, 술 또는 간장, 생강 즙, 마늘, 잘게 썬 파 등으로 간을 하고, 옷을 입힐 때는 녹말이나 난백을 묻혀 저온(130~160℃)으로 8할 정도 익힌다. 식물성 식품은 고온(160℃ 이상)으로 색이 선명한 정도로 또는 전분질인 것은 살짝 익은 정도로 한다.

파오차이(泡菜) 김치. 소금, 잎산초, 고추, 물을 끓여 식힌 후 빠이깐알쥬(白乾兒酒)를 넣어 즙을 만든다. 여기에 야채를 넣고 밀봉하여 외기와 차단시켜 유산 발효시켜 특유한 맛을 가진 쏸차이(酸菜)의 일종.

판주안(盤饌) 접시에 담은 요리.

펀차이(盆菜) 큰 접시에 담은 요리.

펑(烹) 먼저 기름에 볶은 다음 간장, 기름을 넣고 삶는 것이다. 강한 불에서 요리하고 국물이 안에까지 스며들면서 향이 진하게 밴다.

피엔(片) 재료를 얇게 써는 것으로 눕혀서 손 앞쪽에서 끌어당기듯이 하여 저민다.

핀판(拼盤) 두 종류 이상의 량차이(凉菜)를 한 접시에 담아 놓은 요리. ☞ 렁훈(冷葷)

핑삥(平餠) 둥글고 얇게 지져낸 것.

ㅎ

헝짜오피엔(横刀片) 재료에 칼을 평행으로 대고 써는 방법.

훙먼(紅燜) 간장이나 설탕을 많이 넣어서 붉은 색이 나게 한 것.

훙샤요(紅燒) 간장이나 설탕을 넣어 붉게 색깔을 낸 것.

훙웨이(紅煨) 간장, 설탕을 넣어 색 내어 끓인 것.

훙파(紅扒) 간장으로 조미하여 약한 불로 오래도록 푹 삶는 것.

화(花) 꽃과 같이 가로 세로를 가늘게 자르되 밑 부분까지 자르지 않는 것. 장식용으로 자르는 것. ☞ 부록(463쪽)

화주안(花捲) 밀가루 반죽을 밀대로 밀어 정방형으로 만든 후 말아서 꽃 모양으로 만들어 센 불에 찐 빵으로 요리와 함께 먹는다.

화차오(滑炒) 육류는 계란, 소금, 녹말을 섞은 옷을 입혀서 센 불로 튀기고, 채소는 부드러워질 때까지 가열해 놓는다. 가열한 냄비에 조미액과 재료를 넣고 센 불로 재빠르게 볶는다.

환치에사쓰(番茄沙司) 토마토 소스.

환치에즈(蕃茄汁) 토마토 케첩으로 만든 걸쭉한 국물을 얹는 것.

황(方) 정방형으로 자르는 것. ☞ 부록(467쪽)

황먼(黃燜) 황먼지(黃燜鷄)나 황먼로우(黃燜肉)와 같이 간장이나 설탕으로 색을 누렇게 만든 것.

황샤오(黃燒) 간장이나 설탕으로 누렇게 색을 낸 것.

중국 조리

황신콰이(方形塊) 2~2.5cm 정도로 막대기형을 만든 후 약 2cm 정도의 폭으로 주사위꼴이나 마름모꼴로 써는 것.

황싱띵(方形丁) 1cm 정도의 각으로 막대기 모양으로 썬 후 다시 주사위꼴로 자르는 것.

황차이(黃菜) 달걀요리.

후(炆) 소량의 물로 뚜껑을 꼭 닫고 삶는 것.

후이(燴) 소량의 기름으로 볶거나, 삶은 다음 이를 물이나 진한 국물에 조미료로 간을 하여 끓인 후 소량의 물 녹말을 얹어 만든 요리.

후이꿔(回鍋) 다시 데우는 것. 다시 끓이는 것.

후이싼쓰(燴三絲) 세 가지 종류의 재료를 채썰어 물을 넣고 끓인 후, 소량의 전분을 넣어 걸쭉하게 만든 요리.

훈탕(葷湯) 동물성 식품으로 만든 국물. 닭뼈, 돼지뼈, 닭고기, 돼지고기, 소고기, 중국 햄, 말린 새우, 오징어 등의 동물성 식품을 단독으로 여러 가지를 섞어서 만든다. 냄새 제거와 중국풍으로 만들기 위하여 소량의 파, 생강을 넣어 끓인 것.

훠꿔(火鍋) 신선로 요리.

훠소우(佛手) 손을 편 모양으로 자르기. ☞ 부록(466쪽)

훠투이탕(火腿湯) 중국 햄으로 만든 국물.

훤정(粉蒸) 조미액을 넣고 재료에 가루를 묻혀 찐다.

훤피(粉皮) 녹말가루로 두부껍질 모양으로 만든 것.

렁차이(冷菜)의 분류

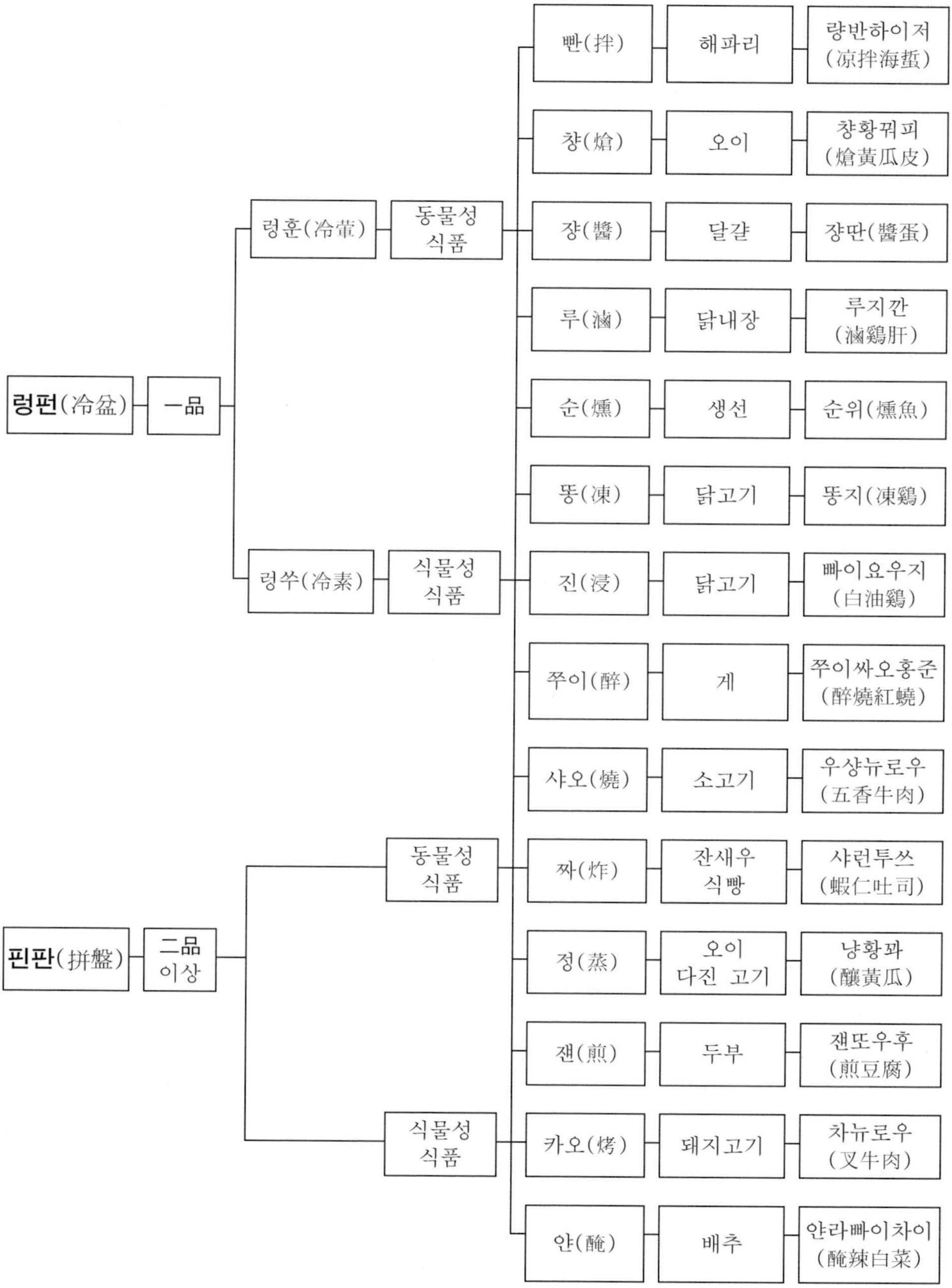

렁펀(冷盆)
一品
렁훈(冷葷)
동물성 식품
렁쑤(冷素)
식물성 식품
핀판(拼盤)
二品 이상
동물성 식품
식물성 식품
빤(拌)
해파리
량반하이저 (凉拌海蜇)
창(熗)
오이
창황꿔피 (熗黃瓜皮)
쟝(醬)
달걀
쟝딴(醬蛋)
루(滷)
닭내장
루지깐 (滷鷄肝)
순(燻)
생선
순위(燻魚)
뚱(凍)
닭고기
뚱지(凍鷄)
진(浸)
닭고기
빠이요우지 (白油鷄)
쭈이(醉)
게
쭈이싸오홍준 (醉燒紅蟯)
샤오(燒)
소고기
우샹뉴로우 (五香牛肉)
짜(炸)
잔새우 식빵
샤런투쓰 (蝦仁吐司)
정(蒸)
오이 다진 고기
냥황꽈 (釀黃瓜)
잰(煎)
두부
잰또우후 (煎豆腐)
카오(烤)
돼지고기
차뉴로우 (叉牛肉)
얀(醃)
배추
얀라빠이차이 (醃辣白菜)

차오차이(炒菜)의 분류

	재료의 전처리	조리법	주재료	요리명
차오(炒)	간을 하지 않음	셩차오(生炒)	오징어	셩차오요우화(生炒魷花)
	간을 한 것	칭차오(淸炒)	돼지고기	차오로우쓰(炒肉絲)
	간을 하고 난백과 녹말을 묻힘	징차오(京炒)	강낭콩 잔새우	칭또우샤런(靑豆蝦仁)
	간을 하여 볶음	화차오(滑炒)	쇠고기 피망	칭쟈오뉴로우쓰(靑椒牛肉絲)
	녹말을 묻힘	깐차오(乾炒)	돼지고기	차오로우피엔(炒肉片)
삐안(煸)		깐삐안(乾煸)	쇠고기 채소	깐삐안뉴로우쓰(乾煸牛肉絲)
빠오(爆)	데쳐서 기름에 볶음	요우빠오(油爆)	오징어	요우빠오요우위(油爆魷魚)
	소금 간을 한 것	얀빠오(鹽爆)	닭내장 돼지내장	얀빠쐉취(鹽爆双脆)
	황장(黃醬) 티엔미엔쟝(甛麵醬)	쟝빠오(醬爆)	닭고기 호두	쟝빠오지띵(醬爆鷄丁)
	다량의 파	총빠오(葱爆)	파 돼지내장	총빠오깐(葱爆肝片)

짜차이(炸菜)의 분류

옷의 재료	후(糊)	조리법	주재료	요리명(예)
옷 입히지 않음		칭짜(清炸)	다진 돼지고기	짜로우완쯔(炸肉丸子)
녹말 밀가루 빵가루		깐짜(乾炸)	닭고기	깐짜지콰이(乾炸鷄塊)
녹말 + 전란(全卵)	추안딴후(全蛋糊)	루안짜	닭고기	루안짜지(軟炸鷄)
녹말 + 난황(卵黃)	딴황후(蛋黃糊)	루안짜	닭고기	루안짜지(軟炸鷄)
녹말 + 물	수이휜후(水粉糊)	루안짜	닭고기	루안짜지(軟炸鷄)
녹말 + 난백(卵白)	딴빠이후(蛋白糊)	루안짜	닭고기	루안짜지(軟炸鷄)
녹말 + 거품낸 난백	딴파오(蛋泡糊	루안짜	닭고기	루안짜지(軟炸鷄)
녹말 + 베이킹 파우더	화휜후(發粉糊)	루안짜	닭고기	루안짜지(軟炸鷄)
베이킹파우더, 후(糊), 라드		쑤짜(酥炸)	닭고기	쑤짜샹지(酥炸香鷄)
거품낸 난백, 녹말, 밀가루		까오리(高麗)	흰살생선	까오리위탸오(高麗魚條)
녹말		추이피(脆皮)	닭고기	추이피지(脆皮鷄)
기타		즈파오짜(紙包炸)	쇠고기	즈파오뉴로우(紙包牛肉)

샤오차이(燒菜) · 웨이차이(煨菜)의 분류

요리의 (전)처리	조미료, 수프, 조리시간 부재료, 불조정	조리법	주재료	요리명(예)
짜(炸)	소량의 국물, 간장, 약한 불, 뚜껑	먼(燜)	닭다리, 날개 끝	홍먼훵이(紅燜鳳翼)
정(蒸)	간장	홍샤요(紅燒)	상어 지느러미	홍샤오위치(紅燒魚翅)
	많은 국물, 중불, 뚜껑	뚠(燉)	통닭	칭뚠추안지(淸燉全鷄)
	소량의 국물, 단기간	깐싸오(乾燒)	각시새우	깐샤오밍샤(乾燒明蝦)
차오(炒)	파	총샤오(葱燒)	해삼	총샤오하이센(葱燒海蔘)
	많은 국물, 장시간, 약한 불	웨이(煨)	밤, 닭고기	리쯔지(栗子鷄)

류차이(溜菜) · 후아차이(燴菜)의 분류

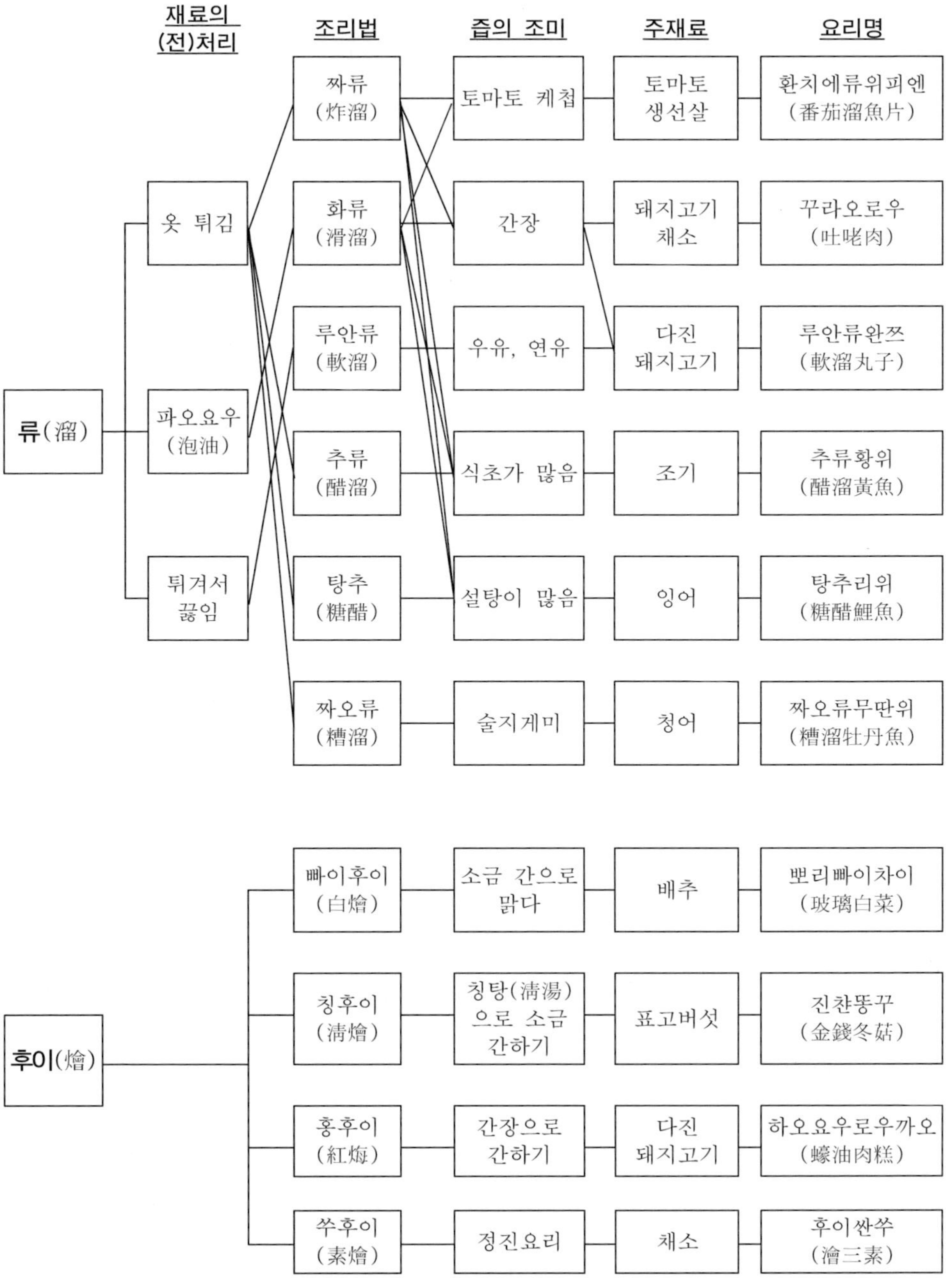

정차이(蒸菜)의 분류

	재료의 (전)처리	주재료	요리명(예)
정(蒸)	모양 그대로	흰살생선	청정위(淸蒸魚)
	둥글게	다진 돼지고기	전주완쯔(珍珠丸子)
	채워서	두부	냥또우후(釀豆腐)
	끼워서	똥꽈(冬瓜), 햄	훠투이똥꿔쟈(火腿冬果夾)
	말아서	다진 돼지고기, 달걀	루이주안(如意捲)
	가루 묻힘	소고기	휜정뉴로우(粉蒸牛肉)
뚠(燉)	국물 만들기	통닭	칭뚠추안지(淸燉全鷄)

탕차이(湯菜)의 분류

맑은 국물	건더기 조금	청탕(淸湯)	싼샌탕(三鮮湯)
	건더기가 좀 많고 따로 만든 국물	추안(川)	위완쯔탕(魚丸子湯)
탁한 국물	우유를 넣지 않음	나이탕(奶湯)	유미탕(玉米湯)
	우유를 넣은 것	나이요우탕(奶油湯)	뉴나이유미탕(牛奶玉米湯)
걸쭉한 국물	녹말농도가 낮은 것	후이(會)	후이추라탕(會醋辣湯)
	녹말농도가 높은 것	껑(羹)	시후취껑(西湖魚羹)

땐신(点心)의 분류

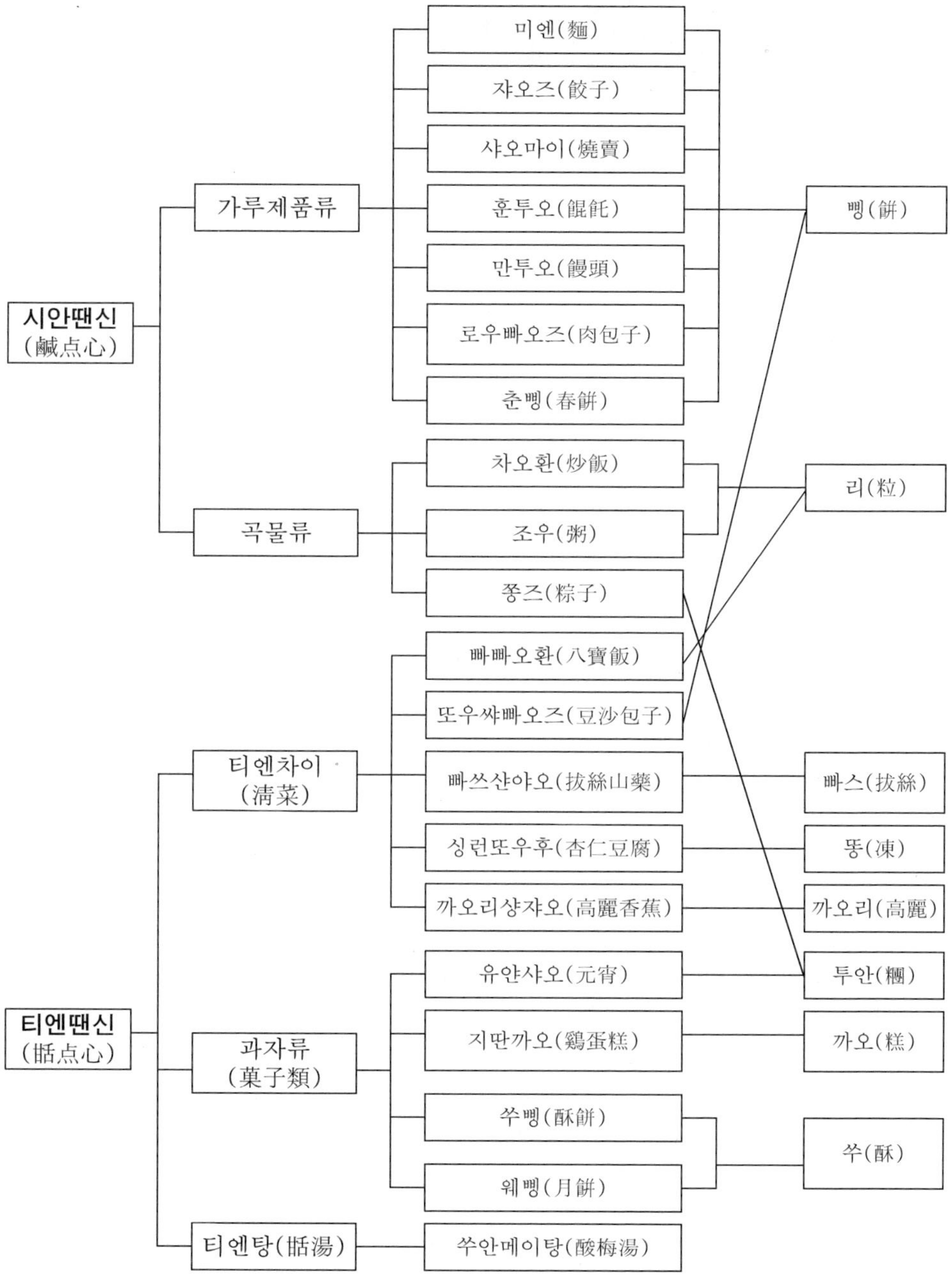
시안땐신(鹹点心)
가루제품류
미엔(麵)
쟈오즈(餃子)
샤오마이(燒賣)
훈투오(餛飩)
만투오(饅頭)
로우빠오즈(肉包子)
춘삥(春餅)
곡물류
차오환(炒飯)
조우(粥)
쫑즈(粽子)
티엔땐신(甛点心)
티엔차이(淸菜)
빠빠오환(八寶飯)
또우쌰빠오즈(豆沙包子)
빠쓰샨야오(拔絲山藥)
싱런또우후(杏仁豆腐)
까오리샹쟈오(高麗香蕉)
과자류(菓子類)
유얀샤오(元宵)
지딴까오(鷄蛋糕)
쑤삥(酥餅)
웨삥(月餅)
티엔탕(甛湯)
쑤안메이탕(酸梅湯)
삥(餅)
리(粒)
빠스(拔絲)
똥(凍)
까오리(高麗)
투안(糰)
까오(糕)
쑤(酥)

일본조리 용어

ㄱ

가니노와다도후(蟹の綿豆腐) 게의 장을 양념하여 등껍질에 넣고 찐 것.

가니노코도후(蟹の子豆腐) 달걀을 풀고 게의 알을 넣어서 찐 것.

가니도후(蟹豆腐) 게를 삶아서 살을 빼내어 손질한 다음 젤라틴, 다시, 조미료 등을 섞어서 등껍질 안쪽에 채워 놓고 찐 것.

가다미아게(片身揚げ) 재료의 한 쪽 면만 튀김옷을 발라 튀기는 것. 표고버섯, 김, 깻잎의 한쪽에만 작은 생선을 다져서 무쳐 바르고 튀긴다.

가라니(伽羅煮) 머위, 우엉, 땅두릅, 파세리 등을 데친 후 미림, 간장에 졸인 것.

가라니(辛煮) 짠조림. 간장만 또는 미림 소량을 넣은 정도로 소금기를 강하게 하여 조리는 방법.

가라무(絡, からむ) 주재료에 다른 것을 묻힌 것이다. 예를 들어 다랑어를 주사위 모양으로 자르고 달걀을 데쳐 노른자를 체에 걸러 다랑어에 바르는 것.

가라무시(空蒸し) 수무시(素蒸し)라고도 한다. 소금간 정도만 하고 다른 양념을 전혀 하지 않고 찐 것. 차완무시(달걀찜)가 대표적이다.

가라미모치(絡み餅) 뜨거운 떡을 한 입 크기로 떼내어 간장을 넣은 무 간 것 또는 팥죽에 묻혀 접시에 담은 것.

가라시렌콘(辛子蓮根) 연근을 껍질을 벗긴 후 촛물에 담갔다가 건지고, 물에 갠 겨자를 연근 구멍에 넣고 조금 되게 반죽한 튀김옷을 묻혀 기름에 튀긴 후 동글동글하게 얇게 썬 것.

가라시아게(辛子揚げ) 흰살 생선, 오징어, 새우 등을 튀길 때 달걀노른자에 겨자를 넣고 이것을 튀김옷으로 하여 튀긴 것.

가라시아에(芥子和) 겨자를 사용한 무침.

가라시즈케(芥子漬, がらしづけ) 채소에 겨자, 누룩, 술, 소금 등을 버무려 담근 채소절임.

가라아게(空揚げ) 어패류, 채소류 등에 밀가루, 찹쌀가루, 전분 등을 묻혀 튀긴 것. 재료 본래의 맛을 살리는 데 중점을 둔다.

가라야키(殼焼き) 굴이나 대합 등을 껍질째로 직화에 굽는 것. 또는 살을 발라 양념을 하고 다시 껍질에 넣고 강한 불에서 굽기도 한다.

가루칸(輕羹) 와카시(和菓子). 일본 과자의 일종. 산마를 갈아서 멥쌀가루와 굵은 설탕(히로자라메)를 넣고 섞어 찐 것. 앙꼬를 안에 넣으면 가루칸만주(輕 饅頭)이다.

가루칸아게(輕羹揚げ) 흰살 생선, 새우 등에 달걀흰자를 거품을 내고 이것을 튀김옷으로 하여 재료에 묻혀 튀긴 것.

가마보코(浦鉾) 가오리, 갯장어, 넙치, 조기, 상어 등의 날생선에 조미료를 첨가하여 나무판에 붙여 찌거나 굽거나 튀긴 것.

가메부시(龜節) 소형 가다랑어를 3조각 가르기로 하여 그대로 가쓰오부시로 만든 것. 그 생김새가 거북과 비슷하여 붙은 이름. 가다랑어의 등과 배쪽에서 나온 것은 혼부시(本節)라고 한다.

가미지오(紙鹽) 잔 생선에 소금간을 연하게 하기 위해 재료에 직접 소금을 뿌리지 않고 재료 위에 일본 재래 종이를 덮고 물을 뿌린 다음 그 위에 소금을 뿌리는 것.

가바야키(蒲焼き) 큰부들잎구이. 장어, 미꾸라지, 갯장어 등을 양념을 안하고 굽는 방법. 본래는 장어를 그대로 대꽂이를 하여 구웠는데, 그 모양이 물가의 큰부들 이삭(蒲)과 유사하다는 것으로 부터 생긴 이름이다. 현재는 펼쳐서 중뼈를 제거하고 굽는데 이름은 그대로 남아 있다.

가부라무시(蕪蒸し) 둥근무찜. 둥근무를 강판에

갈고 여기에 흰자 또는 달걀 전부를 넣고 조미하여 흰살 생선 위에 얹어 쪄낸 것.

가부토야키(かぶと焼き) 도미 등의 머리를 데리야키하는 방법. 생선머리를 사용하지만, 도미머리가 대표적이다. 도미머리를 둘로 나누어 아가미 밑이 떨어지지 않도록 하여 벌려서 그대로 구우며, 양념간장을 2~3회 발라서 불을 쪼인다. 도미의 형태가 투구와 유사하다는 것에서 붙여진 이름이다.

가스즈케(粕漬け) 절인 채소. 구운 생선이나 고기 등을 술지게미에 재운 것.

가시와무시(栢蒸し) 흰살 생선이나 새우 등에 도우묘지코(道明寺粉 , 찹쌀가루)를 묻혀 떡갈나무 잎으로 싸서 찐 것.

가쓰라무키(かつらむき) 돌려깎기, 채소를 얇게 자르는 방법의 일종. 무, 오이, 땅두릅 등을 4~6cm의 길이로 자르고 껍질을 벗기는 것같이 돌리면서 칼을 상하로 움직여 같은 두께가 되도록 자른다. 흰무를 썰 때도 쓰인다. 흔히 '갱'이라고 하는 회(사시미)에 깔거나 세우는 무채를 썰 때 사용한다. ☞ 부록(463쪽)

가쓰오부시다시(鰹節たし) 물이 끓기 직전에 가쓰오부시를 넣고 1분 이내에 불을 끄고 두었다가 가츠오부시가 가라앉으면 걸러낸다. 사용량은 2~4%가 적당하다.

가야쿠메시(可樂飯) 가테메시(糅飯)라고도 한다. 쌀에다 곡류, 채소류, 어육류, 조개류, 해초류 등을 넣고 만든 밥.

가와시모(皮霜) 뜨거운 물이 살에 닿지 않게 껍질만 살짝 익히는 것. 껍질만 구운 것은 야키시모(燒霜)라고 한다. 우메(梅)간장, 간장, 폰즈, 가라시미소(芥子味噌) 등을 찍어 먹는다.

가와히키(皮引き) 생선의 껍질을 벗기는 과정. 주로 회를 뜰 때의 전처리에 쓰인다. 밖에서 벗기기와 안에서 벗기기가 있다. 밖에서 벗기기는 3조각으로 자른 생선의 껍질을 아래로 하여 도마에 놓고, 꼬리쪽부터 칼을 껍질과 살 사이에 넣고, 껍질을 왼손으로 누르고 칼날을 오른쪽으로 향하여 벗겨내는 방법이다. 도미, 광어 등에 쓰인다. 안에서 벗기기는 꼬리를 왼쪽으로 놓고 칼날을 왼쪽을 향해서 벗기는 방법으로 손은 교차된다. 붉은살 생선에 쓰인다.

가이세키(懷石) 다도의 예에 따라 내는 요리다. 1즙 3채 하시아라이(箸洗) 핫슨(八寸)이 정석이다. 보통 무코즈케(向附), 밥, 국의 3품(三品)을 밥상에 올려서 내고, 완모리(婉盛り), 구이요리, 안주, 히토구찌완(一口椀), 핫슨(八寸 – 토란, 당근, 우엉, 연근, 표고 그 밖의 계절채소, 즉 송이버섯, 죽순, 새우, 생선 등을 끓여 큰 접시에 담아 내는 요리). 유도우(湯桶 – 식후에 마실 더운 물을 넣어 두는 주전자 모양의 나무통), 고우노모노(香の物)의 순서이다.

가이세키료리(會席料理) 일반적으로 술이 있는 요리를 가이세키라고 부르는 경우가 많다. 상차림의 순서는 젠사이(前菜), 스이모노(吸物), 무코즈게(向付), 사시미(刺身), 구치도리(口取り), 야키모노(燒き物), 아이자카나(合肴), 스모노(酢物), 도메완(止椀)의 9품이다. 기본은 1즙 3채이다. 한 번에 차려내는 것이 아니고 요리는 순서에 따라 한 가지씩 내야 한다.

가이시키(掻式) 산가이시키(三掻式)라고도 한다. 축하하는 상차림 요리에서 송, 죽, 매의 형태를 본딴 것.

가이야키(貝燒, かいやき) 껍질을 냄비 대용으로 하여 볶거나 조리하는 것이다.

가이야키(貝燒き) 조개구이. 조개류를 껍질째 굽는 방법. 대합, 가리비, 굴 등에 적합하다.

가카니(かか煮) 가쓰오부시를 넣어 맛을 한층 증가시키는 방법. 도사니(土佐煮 – 가쓰오부시를 얇게 깎은 것을 넣고 끓인 것)라고도 한다. 끓는 국물에 가쓰오부시를 넣는 방법도 있다. 머위, 죽순, 호박, 구약(蒟蒻) 등도 이용한다.

가카다마고완(掻き卵椀) 가키다마라고도 한다. 국물에다 물에 푼 전분을 넣어 걸쭉한 상태에 달걀을 풀어서 조금씩 넣으며 저어서 끓인 것. 생강 간 것, 미쓰바(파드득나물) 등을 얹는다.

가쿠니(角煮) 재료를 사각으로 잘라서 조리한 것. '가쿠니'라고 하면 주로 돼지고기를 사각으로 썰어서 요리한다. 돼지고기를 연하게 끓이는 중국요리의 영향을 받은 것으로 나가사키에서는 옛날부터 행해져 온 요리의 하나.

가키쓰쿠리(かきつくり) 도마에 생선의 머리를 오른쪽으로 하여, 움직이지 않게 칼을 꽂아 놓고, 꼬리 쪽에서부터 머리 쪽으로 두껍게 도려내

그릇에 담는다. 특히 신선한 생선이 좋다. 돔, 갯장어가 대표적이다.

가키토리(搔取, かきとり) 생선회나 스노모노(초회)의 살을 자르는 방법이다. 생선회를 자를 경우에는 칼을 한번 갈아서 무나 당근 등의 채소를 자르고 난 후 사용하는 것이 보통이다. 그렇지 않으면 숫돌의 냄새가 재료에 밴다. 현재는 식칼 대신에 전복 등을 사용해서 2cm 정도로 네모지게 자른다. 식칼로 자른 것보다 운치가 있기 때문에 사람에 따라 이런 방법으로 자르기도 한다.

간사이료리(關西料理) 가미가다(上方) 요리라고도 한다. 교토는 채소가 많고 오사카는 생선이 많다. 맛과 조미료의 색 등이 일반적으로 연하다. 재료가 가지고 있는 맛을 살리기 위한 것이 특징이다.

간토료리(關東料理) 동경 방면의 요리. 음식의 맛이 진하고 강한 편이다.

게이쇼큐료리(輕食料理) 스낵. 돈부리 등 간단한 식사.

겐(權, けん) 요리에 곁들이는 향미료. 맑은 장국에 쓰는 유자 따위나 회(사시미)를 그릇에 담을 때 곁들이는 무, 우도, 당근, 오이(여름에 사용) 등을 말한다.

겐친(卷繊, 卷煎, 捲繊) 선승(禪僧)이 중국으로부터 전한 후차료리(普茶料理)의 하나로서, 겐첸, 겐찬이라고도 불렸지만, 일반적으로 겐친이라고 한다. 권(卷), 권(捲)은 말은 것이고, 봉(繊)은 가늘게 실 썰기를 한 것이다. 겐친은 대두유(大豆油), 야자유, 참기름으로 튀긴다. 무, 우엉, 당근, 표고를 가늘게 썰어 유바(湯葉)로 싸서 말고 기름에 튀기거나, 부숴 잘게 만든 두부를 넣고 조미한 것을 넣고 유바로 말아 기름에 튀긴 것 또는 도미, 새우, 삼치, 농어 등을 구워내고, 찐 고기를 가늘게 썰어 섞어 구운 달걀로 싼 것 등이 있다.

겐친니(卷繊煮) 가늘게 채 썬 당근, 우엉, 표고, 죽순을 볶고, 물기를 짠 두부를 으깨 부숴 넣고 볶은 다음 미림, 설탕, 소금, 간장 등으로 맛을 내서 마지막으로 달걀을 넣은 것.

겐친무시(卷繊蒸) 겐친야키 모양으로 만든 것을 굽지 않고 찐 것을 말한다. 쪄낸 것에 두껍게 채색한다. ☞ 겐친야키

겐친야키(卷繊燒) 생선살에 '겐친(두부, 우엉, 당근 등의 튀김) 또는 그것을 넣은 장국'을 끼얹고 오븐에서 구워 낸 것. 도미, 병어, 삼치, 갯장어, 옥돔, 아나고 요리에 적합하다. 생선은 세 토막으로 자른 경우와 등 가르기를 해서 꼬리를 부친 것이 있다.

겐친지루(卷繊汁) 두부를 짜 수분을 빼고, 참기름으로 튀겨 우엉, 당근, 무, 표고를 튀겨 양념국으로 끓여 채소의 맛이 나오면 간장으로 맛을 낸 것.

고구지키리(小口切り) 잘게 썰기. 파를 두께가 0.2cm 정도 되도록 썬다. ☞ 부록(463쪽)

고노메아에(木芽和え) 산초의 어린 싹을 사용한 무침.

고노하무시(木の葉蒸し) 동백나무와 벚나무 등의 잎으로 재료를 싸서 찐 것. 재료로는 흰살 생선과 새우를 쓰고, 도명사분(道明寺粉−찐 찹쌀을 말려서 만든 가루)을 발라 잎으로 싸는 경우도 있다. 싸는 잎에 따라서 동백찜, 벚찜이라고도 한다.

고노하야키(木の葉燒き) 떡갈나무나 벚나무잎에 흰살 생선을 넣고 고구마로 작은 잎썰기한 것을 얹고 구운 것. 또는 재료를 나뭇잎 모양으로 모양을 만들어 굽는 방법이다.

고노하키리(木の葉切り) 나뭇잎모양썰기. 장식썰기의 일종. 사과, 오이 등에 쓸 수 있다. 나뭇잎 모양으로 자르는 방법. 사과를 길이로 4, 6, 8 등분하고, 양면의 자른 곳에 평행으로 0.5cm 폭씩 자르고 중심부는 남기고 자른다. 마지막으로 조금씩 떼어내면 나뭇잎모양이 된다. ☞ 부록(465쪽)

고라야키(黃金燒き) 황금구이. 시라야키(白燒き−다른 재료의 밑준비를 위해 또는 아무런 양념도 하지 않고 구운 것)를 한 생선에 달걀노른자를 발라가면서 굽는 야키모노(燒き物). 젠사이(前菜)로 많이 이용된다.

고로모(衣) 밀가루와 달걀, 물로 만든 튀김 옷.

고마노쓰메(駒のつめ) 채소를 자르는 방법의 하나로 오이, 당근, 두릅, 무 등 원형의 것을 3mm 반 정도로 가로 토막을 쳐서 이것을 중앙에서 비스듬히 자른 것. 그 모양이 망아지의 발톱과

닮아 있기 때문에 붙여진 이름이다.

고마노즈메(駒の瓜) 채소 자르는 방법의 일종. 말발톱 모양이 되므로 붙은 이름이다. 우엉, 당근, 오이 등에 쓰인다.

고마니(胡麻煮) 새우, 닭, 가리비로 끓인 국에 깨를 넣어 향과 맛을 낸 국.

고마도우후(胡麻豆腐) 칡녹말가루와 잘 갈아진 깨를 함께 넣고 물을 부어 중불에서 장시간 끓인 후 설탕, 술, 소금을 넣고 뜨거울 때 네모진 그릇에 부어 식혀 굳힌다. 깨 대신 잣, 호두, 땅콩 등도 넣기도 한다.

고마메(鱓) 다츠구리(田作り)라고도 한다. 작은 멸치 말린 것을 설탕, 술, 간장으로 졸이듯 볶아서 정월요리에 사용한다.

고마아에(胡麻和え) 참깨무침. 채소, 닭, 생선, 새우, 조개, 버섯, 해파리 등을 된장, 초, 갈은 깨 등으로 양념하여 무친 일본식 샐러드. 조미료로는 소금, 설탕, 간장을 쓴다. 초를 넣는 경우에는 깨·초무침, 간장 대신에 된장을 넣는 경우에는 깨·된장무침이라고 한다.

고부마키(昆布卷き) 청어, 모래무지, 아나고 등을 소로 하고 다시마에 말아서 부드럽게 조린 것. 정월을 축하하는 술안주로 쓰인다.

고야도우후(高野豆腐) 얼린 두부. 시미도우후(しみどうふ), 고오리도우후(こおりどうふ)라고도 한다. 두부를 추울 때 얼려 건조시킨 것. 현재는 기계적으로 처리하여 연중 사용이 가능하다. 미지근한 물에 불려 사용한다.

고우노모노(香の物) 채소절임(쓰케모노)의 일종. 고우모노(香香)라고 하는 것이 정확하다. 무로마치 시대 식품 보존의 한 방법으로 채소를 미소에 담근 것. 미소를 고우(香)라고 했던 것에서 유래되었다. 현재는 시오즈케, 미소즈케, 고우지즈케, 카스즈케 등이 있다.

고우라무시(甲羅蒸し) 게살을 부드럽게 하고 표고를 채썰고, 파드득나물(三葉-미나리아재비과에 속하는 다년초. 강한 향기가 있으며 재배하여 식용함), 노른자를 넣고 소금, 미림으로 조미하여, 게의 등껍질에 넣고 그 위에 거품낸 흰자위를 씌어 찐 것.

고우라야키(甲羅燒き) 고우라무시의 요령으로 만든 것을 오븐에서 구운 것.

고우센(和煎) 보리를 볶아 분말로 하여 만든 보릿가루과자. 설탕을 첨가하여 과자용으로 쓰인다.

고우지츠케(麴漬け) 쌀 누룩(고우지)을 원료로 하여 연어, 송어, 흰살 생선, 무 등을 절인다.

고이고쿠 잉어된장국. 토막을 낸 잉어를 넣고 된장으로 끓인 국.

고즈케(小付) 술, 맥주 등 간단하게 내는 술.

고지루(吳汁) 콩류를 물에 불려 갈아서 넣고 끓인 된장국(미소시루).`

교덴야키(魚田燒き, ぎょでんやき) 생선을 미리 구워두고 미림, 된장, 설탕을 섞어 만든 다레(垂れ, 조미한 국물)를 발라서 구운 것.

교칸(魚羹) 생선과 채소를 함께 끓여서 사용한 것. 나가사키의 싯포쿠(卓袱) 요리 중 하나.

교한(魚飯) 밥에 생선국을 부어 먹는 것. 또는 처음부터 생선과 쌀을 넣고 밥을 짓는 것. 주로 흰살 생선, 도미, 광어, 전갱이 등을 사용하여 지은 밥.

구(具) 국(시루모노)이나 생선밥(다키코미고한), 초밥(고메 스시) 등에 넣는 속이나 건더기.

구다고보(管牛蒡) 우엉을 5~6cm 길이로 썰어 연하게 삶은 후 껍질로부터 2~3mm 안에 있는 나이테 모양에 가네구시(金串, 쇠꼬챙이)를 넣어 우엉을 돌려 가운데 있는 것을 도려낸다. ☞ 부록(465쪽)

구로니(黑煮, くろに) 전복을 검게 끓이는 요리. 냄비에 감태 또는 녹미채를 깔고 전복을 넣은 후 으깬 된장을 첨가하여 천천히 푹 끓인다. 자르면 속은 하얗고 주위만 검은색을 띤다.

구리고한(栗り飯) 밤밥. 밤을 속껍질까지 벗기고 색깔이 나도록 구워 사용하는 것과 그대로 생밤을 넣는 것의 두 가지 방법이 있다.

구리긴통(栗金團) 후식(口取り)의 하나로서 고구마앙에 밤을 섞어 만든다. 엿 색깔과 가까운 것이 좋은 품질이다.

구미도우후(汲み豆腐) 두유를 굳혀서 만든 것. 국 건더기로 주로 사용된다.

구소구야키(具足燒き) 이세에비(伊勢海老, 바닷가재)와 구루마에비(車海老, 보리새우)를 쌀가루를 무쳐서 굽는 방법.

구소쿠니(具足煮) 새우와 게 등을 쌀가루와 함께 살짝 끓인 것. 새우에 쌀가루를 무쳐서 몸통과

머리를 분리하고, 길이로 이등분한 형태이지만, 무사의 갑옷, 투구와 닮았다고 해서 생긴 이름.

구시가다키리(櫛形切り) 머리빗의 형태로 자르는 방법. 토마토, 레몬, 수박, 양파 등에 쓰이고, 길이로 6~8등분하면 빗살모양이 된다. ☞ 부록(465쪽)

구시아게(串揚げ, くしあげ) 쿠시카즈(쇠고기, 생선, 조개, 채소 등을 꼬치에 꿰어 밀가루 등을 묻혀서 튀긴 것)등과 같이 꼬치에 재료를 꽂아서 튀긴 것. 버섯 등을 꿴 채 튀겨서 그대로 담거나 또는 꼬치를 빼고 담아낸다.

일본조리

구시야키(串焼き) 재료를 꼬챙이에 꿰어 굽는 방법. 꼬챙이를 꿰는 법에는 새꼬치, 노보리꼬치(한줄로 가늘고 길게 꽂는 것), 부채꼬치, 한쪽 접어 꿰기, 양쪽 접어 꿰기, 꿰매는 꼬치, 납작꼬치 등이 있다.

구와야키(くわ焼き) 육류를 조미즙에 넣었다가 철판이나 프라이팬에서 굽는 것. 옛날 야생조류를 뽕나무 위에서 구어 먹은 것이 그 시작이었다고 전해지고 있다.

구우야무시(空也蒸し) 두부요리의 일종으로, 두부를 그릇에 넣고 그 주변에 조미한 달걀국을 넣고 찐 것. 구우야도후(空也豆腐)라고도 한다.

구주니(葛煮) 요시노(吉野)찜이라고도 한다. 재료에 전분을 발라서 찌는 경우와 국에 녹말을 넣는 방법이 있다.

구즈다이(葛鯛) 칡전분 안에 도미살을 넣고 시로다마당고, 우동, 소면처럼 삶아낸 것.

구즈앙(くずあん) 칡전분을 물에 풀어 술, 간장 등으로 조미하여 끓인 것.

구치(くち) 국 따위 마실 것에 띄워서 향미를 더해 주는 것. 여름에는 명하, 생강, 와사비, 실파, 가을에는 유자 등이 사용된다.

구치도리(口取り) 차를 마실 때 곁들어 내놓는 과자. 치야가시(茶菓子).

규뉴도우후(牛乳豆腐) 우유두부. 우유 7컵에 달걀 6개, 설탕, 소금을 약간 섞어서 간을 하고 찐 것. 달걀두부와 같으나 우유를 더 넣는다.

기다미(きだみ) 생선에 달걀노른자를 섞어서 찐 것. 황금색으로 예쁘게 쪄낸 것으로, 황금색 찜이라고도 한다. 닭가슴살에 적당하다.

기도루(きどる) 식품의 용도에 따라서 적당한 형태와 크기로 자르는 것. 무, 감자, 생선 등에 쓰인다.

기리고한(切りご飯) 뜨거운 밥을 사각 또는 둥근 통이나 팬에 담아서 바르게 편 다음 눌러 놨다가 식은 후 칼로 썬 것, 또는 사각이나 장방형, 삼각형 등 담겨질 그릇이나 모양에 따라 썰어 담은 것.

기리치가이키리(きりちがい切り) 채소 장식썰기의 일종. 오이를 이용하여 썰기를 하는 것이 많다. 5~6cm의 길이로 자르고 그 중앙을 칼끝으로 찌른다. 다른 칼로 양면으로부터 칼로 찌른 데까지 비스듬히 자른다. ☞ 부록(464쪽)

기리카사네(切重, きりがさね) 생선회를 자르는 방법의 일종으로 살이 두꺼운 부분을 맞은편으로 해서 겹쳐가며 자르는 방법이다. 약간 칼을 왼쪽으로 눕혀서 자르면 잘린 부분이 매우 깨끗하다.

기리카케즈쿠리(きりかけ作り) 잘라썰기. 써는 요령은 일단 두껍게 자르고 한번 자른 것의 중앙에 도중까지 칼을 넣어 칼집을 넣는다. 편평한 조개, 도미, 고등어 등에 적합하다. 껍질과 살이 먹기 쉽고, 간장 등의 간이 스며들기 쉽다. ☞ 부록(467쪽)

기미무시(きみ蒸し) 흰살 생선 등에 달걀노른자를 씌워서 찐 것, 또는 끓인 달걀의 노른자를 여과하여 얹어서 찐 것.

기미소보로(黄身そぼろ) 볶은 달걀의 일종. 특히 노른자를 조금 더 첨가한 것. 보통은 노른자 3개에 흰자 2개가 기준이다.

기미야키(きみ焼き) 생선토막에 소금을 약간 뿌리고 구워 달걀노른자를 바르고, 꾸득꾸득할 정도로 굽는다. 도미, 삼치, 새우, 오징어 등에 적합하다. 볕에 말려 외관이 밀랍 같으므로 로우야키(蠟焼き)라고도 한다.

기미추아에(黄味醋和え) 달걀노른자를 사용한 무침.

기쓰네우동(孤饂飩) 유부를 양념하여 졸여서 넣은 우동.

긱카키리(菊花切り) 국화꽃썰기. 둥근무나 래디시를 껍질 쪽을 벗겨내고 두께가 2.5cm 정도 되도록 썰어 밑 부분은 0.5cm 정도 남기고 윗부분에 0.1×0.1cm 정도 되도록 곱게 칼끝을 넣

어 썬 다음 소금물에 절여서 위를 눌러 모양을 만든다. 둥근무는 일본에서 많이 생산되는데 모양썰기를 하여 단초에 담가 사용한다. 또는 니모노(煮物)에도 사용한다. ☞ 부록(463쪽)

긴가미야키(銀紙燒き) 은박구이라고도 한다. 재료를 알루미늄 박지로 싸고 철망(金網)과 오븐, 프라이팬에 뚜껑을 덮고 굽는 방법. 어육, 감자, 버섯 등에도 적합하다.

긴고(きんごう) 거북의 껍질 같은 장식으로 자른 것이다. 표고, 죽순, 자고(慈姑) 등에 쓰인다.

긴토키마메(金時豆) 강낭콩(隱元)의 일종. 달게 조린 것. 니마메(煮豆 , 콩자반)라고도 한다.

긴푸라(金浮羅, きんぷら) 튀김의 일종. 달걀노른자에 물, 밀가루를 섞어 재료를 이것에 버무려 튀긴 것이다. 에도시대 말기에는 메밀가루를 섞어 튀김옷을 만들어 튀겨 일종의 풍미가 있었지만 현재는 밀가루가 사용된다.

긴피라(金平) 연필 깎기로 썬 우엉이나 가늘게 썬 재료를 기름에 볶아서 간장, 설탕으로 조린 것.

깃코우가타(龜甲形, きっこうがた) 거북이의 등딱지 모양 즉 육각형으로 자른 것이다.

ㄴ

나가야키(長燒, ながやき) 뱀장어를 반으로 갈라 뼈를 발라내고 한 마리 통째로 양념구이(데리야키)한 것. 현재는 잘라서 내기 때문에 나가야키라고 하지는 않는다.

나나메키리(斜め切り) 어슷썰기. 홍고추나 풋고추를 1cm 정도 간격으로 대각선으로 비스듬하게 써는 것. ☞ 부록(464쪽)

나라즈케(奈良漬け) 나라 지방의 시로우리(白瓜), 오이, 가지, 무 등이 재료. 소금에 절였던 재료를 사케카스(酒粕 , 지게미), 설탕, 미림에 담근다. 완성되기까지는 3개월 이상 걸린다.

나레즈시(熱鮨) 어패류를 발효시켜 자연적인 산미를 이용한 것으로 현재 스시의 조상격이다. 구사레즈시(腐れ熱鮨), 우레즈시(熟れ熱鮨)라고도 하며, 기주(紀州)의 나레즈시(馴鮨), 오우미(近江)의 후나즈시(ふなずし)가 유명하며, 남부의 스시즈케(鮨漬)도 유명하다.

나루도니(鳴門煮) 소용돌이 모양의 것을 끓인 것. 자른 자리가 소용돌이 상태인 것으로, 나루도(鳴門)의 소용돌이를 상상하여 이 이름이 붙여졌다.

나마스(鱠) 생채소나 생어패류의 초무침(스노모노)의 총칭. 재료에 따라서는 불에 익히는 것도 있다. 정식 일본 요리에서 밥상 오른쪽에 놓인다. 혼례 등에는 가늘게 백발처럼 썬 무, 붉은 김, 히노데나요시(日の出名吉), 긴시다마고(金糸玉子 : 계란을 종이처럼 얇게 지져서 가늘게 썬 것), 석이버섯, 겐(サ)에는 방풍나물, 오우신(黃柑) 등 다섯 종류를 담아낸다.

나메미소(嘗め味噌) 그냥 반찬으로 먹을 수 있도록 조리한 된장. 히시오(ひしお), 타이미소(たいみそ), 유즈미소(ゆずみそ), 킨잔지미소(きんざんじみそ) 등이 있다.

나베모노(鍋物) 냄비를 이용한 요리의 총칭. 나베야키(鍋燒)우동, 규우나베(牛肉鍋), 부다나베(豚鍋), 도리나베(鷄鍋) 등이 있다.

나베야키(鍋燒, なべやき) 닭고기 또는 유부 위에 파, 표고, 달걀 등을 넣고 익히는 요리.

나베야키우동(鍋燒き饂飩) 1인분씩 질그릇을 사용하여 끓인 우동.

나시와리(梨割り, なしわり) 새우등에 칼질을 할 때 사용하는 방법으로 세로로 가운데를 둘로 쪼개는 것을 말한다.

나오시(直し) 미림의 또 다른 이름.

난반니(南蠻煮) 생선 또는 닭고기에 구이자국을 내서 큼직하게 썬 파를 넣어 조린 것, 또는 교자를 첨가한 것 등이 있다. 전자는 난파(難破) 조림으로부터 변한 것이고, 후자는 난반(南蠻) 교자 또는 남만후추로부터 난반이라고 생략하여 난반니(南蠻煮)라는 이름이 붙여졌다.

난부(南部) 깨를 이용한 요리에 붙여진 명칭. 난부아게는 깨를 묻혀 튀긴 것, 난부야키는 깨를 묻혀서 구운 것, 난부스는 깨초, 깨를 뿌려서 만든 센베이는 난부센베이라고 한다.

난부야키(南部燒き) 다레(조리할 때 쓰는 조미한 국물) 속에 참깨를 넣고, 생선과 고기를 붙여서 구운 것. 참깨를 사용한 경우에 난부(南部)라는 이름을 붙인다.

난젠지무시(南禪寺蒸し) 으깬 두부에 조미한 달걀을 넣고 묽게 하여, 여기에 닭고기, 생선묵, 포

고버섯, 미쓰바(三葉) 등을 넣고 찐 것. 전분을 넣어서 신불(神佛)에게 바친다. 두부가 동경의 남선사(南禪寺)의 명물이라는 데서 난센지(南禪寺)라는 이름이 붙었다.

낫토(納豆) 시오바라낫토(塩ばら納豆)와 이토히키낫토(絲引き納豆)의 두 종류가 있다. 일반적으로 이토히키낫토를 낫토라고 한다. 시오바라낫토는 쿄토의 특산으로 대두콩을 쪄서 간장메주균을 접종시킨 후, 소금물에 담가 건조시킨 것이다. 이토히키낫토는 대두콩을 쪄서 낫토균을 뿌린 다음 만든 것으로 장기간 보존이 어렵다. 겨자간장무침 낫토지루(納豆じる), 낫토완(納豆碗), 낫토모치(納豆餅), 마요네지아에(mayonnaise 和物), 오징어 · 낫토무침(烏賊納豆) 등으로 사용된다.

네리미소(煉り味噌) 보리메주 된장. 이나카미소에 설탕, 미림을 첨가하고 장시간 볶은 된장. 그대로 쓰거나 또는 유자를 넣어 유자미소, 참깨를 넣어 고마미소, 산초나무순(기노메)을 넣어 기노메미소 등으로 만든다.

네리앙(練りあん) 생앙금에 설탕을 넣고 가열하여 익혀서 만든것. 생으로 여과한 앙금에 설탕을 넣고 여과한 '여과 앙금'과 생앙금에 설탕을 넣어 만든 '으깬 앙금'이 있다.

네지리키리(ねじり切り) 땅두릅을 자르는 법의 일종. 껍질을 벗긴 두릅을 0.5~1cm의 폭으로 비껴 잘라, 물에 담그면 비틀어진 모양이 된다. 차완모리(茶碗盛-물고기나 새고기를 채소와 함께 맑은 장국에 끓여 공기에 담은 것)의 배합, 국물, 초무침 등에 쓰인다. ☞ 부록(465쪽)

네지우메(ねじ梅) 매화꽃모양썰기. 매화꽃처럼 모양을 만든 것을 좀 두껍게 썰어 꽃잎처럼 한 개씩 썬다. 당근, 무 등을 이용한다. 네지우메로 썬 채소를 한번 삶아내어 졸여 '니모노(煮物)'에 사용하거나 도사니(土佐煮)에 사용한다. ☞ 부록(463쪽)

노리마키(海苔券き) 밥을 김에 말아 놓은 것. 스시고항 안에 다랑어를 넣고 김으로 말면 데카마키, 오이를 넣으면 갑파마키, 그 외에 연어나 송어알(ikra), 박가오리(干瓢), 달걀 등을 넣고 말기도 한다.

노리센(海苔煎) 구운 센베이에 구운 김으로 만든 과자.

노리차즈케(海苔茶漬け) 밥 위에 김가루(기리노리)를 뿌린 다음 오차, 또는 뜨거운 국물을 부어 먹는 것.

노시(伸し) 재료를 편평하게 하는 것. 노시모치(伸し餅)는 편평하게 편 떡, 노시도리(伸し鳥)는 뼈를 발라내고 살만 넓적하게 편 닭. 노시우메(伸し梅)는 씨를 발라내고 납작하게 한 우메보시(梅干し) 과자의 일종.

노시구시(伸串, のしぐし) 새우등을 똑바로 하고 싶을 때 펴서 꼬치에 꽂아 데친다. 초밥의 재료나 그 밖에 사용할 경우 꼬치에 꽂는 법.

놋페이지루(濃餠汁) 건더기가 많은 시루모노(汁物).

누다아에(沼田和え) 된장을 사용한 무침.

누이구시(縫串, ぬいぐし) 꼬치를 꽂는 방법. 거죽과 살 사이를 바느질하듯이 꼬치를 찌르는 것이다. 오징어, 성게알젓 구이 등에 사용한다.

누카즈케(糠漬け) 쌀겨에 소금을 넣고 반죽하여 채소 등을 절인 것. 다쿠앙즈케(擇庵漬け)가 대표적이다. 관서지방에서는 도부즈케(とぶ漬)라고 하며 누카미소즈케(糠味噌漬)라고도 한다.

니고로가시(煮轉し) 감자, 죽순, 표고버섯 등의 재료를 국물이 없어질 때까지 조리는 것.

니기리메시(握り飯) 주먹밥. 오무스비(お結飯). 손을 물에 식히고 밥을 쥔다. 형태는 여러 가지가 있으며 가니무스비라 하는 삼각형이 있고, 가운데 우메보시를 넣은 히노마루(日の丸), 가쓰오부시를 넣은 네코무스비, 차한(茶飯) 등의 무스비, 튀기는 아게무스비(揚け結飯) 등이 있다.

니기리스시(握り鮨) 니기리라고도 한다. 에도마에스시 또는 도쿄 스시. 초밥을 한 입 크기로 만들어 그 위에 생선을 얹은 것.

니다스(煮出す) 삶아서 맛을 내는 것. 식품재료로부터 수용성의 유효성분을 뜨거운 물로 추출하는 조작. 식품의 형상과 추출성분에 따라서 사용량, 가열온도가 다르다.

니다시지루(煮だし汁) 스이모노(吸物, 맑은 국), 니모노(煮物, 조림), 소우자이(摠菜, 반찬) 등에 이용되는 기본 국물.

니마메(煮豆) 콩자반. 대두, 흑두를 가장 많이 이용함. 불린 콩을 다시국물(쓰게지루)에 담가 부드러워질 때까지 조린다.

니마이오로시(二枚おろし) 두 조각 가르기. 생선을 자르는 방법의 일종. 머리를 제거한 생선을 뼈가 없는 윗조각과 중간 뼈가 붙어 있는 아랫조각으로 나누어 자른다. 머리와 내장을 제거하여 씻은 생선의 등을 왼쪽으로 꼬리를 손 앞에 길이로 놓고, 등지느러미의 위 끝으로부터 칼을 넣고 중간 뼈를 면도하듯 꼬리까지 자른다. 꼬리 쪽에 가서는 바꾸어 배(腹) 쪽을 꼬리로부터 머리 방향으로 잘라, 두 조각으로 나눈다. 생선구이, 조림 등에 쓰이는 방법이다. ☞ 부록(465쪽)

니모노(煮物) 조림. 야채나 고기 · 생선 등을 양념을 따로 하지 않고 간장이나 장국(つけ)으로 조려 만든 것. 일본요리에서는 니모노의 이용이 많다. 니쓰케(煮つけ), 아라니(あら煮), 시라니(白煮) 등이 있다.

니반다시(二番出し) 이치반다시에 1/2의 물을 넣고, 수분 간 끓여 걸러낸 것. 찜용. ☞ 이치반다시

니보시다시(煮干たし) 멸치를 머리와 내장을 빼고 둘로 잘라 뼈를 제거하여 물에 넣고 약 10분간 가열하여 쪄서 말려 가루로 한 것을 끓는 물에 넣고 만든 국물.

니시메(煮締, にしめ) 주로 도시락이나 연회에 적당한 조림. 연근, 우엉, 구약 등 수분이 적은 재료들을 이용한다.

니쓰케(煮つけ) 생선의 일반적인 조림. 조리를 하면서 간을 맞추는 것이 특징이다.

니아에(煮和え, にあえ) 끓이는 것과 무치는 것을 겸한 방법으로 만드는 것. 지금은 무, 당근, 연근, 유부, 표고 등을 얇고 조붓하게 썰어 끓이면서 무치는 방법으로 만든다.

니코고리(煮凍, にこごり) 생선의 국물을 냉각시키면 생선의 젤라틴으로 동결되는 것. 가자미, 넙치, 도미, 양태 등의 니코고리는 상당히 좋다. 여름의 전채나 술안주로 만들기도 한다. 생선의 껍질(引皮), 살 약간, 파드득나물의 뿌리, 가늘게 썬 생강을 재료로 사용하고 우무, 니다시지루(煮だし汁), 간장, 설탕과 섞어 끓인 다음 굳혀 만든다. 때로는 젤라틴을 약간 섞어서 만드는 경우도 있다.

니코무(煮込, にこむ) 재료가 충분히 잠길 정도의 니지루(煮汁 : 생선 · 채소 등을 끓인 국물)를 사용하여 약한 불에서 장시간 푹 끓이는 것. 꼬치안주, 무, 낙지를 연하게 조린다.

니키루(煮切る) 술과 미림을 가열하여 불을 붙여, 여분의 알코올 성분을 태워 제거한 것. 술과 미림의 맛만을 이용할 때 사용한다.

ㄷ

다누키소바(狸蕎麥) 온메밀. 관동지방에서는 삶은 소바(메밀국수)를 돔부리 그릇에 담고 국물을 붓고 아게다마(揚け玉)와 파를 얹는다. 관서지방에서는 메밀국수, 유뷰, 파를 돔부리 그릇에 담고 걸쭉한 국물을 붓는다.

다레(垂れ) 가바야키(蒲燒き), 데리야키(照燒き), 야키도리(燒鳥) 등에 바르는 조미된 양념간장. 우나기다레(鰻垂れ)는 우나기의 머리나 뼈 삶은 물, 스시의 다레는 아나고 삶은 물에 미림, 설탕, 간장을 넣어 만든다. 그 외에 미림다레, 미소다레 등이 있다.

다마고도후(卵豆腐) 달걀과 다시를 1:1 비율로 하고 미림, 우스쿠치(博口, 묽은 간장) 소금을 적당량 넣고 약한 불에서 서서히 찐 것.

다마리(溜り) 메주에서 자연적으로 흘러나온 액체. 다마리간장이라고도 한다. 조림과 진한색을 내는 간장으로 많이 사용된다.

다마우동(玉混饂飩) 조미한 맛국물에 간단히 채소를 넣고 끓인 우동.

다마자케(玉酒) 술과 물을 같은 양으로 섞은 것. 또는 달걀노른자를 술과 섞은 것.

다시(出汁) 다시마, 가다랑어포, 멸치 등을 끓여 우린 국물. 음식의 맛을 내는 데 사용된다. 다시의 재료로는 가쓰오부시(가다랑어포), 사바부시(말린 고등어), 이와시부시(마른 멸치), 곤부(다시마), 시이다케(버섯) 등이 쓰인다. 다시를 내는 방법은 끓인 물에 불을 끈 다음 재료를 넣고 5분 정도 두었다가 재료가 가라앉으면 4~5매 겹친 천으로 거른다. 이것이 이치반다시이며, 여기에 반 정도의 물을 붓고 다시 끓이면 니반다시가 된다. 재료를 넣고 계속 끓이면 다시가 맑지가 않으며 재료에 따라 쓴맛이 나

기도 한다.

다시마다시 다시마의 표면에 붙은 잡물(雜物)을 마른 수건으로 닦아 내고, 물을 붓고 가열하고 끓어오르기 직전에 꺼낸다. 질 좋은 다시마를 조리양의 1~2% 쓴다. 추출온도가 높고 시간이 길게 되면 점액(粘液)과 다시마냄새가 난다.

다쓰다아게(立田揚げ) 생선과 육류에, 간장, 미림, 등으로 밑간을 하여, 녹말가루를 발라 튀긴 것. 이 명칭은 튀겨낸 색이 다쓰다가와(龍田川)에 흐르는 홍엽(紅葉) 모양을 생각하여 붙여졌다고 전해진다.

다쓰다야키(龍田燒き) 흰살 생선이나 닭고기를 미림, 간장에 담갔다가 직화에 구운 다음 붓으로 된장 · 미림 · 설탕을 섞고 한번 끓여 만든 미소다레(味噌垂)를 바른 것.

다이차(鯛茶) 오차즈케의 일종. 그릇에 담은 밥 위에 간장에 버무린 도미회를 얹고, 위에서부터 뜨거운 녹차나 국물을 붓고 와사비와 김가루를 뿌린 후에 뚜껑을 덮었다가 잠시 후에 먹는다. ☞ 오차즈케

다즈나키리(手網切り) 구약(蒟蒻) 자르는 법의 일종. 직사각형 모양으로 자른 구약의 중앙에 칼집을 넣고 한 끝을 칼집의 중앙에 틈으로 넣고 비트는 방법. 구약을 폭과 두께가 3×1cm, 길이가 7cm 정도 되도록 썰어 중앙에 칼을 넣어 새끼처럼 한쪽 끝을 구부려 넣어 꼬이게 한다. 조림 등에 쓰인다. ☞ 부록(464쪽)

다케야키(竹燒, たけやき) 죽통구이. 푸른 대나무 마디를 붙여서 둘로 나누고 그 안에 생선, 조개, 새우, 은어 등과 계절 채소 약간을 넣어 소금으로 맛을 들이고 기름을 뿌려 중간 정도 온도에서 구운 것. 때로는 레몬, 둥글게 썬 유자 등을 얹기도 한다.

다쿠앙즈케(澤庵漬け) 단무지. 무를 쌀겨에 절여 담근 것. 굵은 설탕(자라메)을 넣으면 더욱 맛이 좋아진다.

다타키(叩き, たたき) 식품을 칼과 절굿공이로 두드리는 조작. 가다랑어, 전갱이, 정어리 등의 생선과 우엉에 쓰인다. 가다랑어 두드리기는 고지현(高知縣)의 향토요리. 가다랑어를 세 조각으로 자르고 껍질을 볏짚을 태운 불에 하얗게 될 정도로 구워 도마에 올려놓고 젖은 수건을 덮어 식었을 때 소금을 뿌리고, 초를 바른 칼 등으로 두드린 다음 생선회를 만든다. 마늘, 생강즙, 잘게 썬 파를 양념으로 하여, 2배초(二杯酢), 간장 등과 함께 먹는다. 세 조각으로 자른 생선살을 두드려 잘라 그대로 잘게 썬 파, 생강즙으로 먹는 다타키키리(叩き切り)와 두드려 부셔서 된장과 초된장으로 초무침하여 자소(紫蘇), 파, 산초 등을 첨가한 다타키나마스(叩き膾, 두드린 생선회)가 있다. 우엉은 다타키고보우(두드린 우엉)이라 한다. 칼등으로 두드려서, 맛이 배기 쉽고, 먹기 쉽게 한 후 참깨초로 초무침을 한다. 또 끓이는 경우도 있다.

다타키츠쿠리(たたき作り) 세 조각으로 자른 아지의 껍질과 뼈를 뺀 살을 잘 드는 칼로 살을 부수지 않고 얇게 잘라내는 것. 오키나마스(沖膾)라고 불릴 정도로 선도(鮮度)에 따라서 맛이 좌우된다. ☞ 오키나마스

다테가와(伊達) 생선살 간 것에 달걀을 섞어서 간을 한 다음 굽는 것.

단자쿠키리(冊切り) 골패쪽썰기. 채소 등을 자르는 법의 일종. 4~5cm의 길이, 1~2mm 두께로 직사각형 모양(短冊)으로 자르는 것. 무, 당근, 감자, 땅두릅, 오이 등을 초절임, 초무침, 맑은국 등에 넣을 때 쓰인다. ☞ 부록(463쪽)

데리가쓰오부시(照り鰹節) 가쓰오부시 덩어리를 찜통에 찐 다음 말리는 방법으로 따뜻하게 하여 깎으면 아주 색다른 모양이 나온다. 간장, 미림 등으로 요리를 하며, 축하하는 자리에 내놓는 술안주용으로 쓰인다.

데리니(照り煮) 재료에 색이 진하고 광택이 나도록 조리는 요리. 먼저 조림 국물을 진하고 윤기가 나게 만든 다음, 한번 익힌 재료를 넣어 재료와 조림국물을 잘 융화시켜 조린다.

데리야키(照燒き) 어패류를 구어서 미림, 간장으로 광택이 나도록 발라서 굽는 것. 광택을 내는 간장은 미림과 간장을 같은 비율로 한 것을 반 정도 되도록 바싹 졸여 만든다. 또는 술, 미림, 간장에 설탕을 넣고 졸이다가, 물과 밤가루를 넣어 끈기 있게 만들어 쓰는 경우도 있다.

데우치(手打ち, てうち) 손으로 쳐서 만들기. 메밀국수나 가락국수를 손으로 반죽하여 펴서 국수를 뽑는 것. 데우치우동, 데우치소바 등이 있다.

데이카니(定家煮, ていかに) 끓이는 요리의 하나로 어류를 술, 소금으로 맛을 들여 끓인 것. 재료로는 흰살 생선이 적합하며 국물이 조금 많게 하며 과실초를 사용하는 것도 좋다.

덴가쿠미소(田樂味噌) 미소, 설탕, 다시, 미림, 달걀노른자로 만든다. 기노메덴가쿠미소일 때는 산초잎, 파란 채소를 삶은 것을 넣는다. 시로미노(白味噌), 다시, 미림으로 만든 것을 산슈미소(三州味噌)라고 한다.

덴모리(天盛り) 그릇에 담은 재료 맨 위에 소량의 재료를 올려놓는 것. 아에모노(和え物-초와 된장으로 무친 것), 초무침에는 나무싹, 생강을 가늘게 썬 것, 홍여뀌 등을 얹고, 또 나물(浸し物)에는 이토가키 가다랑어포 조금을 올려 놓는다. 덴모리는 요리의 맛을 한층 돋우는 역할을 할 뿐만 아니라 장식적인 효과도 낸다.

덴쓰유(天汁) 튀김을 찍어 먹는 간장. 덴다시. 보통 비율은 미림 1, 간장 1에 다시 3~4 정도에 조미료를 약간 넣고 끓인 것. 설탕은 사용하지 않는다.

덴포우야키(伝法燒, でんぽうやき) 질그릇이나 냄비에 파의 흰 부분을 가늘게 썰어서 깔고 불에 얹어 파가 뜨거울 때 가다랑어나 다랑어, 그 밖의 생선을 생선회처럼 살을 베어 파 위에 얹어서 굽고 색이 변하면 뒤집어 구운 다음 술과 간 생강을 섞은 간장에 찍어서 먹는다.

덴푸라(天浮羅, てんぷら) 튀김. 덴푸라의 어원은 포르투갈어라고 하며 기름으로 튀긴 것을 포르투갈에서는 덴페라라라고 한다. 나가사키 개항 때부터 외국인이 기름으로 재료를 튀기는 것을 보고 힌트를 얻은 요리라고 한다.

도데나베(土手鍋) 편평한 냄비의 안쪽에 된장을 바르고, 채소 외에 굴, 두부, 공미리(사요리), 대합 등을 넣고 끓인다. 끓고 있는 도중에 안쪽에 붙었던 된장이 풀어져 내리면서 간이 된다.

도로(とろ) 참치의 배쪽 밑부분으로 지방이 많은 부분.

도로즈(泥酢) 관서지방의 요리로 된장을 사용한 초.

도리고(取り粉) 떡을 만들 때 묻히는 가루. 전분가루, 멥쌀가루 등이다.

도모즈(共酢, ともず) 주재료의 내장을 찌거나 데쳐서 으깬 다음 걸러서 초, 설탕, 소금으로 조미한 것. 아귀나 전복요리에 자주 사용한다.

도묘지무시(道明寺蒸し) 찐 찹쌀을 잘게 가루로 만든 것으로 흰살 생선을 싸거나 위에 올려놓고 찐 것. 찹쌀가루를 분홍색으로 물을 들여 봄의 요리에 많이 이용한다.

도묘지아게(道明寺揚げ) 찐 찹쌀을 말려서 만든 가루를 그대로 재료에 묻혀서 튀기거나 살짝 볶아서 사용한다.

도빙무시(土瓶蒸し) 재료를 흙항아리에 넣고, 생선, 고기, 채소 등을 넣고 끓인 맑은 장국을 넣어 더 끓이거나 찐 것. 재료로는 송이버섯, 흰살 생선, 새우, 닭고기, 춘국(春菊), 미쓰바(三葉) 등을 쓴다. 스다치(すだち), 유자 등을 첨가한다.

도사니(土佐煮) 가쓰오부시와 간장을 섞어서 조린 것. 간장 맛이 강한 것이 특징이다.

도스야키(刀燒, どすやき) 비늘이 붙은 채로 숭어의 내장을 꺼내고 소금을 뿌려 오라즈토(짚으로 싸서 만든 꾸러미)로 싸서 짚과 함께 찜구이를 한 것.

도시고시소바(年越し蕎麥) 12월 31일 밤 제야의 종이 울림과 동시에 먹는 메밀국수. 돈부리(丼蕎麥)소바, 자루소바도 같은 의미를 갖고 있다.

도우자니(当座煮) 술과 간장 맛의 짠 국. 생선이나 조개, 바닷말 등을 간장, 조미료 등을 넣어 짙게 조린 것. 장기 보존은 안되지만 당분간은 보존이 되기 때문에 이 이름이 붙었다.

도우자즈케(當座漬け) 다쿠앙처럼 장기간 보존하는 것이 아니고, 1일 또는 며칠 안에 먹는 신즈케, 시오즈케이를 말함.

도조우야키(土藏燒き) 작은 붕어 등을 등쪽에서 갈라 중간 뼈를 발라내고 배 부분에 된장을 발라 젖은 한지에 싸서 무시야키(찜구이)한 것.

도코주우(床重) 혼례식의 첫날밤 신랑·신부를 위하여 내는 야식.

ㄹ

라쿠칸(落雁) 일본 과자류. 곡물류의 가루로 만든다. 쌀가루로 만든 것이 최상품. 그 외에 밀가루, 대맥, 밤가루, 콩, 팥 등을 이용한다.

일본 조리

란키리(亂切り) 마구썰기. 돌려가며 막썰기, 재료를 돌려가며 옆으로 엇비슷하게 썰기를 한다. 고구마를 모양에 구애받지 않고 둥근 것을 돌려가며 모나게 썬다. 우엉, 당근, 무 등도 한입에 먹기 좋게 썬다. ☞ 부록(463쪽)

로쿠조도후(六條豆腐) 두부를 얇게 썰어 소금을 뿌려 건조시킨 것. 이것을 원상태로 불려서 아에모노(和え物), 스이모노(吸物)에 쓰인다.

링키리(輪節り) 칼질한 재료가 링 상태로 되어 있는 것. 양파 링키리가 대표적이다.

ㅁ

마쓰가사이카(松かさ烏賊) 솔방울썰기. 갑오징어를 물에 씻어 껍질을 벗기고 표면에 칼을 뉘듯이 칼집을 넣어 뜨거운 물에 살짝 튀기면 보기 좋다. ☞ 부록(464쪽)

마쓰마에(松前) 다시마를 이용한 요리의 명칭으로 붙여져, 마쓰마에 생선회(松前ずし), 마쓰마에 절임, 마쓰마에 튀김, 마쓰마에 찜 등이 있다. 다시마는 주로 북해도에서 따는데, 옛날에는 북해도의 것을 마쓰마에라고 했으므로, 다시마의 대명사가 됐다.

마쓰마에무시(松前蒸し) 흰살 생선에 다시마를 깔고 찐 것.

마쓰마에아게(松前揚げ) 흰살 생선, 새우 등에 밀가루, 달걀흰자, 가늘게 자른 다시마를 묻혀서 튀긴 것.

마쓰바아게(松葉揚げ) 솔잎모양 튀기기. 마른 면류를 1cm 정도로 잘라 달걀흰자를 재료에 묻혀 튀긴 것. 면류가 타기 쉬우므로 160~170℃ 정도에서 튀긴다.

마쓰바키리(松葉切り) 솔잎같이 자르는 장식썰기의 일종. 유자, 생강, 어묵, 오징어 등에 이용된다. 마쓰바 유자, 마쓰바 생강은 수이구치(吸口-국 등에 곁들여 향기를 더해주는 것)와 덴모리(天盛り-접시에 담은 요리의 제일 위에 올려놓는 것)로 쓰인다. 당근 혹은 귤껍질을 세로로 벗기고 0.3cm 두께로 썰어 끝을 약간 남기고 중앙에 칼을 넣은 다음 끝을 벌리듯이 구부리고 다시 0.5cm 두께 정도로 썬다. 이 때 엇갈리게 잘라 비틀어 모양을 만든다. ☞ 부록(465쪽)

마이하나키리(梅花切り) 매화꽃깎기. 길이 4~8cm 정도로 썰어 먼저 5각으로 매화꽃처럼 만들어 잘게 썰어 사용. 무, 당근 등을 많이 이용한다. 당근을 꽃처럼 깎아 썰어 생선회에 사용. 삶은 무, 당근을 깎아 냄비류 요리에 사용한다.

마쿠라메시(枕飯) 일본의 관습에 죽은 사람에게 바치는 사자밥. 죽은 사람이 생전에 사용했던 젓가락과 밥그릇을 사용한다. 밥은 산처럼 담고 젓가락 2개를 세운다.

만넨니(萬年煮) 간을 조금 세게 하여 좀 오랫동안 보관할 수 있도록 조린 것.

만주우야키(饅頭燒き) 생선의 중간 뼈와 잔뼈를 빼고, 조미한 된장을 넣고 모양 그대로 굽는 방법. 토장(土藏)구이, 포장구이(包み燒き)라고도 한다. 작은 도미, 옥돔, 붕어, 숭어새끼 등을 이용한다. 나고야시의 명물요리로 숭어새끼 만주우(饅頭)가 있다.

메부시(女節) 가쓰오부시의 배 쪽 부분. 하라부시(腹節)라 하기도 한다. 등 쪽은 오도코부시(男節)이라고 한다.

멘도리(面取り) 모서리깎기. 사각, 둥근 것 등의 모서리를 썰어내는 것. 무, 당근, 호박 등을 장시간 끓일 경우에는, 모양이 흐트러지기 쉬우므로 모서리를 없애서 부서짐을 방지한다. 일본요리의 오뎅, 국에 쓰인다. ☞ 부록(465쪽)

모로미(諸味) 대두와 소맥분을 원료로 하여 발효시켜서 만든 것. 주로 간장제조에 많이 쓰인다. 청주를 만드는 쌀누룩도 모로미라 한다.

모미지오로시(紅葉卸し) 무에 구멍을 몇 개 내고 붉은 풋고추를 꽂아서 강판에 간 것.

모츠야키(臟物燒き) 닭내장을 간장 등을 발라 구운 것. 이외 신선한 생선의 내장 등을 쓰케야키(간장 등을 발라 구운 음식)한 것도 있다.

모치(餠) 찹쌀을 쪄서 손이나 기계적으로 만든 것을 일반적으로 모치라 한다. 가가미모치(鏡餠), 조니모치(雜煮餠), 가키모치(かきもち) 등으로 대별된다. 조니모치는 관동지방에서는 잘라서 굽지만 관서지방에서는 굽지 않는 경우가 많다.

무스비가마보코(結び蒲鉾) 생선묵을 7mm 두께로 썰고 그림과 같이 칼집을 넣고 다시 가운데 칼

집을 넣어 양끝을 통과시켜 모양을 만든다. ☞ 부록(465쪽)

미다라시(御手洗) 전분을 걸쭉하게 얹은 당고류.

미림(味淋) 나가레야마(流れ山)라 하기도 한다. 찐 찹쌀, 쌀누룩, 간장을 혼합 숙성시킨 술. 요리의 재료를 굳어지게 하는 성질이 있으며 빛깔을 내게 하는 성분 등이 있어 데리야키(照焼き) 등에 좋다. 가능한 음식의 완료 직전에 사용하는 것이 좋다.

미소(味噌) 찐 백태를 쌀, 밀 또는 대두의 메주를 소금과 함께 섞어서 만든 된장. 쌀메주로 만든 된장, 보리메주된장, 콩메주된장 등으로 구분된다.

미소니(味噌煮) 된장으로 졸이는 것.

미소시루(味噌汁) 된장국. 된장을 으깨어 니다시지루(煮出し汁)로 묽게 하고 걸러서 만든 것이다. 된장 80g과 니다시지루 5컵 정도가 적당한 맛이다.

미즈가시(水菓子) 과일. 일본 고대 과자는 과일이었다 하여 이러한 이름이 남아 있다고 한다.

미즈다키(水炊き) 뼈째로 큼직하게 자른 닭고기를 소금물에 푹 끓이다가 초간장(ポン酢しょうゆ)으로 간을 한 냄비요리. 향료로서 단풍잎, 말린 파 등을 첨가한다.

미진코(微塵粉) 정백한 찹쌀을 쪄서 건조시켜 가는 가루로 만든 것이 도우묘지(道明寺)이며, 이것을 다시 곱게 간 것을 미진코라고 한다.

미진키리(みじん切り) 다지기. 가늘게 실처럼 썰어 반대로 잘게 썰기를 한다. 생선, 고기, 버섯, 당근, 우엉, 죽순 등을 다져 사용한다. ☞ 부록(463쪽)

ㅂ

보단키리(牧丹切り) 백합이나 목단꽃 모양의 꽃잎을 만드는 것.

보우쇼우(奉書) 싸서 튀기거나 굽는 것, 또는 무를 얇게 깎아서 그 안에 재료를 싼 것.

부다지루(豚汁) 돼지고기, 무, 당근, 우엉, 구약, 토란, 파를 넣은 맑은 된장국.

부쓰키리(ぶつ切り) 생선 자르는 법 중의 일종. 비늘을 꼬리 쪽에서 제거하고 머리를 잘라, 자른 곳에서 내장을 빼고 큼직하게 써는 것. 잉어, 고등어 등에 쓰인다.

부야바네키리(矢羽根切り) 화살썰기. 연근을 어슷하게 썰고 다시 반대로 칼을 넣어 두꺼운 쪽을 밖으로 놓고 가운데 구멍을 중심으로 해서 세로로 썬다.

ㅅ

사고하치즈케(三五八漬, さごはちづけ) 채소절임의 일종으로 358이라는 것은 소금 3홉, 쌀누룩 5홉, 쌀 8홉의 비율로 지상(漬床, 절일 때 재료에 사용하는 것)을 만들기 때문에 붙여진 것이다. 밥을 지어 뜨거울 때 누룩을 풀어서 섞어 넣고 70℃ 정도의 온도에서 5~7시간 두면 누룩이 작용해서 감주가 된다. 이것을 식혀 다음 날 소금과 섞어 보존하고 필요에 따라 꺼내서 재료를 절인다. 채소는 소금을 미리 쳐 두었다가 절이고, 말린 오징어, 청어 등은 물로 잘 씻어 하루 정도 절여서 악취를 제거하고 나서 다시 절인다. 방어도 맛있으며 이것은 소금을 가볍게 쳐서 피를 뺀 후 절인다. 그 밖에 육류도 방어와 마찬가지로 한다. 싱겁게 절인 연어도 같은 방법으로 절이고 타지 않도록 약한 불에서 구워 먹는다.

사라시(さらし)**앙** 생앙금을 건조하여 분말로 만든 것.

사라시네기(さらしねぎ) 잘게 썬 파를 거즈에 싸서 흐르는 물에 가볍게 비벼 씻어 점액을 제거한 것으로 비린내를 없애주고 향기를 더해준다.

사사가키(笹がき) 연필 깎기. 연필을 깎는 것같이 식품을 돌리면서 자르는 방법. 가는 대나무잎과 같이 된다. 스키야키에 넣는 우엉, 땅두릅 등에 쓰인다. 우엉을 대나무잎처럼 칼끝을 이용하여 연필을 깎듯이 돌리면서 가늘게 썬다. ☞ 부록(463쪽)

사사마키(笹巻き) 댓잎으로 초밥을 마는 것, 사시미의 자른 살을 마는 것, 달걀구이 등을 마는 것을 말한다.

사사야키(笹焼き, ささやき) 육류, 생선, 새우, 채소로는 송이버섯, 파드득나물, 은행 등을 조합하여 큰 조릿대 잎으로 싸서 구운 것이다. 싸는

재료에 따라 조릿대 잎을 두 장이나 세 장을 사용하기도 한다.

사와니(澤煮, さわに) 국물을 많이 붓고 담백하게 끓인 음식이다. 채소와 흰살 생선 또는 채소와 육류를 끓이기도 한다.

사이노메키리(さいの目切り) 주사위모양썰기. 채소 등을 자르는 방법의 일종으로 효시키키리(拍子木切り)로 한 것을 다시 정방향의 주사위모양으로 자른다. 작게 자른 것은 주사위모양 썰기라고 한다. 무, 당근, 감자, 두부 등을 국, 샐러드 등을 할 때 쓰인다. 삶은 달걀흰자 또는 무, 당근 등을 썰어 다른 재료와 섞어 만든 요리에 사용한다. ☞ 효시키키리, 부록(463쪽)

사이쿄우야키(西京焼, さいきょうやき) 삼치, 옥돔, 병어, 실꼬리돔 등을 시로미소(白味噌)에 절여 두었다가 구운 것이다, 일본 종이나 한랭사(발이 거칠고 얇고 질긴 무명)로 싸서 절이거나 때로는 미림으로 절이기도 한다. 부드러운 생선은 먼저 엷게 소금을 쳐 두는 것이 좋다.

사카무시(酒蒸し) 술찜. 재료에 술을 첨가하고 소금으로 조미하여 찐 것. 재료가 가지고 있는 특수한 맛을 살리는 요리로 전복, 대합, 흰살 생선 등에 사용한다.

사카비테(酒浸, さかびて) 생선회나 조개류를 술에 담가 두었다가 대접하기 직전에 꺼낸 것이다.

사쿠도루(作取る) 생선을 3조각으로 잘라내고, 여러 가지 조리에 적합하게 모양을 미리 준비하는 조작. 생선회, 아라이(膾い-생선살을 저며 차게 하여 약간 굳게 만든 회) 등을 만들 때 사용한다.

사쿠라니(櫻ら煮) 사쿠라이리라고도 한다. 문어국. 산문어의 내장을 제거하고, 다리를 잘라낸 후, 간장, 미림, 술을 끓여서 문어를 넣고 강한 불에 20~30분 끓인다. 끓인 색조가 벚꽃색이 되어 이 이름이 붙여졌다.

사쿠라메시(櫻ら飯) 간장, 소금, 술로 조미하여 백반과 같이 지은 밥. 간장으로 색을 낸다.

사쿠라무시(櫻蒸し) 주로 흰살 생선을 냄새가 좋은 벚나무 잎사귀로 싸거나 사이사이에 끼워 넣고 찐 것.

산고하치즈케(三五八漬) 단술찌꺼기에 채소나 청어를 달게 절인다. 소금 3, 누룩(고우지) 5, 찐 쌀 8의 비율로 담그므로 이런 이름으로 불린다.

산마이오로시(三枚卸し) 3조각 가르기. 세 조각으로 자르는 방법의 일종. 우에미(上身), 시다미(下身), 나카호네(中骨)의 3조각으로 자르는 방법. 먼저 생선의 머리를 자르고 내장을 제거한 후, 우에미의 등 위에 칼을 넣고 나카호네 위를 꼬리까지 자르고 꼬리를 돌려 배 쪽을 왼손으로 누르고, 꼬리 부분부터 칼을 넣어 나카호네 위에 칼을 붙여 왼쪽으로 눌러 우에미를 잘라낸다. 시다미도 같은 방법으로 자른다. 뮈니에르(생선에 밀가루와 버터를 발라 구운 프랑스식 요리), 튀김, 회 등에 쓰인다. ☞ 부록(466쪽)

산쇼우야키(山椒焼き) 구운 재료에 산초가루를 뿌린 것. 참새, 개똥지빠귀, 꾀꼬리 등의 야생조류(野生鳥) 요리에 적합하다.

산슈미소(三州味噌) 콩된장으로 염분이 많다. 가라미소라고도 한다.

삼바이즈(三杯酢) 초, 설탕, 소금의 세 종류를 섞은 초. 맛을 내기 위해 이 초에 다시로 첨가하거나 미림을 첨가한다. 이 초로 쓰케모노(절임)를 담근 것을 삼바이즈즈케라고 하고, 스노모노(초회)에도 응용한다.

생(生)앙 콩을 끓여서 물기를 없애고 으깨고, '생으로 으깨어 만든 앙금'과 섞어 같이 끓여 종피를 여과하여 제거하고 물로 씻어 자루에 밭여 짜서 모은 것.

샤부샤부(しゃぶしゃぶ) 최근 유행하는 냄비요리. 중국음식의 다벤로, 산란도를 모방한 일본식의 고기요리.

세비라키(背開き) 등가르기. 생선을 가르는 방법의 일종. 통생선을 원형을 그대로 유지하면서 가르는 방법이다. 생선머리를 떼고, 꼬리를 손 앞으로 배를 우측에 길이로 놓는다. 중간 뼈가 밑살에 닫도록 하여 칼을 등으로 넣는다. 중간 뼈에 면도하듯이 꼬리까지 잘라서 벌린다. 복부 쪽은 자르지 않도록 한다. 튀김으로 할 때는 뼈를 제거한다. 보리멸, 아지 등의 작은 생선 외에, 동경지방의 뱀장어, 갯장어, 붕장어 등에도 쓰인다. 세자키(背割)라고도 한다. ☞ 부록(466쪽)

세이게이(成形) 성형. 늘리거나 형을 만들거나,

마는 등 형을 정하는 조작. 밀대로 쿠키 반죽을 늘려서 형을 만든다. 감거나 말아서 마키스시를 만드는 등, 기구를 사용하는 경우도 있지만, 주먹밥을 만들거나, 고기만주우의 껍질을 싸는 등 손으로 만드는 조작도 많다.

세코시쓰쿠리(背越し作り) 회 뜨는 방법 중의 일종. 머리를 가슴지느러미 밑부터 잘라내고, 등지느러미, 배지느러미를 잘라내고 가슴을 벤 자리부터 내장을 빼낸다. 빈 뱃속을 깨끗이 씻고, 0.3~0.5cm 정도의 두께로 자른다. 은어, 붕어, 황어 등의 담수어에 쓰인다. 겨자초된장을 곁들여 놓는다. ☞ 부록(466쪽)

세코시아유(背越し鮎) 어린 은어를 머리를 제거하고 삼나무 젓가락으로 내장을 빼고 5mm 정도의 두께로 뼈째 썬다. 냉수로 잘 씻고 스미소(酢味噌)를 곁들여 낸다.

세키한(赤飯) 팥밥. 오세키한(お赤飯)이라고 한다. 축하할 일이 있을 때 이 세키한을 지어 먹는 관습이 있다. 슬픈 일에는 검은 콩밥을 한다.

센록폰키리(千六本切り) 굵은 채썰기. 당근을 폭과 길이가 0.3×5cm, 두께가 0.3cm 되도록 써는 것.

센바시루(船場汁) 고등어를 머리째 넣고 무를 넣고 끓인 국. 생강즙, 후추, 기노메(산초나무싹)를 넣어 생선 비린내를 제거한다.

센키리(せん切り) 채썰기. 채소 등을 자르는 방법의 일종. 길이를 4~5cm로 가늘게 자르든지 바퀴모양으로 둥글게 자르기도 하고, 정돈하여 비스듬히 끝에서부터 가늘게 써는 것. 무, 당근, 긴 파 등을 초국이나 국 등으로 할 때에 쓰인다. 채소절임에 사용. 다른 버섯류나 조개류와 섞어 무친 요리에 사용한다. ☞ 부록(465쪽)

셋카아에(雪花和え) 눈꽃무침. 두부비지(우노하나)를 이용하여 아에모노(和え物)한 것. 소기쓰쿠리(削ぎ作り) 생선회 자르는 방법 중의 일종. 바깥으로 자르기와 안쪽으로 자르기가 있다. 칼을 앞끝까지 써서 한번에 안쪽으로 당겨 자르는 것. 이때에 전자는 칼등을 왼쪽으로, 후자는 오른쪽으로 45° 이상 숙여서 얇게 썬다. ☞ 아에모노

소기키리(削ぎ切り) 포뜨기. 칼을 비스듬히 하여 얇게 포를 뜨며 자르는 조작. '헤기키리' 라고도 한다. 표고, 죽순, 고기, 생선 등에 쓰인다. 우엉은 돌리면서 얇게 깎지만, 이것을 '얇고 어슷하게 썰은 우엉' 이라 하고, 생선회의 경우에는 소기쓰쿠리(얇게 썰기)라고 한다. 초밥에 사용하는 생강절임, 뎃판야키(철판구이)의 마늘썰기, 무절임 등에 이용한다.

소데기리(袖切り, そでぎり) 통소매 모양으로 자른 것, 즉 약간 긴 듯하게 자르고 상하의 폭에 넓고 좁은 곳이 있게 자르는 방법이다.

소메오로시(染め御し) 무 간 것에 간장을 넣어 섞은 것.

소바(蕎麥) 메밀국수. 밀가루 2, 메밀가루 8의 비율로 가루를 넣는다. 자루소바(笊蕎麥)는 소쿠리에 담고 위에 김을 놓고, 소바다시(蕎麥だし), 향신료(야쿠미, 藥味)를 넣는다. 모리소바는 자루소바(笊蕎麥) 같은 식이나 향신료(야쿠미)에 파만 넣는다. 가케소바(掛け蕎麥)는 돔부리에 국물과 함께 담는다. 가마아게소바, 앗쓰소바, 네모노, 덴푸라소바, 카레소바 등이 있다.

소바즈시(蕎麥壽司) 삶은 소바를 김발에 나란히 깔고 달걀말이를 심으로 하여 김으로 만 것. 소바다시, 물에 갠 와사비를 같이 내놓는다.

소보로(そぼろ) 생선이나 닭고기를 다져 볶아서 만든 것. 소보로는 생것으로 만든 것이고, 오보로(おぼろ)는 일단 재료를 삶아서 만든 것. 도미소보로, 새우소보로, 참치소보로 등 어떤 것이든 생달걀을 넣는다.

소보로니(そぼろ煮) 닭고기와 작은 새우 등을 잘게 다져서 넣은 조림. 무, 호박, 감자 등을 주재료로 하고 중불에서 장시간 조리면 맛이 좋다.

쇼우가니(生薑煮) 생강의 향을 넣은 조림(니모노). 생선 등의 비린내를 제거하는 목적으로 생강을 넣는다.

쇼우진료리(精進料理) 어패류나 육류를 사용하지 않고 채소류만으로 만든 요리. 사용되는 다시도 다시마나 버섯으로만 만든다.

쇼우진아게(精進揚け) 채소에 옷을 입혀 튀긴 것. 당근, 우엉, 강낭콩 등이 쓰여 진다.

수가다니(姿煮) 생선 등의 모양을 흐트러뜨리지 않고, 모양 그대로 조리한 것.

수가다야키(姿焼き) 머리와 꼬리지느러미가 붙어

일본 조리

있는 채로 굽는 방법. 통구이라고도 한다. 도미, 은어, 전갱이 등의 구이에 많이 이용된다.

수구이구시(すくい串) 꼬치를 끼는 방법의 일종. 오징어같이 가열에 의해 둥글게 말리는 경우에 마무리하기 위하여 꽂는 꼬치. 오징어 안쪽을 쇠꼬치로 그물같이 2~3개를 꽂으면, 구울 때에 둥글게 말리는 것을 방지한다. ☞ 부록(466쪽)

수니(酢煮) 초를 넣고 만든 조림. 고등어, 정어리 등을 담백하게 만들어내기 위하여 최후에 초를 넣어서 만든다.

수도루(酢取る) 식품에 신맛을 내는 것. 그대로 발색시킬 목적으로 행할 때도 있다. 생강이나 갯방풍 등을 혼합초, 감초 등에 넣는다. 초절임생강, 초절임갯방풍이라고 한다.

수미소아에(酢味噌和え) 초된장으로 재료를 초무침한 것. 재료로는 바지락, 실파, 파, 미역 등을 쓴다. 누다(ぬだ-잘게 썬 생선과 채소 등을 초된장으로 무친 것)라고도 한다.

수아라이(酢洗い) 초 또는 같은 양의 물로 만든 초로 씻는 조리조작. 주로 식초물을 쓰는 어패류의 밑처리로 이용하며, 비린내가 제거되고, 생선살의 탄력이 높아지고, 혼합초가 잘 융합되어 쓰기 좋다. 살균효과도 있다.

수야키(す焼き) 시라야키(白焼き). 다른 재료의 밑준비를 위해 아무런 양념도 하지 않고 구운 것으로서, 소소(素焼)라고도 한다. 어류, 표고, 파, 고춧가루, 가지 등에 쓰인다.

수에히로키리(末廣切り) 부채같이 자르는 방법. 박자목(拍子木)에 틀을 대고 한 끝을 남기고 두껍게 매듭을 넣어 부채모양으로 편다. 오이, 당근, 땅두릅 등에 쓰인다. ☞ 부록 그림

숫폰니(すっぽんに) 메기, 가오리 등을 뼈가 붙어 있는 채로 우엉을 넣고, 술, 미림, 간장, 설탕 등으로 맛과 색이 짙게 끓여낸 것을 그릇에 담고 산초가루 또는 생강즙을 뿌린다. 자라를 끓이는 것을 모방한 것이다.

숫폰시타테(すっぽんしたて) 자라, 양태, 메기, 붕장어, 개구리 등과 같이 맛은 좋으나, 조금 냄새 등이 있는 재료를 술로 먼저 끓이고 나서 조미료를 넣고 맑은 장국으로 만드는 법. 파, 간장을 국에 곁들여 향을 내는 데 쓴다.

슈토우아에(酒盜和え) 가다랑어젓(시오가라)을 물로 씻고 술, 미림 등을 넣어 불에 올려 끓여 거른 후, 감자가루와 달걀노른자를 넣고 다시 불에 익혀내 헝겊으로 걸러 낸 것과 오징어, 닭가슴살 등의 재료를 초무침한 것이 있다.

스가다스시(姿鮨) 본래의 형태를 망가뜨리지 않고 머리와 꼬리가 붙어 있는 채로 만든 스시. 은어, 붕어 등의 배나 등 쪽을 갈라 중간뼈와 내장을 제거하고 엷은 소금을 한 다음 초로 씻고 등지느러미를 제거하고 뭉친 초밥 위에 어류를 올려놓는다.

스가이(酢貝, すがい) 날 조개를 재료로 한 스노모노의 총칭. 전복을 사용한 것을 스가이라고 하지만 다른 조개, 소라, 고동 등으로도 싱싱하면 만들 수 있다.

스고부(酢昆布) 국물(다시)을 뺀 다시마를 적당한 크기로 잘라 가쓰오부시에 식초, 설탕, 간장을 맞추어 넣고 국물이 없을 때까지 볶으면서 조린 것.

스노모노(酢の物, すのもの) 초회. 생선, 채소, 조개, 해초 말린 식품을 적당히 처리하여 3배초(三杯酢), 호마초(胡麻酢), 포설초(泡雪酢), 운단초(雲丹酢) 등을 넣어 음식으로 만든 것.

스니(酢煮, すに) 연근이나 우엉을 초, 소금, 설탕으로 깨끗하게 끓인 것도 스니이지만 별도로 초봄 와카사기(公魚, 빙어)의 작은 것, 시라스(白子, 치어), 은어알 등도 스니로 해서 전채 등에 사용된다.

스무시(酢蒸, すむし) 재료에 엷게 소금을 치고 식초를 뿌려 찐 것이다. 위에 유자나 레몬 등을 얇게 썰어 얹기도 하며 때로는 메밀국물을 뿌리기도 한다.

스보시(素干, すぼし) 어패류에 맛을 들이지 않고 그대로 말린 것으로 재료는 작은 것이 좋다. 먹을 때는 구워서 미림, 간장을 발라서 완성한다. 작은 도미, 보리멸, 뱅어, 말린 오징어, 머리와 꼬리를 잘라내고 발라 말린 청어, 마른 대구, 미역 김 등이 이용된다.

스시(鮨, 鮓, 壽司) 초밥. 식초로 간을 한 밥에 생선을 얇게 저민 것이나 달걀, 채소, 김 따위를 섞거나 얹거나 말거나 하는 요리. 초밥은 시큼하다라는 의미의 스시에서 온 이름. 스시에는 밥과 재료를 배합한 것과, 밥 또는 다른 것을

발효시켜 재료에 신맛을 들인 것 두 종류가 있다. 예전 스시는 재료를 발효시켜 신맛을 들인 것으로 후나즈시(魚付鮨)는 지금도 그대로 남아 있다.

스아게(素揚げ) 재료의 수분만 제거한 후 그대로 튀기는 것. 기름의 온도는 150~160℃ 정도에서 조금 시간을 두어 튀기면 색도 좋고 바삭바삭 해서 좋다. 재료로는 호두, 자고(쇠귀나물), 감자, 호박, 새우, 민물 게, 그 밖의 여러 재료가 사용된다.

스아라이(酢洗い) 스노모노(초회)요리의 사전준비로서 어패류를 살짝 식초로 씻는 것이다. 이렇게 하면 비린맛 또는 재료의 편향된 성질 등이 없어진다. 채소 등 수분이 많은 것은 어느 정도 물을 제거할 수가 있다. 청어나 전갱이 등 얇은 표면이 쉽게 벗겨진다.

스아에(酢和え) 초무침. 3배초(三杯酢)로 무친 요리. 주로 정진요리에 많이 쓰인다.

스야키(素焼, すやき) 재료에 맛을 들이지 않고 그대로 구운 것이다. 초절임이나 간로니(甘露煮)로 해서 사용한다. 문절망둑, 사쿠라에비(櫻蝦, 새우), 붕어 등이 사용된다.

스이리(酢煎, すいり) 스니(酢煮)이다. 청어, 전갱이, 정어리 등 기름기가 많은 생선은 맛이 농후하기 때문에 식초를 넣고 끓이면 담백하고 비린내도 없어진다. 특히 작은 생선을 한 마리 그대로 끓일 경우 식초를 첨가해서 장시간 끓이면 뼈까지도 부드럽게 된다.

스이모노(吸物, すいもの) 맑은 국. 생선 · 고기 · 채소 등을 넣고 끓인 맑은 장국으로 술자리에 내는 국물요리이다. 이것은 뜨거운 것이 보통이지만, 여름에는 시원한 국으로 하기도 한다. 맑은 국인 스마시지루와 혼탁한 국인 니고리지루가 있다.

스즈메야키(雀燒, すずめやき) 붕어의 등을 갈라 꼬치에 꿰고 다레(양념장)를 발라서 구운 것이다. 살찐 참새새끼의 모습과 닮아서 붙여진 이름이다.

스지메(酢絞, すじめ) 생선에 소금을 친 후 초에 절여 살을 단단하게 하는 것이다. 그 밖에는 오징어를 갈아 놓고 오이, 햄, 치즈 등을 가늘고 길게 썰은 다음 이것을 심으로 해서 말고 초에 절여 두면 찐 것이나 혹은 데친 것처럼 생각될 정도로 단단해진다. 이것을 썰어서 전채, 구치가와리(口代り-세 종류 정도의 간단한 반찬을 담은 요리)용으로 사용한다.

시구레니(時雨煮, しぐれに) 생선, 조개, 고기에 생강을 첨가하고 간장, 미림, 설탕으로 짜게 조린 것. 조개류를 한번 끓인 후 소쿠리에 담아 놓았다가 바짝 조린 국물에 조개를 넣고 다시 조리면 연하고 매우 맛있는 시구레니가 된다.

시기야키(鴫燒き) 원래는 시기(도요새과의 조류)요리의 일종이었지만, 지금은 가지요리의 일종이 되었다. 가지에 기름을 적셔서 불에 굽던지, 기름으로 튀겨서 된장으로 조미한 요리. 가지 꼭지가 붙은 가지모양이 부리가 긴 새인 도요새와 닮았다고 해서, 또 맛이 도요새를 구울 때와 같다고도 한다. 간편한 방법으로서 냄비(鍋)시기야키가 현재는 쓰여 지고 있다. 바퀴 모양으로 썬 가지를 기름으로 튀기고 익힌 된장을 바른다.

시나노무시(信濃蒸し) 흰살 생선을 썰고 그 사이에 데친 국수를 끼우든지, 위로부터 얹어서 찐 것. 깊은 그릇에 담아 핫포우지루(八方汁)를 넣고 끓이는 경우도 있다. 소바찜, 신슈우찜(信州蒸)이라고도 한다. ☞ 핫포우지루

시라니(白煮) 재료 자체의 색을 그대로 나타내기 위하여 주로 소금으로 간을 하여 니다시지루(끓일 때 사용하는 기본 국물), 소금, 설탕, 미림으로 미리 끓인 다음 준비한 재료를 넣어 조리는 방법. 백숙(白熟)이라고도 한다. 땅두릅, 연근, 백합근, 참마, 순무 등에 쓰인다.

시라무시(白蒸し) 찹쌀이나 멥쌀 안에 아무 것도 넣지 않고 찐 것. 또는 찹쌀에 흰살 생선을 섞어서 찐 것.

시라아에(白和え) 희게 으깬 참깨에 물기를 짠 두부를 넣고, 다시 잘 으깨서 설탕, 소금, 미림, 간장, 또는 된장 등으로 조미한 초무침옷으로 재료를 초무침한 것, 재료에는 곤약, 당근, 굴조개, 닭가슴살 등이 쓰인다.

시라야키(白燒き) 다른 재료의 밑 준비를 위해 아무런 양념도 하지 않고 구운 것으로서, 수야키(素燒)라고도 한다. 어류, 표고, 파, 고춧가루, 가지 등에 쓰인다.

시로(白)앙 대복팥, 비루콩 등의 흰색 콩으로 만든 것.

시로자케야키(白酒燒き) 시로자케(白酒)에 물을 타서 묽게 하고, 흰살 생선을 재워 구운 것. 아마자케(甘酒)를 사용하여 백주(白酒)구이라고 하는 경우도 있다.

시루모노(汁物, しるもの) 국물이 많은 요리.

시메루(しめる) 소금을 가하여 생선에 들어 있는 수분을 제거하여 생선을 단단하게 하는 조리법, 또는 닭이나 생선을 죽이는 작업을 말한다.

시바즈케(紫漬, しばつせけ) 가지, 생강, 고추, 차조기 잎을 함께 잘게 썰어서 엷게 소금으로 절인 채소절임.

시부가와니(涉皮煮) 밤의 속껍질이 붙어 있는 채로 맛이 배도록 서서히 끓인 것. 속껍질의 떫은 맛을 없애기 위해 여러 번 삶아서 달게 조린다.

시오누키(鹽拔き) 보존을 위하여 진하게 소금에 절였던 재료에서 소금기를 빼는 것. 재료를 물에 담가 그 물을 바꾸어 주면서 소금기를 뺀다.

시오니(鹽煮, しおに) 소금맛으로 익힌 것이다. 때로는 미림, 설탕을 넣고 익히는 경우도 있다. 예를 들어 백합근(나리과), 참마 등이다.

시오다시(鹽出し) 소금기 빼기. 장기 보존을 목적으로 소금을 많이 사용했던 것의 소금기를 빼는 것이다. 이것은 요비시오(呼塩)라고 하여 엷은 소금물에 담가 두면 소금기가 빨리 빠진다. 젓갈의 소금기를 빼려면 술로 두세 번 씻으면 된다.

시오모미(塩揉み, しおもみ) 채소를 얇게 썰어 소금을 뿌리고 손으로 부드럽게 주무르는 것이다. 소금은 침투성이 강하여 채소의 수분을 빼내는 역할을 한다. 채소절임의 원리도 이것을 응용한 것이다.

시오무시(鹽蒸し) 소금을 쳐서 찜. 흰살 생선, 새우 등에 소금을 쳐서 찐 것에 폰즈(ポ二酢-등자 과일즙과 간장을 같은 양으로 섞어 만든 초간장), 무즙, 당근, 홍고추를 넣은 메밀국물을 끼얹어 먹는다. 채소는 제 계절의 재료를 첨가한다. 전복찜은 껍질이 붙어 있는 채로 소금간을 하여 2~3시간을 찐다.

시오보시(鹽乾し) 어패류에 소금을 쳐서 말린 것이다. 재료의 크기에 상관이 있으며 10~15분간 방치해 두고 대로 엮은 발에 늘어놓고 말리거나 꼬리 쪽을 대꼬치나 쇠꼬치로 찔러 매달아서 말리기도 한다. 이것은 미소보시나 쇼유보시보다 담백해서 좋다. 모시조개, 전갱이, 보리멸, 도미, 새우, 개량조갯살, 오징어, 가자미, 조기, 꼬치고기, 그 밖에 여러 가지 재료를 사용한다. 여름에는 은어를 산마이오로시(3조각 가르기)해서 만들며 카이세키의 중심요리로 사용한다.

시오야키(鹽燒, しおやき) 소금구이. 생선 한 마리를 통째로 굽는데 살이 두꺼운 것, 담백한 것, 지방이 많은 것 등에 따라 구이법이 다양하다. 살이 두꺼운 것에는 먼저 칼집을 넣고 소금을 친 후 살짝 씻어 행주로 물기를 닦고 화장염(化粧鹽)을 쳐서 굽는다.

시오유데(鹽茹, しおゆで) 소금 넣고 데치기. 데쳐서 그대로 먹는 것과 맛을 들이기 위해 사전준비로 데치는 경우가 있다. 예를 들어 국건더기 등은 시오유데를 해서 그대로 사용하고, 밤 등도 그대로 먹는다. 푸른 채소는 그대로 사용하는 경우도 있고 다시 이것을 맛을 들이기 위해 삶는 경우도 있다. 그 용도에 따라 데치는 방법을 조절하기도 한다. 푸른 채소를 데치는 데는 소금을 약간 넣는데 이것은 푸른 채소의 엽록소 파괴를 막기 위해서이며, 데칠 때 뚜껑을 덮지 않는 것은 빨리 산을 휘발시키기 위해서이다.

시오이리(鹽炒り) 재료에 소금을 섞어 강한 불에서 볶는 것. 은행은 가볍게 쇠망치로 두드려 쪼개고 짠 소금물에 담근 후 시오이리로 한다. 소금물에 담그는 것은 갈라진 틈으로 소금맛이 배기 때문이다. 이것은 전채로 내면 좋다.

시오즈케(鹽漬, しおづけ) 소금절임. 시오즈케에는 고우노모노(香の物-채소를 소금, 겨에 절인 것)용과 저장용 두 가지 방법이 있다. 코우노모노의 경우는 재료에 맛을 들이는 것과 다른 잡균의 움직임을 막아 유산균의 번식을 쉽게 하도록 사용한다. 저장용의 경우에는 재료의 부패를 막기 위해 염도 30도 이상의 소금물에 절인다.

시키시키리(色紙切り) 색종이 썰기. 먼저 사각으로 썰어 색종이처럼 아주 얇게 써는 방식. 무, 당근, 감자, 양배추 등을 국이나 튀김으로 할 때

에는 약간 두껍게 색종이 썰기를 한다. ☞ 부록(464쪽)

시타니(下煮, したに) 요리 전에 단단해서 잘 익지 않는 것 따위를 간을 맞추기 전에 다른 것보다 미리 익혀 두는 것이다.

시한기리(四半切り) 사각형으로 자른 것을 다시 둘로 자른 것이다.

신세키(浸積) 식품의 흡수, 성분의 추출, 떫고 쓴 맛 우려내기, 효소작용의 억제, 조미액으로의 침투, 채소의 탄력을 갈게 할 때 등에 행하는 조리 조작. 물이 많이 쓰이지만, 1%의 식염수, 3~5%의 식초를 쓰는 경우가 있다.

신죠(糝薯) 흰살 생선을 다지고 우키코(浮粉-밀가루의 전분질을 모아서 정제한 것), 참마, 미림, 소금, 때로는 삶은 달걀흰자를 으깨 섞어 데치거나 쪄서 만든 것.

신죠무시(薯蕷蒸し) 산마를 갈아 달걀흰자로 거품을 내어 흰살 생선 위에 올려놓고 찐 상품(上品)의 찜이다.

신코우(新香) 계절의 채소를 소금에 절인 손쉬운 쓰케모노나 미소즈케(みそづけ-된장에 절임)에 살짝 담갔다 먹는 단시간 절임.

싯포쿠우동(卓袱饂飩) 국수에 달고 약간 짭짤하게 조림한 표고버섯과 송이버섯, 채소, 어묵을 넣고 끓인 우동.

쓰루시기리(つるしぎり) 매달아 놓고 자르기. 아귀를 자르는 방법이다. 아귀는 미끈거려 도마 위에 놓고 자르기가 어려우므로 매달아 놓고 자르기 때문에 붙여진 것이다.

쓰마(妻) 회(사시미)에 곁들이는 무, 오이, 당근 등 어떤 것이든 가늘고 길게 썰어서 물에 담가 두었다가 내놓는다. 무는 시라가(白髮)라고 메뉴에 적혀 있다.

쓰마오리(端折り) 꼬치 찌르는 법의 일종. 3조각으로 자른 생선살이 얇은 경우와 가늘고 긴 경우에 모양을 갖추기 위해 꼬치를 찌른다. 학꽁치, 아지, 옥돔 등에 쓰인다. 한쪽 끝 접기와 양쪽 끝 접기가 있다. 한쪽 끝 접기는 생선껍질을 아래로 하여 머리쪽을 아래쪽으로 접어 말아서 꼬치를 꽂는다. 양쪽 끝 접기는 머리와 꼬리 양쪽을 말아 꼬치를 꽂는다. ☞ 부록(466쪽)

쓰메니(詰煮, つめに) 끓인 음식요리의 하나로 국물이 없어질 때까지 바짝 조리는 것이다. 쓰메지루(詰汁)라는 것도 있는데 이것은 쓰메니한 국물이 약간 남은 것을 말하며, 주로 충분히 끓인 재료 위에 뿌려서 또는 양념장을 바를 때 등에 사용한다.

쓰보누키(壺抜, つぼぬき) 생선의 표면에 칼집을 내지 않고 아가미 쪽으로 내장과 뼈를 칼로 빼서 제거하는 것.

쓰보야키(壺焼き) 소라를 잘게 썰어 양념을 한 다음 껍질에 넣어 구운 것.

쓰부스(潰す, つぶす) 재료를 다지고 다시 갈아 으깨는 것.

쓰쓰미아게(包揚, つつみあげ) 튀김요리의 일종으로 생선, 고기, 새우, 그 밖의 채소에 소금을 치고 은박지나 셀로판지 등에 싸서 튀긴다. 폰즈(초간장) 등을 첨가해서 먹는다.

쓰쓰미야키(包み焼き) 알루미늄박, 일본 재래식 종이, 나뭇잎 등으로 재료를 싸서 굽는 방법. 이것의 일종으로 흙구이가 있다. 본래의 향을 보존하여 주재료의 맛을 즐길 수 있다. 조개류, 채소, 과일 등이 주로 이용된다. 때로는 된장 맛을 내기도 하고 반숙란을 싸서 굽기도 한다.

쓰야니(艶煮, つやに) 끓인 음식의 일종. 미림이나 설탕을 많이 사용하여 윤기가 있게 끓인 것. 아마니(甘煮), 간로니(甘露煮) 등이며, 때로는 물엿을 조금 사용하는 경우도 있다.

쓰즈야키(筒焼き) 농어, 숭어, 꼬치고기 등, 몸이 가는 생선의 배를 갈라서 뼈가 붙어 있는 채 소금이나 간장을 발라서 구운 것.

쓰즈키리(筒切り) 생선 자르는 법 중의 일종. 비늘을 제거하고 머리를 잘라내고 내장을 빼낸 후 둥글게 자르는 방법. 잉어, 고등어, 양태 등에 쓰여지고, 국이나 조림으로 한다. ☞ 부록(467쪽)

쓰케모노(漬物) 채소, 생선, 육류, 달걀 등을 소금·쌀겨 등에 절인 것. 주로 채소를 많이 이용한다. 소금은 물 2L에 대해 40%, 쌀겨는 한 번 체로 쳐서 쌀알을 제거하고 사용하면 신맛이 나지 않는다. 무짠지인 다쿠앙즈케(澤庵漬)는 말린 무를 소금, 겨에 절여서 누름돌로 누른 것이고, 가라시즈케(芥子漬)는 채소에 겨자, 누룩, 술, 소금 등을 넣고 버무린 것이다. 아사즈

케(淺漬)는 설말린 무를 소금, 누룩으로 산뜻한 맛이 나도록 약간 절인 것이다. 그 밖에도 소금에 절인 것, 겨된장에 절인 것, 된장에 절인 것, 매실장아찌와 염교(백합과의 다년초)의 초절임, 벳다라즈케(べったらづけ-무를 소금과 누룩에 달콤하게 절인 것), 센마이즈케(千枚漬-순무를 얇게 썰어 미림, 누룩 등에 담근 것), 난반즈케(南蛮漬-식초, 술, 소금을 섞은 국물에 생선, 채소 등을 절인 것, 또는 간장에 절인 것), 구카즈케(糠漬-채소 등을 소금과 겨에 담근 것) 등이 있다.

쓰케야키(付け焼き) 재료를 꼬챙이로 찔러 간을 하지 않고 구워 두었다가 다레(たれ-조미한 국물)를 발라가면서 다시 구워 내는 것. 데리야키(照焼)와 달리 미림, 간장과 혼합해서 한번 끓어오른 정도로 하여 담백한 맛을 낸다.

쓰쿠네니(つくね煮) 아주 곱게 썰거나 다진 육류에 달걀을 혼합하여 둥글게 모양을 만들어 조리는 것. 닭고기, 생선, 고기 등을 주로 이용한다.

쓰키다시(突き出し) 본요리가 나오기 전에 내개되는 가볍고 간단한 요리.

쓰키미단고(月見團子) 멥쌀가루를 반죽하여 쪄서 만드는 행사용 단자. 13일 밤에는 13개, 15일 밤에는 15개를 만든 것이 일반적이다. 토란, 밤, 감, 억새풀 등을 곁들인다.

쓰토야키(苞燒, つとやき) 숭어의 내장을 빼고 소금을 친 후 짚을 태운 불에 구운 후 폰즈(초간장)과 함께 먹는 것.

ㅇ

아게니(揚げ煮) 튀기고 조리기. 재료를 기름에 튀긴 후 요리하는 것. 밀가루나 전분을 묻혀 튀길 때 여분의 가루가 많이 붙어 있지 않도록 가볍게 털어 튀기는 것이 좋다.

아게다시(揚げ出し) 두부에 전분 또는 밀가루를 묻혀서 기름으로 튀긴 것. 무 간 것을 넣고 끓인 핫포우지루(八方汁)를 얹는다. ☞ 핫포우지루

아게단고(揚げ團子) 돼지고기나 닭고기 또는 생선살 등을 갈아서 파, 달걀, 설탕, 소금, 후추를 넣고 잘 주무른 다음 둥글게 만들어 튀긴 것. 전분을 묻혀서 만들 수도 있다.

아게루(揚げる) 튀기기. 다량의 유지를 160~200℃로 가열한 상태에서 식품을 가열하는 것이다.

아라다키(荒炊き) 회를 뜨고 남은 잔뼈 조리기. 아라니(荒煮)라고도 한다. 생선의 머리와 등뼈, 지느러미 등 회를 뜨고 남은 잔뼈를 달고 매콤하게 조리하는 것. 우엉, 죽순, 두릅 등을 넣고 끓이기도 하고, 따로 끓여서 섞기도 한다. 도미, 방어, 양태, 삼치, 가다랑어 등이 적합하다. 다된 요리를 접시에 담을 때에는 위에 생강(채썬 것), 산초 새순 등을 올려 낸다.

아라레가유(霰粥) 죽을 끓일 때 흰살 생선을 구워서 갈아 넣은 것.

아라레소바(霰蕎麥) 덮밥 형식의 소바에 표고버섯, 죽순, 어묵과 작은 가이바시 등을 넣은 것.

아라레즈케(霰漬け) 스노모노(초회)의 일종. 무, 당근, 오이, 땅두릅, 생강을 주사위 모양으로 썰고, 엷은 소금을 치고, 채썬 다시마와 섞어 담은 것.

아라레키리(霰切, あられぎり) 떡 등을 주사위의 눈보다 작게 자르는 것이다.

아라이(洗い) 씻기. 살아 있는 생선, 신선한 생선을 얇게 만들기 위해 회(사시미)를 만들 때 냉수로 재빨리 씻어 근육을 수축시키고 특수한 감촉을 나게 하는 방법. 씻기가 가능한 생선은 잉어, 붕어, 도미, 농어 등의 흰살 생선이다. 여름철에는 얼음을 놓은 접시에 보기 좋게 담고, 즈케쇼유(곁들이장)으로는 도샤(土佐)쇼유(토좌간장)를 쓰지만, 잉어등에는 초된장, 와사비 초된장 등을 쓴다.

아리마니(有馬煮) 산초찜. 산초(알갱이 모양의 산초)를 넣고 찐 것. 산초는 효고현(兵庫縣)의 아리마가 명산지이기 때문에 이 이름이 붙여졌다.

아마낫도(甘納豆) 삶은 콩이나 팥을 꿀이나 설탕물에 졸여 설탕에 버무린 과자.

아마니(甘煮) 단조림. 설탕이나 단맛을 강하게 하여 밤, 고구마, 백합근 등의 채소류를 조린 것.

아마다키(あまだき, 甘露煮) 달게 졸이는 방법. 마른 청어, 대구, 은어 등을 연하게 삶거나 구워 익힌 다음 냄비에 잘 정리해 놓고 니다시지루(기본 국물)와 술을 넣고 약한 불에서 뼈까지 연하게 익힌 다음 간장과 미림을 넣어 색과 맛을 낸다.

아마자케(甘酒) 감주. 히도요자케(一夜酒)라고도 한다. 멥쌀 또는 찹쌀을 죽상태로 끓이고 쌀로 만든 누룩을 넣어 전분을 당화시킨 것.

아마즈(甘酢) 식초와 설탕을 똑같은 양으로 섞은 것에 소금 또는 간장을 다시 넣어 만든 초.

아메(飴) 아죠(阿女)라고도 한다. 엿. 전분을 많이 가지고 있는 고구마, 밤, 옥수수 등을 당화효소를 이용하여 당화시킨 것. 사과엿, 물엿, 가쓰오부시엿 등 종류도 많다.

아미야키(網燒き) 재료를 철망 위에 놓고 직접 불에 굽는 것. 어패류, 채소류, 수조육류 등에 적합하다.

아베가와모치(安倍用餅) 노시모치(伸し餅)라고도 한다. 얇게 편 떡을 잘라서 뜨거운 물에 담갔다가 노란 콩가루를 무친 것.

아부라누키(油拔, あぶらぬき) 재료의 기름을 빼는 것. 즉 유부, 나마아게(生揚げ) 등에 뜨거운 물을 뿌리거나 또는 데쳐서 여분의 기름을 빼는 것이다.

아부루(焙る, 炙る) 식품의 수분을 빼거나, 식품을 따뜻하게 하기 위하여 불 위에 쪼여 굽는 것.

아사즈케(淺漬) 벳다라즈케라고도 한다. 무 또는 말린 무를 메주가루, 소금, 미림, 설탕에 담근 것.

아쓰모노(羹, 臛, あつもの) 뜨거운 국물요리. 재료가 정진요리일 경우에는 갱(羹)을 쓰고, 생선이나 고기를 사용할 경우에는 학(臛)을 쓰지만 발음은 똑같다.

아쓰야키(厚燒, あつやき) 두껍게 구운 음식. 달걀에 으깬 어육을 섞어 조미해서 구운 것으로 술 안주용으로 많이 사용하는 요리.

아야메키리(あやめ切り) 당근, 토당귀, 오이 등을 난초꽃 모양으로 썰어 생선회, 초회에 사용한다. ☞ 부록(466쪽)

아에모노(和え物) 재료와 향신료 등을 섞어서 무친 것. 아에모노에는 된장무침, 초된장무침, 초무침, 깨무침, 겨자무침, 호두무침, 땅콩무침, 성게알젓무침, 해삼창자로 담근 젓갈무침, 흰참깨와 두부를 으깨 양념해서 버무린 무침, 달걀노른자 초무침, 잘게 썬 생선·조개·채소를 초된장에 무친 음식 등이 있다.

아오니(青煮) 재료 자체의 색을 살리는 조리법. 머위, 강낭콩 꼬투리, 완두 꼬투리, 생고사리 등의 녹색 채소를 끓는 소금물에 데쳐 낸 후 끓는 니시루(煮汁－채소와 생선을 조린 국물)에 다시 중에 넣고 살짝 익힌다.

아오미(青み) 시금치나 무청 등의 녹색 색소로, 키노메(きのめ : 산초나무의 싹)미소 등의 색을 낼 때 사용한다.

아와무시(粟蒸, あわむし) 찜요리의 하나. 소금을 친 흰살 생선 등의 재료 위에 소금으로 간을 한 찐 좁쌀을 놓고 다시 찐 뒤 메밀국물을 부어서 먹는다.

아와세야키(合燒, あわせやき) 구이의 일종으로 공미리, 보리멸, 그 밖에 살이 연하고 담백한 생선에 기계로 간 고기, 달걀, 치즈 등을 끼워 구운 것이다.

아와세즈(合わせ酢) 혼합초. 초에 각종의 조미료와 재료를 배합한 것의 총칭. '조미초'라고도 한다. 첨가하는 것에 따라서 많은 종류가 있고, 미림과 설탕을 넣은 감초(甘酢), 간장을 넣은 2배초(二杯酢), 간장과 미림을 넣은 3배초(三杯酢), 참깨를 넣은 참깨초, 여뀌를 넣은 여뀌초, 무즙을 넣은 미조래초, 매실육초, 황미초, 겨자초, 성게알초, 거품을 낸 달걀흰자를 넣은 아와유키즈(泡雪酢), 아와유키즈에 다시마가루를 놓은 스미즈메즈(墨染酢) 등이 있다. 여러 가지의 독특한 풍미를 갖고, 조화되는 재료와 첨가하는 재료와 조합하여 쓰이고 있다.

아와유키무시(泡雪蒸し) 재료에 거품낸 흰자(아와유키)를 얹고 찐 것. 흰살 생선과 닭고기에 소금간을 하여 찐 후, 아와유키와 전분을 끼얹고 다시 한 번 찐다.

아이비키(合挽, あいびき) 쇠고기와 돼지고기를 섞어서 갈아 저민 것. 쇠고기 6, 돼지고기 4 정도가 보통이며 용도와 기호에 따라 맞춰 섞는다. 쇠고기와 기름이 많은 돼지고기는 가열방법이 틀려서 어떻게 섞느냐에 따라 부드러운 요리가 될 수 있다.

아이오이무스비다이콘(相生結び大根) 썰어 묶기. 약간 굵게 채썰기를 한 무, 당근에 소금간을 약간 하고서 가운데를 홍백실로 묶는 것. 구이의 정월요리나 곁들이에 사용한다. 부부간에 손을 꼭 잡고 있다는 의미를 갖고 있다.

아이오이야키(相生燒, あいおいやき) 구이의 일종으로 오리 두 마리를 소금구이한 후 머리를 좌로 눕히고 포개놓은 것.

아즈키카유(小豆粥) 팥죽. 운조우카유(紅調粥)이라고도 한다. 1월 15일 작은설을 축하하는 의미에서 신에게 바쳤고, 사람들도 함께 먹어 축하한다.

아쿠누키(あく抜き) 냄새제거를 목적으로 물에 담그는 것. 땅두릅, 연근 등은 껍질을 조금 두껍게 벗기고 촛물에 약 25분 정도 담갔다가 사용한다. 재료가 위로 뜰 때에는 그릇에 들어가는 속뚜껑을 사용한다. 산마도 껍질을 두껍게 벗기고 미끈미끈한 액이 많이 흐르기 때문에 연한 촛물에 담갔다가 마른 행주로 수분을 잘 제거해서 사용한다. 우엉은 칼등을 사용하여 가볍게 껍질을 벗긴 다음 물에 담가 냄새를 제거한다. 이때 물을 여러 번 갈아주는 것이 중요하다. 삶을 때에는 초 또는 쌀뜨물을 사용하면 연하게 될 뿐만 아니라, 우엉의 색도 아주 희게 된다. 적당히 자른 가지는 명반을 넣은 물 또는 소금물에 한참 담가둔다. 가지가 뜨게 되면 완전히 냄새가 제거되지 않을 수 있으므로 속뚜껑을 사용해 누르는 것이 좋다. 고사리는 밑면이 편평하게 고사리를 편 다음 재(볏집 등을 태운 것)를 위에 골고루 뿌리고 덮는다. 그 위에 뜨거운 물을 잠길 정도로 붓고 속뚜껑을 덮어서 약 4~5시간 두었다가 깨끗이 씻는다. 냄비에 충분한 양의 물을 끓여 소금을 넣은 후 고사리를 넣어 부드럽게 데친다.

아테시오(当鹽, あてしお) 재료에 소금을 뿌리는 것. 특히 어류에 많이 이용된다. 소금을 쳐 둠으로써 수분이 제거되고 더 맛이 좋아지며, 살이 단단해지기도 하기 때문에 요리하는 데 좋은 효과가 있다.

앙(あん) 앙금. 원료, 제조방식과 만드는 과정에 따라서 여러 명칭이 있지만, 일반적으로는 탄수화물이 많고 단백질, 지방이 적은 콩류(팥, 강낭콩, 완두콩 등)를 가열하여 곱게 만든 전분. 일본과자의 기본 재료이다.

앙가케우동(あんかけ饂飩) 국물에 녹말을 넣어서 걸쭉하게 한 우동.

야바네키리(矢羽根切り) 연근 자르는 법의 일종으로, 화살 끝에 붙어 있는 깃털 모양으로 자르는 것. 연근을 1.5cm와 2cm로 비스듬히 바뀌모양으로 자르고, 양끝을 조금 잘라내, 길이로 반을 자른다. 자른 곳을 열어서 맞춘다. ☞ 부록(466쪽)

야에사쿠라다이콘(八重櫻大根) 벚꽃썰기. 무를 벚꽃처럼 만들거나, 옆으로 두 개가 붙어 있는 모양으로 만들어 물에 담갔다가 사용한다. 생선회, 초회 등에 사용. 식용 색소로 벚꽃색을 들여 사용하기도 한다.

야와라카니(やわらかに) 연하게 졸이기. 문어를 특히 연하게 졸이는 방법. 중조 이외에 사이다 등을 넣고 졸이기도 한다.

야쿠미(藥味) 향신료.

에도마에(江戶前) 예전에는 동경의 바다에서 잡은 생선을 일컫는 말이었으나, 현재는 동경식 요리를 칭한다.

에도마에즈시(江戶前すし) 동경식 초밥. 손으로 쥐어서 만드는 니기리즈시(握りずし).

오가와즈쿠리(小川作, おがわづくり) 생선회나 스노모노(すのもの)의 생선에 칼집을 넣는 방법으로 칼집을 좁게 넣어 먹기 쉽게 한다.

오구라(小倉)**앙** 끓인 팥을 꿀에 담가 여과한 앙금에 혼합한 것.

오다마키무시(小田巻き蒸し) 뜨겁게 한 찻종에 뜨거운 물에 데친 우동을 넣고 표고버섯, 닭고기, 새우, 파드득나물 등을 장식하고 조미한 달걀국을 부어 넣고, 수증기로 쪄낸 것.

오뎅(御田) 미소덴(味噌ごん)과 니콘덴(にこんでん)의 두 종류가 있다. 미소덴은 두부, 작은 토란(小芋)을 넣고 끓여 아마미소(甘味噌)와 먹고, 니콘덴은 채소나 지쿠와 등의 재료를 담백한 맛으로 충분히 끓여 겨자에 찍어 먹는다.

오란다니(阿蘭陀煮) 돔을 둥글게 한 채로 기름에 튀겨 내서 술만으로 오래 끓여 뼈까지 먹을 수 있게 되면, 마지막으로 간장으로 맛을 낸다. 현재는 기름을 사용한 것, 파를 넣은 것, 고춧가루를 넣은 것, 그 외에 진귀한 요리법 등에 오란다라는 이름을 붙인다.

오레마스바(折れ松葉) 베니쇼가(紅生薑-생강을 빨갛게 물들인 것), 유자의 껍질 등을 약 1cm 폭 정도로 자른 후 2~3mm 엇갈리게 잘라 비

틀어 모양을 낸다. ☞ 부록(466쪽)

오로시(卸し) 무 등의 채소류를 강판에 간 것.

오로시규우리(卸し胡瓜) 오이 간 것. 오이를 갈아서 다른 재료를 넣고 무친 것을 미도리아에(綠和)라고 하는데, 굽거나 삶은 가이바시(조개관자) 또는 닭가슴살에 오로시규우리를 넣고 무쳐 만든다.

오로시니(卸し煮) 조미국 속에 생선을 넣고 끓이다 마지막에 무 간 것을 넣고 한번 더 끓인 요리. 생선토막은 기름에 튀긴 것을 넣고 끓인다. 오로시를 넣은 후 부글부글 끓이는 것은 좋지 않다. 관동에서는 아게오로시니(あげ卸し煮)라고 한다.

오로시아에(卸和, おろしあえ) 생선, 오징어, 조개류와 무즙을 2배초(二杯酢) 또는 3배초(三杯酢)로 조미한 것이다

오무스비(お結び) 오니기리(주먹)밥. 삼각형으로 만든 주먹밥.

오사카스시(大阪鮨) 눌린 스시. 동경식 스시인 에도마에(江戶煎)보다 맛이 진하고 보존이 용이하다.

오시기리(押し切り) 눌러 써는 방법으로 채소를 썰 때 칼끝을 도마 위에 붙이고, 가운데에 채소를 닿게 해서 그대로 눌러 썬다.

오야코돈부리(親子丼) 닭고기, 파, 채소와 달걀을 익혀서 밥 위에 얹은 덮밥.

오이루야키(おいる焼) 전골냄비에 샐러드유를 넣은 후 이 안에 고기, 채소를 넣고 볶은 것.

오차즈케(お茶漬け) 밥 위에 재료를 올려 놓고 뜨거운 차를 부어 먹는 것. 차 대신에 국물을 부어 먹어도 오차즈케라고 한다. 우나기 가바야키를 얹은 우나차, 도미를 얇게 썰어 얹은 다이차, 참치를 얇게 썰어 얹은 마구로차, 생선을 구워서 살을 뜯어 넣은 사케차, 새우튀김을 얹은 덴차, 구운 김을 가늘게 썰어 얹은 노리차 등 종류가 많다.

오카리바야키(狩場燒, おかりやき) 산중의 사냥터에서 먹었던 것이 시초로 채소를 철판 위에 구워 먹는 것. 지금은 여러 종류의 고기와 표고버섯, 파, 양파, 당근, 가지 등을 재료로 한다.

오쿠라니(小倉煮) 팥을 넣어 조린 니모노(煮物)요리.

오키나마스(沖膾) 배 위에서 낚아 올린 작은 생선을 바로 회로 요리하는 것.

오키나무시(翁蒸し) 생선을 잘라서 흰 다시마 위에 놓고 찐 것, 또는 무를 다시마와 같이 깎아 그 위에 놓고 생선을 찐 것.

오키나야키(翁燒, おきなやき) 도미살을 조각내어 미림, 간장에 담가 두었다가 쇠꼬챙이에 찔러서 구운 후 잘게 썬 흰 다시마를 뿌려서 먹는다.

온센다마고(溫泉卵) 온천의 뜨거운 물에 넣어 반숙한 달걀.

와다누키(腸拔き) 생선이나 조류의 내장을 제거하는 것.

와키리(輪切り) 둥글게 썰기. 무, 오이, 당근 등 둥근 모양대로 써는 것. 오이는 소금절이하여 초무침을 할 때 이 방법으로 썬다. 이때 두께는 요리의 목적에 따라 선택하여 이용한다. 무, 당근은 냄비요리나 다시 국물을 낼 때 넣는다. ☞ 부록(465쪽)

요리우도(よりうと) 가쓰라무키(돌려깎기)한 것을 펼쳐 비스듬히 7~8mm 폭으로 자른 다음 물에 넣으면 꼬이는 것을 말한다.

요시노니(吉野煮) 전분으로 만든 조림. 칡의 명산지가 일본의 요시노(吉野)이어서 붙은 이름. 재료에 전분을 묻혀서 하는 방법과 재료에 간을 다한 다음 다시국물에 전분을 풀어서 요리하는 방법이 있다.

우노하나(卯の花) 두부를 짜고 난 찌꺼기. 비지.

우니아에(雲丹和) 성게젓, 즉 성게의 난소를 소금에 절인 것을 사용한 무침.

우니야키(雲丹燒き) 성게알구이. 성게알을 난황으로 풀어 만든 재료로 굳혀서 굽는 방법. 오징어, 새우, 닭고기, 옥돔, 넙치, 보리멸 등을 주염(酒塩)으로 구운 후 성게알을 발라 바싹 굽는다.

우동(饂飩) 납작하게 된 것과 둥근 모양으로 된 것 두 종류가 있다. 납작하게 된 우동국수로는 나고야의 기시멘(きし麵)이 유명하다.

우마니(旨煮) 채소류와 고기 등을 따로따로 조려서 함께 담아내거나 또는 국물이 없어질 때까지 졸이는 것.

우사기키리(兎切り) 토끼모양 자르기. 사과깎기의 일종. 사과를 껍질째 6~8등분하고 심을 뺀다.

토끼귀의 형태로 칼집을 내고 귀부분을 남기고 껍질을 벗긴 후, 냉수를 부어 귀를 세운다. ☞ 부록(466쪽)

우시오니(潮煮) 도미 · 가다랑어의 머리나 뼈 따위를 살짝 데친 후 술을 넣어 비린내를 없앤 후 물에 끓여 소금으로 간을 한 국.

우오센베이(魚煎餠) 흰살 생선을 갈아서 방망이로 가볍게 두들겨 편 다음 전분을 묻혀서 기름에 튀긴 것.

우주미비야키(火燒き) 숯불구이. 뜨거운 잿속에 재료를 묻어 굽는 방법. 송이버섯, 가지, 감자, 당근, 우엉 등에 적합하다. 송이는 물에 적신 화지(和紙)에 싸서 굽는다.

유라안야키(祐庵燒き) 유라안야키(柚庵燒き), 유우안야키(幽庵燒き)라고도 한다. 키다무라(北村)의 유안이라는 다인(茶人)의 이름에서 붙여졌다. 옥돔, 참가다랑어, 숭어새끼 등에 간장, 미림, 술로 만든 양념국물을 2~3회 발라가면서 굽는다. 유자를 바퀴자르기로 하여 넣으면 향이 좋다.

유바(湯葉) 대두가공품. 두유를 끓여 표면에 뜨는 막을 건져 말린 것. 건조하기 전의 것을 히키아게유바 또는 나마유바라고 한다.

이나리즈시(稻荷壽司) 유부 초밥. 관서지방에서는 시노다즈시라고도 한다.

이다메니(炒め煮) 기름으로 볶은 다음 니다시지루(煮だし汁)를 넣고 중불에서 졸이는 방법. 가지, 곤약, 우엉, 감자 등이 적합하다. 우엉조림, 닭고기볶음 등이 대표적인 요리.

이로가미키리(色紙切り) 색종이썰기. 당근을 폭과 길이가 3×3cm, 두께가 0.2cm 정도 되도록 썬다. ☞ 시키시키리

이로타시(色出し) 푸르게 데치기. 오이 등에 소금을 쳐서 이타즈리(板ずり-도마 위에 오이 등을 놓고 소금을 뿌리면서 굴려 연하게 하는 것) 를 한 다음 뜨거운 물에 데쳐 색을 선명하게 하는 것. 또한 머위를 푸르게 데칠 때에는 소금을 친 후 이타즈리를 하고 나서 데친다.

이루(煎る) 볶기. 200℃ 전후로 가열한 두터운 솥과 질남비에 기름을 쓰지 않고, 식품을 부단히 저으면서 가열하는 조작. 식품에 남은 수분을 없게 하고, 종실류와 견과류를 향이 나도록 가열하는 데 쓰인다.

이리가라(炒り殼) 돼지고기나 고래고기 껍질의 기름을 제거하고 그것과 함께 무를 조리는 것.

이리니(煎り煮) 볶고 끓이기. 기름을 쓰지 않고 재료를 볶은 후 설탕, 간장을 넣고 다시 끓여 조리는 방법. 일본 고광나무꽃 볶기 등이 대표적이다.

이리코(海蔘) 생해삼에 술과 초를 넣고 볶듯이 하여 말린 것. 말린 멸치를 이렇게 부르기도 한다.

이부스(燻す) 불에 굽기. 벚나무, 상수리나무, 도토리나무, 소나무 등의 잎을 태워서 나는 열기와 훈연성분으로 식품을 건조시키기도 하고, 향미가 생기게 한다. 냉훈(冷燻-육류의 응고온도 이하로 단시간)과 온훈(溫燻-육류의 응고온도 이상으로 단시간)이 있는데 냉훈이 수분이 적고 보장성이 높다. 훈연성분에는 살균효과와 유지의 산화방지작용이 있다.

이시모치(石首魚) 조기. 가마보코(蒲鉾)의 살로는 최고이다.

이시야키(石燒き) 돌판구이. 돌을 달구어 그 열로 재료를 굽는 방법. 원시적인 요리법으로 은어구이, 야마메구이 등이 있다.

이쵸키리(銀杏切り) 은행잎썰기. 반달썰기를 하고 또 반을 썰어 은행잎 모양을 내는 것. 냄비요리와 맑은 국에 삶은 당근, 무, 산마 등을 넣을 때 사용한다. ☞ 부록(465쪽)

이치반다시(一番出し) 가다랑어를 삶아서 최초로 우려 낸 국물. 이것은 주가 되는 국물요리에 사용한다. 가다랑어국 속에 이치반다시의 절반 정도되는 양의 물을 넣고 다시 삶아서 우려 낸 국물이 니반다시(二番出し)이다. 이 니반다시는 대부분 시다니(下煮)용으로 사용한다.

이카다야키(筏燒き) 작은 생선들을 4~6마리씩 나란히 고정시켜 굽는 것.

이카리보후(いかり防風) 보후라는 식물의 줄기를 십자모양으로 칼집을 넣어 벌려 모양을 만든 것이다. ☞ 부록(466쪽)

이케즈쿠리(生作り, 活作り) 생선회 썰기. 살아 있는 생선의 내장을 제거하고, 세 덩어리로 잘라서 살부분만을 도려낸다. 이것을 얇게 또는 실모양으로 썰어서 씻어 본래의 생선과 같은 모

양으로 접시에 담는다. 잉어, 돔, 붕어 등의 생선이 적합하다.

이타야키(板燒, いたやき) 오리, 닭 등을 미림, 간장 등에 담가 두고 삼나무판 위에서 굽는 것.

이토나마스(絲鱠, いとなます) 당근, 무, 오이, 땅두릅 등과 생선을 가늘게 잘라서 소금을 치고 식초로 씻은 후 3배초(三杯酢)를 사용해서 만든 스노모노(酢の物)이다.

이토즈쿠리(絲作り) 실썰기, 가늘게 썰기. 회를 써는 방법의 일종. 실같이 가늘고 길게 써는 것에서 이 이름이 붙여졌다. 가느다란 생선의 회를 뜨는 경우에 이 방법을 쓴다. 길이 6cm, 폭 0.3cm 정도가 보기도 좋고 먹기 쉽다. 오징어, 잉어, 붕어, 모래무지, 보리멸, 학꽁치 등의 사시미에 쓰인다.

ㅈ

자가고넨콘(坐籠蓮根) 연근을 길이로 1.5cm 잘라서 세로로 2개를 만들어 펼치고 모서리를 둥글게 만든 것. ☞ 부록(466쪽)

자바라키리(蛇腹胡瓜い切り) 뱀뱃살모양썰기, 자바라썰기. 둥근 오이의 끝으로부터 두껍게 사각으로 중심까지만 베인 자국을 만들어 가고, 다시 뒤를 반복하여 같게 한다. 소금물에 담그든지 소금을 뿌려 4~5cm로 자른 후 양끝을 잡고 구부려 모양을 만든다. 생선회, 생선구이에 곁들이기도 하고, 중국요리에는 이렇게 자르는 법을 '오롱(龍)'이라 하고 회나 채소를 식초에 무치는 요리에 쓰인다. ☞ 부록(465쪽)

죠오스이(雜炊) 죽의 일종. 쌀, 고기, 채소 등을 넣고 맑게 끓이거나 또는 미소 같은 것을 넣고 걸쭉하게 끓인 것.

지가미키리(地紙切り) 부채꼴썰기. 무, 당근 등을 은행잎썰기한 후 가운데를 둥글게 자른다. ☞ 부록(464쪽)

지라시즈시(散らしすし) 참치, 새우, 조개류, 연근, 달걀, 베니쇼우가, 김, 오이 등을 3~4가지 이상 조미해서 초밥 위에 뿌리듯 올린 것.

지카니(直煮) 채소를 끓이는 방법 중의 하나. 신선한 재료를 그대로 국속에 직접 넣어서 끓이는 방법. 채소 자체가 가지고 있는 맛과 향기를 최대로 살리는 독특한 요리법이다. 소박한 요리여서 시골국이라든가 산가(山家)국이라 불리기도 한다. 토란, 호박, 가지 등에 적합하다.

지쿠와 으깬 생선살을 동그랗게 빚어 대나무 꼬치에 꿰어 구운 것.

ㅊ

챠메시(茶飯) 원래는 향이 있는 차를 넣고 밥을 짓는 것이 정석인데, 차물 대신에 간장을 넣고 짓기도 한다. 사쿠라메시(桜飯)라고도 한다.

챠센나스(茶筅茄子) 챠센키리한 가지를 튀긴 것. 약간 눌러 튀겨 '니모노'에 사용하거나 고로모(밀가루, 달걀, 물로 만든 튀김옷)를 입혀 튀겨 덴푸라로도 사용한다. ☞ 부록(466쪽)

챠센키리(茶洗切り) 차젓기썰기. 채소 등을 자르는 법의 일종. 차선(茶筅-차 젓는 도구)같이 종( )으로 칼집을 넣고 자르는 방법. 가지를 상하 1cm 정도 남기고 세로로 깊이 칼을 잘게 넣어 소금물에 절인 다음 상하를 잡고 비틀면 차선처럼 된다. 챠센키리한 재료는 조림, 튀김으로 조리한다.

츠쿠다니(佃煮) 생선, 패류와 해초 등을 간장, 미림 등으로 달고 매콤하게 끓인 저장품 중의 하나. 에도시대에 츠쿠 섬의 어부가 만들었다고 해서 이 이름이 붙여졌다.

치요무수비(千代結び) 생선묵과 미쓰바(三葉) 등을 묶는 방법의 일종. 생선묵은 홍백 2장을 다시 또 묶고, 국의 고명이나 조림 등에 쓰인다.

ㅍ

폰즈(ポニ酢) 등자(과일)즙과 간장을 같은 양으로 섞어 만든 초간장.

ㅎ

하나가타키리(花形切り) 채소 등을 꽃모양으로 자르는 것. 장미, 매화, 벚꽃 등의 여러 가지의 꽃모양으로 자른다. 당근, 순무, 연근, 자고(慈姑), 백합뿌리, 빨간무(radish)에 쓰이고, 초무침, 스이모노(吸物), 조미국 등으로 할 때 장식으로 자르는 것. 빨간무의 꽃모양 자르기는 꽃모양으로 칼집을 넣은 후 냉수에 담그면 예쁘게 벌어진다. ☞ 부록(463쪽)

하나비라모치(花弁餅) 황실에서 정월행사에 만들어 신전에 바쳤다는 떡. 민가에서의 가가미모치(鏡餅)와 같은 종류이다.

하나아게(花揚げ, はなあげ) 튀김요리의 일종으로 튀김옷이 꽃이 핀 것처럼 만들어지기 때문에 붙여진 이름이다.

하라비라키(腹開き, はらびらき) 생선의 배 쪽부터 갈라 열고 등 부분을 붙여서 여는 칼질방법. 생선의 머리를 오른쪽으로 해서 중골로 따라가 꼬리부분까지 베어서 가른다. 중골을 잘라 제거하기도 한다. 말린 식품을 만들 경우에 이 방법을 이용한다.

하루사메아게(春雨揚げ) 당면튀김. 당면을 5mm 정도로 잘라 이용한다. 새우, 게, 닭고기 등의 주재료에 밀가루, 달걀흰자, 당면을 묻혀 튀긴다.

하리키리(針切り) 바늘과 같이 가늘게 자르는 법. 생강, 두릅 등을 가늘게 잘라 덴모리(天盛り)용으로 사용한다.

하마야키(はま燒き) 갓 잡은 어류를 그대로 바닷가에서 굽는 요리. 특히 도미를 쓴다. 세토나이가이 연안이 본고장으로 원래는 염전의 소금솥 속에서 쪄서 구이를 한 것이 시초였다. 현재는 갓 잡은 도미 따위를 소금가마에 넣어서 쪄내거나 고염의 솥에서 소금구이한 요리.

하부타에고시(羽二重漉, はぶたえごし) 두 번 체에 거르는 것. 신죠(糝薯)를 만들 때 부드럽게 하기 위하여 삶은 계란을 이 방법으로 한다. ☞ 신죠

하시라무시(柱蒸し) 조미한 달걀즙을 쪄서 굳히고, 그 위에 패주를 올려 놓고 2~3분 찐 것. 구즈앙(くずあん－전분을 물에 풀어 술, 간장 등으로 조미하여 끓인 것)을 넣는다.

하야니(早煮, はやに) 농후하게 끓인 국물로 재료에 약간 열을 가하는 정도로 끓인다. 재료는 낙지, 전복, 조개, 오징어, 새우이다.

하치무시(鉢蒸, はちむし) 찜요리의 하나로 생선, 채소에 소금으로 맛을 들여서 사발에 넣어 쪄서 메밀국물을 뿌려서 먹는 요리.

하코스시(箱鮨) 오사카스시. 초밥용 상자에 눌림판을 준비하고 새우, 고등어 등의 재료를 깔고 그 위에 밥을 얹어 눌림판을 물러 놓은 다음 뒤집어 재료가 위쪽에 오게 하여 칼질을 한 다음 담는다.

하타타키(刃叩, はたたき) 잘게 다져 자르는 방법. 오리의 뼈, 메추라기의 뼈를 살과 함께 으깬 음식으로 만들 때 이 방법으로 한다.

한게츠키리(半月切り) 반달썰기. 둥근모양썰기를 하고 반썰기를 하여 반달처럼 만든 것이다. 보통 레몬 썰기, 구이, 초회에 곁들일 때 사용한다. ☞ 부록(464쪽)

핫포우지루(八方汁) 다시, 간장, 미림 등을 합하여 한번 끓인 것. 끓인 국물에 국수, 어묵, 튀긴 두부 등을 넣는 국으로 핫포우(八方)에서 쓰이고 있는 국이라 하여 붙여진 이름이다. 그 사용 목적에 따라서 다시, 간장, 미림의 배합비를 조절할 수 있으므로 '핫포우(八方)'의 의미가 있다고 한다.

호로미소(法輪味噌) 향신료를 첨가한 된장으로 무침용으로 사용한다. 참깨, 삼 열매, 호두, 산초 등을 섞은 나메미소(生味噌－반찬으로 먹을 수 있도록 조리한 된장)의 일종.

호로쿠야키(ほうろく燒き) 질그릇에 소금과 솔잎을 깔고, 양념을 하지 않고 어패류, 토란, 송이버섯 등을 넣고 뚜껑을 해서 오븐에서 열을 가해 구운 것.

호우쇼야키(奉書燒き) 호우쇼라고 하는 일본 종이(和紙)로 생선을 싸서 굽는 것. 어명(御命)을 봉한 것을 호우쇼지(奉書紙)라고 한다. 호우쇼구이에는 시마네현 마쓰에의 향토요리인 농어의 호우쇼구이가 있다. 어사(漁師)가 뜨거운 탄 속에 넣고 구워 먹은 것을 번주 후마이(不味)공에게 올리기 위해 호우쇼로 말아 구운 것이 시초였다고 한다. 농어, 옥돔, 송이버섯 등이 적합하다.

혼젠료리(本膳料理) 무로마치시대 무가의 예법이라하여 일본요리법의 진수. 현재는 관혼상제의 의례적인 일본요리에 이용되고 있다.

효시키키리(拍子木切り) 채소를 자르는 법의 일종으로, 길이 4~5cm, 0.7~1cm 각의 봉모양으로 자르는 것. 무, 당근, 감자, 오이, 두릅 등을 초찜(酢煮), 조림, 튀김 등으로 할 때 이용된다. 산마, 오이 등 생으로 사용 시 생채소 모듬에 사용한다. ☞ 부록(464쪽)

후데쇼가 기네쇼가(筆生薑 杵生薑) 스쇼가(酢生薑)

를 붓 모양으로 만들거나 등 모양으로 만드는 것. ☞ 부록(467쪽)

후로후야키(風呂吹き) 추운 겨울에 먹는 니모노. 무, 이십일무, 토란 등을 모서리를 둥글게 깎고 다시마와 함께 아주 연하게 삶거나 찐 다음 뜨거울 때 간을 한 미소를 위에 올리거나 밑에 깐다.

후리가케(振り掛け) 밥, 죽, 니기리고항(握飯) 등 어떤 것에나 간이 되어 있는 재료를 뿌리는 것.

후시오로시(ふしおろし) 생선을 자르는 방법 중의 하나. 3조각으로 자른 생선을 다시 중간뼈 사이로 잘라서 등살과 뱃살로 나누어 5조각으로 만드는 것으로서, 3조각 자르기라고도 한다. 넙치(광어), 가다랑어에 사용된다. ☞ 부록(467쪽)

후우미야키(風味焼き) 생선이나 고기에 파, 생강 등의 향내를 옮겨 굽는 방법.

후쿠마세니(含ませ煮) 재료에 맛이 깊숙이 배도록 연한 간으로 넉넉히 국물을 만들어 시간을 충분히 갖고 천천히 조린 것.

후쿠메니(含め煮) 미리 부드럽게 한 재료에 국물이 덮일 정도로 넣고 천천히 시간을 두고 끓인다. 혹은 재료에 불이 통과하면 불을 끄고, 국물 속 에 그대로 넣어놓고 맛을 침투시킨다. 니히다시(煮浸し)보다도 약간 얇은맛이 있다. 맛의 침투에 시간을 요하는 재료인 고노도후(高野豆腐), 밤, 감자, 콩류와 복대(福袋)를 만드는데도 적합하다.

히네모치(ひね餅) 히네리모치라고도 한다. 찐쌀을 손으로 주물러 떡처럼 만든 것.

히라즈쿠리(平作り) 생선회를 치는 법의 일종. 일반적으로 행해지는 자르는 법으로서, 사쿠도리(생선을 3조각으로 잘라 복부와 잔뼈를 제거하고 여러 가지 조리에 적합하게 모양을 준비하는 것)한 살의 높은 쪽(두꺼운 쪽)을 향하는 쪽으로 하여, 왼손으로 살을 누르고 오른쪽으로 부터 잘라 간다. 히라즈쿠리에는 2종류가 있다. 하나는 칼등을 왼쪽으로 약간 숙여서 칼의 자루 쪽으로부터 끌어 당겨 자르고, 그대로 오른쪽으로 잘라 누르는 방법과 또 누이지 않고 그대로 오른쪽으로 보내는 방법도 있다. ☞ 부록(467쪽)

히시오(醬) 대두콩과 소맥분으로 만든 메주류에 소금을 첨가해서 제조한 조미료.

히키즈쿠리(引き作り) 칼을 제키지 않고, 곧장 당겨 자르는 것. 자르는 것이 끝나도 오른쪽으로 보내지 않고 그대로 이어 자른다. 특히 도미와 삼치 등의 뱃살은 편평하게 자르는 것보다는 이 방법이 살이 거칠어지지 않는다. ☞ 부록(467쪽)

서양조리 용어

ㄱ

가니(garni) 곁들임을 갖는 것. 가니쉬하는 것.

가니쉬(garnish) 음식의 빛깔 · 모양을 좋게 하고 식욕을 돋우기 위하여 음식 위에 뿌리거나 얹는 장식물. 주로 색이 선명한 파슬리 · 래디시 · 레몬 · 완숙달걀 · 베이컨 등을 이용.

가니튀르(garniture) ① 가니쉬한 것. ② 가니쉬하는 과정.

가르드망제(garde-manger) 찬 음식을 조리하는 조리사(cold meat cook) 또는 조리부.

가르뷔르(garbure) 스튜를 오븐에 넣어 조리하거나 걸쭉한 수프에 양배추나 소금에 절인 돼지고기를 넣는 것.

가메 폴(game fowl) 꿩 · 자고새 · 비둘기 · 오리 · 거위 · 뇌조 · 메추리 · 비둘기 새끼를 포함하는 식용 야생 조류(wild bird).

가스파초(gazpacho) 익히지 않은 채소, 퓨레로 만든 찬 스페인 수프.

가토(gâteau) 케이크(cake).

갈랑틴 <프>뼈를 제거하고 속에 채워 넣은 뒤 삶은 생선이나 육류를 둥글게 말아 압착하여 코팅해서(glazed) 차게 대접함.

게임(game) 사슴 · 곰 · 산토끼 · 다람쥐 · 버팔로 소와 같은 식용 야생 동물.

고르곤졸라(gorgonzola) 이탈리아산의 반연질 푸른곰팡이 치즈.

고우다(gouda) 네덜란드산 치즈.

고프레(gaufre) 와플(waffle).

굴라시(goulash or gulash) 쇠고기 · 송아지고기 · 닭고기 · 토마토 · 파프리카(paprika) · 양파 · 사워 크림(sour cream) · 감자 등을 넣어 만든 수프 요리.

그라니떼(granité) 얼음 설탕물이나 과즙이 거칠은 결정체로 얼려진 후식.

그라땡(gratin, au gratin) 그라틴(gratin). 표면이 거칠고 누런 색이 나도록 재료 위에 빵가루와 치즈를 뿌려서 그릴(grill)이나 오븐(oven)에 구워낸 요리.

그랑 마니에(grand marnier) <프>리큐르술로 오렌지 향이 나는 품질 좋은 술.

그레너딘(grenadine) 석류즙과 설탕으로 만든 시럽. 프랑스어로 그르나딘이라고도 함.

그레이비(gravy) 로스트한 고기나 튀긴 고기에서 나온 육즙에 다진 양파와 밀가루를 섞어 만든 되직한 소스.

그로스삐에스(grosspiece) 뷔페 상차림의 센타피스.

그로츠(groats) 외피를 벗기고 거칠게 빻은 귀리(oats)가루로, 죽(porridge), 묽은 죽(gruel), 브롯 조리에 사용된다.

그뤼에르(gruyere) 기공이 있는 황색의 숙성 경질 치즈(스위스산이 유명함).

그리들(griddle) 약 0.6cm 두께의 쇠 철판을 불 위에 올려놓고 그 위에서 과자 · 스콘 등을 요리하는 것. 열원을 전기로 하는 두꺼운 쇠철판.

그리핑(gripping) 칼 잡는 방법. 칼날 세우기.

그린 미트(green meat) 도살 후 고기가 충분한 시간을 두고 연화되고 맛이 나지 않도록 된 고기.

그릴(grill) 육류나 생선 등을 석쇠에 놓아 직화로 굽는 기구.

그릴링(grilling) 직화로 고기나 생선 등을 굽는 것.

그릴아딘(grilladin) 굽는 것을 담당한 요리사.

글라세(glacer) <프>설탕을 입혀 광택이 나게 하다. ① 요리에 소스를 쳐서 뜨거운 오븐이나 살라만더에 넣어 표면을 구운 색깔로 만든다. ② 당근이나 양파에 버터, 설탕을 넣어 수분이 없어지도록 하면 광택이 난다. ③ 찬 요리에 젤리를 입혀 광택이 나게 한다. ④ 과자 표면에 설탕을 입힌다.

글라스 드 비앙드(glace de viande) 젤리 농도로 농축시킨 고기 스톡.

글레이징(glazing) 생선을 데쳐 낸 후 식탁에 내기 전에 윤기가 나도록 하기 위해 소스나 황미, 홀랑데즈 소스, 크림 등이나 조리한 즙을 넣어 섞이도록 하는 것.

글레이즈(glaze) 달걀 · 우유 · 설탕 · 물 · 진한 젤리 등을 섞어 만든 재료로, 음식의 표면에 먹음직스럽게 윤이 나도록 얇게 입히는 것.

기(ghee) 인도 요리에 사용되는 정제 버터의 일종.

까나르(canard) <프>오리(duck)

까나페(canapé) <프>프랑스 요리 용어로 구운 빵이나 크래커 위에 치즈 · 달걀 · 햄 등 맛있고 부드러운 재료를 보기 좋고 먹기 좋게 오픈 샌드위치처럼 만들어서 애피타이저나 칵테일로 내놓은 것.

까망베르 치즈(Camembert cheese) 껍질도 먹을 수 있는 크림색의 연질 치즈, 프랑스산 치즈로 알려짐.

꼬끼이유(coquilles) 조개껍질 속에 다진 쇠고기나 닭고기 등을 담아 오븐에 구워 내는 프랑스 요리의 하나.

꽁까세(concasser) <프>재료를 거칠게 다지거나(rough chopping), 절구(mortar)에 넣어 빻아 찧는 것.

꽁디망(condiment) <프>양념. 조미료.

꽁소메(consommé) 육류 · 채소류의 삶은 즙을 헝겊에 걸려 만든 향기가 은은하고 맑은 수프로 전채요리 중의 하나.

꾸르 부이용(court bouillon) 생선을 요리할 때 흔히 신맛이 있고 향초(herbs) 맛이 있도록 조미된 물을 말함.

꾸쁘(coupe) <프>바닥쪽 손잡이 부분이 가느다란 유리잔(a stemmed glass)에 과일과 샹틸리 크림을 곁들여서 대접하는 아이스크림.

꾸앵트로(cointreau) 오렌지향이 나는 리큐르술(cordial)의 상표명.

꿔쉬(quiche) <프>파이 반죽에 속재료를 크림, 햄, 달걀, 치즈 등으로 만든 달지 않은 커스터드(custard)와 같은 혼합물을 부어 구운 것.

꿔이송(cuisson) <프>음식물을 익히기, 굽기, 삶기, 볶기, 졸이기.

뀌지니에(cuisinier) <프>조리사(cook).

끄레레(clairet) 적포도주.

ㄴ

나바린(navarin) <프>갈색 양고기 스튜.

나뻬(napper) 소스를 요리 표면에 씌우다.

나폴레옹(napoléon) 퍼프 페이스트리(puff pastry)의 한 종류.

노르망디(normandy) 진한 생선 벨로테(velouté)와 크림의 혼합물.

뇨키(gnocchi) 감자나 세몰리나(semolina) 또는 파스타 반죽으로 만드는 이탈리아식 덤플링(dumpling)으로, 크기는 작고 진한 치즈 맛이 나는 파스타 종류.

누벨 뀌진느(nouvelle cuisine) 최신 조리 방법으로 만드는 것을 표현하는 것으로 소스도 가볍게, 양념도 조금하고 짧은 조리시간에 때로는 새로운 식품의 배합도 하면서 조리하는 방법.

누아제트(noisette) 헤이즐넛(hazelnut). 개암열매, 쇠고기 안심이나 양고기의 작고 둥근 조각.

뉴버리(newbury) 베샤멜 소스나 크림 소스에 백포도주를 넣고 달걀노른자를 넣은 것.

뉴잉글랜드 보일드 디너(New England boilled dinner) 삶은 콘 비프(corned beef)와 채소를 같이 어울려 담아 놓은 요리.

니딩(kneading) 두 손을 사용하여 빵 반죽이나 페이스트리 반죽을 치대는 것.

니스와즈(Niçoise) ① 프랑스 니스 스타일로 요리된 것. ② 토마토를 다져서 마늘과 같이 익혀서 가니쉬한 것.

ㄷ

다이스(dice) 육면체로 써는 것을 말함. 그 크기에 따라 브뤼느와즈, 작은 육면체, 중간 육면체,

큰 육면체 등으로 구분함.

대니시 페이스트리(danish pastry) 밀가루에 이스트를 넣어 만든 단맛이 있는 파이 반죽(sweet dough).

종류	크기
극소 육면체(brunoise)	3×3×3mm
작은 육면체(small dise)	6×6×6mm
중간 육면체(medium dice)	1.2×1.2×1.2mm
큰 육면체(large dice)	1.8×1.8×1.8mm (2×2×2mm)

댕도노(dindonneau) <프>어린 칠면조

댕동(dindon) <프>수컷 칠면조.

댕드(dinde) <프>암컷 칠면조.

더스팅(dusting) 고운 설탕가루나 밀가루를 뿌리는 것.

덤플링(dumpling) 밀가루에 소금 · 기름 · 우유를 넣고 반죽하여 약 1cm 두께로 밀어 네모로 자른 다음 뜨거운 국물에 익힌 요리. 우리나라의 수제비와 비슷함.

데글레이즈(déglaze) 고기를 굽거나 볶을 때 고기에서 흘러나온 즙만을 냄비에 붓고 액즙이 엉기도록 약한 불에서 끓여 고기에 얹을 소스로 만드는 과정.

데빌(devil) 후춧가루 · 고추 · 겨자 등을 넣어 매운 맛이 나도록 조미하는 것.

데죄네(déjeuner) 점심(mid-day meal).

도리아(doria) 쌀요리 또는 고기요리 등에 버터에 익힌 오이가 들어 있도록 가니쉬 한 것.

도우(dough) 밀가루에 물 · 우유를 혼합하여 만든 된 반죽. 보통 손으로 치대어 되게 만든 반죽을 말하며 스푼이나 거품기로 휘저어 묽게 만든 반죽은 배터(batter)라고 한다. 밀가루 450g에 물이나 우유 1C를 넣어 반죽한 도우는 빵이나 스콘(scone) 등을 만든다. 도우 종류에는 액체의 양을 적게 넣은 되직한 반죽(stiff dough)과 액체를 많이 넣은 진 반죽(soft dough)으로 나눈다. 도넛을 만드는 반죽도 틀에 찍어서 만드는 반죽과 반죽을 조금씩 떨어뜨려 튀기는 종류가 있으며, 쿠키(cookies) 반죽도 진 반죽은 드롭 쿠키(dropped cookies)를 만들 때 이용하고, 된 반죽은 롤 쿠키(rolled cookies)를 만들 때 이용된다.

뒤쉐스 포테이토(duchesse potatoes) 버터와 달걀노른자가 섞인 감자 퓌레.

뒤 주르(du jour) '오늘의(of the day)' 라는 뜻을 지닌 용어로, 그날 대접할 준비가 되어 있는 음식을 뜻함.

뒥셀(duxelle) 다진 버섯과 골파쪽을 볶아 만든 해쉬(hash) 또는 거친 페이스트.

듀바리(dubarry) 콜리플라워(cauliflower)가 들어가 있거나 콜리플라워로 가니쉬한 것.

드레세(dresser) 구멍이 뚫린 통 속에 밀가루나 설탕 · 후춧가루 · 소금 등을 넣어 가볍게 뿌리는 것.

드레스드(dressed) ① 손질된 닭고기 형태(도살하여 피를 빼고 털도 뽑아 판매 상태로 된 것). ② 생선 시장에서 판매되는 형태로 손질해 놓은 것.

드레징(dredging) 구멍이 뚫린 통 속에 밀가루나 설탕, 후춧가루, 설탕 등을 넣어 가볍게 뿌리는 것. 밀가루 등이 고루 얇게 묻혀지도록 하며 익힌 후 누렇게 되거나 끈적거리는 것을 예방하기 위해서 함.

드로운(drawn) 내장을 들어내 제거한 상태.

드로운 버터(drawn butter) 녹인 버터.

드리핑(dripping) 로스트 시 고기의 맛을 돋우기 위해서 또는 조리 도중 지나치게 건조되는 것을 방지하기 위해서 기름기를 첨가하는 것. 로스트할 때 흘러나온 기름기 있는 육즙.

드미글라스(demiglace) 농축한 갈색 스톡. 에스파뇰과 브라운 스톡 ½의 혼합물.

드미따스(demitasse) '반 컵' 이라는 뜻을 갖고 있으며, 정찬을 마친 후에 작은 커피 잔에 담아 서브되는 블랙 커피(black coffee). 영어가 많이 통용되는 지역에서는 '데미타스' 라고 많이 함.

디그리즈(degrease) 뜨거운 국물이나 액체 상태의 표면에 있는 기름을 제거하는 것을 말하며, 소스 · 수프 스톡 · 로스트 · 캐서롤(casserole) 등을 만들 때 필요한 과정.

디아고날(diagonal) <프>원주 모양의 채소나 과일을 빗겨로 하여 어슷하게 써는 것으로 이것도 먼저 껍질을 벗기고 엇비슷하게 두께를 고르게 써는 것으로 우엉 등을 흔히 이렇게 썬다. ☞

부록(464쪽)

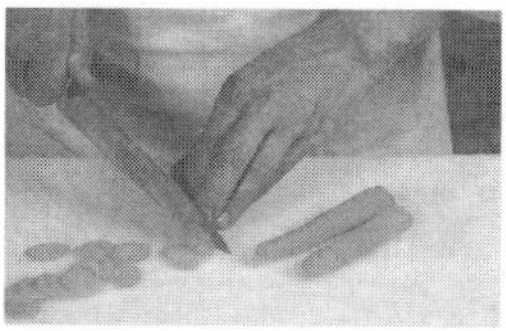

디프 프라이(deep fry) 기름을 많이 넣어 튀기는 것.

따블 도뜨(table d'hôte) <프>각각의 음식 항목마다 가격이 각기 정해 있는 알 라 까르트(à la carte)와는 달리 완전한 식사 한 끼 단위로 가격이 책정되는 형식.

ㄹ

라구(ragoût) 스튜(stew) · 고기 · 채소를 넣고 걸쭉하게 끓인 것.

라돈(lardon) 말린 고기나 생선, 가금육에 끼워 넣는 염장 돈육이나 베이컨의 얇고 길다란 조각(thin strips).

라딩(larding) 돼지비계를 가늘고 길게 썰어서 고깃덩어리 표면에 꿰매어 붙여 놓은 것. 이렇게 한 고깃덩어리는 흔히 브레이징할 때 이용되고 요리가 되는 과정에서 습기가 유지되며 맛을 향상시킨다. 최근에는 부드러운 고기 선택과 기름기가 있는 부위를 택하여 조리하기 때문에 라딩의 과정을 생략한다.

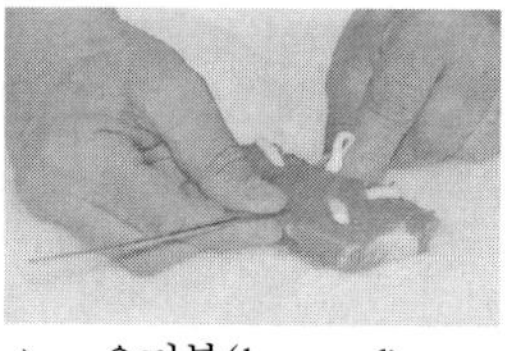

라비에(ravier) 오더블(hors-d'œvres)을 담는 긴 타원형 접시.

라이 블렌드(rye blend) 호밀가루와 경질 밀가루를 섞은 것.

라타뚸이유(ratatouille) <프>남프랑스의 채소 스튜인데 양파, 토마토, 애호박, 가지, 청고추 등으로 만든 것.

라후트(raft) 스톡(stock)이 깨끗이 정제되었을 때 응고된 투명한 고기 형태의 것.

랑구스트(langouste) <프>집게발이 없이 더듬이가 긴 바닷가재(spiny lobster).

램킨(ramekin) 빵가루 · 치즈 · 달걀 등을 섞어 접시에 담아 구운 것.

러스크(rusks) 식빵을 손가락 굵기로 썰거나 얄팍하게 썰어서 낮은 농도의 오븐에서 바삭하게 구운 것.

러크훠르(roquefort) <프>남프랑스 지방의 양젖으로 만든 블루 치즈로 맛이 진하다.

런던 브로일(London broil) 브로일러에서 살짝 구운 스테이크 또는 플랭크 스테이크(flank steak)를 말함.

레브닝(leavening) 오븐에서 부풀어지면서 구워지도록 이산화탄소(CO_2)가 발생되도록 하는 물질.

레쇼페(réchauffé) <프>다시 따뜻하게 데우는 것을 뜻함.

로(roe) 어란의 총칭.

로띠르(rôtir) 재료를 크고 둥글게 해서 고정된 오븐에 그대로 굽는 것. 또는 꼬챙이에 꿰어서 불에 쬐어가며 굽는 것.

로띠쇠르(rotisseur) <프>로스트. 찜. 굽는 것을 담당하는 요리사.

로셋(rosset) 감자를 토마토 퓌레와 되직하게 섞어 작은 꽃모양으로 빚어 달걀에 담갔다가 빵가루를 묻혀 튀기거나 오븐에 구운 것.

로스티 포테이토(roesti potatoes) 감자를 삶아 으깨어 작은 케이크 형태로 만든 후 팬에서 바삭바삭하도록 팬 프라이한 것.

로얄 아이싱(royal icing) 달걀흰자위를 거품 쳐서 가루설탕을 넣어 장식에 사용할 수 있는 재료.

로스팅(roasting) 덩어리로 고기나 생선 등을 오븐에 굽는 것.

롱델(rondelle) <프>원주의 채소나 과일을 디스켓모양으로 둥글게 써는 것으로 대개는 먼저 껍질을 벗기고 도마에 놓고 둥근 모양으로 써는 것.

롤링(rolling) 빵 반죽이나 페이스트리(pastry) 반죽을 밀대로 미는 것.

루(roux) 녹인 버터나 지방과 밀가루를 섞은 혼합물로서 수프와 소스를 되직하게 하는 농후제로 사용. 루에도 지방과 밀가루를 섞어 누런 색이 나도록 볶은 브라운 루(brown roux)는 브라운 소스나 스튜(stew), 그 외 구수한 맛을 내기 위해 사용되는 농후제로 이용되고, 화이트 루(white roux)는 지방이 녹아 밀가루를 섞고 색이 나지 않도록 섞어 밀가루의 날 냄새만 없어지도록 볶은 것으로 베샤멜 소스(bechamel sauce)와 베로테 소스(veloute sauce) 등을 만들 때 이용된다.

뤼스(russe) 러시아식(russian style).

리(ris) 스위트브레드(sweet-bread).

리덕션(reduction) ① 물의 일부를 조리하면서 증발시켜 농축된 액. ② 농축시키는 과정.

서양조리

리듀스(reduce) 국물을 끓여서 분량을 줄여 맛을 농축시키는 과정.

리딩 소스(leading sauce) 여러 가지 소스를 만들기 위해 이용되는 기본 소스. 5가지 따뜻한 기본 소스는 베샤멜, 벨로테, 에스파뇰, 토마토, 홀랑데즈이고 마요네즈와 비네그렛트(vinaigrette)도 찬 기본 소스에 속함.

리소토(risotto) 이탈리아식 밥요리. 쌀로 만든 음식. 버터와 국 국물을 넣어 지은 밥.

리에종(liaison) 달걀과 같은 농후제(binding agent)로서, 소스나 수프를 되직하게 할 때 사용.

리오네즈(lyonnaise) 요리에 양파의 맛이 강하게 나도록 하는 것.

리졸레(rissolé) 살짝 구어 갈색을 내거나 뜨거운 기름에서 갈색이 나도록 한 것.

리코타(ricotta) 코티지 치즈와 비슷한 이탈리아형 치즈. 매끄러운 맛으로 촉촉하고 단맛이 있다.

리쾨르(liquor) 리큐르술. 향이 있으면서 단맛이 있는 술 종류.

리프레시(refresh) 뜨거운 음식을 빨리 식히기 위해 찬물에 담가 더 이상 조리 과정이 진행되지 않도록 중단시키는 것.

림파(limpa) 스웨덴식 빵.

ㅁ

마데이라(madeira) 포르투갈 마데이 섬에서 제조 · 생산되는 포도주.

마라스키노(maraschino) 달마티아(Dalmatia) 지역에서 재배되는 마라스카(marasca) 체리로 만든 리쾨르술.

마랭고(marengo) 닭고기를 기름에 튀겨 백포도주 · 버섯 · 마늘 · 토마토를 넣어 조린 것.

마롱(marron) <프>요리나 제과용 밤.

마르살라(marsala) <이>시칠리(Sicily) 섬의 마르살라 지방 인근지역에서 재배되는 포도로 제조 생산한 단맛과 약간 쓴맛이 있는 세미드라이 와인.

마르세이예즈(marseillaise) 다진 양파 · 마늘을 기름에 볶아 붉은 포도주와 앤초비(anchovy)와 토마토 소스를 혼합하는 것.

마르지팽(marzipan, marchpane) <독>아몬드 가루 · 설탕 · 달걀흰자로 만든 아몬드 페이스트.

마리네이팅(marinating) 조미된 액상에 담가 맛을 증가시키거나 요리를 부드럽게 하기 위한 조리 방법. 재료에 따라 3가지용으로 분류할 수 있다. ① 식물성 기름-고기가 겉이 습기가 유지되고 맛이 없는 식품일 경우. ② 산, 식초, 레몬즙, 와인-단백질 식품을 부드럽게 한다. ③ 조미료, 향신료, 허브, 채소-오랫동안 담글 때 맛이 배일 수 있다.

마블링(marbling) 육류의 근육조직 내에 큰 기름이 박혀 대리석과 같은 모양으로 보이는 기름.

마세드완(macédoine) 여러 종류의 과일이나 채소의 혼합물.

마스크(mask) 소스나 아스픽(aspic)을 사용하여 완전히 덮어 입히는 것.

마카로니(macaroni) 밀가루와 물로 반죽하여 국수와 같이 빚는데 가운데 구멍이 있고 긴 것과 짧은 것 등이 있다.

마텔로뜨(matelote) <프>담수어를 포도주 · 허브류 · 조미료 등으로 조리한 스튜.

마티니(martini) 진(gin)과 이탈리아 버무스(vermouth)를 넣고 만든 칵테일 술.

말러스크(mollusk) 오징어, 낙지 같은 연체 동물.

매세라이트(macerate) 매리네이드와 같은 뜻으로,

서양 버찌와 같은 과일을 설탕과 알코올에 담가 맛을 흡수시켜 부드럽게 하는 것.

맨해튼(manhattan) 위스키와 버무스에 쓴맛의 술을 약간 탄 칵테일의 일종. 체리를 넣어 서빙함.

머랭(meringue) 달걀흰자와 설탕에 약간의 향료를 섞어 거품을 낸 뒤 낮은 온도의 오븐에서 바삭거리도록 만든 것.

머랭 글라세(meringue glacé) 구운 머랭 껍질(그릇)에 아이스크림이 담겨져 먹도록 된 것.

메그르(maigre) 고기가 들어 있지 않은 음식.

메다이옹(médaillon) <프>둥글게 썬 고기 조각.

메릴랜드(maryland) 육류를 밀가루 · 달걀 · 빵가루를 묻혀서 기름에 튀긴 후, 크림 그레이비(gravy)를 넣은 것.

메트르 도텔 버터(maître d'hôtel butter) 버터에 다진 파슬리와 레몬 주스를 넣은 것.

메트르 도텔 알 라(maître d'hôtel à la) 소스. 녹인 버터에 레몬 주스와 다진 파슬리 · 소금 · 후추를 섞은 것.

메트르 도텔(maître d'hôtel) 식당을 책임지는 지배인.

멜바(melba) 디저트로 아이스크림 위에 복숭아 설탕 조림을 얹어 내는 것.

멜바 소스(melba sauce) 래즈베리(raspberry)의 설탕 조림(아이스크림 위에 끼얹어 낸다).

멜바 토스트(melba toast) 바삭바삭하게 구운 얇은 토스트.

모네(mornay) 베샤멜 소스와 그뤼에르 치즈로 만든 소스.

모짜렐라(mozzarella) 피자나 그 외 요리에 사용되는 이탈리아산의 맛이 온화한 반연질 치즈.

모카(mocha) 주로 혼합 커피(blended coffee) 제조에 식용되는 맛이 강한 커피, 또는 아이스크림 · 프로스팅(frostings) 케이크 · 파이에 사용되는 커피와 초콜릿 향미제의 혼합물.

몽떼 오 뵈르(monter au beurre) 수프나 소스에 녹인 버터를 소용돌이 모양으로 끝맺음을 하는 것.

무스(mousse) <프>크림과 달걀, 또는 젤라틴 · 초콜릿이나 과일 · 커피와 같은 향미제를 사용하여 만드는 부드럽고 맛있는 디저트.

뮈르푸아(murepoix) 채소류를 일정한 모양이 없이 다져서 혼합한 것.

뮌스터(muenster) 맛이 온화한 독일산의 반연질 치즈.

므니에르 알 라(meuniére à la) 생선에 밀가루 옷을 살짝 입혀서 버터에 볶고, 레몬즙과 파슬리, 뜨거운 버터로 조미하는 조리 방식.

미네스트로네(minestrone) 민스트롱이라 흔히 말한다. 이탈리아 사람들이 먹는 마카로니가 들어간 채소 수프.

미뉴에트 스테이크(minute steak) 1.5cm 정도의 두께로 썬 스테이크를 짧은 시간에 구워 내는 것.

미르통(miroton) 냉육을 데우는 것.

미소스트(mysost) 스칸디나비아 국가들에서 많이 생산되는 유청 치즈(whey cheese)로, 달콤한 캐러멜 맛이 있음.

미즈 앙 플라스(mise en place) 식사 준비에 따르는 여러 준비작업을 미리 마무리하여 끝내놓는 것.

민스(mince) 식품을 곱게 다지는 것.

밀라네즈(milanaise) 토마토 소스에 파르마산 치즈와 베샤멜 소스를 넣은 것.

ㅂ

바드(bard) 고기를 구울 때 싸는 얇게 저민 베이컨.

바또네(batonnet) <프> 약 0.6×0.6×7cm 길이로 자른 막대형 모양. 베지터블 스틱(vegetable stick). ☞ 부록(464쪽)

바르드 뤼끄(bar de luc) <프>레드 커런트로 만든 잼. 프랑스 로렌 지방의 한 마을인 바드 루크에서 만든 레드 커런트 잼(red currant jam).

바딩(barding) 고기(육류)나 가금류 등의 표면에 돼지비계를 얇게 저며 덮는 것. 이것은 대개 로스트할 때 습기를 유지하고 맛을 증가시키기 위해 한다.

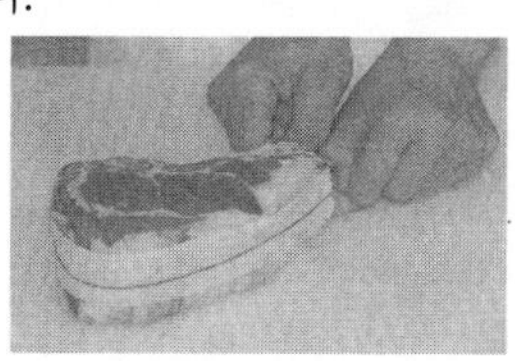

바바(baba) <프>과자의 일종. 건포도 등을 넣어서 구운 다음 럼(rum)주, 또는 버찌술로 적신 카스텔라.

바바리안 크림(bavarian cream) 커스터드 소스와 젤라틴, 휘핑 크림으로 만든 후식.

바비큐(barbecue) 소 · 돼지 등의 고기를 통째로 직화에 소스를 발라가면서 굽는 것. 또는 구운 요리.

배터(batter) 밀가루에 물이나 우유 · 달걀 · 설탕 · 샐러드유 등을 섞어 스푼이나 거품기로 저어 묽고 걸쭉한 반죽. 요리되지 않은 상태의 것으로, 팬케이크나 튀김옷 등에 이용.

뱅(vin) <프>와인(wine).

뱅 루즈(vin rouge) <프>적포도주.

뱅마리에(bain-marié) 중탕에 쓰이는 뜨거운 물. 중탕 냄비, 이중 냄비.

뱅 브랑(vin blanc) <프>백포도주.

버터 크림(butter cream) 버터나 쇼트닝과 가루 설탕이나 설탕 시럽을 섞어서 만든 아이싱(icing).

버터플라이(butterflied) 표면을 넓히기 위해 완전히 떨어지지 않도록 잘라 넓힌 것.

번(burn) 설탕을 물에 타서 소스 팬에 끓여 캐러멜처럼 색깔이 나도록 하는 것.

벙트(vent) 뜨거운 국 국물을 그릇(pot)에 담아 찬물에 담가 놓아 식힐 때 가스나 액상(물)이 돌아서 나갈 수 있도록 해주는 것.

베네(beignets) <프>튀김.

베네딕틴(benedictine) 강한 오렌지향으로, 가톨릭교 사원의 이름에서 딴 것.

베샤멜(béchamel) 화이트 루(roux)와 우유로 만든 소스의 기본이 되는 화이트 소스로 우유 · 스톡 · 크림 · 밀가루가 주재료.

베어네즈(bearnaise) 버터, 달걀노른자로 만든 홀란데이즈 소스로 타라곤(tarragon)향, 골파(shallots), 식초 등을 넣어 맛을 낸 것.

베이스팅(basting) 음식이 건조해지는 것을 방지하거나 맛을 더하기 위해 녹인 버터나 기름 · 국물 등을 음식 위에 끼얹는 것. 오븐에서 덩어리 고기를 구울 때 긴 스푼으로 팬에 흘러내린 드리핑(dripping)을 마르지 않도록 끼얹는다.

베이크드 알래스카(baked Alaska) 후식 종류로 얇은 스펀지 케이크 위에 아이스크림을 머랭으로 표면을 덮어 오븐에서 누렇게 구운 후식.

베이킹(baking) 오븐 내에서 건열조리 방법으로 익히는 것으로 습기나 물이 직접 닿지 않고 건열에서 자체 수분으로 익히는 조리 방법.

벨루테(velouté) 소스의 기본 재료이며, 밀가루와 기름을 혼합해서 살짝 볶아 화이트 스톡을 부어서 만든 것. ☞ 베샤멜

벨 파에제(bel paese) 우유로 제조되는 이탈리아산의 연질 치즈.

보닝(boning) 소, 돼지, 양, 송아지 등의 도체에서 뼈를 발라낼 때 뼈를 둘러싸고 있는 큰 덩어리로 부위를 잘라내는 것을 말함.

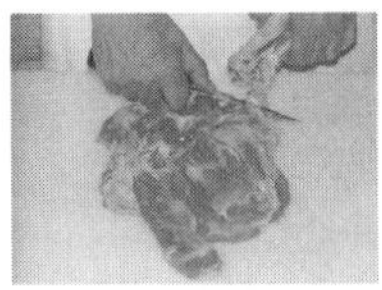
사태육과 도가니 뼈를 발라 떼어 내는 보닝

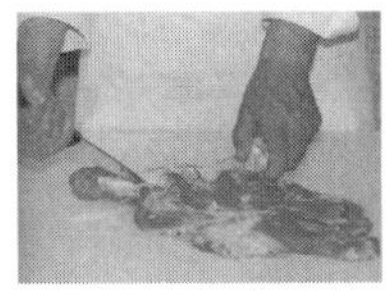
사태나 도가니에 붙은 살을 떼어 낼 때 고기와 둥근 뼈를 쉽게 도려 낼 수 있도록 칼질하는 보닝

보르드레스(bordelaise) 적포도주를 졸여서 골파(shallot), 후추, 허브 등을 넣어 끓임.

보메(Baumé) 물을 기준치로 하여 어떠한 용액의 비중을 눈금으로 나타내는 비중계.

보쉬(borsch) 러시아와 폴란드 수프로, 채소를 큼직하게 썰어서 만든 수프.

보스턴 크림 파이(Boston cream pie) 케이크에 푸딩이나 커스터드 소스를 넣어 만든 것.

본 팜므(bonne femme) <프>가정식 또는 가족식(family-style)의 간편한 조리를 뜻하는 조리 용어.

볼러타일(volatile) 가열했을 때 빨리 증발된 것.

볼오방(vol-au-vent) <프>소스로 버무린 고기나 가금육 · 어육을 채워 넣어 대접하는 퍼프 페이스트리 쉘(puff pastry shell).

봄브(bombe) 형틀에 넣어 만든 아이스크림이나 샤벳.

뵈르(beurre) <프>버터

뵈르 누와르(beurre noir) 파슬리, 식초, 조미료를 첨가하여 섞은 갈색 버터 소스.

뵈르 누와세트(beurre noisette) <프>엷은 갈색으로 태운 버터.

뵈르 마니에(beurre manié) 버터와 밀가루를 짓이겨 섞은 것으로 농후제(thickening agent)로 사용됨.

부이야베이스(bouillabaisse) <프>생선이나 조개 등의 해산물을 넣고 졸여 만든 수프 겸 생선요리로, 백포도주 맛이 나는 프랑스 요리.

부이용(bouillon) <프>고기 · 채소 등을 삶아서 만드는 수프.

부케 가르니(bouquet garni) 파슬리 · 월계수잎 · 타임 · 양파 · 클로브 · 통후추 · 셀러리를 싸서 실로 묶은 것으로 스톡이나 수프 · 소스 등을 만들 때 넣어서 향을 우려내도록 묶은 것.

뷔페(buffet) 큰 식탁에 여러 가지 요리를 차려 놓고 먹고 싶은 대로 덜어다 먹게 하는 상차림.

브라지에(brazier) 손잡이가 두 개 달리고, 꼭 맞는 뚜껑이 있는 무거운 스튜용 팬.

브리오슈(brioche) <프>밀가루 · 이스트 · 우유 · 버터 · 달걀 · 설탕 등을 사용하여 만든 발효 반죽. 그 반죽으로 만든 빵류.

브레드 크럼브(bread crumbs) 빵가루.

브레딩(breading) 튀기거나 볶기 전에 빵가루를 식품 외부에 묻히는 것. 브레딩하려면 세 단계를 거친다. 첫째 밀가루 묻히기, 두 번째 달걀물에 적시기, 마지막으로 빵가루 묻히기.

브레이즈(braise) 고기를 기름에 지진 후 냄비에 넣고 물을 부어 찜요리와 같이 하는 조리 방법. 즉, 건열조리 방법과 습열조리 방법을 같이 이용하여 조리하는 방법을 말함. 육류를 술, 조미액체, 도마, 물 등에서 큰 덩어리와 크게 잘라진 것을 익힐 때 이용된다. 채소를 브레이징 할 때는 언제나 먼저 기름에서 익히는 것은 아니고 조리할 때 기름이 포함되어 있어 끓이면서 수증기에도 오랫동안 익도록 하는 것을 말함.

브로쉐트(brochette) 고기나 채소를 쇠꼬챙이에 꿰어 굽는 요리.

브로스(broth) 육류와 여러 채소를 넣어 오랫동안 끓여 만든 맛이 진한 국 국물.

브로일링(broiling) 위에서 쪼이는 직화로 굽는 방법. 브로일링과 팬브로일링은 건열조리 방법으로 언제나 높은 온도로 고기를 속히 굽는 방법이다. 적당히 브로일링한 고기를 외부가 누렇게 맛있는 껍질로 되고 내부는 육집이 적당히 익도록 구어진 것이다. 잘 구어졌을 때 육즙이 최상으로 좋은 제육과 송아지 고기는 흔히 완숙이 되도록 굽는 것이 보통이다. 좋은 부위로 연한 부분의 고기를 구었을 때 최상 조건이 된다.

브루이에(brouillé) <프>휘젓고 뒤섞은 스크램블(scramble).

브뤼느와즈(brunoise) 3mm^3 육면체로 썬 모양. 이렇게 썬 채소로 가니쉬한 것. ☞ 다이스

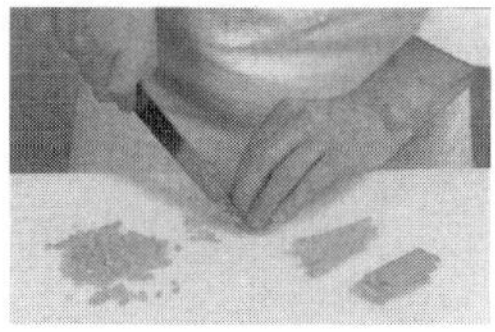

브리 치즈(brie cheese) 프랑스산의 연질 치즈.

블랑망주(blancmange) <프>우유와 설탕, 옥수수 녹말과 향신료 등을 사용하여 만드는 푸딩. ① 영국식 푸딩으로 옥수수전분을 되직하게 한 것. ② 프렌치 아몬드 맛의 젤라틴과 우유가 들어간 푸딩.

블랑케트(blanquette) <프>어린 양고기나 닭고기 또는 송아지고기와 함께 진한 화이트 소스를 이용하여 만드는 스튜나 찌개 비슷한 라구(ragout) 요리.

블랜치(blanch) '하얗게 만든다'는 뜻으로 아몬드나 땅콩과 같은 견과류의 속껍질을 벗기는 것.

블랜칭(blanching) 뜨거운 물에 넣었다가 꺼내는 과정으로 데쳐 내는 것을 말한다. 데치면 고기의 미세한 구멍까지 막지 못하지만, 찬물에서 단백질이 용해되어 고깃덩어리가 맛을 잃은 것이나 지나치게 오그라드는 것을 막기 때문에 육류 내부의 습기를 보유할 수도 있어 이러한 조리 방법을 쓰기도 한다.

블렌드(blend) 여러 종류의 식품을 혼합하여 기호에 맞는 술이나 차를 만드는 것.

비네그렛트(vinaigrette) 기름(oil)과 식초, 조미료를 섞어 만든 드레싱 또는 소스.

비쉬(vichy) 프랑스의 지방명으로 봄철에 나는 채소를 물에 삶아서 버터로 졸인 다음 당근과 같이 내는 것.

비쉬스와즈(vichyssoise) <프>체에 내린 감자와 잘게 다진(chopped) 리크(흰 부분), 치킨 스

톡, 크림을 사용하여 만드는 차가운 수프의 일종.

비스끄(bisque) <프>갑각류나 조개류를 이용한 퓌레 수프나 되직한 크림 수프.

비앙드(viande) <프>육류.

비팅(beating) 두 가지 또는 그이상의 식품들을 스푼이나 휘젓는 기구(whisk) 등으로 잘 섞는 것.

비프 스테이크 파이(beef steak pie) 쇠고기 파이로 2/3 고기, 1/3 콩팥과 채소를 그레이비 소스와 혼합하여 파이 글래스에 넣고 굽는 것.

비프테크(biftek) <프>쇠고기 스테이크.

비프 티(beef tea) 천천히 오랜 시간 뭉근하게 끓임(simmering)으로써 추출한 쇠고기의 에센스(essence).

빌 오프 페어(bill of fare) 식단, 차림표.

빠네(paner) <프>옷을 입히는 것. 튀기거나 볶기 전에 빵가루를 입히는 것.

빠뜨 아 슈(pâte á choux) 에끌레르나 슈를 만들기 위한 보드라운 반죽.

빠띠시에(patissier) 페이스트리를 만드는 조리사.

빠르망티에(parmentier) 감자가 들어가면서 가니쉬한 것.

빠르망티에 알 라(parmentier à la) <프>일정 형태의 감자를 늘 포함하는 여러 가지 요리의 조리 방식.

빠르페(parfait) 좁은 유리잔에 아이스크림과 과일 또는 여러 가지 맛을 지닌 시럽을 교대로 층이 형성되도록 만든 냉동 디저트.

빠르퓌메(parfumer) 양념이나 간을 맞게 하는 것.

빠삐요뜨(papillote) <프>생선살을 양념하여 종이 속에 넣어 익히는 것. 생선살을 종이로 싸서 오븐에 굽는 것.

뻬르시야아드(persillade) 빵가루, 파슬리, 마늘이 섞여진 것. 흔히 양고기를 구울 때 이용된다.

뻬이잔느 알 라(paysanne à la) <프>버터에 졸인 채소를 곁들여서 대접하는 수프나 육류요리.

뽀또푀(pot-au-feu) <프>맛이 아주 진한 채소 수프.

뽀삐에뜨(paupiette) <프>속을 채워 넣고 둥글게 말아서 브레이즈 조리하여 얇게 썬 고기 슬라이스 조각.

① 기름종이를 준비하여 자른다.

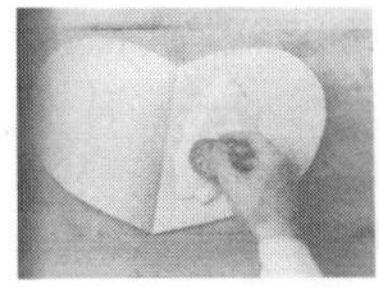

② 양념된 생선을 놓고 반으로 접어 덮는다.

③ 접혀진 종이를 돌려가며 봉한다.

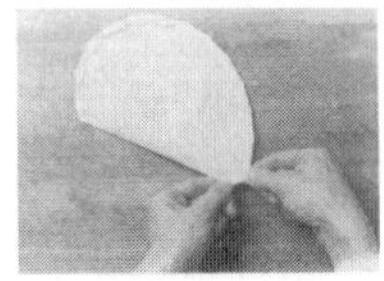

④ 굽기 전에 준비된 모양

빠삐요뜨 굽는 과정

뽈로네즈(polonaise) <프>폴란드식 소스.

뿌아소니에(poissonier) 생선 요리사.

쁘띠 푸르(petits fours) <프>작은 모양으로 만든 과자류. 매우 작은 비스킷이나 윤기 있게 만든 과자 속에 단 것이 들어 있는 경우도 있으며 고급의 작은 과자류이다.

쁠라 뒤 주르(plats du jour) <프>오늘의 특별요리.

삐캉(piquant) <프>양념을 많이 해서 매운.

ㅅ

사고(sago) 야자나무(plasm tree)에서 얻어지는 밀가루 같은 물질로, 농밀제로 사용.

사바이옹(sabayon) 휘저어 푼 달걀과 설탕 · 백포도주 · 향미제(flavoring)로 만든 소스 또는 디저트.

사쉐(sachet) <프>향초(herbs)와 스파이스가 담겨진 향주머니.

사우전드 아일랜드 드레싱(thousand island dressing) 마요네즈 칠리 소스 또는 토마토 케첩을 넣고 삶은 달걀 · 풋고추 · 파슬리를 다져 넣은 되직한 드레싱.

사워브라튼(sauerbraten) 독일 요리로 쇠고기를 식초와 양념에 조미했다가 익힌 것.

사워크라우트(sauerkraut) 본래는 독일 음식으로 양배추를 썰어 소금으로 간을 하여 발효시킨 것으로 신맛이 남.

살망데(salmander) 상부에 열원이 있고, 하부에 선반이 받쳐 있는 소형 브로일러.

살미(salmis) 로스트한 수 · 조육류의 스튜 요리.

살피콩(salpicon) 잘게 주사위꼴로 썬 고기와 채소에 소스로 버무린 혼합물.

샤또브리앙(châteaubriand) <프>비프 스테이크의 일종.

샤로트(sharlette or charlotte) 젤라틴을 사용하여 만든 디저트.

샤쐬르(chasseur) 사냥꾼 스타일이라 말하며 버섯, 토마토, 백포도주로 만든 브라운 소스가 곁들어진 음식.

샹삐뇽(champigon) <프>양송이.

샹티(chiante) <이>이탈리아 투스카니(Tuscany) 산의 라이트 세미드라이 레드 와인(light semidry red wine).

샹티이 크림(chantilly cream) 설탕과 향을 첨가한 휘프트 크림(whipped cream).

세르벨르(cervelle) <프>동물의 골(뇌).

세쁘(cépes) <프>버섯의 일종.

세이보리(savories) 식사의 전후에 나오는 행미를 곁들인 짭짤한 요리. 입가심.

섹(sec) <프>물기 없는, 건조한.

셀블라(celvelat) 살라미(salami) 소시지와 유사하나 맛은 더 온화함. 훈제 소시지의 일종. 프랑스어로 celvelas라고도 함.

셀시어스 스케일(Celsius scale) 섭씨 온도계로 물이 어는점을 0℃로 하고 끓는점은 100℃로 정한 것.

셔벗(sherbet) <프>소르베(sorbet). 샤베트. 과즙 · 설탕 · 달걀흰자 · 우유 등으로 만든 아이스크림과 같은 얼음과자.

소뜨와르(sautoir) 긴 손잡이가 부착되어 있고, 곧은 벽면과 얇은 바닥을 하고 있으며, 크고 둥글며 무거운 팬으로서 볶을 때 사용.

소르베(sorbet) <프>셔벗(sherbet)을 말함.

소씨에(saucier) <프>소스도 만들고 스튜와 식품을 볶기도 하는 요리사. 주로 소스를 만드는 데 주력하는 요리사.

소킹(soaking) 재료를 물에 담그는 것. 일반적으로 채소를 맛과 영양의 손실을 막기 위해 물에 오랫동안 담그지 않는다. ① 양배추, 브로콜리, 다다라기 양배추, 콜리플라워는 소금을 넣은 찬물에 약 30분 간 담근다. ② 흐느적거리는 채소는 다시 싱싱하게 살리기 위해 담그기도 한다. ③ 마른 콩류는 익히기 전에 여러 시간 담가 습기를 증가시키기도 하고 물에 담가 흡수함으로 조리를 돕기도 한다.

쇼(chaud) <프>뜨거운 것(hot).

쇼트(short) 지방이 많이 함유되어 부드럽게 잘 부서지는 쿠키나 페이스트리.

수비스(soubise) 여러 종류의 육류요리에 곁들여 내는 체에 내린(purée) 양파와 버터 또는 크림.

수뻬(souper) <프>저녁밥, 야식(supper).

수 쉐프(sous chef) <프>부주방장(assistant to the head chef).

수어트(suet) 소 · 양 · 송아지 · 새끼양의 콩팥을 둘러싸고 있는 단단한 지방질로서 증기에 찌는 푸딩과 곱게 다진 고기에 사용.

수프림(supreme) 벨로테(velouté) 소스에 크림을 넣은 것.

수플레(soufflé) 다른 부풀리는 재료(생크림 등)는 사용하지 않고, 단지 달걀로만 부풀린 요리. 여러 재료를 넣어 맛을 첨가하기도 함.

쉐프(chef) 주방에서 일하며 책임을 지는 요리사.

쉐프드 뀌지니에(chef de cuisnier) 주방장(廚房長).

쉐프 드 빠르띠(chef de partie) 한 부서의 조리장.

쉬느와즈(chinoise) <프>원뿔 모양의 어레미 체. 영어로는 차이나 캡(china cap)이라 함. ☞ 차이나 캡

쉬레드(shred) 얇고 가늘고 길게 써는 것. ☞ 부록(463쪽)

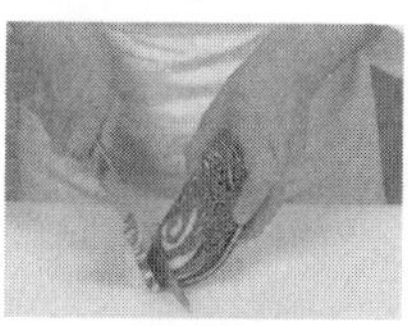

양배추를 쉬레드할 때는 심을 잘라낸다.

가늘게 채 썬다.

쉬레드 에그(shirred egg) 버터 바른 팬에 익힌 달걀요리.

쉬포나드(chiffonade) 채소를 다져서 썬 것.

쉬폰(chiffon) 젤라틴이나 달걀흰자위를 거품 쳐서 만든 파이 속 재료 또는 가볍게 만든 후식. 예) 레몬 쉬폰 파이. 프랑스어로 쉬퐁이라 함.

쉬훠나드(chiffonade) <프>잎을 씻어 여러 개를 포갠 후 담배 말듯 돌돌 말아 가로로 가늘게 써는 것.

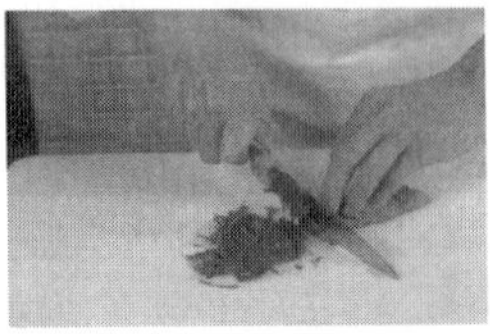

슈브레이유(chevreuil) 사슴(venison).

슈쿠르트(choucroute) <프>양배추를 썰어 약간 발효시킨 사워크라우트.

슈큐르트 가르니(choucroute garni) 여러 소시지, 제육 때로는 닭고기류가 들어간 샤워크라우트 익힌 것으로 특별히 프랑스 알사스 지방에서 흔히 해 먹음.

스모가스보드(smorgasbord) 스칸디나비아식 요리로 여러 가지 음식을 스텐딩 뷔페와 같이 서서 먹는 것.

스몰 소스(small sauce) 기본이 되는 소스에(leading sauce) 한두 가지 재료를 넣어서 만든 소스.

스웨트(sweat) 아주 낮은 불 위에서 적은 양의 기름으로 요리하는 것.

스위스 스테이크(Swiss steak) 쇠고기 우둔살로 스테이크를 만들고 브라운 소스로 갈비찜하듯(braised) 익히는 스테이크.

스위트브레드(sweet-bread) 송아지 등의 요리용 췌장 · 지라.

스캄피(scampi) 갑각류로 새우보다 큰 중하. 때로는 버터에 발라 굽는 큰 새우를 칭하기도 함.

스캘드(scald) 우유를 끓는 온도까지만 끓이는 것. 또는 토마토의 껍질을 벗기기 위해 끓는 물에 잠깐 담그는 것.

스캘로핀(scaloppine) 송아지고기를 얇게 썰어 조미하여 밀가루를 뿌려 튀긴 것(veal cutlet).

스코링(scoring) 스테이크를 둘러싸고 비계나 햄을 덮고 있는 비계층이나 파이 껍질을 칼로 베는 것.

스코어(score) 생선 · 고기 · 채소 · 페이스트리 등을 굽기 전에 칼집을 내어 깊숙이 저미는 것.

스콘(scone) 속을 넣지 않고 가볍게 부풀도록 철판이나 오븐에 구운 밀가루 음식.

스큐어(skewer) 브로일링(broiling)하기 위해 채소와 고기 조각을 고정시켜서 끼우는 얇고 뾰족한 나무꼬챙이나 금속 핀.

스테일링(staling) 구운 빵이나 페이스트리가 텍스처나 향의 변화를 주기 위해서 처음 구울 때처럼 겉에 습기를 거두어지도록 오븐에서 굽는 것.

스태틱 메뉴(static menu) 매일 같은 요리가 제공되는 식단.

스탠다드 브레딩 프로시듀어(standard breading procedure) 자동으로 생산되는 공정에서 빵가루가 입혀지는 식품의 표준 생산과정.

스터핑(stuffing) 달걀 · 닭고기 · 생선 · 채소 · 버섯 등의 내부에 다른 재료를 넣는 것.

스테이션 쉐프(station chef) 특정 생산공정이나 특정 주방을 담당하는 요리사.

스톡(stock) 살코기 · 뼈 · 생선 · 채소 등에 물을 붓고 끓여서 우려낸 국물(수프나 소스의 기본).

스튜(stew) 국물에 비해 건더기가 많은 수프의 일종.

스트로이젤(streusel) 지방분, 설탕, 밀가루를 비벼 외부에 입혀서 부슬부슬 거칠게 구어진 빵류.

스트롱 플라워(strong flour) 글루텐이 많이 함유된 강력분.

스티밍(steaming) 찜통에서 음식을 쪄내는 요리방법 중의 하나.

스티프(steep) 향을 추출하기 위해 뜨거운 용액에 담그는 것.

스틸턴 치즈(stilton cheese) 푸른곰팡이로 숙성하는 영국산 반연질 치즈.

스파이스(spice) 향신료. 나무의 잎이나 줄기, 뿌리 등에서 맛, 향을 내기 위해 사용되는 것.

스패츨(spätzle) 작은 만두나 달걀과 밀가루 반죽으로 만든 국수류.

스프레드(spread) 어떤 재료를 얇게 돌려 까는 것.

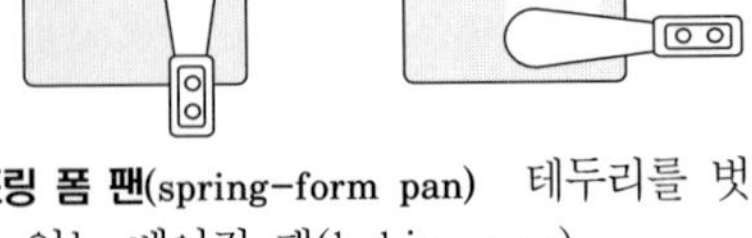

스프링 폼 팬(spring-form pan) 테두리를 벗겨낼 수 있는 베이킹 팬(baking pan).

스피트(spit) 로스팅하거나 바비큐 또는 불에 직접 구울 때 사용하는 뾰족한 쇠꼬챙이.

슬라이싱(slicing) 자체의 일정한 면을 살려서 얇게 써는 것. 슬라이싱에는 쉬훠나드, 롱델, 디아고날의 특유형 썰기가 있다.

슬러리(slurry) 농후제로 이용되는 차가운 액상의 생전분 혼합물.

시럽(syrup) 물속에 설탕의 용액이 반유동체로 농축되어 있는 식품.

시르니키(sirniki) 러시아식의 팬 프라이 치즈케이크.

시머(simmer) 물이나 액체를 85~96℃로 서서히 끓이는 것.

시베(civet) <프>양파와 포도주가 든 토끼고기 스튜.

시브 사이즈(sieve size) 통조림한 채소의 썰어 담은 각각의 크기를 나타낼 때 쓰는 표현.

시어(sear) 높은 온도(열)로 고기 표면에서 갈색을 내는 것.

시즈닝(seasoning) 맛이 있도록 양념하는 것, 소스를 넣거나 넣지 않거나 간에 서빙하기 전에 조미가 적절히 되었는가 마지막에 확인하는 것이 필요하다. 소금은 소스의 중요한 양념의 재료이며, 레몬즙도 아주 중요한 재료이다. 고춧가루(cayenne)와 흰 후추도 중요한 양념이다. 또한 셰리(sherry)와 마데이라(madeira) 술도 마지막의 맛을 내는 데 이용되는 술로 조리에 많이 쓰인다.

시트롱(citron) 레몬보다는 껍질이 두껍고 레몬만큼은 시지 않은 황색 과일로, 껍질은 당졸임하여 과일(fruit) 케이크나 빵 · 과자류에 사용함.

시티즌 스타일(citizen style) 정육점 고기를 넉넉하고 풍부하게 가니쉬하는 것을 말하는 것. 프랑스식이며 윤기 나는 작은 양파, 당근, 네모로 썰은 제육, 작은 감자 등을 곁들일 때 쓰는 표현.

실라버드(syllabud) 빽빽하게 치댄(stiffly beaten) 크림과 설탕 · 포도주로 만든 영국의 전통적인 디저트의 일종.

싸이클 메뉴(cycle menu) 일정한 기간을 단위로 작성해 놓은 식단을 되풀이 이용하는 것.

쏘떼(sauté) 적은 양의 기름을 아주 뜨겁게 달군 후 식품을 물기 없이 하여 빠른 속도로 볶아 내는 요리법. 뼈가 없는 닭고기 가슴살, 칠면조고기 등. 다른 육류도 신속히 익히는 방법으로 좋은 방법이다. 그러나 뼈가 붙은 덩어리 닭고기와 큰 덩어리 고기는 오랫동안 익혀서 하기 때문에 볶는 것보다는 브레이징 등이 더 적합하다. 팬프라잉이라고도 하는데 이것은 흔히 익히기 전에 밀가루나 빵가루 등이 묻어서 누렇게 되거나 바삭거리도록 할 경우가 많다.

쒸프렘 소스(suprême sauce) 닭고기 국물로 만든 벨로테(velotê)와 생크림을 섞어 만든 소스.

쓰리스(cerises) <프>체리.

ㅇ

아루장뙤이유(argenteuil) 아스파라거스로 가니쉬한 것.

아리코(haricots) <프>콩(beans).

아리코 베르(haricots verts) <프>껍질콩(green string beans)의 채소류.

아망디네(amandiné) <프>아몬드를 첨가하여 조리하거나 아몬드로 가니쉬한 것.

아몬드 페이스트(almond paste) 살짝 익혀서 간(ground blanche) 아몬드와 설탕 · 물 · 향신료의 혼합물.

아몬드(almond) 복숭아씨처럼 생긴 타원형의 땅콩 맛이 나는 열매로, 버터에 볶아서 생선 등의 요리 위에 뿌려서 냄.

아브골르모노(avgolemono) 닭 국물과 달걀 레몬즙으로 만든 그리스식 수프.

아스픽(aspic) 육즙으로 젤리(jelly)와 같이 투명하게 만든 것.

아이리시 스튜(Irish stew) 스튜에 양고기를 넣어 만든 것.

아이징글라스(isinglass) 생선의 부레 특히 철갑상어의 부레로부터 제조한 순수 정제 젤라틴으로서 젤리와 푸딩 조리 시에 젤라틴 대신 사용되며, 청정제(clarifying agent)로 사용.

알 라 까르뜨(à la carte) <프>개개의 요리마다 가격을 책정해 놓고 선택 주문할 수 있도록 한 메뉴 차림표.

알 라 킹(à la king) <프>화이트 크림이나 베샤멜 소스에 버섯 · 풋고추 · 피망 등을 넣어서 만든 것.

알망드(allemande) ① 독일 스타일. ② 벨로테로 만든 소스. ③ 농후제를 말할 때도 있고 걸쭉한 레몬 주스를 표현한 것.

암브로시아(ambrosia) 디저트로 사용되는 과일과 코코넛의 혼합물.

압 웨이트(Ap weight) 식품을 구입했을 경우에 손질하기 전의 무게.

앙 코코트(en cocotte) 작은 개인용 캐서롤(small casserole).

앙 파피요트(en papillote) 과자를 싸는 종이. 고기를 싸서 굽는 버터 먹인 종이.

앙트레(entrée) 주식사. 주요리.

앙트루메띠에(entremetier) <프>채소 조리를 담당하는 조리사.

서양 조리

앙트르꼬뜨(entrecôte) <프>미국에서는 설로인 스테이크(sirloin steak)로 알려져 있으며, '갈비 사이에' 라는 뜻.

앙트르메(entremets) <프>디저트.

애피타이저(appetizer) 식욕을 촉진시키기 위해 식사의 처음에 먹는 요리나 음료.

앤달루스(andalouse) 스페인 스타일인 마요네즈의 혼합물로서 토마토 퓌레와 고추 · 피망 등을 다져서 마요네즈에 섞어 넣은 것.

앤초비(anchovy) 멸치류로서, 애피타이저 등에 사용되는 맛이 짠 작은 물고기(멸치젓 맛의 살).

얼던트(aldente) 채소나 파스타류를 맛을 볼 때, 깨물었을 때 너무 부드럽지도 않고, 물컹거리지도 않을 정도의 단단한 정도를 표현한 것.

에끌레르(éclair) <프>슈 페이스트(chou paste)로 만든 손가락 모양의 페이스트리로서 휘프 크림이나 바닐라 페이스트리 크림을 채워 넣고, 초콜릿을 위에 입힌 것.

에담(edam) 겉껍질이 붉은색 왁스 케이싱으로 싸여 있는 비교적 수분이 적은 저지방 황색 홀란데이즈 치즈의 상품명.

에뚜베르(Étuver) 식품의 제품에 있는 즙. 또는 그 즙으로 찌거나 조리하여 단맛이 있도록 하는 것.

에맹스(émince) <프>얇고 가늘게 써는 것(다진 것이 아님).

에멩딸(emmental) 전지 또는 반지유(semi-fat milk)로 만드는 스위스산 경질 치즈로, 달콤하면서도 섬세한 맛을 지님.

에센스(essence) 식품 기질에서의 추출물(액).

에스까르고(escargots) <프>달팽이 또는 식용 달팽이 요리.

에스코피에(Escoffier) <프>현대적 전통 요리의 거장으로 숭상받는 유명한 프랑스 조리장의 이름.

에스파뇰(espagnole) 브라운 소스, 브라운 루로 만든 소스.

에스프레소(espresso) 볶은 커피알이나 빻은 커피 가루에 스팀을 쐬어 진하게 만든 커피의 일종.

에이어레이팅(aerating) 밀가루를 체에 치거나 손으로 들어 올려 손가락 사이로 떨어뜨리면서 공기가 섞이도록 하는 것.

에이징(aging) 고기를 시원한 곳에 두어 자연적으로 부드럽게 조절하기 위하여 놓여 진 고기.

에폴 드 무통(épaule de mouton) <프>양고기 어깨부위(shoulder of mutton).

에피나르(epinard) <프>시금치.

엑스트랙트(extract) 향미료로 사용되는 농축물(아몬드 · 아니스 · 바닐라).

엔젤 푸드(angel food) 화이트 케이크를 만들기 위해서 달걀흰자를 거품을 내어 만드는 것.

엘라스틴(elastin) 단백질의 한 종류로 요리해도 녹지 않는 결체조직.

엘 베라(hel vella) 모렐(morel) 버섯과 유사한 원추형의 버섯.

오 나뛰렐(au naturel) <프>간단히 조리하여 내거나 자연 상태 그대로 대접하는 것.

오더블(hors-d'œuvre) 오르되브르. 식사 전에 입맛을 돋우기 위해서 나오는 작고 예쁘게 만든 전채요리.

오르쟈(orgeat) <프>혼성주(mixed drinks)에 사용되거나 식품향미제로 사용되는 알코올기 없는 아몬드 맛이 나는 시럽.

오마르(homard) <프>바닷가재(lobster).

오버런(over-run) 냉동 중에 혼합물이 공기의 작용으로 부피가 증가되는 현상.

오븐 스프링(oven spring) 이스트 반죽이 오븐에서 구울 때 신속하게 부푼 것과 오븐에서 달구어 진 열이 크게 팽창이 된 상태.

오 섹(au sec) 마른 것. 술에서는 달지 않은 것을 말함.

오소 부코(osso buco) <이>골이 들어 있는 뼈를 제거하지 않은 송아지 고기에 토마토 소스를 얹은 밥을 곁들이는 이탈리아 요리.

오쥬(au jus) <프>자연산 즙이 있는 것으로 대접하는 것. 흔히 되직하지 않은 팬 드립핑을 말함.

오팔(offal) 잡육(variety meats). 찌꺼기. 부스러기.

옹그르와즈(Hongroise) 헝가리안 스타일.

왁시 포테이토(waxy potatoes) 어린 감자로 녹말 양이 적고 당분이 많은 것.

우스터 소스(Worcestershire sauce) 육류와 기타 식품에 맛을 내기 위해 사용하는 어두운 빛깔의 향긋한 소스의 상품명.

워터릴리 폴드(waterlily fold) 작은 모양의 빵(roll bread) · 수플레(soufflé) · 스콘(scone) 등을 식지 않도록 감싸는 흰색의 냅킨.

월도프(waldorf) 사과 · 셀러리 · 호두 등을 넣어서 만든 샐러드 요리.

웰시 래빗(welsh rabbit) 녹인 체더 치즈로 만든 요리. 흔히 맥주나 애일(ale)을 간혹 웰시 래어빗(welsh rarebit)라고도 한다.

위스크(whisk) 가는 철사로 만든 거품기를 사용하여 거품이 나도록 휘젓는 것.

위일(huile) <프>식용유.

위트르(huitres) <프>굴(oysters).

윅 푸라워(weak flour) 박력분.

윈터라이즈드 오일(winterized oil) 식물성 액상기름이 냉장고에 있을 때 엉키듯 빨간 액상으로 머무른 상태.

이그제큐티브 쉐프(executive chef) 큰 주방 전체를 관리하거나 식품 생산을 총 지휘하는 요리장.

EP 웨이트(EP weight) 먹을 수 있는 1인분.

ㅈ

자르디니에(jardinière) <프>주사위꼴 또는 기다란 조각(strips)으로 생채소를 썰어서 익힌 후, 육류 요리 주위에 가니쉬로서 두르는 것.

자바글리온(zabaglion) <이>휘저어 푼 달걀노른자와 마르살라 포도주, 꿀로 만든 스위트 소스나 디저트의 일종.

잠포니(zamponi) <이>돼지족발의 살가죽에 음식을 채워 놓은 요리.

장봉(jambon) <프>햄.

장브(jambe) 햄 · 돼지다리.

잭슨(jackson) 감자 크림 수프.

저그(jug) 손잡이가 달린 항아리 모양의 질그릇.

정킷(junket) 커드(curd). 우유에다 효소의 일종인 레닌(rennin)을 넣어 우유 단백질인 카세인(casein)을 응고시켜 젤리처럼 만든 후식.

제느와(genois(e)) 프랑스 스펀지 케이크.

제백(zwieback) 러스크(rusks)와 유사한 살짝 구운 단단하고 바삭한 비스킷.

제스트(zest) 향미를 내기 위해 사용하는 오렌지 또는 레몬의 껍질.

젤라틴(gelatin) 동물의 뼈 · 족 · 근육을 푹 고아서 우러나온 교질을 정제한 것.

젤라티니제이션(gelatinization) 전분입자가 물을 흡수하여 그 크기가 커지면서 익는 과정.

쥐딕(judic) 찌면서 맛을 들인 상추로 가니쉬한 것.

쥐 리에(jus lié) 로스트해서 얻어진 걸쭉한 즙.

쥘리엔느(julienne) 채소나 고기를 길고 가느다란 조각으로 채써는 것. ☞ 부록(465쪽)

	쥘리엔느(julienne)	0.3×0.3×6cm
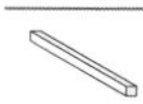	바또네(batonnet)	0.6×0.6×6~7.5cm
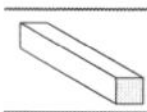	프렌치 후라이(french fry)	0.8~1.2×7.5cm

지고 다뇽(gigot d'agneau) 새끼양의 다리.

지블레(giblets) <프>닭 · 거위 등의 간 · 심장 · 모래주머니 내장.

지티(ziti) 파스타의 일종.

ㅊ

차우더(chowder) 조개 · 게 · 굴 · 신선한 생선 등을 넣어 진한 맛이 나도록 미국에서 만든 수프의 일종.

차이나 캡(chaina cap) 원추형의 체(seive). ☞ 쉬느와즈

처트니(chutney) 과일 · 채소 · 식초 · 향신료 등을 섞어 버무린 인도의 조미료.

초리조(chorizo) 향신료가 강하게 첨가된 돼지고기 소시지 또는 돼지고기와 정육 소시지.

초핑(chopping) 칼이나 초퍼(chopper)를 사용하여 아주 불규칙적인 작은 조각으로 써는 것. ☞ 부록(463쪽)

칠리 콘 카르느(chili con carne) 콩과 고기를 섞어 만든 요리.

ㅋ

카넬로니(canneloni) 고기나 생선 또는 치즈를 속에 채워 버터와 치즈에 굽거나 크림 소스와 치즈를 입혀 굽는 파스타 요리.

카렘 마리 앙또냉(Caréme, Marie Antonine) 유명한 19세기 프랑스 요리사, 전통 프랑스 요리사로 알려진 인물.

카르 드 무통(carre de mouton) <프>고기나 생선 또는 치즈를 속에 채워 버터와 치즈에 굽거나 크림 소스와 치즈를 입혀 굽는 파스타 요리.

카사타(cassata) <이>당졸임한(candied) 과일.

카빙(carving) 고기의 특별한 부위를 칼로 잘라내는 것을 말한다. 로스팅감을 자르는데 뼈 없이 자르는 경우와 뼈 있도록 자르는 것, 살을 져며 써는 법 등 얇고 두껍게 써는 법 등 다양하다.

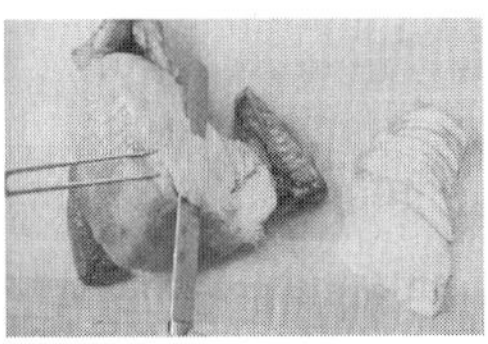

닭구이 가슴살은 길고 좁은 저미는 칼로 한 번에 얇게 저며야 한다.

카푸치노(cappuccino) 에스프레스 커피와 거품이 나고 덮인 우유와 동량을 섞어 만든 커피. 때로는 휘핑 크림과 계피가루를 얹기도 한다.

캐러멜리제이션(caramelization) 설탕을 불 위에 얹어 타면서 갈색으로 만든 것. 캐러멜화.

캐리오버 쿠킹(carryover cooking) 오븐 내에서 토스트 되는 고기를 옮겨진 후에 고기 속의 온도가 상승하는 것.

캐비어(caviar) 연어 · 철갑상어 · 생선 등의 알을 소금에 절인 것. 검은색과 붉은 색이 있고 러시아산 블랙 캐비어(black caviar)가 가장 좋은 제품으로 애피타이저에 많이 이용됨.

캐서롤(casserole) 밥 · 감자 또는 수분이 있는 음식을 넣는 그릇으로, 오븐에 넣어 높은 열에서 견딜 수 있는 것. 냄비요리같이 만든 요리.

캔디드(candied) 과일에 사용될 때에는 과일이나 과일 껍질을 진한 시럽(heavy syrup)에 담가 익힌 다음 꺼내어 말린 것으로, 얌(yam)이나 고구마 · 당근에 사용될 경우에는 채소를 먼저 삶은 뒤에 진한 시럽에 담가서 조리함.

커스터드(custard) 달걀 · 우유 · 설탕의 혼합물에 소금 · 향료를 적절히 넣어서 찜통에 찌거나 오븐에 구운 것.

커트 인(cut in) 지방이 작은 입자가 되도록 마른 재료에 지방을 첨가하여 교반기(pastry blender)로 지방을 세절하는 것.

커틀릿(cutlet) 송아지고기 · 돼지고기의 조각이나 닭고기의 가슴 부위 조각에 빵가루 등의 튀김옷을 입혀서 튀겨낸 요리.

커팅(cutting) 기본적인 써는 모양이나 써는 방법은 촙(chop), 꽁까세(concasser), 민스(mince), 에맹스(émince), 슈레드(shred) 등이며, 채소나 감자모양 내어 썰기도 여러 가지가 있다.

컨벡션(convection) 가스나 액체를 신속히 움직이도록 하여 열을 전달하는 것.

컴파운드 버터(compound butter) 가공되지 않은 일반 버터와 여러 가지 맛을 내기 위하여 넣는 재료가 섞여진 상태의 버터.

컴포트(compote) 익힌 과일에 설탕을 넣어 끓인 숙실과 · 숙실과를 담는 유리그릇.

케밥(kebabs) 꼬챙이에 여러 가지 식품을 번갈아 꿰어 불 위에서 직화로 구워 꼬챙이째 담아 내놓은 요리.

케이퍼(capers) 그리스나 북아프리카 · 남부 유럽에서 재배되는 식물의 미성숙한 꽃봉오리로, 소금에 식초에 절여 곁들이(condiment)나 향미제(seasoning)로 사용됨.

케이폰(capon) 거세한 식용 수탉.

코냑(cognac) 프랑스의 코냑 지방에서 생산되는 백포도주를 원료로 하여 증류 정제한 고급 브랜디.

코랄(coral) 특정한 어패류의 알이나 곤이.

코르네(cornets) 아이스크림이나 크림(a rich cream)류를 채워 넣기 위해 사용하는 원추형의 얇고 바삭한 페이스트리, 또는 얇게 썰은 햄이나 다른 냉육 슬라이스 조각을 원추모양으로 둥글게 만 것.

코애귤레이션(coagulation) 고기나 단백질 성분이 대부분이 된 식품을 가열하였을 때 흔히 볼 수 있는 현상으로 단단해지는 과정.

코크 오 뱅(coq au vin) 포도주를 첨가하여 조리한 프랑스식 닭요리.

코티지 치즈(cottage cheese) 탈지유나 전유로 만든 시고 작은 결정의 치즈. 샐러드나 샌드위치, 치즈 케이크, 커스터드 등에 많이 이용된다.

코티지 포테이토(cottage potatoes) 감자를 얇게 썰어 기름으로 볶은 것.

코티지 푸딩(cottage pudding) 따뜻한 케이크에 따뜻한 과일 소스를 끼얹은 것.

코팅(coating) 재료를 튀기거나 오븐에서 구울 때 식품 자체 내에서 물이 빠져 나오는 것을 막고, 맛과 모양을 좋게 하기 위해 조미한 밀가루나 빵가루를 재료 표면에 씌우는 것.

콘 비프(corned beef) 쇠고기 절임.

콜라겐(collagen) 결체 조직이 있는 육류가 물과 함께 조리가 될 때 녹아내린 단백질의 종류.

콜러프(collops) 커틀릿(cutlet).

콜베르(colbert) 양파를 넣어서 만든 브라운 소스에 백포도주를 넣은 것.

콜슬로(coleslaw) 양배추를 곱게 썰어서 샐러드로 만든 것.

퀵 브레드(quick bread) 베이킹 소다나 베이킹파우더를 밀가루에 반죽해서 부풀도록 만든 빵류.

퀸스(quince) 마르멜로(marmelo)의 열매. 단단하고 신맛이 나는 과일을 따서 숙성시키면 황금색을 띠며 사과맛과 비슷.

큐라소(curaçao) <프>오렌지 껍질로 맛을 낸 달콤한 리큐르술로서 크림이나 아이싱 · 젤리의 향 첨가제로 사용.

큐멜(kummel) <독>캐러웨이 씨(caraway seed)의 향이 나는 리쾨르술.

클레어몽트(claremont) 정육점 육류 손질할 때 익힌 양파, 오이, 토마토 등을 속 채운으로 가니쉬 손질하는 것.

크램아트(clamart) 정육점 육류 손질할 때 작은 타르트(tarte)의 속재료 채움에 완두콩이 포함된 가니쉬로 되었을 때 말함.

크레베트(crevette) 작은 새우.

크레시(crecy) 가니쉬한 것. 또는 당근이 들어간 곁들임.

크레피네트(crêpinettes) <프>납작한 소시지. 육류, 가금류 등의 크로켓에 빵가루를 묻혀 굽거나 채소로 곁들이는 것.

크렘 드 망트(crême de Menthe) 박하향을 넣은 초록색의 술 종류.

크렘 앙글레즈(crème Anglaise) 우유 · 설탕 · 달걀 노른자로 만들은 커스터드로 연한 바닐라향도 있는 소스를 말함.

크렙(crépe) 크레이프. 얇은 팬케이크.

크로켓(croquette) 조리한 재료를 아주 잘게 썰거나 부드럽게 으깨 달걀이나 소스를 넣고 잘 주물러 둥근 모양을 만든 후, 밀가루 · 달걀 푼 것과 빵가루를 차례로 묻혀 기름에 튀긴 음식.

크롬스키(kromeskis) 다진 고기를 둥글게 빚어 베이컨으로 싸고 묽은 밀가루 반죽(batter)을 겉에 입혀서 튀긴 요리.

크루통(croutons) <프>식빵을 토스트하여 버터를 발라 1cm^3으로 썬 것 또는 1cm^3으로 썰어 튀긴 빵조각을 수프에 넣거나 샐러드에 뿌려 넣는 것.

크뤼스타세(crustacé) <프>갑각류(게 · 바닷가재 · 새우).

크르와상(croissant) <프>초승달 형태의 프랑스빵.

크리스프(crisp) 연하고 아삭아삭한 것.

크림 수프(cream soup) 밀가루와 버터로 만든 루(roux)가 진한 재료에 우유나 생크림을 넣어 만든 흰색의 탁한 수프.

클래리파이드 버터(clarified butter) 버터를 액상으로 가열했을 때 상부에 떠 있는 맑고 노란색의 본래의 지방을 말하며 밑에 가라앉은 것은 우유 빛의 수분이 남게 된다. 이 버터도 일반 버터보다 쉽게 타지 않으며 볶거나 흰빵으로 카나페 같은 것을 바를 때와 좋은 질의 브라운 루(roux)를 만들 때 이용된다.

클럽 샌드위치(club sandwich) 샌드위치의 종류로 써 썰은 빵 세 장을 토스트하여 넣는 재료(filling)가 닭고기나 칠면조, 상추, 토마토, 베이컨 등 여러 재료가 켜켜로 넣어진 것이다.

클리어 미트(clear meat) 간 고기에 달걀흰자를 섞은 것을 말하는데 이것은 콘소메를 맑게 만들 때 맛있는 재료와 함께 넣어 끓이는 데 이용됨.

키브(kiev) 조미한 버터로 가득 채워 넣은 것.

키세스(kisses) 머랭(meringue) 종류의 디저트.

ㅌ

서양조리

타르트레트(tartlet) 작은 타트(과일 들어 있는 파이). <프>타르텔레트(tartellet).

타이나(tahina) 참깨를 으깨 만든 반죽(paste).

타타르스테이크(tartar-steak) 달걀노른자와 양파 등을 곁들인 쇠고기 육회 요리.

탕(tang) 칼질을 하여 한 칼날에 떨어져 들어오는 1인 분량.

터너링(tunneling) 많은 양의 머핀을 생산할 때 생기는 특징적인 조건을 말하는 것으로 재료를 섞을 때 지나치게 돌려서 가늘고 긴 구멍이 생기는 조건.

터맬리(tomalley) 갑각류. 바닷가재의 갑.

텀블러(tumbler) 음료수를 담는 유리잔.

테라핀(terrapin) 북미산 식용 거북.

테린(terrine) 고기 파이 등을 담아서 파는 오지 그릇(접시 또는 단지).

템퍼(temper) 뜨거운 액체 속에서 천천히 저어 차츰 찬 액체의 온도가 오르게 하는 것.

토론(torrone) <이>누가(nougat).

토르트(tortue) <프>자라(turtle).

토스(tos) 조리를 할 때 스푼이나 터너(turner)로 뒤집는 대신 팬이나 그릇을 움직여서 재료들을 섞거나 뒤집는 것. 힘을 가하지 않고 가볍게 섞는 것.

토스트(toast) 구워 놓은 식빵 또는 식품의 표면만을 누렇게 되도록 굽는 것.

투르낭(tournant) 다른 스테이션에서 일하던 요리사의 교체 또는 담당한 요리사. 왔다갔다하며 자리를 바꾸는 요리사.

투르네도(tournedos) 텐더로인에서 한 부분을 자른 가장 좋은 부위의 스테이크용 부분.

트러니온 케틀(trunnion kettle) 씻어 내거나 비울 때에 기울여서 편리하게 사용 할 수 있는 스팀 재킷을 말함.

트루스(truss) 조리하는 동안 모양을 잡아주고, 육즙을 보존하기 위해 가금류의 날개와 다리를 실로 묶어 주거나 꼬챙이로 끼워서 정돈된 모양으로 만든 것.

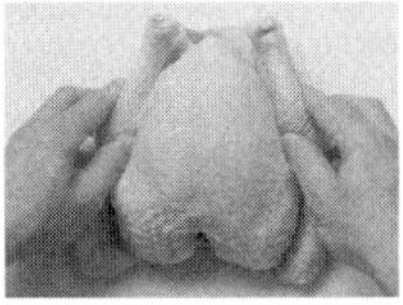

닭을 가슴이 보이도록 놓고 목과 날개가 뒤로 재껴지도록 함

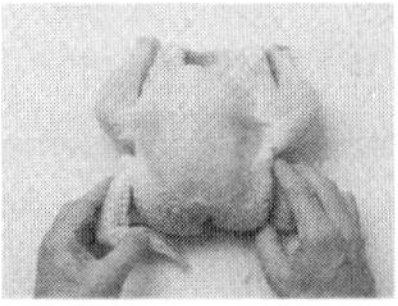

두 다리는 밑으로 붙여지도록 눌러서 끈으로 매어 손질함

트루플(truffles) 프랑스와 이탈리아에서 발견되는 둥글고 자극성의 맛을 지닌 검은 버섯류로서 소스와 파테, 스터핑 요리에 쓰이며, 데코레이션에도 사용.

트뤼트 오 블뢰(truite au bleu) 물에 데쳐 익힌 숭어를 말하는데, 요리로 익히기 전까지 살아서 활어로 생선국으로 요리할 때는 푸른색으로 변한다.

트리클(treacle) 설탕 재정제(sugar-refining) 과정에서 부산물로 생성되는 걸쭉하고 어두운 색의 시럽.

트리프(tripe) 소의 위.

트리플(trifle) 스펀지 케이크에 포도주를 부리고, 잼과 진한 커스터드 소스(richcustard sauce)와 휘프 크림을 혼합하여 발라 만든 영국 디저트의 일종.

팀벨 쉘(timbale shells) 로제트(rosettes). 뜨겁게 달군 철제 탱발(timbale) 틀을 묽은 배터(batter)에 담갔다가 뜨거운 기름에 튀겨 만든 바삭한 쉘(shell) 또는 케이스(case)로서 보통 크림 치킨(creamed chicken)으로 채워짐.

ㅍ

파고(fagot) 셀러리 · 월계수잎 · 통후추 · 마늘 등을 같이 묶은 것(bouquet garni). ☞ 부케 가르니

파르스(farce) <프>포스미트 또는 스터핑(stuffing).

파보일(parboil) 물이나 액상에 넣어 부분적으로 익도록 끓이는 것.

파스타(pasta) 어느 것이든지 간에 마카로니와 달걀 누들(noodle) 같은 밀가루 생산품류.

파엘라(paella) <프>사프론을 첨가하여 지은 쌀밥에 토마토와 완두콩 · 포도주 · 닭고기 · 갑각류 · 기타 재료를 첨가하여 조리하는 스페인의 밥요리.

파이핑(piping) 폴리에틸렌이나 종이 등으로 만든 주머니에 원하는 모양의 물림쇠를 달고 장식 재료를 넣어 모양을 내며 짜는 요리 방법. 케이크나 각종 음식에 장식을 위해 달고 장식 재료로는 보통 크림 · 버터 크림 · 아이싱 등이 쓰인다.

파쿠킹(parcooking) 부분적으로 조리되는 방법으로 일반적으로 시머링, 브로일링(팬브로일링), 스티밍, 딥프라잉 등에 이용되는 방법으로 박테리아를 죽이고 효소를 없애는 데(갈변) 이용.

파쿡(parcook) 조리 방법에 관계없이 완전히 익히지 않도록 조리한 것.

팬 그레이비(pan gravy) 팬에 구울 때 육류에서 흘러내린 기름으로 만든 그레이비.

팬 브로일(pan broil) 두꺼운 철판에 기름을 두르고 식품을 굽는 것.

팬 프라이(pan fry) 프라이팬에 적은 양의 기름을 두르고 지지는 것(전야와 같음). <프>panfry.

퍼프 페이스트(puff paste) 강력밀가루에 기름을 넣고 부풀도록 반죽해서 얇게 파이를 만들기 위해 반죽한 것.

퍼프 페이스트리(puff pastry) 가볍고 켜켜가 종이같이 겹쳐서 부푼 과자류.

펌퍼니클(pumpernickel) ① 호밀을 거칠게 빻아 만든 가루. ② 거친 호밀가루로 만든 빵.

페스토(pesto) 샐러드유와 앤초비, 허브류, 마늘로 만든 그린 소스(green sauce).

페이스트리 크림(pastry cream) 달걀과 녹말로 되직하게 만든 커스터드 소스.

페이스티(pasty) 익혀 갈은 고기와 향신료 · 감자를 페이스트리 반죽으로 싸서 구운 것.

페터취니(fettuccine) 달걀을 넣어 반죽한 납작한 국수.

포스미트(forcemeat) 스터핑에 사용되는 가늘게 저미거나 잘게 다져 양념한 고기와 향신료의 혼합물.

포칭(poaching) 기름기 적은 생선을 흰 술을 조금 넣은 끓는 물에 살짝 익히는 것.

포타주(potage) 걸쭉한 수프.

포테이토 쉐이프(potatoes shape) 용도에 따른 감자 썰기.

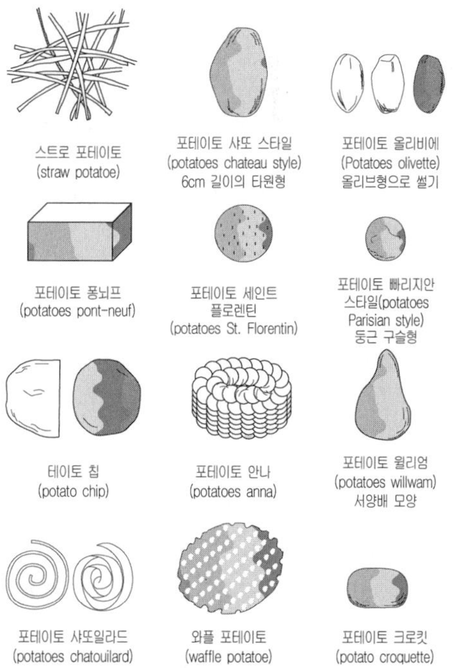

폰던트(fondant) 부드럽고 매끄럽게 설탕 결정체로 형성된 흰색의 아이싱(icing) 상태인 것.

폴드(fold) 거품 낸 달걀흰자처럼 가라앉기 쉬운 것과 밀가루 · 설탕 · 물 등이 서로 잘 혼합되도록 섞는 것.

폴로랑틴(florentine) <프>피렌체 지방의 조리 방법을 따른 시금치 수프나 시금치 가니쉬.

폿 로스팅(pot roasting) 육류를 큼직하게 잘라 무쇠냄비에 넣고 찜하는 것.

퐁(fond) 팬에 기름을 두르는 것(dripping in pan).

퐁뒤(fondue) <프>프랑스 빵을 찍어먹을 수 있도록 버찌술(kirsch)이나 포도주를 첨가하여 녹인 치즈 또는 조리한 정사각형 모양의 고기조각을 찍어 먹는 스위스 치즈 요리. 또는 스위스 치즈 음식으로 그뤼에르 치즈와 에멘탈 치즈가 백포도주에 넣고 끓인 것에 작게 썰은 네모난 빵조각을 담구어 묻혀 가며 먹는 스위스 음식.

퐁 리에(fond lié) <프>진한 브라운 스톡과 녹말 또는 옥수수 녹말로 만들어진 소스.

퐁 브룅(fond brun) <프>브라운 스톡. 걸쭉한 그레이비와 브라운 소스의 기본.

퐁 블랑(fond blanc) <프>화이트 스톡. 화이트 소스의 기본.

푸르(four) 오븐(oven).

서양조리

풀렛(poulette) 버섯, 파슬리, 레몬 즙을 넣어 맛있게 만든 독일 소스.

풀맨 로프(pullman loaf) 길고 장방형으로 구어 낸 빵.

퓌레(purée) 채소 · 과일 · 고기 등을 으깨거나 곱게 갈아서 채에 거른 다음 부드러운 반유동체로 만든 것.

퓌메 블랑 드 뿌와쏭(fumet blanc de poisson) <프> 흰살 생선 스톡.

프라빼(frappé) <프>찬 얼음과 과즙을 섞어 길다란 디저트 유리잔에 담아 마시는 음료.

프라이멀 컷(primal cut) 도살 후 맨 먼저 떼어내는 몸통으로 후에 여러 등분으로 자르는 것.

프랑따니에르(pritanière) <프>당근, 무, 구슬양파, 완두, 청콩, 아스파라거스 등 신선한 봄채소로 가니쉬한 것.

프랑브와즈(framboises) <프>산딸기(raspberries).

프레즈(fraises) <프>딸기.

프렌치 드레싱(french dressing) 채종류 기름(oil)과 식초, 소금, 후추 등의 조미료로 만든 샐러드 드레싱.

프렌치 스타일 아이스크림(French style ice cream) 달걀노른자를 넣어 만든 아이스크림.

프로마주(fromage) <프>치즈.

프로방쌀(provençale) 토마토, 마늘, 파슬리, 버섯, 올리브 등을 넣어 만든 가니쉬. 프로방스 지방에서 흔히 쓰는 재료의 가니쉬.

프로스팅(frosting) 버터나 생크림 · 파우더 슈거 등을 혼합하여 케이크 표면에 입히는 크림 상태의 재료. 버터 크림 · 매시멜로 · 캐러멜 · 초콜릿 · 퍼지(fudge) · 코코넛 등을 주로 이용.

프로피트롤(profiterole) 슈 반죽으로 작고 동글게 만들어 속에 아이스크림이나 맛있는 소를 넣어 오더블이나 후식으로 이용되는 페이스트리.

프롬비에르(plombières) <프>과일과 아이스크림의 혼합.

프루트 치즈(fruit cheese) 과일을 끓여서 조리에 밭친 다음 설탕을 넣고 만든 약간 단단한 젤리 상태.

프리뛰르(friture) <프>팬에 많은 기름을 넣어 튀기는 것.

프리뫼르(primeur) <프>신선한 봄채소. 즉 당근, 무, 작은 양파, 완두, 콜리플라워, 감자로 가니쉬한 것.

프리카세(fricassée) <프>닭고기 · 송아지 · 양고기 등을 잘게 썰어 적은 양의 국물로 익힌 다음 화이트 소스(white sauce)와 함께 먹는 요리.

프리코(fricot) 스튜(stew) 또는 라구(ragoût).

프리타타(fritata) 오믈렛을 접지 않고 편편하게 한 것.

프리터(fritters) 고기 · 채소 · 생선 · 과일 등에 튀김옷을 입혀서 기름에 튀긴 요리.

프리토 미스토(fritto misto) <이>여러 종류의 육류, 가금류, 생선 튀김(deep-fried)에 채소 튀김을 곁들여 빙둘러 담는 것.

프린세스(princesse) 아스파라거스로 가니쉬한 것.

플라린느(praline) 피칸(pecans)과 설탕 · 크림으로 만든 과자(a confection)의 일종.

플라망드(flamande) 블루테 소스(velouté sauce)에 진한 스톡을 넣은 것.

플랜(flan) 프랑스어로는 타르트(tarte)라고 하며, 페이스트리(pastry)의 일종. 과일이나 채소를 이용하여 속을 채우는데, 밀가루 반죽으로 위를 덮지 않아 가지런히 담겨진 재료가 그대로 보이는 것이 특징.

플레(flet) <프>넙치류, 생선 살코기.

피시 커팅(fish cutting) 생선을 요리하기 위하여 자르는 모양.

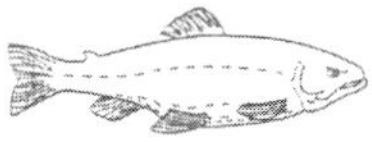

통 생선(whole fish)

두 장으로 저민 생선(fish fillet)

통썰기로 자른 생선(fish steak)

손질된 생선(dressed fish)

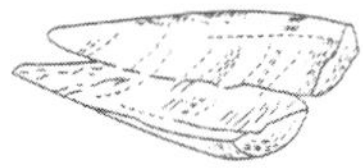

양면을 저미고 한쪽이 붙어
나비모양으로 저민 생선
(butterfly fillet)

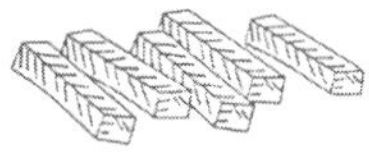

막대모양으로 자른 생선
(fish sticks)

피자(pizza) 이탈리아의 요리로, 밀가루에 이스트를 넣어 반죽한 것을 얇게 펴고 그 위에 토마토 소스 · 치즈 그 밖의 다른 여러 가지 재료를 얹어 오븐에 구운 것.

피치 멜바(peach melba) 바닐라 아이스크림에 반쪽의 복숭아와 멜바 소스가 얹어진 것.

피카타(piccata) 일반적으로 송아지에서 잘라낸 작은 커틀릿.

피클(pickles) 오이나 양파 등의 채소를 식초 · 설탕 · 소금 · 향신료 등을 섞은 액체에 담가 절인 것.

필라델피아 아이스크림(Philadelphia icecream) 단단하고 간단한 아이스크림.

필라프(pilaff) 칠면조나 닭고기를 넣고 흔히 양파와 양념을 하여 만든 쌀 요리. 처음에는 밑면이 편편한 그릇에서 기름에 볶다가 국물이나 물을 조금씩 넣어 수증기로 익히는 것.

필링(peeling) 대부분 채소의 겉을 벗기는 것. 껍질 바로 밑에 많은 영양소가 있으므로 유의할 필요가 있다.

ㅎ

하기(haggi) 송아지나 면양의 간과 심장 · 허파를 이용하여 만든 스코틀랜드의 요리로, 양념이 많이 들어가며, 오트밀(oatmeal)을 첨가하여 면양의 위에 채워서 익힌 것.

하드 소스(hard sauce) 디저트 소스(크림 · 버터 · 가루 설탕).

하센페프(hassenpfeffes) <독>토끼고기 스튜.

하이그로스코픽(hygroscopic) 거의 흡습된 상태.

해시(hash) ① 다지기. ② 다진 식품으로 만든 음식.

해시 브라운 포테이토(hash brown potatoes) 감자를 삶아 주사위처럼 네모로 썰어 갈색이 나도록 버터로 굽는 것.

홀란데이즈 소스(hollandaise sauce) 달걀노른자 · 버터 · 레몬즙 · 식초 등을 넣어 만든 소스.

화이트 워시(white wash) 밀가루와 찬물을 섞은 물이 연하게 혼합된 것.

후아(foie) <프>간(liver).

후아 그라(foie gras) <프>살찐 거위간. 고급요리 재료로 쓰임.

훠레스티에르(forestiére, forester style) 정육점에서 상품화되도록 손질하는 형태에서 최고로 좋은 고기 값(tournedos)에 베이컨, 감자, 버섯 등을 볶아 가니쉬하는 형태.

훠장(faisan) <프>꿩고기. 까투리

훼르미에르(fermiére) 당근, 무, 양파, 셀러리 등을 같은 모양으로 썰어 가니쉬한 것.

휘프(whip) 거품기나 포크로 달걀 · 크림 · 아주 되직한 소스, 그레이비(gravy) 등을 빠른 속도로 거품이 나도록 젓는 것.

거품기를 가지고 손으로 거품을 칠 때

기계로 거품을 칠 때

휠레(fillet) <프>뼈를 제거하고 살코기만을 저민 조각으로 쇠고기는 등심 바로 아래 부위이며, 송아지고기는 엉덩이 근육을 가로로 자른 것, 생선은 뼈를 발라내고 편편하게 저민 것.

휠레 미뇽(filet mignon) <프>가장 질감이 좋고 살이 연한 쇠고기의 안심 부위.

조리기기 용어

ㄱ

가루 체치기(flour sifter) 밀가루와 같은 가루의 입자 사이에 공기를 포함하기 위하여 사용하는 용구. 금속 망으로 이루어져 있으며 용기 안에 회전할 수 있는 손잡이 달린 날개가 있다. 용기에 가루를 넣고 손잡이를 잡아당기면서 가루가 체쳐지도록 한다.

가스레인지(gas range) 가스 버너라고도 하며, 가스오븐을 겸비한 가열기기. 일반적으로 상부에 버너가 2~4개 있으며 중앙에 그릴이 있는 것도 있다.

가스오븐(gas oven) 가스를 열원으로 한 오븐으로 오븐 아래쪽에서 가열하는 형식이 많으며 상부에는 적외선 버너를 부착한 그릴 겸용형도 있다. 종류에 따라 특징이 다르다. ① **직화식**-하단에서 직접 열을 가하여 쉽게 구울 수 있다. ② **간접식**-주로 양쪽 내벽으로부터 방사물(放射物)을 이용해서 열 분포가 비교적 균일하다. ③ **반직화식**-직화식과 간접식의 중간(절충식)으로 상하에 불꽃이 있다. ④ **강제대류식**(컨벡션)-오븐 내에 팬이 있어 열풍을 강제 순환할 수 있어 온도의 분포가 쉬우나 식품의 표면이 건조해지기 쉽고 연료 소비가 큰 것이 단점이다.

가스취반기(gas rice cooker) 가스를 열원으로 밥 짓는 기계. 자동 점화하는 장치와 자동 소화하는 장치가 있으며, 취반기에 따라 화력을 조절할 수 있다. 보온기 겸용형은 내장되어 있는 전기 히터로 보온한다. 도시가스, 프로판가스 등이 열원으로 쓰인다.

갈돌(石棒) 상부가 편평한 돌판에 둥근 돌인 갈개를 한 손에 쥐고 으깨듯 문질러 쓰는 연장. 후에는 안장처럼 앞뒤가 들리고 갈개도 방망이 모양으로 바뀌어서 국수를 밀듯 두 손으로 밀어 쓰게 되어 있다.

강판(薑板, grater) 과일, 무, 생강 등을 갈거나 즙을 낼 때 사용하는 기구. 재질은 사기나 황동, 알루미늄이며, 재질은 달라도 한쪽 바닥이 몹시 거칠거나 중앙에 잔 톱니 같은 작은 돌기가 튀어나와 재료를 갈게 하며, 즙을 따라 낼 수 있도록 한 쪽은 전(끝부분)을 없앴다. 돌기의 크기에 따라 곱게 또는 성글게 갈 수 있다.

개수통 설거지통의 옛말로 개수틀로 구정물통, 가시통, 가싯물그릇이라고도 한다. 개수통을 붙여 설거지하는 대는 개숫대라 한다. 개수통은 요즈음의 싱크와 같은 부엌기구인데 그릇을 씻어 낸 물 즉 개숫물을 담는 통이다. 이것을 부엌의 살강(부뚜막 위나 조리대 위의 벽 중턱에 기다랗게 드리운 간이식 선반) 가까운 곳에 고정시켜 놓고 쓰는 붙박이식의 전통적인 개수통과 자배기나 옹배기와 같은 형태로 되어 운반이 용이하면서 비교적 가벼운 이동형 개수통의 두 종류가 있다. 이동형 개수통은 잔치나 큰 일을 치를 때, 날씨가 무더운 한 여름에 바람이 서늘한 마당 한 곁에 옮겨 놓고 사용하였다.

갱지미 반병두리보다 조금 작은 그릇. 놋쇠로 만들었으며 찌개를 담는 그릇이다.

거품기(beater) 거품을 내거나, 혼합, 교반할 때 사용하는 용구. 재질은 스테인리스 스틸이 많으며 손잡이는 플라스틱으로 되어 있다. 형식은 상하 회전형, 수동식과 전동식 핸드 믹서가 있으며, 용도는 달걀, 달걀흰자, 생크림, 버터 등을 거품내거나 마요네즈, 드레싱 등의 소스를 만드는 데 사용한다. 소형거품기(지름 3cm 내외)로도 충분히 거품이 잘 나나, 전기거품기가 편리하고 거품효과가 좋다.

건지개 국수, 냉면, 잡채 등을 만들 때 끓는 물에서 면 종류를 건지는 데 이용된다. 20cm 정도의 길이이며, 뜨거워지지 않는 손잡이가 달린 것으로 건지개의 지름은 18cm 정도가 적당하다. 거름기 손잡이가 달린 지름 10cm 내외의 거름망이 붙어 있는 기구.

경그레 식품을 찔 때 재료가 물에 잠기지 않도록 얼기설기 걸쳐 놓은 나뭇가지.

곁반 밥상이나 큰상에 오르지 못하는 음식을 올리는 보조 상. 원반과 비슷한 모양이나 크기가 약간 작다. 주된 상의 오른쪽에 놓인다. 곁반은 주로 숭늉이나 차를 올리며 빈 그릇을 받치는 용도로 사용된다.

계량 스푼(measuring spoons) 식품 재료의 부피를 스푼으로 재는 도구. 1TS, ½TS, 1ts용이 있으며, 1TS는 3ts에 해당된다. 스푼의 언저리까지 채운 다음 깎아 재는 것이 원칙이다. 알루미늄, 스테인리스 스틸 제품이 열로 인해 변형되거나 부러지지 않는다.

계량컵(measuring cups) 식품 재료의 부피를 재는 용구. 200mL, 500mL, 1,000mL용이 있다. 주석, 플라스틱, 스테인리스 스틸, 알루미늄, 내열성 유리 등으로 만든다. 알루미늄, 유리, 스테인리스 스틸제의 계량컵이 사용하기에 편리하다. 표준계량에서는 보통 1C(cupful)이란 액체의 양으로 8온스(약 240mL)의 용적을 가리키며, 16TS(table spoonful)에 해당된다. 4종으로 된 계량컵 세트는 ¼C, ⅓C, ½C, 1C의 순으로 구성되어 있다. 우리나라에서는 미터법을 적용하여 1C을 200mL로 사용하고 있다.

곱돌솥 곱돌로 만든 작은 솥. 곱돌은 연납석, 활석, 동석과 같이 만지면 매끈매끈하고 지방광택이 나는 암석과 광물을 일컫는 말이다. 전라북도 장수지방에서 생산되는 것이 품질이 좋아 최고로 치는데, 이 곱돌을 쪼아 솥의 형태로 만든 뒤 안을 파서 만든다. 곱돌은 보온의 정도가 고르기 때문에 솥, 냄비, 탕관, 화로 등을 만든다. 둥근 냄비 모양이며, 크기는 1~2인용의 밥을 지을 수도 있고 10명 정도의 밥을 지을 수 있는 큰 솥도 있었다. 이 솥으로 밥을 지으면 뜸이 고르게 들고 눋지도 않아 밥맛이 좋으며, 밥이 쉽게 식지 않는 장점도 있다. 궁중에서는 '새옹'이라 불리는 활석제 곱돌솥을 이용하여 쌀밥과 팥밥을 꼭 한 그릇씩만 지었다.

공기 공기의 크기는 손 안에 들어갈 수 있는 볼(bowl) 형태이다.

공이(敲石, pestle) 곡식 따위를 찧기 위해 돌로 만든 연장으로서 손으로 쥐고 절구나 확에 든 물건을 찧는 도구.

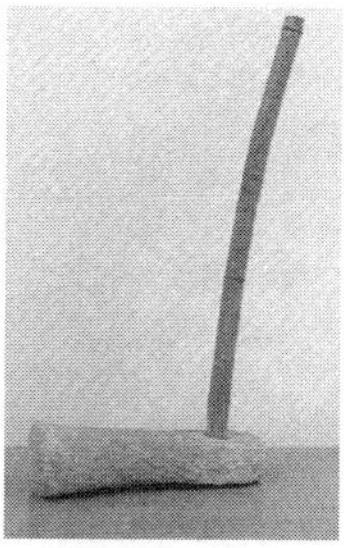
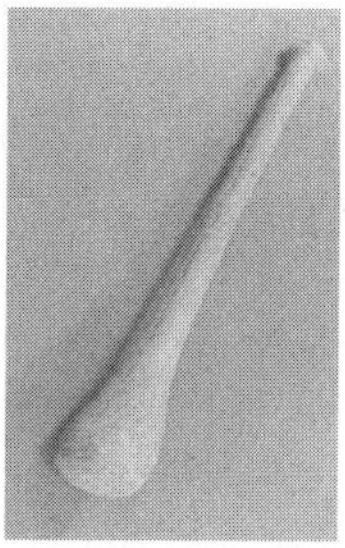

교반기(攪拌機, stir) 주로 점도가 낮은 물질을 균일하게 혼합하는 장치로서, 점도가 높은 유체를 혼합하는 기계나 장치는 반죽기라고 한다. 교반 형식에 따라 탱크 교반기와 유동식 교반기로 크게 나누고, 교반용 날개의 형식에 따라 프로펠러형과 노어형, 터빈형, 나선축형이 있다. 주로 조리용구로서의 교반기는 손잡이 끝에 한 줄 또는 두 줄의 나선(螺旋)이 달려 있는 것으로, 크림이나 달걀의 거품을 일으키는 데 사용한다.

교자상(交子床) 명절날이나 축하연 등 경축의 뜻이 있는 날에 많은 손님을 초청하여 잔치를 베풀 때 여러 사람이 한데 어울려 공동으로 먹을 수 있는 장방형의 큰 음식상. 교자상은 상에 놓는 음식에 따라 건교자(乾交子), 식교자(食交子), 얼교자(孼交子) 등이 있다. 상차림이 주안상 형식이면 건교자, 밥상형식으로 차리면 식교자, 주안상과 밥상 형식을 겸하여 차리는 경우는 얼교자라 한다.

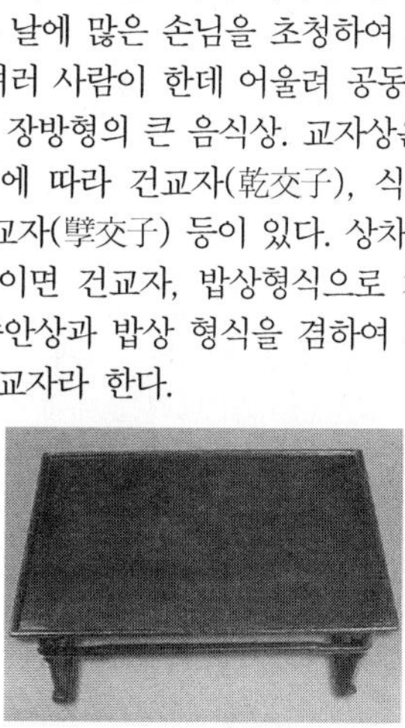

구유방아(manger) 간단한 구조로 방아대에 물이 담길 구유를 파낸 기구. 구유에 홈을 타고 내려와 물이 괴면 그 무게로 공이 쪽이 들리고 구유는 뒤쪽이 경사지게 파여 있어 물이 가득 차면 제풀에 쏟아져 원상태로 돌아간다.

구절판(九折坂) 아홉 칸으로 나뉜 목기. 아홉 가지 재료를 담았다고 하여 구절판이라고 하며 구절판찬합(九折坂饌盒) 또는 구절포(九折包)라고도 한다. 그릇의 색상은 붉은 칠이나 검은 칠을 하며, 나전칠기로 화려하게 만들기도 한다.

국수주걱 속이 깊은 나무주걱으로 국수자루와 거의 같은 용도로 쓰이는 용구. 국수주걱은 기다란 자루가 달린 나무바가지에 어른 손가락 굵기의 구멍을 여러 개 뚫어서 삶은 국수를 건져 낼 때 사용한다. 지금은 가볍고 섬세한 구조의 쇠그물로 된 소형 채반과 소쿠리, 복자 등이 이용된다.

국수틀 가루를 반죽하여 통에 넣고 공이로 눌러서 국수를 뽑아내는 틀. 분틀이라고도 한다. 지렛대의 원리를 이용하여 긴 틀 나무 끝을 눌러서 힘을 가하게 되어 있다. 국수틀은 구경(口徑)이 40~50cm에 가까운 통나무 중간쯤에 큼직한 구멍이 뚫려져 있고, 그 구멍에는 국수(면)를 가늘게 뽑을 수 있도록 무쇠나 놋쇠로 만든 통이 끼워져 있다. 이 통을 분통이라고 하며, 가는 구멍을 뚫은 쇠판을 통나무의 한쪽 면에 고정시키기도 한다. 그 구멍 위로 반죽을 눌러 내릴 수 있도록 국수공이(분공이)를 굵은 장대(지렛대)에 달았다. 장대는 통나무의 머리부분에 두 개 또는 한 개의 다리를 세워서 맞물리도록 되어 있어, 사람의 힘으로 장대를 눌러 내리면 분통 안의 국수공이가 밀가루 반죽을 압착하게 되고 분통의 작은 구멍들로 국수가 빠져 나오는 원리이다.

국자(ladle, dipper) 음식물을 푸거나 뜨기 위한 용기. 은소아(銀召兒), 은잭이라고도 한다. 죽이나 국 등의 액체로 된 음식물을 떠서 다른 그릇에 옮기는 데 사용하는 기구로 액체가 잘 담길 수 있도록 바탕이 움푹하게 패어 있고 뜨거운 국물을 떠내기에 안전하도록 수직으로 긴 자루가 달려 있다. 국자의 재료로는 놋쇠나 조직이 치밀하여 단단하면서도 가벼운 나무가 이용된다. 요즘은 놋쇠 대신 알루미늄, 스테인리스 스틸, 합성수지인 플라스틱 등으로 만든다.

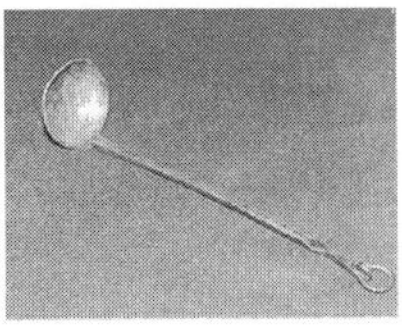

그릴(grill) 고기나 생선 등을 직화로 굽는 기구로 로스터, 바비큐, 브로일러 등을 포함하는 명칭. 불꽃의 위치에 따라 명칭이 3가지로 상화(上火)식, 하화(下火)식, 양면(兩面)식 등이 있다.

그릴 망(grill web) 고기, 생선을 굽는 망.

그물망(chinois) 원추형 모양의 아주 가는 그물망으로 되어 있는 용기. 채소, 크림, 소스 등의 고형물을 걸러서 맑은 즙을 내는 데 사용한다.

기름 여과기(oil filter) 튀김한 후 사용한 기름을 거르는 용구. 가는 금속망으로 되어 있으며 거른 기름을 저장하는 보존 용기가 같이 들어 있다.

기름틀(oil press) 국수틀과 똑같은 원리로 찐 재료를 강제로 눌러 기름을 짜내는 틀.

김치냉장고 김치냉장고는 김치의 숙성 · 보관하기 위한 기기. 재래의 김치광을 과학적이고 현대적으로 개발한 한국형 전자제품이다. 전통적인 김치 숙성방식을 응용하여 겨울 땅속 온도인 저온숙성과 여름과 같이 빨리 익히는 고온숙성 기능으로 김치를 잘 익게 한다. 또한 김치의 저장에 있어서도 가장 맛있는 김치의 산도 변화를 최소화하여 일정한 pH값을 유지하여 오랫동안 김치의 맛을 유지시켜 준다. 김치냉장고는 아파트형 주거형태가 일반화되면서 개발되었다. 산업자원부 산하 기술표준원이 제정한 김치냉장고의 표준규격에 따르면 김치냉장고는 일반냉장고와 달리 냉기보존성 등 규격이 냉장실이 3℃ 이하(일반냉장고 10℃ 이하)의

조리기기

온도를 유지하고 소음은 40dB(일반냉장고 45dB) 이하, 냉장고 온도가 3℃까지 도달하는 데 걸리는 시간인 냉각속도도 180분 이내(일반냉장고는 10℃까지 180분 이내)이다. 김치냉장고는 숙성이나 장기보관을 위해서 선정온도의 편차를 최소화해야 하며, 보관온도의 편차를 1℃ 이하로 유지한다.

깨갈이 볶은 깨를 가루내기 위한 마쇄 용기. 자동식과 수동식이 있다.

꺼꾸메 절구질을 하면서 절구 안의 것을 섞어 주는 데 쓰는 나무로 된 주걱 중의 하나.

껍질 벗기기(peeler) 박피기, 탈피기 또는 필러라고도 하며 무, 오이, 감자 등의 껍질을 쉽게 벗길 수 있는 기구. 벗기는 칼날 쪽은 면적이 넓은 것(5cm 정도)이 쓰기 편하다. 끝 부분에는 감자 눈 등을 파내기 쉽게 뾰족해야 하며, 껍질이 얇게 벗겨지는 것이 좋다. 다량의 구근채소 껍질을 한번에 벗길 수 있는 전기전동식 기계도 있다.

ㄴ

나무절구 통나무를 파서 만든 절구. 절구의 형태에 따라 허리부분이 좁은 잘록 절구와 위아래가 밋밋한 통절구가 있다.

내열유리 용기(heat resistant glass ware) 급격한 온도 변화에 견딜 수 있도록 팽창률을 작게 만든 유리용기. 직접 불 위에서 사용할 수 있고 오븐이나 전자레인지에서 사용할 수도 있다. 종류로는 파이렉스(내열온도차가 120~140℃로 오븐이나 전자레인지에 사용 가능), 알루미늄 유리(투명하며 내열온도차가 180℃로 직접 불 위에 놓고 사용 가능), 유리 세라믹(백색이고 내열온도차가 480~500℃) 등이 있으며 냄비나 포트로 이용한다.

냄비(pan, pot) 가열 기기에서 열을 받아 재료를 전달하는 중간 매개체의 역할을 하는 기구. 깊이가 얕은 냄비를 팬(pan), 속이 깊은 냄비를 포트(pot)라고 한다. 재질은 알루미늄, 철, 스테인리스 스틸 등이 있으며 주물제품, 내열유리, 내열도기 등도 있다. 음식을 끓이는 데 쓰이는 조리용구의 하나로 우리 고유의 말로는 '쟁가비' 또는 '쟁개비'라고도 한다. 냄비의 형태는 대개가 솥보다는 운두가 낮고, 손잡이가 고정되어 있으며 바닥은 편평하다. 솥과 비교할 때 솥은 고정시키고 다리가 붙어 있는 모양에서 시작하였으나, 냄비는 이동에 편하게 만들고 다리가 없으며 반드시 손잡이가 있다. 냄비 역시 솥처럼 꼭지가 달린 뚜껑이 있다. 손잡이는 냄비 지름이 15cm 이하는 1개로 긴 것이 편리하며 냄비가 커지면 양손 손잡이가 좋다. 냄비 손잡이는 뜨거워지지 않는 재질로 잡기 좋은 굵기와 디자인이 갖추어져야 한다.

냉동기(冷凍器, freezer) 식품 등을 냉각시키거나 부패를 막기 위하여 저온(低溫)으로 저장하는 장치. 가스 또는 냉매에 의하여 액체를 냉각하거나 냉동시키는 장치. 식품을 오랜 기간 보존할 수 있다. 냉동고는 처음에 얼음을 만들기 위한 제빙용(製氷用)으로 만들어졌다. 1902년 캐리어(W.H. Carrier)의 냉수에 의한 공기의 냉각과 습도조절의 이론을 냉동기의 원리에 응용하여 식품냉동용 냉동창고, 냉동식품 수송용 냉동차, 가정용 냉장고에 냉동실과 냉동고가 만들어졌다. 현재 많이 사용하는 전기냉장고의 저장실은 습도조절기에 의해서 −18~28℃ 가까이 유지되어 식품을 급속으로 냉동시켜 대량으로 보존할 수 있다. 냉동식품의 보급에 따라서 냉장고처럼 간접냉각방식(間接冷却方式) 냉동고가 늘어나게 되었다. 냉동고는 냉장고와 동일한 원리이지만 냉각제가 더 고압이고 증발기와 열교환기가 더 커서 매우 낮은 온도를 유지할 수 있다.

냉동냉장고(冷凍冷藏庫, refrigerator-freezer) 식품을 냉각, 냉동해서 저장하는 기기. 냉동고 안의 온도는 평균 −15~18±1℃도 유지하도록 설계되어 있으며, 냉장고 안은 0~10℃정도이다. 냉각방식에 따라 다음의 2가지로 나뉜다. ① **간접 냉각방식(팬 방식)**−냉각기는 저장실 밖에 있는 냉기를 팬으로 강제 순환시키는 방식. 냉장고 내 전체의 온도 변화가 비교적 적으나 저장품의 표면이 건조되기 쉽다. 자동 서리 제거가 가능하다. ② **직접냉각방식**−냉장, 냉동실 각각의 전용 냉각기가 따로 설치되어 냉각하는 방식으로, 냉동실 벽면에 성애가 생기기 때문

조리기기

에 때때로 제상(除霜) 작업이 필요하다.

노구솥 놋쇠나 구리쇠로 만든 솥. 솥을 자유로 옮겨 따로 걸고 음식을 익힐 수 있다. 황해도에서는 '노구쟁이' 라고도 한다. 품질이 낮은 놋쇠로 만든 작은 솥을 통노구라고 하고 바닥이 편평하다.

놋쇠옹 놋쇠로 만든 솥이란 뜻으로 놋새옹이라고도 한다. 솥의 형태는 배가 부르지 아니하고 바닥이 편평하며 전과 뚜껑이 있다. 흔히 밥을 지어서 새옹채로 상에 올려놓으며 절에서 많이 쓰인다. 놋쇠옹은 구리 70~95%에 주석 5~30%를 섞어 만드는데, 일반 솥과는 달리 솥바닥과 뚜껑이 모두 편평하고 배가 부르지 않고 주변이 수직으로 되어 있으며 넓은 전이 달려 있다. 뚜껑은 2단으로 각을 세워 올라가다가 정상부분에 나지막한 테를 둘렀으며, 한가운데에 꼭지를 붙였다. 그 크기는 대개 보통 한두 그릇(주발 기준) 정도의 양을 담아 밥을 지을 수 있는 용량이어서, 따뜻할 때 솥 채 올리는 밥그릇으로 주로 사찰에서 많이 이용한다.

누룩고리 누룩을 만들 때 반죽을 밟는 나무로 만든 틀. '누룩틀', '국기(麴器)' 라고도 한다. 술의 주원료인 누룩을 성형하기 위한 기구. 나무와 짚을 이용하여 만든 것이 주류를 이루는데, 대리석을 깎아 만든 석물과 쇠를 녹여 만든 주물 형태로 된 것도 있다.

ㄷ

다식판(茶食板) 다식을 만들 때 사용되는 기구. 다식판의 재료로는 대개 감나무, 밤나무, 참나무, 박달나무 등 단단한 재질의 나무를 사용했다. 다식판은 대개 길이 30~60cm, 5~6cm, 두께 2~3cm의 크기로 위짝과 아래짝 두 쪽, 또는 판 하나로 이루어져 있다. 아래쪽 판에는 지름 3cm 가량의 둥근 모양이 8~10개 볼록하게 솟아 있고, 표면에 수(壽), 복(福), 강(康), 영(寧) 또는 완자문양, 꽃문양 등이 음각으로 새겨져 있다. 위판은 아래 판에 꼭 맞게 둥근 구멍이 뚫려 있고 상하의 판 사이에 끼는 받침대가 있다.

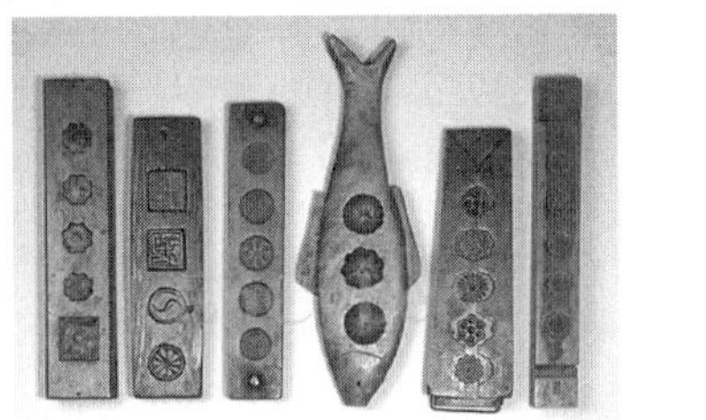

단지 음식물의 보관이나 저장을 위한 기구. 배가 불룩 나오고 그릇의 아래위가 좁으며 입구가 짧은 그릇으로서, 항아리보다는 조금 작은 것을 일컫는다. 옹기, 백자, 청화자기 재질은 18~19세기에 널리 만들어져 사용되었으며, 요즘은 플라스틱 용기와 같이 편리한 그릇들이 많이 생산된다. 예전에는 찬장이나 뒤주 또는 선반 위에 올려놓고 꿀, 약과, 엿 등의 간식거리를 담아두는 데 많이 쓰였다.

달걀 절단기(egg cutter) 삶은 달걀을 자르는 용구. 재질은 금속이나 플라스틱이며, 얇게 자르는 것과 꽃 모양으로 자르는 것이 있다. 카나페 만들 때, 음식 장식할 때, 어린이 간식에 이용된다.

대접 국이나 숭늉을 담는 그릇. 대접의 모양과 크기는 일정하지 않으나 대체로 입구의 지름이 넓고 바닥은 지름보다 좁으며 그 사이가 곡선으로 되어 있다. 용량은 대, 중, 소 등 여러 가지가 있는데, 가장 작은 것은 80~100mL 정도의 용량으로 첫돌을 맞이하는 어린이용이다. 중간 크기는 150~180mL 정도이며, 큰 것은 200~240mL 정도로 연령에 따라 국 1인분의 양을 담는다.

데미타세(demitasse) 식후에 나오는 작은 커피잔.

도마 음식을 만들기 전에 재료가 되는 식품을 썰고 다지는 데 쓰이는 용구.

도자기(陶瓷器, ceramic ware) 점토, 돌가루, 질흙 등으로 빚어서 비교적 고온에서 굽는 용기. 사기그릇, 오지그릇, 질그릇을 통틀어 이르는 용기. ① **토기**(clay ware)－불순물이 많은 점토를 사용하여 저온(600~800℃)에서 굽는 그릇으로 다공질로 흡수성이 크다. 그릇의 표면에 유리질 막이 없는 상태로 우리나라 신석기시대 토기가 이에 속한다. ② **도기**(earthen ware)－800~1000℃에서 구우며, 불투명하고 흡수성이 있으나, 유약을 칠하면 흡수되지 않는다. 우리나라 청동기시대의 민무늬토기(無文土器)가 이에 속한다. ③ **석기**(stone ware)－1100℃ 이상의 높은 온도에서 굽기 때문에 태토 속에 포함되어 있는 장석이 녹아서 유리질로 변해 태토 사이로 흘러가 그릇의 몸이 매우 단단하며 표면색은 회청색을 띤다. 두드리면 금속성의 소리가 나며 삼국시대와 통일신라시대의 경질토기이다. ④ **자기**(porcelain)－굽는 온도(1200~1400℃)가 높아 태토가 용융되기 쉽고 강도가 매우 높은 그릇을 말하며, 태토는 고령토(Kaolin)를 사용한다. 원료는 점토에 운모, 장석, 석회석, 규석, 석고(石膏), 골재(骨灰, bone china) 등이 쓰이며 도기에 비해 얇으며 반투명하다. 유약을 발라 반짝이는 유리질막이 씌워 있다.

독 질흙이나 오지로 구워낸 큰 그릇. 곡물이나 술 그리고 각종 장과 김치를 저장하는 그릇으로 저장용기 중의 하나이다. 독은 배가 불룩한 것과 홀쭉한 두 종류가 있고, 두들겨서 쇳소리가 나게 잘 구워진 것을 '장독'이라 한다. 독은 크기에 따라 큰독, 중두리, 항아리로 부른다. 큰독은 운두가 높고 배가 좀 부르며 위에는 전이 달려 있다. 이것은 부엌에 묻어 놓고 물독으로 쓰고, 김장김치나 간장을 저장할 때, 쌀이나 곡식들을 보관할 때도 사용되었다. 중두리는 막장이나 된장을 담는데 쓰였으며, 생김새는 크기가 작고 배가 약간 부르며 형태는 큰 독과 같다. 항아리는 입구가 넓고 배가 부른 형태의 것이 독보다 조금 작은 것에서부터 한 되밖에 들어가지 않는 것까지 모두 항아리 또는 단지라고 하는데 아래가 좁고 배가 불룩 나온 형태이다. 이것은 고추장을 담그는 데 주로 쓰였고 쌀이나 잡곡을 저장하는 데도 쓰였다. 곡물이 담긴 독은 헛간이나 곡간에 두지만, 장을 담은 독은 집안에서도 햇볕이 잘 드는 양지 바른 곳에 돌로 낮은 단을 쌓아 장독대를 만들고 그곳에 모아둔다.

돌상 백일이나 돌 등 어린이의 축일에 차리는 상. 돌상은 반면(盤面)이 원반 또는 팔각반에 다리는 팔각(八角)의 판각으로 되어 있다. 다리는 무시무종(無始無終)과 장수길상문양(長壽吉祥文樣)을 투각하여 화려하다. 돌상을 회상(回床) 또는 수반(晬盤)이라고도 한다.

돌확 고추, 마늘 등 양념이나 곡식을 가는 데 쓰는 것으로 확독이라고도 한다. 돌확은 주로 우리나라 남부지방에서 많이 쓰인다. 형태는 여러 가지로 보통 자연석을 우묵하게 파거나 번번하고 넓적하게 판 것이나 오지로 되어 버치(너럭지) 형태의 그릇 안쪽에 우툴두툴하게 구워낸 것도 있다.

동이 우물에서 물을 길어 나르는 물동이. 형태는 둥글고 배가 부르며 입구가 넓고 운두가 낮다. 또한 밑바닥은 평평하고 양옆에 손잡이가 달려 있어 운반하기 쉽게 되어 있다. 용량은 약 18L(1말)로 보통 액체를 계량하는 기준으로 사용한다.

되 곡식이나 액체, 가루와 같은 물질의 분량을 측정하기 위하여 제정된 양제단위명(量制單位名) 또는 기준 용기(基準 容器). 승(升)으로도 표기한다. 집안에서 쓰는 작은되는 식되이며, 작박은 나무토막을 둥글게 파서 만든 되로 제주도에서 사용한다. 현재는 미터법을 쓰고 있으며 1되는 2L이다.

두레박 우물물을 퍼 올리는 데 쓰는 기구. 지방에 따라 두룸박, 두레박, 다래박, 드레라, 들레라고도 한다. 옛말로는 '드레'이다. 바가지를 그대로 쓰거나 판자를 짜서 만들며 긴 끈이나 긴 자루를 박아 사용한다. 또는 양철이나 판자를 사용해서 원통형이나 네모지고 삿갓지게 만든다. 두레박에 긴 대나 작대기를 자루로 박아 쓰는 타래박이 있고, 디딜방아의 원리를 이용한 것으로 방아두레가 있다. 방아두레박은 지렛대를 써서 물을 푸는 두레박으로 우물 옆에 기둥을 세우고 긴 나무를 걸치어 한 끝에 두레박줄을 달고 한 끝을 늘렸다 놓았다 하면서 물을 푼다.

두리반 주로 어린이나 부녀자들이 함께 둘러앉아서 식사를 할 때 사용하는 상으로 '두레반'이라고도 한다. 두리반의 모양은 크고 둥근 원반이며 다리를 접을 수 있도록 되어 있어 사용 후 보관이 편리하다. 두리반을 구한말부터 일제시대 때 주로 사용하였다.

두부틀 두부를 만들 때 사용하는 용구. 대부분 직사각형의 나무상자로 되어 있다. 두께 2cm, 너비 15cm 정도의 널빤지를 이용하여 바닥을 만들고 같은 두께에 너비가 20cm 정도 되는 널빤지로 울타리를 만든 뒤, 바닥과 주변 사방에 작은 구멍을 여러 개씩 뚫어 갓 끓인 두유를 담았을 때 물빠짐을 좋게 한다. 뚜껑은 상자의 안으로 들어 갈 수 있는 크기로서, 나무로 솥뚜껑처럼 짜되 여러 개의 작은 구멍을 뚫는다. 이 상자 안에 삼베 천을 깔고 뜨거운 두유를 80℃ 정도로 식혀 간수를 섞은 뒤 붓고, 삼베 천으로 덮은 다음 뚜껑을 얹고 맷돌이나 무거운 돌로 눌러 두면 물이 빠지고 두유가 식으면서 네모반듯한 두부가 만들어진다. 요즘은 나무 두부틀 대신에 대부분 기계로 눌러 압착하여 두부를 만들고, 만들어진 두부를 플라스틱 상자에 담아 판매한다.

뒤웅박 작은 박을 이용하여 만든 용기. 지방에 따라 드베, 두룸박, 뜸박, 됨박, 뙴박, 두뱅이, 주름박이라고 한다. 박에 손이 들어갈 정도의 구멍을 내어 말린 뒤, 끈을 달아서 처마 밑이나, 부엌에 매달아 씨앗 등을 담아두었다. 박은 흡습성이 좋아서 여름철에 밥을 담아 두면 잘 쉬지 않는다.

뒤주 곡식을 담는 나무로 만든 궤(櫃). 통나무로 만들거나 널 판지를 짜서 만들며 네 기둥과 짧은 발이 달려 있다. 통나무 뒤주는 밑둥과 머리에 따로 널빤지를 대어 막고, 머리 부분의 한쪽을 열도록 문짝을 달아 낟알을 넣거나 꺼내기 쉽게 되어 있다. 널빤지를 짜서 만드는 뒤주는 네 기둥을 세우고 벽과 바닥에 널빤지를 붙이고 머리에 천판(天板)을 설치한다. 천판은 두 쪽으로 만들어 뒤편의 것은 붙박이로 하고 앞쪽으로 여닫는다. 여닫는 데는 쇠 장식을 달아 자물쇠를 채운다.

디딜방아(treadmill) 절구에서 비롯된 도구. 절구는 주로 손의 힘을 빌렸으나 디딜방아는 몸무게를 실은 발의 힘을 이용하기 때문에 효과적인 도구이다. 방아를 땅바닥에 장치하고 여럿이 한쪽을 밟아 공이를 쳐들어 찧게 한 장치. 딛는 쪽을 양 가닥의 나무로 하는 것은 여럿이 밟기에 편리하도록 한 것이며, 공이의 키가 유달리 큰 것은 일하는 사람들의 머리를 조심하기 위해서이다.

조리기기

디스포저(disposer) 싱크의 배수구에 장치하는 음식물 쓰레기를 마쇄시켜 물과 함께 하수구로 배출시키는 기계. 설치 시에 하수도 오염이나 처리 문제가 있기 때문에 당국에 허가가 필요하다.

디시 워셔(dish washer) 조리기구, 식사기구, 수저류 등을 동시에 씻어서 건조시킬 수 있는 전기용 기계. 식기 세척기. 종류는 수전식 디시 워셔(faucet dish washer)가 있는데 접시나 식기류를 각기 한 개씩 싱크대에서 씻을 때 사용하는 작은 장치이다. 가정용 전기 디시 워셔는 모델에 따라서 약간씩 다르나 1,725rpm으로 가동하는 1/6마력의 모터를 가지고 있어 세 곳에서 뿜어 나오는 고속력으로 순환되는 스프레이 작용으로 세척된다. 이 힘으로 접시 위에 물이 분무되고 건조 시에 뜨거운 공기를 순환시킨다. 발열체는 소비전력이 다양해서 400~1200W이다. 다량의 식기류를 세척하는 대형 식기세척기도 있다.

떡가위 가위의 한 종류. 찬가위라고도 한다. 떡가위는 날에 비해 손잡이가 둥그런 형태이면서 큰 바느질용 가위보다는 훨씬 크고, 엿장수들이 소리를 내어 치는 엿가위와 같이 날이 무디고, 날도 1mm 정도로 두껍다. 가윗날 2개는 쇠로 되어 있으나 손잡이는 놋쇠로 되어 있어 일반 가위와는 다르다.

떡살 절편의 표면에 문양을 찍는 도장과 같은 기구. 나무떡살을 흔히 사용하나 사기와 자기나 오지로도 만들며 형태는 원형, 정방형, 장방형이 주류를 이루는데 대체로 둥근 모양이거나 정사각형, 육각형, 팔각형 등이 있다. 나무떡살은 대개 재질이 단단한 목재인 박달나무, 대추나무, 감나무, 참나무, 은행나무 등으로 만든다.

뚝배기 잔 음식을 담는 용도로 사용하지만 과거에 머슴들이 막걸리를 마실 때 사용하는 그릇.

떡살

ㅁ

마늘 다지기(garlic press) 마늘을 다지는 용구. 재질이 알루미늄이나 스테인리스 스틸이다.

마상배(馬上杯) 말(馬) 위에서 술을 마실 때 사용하는 술잔. 팽이처럼 밑 부분이 뾰족한 것과 굽이 높고 손잡이가 달린 배(杯)가 있다.

마자(磨子) 양념을 갈 때 쓰는 기구. 손가락을 끼워 넣을 수 있도록 홈이 파져 있는데, 이 속에 손을 넣어 거친 표면으로 양념을 간다.

만능 식품절단기(food processor) 절단, 혼합, 교반, 마쇄 등 다양한 조리조작을 단시간에 할 수 있는 전동기기. 각종 채소류나 구근류 등을 요리 목적에 적합한 크기로 절단할 수 있도록 깍둑썰기 칼날, 국거리 칼날, 조정 칼날, 생채 칼날 등이 포함되어 다양한 썰기가 가능하다.

만찬용 접시(dinner ware) 주로 저녁 식탁에 주 요리를 내는 데 사용하는 접시. 크기가 25cm 정도이다.

말 곡식, 액체, 가루 등의 분량을 측정하는 그릇으로 계량 단위(量制單位). 부피는 한 되 양의 정확히 10배의 양이 되게 정해진 십진법 단위이다.

망태기 곡물이나 감자, 옥수수 등을 담아 가지고 다니는 데 쓰는 주머니. 망탁, 망태구럭, 깔망태라고도 한다. 가는 새끼나 노를 엮어 나비가 좁고 울이 깊도록 짠 네모꼴의 주머니이다. 어깨에 멜 수 있도록 양끝에 길게 고리를 달았다.

매셔(masher) 익힌 감자나 고구마를 으깨는 용구.

매통 주로 벼의 껍질을 벗기는 데 쓰는 도구. '목마(木磨)' 또는 나무매, 매라고도 부른다. 절구, 맷돌과 더불어 방아의 기능을 갖고 있다. 매통의 무게는 30kg내외, 수명은 20여 년이며 보통 100년 이상 자란 소나무로 만든다.

맷돌(millstone) 콩, 팥, 메밀, 녹두 등의 곡식을 갈아서 가루로 만들거나 물에 불린 곡식 등을 갈 때 쓰는 매의 하나. 맷돌은 크기가 같은 둥글고 넓적한 위아래 두 짝으로 구성되며, 아래짝 가운데에는 중쇠(숫쇠)를, 위짝에는 암쇠를 박아 끼워서 서로 벗어나지 않도록 한다. 'ㄱ'자 모양의 맨손(손잡이)은 위짝구멍에 박으며 칡이나 대나무로 테를 메워 고정시킨다. 위짝에는 곡식을 집어넣는 구멍이 있으며, 아래짝에는 곡물이 잘 갈리도록 하기 위하여 판 홈 또는 구멍이 있다.

메주틀 메주말이라고도 한다. 장(醬)의 원료가 되는 메주를 만들 때 메주의 형태와 크기를 일정하게 하기 위해 사용하는 기물. 메주를 만들 때 일반 가정에서는 메주마다의 크기나 형태에 관계없이 손으로 빚기도 하고, 나름대로 만든 용기로 메주를 만들었지만, 옛날의 지방 행정관서나 사대부가에서는 같은 형태, 같은 크기의 메주덩이를 만들어 그 양을 측정하기도 하고, 외견상의 미를 살렸다.

멜라민 수지 용기(melamine resin ware) 열경화성 플라스틱의 일종으로 내열 온도 120℃로 비교적 높으며 쟁반, 접시, 컵, 수저용으로 사용된다. ☞ 플라스틱

목판(木板) 떡이나 과일, 마른 음식을 담거나 운반하는 데 쓰는 그릇. 나무판을 모나게 짰다고 하여 '모판'이라고도 한다. 모양은 매우 다양하나 보통 운두가 낮고 전이 45° 정도 밖으로 젖혀졌으며, 안팎에 옻칠을 한 것이 많다. 대개 소나무로 만들며 둥근 목판도 있으나 팔각(八角), 십이각(十二角) 등으로 만들며 모서리에는 장식을 둘렀다. 절의 다층탑처럼 10~12개를 함께 포개 쓰기도 한다.

물매 바닥의 비탈진 정도. 구배(句配)라고도 함.

물허벅 머리에 이고 운반하는 도구. 입구는 어른 주먹 정도의 크기로 좁은 편이며, 배는 불룩한 모양으로 지름이 약 30cm 정도이다. 제주도에서는 바구니로 만든 물구덕에 물허벅을 넣어 밧줄로 등에 지고 식수를 운반한다.

밀대(rolling pin) 가루를 반죽하여 밀어서 편편하게 미는 봉. 용도는 칼국수, 만두피, 파이, 쿠키 반죽에 사용한다. ☞ 밀방망이

밀방망이 밀판 위에서 가루반죽을 얇고 넓게 펼 때 굴리는 둥글고 긴 나무막대. 밀판 위에 반죽을 놓고 밀방망이를 밀면서 굴리면 반죽이 고르고 얇게 밀어진다. 대개 밀방망이는 지름이 4~6cm 정도의 굵기가 알맞으며, 길이는 밀판에 맞추어 만든다. 밀판과 밀방망이의 재질은 박달나무나 참나무 등 단단하면서도 무거운 재질로 만든다.

밀판 밀판은 가루반죽을 밀어서 얇고 넓게 펴는 데 쓰는 통나무 판. 대개 두께가 8~10cm, 너비 50cm, 길이 80~90cm 되게 도마처럼 만든다. 밀판은 재질이 나무이기 때문에 흡습성이 강하여 자칫 금이 가거나 뒤틀리기 쉬우므로 두꺼울수록 좋다. 얇은 나무판일 경우에는 판

이 금이 가거나 뒤틀리는 것을 방지하기 위해 양쪽에 가로 길이로 굽을 만들어 달기도 하고 짧게 다리를 붙이기도 한다.

ㅂ

바가지 곡식, 물, 장을 푸거나 담을 때 쓰는 용구. 박을 쪼개어 만들거나 또는 다른 재료로 그와 비슷하게 만든 그릇. '박사기'라고도 한다.

바리 여자용 밥그릇. '발이'에서 변형된 말이다. 바리의 형태는 입구보다 가운데 부분과 바닥부분이 둥근 곡선형으로 입구 지름은 20cm 정도이며 뚜껑이 있다. 뚜껑에 봉이 달려 있는 것을 봉바리라고 한다.

반병두리 합과 비슷한 모양이나, 뚜껑이 없고 구경(口徑)이 약간 퍼져 있는 놋그릇. 배 부분의 모양은 둥글고 바닥은 편평하며, 뚜껑이 없고 입구 쪽이 약간 퍼져 있다. 주로 국수장국이나 떡국, 비빔밥 등을 담는 용도로 사용하였다.

반주합 식사 때 식욕을 돋우기 위하여 마시는 술을 담는 그릇. 술 석 잔 정도 들어갈 크기로, 뚜껑을 벗겨서 그대로 마신다.

발우(鉢盂) 승려의 밥그릇. 주로 나무로 만든 목발(木鉢). 발우는 바릿대, 바리, 바루, 발다라(鉢多羅), 바리때, 응기(應器), 바루라, 응량기(應量器)라고도 한다.

밥상 반상기를 올려 놓기 위한 상으로 장방형, 원형, 다각형 모양이다.

발우

밥상

밥통 솥에서 밥을 퍼서 담아 방에서 먹을 때 공기에 덜어서 먹도록 한 그릇. 밥통은 재질에 따라 사용하는 계절도 다르다. 질그릇과 나무로 된 밥통은 봄·여름철에, 자기나 사기류의 밥통은 가을·겨울철용으로 적합하다. 나무와 대나무로 만든 제품은 자체의 흡수력이 뛰어나 더운 여름철에도 쉬거나 상하지 않는다. 나무밥통은 주로 칠(漆)을 하여 사용하였으며, 밥통의 입구가 넓고 뚜껑이 있는 통형(筒形)이다. 또한 대나무로 만든 밥통의 모양은 손잡이가 길쭉하게 달린 둥근 소쿠리 형태가 많다. 근래에는 전기보온밥통도 있다.

방아 곡물을 겉껍질을 벗기거나 빻아서 가루를 내는 데 쓰는 연장. 나무나 돌로 만든 것이 많으나 흙이나 도자기로 만든 것도 있다. 방아는 갈돌에서 시작되었다. 즉 갈돌에서 돌확, 맷돌, 매통, 토매, 연자매로 발전한 것과 절구, 디딜방아, 물방아, 물레방아 등으로 발전한 것이 있다. 물방아는 물레방아라고도 하는데 골짜기를 흘러 내려오는 물의 힘으로 공이를 쳐들어 찧게 한 방아이다.

배수(排水, draining) 다량의 물을 사용하는 조리장 또는 주방에서 사용한 불필요한 물을 다른 곳으로 흘려보냄. 바닥을 물 1/100~1/50 정도 경사지게 시공하여 배수구에 물이 잘 빠질 수 있도록 유의한다.

버터 나이프(butter knife) 전체 길이 15cm 정도로 칼날 부분이 3cm 정도이며, 냉장고의 버터 통에 수납이 가능하고 사용할 때마다 기름이 많이 묻은 나이프를 씻지 않고 꽂아두고 사용할 수 있어 편리하다.

번철(燔鐵, fry pan) 지짐질을 할 때 쓰는 무쇠로 만든 조리용구. '적자(炙子)' 또는 '전철(煎鐵)'이라고도 한다. 밑면이 편편하고 옆 운두가 있는 프라이팬을 번철이라고 한다. 솥뚜껑과 비슷하게 둥글넓적하며 운두나 전이 없는 것이 대부분이다. 운두나 손잡이가 달린 것도 있으며 긴 자루와 다리가 달린 번철도 있다. 번철은 그 재료나 형태 면에서 가마솥뚜껑과 비슷하고, 또 최근까지도 농촌이나 산간지방에서는 번철 대신에 솥뚜껑에 지짐질을 하였다. 번철은 재료가 대부분 무쇠로 되어 있으나, 곱돌이나 단단한 돌을 깎아 만든 석질(石質)과 황동(黃銅), 청동(青銅)제품의 것도 있다. 번철은 지름이 30~40cm 정도이며, 바닥은 약간 굽은 듯하면서도 편평하여 전(煎), 지짐이 등을 부치는 데 사용된다.

법랑용기(enamel ware) 금속 표면에 유약을 발라 고온에서 구운 그릇. 부식을 방지하고 표면에 장식을 할 수 있다. 유약 성분은 주석, 장석 등이며, 표면은 내산성(耐酸性), 내약품성(耐藥品性)이 있으나 충격에 약하여 취급에 주의해야 한다.

벙거짓골 전골틀. 즉석에서 끓여 먹는 음식인 전골을 담는 그릇이 벙거지를 젖혀놓은 것 같다고 하여 '벙거짓골' 또는 '벙거짓골 냄비', '감투꼴'이라고 하였다. 신선로가 보급되기 전에는 널리 쓰여서 상 앞으로 나르거나 다 끓은 것을 내려놓는 '전골상'이 따로 마련되었다. 외상에서 혼자 맛볼 수 있게 아주 적은 크기로 만든 것도 있으며, 쉽게 식지 않도록 곱돌을 깎아 만든 것도 있다.

베이킹 팬(baking pan) 식품을 굽는 용기로 낮은 운두가 있는 편편한 팬.

보시기(甫, 甫兒) 김치나 깍두기를 담는 그릇. 지역에 따라 갱사발(평북), 종바리(평북), 종발(경북)이라고 한다. 김치보시기는 쟁첩과 같은 모양이지만 굽이 높고 용량이 쟁첩의 2배 정도이다.

보온고(保溫庫, food warming cabinet) 음식을 장시간 보온하기 위하여 고안된 기기. 열장고 또는 온장고라고도 하며, 저장온도는 세균번식을 방지하기 위하여 70℃ 이상 유지하도록 설계되어 있다.

보온병(保溫甁, food warming bottle) 물이나 음료를 거의 같은 온도로 장시간 유지하기 위해 만든 용기. 유리의 이중 벽 중간에 있는 공기를 빼어 진공으로 하고, 이중벽의 내벽을 도금하였다. 공기를 제거하여 공기에 의한 열전도를 방지하고, 도금하여 방사(放射)에 의한 열전도를 방지한다. 외부 열의 출입이 차단되어 보온 또는 보냉의 목적으로 사용된다.

보온용기(food warming ware) 차거나 더운 음식물을 넣어 일정한 온도를 지속할 수 있게 장치한 식기. 용기가 이중(二重)으로 되어 있어 주로 플라스틱 이중용기 중간에 공간 또는 발포 폴리스티렌으로 차단시켜 외부 온도의 영향이 내부에 미치지 않는다. 보온밥통, 젖병(哺乳甁), 보온도시락, 보온물통, 보온 컵 등이 있으며, 원통형, 병 모양, 각기둥 모양, 컵 모양 등 디자인이 다양하다.

브로일러(broiler) 가스나 전기를 사용하여 생선이나 육류를 굽는 기기. 적외선을 이용한다. 브로일러에는 아래에서 열을 가하는 상향식 브로일러인 적외선 구이기, 가스적외선 구이기, 가스생선 구이기, 이 외에도 하향식 브로일러인 전기 살라만다, 가스 살라만다 등이 있다.

블렌더(blender) 교반, 혼합, 마쇄하는 기능을 갖고 있는 전동 조리 기기. 믹서와 혼용하여 불린다. 재료를 넣는 용기는 내열 유리를 많이 쓰이고 모터가 있는 부분과 회전칼은 스테인리스 스틸로 되어 있다. 모터는 약 10,000~20,000 rpm으로 고속회전하고 회전 속도를 조절할 수 있다.

빵 접시(bread dish) 빵을 담는 접시로 크기가 13cm 정도이다.

조리기기

빵칼(bread knife) 스테인리스 스틸로 칼날이 톱니 모양이나 파도형으로 파져 있어 빵을 자르는 데 편리하다.

ㅅ

사발(沙鉢) 위가 넓고 굽이 있는 모양으로 사기로 만든 밥이나 국 등을 담는 용도로도 사용되는 그릇. 보통 '갱끼'라고도 하며 평안도에서는 '갱싸발'이라고도 한다.

사시 숟가락의 한 가지. 식혜, 수정과, 화채 등의 음청류를 떠서 마시는 데 사용하는 사기제의 숟가락. 일반 숟가락과는 달리 사기로 만들며 자루가 짧고 식사용 수저보다 크기가 작다.

사시미칼(刺身刀) 일본 칼의 종류로 생선회를 뜨는 데 사용한다. 칼 폭이 좁고 칼의 길이는 긴 것이 특징이다.

살라만다(salamander) 버너가 위에 부착되어 있는 브로일러로 조리 마지막 단계에 사용하거나 오븐 보조기로 이용한다. 가스 살라만다는 습기가 지나치게 제거되지 않도록 밑면에 물이 담겨져 있다. 생선구이나 스테이크 구이용으로 하향식 조리기기이다. ☞ 브로일러

삼발이(tripod) 둥근 쇠테에 발이 셋 달린 기구. 화로나 장작불 등의 불 위에서 고기를 굽기 위해 석쇠를 올려놓기도 하고, 음식물을 데우거나 끓이기 위해 음식물이 담긴 그릇의 밑에 받치는 취사용 기구. 삼발이의 형태는 굵은 쇠로 둥근 테를 만들고 3개의 발을 붙인 것으로 세발 다리 또는 둥근 쇠라고도 한다. 주로 화롯불 위에서 음식을 굽거나 조리할 때 다리쇠와 함께 많이 사용한다. 다리쇠는 화로의 전에 다리처럼 걸쳐 놓고 사용하는 반면, 삼발이는 화로의 재속에 다리를 박아 놓고 그 위에 석쇠를 올려서 고기를 굽기도 하고 찌개냄비나 주전자 등을 얹어서 내용물을 끓이거나 데우기도 하며 한약을 달이는 데 쓰기도 한다.

삼태기 떡이나 감자를 담아 두거나 쓰레기, 거름, 흙, 곡식 등을 운반할 때 사용하는 도구. 싸리, 대(竹), 칡덩굴, 짚·새끼 등을 엮어서 만든다. 삼태기의 용도는 아궁이의 재를 담아서 재간에 버리고 흙이나 쓰레기를 나르기도 하며, 재나 퇴비를 지게에 지고 논밭에 가서 뿌리기도 한다. 곡식을 퍼 담거나 옮기는 데도 사용하고, 삼태기를 허리에 차고 밭에 씨앗을 뿌리기도 하며, 고구마, 감자 등을 캐어 모으는 데에도 쓴다. 삼태기의 하나로 멜빵을 길게 하여 어깨에 메고 개똥, 쇠똥, 말똥 등 거름을 긁어 담을 때 사용하는 것을 '개똥삼태기'라 한다. 대부분의 지방에서 재료에 따라 구분하지 않고 삼태기라고 하나, 충북 괴산지방에서는 짚으로 만든 것을 '삼태기', 싸리나무나 칡덩굴로 만든 것을 '거랭이'라 하고, 댓가지싸리 등으로 만든 것을 '삼태미'라 한다.

상(床, table) 음식을 담아 먹는 식기를 비롯하여 책 등의 물건을 놓거나 얹어 사용하기 위하여 판(板)으로 받칠 수 있게 만든 기물. 밥그릇과 반찬그릇 등 음식을 담은 식기를 올려 놓고 먹는 소반(小盤)을 비롯하여 한 손에 들고 옮기기 쉬운 수반(手盤), 다구(茶具), 술을 나를 때 사용하는 쟁반(錚盤) 등의 모든 식반(食盤)이 상에 포함된다.

샐러드용 접시(salad dish) 샐러드를 담는 약간 오목한 접시로 크기가 18~20cm 정도이다.

서버(server) 요리를 그릇에 담거나 음식물을 나누어 담을 때 쓰이는 용구. 케이크를 잘라서 나누는 데 쓰는 케이크 서버, 샐러드에 사용하는 대형 스푼, 포크 등이 있다. 세라믹이나 금속과 합금하지 않은 무기물로 고온 처리하여 만든다. 도자기, 유리, 스테인리스 스틸 등의 여러 재질로 만든다.

서비스 왜건(service wagon) 주방과 식탁 사이에 음식과 기타 식사에 필요한 물건을 운반할 때 쓰이는 바퀴가 달린 운반기구. 간단한 서랍과 수건걸이 등이 달려 있는 것도 있다. 재료로 알루미늄이나 스테인리스 스틸 또는 나무와 플라스틱 등을 사용한다. 일반 가정보다는 식당, 호텔, 병원 등에서 많이 쓰인다.

석쇠 어·육류 등을 굽는데 사용하는 네모 또는 둥근 형 기구. 적쇠 또는 적철(炙鐵)이라고도 한다. 쇠테에 철사로 그물 치듯이 만든 기구이다. 석쇠의 형태는 처음에는 검은 쇠를 두껍게 하여 가로 또는 세로로 드문드문 얽었다가 철사나 구리철사를 만들 수 있게 되면서 굵은 쇠

로 테두리를 한 다음, 철사 또는 구리철사로 가로와 세로를 그물과 같이 얽어 만든 석쇠를 쓰게 되었다.

세미기(洗米機, rice washer) 쌀을 세정하는 기기. 소형 세미기(수압식, 날개형)와 연속 취반기에 연결되어 사용하는 연속식 세미기가 있으며 급수 시설이 필요하다.

소독기(消毒器, sterilizing cabinet) 전기나 스팀으로 조리기기를 소독하는 기계. 소독하여 보관하는 소독고 종류에는 건열식 식기소독 보관고, 증기식 식기소독 보관고, 가스식 소독조, 열탕소독조, 적외선 식기소독 보관고, 도마와·칼 소독고 등이 있다. ① **건열식**－히터로 소독고 내의 공기를 데워서 팬(fan)으로 순환시켜 열풍으로 식기를 소독하는 방식. ② **증기식**－증기를 소독고 내에 불어넣어 식기를 습열 소독하는 기기. ③ **적외선 소독고**－적외선을 조사하여 살균 소독하는 기기. ④ **자외선 소독고**－자외선을 조사하여 소독하는 기기이다. ⑤ **도마·칼 소독고**－저압수은등이 발산하는 자외선을 이용한 소독고이다.

소반 음식을 먹기 위한 식기를 받치는 한국의 평좌식(平坐式) 식탁의 총칭. 반(盤)과 다리(脚)로 구성되어 있다. 다리가 있는 식반을 식탁(食卓), 식상(食床)이라 한다. 소반은 천판(天板)의 모양, 상다리의 모양, 생산지, 크기, 칠, 재질 등에 따라 여러 가지로 분류된다. 상다리의 모양에 따라서는 구족반(狗足盤, 개다리소반), 묘족반(苗族盤), 호족반(虎足盤), 죽절반(竹節盤), 단각반(單脚盤) 등이 있다. 단각반은 한 개의 기둥이 반의 중심을 받치고 있는 것으로 대부분 반면이 작아서 간단한 주안상이나 과반(과일상)으로 사용하였다.

소스 팬(sauce pan) 소스를 끓이는 데 사용하는 편수 냄비. 재질은 알루미늄이 일반적이며, 구리나 스테인리스 스틸로 만드는 것도 있으며 손잡이 부분이 플라스틱 종류로 된 것도 있다.

소주방(燒廚房) 조선시대 대궐 안의 음식을 만들던 주방.

소쿠리 대나무가지를 얇고 가늘게 쪼개어 반구형(半球形)으로 만든 그릇. 짜임새가 촘촘하여 쌀처럼 알이 작은 식품을 담아도 새지 않고 식품의 물을 빼는 데 편리하며, 공기가 잘 통하여 콩, 팥, 고추 등의 채소와 알이 굵은 곡식을 잠시 보관할 때 사용한다. 옷감을 짜듯이 씨줄과 날줄로 짠 후 끝에는 얇은 나무나 대쪽을 대고 소쿠리의 몸을 짠 것과 같은 굵기의 대로 마무리한다. 현대에는 대나무 대신 철사나 플라스틱이 소쿠리의 재질로 이용된다.

솥(釜, kettle) 취반, 가열하기, 끓이기 등에 사용하는 용기. 가마솥이라고도 하며, 예로부터 주로 밥짓기에 사용하였으며 국이나 탕 끓이기에 사용하기도 한다. 재래식 솥은 무쇠로 된 것으로 네 귀가 달려 있고 아구리가 오긋하며, 솥뚜껑도 무쇠로 꼭지 달린 것을 썼다. 가마솥은 아주 크고 우묵한 솥으로 흔히 뚜껑을 나무로 만들어 덮는다. 닥세리, 다가리라고도 한다. 무쇠솥의 형태는 크게 둘로 나눌 수가 있다. 하나는 다리가 세 개이고 솥바닥이 비교적 편편하며 주변이 직선형이고 주둥이가 약간 넓게 퍼진 모양에 뚜껑이 솥전보다 약간 커서 잘 밀착되도록 만들어진 것으로 영·호남지방에 많다. 다른 하나는 다리가 없고 솥바닥이 둥근 편이며 주둥이가 좁고 솥전이 오므라든 것으로 뚜껑이 역시 솥전 위에 빈틈없이 얹힌다. 솥의 다리가 없는 것은 '부(釜)', 다리가 있는 것은 '정(鼎)'이라고 한다. 또한 솥의 크기에 따라 용가마, 가마솥, 중솥, 옹솥으로 구분한다. 무쇠솥은 맑은 소리가 나는 것이 상등품이다. 다갈솥은 전이 있는 옹솥으로 작은 화솥이나 다가리라고도 한다.

수저(spoon and stick) 숟가락과 젓가락을 일컬음. 상대방이 사용하고 있는 숟가락을 높여서 부르기도 한다. 숟가락은 밥을 떠서 먹기 위한 도구이며, 젓가락은 반찬을 집어먹기 위하여 사용하는 도구로 가늘고 긴 두 개가 한 조(組)로 사용한다. 고대에는 조개껍데기나 나무를 깎아서 사용했다. 주철물(鑄鐵物)을 생산하게 된 후부터 은수저, 놋수저, 백동수저, 청동수저, 스테인리스 스틸 수저 등이 있다. 시대가 거슬러 올라갈수록 수저 깊이가 깊다. 우리나라의 수저는 모양이 우묵하게 들어간 타원형으로 생겼으며 나뭇잎과 같이 생겼다 하여 '입사시 또는 잎사시'라고 한다. 한국의 젓가락은 중국이나 일본의 것보다 가늘고 짧다.

술잔 술을 담아 먹을 수 있게 만든 용기. 술의 종류에 따라 술잔의 크기와 재질에 따라 차이가 있다. 사대부나 반가의 약주, 탁주용 술잔은 청자나 백자를 주로 사용하였고, 일반 서민층은 토기로 된 막사발과 사기술잔을 사용하였다.

술통 많은 양의 술을 멀리 운반할 목적으로 만든 용기. 옛날 양조장에서 잔칫집에 막걸리를 배달하는 데 술통과 술준(樽)을 사용했다. 술통의 크기는 약 18L에서부터 180L까지 매우 다양하다. 술통은 판자를 짜맞춘 통으로 못을 치지 않고 여러 개의 대나무 조각을 꼬아 만든 테나 쇠붙이로 만든 가는 테를 위아래에 둘러 고정시켜 액체가 새지 않게 만든다. 나무는 그 자체의 흡습성으로 술을 빨아들이면 팽창하게 되어 있어서 가는 틈새가 있어도 자연적으로 매워지게 된다. 옹기처럼 쉽게 깨지지 않고 튼튼하여 널리 쓰였다.

숫돌(砥石, **whetstone**) 칼을 갈거나 연마하는 돌.

스크래퍼(**scraper**) 빵 재료를 반죽한 후 굽지 않은 된 반죽을 자르거나 나누는 데 사용하는 용구. 스테인리스 스틸이나 플라스틱 재질로 되어 있다.

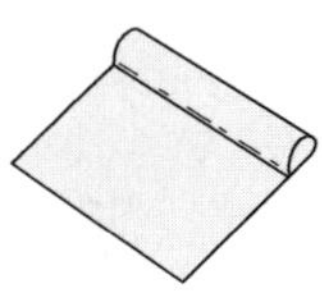

스패튤라(**spatula**) 재료를 혼합하여 섞거나 형태를 마감할 때 사용하는 용구. 나무재질이 많으며 스테인리스 스틸 제품은 생크림이나 잼을 바르는 데 편리하다.

스푼류(**spoons**) 음식을 뜨는 데 사용하는 서양식 숟가락. 스푼이란 말은 나무조각 또는 나무를 쪼갠 것이란 뜻으로 처음에 나무로 만들었던 것으로 추측된다. 스푼은 고대 이집트나 그리스·로마에서는 화장용 재료를 덜어 쓰거나 조리용으로 사용하다가 식탁용으로 발전하였다. 용도에 따라 크기와 형태가 다양하다. ① **티스푼**(tea spoon)－차를 마실 때 사용하는 스푼으로 타원형의 볼과 중간 길이의 손잡이가 있으며 보통의 스푼보다는 작다. ② **수프용 스푼**(soup spoon)－중간 정도의 크기로 볼이 둥글며 수프를 떠서 마실 때 사용한다. ③ **베리 스푼**(berry spoon)－수분이 많은 과일이나 음식을 덜어 담을 때 사용하는 스푼으로 '샐러드스푼' 이라고 한다. 볼이 넓고 깊으며 크기가 크다. ④ **디저트용 스푼**(dessert spoon)－디저트나 수프용 스푼으로 티스푼보다 크고 테이블스푼보다 작다. ⑤ **봉봉 스푼**(bonbon spoon)－견과류나 캔디를 먹을 때 쓰인다. 널따란 볼이 있는 작은 스푼으로 볼 밑 부분에 구멍을 뚫어 장식하기도 한다. ⑥ **오렌지용 스푼**(orange spoon)－티스푼과 비슷하나 볼의 끝이 약간 뾰족하다. ⑦ **서빙용 스푼**(serving spoon)－음식을 덜어 담을 수 있는 스푼으로서, 디저트용 스푼보다 약간 크다. ⑧ **프리저브 스푼**(preserve spoon)－베리 스푼과 같은 모양의 서빙 스푼으로서, 약간 짧은 손잡이와 작은 볼이 있다. ⑨ **설탕 스푼**(sugar spoon)－티스푼보다 크고 넓적한 볼을 가지고 있으며 가루설탕을 풀 때 사용한다. ⑩ **바 스푼**(bar spoon)－술을 혼합하거나 체리나 올리브를 떠 담을 때 쓰는 스푼이다.

슬로 쿠커(**slow cooker**) 중불로 가열하는 기기. 내부 용기는 내열성이 있는 두꺼운 것이고, 외부는 금속제로 원통형이며 전열선이 내장되어 있다. 장시간 저온에서 가열하거나 조릴 때 이용하는 용기이다.

시루 떡, 쌀 등을 찌는 데 쓰는 찜기. 김이 통하도록 바닥에는 구멍이 여러 개 있는 구조이다. 질시루가 대부분이나 자주 쓰거나 많은 양의 떡을 찔 때는 깨지지 않는 놋시루를 쓰기도 한다. 시루는 만드는 재료에 따라 도제(陶製)시루, 질시루, 동제(銅製)시루 등이 있고, 용도에 따라 떡시루, 콩나물시루, 약시루, 봉치시루, 치성시루 등이 있다. 중부지방에서는 질그릇 시루를 많이 쓰고, 남부지방에서는 도제시루를 많이 사용한다. 무쇠 솥의 구경(口徑)과 시루 바닥의 크기가 대체로 같으며 큰 시루는 큰솥에, 중시루는 중솥에 걸고 아주 작은 시루는 놋쇠옹에 적합하다.

시루밑 떡이나 음식을 찔 때 시루의 바닥에 깔아서 쌀가루나 음식의 내용물이 시루구멍으로 빠지지 않도록 시루구멍을 가려서 시루 안의 것이 새지 못하게 하는 기구. 시루 본이라고도 한다. 짚이나 끌영풀(그령풀), 한지 등으로 새끼를 꼬거나 삼베껍질, 칡넝쿨 껍질을 서로 엮어 중심에 기본을 잡은 다음, 원을 그리듯이 밖으로 짜 엮은 것이다. 또 자연산 수세미의 위아래를 잘라내고 씨를 발라내어 씻어서 말렸다가 잘라 펼쳐서 동그랗게 만들어 쓰기도 한다.

시루방석 시루를 이용하여 떡이나 음식을 찔 때 시루 위에 얹는 짚방석. 시루 밑보다는 두껍고 촘촘하게 주로 짚으로 엮으며, 시루의 아가리보다 크게 만든다. 짚을 한줌 남짓하게 나선형으로 두르며 안에서 뻗은 끈으로 고정시켜 가며 만든다.

식기(食器, **table ware**) 식사에 사용하는 기구. 다량으로 사용하는 용도에 쓰이는 용어. 음식을 담는 그릇. 식사에 쓰이는 여러 가지 그릇이나 기구들을 통틀어 이르는 용어.

식기건조기(食器乾燥機, **dish dryer**) 세척한 식기를 건조하는 기기.

식기세척기(食器洗滌器, **dish washer**) 식기류를 자동적으로 세척하여 건조하는 기기. 가정용은 상하 2단으로 되어 있으며 식기나 조리 용구를 넣고, 세제 통에 식기세척기 전용 세정제를 넣고 작동시키고, 종료 후 건조된다. 대형업소형은 식기를 세척용 선반에 넣은 다음 컨베이어 시스템을 이용하여 선반을 이동시키면서 상하 압력 노즐식 방법으로 세척한다. 최근에 싱크에 제트 노즐을 부착시켜 애벌 씻기가 필요 없는 세척기가 개발되어 작업 능률이 개선되었다. 이 외에도 용기 및 기구류 세척기, 초음파 세척기, 회전 브러시 세척기, 저온 세척기, 배식차 세척기 등이 있다. ☞ 디시 워셔

식탁(食卓, **food table**) 음식을 차려서 먹을 수 있는 상. 서양식 식탁은 의자에 앉아 식사를 하는 입식형으로, 대개 직사각형의 것이 많다. 식탁 다리의 형태는 굵은 다리가 중앙에 하나 있거나 또는 4개의 다리가 있어 그 위에 두꺼운 나무판을 올려놓게 되어 있다. 현대에 많이 사용하고 있는 원형 식탁은 중국식에서 유래되었으며 이외에도 정사각형이나 타원형 등이 있다. 가정용 식탁의 재질은 거의가 목재이며 너도밤나무, 자작나무, 벚나무 등이 사용된다. 실용적인 목적으로 판 표면에 멜라민을 붙인 것이 많고, 고급품에는 티크, 호두나무 등을 사용한 것이 많다. 표준 사이즈의 1인분은 가로 60cm, 세로 45~50cm이다. 높이는 60~70cm가 적당하다. 식탁 재질에 따라 원목 식탁, 대리석 식탁, 철제 식탁, 조립식 식탁 등이 있다. 오늘날에는 모양은 단순하나 재료나 구조가 기능적인 식탁이 많이 이용된다.

식탁용 나이프(**food knife**) 식탁에서 사용하는 칼. 칼날은 스테인리스 스틸로 만들고 손잡이는 스틸, 알루미늄, 은, 셀룰로이드, 자기, 뿔 등으로 되어 있다. ① **버터 나이프**(butter knife)－칼날과 손잡이의 접속 부분이 굽어 있는 나이프로 빵에 버터를 바를 때 사용한다. ② **치즈 나이프**(cheese knife)－치즈를 자를 때 사용하며 치즈가 달라붙지 않게 날이 오톨도톨하다. ③ **주식용 나이프**(main dish knife)－칼날이 길며 손잡이는 움푹 패어 있거나 평탄하며, 칼날 끝 부분이 톱날같이 되어 있기도 하다. ④ **생선용 나이프**(fish knife)－주식용보다 손잡이가 짧고 칼날은 더 넓적하고 짤막하나, 칼끝은 더 뾰족하다. ⑤ **육류용 나이프**(meat knife)－주식용과 크기는 같으나, 기다란 손잡이가 달려 있어 자를 때 편리하게 되어 있다. 칼날은 강철제이며, 테이블 나이프(table knife) 또는 스테이크 나이프(steak knife)라고 한다. ⑥ **과일용 나이프**(fruit knife)－과일의 껍질을 벗길 때 사용되며 버터 나이프보다 약간 크다.

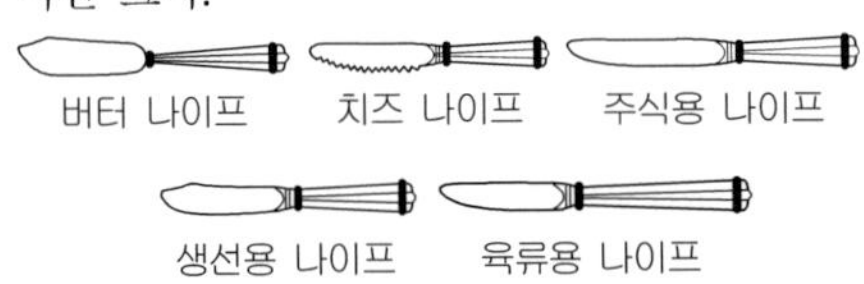

신선로(神仙爐, **brass chafing dish**) 열구자(悅口子)를 만들기 위해 그릇의 복판에 숯불을 피우고 둘레에 여러 가지 재료를 넣어 계속 끓이며 맛을 볼 수 있게 만든 기구. 신선로는 조리기구의 이름이자 요리 자체의 이름으로 같이 사용되고 있다. 신선로는 입을 즐겁게 해준다 하여 열구자탕(悅口子湯) 또는 구자탕이라고 하는데, 1827년의 『진작의궤(進爵儀軌)』에 처음 이름이 등장하며, 『수문사설(搜聞事說』에서는 '열구자탕', 『송남잡식(松南雜識)』에서는 '열구지(悅口旨)', 『규합총서』, 『시의전서』, 『동

국세시기』 등에는 '신선로', 1868년의 『진찬의궤(進饌儀軌)』에는 '신설로(神設爐)', 『규곤요람』에는 '구자탕' 등의 여러 이름으로 기록되어 있다. 신선로란 이름의 유래는 조선조 중엽 정치적 혼란기에 한 선비가 세속을 떠나 산중으로 은거하면서 살던 때 그 선비가 신선이 되어 화로를 만들어 이것만 가지고 다니면서 여기에다 여러 가지 채소 등을 한데 넣어 익혀 먹었는데 그 모습이 신선과 같다 하여 붙여진 이름이다.

싱크(sink) 주로 씻는 작업에 쓰이는 기구. 종류는 1, 2, 3조 싱크 등 여러 가지가 있다. 채소·과일용과 생선용으로 구별하여 사용하고, 식품 세척용과 식품을 제외한 기타 세척용으로 분리하여 사용하면 위생적이다. 싱크의 높이는 800mm, 너비는 750mm가 표준이며, 길이는 다양하다. 싱크의 종류는 고정식과 이동식이 있다.

쌀통(rice cabinet) 쌀을 저장하는 용기. 벌레를 방지하기 위하여 방습·방충효과가 있는 바이오 쌀통, 숯 쌀통, 쌀통냉장고 등이 개발되었다. 또한 쌀통의 문은 쌀을 쉽게 넣기 위해 V자로 열리게 되어 있다. 또한 쌀통 겸용의 가정용 정미기가 개발되었으며, 밥을 지을 때마다 필요한 양만큼 현미를 즉석에서 정미하여 항상 햅쌀의 밥맛을 느낄 수 있도록 한다. 도정률을 조절하는 장치가 부착되어 있어 3분 도미에서 백미까지 자유자재로 정미할 수 있다.

ㅇ

아이스박스(ice box) 얼음과 함께 음식을 넣어 냉장할 수 있도록 만든 냉장용기로 뚜껑이 있는 상자. 용기의 이중벽인 외벽과 내벽을 플라스틱으로 만들고 벽 사이에 단열재를 넣는다. 냉각재는 보통 얼음이 사용되나 드라이아이스나 제빙기에서 미리 동결시킨 특수 화학제를 사용하기도 한다. 드라이아이스는 녹은 물이 남지 않고 저온으로 음식을 보존할 수 있기 때문에 업소에서 많이 사용한다. 용량은 여러 가지이지만 1~5L가 대부분이며, 얼음 2kg을 24시간 냉장이 가능하다. 보통 여행, 드라이브, 낚시 등 레저용으로 많이 사용한다.

압력솥(壓力솥, pressure cooker) 고온·고압에서 가열할 수 있는 특수구조로 된 솥. 1680년대 초 프랑스에서 개발되었으며 국내에서는 1970년대 초 정부의 양곡절약정책의 일환으로 7분도 쌀과 혼합곡 사용을 장려하는 수단으로 보급되기 시작하였다. 가정용은 기종에 따라 다르나, 110~123℃까지 상승하는 데 단시간 걸린다. 특히 생선의 뼈, 질긴 고기, 현미, 두유를 가열하기 쉬우며, 내압이 높은 동안에 뚜껑이 열리지 않도록 장치가 되어 있으나 취급에 주의해야 한다. 재질에 따라 스테인리스 스틸과 알루미늄 제품이 있다. 최근에 전기압력솥도 개발되어 시판되고 있는데 열이 자동으로 조절되므로 사용하기에 편리하다.

압착기(壓搾機, squeezer) 감귤류의 과즙을 내는 용구. 레몬즙을 짜는 데 사용한다. 과일을 반으로 쪼개서 원추형 부분에 올려놓고 눌러서 즙을 낸다. 유리, 도자기, 플라스틱 재질로 되어 있다.

약과판(藥菓板) 약과를 만들 때 여러 가지 다양한 형태의 문양을 새긴 틀에 밀가루 반죽을 넣고 다져서 판에 새긴 문양을 찍어내는 데 쓰는 기구. 그 형태나 원리는 다식판과 같으나 무늬를 새긴 구멍의 지름이 크고, 무늬보다는 과자의 전체적인 모양과 주변의 새김을 두드러지게 한 것이 특징이다.

약주잔 술을 담는 그릇. 사기와 자기로 된 것이 많고, 옹기류의 약주잔은 매우 투박하다.

약탕관(藥湯罐) 약을 따르는 주둥이(注口)가 있는 기구. 약탕기로서 가장 이상적인 것은 은기(銀器)이지만 은은 귀금속이므로 오지나 곱돌 약탕기가 널리 이용되었다. 특히, 곱돌제품은 열전도율이 낮아 오래도록 끓이거나 삶아도 내용물이 잘 타지 않기 때문에 보약을 달이는 기구로 매우 좋다. 인삼, 녹용, 범의 뼈(虎骨), 용치(龍齒), 해구신(海狗腎), 백출(白朮), 물소뿔 등 보익(補益)의 약과 광물성 약은 오랫동안 끓여야 함유된 성분이 추출된다. 박하, 계피, 회향, 사향(麝香)과 같은 방향성 약재는 짧은 시간에 끓여야 하므로, 용기의 선택이나 연료가 중요하다. 뚜껑이 없는 것은 뚜껑 대신 여과성 창호지나 헝겊을 덮어서 수증기의 방출을 서서히 차단시켜 약재의 주성분이 밖으로 유실되거나 끓어 넘치는 것을 막기도 하고, 방향성 약재의 적당한 증발을 유발시켰다. 연료는 화력이 균일하고 센 숯이나 뽕나무 가지를 사용하였다. 근래에는 열에 강한 내열성 유리로 만든 전기전자식 약탕기가 개발되어 가열과 동시에 여과되는 것도 있다.

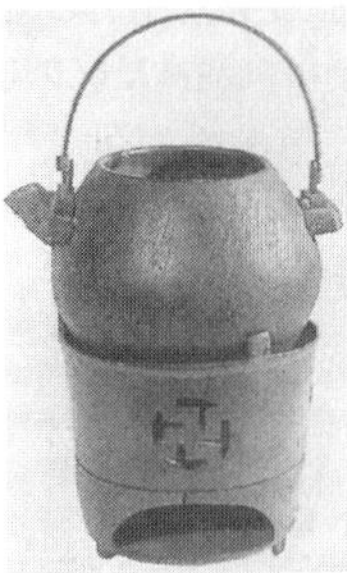

양념절구 소형 절구. 볶은 깨 빻기, 고추 으깨기, 마늘 찧기, 소량 반죽에 이용되며, 공이도 작은 것을 쓴다. 가정용은 지름과 높이 모두 15cm 이내의 소형으로 속에 1.5cm 간격으로 골이 진 것이 능률적이다. 간격이 너무 적으면 씻기 어렵다. 재질은 다양한 재료를 사용해도 냄새가 나지 않고, 너무 무겁지 않은 금속이 좋다.

양동이 함석으로 만든 원통형의 동이. 양옆에 손잡이가 달려 있어 물을 운반할 때 편리하다.

양수냄비(寸胴) 대형 양수(兩手)냄비. 전체 용량이 크고 직경이 좁고 길이가 길어서 증발 면적이 작다. 장기간 가열하는 수프 스톡을 만드는 데 최적이다.

연료(fuel) 열이나 빛을 내는 자재. 조리용 열원의 종류는 다음과 같다. ① **기체 연료**-C, H, O 원자나 N_2 분자 등이 화합물이 혼합된 것으로 점화, 화력조절이 간편하고 연료보급 및 장시간 화력이 지속되지만 폭발, 가스중독 위험성이 있다. ② **액화 천연 가스**(LNG)-지하에서 산출하는 가연성 가스로 산지에 따라 조성이 다르고 메탄이 주성분이다. 액화 천연 가스는 최근 도시가스로 취급하며, 발열량은 11,000 kcal. ③ **액화 석유 가스**(LPG)-주성분이 프로판이며, 프로판가스라고도 한다. 최고 발열량은 24,000kcal. ④ **액체 연료**-정유나 알코올 등. ⑤ **고체 연료**-목탄, 석탄, 연탄 등.

연육기(軟肉機, pounder and tenderizer) 쇠고기, 돼지고기, 닭고기 등을 두들겨서 부드럽게 하는 용구.

열가소성 플라스틱 용기(熱可塑性, plastic ware) 가열하면 부드러워지며, 냉각하면 다시 굳어지는 성질을 지니고 있는 용기. 재질은 폴리에틸렌, 폴리프로필렌, 폴리염화비닐, 폴리염화비닐렌, 메타그릴, 폴리카보네이트 등이 있으며, 용기나 손잡이 만드는데 사용하며 프라이팬의 표면 가공에 사용하는 불소수지도 포함된다.

열경화성 플라스틱 용기(熱硬化性, plastic ware) 성형한 다음 온도에 따라 변하지 않는 성질을 지니는 용기. 용제류에 강하다. 페놀 수지는 적갈색으로 내열성이 있으며 냄비나 병의 손잡이, 도시락 용기 등에 이용되며, 멜라민 수지, 폴리우레탄 등이 있다.

오븐(oven) 식품을 찌고 굽는 기기. 열원은 가스, 전기가 있으며 불에 직접 굽는 것에 비교하여 간접적인 열로 식품을 주변부터 대류, 복사열로 가열하여 굽는 정도에 따라 표면색이 달라진다. 풍미가 좋게 하는 조리방법이다. 종류는 독립형, 레인지와 같이 있는 오븐 레인지, 전자레인지와 조합한 오븐 등이 있다.

오븐 레인지(oven range) 한 대에 오븐과 전자레인지 기능을 갖춘 가열기구. 열원은 전기이며 전자레인지로 내부까지 빠르게 가열하는 경우에 효과적이다.

오븐 토스터(oven toaster) 빵을 굽기 위한 전열기구. 오븐과 토스터가 겸용된 것으로 식빵의 표면을 살짝 굽는 기계.

온장고(溫藏庫, warmer) 조리한 식품, 식기(食器), 물수건 등을 뜨거운 상태로 보존하는 기구. 온장고에는 전열(電熱)에 의한 전기온장고와 가스 연소열에 의한 가스온장고가 있으며, 건조열풍을 순환시키는 건식(乾式)과 수증기를 순환시키는 습식(濕式)이 있다. 일반적으로 전기식은 건식이 많고 가스식은 습식이 많다. 용량은 가정용이 45~80℃ 정도의 소형에서 업소용인 대형까지 여러 종류가 있다. 온도는 65~85℃ 정도의 일정한 고온을 유지하기 때문에 열에 의한 살균효과가 있어 위생적이다.

보온시간은 3~4시간 정도가 좋고 음식의 종류에 따라서는 6시간 정도의 보온도 가능하다.

올챙이묵틀 올챙이묵을 만드는 기구. 묵틀은 폭이 10~20cm 정도 되는 널빤지로 정방형 또는 장방형의 상자를 만들고 상자의 하단부 양쪽에 길이 방향으로 굵고 튼튼한 기다란 막대를 각각 붙여서 가마와 같은 형태로 만든다. 상자의 밑바닥은 놋쇠나 강철로 된 철판에 일정한 크기의 구멍을 수십 개 뚫어 묵틀을 갖추고 나무 상자 안의 넓이에 맞는 손잡이가 달린 나무뚜껑을 만들어서 함께 사용한다.

용수 술을 거르는 데 사용하는 기구. 다 익은 술독 안에 박아 넣어서 맑은 술을 얻는 데 사용한다. 주로 대나무나 싸리나무를 이용하여 둥글고 긴 원통형의 바구니처럼 만드는데 한쪽이 막히게 촘촘하게 엮는다. 버들가지나 칡넝쿨의 속대 등으로도 엮어 운두가 깊은 원통형이면서 기교를 부려 허리를 잘록하게 만들기도 하고, 배가 부르고 목이 가늘면서 아가리는 넓게 벌어지는 형태 등 다양하게 만들기도 한다. 또 키가 50cm에서 1m 넘는 것까지 있는데, 용수의 크기에 따라서 재료의 살도 굵게 또는 가늘게 만들어 엮는다. 용수는 술독의 크기에 따라 길이는 짧고 속이 넓은 것이 있으며, 길이는 길지만 속이 좁은 것, 또 허리가 잘록한 형태의 것 등 용수의 크기도 다양하다. 술이 다 익으면 술 뜨기 하루 전에 술독 가운데에 용수를 박아 두었다가 하루 이틀 후에 용수 안에 고인 술인 청주를 떠낸다. 또는 장을 담근 뒤 간장을 거를 때도 용수를 사용하기도 한다.

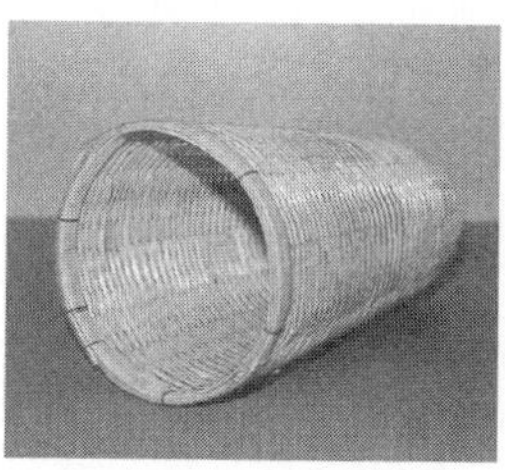

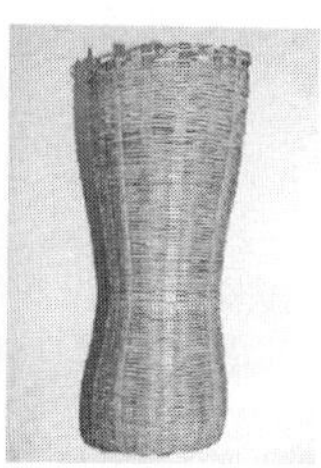

원반(圓盤) 반면의 형태가 둥근 소반으로 둘레가 큰 통나무를 이용하여 굽의 다리까지 한꺼번에 깎아 만든 통반과 다리의 형태에 관계없이 반면이 둥근 것을 모두 '원반'이라 한다. 원반 중에 '주칠대원반'은 궁중에서 전용으로 사용하였으며, 조선말기 이후 '돌상'의 형태로 변형되기도 하였다.

이중 냄비(二重 **냄비**, double pan) 음식 담긴 냄비가 직접 불에 닫지 않도록 물이 담긴 냄비와 포개어 익히는 이중 편수 냄비.

인덕션 히터(誘導電熱器, induction heater) 유도 가열을 이용한 가열기기. 원리는 코일에 전류를 흐르게 하여 자력(磁力)선이 발생되면 자력계에 유도성(誘導性) 물체를 놓아 이곳에 자장(磁場)의 변화가 일어나 유도체 중에 전력이 발생되어 전류가 흐르게 된다. 이를 전자유도 작용이라고 하며 유도전류에 대한 도체(導體, 예로 냄비) 자체가 발열한다.

ㅈ

자동온도조절기(thermostat) 열원을 제어하여 온도를 자동으로 조절하는 장치.

작(爵) 동(銅)으로 만든 술잔으로 발이 세 개이다.

작련(炸鏈) 중화요리에 사용하는 큰 구멍이 있는 망. 기름을 튀기고 난 후 기름 빼는 데 사용한다.

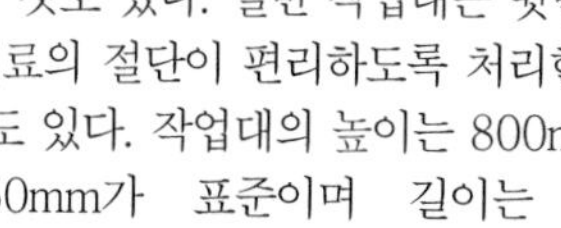

작업대(work table) 주로 조리준비 단계에서 쓰이는 기구. 작업대에 서랍 또는 캐비닛이 부착되어 있는 것도 있다. 일반 작업대는 윗면이 편편하나 재료의 절단이 편리하도록 처리한 절단용 작업대도 있다. 작업대의 높이는 800mm, 너비는 750mm가 표준이며 길이는 1,000~2,400mm로 다양하다. 조리작업대는 조리구역의 중심부에 위치하여 가장 편리하고, 위생적이며 안전하도록 배치해야 한다. 또한 조리대의 배치는 동선의 교차가 없고, 동시에 다른 기능의 작업대와도 긴밀한 공동작업이 이루어지도록 하여야 한다.

잔(盞, stemwares, tumbler) 일반적으로 유리 제품으로 만든 컵. 용량이 크고 작은 것이 있으며 맥주, 주스, 물을 담는 용기로 사용한다. 서양식 잔은 크게 두 가지로 나뉜다. 하나는 받침이 붙어 있는 굽이 있는 술잔(stemwares)과 바닥이 편평하고 컵 모양이 직선형인 굽이 없는 잔(tumblers)이다. 굽이 있는 잔은 정식 만찬이나 의례적인 모임의 상차림에 사용하며, 굽이 없는 잔은 일상생활에 사용된다. 컵은 영어의 컵(cup)을 말하며 잔(盞)은 한자(漢字)이다. 우리 나라에서는 컵과 잔을 혼용하여 쓰고 있다. ① **코디얼**(cordial)－짙은 향미의 알코올성 음료를 담아 마시는 작은 유리잔. 용량은 2온스. ② **푸스 카페**(pousse－cafe)－길고 좁은 볼에 짧은 대가 붙어 있는 잔. 용량은 1/2~1온스이다. ③ **맥주**(beer)－10~12온스의 용량으로 컵의 입구가 넓으며 옆이 불룩하다. ④ **포니**(pony)－위스키를 계량하는 작은 잔으로 용량은 1, $1\frac{1}{2}$, 2온스의 세 가지가 있다. ⑤ **브랜디**(brandy)－컵의 아래쪽이 입구보다 불룩하며, 입구가 약간 좁은 것이 특징이다. 브랜드 글라스로 사용되며 용량은 21온스이다. ⑥ **적포도주**(red wine)－붉은 포도주를 담는 잔으로 용량은 4~5온스이다. ⑦ **백포도주**(white wine)－백포도주를 담는 잔으로 볼이 좁으며, 대가 길다. ⑧ **칵테일**(cocktail)－$3\frac{1}{2}$온스 정도의 용량으로 입구는 넓으면서 볼은 나지막하다. ⑨ **과일 칵테일**(fruit cocktail)－바깥쪽의 잔에 꼭 맞는 안쪽의 작은 볼에는 과일 칵테일을 담고, 잔 바깥쪽에 잘게 부순 얼음을 채운다. ⑩ **샴페인**(champagne)－입구는 넓으나 볼의 용량이 매우 작다. 대가 길며 샴페인을 따라 마실 때 사용한다. ⑪ **파르페**(parfait)－과일, 시럽, 아이스크림 등을 섞어 만든 파르페를 담는 잔으로 대가 짧고, 잔은 길고 좁다.

① 코디얼 ② 푸스 카페 ③ 맥주(globlet) ④ 포니

⑤ 브랜디 ⑥ 적도도주 ⑦ 백포도주 ⑧ 칵테일

⑨ 과일 칵테일 ⑩ 샴페인 ⑪ 파르페

쟁반(錚盤, tray) 음식물을 담아 가까운 거리를 이동할 때 받쳐 들고 나르는 받침그릇. 운두가 낮고 편평하다. 형태도 원형, 타원형, 사각형, 직사각형, 육각형, 팔각형 등 매우 다양하나 원형과 사각 쟁반이 많이 사용된다. 원형 쟁반은 지름이 20cm 가량으로 주변에는 2cm 정도 높이의 전이 둘러 있다. 재료는 청동기제품에서 놋쇠제품으로 발달하다가 목기제품으로 일반화되었고 현대에는 합성수지제품이 많이 사용된다. 쟁반은 용도에 따라 급식용 쟁반, 차 쟁반, 다과용 쟁반, 양주용 쟁반 등 종류와 모양이 매우 다양하다. 쟁반의 재료로는 나무, 플라스틱, 스테인리스 스틸 등이 이용되고 있으며 은제(銀製) 쟁반도 있다.

쟁첩 반찬을 담는 뚜껑이 있는 그릇. 모양은 보시기와 같지만 크기가 작고 운두가 낮다. 숙채, 생채, 구이, 전, 마른반찬 등의 여러 가지 반찬을 담는다.

저울(balance) 물건의 무게를 측정하는 기구. 물체의 무게를 다는 데 쓰는 기구와 기계 장치를 통틀어 이르는 말이다. 저울의 종류는 맞저울, 대저울, 앉은뱅이 저울, 용수철 저울, 접시저울, 은저울, 약저울, 전자저울 등이 있다.

전골냄비 전골요리를 담는 냄비. 옛 이름은 전철(煎鐵), 전골틀이라고도 하며 모자의 일종인 벙거지처럼 생겼다고 해서 '벙거짓골'이라고도 한다. 전골냄비는 대개 무쇠로 된 철제 제품이 주류를 이루나 납석제(臘石製)인 곱돌로 된 것이 사용되기도 한다.

전기공기청정기(電氣空氣清 機, electric air cleaner) 공기 중에 부유하고 있는 미세한 고체나 액체의 입자, 공기 중의 세균이나 먼지 등을 제거하는 기계. 식품가공, 제조, 조리 등의 위생과 관련 있는 중요한 설비장치이다.

전기밥솥(electric rice cooker) 전기를 열원으로 하는 자동 취반기.

전기보온밥통(electric rice warmer) 전기 에너지를 열 에너지로 변환시켜 밥을 따뜻하게 보관하는 기기. 전기보온밥통 밑바닥에 발열체가 있고 자동온도조절기에 의해 일정 온도가 유지되면서 밥을 보온한다. 1980년에 취사와 보온을 동시에 할 수 있는 전기보온밥솥이 개발되면서부터 보온밥통은 거의 이용되지 않음.

전기 오븐(electric oven) 열원이 전기로 내장되어 있는 히터로 가열하는 오븐. 히터가 상하로 전환되는 경우에 온도 조절이 쉬우며 전자레인지와 겸용인 경우에는 오븐 레인지라고 한다.

전자레인지(electronic range) 마이크로파(극초단파)를 이용한 가열기기. 유도체(誘導體)인 식품에 마이크로파를 조사하여 전계(電界) 방향에 따라 분자쌍극자가 정렬하고 전극의 극성이 반대로 되고 분자의 극성도 반대로 돌아간다. 전자레인지에는 2,450MHz(2,450×106Hz)가 사용되는데 24억 5천만 회/초에 전극이 변화하여 가열되는 원리이다. 특징은 빠르게 가열할 수 있으며 특히 재가열과 해동 시 간편하고 시간이 적게 걸린다.

절구 사람의 힘으로 곡식을 찧거나, 양념을 빻을 때, 또는 메주를 찧거나 떡을 찧을 때에 쓰는 매이다. 지방에 따라 도구·도구통·절기방아·방애라고도 한다. 재료에 따라 나무절구·돌절구·무쇠절구 등이 있다. 1개의 절구에는 보통 두 사람이 맞공이질을 할 수 있도록 2개의 절굿공이가 딸려 있다. 돌이나 나무토막을 우묵하게 판 것으로 벼농사를 많이 짓는 아시아 지역에서 널리 사용된다. 제주도에는 방에·방개라고 하는 절구가 있는데, 이것은 굵직한 2개의 받침다리 위에 지름이 120cm 이상 되는 통나무를 자연의 모양 그대로 하여 20~25cm를 파고 넓적한 원통형의 목판(木板) 중앙에 지름 20~25cm의 돌절구를 앉혀 놓아 좁쌀 등 낟알이 작은 곡식을 찧는다. 이 밖에 돌확이라고 하여 높이가 낮은 돌을 널직하게 파서 손에 쥘 수 있는 크기의 갈돌로써 돌확 안에 넣은 고추나 죽쌀 등을 가는 것도 있다. 오늘날에는 믹서·주서 등의 보급과 방앗간을 찾는 가정이 늘어남으로써 절구는 농촌에서나 다소 쓰고 있는 실정이다. ☞ 돌확

절구공이 허리가 잘록한 방망이 모양으로 절구속에 곡식을 넣고 찧는 기구이다. 재료에 따라 돌공이, 도자기공이, 쇠공이, 나무공이 등으로 부르기도 하고, 쓰임새에 따라서는 메공이, 절구공이, 방아공이로 구분한다. 간혹 공이가 ㄱ자형으로 된 것도 있기는 하나, 형태는 허리가 잘록한 방망이 형태에 빻는 부분이 자루보다는 큰 것이 많다.

조리 물에 씻은 쌀을 이는 데 쓰는 기구. 대나무나 싸리 등을 이용하여 만들었다.

조리용 믹서(cooking mixer) 마요네즈, 케이크 등을 만들기 위해 달걀 거품을 내거나 재료를 혼합할 때 사용되는 기기. 고정식과 비고정식(핸드형)이 있다. ① **고정식**-모터 부분과 휘젓는 부분, 볼로 구성되어 있으며, 모터 부분에 손잡이가 부착되어 있어서 사용할 때는 손잡이를 뒤로 젖혀서 볼은 카운터에 놓으면 휘젓기가 중앙부에 오게 되어 있다. 볼은 대·소 2개가 부품에 포함되어 있는데 이는 알루미늄이나 도기, 내열성 유리 등으로 되어 있다. ② **비고정식**-모터 부분과 휘젓기로 구성되어 있으며 모터 부분에 달린 손잡이를 잡고 스위치를 넣으면 휘젓기가 회전하므로 사용하고자 하는 용기에 휘젓기 부분을 옮겨가며 사용한다. 이 때 용기 부분에 부딪치지 않게 조정해야 한다. 고정식이 다양한 속도로 조절 사용이 가능하며, 힘이 크므로 걸쭉한 재료도 저을 수 있고, 사용할 때 힘이 덜 든다. 사용빈도에 따라 빈도가 많은 가정에서는 고정식을 택하고 적은 가정에서는 비고정식을 선택한다. 교반할 때는 먼저 저속으로 혼합한 뒤 튀지 않게 되면 적정속도로 한다. 비고정식은 위치를 이동시키며 교반한다.

조리용 가위(cooking scissor) 조리에 사용하는 가위로 스테인리스 스틸 재질이다. 스테인리스 스틸로 만들어진 것은 녹슬지 않고 단단한 것도 썰어지며, 손잡이는 플라스틱 등으로 되어 손에 부담이 가지 않게 처리된 길이 20cm 미

만 가위를 사용한다.

조리용 스푼(cooking spoons) 조리할 때 사용하는 숟가락. 재질은 나무나 대나무로 일반 스푼보다 길이가 길고 크다.

조리용 젓가락(cooking sticks) 조리할 때 사용하는 젓가락. 재질은 나무나 대나무이며 비교적 길이가 긴 것이 많으며 튀기거나, 굽는 용도로 쓰일 경우에는 길이가 30cm 이상인 것이 사용하기 쉽다.

조반기(朝飯器) 조선시대 상류층에서 아침 식사 전에 잣죽과 같이 간단한 음식을 담아 낼 때 사용한 그릇. '자리조반'이라고도 한다. 뚜껑이 있으며, 한 홉 정도의 크기로 놋쇠 재질의 그릇이 많다.

조치보 찌개나 찜을 담는 그릇.

종지 쟁첩과 비슷한 모양으로 용량이 20~30ml 정도로 작은 그릇. 소완(小椀)·, 종자(鐘子)라고도 하며 간장, 초간장, 초고추장, 겨자즙을 담는 데 사용한다.

주걱(rice scoop) 솥에서 지은 밥을 퍼서 옮기는 데 편리하게 자루를 붙여 만든 기구. 둥글납작한 바탕에 자루가 달려 있다. 밥주걱이라고도 한다.

조리기기

주발 남자용 밥그릇. 몸체가 직선형이며 밑 부분이 약간 좁은 모양이다. 고려시대부터 주발을 밥그릇으로 사용하였으며, 이 시기의 주발은 동체가 아주 짧으며 재질은 구리와 주석의 합금제이다. 조선시대에 이르러서는 단순하면서도 소박한 느낌을 주는 지금의 주발형태로 만들어져 경제적 여유가 없는 서민들도 여기에 밥을 담아 먹었다. 이에 따라 민간에도 많은 유기장인(鍮器匠人)들이 다량으로 만들었고 지방마다 '놋점'이라는 유기점이 따로 있어 일반 서민들은 이곳에서 주발을 구입하였다. 특히 안성에서 만든 주발은 작고 아담할 뿐만 아니라 견고하고 재질이 좋아 은은한 광채를 내었기 때문에 유명하다.

주방용 칼(kitchen knife) 식품을 자르거나 다지는 데 사용하는 도구. 식품종류나 조리방법에 따라 다양한 종류의 칼이 있어 적합한 칼의 선택이 필요하다. 다듬는 데 쓰이는 칼, 생선용·육류용 칼, 저미는 데 쓰는 얇은 칼, 다목적용 칼 등이 있다. 칼의 재질은 스테인리스 스틸, 특수강철이 쓰이고, 손잡이는 나무, 플라스틱 등으로 되어 있다.

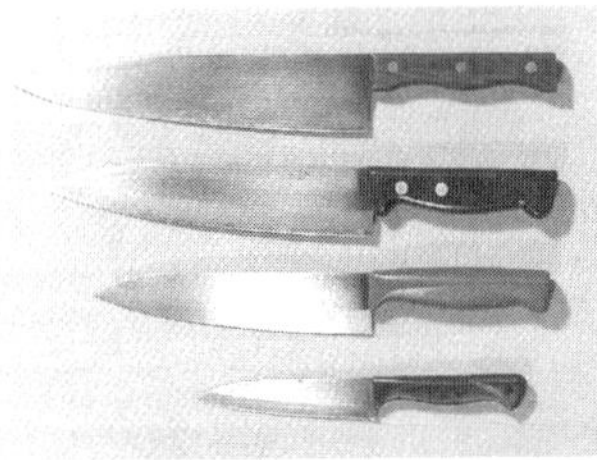

주서(juicer) 채소나 과일을 주스를 내는 데 사용하는 용구. 수동식은 재료를 넣고 위에서 압착하는 방식이고, 전동식은 재료를 약 10,000 rpm 회전속도로 마쇄해서 원심 분리하여 필터로 여과하는 방식이다.

주식사용 접시(entree dish) 20~23cm 정도의 크기로 주로 점심 식탁용의 큰 접시. 육류나 생선을 담아내며, 아침식사용으로도 사용한다.

주전자(酒煎子, kettle) 물을 끓이는 기구. 술이나 차를 따르는 데 사용되는 용기로서, 둥근 몸체와 손잡이, 주둥이, 뚜껑으로 이루어진다. 열효율을 위하여 밑면이 레인지 밑면보다 다소 큰 것(25cm 이상)이 좋으며 뚜껑은 물이 쉽게 넘치지 않는 구조로, 손잡이에 에보나이트가 입혀져서 뜨거워지지 않으며, 주전자 물 따르는 부분의 각도가 적합하여 물 따르기가 쉬운 구조로 되어 있어야 한다. 물이 끓기 시작하면 소리로 신호해 주는 종류와 넘어져도 물이 쏟아지지 않는 제품도 있다. 주기(酒器)로서의 주전자는 재질에 따라 자기, 오지, 사기, 은, 백동, 놋쇠, 청동 주전자가 있으며, 금속제의 주전자는 술이나 차를 따뜻하게 데워 마시는데 적합하고, 자기나 사기 등의 도제(陶製) 주전자는 차게 해서 마시는 데 적당하다. 재질은 청동, 상감청자, 백자, 유기, 철기, 토기 등이다. 손잡이의 위치에 따라 구분이 되는데, 손잡이가 위쪽에 붙어 있으면 상파형, 옆구리에 붙어 있으면 횡파형, 뒤쪽에 붙어 있으면 후파형이라 한다. 일반 주전자는 목이 짧은 데 비해, 어깨와 목이 긴 형태의 다른 모양을 한 이형(異形)주전자도 있다.

줌돌 양념으로 쓸 고추를 갈거나, 적은 양의 보리쌀을 으깰 때 쓰는 돌.

중화냄비(chinese pan) 중국 음식을 만드는 냄비. 튀기거나, 볶거나 졸이는 데 사용하며 이 외의 조리에도 다양하게 사용하는 용기. 손잡이가 양수와 편수로 되어 있으며 편수는 북경냄비라고도 한다.

찜기(steamer) 찌거나 가열하는 데 사용하는 용구의 총칭.

ㅊ

찬장(饌欌) 식기류, 양념류 등을 보관하는 수납장. 안에는 놋쇠나 백자반상기 등 중량감 있는 그릇을 포개 수납하기 때문에 그릇의 무게를 지탱하기 위하여 튼튼한 괴목, 소나무 등의 목재를 사용하였다. 대개 2층으로 만들었으며 각 층마다 두 짝 또는 네 짝의 여닫이문이 있다. 찬장에는 일상 사용하는 식기를 넣어두는 찬장과 손님 접대용 고급식기를 진열하는 찬장의 2가지가 있다. 고급식기를 넣어두는 찬장은 대개 식당에 두며 디자인이 아름답고 재료도 고급으로 사용한다. 독립된 장도 있으나 최근에는 붙박이장이 많이 사용된다.

찬탁(饌卓) 부엌에서 식기를 보관하기 위하여 만든 기구. 현대의 책장과 비슷한 모양으로 책을 보관하기도 하며, 2단이나 3단 찬탁이 많다. 대개 찬탁은 사방이 완전히 개방되었으나 수납한 그릇이 보이지 않도록 미닫이문이 달린 것도 있다.

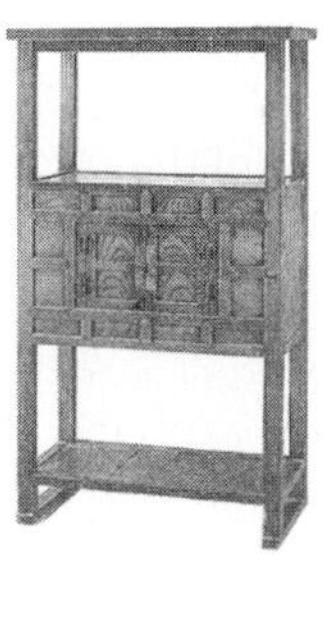

찬합(饌盒) 반찬을 종류별로 넣을 수 있는 야외용 반찬용기. 사각(四角), 십이각(十二角) 등 형태가 다양하다. 용기를 3~5층으로 포개어 운반하기에 편리하도록 만들었으며 위층에만 뚜껑을 덮는다. 재질로는 대나무 쪽을 잇대어 엮은 죽합(竹盒)이 있고, 박목판(薄木板)으로 짠 구조 위에 등나무줄기로 엮어 만든 등합(藤盒)이 있다. 찬합은 목재용기에 수분이 있는 음식을 직접 담아야 하기 때문에 방수, 방충, 식품의 부패를 방지하기 위하여 옻칠을 하였다.

채독 싸리와 칡넝쿨을 엮어 독이나 항아리처럼 만든 그릇. 오지그릇이 귀한 산간지방에서 곡물을 담아 둘 때 사용하였다. 채독에는 콩, 감자, 고구마 등의 마른 식품을 보관할 때 사용한다.

채반 재질은 싸리나무, 버드나무, 대나무 등을 엮어 만든 둥글넓적한 그릇. 채반은 빈대떡, 전, 누르미, 구운 고기 등을 담아 두기도 하고, 호박, 가지, 고구마, 고지도 말리고, 산나물이나 해산물, 어류 등을 말리는 데 사용한다. 특히 김장 때에는 소금에 절인 배추나 무를 씻어 담아 물기를 빼기도 하고, 여러 가지 양념을 썰어 담아 두기도 한다.

채소 절단기(vegetable cutter) 채소를 여러 형태로 자르는 용구.

채칼 무, 당근이나 감자 등을 채를 칠 때 쓰는 칼. 특히 김장을 담글 때 한꺼번에 많은 양의 채소를 채를 썰어야 할 경우 칼 대신 간편하게 이용된다.

체(sieve) 절구나 맷돌에서 낸 가루를 곱기를 일정하게 가루를 치거나 즙을 받아내는데 쓰는 기구. 가루체는 가루를 내는 데 쓴다. 깁체는 깁으로 쳇불을 메운 체이다. 깁은 명주실로 바탕을 좀 거칠게 짠 비단이다. 체는 쳇불 구멍의 크기에 따라 어레미, 도드미, 중거리, 가루체, 고운 체 등으로 나뉜다. ① **어레미**－쳇불 구멍이 가로 3mm, 세로 3.8mm로 제일 넓은 체이며, 떡고물이나 메밀가루 등을 내린다. ② **도드미**－쳇불 구멍이 가로 1.8mm 세로 2mm로 어레미보다 좁은 체이다. 좁쌀이나 쌀의 뉘를 고를 때 쓴다. ③ **중거리**－쳇불 구멍이 가로 1mm 세로 1mm로 도드미보다 가는 체이다. 떡가루를 치며 시루편을 만들 때는 떡가루를 물에 섞어 비비며 내린다. 쳇불은 천으로 메우기도 한다. ④ 가루체-쳇불 구멍이 가로 0.6mm, 세로 0.6mm로 쳇불은 말총을 썼으나 근래에는 나일론 천으로도 메운다. 송편가루 등을 내린다. ⑤ 고운 체-쳇불 구멍의 크기가 세로가 0.5mm이며 가로는 이보다 더 좁다. 올이 가늘고 구멍이 잔 체로 쳇불은 말총이다. 이것으로는 술을 거르며, 근래에는 쳇불을 나일론 천으로 메우기도 한다. 술을 거를 때 사용한다.

체판 체를 받치는 판. 술거르개라고도 한다. 체를 이용하여 술이나 간장 등을 걸러서 아가리가 좁은 그릇에 곧바로 담고자 할 때 체와 그릇을 중간에서 받치는 기구다. 또는 기름이나 약 등을 베나 헝겊을 이용하여 짤 때 밑에 받치는 거르개로도 이용된다. 그 원리는 쳇도리와 같은데, 병보다는 주둥이가 크고, 항아리나 자배기보다는 작은 그릇에 담고자 할 때 사용된다. 체판을 만드는 재질은 주로 굵은 통나무로서, 나무를 둥글게 두꺼운 널빤지로 다듬은 다음, 한가운데 부분으로 갈수록 우묵하게 깎아 액체가 자연스럽게 흘러내려 중심으로 모이게 되어 있으며, 밑면도 윗면과 같이 중심부로 향할수록 봉긋하게 깎아 완만한 경사를 이루게 만든다. 이러한 체판은 밑에 받치는 그릇의 크기에 따라 체판의 크기가 선택되며, 술을 거르는 체판은 술을 거를 때만 사용하는 것이 좋다. 오지그릇으로 된 체판도 있는데 술이나 간장, 약 등이 닿는 부분에는 반드시 유약을 발라서 그릇 자체의 흡습성을 방지한다. 깨지기 쉬운 단점이 있다.

쳇다리(sieve-stand) 술이나 장, 기름 등 국물이 있는 것을 체로 거를 때 사용하는 도구. 쳇도리라고도 한다. 두부를 만들 때에도 쳇다리 위에 맷돌을 올려놓고 콩을 갈아 콩을 간물을 받는다. 받고자 하는 그릇 위에 체를 올려놓을 수 있도록 공간을 만들 때 걸쳐놓는다. 콩나물을 기를 때도 쳇다리 위에 콩나물 시루를 놓고 물이 빠져 나오도록 할 때 사용한다. 주로 나무로 되어 있는데, 쳇다리의 형태는 일정하지 않으나 Y자 모양으로 뿔이 세 개 달린 나무를 솥뚜껑처럼 둥글고 우묵하게 파고 한 가운데에 구멍을 낸 것을 흔히 쓴다. 삼자형, 또는 사다리꼴로 되어 있다. 쳇다리는 동이나 함지와 같은 그릇 위에 걸쳐놓고 쓰는데, 가루를 내거나, 술과 같은 액체를 거를 때도 쓴다. 민간에서는 악귀를 물리치는 데 이용하기도 한다.

초퍼(chopper) 채소, 육류, 생선 등을 잘게 다지는 용구.

ㅋ

칼(cook's knife) 고기나 여러 종류의 식품을 자를 때 다용도로 사용하는 기구로 칼의 길이가 20cm 내외가 일반적이다. 물건을 베고 자르는 데 쓰이는 연장을 총칭해서 칼이라고 하는데, 작게는 주머니칼에서 크게는 도끼와 작두에 이르기까지 여러 종류가 있다. 칼의 본딧말은 '갈'이라고 하는 순우리말이 쓰여 왔다. 식칼은 긴 칼 또는 큰칼의 하나로 무쇠로 만든 것이 주류를 이루었으며, 주로 육류와 생선, 채소 등을 썰고 자르는 데 쓰이고, 작은칼은 창칼이라고 하여 채소나 과일 등을 다듬고 깎는 데 이용한다. 칼은 디자인에 따라 육류용, 생선용, 일상용, 빵용, 슬라이스용으로 구분된다. 우리나라 식칼의 형태는 대개가 외날로 등과 날이 칼끝으로 향하면서 완만한 곡선을 이루고 칼등은 날에 비해 매우 두텁다. 자루는 손에 잡힐 정도 굵기의 소나무를 10~12cm 정도의 길이로 잘라 손잡이로 삼는데, 칼자루와 손잡이 부분에는 쇠로 테를 둘러 칼자루를 고정시키고 망가지는 것을 방지한다. 근래에는 스테인리스 스틸제의 식칼이 보급되어 재래식 칼과 함께 사용되고 있는데, 무쇠로 된 식칼은 날의 마모가 빨라서 쉽게 무뎌지므로 숫돌을 이용하여 칼을 갈아서 날을 세워 쓴다. ☞ 식칼

칼갈이 주방용 식칼, 과일칼, 가위 등 날이 있는 도구의 날을 가는 데 이용하는 도구. 크기는 2×2×20cm 정도로 몇 차례 가볍게 문지르기만 하면 날이 갈아져서 칼질하기가 쉬워진다. 숫돌은 칼이나 낫 또는 도끼 등의 쇠붙이를 갈아서 날을 세우는데 쓰는 돌이다. ☞ 숫돌

캐서롤(casserole) 직접 불 위에나 오븐에서 가열할 수 있는 용기. 내열유리, 내열 도자기, 법랑, 파이렉스 등의 소재로 제작한다. 중간 불에서

장시간 끓이는 스튜나 찜 등을 조리하는 데 사용한다. 조리한 채로 식탁에 내놓을 수 있는 서양식 찜기이다. 원형 또는 타원형의 중형 냄비로서 재질이 두껍고 뚜껑도 있어 요리가 잘 식지 않고 향기나 수분이 발산하지 않아 캐서롤을 식탁 위에 놓고 먹을 수 있다. 다른 냄비에 조리한 요리를 따뜻하게 해놓은 캐서롤에 담아서 식탁에 올리기도 한다.

캔 오프너(can opener) 통조림을 따는 소품으로 수동식과 자동식이 있다. 전기 캔 오프너는 벽에 붙여 장치한다. 이것은 캔의 상부가 다 떼어질 때까지 캔을 꼭 끼고 있으므로 아주 편리하다. 고정식과 이동식이 있다.

커피 메이커(coffee maker) 커피를 제조하는 기기. 전기자동 커피메이커는 커피를 만드는 시간을 조절할 수 있고, 서브할 때까지 적절한 온도를 유지할 수 있다. 침출하는 방법에 따라 드립형(drip type), 사이펀형(siphon type), 여과형(percolator type)과 진공형(vacuum type) 등이 있다. ① **드립형**－커피가루를 여과지 위에 넣고 뜨거운 물을 부어 가루가 적셔지도록 하여 여과지에서 가루는 걸러지고 우려낸 커피물이 아래로 빠르게 추출된다. ② **사이펀형**－사이펀을 이용하여 아래 용기에 물을 넣고, 위 용기에 커피가루를 넣어 가열한다. 물이 끓으면 증기압이 생기면서 뜨거운 물이 위로 올라가 커피가루에 적시게 되면서 커피에서 추출된 물이 아래로 내려온다. ③ **여과형**(**퍼콜레이터**)－커피를 관통된 튜브에 연결된 저유기(貯溜器)에 넣게 되어 있고, 튜브는 그릇의 밑바닥에 있는 열원 바로 위에까지 상하로 뻗어 있다. 이 튜브를 통하여 뜨거운 물이 올라와 커피의 맛을 추출해 낸다. 물의 온도는 비등점보다 낮아 커피의 맛을 쓰게 하는 지방분을 녹여 내지 않아서 맛있는 커피가 만들어진다. 퍼콜레이터는 평행으로 놓여져 있어서 뜨거운 물을 커피에 골고루 퍼지게 한다. 뚜껑부분이 투명하여 커피의 색과 강도를 볼 수 있다. ④ **진공형**－열원과 제어장치가 물을 넣는 볼 밑에 위치하여 있으며, 볼은 상하 두 개로 고무 개스킷을 이용하여 고착시켰고, 커피는 위의 볼에 넣는다. 커피를 만드는 과정은 물이 끓으면 압력이 높아져서 용기 안의 관을 통하여 올라가서 커피를 적시게 되며, 일정한 온도가 되면 자동으로 단전되어 아래의 볼의 증기가 압축되어 부분적으로 진공상태가 된다. 따라서 위의 볼에서 만들어진 커피가 아래로 흡인되어 내려오게 된다.

여과형

진공형

키 곡식 등을 까불러서 쭉정이, 티끌, 검부러기 등의 불순물을 걸러내는 데 쓰는 용구. 고리버들이나 대로 만드는데 남부지방에서는 대로 엮은 것을 많이 쓴다. 고리버들이나 대를 납작하게 쪼갠 오리로 앞은 넓고 편평하며, 뒤는 좁고 오긋하게 짜는데 양 앞쪽에 작은 날개를 붙여 바람이 잘 일어나게 한다.

ㅌ

탁주잔 질그릇으로 입구지름이 낮고 넓은 형태의 막사기와 사발 또는 대접이 탁주를 담는 잔으로 쓰였다.

탕관(湯罐) 찻물을 끓이는 데 따르는 다구. 종류는 차 솥, 찻주전자, 철병 등이 탕관에 속한다. 탕관의 재료는 금, 은, 동, 무쇠, 도자기, 구리, 곱돌 등이 있다. 무쇠나 구리로 만든 솥이나 주전자를 쓸 경우에는 녹이 나지 않도록 주의를 기울여야 한다. 곱돌로 된 탕관은 다른 재질에 비해 열전도가 늦어 물 끓이는 시간이 오래 걸리지만, 쉽게 식지 않는다는 장점이 있어 많이 이용되고 있다.

탕시(湯匙) 중국요리의 국물을 뜰 때 사용하는 수저. 도자기로 만드는 것이 많다.

터너(turner) 전을 부치는 도중 뒤집을 때 이용하는 도구. 뒤집게라고도 한다. 철제, 스테인리스 스틸제는 녹이 슬거나 프라이팬에 상처를 주므로 특히 불소수지 가공된 프라이팬에 상처를 주므로 사용이 곤란하다. 선택 시는 재질의 선택에 주의하여 녹슬지 않고, 프라이팬에 상처를 주지 않고, 불에 견디는 것으로 앞 면적이 넓은 것(8cm 정도)이 편리하며, 손잡이도 내열성 재료로, 잡기에 적당한 굵기가 좋다.

토스터(toaster) 식빵을 굽는 기기. 굽는 온도와 시간을 조절하는 다이얼이 있으며 굽는 시간을 자동으로 조절하는 장치가 있다. 자동식과 수동식이 있다. 수동식은 중앙에만 발열제가 있어서 빵의 한 면만 구워지게 되어 있다. 자동식 토스터는 빵을 구울 수 있고, 또 빵이 구워지면 저절로 단전되어 빵이 튀어 올라온다. 대개의 토스터는 온도조절기가 있어서 연한 갈색에서 진한 갈색까지 조절이 가능하다.

튀김젓가락(frying stick) 튀김 요리할 때 사용하는 젓가락. 튀김냄비가 깊고, 뜨거운 기름을 사용하므로 보통 젓가락으로는 힘들며, 긴 나무젓가락이나 아래는 금속으로 위에 나무손잡이가 달린 튀김젓가락을 사용한다. 손잡이가 적당한 굵기로 무겁지 않은 것이 좋고, 길이는 30cm 정도가 적당하다.

튀김 팬(deep frying pan) 튀김요리를 하는 데 사용하는 용기. 깊이가 깊은 팬이다. 전기자동 튀김기도 있다.

조리기기

ㅍ

파이렉스 용기(pyrex ware) 내열 유리용기.

파이 접시(pie ware) 후식용 접시로 크기가 17~19cm 정도이다.

팔각반(八角盤) 반면의 모서리가 8각인 소반. 팔우반, 다각반이라고도 한다. 주로 다과를 접대할 때 사용한다.

페이스트리 커팅 휠(pasty cutting wheel) 파이 껍질을 자르는 용구. 손잡이를 밀면 바퀴가 돌면서 파이 반죽을 자르게 된다.

포크(fork) 양식을 먹을 때 사용하는 기구. 손잡이 끝이 3갈래나 4갈래로 갈라지고 나이프와 짝을 지어 사용되며 요리를 찍어 먹을 때 쓰인다. 포크는 크게 식탁용과 서비스용으로 분류된다. 식탁용 포크는 누르는 데 쓰이고 보통 도금제와 스테인리스 스틸제를 사용한다. 포크는 나이프와 짝을 지어서 사용하므로 손잡이의 모양이나 재료가 같다. 최고급품은 순은 제품이고 손잡이는 단단한 나무, 도기, 플라스틱 등으로 된 것도 있다. ① **칵테일용 포크**(cocktail fork)－짧은 손잡이가 달린 작고 간격이 좁은 3지창(枝槍)이다. ② **주식용 포크**(dinner fork)－큰 포크로 손잡이가 달려 있고 넓적하며 4지창이다. ③ **생선용 포크**(fish fork)－주식사용보다 짧은 손잡이가 달려 있으며 4지창이다. ④ **육류용 포크**(meat fork)－주식사용과 대체로 같으나, 지창의 길이가 좀 더 짧고, 손잡이도 약간 더 길다. ⑤ **아이스크림용 포크**(icecream fork)－찻숟가락 정도의 크기로, 볼처럼 생긴 끝 부분에 아주 짤막한 지창이 3~4개 붙어 있다. ⑥ **디저트용 포크**(dessert fork)－주식사용보다 약간 짧은 손잡이가 달려 있으며, 주식사용으로도 사용된다. ⑦ **샐러드용 포크**(salad fork)－샐러드에 사용되는 짧고 넓은 지창이 달려 있다. ⑧ **크랩 포크**(crab fork)－게 또는 새우 등의 갑각류 살을 발라낼 때 사용. ⑨ **필링 포크**(filling fork)－과일 껍질을 벗기는 데 사용. ⑩ **카빙 포크**(carving fork)－고기요리를 분배할 때 사용하는 서비스용 포크. ⑪ **피시 카빙 포크**(fish carving fork)－생선요리를 분배할 때 사용하는 서비스용 포크. ⑫ **샐러드 서비스 포크**(salad service fork)－샐러드를 분배할 때 사용.

포트(pot) 속이 깊은 냄비. ☞ 냄비

폴리카보네이트 용기(polycarbonate ware) 방향족 폴리탄산에스테르 결합의 열가소성 수지로 만든 용기. 내구성이 있으며 가볍고 냄새가 배지 않고 내산성, 내열성, 내약품성이 있다.

푸셔(pusher) 평면의 금속조각에 짧은 손잡이를 붙인 것으로 음식물을 밀어서 담을 수 있도록 한 도구.

푼주 음식을 담는 큰 대접. 입구가 넓게 벌어진 것과 오므라진 것이 있으며 바닥은 입구보다 작다.

풍로(風爐, burner) 화로의 한 가지로 흙이나 쇠붙이로 만들며, 아래에 바람구멍을 내어 불이 잘 붙도록 하였다. 석유나 전기, 가스 등을 이용한 취사용 기구. 화로와 같은 형태에 밑부분에 바람구멍이 있어서 붙여진 이름이다. 탕관이나 찻주전자를 올려놓고 찻물을 끓이는 데 연료는 참숯을 사용한다. 풍로에는 흙으로 만든 전로(塼爐)와 곱돌로 만든 곱돌 풍로가 있다. 풍로 대신 화로를 쓰기도 하는데, 화로는 피워진 숯불 자체를 담아 두고 쓰는 기물이다. ☞ 화로

프라이팬(skillet) 긴 손잡이가 달린 편수 냄비. 지짐, 볶음, 튀김 등에 사용하는 용기. 재질은 철, 알루미늄, 등이 있으며 표면에 테플론, 불소수지 가공한 것도 있다.

플라스틱 용기(plastics ware) 합성 고분자재료를 성형 가능한 것으로 합성수지라고도 한다. 플라스틱의 종류는 열가소성, 열경화성 플라스틱으로 대별할 수 있으며, 용기로 바가지, 볼 등 종류가 많다.

핑거 볼(finger bowl) 서양요리의 정찬에서 음식을 먹고 난 뒤에 손가락 끝을 씻기 위한 물을 담는 작은 그릇. 재질은 주로 스테인리스 스틸이나 은 또는 은도금한 놋쇠 등의 금속을 사용한다.

ㅎ

함지박 큰 나무를 쪼개어 안을 파서 만든 그릇. 모양에 따라 귀함지, 도래함지, 둥근 함지라고 한다. 쓰임은 일정하지 않으나 떡이나 과일 등을 담아 운반할 때 사용한다.

합(盒) 국수장국, 떡국, 밥, 약식 등을 담는 그릇. 속이 깊고 입구에서 바닥까지 거의 직선 형태의 그릇으로 뚜껑이 있다. 큰 합과 작은 합이 겹쳐 있는 합은 모자합(母子盒)이라고 한다.

항아리 밑면보다 입구가 대체로 넓으며 배가 부른 오지그릇. 크기는 대 · 중 · 소로 매우 다양하며, 주로 고추장을 담거나 쌀이나 잡곡을 저장할 때도 사용한다.

해주반(海州盤) 황해도 해주 지방에서 발달한 소반. 대개의 소반이 다리 4개로 반면(盤面)을 받치고 있는 것과는 달리, 해주반은 양쪽에 판각을 한 개씩 붙여 일반적인 소반과는 구별된다. 재질은 가래나무가 주로 사용되었다. 구조면에서 다른 소반에 비해 견고하지 못하나, 외형이 아름다워 손님접대에 따른 사랑방(舍廊房)용으로 많이 쓰였다.

핸드 믹서(hand-held mixer) 휴대용 전동식 거품기. 2개의 비터를 모터로 돌려서 고속 회전하여 속도를 2~3단계로 전환할 수 있는 기종도 있다. 수동 거품기에 비해 능률이 좋다.

혼합기(food mixer) 전동식 조리용 교반기의 일종으로 재료를 넣고 볼을 정위치에 장치해 놓고 지지대 상부에 있는 모터가 회전하여 재료를 교반하는 기계. 빵이나 케이크 반죽, 소스 혼합하는 데 사용한다.

홍두깨 옷감을 감아서 다듬이질하는 데 쓰는 도구. 대개 박달나무를 지름이 7~8cm, 길이가 70~80cm 정도로 둥글게 깎아서 표면을 곱게 다듬은 목봉(木棒)이다. 밀대로 이용하기도 한다.

화과(火鍋) 중국요리에 사용하는 용기. 중앙부분에 불을 피워 끓이는 기구. 우리나라의 신선로(열구자탕)에 해당한다. 열원은 탄화, 알코올, 가스, 전기 등을 사용한다.

화덕(small kitchen range) 가열조리기기의 일종. 종류는 열원에 따라 전기 화덕, 가스 화덕, 풍로가 있으며 조리용은 가스 화덕을 많이 사용한다. 일반적으로 가스 테이블은 버너가 1~4개 있으며 그릴과 같이 장착된 형식도 있다. 도시가스, 프로판가스를 이용하며, 휴대용은 부탄가스를 이용한다.

화로(火爐) 불을 지펴 담아 놓는 용기. 재질에 따라 질화로, 무쇠화로, 놋쇠화로, 돌화로, 백동화로, 청동화로 등이 있다. 농가에서 흔히 쓰던 질화로는 자배기를 닮아 둥글넓적하고 아가리가 벌어졌으며 좌우 양쪽에 손잡이가 있으나 받침은 달지 않았다. 무쇠화로는 질화로와 비슷하나 손잡이가 밖으로 돌출되고 바닥에 발이 셋 달린다. 상류층에서 많이 쓴 놋쇠화로는 비교적 넓은 전이 달리고 다리의 윗부분은 개다리처럼 앞으로 조금 돌출된 것이 특징이다. 전화로라고도 한다. 돌화로는 네모꼴을 이루며 둥근 쇠를 좌우 양쪽에 꿰어서 손잡이로 삼는

다. 백동화로에는 서구(瑞句)나 길상무늬를 새기거나 은입사(銀入絲)를 하여 아름답게 장식하였다. 청동화로는 청동으로 만든 화로로 형태는 넓은 전이 있고, 발이 세 개 달려 있다. 수로는 사랑방에서 손을 쬐거나 담뱃불을 붙이는 데도 애용하였다. 재질은 돌, 놋쇠, 철, 백동 등으로 만들었다.

환기 팬(ventilating fan) 소규모 환기에 사용할 수 있는 전동식 팬으로 미풍식, 흡인식이 있다.

휘슬 티 케틀(whistling tea kettle) 물이 끓으면 소리를 내어 신호를 하는 주전자. 알루미늄, 크롬, 구리도금, 스테인리스 스틸, 법랑 제품 등이 있다.

휴대용 가스 쿠커(portable gas cooker) 실외에서 조리하고, 휴대할 수 있으며, 화구가 1구 또는 2구 있는 가스레인지. 열원은 부탄가스를 주로 사용한다. 이동이 쉬우며 바람막이가 있어 외부에서도 조리하기가 쉽게 되어 있다. 또한 크기가 작아 실내의 식탁 위에 올려놓고 직접 조리할 수도 있다.

부록 1

여러 가지 썰기

• 골패쪽썰기(한) • 단자쿠키리 (短冊切り, 일) 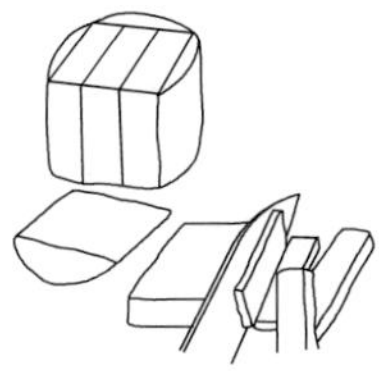	• 꽃모양썰기(한) • 하나가타키리 (花形切り, 일) • 네지우메 (ねじ梅, 일) 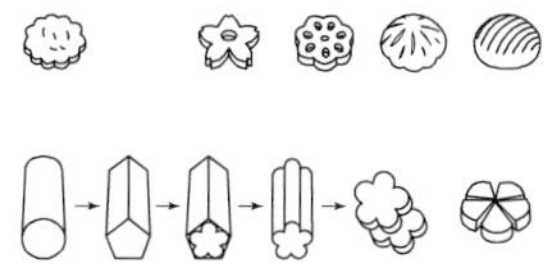
• 곱게 썰기(한) • 고구지키리 (小口切り, 일) 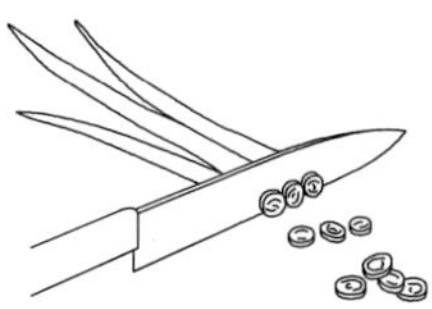	• 다지기(한) • 미진키리 (みじん切り, 일) • 모(末, 중) • chopping(영) 
• 국화꽃썰기(한) • 긱카키리 (菊花切根, 일) • 화(花, 중) • Turnip chry-santhemum(영) 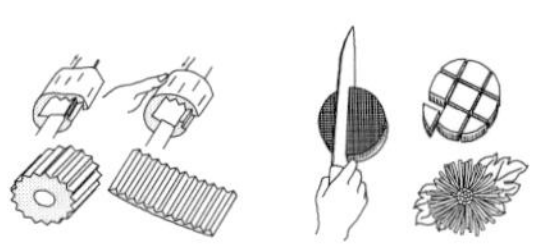	• 당초무늬썰기(한) • stems into curls(영) 
• 깍뚝썰기(한) • 사이노메키리 (さいの目切り, 일) • 띵(丁, 중) • dice(영) 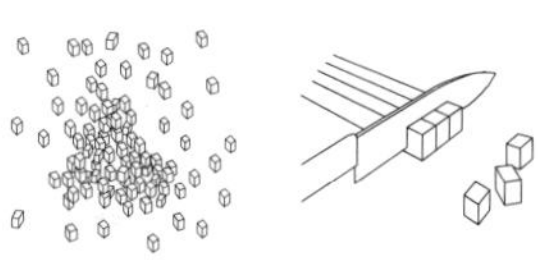	• 돌려깎아썰기(한) • 가쓰라무키 (かつらむき, 일) 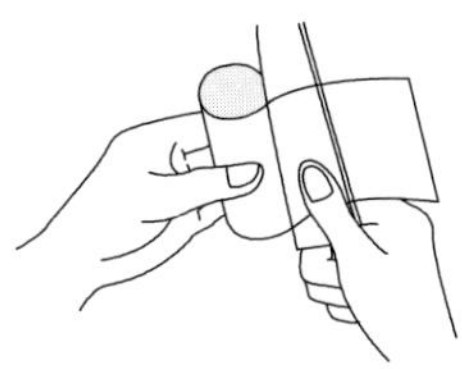
• 깎아썰기(한) • 사사가키 (笹がき, 일) • shred(영) 	• 마구썰기(한) • 란키리(亂切り, 일) • 마얼, 투얼 (馬耳, 兎耳, 중) 

• 막대썰기(한) • 효시키키리 (拍子木切り, 일) • 탸오(條, 중) • batononet(영) 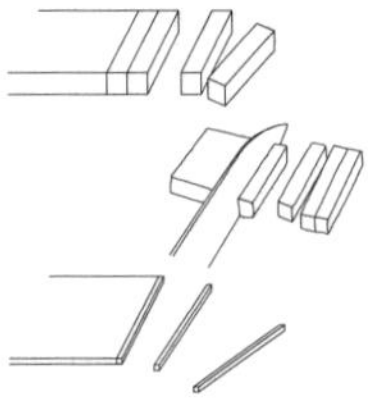	• 소나무잎사귀모양 썰기(한) • 수앙훼이쓰 (双飛絲, 중) 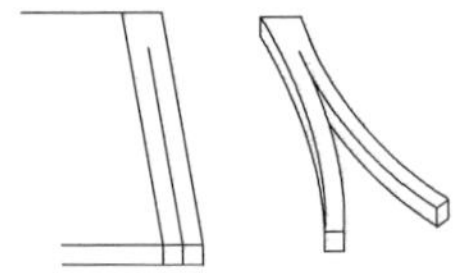
• 매작과모양썰기(한) • 다즈나키리 (手綱切り, 일) 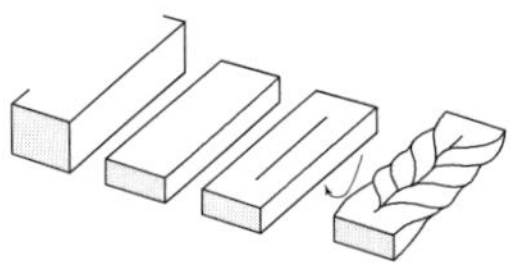	• 솔방울썰기(한) • 마쓰가사이카 (松かさ烏賊, 일) 
• 반달썰기(한) • 한게츠키리 (半月切り, 일) • half moon shap cutting(영) 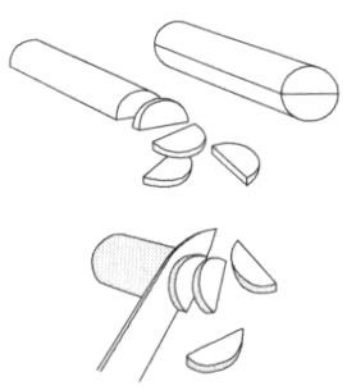	• 십자썰기(한) 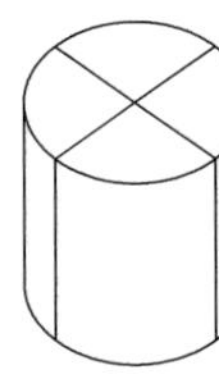
• 부채꼴썰기(한) • 지가미키리 (地紙切り, 일) • 샨쯔(扇子, 중) • fans shap cutting(영) 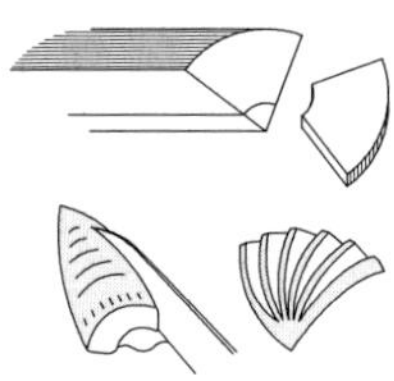	• 얄팍썰기(한) • thin slicing(영) 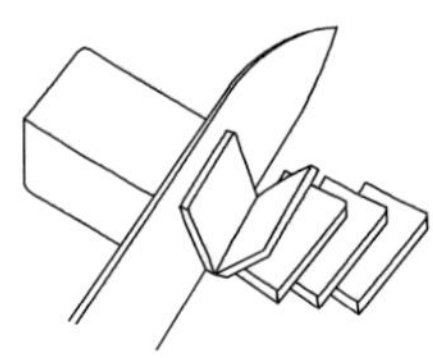
• 빗살무늬썰기(한) 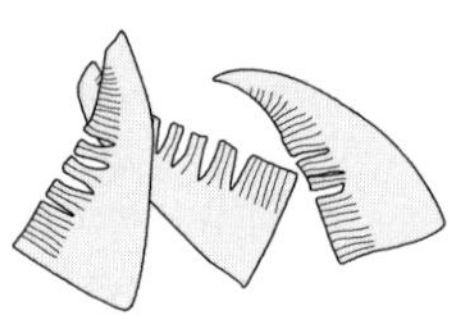	• 어슷썰기(한) • 새피엔(斜片, 중) • 나나메키리 (斜め切り, 일) • diagonal(프) 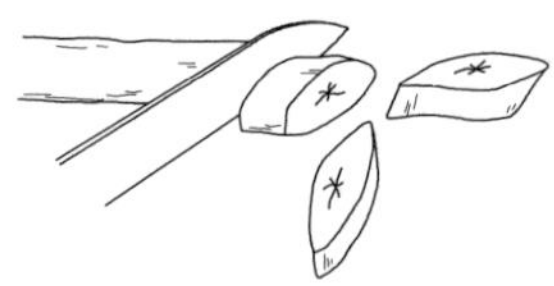
• 색종이썰기(한) • 시키시키리 (色紙切り, 일) 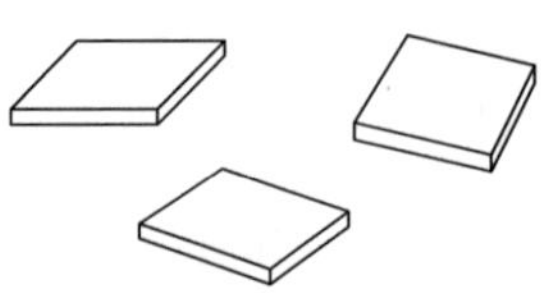	• 엇갈려 썰기(한) • 기리치가이키리 (切違い胡瓜, 일) 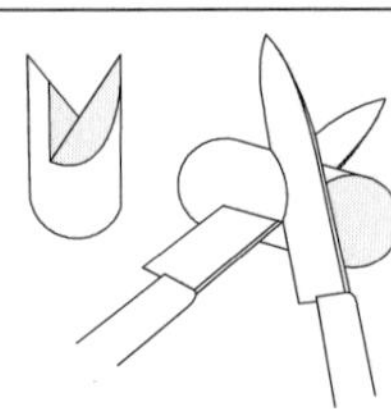

• 은행잎썰기(한) • 이죠키리(銀杏切り, 일) 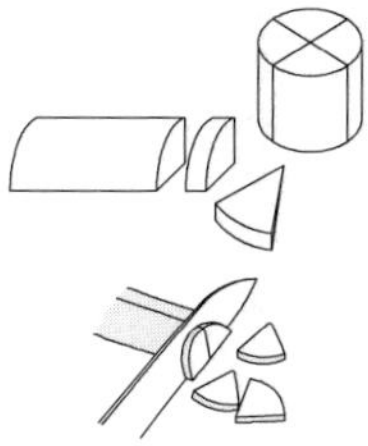	• 구시가다키리 (櫛形切り, 일) 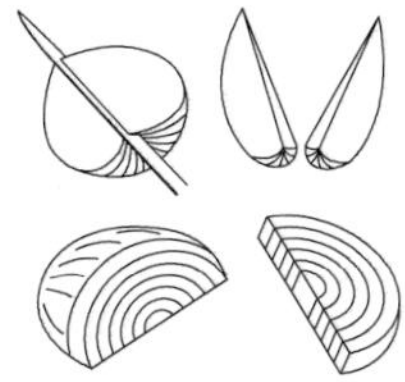
• 주름썰기(한) • 자바라키리 (蛇腹胡瓜い切り, 일) • 룽(龍, 중) 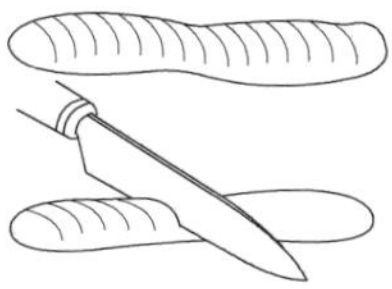	• 네지리키리 (ねじり切り, 일) 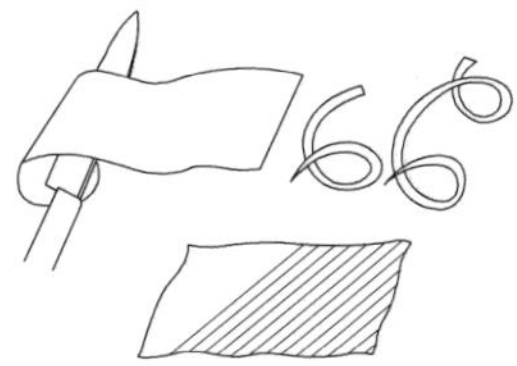
• 채썰기(한) • 센키리 (せん切り, 일) • 쓰(絲, 중) • julienne(영) 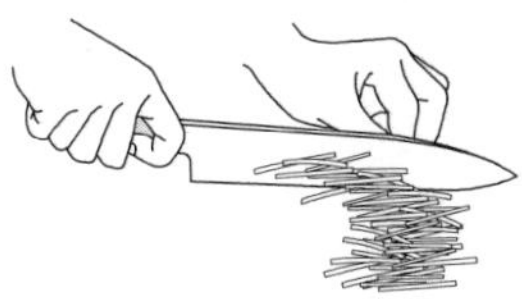	• 니마이오로시 (二枚おろし, 일) 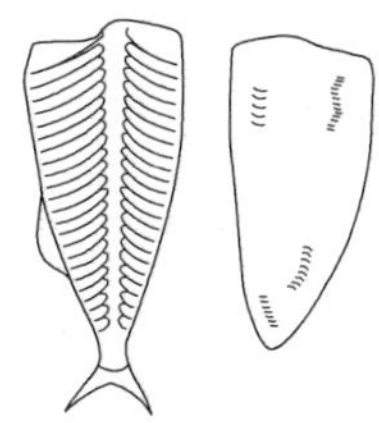
• 통썰기(한) • 와키리 (輪切り, 일) • rondelle(프) 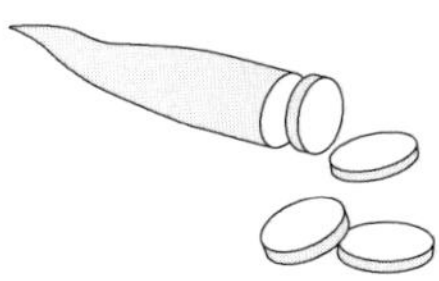	• 마쓰바키리 (松葉切り, 일) 
• 고노하키리 (木の葉切り, 일) • 사과나 토마토를 잎모양으로 써는 것 (apple wings, tomato wings, 영) 	• 멘도리 (面取り, 일) 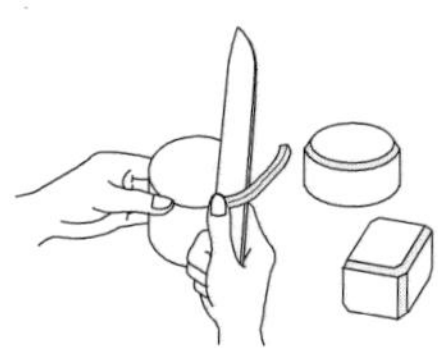
• 구다고보 (管牛蒡, 일) 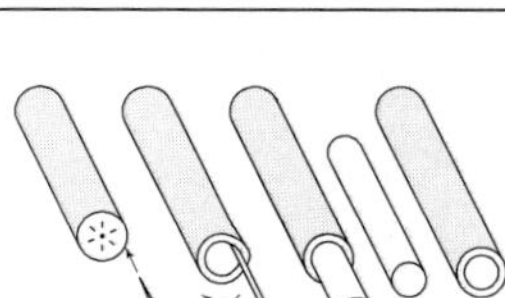	• 무스비가마보코 (結び蒲鉾, 일) 

•산마이오로시 (三枚卸し, 일) 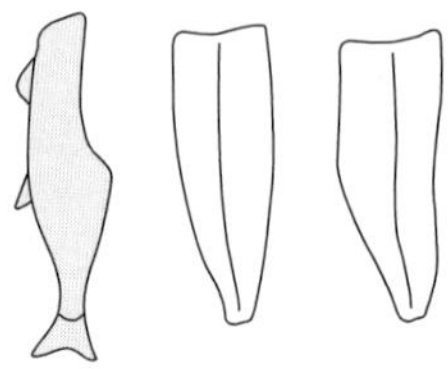	•오레마스바 (折れ松葉, 일) 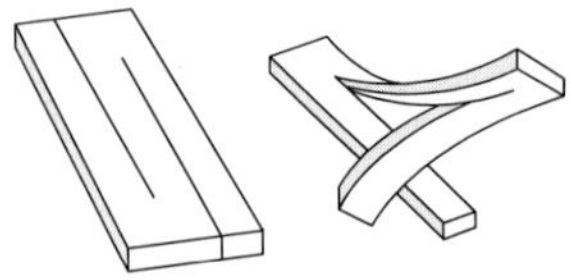
•세비라키 (背開き, 일) 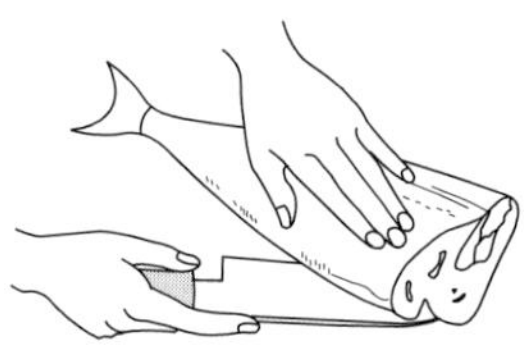	•우사기키리 (兎切り, 일) •triangles(영) 
•세코시쓰쿠리 (背越し作り, 일) 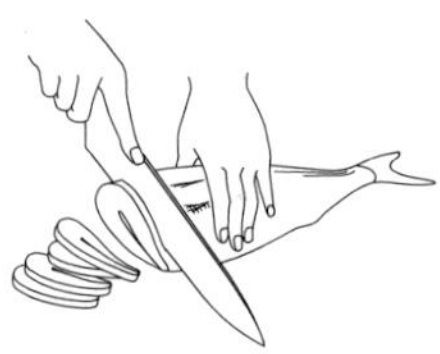	•이카리보후 (いかり防風, 일) 
•수구이구시 (すくい串, 일) 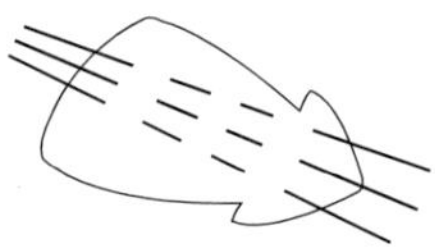	•자가고넨콘 (坐籠蓮根, 일) 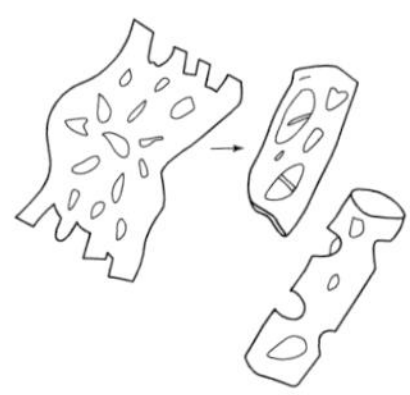
•아야메키리 (あやめ切り, 일) •훠소우(佛手, 중) •오이를 모양 있게 썰기(cucumber twists, 영) 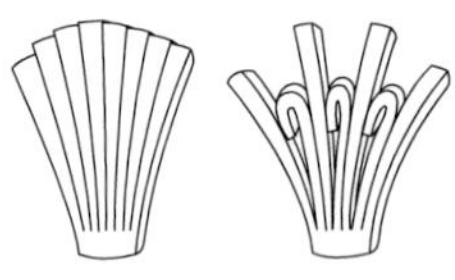	•챠센나스 (茶筅茄子, 일) •eggplant whisks (영) 
•야바네키리 (矢羽根切り, 일) 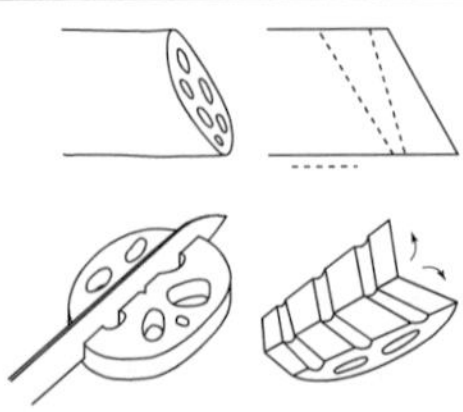	•쓰마오리 (端折り, 일) 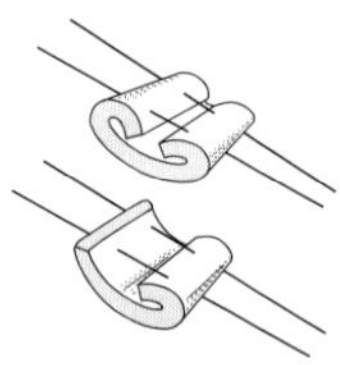

•쓰즈키리 (筒切り, 일) •fish steak(영) 	•히키즈쿠리 (引き作り, 일) 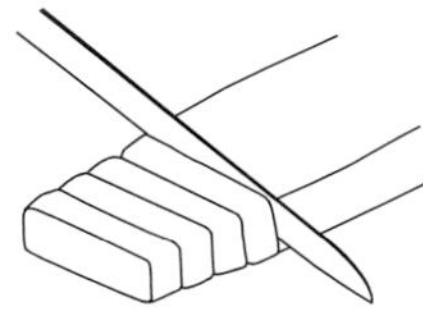
•기리카케즈쿠리 (きりかけ作り, 일) 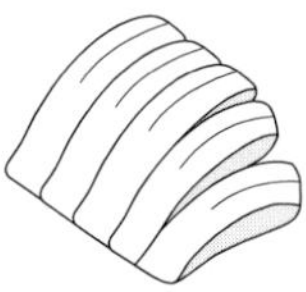	•샹얀(象眼, 중) 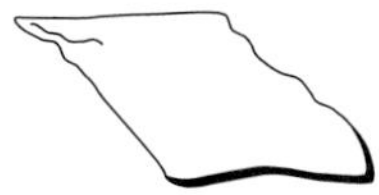
•후데쇼가 기네쇼가 (筆生薑 杆生薑, 일) 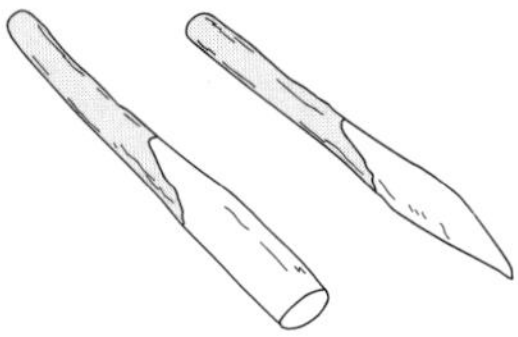	•원(紋, 중) 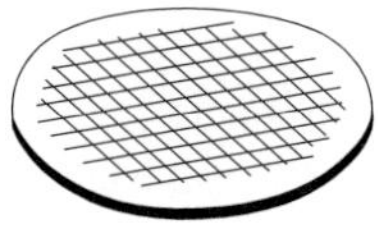
•후시오로시 (ふしおろし, 일) 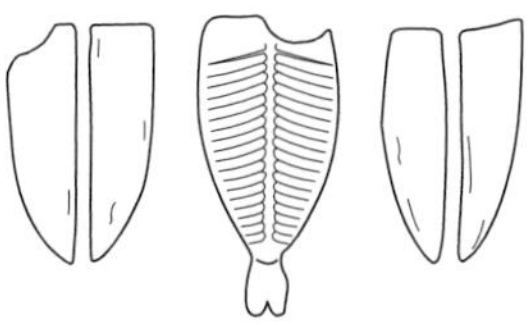	•콰이(塊, 중) 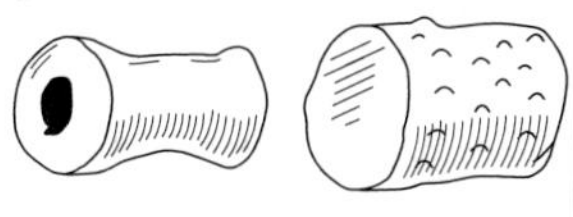
•히라즈쿠리 (平作り, 일) 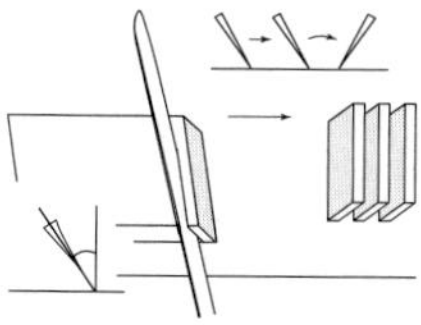	•황(方, 중) 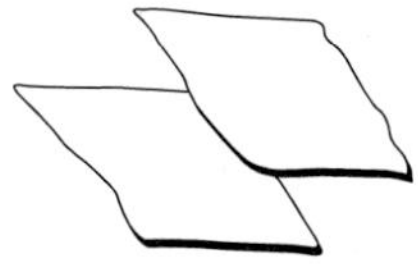

부록 2

한국음식의 영어 표기

ㄱ

가락-국수[garak-kuksu]
가래떡[garaetteok]
가리-구이[gari-gui]
가물치-곰탕[gamulchi-gomtang]
가오리-숙회[gaori-sukhoe]
가오리-찜[gaori-jjim]
가자미-구이[gajami-gui]
가자미-식해[gajami-sikhae]
가자미-조림[gajami-jorim]
가자미죽[gajami-juk]
가죽-부각[gajuk-bugak]
가지-김치[gaji-kimchi]
가지-나물[gaji-namul]
가지-냉국[gaji-naengguk]
가지-누름적[gaji-nureumjeok]
가지-선[gaji-seon]
가지-장아찌[gaji-jangajji]
가지-전[gaji-seon]
가지-찜[gaji-jjim]
가치-자반[galchi-jaban]
각색-전골[gaksaek-jeongol]
간납[gannap]
간-볶음[gan-bokkeum]
간장-게-장[ganjang-ge-jang]
간-전[gan-jeon]
간-회[gan-hoe]
갈분-죽[galbun-juk]
갈비-구이[galbi-gui]
갈비-국[galbi-guk]
갈비 백반[galbi baekban]
갈비-찜[galbi-jjim]
갈비-탕 백반[galbi-tang baekban]
갈치-구이[galchi-gui]
갈치-속젓[galchi-sokjeot]
갈치-조림[galchi-jorim]
갈치-호박-국[galchi-hobak-guk]
감동-젓[gamdong-jeot]
감동젓-찌개[gamdongjoet-jjigae]
감자-경단[gamja-kyeongdan]
감자-국[gamja-guk]
감자-녹말-송편
[gamja-nonkmal-songpyeon]
감자-떡[gamja-tteok]
감자-볶음[gamja-bokkeum]
감자-부침[gamja-buchim]
감자-송편[gamja-songpyeon]
감자-수제비[gamja-sujebi]
감자-전[gamja-jeon]
감자-조림[gamja-jorim]
감홍로[gamhongro]
감홍주[ganhongju]
갓-김치[gat-kimchi]
갓-쌈지[gat-ssamji]
강낭콩-밥[gangnangkong-bap]
강냉이-밥[gangnaengi-bap]
강냉이-범벅[gangnaengi-beombeok]
강냉이-차[gannaegi-cha]
강정[gangjeong]
개두릅-나물[gaedureup-namul]
개떡[gaetteok]
개성 무-찜[gaeseong mu-jjim]
개성 보쌈-김치[gaeseong bossam-kimchi]
개성경단[gaeseong kyeongdan]
개성약과[gaeseong yakgwa]
개성주악[gaeseong juak]
개성-편수[gaeseong-pyeonsu]
개-장국[gae-jangguk]
개피떡[gaepitteok]

갯장어-구이[gaetjangeo-gui]
갯장어-회[gaetjangeo-hoe]
건-어포[geon-eopo]
건진 국수[geonjin guksu]
건포도-잣-정과[geonpodo-jat-jeonggwa]
겉보리죽[geotbori-juk]
겉절이[geotjeori]
게-감정[ge-gamjeong]
게살-전[gesal-jeon]
게-장[ge-jang]
게-장 백반[ge-jang baekban]
게-조치[ge-jochi]
게-찜[ge-jjim]
게-탕[ge-tang]
겨울파-장국[kyeowulpa-jangguk]
겨자-채[gyeoja-chae]
결명자-차[gyeolmyeongja-cha]
경기-동동주[gyeonggi-dongdongju]
경단[gyeongdan]
계란-찜[gyeran-jjim]
계란-탕[gyeran-tang]
계룡-백일주[gyeryong-baekilju]
계피차[gyepi-cha]
고구마순-김치[gogumasun-kimchi]
고구마순-나물[gogumasun-namul]
고구마-전[goguma-jeon]
고구마줄기-김치[gogumajulgi-kimchi]
고구마줄기-나물[gogumajulgi-namul]
고구마-튀김[goguma-twigim]
고동-국[godong-guk]
고동-찜[godong-jjim]
고들빼기-김치[godeulppaegi-kimchi]
고등어-소금구이[godeungeo-sogeumgui]
고등어-자반[godeungeo-jaban]
고등어-조림[godeungeo-jorim]
고비-나물[gobi-namul]
고사떡[gosatteok]
고사리[gosari]
고사리-국[gosari-guk]
고사리-나물[gosari-namul]
고사리-전[gosari-jeon]
고수-강회[gosu-ganghoe]
고욤[goyom]
고추[gochu]
고추-감자-조림[gochu-gamja-jorim]
고추-김치[gochu-kimchi]
고추-냉채[gochu-naengchae]
고추-두부-조림[gochu-dubu-jorim]
고추-볶음[gochu-bokkeum]
고추장-볶음[gochujang-bokkeum]
고추-장아찌[gochu-jangajji]
고추-전[gochu-jeon]
고추-찜[gochu-jjim]
고춧잎-나물[gochunnip-namul]
곤포-탕[gonpo-tang]
골곰-짠지[golgom-jjanji]
골동반[goldongban]
골무떡[golmu-tteok]
골뱅이-무침[golbaengi-muchim]
곰-국[gom-guk]
곰-국수[gom-guksu]
곰장어-회[gomjangeo-hoe]
곰탕[gomtang]
곱돌 육회-비빔밥[gopdol yukhoe-bibimbap]
곱창-구이[gopchang-gui]
곱창-전골[gopchang-jeongol]
곱창-전골정식[gopchang-jeongol jeongsik]
곶감[gotgam]
곶감-쌈[gotgam-ssam]
과편[gwapyeon]
곽탕[gwaktang]
광어-전[gwangeo-jeon]
광어-조림[geangeo-jorim]
광어-회[gwangeo-hoe]
구기자-차[gugija-cha]
구절판[gujeolpan]
국수[guksu]
국수장국[guksu-janggguk]
국수전골[guksu-jeongol]
국화주[gukhwaju]
굴-국[gul-guk]
굴-김치[gul-kimchi]
굴-깍두기[gul-kkakdugi]
굴-냉국[gul-naengguk]

굴-두부-조치[gul-dubu-jochi]
굴떡국[gul-tteokguk]
굴린 만두[gulin mandu]
굴밥[gul-bap]
굴-보쌈[gul-bossam]
굴비[gulbi]
굴비-구이[gulbi-gui]
굴비 백반[gulbi baekban]
굴비-찌개[gulbi-jjigae]
굴-적[gul-jeok]
굴-전[gul-jeon]
굴-젓[gul-jeot]
굴-튀김[gul-twigim]
굴-회[gul-hoe]
궁중 닭찜[gungjung dakjjim]
궁중 전골[gungjung jeongol]
규아상[gyuasang]
귤-화채[gyul-hwachae]
근대-국[geundae-guk]
근대-김치[geundae-kimchi]
금귤-정과[keumgyul-jeonggwa]
금산 인삼-백주[geumsan insam-baekju]
기장밥[ghijang-bap]
김[gim]
김-구이[gim-gui]
김-국[gim-guk]
김-무침[gim-muchim]
김-밥[gim-bap]
김-부각[gim-bugak]
김-쌈[gim-ssam]
김-자반[gim-jaban]
김치[kimchi]
김치-냉면[kimchi-naengmyeon]
김치-누름적[kimchi-nureumjeok]
김치-라면[kimchi-ramyeon]
김치-만두[kimchi-mandu]
김치-말이[kimchi-mari]
김치-말이-국수[kimchi-mari-guksu]
김치-밥[kimchi-bap]
김치-볶음[kimchi-bokkeum]
김치-볶음-밥[kimchi-bokkeum-bap]
김치-산적[kimchi-sanjeok]
김치-쌈[kimchi-ssam]
김치-적[kimchi-jeok]
김치-전[kimchi-jeon]
김치-찌개 백반[kimchi-jjigae baekban]
김치-찌개[kimchi-jjigae]
김칫국[kimchitguk]
까나리-젓[kkanari-jeot]
깍두기[kkakdugi]
깨국수[kkae-guksu]
깨죽[kkae-juk]
깨편[kkae pyeon]
깻국냉면[kkae-guk-naengmyeon]
깻잎[kkaennip]
깻잎-김치[kkaennip-kimchi]
깻잎-나물[kkaennip-namul]
깻잎-말이-김치[kkaennip-mari-kimchi]
깻잎-부각[kkaennip-bugak]
깻잎-쌈[kkaennip-ssam]
깻잎-장아찌[kkaennip-jangajji]
꼬리-곰탕[kkori-gomtang]
꼬리떡[kkoritteok]
꼬막-무침[kkomak-muchim]
꼬막-회[kkomak-hoe]
꼬치-구이[kkochi-gui]
꼴뚜기-젓[kkolttugi-jeot]
꼴뚜기-조림[kkolddugi-jorim]
꽁치-된장-구이[kkongchi-doenjang-gui]
꽃게-무침[kkotge-muchim]
꽃게-장[kkotge-jang]
꽃게-찌개[kkotge-jjigae]
꽃게-찜[kkotge-jjim]
꽃게-탕[kkotge-tang]
꿀-편[kkul-pyeon]
꿩-구이[kkwong-gui]
꿩-김치[kkwong-kimchi]
꿩-만두[kkwong-mandu]
꿩-섭산적[kkwong-seopsanjeok]
꿩-쟁반[kkwong jaengban]
꿩-칼국수[kkwong-kalguksu]

ㄴ

ㄷ

덮밥[deopbap]
대게-찜[daege-jjim]
대구-섞박지[daegu-seokkbakji]
대구-육개장[daegu-yukgaejang]
대구-전[daegu-jeon]
대구-조림[daegu-jorim]
대구-지리[daegu-jiri]
대구-탕[daegu-tang]
대나무-밥[daenamu-bap]
대추[daechu]
대추-단자[daechu-danja]
대추-생강-차[daechu-saenggang-cha]
대추-죽[daechu-juk]
대추-징조[daechu-jingjo]
대추-차[daechu-cha]
대추-초[daechu-cho]
대추 편포[daechu pyeonpo]
대하-구이[daeha-gui]
대하-전[daeha-jeon]
대하-찜[daeha-jjim]
대합-구이[daehap-gui]
대합-국[daehap-guk]
대합-전골[daehap-jeongol]
대합-전유어[daehap-jeonyueo]
대합-죽[daehap-juk]
대합-찜[daehap-jjim]
더덕-구이[deodeok-gui]
더덕-김치[deodeok-kimchi]
더덕-무침[deodeok-muchim]
더덕-생채[deodeok-saengchae]
더덕-장아찌[deodeok-jangajji]
더덕-전[deodeok-jeon]
도가니-탕[dogani-tang]
도라지-나물[doraji-namul]
도라지-산적[doraji-sanjeok]
도라지-생채[doraji-saengchae]
도라지-정과[doraji-jeonggwa]
도루묵-구이[dorumuk-gui]
도루묵-식해[dorumuk-sikhae]
도미-구이[domi-gui]
도미-면[domi-myeon]
도미-전골[domi-jeongol]
도미-전유어[domi-jeonyueo]
도미-조림[domi-jorim]
도미-죽[domi-juk]
도미-찜[domi-jjim]
도미-회[domi-hoe]
도토리-냉면[dotori-naengmyeon]
도토리-떡[dotori-tteok]
도토리-묵[dotori-muk]
도토리묵-무침[dotori-muk muchim]
도행병[dohaengbyeong]
돈 고추장-구이[don gochujang-gui]
돈육-구이[donyuk-gui]
돈-저냐[don-jeonya]
돌김-부각[dolgim-bugak]
돌나물-물김치[dolnamul-mulkimchi]
돌나물-생채[dolnamul-saengchae]
돌산 갓-김치[dolsan gat-kimchi]
돌솥-밥[dolsot-bap]
돌솥-비빔밥[dolsot-bibimbap]
동동-주[dongdong-ju]
동래 파전[dongrae pajeon]
동백잎-부각[dongbaekip-bugak]
동아-정과[donga-jeonggwa]
동지-팥죽[dongji-patjuk]
동치미[dongchimi]
동치미-냉면[dongchimi-naengmyeon]
동태-구이[dongtae-gui]
동태-매운탕[dongtae-maeuntang]
동태-섞박지[dongtae-seokkbakji]
동태-순대[dongtae-sundae]
동태-식혜[dongtae-sikhae]
동태-조림[dongtae-jorim]
동태-찌개[dongtae-jjigae]
돼지고기-구이[doejigogi-gui]
돼지 생 삼겹살-구이
[doeji saeng samgyeopsal-gui]
돼지 족-조림[doeji jok-jorim]
돼지 족-찜[doeji jok-jjim]
돼지갈비-강정[doejigalbi-gangjeong]
돼지갈비-구이[doejigalbi-gui]
돼지고기 고추장-구이
[doejigogi gochujang-gui]

돼지고기 김치-볶음
[doejigogi kimchi-bokkeum]
돼지고기-보쌈[doejigogi-bossam]
돼지고기-볶음[doejigogi-bokkeum]
돼지고기-전[doejigogi-jeon]
돼지고기-편육[doejigogi-pyeonyuk]
돼지갈비-찜[doejigalbi-jjim]
돼지머리-편육[doejimeori-pyeonyuk]
돼지목살-구이[doejimoksal-gui]
돼지-불갈비[doeji-bulgalbi]
돼지-불고기[doeji-bulgogi]
돼지-불고기 백반[doeji-bulgogi baekban]
돼지-족[doeji-jok]
되비지-찌개[doebiji-jjigae]
되비지탕[doebiji-tang]
된장-국[doenjang-guk]
된장-떡[doenjang-tteok]
된장-찌개[doenjang-jjigae]
된장-찌개 백반[doenjang-jjigae baekban]
두견-주[dugyeon-ju]
두견화전[dugyeon-hwajeon]
두견-화채[dugyeon-hwachae]
두골-탕, 등골-탕
[doogol-tang, deonggol-tang]
두루치기[duruchigi]
두릅-나물[dureup-namul]
두릅-부각[durup-bugak]
두릅-적[dureup-jeok]
두릅-전[dureup-jeon]
두릅-회[dureup-hoe]
두부-된장-국[dubu-doenjang-guk]
두부-된장-찌개[dubu-doenjang-jjiage]
두부-부침[dubu-buchim]
두부-새우젓-찌개
[dubu-saewoojeot-chigae]
두부선[dubu-seon]
두부-장-조림[dubu-jang-jorim]
두부-전[dubu-jeon]
두부-전골[dubu-jeongol]
두부-젓국-찌개[dubu-jeotguk-jjigae]
두부-조개탕[dubu-jogaetang]
두부-조림[dubu-jorim]
두부-지짐[dubu-jijim]
두부-찌개[dubu-jjigae]
두부-회[dubu-hoe]
두텁-경단[duteop-gyeongdan]
두텁-떡[duteop-tteok]
들깨-송이-부각[deulkkae-songi-bugak]
들깨-엿강정[deulkkae-yeotgangjeong]
들깨-죽[deulkkae-juk]
들깻잎-전[deulkkaennip-jeon]
등심-구이[deungsim-gui]
따로-국밥[ttaro-gukbap]
딸기-화채[ttalgi-hwachae]
땅콩[ttangkong]
땅콩-강정[ttangkong-gangjeong]
떡[tteok]
떡-갈비[tteok-galbi]
떡-국[tteok-guk]
떡-꼬치-구이[tteok-kkochi-gui]
떡-만두국[tteok-mandu-guk]
떡-볶이[tteok-bokki]
떡-산적[tteok-sanjeok]
떡-수단[tteok-sudan]
떡-찜[tteok-jjim]
똑똑이-자반[ddockddogi-jaban]

ㄹ

라면[ramyeon]
레몬-차[lemon cha]
로스-구이 정식[ros-gui jeongsik]

ㅁ

마늘잎-장아찌[maneulip-jangajji]
마늘-장아찌[maneul-jangajji]
마늘쫑[maneuljjong]
마늘쫑-볶음[maneuljjon-bokkeum]
마늘쫑-장아찌[maneuljjong-jangajji]
마른 문어-쌈[mareun muneo-ssam]
마른 새우-볶음[mareun saeu-bokkeum]
마른 안주[mareun anju]

마른 오징어[mareun ojingeo]
마른 파래-무침[mareun parae-muchim]
막걸리[makgeolli]
막국수[makguksu]
막김치[makkimchi]
만두과[mandugwa]
만두-전골[mandu-jeongol]
만두-국[mandu-guk]
말린 묵-볶음[mallin muk-bokkeum]
맑은-국[malgeun-guk]
맑은-장국[malgeun-jangguk]
매듭-자반[maedeup-jaban]
매생이-탕[maesaengi-tang]
매실[maesil]
매실-주[maesil-ju]
매실-화채[maesil-hwachae]
매운-탕[maeun-tang]
매작과[maejakgwa]
매화-강정[maehwa-gangjeong]
매화-산자[maehwa sanja]
맥-주[maek-ju]
머위-깨-국[meowi-kkae-guk]
머위-깨즙-나물[meowi-kkaejeup-namul]
머위-나물[meowi-namul]
머위잎-쌈[meowiip-ssam]
멍게-회[meongge-hoe]
메기-매운탕[megi-maeuntang]
메밀국수[memil-guksu]
메밀-묵-무침[memil-muk-muchim]
메-밥[me-bap]
메-시루떡[me-sirutteok]
면[myeon]
멸치-볶음[myeolchi-bokkeum]
멸치-자반[myeolchi-jaban]
멸치-젓[myeolchi-jeot]
멸치-조림[myeolchi-jorim]
명란-젓[myeongran-jeot]
명란-젓-찌개[myeongran-jeot-jjigae]
명란-찌개[myeongran-jjigae]
명란-찜[myeongran-jjim]
명태-국[myeongtae-guk]
명태-이리-찌개[myeongtae-eeri-jjige]
명태-찜[myeongtae-jjim]
모과[mogwa]
모과-정과[mogwa-jeonggwa]
모과-차[mogwa-cha]
모듬-과일[modeum-gwail]
모듬-전[modeum-jeon]
모듬-회[modeum-hoe]
모시잎-송편[mosiip-songpyeon]
모시조개-젓[mosijogae-jeot]
목이-버섯[mogi-beoseot]
무-갑장과[mu-gapjanggwa]
무-국[mu-guk]
무-나물[mu-namul]
무-된장국[mu-doenjangguk]
무말랭이-무침[mumallaengi-muchim]
무말랭이-장아찌[mumallaengi-jangajji]
무-밥[mu-bap]
무-비늘-김치[mu-bineul-kimchi]
무-생채[mu-saengchae]
무송편[mu-songpyeon]
무-숙장아찌[mu-sukjangajji]
무-왁저지[mu-wackgeoji]
무-젓국-조치[mu-jeotguk-jeochi]
무-정과[mu-jeonggwa]
무지개-떡[mujigae-tteok]
무-짠지[mu-jjanji]
무-찜[mu-jjim]
무-채[mu-chae]
무-채-김치[mu-chae-kimchi]
무-채-무침[mu-chae-muchim]
무청-김치[mucheong-kimchi]
묵-무침[muk-muchim]
묵채[mukchae]
문배주[munbaeju]
문어-숙회[muneo-sukhoe]
물-김치[mul-kimchi]
물-냉면[mul-naengmyeon]
물-만두[mul-mandu]
물쑥-나물[mulssuk-namul]
물호박-떡[mulhobak-tteok]
물-회[mul-hoe]
미나리-강회[minari-ganghoe]

미나리-김치[minari-kimchi]
미나리-무침[minari-muchim]
미나리-숙주 초나물
[minari-sukju chonamul]
미나리-적[minari-jeok]
미나리-초대[minari-chodae]
미더덕-찜[mideodeok-jjim]
미삼-차[misam-cha]
미삼-무침[misam-muchim]
미수[misu]
미숫가루[misutgaru]
미쌈[missam]
미역-국[miyeok-guk]
미역-냉국[miyeok-naengguk]
미역-무침[miyeok-muchim]
미역-부각[miyeok-bugak]
미역-쌈[miyeok-ssam]
미역-오이-냉국[miyeok-oi-naengguk]
미역-자반[miyeok-jaban]
미역-죽[miyeok-juk]
미역-초회[miyeok-chohoe]
미역-튀각[miyeok-twigak]
미음[mieum]
민어-구이[mineo-gui]
민어-매운탕[mineo-maeuntang]
민어-산적[mineo-sanjeok]
민어-전[mineo-jeon]
민어-포[mineo-po]
민어-회[mineo-hoe]
밀감-화채[milgam-hwachae]
밀국수[milguksu]
밀쌈[milssam]

ㅂ

바람떡[baramtteok]
박-나물[bak-namul]
박오가리-나물[bakogari-namul]
박-회[bak-hoe]
밤[bam]
밤-다식[bam-dasik]
밤-단자[bam-danja]
밤-밥[bam-bap]
밤-죽[bam-juk]
밤-초[bam-cho]
밥[bap]
방아잎-쌈[bangaip-ssam]
방어-구이[bangeo-gui]
방울-강정[bangul-gangjeong]
방울-증편[bangul-jeungpyeon]
배[bae]
배숙[baesuk]
배추-겉절이[baechu-geotjeori]
배추-김치[baechu-kimchi]
배추꼬리-국[baechukkori-guk]
배추꼬리-볶음[baechukkori-bokkeum]
배추-된장국[baechu-doenjangguk]
배추속대-국[baechusokdae-guk]
배추-적[baechu-jeok]
배추-찜[baechu-jjim]
배추 통김치[baechu tongkimchi]
배추-국[baechu-guk]
배추잎-쌈[baechuip-ssam]
배-화채[bae-hwachae]
백-김치[baek-gimchi]
백반[baekban]
백설기[baekseolgi]
백세주[baekseju]
백자-편[baekja-pyeon]
백-편[baek-pyeon]
백하-젓[baekha-jeot]
밴댕이-젓[baendaengi-jeot]
뱀장어-구이[baemjangeo-gui]
뱅어-포-구이[baengeo-po-gui]
버섯-국[beoseot-guk]
버섯-볶음[beoseot-bokkeum]
버섯-전[beoseot-jeon]
버섯-전골[beoseot-jeongol]
법-주[beopju]
병시[byeongsi]
병어-구이[byeongeo-gui]
병어-조림[byeongeo-jorim]
보리-밥[bori-bap]
보리새우-호박-볶음

[borisaeu-hobak-bokkeum]
보리-수단[bori-sudan]
보리-쌈-밥[bori-ssam-bap]
보리-차[bori-cha]
보쌈-김치[bossam-kimchi]
복-냄비[bok-naembi]
복-매운탕[bok-maeuntang]
복숭아-화채[boksunga-hwachae]
복-쌈[bok-ssam]
복-지리[bok-jiri]
복-찜[bok-jjim]
볶음-밥[bokkeum-bap]
봄-나물[bom-namul]
봉우리-떡[bonguri-tteok]
부꾸미[buggumi]
부대-찌개[budae-jjigae]
부레-찜[bure-jjim]
부추-김치[buchu-kimchi]
부추-볶음[buchu-bokkeum]
부추-잡채[buchu-japchae]
부추-전[buchu-jeon]
북어[bugeo]
북어-구이[bugeo-gui]
북어-국[bugeo-guk]
북어-껍질-국[bugeo-kkeopjil-guk]
북어-무침[bugeo-muchim]
북어-보푸라기[bugeo-bopuragi]
북어-전[bugeo-jeon]
북어-조림[bugeo-jorim]
북어-찜[bugeo-jjim]
북어-채-무침[bugeo-chae-muchim]
북어-포[bugeo-po]
불-갈비[bul-galbi]
불-갈비-정식[bul-galbi-jeongsik]
불고기[bulgogi]
불고기 뚝배기[bulgogi ttukbaegi]
불고기 백반[bulgogi baekban]
불고기-산적[bulgogi-sanjeok]
불고기 정식[bulgogi jeongsik]
불-낙-전골[bul-nak-jeongol]
불-백 정식[bul-baek jeongsik]
붕어-조림[bungeo-jorim]
붕어-찜[bungeo-jjim]
비늘-김치[bineul-kimchi]
비빔-국수[bibim-guksu]
비빔-냉면[bibim-naengmyeon]
비빔-밥[bibim-bap]
비웃-구이[biwut-gui]
비웃-자반[biwut-jaban]
비웃-조림[biwut-jorim]
비지-찌개[biji-jjigae]
빈대-떡[bindae-tteok]
빙-떡[bing-tteok]
빙사과[bingsagwa]

ㅅ

사골[sagol]
사슬-적[saseul-jeok]
사태-찜[satae-jjim]
사태-편육[satae-pyeonyuk]
산 갓-김치[san gat-kimchi]
산나물-국[sannamul-guk]
산병[sanbyeong]
산자[sanja]
산채-비빔밥[sanchae-bibimbap]
산초-장아찌[sancho-jangajji]
살구-편[salgu-pyeon]
삼겹살-구이 정식
[samgyeopsal-gui jeongsik]
삼겹살-구이[samgyeopsal-gui]
삼계-탕[samgye-tang]
삼색-나물[samsaek-namul]
삼색-북어-보푸라기
[samsaek-bugeo-bopuragi]
삼숙이-탕[samsugi-tang]
삼시기-국[samsigi-guk]
삼치구이[samchi-gui]
삼치-엿장-구이[samchi-yeotjang-gui]
삼합-장과[samhap-janggwa]
삼합-죽[samhap-juk]
삼해주[samhaeju]
상추-겉절이[sangchu-geotjeori]
상추-백반[sangchu-baekban]

상추-시루떡[sangchu-sirutteok]
상추-쌈[sangchu-ssam]
새우-매운탕[saeu-maeuntang]
새우-전[saeu-jeon]
새우-젓[saeu-jeot]
새우-찜[saeu-jjim]
새우-튀김[saeu-twigim]
생 갈비-구이[saeng galbi-gui]
생강-란[saenggang-ran]
생강-정과[saenggang-jeonggwa]
생강-차[saenggang-cha]
생 고등어-국[saeng godeungeo-guk]
생-란[saeng-ran]
생 복-찜[saeng bok-jjim]
생 멸치-회[saeng myeolchi-hoe]
생 미역-국[saeng miyeok-guk]
생 미역-오이-무침
[saeng miyeok-oi-muchim]
생 미역-초회[saeng miyeok-chohoe]
생 버섯[sang beoseot]
생 오징어-초회[saeng ojingeo-chohoe]
생 해삼-무침[saeng haesam-muchim]
생 복-회[seng bok-hoe]
생선-고추장-조림
[saengseon-gochujang-jorim]
생선-구이[saengseon-gui]
생선-국[saengseon-guk]
생선-볶음[sengseon-bokkum]
생선-조림[sengseon-jorim]
생선-지리-탕[saengseon-jiri-tang]
생선-찌개[saengseon-jjigae]
생선-찌개-백반
[saengseon-jjigae-baekban]
생선-찜[saengseon-jjim]
생선-초밥[saengseon-chobap]
생선-회[saengseon-hoe]
생선회-무침[saengseonhoe-muchim]
생율[saengyul]
생채[saengchae]
생치-만두[saengchi-mandu]
서속-떡[seosok-tteok]
석류-탕[seongryu-tang]
석이단자[seogi-danja]
석이-메-시루떡[seogi-me-sirutteok]
석탄병[seoktanbyeong]
석화-전[seokhwa-jeon]
섞박지[seokbakji]
선지-해장-국[seonji-heajang-guk]
선짓국[seonjitguk]
설기-떡[seolgi-tteok]
설렁-탕[seolleong-tang]
섭산-적[seopsan-jeok]
성게-국[seongge-guk]
성게-젓[seongge-jeot]
세반-강정[seban-gangjeong]
소라-꼬치-구이[sora-kkochi-gui]
소라-무침[sora-muchim]
소라-소채-무침[sora-sochae-muchim]
소라-젓[sora-jeot]
소라-찜[sora-jjim]
소라-회[sora-hoe]
소루쟁이 토란-국[sorujaengi toran-guk]
소-만두[so-mandu]
소박이-김치[sobagi-kimchi]
소변[somyeon]
소적[sojeok]
소주[soju]
소탕[sotang]
쇽음배추-겉절이
[sokkeumbaechu-geotjeori]
쇽음배추-국[sokkeumbaechu-guk]
손두부-김치-찌개[sondubu-kimchi-jjigae]
송기-절편[songgi-jeolpyen]
송송이[songsongi]
송순-주[songsun-ju]
송어-구이[songeo-gui]
송이-밥[songi-bap]
송이-볶음[songi-bokkeum]
송이-산적[songi-sanjeok]
송이-산적-구이[songi-sanjeok-gui]
송이-전골[songi-jeongol]
송이-찜[songi-jjim]
송이-탕[songi-tang]
송죽 오곡주[songjuk ogokju]

송편[songpyeon]
송화-다식[songhwa-dasik]
송화-밀수[songhwa-milsu]
쇠고기-깻잎말이-튀김
[soegogi-kkaennipmari-twigim]
쇠고기-맑은-장국
[soegogi-malgeun-jangguk]
쇠고기-미역-국[soegogi-miyeok-guk]
쇠고기-산적[soegogi-sanjeok]
쇠고기-소금구이[soegogi-sogeumgui]
쇠고기-장조림[soegogi-jangjorim]
쇠고기-전골[soegogi-jeongol]
쇠고기-튀김[soegogi-twigim]
쇠꼬리-곰탕[soekkori-gomtang]
쇠꼬리-찜[soekkori-jjim]
쇠머리-떡[soemeori-tteok]
쇠머리-편육[soemeori-pyeonyuk]
수란[suran]
수리취-절편[surichi-jeolpyeon]
수박-화채[subak-hwachae]
수삼-정과[susam-jeonggwa]
수수-경단[susu-kyeongdan]
수수-부꾸미[susu-bukkumi]
수수-전병[susu-jeonbyeong]
수수-지짐이[susu-jijimi]
수수팥-떡[susupat-tteok]
수원 왕-갈비[suwon wang-galbi]
수육[suyuk]
수정과[sujeonggwa]
수제비[sujebi]
숙-김치[suk-kimchi]
숙-깍두기[suk-kkakdugi]
숙실과[suksilgwa]
숙주-나물[sukju-namul]
숙채[sukchae]
숙회[sukhoe]
순대[sundae]
순대-국[sundae-guk]
순대-국밥[sundae-gukbap]
순두부-백반[sundubu-baekban]
순두부-찌개[sundubu-jjigae]
순무-김치[sunmu-kimchi]
술[sul]
술-떡[sul-tteok]
숭늉[sungnyung]
숭어-찜[sungeo-jjim]
숯불-갈비[sutbul-galbi]
승검초[seunggeomcho]
승검초-편[seunggeomcho-pyeon]
시금치-국[sigeumchi-guk]
시금치-김치[sigeumchi-kimchi]
시금치-나물[sigeumchi-namul]
시금치-된장국[sigeumchi-doenjangguk]
시금치-토장국[sigeumchi-tojangguk]
시래기[siraegi]
시래기-국[siraegi-guk]
시래기-나물[siraegi-namul]
시래기-된장-무침
[siraegi-doenjang-muchim]
시래기-찌개[siraegi-jjigae]
시루-떡[siru-tteok]
식혜[sikhye]
신선로[sinseolro]
실고추[silgochu]
실깨-엿강정[silkkae-yeotgangjeong]
실파-장국[silpa-jangguk]
싸리버섯-나물[ssaribeoseot-namul]
싸리버섯-맑은-장국
[ssaribeoseot-malgeun-jangguk]
싸리버섯-볶음[ssaribeoseot-bokkeum]
쌀-다식[ssal-dasik]
쌀-엿[ssal-yeot]
쌀엿-강정[ssalyeot-gangjeong]
쌈[ssam]
쌈-밥[ssam-bap]
쌍화-차[ssanghwa-cha]
쏘가리-매운탕[ssogari-maeuntang]
쑥갓-무침[ssukgat-muchim]
쑥-개피떡[ssuk-gaepitteok]
쑥-경단[ssuk-kyeongdan]
쑥구리-단자[ssukguri-danja]
쑥국[ssukguk]
쑥-국수[ssuk-guksu]
쑥-굴래[ssuk-gullae]

쑥-떡[ssuk-tteok]
쑥-버무리[ssuk-beomuri]
쑥-콩국[ssuk-kongguk]
쑥-토장국[ssuk-tojangguk]
씀바귀-나물[sseumbagwi-namul]
씀바귀-생채[sseumbagwi-saengchae]

ㅇ

아귀-조림[agwi-jorim]
아귀-찜[agwi-jjim]
아귀-탕[agwi-tang]
아귀-탕 정식[agwi-tang jeongsik]
아산 연엽-주[asan yonyeop-ju]
아욱-국[auk-guk]
안동 소주[andong soju]
안동 식혜[andong sikhye]
안동 칼국수[andong kalguksu]
안심-구이[ansim-gui]
알-쌈[al-ssam]
알-찌개[al-jjigae]
알-찜[al-jjim]
알타리-김치[altari-kimchi]
알타리-동치미[altari-dongchimi]
알-탕[al-tang]
암치[amchi]
암치-보푸라기[amchi-bopuragi]
애저-찜[aejeo-jjim]
애탕[aetang]
애탕-국[aetang-guk]
애호박-나물[aehobak-namul]
애호박-볶음[aehobak-bokkeum]
애호박-전[aehobak-jeon]
애호박-젓국-찌개[aehobak-jeotguk-jjigae]
애호박-죽[aehobak-juk]
앵두-편[aengdu-pyeon]
앵두-화채[aengdu-hwachae]
약과[yakgwa]
약밥[yakbap]
약식[yaksik]
약주[yakju]
약포[yakpo]
양-곰탕[yang-gomtang]
양-곱창-구이[yang-gopchang-gui]
양념-게장[yangnyeom-gejang]
양념-닭[yangnyeom-dak]
양동구리[yangdongguri]
양-무침[yang-muchim]
양배추-겉절이[yangbaechu-geotjeori]
양배추-김치[yangbaechu-kimchi]
양배추-말이-김치
[yangbaechu-mari-kimchi]
양배추-물김치[yangbaechu-mulkimchi]
양배추-찜[yangbaechu-jjim]
양상추-들깨소스-무침
[yangsangchu-deulkkaesauce-muchim]
양송이-풋고추-조림
[yangsongi-putgochu-jorim]
양즙-탕[yangjeup-tang]
양지머리-곰국[yangjimeori-gomguk]
양지머리-편육[yangjimeori-pyeonyuk]
양파-전[yangpa-jeon]
어글-탕[eogeul-tang]
어리굴-젓[eorigul-jeot]
어-만두[eo-mandu]
어복-쟁반[eobok-jaengban]
어-산적[eo-sanjeok]
어선[eoseon]
어알-탕[eoal-tang]
어-죽[eo-juk]
어채[eochae]
어포[eopo]
업진-편육[eopjin-pyeonyuk]
여주 산병[yeoju sanbyeong]
연근-전[yeongeun-jeon]
연근-정과[yeongeun-jeonggwa]
연근-조림[yeongeun-jorim]
연-배추탕[yeon-baechutang]
연어-구이[yeoneo-gui]
연어-구이 백반[yeoneo-gui baekban]
연어-구이 정식[yeoneo-gui jeongsik]
연어-밥[yeaneo-bap]
연포당[yeonpotang]
열무-김치[yeolmu-kimchi]

열무-냉면[yeolmu-naengmyeon]
열무-물김치[yeolmu-mulkimchi]
염통-구이[yeomtong-gui]
엿강정[yeotgangjeong]
영계-백숙[yeonggye-baeksuk]
영양-율무-밥[yeongyang-yulmu-bap]
오곡-밥[ogok-bap]
오곡-수라[ogok-sura]
오골계-백숙[ogolgye-baeksuk]
오골계-탕[ogolgye-tang]
오과차(ogwa-cha)
오려-쌀밥[oryeo-ssalbap]
오리-고기 영양-죽
[ori-gogi yeongyang-juk]
오리-탕[ori-tang]
오미자-차[omija-cha]
오미자-편[omija-pyeon]
오미자-화채[omija-hwachae]
오분자기-적[obunjagi-jeok]
오분자기-찜[obunjagi-jjim]
오이-감정[oi-gamjeong]
오이-갑장과[oi-gapjanggwa]
오이-고추장-장아찌[oi-gochujang-jangajji]
오이-김치[oi-kimchi]
오이-깍두기[oi-kkakdugi]
오이-나물[oi-namul]
오이-냉국[oi-naengguk]
오이-냉채[oi-naengchae]
오이-무침[oi-muchim]
오이-볶음[oi-bokkeum]
오이-생채[oi-saengchae]
오이-선[oi-seon]
오이-소박이 백반[oi-sobagi baekban]
오이-소박이[oi-sobagi]
오이-장아찌[oi-jangajji]
오이지[oiji]
오이-짠지[oi-jjanji]
오징어-구이[ojingeo-gui]
오징어-덮밥[ojingeo-dupbap]
오징어-무침[ojingeo-muchim]
오징어-볶음[ojingeo-bokkeum]
오징어-불고기[ojingeo-bulgogi]
오징어-숙회[ojingeo-sukhoe]
오징어-순대[ojingeo-sundae]
오징어-젓[ojingeo-jeot]
오징어-채[ojingeo-chae]
오징어-채-부침[ojingeo-chae-muchim]
오징어-회[ojingeo-hoe]
오징어-회-무침[ojingeo-hoe-muchim]
옥돔-구이[okdom-gui]
옥돔-미역-국[okdom-miyeok-guk]
옥돔-죽[okdom-juk]
옥수수-죽[oksusu-juk]
온면[onmyeon]
올갱이-국[olgaengi-guk]
완자-전[wanja-jeon]
완자-탕[wanja-tang]
요화과[yeohwagwa]
용-떡[yong-tteok]
용봉-탕[yongbong-tang]
용안육-다식[yonganyuk-dasik]
우거지-국[ugeoji-guk]
우거지-찌개[ugeoji-jjigae]
우거지-탕[ugeoji-tang]
우둔-찜[udun-jjim]
우렁-무침[ureong-muchim]
우렁이-된장-찌개
[ureongi-doenjang-jjigae]
우렁-찜[ureong-jjim]
우렁-탕[ureong-tang]
우렁-회[ureong-hoe]
우메기[umegi]
우메기-떡[umegi-tteok]
우설[useol]
우설-찜[useol jjim]
우설-편육[useol-pyeonyuk]
우엉-김치[ueong-kimchi]
우엉-정과[ueong-jeonggqwa]
우엉-조림[ueong-jorim]
우유-죽[uyu-juk]
우족-탕[ujok-tang]
우찌지[ujjiji]
움파-산적[umpa-sanjeok]
움파-장국[umpa-jangguk]

ㅈ

전복-초[jeonbok-cho]
전복-회[jeonbok-hoe]
전어-조림[jeonoe-jorim]
전어-회[jeoneo-hoe]
전주 비빔밥[jeonju bibimbap]
전주 콩나물-국밥
[jeonju kongnamul-gukbap]
절편[jeolpyeon]
젓국-찌개[jeotguk-jjigae]
제육[jeyuk]
제육-구이[jeyuk-gui]
제육-보쌈[jeyuk-bossam]
제육-볶음[jeyuk-bokkeum]
제육-조림[jeyuk-jorim]
제육-편육[jeyuk-pyeonyuk]
제주 오메기-술[jeju omegi-sul]
제호탕[jehotang]
조개-국수[jogae-guksu]
조개-송편[jogae-songpyeon]
조개-젓[jogae-jeot]
조개-탕[jogae-tang]
조개-국[jogae-guk]
조기-양념장-구이
[jogi-yangnyeomjang-gui]
조기-젓[jogi-joet]
조기-조림[jogi-jorim]
조기-국[jogi-guk]
조란[joran]
조랑떡-만두국[jorangtteok-manduguk]
조랑이-떡국[jorangi-tteokguk]
조기-구이-정식[jogi-gui jeongsik]
족발[jokbal]
족-탕[jok-tang]
족-편 채[jok-pyeon chae]
족-편[jok-pyeon]
주꾸미-조림[juggumi-jorim]
주먹-밥[jumeok-bap]
주물럭-구이[jumulleok-gui]
주악[juak]
죽력고[jukryoekgo]
죽순-나물[juksun-namul]
죽순-볶음[juksun-bokkeum]
죽순-찜[juksun-jjim]
죽순-채[juksun-chae]
죽순-회[juksun-hoe]
준치-국[junchi-guk]
준치-만두[junchi-mandu]
중배기[jungbaegi]
증편[jeungpyeon]
지단[jidan]
지리돔-물회[jiridom-mulhoe]
진달래-술[jindalrae-sul]
진달래-주[jindalrae-ju]
진달래-화전[jindalrae-hwajeon]
진달래-화채[jindalrae-hwachae]
진도 홍주[gindo hongju]
진말-다식[jinmal-dasik]
진미-다식[jinmi-dasik]
진지[jinji]
짓-고추[jit-gochu]
짠-무[jjan-mu]
쪽파-김치[jjokpa-kimchi]
찐-만두[jjin-mandu]

ㅊ

차[cha]
차수과[chasugwa]
차수수-경단[chasusu-kyeongdan]
차조쌀-떡[chajossal-tteok]
차조-인절미[chajo-injeolmi]
찰-밥[chal-bap]
찰수수-지짐[chalsusu-jijim]
찰-시루떡[chal-sirutteok]
참게-젓[chamge-jeot]
참깨[chamkkae]
참나물[chamnamul]
참두릅-나물[chamdooreup-namul]
참외[chamoe]
참죽-부각[chamjuk-bugak]
참치-채소-볶음
[chamchi-chaeso-bokkeum]
찹쌀-경단[chapssal-kyeongdan]
찹쌀-부꾸미[chapssal-bukkumi]
찹쌀-식혜[chapssal-sikhye]

창란-젓[chngran-jeot]
창란젓-깍두기[changranjeot-kkakdugi]
채반-소면[chaeban-somyeon]
채소-국[chaeso-guk]
채소-볶음-밥[chaeso-bokkeum-bap]
채소-전골[chaeso-jeongol]
채소-죽[chaeso-juk]
채소-튀김[chaeso-twigim]
책면[chaekmyeon]
천엽-전[cheonyeop-jeon]
천엽-회[cheonyeop-hoe]
청각[cheonggak]
청각-무침[cheonggak-muchim]
청각-회[cheonggak-hoe]
청경채-겉절이[chungyeongchae-geotjeoli]
청국장[cheonggukjang]
청국장-찌개[cheonggukjang-jjigae]
청명주[cheongmyeongju]
청어-구이[cheongeo-gui]
청주[cheongju]
청포-묵[cheongpo-muk]
청포-묵-무침[cheongpo-muk-muchim]
초계-탕[chogae-tang]
초교-탕[chogyo-tang]
초기죽[chogijuk]
초밥[chobap]
초-회[cho-hoe]
총각-김치[chonggak-kimchi]
총각무-동치미[chonggakmu-dongchimi]
추어-탕[chueo-tang]
추젓[chujeot]
춘천-막국수[chuncheon-makguksu]
취나물[chwinamul]
취-쌈[chwi-ssam]
칠보-편포[chilbo-pyeonpo]
칡-차[chik-cha]

ㅋ

칼국수[kalguksu]
콩가루-다식[konggaru-dasik]
콩국[kongguk]
콩-국수[kong-guksu]
콩나물[kongnamul]
콩나물-국[kongnamul-guk]
콩나물-국밥[kongnamul-gukbap]
콩나물-무침[kongnamul-muchim]
콩나물-밥[kongnamul-bap]
콩나물-잡채[kongnamul-japchae]
콩-다식[kong-dasik]
콩-떡[kong-tteok]
콩-밥[kong-bap]
콩비지-백반[kongbiji-baekban]
콩-엿강정(검정콩)
[kong-yeotgangjeong(gumgeongkong)]
콩잎-김치[kongip-kimchi]
콩-자반[kong-jaban]
콩-장[kong-jang]
콩-조림[kong-jorim]
콩-죽[kong-juk]
콩-찰떡[kong-chaltteok]
콩팥-구이[kongpat-gui]

ㅌ

타락-죽[tarak-juk]
타래과[taraegwa]
탁주[takju]
탕수육[tangsuyuk]
탕평채[tangpyeongchae]
털게-찜[teolge-jjim]
토란-국[toran-guk]
토란대-나물[torandae-namul]
토란-병[toran-byeong]
토란-탕[toran-tang]
토장-국[tojang-guk]
토장-아욱-국[tojang-auk-guk]
토하-젓[toha-joet]
톳나물[totnamul]
톳나물-냉국[totnamul-nengguk]
통닭-찜[tongdak-jjim]
통-만두[tong-mandu]
통배추-김치[tongbaechu-kimchi]
통영 비빔밥[tongyeong bibimbap]

튀김-만두[twigim-mandu]
튀밥[twibap]

ㅍ

파-강회[pa-ganghoe]
파-국[pa-guk]
파-김치[pa-kimchi]
파래-국[parae-guk]
파래-무침(생파래무침)
[parae-muchim(saeng parae-muchim)]
파-산적[pa-sanjeok]
파전[pajeon]
파채[pachae]
팥-밥[pat bap]
팥-시루떡[pat-sirutteok]
팥-죽[pat-juk]
패주-구이[paeju-gui]
패주-볶음[paeju-bokkeum]
패주-전[paeju-jeon]
편수[pyeonsu]
편육[pyeonyuk]
편포[pyeonpo]
평양-냉면[pyeongyang-naengmyeon]
평양-온반[pyeongyang-onban]
폐백-육포[pyebaek-yukpo]
포기-김치[pogi-kimchi]
포도-주[podo-ju]
표고버섯-나물[pyogobeoseot-namul]
표고-전[pyogo-jeon]
표고-조림[pyogo-jorim]
표고-죽[pyogo-juk]
풋고추[putgochu]
풋고추-김치[putgochu-kimchi]
풋고추-멸치-볶음
[putgochu-myeolchi-bokkeum]
풋고추-무침[putgochu-muchim]
풋고추-볶음[putgochu-bokkeum]
풋고추-부각[putgochu-bugak]
풋고추-장아찌[putgochu-jangajji]
풋고추-전[putgochu-jeon]
풋고추-조림[putgochu-jorim]
풋-김치[put-kimchi]
풋마늘-나물[putmaneul-namul]
풋콩잎-김치[putkongip-kimchi]
피마자잎-쌈[pimajaip-ssam]
피문어-죽[pimuneo-juk]
~편[~pyeon]

ㅎ

하곡주[hagokju]
한정식[hanjeongsik]
한치-회[hanchi-hoe]
한치-회-덮밥[hanchi-hoe-deopbap]
함흥 냉면[hamheung naengmyeon]
합자-국[hapja-guk]
합자-죽[hapja-juk]
해남 경단[haenam kyeongdan]
해물-겨자-채[haemul-gyeoja-chae]
해물-김치[haemul-kimchi]
해물-된장-찌개[haemul-doenjang-jjigae]
해물-산적[haemul-sanjeok]
해물-전[haemul-jeon]
해물-전골[haemul-jeongol]
해물-파-전[haemul-pa-jeon]
해삼[haesam]
해삼-전[haesam-jeon]
해삼-초[haesam-cho]
해삼-초회[haesam-chohoe]
해삼-탕[haesam-tang]
해삼-홍합-쌈[haesam-honghap-ssam]
해장국[haejangguk]
해초[haecho]
해초-비빔밥[haecho-bibimbap]
해파리-냉채[haepari-naengchae]
해파리-회[haepari-hoe]
햇 김치[haet kimchi]
행적[haengjeok]
행인-죽[haengin-juk]
향어-회[hyangeo-hoe]
헛제삿밥[heotjesatbap]
호두[hodu]
호두-엿강정[hodu-yeotgangjeong]

호두-조림[hodu-jorim]
호두-튀각[hodu-twigak]
호박고지-떡[hobakgoji-tteok]
호박-김치[hobak-kimchi]
호박꽃-탕[hobakkkot-tang]
호박-나물[hobak-namul]
호박-메-시루떡[hobak-me-sirutteok]
호박-범벅[hobak-beombeok]
호박-볶음[hobak-bokkeum]
호박-선[hobak-seon]
호박잎-국[hobakip-guk]
호박잎-쌈[hobakip-ssam]
호박-전[habak-jeon]
호박-죽[hobak-juk]
호박-찌개[hobak-jjigae]
호박-칼국수[hobak-kalguksu]
호배추[hobaechu]
홍어-구이[hongeo-gui]
홍합-미역-국[honghap-miyeok-guk]
홍어-섞박지[hongeo-seokbakji]
홍어-어시욱[hongeo-eosiuk]
홍어-어채[hongeo-eochae]
홍어-찜[hongeo-jjim]
홍어-회[hongeo-hoe]
홍합-죽[honghap-juk]
홍합-초[honghap-cho]
홍합-회[honghap-hoe]
화양적[hwayanjeok]
화전[hwajeon]
화채[hwachae]
황볶이-탕[hwangbogi-tang]
황석어(새기)-젓
[hwangseogeo(hwangsaegi)-jeot]
황태-구이[hwangtae-gui]
회-냉면[hoe-naengmyeon]
회-덮밥[hoe-deopbap]
흑임자-다식[heugimja-dasik]
흑임자-죽[heugimja-juk]
흰 떡[huin tteok]
흰 밥[huin bap]
흰 죽[huin juk]
흰깨-다식[huinkkae-dasik]
흰 무리-떡[huin muri-tteok]

참고문헌

국내서적

강국희 · 허경택, 암과 노화를 억제하는 신기능 식품 비피더스균과 올리고당, 유한문화사, 1994
김광옥 · 김상숙 · 성내경 · 이영춘, 관능검사 방법 및 응용, 신광출판사, 1993
김병설, 신간 중국요리, 박영사, 1971
김우정 · 최희숙, 천연향신료, 도서출판 효일, 2001
김종금, 일본요리, 홍익제, 1990
노봉수 · 김상용, 당 알코올의 특성과 응용, 아세아문화사, 2000
노완섭 · 허석현, 건강보조식품과 기능성 식품, 효일문화사, 1999
동부한농종묘, 동부한농종묘 안내, 2000
류경오 · 이상수, 허브사전, 한국원예기술 정보센터, 도서출판 허브월드, 2002
무라카미 히로키, 카미노가와 슈이치 편저, 기능성식품소재연구회 옮김, 식품과 생체방어, 도서출판 한림원, 1997
박권우, 서양채소론, 고려대학교 출판부, 1986
박병학, 기초 일본요리, 형설출판사, 1992
배기환, 한국의 약용식물도감, 교학사, 2000
시사영어사 편집부, 랜덤하우스 영한대사전, 시사영어사, 1992
식품재료사전, 한국사전연구사, 1998
신길만, 신용, 전통 일본과자, 형설출판사, 2001
심상국 · 양종범, 식품학, 교문사, 1998
윤서석, 한국의 음식용어, 민음사, 1991
윤숙경, 우리말조리어사전, 신광출판사, 1996
이기열 · 문수재, 최신 영양학, 수학사, 1998
이재열 · 이지은, 자신있게 만드는 일본요리 베스트 10선, 한림출판사, 1998
이정우, 생활기기론, 수학사, 1998
이철호 · 채수규 · 이진근 · 고경희 · 손혜숙, 식품평가 및 품질관리론, 유림문화사, 1999
이혜수 외, 조리과학, 교문사, 2001
이효지, 김치의 문헌적 고찰, 한국식품개발연구원, 1997
이효지, 생채·숙채의 문헌적 고찰, 윤서석박사 정년퇴직기념논총, 1988
이효지, 윤덕인, 윤숙자, 한국음식대관(5), 기명·기구, 한국문화재보호재단, 2001
이효지, 전통민속주의 문헌적 연구, 한국식품개발연구원, 1994
장건형, 식품의 기호성과 관능검사, 개문사, 1982
장동석 · 신동화 · 정덕화 · 김창민 · 이인선, 자세히 쓴 식품위생학, 정문각, 2002
장혁래, 중국요리입문, 지구문화사, 1996
전영도 외, 식품조리재료학, 지구문화사, 2000
전희정, 현대한국음식용어사전, 지구문화사, 2002
전희정·이효지, 서양음식, 교문사, 2000

정운길, 식품영양학사전, 한국사전연구사, 1998
조재선, 식품재료학, 문운당, 1997
中村幸平 지음, 설성수 옮김, 일본요리용어사전, 다형출판사, 1999
지성규, 기능성 식품 건강을 조절할 수 있는 식품영양소, 도서출판 광일문화사, 1992
최경수 · 강신주, 일본요리, 수학사, 1987
최옥자 · 장보주, 중국요리, 도서출판 효일, 2002
카와카시 순로 편저, 기능성식품소재연구회 옮김, 식품 중의 생체기능조절물질연구법, 도서출판 한림원, 1997
한국생물과학협회 편, 생물학사전, 아카데미서적, 1998.
한국식품과학회 편, 식품과학용어집. 대광서림, 1994
한국영양학회, 한국인 영양권장량 제7차 개정, 2000
한국원예학회, 원예학용어집, 1993
허필숙, 중국요리, 형설출판사, 1981

논문

곽노성 · 신해헌, 건강식품의 관리-건강식품 및 건강보조식품의 정의, 식품과학과 산업 33(4), 2000
김석종 · 박경아 · 하영래, Conjugated linoleic acid(CLA)의 생리활성, CLA의 생리활성과 축수산물 생산 심포지움, 1999
김소희 · 양정례 · 송영선, 청국장의 생리활성, 식품산업과 영양 4(2), 1999
김수민, 천연물과 기능성 육제품, 식품산업과 영양 6(1), 2001
김종희, 지질대사 조절 기능성 peptide와 그 응용 국제 심포지움 발표집-건강과 기능성 식품, 한림원, 1995
남기선, Conjugated linoleic acid와 동맥경화, CLA의 생리활성과 축수산물 생산 심포지움, 1999
동부한농종묘, 동부한농종묘 안내, 2000
박관화, 탄수화물 신소재의 개발. 식품과학과 산업 25(2), 1992
손동화, 건강기능성 식품 펩티드 및 그 응용, 식품과학과 산업 30(1), 1997
송영선 · 권태완, 콩과 콩제품의 콜레스테롤 저하효과, 식품산업과 영양 5(2), 2000
송혜림, 전골의 문헌적 연구, 한양대학교 교육대학원 석사학위논문, 2001
승정자, 식이섬유의 생리활성과 이용, 식품과학과 산업 28(3), 1995
신현경, 기능성 식품의 개발 및 연구동향, 식품과학과 산업 30(1), 1997
신현경, 장내 균총 개선을 위한 신소재 탐색, 식품과학과 산업 25(2), 1992
유영춘 · 島崎敬一, 유단백질 락토페린(Lactoferrin)의 화학적 특성 및 생체방어 활성. 식품과학과 산업 31(4), 1998
윤석후, 기능성 지질 생산과 이용--DHA, ARA,재구성지질 등을 중심으로-, 국제심포지움발표집, 건강과 기능성 식품, 한림원, 1995
이성우·김경진·이효지, 한국음식용어의 문헌적 연구, 한국영양식량학회지 12(2), 1983
이종화, 기능성 식품으로서의 비피더스균, 식품과학과 산업 29(2), 1996
이준우 · 방광웅, 상황버섯의 생리활성, 식품산업과 영양 6(1), 2001
이효지, 조선시대 궁중연회에 차려졌던 면반류의 분석적 고찰, 한국생활과학연구(4), 한양대학교 생활과학연구소, 1986
이효지, 조선시대 떡류의 분석적 고찰, 한국음식문화연구원논문집(2), 1989

이효지, 「규곤시의방」의 조리학적 고찰, 대한가정학회지 19(2), 1981
이효지, 「규곤요람 고려대본」의 조리학적 고찰, 문화재 (15), 문화재관리국, 1982
이효지, 「규곤요람 연세대본」의 조리학적 고찰, 한국생활과학연구(1), 한양대학교 생활과학연구소, 1983
이효지, 「규합총서 · 주사의」의 조리과학적 고찰, 한양대 논문집, 1981
이효지, 「수문사설」의 조리학적 고찰, 한국생활과학연구(2), 한양대학교 생활과학연구소, 1984
이효지, 「시의전서」의 조리학적 고찰, 대한가정학회지 19(3), 1981
이효지, 「역주방문」의 조리학적 고찰, 한국생활과학연구(1), 한양대학교 생활과학연구소, 1983
이효지, 「요록」의 조리학적 고찰, 한국생활과학연구(2), 한양대학교 생활과학연구소, 1984
이효지, 「진찬의궤」의 조리학적 고찰, 한국생활과학연구(3), 한양대학교 생활과학연구소, 1985
이효지 · 두연희, 한국음청류의 분석적 연구, 문화재 (24), 문화재관리국, 1991
이효지 · 마영순, 전의 문헌적 연구(I) 수 · 조육류를 이용한 전, 한국생활과학연구 (17), 한양대학교 생활과학연구소, 1999
이효지 · 마영순, 전의 문헌적 연구(II) 해산물을 이용한 전, 한국생활과학연구 (17), 한양대학교 생활과학연구소, 1999
이효지·마영순, 전의 문헌적 연구(III), 한국생활과학연구 (18), 한양대학교 생활과학연구소, 2000
이효지 · 유재영, 조선시대 맑은 장국의 분석적 고찰, 한국생활과학연구(6), 한양대학교 생활과학연구소, 1988
이효지 · 윤서석, 조선시대 궁중연회 음식중 병이류의 분석적 연구, 한국식생활문화학회지 1(4), 1986
이효지·윤서석, 조선시대 궁중음식중 찬물류의 분석적 연구, 한국식생활문화학회지 1(2), 1986
이효지 · 윤서석, 조선왕조후기의 궁중연회음식의 분석적 고찰, 대한가정학회지 23(4), 1985
이효지 · 이광자, 건열조리법에 의한 찬물류의 분석적 고찰, 한국생활과학연구(5), 한양대학교 생활과학연구소, 1987
이효지 · 이미영, 문헌에 기록된 식해의 분석적 고찰, 한국식생활문화학회지 4(1), 1989
이효지 · 이미영, 문헌에 기록된 젓갈의 분석적 고찰, 한국생활과학연구(7), 한양대학교 생활과학연구소, 1989
이효지 · 이영자, 습열조리법에 의한 찬물류의 분석적 고찰, 한국생활과학연구(5), 한양대학교 생활과학연구소, 1987
이효지 · 이혜경, 김치문화의 변천에 관한 문헌적 고찰, 문화재(23), 문화재관리국, 1990
이효지 · 장혜진, 주식류의 문헌적 고찰, 한국식생활문화학회지, 4(3), 1989
이효지 · 전희정 · 김은실, 찜의 문헌적 고찰(I) 수조육류를 이용한 찜, 한국식생활문화학회지 5(1), 1990
이효지·전희정·김은실, 찜의 문헌적 고찰(II) 어패류·채소류 및 기타를 이용한 찜, 한국식생활문화학회지 5(1), 1990
이효지 · 전희정 · 이윤경, 고음국의 문헌적 고찰, 한국식생활문화학회지 7(4), 1992
이효지 · 전희정 · 이윤경, 토장국의 문헌적 고찰, 한국식생활문화학회지 7(1), 1992
이효지 · 전희정 · 이효지, 선의 문헌적 고찰, 한국식생활문화학회지 5(3), 1990
이효지 · 정경예, 식생활기명 · 기구에 관한 연구, 한국식생활문화학회지 9(2), 1994
이효지 · 조신호, 약과문화의 변천에 관한 문헌적 고찰, 한국식생활문화학회지 2(1), 1987

이효지 · 조신호, 유과류의 문헌적 연구, 한국생활과학연구 (11), 한양대학교 생활과학연구소, 1993
이효지 · 조신호, 전과류의 문헌적 연구, 한국생활과학연구 (10), 한양대학교 생활과학연구소, 1992
이효지 · 조신호 · 민삼은, 구이의 문헌적 연구(Ⅰ)(수 · 조육류구이), 한국생활과학연구 (15), 한양대학교 생활과학연구소, 1997
이효지 · 조신호 · 민삼은, 해산물 구이의 문헌적 연구, 한국생활과학연구 (16), 한양대학교 생활과학연구소, 1998
이효지 · 차경희, 「부인필지」의 조리과학적 고찰, 한국식생활문화학회지 11(3), 1996
이효지 · 채홍자, 문헌에 기록된 장류의 분석적 고찰, 한국생활과학연구(8), 한양대학교 생활과학연구소, 1990
이효지 · 최종희, 조선시대 술에 관한 분석적 연구, 한국식생활문화학회지 2(1), 1987
정경수, 버섯류의 생리활성 성분, 국제심포지움발표집-건강과 기능성 식품, 한림원 1995
한글학회, 우리말큰사전, 어문각, 1992
한대석 · 송효남 · 김상희, 동충하초 : 새로운 기능성 식품 소재, 식품과학과 산업 32(3), 1999
허경택, 올리고당의 생리기능 특성(특히 갈락토올리고당을 중심으로), 국제심포지움발표집-건강과 기능성 식품, 한림원, 1995
홍상필 · 황재관 · 김동수, 키틴·키토산의 기능성과 올리고당의 생산기술, 식품과학과 산업 30(1), 1997
황금희 · 김현구, 기능성 식품 소재로서 생물화성 천연물의 국내 연구동향, 식품과학과 산업 28(3), 1995
황재관, 저열량 탄수화물 대체 식품소재의 기능성과 산업적 이용, 식품산업과 영양 3(1), 1998

국외서적

高木理子 외 3인, 現代の調理, 建帛社, 1983
區慧淸, 家庭料理食譜, 大光出版社, 1961
都甲潔 編著, 味覺センサ, 朝倉書店, 1993
本山荻舟, 飮食事典, 平凡社, 1962
書籍文物流通會 편, 中國料理の手引, 書籍文物流通會 中國料理部, 1978
小泉武夫·小檜山俊 監修, 日本の傳統食, 日經事業出版社, 1994
日本調理科學會 篇, 統合調理科學事典, 光生館, 2001
佐藤昌康 編著, 味覺の科學, 朝倉書店, 1981
增成隆士·川端晶子 編著, 美味學, 建帛社, 1997
池田ひろ, 木戶詔子 編, 調理學, 化學同人, 2000
川端晶子 · 寺元苦子, 調理學用語辭典, 建帛社, 1985
川端晶子ㅊ寺元芳子 編著, 調理學用語辭典, 建帛社, 1985
川端晶子 · 寺元芳子 편저, 調理學用語辭典, 建帛社, 1986
川端晶子 · 寺元芳子, 調理科學用語辭典, 建棉社, 1985
河野友美 · 澤野勉·杉田浩一 編集, 調理科學事典, 醫齒藥出版株式會社, 1975
河野友美 · 澤野勉·杉田浩一 編集, 調理科學事典, 醫齒藥出版株式會社, 1975
河野友美 · 澤野勉 · 杉田浩一, 調理科學事典, 醫齒藥出版株式會社, 1981
河村洋二郞 編著, 食慾の科學, 醫齒藥出版, 1972
芦原伸之 · 增山信司 編集, 英和 科學用語辭典. 講談社, 東京, 1975

黃淑惠, 中國菜 味全食譜, 味全出版社, 1967

AACC, The definition of dietary fiber, Cereal Foods World 46(3) : 112-129, 2001

Amerine, Maynard A. · Pangborn · Rose Marie, Roessler · Edward B., Principles of Sensory Evaluation of Food, New York : Academic Press, 1965

Baghurst, P.A. · Bauhurst, K.I. and record, S.J., Dietary fibre, non-starch polysaccharides and resistant starch a review. Food Australia(sup) 48(3) : S3-S35, 1996

Bastyra, J. · Canning, J., A gourmet' s Guide to Fruit, HP Books, 1990

Bennion, M., Introductory Foods, 8th ed. MacMillan, 1985

Beverly Cox, Cooking Techniques, Boston : Little Brown & Company, 1981

Bourne, Malcolm C., Food Texture and Viscosity. New York : Academic Press, 1982

Brown, A., Understanding Food, Wadsworth, 2000

Charley, H. and Weaver, C., Foods a scientific approach, Upper Saddle River : Prentice Hall, 1998

Eugen Pauli · Marjorie S. Arkwright, Classical Cooking the Modern Way, Bosten : CBi publishing Comp., 1979

Forsythe, S.J. and Hayes, P.R., Food Hygiene, Microbiology and HACCP, 3rd E., Gaithersburg, M.D., An Aspen Publication, 2000

Handslip, C. · Jackson, F., A gourmet' s Guide to Dried Fruit & Nuts, HP Books, 1990

Imaizumi, K., Polyunsaturated fatty acids and atherosclerosis, Food Industry and Nutrition 1(2) : 1-4, 1996

Jay, J.M., Modern Food Microbiology, 6th Ed., Gaithersburg, MD : An Aspen Publication, 2000.

Lawless, Harry T., Heymann, Hildegarde, Sensory Evaluation of Food-Principles and Practices, Maryland : Aspen Publishers, Inc., 1999

Malkki, Y., Physical properties of dietary fiber as keys to physiological functions, Cereal Foods World 46(5) : 196-199, 2001

McNair, J.K. · Wilson, J.W. · Hespenheide, G., All about Herbs, Ortho Books, Canada, 1990

Meilgaard, Morten, Civille, Gail Vance, Carr, B., Thomas, Sensory Evaluation Techniques, 2nd Ed. Florida : CRC Press, Inc. 1991

Michel Main Cent, Cuisine de R□f□rence, Paris : Bpi edi., 1994

Moskowitz, Howard R., (Editor), Applied Sensory Analysis of Foods Volume I, II CRC Press, Inc Florida, 1988

Naio, H., Searches for novel sources of functional-foods with special reference to calcium nutrition. Articles for international seminar, Functional foods for health, Hanrimone 139-141, 1995

O' Mahony, Michael, Sensory Evaluation of Food-Statistical Methods and Procedures, New York : Marcel Dekker, Inc. 1985

Steele, L., A gourmet' s Guide to Vegetables, HP Books, 1990

Wayne Gisslen, Professional Cooking 4th edition, John Willey & Sons Ins, 1999

찾아보기(한글)

ㄱ

ㄴ

ㄷ

ㅁ

ㅂ

ㅅ

ㅇ

ㅈ

ㅊ

ㅌ

ㅎ

찾아보기(영문)

A

C

D

E

F

G

H

J

K

M

N

O

P

Q

R

S

T

U

V

W

X

Z

집필자(가나다순)

곽동경	연세대 식품영양학과 교수, 이학박사
김미리	충남대 식품영양학과 교수, 이학박사
김정원	서울교대 생활과학교육과 교수, 이학박사
김향숙	충북대 식품영양학과 교수, 이학박사
김혜영B	용인대 식품영양학과 교수, 이학박사
문갑순	인제대 식품영양전공 교수, 이학박사
신말식	전남대 식품영양학과 교수, 이학박사
오명숙	가톨릭대 식품영양학과 교수, 농학박사
이숙영	중앙대 식품영양학과 교수, 이학박사
이애랑	숭의여대 식품영양학과 교수, 이학박사
이영순	한양여대 식품영양학과 명예교수, 이학석사
이영은	원광대 식품영양학과 교수, 이학박사
엄애선	한양대 식품영양학과 교수, 이학박사
윤덕인	관동대 호텔조리전공 교수, 이학박사
윤지영	명지대 식품영양학과 교수, 이학박사
이효지	한양대 식품영양학과 명예교수, 이학박사
조 영	방송통신대 가정학과 교수, 이학박사
조정순	명지대 식품영양학과 교수, 이학박사
전희정	**전** 숙명여대 식품영양학과 교수, 이학박사
주나미	숙명여대 식품영양학과 교수, 이학박사
황인경	서울대 식품영양학과 교수, 이학박사

식품조리과학용어사전

2003년 5월 26일 초판 발행
2007년 11월 30일 개정판 발행

저 자 한국식품조리과학회
발행인 류 제 동
발행처 ㈱ 教 文 社

경기도 파주시 교하읍 문발리 파주출판도시 536-2
☎ 031-955-6111(代)
팩스 031-955-0955
등록 1960. 10. 28. 제1-2호
홈페이지 www.kyomunsa.co.kr
E-mail webmaster@kyomunsa.co.kr

값 33,000원

*잘못된 책은 바꿔드립니다.
ISBN 978-89-363-0846-9 (91590)